PROJETO NA ENGENHARIA

FUNDAMENTOS DO DESENVOLVIMENTO EFICAZ DE PRODUTOS

MÉTODOS E APLICAÇÕES

CB007175

Blucher

Gerhard Pahl
Wolfgang Beitz
Jörg Feldhusen
Karl-Heinrich Grote

PROJETO NA ENGENHARIA

FUNDAMENTOS DO DESENVOLVIMENTO EFICAZ DE PRODUTOS

MÉTODOS E APLICAÇÕES

Tradução da 6ª Edição Alemã
contendo 455 desenhos e ilustrações

Tradução:
Hans Andreas Werner
Engenheiro
Escola Politécnica da Universidade de São Paulo

Revisão:
Prof. Dr. Nazem Nascimento
Professor Titular - Departamento de Mecânica
Unesp - Campus de Guaratinguetá

Konstruktionslehre - Methoden und Anwendung
A sexta edição em língua alemã foi publicada por SPRINGER-VERLAG BERLIN-HEIDELBERG
© Springer-Verlag Berlin Heidelberg 2003 e 2005
Springer-Verlag é uma empresa do grupo editorial Bertelsmann Springer
Todos os direitos reservados.

Projeto na engenharia
© 2005 Editora Edgard Blücher Ltda.
1ª edição - 2005
6ª reimpressão - 2019

Blucher

Rua Pedroso Alvarenga, 1245, 4º andar
04531-934 - São Paulo - SP - Brasil
Tel.: 55 11 3078-5366
contato@blucher.com.br
www.blucher.com.br

É proibida a reprodução total ou parcial por quaisquer meios, sem autorização escrita da Editora.

Todos os direitos reservados pela Editora Edgard Blücher Ltda.

FICHA CATALOGRÁFICA

Projeto na engenharia: fundamentos do desenvolvimento, eficaz de produtos, métodos e aplicações / Gerhard Pahl ... [et al.]; tradução Hans Andreas Werner; revisão Nazem Nascimento. - São Paulo: Blucher, 2005.

Outros autores: Wolfgang Beitz, Jörg Feldhusen, Karl-Heinrich Grote
Título original: Konstruktionslehre: Methoden und Anwendung

Bibliografia.
ISBN 978-85-212-0363-6

1. Projeto na engenharia I. Pahl, Gerhard. II. Beitz, Wolfgang III. Feldhusen, Jörg. IV. Grote, Karl-Heinrich.

05-2028 CDD-620.0042

Índices para catálogo sistemático:
1. Projeto na engenharia: Tecnologia 620.0042

PREFÁCIO DA 6.ª EDIÇÃO

A 5.ª edição publicada em março de 2003 teve surpreendente repercussão de tal modo que, um ano depois, se impunha uma 6.ª edição. No capítulo 10, Desenvolvimento de produtos em série e modulares, foram abordadas, em lugar de um exemplo, várias formas mais recentes de racionalização e, por essa razão, anexadas à teoria do projeto já existente.

Quanto ao restante, os autores remetem ao prefácio da 5.ª edição. Como já anteriormente, renovamos o agradecimento pelo apoio, em especial da Editora Springer, que providenciou, em tempo oportuno, a publicação desta 6.ª edição, com esmerado brilho e acabamento.

Darmstadt, aechen e Magdeburg, abril de 2004
G.Pahl, J. Feldhusen e K.-H. Grote

PREFÁCIO DA 5.ª EDIÇÃO

Um ano após o lançamento da 4.ª edição, o co-autor Wolfgang Beitz faleceu prematuramente, ao ser acometido por uma doença insidiosa. Em Berlim, um colóquio em sua memória homenageou sua atuação meritória, inclusive com relação a este livro. Como gostaria que estivesse presente ao lançamento da edição em língua portuguesa e vivenciasse o duradouro sucesso do nosso livro em parceria. Nosso trabalho conjunto foi exemplar, fecundo e sempre estimulante. Sou lhe eternamente grato.

O livro "Pahl/Beitz - Projeto na Engenharia" foi traduzido para oito línguas e ganhou, assim, o reconhecimento internacional. Por sugestão da Editora Springer que, levando em conta a continuidade, julgou ser necessária uma quinta edição do livro, consegui atrair dois colegas mais jovens como colaboradores que, originários da escola de Beitz, mantêm vivo seu legado intelectual e continuam a desenvolvê-lo: Professor Dr. -Ing. Jörg Feldhusen que, por muitos anos, atuou como desenvolvedor no setor automobilístico e, recentemente, sucedeu o Professor Dr. -Ing. R. Koller na cadeira de Metodologia de Projeto, bem como o Prof. Dr. -Ing. Karl-Heinrich Grote que, como professor, adquiriu intensa experiência de ensino e projeto nos Estados Unidos. Como editor do manual DUBBEL prossegue o trabalho do professor Beitz e, presentemente, divulga a Metodologia de Projeto na Universidade Otto-von-Guericke em Magdeburgo.

Gerhard Pahl
Darmstadt, em Junho de 2002

Nós, como uma equipe nova, lançamos a 5.ª edição deste livro, na qual, preservando o já comprovado, permitimo-nos incluir novos aspectos. Assim, como ferramentas naturais, a informática e a tecnologia CAD foram incorporadas aos fundamentos. O capítulo que trata do processo de projeto foi expandido e revigorado por novas formas de análise. Os capítulos 1 até 4 apresentam o atual e necessário conhecimento básico incluindo aspectos cognitivos. Por meio de vários exemplos, os capítulos 5 até 8 descrevem o desenvolvimento de um produto desde a formulação do problema, passando pela busca do conceito até o projeto definitivo, aplicando o conhecimento básico já citado.

No capítulo 9 são expostos importantes campos de solução, incluindo construções compósitas, mecatrônica e adaptrônica. Como sempre, neste livro é pressuposto o conhecimento de elementos de máquina. Conforme planejado, o capítulo 10 trata de séries construtivas e desenvolvimento de sistemas modulares. O capítulo 11, que trata do controle de qualidade, foi ampliado considerando a sua crescente relevância. Como de costume, no capítulo 12 o leitor encontra o importante tema das considerações de custo. Diante da incorporação da informática aos fundamentos, o capítulo 13 complementa o procedimento para desenvolvimento e projeto com auxílio da tecnologia CAD, por meio de indicações de validade geral. O capítulo 14 oferece um resumo geral a respeito dos métodos recomendados e relata sobre experiências na prática. O livro se encerra com a definição do modo pelo qual devem ser compreendidos e aplicados os conceitos deste livro. Um índice por assunto auxilia a identificação rápida de determinados temas.

Com isso, o projeto axiomático foi elevado a um padrão que, num futuro não muito distante, ainda poderá servir de base para desenvolvimentos bem-sucedidos. Como nas edições anteriores, foi decidido renunciar a modismos de curta duração e somente oferecer o básico. Neste sentido, também serve como base para uma metodologia compreensível e que tem aplicação prática. Por um lado, foram excluídas da bibliografia as publicações superadas; por outro lado, ela foi complementada com as publicações mais recentes. Ademais, para interessados que pretendem se especializar ou querem entender aspectos históricos, ela constitui uma mina abundante.

Os autores têm de agradecer com relação a diversos aspectos. Primeiramente à Professora Dra. L. Blessing que, como sucessora do Professor Wolfgang Beitz, preservou os grafismos e nos permitiu o acesso aos mesmos. Ao Professor Dr.-Ing. K. Landau, da Universidade Técnica de Darmstadt, que nos auxiliou a atualizar a bibliografia para uma configuração ergonômica. Aos Professores Dr.-Ing. B. Breuer, Dr.-Ing. H. Hanselka, Dr.-Ing. R. Isermann, e Dr.-Ing. R. Nordmann, todos da Universidade Técnica de Darmstadt, que enriqueceram consideravelmente os capítulos sobre mecatrônica e adaptrônica, apresentando sugestões e disponibilizando ilustrações e exemplos. Neste contexto também devemos agradecer pela contribuição recebida do Dr.-Ing. M. Semsch. Com ilustrações e sugestões para o tema construções compósitas com fibras e estrutrônica, o Professor Dr.-Ing. M. Flemming da Escola Técnica Superior de Zurique, Suíça, também nos auxiliou da melhor forma possível. Por fim agradecemos a todos aqueles que colaboraram ativamente, como a Senhora H. Frese do Instituto de Engenharia Mecânica – Metodologia de Projeto da Universidade de Magdeburgo, que preparou e também refundiu a transcrição eletrônica do texto e das ilustrações. Por fim, nossos sinceros agradecimentos são dirigidos à Editora Springer, principalmente nas pessoas do Dr. Riedsesel, da Senhora Hestermann-Beyerle, bem como da Senhora Rossow e do Senhor Schoenefeld, pelo contínuo apoio e a excelente qualidade de impressão do texto e das ilustrações.

Darmstadt, Aachen e Magdeburgo, em Junho de 2002
G. Pahl, J. Feldhusen e K.-H. Grote

CONTEÚDO

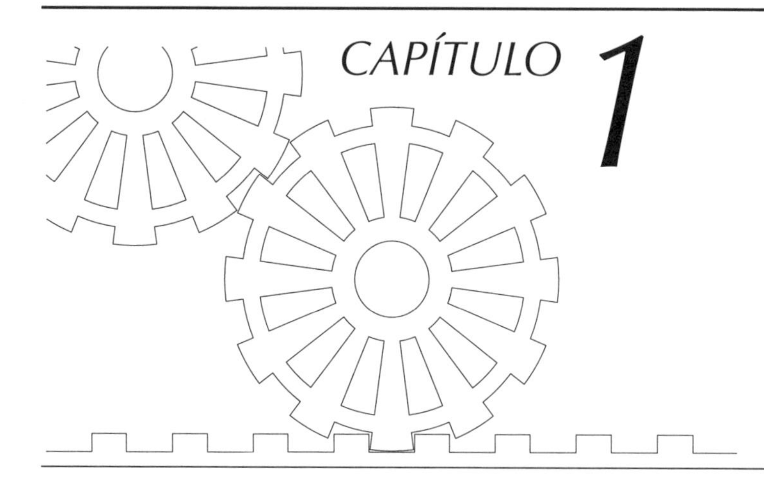

CAPÍTULO 1

INTRODUÇÃO

1.1 ■ O engenheiro projetista

1.1.1 Tarefas e atividades

A missão do engenheiro é encontrar soluções para problemas técnicos. Para tanto ele se baseia em conhecimentos das ciências naturais e da engenharia e leva em conta as condicionantes materiais, tecnológicas e econômicas, bem como restrições legais, ambientais e aquelas impostas pelo ser humano. As soluções precisam atender aos objetivos prefixados e autopropostos. Após seu esclarecimento, os problemas são convertidos em subtarefas concretas que o engenheiro terá pela frente durante o processo de desenvolvimento do produto. Isto ocorre tanto no trabalho individual quanto no trabalho em equipe, no qual é realizado desenvolvimento interdisciplinar de produtos. Na busca da solução e no desenvolvimento de um produto o *projetista*, sinônimo para engenheiro de desenvolvimento e engenheiro de projeto, atua numa posição relevante e responsável. Suas idéias, conhecimentos e talento determinam as características técnicas, econômicas e ecológicas do produto perante o fabricante e o usuário.

Desenvolver e projetar são atividades de interesse da engenharia que:

- abrangem quase todos os campos da atividade humana;
- aplicam leis e conhecimentos das ciências naturais;
- adicionalmente se apóiam no conhecimento prático especializado;
- são em grande parte exercidas sob responsabilidade pessoal;
- criam os pressupostos para a concretização de idéias da solução.

Esta atividade multifacetada pode ser descrita sob diferentes pontos de vista. Dixon [39] e Penny [144] situam o trabalho construtivo, cujo resultado é o anteprojeto técnico, no centro de influências interferentes de nossa vida cultural e técnica: Fig. 1.1.

Do ponto de vista da psicologia do trabalho, projetar é uma atividade intelectual, criativa, que requer uma base segura de conhecimentos nas áreas de matemática, física, química, mecânica, termodinâmica, mecânica dos fluidos, eletrotécnica, assim como de tecnologias de produção, ciência

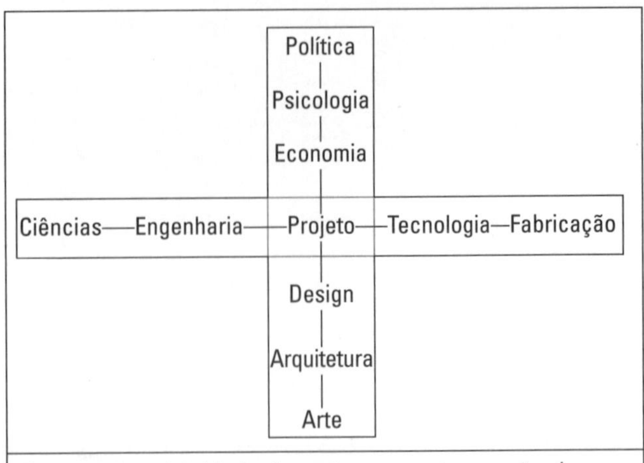

Figura 1.1 *— Atividade de projeto como interseção das atividades cultural e tecnológica, segundo [39, 144].*

dos materiais e ciência do projeto, como também conhecimentos e experiências no campo a ser trabalhado. Concomitantemente, força de vontade, prazer em decidir, senso econômico, perseverança, otimismo e disposição em fazer parte de equipes são qualidades úteis, porém imprescindíveis para projetistas em postos de responsabilidade [130] (cf. 2.2.2).

Do ponto de vista *metodológico*, projetar é um processo de otimização com objetivos predeterminados e condicionantes em parte conflitantes. Os requisitos variam em função do tempo, de modo que uma solução de projeto só pode ser objetivada ou almejada de maneira otimizada, sob as condicionantes existentes na época da solicitação.

Do ponto de vista organizacional, o projeto participa de forma significativa do ciclo de vida de um produto. O ciclo inicia por uma demanda do mercado ou por uma vontade, começando pelo planejamento do produto e, após a sua utilização, terminando na reciclagem ou num outro tipo de descarte, Fig. 1.2. Esse processo também representa uma geração de valor desde a idéia até o produto, onde o projetista somente consegue levar a cabo sua tarefa, se trabalhar em estreita colaboração com outras áreas e pessoas de outras especialidades (cf. 1.1.2).

As tarefas e atividades do projetista são influenciadas por diferentes aspectos:

Origem das tarefas: principalmente para produtos em série, as tarefas são preparadas pelo planejamento do produto que, além de outras atividades, deverá efetuar uma apurada pesquisa de mercado (cf. 3.1). O elenco dos requisitos elaborado pelo planejamento do produto freqüentemente ainda deixa aberto um amplo espaço para as soluções do projetista.

Por outro lado, no caso de um pedido para um produto concreto unitário ou em pequena série freqüentemente é preciso satisfazer requisitos quantitativos mais severos. O projetista se orienta de preferência pelo *know-how* da empresa ou se baseia em desenvolvimentos ou pedidos anteriores. O desenvolvimento se processa por etapas relativamente curtas com um risco limitado.

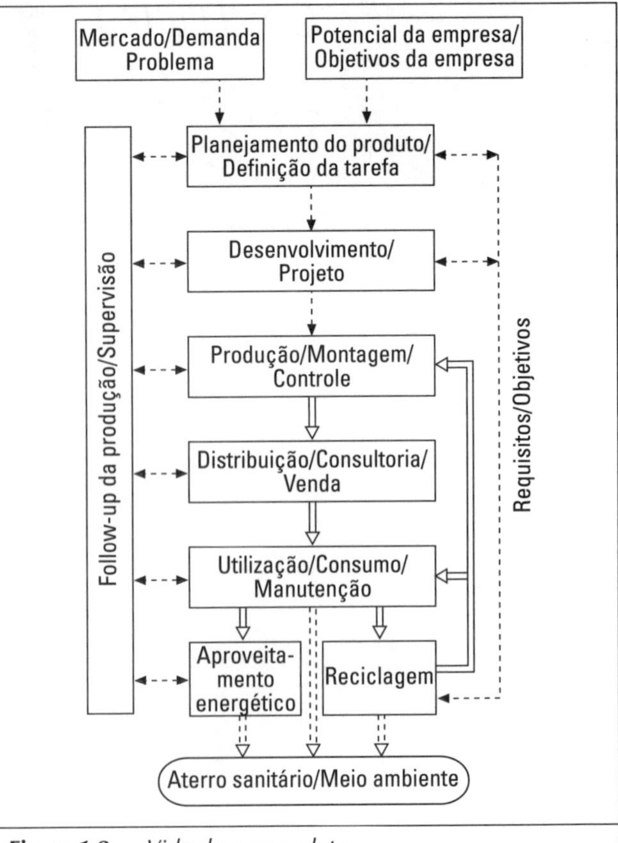

Figura 1.2 *— Vida de um produto.*

Caso o desenvolvimento não seja destinado para um produto completo mas apenas para um subconjunto, os limites dos requisitos e de projeto serão ainda mais severos e maior será a necessidade de entendimento com as demais áreas de projeto. No âmbito da realização da produção técnica de um produto, também se inserem tarefas de projeto de máquinas para a produção e testes, nas quais o atendimento da função e das condicionantes tecnológicas desempenha papel de destaque.

Organização da empresa: a organização de um processo de desenvolvimento ou de projeto se orienta primeiramente pela organização geral da empresa.

Nas formas de organização orientadas pelo produto, a responsabilidade central pelo desenvolvimento e subseqüente produção de um grupo de produtos compete a diferentes setores da empresa (p. ex., divisão de turbocompressores, de compressores a pistão, divisão de engenharia de processos).

Nas estruturas de organização orientadas por problemas (p. ex., equipes para cálculos, tecnologia de comando e controle, projetos de engenharia mecânica), a divisão de trabalho exige a respectiva formulação das subtarefas (ou formulações de problemas), bem como uma coordenação, por exemplo, por meio de um gerente de projeto. Quando, no desenvolvimento de novos produtos pelas divisões ou pelos grupos de produtos, for formada uma equipe de desenvolvimento autônoma com duração limitada, torna-se necessária uma coordenação por um gerente de produto. A equipe reporta seus resultados diretamente à gerência de desenvolvimento ou à direção da empresa (cf. 4.3).

Outras estruturas organizacionais podem ser criadas em função de uma apropriada divisão de trabalho com relação à etapa de projeto a ser executada (conceitual, anteprojeto, detalhamento); quanto à especialidade (projeto mecânico, projeto eletro-eletrônico, desenvolvimento de software); ou quanto à etapa de desenvolvimento a ser empreendida (desenvolvimento preliminar e testes, execução de um pedido), (cf. 4.2). Além disso, em projetos de grande porte, com várias especialidades bem diferenciadas, poderá ser vantajosa a construção paralela de subconjuntos.

Novidade: projetos novos para novas formulações de tarefas e novos problemas são realizados utilizando novos princípios de solução. Tais princípios poderão resultar de uma seleção e combinação de princípios e tecnologias conhecidas. Caso contrário, terá que ser adentrada área técnica nova. Inclusive nos casos em que colocações de tarefas conhecidas ou ligeiramente modificadas são solucionadas com o emprego de novos princípios de solução, estes serão considerados como projetos novos. Geralmente, tais projetos requerem a passagem por todas as fases de um projeto, envolvimento de princípios físicos e de engenharia de processos, assim como uma abrangente elucidação técnica e econômica do problema. Projetos novos podem referir-se tanto a um produto completo ou somente a subconjuntos ou peças.

Nos *projetos adaptativos* conservam-se princípios de solução familiares e consagrados e a configuração é adaptada às novas condições periféricas. Mesmo assim, freqüentemente faz-se necessário um projeto novo de peças ou subconjuntos específicos. Neste tipo de tarefa, passam a ocupar posição de destaque as questões geométricas, de resistência dos materiais, de produção e de tecnologia dos materiais.

No curso do desenvolvimento de um *projeto alternativo* de sistemas já existentes altera-se, dentro de limites, a escala e/ou o arranjo de componentes ou subconjuntos (p. ex., séries construtivas, sistemas modulares, cf. 10). Assim, como acontece com um projeto original, o trabalho de projeto somente é requerido uma única vez e, ao longo do processamento do pedido não gera maiores problemas de projeto. Aqui também se enquadram os trabalhos de projeto onde, no caso de pedido, sob manutenção do princípio de solução e projeto básico já executado, somente são alteradas as dimensões de componentes específicos (autores segundo [124, 167] denominam isso de "projeto de princípio" ou "projeto com princípio fixo").

Na prática, os tipos de projetos citados, que em geral servem apenas para uma classificação grosseira, freqüentemente não permitem delimitações nítidas.

Quantidade de peças: projetos para produção individual ou de série reduzida, em função da inexistência de protótipo, requerem para fins de redução dos riscos uma previsão reforçada de todos os processos físicos e dos detalhes de configuração, onde a confiabilidade e a segurança em serviço são freqüentemente prioritárias perante otimizações de natureza econômica.

Tarefas para produções em série e especialmente produções em massa requerem execução conscienciosa, com auxílio de modelos de construção e de protótipos, principalmente quanto à adequada durabilidade e também com relação aos aspectos econômicos. Para tanto, em parte são necessárias várias etapas de desenvolvimento, Fig. 1.3.

Ramo de especialidade: a engenharia mecânica abrange um amplo espectro de problemas. Em conseqüência disso, os requisitos e o tipo da solução são extraordinariamente variados e sempre exigem um apropriado ajuste das ferramentas e dos métodos de solução. Características específicas não são raras.

Objetivos: a solução dos problemas ou das tarefas orienta-se pelos objetivos a serem otimizados, levando em conta as condicionantes restritivas prefixadas. Assim, novas funções, maior durabilidade, custos menores, problemas específicos de produção, novos requisitos ergonômicos e muitas outras coisas podem ser, isoladamente ou de forma combinada, o objetivo de um desenvolvimento.

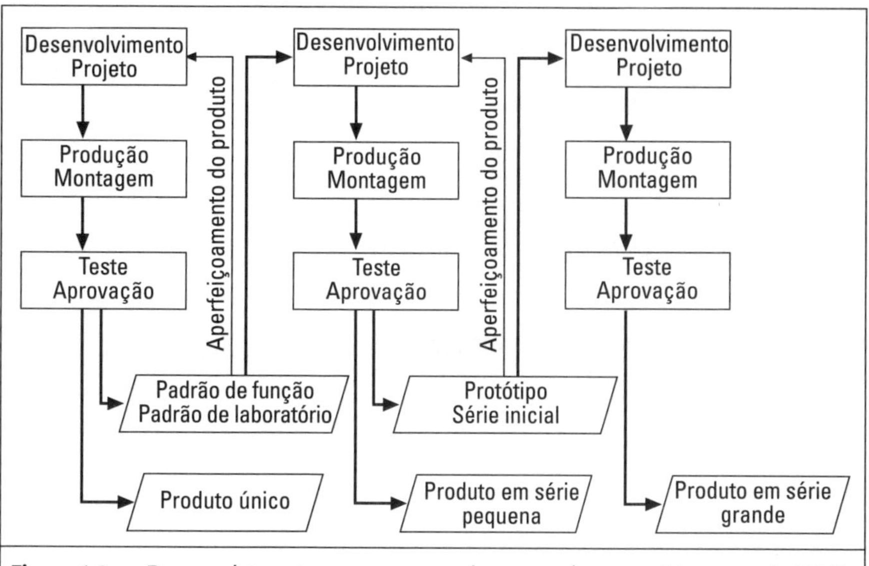

Figura 1.3 *— Desenvolvimento passo a passo de um produto em série, segundo [191].*

Não por último, uma crescente consciência ecológica exige uma nova concepção de produtos e de processos ou sua melhoria, onde a formulação da tarefa e o conceito de solução deverão ser repensados. Isso exige uma visão global do projetista, muitas vezes em trabalho conjunto com especialistas de outras disciplinas.

Essa diversidade de tarefas e objetivos exige do projetista uma habilidade polivalente, assim como diferentes formas de procedimentos e ferramentas. Os conhecimentos de projeto requerido precisam ser amplos onde, para problemas especiais, deverão ser consultados especialistas. O domínio de uma metodologia geral de trabalho (cf. 2.2.4), dos métodos de solução e de avaliação de aplicação geral (cf. 3), bem como a consideração de novos campos de solução (cf. 9), facilita a execução dessa variedade de atividades.

A grosso modo, as atividades do projetista podem ser desdobradas em:

- conceituais, ou seja, o esforço de busca do princípio da solução (cf. 6), para o qual, além dos métodos de aplicação geral, também servem métodos especiais (cf.3).
- de pré-projeto, ou seja, trabalhos de concretização do princípio da solução pela definição da configuração e do material, para o qual são especialmente adequados os métodos (cf. 7 e 10);
- de detalhamento, ou seja, atividades referentes à preparação dos subsídios para a produção e utilização, para o que são úteis os métodos do cap. 8;
- atividades de cálculo, desenho e busca de informações, que incidem em todas as etapas de projeto.

Outra habitual estruturação grosseira é a diferenciação entre as atividades de projeto *diretas* (p. ex., calcular, configurar, detalhar) que se prestam diretamente ao encontro de soluções, e as atividades de projeto *indiretas* (p. ex., busca e preparação de informações, reuniões, gerenciamento) que só influenciam o progresso do trabalho de projeto indiretamente. Nisto deve-se procurar manter reduzida ao máximo a participação das atividades indiretas.

Por isso, num processo de projeto, as atividades necessárias precisam ser apropriadamente ordenadas num fluxo de trabalho claro, com etapas principais e etapas de execução, para que possam ser planejadas e controladas (cf. 4).

1.1.2 A posição dentro da empresa

Dentro da empresa, o setor de desenvolvimento e projeto tem importância capital na geração e continuação do desenvolvimento de um produto. Pelo projetista, de forma decisiva, são determinadas as caraterísticas do produto quanto ao atendimento da finalidade, à segurança, à ergonomia, à produção, ao transporte, ao uso, à manutenção e à destinação final e/ou reciclagem. Acrescente-se a isso a grande influência do projetista nos custos de produção e de operação, na qualidade, bem como nos tempos consumidos na produção. Em conformidade com essa responsabilidade pelo produto, a fixação de metas gerais sempre deverá ser observada (cf. 2.1.7).

Outra razão para a posição central dentro da empresa reside na inclusão do desenvolvimento e do projeto na evolução cronológica do processo de geração do produto. De acordo com as interligações e os fluxos de informações entre os departamentos da empresa (Fig. 1.4), os departamentos de produção e montagem, que fabricam o produto, são dependentes do departamento de projeto que concebe e planeja o produto. Inversamente, os conhecimentos e experiências do setor de produção influenciam fortemente o departamento de projeto.

Condicionados pelas exigências do mercado orientado para o cliente, com relação a produtos de melhor performance e com preços mais baixos (produtos inovadores em

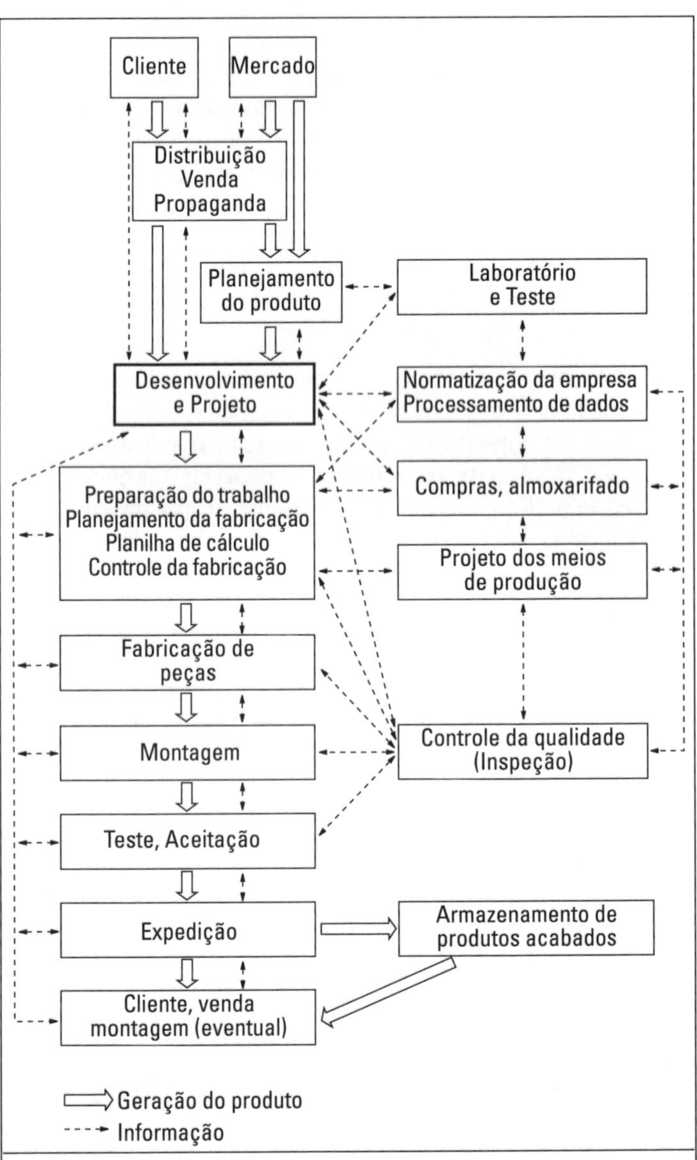

Figura 1.4 — *Fluxo da informação entre os setores de produção.*

intervalos de tempo cada vez mais curtos), o planejamento do produto e a distribuição incluindo *marketing*, necessitam apelar, com freqüência cada vez maior, ao conhecimento de causa do engenheiro. É evidente valer-se para essa finalidade, dos conhecimentos básicos e da experiência com produtos, sobretudo do projetista (cf. 3.1 e 5).

A garantia de produto e a responsabilidade do produtor regulamentada por lei [12] envolvem, além de um nível superior de qualidade de produção, um desenvolvimento de produto que empregue a tecnologia mais recente, seja responsável e tenha consciência ecológica.

1.1.3 Tendências

Influências importantes sobre o processo de projeto e diretamente sobre a atividade do projetista advêm do uso da informática. A ferramenta metodológica CAD (*computer aided design*) modifica os métodos de projeto utilizáveis (cf. 13), as estruturas de trabalho, bem como indubitavelmente a criatividade e o processo mental de cada projetista (cf. 2.2). Juntam-se ao setor novos colaboradores, tais como gerentes do sistema, assistentes CAD e semelhantes. Simples pedidos de desenvolvimentos e projetos variantes futuramente serão executados predominantemente por computador, ao passo que o projetista, apesar do auxílio do computador, continuará como anteriormente, a executar projetos originais e projetos específicos de um cliente. Estes exigem elevado esforço de projeto, utilizando sua criatividade, seus conhecimentos e sua experiência. O desenvolvimento de sistemas baseados no conhecimento (os chamados sistemas inteligentes) [72, 108, 178, 189] bem como catálogos eletrônicos de fornecedores [19, 20, 53, 151, 183] aumentarão a comodidade para a disponibilização da informação sobre dados de projeto, soluções consolidadas, desenvolvimento de produtos já realizados e outros conhecimentos de projeto e também com relação ao cálculo, à otimização e à combinação de soluções. Porém não substituirão o projetista. Pelo contrário, sua competência de decisão será, entre outras, exigida de forma mais intensa, da mesma forma como sua capacidade de coordenação com relação aos especialistas participantes, necessária ao rápido e contínuo desenvolvimento de áreas específicas.

Nas empresas, crescerá a tendência de somente efetuar desenvolvimentos no contexto da sua competência central e de complementar o produto final com componentes terceirizados (*outsourcing*). Para o desenvolvedor isto significa saber avaliar peças de fornecedores, apesar de não tê-las desenvolvido. Exame crítico apoiado por múltiplos conhecimentos de detalhes de projeto, experiência adquirida e o uso sistemático de processos de avaliação (cf. 3.3) freqüentemente auxiliam essa tarefa.

Pelo aspecto organizacional e com respeito à interligação via rede local com outros setores da empresa, a produção integrada ao computador (CIM: *Computer Integrated Manufacturing*) também acarretará conseqüências para o projetista. Por meio de sistemas gerenciadores de projeto dentro de uma estrutura CIM, será possível e necessário um melhor planejamento e controle do processo de projeto. Exatamente como também o trabalho objetivado, integral e flexível e em parte paralelo, para otimização do produto, da produção e da qualidade com minimização dos tempos de desenvolvimento conhecido pelo conceito de "*Simultaneous Engineering*" (cf. 4.3 [13, 40, 188]. Com a utilização do computador, observa-se uma tendência de recolocar os trabalhos preparatórios da produção de volta ao setor de projeto.

Ao lado dessa tendência evolutiva, que se relaciona mais acentuadamente com a sua técnica de trabalho, o projetista também precisa conhecer e considerar mais intensamente os desenvolvimentos da tecnologia dos materiais (p. ex., plásticos, cerâmica, materiais mais apropriados à reciclagem, novos processos de produção e montagem). Isso inclui possibilidades de solução com auxílio da microeletrônica e do software. Cada vez mais, as futuras soluções serão buscadas no contexto da mecatrônica. Ao lado dos aspectos mecânicos, o futuro fabricante de máquinas utilizará essa área de igual modo.

Em resumo, constata-se que são numerosos os requisitos impostos ao projetista e que, com o passar tempo, tendem a aumentar ainda mais. Para atender a essa demanda será necessária uma aprendizagem continuada. Contudo, também a formação fundamental precisa satisfazer essas exigências. Assim, considera-se como imprescindível [127, 187] que a nova geração que mais tarde trabalhará com projetos, além das tradicionais disciplinas fundamentais de ciências naturais e de engenharia (matemática, mecânica, termodinâmica, física, química, eletrotécnica, eletrônica, tecnologia dos materiais, teoria do projeto, elementos de máquina) também venha a conhecer outras áreas de conhecimento. Estas são a tecnologia de medição e controle, mecatrônica, teoria dos mecanismos, tecnologia de produção, acionamentos elétricos, circuitos de controle eletrônicos, dinâmica das máquinas, mecânica dos fluidos. Essa geração deverá possuir especialização em disciplinas de aplicação direcionada ao produto (ou ao projeto) bem como à metodologia de projeto incluindo CAD e CAE (*computer aided engineering*).

1.2 ■ Procedimento metódico para o desenvolvimento de um produto

1.2.1 Requisitos e necessidades

Face à grande importância do desenvolvimento de um produto no momento certo e que desperte interesse por parte do mercado, torna-se necessário um procedimento para desenvolvimento de boas soluções, que seja planejável, flexível, otimizável e verificável. Tal procedimento só é aplicável quando, além do necessário conhecimento especializado, os projetistas souberem trabalhar de modo sistemático e essa metodologia de trabalho exigir ou for auxiliada por medidas organizacionais.

Faz-se uma distinção entre ciência de projeto e metodologia de projeto [90]. Com a ajuda de métodos científicos a *ciência de projeto* visa analisar a constituição de sistemas técnicos e sua interação com a circunvizinhança de modo que, partindo das relações e dos componentes identificados no sistema, possam ser derivadas regras para seu desenvolvimento.

Por *metodologia de projeto*, entende-se um procedimento planejado com indicações concretas de condutas a serem observadas no desenvolvimento e no projeto de sistemas técnicos, que resultaram de conhecimentos na área da ciência de projeto e da psicologia cognitiva e também da experiência com diferentes aplicações. Disto fazem parte os procedimentos para interligação de etapas de trabalho e fases do projeto tanto pelo conteúdo quanto pela organização, que de maneira flexível são adaptados ao respectivo problema (cf. 4). É necessária a observância dos objetivos gerais e a definição de regras e princípios (estratégias), especialmente para a configuração (cf. 7 e 10-12), bem como de métodos para solução de problemas de projeto ou subtarefas específicas (cf. 3 e 6).

Com isso, porém, não deve ocorrer a desvalorização da *intuição* ou de um projetista talentoso e experiente. Pretende-se o contrário. A incorporação de procedimentos metodológicos irá intensificar a capacidade de produção e de invenção. Qualquer método de trabalho, por mais lógica e metodicamente sofisticado, sempre irá requerer um elevado grau de intuição, ou seja, de lampejos que permitam idealizar ou identificar a solução global. Sem intuição o verdadeiro sucesso poderá ficar ausente.

Com os métodos de projeto é objetivado despertar as habilidades individuais do projetista por meio de diretrizes e ajuda, potencializar sua disposição com relação à criatividade e simultaneamente evidenciar a necessidade de uma avaliação subjetiva do resultado. Assim geralmente é posível elevar o nível do departamento de projeto. Através do procedimento planificado, o próprio projeto se tornará compreensível e possível de ser ensinado. O que foi percebido e apreendido não deverá ser obedecido como dogma, pelo contrário, já no subsconsciente, o procedimento metódico deveria conduzir a atividade do projetista em trajetórias e idéias próprias. Assim, interagindo com engenherios de outra áreas e atividades, o projetista não só irá se impor, como também exercer uma função executiva [130].

O projeto metódico possibilita uma *racionalização* eficaz do processo de projeto e produção. Nos projetos novos, os procedimentos coordenados e progressivos, inclusive em níveis parcialmente mais abstratos, possibilitam a geração de documentação reaproveitável das soluções. A estruturação dos problemas e das tarefas facilita a percepção das possibilidades de emprego de soluções consolidadas provenientes de desenvolvimentos anteriores e a utilização de catálogos de soluções. A progressiva concretização dos princípios de solução possibilita a seleção precoce e a otimização com menor volume de trabalho. Para o departamento de projeto, porém, sobretudo para o processo de produção, as séries construtivas e a metodologia modular representam um importante passo de racionalização (cf. 10).

A metodologia de projeto também é um pré-requisito imprescindível para um processo de projeto flexível e permanente, assistido por computador, que emprega modelos do produto armazenados na memória. Sem uma metodologia de projeto, não são possíveis o desenvolvimento de um sistema de programas baseados no conhecimento, o projeto de complexos de funcionamento controlados por computador, a aplicação de dados e programas arquivados na memória, a interligação de programas específicos, principalmente de modeladores de geometria e programas de cálculo. Como também o tráfego do fluxo de dados e a interligação com dados dos demais setores da empresa (CIM, PDM). A sistematização dos procedimentos também facilita a divisão sensata de trabalho entre projetista e computador e uma técnica interativa amigável ao usuário.

A demanda por racionalização também abrange a responsabilidade do projetista pelos custos e pela qualidade. Pré-cálculos de custo mais precisos e rápidos com auxílio dos meios de informação aprimorados (cf. 12) constituem uma exigência imperiosa para a área de projeto, assim como a detecção de pontos fracos. Para tanto, novamente são pré-requisitos a preparação sistemática da estrutura de construção e a documentação das informações.

Uma *metodologia de projeto* deverá:

- possibilitar um procedimento orientado por problemas, ou seja, ser aplicada em princípio em qualquer atividade de projeto, independentemente da especialidade;
- incentivar invenções e conhecimentos, ou seja, facilitar a busca de soluções ótimas;
- ser compatível com conceitos, métodos e conhecimentos de outras disciplinas;
- não gerar soluções somente por acaso;
- permitir uma fácil transferência das soluções de tarefas semelhantes;
- ser apropriada para ser usada no computador;
- ser possível de ser ensinada e aprendida;
- estar em conformidade com conhecimentos da psicologia cognitiva e da ergonomia, ou seja, facilitar o trabalho, economizar tempo, evitar decisões erradas e arregimentar colaboradores ativos e interessados;
- facilitar o planejamento e o controle do trabalho em equipe num processo integrado e multidisciplinar de geração de um produto e
- ser orientação e diretriz para os gerentes de projeto de equipes de desenvolvimento.

1.2.2 O desenvolvimento através do tempo

É difícil apurar a verdadeira origem do projeto metódico. Foi Leonardo da Vinci com seus projetos? Um observador dos esboços deste prematuro gênio universal fica assombrado — e o sistemático contemporâneo sente prazer — ao ver o modo pelo qual Leonardo variava sistematicamente uma solução com base em critérios por ele mesmo estabelecidos

[118]. Antes da era industrial, projetar estava íntimamente interligado com obras de arte e o artesanato.

Com o início da era tecnológica no século XIX, Redtenbacher [150] nos seus "Princípios de mecânica e engenharia mecânica" já indicava caraterísticas e princípios que ainda hoje são de grande relevância: solidez suficiente, deformações pequenas, reduzido desgaste, baixa resistência ao atrito, baixo dispêndio de material, execução simples, fácil montagem, poucos protótipos.

Seu discípulo Reuleaux [111] continuou os trabalhos, porém diante de requisitos em parte conflitantes, asseverou: 'Somente o fato de levar em conta todas as circunstâncias e sua correta apreciação não podem ser vistos de forma absoluta e por isso, em geral, não podem ser própriamente discutidos ou ensinados. Eles são muito mais uma questão de inteligência e perspicácia do engenheiro projetista". Em Reuleaux ganha força a abundância de fenômenos que uma teoria do projeto enfrenta e para os quais terá de encontrar uma resposta.

As contribuições de Bach [11] e Riedler [153], que consideraram os problemas dos materiais e de produção como pertencendo à mesma categoria dos problemas de resistência, além de se influenciarem reciprocamente, precisam ser incorporadas à evolução do projeto.

Rötscher [164] aponta para caraterísticas de configuração que considera críticas: finalidade específica, forças atuantes, fabricação e usinagem, bem como montagem. Forças terão que ser absorvidas imediatamente no lugar em que se originam e, se possível, transferidas como forças normais pelo menor caminho. Momentos de flexão devem ser evitados. Qualquer desvio significa não apenas um acréscimo no consumo de material e nos custos, mas também uma considerável alteração da forma. Cálculo e projeto precisam ser executados simultaneamente. Parte-se de dados fornecidos ou dos projetos das interfaces. Para o controle espacial deve ser escolhida, de imediato, uma representação em escala. O cálculo nada mais é do que uma ferramenta auxiliar que, de acordo com a necessidade, é usada para efetuar um pré-dimensionamento aproximado ou um pós-cálculo mais preciso para fins de verificação.

Laudien [107] dá indicações sobre o fluxo das forças em componentes de máquinas: junção rígida é formada por junções na direção da força. Se for requerida elasticidade, deve-se unir indiretamente; não prever nada além do estritamente necessário, nenhuma hiperdeterminação, não atender a outros requisitos além dos exigidos. Economia por meio da simplicidade ou por um projeto enxuto.

Critérios sistemáticos, no sentido atual, surgem pela primeira vez com Erkens [46] nos anos 20 do século passado. Para ele, um *procedimento passo a passo* é fundamental para encontrar uma combinação. Essa forma de trabalhar se carateriza por uma constante *checagem* e *avaliação*, bem como pela busca do *equilíbrio de requisitos conflitantes* com tal duração, até que o projeto surja como resultado de numerosas idéias.

Wörgerbauer foi o primeiro a ensaiar uma abrangente exposição da "ciência do projeto" [206], de modo que seus trabalhos são considerados o verdadeiro início do projeto sistemático. Wörgerbauer desdobra a *tarefa global* em *subtarefas* e estas em tarefas funcionais e tarefas de concretização. Com base em diversos pontos de vista, ele representa as múltiplas relações entre variáveis de influência reconhecíveis presentes no projeto. Por falta de pontos de vista superordenados, a quantidade de interligações indicada, freqüentemente desnorteia mais do que do que informa. No entanto, fica evidente o que o projetista deverá considerar e aonde terá que chegar. O próprio Wörgerbauer ainda não elaborou as soluções de forma sistemática. Sua busca metódica da solução parte de uma solução encontrada de forma mais ou menos intuitiva; variando esta solução da forma mais abrangente possível, com respeito à forma básica, ao material e a própria produção; aqui, ele inclui intencionalmente todas as variáveis identificadas que influenciam na solução. Nisso vai rapidamente ao encontro da necessidade de *delimitar a diversidade das soluções* encontradas. Isso ocorre através de *testes* e *avaliações*, onde os aspectos relativos ao custo são dominantes. As *listas de particularidades* bastante abrangentes de Wörgerbauer auxiliam a busca de soluções e também servem como listas de verificações e avaliações.

Com uma analogia lógico-funcional de elementos com diferentes efeitos físicos (efeitos elétricos, mecânicos e hidráulicos, para as funções lógicas análogas conduzir, unir, separar), Franke [54] encontrou uma abrangente estrutura dos mecanismos e por esse motivo é considerado um dos principais representantes da comparação funcional de componentes da solução, físicamente diferentes. Principalmente Rodenacker [155], posteriormente, dá seguimento a essa abordagem analógica.

Mesmo que antes e durante a Segunda Guerra Mundial já existisse certa demanda pela melhoria e racionalização do processo de projeto, a sistematização das mencionadas atividades num processo de projeto enfrentava restrições:

- faltavam meios de representação adequados para interrelações abstratas, informativas e
- a idéia geral impedia compreender a atividade de projeto, não somente como arte, porém como qualquer outra atividade no domínio técnico.

Um período de escassez de pessoal ("Gargalo no projeto" [190]) intensificou a vontade de se voltar novamente ao pensamento do procedimento sistemático em bases mais amplas.

Como proveitosos para as atuais idéias sobre uma metodologia de projeto, devem ser citados os trabalhos de Kesselring, Tschochner, Niemann, Matousek e Leyher.

Em 1942, no seu escrito "O projeto robusto", Kesselring publicou os princípios de um método por aproximações sucessivas e convergente [98]. O procedimento foi condensado nos seus aspectos cruciais em [96, 97] e, posteriormente, na diretriz VDI 2225 (*Verein Deutscher Ingenieure*) [195]. A essência do procedimento é a avaliação de variantes da configuração elaboradas com base em *critérios de avaliação, técnicos e econômicos*. Na sua teoria da configuração, ele indica cinco princípios de configuração superordenadores:

- princípio dos custos mínimos de produção (construção enxuta);
- princípio da necessidade mínima de espaço;
- princípio do peso mínimo (construção leve);
- princípio do desperdício mínimo e
- princípio da manipulação mais adequada.

Para a configuração e otimização de componentes específicos e produtos técnicos simples, vale a *teoria do dimensionamento* que atua com auxílio de métodos matemáticos. Ela se caracteriza pela aplicação simultânea de leis físicas e econômicas. Assim, podem ser prefixadas as dimensões das peças, ser selecionados o material, os processos e meios de produção e semelhantes. Considerando características otimizáveis pré-selecionadas, é possível determinar a solução mais vantajosa com ajuda de genuínos métodos de cálculo.

Tschochner [179] menciona quatro realidades básicas de um projeto: *princípio da função, material, forma* e *dimensão*. Suas relações recíprocas se influenciam mutuamente e dependem das necessidades, quantidade de peças, custos, etc. O projetista parte do princípio da função e cria as demais realidades básicas de material e forma, harmonizando-as entre si pelas dimensões adotadas.

No seu livro sobre elementos de máquinas, Niemann [121] antecipa critérios e métodos de trabalho, bem como regras de configuração que devem ser considerados como uma tentativa de uma aplicação sistemática. Ele inicia pelo projeto global em escala, onde se definem as dimensões principais e a configuração geral. Na etapa seguinte, é executado um desdobramento da construção global em conjuntos e subconjuntos, o que permite a execução cronologicamente em paralelo. É exigida a *especificação da tarefa*, a *sistemática da solução* e uma *escolha crítica e formal da solução*. Em princípio, essas exigências se identificam com os procedimentos atualmente formulados. Na época, Niemann constatou que os métodos para busca de novas soluções ainda eram pouco evoluídos. Ele deve ser considerado como um dos pioneiros que, com perseverança e sucesso, exigiu e incentivou o projeto sistemático.

Matousek [112] refere-se a quatro grandezas gerais de influência: *modo de trabalho, material, produção* e *configuração* e deriva disso, apoiado em Wörgerbauer [206], o procedimento pelo qual o projeto básico deverá ser executado, obedecendo a essa seqüência. E, no caso do custo final ser insatisfatório, esses critérios deverão ser reconsiderados através da formação de um processo de retroalimentação mais ou menos amplo de reavaliação.

A teoria do projeto de máquinas de Leyer ocupa-se centradamente na configuração [109]. Em uma teoria geral da configuração, são desenvolvidos *diretrizes e princípios de configuração* básicos. Num projeto distinguem-se três fases principais. A primeira serve para a definição do princípio por meio de uma idéia, descoberta ou também por aceitação daquilo que já se sabe; a segunda fase refere-se ao projeto propriamente dito e a terceira, à execução. A segunda fase é essencialmente o projeto básico, no qual a configuração se baseia no cálculo: "Partindo de uma formulação de uma tarefa já detalhada, a imaginação ou uma solução já conhecida dá inicio a uma certa idéia e no próprio local onde isso ocorre, o que, geralmente, é denominado de função". Na continuação do projeto, deverão ser observados princípios ou regras, p. ex., princípio da constância da espessura da parede, princípio da construção leve, fenômeno do fluxo das forças que exige uma configuração que considere o fluxo das forças, princípio da homogeneidade, sem os quais não será exeqüível um projeto bem-sucedido. Resumindo pode-se dizer que as regras de configuração e recomendações de projeto de Leyer são especialmente valiosas pelo fato de que, como de costume, na prática do projeto, o capeta está escondido no detalhe e casos de falhas raramente são causados por um princípio de solução ruim, mas freqüentemente por uma configuração desfavorável.

Na seqüência às abordagens apresentadas para o projeto sistemático, iniciou-se, por volta de 1965, um vigoroso desenvolvimento de métodos. Este foi realizado por professores de escolas de engenharia que conheceram o trabalho de projeto na prática, com exigências continuadamente crescentes aos produtos. Eles peceberam que uma reforçada orientação para a física e matemática, para a informática e para o procedimento sistemático, com uma divisão de trabalho mais intensiva, não só era necessária, mas também possível. Também é natural que os desenvolvimentos de métodos fossem criados principalmente pela área especializada ou pelo setor no qual as experiências foram adquiridas. A maioria dos desenvolvimentos procede da mecânica fina, da teoria dos mecanismos e de projetos eletromecânicos, pois relações inequívocas e sistemáticas são mais facilmente encontradas nesses campos; procede também da tecnologia de processos orientados fisicamente e, por fim, da indústria pesada.

Já no início dos anos 50, Hansen e outros representantes da escola de *Ilmenau* (Bischoff, Bock) apresentaram propostas para um projeto sistemático [21, 25, 78]. Em 1965, Hansen expôs sua abrangente sistemática de projeto na segunda edição do seu livro [77].

Ele define seu procedimento por um *sistema básico*, cujas etapas são uniformemente empregadas na conceituação, no projeto básico e na configuração. Hansen começa com uma análise crítica e detalhamento da formulação do problema, que leva ao *princípio básico* do desenvolvimento (núcleo do problema). O princípio básico abrange a função global derivada da tarefa, as condicionantes e suas características, bem como as providências necessárias. A função global (meta da função e condicionantes limitadoras) e as condicionantes (elementos e características) descrevem o núcleo da tarefa com as condições periféricas previstas.

A etapa de trabalho subseqüente consiste da busca sistemática dos elementos de solução e sua combinação em *modos de trabalho* ou *princípios de trabalho*.

A crítica de falhas é um relevante propósito de Hansen. Por meio dela são analisadas e eventualmente melhoradas as formas de trabalho desenvolvidas com respeito às suas características e seus aspectos qualitativos. As formas de trabalho melhoradas são avaliadas no último passo. Através de uma comparação de valores é encontrada a forma de trabalho otimizada para a tarefa.

Em 1974, apareceu outra obra de Hansen com o título "Ciência do projeto" [76]. O livro dá mais ênfase aos fundamentos teóricos do que a diretrizes práticas para o trabalho de projeto no dia-a-dia.

De modo semelhante, em seu "Fundamentos de uma heurística sistemática" Müller [116] descreve uma idéia teórica e abstrata do processo de projeto ou da atividade de projeto. Para a ciência do projeto oferece, assim, princípios importantes. Outros importantes trabalhos de Müller são [114, 115, 117].

Depois de Hansen, destacou-se principalmente Rodenacker pelo desenvolvimento do seu próprio método de projeto [155, 156, 157]. Seu modo de proceder caracteriza-se por procurar satisfazer *as relações de trabalho* exigidas na formulação da tarefa através de *relações de trabalho lógicas, físicas* e *de projeto*, passo a passo e seqüencialmente. O propósito principal é a identificação e supressão, o quanto antes possível, de variáveis de interferências e de falhas, na definição do evento físico. Também a estratégia geral de seleção do simples até o complexo, bem como a consideração do fato de que todas as variáveis de um sistema técnico devem ser consideradas sob os aspectos *quantidade, qualidade* e *custo*. Outras particularidades que caracterizam esse método de projeto são a ênfase em estruturas de função lógicas com funções elementares da *lógica binária* (interligar, separar) bem como a ênfase da etapa conceitual, por ter compreendido que a otimização de um produto deve se iniciar por um adequado conceito de solução. Resumindo pode-se constatar que, no projeto sistemático segundo Rodenacker, a compreensão do evento físico situa-se em primeiro plano. Baseado nesse fato, Rodenacker não só discute a execução sistemática de tarefas de projeto concretas, mas também a metodologia para inventar máquinas e aparelhos novos. Com a questão "para quais aplicações pode ser útil um fenômeno físico conhecido?" ele procura possíveis aplicações para um efeito físico conhecido. Esse procedimento tem grande relevância para o desenvolvimento de soluções totalmente novas.

Uma complementação aos métodos até agora expostos é representada pelos pensamentos que avaliam a ênfase unilateral dos procedimentos discursivos como insatisfatórios e não completamente utilizáveis pelo projetista. Partindo de sistemas cibernéticos familiares, tais como comandar, controlar e aprender, por considerações de analogia, Wächtler [199, 200] deduz que projetar criativamente pode ser interpretado como a mais difícil forma de processo "aprender". Aprender representa uma forma superior de controle onde, ao lado de uma variação quantitativa mantendo constante a qualidade (controlar), também a própria qualidade é alterada.

É decisivo que, no curso de uma otimização, o processo de projeto não seja compreendido como um processo de controle estático, porém dinâmico, no qual o refluxo de informações deverá percorrer a malha em sentido inverso tantas vezes quantas necessárias, até que o conteúdo de informações atinja a altura necessária para uma solução ótima. Portanto, o processo de aprendizagem aumenta continuamente o nível das informações e, assim, melhora os pressupostos iniciais para a verdadeira ação (busca da solução).

As abordagens metódicas de Leyer, Hansen, Rodenacker, Kuhlenkamp e Wächtler apresentadas por último são basicamente aplicadas ainda hoje. Freqüentemente foram incorporadas aos procedimentos dos sucessores ou a metodologias de outras escolas.

1.2.3 Métodos atuais

1. Engenharia de sistemas

Procedimentos e métodos da engenharia de sistemas têm adquirido crescente relevância em processos técnicos sócio-econômicos. No mínimo de forma implícita, ela é fundamental para o procedimento metódico. Como ciência interdisciplinar, a engenharia de sistemas disponibiliza métodos, processos e ferramentas para análise, planejamento, seleção e configuração otimizada de sistemas complexos [14, 15, 16, 23, 29, 30, 143, 208].

Criações técnicas, inclusive produtos da engenharia mecânica, aparelhos e equipamentos, são sistemas artificiais, concretos, na maioria das vezes dinâmicos, constituídos por um conjunto de elementos ordenados, interligados por relações com base nas suas características. Além do mais, um sistema se caracteriza por estar delimitado por seu ambiente, onde as ligações para o mesmo ambiente são seccionadas pelos limites do sistema: Fig. 1.5. As linhas de transmissão determinam o comportamento do sistema para fora. Isso torna possível a definição de uma função, que descreve a relação entre as grandezas de entrada e saída, indicando dessa forma a variação nas características das grandezas do sistema (cf. 2.1.3).

Partindo do fato de que criações técnicas representam sistemas, é natural verificar se os métodos da engenharia de sistemas são aplicáveis ao processo de projeto, uma vez que os objetivos da engenharia de sistemas correspondem amplamente aos requisitos relativos a um método de projeto [16]. O procedimento da engenharia de sistemas baseia-se na percepção geral de que problemas complexos são adequadamente solucionados em determinadas etapas de trabalho. Essas etapas de trabalho deverão ser orientadas pelas mesmas etapas de qualquer atividade de desenvolvimento, pela análise e pela síntese (cf. 2.2.5).

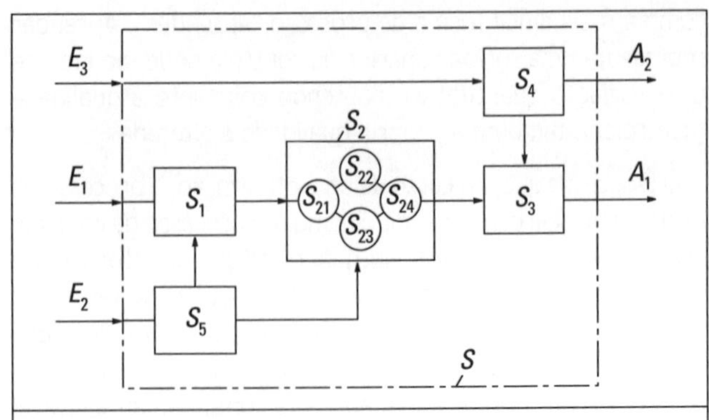

Figura 1.5 — *Estrutura de um sistema. S: interface do sistema global; S_1 a S_5: subsistemas de S; S_{21} a S_{24}: subsistemas ou elementos do sistema S_2; E_1 a E_3 variáveis de entrada (inputs); A_1 e A_2: variáveis de saída (outputs).*

A Fig. 1.6 mostra as etapas de um procedimento de acordo com a engenharia de sistemas. O procedimento se inicia com a coleta de informações acerca do sistema a ser projetado, fase conhecida como estudo do sistema, que pode ser resultante de análises de mercado, pesquisas de tendências ou de formulações de problemas concretos. De forma mais geral, essa etapa também pode ser denominada de análise do problema. O objetivo destas análises de sistema é a formulação clara dos problemas ou subtarefas a serem solucionados, que passam a constituir o real ponto de partida para o desenvolvimento do sistema. Numa segunda etapa ou já no curso dos estudos do sistema, é elaborado um programa-alvo, que define formalmente a meta do sistema a ser criado (formulação do problema). Essas metas constituem uma base importante para a posterior avaliação de variantes de solução, durante a busca da solução otimizada para o problema formulado. A síntese do sistema compreende o real desenvolvimento das variantes da solução com base nas informações coletadas nas duas primeiras etapas. Este processamento de informações deverá fornecer o maior número possível de propostas de solução e de configuração para o sistema planejado.

Para escolha de um sistema otimizado que atenda à formulação do problema, as variantes de solução encontradas são comparadas com o programa-alvo elaborado no início. Ou seja, deve-se certificar qual solução satisfaz os requisitos do problema da melhor forma. Pré-condição é o conhecimento das características das variantes da solução. Por esta razão, numa análise de sistema, são apuradas primeiramente estas características, que constituirão a base para a subseqüente avaliação do sistema.

A avaliação possibilitará então o encontro de uma solução relativamente otimizada e, por isso, constitui a base para a decisão sobre o sistema. A comunicação da informação finalmente ocorre na fase de planejamento da execução do sistema. Além disso, a Fig. 1.7 indica que nem sempre as etapas de trabalho permitem alcançar diretamente o objetivo do desenvolvimento mas que, freqüentemente, só um procedimento iterativo conduz a soluções adequadas. As etapas de decisão intercaladas facilitam esse processo de otimização, o que representa uma conversão de informações.

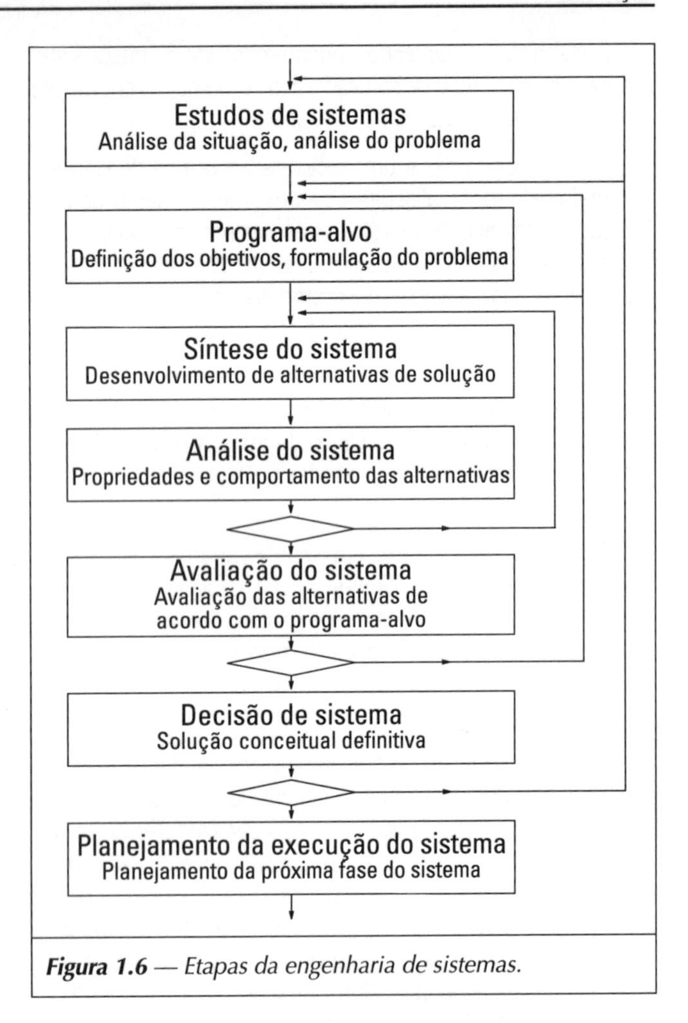

Figura 1.6 — *Etapas da engenharia de sistemas.*

Em um modelo de procedimentos da engenharia de sistemas [23, 52], as etapas do procedimento se repetem nas chamadas fases da vida do sistema, no qual a evolução de um sistema em função do tempo caminha do abstrato para o concreto (Fig. 1.7).

2. Análise de valores

O método da *análise de valores* conforme DIN 69910 (*Deutsche Ingenieurnormen*) [37, 66, 196, 197, 198] tem como objetivo principal a redução dos custos (cf. 12). Porém, para esse objetivo é proposto um procedimento que corresponde a um procedimento metódico global, especialmente para desenvolvimentos subseqüentes. A Fig. 1.8 mostra as principais etapas de trabalho da análise de valores que, via de regra, parte de uma construção existente e efetua uma análise com relação às funções e aos custos a serem satisfeitos para, em seguida, com novas metas de custos, buscar novas idéias de soluções e solução para as funções nominais requeridas. Através da busca metódica de melhores soluções, voltada para a função, a análise de valores tem muitos pontos em comum com a metodologia geral aplicada nos procedimentos.

Para a apuração e avaliação dos custos aplicam-se diversos métodos (cf. 12). Além do mais, o trabalho em equipe é imprescindível, ou seja, a comunicação entre os especialistas

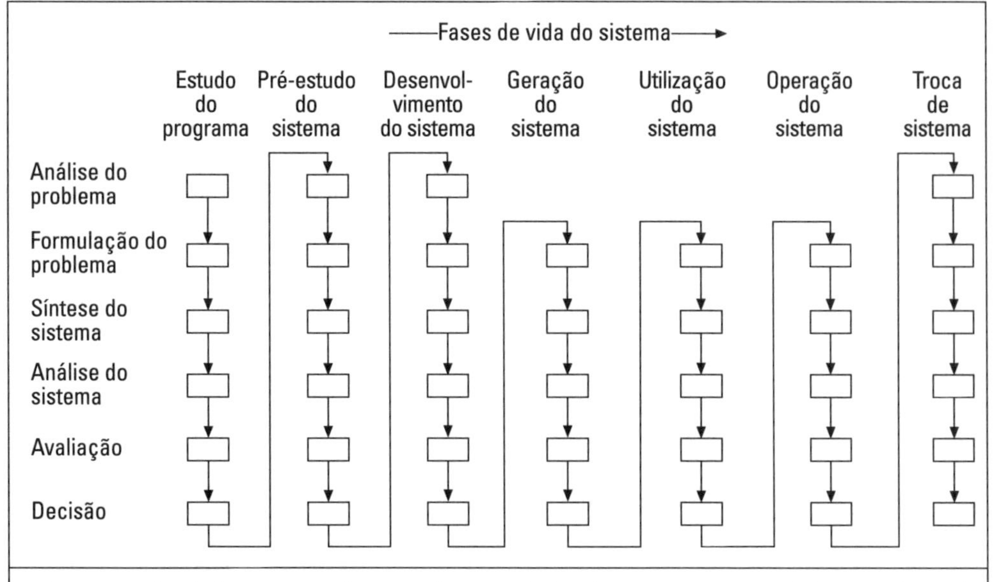

Figura 1.7 *Modelo de procedimento da engenharia de sistemas para as diferentes fases do ciclo de vida (fases de concretização) de acordo com [23, 52].*

de logística, compra, projeto, produção e orçamento (equipe da análise de valores) assegura a consideração integrada dos requisitos, do material, da configuração, dos processos de produção, do controle do estoque, da normalização e das realidades da distribuição.

Outro ponto-chave é o desdobramento da função global a ser satisfeita em subfunções de complexidade decrescente, bem como sua correlação com os portadores de funções (subconjuntos, peças específicas). A partir dos custos calculados de peças específicas, pode-se estimar os custos que incidirão para atender cada função prosseguindo até a função global. Tais "custos da função" constituem a base para a avaliação de conceitos ou alternativas de solução, sendo que esses custos deverão ser minimizados podendo inclusive levar à eliminação de funções não estritamente necessárias.

Ultimamente, registra-se um empenho no sentido de que uma análise de valores não seja efetuada somente posteriormente à apresentação dos desenhos do anteprojeto ou de desenhos de componentes específicos, mas já durante o desenvolvimento de conceito, no sentido de uma configuração de valor tornar ativos os aspectos mencionados [65]. Com isso, a análise de valores se aproxima dos objetivos de uma metodologia geral de projeto.

3. Métodos de projeto

A seguir são listados os métodos de projeto mais utilizados, atualmente. Para um procedimento comumente reconhecido valem as diretrizes da VDI.

A diretriz VDI 2222 [192, 193] define um plano de procedimento e métodos individuais para a concepção de produtos técnicos de forma que interessa principalmente ao desenvolvimento de novos produtos. A diretriz VDI 2221 [191] propõe um procedimento geral para o desenvolvimento e projeto de produtos técnicos destacando sua ampla aplicação na engenharia mecânica, mecânica fina, desenvolvimento de hardware e software e no planejamento de instalações técnicas de processamento. No curso do desenvolvimento de um produto, o plano de procedimentos, independente da especialidade (Fig. 1.9), prevê sete etapas de trabalho básicas, o que está em conformidade com os fundamentos de sistemas técnicos (cf. 2.1) e com o próprio plano do procedimento (cf. 4). Ambas diretrizes foram elaboradas por um grupo de trabalho da VDI, no qual estava representada a maioria dos cientistas de projeto da antiga República Federal da Alemanha mencionados nesta seção e projetistas-chefes da indústria. Condicionada pela objetivada aplicação geral, a evolução do processo de projeto foi estruturada de forma grosseira, o que permite uma diversidade de variantes do procedimento, específicas do produto ou da empresa. Portanto, a Fig. 1.9 representa mais uma linha mestra, à qual podem ser correlacionadas etapas de trabalho mais específicas. Também é dada uma ênfase especial ao caráter iterativo do procedimento, isto é, a execução das etapas de trabalho não deve ser vista de forma rígida, mas ocorre normalmente pulando etapas de trabalho específicas e/ou retornando a etapas anteriores.

Essa flexibilidade está em sintonia com a prática de projeto, sendo de grande importância para a aplicação destes planos de procedimentos.

Preparar o projeto

- Escalar a equipe
- Análise de valor - Delimitar o escopo
- Definir a organização e o seqüenciamento

Análise do objeto (situação atual)

- Identificar funções
- Determinar o custo das funções

Definir situação-alvo

- Definir as funções-alvo
- Determinar os demais requisitos
- Relacionar metas de custo com as funções-alvo

Desenvolver idéias de solução

- Coletar as idéias existentes
- Buscar novas idéias

Definir soluções

- Avaliar as idéias das soluções
- Detalhar as soluções das idéias de soluções selecionadas
- Avaliar e decidir com relação às soluções

Materializar soluções

- Detalhar as soluções selecionadas
- Planejar a concretização

Figura 1.8 — *Procedimento geral de análise de valor, segundo a DIN 69910.*

Nestas diretrizes, atuaram uma série de cientistas de países de língua alemã, apesar de, em parte, terem desenvolvido métodos próprios ou estarem representando a própria escola. Além disso, surgiram no exterior numerosas contribuições para a metodologia de projeto. Na discussão subseqüente de métodos específicos e procedimentos para casos particulares, uma parte não desprezível dessas contribuições será abordada ou mencionada em detalhes.

Uma compilação praticamente completa das atividades internacionais de ensino e pesquisa a partir de 1981 pode ser encontrada nos "*proceedings*" das conferências da ICED (*International Conference on Engineering Design*) [148].

A seguir, é colocada à disposição do leitor uma reprodução tabular em ordem cronológica dos títulos das principais publicações sobre o atual estágio de desenvolvimento metodológico. Da Tab. 1.1 constam as datas de lançamento e sua abrangência. No índice bibliográfico poderão ser encontradas outras contribuições sob o nome dos autores correspondentes. Os empenhos e méritos individuais foram apreciados textualmente no subitem 1.2.3 da quarta edição. Por motivos de extensão prescindimos da reedição dos mesmos.

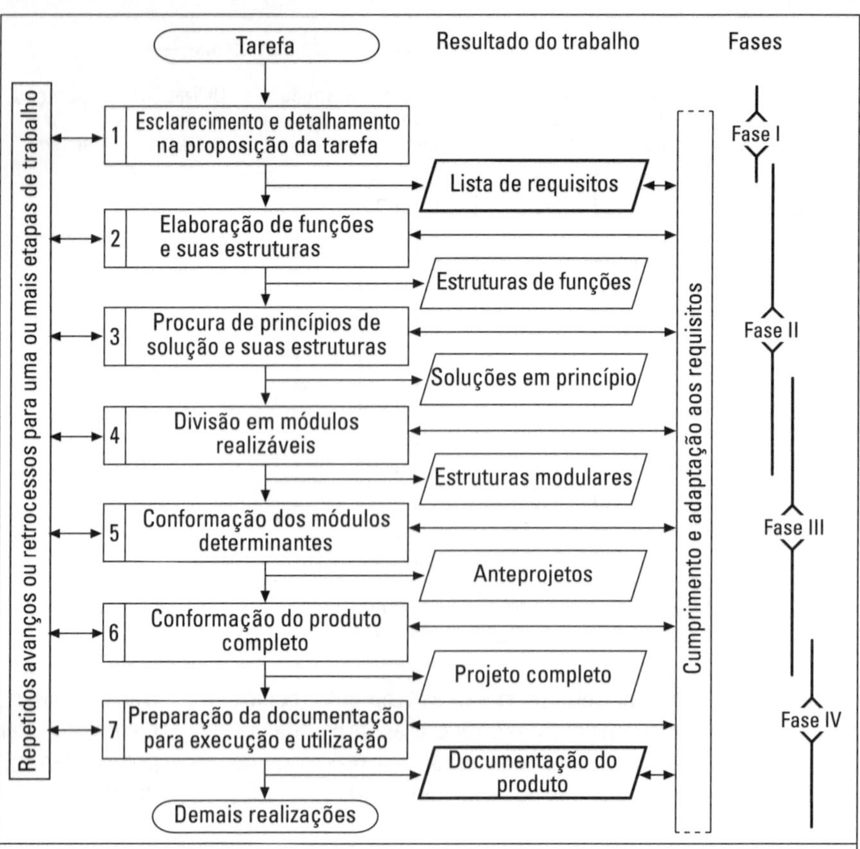

Figura 1.9 *Procedimento geral para o desenvolvimento do projeto, de acordo com [191].*

Tabela 1.1 Panorama cronológico dos métodos de projeto

Ano	Autor	Tema/Título	País	Referência
1953	Bischoff, Hansen	Projeto racional	RDA	21
1955	Bock	Sistemática de projeto - o método dos critérios classificadores	RDA	25
1956	Hansen	Sistemática do projeto	RDA	78
1963	Pahl	Técnica de projeto para construção de máquinas térmicas	A	131
1966	Dixon	Design Engineering: Inventiveness, Analysis and Decision Making	USA	39
1967	Harrisberger	Engineermanship	USA	79
1968	Roth	Sistemática das máquinas e suas funções mecânicas elementares	A	163
1969	Glegg	The Design of the Design, Teoria do projeto. Continuação do desenvolvimento de uma teoria do projeto	GB	68, 69, 70
	Tribus	Projeto baseado no conhecimento	USA	177
1970	Beitz	Engenharia de sistemas na área de engenharia	A	16
	Gregory	Creativity in Engineering	GB	71
	Pahl	Caminhos para a busca da solução	A	129
	Rodenacker	Projeto metódico, 4ª edição 1991	A	155
1972	Pahl, Beitz	Publicação seriada "Para a Prática do Projeto" (1972 - 1974)	A	14
1973	Altschuler	Inventividade: Manual para inovadores e e inventores	RR	5
	VDI	Diretriz VDI 2222 Folha 1 (projeto): Concepção de produtos técnicos	A	192
1974	Adams	Conceptual Blockbusting; Um manual para gerar idéias melhores	USA	1
1976	Hennig	Metodologia do projeto de máquinas operatrizes	RDA	82
1977	Flursheim	Engineering Design Interfaces	GB	49, 50

Tabela 1.1 (continuação)

Ano	Autor	Tema/Título	País	Referência
1977	Ostrofsky	Design, Planning and Development Methodology	USA	126
	Pahl, Beitz	Projeto na Engenharia 1ª edição, 4ª edição 1997	A	134
	VDI	Diretriz VDI 2222 folha 1: Concepção de produtos técnicos	A	192
1978	Rugenstein	Planilhas de trabalho: Técnica do projeto	RDA	165
1979	Frick	Integração da forma industrial ao produto. Processo de desenvolvimento, tarefas do design industrial	RDA	60, 61, 62
	Klose	Contribuição para desenvolver um projeto de máquinas mediante reutilização de subconjuntos com auxílio do computador	RDA	99, 100
	Polovnikin	Análise e desenvolvimento de métodos de projeto	RR	146, 147
1981	Gierse	Análise de valor e metodologia de projeto na área de desenvolvimento de produtos	A	67
	Kozma, Straub	Tradução para o húngaro do livro Projeto na Engenharia de Pahl, Beitz	H	141
	Nadler	The Planning and Desigin Approach	USA	119
	Proceedings of the ICED by Hubka	Série de publicações WDK a partir de 1981com edição bienal		
	Schregenberger	Solucionar problemas metodicamente	CH	170
1982	Dietrych, Rugenstein	Introdução à ciência do projeto	PL/D	36
	Roth	Projetar com auxílio de catálogos de projeto, 1ª a 3ª edição (2001)	A	160, 161, 162
	VDI	Diretriz VDI 2222, folha 2: Confecção e aplicação de catálogos de projeto	A	193
1983	Andreasen	Design for Assembly	D	8
	Höhne	Síntese estrutural e técnica de variação no projeto	RDA	84
1984	Hawkes, Abinett	The Engineering Design Practice	GB	80
	Altschöler	Invenção - Alternativas para solução de problemas técnicos	EE	4
	Hubka	Teoria dos sistemas técnicos	CH	86, 87
	Walczak	Tradução para polonês do livro Projeto na Engenharia de Pahl/Beitz	PL	139
	Yoshikawa	Automation in Thinking in Design	J	207
1985	Wallace	Engineering Design. Edição e tradução para o inglês do livro Projeto na Engenharia de Pahl, Beitz	GB	140
	Archer	The Implication for the study for Design - Methods of Recent Development in Neighbouring Disciplines	GB	10
	Erlenspiel	Desenvolver e projetar economicamente	A	41, 43
	Lindemann	Projetar		
	Franke	Metodologia de projeto e prática do projeto - uma análise crítica	A	51
	French	Inventar e desenvolver continuamente, biônica (Conceptual Design for Engineers)	GB	56, 57, 58
	Koller	Teoria do projeto para a engenharia mecânica. Princípios, etapas de trabalho, soluções básicas. 3ª edição	A	101, 102, 103, 104
	van den Kronenberg	Design Methodology as a Condition for Computer Aided Design	PB	185
1986	Odrin	Síntese morfológica de sistemas	RR	122
	Altchuller	Theory of Inventive Problem Solving	RR	2, 3
	Taguchi	Introduction to Quality Engineering	J	175
1987	Andreasen, Hein	Integrated Project Developments	D	7
	Erlenspiel, Figel	Application of Expert Systems in Machine Design	A	42
	Gasparski	On Design Differently	PO	63
	Hales	Analysis of Engineering Design Process in an Industrial Context. Managing Design	GB	73, 74, 75
	Schlottmann	Teoria do Projeto	RDA	169
	VDI/Wallace	VDI Design Handbook 2221 - Systematic Approach to the Design of Technical Systems and Products. Tradução inglesa	A	186

Tabela 1.1 (continuação)

Ano	Autor	Tema/Título	País	Referência
	Wallace, Hales	Detailed Analysis of an Engineering Design Project	GB	203
1988	Dixon	On Research Methodology - Towards a Scientific Theory of Engineering Design	USA	38
	Hubka, Eder	Theory of Technical Systems - A Total Concept Theory for Engineering Design	CH/CDN	88, 89
	Jakobsen	Functional Requirements to the Design Process	N	92
	Suh	The Principles of Design, Axiomatic Design	USA	173, 174
	Ullmann, Staufer, Dietterich	A Model of Mechanical Design Process Based on Empirical Data	USA	182
	Winner, Pennell	The Role of Concurrent Engineering in Weapon Acquisition	USA	205
1989	Cross	Engineering Design Methods	GB	33
	De Boer	Técnica e decisão no projeto metódico	PB	35
	Elmaragh Seering, Ullmann	Design Theory and Methodology	USA	145
	Jung	Criação de uma configuração funcional - Teoria do projeto para configuração de dispositivos, equipamentos, instrumentos e máquinas	A	93, 94
	Pahl, Beitz	Tradução para o chinês do livro Projeto na Engenharia	VRC	138
	Ulrich, Seering	Synthesis of Schematic Description in Mechanical Design	USA	184
1990	Birkhöfer	Da idéia ao produto - Uma reflexão crítica sobre a seleção e avaliação durante o projeto	AA	17,18
	Konttinnen	Tradução para o finlandês do livro Projeto na Engenharia de Pahl/Beitz	FIN	137
	Kostelic	Design for Quality	Yu	105
	Müller	Métodos de trabalho das ciências tecnológicas - Sistemática, heurística, criatividade	RDA	114
	Pighini	Methodological Design of Machine Elements	I	145
	Pugh	Total Design: Integrated Methods for Sucessful Product Engineering	GB	149
	Rinderle	Konstruktionstechnik und Methodik	USA	154
	Roozenburg, Eckels	Intervalo de confiança das asserções de processos de avaliação e decisão	PB	158, 159
1991	Andreasen	Methodical Design Framed by New Procedures	D	6
	Bjärnemo	Evaluation and Decision Techniques in the Engineering Design Process	S	22
	Boothroid, Dieter	Exposição da relação entre montagem e projeto automatizados	USA	26
	Clark, Fujimoto	Desenvolvimento de produtos bem sucedidos na indústria automobilística (estratégia, organização)	USA	31
	Flemming	A importância dos gêneros de construção no projeto	CH	47, 48
	Hongo, Nakajima	Relevant Features of the Theories of Design in Japan the Decade 1981	J	85
	Kannapan, Marshek	Design Synthetic Reasoning A Methodology for Mechanical Design	USA	95
	Staufer	Design Theory and Methodology	USA	172
	Walton	Da configuração ao projeto na engenharia mecânica (From Art to Practice)	USA	204
1992	O'Grady, Young	Constraint Net for Life Cycle: Concurrent Engineering	USA	123
	Seeger	Integração do desenho industrial com o projeto metódico	A	171
	Ullmann	Processo de projeto direcionado à aplicação	USA	180, 181
1993	Breiing, Flemming	Métodos e teoria do projeto	CH	28
	Linde, Hill	Invenção bem sucedida, estratégias de inovação voltadas à contradição	A	110
	Miller	Concurrent Engineering Design	USA	113
	VDI	Diretriz VDI 2221; Metodologia para desenvolvimento e projeto de produtos e sistemas técnicos	A	191
1994	Clausing	Total quality development	USA	32

Tabela 1.1 (continuação)

Ano	Autor	Tema/Título	País	Referência
	Blessing	A Process based Approach to Computer Supported Engineering Design	GB	24
	Pahl (Editor)	Questões psicológicas e pedagógicas no projeto metódico	A	127
1995	Ehrlenspiel	Desenvolvimento integrado do produto	A	40
	Pahl/Beitz	Tradução para o japonês do livro Projeto na Engenharia	J	136
	Wallace, Blessing, Bauert	Engineering Design 2ª edição e tradução do livro de Pahl/Beitz Teoria do Projeto, 3ª edição	GB, USA	135
1996	1996	Design for Excellence	USA	27
	Cross, Christiaans, Dorst	Congresso Internacional para análise das atividades de projeto	GB, PB	34
	Hazelrigg	Engenharia de sistemas: An Approach to information based Design	USA	81
	Waldron, Waldron	Teoria e método do processo de projeto	USA	202
1997	Frey, Rivin, Hatamura	Introdução de TRIZ no Japão	J	59
	Magrab	Análise concisa do desenvolvimento de um produto e do desenvolvimento do processo de produção	USA	111
1998	Frankenberger, Badke-Schaub, Birkhofer	Projetistas como fator da maior significância no desenvolvimento de um produto	A	55
	Herb (Editor)	Editor do livro de Terninko, Zusman e Zlotin: TRIZ	A	83
	Hyman	Fundamentos da técnica de projeto	USA	91
	Pahl/Beitz	Tradução para o coreano do livro Projeto na Engenharia	RC	133
	Terninko, Zusman, Slotin	Inovação sistemática: Uma introdução ao TRIZ	USA	176
1999	Pahl	Formas de pensar e agir ao projetar	A	128
	Samuel, Weir	Desenvolvimento do produto com pronunciado caráter básico para elementos de máquina	AU	168
	VDI	Diretriz VDI 2223 (projeto): Anteprojeto metódico de produtos técnicos	D	194
2001	Antonsson, Cagan	Formal Engineering Design Synthesis	USA	9
	Gausemeyer, Ebbesmeyer, Kallmeyer	Inovação do produto com planejamento estratégico	A	64
	Kroll, Condoor, Jansson	Análise paramétrica da etapa conceitual do desenvolvimento do produto	USA	106
2002	Sachse	Pensar no anteprojeto e diligenciar a representação, solidificar os pensamentos na concepção	A	166
	Eigner, Stelzer	Sistemas de gerenciamento de dados dos produtos	A	44
	Neudörfer	Projeto de produtos levando em conta a segurança	A	120
	Orloff	Fundamentos da TRIZ clássica (russo: Teoria da criatividade na solução de problemas)	A	125
	Wagner	Guia para inventores	A	201
2005	Pahl/Beitz	Tradução para o português do livro Projeto na Engenharia	BR	132

1.3 ■ Objetivos das atuais doutrinas do projeto metódico

Ao nos ocuparmos mais detalhadamente com os métodos já citados, constatamos, por um lado, que o desenvolvimento dos métodos foi marcadamente influenciado pela atividade da qual provém a experiência profissional dos autores. Mas por outro lado, existem mais afinidades do que se supõe, entre os diferentes conceitos e definições. As mencionadas diretrizes VDI 2222 e 2221 confirmam estas afinidades, pois foram elaboradas sob cooperação de autores competentes.

Com o respaldo da experiência profissional adquirida na prática do projeto de máquinas da indústria pesada, do material rodante de ferrovias e da indústria automobilística, bem como através de uma larga experiência no ensino básico e avançado da técnica de projeto, com a presente quinta edição é dada continuidade a uma abrangente "técnica de projeto para todas as etapas do processo de desenvolvimento de máquinas, equipamentos e dispositivos". O que será exposto baseia-se principalmente na série de ensaios "Para a prática do projeto"[142] publicada pelos autores Pahl e Beitz e nas quatro edições anteriores deste livro. Ressalte-se que entre a primeira (1977) e a presente quinta edição, nenhuma das afirmações gerais precisou ser suprimida por ser considerada superada.

A presente teoria do projeto não reivindica a pretensão de ser completa ou acabada. Porém, ela se esforça, para:

- ter cunho prático e simultaneamente ser instrutiva;
- expor os métodos existentes na acepção de um sistema modular com métodos compatíveis entre si, sem reivindicar uma nova escola e não acompanhar tendências de curta duração;
- registrar os detalhes dos fundamentos, princípios e indicações de projeto e, face à utilização crescente de componentes adquiridos e de desenhos eletrônicos, torná-los conhecidos;
- ser útil como base e linha mestra para o desenvolvedor, projetista e gerente de projeto para um desenvolvimento bem-sucedido. E também ser útil em novas formas de organização que trabalhem em equipe; apesar de a forma de organização da condução do processo em si não ser assunto central deste livro.

Que a presente teoria do projeto sirva ao estudante como introdução e fundamento, ao instrutor como auxílio e exemplo e ao praticante como informação, complementação e instrução continuada. A observância dos fatos e da orientação metódica aqui exposta irá contribuir bastante para um desenvolvimento do produto bem-sucedido ou a continuação de um desenvolvimento, no sentido de um aperfeiçoamento do produto.

O leitor já habituado à aplicação dos métodos pode começar diretamente pelo desenvolvimento do produto no cap. 5. Eventualmente, poderá se certificar ou recorrer aos princípios discutidos nos caps. 2 a 4. Entretanto o estudante ou profissional em início de carreira não deveriam desconhecer esses princípios, mas apossar-se deles como um princípio seguro.

Referências

1. Adams, J.L.: Conceptual Blockbusting: A Guide to Better Ideas, 3ª edição, Stanford: Addison-Wesley,1986.
2. Altschuller, G.S.; Zlotin, B.; Zusman, A.V.; Filantov,V.I.: Searching for New Ideas: From Insight to Methodology (russisch). Kartya Moldovenyaska Publishing House, Kishnev, Moldávia, 1989.
3. Altschuller, G.S.: Artikelreihe Theory of Inventive Problem Solving: (1955-1985). Management Schule, Sinferoble, Ucrânia, 1986.
4. Altschuller, G.S.: Erfinden - Wege zur Lösung technischer Probleme. Technik, 1984.
5. Altschuller, G.S.: Erfinden - (k)ein Problem? Anleitung für Neuerer und Erfinder. (org.: Algoritm izobretenija (dt)). Editora Tribüne, Berlim, 1973.
6. Andreasen, M.M.: Methodical Design Framed by New Procedures. Proceedings of ICED 91, Schriftenreihe WDK 20. Zurique: HEURISTA, 1991.
7. Andreasen, M.M.; Hein, L.: Integrated Product Development. Bedford, Berlim: IFS (Publications) Ltd, Springer, 1987.
8. Andreasen, M.M.; Kähler, S.; Lund, T.: Design for Assembly. Berlin: Springer, 1983. Deutsche Ausgabe: Montagegerechtes Konstruieren. Berlim: Springer, 1985.
9. Antonsson, E. K.; Cagan, J.: Formal Engineering Design Synthesis. Cambridge University Press, 2001.
10. Archer, L.B.: The Implications for the Study of Design Methods of Recent Developments in Neighbouring Disciplines. Proceedings of ICED 85, Schriftenreihe WDK 12. Zurique: HEURISTA, 1985.
11. Bach, C.: Die Maschinenelemente. Stuttgart: Arnold Bergsträsser Verlagsbuchhandlung, 1ª edição, 1880, 12ª edição, 1920.
12. Bauer, C.-O.: Anforderungen aus der Produkthaftung an den Konstrukteur. Beispiel: Verbindungstechnik. Konstruktion 42 (1990), 261-265.
13. Beitz, W.: Simultaneous Engineering - Eine Antwort auf die Herausforderungen Qualität, Kosten und Zeit. In: Strategien zur Produktivitätssteigerung - Konzepte und praktische Erfahrungen. ZfB-Ergänzungsheft 2 (1995), 3-11.
14. Beitz, W.: Design Science - The Need for a Scientific Basis for Engineering Design Methodology. Journal of Engineering Design 5 (1994), Nr. 2, 129-133.
15. Beitz, W.: Systemtechnik im Ingenieurbereich. VDI-Berichte Nr.174. Düsseldorf: Editora VDI, 1971 (com outras indicações de literatura).
16. Beitz, W.: Systemtechnik in der Konstruktion. DIN-Mitteilungen, 49 (1970), 295-302.
17. Birkhofer, H.: Konstruieren im Sondermaschinenbau - Erfahrungen mit Methodik und Rechnereinsatz. VDI-Berichte Nr.812, Düsseldorf, Editora VDI, 1990.

18. Birkhofer, H.: Von der Produktidee zum Produkt - Eine kritische Betrachtung zur Auswahl und Bewertung in der Konstruktion. Edição comemorativa de 65 anos de G. Pahl. Editor: F. G. Kollmann, TU Darmstadt, 1990.

19. Birkhofer, H.; Büttner, K.; Reinemuth, J.; Schott, H.: Netzwerkbasiertes Informationsmanagement für die Entwicklung und Konstruktion - Interaktion und Kooperation auf virtuellen Marktplätzen. Konstruktion 47 (1995), 255-262.

20. Birkhofer, H.; Nötzke, D.; Keutgen, I.: Zulieferkomponenten im Internet. Konstruktion 52 (2000), H. 5, 22-23.

21. Bischoff, W.; Hansen, E: Rationelles Konstruieren. Konstruktionsbücher Bd. 5. Berlim: VEB-Editora Técnica, 1953.

22. Bjärnemo, R.: Evaluation and Decision Techniques in the Engineering Design Process In Practice. Proceedings of ICED 91, Schriftenreihe WDK 20. Zurique: HEURISTA, 1991.

23. Blass, E.: Verfahren mit Systemtechnik entwickelt. Notícias VDI, N. 29, (1981).

24. Blessing, L.T.M.: A Process-Based Approach to Computer-Supported Engineering Design. Cambridge: C.U.R 1994.

25. Bock, A.: Konstruktionssystematik - die Methode der ordnenden Gesichtspunkte. Feingerätetechnik 4 (1955), 4.

26. Boothroyd, G.: Dieter, G.E.: Assembly Automation and Product Design. Nova York, Basiléia: Editora Marcel De-Lker Inc., 1991.

27. Bralla, J.G.: Design for Excellence. NovaYork: McGraw-Hill, 1996.

28. Breiing, A.; Flemming, M.: Theorie und Methoden des Konstruierens. Berlim: Springer, 1993.

29. Böchel, A.: Systems Engineering: Industrielle Organisation, 38 (1969), 373-385.

30. Chestnut, H.: Systems Engineering Tools. Nova York: Wiley & Sons Inc.1965, 8 ff.

31. Clark, K.B., Fujimoto, T.: Product Development Performance: Strategy, Organization and Management in the World Auto Industry Boston: Harvard Business School Press, 1991.

32. Clausing, D.: Total Quality Development. Asme Press, Nova York, 1994.

33. Cross, N.: Engineering Design Methods. Chichester: J. Wiley & Sons Ltd., 1989.

34. Cross, N.; Christiaans, H.; Dorst, K.: Analysing Design Activity. Delft University of Technology, Niederlande: Editora John Wiley & Sons, Nova York, 1996.

35. De Boer, S.J.: Decision Methods and Techniques in Methodical Engineering Design. De Lier: Academisch Boeken Centrum, 1989.

36. Dietrych, J.; Rugenstein, J.: Einführung in die Konstruktionswissenschaft. Gliwice: Politechnika Slaska IM.W Pstrowskiego, 1982.

37. DIN 69910: Wertanalyse, Begriffe, Methode. Berlim, Beuth.

38. Dixon, J.R.: On Research Methodology Towards - A Scientific Theory of Engineering Design. In Design Theory 88 (editado por S.L. Newsome, W.R. Spillers, S. Finger). Nova York: Springer, 1988.

39. Dixon, J.R.: Design Engineering: Inventiveness, Analysis, and Decision Making. Nova York: McGraw-Hill, 1966.

40. Ehrlenspiel, K.: Integrierte Produktentwicklung. Munique: Hanser, 1995.

41. Ehrlenspiel, K.: Kostengünstig konstruieren. Berlim: Springer, 1985.

42. Ehrlenspiel, K.; Figel, K.: Applications of Expert Systems in Machine Design. Konstruktion, 39 (1987), 280-284.

43. Ehrlenspiel, K.; Kiewert, A.; Lindemann, U.: Kostengünstig Entwickeln und Konstruieren. Berlin: Springer, 2002

44. Eigner, M.; Stelzer, R.: Produktdatenmanagement-Systeme. Berlim: Springer, 2002.

45. Elmaragh, W.H.; Seering,W.P.; Ullman, D.G.: Design Theory and Methodology-DTM 89. ASME DE - Vol.17. Nova York, 1989.

46. Erkens,A.: Beiträge zur Konstruktionserziehung. Z.VDI 72 (1928), 17-21.

47. Flemming, M.: Die Bedeutung von Bauweisen für die Konstruktion. Proceedings of ICED 91, Schriftenreihe WDK 20. Zurique: HEURISTA, 1991.

48. Flemming, M.; Ziegmann, G.; Roth, S.: Faserverbundbauweisen. Berlim: Springer, 1995.

49. Flursheim, C.: Industrial Design and Engineering. Londres: The Design Council, 1985.

50. Flursheim, C.: Engineering Design Interfaces: A Management Philosophy. Londres: The Design Council, 1977.

51. Franke, H.-J.: Konstruktionsmethodik und Konstruktionspraxis - eine kritische Betrachtung. In: Proceedings of ICED'85 Hamburg. Zurique: HEURISTA, 1985.

52. Franke, H.-J.: Der Lebenszyklus technischer Produkte. VDI-Notícias N. 512. Düsseldorf: Editora VDI, 1984.

53. Franke, H.-J.; Lux, S.: Internet-basierte Angebotserstellung für komplexe Produkte. Konstruktion 52 (2000) H. 5, 24-26.

54. Franke, R.: Vom Aufbau der Getriebe. Düsseldorf, Editora VDI 1948/1951.

55. Frankenberger, E.; Badke-Schaub, R; Birkhofer, H.: Designers, The Key to Successful Product Development. Londres: Springer, 1998.

56. French, M. J.: Form, Structure and Mechanism. Londres: Macmillan, 1992.

57. French, M. J.: Invention and Evolution: Design in Nature and Engineering. Cambridge: C.U.R., 1988.

58. French, M.J.: Conceptual Design for Engineers. Londres, Berlim: The Design Council, Springer, 1985.

59. Frey, V. R.; Rivin, E. I.; Hatamura, Y.: TRIZ: Nikkan Konyou Shinbushya. Tóquio, 1997.

60. Frick, R.: Erzeugnisqualität und Design. Berlim: Editora Técnica, 1996.

61. Frick, R.: Arbeit des Industrial Designers im Entwicklungsteam. Konstruktion 42, (1990), 149-156.

62. Frick, R.: Integration der industriellen Formgestaltung in den Erzeugnis-Entwicklungsprozess. Habilitationsschrift TH Karl-Marx-Stadt, 1979.

63. GasparsLi, W.: On Design Differently. Proceedings of ICED 87, Schriftenreihe WDK 13, Nova York: ASME, 1987.

64. Gausemeier, J.; Ebbesmeyer, R; Kallmeyer, R: Produktinnovation. Strategische Planung und Entwicklung der Produkte von morgen, Munique, Viena: Hanser, 2001.

65. Gierse, EJ.: Von der Wertanalyse zum Value Management - Versuch einer Begrifferklärung. Konstruktion, 50, (1998), H. 6, 35-39.

66. Gierse, EJ.: Funktionen und Funktionen-Strukturen, zentrale Werkzeuge der Wertanalyse. VDI Berichte Nr. 849, Düsseldorf: Editora VDI, 1990.

67. Gierse, EJ.: Wertanalyse und Konstruktionsmethodik in der Produktentwicklung. VDI-Berichte Nr. 430. Düsseldorf: Editora VDI, 1981.

68. Glegg, G.L.: The Development of Design. Cambridge: C.U.R, 1981.

69. Glegg, G. L.: The Science of Design. Cambridge: C. U. R., 1973.

70. Glegg, G.L.: The Design of Design. Cambridge: C.U.R., 1969.

71. Gregory, S. A.: Creativity in Engineering. Londres: Butterworth, 1970.

72. Groeger, B.: Ein System zur rechnerunterstützten und wissensbasierten Bearbeitung des Konstruktionsprozesses. Konstruktion 42, (1990) 91-96.

73. Hales, C.: Managing Engineering Design. Harlow: Longman, 1993.

74. Hales, C.: Analysis of the Engineering Design Process in an Industrial Context. Eastleigh/Hampshire: Gants Hill Publications, 1987.

75. Hales, C.; Wallace, K.M.: Systematic Design in Practice. Proceedings of ICED 91, Schriftenreihe WDK 20. Zurique: HEURISTA, 1991.

76. Hansen, F.: Konstruktionswissenschaft - Grundlagen und Methoden. Munique: Hanser, 1974.

77. Hansen, F.: Konstruktionssystematik, 2ª edição. Berlim: Editora Técnica VEB, 1965.

78. Hansen, F.: Konstruktionssystematik. Berlim: Editora Técnica VEB, 1956.

79. Harrisberger, L.: Engineersmanship: A philosophy of design. Belmont: Wadsworth, 1967.

80. Hawkes, B.; Abinett, R.: The Engineering Design Process. Londres: Pitman 1984.

81. Hazelrigg, G.A.: Systems Engineering: An approach to information-based design. Prentice Hall, Upper Sattel River, N.4. 1996.

82. Hennig, J.: Ein Beitrag zur Methodik der Verarbeitungsmaschinenlehre. Habilitationsschrift TU Dresden, 1976.

83. Herb, R. (Hrsg.); Terninko, J.; Zusman, A.; Zlotin, B.: TRIZ - der Weg zum konkurrenzlosen Erfolgsprodukt (org. TZZ-98). Verlag moderne Technik, Landsberg, 1998.

84. Höhne, G.: Struktursynthese und Variationstechnik beim Konstruieren. Habilitationsschrift, TH Ilmenau, 1983.

85. Hongo, K.; Nakajima, N.: Relevant Features of the Decade 1981-91 of the Theories of Design in Japan. Proceedings of ICED 91, SchriftenreiheWDK 20. Zurique: HEURISTA, 1991.

86. Hubka, V.: Theorie technischer Systeme. Berlim: Springer, 1984.

87. Hubka, V.; Andreasen, M.M.; Eder, W.E.: Practical Studies in Systematic Design. Londres, Northampton: Butterworth, 1988.

88. Hubka, V.; Eder, W. E.: Einführung in die Konstruktionswissenschaft - Übersicht, Modell, Anleitungen. Berlim: Springer, 1992.

89. Hubka, V.; Eder, WE.: Theory of Technical Systems - A Total Concept Theory for Engineering Design. Berlim: Springer, 1988.

90. Hubka, V.; Schregenberger, J. W.: Eine Ordnung konstruktionswissenschaftlicher Aussagen.VDI-Z 131, (1989) 33-36.

91. Hyman, B.: Fundamentals of Engineering Design. Upper Saddle River, Prentice-Hall, 1998.

92. Jakobsen, K.: Functional Requirements in the Design Process. In: "Modern Design Principles". Trondheim: Tapir, 1988.

93. Jung, A.: Technologische Gestaltbildung - Herstellung von Geometrie-, Stoff- und Zustandseigenschaften feinmechanischer Bauteile. Berlim: Springer, 1991.

94. Jung, A.: Funktionale Gestaltbildung - Gestaltende Konstruktionslehre für Vorrichtungen, Geräte, Instrumente und Maschinen. Berlim: Springer, 1989.

95. Kannapan, S. M.; Marshek, K. M.: Design Synthetic Reasoning: A Methodology for Mechanical Design. Research in Engineering Design, (1991), Vol. 2, Nr. 4, 221-238.

96. Kesselring, E: Technische Kompositionslehre. Berlim: Springer, 1954.

97. Kesselring, E: Bewertung von Konstruktionen. Düsseldorf: Editora VDI, 1951.

98. Kesselring, E: Die starke Konstruktion.VDI-Z. 86, (1942) 321-330, 749-752.

99. Klose, J.: Konstruktionsinformatik im Maschinenbau. Berlim: Technik, 1990.

100. Klose, J.: Zur Entwicklung einer speicherunterstützten Konstruktion von Maschinen unter Wiederverwendung von Baugruppen. Habilitationsschrift TU Dresden, 1979.

101. Koller, R.: Konstruktionslehre für den Maschinenbau. Grundlagen zur Neu- und Weiterentwicklung technischer Produkte, 3ª edição. Berlim: Springer, 1994.

102. Koller, R.: CAD - Automatisiertes Zeichnen, Darstellen und Konstruieren. Berlim: Springer, l989.

103. Koller,.R.: Entwicklung und Systematik der Bauweisen technischer Systeme - ein Beitrag zur Konstruktionsmethodik. Konstruktion, 38 (1986) 1-7.

104. Koller, R.: Konstruktionslehre für den Maschinenbau. Grundlagen, Arbeitsschritte, Prinziplösungen. Berlim: Springer, 1985.

105. Kostelic, A.: Design for Quality. Proceedings of ICED 90, Schriftenreihe WDK 19. Zurique: HEURISTA, 1990.

106. Kroll, E.; Condoor, S.S.; Jansson, D.G.: Innovative Conceptual Design: Theory and Application of Parameter Analysis. Cambridge: Cambridge University Press, 2001.

107. Laudien, K.: Maschinenelemente. Leipzig: Dr. Max Junecke Verlagsbuchhandlung, 1931.

108. Lehmann, C.M.: Wissensbasierte Unterstützung von Konstruktionsprozessen. Reihe Produktionstechnik, Bd.76. Munique: Hanser, 1989.

109. Leyer, A.: Maschinenkonstruktionslehre. Hefte 1-6 technica-Reihe. Basiléia: Birkhäuser, 1963-1971.

110. Linde, H.; Hill, B.: Erfolgreich Erfinden - Widerspruchsorientierte Innovationsstrategie. Darmstadt: Hoppenstedt, 1993.

111. Magrab, E. B.: Integrated Product and Process Design and Development: The Product Realisation Process. CRC Press, EUA, 1997.

112. Matousek, R.: Konstruktionslehre des allgemeinen Maschinenbaus. Berlim: Springer, 1957 Reimpressão.

113. Miller, L. C.: Concurrent Engineering Design: Society of Manufacturing Engineering. Dearborn, Michigan, EUA, 1993.

114. Müller, J.: Arbeitsmethoden der Technikwissenschaften - Systematik, Heuristik, Kreativität. Berlim: Springer, 1990.

115. Müller, J.: Probleme schöpferischer Ingenieurarbeit. Manuskriptdruck TH Karl-MarxStadt, 1984.

116. Müller, J.: Grundlagen der systematischen Heuristik. Schriften zur soz. Wirtschaftsführung. Berlim: Dietz, 1970.

117. Müller, J.; Koch, R (Hrsg.).: Programmbibliothek zur systematischen Heuristik für Naturwissenschaften und Ingenieure. Techn. wiss. Abhandlungen des Zentralinstituts für Schweißtechnik Nr. 97-99. Halle, 1973.

118. N.N.: Leonardo daVinci.Das Lebensbild eines Genies. Wiesbaden: Vollmer, 1955, 493-505.

119. Nadler, G.: The Planning and Design Approach. Nova York: Wiley, 1981.

120. Neudörfer, A.: Konstruieren sicherheitsgerechter Produkte. Berlim: Springer, 2002.

121. Niemann, G.: Maschinenelemente, Bd. 1. Berlin: Springer 1ª edição. 1950, 2ª edição. 1965, 3ª edição, 1975 (com colaboração de M. Hirt).

122. Odrin, W. M.: Morphologische Synthese von Systemen: Aufgabenstellung, Klassifikation, Morphologische Suchmethoden. Kiew: Institut f. Kybernetik, Preprints 3 und 5, 1986.

123. O'Grady, P.; Yonng, R.E.: Constraint Nets for Life Cycle Engineering: Concurrent Engineering. Proceedings of National Science Foundation Grantees Conference, 1992.

124. Opitz, H. und andere: Die Konstruktion - ein Schwerpunkt der Rationalisierung. Industrie Anzeiger 93, (1971) 1491-1503.

125. Orloff, M. A.: Grundlagen der klassischen TRIZ. Berlim: Springer, 2002.

126. Ostrofsky, B.: Design, Planning and Development Methodology. Nova Jersey: Prentice-Hall, Inc., 1977.

127. Pahl, G. (Hrsg.): Psychologische und pädagogische Fragen beim methodischen Konstruieren. Ladenburger Diskurs. Colônia: Editora TÜV Rheinland, 1994.

128. Pahl, G.: Denk- und Handlungsweisen beim Konstruieren. Konstruktion 1999, 11-17.

129. Pahl, G.: Wege zur Lösungsfindung. Industrielle Organisation 39, (1970), Nr.4.

130. Pahl, G.: Entwurfsingenieur und Konstruktionslehre unterstützen die moderne Konstruktionsarbeit. Konstruktion 19, (1967) 337-344.

131. Pahl, G.: Konstruktionstechnik im thermischen Maschinenbau. Konstruktion, (1963), 91-98.

132. Pahl, G.; Beitz, W.: Konstruktionslehre. Portugiesische Übersetzung. Editora Edgard Blücher Ltda, São Paulo, Brasil, 2005.

133. Pahl, G.; Beitz, W.: Konstruktionslehre. Tradução coreana, 1998.

134. Pahl, G.; Beitz, W.: Konstruktionslehre. Berlim: Springer 1ª edição, 1977; 2ª edição. 1986; 3ª edição, 1993; 4ª edição, 1997.

135. Pahl, G.; Beitz, W.: (transl. and edited by Ken Wallace, Lucienne Blessing and Frank Bauert): Engineering Design - A Systematic Approach. Londres: Springer, 1995.

136. Pahl, G.; Beitz, W.: Engineering Design. Tóquio: Baikulan Co. Ltd., 1995.

137. Pahl, G.; Beitz, W.: Koneensuunnittluoppi (transl. by U. Konttinen). Helsinki: Metalliteollisuuden Kustannus Oy, 1990.

138. Pahl, G.; Beitz, W.: Konstruktionslehre. Tradução chinesa, 1989.

139. Pahl, G.; Beitz, W.: NAUKA konstruowania (transl. by A. Walczak). Warszawa: Wydawnictwa Naukowo Techniczne, 1984.

140. Pahl, G.; Beitz,W.: (transl. and edited by K.Wallace): Engineering Design - A Systematic Approach. Londres/Berlim: The Design Council/Springer, 1984.

141. Pahl, G.; Beitz, W.: A greptervezes elmelete es gyakorlata (transl. by M. Kozma, J. Straub, editado por T. Bercsey, L. Varga). Budapeste: Müszaki Könyvkiadö, 1981.

142. Pahl, G.; Beitz, W.: Für die Konstruktionspraxis. Aufsatzreihe in der Konstruktion, 24 (1972), 25 (1973) und 26 (1974).

143. Patsak, G.: Systemtechnik. Berlim: Springer, 1982.

144. Penny, R. K.: Principles of Engineering Design. Postgraduate 46, (1970) 344-349.

145. Pighini, U.: Methodological Design of Machine Elements. Proceedings of ICED 90, Schriftenreihe WDK 19. Zurique: HEURISTA, 1990.

146. Polovnikin, A.I. (Hrsg.): Automatisierung des suchenden Konstruierens. Moskau: Radio u. Kommunikation, 1981.

147. Polovnikin, A. I.: Untersuchung und Entwicklung von Konstruktionsmethoden. MBT 29 (1979) 7, 297-301.

148. Proceedings of ICED 1981-1995 (editado por V. Hubka e outros), Schriftenreihe WDK 7, 10, 12, 13, 16, 18, 19, 20, 22, 23. Zurique: HEURISTA, 1981-1995.

149. Pugh, S.: Total Design; Integrated Methods for Successful Product Engineering. Reading: Addison Wesley, 1990.

150. Redtenbacher, E: Prinzipien der Mechanik und des Maschinenbaus. Mannheim: Bassermann, 1852, 257-290.

151. Reinemuth, J.; Birkhofer, H.: Hypermediale Produktkataloge - Flexibles Bereitstellen und Verarbeiten von Zulieferinformationen. Konstruktion 46, (1994), 395-404.

152. Reuleaux, R; Moll, C.: Konstruktionslehre für den Maschinenbau. Braunschweig: Vieweg, 1854.

153. Riedler, A.: Das Maschinenzeichnen. Berlim: Springer, 1913.

154. Rinderle, J. R.: Design Theory and Methodology - DTM 90 ASME DE - Vol.27. Nova York, 1990.

155. Rodenacker, W.G.: Methodisches Konstruieren. Konstruktionsbücher, Bd. 27. Berlim: Springer, 1970, 2ª edição. 1976, 3ª edição, 1984, 4ª edição, 1991.

156. Rodenacker, W.G.: Neue Gedanken zur Konstruktionsmethodik. Konstruktion 43, (1991) 330-334

157. Rodenacker, W.G.; Claussen, U.: Regeln des Methodischen Konstruierens. Mainz: Krausskopf, 1973/74.

158. Roozenburg, N.E.M.; Eekels, J.: Produktontwerpen, Structurr en Methoden. Utrecht: Uitgeverij Lemma B. V. 199R Englische Ausgabe: Product Design: Fundamentals and Methods. Chister: Wiley, 1995.

159. Roozenburg, N.; Eekels, J.: EVAD Evaluation and Decision in Design. Schriftenreihe WDK 17. Zurique: HEURISTA, 1990.

160. Roth, K.: Konstruieren mit Konstruktionskatalogen. 3ª edição, Tomo I: Konstruktionslehre. Berlim: Springer, 2000 Tomo II: Konstruktionskataloge. Berlim: Springer, 2001. Tomo III: Verbindungen und Verschlüsse, Lösungsfindung. Berlim: Springer, 1996.

161. Roth, K.: Modellbildung für das methodische Konstruieren ohne und mit Rechnerunterstützung.VDI-Z, (1986) 21-25.

162. Roth, K.: Konstruieren mit Konstruktionskatalogen. Berlim: Springer, 1982.

163. Roth, K.: Gliederung und Rahmen einer neuen Maschinen-Geräte-Konstruktionslehre. Feinwerktechnik, 72 (1968) 521-528.

164. Rötscher, E: Die Maschinenelemente. Berlim: Springer, 1927.

165. Rugenstein, J.: Arbeitsblätter Konstruktionstechnik. TH Magdeburg, 1978/79.

166. Sachse, R: Idea materialis: Entwurfsdenken und Darstellungshandeln. Über die allmähliche Verfertigung der Gedanken beim Skizzieren und Modellieren. Berlim: Logos, 2002.

167. Saling, K.-H.: Prinzip- und Variantenkonstruktion in der Auftragsabwicklung Voraussetzungen und Grundlagen. VDI-Notícias N. 152. Düsseldorf: Editora VDI, 1970.

168 Samuel, A.; Weir, J.: Introduction to Engineering Design. Butterwoth - Heinemann, Austrália, 1999.

169. Schlottmann, D.: Konstruktionslehre. Berlim: Technik, 1987.

170. Schregenberger, J. W.: Methodenbewusstes Problemlösen - Ein Beitrag zur Ausbildung von Konstrukteuren. Berna: Haupt, 1981.

171. Seeger, H.: Design technischer Produkte, Programme und Systeme. Anforderungen, Lösungen und Bewertungen. Berlim: Springer, 1992.

172. Stauffer, L.A. (Edited) Design Theory and Methodology - DTM 91. ASME DE - Vol. 31, Suffolk (UK): Mechanical Engineering Publications Ltd., l991.

173 Suh, N.P.: Axiomatic Design, Advances and Applications. Nova York, Oxford: Oxford University Press, 2001.

174. Suh, N.R The Principles of Design. Oxford/UK: Oxford University Press, 1988.

175. Taguchi, G.: Introduction of Quality Engineering. Nova York: UNIPUB, 1986.

176. Terninko, J.; Zusman, A.; Zlotin, B.: Systematic Innovation: An introduclion to TRIZ. St. Lucie Press, Flórida, EUA, 1998.

177. Tribus, G.: Rational Descriptions, Decisions and Design. Nova York: Pergamon Press, Elmsford, 1969.

178. Tropschuh, R: Rechnerunterstützung für das Projektieren mit Hilfe eines wissensbasierten Systems. Munique: Hanser, 1989.

179. Tschochner, H.: Konstruieren und Gestalten. Essen: Girardet, 1954.

180. Ullman, D. G.: The Mechanical Design Process. Nova York: McGraw-Hill 1992, 2ª edição 1997, 3ª edição 2002.

181. Ullman, D.G.: A Taxonomy for Mechanical Design. Res. Eng. Des. 3, (1992) 179-189.

182. Ullman, D. G.; Stauffer, L. A.; Dietterich, T. G.: A Model of the Mechanical Design Process Based an Emperical Data. AIEDAM, Academic Press, (1988), H. 1, 33-52.

183. Ulrich,K.T.; Eppinger,S.D.: Product Design and Development. Nova York: McGraw-Hill, 1995.

184 Ulrich, K.T.; Seering, W.: Synthesis of Schematic Descriptions in Mechanical Design. Research in Engineering Design, (1989), Vol. 1, N.,1, 3-18.

185. van den Kroonenberg, H.H.: Design Methodology as a Condition for Computer Aided Design. Notícias VDI N. 565, Düsseldorf Editora VDI, 1985.

186. VDI Design Handbook 2221: Systematic Approach to the Design of Technical Systems and Products (transl. by K. Wallace). Düsseldorf: Editora VDI, 1987.

187. VDI: Anforderungen an Konstruktions- und Entwicklungsingenieure - Empfehlungen derVDI-Gesellschaft Entwicklung - Konstruktion - Vertrieb (VDI-EKV) zur Ausbildung. Jahrbuch 92. Düsseldorf, Editora VDI, 1992.

188. VDI: Simultaneous Engineering - neue Wege des Projektmanagements. VDI-Tagung Frankfurt, Tagungsband. Düsseldorf, Editora VDI, 1989.

189. VDI-Berichte 775: Expertensysteme in Entwicklung und Konstruktion - Bestandsaufnahme und Entwicklungen. Düsseldorf: Editora VDI, 1989.

190. VDI-Fachgruppe Konstruktion (ADKI): Engpass Konstruktion. Konstruktion, 19 (1967) 192-195.

191. VDI-Richtlinie 2221: Methodik zum Entwickeln und Konstruieren technischer Systeme und Produkte. Düsseldorf: Editora VDI, 1993.

192. VDI-Richtlinie 2222 Blatt 1: Konzipieren technischer Produkte: Düsseldorf: Editora VDI (Entwurf) 1973, überarbeitete Fassung: 1977. Methodisches Entwickeln von Lösungsprinzipien. Düsseldorf: VDI-EKV, 1996.

193. VDI-Richtlinie 2222 Blatt 2: Erstellung und Anwendung von Konstruktionskatalogen. Düsseldorf: Editora VDI, 1982.

194. VDI-Richtlinie 2223 (Entwurf): Methodisches Entwerfen technischer Produkte. Düsseldorf: Editora VDI, 1999.

195. VDI-Richtlinie 2225: Technisch-wirtschaftliches Konstruieren. Düsseldorf: Editora VDI, 1977, Folha 3: 1990, Folha 4: 1994.

196. VDI-Richtlinie 2801. Folha 1-3: Wertanalyse. Düsseldorf Editora VDI, l993.

197. VDI-Richtlinie 2803 (Entwurf): Funktionenanalyse - Grundlage und Methode. Düsseldorf, VDI-Gesellschaft Systementwicklung und Produktgestaltung, 1995.

198. Voigt, C. D.: Systematik und Einsatz der Wertanalyse, 3ª edição. Munique: Editora Siemens, 1974.

199. Wächtler, R.: Die Dynamik des Entwickelns (Konstruierens). Feinwerktechnik, 73 (1969) 329-333.

200. Wächtler, R.: Beitrag zur Theorie des Entwickelns (Konstruierens). Feinwerktechnik, 71 (1967)353-358.

201. Wagner, M.H.; Thieler, W.: Wegweiser für Erfinder. Berlim: Springer, 2002.

202. Waldron, M. B.; Waldron, K. J.: Mechanical Design: Theory & Methodology. Nova York: Springer, 1996.

203. Wallace, K.; Hales, C.: Detailed Analysis of an Engineering Design Project. Proceedings ICED '87, Schriftenreihe WDK 13. Nova York: ASME, 1987.

204. Walton, J.: Engineering Design: From Art to Practice. St. Paul, West, 1991.

205. Winner, R. I.; Pennell, J. R; Bertrand, H. E.; Slusacrzuk, M.: The Role of Concurrent Engineering in Weapon Acquisition. IDA-Report, R-338, 1988.

206. Wögerbauer, H.: Die Technik des Konstruierens. 2ª edição. Munique: Oldenbourg, 1943.

207. Yoshikawa, H.: Automation in Thinking in Design. Computer Applications in Production and Engineering.Amsterdam: North Holland. 1983.

208. Zangemeister, C.: Zur Charakteristik der Systemtechnik. TU Berlim: Aufbauseminar Systemtechnik, 1969.

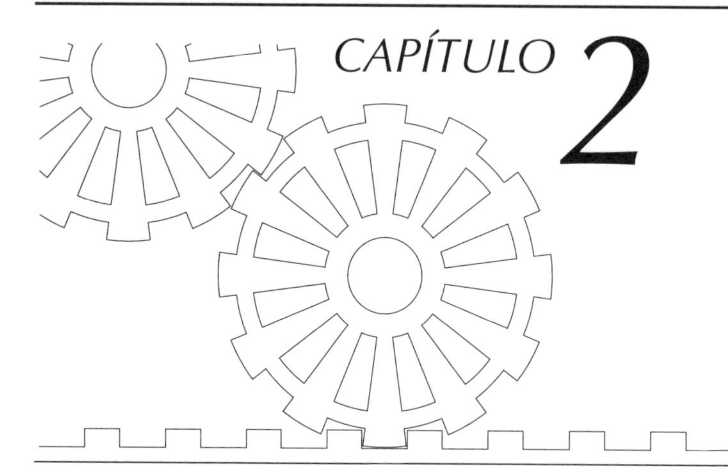

FUNDAMENTOS

Para uma teoria do projeto, entendida como uma estratégia para a busca de soluções, precisam ser esclarecidos os fundamentos dos sistemas técnicos e dos procedimentos, bem como as condições principais para uso do computador. O leitor já familiarizado com a metodologia e que deseja ingressar imediatamente no processo de desenvolvimento de um produto poderá encaminhar-se diretamente para o capítulo 5 e capítulos subseqüentes. Em caso de dúvida ou no caso de um iniciante, o leitor deveria inteirar-se do conteúdo dos capítulos 2 e 3. Só então seria apropriado voltar-se às recomendações para partes específicas de um projeto. No fim do livro são elucidados os conceitos mais importantes, e o sentido em que são utilizados neste contexto.

2.1 ■ Fundamentos de sistemas técnicos

2.1.1 — Sistema, instalação, equipamento, máquina, aparelho, conjunto, componente

A solução de problemas técnicos é satisfeita com auxílio de *estruturas técnicas*, denominadas: instalação, equipamento, máquina, aparelho, conjunto mecânico, elemento de máquina ou componente avulso. Essas denominações conhecidas estão grosseiramente ordenadas pelo seu grau de complexidade. Dependendo da especialidade e do nível da análise, a aplicação dessa terminologia provavelmente será distinta. Assim, por exemplo, um equipamento (reator, evaporador) é considerado um membro ou elemento com elevado grau de complexidade dentro de uma instalação. Em certos segmentos, produtos técnicos são denominados instalações e, em outros, máquinas ou instalações de máquinas. Uma máquina é formada por conjuntos mecânicos e componentes avulsos. Equipamentos para controle e monitoramento são empregados tanto em máquinas como em instalações. Um equipamento pode ser formado por conjuntos mecânicos e componentes avulsos, talvez até uma pequena máquina faça parte desse equipamento. Sua designação é explicável pela evolução histórica ou pela respectiva área de aplicação. Há tendências, na normalização, de designar produtos técnicos conversores de energia por máquinas, conversores de matéria por equipamento e conversores de sinal por aparelho. Até o momento, essa discussão tem mostrado que uma classificação rígida segundo estas características nem sempre é possível e, com relação a conceitos já estabelecidos, nem sempre é conveniente.

Em concordância com as considerações da engenharia de sistemas, é vantajosa a proposta de Hubka [22, 24], de entender objetos ou estruturas técnicas como sistemas que estão em contato com a circunvizinhança por meio de *variáveis de entrada* (inputs) e *variáveis de saída* (outputs). Um sistema pode ser desdobrado em subsistemas. O que faz parte de um sistema em consideração é definido pelos limites do mesmo. As variáveis de entrada e saída cruzam a *fronteira do sistema* (cf. 1.2.3, engenharia de sistemas). Com essa noção, é possível definir, para a respectiva finalidade, sistemas apropriados para cada nível de abstração, classificação ou desdobramento. Em geral são componentes de um sistema maior, superior.

Um exemplo concreto é a embreagem combinada representada na Fig. 2.1. Ela deve ser entendida como um sistema "embreagem" e representa no interior de uma máquina ou entre duas máquinas, um subconjunto, ao passo que nesse subconjunto os dois *subsistemas* "acoplamento elástico" e "acoplamento de engate" podem, por sua vez, ser considerados como subconjuntos independentes. O subsistema "embreagem de engate" ainda poderia ser decomposto mais um pouco, ou seja, em elementos do sistema, neste caso "componentes avulsos".

O sistema representado na Fig. 2.1 está orientado pela estrutura da construção. Também é concebível considerá-lo por funções (cf. 2.1.3). Poder-se-ia, orientando pelas funções, desdobrar o sistema global "acoplar" nos subsistemas "compensar" e "engatar" e esse último, por sua vez, nos subsistemas "transformar força de engate em força normal" e "transferir força de atrito".

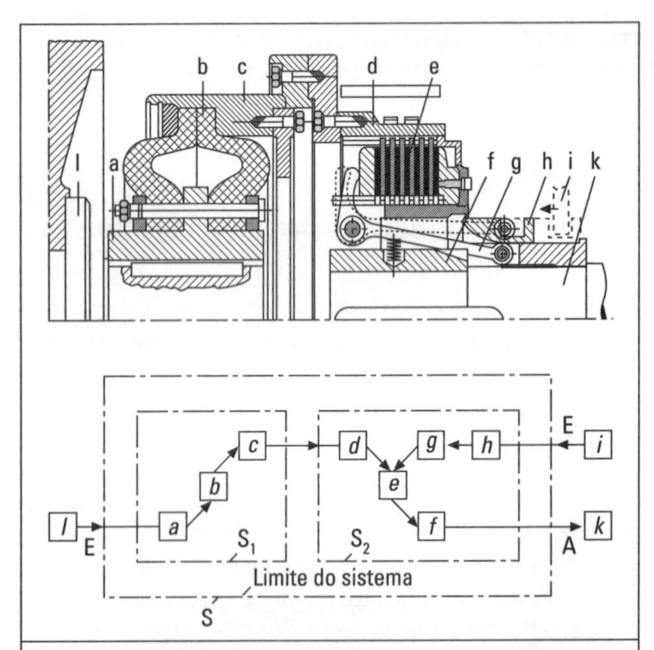

Figura 2.1 — *"Acoplamento do sistema", a...h elementos do sistema (p.ex.); i...l elementos de ligação; S sistema global; S_1 subsistema "acoplamento elástico"; S_2 subsistema "embreagem"; E variáveis de entrada (inputs); A variáveis de saída (outputs).*

Por exemplo, o elemento *g* do sistema também poderia ser entendido como um subsistema, que teria a função de transformar a força proveniente do colar de engate numa força normal maior que atuaria sobre as superfícies de fricção e que, por sua flexibilidade, possibilitaria uma ligeira compensação do desgaste.

Como e por quais critérios é feita uma classificação, depende da finalidade da consideração. Critérios freqüentes são:

- Função, para identificar ou descrever relações funcionais;
- Subconjuntos de montagem para planejar operações de montagem;
- Módulos de produção para subdividir ou combinar operações de produção.

Dependendo da finalidade, estas subdivisões de sistemas com base em diferentes critérios poderão ser mais ou menos desdobradas. O projetista precisa constituir tais sistemas individualmente para cada objetivo e, através das entradas e saídas pela fronteira do sistema, deixá-los evidentes em relação à vizinhança. Para tanto poderá conservar a designação que lhe é habitual ou uma outra qualquer de aceitação geral.

2.1.2 — Conversão de energia, material e sinal

A matéria foi uma aparição fundamental para o homem pesquisador em tempos históricos. Ela se apresentava sob uma diversidade de formas. Sua forma natural ou a forma que lhe foi dada pelo próprio homem fornecia-lhe informações para uma possível aplicação. A forma é a primeira informação sobre o estado da matéria. Com o progressivo desenvolvimento da física, o conceito de força tornou-se inevitável. A força era a variável que movimentava a matéria. Finalmente, compreendeu-se este processo através da idéia de energia. A teoria da relatividade apontou então para a equivalência entre matéria e energia. Weizsäcker [61] considera os conceitos de energia, matéria e informação como sendo fundamentalmente equivalentes. Se houver variações em jogo, ou seja, se algo está fluindo, tem-se que se referir à variável básica de tempo. Somente através desta referência o fenômeno pode ser descritível. A interação entre energia, matéria e informação pode então ser convenientemente descrita.

No campo da engenharia, o uso corrente dos conceitos citados é ligeiramente diferente. Normalmente, eles são associados a idéias fisicamente concretas ou orientadas tecnicamente.

Com o conceito "energia", freqüentemente é associada de imediato a idéia sobre o tipo e então se fala de energia mecânica, elétrica, ótica etc. Na área técnica, consta para matéria o conceito de material, com as respectivas características concretas, tais como peso, cor, estado etc. Na área técnica, também o conceito geral de informação recebe um significado concreto através de "sinal", como a forma física do portador de uma informação. A informação entre pessoas é amplamente considerada como notícia [20].

Quando se analisam sistemas técnicos, que são denominados de instalação, equipamento, máquina, aparelho, subconjunto ou componente, fica evidente que eles servem a um processo técnico, onde energias, materiais e sinais são transferidos e/ou modificados. Quando ocorrem alterações, lida-se com conversão de energia, matéria ou sinal, conforme formulado e exposto por Rodenacker [46].

A *conversão de energia* refere-se, p. ex., no caso de uma máquina-ferramenta, à conversão de energia elétrica em energia térmica e mecânica. Num motor a combustão interna, a energia química de um combustível é igualmente transformada em energia térmica e mecânica. Numa usina nuclear, energia nuclear é convertida em energia térmica.

Com os *materiais* ocorrem diversas alterações. Muitos materiais são misturados, separados, tingidos, revestidos, embalados, transportados ou submetidos a uma mudança do seu estado. As matérias-primas originam produtos acabados e semi-acabados. Peças usinadas mecanicamente recebem acabamento superficial especial, produtos passam por instalações de beneficiamento, peças são destruídas para fins de testes.

Em qualquer instalação, há informações a serem processadas. Isso se dá por meio de *sinais*. Eles são inseridos, coletados, preparados, movimentados, comparados ou interligados com outros, distribuídos, apresentados e registrados.

Nos processos técnicos, independentemente do problema ou do tipo de solução, nem a conversão de energia, de material ou de sinal é preponderante. É conveniente, portanto, considerar esse fluxo como fluxo principal. Na maioria das vezes, há um outro fluxo acompanhante. Freqüentemente, os três fluxos participam. Assim não há fluxo de material ou de sinal sem um fluxo de energia acompanhante, mesmo que essa energia seja pequena ou que possa ser disponibilizada sem problemas. Os problemas de fornecimento ou da conversão de energia passam então a não ser dominantes; em determinadas circunstâncias passam para o segundo plano, porém o fluxo de energia permanece necessário. Nesse caso, também pode tratar-se do fluxo de componentes, por exemplo, força, torque, corrente elétrica, etc., então designado por fluxo da força, do torque ou da corrente elétrica.

A conversão de energia para a obtenção de energia elétrica, p.ex., está ligada a uma conversão de material, mesmo que, ao contrário de uma usina de carvão mineral, o fluxo de material numa usina nuclear não seja visível. O fluxo de sinal acompanhante para comando e controle de todo o processo é um fluxo auxiliar importante.

Por outro lado, em muitos instrumentos de medição, sinais são captados, convertidos ou mostrados sem, no entanto, provocar uma conversão de material. Para tanto, em alguns casos, a energia precisa ser disponibilizada; em outros casos a energia presente sob forma latente pode ser utilizada. Todo fluxo de sinal está ligado a um fluxo de energia, contudo, nem sempre é necessário provocar um fluxo de material.

Para as demais discussões deve-se entender por:

Energia: mecânica, térmica, elétrica, química, óptica, nuclear e também força, corrente elétrica, calor...

Material: gás, fluido, sólido, pó..., e também matéria-prima, material, corpo-de-prova, objeto de tratamento, ...produto acabado, componente, produto testado ou tratado...

Sinal: grandeza mensurável, indicação, impulso de comando, dados, informações...

No contexto deste livro, desde que não existam denominações consagradas conflitantes, os sistemas técnicos, cujo fluxo principal é constituído por energia, serão identificados como máquina; aqueles, cujo fluxo principal é constituído por matéria, de aparelho e aqueles, cujo fluxo principal é constituído por sinais, de dispositivo.

Em cada conversão das variáveis descritas deverão ser observadas *quantidade* e *qualidade* para que sejam obtidos critérios inequívocos para o detalhamento do problema, a seleção das soluções e a avaliação. Uma informação somente é detalhada quando são considerados tanto os aspectos qualitativos como também os quantitativos. Assim. a indicação, p.ex., "100 kg/s de vapor a 80 bar e 500 °C", como vazão de entrada para a especificação de uma turbina a vapor, só será suficientemente precisa, quando se determina que se trata da vazão nominal e não da capacidade de aspiração máxima e, além disso, que a amplitude admissível de oscilação do vapor em serviço seja fixada, por exemplo, em 80 bar ± 5 bar e 500 °C ± 10 °C, ou seja, a indicação foi complementada por um aspecto qualitativo.

Além do mais, para muitas aplicações um tratamento sensato somente é possível quando são conhecidos ou foram fornecidos os custos ou então os valores das grandezas de entrada, e por quais custos máximos podem ser produzidas as grandezas de saída (cf. [46] Categorias: quantidade - qualidade - custos).

Em sistemas técnicos ocorre, portanto, uma conversão de energia, material e/ou sinal, que deverá ser precisada em termos qualitativos, quantitativos e de custos: Fig. 2.2.

2.1.3 — Interações funcionais

1. Descrição específica da tarefa

Para um problema técnico envolvendo conversão de energia, material e sinal, é procurada uma solução. Para isso, precisa existir, num sistema, uma relação inequívoca e reprodutível

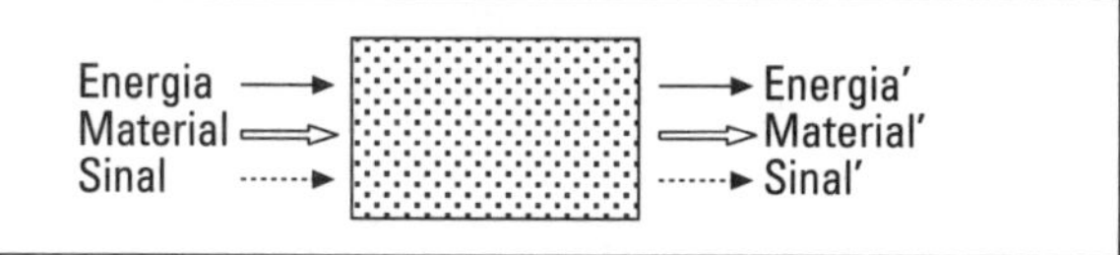

***Figura 2.2** — Conversão de energia, material e sinal, solução ainda desconhecida. Tarefa ou função descritível em função da entrada ou da saída.*

entre entrada e saída. Numa conversão de material, p. ex., sob dadas grandezas de entrada deverá ser sempre visado o mesmo resultado com relação às grandezas de saída. Também entre o começo e o fim de um procedimento, p. ex., no enchimento de um reservatório sempre deverá estar assegurada uma relação inequívoca e reprodutível. Em termos de atendimento de uma tarefa essas relações são desejadas. Para descrição e solução de tarefas de projeto é conveniente entender por *função* a relação geral e desejada entre entrada e saída de um sistema, com a finalidade de cumprir uma tarefa.

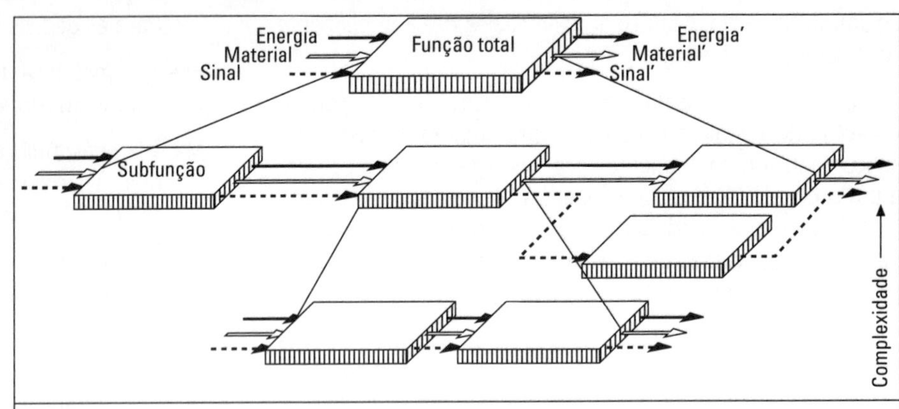

Figura 2.3 — *Formação de uma estrutura de função pela subdivisão de uma função global em subfunções.*

Em processos estacionários é suficiente a determinação das grandezas de entrada e saída; em processos que variam com o tempo, ou seja, não estacionários, além da descrição das grandezas no início e no fim, a tarefa também terá de ser definida temporalmente. Neste caso, não é importante saber de imediato através de qual solução a função será atendida. A função passa a ser a formulação do problema num plano abstrato e neutro à solução. Se a tarefa global for suficientemente especificada, isto é, se forem conhecidas todas as grandezas envolvidas e suas características existentes ou exigidas com relação à entrada ou saída, a *função global* também poderá ser indicada.

Em muitos casos, a função global pode ser imediatamente desdobrada em *subfunções* reconhecíveis, às quais corresponderão subtarefas dentro da tarefa global. Nesse caso, a interligação das subfunções na função global freqüentemente está sujeita a um certo regime forçado, uma vez que determinadas subfunções precisam estar satisfeitas antes que outras possam ser apropriadamente ativadas.

Por outro lado, quase sempre existe a possibilidade de variação nas interligações das subfunções, originando variantes. De qualquer modo, a interligação das subfunções deve conservar a compatibilidade.

A interligação compatível e lógica de subfunções na função global conduz à chamada *estrutura de funções* que, para atendimento da função global, pode variar. Com vantagem, usa-se aqui uma representação em blocos que, inicialmente, não se preocupa com os processos e subsistemas dentro de um mesmo bloco (caixa-preta, black-box): Fig. 2.3 (também cf. Fig. 2.2).

Na Fig. 2.4 está condensada a simbologia usada para funções e estruturas das funções.

As funções são descritas por indicações textuais formadas por substantivo e verbo como "aumentar pressão", "transferir torque", "reduzir rotação", e derivadas dos fluxos de conversão de energia, material e sinal específicos da tarefa, citados em 2.1.2.

Tanto quanto possível, essas indicações deverão ser complementadas ou precisadas pelas grandezas físicas envolvidas. Na maioria das aplicações da área de engenharia mecânica, tratar-se-á da combinação dos três componentes, onde a estrutura da função será decisivamente determinada pelo fluxo de material ou de energia. De qualquer modo, a análise das funções envolvidas é útil (cf. [59]).

É apropriado fazer uma distinção entre *funções principais* e *funções secundárias*: funções principais são subfunções que servem diretamente à função global. Funções secundárias, no sentido de funções auxiliares, somente contribuem indiretamente para a função global. Elas possuem caráter auxiliar e suplementar e, freqüentemente, são condicionadas pelo tipo de solução para as funções principais.

As definições seguem as hipóteses da análise de valores [7, 58, 60] e são determinadas pelo respectivo plano de considerações. Nem sempre as funções principais e secundárias são fáceis de serem diferenciadas, porém são úteis a uma subdivisão e consulta apropriada. Sua classificação ou denominação pode ser manipulada de forma fluente. Havendo alterações nas interfaces do sistema, as funções auxiliares podem se transformar em funções principais e vice-versa.

Continuando, é necessário um exame das relações entre subfunções. Deve ser respeitada a seqüência correta e as correlações obrigatórias.

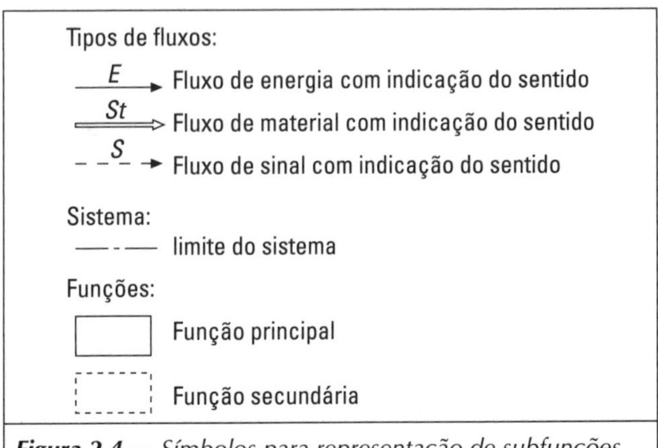

Figura 2.4 — *Símbolos para representação de subfunções em uma estrutura de funções.*

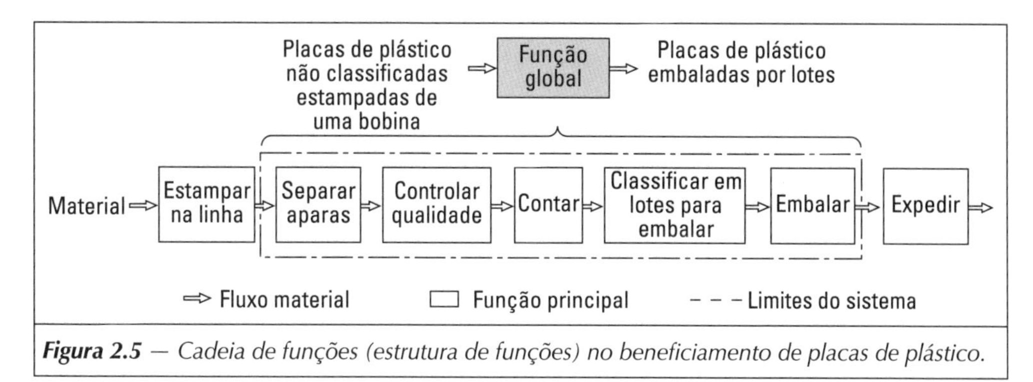

Figura 2.5 — *Cadeia de funções (estrutura de funções) no beneficiamento de placas de plástico.*

Por exemplo, revestimentos para piso estampados de superfície com revestimento plástico deverão ser expedidos para diversos locais. Disso se originou a tarefa de, inicialmente, ao menos controlar as peças estampadas, contar as boas e empacotá-las em lotes de tamanho prefixado. Como fluxo principal há um fluxo de material em forma de uma cadeia de funções, que neste caso apresenta uma condição obrigatória: Fig. 2.5.

Num exame mais detalhado dessa cadeia de funções, constata-se que são necessárias funções secundárias, a saber:

- na estampagem da peça, é formada uma rebarba que precisa ser removida;
- as peças rejeitadas pelo controle devem ser separadas e retrabalhadas e
- o material para a embalagem, qualquer que seja, precisa ser providenciado,

de modo que resulta a estrutura de funções apresentada na Fig. 2.6. Nota-se que a função "contar" também pode enviar um impulso para possibilitar a formação de lotes com *z* peças para embalagem, de modo que parece apropriado introduzir na estrutura das funções um fluxo de sinal com a função secundária "enviar impulso para *z* peças". As funções são definidas em forma de *funções específicas de tarefa*, ou seja, sua definição é derivada dos conceitos da atual tarefa.

Fora do âmbito do projeto, o conceito de função tem, ora um sentido mais amplo, ora mais restrito. Isto vai depender do aspecto pelo qual é visto e utilizado. Em latim "functio" significa "execução".

Brockhaus [40] define funções para aplicação geral como atividades, efeitos, finalidade, obrigatoriedades. No campo da matemática, função é entendida como uma prescrição para uma correspondência, que associa a uma dada variável *x* uma variável *y* de modo que para um dado valor *x* correspon-

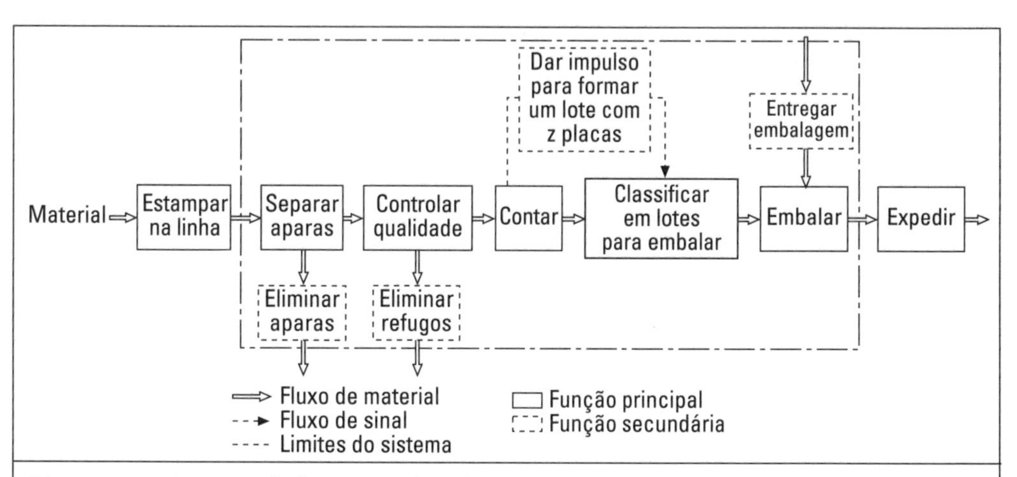

Figura 2.6 — *Estrutura de funções no beneficiamento de placas de plástico conforme Fig. 2.5, com funções secundárias.*

de um só valor de *y* (função monovalente) ou mais de um valor de *y* (função polivalente). Na DIN 69910 [7], a análise de valores define: funções são todos os efeitos de um objeto (tarefa, atividades, particularidades).

2. Descrição de aplicação geral

Por considerações em parte mais detalhadas, em parte mais restritas, autores da metodologia de projetos (cf. 1.2.3) esforçaram-se em definir *funções de aplicação geral*. Teoricamente, funções podem ser decompostas até o ponto em que o nível mais baixo da estrutura de funções seja formado por funções que, tendo em vista sua aplicação geral, praticamente impossibilitam prosseguir com a decomposição. Assim, elas se situam num nível de abstração mais elevado.

Rodenacker [46] define funções do ponto de vista da lógica binária, Roth [47, 49] com relação a uma aplicação geral, Koller [28, 29] com relação a efeitos físicos a serem procurados. Krumhauer [31] investiga funções gerais com relação ao uso do computador na fase conceitual. Ao mesmo tempo, considera a relação entre as variáveis de entrada e saída pela variação no tipo, tamanho, quantidade, local e tempo. Basicamente, chega às mesmas funções de Roth, com a diferença que "transformar" apenas encerra mudança entre o tipo de entrada e de saída, ao passo que "ampliar" ou "reduzir" apenas encerra uma mudança de tamanho.

No contexto da metodologia de projeto aqui exposta, as funções de aplicação geral serão as funções propostas por Krumhauer, Fig. 2.7.

Conseqüentemente, a cadeia de funções da Fig. 2.5, que foi formada por formulações de funções específicas da tarefa, também pode ser construída com funções de aplicação geral: Fig. 2.8. Uma comparação entre as representações da Fig. 2.5

Característica Entrada *E*/Saída *A*	Funções de uso geral	Símbolos	Explicações
Tipo	Converter		Tipo e forma externa de A e E diferentes
Magnitude	Alterar		$E<A$ $E>A$
Quantidade	Interligar		Quantidade de $E>A$ Quantidade de $E<A$
Local	Conduzir		Local de $E \neq A$ Local de $E = A$
Tempo	Armazenar		Data de $E \neq A$

Figura 2.7 *— Funções de uso geral derivadas das características tipo, magnitude, quantidade, local e tempo com respeito à conversão de energia, material e sinal.*

e da Fig. 2.8 mostra que a descrição por meio de funções de aplicação geral ocorre num nível de abstração mais elevado e, dada sua generalidade, por um lado, deixa em aberto as possibilidades de solução e facilita a sistematização, porém, por outro lado, não é intuitiva e não estimula o executante para a busca imediata da solução. Para mais exemplos sobre o manejo prático de funções gerais e específicas da tarefa, veja 6.3.

3. Descrição lógica

Na análise lógica das relações funcionais, em geral procura-se primeiro a relação que, conseqüente ou coercitivamente, deverá ocorrer no sistema, para que possa ser atendida a tarefa global. Nisto, poderá tratar-se tanto da relação entre subfunções, bem como entre as variáveis de entrada e saída de uma subfunção.

Voltemo-nos primeiramente às relações entre subfunções. Conforme já foi discutido, determinadas subfunções deverão ser satisfeitas primeiramente, para que uma outra subfunção possa ser racionalmente ativada. As chamadas relações "se – então" tornam claras essas inter-relações. Somente quando a subfunção A está satisfeita, a subfunção B pode ser ativada, etc. Muitas vezes, primeiro tem que se satisfazer simultaneamente várias subfunções, para que a subfunção subseqüente possa ser ativada. Também pode acontecer que a satisfação de uma ou mais subfunções seja suficiente para tanto. Essa espécie de coordenação das subfunções determina a estrutura do respectivo fluxo de energia, material ou sinal. Assim no ensaio de tração, a função "sujeitar o corpo-de-prova à carga" precisa estar satisfeita, para que as outras subfunções "medir força" e "medir deformação" possam ser executadas. De qualquer forma, essas duas últimas devem ser executadas simultaneamente. Coordenação conseqüente dentro do fluxo em questão tem de ser observada e ocorre por interligação inequívoca das subfunções.

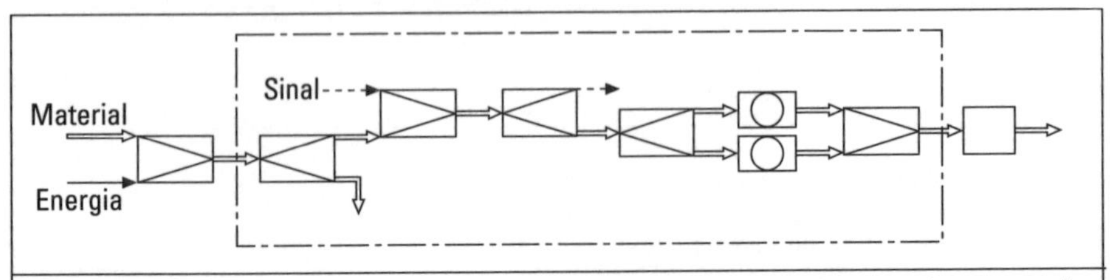

Figura 2.8 *— Estrutura da função da Fig. 2.5 representada com funções de uso geral, de acordo com a Fig. 2.7.*

Relações lógicas também são necessárias entre as variáveis de entrada e saída de uma subfunção. Na maioria dos casos, existem diversas variáveis de entrada e saída que em seu conjunto deverão viabilizar um circuito lógico. Para isso servem as *interligações lógicas básicas* das variáveis de entrada e de saída que, numa lógica binária, são declarações como "verdadeiro - falso", "sim - não", "ligado - desligado", "atendido - não atendido", "presente - ausente", e que podem ser calculadas com auxílio da álgebra booleana.

Faz-se diferença entre função E, função OU e função NÃO bem como suas combinações em funções complexas, tais como NOR (OU com NÃO), NAND (E com NÃO) ou funções de memória com flip-flops [4, 45, 46]. Essas funções são denominadas de *funções lógicas.*

Na função E todas as declarações de entrada com a mesma valoração devem estar satisfeitas ou presentes, para que na saída ocorra igual declaração.

Na função OU somente uma das declarações de entrada precisa estar satisfeita ou presente, para que na saída ocorra igual declaração.

Na função NÃO a declaração de entrada é negada, de modo que a declaração negada aparece na saída.

Para essas funções lógicas há símbolos de circuitos definidos na DIN 40 900 T 12 [4]. A lógica das declarações pode ser extraída da tabela de funções da Fig. 2.9, que combina sistematicamente as entradas sob as duas únicas formas possíveis (sim - não, ligado - desligado) e então mostra as respectivas declarações de saída, também em forma binária. Complementarmente, foram acrescentadas as equações da álgebra booleana. Com as funções lógicas podem ser formados circuitos complexos que, em muitos casos, provocam um aumento na segurança de sistemas de comunicação e controle.

Como exemplo, a Fig. 2.10 mostra duas versões de acoplamentos mecânicos móveis com suas funções lógicas típicas. A função simples E (sinal de engate e transmissão por atrito precisam estar presentes para que ocorra a transferência do torque) é encontrada no tipo construtivo do lado esquerdo. Como embreagem de um automóvel, a

Designação	Função E (Conjunção)	Função OU (Disjunção)	Função NÃO (Negação)
Símbolo em um esquema funcional (segundo DIN 40900 - parte 12)	X_1, X_2 — [&] — y	X_1, X_2 — [≥1] — y	X — [1] — y
Tabela de função	X_1: 0 1 0 1 X_2: 0 0 1 1 y: 0 0 0 1	X_1: 0 1 0 1 X_2: 0 0 1 1 y: 0 1 1 1	X: 0 1 y: 1 0
Álgebra binária (função)	$y = X_2 \wedge X_1$	$y = X_1 \vee X_2$	$y = \bar{X}$

Figura 2.9 — *Funções lógicas. X declaração independente; Y declaração dependente; "0", "1" valor da declaração, p.ex. "desligado", "ligado".*

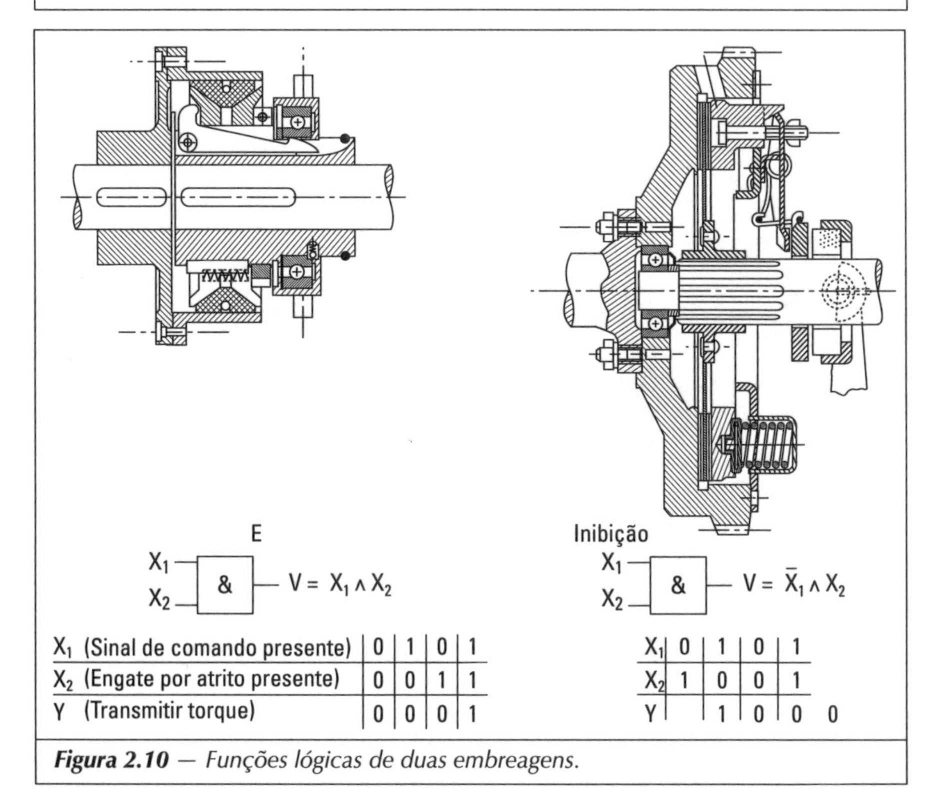

Figura 2.10 — *Funções lógicas de duas embreagens.*

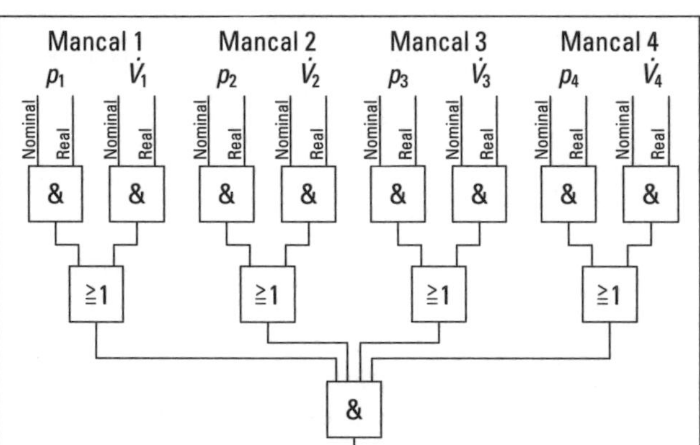

Figura 2.11 — *Funções lógicas para monitoramento do abastecimento de óleo dos mancais. Uma declaração positiva em cada mancal (óleo existente) já é suficiente neste caso, para permitir a operação do sistema. Monitorar sensores de pressão p, monitorar sensores de vazão $\dot{V}$.*

embreagem do lado direito é concebida de forma que deva ser desembreado, com o aparecimento do sinal de desengate, ou seja, para que ocorra a transferência do torque, a declaração de X_1 deve ser negativa. Ou expresso de outra forma: para conseguir o efeito pretendido, só a declaração X_2 tem que ser positiva ou estar presente.

A Fig. 2.11 mostra a relação lógica no monitoramento do suprimento de óleo para os vários mancais de um eixo de uma máquina pesada com o emprego das funções E, e OU. Cada mancal é controlado pelo monitoramento da pressão do óleo e um sensor de vazão, cada um atuando através da comparação "nominal/atual". Entretanto, uma declaração positiva em cada mancal já deverá ser suficiente para permitir o início do funcionamento.

2.1.4 — Inter-relações de funcionamento

A construção de uma estrutura de funções simplifica a busca de soluções, pois através da estruturação a execução fica menos complexa e as soluções para as subfunções podem ser elaboradas separadamente.

Cada uma das subfunções por ora representadas por uma suposta "caixa preta", agora, será substituída por uma declaração mais concreta. Normalmente subfunções são atendidas por fenômenos físicos, químicos ou biológicos onde, para soluções de engenharia mecânica, predominam os primeiros. Especialmente para soluções da engenharia química são utilizados fenômenos químicos e biológicos. Quando doravante se falar de fenômenos físicos, também estão compreendidas as possibilidades oferecidas por fenômenos químicos ou biológicos. Isso também é justificável, pois, na posterior realização, todas as soluções, de alguma forma, se utilizam de *fenômenos físicos*.

Pela presença de *efeitos físicos* e pela definição das *características geométricas* e de *materiais*, o fenômeno físico é levado a uma relação entre funções que exige o atendimento da função, no sentido da tarefa formulada.

Por isso, a *inter-relação entre as funções* é determinada pelos efeitos físicos selecionados e pelas características geométricas e materiais prefixadas:

1. Efeitos físicos

Efeito físico também pode ser descrito quantitativamente por meio de leis físicas que coordenam entre si as grandezas envolvidas: p. ex., o efeito do atrito pela lei do atrito de Coulomb $F_R = \mu F_N$ ou o efeito alavanca pela lei da alavanca $F_a \cdot a = F_b \cdot b$ ou o efeito da dilatação pela lei de dilatação linear dos sólidos $\Delta l = \alpha \cdot l \cdot \Delta\delta$ (cf. Fig. 2.12). Sobretudo Rodenacker [46] e Koller [28] compilaram estes efeitos.

O atendimento de uma subfunção possivelmente só poderá ser conseguido com a interligação de vários efeitos físicos, p. ex., o modo de atuação de um bimetal, assentado no efeito da dilatação térmica e no efeito de Hooke (relação tensão-deformação).

Muitas vezes, uma subfunção pode ser atendida por diversos efeitos físicos, p. ex., multiplicar uma força pela lei da alavanca, efeito cunha, efeito eletromagnético, efeito hidráulico etc. Porém, o efeito físico selecionado para uma subfunção, precisa ser compatível com os feitos das demais subfunções com as quais está interligada. Assim, uma multiplicação de força hidráulica não poderá, sem mais nem menos, extrair a energia de uma bateria elétrica. Além disso, é evidente que determinado efeito físico atenderá plenamente a subfunção em questão, somente sob determinadas condições. Por exemplo, um controle pneumático somente será superior a um controle mecânico ou elétrico, sob determinadas condições.

Compatibilidade e atendimento pleno, normalmente, só podem ser julgados racionalmente, em conjunto com a função global e somente após uma definição mais concreta das características geométricas e materiais.

2. Características geométricas e materiais

O local onde o fenômeno físico ocorre caracteriza o local de atuação. Aqui o atendimento da função é forçado através da aplicação do respectivo efeito físico por meio da *geometria de funcionamento*, ou seja, pela disposição das superfícies de funcionamento (ou linhas, ou espaços de funcionamento) e pela escolha dos movimentos de funcionamento [33].

A configuração da *superfície de funcionamento* por um lado é variada pelo:

- tipo,
- forma,
- posição,
- tamanho e
- número

e, por outro lado, pelos mesmos itens é determinada [46].

Por critérios similares, o necessário *movimento de funcionamento* é determinado por:

- tipo — translação, rotação
- forma — uniforme, irregular
- direção — na direção *x, y, z* e/ou em torno dos eixos *x, y, z*
- valor — valor da velocidade
- quantidade — um, várias etc.

Além disso, precisa existir uma primeira idéia básica sobre o tipo de *material* com o qual serão realizadas as superfícies de funcionamento. P. ex., sólido, líquido ou gasoso, rígido ou flexível, elástico ou plástico, alta resistência e dureza ou muito tenaz, resistente ao desgaste ou resistente à corrosão, etc. Uma idéia da configuração freqüentemente não é suficiente, porém somente a definição das *características básicas do material* possibilita uma formulação precisa sobre a *inter-relação de funcionamento* (cf. Fig. 3.18).

Apenas a comunhão do efeito físico com as características geométricas e materiais (geometria de funcionamento, movimento de funcionamento e material) permite visualizar o princípio da solução. Essa inter-relação é denominada de princípio de funcionamento (Hansen [19], p. ex., a denomina de modo de funcionamento). O princípio de funcionamento representa a idéia da solução para uma função no primeiro estágio concreto.

Subfunções	Efeitos físicos (independentes da solução)	Princípios de trabalho para uma subfunção (efeitos físicos bem como características geométricas e materiais)
T_1 → transmitir torque → T_1	Efeito do atrito F_N, F_R $F_R = \mu \cdot F_N$, V	H7/r6
F_a → aumentar força manual → F_b	Princípio de alavanca F_a, a, b, F_b $F_a \cdot a = F_b \cdot b$	a, b
J, ϑ → dar sinal quando $\vartheta \geq \vartheta_a$ → J	Efeito da dilatação $\Delta l = \alpha \cdot l \cdot \Delta\vartheta$	Hg, Bimetal

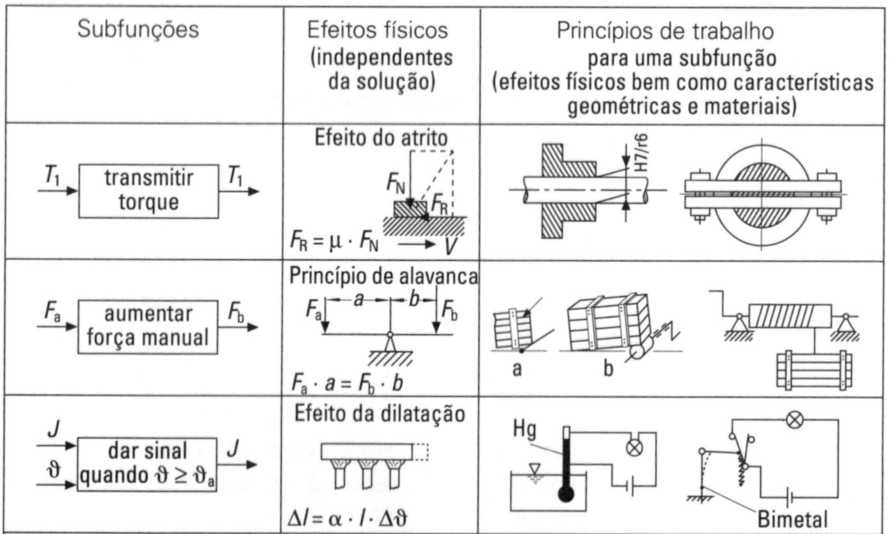

***Figura 2.12** — Realização de subfunções por princípios de trabalho, constituídos por efeitos físicos e características geométricas e materiais.*

A Fig. 2.12 fornece alguns exemplos:

- Transmitir torque através de uma superfície de funcionamento cilíndrica por meio do atrito segundo a lei do atrito de Coulomb conduz, dependendo do modo de aplicação da força normal, à união forçada ou à união por aperto como princípio de funcionamento.
- Multiplicar uma força com ajuda do efeito alavanca, segundo a lei das alavancas, após definição da posição da

articulação e do ponto de aplicação da força (geometria de funcionamento) eventualmente com a consideração do movimento de funcionamento necessário, conduzirá à descrição do princípio de funcionamento: solução por alavancas, solução por excêntrico etc.

- Estabelecer contato elétrico com um circuito ponte sob utilização do efeito da dilatação de acordo com a lei de dilatação linear, somente conduz ao princípio de funcionamento global, após definição das superfícies de funcionamento necessárias quanto a tamanho (p. ex., diâmetro e comprimento) e posição, necessárias a um definido movimento de funcionamento do meio expansivo, em conjunto com escolha como elemento do circuito, de um material (mercúrio) que se dilata por um determinado valor ou de uma tira bimetálica.

Para satisfazer a função global, os princípios de funcionamento das subfunções são interligados numa combinação (cf. 3.2.4). Logicamente, várias interligações diferentes são possíveis. A diretriz VDI 2222 denomina essas combinações de combinação de princípios [55].

A combinação de vários princípios de funcionamento conduz à *estrutura de funcionamento* de uma solução. A ação conjunta dos vários princípios de funcionamento torna-se perceptível numa estrutura de funcionamento, e é ela que indica o princípio da solução que satisfaz a tarefa global. É característico que a estrutura de funcionamento, partindo da estrutura de funções, permita perceber o modo de atuação pretendido num nível básico, ou seja, o objetivo último e os correspondentes andamentos. Em [22, 23, 24] Hubka denomina a estrutura de funcionamento de estrutura orgânica.

Para uma representação da estrutura de funcionamento utilizando elementos conhecidos, é suficiente um esquema das ligações ou um fluxograma. Produtos mecânicos são convenientemente reproduzidos por desenhos em linhas tracejadas e elementos não padronizados muitas vezes exigem um esboço elucidativo (cf. Fig. 2.12 e Fig. 2.13). Muitas vezes, porém, a estrutura de funcionamento ainda é pouco concreta para que se possa avaliar o princípio da solução. A estrutura de funcionamento precisa ser quantificada, p. ex., por um cálculo expedito ou por uma análise da geometria em escala aproximada. Somente então, o princípio da solução poderá ser definido. O resultado é denominado solução preliminar.

2.1.5 — Inter-relações da construção

A inter-relação de funcionamento percebida na estrutura de funcionamento ou na solução preliminar é a base para a materialização subseqüente, que conduz à *estrutura da construção*. Desta inter-relação se originarão os componentes, subconjuntos, máquinas e interfaces que finalmente representam o objeto ou sistema técnico concreto. A estrutura da construção considera as necessidades da produção, da montagem, do transporte, além de outros. A Fig. 2.13 mostra, com o exemplo da embreagem da Fig. 2.1, as já citadas inter-relações básicas que na sua seqüência representam simultaneamente etapas de concretização.

Os elementos reais da estrutura de uma construção satisfazem tanto a estrutura de funcionamento escolhida como também todas as demais exigências, que o sistema global pretendido deverá atender. Porém, para a oportuna e integral percepção dessas exigências, ainda precisam ser consideradas inter-relações do sistema.

Inter-relações	Elementos	Estruturas	Exemplo
Inter-relação de funcões	Funções	Estrutura de funções	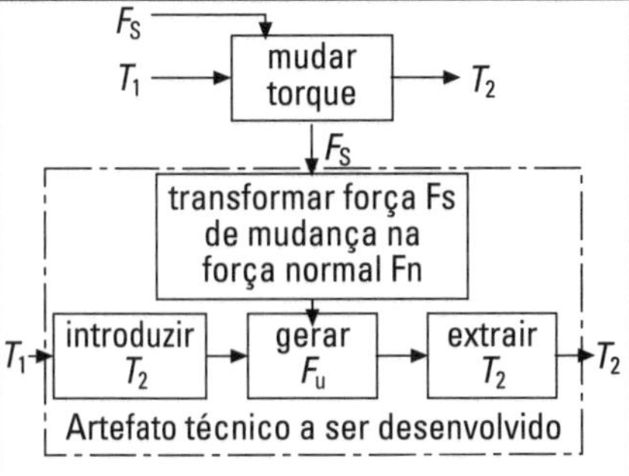 F_S; T_1 → mudar torque → T_2; F_S; transformar força Fs de mudança na força normal Fn; T_1 → introduzir T_2 → gerar F_u → extrair T_2 → T_2; Artefato técnico a ser desenvolvido
Inter-relação de trabalho	Efeitos físicos bem como características geométricas e materiais ↓ princípio de trabalho	Estrutura de trabalho	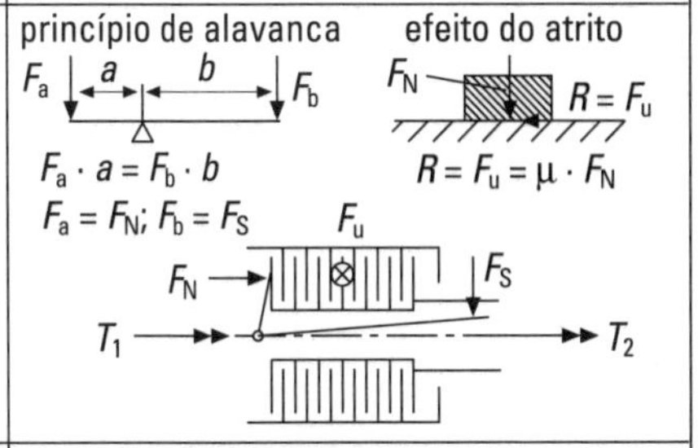 princípio de alavanca: F_a, a, b, F_b; $F_a \cdot a = F_b \cdot b$; $F_a = F_N$; $F_b = F_S$ efeito do atrito: F_N, $R = F_u$; $R = F_u = \mu \cdot F_N$ F_u, F_N, F_S, T_1, T_2
Inter-relação da construção	Componentes Ligações Conjuntos	Estrutura da construção	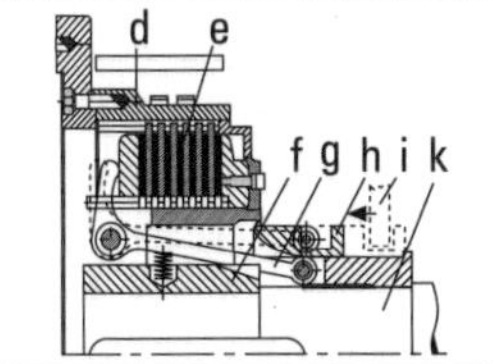 d e f g h i k
Inter-relação de sistema	Artefatos técnicos Homem Meio ambiente	Estrutura do sistema	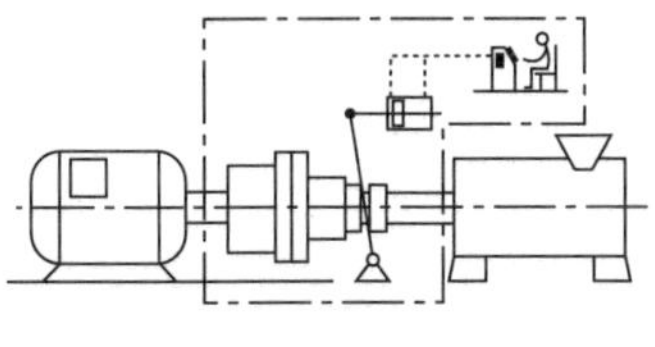

Figura 2.13 — *Inter-relações na engenharia de sistemas.*

2.1.6 — Inter-relação do sistema

Produtos ou sistemas técnicos não operam isoladamente, em geral, eles são parte de um sistema superior. Para cumprir sua função, o sistema freqüentemente envolve pessoas que o influenciam por meio de *atuações* (operando, corrigindo, monitorando). Nisso experimentam *retroações* e também sinais, que os conduzem a novas ações (cf. Fig. 2.14). Com isso, auxiliam ou possibilitam os pretendidos *efeitos da finalidade* do sistema técnico.

Paralelamente, poderão ocorrer entradas indesejáveis no sistema técnico, provenientes da redondeza (também sistemas vizinhos), ou seja, *efeitos interferentes* (p. ex., temperaturas elevadas), que produzem *efeitos secundários* indesejados (p. ex., variações da forma, deslocamentos). Mais ainda, da inter-relação de funcionamento (ação objetiva) podem ocorrer, na forma de efeitos secundários, fenômenos indesejados (p. ex., vibrações) que podem ser provenientes individualmente dos objetos técnicos que compõem o sistema, como também do sistema completo, podendo afetar o homem ou o ambiente.

Conforme a Fig. 2.14 e, de acordo com [56], é apropriado diferenciar entre:

Efeito de finalidade: Efeito funcional (desejado), como resultado desejado no sentido de utilização.

Efeito de entrada: Relação funcional devida à ação humana sobre o sistema técnico.

Retroação: Relação funcional do objeto técnico sobre o homem ou um outro objeto técnico.

No desenvolvimento de sistemas técnicos, todos os efeitos precisam ser considerados na sua inter-relação global. Para percebê-los no momento certo, aproveitá-los ou eventualmente combatê-los, é conveniente utilizar uma linha diretriz metódica que considere os objetivos e condicionantes gerais (cf. 2.1.7).

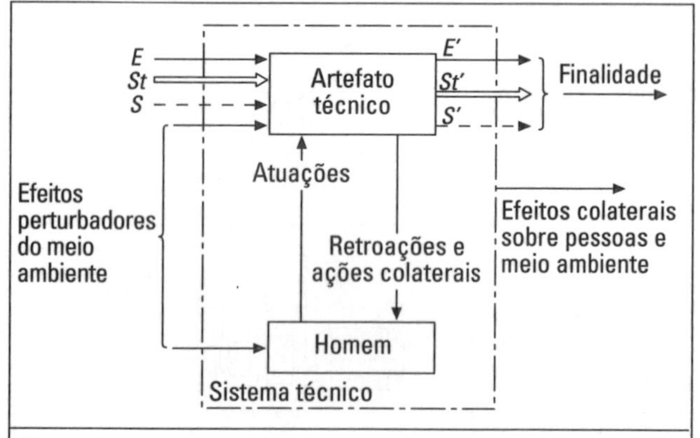

Figura 2.14 — *Inter-relações na engenharia de sistemas com a participação do homem.*

2.1.7 — Diretriz metódica resultante

A solução de problemas técnicos é determinada pelos objetivos a serem atingidos e pelas condicionantes restritivas. O *atendimento da função técnica, sua realização econômica* e a consideração da *segurança para o homem e o ambiente/meio ambiente* podem ser considerados os objetivos gerais. Unicamente, o atendimento da função técnica não corresponderia à colocação do problema, pois seria apenas um fim em si mesmo. Sempre é objetivada uma realização econômica. A preocupação com a segurança do homem e do ambiente já resulta tão-somente de razões éticas. Cada um dos objetivos citados também é condicionante para os demais objetivos.

Além disso, a solução de problemas técnicos está sujeita a condicionantes decorrentes da relação homem-máquina, da produção, das possibilidades de transporte, dos critérios para o uso etc., não importando se essas condicionantes são fixadas pelo problema concreto ou pelas condições atuais da tecnologia. No primeiro caso, trata-se de condicionantes específicas, no segundo de condicionantes gerais da tarefa que não são explicitamente mencionadas, mas implicitamente admitidas numa tarefa e, por isso, precisam ser levadas em conta.

Com base nas necessidades do trabalho de projeto, Hubka [22, 23, 24] denominou estas influências de categorias de propriedades, falando sobre propriedades operacionais, ergonômicas, de aparência, de distribuição, de fornecimento, de planejamento, de fabricação, de custos de projeto e de produção.

Portanto, além das inter-relações de função, funcionamento e configuração, a solução também deve satisfazer as condicionantes gerais ou resultantes da tarefa concreta. De forma resumida e abrangente, essas condicionantes permitem ser classificadas pelas seguintes características:

Segurança: também no sentido da confiabilidade, disponibilidade;

Ergonomia: relação homem-máquina e também modelagem da forma (design);

Produção: tipo e recursos de produção para a fabricação de componentes;

Controle: a qualquer momento durante o curso da produção do objeto;

Montagem: durante, após e fora da produção das peças;

Transporte: dentro e fora da fábrica;

Emprego: serviço, manuseio;

Manutenção: monitoramento, inspeção e reparo;

Reciclagem: reaproveitamento, recondicionamento, descarte, disposição final ou eliminação;

Gastos: custos, tempos e prazos.

As condicionantes deriváveis destas características, que normalmente redundam em requisitos (cf. 5.2), atuam sobre as estruturas de função, funcionamento e construção e também se influenciam mutuamente. Devido a isso, elas sempre

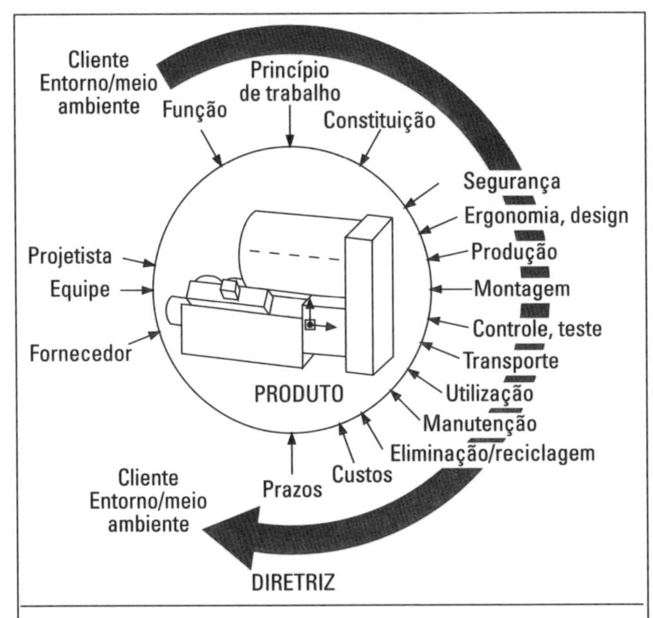

Figura 2.15 *— Grandezas e condições que influenciam no desenvolvimento e na construção. As condições relacionadas como características são ao mesmo tempo uma linha mestra que assegura a qualidade.*

serão usadas como uma *linha mestra* a ser considerada ao longo do processo de realização do projeto, devidamente ajustadas ao respectivo grau de materialização em cada uma das etapas principais (cf. Fig. 2.15 e 14.1).

Além disso, também há influências por parte do projetista, da equipe de desenvolvimento, e do subfornecedor e finalmente do cliente, do ambiente e das condições ambientais.

As citadas condicionantes já deveriam ser basicamente consideradas na *concepção* da estrutura de funcionamento. Na fase de projeto básico, onde a constituição da estrutura está em primeiro plano através da quantificação mais ou menos elaborada qualitativamente, tanto o objetivo da tarefa como também as condicionantes gerais e específicas da tarefa precisam ser considerados de forma detalhada e bastante concreta. Isso ocorrerá em várias etapas de trabalho, por meio de informações, configuração de detalhes e eliminação de pontos fracos com uma renovada, porém mais restrita busca de soluções para subtarefas dos mais diversos tipos até que, com o *detalhamento* das especificações para a produção, o processo de projeto possa ser considerado como encerrado (cf. 5 a 8).

2.2 ■ Princípios do procedimento metódico

Na seqüência, serão primeiramente esclarecidas relações da psicologia cognitiva e abordagens metódicas gerais. Estas devem proporcionar um certo entendimento básico, a fim de melhor organizar e também aplicar de forma mais objetiva os procedimentos e métodos especiais para a solução de tarefas e problemas de projeto, apresentados mais adiante. Os conhecimentos básicos e as propostas deles derivadas vêm de várias disciplinas, principalmente de áreas não técnicas e, na maioria das vezes, seus fundamentos são interdisciplinares. Sobretudo a psicologia, a filosofia e a ergonomia contribuem para a produção de conhecimentos, uma vez que os métodos para a simplificação e melhoria do trabalho precisam levar em consideração as particularidades, a capacidade e os limites do pensamento humano [41].

2.2.1 — Processo de solução de problemas

Freqüentemente, em sua atividade, o projetista se vê diante de tarefas, que encerram problemas nada fáceis de resolver. A solução de problemas nos diversos níveis de aplicação e concretização é uma característica da sua atividade. A psicologia cognitiva se dedica ao estudo da essência do pensamento humano. Suas constatações precisam ser levadas em consideração numa teoria de projeto. A subseqüente exposição baseia-se principalmente nos trabalhos de Dörner [8, 10].

Um *problema* caracteriza-se por três componentes:

- Uma situação inicial indesejada, ou seja, existência de uma situação insatisfatória.
- Uma situação final desejada, ou seja, alcançar uma situação satisfatória ou o resultado desejado.
- Obstáculos que, num dado momento, impedem a transformação da situação inicial indesejada na situação final desejada.

Obstáculos, que impedem a transformação, podem ser causados pelos seguintes motivos:

- Os meios para a superação são desconhecidos e ainda precisam ser encontrados (problema de síntese, problema do operador).
- Os meios são conhecidos, mas são tão numerosos ou precisam ser combinados em número tão grande, que impossibilita uma experimentação sistemática (problema de interpolação, problema de combinação ou de seleção).
- Os objetivos só são vagamente conhecidos ou imprecisamente formulados. A solução resulta da constante ponderação e eliminação de contradições, até obter um resultado aceitável que atenda os objetivos desejados (problema dialético, problema de busca e de aplicação).

Além disso, os *problemas* têm outras características importantes:

- *Complexidade:* há muitos componentes com interligações de intensidades distintas, que se influenciam mutuamente.
- *Indeterminação*: nem todas as condições iniciais são conhecidas, nem todos os critérios estão fixados para os

objetivos, a influência de uma solução parcial sobre o conjunto ou sobre outras soluções parciais não é perceptível e somente vai sendo percebida aos poucos. As dificuldades aumentam quando a esfera na qual os problemas precisam ser resolvidos varia ao longo do tempo.

Com isso, delimita-se o problema da tarefa:

- Uma *tarefa* exige requisitos intelectuais para cujo domínio os recursos e os métodos são certamente conhecidos. Um exemplo seria o projeto de um eixo para carga, dimensões das interfaces e o processo de manufatura predefinidos.

Ao projetar, as tarefas e problemas freqüentemente surgem de forma misturada e não claramente separáveis. Assim, uma dada tarefa de projeto pode, por meio de uma análise mais detalhada, revelar-se como problema. Algumas tarefas maiores permitem seu desdobramento em subtarefas, algumas das quais podem gerar subproblemas difíceis. Inversamente, um problema pode ser resolvido pela solução de várias subtarefas identificadas, numa combinação até o momento desconhecida.

Processos de pensamento são processos na memória e também abrangem alterações no conteúdo da memória. Portanto ao pensar, os conteúdos da memória e a maneira como eles estão interligados no interior da memória desempenham um papel importante. Simplificando, pode-se afirmar o seguinte:

Para a solução de um problema, o indivíduo necessita, primeiramente, de um determinado *conhecimento dos fatos* acerca do âmbito da realidade na qual o problema deve ser resolvido. Na psicologia cognitiva, o conhecimento transferido para a memória é denominado de *estrutura epistêmica*.

Além disso, o indivíduo precisa conhecer determinados métodos (*processos*) para a busca de soluções, para que possa agir com eficácia. Este aspecto parcial refere-se à *estrutura heurística* do pensamento do indivíduo.

Pode-se ainda diferenciar entre memória de curto e de longo prazo. Como se fosse uma espécie de memória de trabalho, a memória de curto prazo tem menor capacidade e somente tem condição de manter disponíveis simultaneamente, cerca de sete critérios ou características (unidades). Em contrapartida, a memória de longo prazo, talvez com uma capacidade praticamente infinita, absorve todo o conhecimento heurístico e factual e o armazena evidentemente de forma estruturada.

Nisto, o indivíduo tem condição para perceber, utilizar e recriar determinadas inter-relações (relacionamentos), de múltiplas maneiras. Essas relações que também têm grande importância na área técnica são, p. ex.:

- Relação concreto - abstrato, p. ex.: rolamento de esferas de contato angular - rolamento de esferas - mancal de rolamento - mancal - guia – conduzir forças e posicionar peças.
- Relação conjunto - peça (hierarquia), p. ex.: instalação - máquina - subconjunto - item.
- Relação espaço - tempo, p. ex.: disposição: na frente - atrás, em cima - embaixo, seqüência: primeiro este, depois aquele.

Pode-se considerar a memória como uma rede semântica com nós (conhecimento) e conexões (relações), que é mutável e extensível. Sem pretensão de ser completa, a Fig. 2.16 mostra uma possível rede semântica no contexto do conceito de mancal. Na Figura notam-se as relações citadas acima e outras, tais como relações características ou relações relativas a contradições (relações polares). O pensamento consiste na constituição e reorganização destas redes semânticas, onde o próprio pensamento pode transcorrer com viés intuitivo ou discursivo.

O *pensamento intuitivo* é fortemente caracterizado por lampejos, em grande parte o verdadeiro processo de pensa-

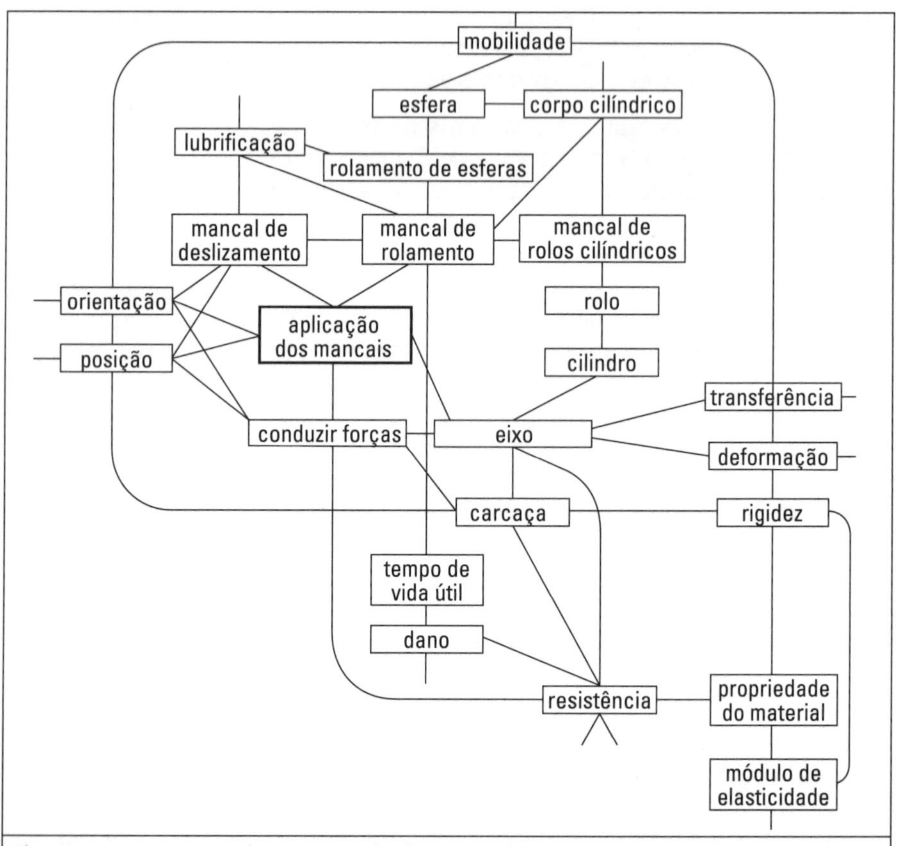

Figura 2.16 — *Recorte de um exemplo de uma rede semântica com relação a mancais.*

mento ocorre de forma inconsciente e, por quaisquer acontecimentos ou associações, o entendimento repentinamente se manifesta no consciente. Isso é denominado de criatividade primária [2, 30]. Nesse caso, são processadas inter-relações realmente complexas. Nesse contexto, Müller [36] remete ao "conhecimento silencioso", comum e especializado, também disponível em recordações episódicas, conceitos vagos e definições imprecisas. Ele é ativado por ações mentais conscientes e inconscientes.

Em geral, até penetrar no consciente, o lampejo súbito necessita de um certo tempo de incubação, não exatamente determinável, de um "pensar" inconsciente e não perturbado. Entre outros, este tempo também pode ser iniciado quando, p. ex., projetistas esboçam à mão livre suas idéias de solução ou então as desenham de forma mais elaborada. Desta forma, segundo [14], a atenção se volta para o objeto, porém ainda restam espaços mentais livres para o manejo, que deixam espaço para processos de pensamentos inconscientes ou estes últimos são ativados adicionalmente ao ato de desenhar.

Pensamento discursivo consiste num procedimento consciente que é comunicativo e influenciável. Relações e fatos são conscientemente analisados, variados e recombinados, testados, rejeitados ou analisados mais profundamente. Em [2, 30], este processo é denominado de criatividade secundária. Por meio deste pensamento, o conhecimento cientificamente embasado e exato é, ao menos, testado e inserido num contexto do conhecimento. Ao contrário do pensamento intuitivo, este processo é lento e acompanhado de muitas etapas de pensamento, deliberadamente menores.

Na estrutura da memória, um conhecimento adquirido de forma consciente e explícita não é precisamente separável do conhecimento mais vago, comum e especializado acima citado, e os dois conteúdos se influenciam reciprocamente. Mas, para que o conhecimento possa ser acessado e combinado, provavelmente será decisiva uma estruturação, lógica e organizada, dos conhecimentos sobre os fatos (estrutura epistêmica) na memória do solucionador de problemas, independentemente de o resultado do pensamento ter sido conseguido de modo intuitivo ou dedutivo.

A *estrutura heurística* inclui o conhecimento explicável e o não explicável a fim de organizar a seqüência das atividades mentais, das atividades para mudar a situação (procurar e encontrar) e das atividades de teste (controle e avaliação). Freqüentemente o pesquisador, consciente do seu saber, começa praticamente sem planejamento, obviamente com a intenção de encontrar imediatamente uma solução, sem muito esforço. Uma seqüência planejada ou sistematizada das atividades mentais somente será mobilizada no caso de fracassos ou contradições.

Uma seqüência elementar importante dos processos mentais é representada pela unidade denominada TOTE [33] (Fig. 2.17). Trata-se de dois processos, ou seja, o processo de modificação e o processo de teste. A seqüência descrita por TOTE mostra que a ação é precedida por uma avaliação (teste), que analisa a situação inicial. Somente então é executada a ação

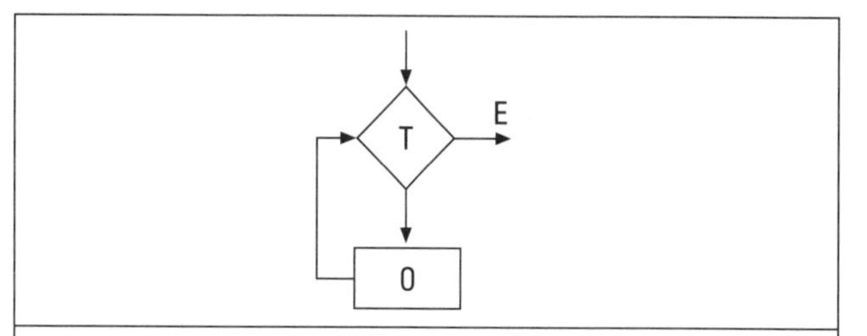

***Figura 2.17** — Unidade TOTE como unidade básica da organização de unidades de processos de pensamento e execução [8, 33].*

(operação) selecionada em conformidade. Segue-se novamente uma avaliação (teste), que testa o estado alcançado. Se o resultado for satisfatório, o processo é abandonado (exit), caso contrário a ação, devidamente ajustada, é repetida.

Em processos mentais mais complexos, as unidades TOTE freqüentemente são ligadas em série ou várias ações são executadas uma após outra, sob forma de uma "cascata de ações", antes que ocorra um novo teste. Diversas combinações e seqüências são, portanto, concebíveis para o acoplamento de processos mentais, porém sempre retornáveis ao padrão básico da unidade TOTE.

2.2.2 — Características dos bons solucionadores de problemas

As afirmativas subseqüentes foram obtidas, de um lado, dos trabalhos de Dörner [9] e, de outro lado, das investigações realizadas por ele em parceria com Ehrlenspiel e Pahl. Estas últimas podem ser extraídas das publicações de Rutz [50], Dylla [11, 12] e Fricke [15, 16]. As constatações estão reunidas a seguir [42]:

1. Inteligência e criatividade

Por *inteligência*, em geral, entende-se uma certa sensatez, a capacidade de percepção e compreensão, bem como de julgamento. Junto a isso, freqüentemente figuram em primeiro plano procedimentos analíticos.

Criatividade significa uma força criadora, que gera novidades ou cria inter-relações até o momento desconhecidas, o que possibilita conhecimentos ou soluções novas. A criatividade está freqüentemente associada a um procedimento sintetizante, que decorre de forma mais intuitiva.

Inteligência e criatividade são características, que são próprias dos indivíduos. A definição científica rigorosa bem como a delimitação entre inteligência e criatividade malograram até hoje. Com auxílio de testes de inteligência tenta-se por meio de um quociente de inteligência (comparação com a média de um grande grupo de indivíduos) mensurar a medida de inteligência onde, face à variedade de manifestações da inteligência, são usados testes chamados de baterias de testes para a captação de todo o espectro. Somente a consideração conjunta permite alguma estimativa. O mesmo vale para os testes de criatividade.

Para solucionar problemas, é necessário um grau mínimo de inteligência. Com quocientes de inteligência crescentes, também aumenta a probabilidade de solucionar problemas eficazmente. Porém, o que importa, segundo [8, 9], é que testes de inteligência isoladamente, pouco esclarecem sobre em que consiste a capacidade de solucionar problemas. Dörner fundamenta isso em [8], pelo fato de os testes de inteligência na maioria das vezes, tratarem de tarefas ou problemas cujas soluções requerem apenas poucas fases de atividades, as quais em sua sucessão, na maioria das vezes, passam despercebidas. Testes de inteligência requerem muito pouco a organização espontânea das diversas etapas de determinado procedimento para a solução, isto é, a constante troca entre os vários níveis ou possibilidades de um procedimento geral para a solução; enfim, tudo aquilo que tem relevância decisiva para execução de atividades mentais que necessitam de um tempo maior.

Algo similar vale para os testes de criatividade. Freqüentemente, estes últimos são aplicados num estágio tão baixo que o complexo processo de solução, que também inclui muitas etapas de planejamento e de controle do próprio procedimento, não é ativado. Além do mais, no campo do projeto, a criatividade sempre está dirigida ao objetivo. A produtividade de idéias e variantes puras, não direcionadas, na solução de problemas poderá representar obstáculo [2], ou ser necessária apenas em determinada fase.

2. Comportamento na decisão

Além de conhecimento factual bem estruturado, procedimento ordenado nas ações e nos testes, assim como criatividade direcionada; também deverão ser dominados processos de decisão, para os quais outras atividades mentais e capacidades são determinantes:

- *Percepção das dependências*

  Em sistemas complexos sempre há dependências altamente diferenciadas entre os diversos subsistemas. Reconhecer a espécie e a magnitude dessas dependências é um pressuposto importante para o desdobramento em problemas ou objetivos parciais manuseáveis, menos complexos, que possam ser processados em separado. Porém, neste caso, o executante precisa ter condições para não perder de vista o inter-relacionamento das ações próximas e remotas.

- *Avaliação da importância e da urgência*

  Bons solucionadores de problemas distinguem-se por saberem identificar *importância* (sentido objetivo) e *urgência* (sentido temporal) e disso tirarem conclusões adequadas quanto ao próprio procedimento.

  Eles tentarão primeiro solucionar problemas relevantes e, a partir dessas soluções, desenvolver soluções para os subproblemas restantes. Eles terão a coragem de não se importar com imperfeições em áreas secundárias, desde que tenham encontrado soluções boas e aceitáveis para áreas principais significativas. Eles não ficarão perdidos com questões secundárias e, dessa forma, não perderão tempo precioso.

  O mesmo vale para a avaliação da *urgência*. Bons solucionadores de problemas avaliam corretamente o tempo necessário e elaboram um cronograma que, sem dúvida os desafie, porém não os exige em excesso. Interessantes são os entendimentos de Jannis e Mann [25], de que um stress suave, isto é, suportável, estimula a criatividade. Ao contrário do que possa parecer, prazos realistas atuam de modo favorável sobre os resultados de atividades mentais, donde se conclui que novos desenvolvimentos transcorrem melhor sob uma pressão de tempo moderada. Neste contexto os indivíduos, de acordo com o seu tipo, evidentemente sentem e reagem de forma diferenciada.

- *Perseverança e flexibilidade*

  Perseverança significa uma permanente teimosia para alcançar os objetivos que, em casos extremos, pode chegar à obsessão. *Flexibilidade* significa elevada capacidade de adaptação a condições mutantes, mas que não deverá conduzir a um vaivém indeciso.

  Bons solucionadores de problemas encontram um meio termo adequado entre perseverança e flexibilidade. Na verdade, apresentam um comportamento continuamente consistente, porém, ao mesmo tempo flexível. Eles se agarram aos objetivos preestabelecidos, não obstante as dificuldades ou embaraços que porventura possam surgir. Em compensação, adaptam imediatamente seu procedimento às situações mutantes ou aos novos problemas.

  Para tanto, os heurismas, planos de procedimentos e recomendações predefinidos são em primeira linha, apenas uma diretriz e não uma prescrição rígida. Dörner escreve em [8]: "Heurismas ou planos heurísticos não devem degenerar em automatismos. Ao contrário, os indivíduos devem aprender a dar seqüência, por conta própria, ao desenvolvimento do conhecimento adquirido. Heurismas predefinidos não podem ser equivocadamente entendidos como prescrição, mas percebidos como capazes e passíveis de desenvolvimento".

- *Os fracassos são inevitáveis*

  Fracassos parciais, pelo menos, são praticamente inevitáveis em sistemas complexos com forte enredamento interno, pois num entrelaçado desses nem todas as ações são imediatamente percebidas. A percepção desses fracassos vai depender primeiramente do tipo de reação. Importante é a capacidade de proceder de forma flexível, alinhada com a capacidade de análise do próprio procedimento e um comportamento na decisão, que conduza a uma reconstrução corrigida do próprio pensamento e das novas ações resultantes.

Resumindo, as descobertas da psicologia cognitiva mostram:

Bons solucionadores de problemas

- possuem, de forma organizada, um bom conhecimento especializado, o que significa que possuem um modelo interno bem estruturado;
- de acordo com a situação, encontram a medida certa, justa, entre o concreto e o abstrato;
- são capazes de agir, mesmo em caso de incerteza ou indeterminação;
- se concentram no objetivo, mesmo com um procedimento flexível de comportamento.

Tal competência heurística, se bem que em elevado grau dependa de uma estrutura natural da personalidade, certamente poderá, através de treinamento com diferentes problemas, ser desenvolvida ainda mais.

Os trabalhos de pesquisa anteriormente citados revelaram as seguintes características dos bons solucionadores de problemas [42]:

- Uma minuciosa análise dos objetivos ao iniciar o trabalho e dos subojetivos durante o processo de projeto, principalmente quando a formulação do problema não é clara.
- Passar pela fase conceitual com o propósito de elaborar ou identificar o princípio de solução mais vantajoso e passar para uma configuração mais concreta na subseqüente fase de estudo.
- Uma busca da solução inicialmente divergente e depois convergindo rapidamente, sem excessivas variantes, para um nível de concretização apropriado, alternando o plano de enfoque, p. ex., abstrato - concreto, problema global - subproblema, inter-relação de funcionamento - inter-relação de execução.
- Freqüentes avaliações das soluções por critérios abrangentes sem muita ênfase nas preferências pessoais.
- Permanente reflexão sobre o próprio procedimento e sua adequação ao respectivo problema.

Estas características combinam com os requisitos e propostas de uma metodologia de projeto preconizados neste livro.

2.2.3 — Processo de solução como conversão da informação

Já nos fundamentos dos procedimentos da engenharia de sistemas (cf. 1.2.3) foi constatado que, num processo de solução há grande demanda de informação e um permanente processamento de informações. Também Dörner [8] descreve a solução de um problema como sendo um processamento de informações. Os principais conceitos da teoria da conversão de informações estão definidos nas diretrizes DIN 44300 e DIN 44301 [5, 6].

Informações são *obtidas* (assimiladas), *processadas* e *comunicadas*. Fala-se de uma *conversão de informações*. A Fig. 2.18 mostra esquematicamente esta correlação.

A *coleta de informações* pode ocorrer, por exemplo, pela análise do mercado, análise de tendências, patentes, literatura especializada, desenvolvimentos prévios, pesquisas próprias ou de terceiros, licenças, consultas de clientes e, sobretudo, formulações de tarefas concretas, catálogos de soluções, análise de sistemas naturais e artificiais, cálculos, ensaios, analogias, normas e prescrições supra e infra-empresariais, listas de estoques, prescrições de entrega, subsídios para orçamentos, relatórios de ensaios, estatísticas de falhas, e também pela "formulação de perguntas". A coleta de informações participa significativamente da solução de problemas [3].

O *processamento das informações* ocorre, p. ex., através da análise das informações, síntese por raciocínios e combinações, detalhamento de conceitos de solução, cálculos, ensaios, execução e correção de esboços, projetos básicos e desenhos, bem como pela avaliação de soluções.

A *comunicação das informações* ocorre, p. ex., através do registro das idéias em esboços, desenhos e tabelas, relatórios de ensaios, instruções de uso e montagem, encomendas, planos de trabalho. Muitas vezes ainda é necessário o arquivamento das informações.

Alguns *critérios* úteis para a caracterização das informações são indicados em [32] e podem ser utilizados na formulação dos requisitos do usuário das informações. Em particular podem ser citados:

- Confiabilidade, ou seja, a probabilidade da sua ocorrência e a segurança de validade.
- Concisão da informação, ou seja, a exatidão e significado único da informação.
- Volume e densidade, ou seja, informações por meio da palavra e desenhos em quantidade necessária para descrever um sistema ou processo.
- Valor, ou seja, a relevância da informação para o receptor.
- Atualidade, ou seja, dados sobre a época de utilização da informação.
- Forma da informação, ou seja, quando se trata de informação gráfica ou alfa-numérica.
- Originalidade, ou seja, eventualmente a necessidade da conservação da natureza original da informação.
- Complexidade, ou seja, estrutura ou o grau de interligação dos símbolos da informação em elementos, unidades ou complexos de informação.
- Grau de pormenorização, ou seja, o grau de detalhamento de uma informação.

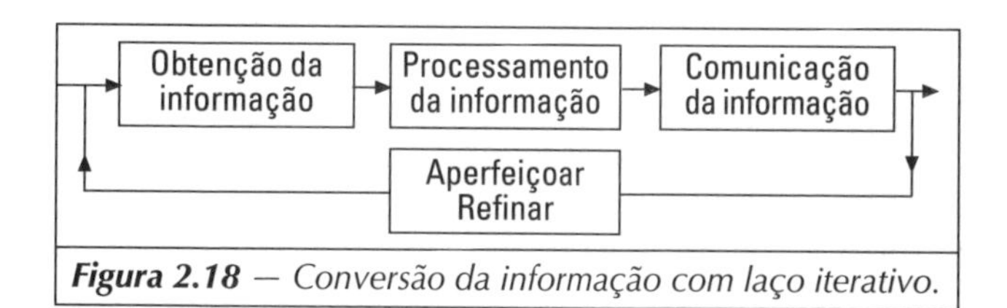

***Figura 2.18** — Conversão da informação com laço iterativo.*

Normalmente essa conversão de informações segue um curso bem complexo. Assim, na solução de tarefas, são utilizadas, processadas e comunicadas informações de tipos bastante diferentes, conteúdos e abrangências diferenciados. Além disso, para elevação do nível de informações e, por conseguinte para o aprimoramento, freqüentemente, é necessário repetir, iterativamente, várias vezes determinadas etapas específicas da conversão de informações.

Por *iterar*, entende-se um processo de informação, com auxílio do qual se aproxima passo a passo da solução. Nisto, uma ou mais iterações das respectivas etapas de trabalho ocorrem sob forma de uma malha de iteração em um nível de informação cada vez mais alto do que o nível que foi atingido anteriormente, com base no resultado prévio. Na verdade, somente agora serão obtidas aquelas informações que possibilitarão perceber ou completar a solução. Dessa forma realiza-se o aperfeiçoamento contínuo, no sentido do incremento do valor (cf. Fig. 2.18). Estes processos iterativos são freqüentes e encontrados em todas as etapas de concretização da busca da solução, ou melhor, do processo de solução do problema.

2.2.4 — Metodologia geral de trabalho

Uma metodologia geral de trabalho deve ser aplicável independentemente da especialidade e sem necessidade de pré-conhecimentos específicos por parte do usuário. Ela deverá auxiliar o processo mental de forma organizada e eficaz. Os princípios apresentados sempre aparecerão nos métodos e procedimentos especiais de solução numa forma mais ou menos modificada e, então, em parte, adaptados às necessidades do desenvolvimento técnico de produtos. O propósito desse capítulo é informar o leitor, de uma forma geral, acerca do trabalho sistemático. A propósito, além da própria prática profissional e dos aspectos da psicologia cognitiva, citados em 2.2.1, as referências e propostas que seguem se baseiam principalmente nos trabalhos de Holliger [20, 21], Nadler [38, 39], Müller [35, 36] e Schmidt [51]. Também são denominados de "princípios heurísticos" (tradução de heurística: está aqui; heurística = método para a busca da idéia e encontro da solução) ou "técnicas de criatividade".

Num procedimento metódico, basicamente precisam estar satisfeitos os seguintes pressupostos:

- *Definir metas* pela exposição da meta global, de cada uma das submetas e sua relevância, pelo que é assegurada a motivação para a solução do problema e apoiado o próprio conhecimento.
- *Indicar as condicionantes*, ou seja, esclarecer as condições iniciais e periféricas.
- *Dissolver preconceitos*, o que possibilita uma ampla busca de solução com simultânea redução de erros de raciocínio.
- *Procurar variantes*, ou seja, sempre buscar várias soluções, das quais então poderá ser selecionada ou combinada a mais favorável.
- *Avaliar* com respeito aos objetivos e às condicionantes impostas.
- *Tomar decisões*, o que é facilitado pela avaliação prévia. Só as decisões com retroações atuantes possibilitam a evolução do conhecimento.

Para a realização (operacionalização) do trabalho sistemático básico apresentado, deverão ser observadas as seguintes operações mentais e de atuação:

1. Escolha de um pensamento prático

De acordo com 2.2.1 estão à disposição o raciocínio *intuitivo* e o *discursivo*, onde o primeiro segue um curso mais inconsciente e o segundo mais consciente.

Por meio da intuição já foram e continuarão a ser encontradas inúmeras soluções boas e ótimas. Condição prévia sempre será a preocupação deliberada e adequadamente intensa com o problema em questão. Ainda assim, trabalhar de forma puramente intuitiva é desvantajoso, pois

- a idéia correta raramente ocorre na hora certa, pois ela não pode ser forçada ou obtida através de trabalho;
- o resultado depende consideravelmente do talento e da prática do executor e
- subsiste o perigo de que somente apareçam soluções pertencentes ao horizonte de especialização do executante, principalmente aquelas oriundas de idéias preconcebidas.

Por isso, deve-se procurar executar um procedimento conhecido que construa a solução de um problema por etapas. Esta forma de trabalhar é denominada de discursiva. Ela executa as etapas de trabalho de forma consciente, influenciável e espontânea; em geral, cada uma das idéias ou princípios de solução é conscientemente analisada, variada e combinada. Uma característica importante desse procedimento é que raramente a tarefa a ser solucionada é abordada em sua totalidade, porém é decomposta em subtarefas previsíveis, o que facilita sua solução.

Porém, deve ser ressaltado, de forma insistente, que trabalho intuitivo e discursivo não representam nenhum conflito. A prática demonstra que a intuição é estimulada pelo trabalho discursivo. Deve-se procurar sempre elaborar tarefas complexas por meio de etapas, onde é admissível ou desejável solucionar problemas específicos de forma intuitiva.

Complementando, registre-se que a criatividade pode ser inibida ou incentivada através de influências [2]. Assim, no pensamento intuitivo, de acordo com 2.2.1, uma interrupção da atividade freqüentemente é proveitosa por causa do tempo de incubação. Por outro lado, a mudança freqüente de atividade e interrupções podem ser fator de estorvo e com isso inibir a criatividade. Em contrapartida, um procedimento sistemático com segmentos discursivos em diversos níveis de consideração, p. ex., o emprego de diferentes métodos de solução, a passagem de considerações mais abstratas para outras mais concretas e inversamente, o ato de se informar com base em catálogos de soluções, como também a divisão dos trabalhos na equipe com o respectivo intercâmbio de informações, incentiva a criatividade. Além disso, de acordo com [25], também vale que prazos prefixados realistas atuam mais como incentivadores do que inibidores da motivação e da criatividade.

2. Estilos individuais de trabalho

Ao trabalho do projetista devem ser deixados espaços livres para ações que lhe permitam utilizar seu estilo pessoal de trabalho, quase sempre otimizado. Estes espaços livres podem estar na seleção dos métodos, na ordem de sucessão de determinadas e necessárias etapas de trabalho e na seleção do seu parceiro de informação. Por isso, há necessidade de um planejamento específico, flexível, para a respectiva área de trabalho e o correspondente controle. O plano de trabalho, então seguido individualmente, naturalmente deverá, de forma racional e compatível, ajustar-se ao plano mais geral do procedimento metódico ou do projeto.

Em geral, no desenvolvimento de um produto novo deverão ser consideradas diversas subfunções (problemas parciais) que atraem para si as respectivas soluções parciais e/ou que também possam ser combinadas entre si. Nessa situação o desenvolvedor pode, individualmente, proceder de modo diferenciado. Assim, pode ser que, na busca da solução para cada uma das subfunções envolvidas, primeiramente num nível básico, ele procure os respectivos princípios de funcionamento (princípios de solução), verifique aproximadamente sua compatibilidade recíproca e então os combine na estrutura global de funcionamento (conceito da solução). Somente então ele se voltará para a configuração dos detalhes dos componentes da função, o que efetuará levando em conta a combinação global. Do ponto de vista metódico, ele prossegue seguindo o plano de procedimento de forma *metódica por etapas e orientado pela seqüência*, ou seja, na busca da solução, ele faz avançar conjuntamente os diferentes componentes da função do abstrato (idéia, concepção) para o concreto (configuração definitiva) (cf. Fig. 2.19a).

Uma outra forma seria, para cada um dos setores de problemas ou de funções, elaborar na seqüência as soluções, desde a idéia da solução até a configuração definitiva e, em seguida, através de ajustes, combiná-las entre si. Do ponto de vista metódico, proceder-se-ia *orientado por subproblemas*, ou seja, na respectiva função ou configuração do componente (cf. Fig. 2.19b).

As investigações de Dylla e Fricke [11, 12, e 15, 16] demonstraram que principiantes com formação metodológica tendem a proceder metodicamente orientados por etapas, ao passo que os mais experientes trabalham orientados por subproblemas. Os últimos recorrem imediatamente ao seu acervo de experiências, conhecem uma série de possíveis subsoluções e também têm condições de representá-las rapidamente. Com isso chegam rapidamente a um resultado concreto que, mediante emprego de um procedimento corretivo é incorporado à solução global. Este modo de procedimento será bem sucedido, quando os componentes não se influenciarem reciprocamente de forma acentuada e suas características forem claramente perceptíveis. Caso contrário, somente mais tarde será percebida uma precária capacidade de funcionamento no conjunto. Para subfunções iguais ou semelhantes também podem resultar subsoluções diferentes, o que freqüentemente não é econômico, obrigando ao retorno de exame básico com renovada busca da solução.

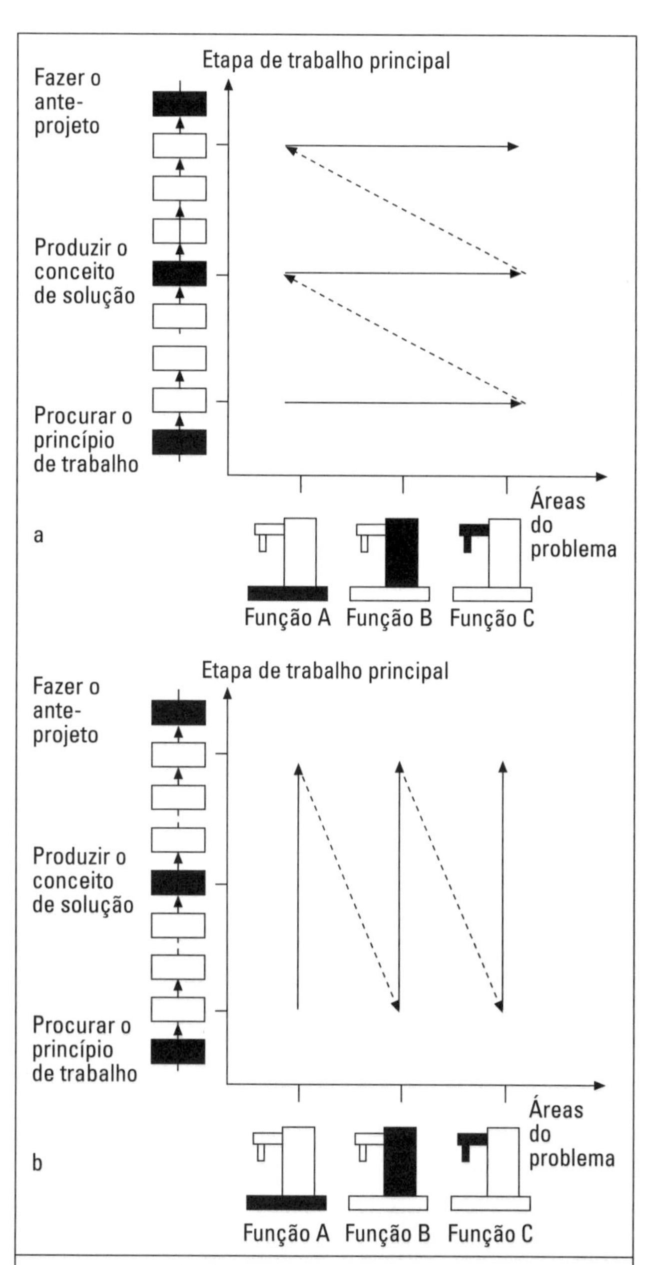

***Figura 2.19** — Procedimento individual distinto no desenvolvimento de uma solução de uma máquina de chá com diversos domínios de funções inter-relacionados: controle da placa-base (A), reservatório de água e aquecimento (B), vertedouro e tampa (C). **a**) execução orientada por etapas, ou seja, consideração integral em cada etapa do desenvolvimento. **b**) orientada por domínio, ou seja, cada domínio de uma função é desenvolvido para si e depois reunido com os demais. (Representação idealizada segundo Fricke) [15, 16].*

No seqüenciamento metódico, orientado por etapas, os perigos anteriormente citados dos procedimentos orientados por subproblemas são amplamente evitados, porém, para uma consideração mais ampla e mais sistemática, é necessária uma maior disponibilidade de tempo com o risco de uma desnecessária extensão (divergência) do campo de soluções. Este último exige que o executante tenha a medida certa entre o abstrato e o concreto, ou seja, o sentimento de possuir um suficiente, mas não muito grande conjunto de bons princípios de solução e o propósito de reuni-los rapidamente numa combinação para uma configuração global mais concreta (convergência).

Na aplicação prática, nem sempre ocorre um seqüenciamento metódico orientado só por etapas ou só por subproblemas, porém, de acordo com o problema, muitas vezes aparecem formas mistas. Mesmo assim, verifica-se, em alguns projetistas, uma maior ou menor tendência para uma ou outra forma de procedimento. Procedimento orientado por etapas é recomendado quando ocorre um forte enredamento dos subproblemas ou ao penetrar em área desconhecida. Um procedimento orientado por subproblemas é vantajoso quando houver poucos enredamentos e a presença de subsoluções que pertencem ao acervo de soluções da respectiva área.

Diferenças semelhantes, também se observam nos procedimentos individuais para a busca de soluções específicas: se, na busca da solução de cada uma das subfunções, o projetista desenvolve e investiga paralelamente diferentes princípios de solução ou variantes da configuração e os compara entre si, para então selecionar o mais vantajoso, denomina-se esse procedimento de *busca de solução geradora* (cf. Fig. 2.20a). Se, em contrapartida, parte-se de uma idéia ou modelo e, no espírito da tarefa, corrige-se e adapta-se passo a passo este primeiro princípio até que uma solução satisfatória se torne visível, trata-se de uma *busca de solução corretiva* (cf. Fig. 2.20b). Com ela também pode ocorrer uma série de variantes da solução, desde que variantes específicas não sejam rejeitadas (apagadas, eliminadas).

A primeira forma de busca da solução oferece maior chance de alcançar idéias novas, não convencionais e considerar diferentes princípios, ou seja, conquistar um campo mais amplo de soluções. Todavia, permanecem os problemas para realizar uma seleção objetiva e no momento oportuno, para evitar o desnecessário surgimento de trabalho mais adiante. Novamente, pendem mais para este procedimento os principiantes doutrinados na metodologia e os desenvolvedores versados na metodologia.

O projetista experiente freqüentemente utiliza a busca da solução corretiva, especialmente quando já vislumbra ou lhe irrompe uma solução semelhante a uma solução já conhecida para a mesma área de aplicação. A vantagem está numa possibilidade de materialização relativamente rápida, ainda que as variantes não satisfaçam totalmente. O executante permanece no campo onde possui experiência e o amplia passo a passo. O perigo está em ficar preso a um princípio de solução desfavorável ou não identificar outros princípios de solução vantajosos.

No trabalho prático resultam novamente as formas mistas. Em primeiro plano, há a tendência de reduzir o volume de trabalho cada vez mais. Com base em sua capacidade individual e experiência, o desenvolvedor e projetista tende mais para este ou aquele modo de procedimento, geralmente sem ter consciência das vantagens ou riscos do caminho adotado.

O modo de procedimento escolhido ou adotado inconscientemente é individualmente dependente e pode ser influenciado pela formação e pela experiência. Ao projetista também não deveriam ser feitas prescrições rígidas, pelo contrário, é bom alertá-lo sobre as vantagens e os riscos do atual modo de proceder e então deixar a decisão a seu critério. É apropriado, através de instrução (formação continuada) e um gerenciamento apropriado durante o processo de desenvolvimento do produto, estar seguro sobre o modo de procedimento mais adequado e ajustá-lo.

2.2.5 — Métodos geralmente recorrentes

Os métodos gerais a seguir expostos também devem ser assimilados como fundamentos do trabalho metódico. Eles são muito utilizados [21]. Também os assim chamados "novos métodos" oferecidos sob certos "slogans", na maioria das vezes, são apenas uma nova embalagem dos métodos gerais recorrentes apresentados na seqüência.

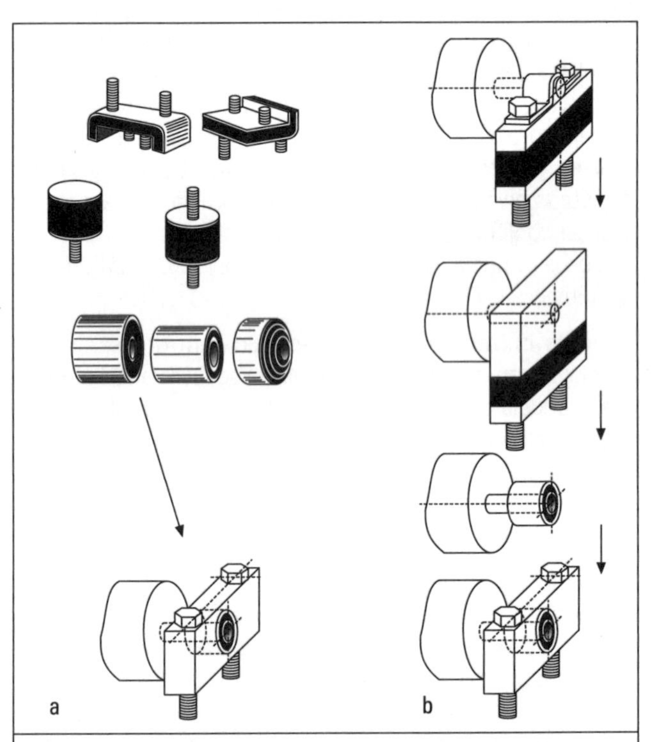

Figura 2.20 — Procedimento individual diferenciado na procura da solução de um mancal elástico; a) gerador, ou seja, produtor de possibilidades de solução concebíveis e seleção direcionada pelo objetivo; b) corretor, ou seja, procura progressiva e corretiva da solução, a partir de uma idéia.

1. Analisar

Na essência, *análise* é a aquisição de informação por decomposição e desdobramento, bem como pelo exame das características dos seus elementos e suas relações. Trata-se de perceber, definir, estruturar e ordenar. As informações obtidas são processadas e convertidas em conhecimento. A fim de evitar falhas, foi solicitado formular o problema de modo claro e não ambíguo. Além disso, é importante analisar o problema em questão. *Analisar um problema* significa separar o relevante do irrelevante e, para problemas mais complexos, prepará-los para uma solução discursiva por desdobramento em subproblemas específicos, identificáveis. Se a busca da solução oferecer dificuldades, em determinadas circunstâncias poderá ser criada situação inicial mais favorável através da reformulação do problema. Freqüentemente, a reformulação de afirmativas é uma ferramenta eficaz para adquirir novos aspectos ou idéias. A experiência mostra que uma cuidadosa análise e formulação do problema pertence às mais importantes etapas do procedimento metódico.

Para a solução de um problema é útil uma *análise da estrutura*, ou seja, a busca de relações estruturais, por exemplo, estruturas hierárquicas ou relações lógicas. Geralmente, este procedimento metódico pode ser caracterizado no sentido de que ele se empenha, por meio de investigações estruturais, p. ex., com auxílio de considerações analógicas (cf. 3.2.1), em revelar pontos em comum ou até repetições entre diferentes sistemas.

Outro auxílio importante é a *análise dos pontos fracos*. Essa abordagem sistemática parte do princípio de que qualquer sistema, portanto também um produto técnico, possui falhas e pontos fracos provocados por desconhecimento e erros de pensamento, variáveis ocasionais e limites impostos pelo próprio fenômeno físico, bem como pela porção de erros condicionados pela produção. No curso da realização do desenvolvimento de um sistema, é importante analisar o conceito ou projeto básico quanto a pontos fracos e buscar melhorias. Para detecção desses pontos fracos foram implementados processos de seleção e avaliação (cf. 3.3) e métodos para detecção de falhas (cf. 11.2). A prática mostra que não só é possível uma melhoria do detalhamento conservando o princípio de solução, mas que, freqüentemente, também é desencadeado o estímulo para um novo princípio de solução.

2. Abstrair

Partindo de uma análise, com base na abstração (generalização, simplificação ao prescindir de detalhes) de características identificadas, via de regra é possivel encontrar uma relação subordinadora mais geral e, portanto, mais abrangente. Por um lado, esse procedimento atua como redutor da complexidade e, por outro, possibilita ressaltar particularidades importantes. Estas últimas mais uma vez darão motivos para procurar e então encontrar novas soluções, que contenham as particularidades notadas. Simultâneamente é criada no executante uma estrutura de pensamento, na qual pode ordenar diferentes aspectos, a fim de acessá-los mais facilmente. A abstração, portanto, auxilia de igual forma processos mentais criativos e também sistematizantes. Com auxílio da abstração também é possivel definir um problema de forma a livrá-lo de casualidades na sua geração ou aplicação e, assim, convertê-lo em uma solução geral (cf. exemplos em 6.2).

3. Síntese

A *síntese*, em sua essência, é o processamento de informações por meio do estabelecimento de ligações, por interligação de elementos com novas atuações no conjunto e o registro do sumário de um ordenamento. É o processo de busca e descoberta, bem como de organização e combinação. Característica fundamental da atividade de projeto é a junção de conhecimentos ou subsoluções específicas num sistema funcional global, ou seja, a interligação de detalhes em uma unidade. Neste processo de *síntese*, também são processadas as informações encontradas na análise. Na síntese geralmente é recomendável o chamado *pensamento holístico* ou *sistêmico*. Significa que, no processamento de subtarefas específicas ou de etapas de trabalho sucessivas, sempre devem ser consideradas as realidades da tarefa ou do curso global, caso não se queira correr o risco de não alcançar uma solução global favorável, apesar da otimização de subconjuntos ou subetapas específicas. Deste entendimento também se desenvolveram as considerações interdisciplinares do método da "análise de valores" que, após a análise do problema e da estrutura, força um pensamento holístico pelo envolvimento precoce de todas as áreas de produção. Outro exemplo é a realização de projetos de grande porte, em especial quanto ao seu andamento em termo de prazos, com ajuda da rede técnica de planejamento (cf. 4.2.2). Toda a engenharia de sistemas e seus métodos se apóiam fortemente no pensamento holístico. Principalmente na avaliação de diversas propostas de solução, uma consideração holística que se expressa, p. ex., na seleção de critérios de avaliação, é importante, pois o valor de uma solução somente é corretamente estimado com consideração de todas as condicionantes, vontades e expectativas (cf. 3.3.2).

4. Método do questionamento objetivo

Freqüentemente, poderá ser bastante proveitoso concentrar-se em questões e fazer perguntas. Por meio de questões propostas ou feitas a si mesmo, por um lado, são estimulados o processo mental e a intuição e, por outro lado, um questionário também incentiva um procedimento discursivo. "Formular questões" faz parte das mais importantes ferramentas metódicas. Isso também se manifesta pelo fato de que a maioria dos autores recomenda questionários para cada etapa de trabalho com os quais deverá ser facilitada a execução dessa mesma etapa. Subsistem na prática, p. ex., sob a forma de listas de verificação para cada uma das diversas etapas de trabalho.

5. Método da negação e da nova concepção

O método da *negação consciente* parte de uma solução conhecida, desdobra-a em partes separadas ou as descreve por afirmativas ou conceitos especificos e nega cada uma dessas asserções em seqüência ou em grupo. Dessa inversão deliberada poderão surgir novas possibilidades de solução. A título de exemplo, um elemento de projeto "rotativo" também será seguido por uma concepção estacionária. A omissão de um elemento também pode significar uma negação. Este procedimento também é denominado de "duvidar metodicamente" [21].

6. Método do avanço

Partindo de um primeiro princípio de solução, experimenta-se tomar todos os caminhos concebíveis, ou o maior número possível, que desviem desse princípio ou dessa situação inicial e forneçam novas soluções. Fala-se também de um deliberado espalhamento das idéias (proceder ou pensar de forma divergente). Entretanto, idéias divergentes nem sempre significam um variar sistemático, mas freqüentemente uma dispersão, por enquanto não sistemática, das idéias. A busca de soluções pelo método do avanço é mostrada, a título de exemplo, na Fig. 2.2.1, no desenvolvimento de uniões cubo-eixo. As setas apontam para as direções do pensamento.

Com o aproveitamento de particularidades sistemáticas (cf. Fig. 3.18), esse processo mental pode ser deliberadamente auxiliado, quando a variação se basela de forma mais estreita nessas particularidades (cf. Fig. 3.21). Muitas vezes, principalmente em idéias bem estruturadas, ocorre um uso inconsciente, porém quase sempre incompleto dessas particularidades (cf. Fig. 2.21).

7. Método do retrocesso

Neste método não se parte da situação inicial do problema, porém do objetivo. Considera-se o objetivo e, retrocedendo, começa-se a desenvolver todos os caminhos, concebíveis, ou o maior número possivel, que desemboquem nesse objetivo. Também se fala de um afunilamento ou de uma deliberada concentração de idéias (pensamento convergente), uma vez que somente são seguidas as idélas que conduzam ou concorram ao objetivo.

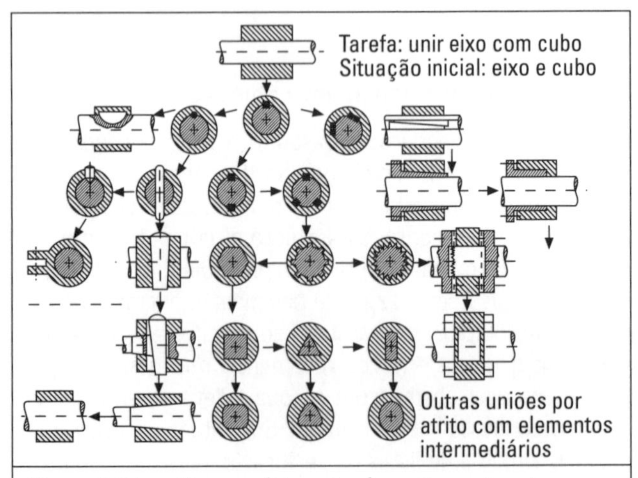

Figura 2.21 — Desenvolvimento de uniões entre eixo e cubo, pelo método progressivo.

Este procedimento é tipico para elaboração de planos de trabalho e sistemas de produção para manufatura de uma peça definida (situação-alvo).

A este método também pode ser associado o procedimento de Nadler [38] que, para a busca da solução, propõe montar um sistema ideal que atenda integralmente os requisitos formulados. Serve, então, como linha mestra para o desenvolvimento do sistema objetivado. Neste caso, um sistema ideal não é propriamente projetado, ou melhor, ele existe como condicionante, p. ex., condições ambientais ideais sem qualquer influência acidental. Em seguida, verifica-se passo a passo, que concessões deverão ser feitas para converter o sistema teórico ideal em um sistema tecnologicamente realizável e, finalmente, em um sistema que atenda as condições periféricas concretas. Contudo, neste método é problemática a definição do "ideal", pois a condição ideal não é claramente reconhecível de antemão para todas as funções, elementos do sistema e subconjuntos, especialmente quando interligados em um sistema complexo.

8. Método da fatoração

Por fatoração compreende-se a decomposição (fragmentação) de um sistema ou contexto, complexo em elementos (fatores) compactos, de menor complexidade, porém definíveis, específicos, e que indiquem um evento.

O problema global é desdobrado em subproblemas separáveis, isto é, autônomos dentro de certos limites, ou a tarefa global é desdobrada em subtarefas, que por ora podem ser abordadas e solucionadas em separado (Fig. 2.3). Nisto é evidente que se precisa permanecer atento às interligações com o sistema global. Normalmente, por meio desse desentrançamento, os subproblemas serão mais fáceis de serem solucionados. Simultaneamente, sua importância e influência no inter-relacionamento global serão melhor compreendidas, o que simplifica o estabelecimento de prioridades. O procedimento metódico utiliza isso no desdobramento em subfunções e na constituição da estrutura de funções (cf. 2.1.3 e 6.3), na busca de princípios de funcionamento para subfunções (cf. 6.4) e no planejamento das etapas de trabalho da concepção e do anteprojeto (cf. 4.2).

9. Método da sistematização

Na presença de particularidades caracterizantes, existe a possibilidade de elaborar um campo de soluções mais ou menos completo através da *variação sistemática*. É característica a constituição de um ordenamento generalizante, pelo que primeiramente se obtém uma síntese completa das soluções.

Este procedimento é auxiliado por uma representação esquemática das particularidades e das soluções (cf. 3.2.3). Do ponto de vista ergonômico também se constata que para o ser humano o encontro de soluções é facilitado através da formação e complementação de uma ordem. Praticamente todos os autores incluem a variação sistemática entre as principais ferramentas metodológicas.

10. Divisão do trabalho e trabalho conjunto

Uma importante descoberta ergonômica é a necessidade da divisão do trabalho para execução de tarefas extensas e complexas. Pelo contínuo progresso da especialização, essa divisão de trabalho é, atualmente, cada vez mais necessária, mas também é exigida devido aos tempos de execução cada vez menores. Porém, divisão de trabalho também significa colaboração interdisciplinar, o que requer a existência de pressupostos organizacionais e pessoais, entre outros, a acessibilidade de cada um com relação aos demais. Porém, deve ser ressaltado que colaboração interdisciplinar e trabalho em equipe requerem ainda mais a definição clara das responsabilidades. Assim, a título de exemplo, surgiu na indústria o cargo de gerente de produto que, por cima das fronteiras departamentais, carrega a solitária responsabilidade pelo desenvolvimento de um produto (cf. 4.3).

O procedimento sistemático, alinhado com métodos que utilizam efeitos de dinâmica de grupos como, p. ex., "brainstorming", método da galeria (cf. 3.2.3) e avaliação por um grupo (cf. 3.3), ajuda a reduzir os déficits de informação causados pela divisão de trabalho e a intensificar o estímulo recíproco para a busca da solução.

2.3 ■ Fundamentos do apoio integrado do computador

A teoria do projeto aqui exposta basicamente também é aplicável sem a utilização do computador. Além do mais, ela serve de base para uma assistência por computador no processo de desenvolvimento e projeto que vai além da execução separada de taretas de cálculo ou a preparação de desenhos, ou seja, integra o emprego do computador no seqüenciamento do trabalho quase que continuamente. No projeto, o emprego do processamento de dados e da tecnologia da informação serve tanto para a melhoria do produto como também para a redução do custo de projeto e de produção. A técnica do trabalho de projeto interligada ao uso do computador mediante aproveitamento de periféricos e programas apropriados, é internacionalmente denominada "Computer Aided Design" (CAD). Na incorporação ou interligação de programas de projeto com sistemas de processamento de dados (sistemas PD) para outras taretas técnicas, fala-se de "Computer Aided Engineering" (CAE) e na interligação do processamento e gerenciamento de dados da área técnica da empresa, de "Computer Integrated Manufacturing" (CIM).

2.3.1 — A estação de trabalho CAD

As possibilidades de assistência do computador são estabelecidas pela configuração (hardware), pelo sistema operacional (software do sistema operacional) e pelos sistemas de programas (software do usuário).

Nesta parte, o arranjo de uma estação de trabalho CAD é abordado apenas superficialmente, pois a rápida evolução do mercado de "hardware" e "software" não permite afirmativa válida por um tempo mais prolongado. Em segundo lugar, o leque de ofertas é muito grande para se dar aqui uma visão global. Em terceiro lugar, é sempre preciso ocorrer uma sintonia entre o "hardware" utilizado, o sistema operacional e o sistema CAD empregado.

A configuração dos periféricos é fundamentalmente constituída por uma unidade central (o verdadeiro computador) e unidades periféricas (entrada e saída, bem como dispositivos de memória). Atualmente como unidade central são preferencialmente empregadas estações de trabalho descentralizadas (workstation, personal computer (PC)) num ambiente de rede.

A entrada de dados ocorre pelo teclado ou pelo mouse, a saída por um monitor (alguns sistemas CAD demandam dois monitores), um "plotter" ou uma impressora.

Nos diferentes tipos de aparelhos de armazenagem de dados (disco rígido, fita magnética, disquete, CD-ROM) os programas e arquivos de dados podem ser lidos pelo sistema CAD e, após conclusão do processamento, podem ser armazenados. A inclusão de textos e desenhos já existentes pode ser realizada por meio de um "scanner" para o computador. Outra possibilidade para disponibilizar programas e dados para a estação de trabalho é conectar-se em rede (cf. 2.3.3).

O processamento dentro do computador só acontece por meio do sistema operacional (o software básico). O sistema operacional é o elemento de ligação entre o "hardware", o usuário e o "software" aplicativo. Sistemas conhecidos empregados atualmente são, p. ex., Windows x, Windows NT e UNIX.

Em geral, os sistemas CAD são constituídos de vários módulos. Para tanto, é necessário existir um módulo básico que comporte ampliações para novas aplicações (elaboração de desenhos, projetos de peças fundidas). São oferecidos e utilizados os mais diversos sistemas 2D e 3D, tanto paramétricos como não paramétricos.

Diversos aplicativos (p. ex., o pacote Office) completam a estação de trabalho CAD. Esse "software" assegura o intercambio de dados e o processamento integralizado (processamento de cálculos e relatórios).

Para selecionar um sistema CAD adequado para a utilização prevista, bem como o "hardware" e o "software", deverá ser consultada a literatura especializada e atualizada, como também o conhecimento de pessoal especializado [54, 57].

2.3.2 — Descrição computadorizada de modelos do produto

1. Modelos mentais

Um modelo é um representante que corresponde à finalidade de um original [37, 48]. Na técnica e no projeto são utilizados modelos de maneira bastante distinta, p. ex., modelos da função, modelos para visualização, etc. Atualmente, o processamento eletrônico de dados permite a construção de modelos de objetos ou produtos no computador de forma completamente nova, com base numa descrição computadorizada.

Durante o processo de projeto, desenvolve-se no projetista uma idéia do objeto técnico real pretendido. Sua definição em desenhos elaborados de forma tradicional já mostra um modelo mais ou menos fiel da versão final. Na representação com auxílio de sistemas CAD isso não é muito diferente. Também é realizada a construção de um modelo segundo [44, 52], cujas etapas estão reproduzidas na Fig. 2.22.

O projetista desenvolve uma determinada idéia na forma de um *modelo mental* da solução para a tarefa proposta. As representações mentais oscilam entre inter-relações abstratas orientadas apenas por linhas ou áreas de ação, bem como estruturas de funções e entre versões familiares que vislumbra diante de si pela forma e pelo contorno. Durante o processo de projeto, o modelo mental é continuado, modificado ou descartado. Freqüentemente, é necessária uma apreciação tridimensional, do que resulta a conhecida exigência de uma boa "capacidade de imaginação espacial". Por isso alguns projetistas também expressam suas idéias em croquis tridimensionais (isometria, dimetria, perspectiva central). Mas também croquis ou desenhos bidimensionais auxiliam e esclarecem a idéia concebida. Disso resulta que o projetista se movimente, em pensamento, no espaço e no plano e, para tanto, ativa certos recursos formais de informação, ou seja pontos e linhas para a representação.

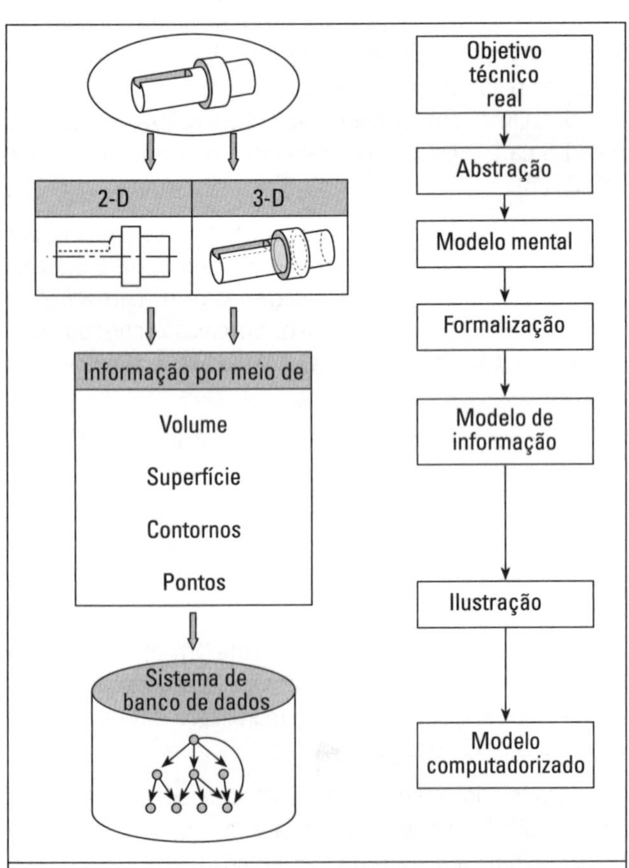

***Figura 2.22** — Modelos de produtos técnicos, segundo [44].*

2. Modelos informativos

Com auxílio de *meios informativos formais*, o computador também possibilita a representação computadorizada de modelos.

Sistemas CAD-2D utilizam somente pontos e linhas. Cada uma das vistas é independente das demais e sempre representa um modelo particular. Por isso, não mantêm nenhuma relação entre si, não sendo, portanto, associativas (cf. Fig. 2.23). Por isso, uma modificação da vista frontal, p. ex., não acarreta nenhum ajuste automático na vista em planta. Assim, esses sistemas 2D possuem as mesmas vantagens e desvantagens do sistema tradicional: tanto quanto antes, exigem o conhecimento de todos tipos de desenhos e normas e, após breve familiarização com o sistema CAD, podem ser dominados com os conhecimentos tradicionais. Porém, o sistema não força ou controla a integridade (ausência de erros).

Apesar disso, esses sistemas são vantajosamente utilizados na elaboração de desenhos de circuitos, projetos de circuitos integrados, diagramas de fluxo, desenhos para produção de peças planas e com simetria de revolução, bem como a representação em projeção ortogonal de peças mais complexas. Isto vale ainda mais para esta última quando tolerâncias e ajustes, bem como outras informações para a produção ainda têm de ser definidos da forma convencional, visto que a esse respeito os atuais sistemas CAD ainda não convencem plenamente.

Com ajuda de *sistemas CAD-3D*, os recursos informativos são descritos e organizados num espaço tridimensional. Estes sistemas permitem a representação no computador de um modelo tridimensional com o qual podem ser geradas, automaticamente, diferentes representações como isometrias, dimetrias, vistas e cortes ortogonais, bem como imagens em cores sombreadas. A descrição computadorizada e as representações dela derivadas existem no computador como informações em diferentes níveis e por isso são de naturezas diferentes.

Dependendo de qual recurso informativo – ponto, linha, superfície ou volume – é empregado, são gerados vários *modelos informativos* com características diferentes:

O *modelo de linhas*, também denominado de modelo de arame, somente usa pontos e linhas no espaço, onde estas últimas descrevem as arestas que fazem parte do contorno. Este modelo informativo tem uma estrutura simples com breves tempos de resposta. Entretanto, conforme pode ser visto na Fig. 2.23, o modelo de linhas não consegue reproduzir qual-

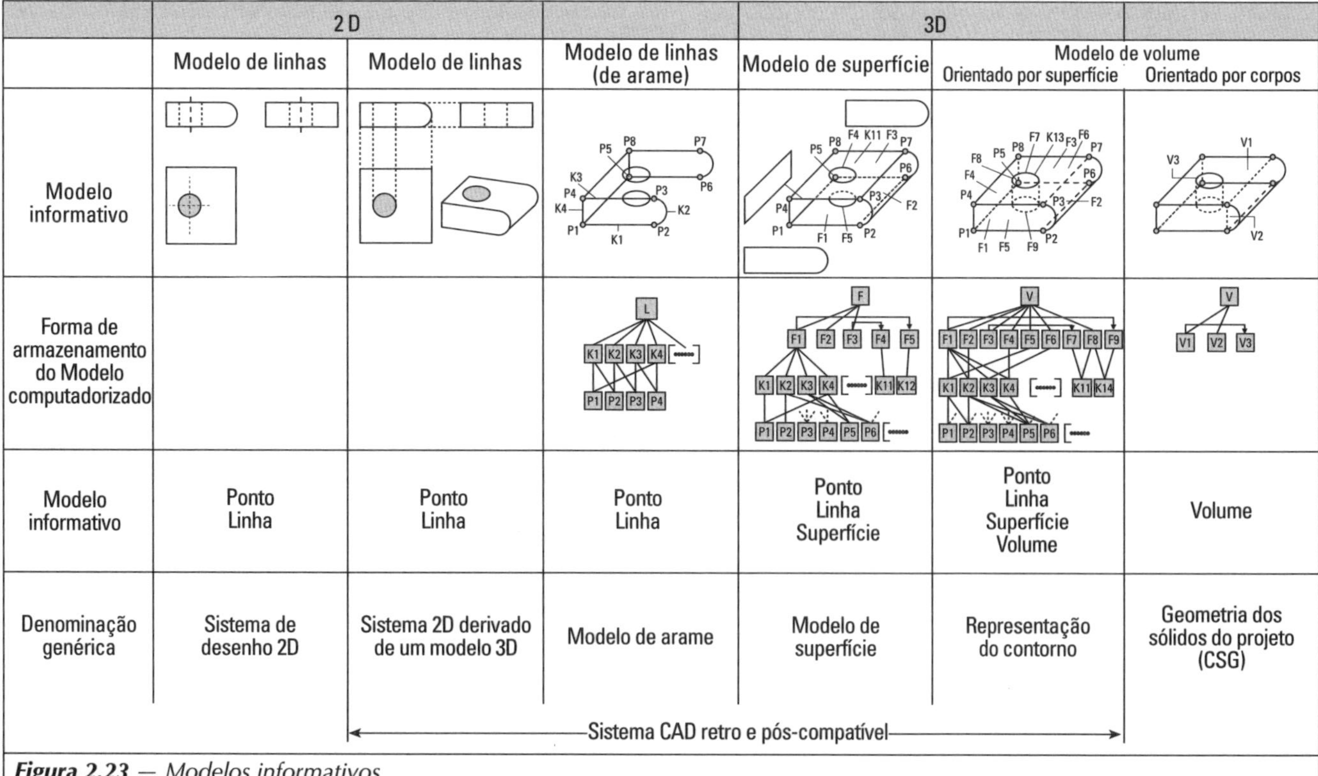

***Figura 2.23** — Modelos informativos.*

quer canto visível como, p. ex., geratrizes. Da mesma forma que num modelo de arame real, não são descritos superfícies ou volumes e também não está definido onde está localizado o material. O modelo de linhas representa somente o contorno com base na definição das arestas. Por causa disso, neste modelo simples podem surgir ambigüidades que requerem uma interpretação mais detalhada.

O *modelo de superfície* possibilita a representação de superfícies que se desenvolvem no espaço. Aqui também não está definido onde se encontra o material. Quando, num objeto, são representadas todas as superfícies considerando sua continuidade, chega-se ao nível mais elevado de um modelo de superfície, também denominado de "volume fechado" sem, no entanto, indicar a identificação do material. Modelos de superfície são empregados com vantagens na representação de superfícies não descritíveis analiticamente, p. ex., na representação paramétrica tridimensional de superfícies de carrocerias ou superfícies externas de aviões. O modelo superficial freqüentemente também constitui uma base importante para o desenvolvimento de dispositivos e acessórios.

Modelos de volume têm condições de representar integralmente um volume e em conjunto com uma identificação do material também definir corpos de forma não ambígua. Basicamente, existem dois tipos de modelos de volumes:

- modelo de volume orientado pelo corpo, denominado de modelo CSG (Constructive Solids Geometry) e
- modelo de volume orientado por superfície, também denominado de modelo B-Rep (Boundary Representation).

No modelo de volume orientado pelo corpo (modelo CSG), o objeto é composto de corpos elementares simples e avulsos (paralelepípedo, cilindro, cone, toróide etc.) e em seguida interligado numa estrutura mais complexa, de acordo com a teoria dos conjuntos. A prescrição de interligação utilizada (árvore booleana) é um componente indispensável da estrutura de dados.

O modelo de volume orientado pelo corpo (CSG) apresenta as seguintes vantagens:

- reduzida alocação de memória;
- geração simples, quando a geometria pode ser simplesmente descrita por elementos básicos definidos;
- integralidade e incontestabilidade dos objetos criados;
- o histórico da formação da geometria é identificável na árvore de interligações booleana.

Com relação à sua aplicação em projetos resultam como desvantagens:

- uma alteração parcial de uma superfície ou de um contorno não é possível. O respectivo corpo precisa ser identificado e removido da árvore booleana e em seguida ser gerado novamente;
- o modelo informativo exige a prévia decomposição mental do objeto visado em elementos básicos correspondentes, o que não se coaduna com o modo de pensar e agir do projetista que, via de regra, desenvolve uma configuração passo a passo e de modo interativo.

O *modelo do volume orientado pela superfície* (modelo B-Rep) parte de superfícies que são definidas com auxílio de pontos e arestas, e pela sua interligação descrevem o volume do objeto por meio de superfícies confinantes. Uma caracterização do material sob forma de vetores normais às superfícies também permite perceber o volume a ser preenchido por material, pelo que resulta a diferença fundamental com relação ao modelo de superfície "volume fechado".

Do ponto de vista de projeto, modelos de volume orientados por superfícies (modelo B-Rep) apresentam as seguintes vantagens:

- O começo da configuração pode partir da superfície de trabalho.
- Partindo de superfícies funcionalmente importantes as superfícies opostas e as superfícies de ajustes podem ser facilmente derivadas. Pelo acesso a pontos, arestas ou superfícies, podem ser efetuadas alterações parciais.
- Atributos podem ser associados às superfícies ou às arestas.
- O modelo do volume orientado pela superfície contém todas as informações de modelos de superfície e de linhas, de modo que é possível uma utilização crescente ou decrescentemente compatível, tanto de modelos mais simples como também de modelos mais completos.

Contudo, há desvantagens:

- Na garantia da consistência dos modelos por algoritmos e regras especiais principalmente em caso de alterações locais.
- Na alocação de memória, que é relativamente grande.

Sistemas CAD-3D partem de um desses dois modelos do volume e tentam, pela superposição das estruturas, aproveitar as vantagens do outro modelo ou evitar suas desvantagens. Originam-se então os chamados híbridos, os quais, entretanto, nem sempre conseguem ocultar sua origem [17]. Entretanto, é essencial que um sistema CAD-3D e um sistema 2D dele derivado sejam *totalmente crescente* ou *decrescentemente compatíveis*, de modo a poder satisfazer os múltiplos requisitos do processo de projeto com esforço mínimo. Esses requisitos consistem, p. ex., em poder efetuar alterações ou ajustes compatíveis inclusive no domínio 2D, usar temporariamente um modelo de arame com breves tempos de resposta e também incorporar ao modelo superfícies não descritíveis analiticamente.

No *modelo interno* (RIM) de um sistema CAD, o modelo de informação é convertido numa estrutura formal assimilável pelo computador (elementos descritíveis com suas interligações), com conversão simultânea para o código binário. Isso torna possível o processamento pelo processador e o armazenamento digital.

Para aplicação num projeto, seleciona-se um sistema CAD que, com base no modelo informativo, seja o mais apropriado possível para os problemas a serem resolvidos na respectiva divisão, à qual pertence o produto. Para peças planas ou de rotação, geralmente é suficiente um sistema de desenho 2D; superfícies de forma livre no espaço exigem pelo menos um modelo de superfície 3D; componentes complexos, fabricados por meio de fundição por injeção exigem um modelo de volume, com a possibilidade de agrupar de forma compatível, descrições de volume e superfícies em assim chamados modelos mistos [43].

3. Modelos de produtos

Se no processo de projeto forem trabalhados objetos avulsos com auxílio de sistemas CAD, resultará um modelo que é criado e modificado passo a passo interativamente, ou seja, é modelado. Assim, compreende-se por modelagem a geração e modificação da representação de um modelo presente no computador.

Neste contexto, o modelo de um produto é um modelo que contém todas informações relevantes com suficiente grau de integridade. Esse modelo não contém apenas informações geométricas, mas também informações técnico-funcionais, tecnológicas e estruturais, bem como informações para o processo de projeto e produção. Para tanto, são úteis os modelos parciais, que representam componentes adequadamente desmembrados de um produto (cf 13.3.1).

2.3.3 — Gerenciamento de dados

Os dados necessitados e processados, em especial os de modelos presentes no computador, são armazenados e gerenciados com auxílio de um sistema de gerenciamento de dados, separadamente do aplicativo, em arquivos isolados ou em bancos de dados.

No caso de um banco de dados, todos os dados armazenados numa base física são organizados por um sistema unificado de gerenciamento de dados. Banco de dados e sistema de gerenciamento do banco de dados constituem um sistema de banco de dados interligado com os aplicativos do usuário por meio de uma interface definida.

A vantagem de um sistema de banco de dados em comparação com arquivos avulsos de acesso direto, atualmente ainda bastante usados, deve-se ao fato de o banco de dados possibilitar uma armazenagem de dados de pouca redundância (p. ex., dados de projeto são armazenados uma única vez e podem ser usados por diversos aplicativos) e por oferecerem um maior conforto com respeito ao armazenamento, leitura, modificações, extinção e a segurança dos dados. Uma certa desvantagem em comparação com os programas de acesso a arquivos avulsos, é o maior trabalho do computador para disponibilizar os dados.

O gerenciamento dos dados dentro de um sistema de banco de dados ou de um arquivo avulso pode se basear em diversas estruturas de dados. É priorizada uma estrutura relacional. Nela, os conjuntos de dados são armazenados em tabelas bidimensionais, denominadas relações.

Ao contrário das estruturas hierárquicas, essas relações também permitem a implantação dos bancos de dados em redes. É vista como promissora a migração para modelos de banco de dados orientados por objeto, o que somente será alcançado por etapas [1].

Integração de sistemas CAx por meio de redes

Ao longo do ciclo de evolução representado na Fig. 1.4, há diversas tecnologias auxiliadas por computador que podem ser sintetizadas com designação Computer Aided x (CAx) (Fig. 2.24)

Para auxiliar o processo de projeto foram desenvolvidos diversos Sistemas CAD com os quais é emitida a documentação para a produção. Com a sigla CAE (Computer Aided Engineering) ocorre uma extensão do conceito de CAD por meio da integração de programas para cálculo, sistemas de informações e outras "ferramentas de projeto". As possibilidades bem como vantagens e desvantagens são detalhadamente descritas na literatura especializada [13].

Os diferentes sistemas CAx, via de regra, são empregados em diferentes estações de trabalho. O tradicional intercâmbio de dados acontecia preponderantemente por fax, telex, papel ou outros portadores de dados. Isto levava a interrupções do fluxo de trabalho, a perdas de informações e apareciam dados redundantes. Por este motivo foi objetivado fazer com que os computadores se comunicassem diretamente entre si. A comunicação direta é conseguida através da construção de redes. Entre as possibilidades de construir redes, está o conceito do computador central (os terminais não possuem processador nem mesmo memória de trabalho), o "peer-to-peer networking" (rede no âmbito local com computadores hierarquicamente iguais, p. ex., grupo de escritório), ou a estrutura "client-server" [18].

A estrutura cliente-servidor se impõe cada vez mais nas empresas. Na sua forma mais simples, os programas e dados são disponibilizados pelo servidor para mais de um cliente (estações de trabalho). O processamento dos dados ocorre exclusivamente no cliente, o servidor tem unicamente a tareta de conservar os dados e gerenciar a rede. Adicionalmente, podem ser acionados novos servidores, p. ex., para impressão ou correio eletrônico [18]. Pelo emprego de pontes, roteadores e "gateways", é possivel interligar a rede da empresa ou a rede interna de um departamento com outras redes, de forma que é possivel estabelecer uma comunicação em nível mundial por meio de diversos serviços (www, e-mail, FTP, telnet) (Fig. 2.25) [27].

Para a geração de um produto, estar ligado em rede representa uma redução no tempo de execução, inclusive no caso de uma execução descentralizada. É possível o intercâmbio de (sub) soluções, o uso de recursos de outros computadores

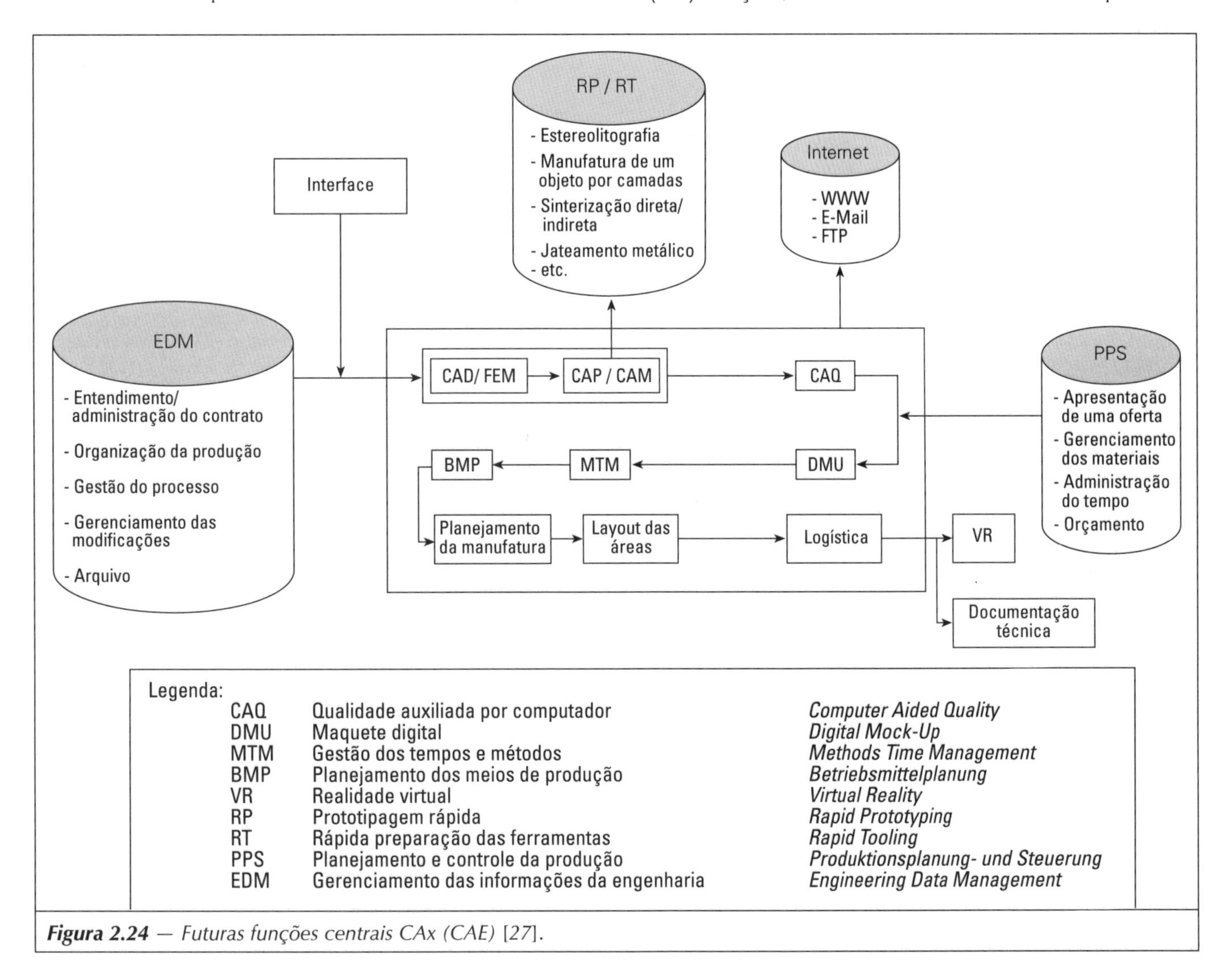

Figura 2.24 — *Futuras funções centrais CAx (CAE) [27].*

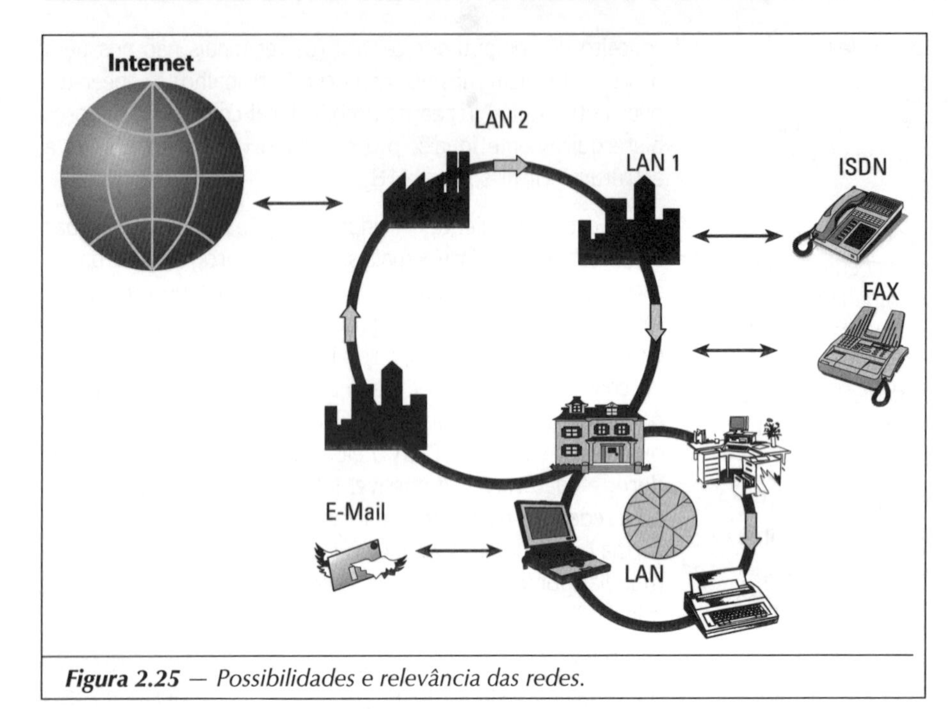

Figura 2.25 — *Possibilidades e relevância das redes.*

(hardware e software), bem como de bancos de dados (peças padronizadas). No modelo virtual, as simulações das etapas de desenvolvimento mais avançadas (análises dos efeitos térmicos, planejamento da produção e da montagem) podem ser executadas nas etapas de desenvolvimento iniciais. Modificações do produto são salvas por um apropriado Product Data Management (PDM) ou Engineering Data Management (EDM), e disponibilizadas na sua versão atualizada às demais estações de trabalho [34].

Referências

1. Abeln, O. (Hrsg.): CAD-Referenzmodell - Zur arbeitsgerechten Gestaltung zukünftiger computergestützter Konstruktionsarbeit. Stuttgart: G.B. Teubner, 1995.
2. Betiz, W.: Kreativität des Konstrukteurs. Konstruktion 37, (1985) 381-386.
3. Brankamp, K.: Produktivitätssteigerung in der mittelständigen Industrie NRW. VDI-Taschenbuch, Düsseldorf: VDI-Editora, 1975.
4. DIN 40900 T 12: Binäre Elemente, IEC 617-12 modifisiert. Berlim: Beuth.
5. DIN 44300: Informationsverarbeitung - Begriffe. Berlim: Beuth.
6. DIN 44301: Informationstheorie - Begriffe. Berlim: Beuth.
7. DIN 69910: Wertanalyze, Begriffe, Methode. Berlim: Beuth.
8. Dörner, D.: Problemlösen als Informationsverarbeitung. Suttgart: W. Kohlhammer. 2ª edição, 1979.
9. Dörner, D.; Kreuzig, H.W.; Reither, E.; Stäudel, T.: Lohhausen. Vom Umgang mit Unbestimmtheit und Komplexität. Berna: Editora Hans Huber, 1983.
10. Dörner, D.: Gruppenverhalten im konstruktionspozess, VDI-Notícias, 1120, Düsseldorf: VDI-Editora, 1994.
11. Dylla, N.: Denk- und Handlungsabläufe beim Konstruieren. Munique: Hanser, Dissertationsreihe, 1991.
12. Ehrenspiel, K.; Dylla, N.: Untersuchung des individuellen Vorgehens beim Konstruieren. Konstruktion 43, (1991) 43-51.
13. Feldhusen, J.; Laschin, G.: 3D-Tecnik in de Praxis, Konstruktion, 1990 N. 10; S. 11-18.
14. Frick, H.; Müller, J.: Graphisches Darstellungsvermögen von Konstrukteuren. Konstruktion 42, (1990) 321-324.
15. Fricke, G.; Pahl, G.L Zusammenhang zwischen personenbedingtem Vorgehen und Lösungsgüte. Proceedings of ICED'91. Zurique.
16. Fricke, G.: Kronstruieren als flexibler Problemlöseprozess - Empirische Untersuchung über erfolgreiche Strategien und methodische Vorgehensweisen. Fortschrittberichte VDI-Reihe 1, N. 227, Dissertation Damstadt, 1993.
17. Grätz, J.F.: Handbuch der 3D-CAD-Tecnik, Erlangen: Siemens, 1989.
18. Henekrenser, H.; Peter, G.: Rechnerkommunikation für Anwender, Berlim, Heidelberg, Nova York: Editora Springer, 1994.
19. Hansen, R.: Konstrukyionssystematik. Berlim, Editora Técnica VEB, 1966.
20. Holliger, H.: Handbuch der Morphologie - Elementare Prinzipien und Methoden zur Lösung kreativer Probleme. Zurique: MIZ-Editora, 1972.
21. Holliger, H.: Morphologie - Idee und Grundlage einer interdisziplinären Methodenlehre. Kommunikation 1. Vol. V1. Quickborn: Schnelle, 1970.
22. Hubka, V.: Theorie Technischer Systeme. Berlim. Springer, 1984.
23. Hubka, V.; Eder, W.E.: Theory of Technical Systems. Berlim: Springer, 1988.
24. Hubka, V.; Eder, W.E.: Einführung in die Konstruktionwissenschaft - Übersicht, Modell, Anleitungen. Berlim: Springer, 1992.
25. Janis, I.L.; Mann, L.: Decisions making. Free Press of Glencoe. Nova York, 1977.
26. Klaus, G.: Wörterbuch der Kybernetik. Handbücher 6142 und 6143. Frankfurt: Fischer, 1971.
27. Klein, B.: Die Arbeitswelt des Ingenieurs im Informationszeitalter; Konstruktion 6 (2000) S. 51-56.
28. Koller, R.: Konstruktionslehre für den Maschinenbau. Berlim: Springer, 1976, 2ª edição, 1985. - Grundlagen zur Neu- und Weiterentwicklung technischer Produkte, 3ª edição, 1994.

29. Koller, R.: Kann der Konstruktionsprozess in Algorithmen gefasst und dem Rechner übertragen werden. VDI-Notícias N. 219. Düsseldorf: VDI-Editora, 1974.
30. Kroy, W.: Abbau von Kreativitätshemmungen in Organisationen. In: Schriftenreihe Forschung, Entwicklung, Innovation, Bd. 1: Personal-Management in der industriellen Forschung und Entwicklung. Colônia: C. Heyrnanns, 1984.
31. Krumhauer, P.: Rechnerunterstützung für die Konzeptphase der Konstruktion. Diss. TU Berlim, 1974, D. 83.
32. Mewes, D.: Der Informatiosbedarf im konstruktiven Maschinenbau. VDI-Taschenbuch T 49. Düsseldorf: VDI-Editora, 1973.
33. Miller, G.A.; Galanter, E.; Pribram, K.: Plans and the Structure of Behavior. Nova York: Holt, Rinehardt & Winston, 1960.
34. Moas, E.: The Role of the Internet in Design and Analysis. NASA Tech Briefs, 11, (2000) S. 30-32.
35. Müller, J.: Grundlagen der systematischen Heuristik. Schriffen zu soz. Wirtschaftsführung. Berlim: Dietz, 1970.
36. Müller, J.: Arbeitsmethoden der Technikwissenschaffen. Berlim: Springer, 1990.
37. Müller, J.; Praß, P.; Betz, W.: Modelle beim Konstruieren. Konstruktion 10, (1992).
38. Nadler, G.: Arbeitsgestaltung - zukunftsbewusst. Munique: Hanser, 1969. Amerikanische Originalausgabe: Work Systems Design: The ideals Concept. Homewood, Illinois: Richard D. Irwin Inc., 1967.
39. Nadler, G.: Work Design. Homewood, Illinois: Richard D. Irwin Inc., 1963.
40. N.N.: Lexikon der Neue Brockhaus, Wiesbaden: F.A. Brockhaus, 1958.
41. Pahl, G. (Hrsg.): Psychologische und pädagogische Fragen beim methodischen Konstruieren. Ladenburger Diskurs, Colônia: TUV-Editora Rheinland, 1994.
42. Pahl, G.: Denk- und Handlungsweisen beim Konstruieren. Konstruktion, (1999) 11-17.
43. Pahl, G.; Reiß, M.: Mischmodelle - Beitrag zur anwendergerechten Erstellung und Nutzung von Objektmodellen, VDI-Notícias N. 993.3. Düsseldorf: VDI-Editora, 1992.
44. Pohlmann, G.: Rechnerinterne Objektdarstellungen als Basis integrierter CAD-Systeme. Reihe Produtktionstechnik. Berlim, Bd, 27, Munique: C. Hansr, 1982.
45. Pütz, J.: Digitaltechnik. Düsseldorf: VDI-Editora, 1975.
46. Rodenacker, W.G.: Methodisches Konstruieren, Konstruktionbücher Bd. 27, Berlim: Springer, 1970, 2ª edição, 1976, 3ª edição, 1984, 4ª edição, 1991.
47. Roth, K.: Konstruieren mit Konstruktionskatalogen. Berlim: Springer, 1982.
48. Roth, K.: Übertragung von Konstruktionsintelligenz and den Rechner. VDI-Notícias 700.1. Düsseldorf: VDI-Editora, 1988.
49. Roth, K.: Konstruieren mit Konstruktionskatalogen, 3ª edição, Tomo I: Konstruktionslehre. Berlim: Springer, 2000. Tomo II: Konstruktionskataloge. Berlim: Springer, 2001. Tomo III: Verbindungen und Verschlüsse. Lösungsfindung. Berlim: Springer, 1996.
50. Rutz, A.: Konstruieren als gedanklicher Prozess. Diss. TU Munique, 1985.
51. Schmidt, H.G.: Heuristische Methoden als Hilfen zur Entscheidungsfindung beim Konzipieren technischer Produkte. Schriftenreihe Konstruktionstechnik, H. 1. Herausgeber W. Beitz. Technische Universität. Berlim, 1980.
52. Spur, G.; Krause, F.-L.: CAD-Technik, Munique: C. Hanser, 1984.
53. VDI-Richtlinie 2221: Methodik zum Entwickeln und Konstruieren technischer Systeme und Produkte. Düsseldorf: VDI-Editora, 1993.
54. VDI-Richtlinie 2219 (Entwurf); VDI: Datenverarbeitung in der Konstruktion - Einführung und Wirtschafflichkeit von EDM/ PDM-Systemen. Düsseldorf: VDI-Editora, 1999. 11.
55. VDI-Richtlinie 2222. Folha 1: Konstruktionsmethodik - Konzipieren technischer Produkte. Düsseldorf: VDI-Editora, 1977.
56. VDI-Richtlinie 2242. Folha 1: Ergonomiegerechtes Konstruieren, Düsseldorf: VDI-Editora, 1986.
57. VDI-Richtlinie 2249 (Entwurf): CAD-Benutzungsfunktionen. Düsseldorf: VDDI-Editora, 1999.
58. VDI-Richtlinie 2801. FOlha 1-3: Wertanalyse. Düsseldorf: VDI-Editora, 1993.
59. VDI-Richtlinie 2803 (Entwurf): Funktionenanalyse - Grundlagen und Methode. Düsseldorf: VDI-Gesellschaft Systementwicklung und Produktgestaltung, 1995.
60. Voigt, C.D.: Systematik und Einsatz der Wertanalyse, 3ª edição, Munique: Siemens Editora, 1974.
61. Weizsäcker von C.R.: Die Einheit der Natur - Studien. Munique: Hanser, 1971.

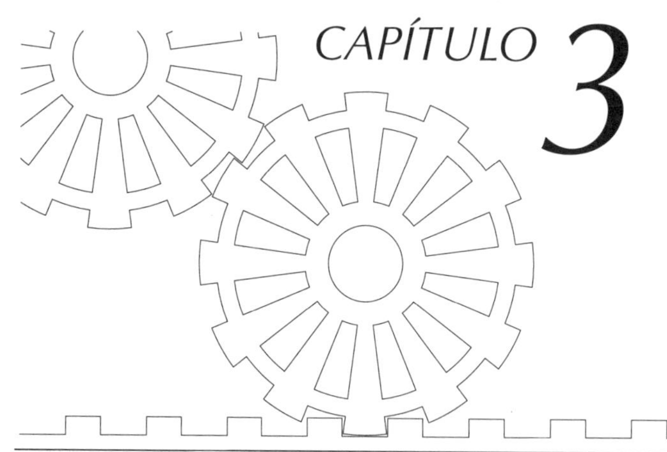

MÉTODOS PARA O PLANEJAMENTO, BUSCA E AVALIAÇÃO DA SOLUÇÃO

Neste capítulo são apresentados os métodos a serem aplicados no contexto de um sistema modular. Muitos deles, principalmente os métodos de busca e avaliação, podem ser igualmente aplicados em diferentes fases do processo de projeto. Assim por exemplo, um método de busca como o "*brainstorming*" ou método da galeria pode ser útil tanto na procura de um princípio de solução durante a fase de planejamento do produto, como também na de concepção na busca de soluções de funções auxiliares durante o processo de anteprojeto. Também os métodos de avaliação podem ser utilizados em diferentes fases do projeto. A diferença reside apenas no grau de concretização do respectivo objeto.

Além disso, num processo de desenvolvimento de um produto especial, nem todos os métodos são aplicados, mas somente aqueles que, diante do atual problema, pareçam apropriados e promissores. Recomendações para uso prático são dadas na exposição de cada método, de modo a permitir ao usuário a avaliação da utilização apropriada. Além disso, há no capítulo 14 um resumo das recomendações para aplicação.

3.1 ■ Planejamento do produto

Tarefas de desenvolvimento e projetos resultam em primeiro lugar de pedidos feitos diretamente pelo cliente, onde a empresa fornecedora conhece o cliente consumidor. Este negócio, denominado "*business to business*" [37, 47], é típico no projeto de máquinas especiais, no projeto de instalações e também nas empresas fornecedoras. Nesse tipo de contrato, a tendência passa de uma orientação do cliente para uma integração com o cliente [37], o que naturalmente terá reflexos no setor de engenharia e projeto [2].

Entretanto, tarefas resultam não apenas de pedidos feitos por clientes, mas especialmente no caso de projetos inovadores, cada vez mais de um planejamento decidido pela diretoria da empresa, executado por um grupo especial que não faz parte do departamento de projeto. O departamento de projeto já não é mais independente; ele também precisa considerar as idéias de planejamento dos demais departamentos (cf. Fig. 1.2). Apesar disso, devido ao seu conhecimento especializado para a configuração de um produto, o projetista também poderá dar uma contribuição valiosa para as projeções de médio e longo prazo. A gerência de projetos deverá manter contato não só com a produção, mas também com o planejamento do produto.

Um processo de planejamento também poderá ter sido realizado por organizações externas como, por exemplo, o próprio cliente, um órgão público, um escritório de planejamento, etc.

De acordo com 4.2 (Fig. 4.3), nos projetos novos o processo de projeto se inicia pela etapa de concepção, com base na lista de requisitos. Se esta lista, geralmente na forma de uma lista preliminar, for resultado de um planejamento precedente, será importante para o projetista conhecer os critérios básicos e as etapas de planejamento do produto, a fim de melhor compreender e eventualmente complementar a formação do leque de requisitos. Se, pelo contrário, não houver ocorrido um planejamento formal precedente, o próprio projetista, com seus conhecimentos de planejamento, poderá gerenciar a execução das respectivas etapas ou ele próprio executá-las empregando um procedimento simplificado.

Neste capítulo e também na Fig. 4.3 o planejamento do produto e o esclarecimento da tarefa estão deliberadamente interligados numa etapa principal, a fim de enfatizar a necessidade de unir o conteúdo e integrar as atividades. Isto também se aplica quando, em termos de organização, o planejamento do produto e o esclarecimento da tarefa ocorrerem predominantemente em separado.

3.1.1 — Grau de originalidade de um produto (inovação)

De acordo com o que foi explicado no Capítulo 1.1 e no início deste parágrafo, as tarefas de um engenheiro de desenvolvimento ou projetista apresentam graus diferenciados de inovação. A maioria dos projetos é constituída por um projeto adaptativo ou alternativo. Este tipo de projeto não deve ser equiparado a projetos que não exijam muito do projetista. No contexto do planejamento do produto uma diferenciação em relação à inovação é interessante:

- *Projeto inovador*: novas tarefas ou problemas são atendidos por novos princípios de solução ou uma nova combinação de princípios de soluções familiares. Aqui pode-se distinguir dois casos:

  Na invenção, trata-se verdadeiramente de uma descoberta. Muitas vezes ela está baseada na aplicação de novos conhecimentos científicos [66].

  Com a inovação, são concretizadas novas funções e novas características de um produto. Isto pode ocorrer perfeitamente através de uma recombinação de soluções familiares [39].

- *Projeto adaptativo*: o princípio de solução é preservado e somente a configuração é adaptada às novas condições periféricas.

- *Projeto alternativo*: dentro de limites preestabelecidos é variado o tamanho e/ou o arranjo dos componentes ou subconjuntos, o que é típico de séries construtivas e/ou sistemas modulares.

3.1.2 — Ciclo de vida de um produto

Cada produto está sujeito a um ciclo de vida (cf. Fig. 1.2) que, pelo aspecto econômico industrial, se orienta por faturamento, lucros e perdas (custos) conforme a Fig. 3.1.

A *duração do ciclo* de vida varia muito em função do tipo de produto e da especialidade. Nos últimos anos observou-se uma constante redução desse tempo, uma tendência que deverá se manter. Isto tem conseqüências importantes no trabalho nos departamentos de desenvolvimento e projeto, uma vez que os tempos de execução alocados para tarefas iguais ou semelhantes também se reduzem. Por isso precisam ser tomadas providências com relação à arquitetura do processo de desenvolvimento do produto (cf. Cap. 4) e aos métodos e ferramentas a serem utilizados, conforme este capítulo.

O mais tardar ao alcançar a fase de saturação, deverão ser implantadas medidas para a revitalização ou para a criação de novos produtos substitutos, uma tarefa importante e que faz parte do monitoramento do produto. Um outro aspecto ainda nesse contexto é a evolução da *participação no mercado*.

3.1.3 — Objetivos da empresa e suas conseqüências

A geração de lucro constitui a meta principal de qualquer empresa. Esta meta principal precisa ser subdividida em metas individuais concretas e implantar providências para que cada uma dessas metas seja alcançada. A fim de assegurar uma presença permanente no mercado há duas estratégias genéricas distintas. A primeira consiste em conseguir o domínio dos custos.

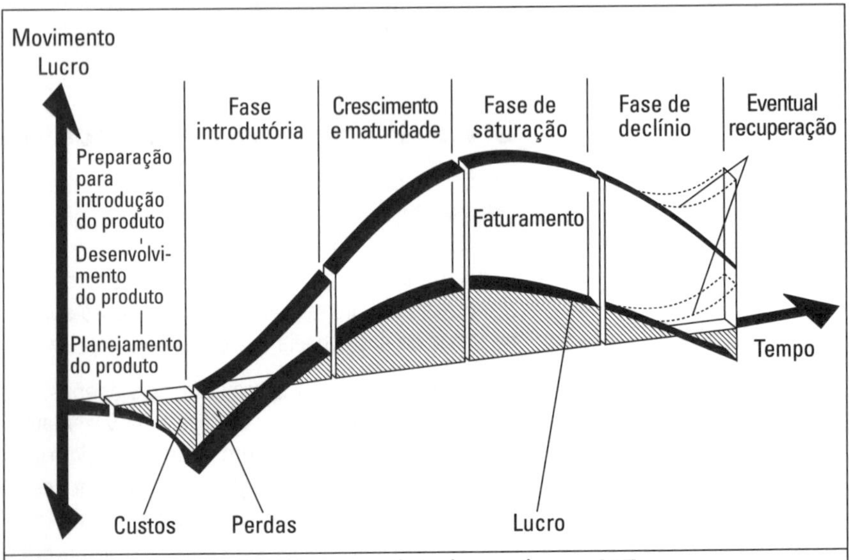

Fig. 3.1 — *Ciclo de vida de um produto de acordo com [45].*

As metas da empresa ou estratégias de faturamento daqui resultantes são a ampliação da distribuição com maior quantidade de peças e uma padronização mais racional do produto. A segunda estratégia é a da diferenciação pela capacidade. Os objetivos ou medidas para a realização consistem de uma distribuição em determinadas especialidades, de uma produção flexível de grande capacidade e da especialização do projeto e do produto. Ambas premissas estratégicas naturalmente também possuem um componente temporal. Isto se reflete num dos objetivos da empresa: o de lançar um produto novo no mercado antes do concorrente.

Uma estratégia extrema consiste em combinar as duas estratégias acima citadas. No contexto de uma concorrência crescente, ela adquire importância cada vez maior.

Tanto a meta de domínio dos custos como também o do diferencial na capacidade de produção tem conseqüências para o departamento de desenvolvimento e de projeto. Num plano de metas imediatamente inferior, além de muitos outros objetivos são fixados aqueles que dizem respeito ao:

- Produto: entre outros, funcionalidade e características e ao
- Mercado: entre outros, tempo para o marketing, portanto implicitamente o tempo disponível para o desenvolvimento e projeto do produto, bem como os custos que não podem ser excedidos, *target costing* (cf. Cap. 12) [12].

Para o departamento de desenvolvimento e projeto de uma empresa é, portanto, muito importante conhecer precisamente as metas da empresa, as relações entre elas e sua ponderação. Uma importante tarefa da gerência do departamento técnico consiste na correta transmissão a cada um dos colaboradores, das metas da empresa relevantes para a área técnica.

3.1.4 — Execução do planejamento do produto

1. Tarefa e procedimento

O desenvolvimento e o projeto trabalham com base em formulações de tarefas que, dependendo do tipo de empresa, provêm de diversas áreas. Em muitos casos, principalmente em empresas de médio e pequeno porte fica a critério do "farejador" da empresa ou de um funcionário específico, desenvolver o produto certo na época certa e introduzi-lo no mercado e, em vista disso, também formular as respectivas atividades para que isso possa ocorrer. Atualmente, as grandes empresas tentam, cada vez mais, encontrar novos produtos por meio da abordagem metódica. Um aspecto importante do procedimento metódico é a possibilidade de melhor gerenciar os custos e o tempo para o planejamento e desenvolvimento de um produto.

Entre outros, poderiam ser os departamentos de:

- marketing ou de
- gerência do produto.

Correspondentemente, em grande número de empresas também se transfere organizacionalmente, para o departamento de planejamento, o acompanhamento do produto (continuação do controle e avaliação da fabricação do produto) e o monitoramento do produto (análise do comportamento do preço e do sucesso no mercado, bem como a adoção de medidas corretivas (cf. Fig. 1.2)). No âmbito desse livro, a atividade de planejamento de produto será abordada em seu sentido restrito, isto é, apenas como precursora no desenvolvimento do produto.

A variável mais importante para a busca de novas idéias de um produto é o foco no cliente, portanto a orientação pelo cliente, que evolui cada vez mais para uma integração do cliente [2, 37]. Como método interessante para identificação das vontades do cliente e sua conversão em requisitos do produto foi introduzido o método QFD (*Quality Function Deployment*, cf. 11.5) [11, 38].

Há diversas propostas para o planejamento metódico de um produto [5, 23, 33, 34, 42, 45, 69]. Porém, todas elas têm em comum o seguinte procedimento (Fig. 3.2).

Estímulos desencadeadores de um real planejamento do produto chegam tanto de fora, através do mercado e da conjuntura, como de dentro da própria empresa. Freqüentemente, são elaborados por um *marketing*.

Entre os estímulos provenientes do mercado se incluem:

- O posicionamento técnico e econômico dos produtos da empresa no mercado, principalmente as mudanças perceptíveis (queda nas vendas, evolução da participação no mercado).
- Mudança das vontades do mercado, por exemplo, novas funções, novas aparências.
- Estímulos e críticas por parte dos consumidores.
- Vantagens técnicas e econômicas dos produtos dos concorrentes.

Entre os estímulos provenientes da conjuntura se incluem:

- Acontecimentos político-econômicos, por exemplo, aumento do preço do petróleo, diminuição das reservas naturais, restrições no transporte.
- Substituições por novas tecnologias e avanços nas pesquisas, por exemplo, soluções microeletrônicas substituindo soluções mecânicas, teclas ao invés de disco nos telefones, corte com laser ao invés de corte com maçarico.
- Impacto ambiental e reciclagem de produtos ou processos existentes.

Estímulos provenientes da própria empresa incluem:

- Aproveitamento de idéias e resultados de pesquisas da própria empresa no desenvolvimento e na produção.
- Novas funções para ampliar ou atender o mercado consumidor.
- Implementação de novos processos de produção.
- Medidas de racionalização da família de produtos e da estrutura de produção.

- Aproveitamento das oportunidades em parcerias.
- Maior grau de diversificação, isto é, suficiente suporte de diferentes produtos, cujos ciclos de vida sejam apropriadamente sobrepostos.

Estes estímulos externos e internos desencadeiam as cinco etapas principais, conforme Fig. 3.2, com os respectivos resultados.

Estas etapas se apóiam na metodologia geral de trabalho segundo 2.2 e coincidem, num plano de menor comprometimento, com a conceituação metódica (cf. 6 e Fig. 4.3). Elas serão discutidas mais detalhadamente a seguir.

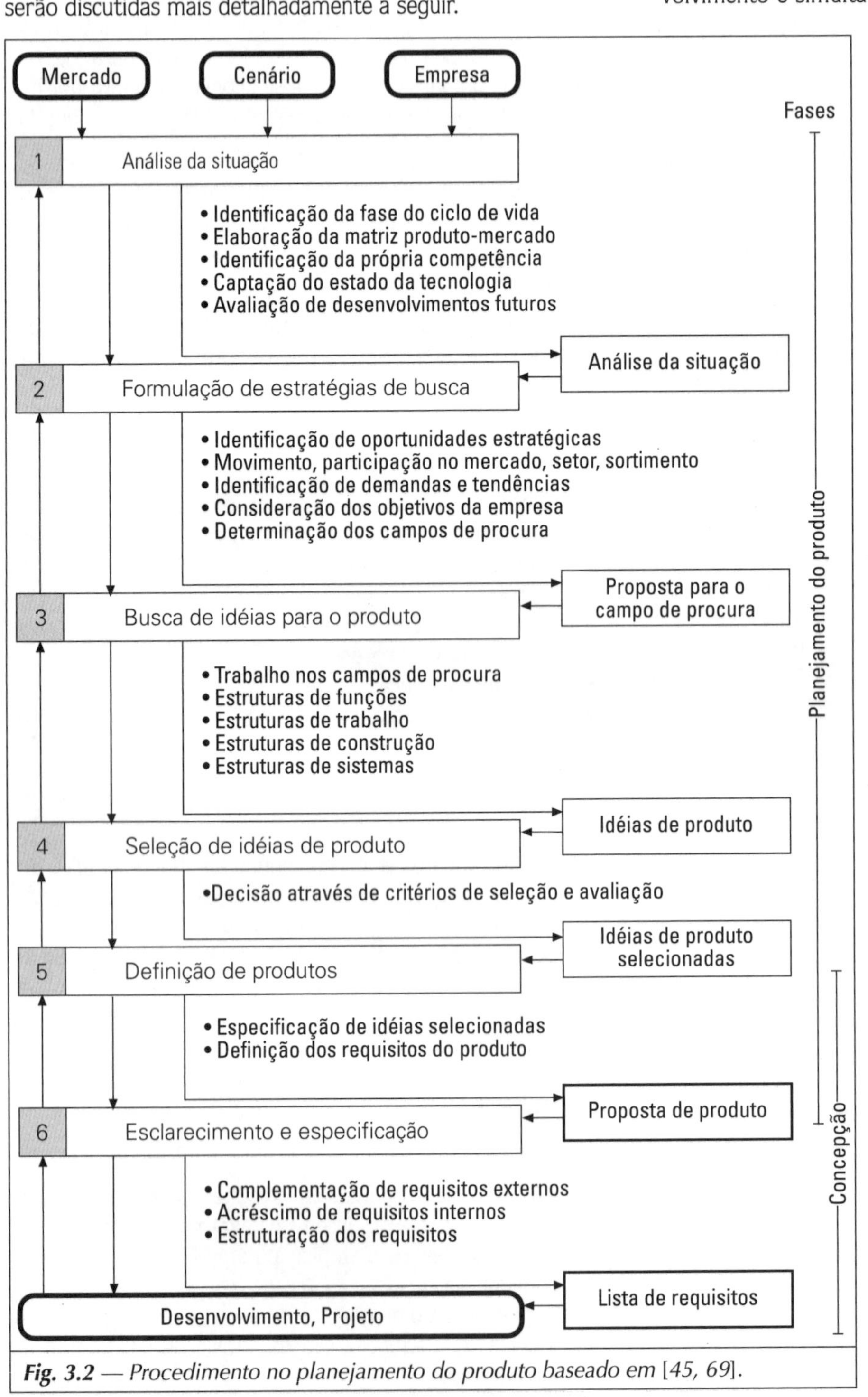

Fig. 3.2 — Procedimento no planejamento do produto baseado em [45, 69].

2. Análise da situação

A situação existente no início de um planejamento de produto envolve muitos aspectos e, conseqüentemente, precisa ser esclarecida por meio de análises com fixação de objetivos diferenciados. Para tanto, revelaram-se sensatas as seguintes etapas (cf. Fig. 3.2):

Reconhecimento da fase do ciclo de vida:

Observe 3.1.2 e 3.1.3. Da mesma forma, essas análises permitem perceber a conveniência de uma diversificação (desenvolvimento e simultânea distribuição de produtos diferentes e defasados no tempo) com o objetivo de compensar ciclos de vida que se sobreponham.

Montagem de uma matriz produto-mercado:

O reconhecimento e esclarecimento do posicionamento atual dos produtos próprios e dos produtos dos concorrentes no mercado (campo 1 na Fig. 3.3) com relação ao faturamento, lucro e participação, mostram os pontos fortes e fracos de cada produto.

Especialmente interessante é a comparação com concorrentes fortes.

Percepção da capacidade da própria empresa:

Esta etapa da análise aprofunda a etapa anterior e busca as razões para a atual posição pela avaliação das fraquezas técnicas da própria empresa, também através de comparações com os produtos da concorrência (Fig. 3.4). Esta análise não deveria se basear apenas em pedidos, uma vez que esses já sinalizam uma preferência pela empresa, mas também na avaliação das solicitações de propostas, nas reclamações dos clientes, bem como nos relatórios de ensaios e montagens.

Captando o estágio da tecnologia:

Isto abrange as linhas dos produtos da empresa, áreas envolvidas, soluções de problemas e produtos na literatura especializada, as patentes, como também os produtos da concorrência. Além disso, normas, diretrizes e prescrições são importantes.

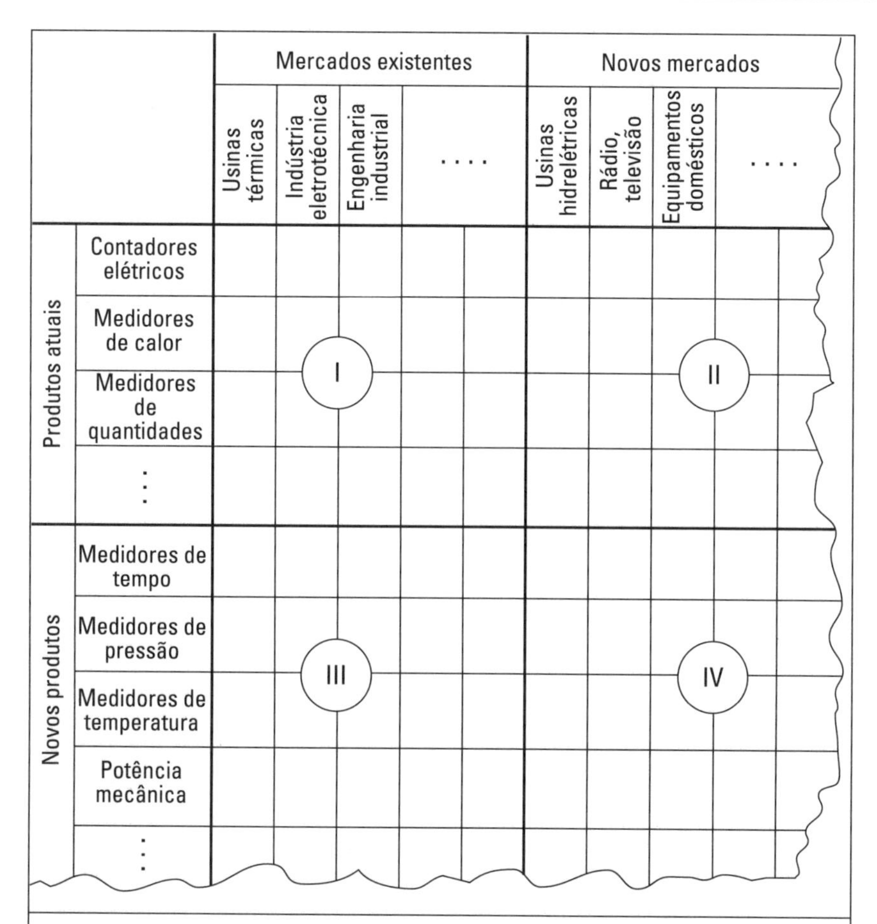

Fig. 3.3 — *Matriz produto-mercado segundo [4]e [42] tomando como exemplo uma empresa que produz instrumentos de medição para o setor industrial.*

Avaliando futuros desenvolvimentos:

Poderão ser orientativos os projetos futuristas que tenham sido publicados, hábitos de uso e consumo, tendências tecnológicas decorrentes de desenvolvimento de recursos e requisitos ambientais ou resultados da pesquisa básica.

Um método conhecido para uma representação visual da situação da tecnologia, de uma situação internacional, da situação de uma empresa ou da situação dos concorrentes, é a análise do portfólio que, numa representação multidimensional, caracteriza as áreas dos negócios estratégicos ou outras inter-relações [38].

É preciso distinguir entre portfólio atual e portfólio-alvo. Numa representação geral, a Fig. 3.5 mostra uma matriz de portfólio de nove campos que, simplificada, também é usada como uma matriz de 4 campos. Para tanto, é feita distinção entre os campos que não são mais lucrativos como área de negócio (p. ex.: 1, 2, 3) e aqueles que deveriam ser objetivados (7, 8, 9). Quando se move entre esses campos (ou seja, pelos campos 4, 5, 6) é sinal que se deve fazer algo para o futuro. Para os fatores 1 e 2 formulados genericamente na Fig. 3.5, poderiam ser compensadoras, a título de exemplo, as seguintes combinações de fatores: taxa de crescimento do mercado/participação no mercado, atratividade do mercado/competitividade da concorrência, atratividade tecnológica/posição tecnológica relativa, prioridades do mercado/prioridades tecnológicas [21].

A análise da situação determina as estratégias de busca e os campos de busca a serem preparados.

3. Construção de estratégias de busca

Identificação de oportunidades estratégicas:

Por meio da análise da situação provavelmente já foram identificadas lacunas na atual linha de produtos ou nichos de mercado. Cabe agora definir se no mercado atual somente deverão ser lançados produtos novos (campo III na Fig. 3.3), ou se novos mercados deverão ser conquistados com os produtos atuais (campo II) ou ainda se se deve atuar em novos mercados com novos produtos (campo IV). Essa última opção apresenta o maior risco.

Sob inclusão dos objetivos da empresa, dos seus pontos fortes e da conjuntura (cf. Tab. 3.1) deverá ser encontrado um nicho vantajoso que especifique o campo de busca [5, 33].

Kramer [43] fala aqui de oportunidades estratégicas, que podem se referir ao faturamento, fatia de mercado, ramo de atividade e/ou linha de produtos. A ponderação indicada na Tab. 3.1 exprime que os objetivos da empresa são prioritários em relação aos demais critérios.

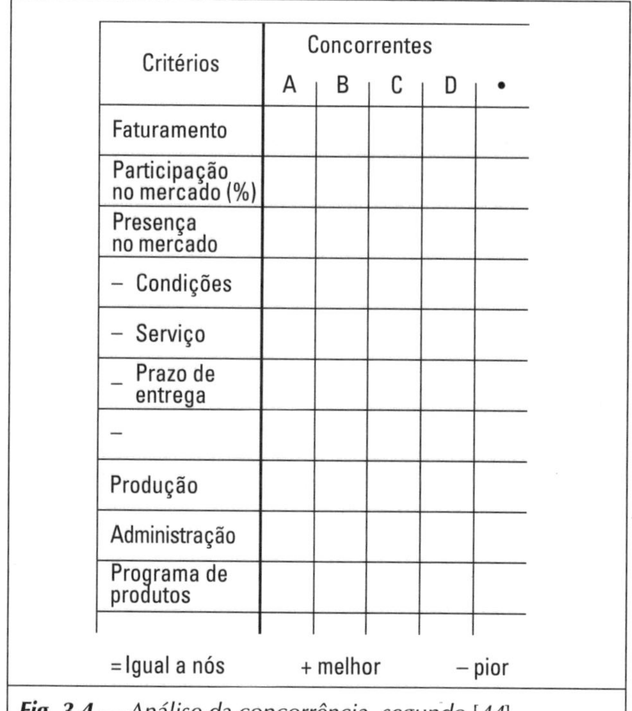

Critérios	Concorrentes				
	A	B	C	D	•
Faturamento					
Participação no mercado (%)					
Presença no mercado					
– Condições					
– Serviço					
– Prazo de entrega					
–					
Produção					
Administração					
Programa de produtos					

= Igual a nós + melhor – pior

Fig. 3.4 — *Análise da concorrência, segundo [44].*

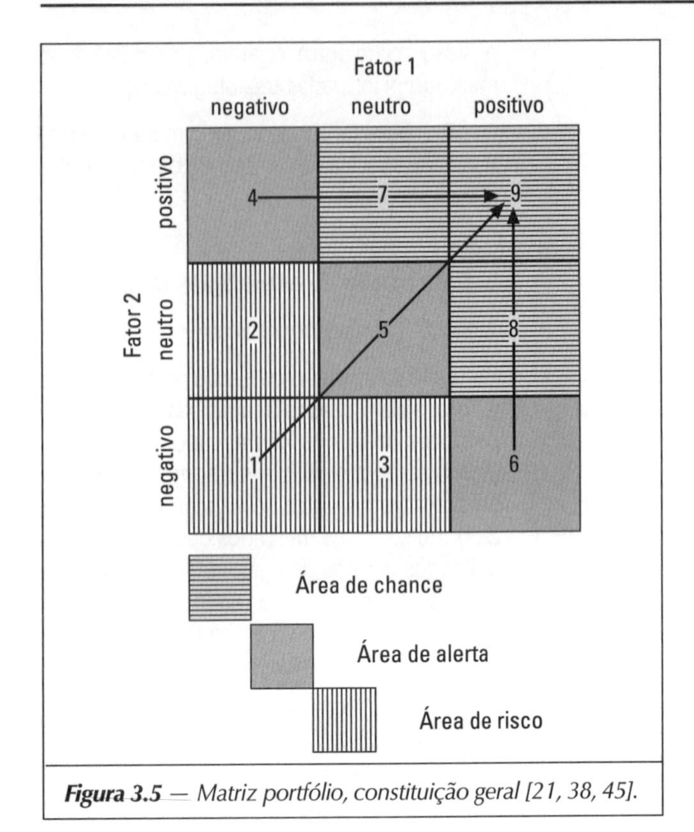

Figura 3.5 *— Matriz portfólio, constituição geral [21, 38, 45].*

Identificando necessidades e tendências:

Entre as mais importantes informações para a determinação dos campos de busca, inserem-se a identificação das necessidades do cliente e as tendências do mercado. Os indícios para tanto podem resultar de alterações no comportamento dos clientes, ocasionados, por exemplo, por desenvolvimentos sociais (consciência ecológica, destinação final dos rejeitos, redução da jornada de trabalho, problemas de transporte). Outro ponto de partida poderia ser mudanças na cadeia produtiva de um setor, o que abriria novos mercados para fornecedores. Uma ferramenta bastante utilizada é a matriz demanda-competência [42] (Fig. 3.6), onde as necessidades do cliente em ordem decrescente são lançadas no eixo das ordenadas e os pontos fortes e as competências da empresa no eixo das abscissas. Os campos ocupados que aparecem no canto superior esquerdo da matriz são, portanto, os campos preferenciais de busca que conduzem a propostas para os campos de busca. Outra abordagem é uma análise problema-cliente [46].

Tabela 3.1 Critérios de decisão para planejamento do produto

Critérios	Ponderação
Objetivos da empresa	≧ 50%
Suficiente margem de contribuição para as despesas fixas	
Faturamento elevado	
Alta taxa de crescimento da participação no mercado	
Elevada participação no mercado (líder de mercado)	
Oportunidade de mercado de curto prazo	
Grandes vantagens de função para o usuário e	
Excelente qualidade	
Diferenciação com relação à concorrência	
Pontos fortes da empresa	≧ 30%
Know-how elevado	
Boa complementação do sortimento e/ou	
Ampliação do programa de produção (diversificação)	
Forte posição no marketing	
Pequena demanda de investimento	
Poucos problemas de compras	
Possibilidades de racionalização favoráveis	
Cenário	≧ *20%*
Risco de substituição pequeno	
Concorrência fraca	
Posição confortável da patente	
Poucas restrições gerais	

No item 1 em 3.1.4 já foi abordada a importância do foco do cliente no planejamento de novos produtos ou ramos de negócios. Aqui será exposto um procedimento que implementa este enfoque de forma conseqüente.

Ponto de partida é a serventia atualmente exigida pelo cliente para o produto ou um conjunto de produtos da empresa. Numa primeira etapa, essa serventia é extrapolada para o futuro. Portanto, procura-se responder à questão de como a serventia exigida irá mudar no futuro. Para tanto, na medida do possível, deveriam ser feitas afirmativas quantitativas. Numa segunda etapa, estas exigências, por exemplo, redução do nível de ruído em 5 dB até o ano 2006, redução do consumo de energia de 3 kW até o ano 2004, etc., serão associadas a

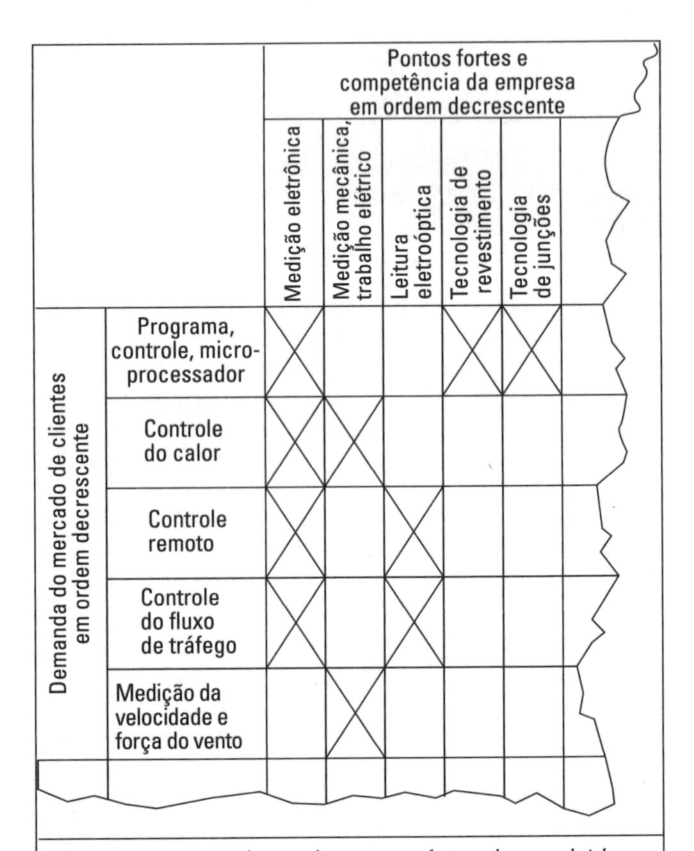

Fig. 3.6 *— Matriz demanda - pontos fortes desenvolvidos pela empresa de acordo com a Fig. 3.3, baseado em [42].*

portadores da função, ou seja, subconjuntos ou componentes. A seguir, é estimado o potencial de cada um dos portadores da função quanto ao grau de atendimento das futuras exigências do cliente. Nesta etapa, também são descobertas serventias para o cliente para cujas realizações atualmente ainda não há nenhum portador da função apropriado. Dessas considerações resulta uma demanda por pesquisa e desenvolvimento de projetos originais ou continuação de projetos de componentes ou subconjuntos, como também de produtos. Basicamente é racional ponderar e priorizar as futuras exigências de utilidade para o cliente e, em função disso, também os temas para pesquisa e desenvolvimento.

Resultam deste processo as metas de pesquisa e desenvolvimento, com auxílio das quais é determinado o seqüenciamento das tarefas de pesquisa e desenvolvimento planejadas. Outras conseqüências são as metas do produto. Elas representam, com auxílio dos novos grupos de construção e componentes desenvolvidos, os novos produtos a serem oferecidos, na seqüência de seu lançamento no mercado. Na Fig. 3.7 está representado o processo descrito.

Para uma previsão do futuro, a médio e longo prazo, para divisar necessidades e tendências, nos trabalhos [20, 21] é proposta a técnica do cenário como outro meio auxiliar.

Considerando as pretensões da empresa:

Na Tab. 3.1 foram reunidos os objetivos e os pontos fortes da empresa que deverão servir como critérios de decisão em propostas para área de busca. A matriz segundo a Fig. 3.6 também enfatiza a importância dos pontos fortes e competências da empresa na seleção de propostas de busca compensadoras.

Estabelecendo campos de busca:

Os passos desta seção de trabalho indicados até agora, após um processo de seleção, deverão proporcionar um número limitado de áreas de busca; aproximadamente 3 a 5, [22] nas quais deverá ser concentrada a subseqüente busca do produto.

4. Encontrando idéias para um produto

Os campos de busca mais favoráveis são agora examinados mais detalhadamente com auxílio de métodos de busca conhecidos, iguais àqueles empregados no desenvolvimento de produtos (cf. 3.2 e 6.4). Esses métodos são a análise de funções, métodos intuitivos como *brainstorming* (de acordo com [22], as chamadas oficinas de busca de idéias), métodos discursivos como esquemas classificatórios, matrizes morfológicas e composições sistemáticas.

Na elaboração dos campos de busca, uma busca dirigida de produtos pode ser estimulada pelas inter-relações gerais de produtos técnicos com o respectivo grau de concretização (cf. 2.1). Dependendo do grau de inovação, novas funções do produto, outros princípios de funcionamento, novas constituições ou até outras interligações na estrutura de um sistema novo ou existente poderão ser o ponto de partida para novos produtos. Desta forma, numa empresa do segmento de instrumentos de medição (Figs. 3.3 e 3.6), novas funções de medição, novos efeitos físicos (p. ex.: raio laser) para atender funções conhecidas, novas constituições (p. ex.: miniaturização, melhor configuração ergonômica, modificação do *design*) podem resultar em lucrativas idéias de produtos.

As considerações obedecem à conhecida inter-relação função – princípio de funcionamento – constituição:

Função:

- Qual função o cliente exige?
- Quais funções nós já atendemos?
- Que funções complementam as atuais funções?
- Que funções representam uma generalização das funções até agora atendidas?

Por exemplo: até o presente só fazemos o transporte de cargas avulsas por via terrestre.

- O que poderemos fazer no futuro?
- Deveremos, adicionalmente, transportar por hidrovias?
- Trabalhar com carga pesada?
- Transportar produtos a granel?
- Solucionar problemas de transporte em geral?

Princípio de funcionamento:

Os produtos atuais se baseiam num determinado princípio de

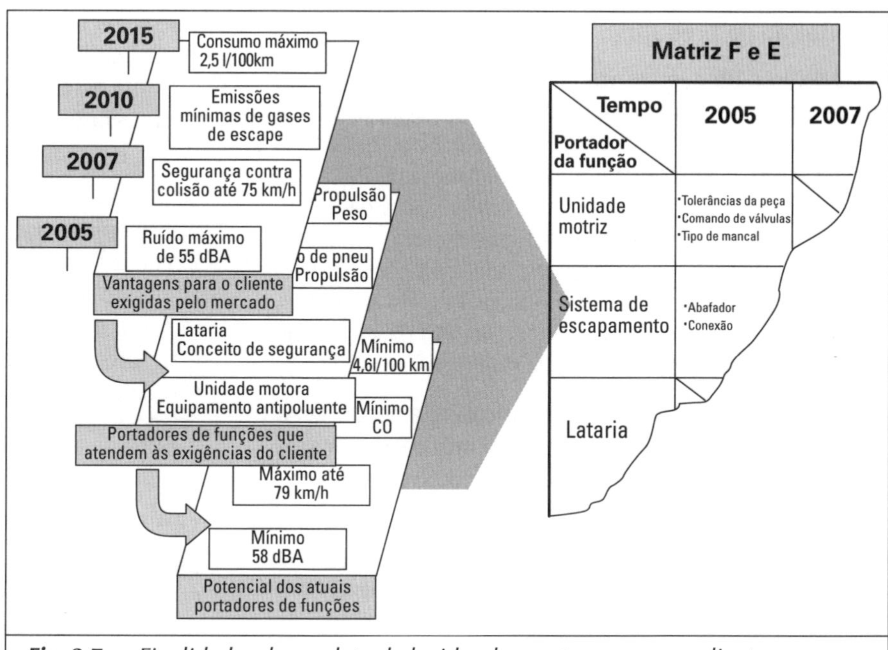

Fig. 3.7 — Finalidades do produto deduzidas das vantagens para o cliente.

funcionamento. A substituição do princípio de funcionamento poderá produzir melhores produtos?

As características são os tipos de energia e os efeitos físicos.

Por exemplo: um controle da vazão em função da temperatura deve ser baseado no princípio da dilatação dos líquidos, no efeito bimetálico ou eletronicamente com sondas de temperatura, ou seja, utilizando microprocessadores?

Configuração:

- O espaço requerido é apropriado?
- Deveria ser efetuada uma miniaturização?
- O formato atual agrada?
- A ergonomia poderia ser melhorada? (p. ex.: é correto usar cadarços para amarrar sapatos? Um fecho de encaixe ou de fixação não seria mais atraente e confortável?).

As respostas a estes questionamentos determinam o grau de inovação das idéias de produtos delas derivadas, como também seu risco de desenvolvimento.

5. Seleção de idéias de produtos

As idéias geradas primeiramente são submetidas a um método de seleção (cf. 3.3.1). Para essa seleção preliminar, são suficientes os critérios vinculados aos objetivos da empresa (cf. Tab. 3.1), desde que estimáveis. Pelo menos deverão ser levados em conta: faturamento elevado, elevada parcela de mercado e vantagens funcionais para os usuários. Para uma seleção mais detalhada deverão ser empregados os demais critérios. No sentido de uma aplicação racional dos procedimentos de seleção, geralmente é suficiente trabalhar apenas com valorações binárias (sim/não), para distinguir idéias promissoras de produtos das demais.

6. Definição de produtos

Idéias de produto que através de um método de seleção foram consideradas vantajosas, agora serão descritas de forma mais concreta e precisa. Para tanto, é muito útil considerar as características da lista de requisitos conforme já utilizadas no desenvolvimento do produto (cf. 5.2). No mais tardar nesta etapa, vendas, marketing, laboratório de desenvolvimento e o setor de projeto deveriam colaborar ativamente na materialização da idéia do produto. Isso pode ser forçado através do aproveitamento desses setores, já por ocasião da seleção de idéias de produtos e na avaliação de produtos definidos.

Os produtos, agora definidos mais concretamente, serão submetidos a uma avaliação onde são aplicados todos os critérios da Tab. 3.1, desde que já conhecidos.

Freqüentemente alguns problemas, tais como o necessário investimento de capital ou os problemas de compras, ainda não podem ser avaliados, pois na maioria dos casos são dependentes da solução. Eles não serão considerados nessa etapa. As conseqüentes definições de produtos com valoração elevada são passadas ao departamento de desenvolvimento do produto na forma de propostas do produto, juntamente com uma lista de requisitos preliminar. O departamento de desenvolvimento do produto desenvolverá o produto real, de acordo com os procedimentos conhecidos da metodologia de projeto.

A proposta do produto deverá:

- ser iniciada pela descrição das funções objetivadas;
- incluir uma lista de requisitos preliminar que, na medida do possível, já é preparada com as mesmas características que posteriormente serão utilizadas pelo desenvolvimento do produto no esclarecimento da tarefa e na elaboração da lista de requisitos definitiva;
- formular todos os requisitos do produto novo de modo transparente com relação às soluções. Porém, o princípio de funcionamento só deveria ser determinado e fundamentado em nível estritamente necessário pela ótica superior, por exemplo, na ampliação da variedade de tamanhos de um produto já existente. Por outro lado, estímulos ou sugestões para o princípio de funcionamento sempre devem ser informados principalmente quando, já na busca de idéias para um produto, aflorarem princípios de solução apropriados. Entretanto, eles não devem prefixar o desenvolvimento do produto (cf. formulação de requisitos transparentes com relação à solução);
- indicar uma meta ou uma projeção dos custos e sua inter-relação com os objetivos da empresa, em que devem ficar claras as metas futuras, por exemplo, com relação à quantidade de unidades produzidas; ampliação da linha de produtos; novo segmento de clientes, etc.

Com isso, encerra-se a fase de planejamento do produto. Aplicando os critérios de decisão citados, somente são liberadas as propostas de desenvolvimento que se ajustem às perspectivas da empresa com relação aos seus objetivos e pontos fortes, bem como com relação à conjuntura. A elaboração da lista de requisitos pelo mesmo método usado no desenvolvimento facilita e assegura uma transição contínua do planejamento para o subseqüente desenvolvimento.

Para um planejamento e desenvolvimento de produto bem-sucedido, é imprescindível que ambos os departamentos trabalhem afinados entre si utilizando os mesmos métodos e critérios de avaliação e decisão. O mais tardar nas últimas etapas de seleção de idéias e definição do produto, o departamento de desenvolvimento deveria ser envolvido de forma mais intensa. Juntos deveriam elaborar a lista de requisitos correspondente da proposta do produto num formato apropriado ao desenvolvimento (cf. 5.2).

7. A prática do planejamento de produto

Devido à forte pressão da concorrência, os produtos novos precisam atender prioritariamente às necessidades do mercado, serem produzidos a custos competitivos e serem utilizáveis com baixos custos operacionais. Acrescentam-se a isto as exigências cada vez maiores quanto à facilidade para o descarte final e para a reciclagem, como quanto aos menores impactos ambientais durante fabricação e uso do produto. Produtos com requisitos tão complexos deveriam ser planejados metodicamente, a fim de atender adequadamente estas diversas condicionantes. Confiar em meras inspirações ou evoluções de desenvolvimentos, em geral, não atende estes requisitos. O planejamento metódico utiliza freqüentemente os mesmos instrumentos que o desenvolvimento conceitual, ou seja, pessoal apropriadamente treinado pode ser intercambiado.

Também parecem importantes as seguintes diretrizes:

- O tamanho da empresa determina a possibilidade de constituição de grupos interdisciplinares de projeto ou de divisões. Em empresas menores eventualmente deverão ser envolvidos consultores externos para, em caso de necessidade, cobrir a falta de *know-how* próprio.
- Aproveitar *know-how* próprio é, em contrapartida, menos arriscado e freqüentemente aumenta a confiança por parte do cliente.
- Se o planejamento do produto estiver focado nas linhas de produtos existentes, com predominância de desenvolvimentos contínuos ou formação sistemática de variantes (séries construtivas ou módulos), o departamento de desenvolvimento responsável pela linha do produto será o dominante ou será constituído um grupo especial de planejamento derivado desta área; o qual também cuidará do produto novo.
- Se o planejamento de um produto ocorre fora das linhas de produtos existentes, com a finalidade de se concentrar em produtos totalmente novos ou para diversificar o programa de produtos, é melhor formar um novo grupo de planejamento que não esteja previamente comprometido. Esse grupo trabalhará no sentido de um "planejamento inovativo", podendo ser constituído como uma divisão permanente ou como grupo de trabalho por tempo limitado.
- Novos mercados exigem análises e previsões mais sofisticadas do que as vias de distribuição usuais e círculos de clientes costumeiros.
- Em situações iniciais complexas poderá ser mais prático um procedimento escalonado e iterativo no planejamento e desenvolvimento. Coleta de informações e etapas de decisão deveriam ser organizadas de tal forma que esforço e êxito possam ser revistos e planejados.
- Para idéias de produto geradas intuitivamente será necessário realizar posteriormente a análise da situação e uma verificação da viabilidade empregando as estratégias de busca.
- Para a melhor percepção dos problemas dos clientes presta-se uma estreita colaboração com alguns poucos clientes líderes, os chamados "leadusers" [22]. Como ferramenta, aqui também poderá ser aplicado o método QFD [11, 38].
- Na introdução de novos produtos, deficiências técnicas e pontos fracos têm freqüentemente efeitos devastadores sobre a reputação desses produtos. Tempo para testes e inclusão do risco no cálculo (cf. 7.5.12) fazem parte de um planejamento cuidadoso.
- O não cumprimento dos prazos anunciados para a chegada ao mercado é igualmente prejudicial à imagem, pois sinaliza problemas técnicos.
- No planejamento e introdução de novos produtos, inclusive com o objetivo de uma diversificação, será de grande valia contar com um promotor de vendas, por exemplo, um membro da diretoria da empresa que se identifique com o novo produto, para melhor superar eventual desinteresse e habituais resistências [22].
- Finalmente, o plano de atuação, segundo a Fig. 3.2, não é um caminho direto com etapas sucessivas, mas apenas diretriz para uma atuação prática. A aplicação prática requererá um procedimento iterativo, onde serão necessários saltos para frente e para trás e repetições num nível de informações mais elevado, o que é comum nas buscas de produto bem-sucedidas.
- Para prognósticos em um futuro distante, destaca-se especialmente a técnica do cenário [20, 21], cujo trabalho de preparação do cenário, análise dos campos do cenário, o prognóstico e a formação do cenário, somente será compensador em campos de negócios de importância vital para a empresa.

3.2 ■ Busca da solução

O procedimento metódico de projeto é vantajoso principalmente porque o engenheiro de desenvolvimento ou projetista não fica dependente de ter uma idéia num determinado instante para uma solução apropriada. Conforme explicado nos capítulos anteriores, as soluções são elaboradas de forma sistemática com ajuda de métodos apropriados. A forma de procedimento constitui a temática deste capítulo.

Nisto, uma solução ideal é reconhecida pelas seguintes características:

- ela atende a todas as exigências da lista de requisitos, bem como a todas as vontades da forma mais abrangente possível;
- ela pode ser realizada com as restrições dadas pela empresa; aqui se incluem, por exemplo, custos predeterminados (*target costing*), prazos de entrega, possibilidades de produção, etc.

Para se obter essa solução, é necessário um procedimento em várias etapas.

Naturalmente, trata-se em primeiro lugar de gerar um campo de possíveis soluções para a tarefa proposta. A base disso é a estrutura de funções descrita no Capítulo 2.1.3, com ajuda da qual a tarefa global é desdobrada em subtarefas controláveis. Adicionalmente, a estrutura de funções reproduz as relações funcionais entre as subtarefas. Para isso, é descrita a relação entre a entrada e saída de cada uma das subfunções e também da função global, em relação ao respectivo fluxo (matéria, sinal ou energia).

Na segunda etapa, a cada uma dessas subfunções, neutras em relação à solução, associa-se um ou vários efeitos físicos com ajuda dos quais elas possam ser viabilizadas. Isto ocorre de acordo com os problemas específicos existentes. Por exemplo, para a geração de determinada força também precisa ser selecionado um efeito físico com potencial apropriado.

O procedimento até agora descrito corresponde ao procedimento clássico de um engenheiro. Com isso é aberto um campo de soluções, pois tanto na elaboração da estrutura da função, como também na seleção dos efeitos físicos, podem ser criadas variantes.

É possível ampliar o campo das soluções se, por um lado, novas soluções forem encontradas através do método aplicado ou, por outro lado, se o campo de solução gerado for ampliado através da mudança para outro método de busca.

Freqüentemente, uma subfunção só pode ser realizada por meio da combinação de vários efeitos físicos. Correspondentemente, também é sensato estender os métodos de busca da solução. Os métodos apresentados a seguir derivam da área da técnica da criatividade com os métodos gerais recorrentes (cf. 2.2.5), ou se baseiam em considerações analógicas. Por fim, estes métodos conduzem a uma otimização da solução sob consideração das atuais limitações da empresa para o desenvolvimento e o projeto.

Os métodos apresentados foram previstos principalmente para o desenvolvimento e projeto de novos produtos. Contudo, também são muito úteis quando se trata de contornar patentes do concorrente ou otimizar produtos existentes ainda que somente em subáreas. Na prática industrial os métodos apresentados precisam ser apropriadamente selecionados, ajustados e aplicados a cada problema.

3.2.1 — Métodos convencionais e ferramentas auxiliares

1. Processo de coleta

Uma base importante para o projetista é formada por informações sobre o estado da tecnologia. Em geral, numa primeira etapa, ele se serve dos chamados "processos de coleta" [45]. Por esses processos, compreende-se a coleta e avaliação de informações sobre o estado da tecnologia. No processo de coleta são utilizados arquivos de dados e informações e os correspondentes sistemas de processamento, a fim de estimular uma busca ativa da solução ou estimular o encontro passivo da solução e coletar e armazenar os resultados. Técnicas e processos da internet oferecem hoje a possibilidade de realizar, de forma bastante eficiente e objetiva, processos clássicos como:

- pesquisa bibliográfica,
- estudo de boletins de associações profissionais,
- resenha de feiras e exposições,
- exame de catálogos de produtos dos concorrentes,
- pesquisa de patentes, etc.

Estes procedimentos baseados na internet representam a situação atual da tecnologia na estação de trabalho de um engenheiro.

2. Análise de sistemas naturais

A análise de formas, estruturas, organismos e processos naturais, bem como o aproveitamento de conhecimentos obtidos na área biológica, podem levar a soluções técnicas inovadoras e polivalentes. As inter-relações da biologia com a tecnologia são desenvolvidas continuamente e são tratadas por conceitos provenientes da "biônica" ou da "biomecânica". Para o talento criador do engenheiro projetista, a natureza pode oferecer uma série de estímulos [6, 29, 31, 35].

As transferências de soluções e princípios de projeto de sistemas naturais para objetos técnicos são, por exemplo, estruturas leves de construção com cascas, colméias, tubos, barras e tecidos, perfis aerodinâmicos de aviões e navios, bem como técnicas de decolagem e de vôo dos aviões. De grande importância são as construções leves na base da construção com caules: Fig. 3.8. Uma aplicação técnica é a forma de construção tipo sanduíche. A Fig. 3.9 mostra exemplos daí derivados empregados na indústria aeronáutica.

Os espinhos de uma trepadeira são um estímulo para a solução de problemas de fechamento por meio de um fecho velcro daqui derivado (Figs. 3.10a e 3.10b). As Figs. 3.11a-d mostram outros exemplos de transferência de sistemas naturais para produtos técnicos.

Com sistemas de construção mistos que empregam fibras, podem ser construídas estruturas otimizadas com vista às deformações ou tensões que, freqüentemente, igualam ou até superam as estruturas naturais. Para tanto as fibras de carbono, vidro ou material sintético são posicionadas acompanhando as direções das tensões principais e, freqüentemente, alojadas

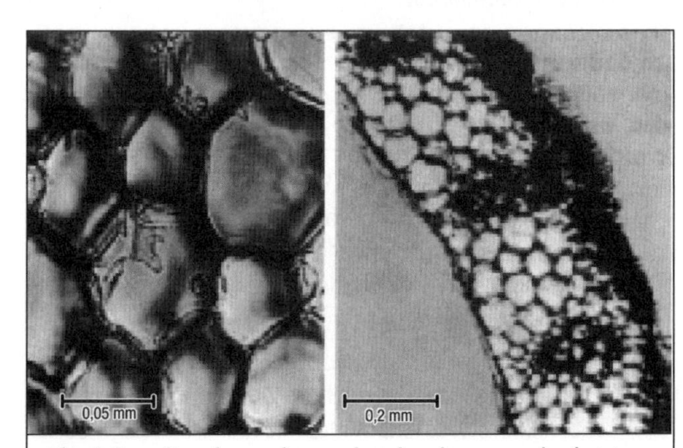

Fig. 3.8 — Parede em forma de tubo de um caule de trigo [29].

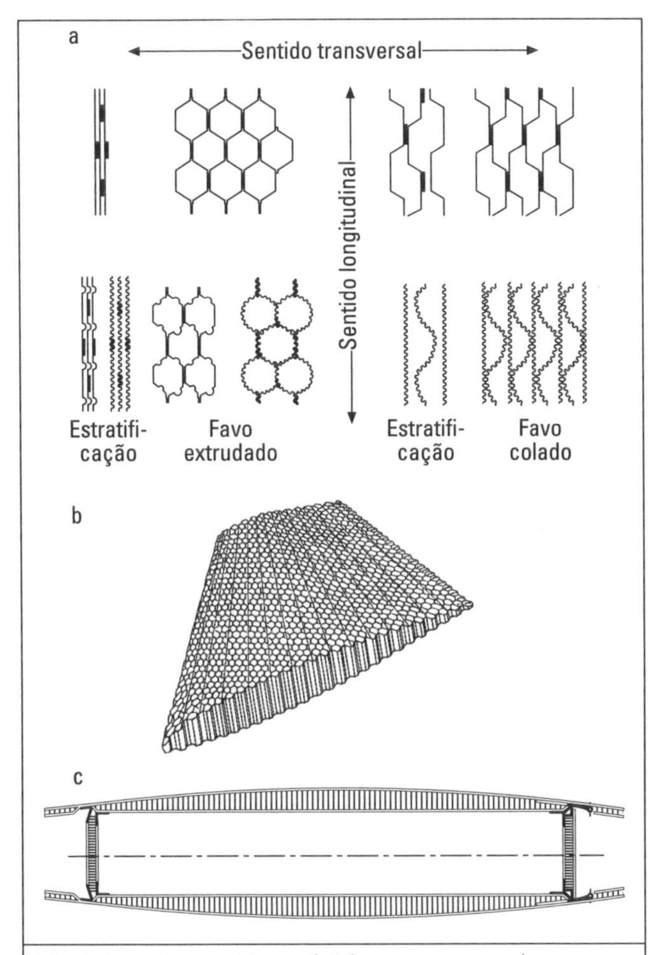

*Fig. 3.9 — Construção sanduíche em estruturas leves, segundo [30], **a**) algumas formas de sanduíche de favos; **b**) estrutura acabada de sanduíche de favo; **c**) viga caixão de sanduíche de favo.*

numa matriz de material sintético de poliéster, epóxi ou outras resinas. Esse tipo de construção exige uma análise prévia e detalhada das tensões, uma técnica de disposição das fibras calcada na análise precedente e um abrangente conhecimento da tecnologia de materiais sintéticos para o estabelecimento da aderência matriz-fibra. Relações fundamentais e recomendações para a correta configuração de construções mistas juntamente com uma extensa bibliografia foram coligidas por Flemming e outros em [16] (cf. 9.4).

3. Análise de sistemas técnicos conhecidos

A análise de sistemas técnicos existentes faz parte dos principais meios auxiliares com os quais é possível chegar passo a passo a variantes novas ou aperfeiçoadas.

Essa análise consiste na dissecação virtual ou mesmo física de produtos existentes. Pode ser entendida como uma análise da estrutura (cf. 2.2.5, Cap. 1), que pretende descobrir relações de ordem lógica, física ou relacionadas ao projeto de configuração. A Fig. 6.10 presta-se como exemplo para essa análise. Nessa Fig., as subfunções foram inferidas da configuração existente. Na continuação da análise, essas subfunções também serviram para identificar os efeitos físicos envolvidos que, por seu turno, poderiam propor novos princípios de solução para as subfunções correspondentes. Da mesma forma é possível adotar os princípios de solução descobertos durante a análise.

Sistemas conhecidos para fins da análise podem ser:

- produtos ou métodos de produção dos concorrentes;
- produtos ou métodos de produção obsoletos da própria empresa;
- produtos ou conjuntos similares, nos quais algumas subfunções ou partes da estrutura de funções são idênticas àquelas para as quais se procuram soluções.

Como, evidentemente, se pretende analisar apenas sistemas que têm uma certa relação com o novo problema ou em parte já o satisfaçam, também se pode referir a esse tipo de aquisição de informações como aproveitamento sistemático do consagrado ou da experiência. Ele é particularmente útil, quando se trata de encontrar um primeiro princípio de solução como ponto de partida para novas variantes. Uma observação crítica com relação a esse procedimento é de correr o risco de ficar preso a soluções existentes e não enveredar por novos caminhos.

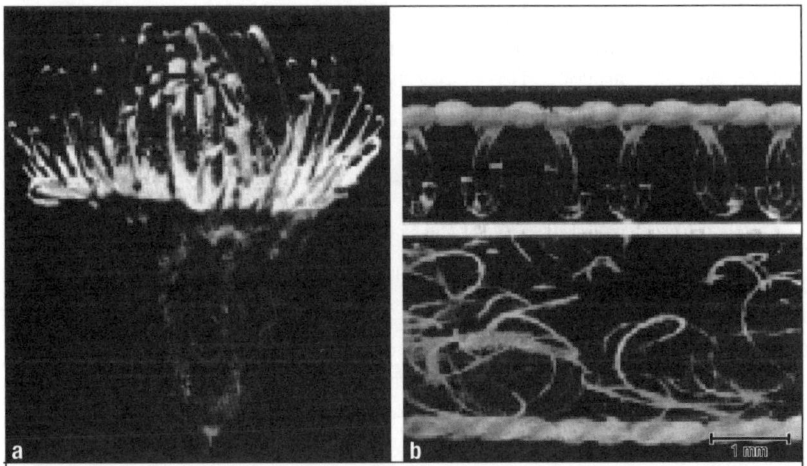

4. Analogias

Para a busca de soluções e verificação das características do sistema é útil substituir o problema ou sistema objetivado por um sistema análogo. Pelo fato de poder ser tratado como modelo, o sistema análogo também pode ser usado para outras considerações. Em sistemas técnicos, analogias são obtidas, por exemplo, mudando o tipo de energia utilizada [3, 64]. Também são importantes as considerações de analogias de sistemas técnicos e não técnicos.

Além de auxiliar na busca de soluções, as analogias também auxiliam o estudo do comportamento do sistema num estágio de desenvolvimento inicial, por meio de técnicas de simulação

*Fig. 3.10 — **a**) Ganchos de uma planta trepadeira, segundo [29]; **b**) Fecho velcro, segundo [29].*

Fig. 3.11 — **a**) *Folhas de palmeira (segundo revista de bordo da Lufthansa de 2/96);* **b**) *Mala de alumínio (de acordo com a fábrica de malas Rimowa 20/01);* **c**) *Conjunto de hastes num avião e* **d**) *Vara de bambu (segundo revista de bordo da Lufthansa de 5/96).*

e de modelagem, e ainda a identificar novas e necessárias soluções e/ou implementar uma otimização.

Se o modelo análogo tiver que ser aplicado em sistemas com dimensões e condições sensivelmente diferentes, será necessário realizar uma análise de semelhança (dimensional) a título auxiliar (cf. 10.1.1).

5. Medições, testes com modelos

As medições em sistemas existentes, os testes com modelos empregando a mecânica da similaridade e outros estudos experimentais estão entre as mais importantes fontes de informação do projetista. Particularmente Rodenacker [59] considera o estudo experimental uma ferramenta auxiliar importante, ao entender que um projeto pode ser interpretado como a reversão de um experimento físico.

Investigações experimentais são comuns e importantes para encontrar soluções na mecânica fina, micromecânica, produtos eletrônicos e peças de produção em massa. O significado dos passos intermediários experimentais tem reflexos na organização, já que nesses desenvolvimentos de produtos, freqüentemente o laboratório e a construção de modelos estão incorporados na atividade de projeto (cf. Fig. 1.3).

De modo similar, o teste e subseqüente modificação de uma solução de software também pertencem a este grupo de métodos com orientação empírica e representam um procedimento necessário para o desenvolvimento da solução.

3.2.2 — Métodos com ênfase intuitiva

O projetista freqüentemente busca e descobre soluções para problemas difíceis através da intuição, quer dizer, após uma fase de busca e reflexão, a solução lhe ocorre por meio de um lampejo ou uma idéia nova, que aparece repentinamente no pensamento consciente e cuja origem e formação muitas vezes não podem ser rastreadas. Como colocou Johan Galtung, professor do Instituto Internacional para a Pesquisa da Paz em Oslo: "*The good idea is not discovered or undiscovered, it comes, it happens*". Essa inspiração repentina é desenvolvida, modificada e emendada até viabilizar a solução do problema.

As boas idéias quase sempre já foram extensamente inspecionadas quanto à sua propriedade e selecionadas entre diversas possibilidades pelo sub- ou pré-consciente, com base no conhecimento especializado, na experiência e diante da formulação da tarefa, de modo que muitas vezes é suficiente um toque por uma associação de idéias para que penetrem no pensamento consciente. Esse toque também pode emanar de uma circunstância externa aparentemente não relacionada ou de uma discussão alheia ao tema. Freqüentemente, o projetista acerta no alvo com sua idéia, e a partir daí restam somente modificações e adaptações para chegar à solução definitiva. Quando o processo realmente transcorre dessa forma e resulta um produto bem-sucedido temos então um procedimento ótimo e, pela óptica do projetista, um procedimento bastante satisfatório. Assim nasceram muitas soluções boas e que tiveram uma bem-sucedida continuação do seu desenvolvimento. Um método de projeto não deve impedir este processo, porém, ao contrário, respaldá-lo.

Sob certas circunstâncias, poderá ser perigoso para uma empresa confiar unicamente na intuição dos seus projetistas. Quanto à criatividade, os próprios projetistas também não deveriam confiar unicamente na sorte ou na inspiração ocasional. Métodos puramente intuitivos apresentam as seguintes desvantagens:

- A idéia certa não ocorre no momento oportuno, já que não pode ser forçada.
- Devido à existência de convenções e imaginações fixas pessoais, os novos caminhos não são identificados.
- Por causa de informações inadequadas, novas tecnologias ou processos não chegam ao consciente do projetista.

Esses riscos se tornam ainda maiores quanto mais a especialização progredir, a atividade dos colaboradores ficar subordinada a uma maior divisão de trabalho e maior for a pressão do tempo.

Existem muitos métodos que têm como objetivo impulsionar a intuição e estimular novos caminhos para a busca da solução por meio da associação de idéias. O mais simples e o mais praticado são conversas e discussões críticas com colegas, das quais nascem estímulos, melhorias e novas soluções. Se essas discussões forem conduzidas sem dar ensejo a divagações e, simultaneamente, se observarem os métodos de aplicação geral do questionamento objetivo, da negação, da nova concepção, do avanço, etc. (cf. 2.2.5), elas poderão ser muito eficazes e estimulantes.

Métodos com ênfase intuitiva como *brainstorming*, sinética, método da galeria, método 635 e outros, tiram partido dos efeitos da dinâmica de grupo, tais como estímulos dados por associações que têm sua origem nas manifestações descontraídas dos participantes.

A maioria desses procedimentos havia sido sugerida para problemas não técnicos. No entanto, podem ser aplicados em qualquer área para gerar idéias novas não convencionais e, por essa razão, também são aplicados na área de projeto.

1. Brainstorming

Brainstorming pode ser melhor rotulado como clarão no pensamento, tempestade de pensamentos ou enxurrada de idéias, ou seja, liberar o pensamento para uma tempestade, uma enxurrada de novas idéias. As sugestões para este procedimento vêm de Osborn [54]. Elas objetivam criar os pressupostos para que um grupo de indivíduos receptivos, provenientes das mais diferentes especialidades, produza idéias imparciais que, por sua vez, poderão levar os demais participantes a outras novas idéias [74]. Este método utiliza idéias imparciais e especula amplamente acerca de associações, ou seja, recordações e combinações de pensamentos até o presente ainda não percebidas no contexto atual ou, simplesmente despercebidas pelo pensamento consciente. Um procedimento prático seria:

Composição do grupo

- Forma-se um grupo com um coordenador. Esse grupo deverá ter no mínimo 5 e no máximo 15 pessoas. Menos do que cinco participantes juntam um espectro de opiniões e experiências muito pequeno e assim provocam pouco estímulo. Com mais de quinze participantes, uma participação intensa passa a ser questionável, podendo ocorrer passividade e isolamento.
- O grupo não deve ser constituído apenas por especialistas. É importante que esteja representado o maior número possível de diferentes especialidades e atividades, sendo que a inclusão de participantes vindos de áreas não técnicas pode agregar um excelente enriquecimento.
- O grupo não deveria ser formado hierarquicamente, mas se possível por pessoas de um mesmo nível, para que inibições, possivelmente decorrentes da deferência a colaboradores superiores ou subordinados, não ocorram durante a exposição das idéias.

Coordenação do grupo

- O coordenador do grupo só deveria tomar a iniciativa na parte referente à organização (convite, formação, duração e avaliação). Antes do início propriamente dito, deverá explicar o problema e durante a sessão zelar pela observação das regras do jogo, particularmente por uma atmosfera descontraída. Poderá conseguir isso se, logo no início, apresentar algumas idéias aparentemente absurdas. Exemplos de sessões passadas também podem ser adequados. Na busca das idéias, ele não deverá assumir um papel direcionador. Em vez disso, quando a produtividade do grupo arrefecer, ele poderá dar um impulso para novas idéias. O coordenador deverá evitar a crítica ao que foi exposto. Também deverá indicar um ou dois relatores.

Execução

- Para expor suas idéias, os integrantes precisam vencer suas próprias inibições, ou seja, nada do que for apresentado deve ser julgado, pelo grupo ou seus integrantes, como disparatado, incorreto, confuso, tolo ou redundante.
- Ninguém deve exercer crítica com relação ao exposto, e cada um deve abster-se das chamadas "*killer phrases*" (frases matadoras), do tipo "carne de vaca", "nunca foi feito", "não funciona", "não serve nesse caso", etc.
- As idéias apresentadas podem ser retomadas, modificadas e continuadas em seu desenvolvimento pelos demais integrantes. Além disso, idéias diferentes podem e devem ser combinadas e apresentadas como uma nova proposta.
- Todas as idéias deveriam ser anotadas, esquematizadas ou então gravadas.
- As propostas deveriam ser suficientemente concretizadas a ponto de possibilitar o afloramento de uma idéia da solução para o problema em foco.
- Por ora, as possibilidades de realização prática não serão consideradas.
- Em geral, a duração da sessão não deverá se estender muito além de trinta ou quarenta minutos. Segundo a experiência, sessões mais longas não acrescentam nada de novo e levam a repetições desnecessárias. É melhor fazer posteriormente uma nova tentativa com um estágio de informações mais atualizado ou com outra formação de pessoal.

Avaliação

- Os resultados são checados pelos respectivos especialistas, analisados com relação a propriedades geradoras de soluções, se possível ordenados de acordo com uma sistemática e examinados quanto à sua viabilidade com relação a uma possível materialização. Partindo das propostas apresentadas, também poderiam ser desenvolvidas novas idéias.

- O resultado obtido deveria ser novamente discutido com o grupo, a fim de evitar eventuais mal-entendidos ou interpretação unilateral. Por ocasião dessa revisão também podem ser desenvolvidos pensamentos novos e evolutivos.

Utiliza-se o *brainstorming* de forma vantajosa, quando [56]

- ainda não houver um princípio de solução realizável;
- o processo físico de uma possível solução ainda não puder ser identificado;
- tem-se a suspeita de não conseguir avançar com as sugestões conhecidas e
- se pretende um afastamento radical do convencional.

O *brainstorming* também é adequado para a busca de soluções para subproblemas que aparecem em sistemas existentes ou conhecidos. Além disso, o *brainstorming* tem um efeito colateral útil: todos os participantes recebem indiretamente novas informações ou, no mínimo, novos estímulos sobre possíveis processos, aplicações, materiais, combinações, etc., pois esse grupo de constituição multidisciplinar dispõe de um espectro bastante amplo de especializações (p. ex., projetista, engenheiro de montagem, engenheiro de produção, especialista de materiais, compras, etc.). É surpreendente a grande variedade e a extensão das idéias que um grupo desses é capaz de produzir. Em outras oportunidades, o projetista irá recordar as idéias expostas numa sessão anterior. O *brainstorming* desencadeia novos impulsos, desperta o interesse em desenvolvimentos e representa uma quebra da rotina.

Sob o ponto de vista crítico, deve-se enfatizar que não se devem esperar grandes surpresas ou milagres de uma sessão de *brainstorming*. A maioria das propostas não é exeqüível do ponto de vista técnico ou econômico ou caso o sejam, freqüentemente já são conhecidas dos especialistas. O *brainstorming* pretende antes de tudo desencadear novas idéias, porém não fornece soluções acabadas. Pois em geral, os problemas são por demais complexos e difíceis para que possam ser resolvidos apenas por meio de idéias espontâneas. Porém, se a sessão produzir uma ou duas idéias novas e úteis, em cujo desenvolvimento valha a pena prosseguir ou, com as quais se consiga obter um pré-esclarecimento das possíveis direções em busca da solução, já se conseguiu bastante.

Um exemplo do resultado de uma sessão de *brainstorming* encontra-se em 6.6. Lá também é mostrado como as idéias propostas foram avaliadas e como, destas mesmas idéias, foram obtidos os "critérios ordenadores" para a subseqüente busca da solução.

2. Método 635

O subseqüente desenvolvimento do *brainstorming*, por Rohrbach [60], resultou no método 635. Após exposição do problema e sua análise detalhada, cada um dos seis participantes é solicitado a passar para o papel três soluções preliminares expostas em forma de palavras-chave. Após um certo tempo, essas soluções são passadas ao colega vizinho que, após leitura das propostas apresentadas pelo antecessor acrescenta, por sua vez, três novas soluções ou três desenvolvimentos das soluções anteriores. Esse processo continua até que cada conjunto original de três soluções tenha sido complementado ou desenvolvido por associação pelos outros cinco participantes. Daí o nome 635 do método.

Em comparação com o *brainstorming* anteriormente descrito, o método 635 tem as seguintes vantagens:

- Uma idéia potencial é complementada e continuada em seu desenvolvimento de forma mais sistemática.
- É possível acompanhar o processo de desenvolvimento e, com maior ou menor certeza, apontar o autor do princípio de solução vencedor, o que pode ser importante em questões legais.
- Desaparece a problemática da coordenação do grupo.

Como desvantagem poderá ocorrer:

- Menor criatividade individual dos participantes por causa do isolamento e da falta de motivação, dada a ausência de uma atividade normal em grupo.

3. Método da galeria

O método da galeria desenvolvido por Hellfritz [27] combina trabalho individual com trabalho em equipe e é especialmente apropriado para problemas de configuração porque permite incluir propostas de solução em forma de esboços. Os pré-requisitos e a formação do grupo seguem as regras do *brainstorming*. O método é aplicado respeitando as seguintes etapas:

Etapa introdutória, na qual o coordenador do grupo apresenta o problema e esclarece os detalhes.

Etapa de formação das idéias I. Nesta etapa, com duração aproximada de quinze minutos, cada um dos participantes do grupo efetua uma busca intuitiva e não preconcebida da solução, com ajuda de esboços e complementada verbalmente onde for necessário.

Etapa associativa. Na seqüência, os resultados da etapa de formação das idéias I são expostos à semelhança de uma galeria de arte, para que todos os membros de grupo possam conhecê-las e discuti-las. O objetivo dessa fase associativa com duração aproximada de quinze minutos é encontrar novas idéias ou identificar propostas complementares ou melhoradoras, por meio da negação ou da reconcepção.

Etapa de formação das idéias II. Cada idéia ou constatação produzida na etapa associativa é retida e/ou lhe é dada seqüência no desenvolvimento pelos membros da equipe.

Etapa de seleção. Todas as idéias propostas são revistas, ordenadas e se necessário, complementadas. Em seguida são selecionados os princípios de soluções promissores (cf. 3.3.1). Através de análise também podem ser identificadas características gestoras da solução que posteriormente poderão ser desenvolvidas num procedimento discursivo (cf. 3.2.3).

O método da galeria destaca-se principalmente pelas seguintes vantagens:

- Trabalho intuitivo em grupo, sem divagações.
- Intercâmbio eficaz de idéias empregando esboços, especialmente nas questões de configuração.
- Permite a identificação das contribuições individuais.
- A documentação gerada é fácil de avaliar e classificar.

4. A técnica Delphi

Neste método, especialistas, de quem se espera um conhecimento aprofundado das relações, são questionados por escrito e solicitados a se manifestarem por escrito [7]. O questionamento obedece ao seguinte esquema:

1ª rodada:

Que princípios de solução você vislumbra para solucionar o problema formulado? Apresente sugestões espontaneamente!

2ª rodada:

Aqui está uma lista com diversos princípios de solução para solucionar o problema formulado! Examine esta lista e mencione outras propostas que lhe venham à mente ou que a lista lhe tenha sugestionado.

3ª rodada:

Você recebe a avaliação final das duas rodadas de questionamento de idéias. Examine esta lista e anote as sugestões que você considera as melhores, com relação à concretização.

Este procedimento trabalhoso precisa ser cuidadosamente planejado e em geral irá limitar-se a problemas de caráter geral que envolvam aspectos básicos e da política empresarial. Sem dúvida, nas áreas técnica e de projeto, o método Delphi só poderá ganhar algum destaque na discussão dos fundamentos de desenvolvimentos de prazo bastante longo.

5. Sinética

A palavra sinética é um neologismo derivado do grego e significa reunião de conceitos diferentes, aparentemente independentes entre si. Sinética é um método aparentado ao *brainstorming*, com a diferença de que existe a intenção de deixar-se estimular e conduzir por meio de analogias da área não técnica ou semitécnica.

Esse método foi proposto por Gordon [25]. Em seu procedimento, o método é mais sistemático do que a coleta arbitrária de idéias do *brainstorming*. Quanto à imparcialidade bem como isenção de inibições e críticas, vale o que já foi exposto no *brainstorming*.

Neste método, o coordenador do grupo tem uma tarefa adicional: baseado nas analogias manifestadas ele tenta levar adiante o fluxo de idéias de acordo com o esquema a seguir. A equipe deverá contar com, no máximo, sete membros, a fim de evitar a dispersão dos processos mentais.

Para tanto, devem ser seguidos os seguintes passos:

- Exposição do problema.
- Familiarizar-se com o problema (análise).
- O problema foi compreendido, assim ficou familiar a cada participante.
- Rejeição do familiar, isto é, efetuar analogias e comparações com outras áreas.
- Análise da analogia sugerida.
- Comparação da analogia com o problema em pauta.
- Desenvolvimento de uma nova idéia a partir desta comparação.
- Desenvolvimento de uma possível solução.

Quando o resultado não for satisfatório, o processo é repetido com uma outra analogia.

Um exemplo irá mostrar a busca de soluções com auxílio de analogias e o desenvolvimento, passo a passo, para transformação numa proposta. Num seminário em busca de possibilidades para a extração de cálculos da uretra do corpo humano, foram discutidos instrumentos mecânicos com os quais o cálculo deveria ser envolto, fixado e extraído. Para tanto, o instrumento precisaria ser armado e travado dentro da uretra. A palavra-chave "retesar" ou "armar" motivou um dos membros a procurar por analogias daquilo que poderia ser armado: Fig. 3.12.

Associação: Guarda-chuva (a). Pergunta: como utilizar o princípio do guarda-chuva?

- perfurar o cálculo, introduzir e abrir o guarda-chuva (b). Difícil realização técnica. – Introduzir a bexiga e insuflar pela extremidade mais fina (c). Furar é irreal. – Passar a bexiga pelo lado (d). Na extração o cálculo fica na frente, oferece resistência e eventualmente pode romper a uretra. Antepor outra bexiga para abrir caminho (e). Prender o cálculo entre as duas bexigas untadas com gel e extrair (f).

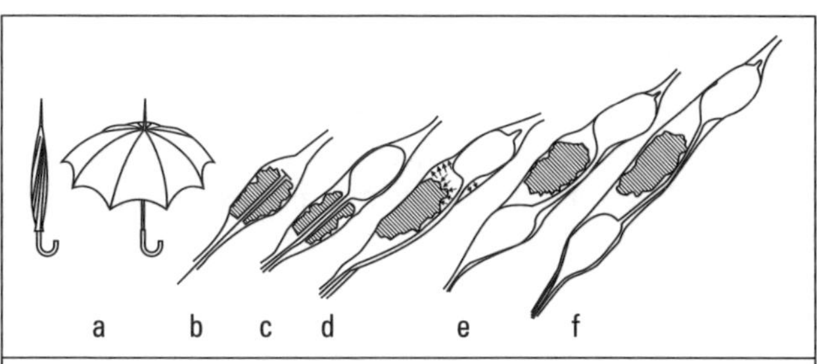

Fig. 3.12 — Desenvolvimento passo a passo de um princípio de solução para a retirada de pedras da uretra, pela formação de uma analogia e melhoria passo a passo (esboço à mão livre); as designações encontram-se no texto.

Esse exemplo mostra a associação com uma analogia semitécnica (guarda-chuva) a partir da qual, observando as condicionantes especiais existentes, foi desenvolvida a solução. (A solução mostrada não é a solução final proposta pelo citado seminário, mas apenas exemplo de um procedimento observado na prática).

Este método é caracterizado pelo fato de ser um procedimento imparcial que utiliza uma analogia, a qual, no caso de problemas técnicos, é praticamente selecionada da área não-técnica ou semitécnica e, inversamente, no caso de problemas não-técnicos é selecionada da área técnica. A primeira tentativa para a geração de uma analogia ocorre, na maioria das vezes, de modo espontâneo e, na análise subseqüente e na continuidade do desenvolvimento da atual proposta, as analogias resultam mais freqüentemente por etapas e derivações sistemáticas.

6. Aplicação combinada

Qualquer um desses métodos isoladamente pode não levar ao objetivo visado. A prática tem demonstrado que:

- No *brainstorming*, com o abrandamento na produção de idéias, o coordenador ou outra pessoa pode desencadear uma nova torrente de idéias através de um procedimento parcialmente sinético - derivação de analogias, busca sistemática do oposto ou da complementação.
- Uma nova idéia ou analogia muda radicalmente a direção do pensamento e a abordagem do grupo.
- Um resumo do conhecimento acumulado até o momento pode aportar novas idéias.
- A aplicação consciente do método da negação, reconceituação e do avanço (cf. 2.2.5) tem condição de enriquecer e ampliar a variedade de idéias.

No seminário acima mencionado, o pensamento exposto "destruir cálculo" provocou novas propostas como: perfurar, fragmentar, martelar, desintegrar com ultra-som. Com a redução da produtividade de idéias, o coordenador do grupo formulou a seguinte pergunta: "Como a natureza destrói?", o que provocou imediatamente uma profusão de novas idéias: intemperismo, ação do frio ou do calor, decomposição, putrefação, ação bactericida, fragmentação por congelamento e dissolução química. A combinação de dois princípios "abraçar o cálculo" e "destruir o cálculo" provocou a pergunta: "e o que mais?" ao que se seguiu a resposta: "não abraçar o cálculo mas apenas tocá-lo", o que, por sua vez, levou a novas idéias: aspirar, colar, criar locais para aplicação de forças.

Num caso específico, os métodos expostos, eventualmente em combinação, deverão ser aplicados de forma natural e de modo a aproveitá-los ao máximo. Uma abordagem pragmática garante melhores resultados.

3.2.3 — Métodos com ênfase discursiva

Métodos com ênfase discursiva possibilitam soluções por meio de um procedimento consciente por etapas. As etapas de trabalho são influenciáveis e comunicáveis. Procedimento discursivo não elimina a intuição. Essa deve ser usada mais intensivamente nas etapas e problemas específicos, mas não imediatamente na solução da tarefa global.

1. Estudo sistemático das relações físicas

Quando a solução de um problema envolve um efeito físico (químico, biológico) conhecido ou se conhecer a equação que o descreve, especialmente quando há mais de uma variável física envolvida, várias soluções podem ser deduzidas por meio da análise da inter-relação entre essas variáveis, ou seja, da relação entre uma variável dependente e uma outra independente, onde as demais variáveis são mantidas constantes. Por exemplo, segundo este método, diante de uma equação da forma $y = f(u, v, w)$ são examinadas variantes da solução para as relações $y_1 = f(u, \underline{v}, \underline{w})$, $y_2 = f(\underline{u}, v, \underline{w})$ e $y_3 = f(\underline{u}, \underline{v}, w)$, onde as variáveis sublinhadas são mantidas constantes.

Rodenacker deu exemplos para este procedimento, um dos quais trata do desenvolvimento de um viscosímetro capilar [59]. Quatro variantes da solução são derivadas da conhecida lei física para tubos capilares, $\eta \sim \Delta p \cdot r^4/(Q \cdot l)$. A Fig. 3.13 mostra a disposição básica dessas variantes:

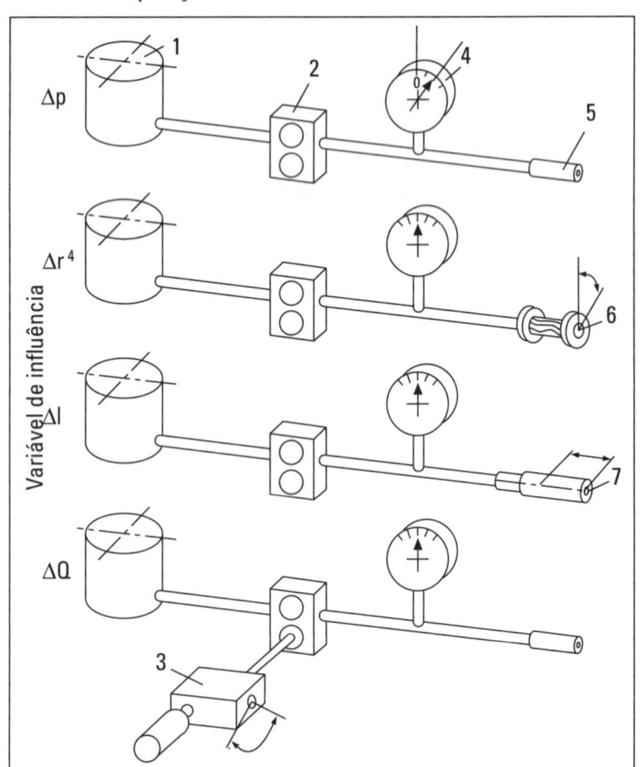

Fig. 3.13 — Representação esquemática de quatro viscosímetros de acordo com [59]. 1) recipiente; 2) bomba de engrenagens; 3) engrenagens de posicionamento; 4) manômetro; 5) tubo capilar fixo; 6) tubo com diâmetro variável; 7) tubo capilar com comprimento variável.

1. Uma solução na qual a diferença de pressão Δp serve para medir a viscosidade, $\Delta p \sim \eta$, (Q, r e l constantes).
2. Uma solução com base no diâmetro do tubo capilar, $\Delta r \sim \eta$, (Q, Δp e l = constantes).
3. Uma solução que se baseia na variação da altura do tubo capilar, $\Delta l \sim \eta$, (Δp, Q e r = constantes).
4. Uma solução que se baseia nas variações da vazão volumétrica $\Delta Q \sim \eta$, (Δp, r e l = constantes).

Uma outra possibilidade para se chegar a soluções novas ou melhoradas através da análise de relações físicas, está em decompor efeitos físicos conhecidos em componentes isolados. Especialmente Rodenacker [59] aproveitou esse desdobramento de relações físicas complexas em componentes isolados para construir aparelhos totalmente novos ou para desenvolver novas aplicações para aparelhos já conhecidos.

Para explicar este método, no caso, o desenvolvimento de um dispositivo de travamento por atrito de uma união com parafusos, foi analisada a relação física conhecida que rege o afrouxamento de um parafuso:

$$T_L = F_v[d_2/2]\,\text{tg}\,(\varsigma_G - \beta) + (D_M/2)\mu_M] \quad (3.1)$$

A equação (3.1) contém os seguintes torques parciais:

Torque de atrito na rosca:

$$T_G \sim F_v(d_2/2)\,\text{tg}\,\varsigma_G = F_v(d_2/2)\mu_G \quad (3.2)$$

onde

$$\text{tg}\,\varsigma_G = \mu/\cos(\alpha/2) = \mu_G$$

Torque devido ao atrito na área de contato da cabeça do parafuso ou na área de apoio da porca:

$$T_M = F_v(D_M/2)\varsigma_G = F_v(D_M/2)\mu_M \quad (3.3)$$

Torque para afrouxamento do parafuso, em função da pré-carga e do passo da rosca:

$$T_{L_0} \sim (F_v d_2/2)\,\text{tg}\,(-\beta) = -F_v \cdot P/2 \quad (3.4)$$

(P passo da rosca, β ângulo da hélice, d_2 diâmetro médio da rosca, F_V pré-carga no parafuso, D_M diâmetro médio da área de apoio, μ_G coeficiente de atrito fictício da rosca, μ coeficiente de atrito verdadeiro do par de materiais do parafuso e da porca, μ_M coeficiente de atrito na face de apoio da porca ou na área de contato da cabeça do parafuso, α ângulo entre os flancos da rosca).

Para identificar princípios de trabalho que possam contribuir para a melhoria da segurança contra afrouxamento, é apropriado prosseguir com a análise das inter-relações físicas estabelecidas, a fim de conhecer os efeitos físicos envolvidos.

Os efeitos individuais que estão contidos nas equações (3.2) e (3.3) são:

- O efeito do atrito (força de atrito de Coulomb)

  $F_{RG} = \mu_G \cdot F_v$ ou $F_{RM} = \mu_M \cdot F_v$
- O efeito alavanca

  $T_G = F_{RG} \cdot d_2/2$ ou $T_M = F_{RM} \cdot D_M/2$
- O efeito cunha

  $\mu_G = \mu/\cos\,(\alpha/2)$

Efeitos individuais presentes na equação (3.4) são:

- O efeito cunha

  $F_{L_0} \sim F_v \cdot \text{tg}\,(-\beta)$
- O efeito alavanca

  $T_{L_0} = F_{L_0} \cdot d_2/2$

No exame de cada efeito físico individual, podem ser apontados os seguintes princípios de trabalho para a melhoria da segurança contra afrouxamento:

- Utilização do efeito cunha a fim de reduzir a tendência ao afrouxamento, pela redução do ângulo da hélice β.
- Utilização do efeito alavanca para aumentar o momento de atrito na face da porca ou na área de contato da cabeça, por meio do aumento do diâmetro da área de contato D_M.
- Utilização do efeito do atrito para aumentar as forças de atrito, pelo aumento do coeficiente de atrito μ.
- Utilização do efeito cunha para aumentar a força de atrito na superfície de contato por meio de uma superfície de contato cônica ($F_v \cdot \mu/\text{sen}\,\gamma$ com ângulo do cone 2γ). Exemplo: porcas de fixação dos cubos das rodas de automóveis.
- Ampliação do ângulo entre os flancos α, a fim de aumentar o coeficiente de atrito fictício da rosca.

2. Busca sistemática com ajuda de matrizes ordenadoras

Foi constatado nos métodos gerais de trabalho (cf. 2.2.5) que uma sistematização e a apresentação ordenada dos dados ou informações são muito úteis, por duas razões. De um lado, uma matriz ordenadora incentiva a busca de novas soluções em certas direções; por outro lado, facilita a identificação e combinação de importantes características da solução. Como conseqüência dessas vantagens, foi estabelecida uma série de sistemas ordenadores ou matrizes organizadoras, sendo que todos eles têm, em princípio, uma estrutura semelhante. Dreibholz [10] efetuou, de forma clara e detalhada, um levantamento de possíveis aplicações destas matrizes ordenadoras.

O tradicional esquema bidimensional é constituído por linhas e colunas associadas a parâmetros usados como critérios classificadores. A Fig. 3.14 mostra a estrutura geral de matrizes ordenadoras para o caso em que são previstos parâmetros para linhas e colunas (a) e, para o caso onde so-

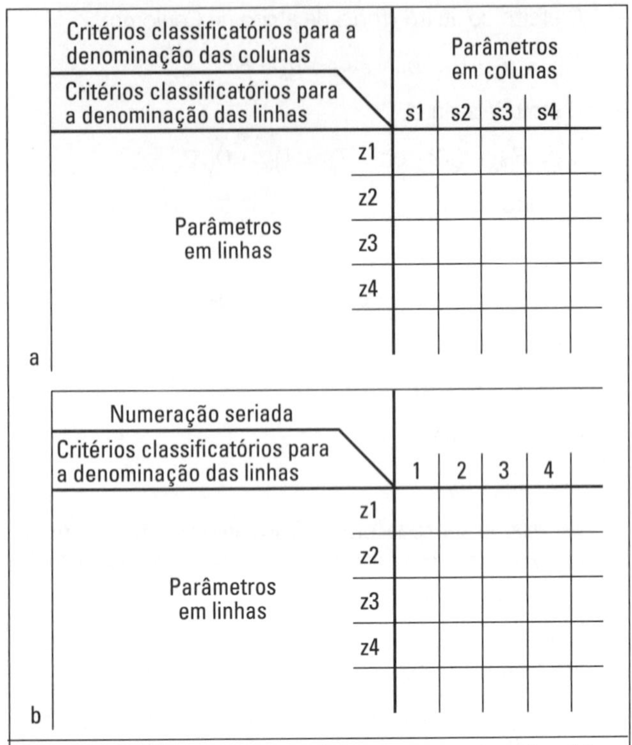

Fig. 3.14 *— Constituição geral de esquemas classificatórios, segundo [10].*

mente são apropriados parâmetros para as linhas (b), pois a ordenação das colunas não se evidenciou. Para o caso em que a representação da informação ou a percepção de possíveis interligações das características é prática, os "critérios classificadores" poderão ser estendidos através de um novo desdobramento dos parâmetros ou características (cf. Fig. 3.15), processo que, no entanto, tende rapidamente a confundir a visão de conjunto. Coordenando os parâmetros das colunas com os parâmetros das linhas, pode-se transformar qualquer matriz ordenadora com parâmetros para linhas e colunas num quadro. Aqui somente aparecem parâmetros para as linhas e as colunas são simplesmente numeradas: Fig. 3.16.

Tais esquemas ordenadores têm ampla aplicação no processo de projeto. Assim, podem ser usados como catálogo de soluções, com arquivamento ordenado de soluções de acordo com o tipo e a complexidade, em qualquer fase da busca da solução. Também podem ser empregados como ferramenta para a combinação de subsoluções na solução global (cf. 3.2.4). Zwicky [77] denomina essa ferramenta de "matriz morfológica".

A seleção dos "critérios ordenadores" ou dos seus parâmetros tem importância decisiva. Na constituição de uma matriz ordenadora o procedimento passo a passo é apropriado:

- inicialmente as idéias de soluções são lançadas nas linhas numa seqüência aleatória;
- num segundo passo, as idéias são analisadas considerando as características, por exemplo, tipo de energia, geometria de trabalho, tipo de movimento e semelhantes e;
- finalmente, na terceira etapa, ordenam-se estas de acordo com as características.

Numa análise de soluções conhecidas ou uma avaliação de idéias de solução segundo métodos com ênfase intuitiva, também se pode obter características ou "critérios ordenadores" para uma matriz ordenadora.

Este procedimento não somente é útil para identificação de combinações compatíveis, mas, principalmente, incentiva a elaboração de um fértil campo de soluções. Os critérios ordenadores e as características mostradas nas Figs. 3.17 e 3.18 podem ser úteis na busca sistemática da solução e na variação das idéias

				s1						s2
				s11		s12				s21
				s111	s112	s121		s122	s211	
				s1111	s1112	s1121	s1122	s1211	...	
z1	z11	z111	z1111							
			z1112							
			z1113							
		z112	z1121							
			z1122							
			z1123							
		z113	z1131							
			...							
	z12	z121								
		z122								
z2	z21	z211								
		z212								

Fig. 3.15 *— Esquema classificatório com subdivisão de parâmetros estendida [10].*

		1	2	3	4	5
	z1					
	z2					
s1	z3					
	z4					
	...					
	z1					
	z2					
s2	z3					
	z4					
	...					
	z1					
	z2					
s3	z3					
	z4					
	...					

Fig. 3.16 *— Esquema classificatório modificado, segundo [10].*

Critérios classificatórios	
Tipos de energia, efeitos físicos e formas de ocorrência	
Características	*Exemplos:*
mecânica	gravitação, inércia, força centrífuga
hidráulica	hidrostática, hidrodinâmica
pneumática	aerostática, aerodinâmica
elétricas	eletrostática, eletrodinâmica indutiva, capacitiva, piezoelétrica, transformação, retificação
magnética	ferromagnética, eletromagnética
óptica	reflexão, refração, difração, interferência, polarização, infravermelho visível e ultravioleta
térmica	dilatação, efeito bimetálico, conservação de calor, transmissão de calor, condução de calor, isolamento de calor
química	combustão, oxidação, redução, dissolver, ligar, converter, eletrólise, reação exotérmica e endotérmica
nuclear	radiação, isótopos, fonte de energia
biológica	fermentação, putrefação, decomposição

***Fig. 3.17** — Critérios classificatórios e características para variação em nível de procura física.*

de solução em sistemas mecânicos. Eles se referem aos tipos de energia, efeitos físicos, aspectos físicos (forma), bem como às características da geometria de trabalho, do movimento de trabalho e propriedades básicas dos materiais (cf. 2.1.4).

A Fig. 3.19 serve como exemplo simples da busca da solução para uma subfunção, onde, pela variação do tipo de energia chegou-se a diferentes princípios de funcionamento que atendem a função.

Na Fig. 3.20 é apresentado um exemplo de variação com base nos movimentos de trabalho.

A Fig. 3.21 mostra uma variação da geometria de trabalho na combinação de cubos e eixos. Desta forma a diversidade de soluções que é obtida, por exemplo, através do "seguir em frente" (cf. 2.2.5, Fig. 2.21), pode ser ordenada e completada.

Resumindo, podem ser feitas as seguintes recomendações:

- Matrizes ordenadoras: passo a passo, construir, corrigir e complementar na medida do possível. Eliminar incompatibilidades e somente continuar o desenvolvimento de princípios promissores de solução. Nisto, analisar quais "critérios ordenadores" contribuem para a busca da solução, variá-los através de parâmetros e eventualmente ampliando ou restringindo-os.
- Com auxílio de métodos de seleção (cf. 3.3.1), selecionar e marcar as soluções que aparentemente são vantajosas.
- Com vistas à sua reutilização, elaborar os esquemas ordenadores numa forma mais genérica possível, mas não exercitar a sistemática apenas em função de si mesma.

Critérios classificatórios	
Geometria de trabalho, movimento de trabalho e características iniciais dos materiais	
Geometria do trabalho (corpo de trabalho, superfície de trabalho)	
Características:	*Exemplos:*
tipo	ponto, linha, superfície, corpo
forma	arredondamento, circunferência, elipse, hipérbole, parábola, triângulo, quadrado, retângulo, pentágono, hexágono, octógono, cilindro, cone, romboedro, cubo, esfera, simétrico, assimétrico
posição	axial, radial, tangencial, vertical, horizontal, paralelo, seqüencial
tamanho	pequeno, grande, estreito, largo, baixo, alto
quantidade	simples, duplo, múltiplo, não dividido, dividido
Movimento de trabalho	
Características:	*Exemplos:*
tipo	estacionário, translacional, rotacional
natureza	uniforme, variado, oscilante, plano ou espacial
direção	na direção x, y, z e/ou em torno do eixo x, y, z
magnitude	valor da velocidade
quantidade	um, vários, movimentos combinados
Características iniciais dos materiais	
Características:	*Exemplos:*
estado	sólido, líquido ou gasoso
comportamento	rígido, elástico, plástico, viscoso
forma	sólido, grão, pó, poeira

***Fig. 3.18** — Critérios classificatórios e características para variação em nível de procura geométrica e material.*

Tipo de energia / Princípio de trabalho	Mecânica	Hidráulica Pneumática	Elétrica	Térmica
1	Energia potencial (m, h)	Nível do líquido (energia potencial) (h)	Bateria (U)	Massa (m, c, $\Delta\upsilon$)
2	Massa em movimento (translação) (v, m)	Líquido em escoamento	Capacitor (campo elétrico) (C)	Líquido aquecido
3	Volante (rotação) (Θ, ω)			Vapor superaquecido
4	Roda em plano inclinado (rot.+ transl.+ pot.) (Θ, v, ω)			
5	Mola metálica (f, F)	Outras molas (compressão de líquidos e gases) ($\Delta p;\Delta V$)		
6		Reservatórios hídricos *a.* reservatório bexiga *b.* reservatório êmbolo *c.* reservatório de membrana (energia de pressão)		

Fig. 3.19 *— Diferentes princípios de trabalho para atendimento da função "armazenar energia" variando o tipo de energia.*

3. Utilização de catálogos

Catálogos são uma coletânea de conhecidas e consolidadas soluções para problemas de projeto. Catálogos podem conter informações de conteúdo variado e soluções com distintos níveis de concretização. Neles estão armazenados efeitos físicos, princípios de trabalho, soluções preliminares para problemas complexos, elementos de máquinas, peças padronizadas, materiais, peças de fornecedores e similares. Até o presente as fontes para esses dados eram os manuais, livros técnicos, catálogos de fabricantes, coleção de folhetos, manuais de normas e similares. Além de meras informações sobre produtos e propostas de soluções, parte deles também contém exemplos de cálculo, métodos de solução, bem como procedimentos de projeto. Também é possível imaginar coletâneas de métodos e procedimentos, em forma de catálogos.

Exigências a serem feitas aos catálogos de projeto:

- Acesso às soluções ou dados acumulados, de forma rápida e orientada por problemas.

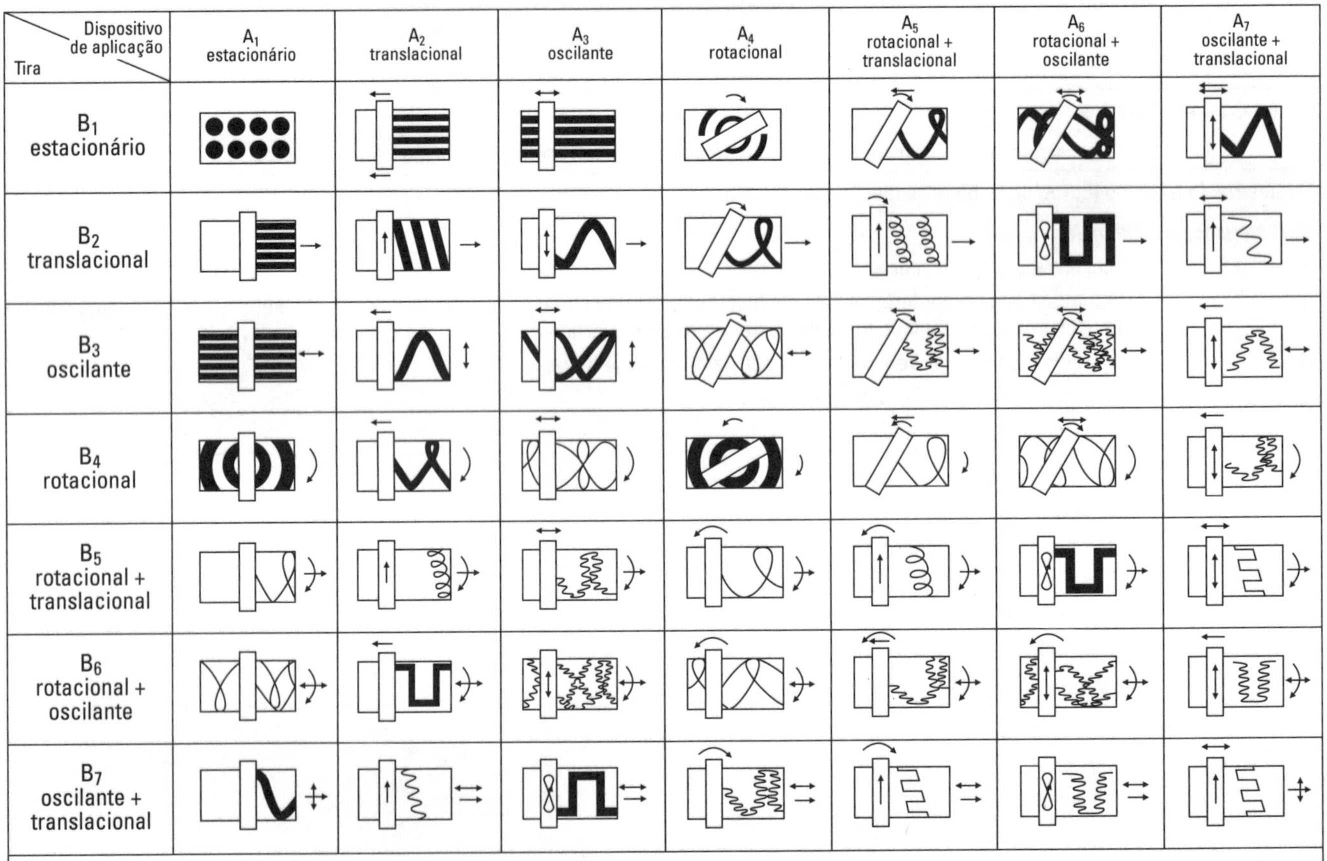

Tira / Dispositivo de aplicação	A_1 estacionário	A_2 translacional	A_3 oscilante	A_4 rotacional	A_5 rotacional + translacional	A_6 rotacional + oscilante	A_7 oscilante + translacional
B_1 estacionário							
B_2 translacional							
B_3 oscilante							
B_4 rotacional							
B_5 rotacional + translacional							
B_6 rotacional + oscilante							
B_7 oscilante + translacional							

Figura 3.20 *— Possibilidades de revestimento de tiras de tapete por meio de combinações de movimentos da tira e do dispositivo de aplicação do revestimento.*

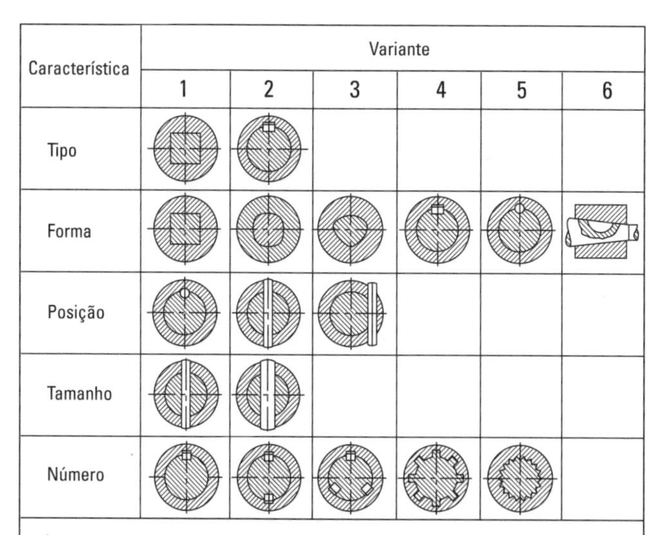

Figura 3.21 *— Variação da geometria de trabalho em uniões cubo-eixo solidarizadas por forma.*

- As soluções arquivadas deverão abranger o maior espectro possível ou pelo menos permitir atualização posterior.
- Não se limitarem ao ramo de atividade ou à própria empresa, para que tenham ampla serventia.
- Possibilidade de uso tanto no desenvolvimento de um projeto na forma convencional, quanto num desenvolvimento com auxílio de computadores.

Com a elaboração e desenvolvimento de catálogos ocuparam-se principalmente Roth e seus colaboradores [62]. Ele propõe uma estrutura básica, segundo a Fig. 3.22, a fim de atender as exigências acima.

A classificação determina a estrutura sistemática do catálogo. Aqui, também os critérios classificatórios têm importância decisiva. Eles influenciam o manejo e a velocidade de acesso. Eles se orientam pelo grau de concretização, pela complexidade das soluções armazenadas, bem como pela fase de projeto para a qual o catálogo deverá ser utilizado. Na etapa conceitual, por exemplo, é conveniente selecionar para os critérios classificatórios as funções a serem satisfeitas pelas soluções, pois a elaboração do conceito emana das subfunções. Estes critérios classificatórios deveriam ser as funções de aplicação geral (cf. 2.1.3) para, na medida do possível, fazer

Parte classificatória			Parte principal		Parte de referência						Apêndice		
1	2	3	1	2	Nr.	1	2	3	4	5	1	2	3
					1								
					2								
					3								
					4								
					5								
					6								
					7								

Figura 3.22 *— Constituição básica de um catálogo de projeto, segundo [62].*

com que a consulta às soluções não dependa do produto. Outros critérios classificatórios poderiam ser, por exemplo, tipo e características da energia (mecânica, elétrica, ótica, etc.), matéria ou informação, geometria de funcionamento, movimento de funcionamento e propriedades dos materiais. Em catálogos para a etapa de configuração são apropriados os critérios classificatórios correspondentes; por exemplo: propriedades dos materiais, tipos de transmissão em uniões, mecanismos de engates em acoplamentos e particularidades de elementos de máquina concretos.

A parte principal é onde se encontra o verdadeiro conteúdo do catálogo. Nela estão representados os objetos. De acordo com o grau de concretização, as soluções são reproduzidas por esboços, com ou sem equação física, ou por um desenho ou uma ilustração já mais ou menos completa. O tipo e a abrangência da representação orientam-se pela etapa onde será aplicada. É importante que todas as informações se encontrem no mesmo nível de abstração e dispensem aspectos irrelevantes.

As características de cada solução estão compiladas na coluna da consulta. Essas características permitem selecionar a solução apropriada para um caso específico.

Um anexo possibilita a indicação da origem e de anotações complementares.

As características usadas na seleção podem envolver diversas propriedades, tais como, por exemplo: dimensões características, influência ou ocorrência de determinadas variáveis ocasionais, flexibilidade, número de elementos, etc. Elas ajudam o projetista na pré-seleção e avaliação de soluções e, em catálogos armazenados em computadores, servem como grandezas referenciais no processo de seleção e avaliação.

Uma outra importante exigência no que se refere aos catálogos de projeto é utilizar definições e símbolos unificados e claros na representação da informação.

Quanto mais concreta e detalhada for a informação armazenada, tanto mais imediata e também mais limitada será a utilização do catálogo. Com crescente grau de configuração, aumenta a integralidade das informações sobre uma determinada proposta de solução, porém diminui a possibilidade de um espectro completo das soluções, pois aumenta rapidamente a multiplicidade de detalhes, por exemplo, das variantes de configuração. Para atendimento da função "transferir" seria possível agrupar todos os efeitos físicos imagináveis, porém seria praticamente inviável reunir integralmente todas as variantes de alojamento para, por exemplo, os suportes (transferir forças de sistemas rotativos para sistemas em repouso).

A Tab. 3.2, a seguir, mostra um levantamento dos catálogos de projeto publicados até agora, que atendem a organização e os requisitos expostos acima.

Por causa disso, na seqüência serão incluídos apenas alguns exemplos ou extratos dos catálogos existentes.

A Fig. 3.23 mostra um catálogo dos efeitos físicos associados às funções de aplicação geral "transformar energia"

Tabela 3.2 Catálogos de projeto disponíveis

Campo de aplicação	*Objeto*	*Autor e fonte*
Elementos básicos de catálogos de projetos	Construção de catálogos	Roth [62]
	Compilação das coleções de catálogos e de soluções disponíveis	Roth [62]
Soluções iniciais	Efeitos físicos	Roth [62]
	Soluções para as funções	Koller [39]
Ligações	Espécies de ligações	Roth [62]
	Ligações	Ewald [14]
	Ligações fixas	Roth [62]
	Ligações soldadas em perfis de aço	Wölse, Kastner [75]
	Ligações com rebites	Roth [62], Kopowski [41] e Grandt [26]
	Juntas coladas	Fuhrmann e Hinterwalder [18]
	Elementos de tração	Ersoy [13]
	Princípios de aparafusamento	Kopowski [41]
	Ligações com parafusos	Kopowski [41]
	Eliminação das folgas em juntas com parafusos	Ewald [14]
	Ligações elásticas	Giessner [24]
	Uniões eixo-cubo	Roth [62], Diekhöner e Lohkamp [9], Kollmann [40]
Guias, mancais	Guias retas	Roth [62]
	Guias rotacionais	Roth [62]
	Mancais de deslizamento e rolamento	Diekhöner [8]
	Mancais e guias	Ewald [14]
Tecnologia dos motores,	Pequenos motores elétricos	Jung, Schneider [32]
Geração de energia	Força motriz, geral	Schneider [65]
Transmissão de energia	Geradores de potência, mecânicos	Ewald [14]
	Conversores de trajetórias com grande relação de multiplicação, gerar potência por meio de uma outra grandeza, multiplicação da potência em um estágio	Roth [62] Roth [62], diretriz VDI 2222 [70]
	Mecanismos de levantamento	Raab, Schneider [57]
	Acionadores de rosca	Kopowski [41]
	Sistemas por atrito	Roth [62]
Cinemática, mecanismos	Solução de problemas de movimento com mecanismos	Diretriz VDI 2727 parte 1 - 4 [72]
	Transmissões por corrente e mecanismos	Roth [62]
	Mecanismos cinéticos vinculados com quatro membros	Diretriz VDI 2222 parte 2 [70]
	Mecanismos de inversão lógicos	Roth [62]
	Mecanismo de conjunção e disjunção lógicas	Roth [62]
	Flip-flops mecânicos	Roth [62]
	Bloqueio de recuo mecânico	Roth [62], diretriz VDI 2222 parte 2 [57]
	Transmissões para movimento uniforme	Roth [62]
	Ferramentas manuais	Diretriz VDI 2740 [73]
Transmissões	Transmissão por engrenagens frontais	Diretriz VDI 2222 parte 2 [70], Ewald [14]
	Caixa de câmbio de um estágio com relação de multiplicação constante	Diekhöner e Lohkamp [9]
	Eliminação da folga em transmissões com engrenagens frontais	Ewald [14]
Medidas de segurança	Situações perigosas	Neudörfer [52]
	Segurança por separação de acomodações	Neudörfer [53]
Ergonomia	Indicadores, controles	Neudörfer [51]
Processos de produção	Processos de produção na fundição	Ersoy [13]
	Forjamento em matrizes fechadas	Roth [62]
	Forjamento por pressão ou martelamento	Roth [62]

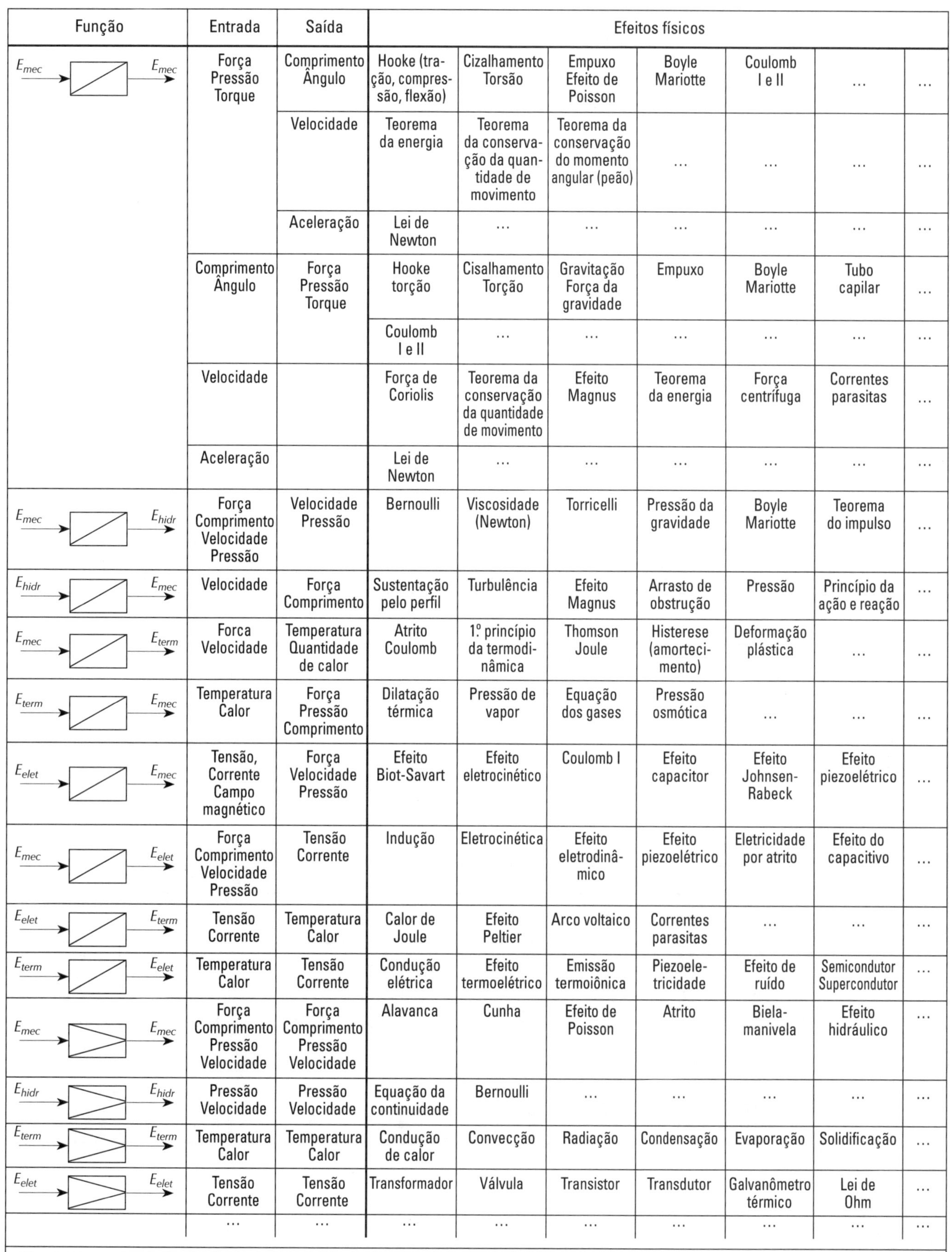

Função	Entrada	Saída	Efeitos físicos						
E_{mec} → E_{mec}	Força Pressão Torque	Comprimento Ângulo	Hooke (tração, compressão, flexão)	Cizalhamento Torsão	Empuxo Efeito de Poisson	Boyle Mariotte	Coulomb I e II	...	...
		Velocidade	Teorema da energia	Teorema da conservação da quantidade de movimento	Teorema da conservação do momento angular (peão)	...	...	...	...
		Aceleração	Lei de Newton	...	...	...	...	...	...
	Comprimento Ângulo	Força Pressão Torque	Hooke torção	Cisalhamento Torção	Gravitação Força da gravidade	Empuxo	Boyle Mariotte	Tubo capilar	...
			Coulomb I e II	...	...	...	...	...	...
	Velocidade		Força de Coriolis	Teorema da conservação da quantidade de movimento	Efeito Magnus	Teorema da energia	Força centrífuga	Correntes parasitas	...
	Aceleração		Lei de Newton	...	...	...	...	...	...
E_{mec} → E_{hidr}	Força Comprimento Velocidade Pressão	Velocidade Pressão	Bernoulli	Viscosidade (Newton)	Torricelli	Pressão da gravidade	Boyle Mariotte	Teorema do impulso	...
E_{hidr} → E_{mec}	Velocidade	Força Comprimento	Sustentação pelo perfil	Turbulência	Efeito Magnus	Arrasto de obstrução	Pressão	Princípio da ação e reação	...
E_{mec} → E_{term}	Forca Velocidade	Temperatura Quantidade de calor	Atrito Coulomb	1.º princípio da termodinâmica	Thomson Joule	Histerese (amortecimento)	Deformação plástica	...	...
E_{term} → E_{mec}	Temperatura Calor	Força Pressão Comprimento	Dilatação térmica	Pressão de vapor	Equação dos gases	Pressão osmótica	...	...	...
E_{elet} → E_{mec}	Tensão, Corrente Campo magnético	Força Velocidade Pressão	Efeito Biot-Savart	Efeito eletrocinético	Coulomb I	Efeito capacitor	Efeito Johnsen-Rabeck	Efeito piezoelétrico	...
E_{mec} → E_{elet}	Força Comprimento Velocidade Pressão	Tensão Corrente	Indução	Eletrocinética	Efeito eletrodinâmico	Efeito piezoelétrico	Eletricidade por atrito	Efeito do capacitivo	...
E_{elet} → E_{term}	Tensão Corrente	Temperatura Calor	Calor de Joule	Efeito Peltier	Arco voltaico	Correntes parasitas	...	...	...
E_{term} → E_{elet}	Temperatura Calor	Tensão Corrente	Condução elétrica	Efeito termoelétrico	Emissão termoiônica	Piezoeletricidade	Efeito de ruído	Semicondutor Supercondutor	...
E_{mec} → E_{mec}	Força Comprimento Pressão Velocidade	Força Comprimento Pressão Velocidade	Alavanca	Cunha	Efeito de Poisson	Atrito	Biela-manivela	Efeito hidráulico	...
E_{hidr} → E_{hidr}	Pressão Velocidade	Pressão Velocidade	Equação da continuidade	Bernoulli	...	...	...	...	...
E_{term} → E_{term}	Temperatura Calor	Temperatura Calor	Condução de calor	Convecção	Radiação	Condensação	Evaporação	Solidificação	...
E_{elet} → E_{elet}	Tensão Corrente	Tensão Corrente	Transformador	Válvula	Transistor	Transdutor	Galvanômetro térmico	Lei de Ohm	...
	...	...	...	...	...	...	...	...	...

Fig. 3.23 — *Catálogo de efeitos físicos sob consideração de [39, 48], para as funções de aplicação geral, "mudar energia" e "transformar componente da energia". Também aplicável em fluxos de sinal.*

Critérios classificatórios		Soluções				Critérios de classificação																Soluções		
Tipo de solidarização	Modo de transmissão da força	Equação	Designação	Exemplo de disposição	Nr.	Momento transmissível	Transmissão do momento dependente de		Forças axiais	Concentração de tensões	Utilizado em	Efeito de uma sobrecarga	União é centralizável	Balanceamento	Cubo deslocável no sentido axial	Cubo pode ser montado em várias posições	A união pode ser regulada	Diâmetro do eixo em mm	Material	Trabalho de fabricação	Trabalho de montagem	Norma DIN (fabricante)	Exemplos de aplicação	Observações
1	2	1	2	3	Nr.	1	2		3		4	5	6	7	8	9	10	11	12	13	14	15	16	17
Normal	Direto	$M_t \le K\cdot\frac{d_m}{2}\cdot A_p\cdot P_{adm}$ $M_t \le K\cdot\frac{d_m}{2}\cdot A_T\cdot\tau_{adm}$	eixo com ranhuras múltiplas		1	grande	h. i. l	diâmetro do eixo, fator de forma, fator de centralização, escolha do material		grande	choque, carga variável	ruptura	sim	não	com ajuste da folga	sim	não	10-150	Eixo 37 Cr 4 41 Cr 4 42 Cr Mo4	alto	pequeno	5461/63 5471/72	engrenagens	possibilidade de centragem pelos flancos, externa ou interna
			eixo com dentes envolventes		2																	5480 5482		cubo curto possível
			eixo estriado		3					média								150-500				5481		
			polígono		4		e. l. i				choque, carga variável		auto-centralizante	não	com ajuste da folga e sem carga		sim no caso do cone	10-100		baixo, porém necessário às máquinas especiais		—		adequado para cubos curtos e finos, possível ponta de eixo cônica, necessário escariar ou esmerilhar o perfil
			polígono		5													10-100				—		
	Indireto		pino transversal		6	pequeno	d_{st}, D		são suportadas	grande			sim	sim			sim com pino cônico	0,5-50	Pino 4 D, 5 S, 6 S, 8 G, 9 S, 20 K St 50 K St 70 St 60	médio	médio	1,7 1470-77 1481 6324 7346	multiplicador de potência de alavancas, máquinas-ferramenta, veículos	possível pino cônico e cavilha
			pino tangente		7																			
			pino longitudinal		8		d_{st}, l			média														
			lingüeta		9		h. l. b			grande					com ajuste da folga	não	não	5-500	Mola St 60		pequeno	6885		
			chaveta de disco ou meia-lua		10														Eixo Cubo GG, GS St			6888		

Figura 3.24 — *Recorte de um catálogo para uniões cubo-eixo, de acordo com [62]*

e "variar componente de energia", baseado em Koller [39] e Krumhauer [48]. Efeitos dessas funções são encontrados no catálogo pelos critérios de classificação "variável de entrada" e "variável de saída". As características nas quais se baseia a seleção precisam ser colhidas na literatura técnica especializada.

A Fig. 3.24 mostra o extrato de um catálogo de uniões cubo-eixo segundo [62]. Ao contrário do catálogo precedente, as soluções são suficientemente materializadas graças às especificações das características do projeto da configuração, de modo que a etapa de anteprojeto pode ser iniciada pelo dimensionamento.

Sistemas informatizados são cada vez mais empregados para uso amigável do usuário de catálogos, folhetos de firmas, informações de fornecedores e demais informações para o projetista. Com o conceito de *software hypermedia* encontra-se à disposição uma forma especial de estruturação, armazenamento e acesso a conteúdos de catálogos, com a qual unidades de informação podem ser manipuladas de forma flexível; bem como os objetos e processos de uma área do conhecimento podem ser expostos e interligados entre si utilizando diversos princípios de representação. Fala-se em navegar num sistema *hypermedia* [58]. Para a utilização de informações dispersas em empresas, fornecedores, coleta de dados científicos e similares, uma rede em escala mundial é necessária, disponível com *internet* e o serviço de valor agregado *Internet World Wide Web* (WWW). Por meio dessa rede realizam-se os chamados "mercados virtuais" ou "mercados de fornecedores virtuais", com os quais o projetista poderá comunicar-se através do seu computador pessoal [4].

3.2.4 — Métodos para a combinação de soluções

De acordo com 2.1.3 e 2.2.5 muitas vezes é conveniente subdividir problemas globais em subproblemas para assim expor as subtarefas a serem solucionadas (método da fatoração). Funções globais de problemas complexos são subdivididas em subfunções para encontrar mais facilmente as soluções que as atendam (cf. 6.3). Uma vez encontradas as soluções dos subproblemas, subtarefas ou subfunções, elas precisam ser combinadas para se chegar à solução do problema, tarefa ou função global.

Apesar de, com os métodos de busca anteriormente citados, principalmente aqueles com ênfase intuitiva, já resultarem ou terem ficado perceptíveis as combinações vantajosas, há também métodos especiais que objetivam chegar a essas sínteses.

Basicamente, eles devem possibilitar uma combinação intuitiva e inequívoca de princípios de solução, levando-se em conta variáveis físicas ou outras variáveis acompanhantes e das correspondentes características geométricas e materiais das soluções. Em soluções da tecnologia da informação, devem ser encontradas e empregadas características apropriadas, ao examinar combinações dessas últimas.

O problema central dessas etapas de combinação é a identificação da compatibilidade entre as subsoluções a serem interligadas, a fim de conseguir um fluxo de energia, matéria ou informação largamente isento de interferências, bem como, no caso de sistemas mecânicos, livres de colisões no sentido geométrico. No caso de sistemas da tecnologia da informação, seria o fluxo de informação com as correspondentes condições de compatibilidade.

Outro problema consiste em selecionar, do vasto campo de combinações teoricamente possíveis, combinações de princípios vantajosos do ponto de vista técnico e econômico. Este aspecto será tratado com mais detalhes em 3.3.1.

1. Combinações sistemáticas

Para a combinação sistemática o esquema organizacional segundo a Fig. 3.25, denominado por Zwicky [77] de matriz morfológica, é especialmente útil. Aqui as subfunções, geralmente apenas as funções principais e as respectivas soluções (p. ex: princípios de trabalho), são lançadas nas linhas do esquema.

Ao se querer utilizar esse esquema para elaboração de soluções globais, pelo menos um princípio de solução terá que ser escolhido para cada subfunção (isto é, para cada linha), e essas subsoluções são interligadas numa solução global. Existindo m_1 soluções para a subfunção F_1, m_2 para a subfunção F_2 e assim por diante, após uma combinação completa, obtêm-se

$$N = m_1 \cdot m_2 \cdot m_3 \ldots m_n = \prod_{i=1}^{n} m_i$$

variantes da solução global, teoricamente possíveis.

O problema principal desse método de combinação é a decisão sobre quais soluções são compatíveis entre si e isentas de colisões, ou seja, soluções efetivamente combináveis. Conseqüentemente, o campo das soluções teóricas precisa ser restringido num campo de soluções realizáveis na prática.

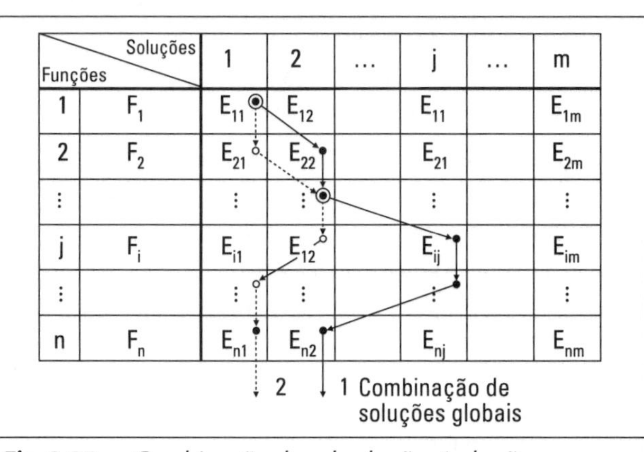

Fig. 3.25 — Combinação de subsoluções (soluções individuais) em soluções globais (combinação de princípios)
Combinação da solução global 1: $E_{11} + E_{22} + \ldots + E_{n2}$
Combinação da solução global 2: $E_{11} + E_{21} + \ldots + E_{n1}$

Transformar componente de energia mecânica \ Mudar energia		Motor elétrico	Bobina	Espiral bimetálica em água quente	Pistão hidráulico oscilante	...
		1	2	3	4	...
Mecanismo de quatro articulações	A	Quando A é capaz de girar	Movimento lento	Sim	Ligação auxiliar por alavancas apenas no movimento lento do pistão	...
Transmissão de engrenagem paralela	B	Sim	Baixa rotação somente com elementos extra (roda livre, etc). Difícil especialmente para inversão do sentido rotação	Dependendo do ângulo de giro são suficientes segmentos de engrenagens	Movimento oscilante com cremalheira só com movimento lento do pistão	...
Transmissão de cruz de malta	C	Sim no acionamento cruz de malta normal considerar solavanco	Veja B2	Sim Quando o ângulo de giro for pequeno, alavanca com bloco deslizante	Alavanca com bloco deslizante, somente com movimento lento do pistão	...
Transmissão por rodas de atrito	D	Sim	Veja B2	Grandes forças por causa do torque em movimento lento, posicionamento impreciso	Veja D3	...
...	...	...	...	...	...	...

☒ Muito difícil (com grande esforço) de ser satisfeita (não prosseguir com seu desenvolvimento)

⊠ Somente possível de ser satisfeita sob determinadas condições (reservar)

***Fig. 3.26** — Matriz e compatibilidade para possibilidades de combinação das subfunções "mudar energia" e "transformar componentes de energia mecânica", segundo [10].*

A identificação de subsoluções compatíveis é facilitada quando:

- As subfunções são dispostas de acordo com a seqüência em que ocorrem na estrutura da função, eventualmente separadas por fluxo de energia, material ou informação;
- Os princípios de solução são convenientemente ordenados com ajuda de parâmetros de colunas adicionais, por exemplo, tipo de energia;
- Os princípios de solução não são indicados apenas por palavras, mas também por esboços conceituais;
- As propriedades e características mais importantes dos princípios de solução também forem registradas.

A verificação da compatibilidade também é facilitada pela elaboração de esquemas ordenadores. Se duas subfunções a serem interligadas, por exemplo: "transformar energia" e "variar componente da energia mecânica" forem inseridas entre os títulos das colunas e os títulos das linhas de uma matriz, e registrando suas características nas células apropriadas, a compatibilidade das subsoluções será verificada mais facilmente do que se esse exame ficasse confinado à mente do projetista. A Fig. 3.26 ilustra esse tipo de matriz de compatibilidade.

Outros exemplos desse método de combinação encontram-se em 6.4.2 (Figs. 6.15 e 6.19).

Em resumo, resultam as seguintes recomendações:

- somente combinar o que for compatível;
- somente continuar o desenvolvimento de soluções que satisfaçam as exigências da lista de requisitos e das quais se espera volume de trabalho admissível (cf. métodos de seleção em 3.3.1);
- ressaltar as combinações que pareçam promissoras e verificar por qual motivo devam ser preferidas em relação às demais.

Concluindo, dever ser enfatizado que aqui se trata de um método geral para a combinação de subsoluções em soluções globais. O método pode ser usado para a combinação de princípios de trabalho durante a fase conceitual, de subsoluções na fase de configuração ou até mesmo componentes e subconjuntos em adiantada fase de concretização. Pelo fato de ser basicamente um método de processamento de informações, não está restrito a problemas técnicos, mas também pode ser usado para desenvolvimento de sistemas gerenciais e outras áreas.

2. Combinação com ajuda de métodos matemáticos

Métodos matemáticos e computadores somente devem ser usados na combinação de princípios de soluções, caso as vantagens desse procedimento forem realmente perceptíveis. Assim, no nível relativamente abstrato da solução conceitual, quando a natureza da solução ainda não é bem compreendida, as características dos princípios de funcionamento freqüentemente são conhecidas de modo tão incompleto e impreciso, a ponto de o tratamento quantitativo, isto é, a combinação matemática com concomitante otimização, não ser exeqüível, podendo inclusive induzir a erros. Disto estão excluídas as combinações de itens e subconjuntos familiares, tal qual ocorrem, por exemplo: em projetos variantes ou projetos de circuitos. Além disso, na presença de funções lógicas, podem ser executadas combinações matemáticas aplicando-se a álgebra booleana [17, 59]. Por exemplo, no comportamento de sistemas de segurança e, otimizações de circuitos eletrotécnicos e hidráulicos.

Em princípio, a combinação de subsoluções em soluções globais com ajuda de métodos matemáticos requer o conhecimento das propriedades ou características das subsoluções que se espera que correspondam às propriedades relevantes das subsoluções vizinhas. Para tanto é necessário que as propriedades estejam presentes de forma não ambígua e quantificável. Para a formação de soluções básicas (p. ex., estrutura de trabalho) muitas vezes não bastam indicações sobre relações físicas, dado que relações geométricas podem atuar de modo restritivo e, em determinadas circunstâncias, excluir as compatibilidades. É então necessária uma correlação entre equação física e estrutura geométrica. Essas correlações, via de regra, só podem ser estabelecidas e guardadas na memória do computador no caso de processos físicos e estruturas geométricas de baixa complexidade. Para processos físicos de maior complexidade, essas correlações, pelo contrário, são freqüentemente ambíguas, de modo que, mais uma vez, o projetista terá que optar por uma variante. Para isso dispõe-se de sistemas iterativos, nos quais o processo de combinação é formado por etapas matemáticas e criativas.

Isto torna claro porque, com a crescente concretização material de uma solução, fica mais fácil, por um lado, estabelecer regras de combinação quantitativas. Mas por outro lado, aumenta o número de características que se influenciam mutuamente e, junto com elas, o número de condições de compatibilidade bem como o de critérios de otimização, o que faz com que o trabalho numérico aumente bastante. Uma vez que combinações com auxílio de métodos matemáticos exigem o emprego do computador, as alternativas possíveis serão abordadas com maiores detalhes no Capítulo 13.

3.3 ■ Processos de seleção e avaliação

3.3.1 — Seleção de variantes de solução apropriadas

No procedimento metódico, almeja-se um campo de soluções, o mais amplo possível. Sob consideração dos critérios ordenadores e características imagináveis, consegue-se freqüentemente um maior número de propostas de solução. Nesta abundância revelam-se ao mesmo tempo a força e a fraqueza da abordagem sistemática. O grande número de soluções freqüentemente não promissoras, teoricamente concebíveis, porém não realizáveis na prática, muitas vezes precisa ser limitado o quanto antes. Por outro lado, é preciso ficar atento para que princípios de trabalho adequados não sejam eliminados, pois em muitos casos, somente na sua combinação com outras estruturas aflorará uma estrutura de trabalho vantajosa. Um processo absolutamente seguro que evite decisões erradas não existe, mas com auxílio de um método de seleção sistemático e verificável, a seleção de uma solução promissora a partir de uma profusão de propostas de solução pode ser gerenciada mais facilmente [55].

Esse método de seleção distingue-se pelas duas atividades: *eliminação* e *priorização*.

Primeiro, descarta-se o absolutamente inadequado. Caso ainda restem muitas soluções, evidentemente dar-se-á preferência às melhores. Apenas aquelas que pareçam ser melhores são continuadas na sua concretização e novamente avaliadas.

Havendo numerosas propostas de solução, é útil compilar uma lista de seleção segundo Fig. 3.27. A princípio, após cada etapa de trabalho, portanto logo após elaboração das estruturas de funções e também em todas as etapas subseqüentes da busca da solução, só se deveria continuar a desenvolver propostas de solução que:

- sejam compatíveis com a tarefa global e/ou entre si (critério A);
- satisfaçam as necessidades da lista de requisitos (critério B);
- possibilitem pressentir uma possibilidade de realização com relação ao nível de trabalho, tamanho, arranjo necessário, além de outros itens (critério C) e
- permitam antecipar um custo aceitável (critério D).

Soluções inadequadas são eliminadas pelos critérios citados, aplicados na ordem indicada. Os critérios A e B são apropriados para decisões do tipo sim-não e são empregados sem maiores problemas. Para os critérios C e D, freqüentemente é necessário um exame de cunho mais quantitativo. Porém, isso somente deverá ser feito, caso os dois critérios anteriores (A e B) possam ser respondidos afirmativamente.

Como a avaliação com respeito aos critérios C e D envolve considerações quantitativas, eles podem servir tanto para a eliminação de soluções, por exemplo, por um nível de trabalho insuficiente ou um custo muito elevado. Mas também para dar preferência a um nível de trabalho especialmente elevado, a uma reduzida demanda de espaço e à expectativa de baixo custo, desde que ficar além ou aquém proporcione vantagens importantes.

Uma preferência é justificável quando, entre as muitas soluções possíveis houver aquelas que:

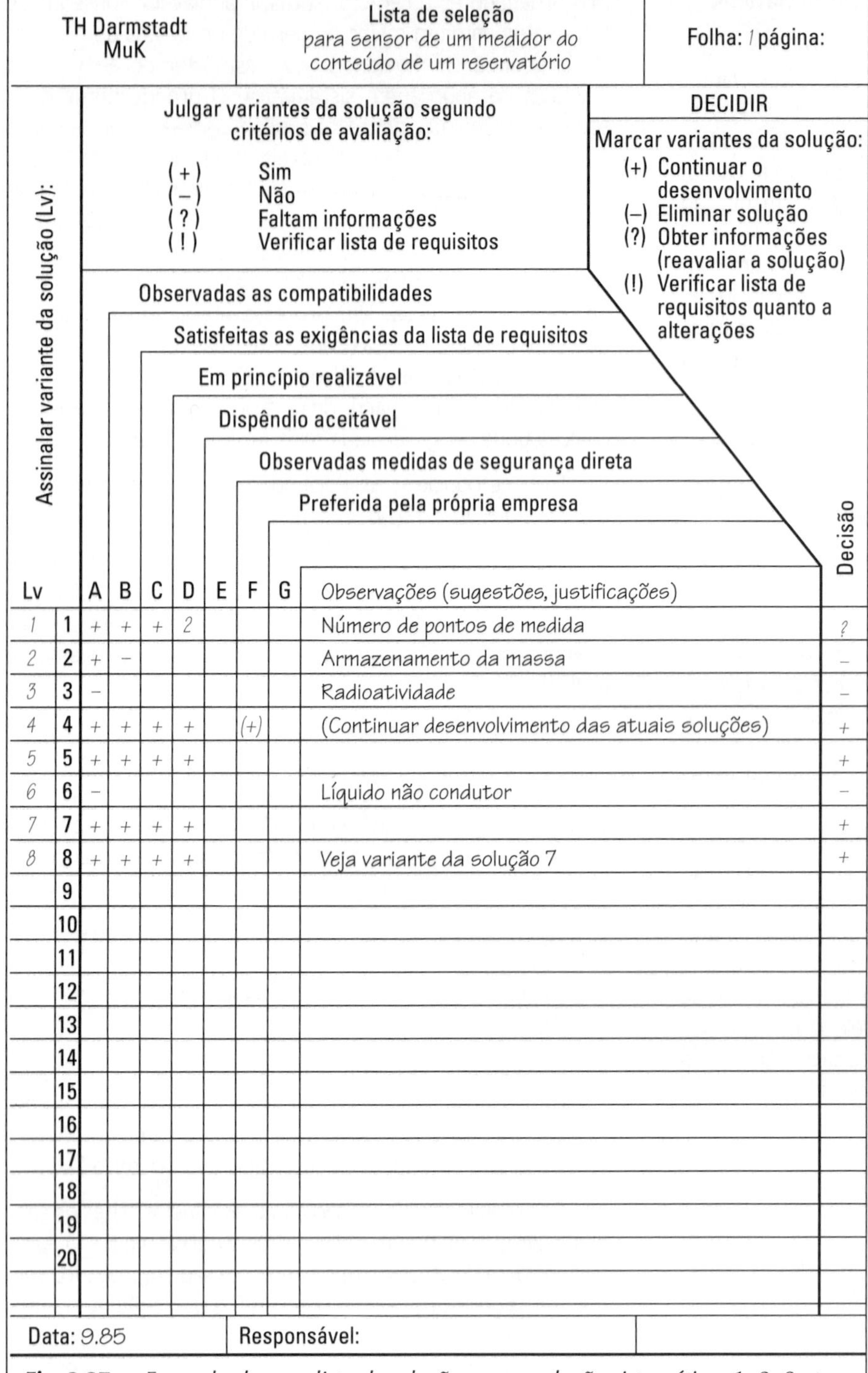

TH Darmstadt MuK	Lista de seleção *para sensor de um medidor do conteúdo de um reservatório*	Folha: *1* página:

Assinalar variante da solução (Lv):

Julgar variantes da solução segundo critérios de avaliação:
(+) Sim
(–) Não
(?) Faltam informações
(!) Verificar lista de requisitos

DECIDIR
Marcar variantes da solução:
(+) Continuar o desenvolvimento
(–) Eliminar solução
(?) Obter informações (reavaliar a solução)
(!) Verificar lista de requisitos quanto a alterações

A: Observadas as compatibilidades
B: Satisfeitas as exigências da lista de requisitos
C: Em princípio realizável
D: Dispêndio aceitável
E: Observadas medidas de segurança direta
F: Preferida pela própria empresa

Lv		A	B	C	D	E	F	G	*Observações (sugestões, justificações)*	Decisão
1	1	+	+	+	*2*				*Número de pontos de medida*	*?*
2	2	+	–						*Armazenamento da massa*	–
3	3	–							*Radioatividade*	–
4	4	+	+	+	+		*(+)*		*(Continuar desenvolvimento das atuais soluções)*	+
5	5	+	+	+	+					+
6	6	–							*Líquido não condutor*	–
7	7	+	+	+	+					+
8	8	+	+	+	+				*Veja variante da solução 7*	+
	9									
	10									
	11									
	12									
	13									
	14									
	15									
	16									
	17									
	18									
	19									
	20									

Data: *9.85* Responsável:

Fig. 3.27 — Exemplo de uma lista de seleção para a seleção sistemática. 1, 2, 3 etc. são variantes das propostas de soluções apresentadas na Tab. 3.3. A coluna das observações relata os motivos da falta de informação ou da eliminação.

- permitam medidas de segurança diretas ou apresentem pressupostos ergonômicos favoráveis (critério E) ou
- por pertencerem ao ramo de atividade da empresa com *know-how*, materiais e procedimentos conhecidos, bem como apresentarem uma condição propícia quanto à obtenção de patentes, são fáceis de realizar (critério F). Também podem ser adotadas outras ou novas características de seleção que pareçam mais relevantes para a avaliação.

Deve-se ressaltar que a seleção com base em critérios preferenciais somente é recomendada quando as variantes presentes estejam numa quantidade tal, que a avaliação individual não pareça apropriada, devido à elevada demanda de tempo e esforço.

Se, na seqüência colocada, um critério conduz à eliminação de uma proposta, os critérios restantes não são aplicados a essa proposta de solução. A princípio, somente se dá seguimento às variantes de solução que atendam a todos os critérios. Às vezes, por falta de informação é impossível decidir a questão.

Nas variantes aparentemente promissoras, que satisfazem os critérios A e B, esta lacuna precisa ser preenchida e a proposta reavaliada, a fim de não se passar ao largo de boas soluções.

A citada seqüência dos critérios foi escolhida, objetivando um procedimento que poupe trabalho; assim, não se objetivou uma seqüência específica em função da tarefa no significado dos critérios.

O processo de seleção foi esquematizado conforme Fig. 3.27 para facilitar sua implantação e verificação. Lá os critérios estão relacionados e as razões da eliminação para cada proposta de solução estão registradas. A experiência tem demonstrado que o procedimento de seleção descrito pode ser executado rapidamente, fornece uma visão de conjunto dos motivos da seleção e fornece uma documentação apropriada em forma de lista de seleção.

Com um número menor de propostas de solução, elimina-se pelos mesmos critérios, porém, de modo menos formal.

O exemplo registrado refere-se a propostas de solução para um sensor de medição do conteúdo de um tanque de acordo com a lista de requisitos da Fig. 6.4. e um extrato do resumo das soluções conforme Tab. 3.3.

Outros exemplos para listas de seleção podem ser encontrados em 6.4.3 (Fig. 6.17) e 6.6.2 (Fig. 6.48).

Tabela 3.3 Recorte da lista de soluções para medir o conteúdo de um tanque

Número	*Princípio da solução (sugestões)*	*Sinal*
	1. Medida para líquido	
	1.1 *mecânico estático*	
1	Apoiar o reservatório em três pontos. Medir as forças verticais e assim determinar o peso. (Eventualmente é suficiente a medida em um apoio.)	Força
2	Força de atração entre duas massas. A força é proporcional à massa e conseqüentemente à massa de líquido.	Força
	1.2 *físico atômico*	
3	Distribuição de uma porção radioativa no líquido	Concentração da intensidade de radiação
	2. Medida da altura de líquido	
	2.1 *mecânico estático*	
4	Flutuador com ou sem multiplicação por alavancas. Alavanca com deslocamento linear ou angular como saída. Resistência do potenciômetro como cópia do reservatório	Deslocamento
	2.2 *elétrico*	
5	Fio de resistência, quente no gás, frio no líquido. Da altura de líquido dependem: resistência total, volume (dependente da temperatura e do comprimento do fio)	Resistência ôhmica
6	Líquido como resistor ôhmico (dependente da altura). Variação da resistência com a variação da altura do líquido (condutor)	Resistência ôhmica
	2.3 *óptico*	
7	Fotocélulas no reservatório. Conforme a altura o líquido encobre mais ou menos fotocélulas. O número de sinais de luz é inverso à medida da altura de líquido.	Sinal de luz (discreto)
8	Transmissão escalonada de luz através do líquido. Na presença de líquido, transmissão da luz de um condutor para o outro (p. ex. de plexiglas), na presença de gás, reflexão total da luz	Sinal de luz (discreto)

3.3.2 — Avaliação de variantes da solução

As variantes de solução apontadas pelo processo de seleção como dignas de uma continuação de seu desenvolvimento, normalmente precisam ser mais concretizadas antes da avaliação final, na qual serão aplicados critérios de avaliação mais detalhados e, na medida do possível, quantificáveis. Essa avaliação envolve a atribuição de valores técnicos, ecológicos, econômicos e de segurança. Para tanto foram desenvolvidos processos de avaliação que, mediante apropriada escolha dos critérios de avaliação, são universalmente aplicáveis na avaliação de sistemas técnicos e não técnicos e em qualquer fase do desenvolvimento de um produto. Métodos de avaliação, por sua natureza, são mais trabalhosos do que os processos de seleção apresentados em 3.3.1 e, por isso, somente são empregados depois do encerramento das etapas de trabalho mais relevantes, a fim de calcular o "valor" atual alcançado por uma solução. Em geral, isto acontece no preparo de decisões básicas relativas ao rumo da solução ou no fim da etapa conceitual ou de configuração [61].

1. Fundamentos dos métodos de avaliação

Uma avaliação deve calcular o "valor", "benefício" ou "potência" de uma solução em relação a um objetivo preestabelecido. O objetivo é indispensável, uma vez que o valor de uma solução não pode ser considerado em absoluto, mas somente mensurado em relação a certos requisitos. Uma avaliação envolve a comparação de variantes da solução entre si ou, no caso de comparação com uma solução ideal hipotética, envolve uma pontuação, como grau de aproximação dessa solução ideal.

A avaliação não pode se basear em subaspectos pontuais específicos, como custos de produção, questões de segurança, de ergonomia ou do meio ambiente, mas, de conformidade com os objetivos gerais (cf. 2.1.7), deve levar em conta todas as influências na justa proporção.

Por isso, são necessários métodos que permitam uma avaliação mais abrangente. Eles consideram um amplo leque de objetivos (requisitos específicos da tarefa e condicionantes gerais) e as características que os satisfazem. Os métodos não devem poder processar apenas as características quantitativas, mas também as qualitativas das variantes, para que possam ser aplicados inclusive à fase de concepção, com seu baixo grau de concretização e respectivo estágio de conhecimentos. Para tanto, os resultados precisam ser suficientemente confiáveis. Além disso, é exigível reduzido volume de trabalho, bem como ampla transparência e reprodutibilidade. Atualmente, a análise do valor de valores da engenharia de sistemas [76] e a avaliação técnico-econômica de acordo com a diretriz VDI 2225 [71], que no geral se baseia em Kesselring [36], são os métodos mais utilizados.

A seguir, será exposto o procedimento básico de uma avaliação onde foram incorporadas as diferentes propostas e conceitos tanto da análise de valores como da diretriz VDI 2255. Concluindo, uma comparação mostra as semelhanças e as diferenças dos dois métodos.

Identificação de critérios de avaliação

O primeiro passo em qualquer avaliação é a elaboração do conjunto de objetivos, dos quais serão derivados os critérios pelos quais as variantes poderão ser avaliadas. Para tarefas técnicas, tais objetivos resultam, sobretudo, das necessidades da lista de requisitos e das condicionantes gerais (cf. diretriz em 2.1.7), que freqüentemente são reconhecidos durante a elaboração da solução.

Normalmente, a meta imaginada engloba várias metas que não só introduzem uma diversidade de fatores técnicos, econômicos e de segurança, mas também podem ter relevância diferenciada.

No estabelecimento dos objetivos, precisam ser satisfeitas, tanto quanto possível, as seguintes condições:

- As metas devem atender os requisitos decisivos relevantes e as condicionantes gerais da forma mais completa possível, a fim de evitar que um critério essencial não seja considerado.
- As metas individuais, pelas quais a avaliação se orienta, precisam ser amplamente independentes entre si, ou seja, as providências para elevação do valor de uma variante em relação a um objetivo não podem influenciar os valores da variante em relação a outros objetivos.
- Se o trabalho para a aquisição das informações for aceitável, as características do sistema a ser avaliado em relação aos objetivos deveriam ser expressas, se possível, em termos verbais quantitativos ou ao menos qualitativos.

A compilação desses objetivos depende em elevado grau do propósito da avaliação em questão, ou seja, da etapa de projeto e do grau de inovação do produto.

Os critérios de avaliação podem ser diretamente deduzidos das metas apuradas. Por causa da subseqüente atribuição de valores, todos os critérios devem receber uma formulação positiva, ou seja, dotados de um sentido de avaliação uniforme, por exemplo:

"baixo ruído"	ao invés de	"barulhento",
"maior eficiência"	ao invés de	"grandes perdas",
"baixa manutenção"	ao invés de	"requer manutenção".

A análise de valor de benefício sistematiza essa etapa de trabalho pela elaboração de uma árvore de objetivos, na qual cada um dos objetivos é subdividido numa ordem hierárquica. Na vertical, as metas são lançadas em níveis de complexidade decrescente e, na horizontal, os objetivos são lançados por setores, por exemplo, setor técnico, setor econômico ou, por diferentes importâncias (metas principais e secundárias) (Fig. 3.28). Devido à desejada independência, as metas de um nível mais alto só devem ser interligadas com as metas do nível contíguo, imediatamente abaixo. Essa ordem hierárquica facilita ao projetista julgar se foram incluídas todas as metas relevantes para a decisão. Além do mais, simplifica a avaliação da importância relativa das metas no valor global da solução. Os critérios de avaliação, que pela análise de valor também são denominados de critérios-alvo, são então derivados das metas das etapas de menor complexidade.

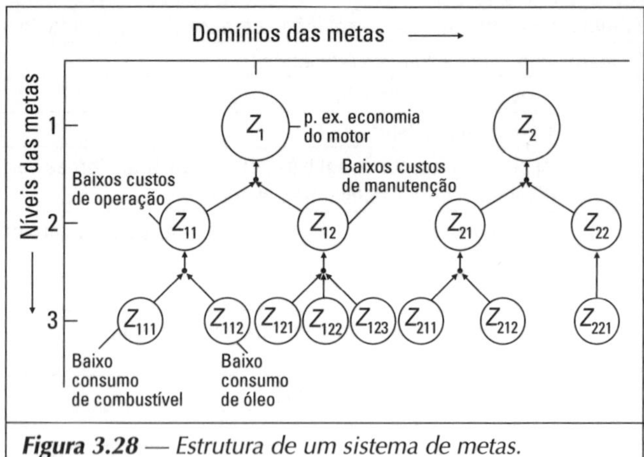

***Figura 3.28** — Estrutura de um sistema de metas.*

A diretriz VDI 2225, ao contrário, não estabelece nenhuma ordem hierárquica para os critérios de avaliação, porém elabora uma relação deles, a partir de necessidades e vontades mínimas bem como características técnicas gerais.

Análise da relevância para o valor global

Para formular critérios de avaliação, é necessário identificar sua importância relativa (peso) para o valor global da solução, para que critérios eventualmente irrelevantes possam ser eliminados antes de iniciar a avaliação propriamente dita. Apesar de terem relevância diferente, os critérios de avaliação remanescentes são tipificados por "fatores de ponderação ou peso" que serão levados em conta na subseqüente etapa de avaliação. Um fator de ponderação é um número real, positivo. Ele exprime a contribuição relativa de um critério de avaliação (meta).

Foi sugerido que essas ponderações já fossem atribuídas aos desejos na lista de requisitos [62, 63], mas isso somente seria possível se na elaboração da lista de requisitos, estas vontades já pudessem ser ordenadas por ordem de importância. Porém, neste estágio prematuro esse ordenamento freqüentemente não é possível. A experiência mostra que muitos critérios de avaliação só afloram no curso do desenvolvimento de uma solução e, então, sua importância se modifica. Contudo é confortador quando a relevância das vontades já puder ser estimada na preparação da lista de requisitos, pois nessa ocasião, os interlocutores envolvidos normalmente estão disponíveis (cf. 5.2.2).

Na análise de valores, pondera-se com fatores entre 0 e 1 (ou 0 e 100). Além disso, a soma dos fatores de todos os critérios de avaliação (metas do nível de menor complexidade) deverá ser igual a 1 (ou 100), visando a uma ponderação porcentual das metas. A elaboração de uma árvore de metas facilita essa ponderação.

Esse procedimento é mostrado basicamente na Fig. 3.29.

Aqui, os objetivos foram ordenados, por exemplo, em quatro níveis de objetivos de complexidade decrescente e,

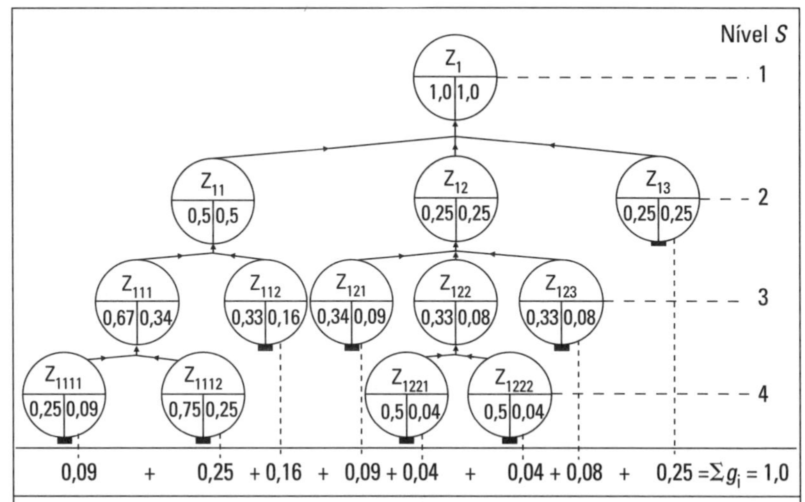

Figura 3.29 — *Determinação nível a nível dos fatores de ponderação das metas de um sistema de metas, de acordo com [76].*

dotados de fatores ponderais. A avaliação progride por etapas, caminhando do nível de objetivos de maior complexidade para o nível contíguo de menor complexidade. Assim, as três metas Z_{11}, Z_{12}, Z_{13} do segundo nível serão primeiramente ponderadas em relação à meta Z_1, nesse caso, com 0,5, 0,25 e 0,25. A soma dos fatores de ponderação de qualquer nível de metas deve ser sempre (somatório de $g\,(i)$) igual a 1. Segue-se a ponderação das metas do terceiro nível com relação às submetas do segundo nível. Assim, a relevância das metas Z_{111} e Z_{112} em relação à meta de nível superior Z_{11} foi fixada em 0,67 e 0,33. Procede-se analogamente com as demais metas. O fator de ponderação da meta de um determinado nível em relação à meta Z_1 é obtido pela multiplicação do fator de ponderação deste nível pelos fatores de ponderação dos níveis de metas superiores; por exemplo, se a meta Z_{1111} em relação à meta Z_{111} do nível imediatamente acima tem como fator de ponderação 0,25, com relação à meta Z_1 terá como fator de ponderação 0,25 × 0,67 × 0,5 × 1 = 0,09. Essa ponderação por níveis normalmente possibilita uma pontuação mais realista, pois é mais fácil ponderar duas ou três metas em relação a uma meta imediatamente superior, do que limitar a ponderação a um mesmo nível, principalmente para as metas dos níveis mais baixos. A Fig. 3.29 dá um exemplo concreto do procedimento recomendado.

No procedimento segundo a diretriz VDI 2225, procura-se evitar a ponderação, ao formular critérios de avaliação de relevância aproximadamente igual. Contudo, no caso de relevâncias acentuadamente diferentes, são empregados fatores de ponderação (2 ou 3 vezes ou um valor semelhante). A influência dos fatores de ponderação no valor global de uma solução foi investigada por Kesselring [36], Lowka [50] e Stahl [68]. Chegaram à conclusão de que há uma influência significativa sempre que as variantes avaliadas possuírem características bem distintas e sempre que os critérios de avaliação correspondentes tiverem relevância elevada.

Composição dos parâmetros

Depois de estabelecer critérios de avaliação e definir sua relevância, na etapa subseqüente de avaliação das variantes, os parâmetros conhecidos ou determinados analiticamente, são correlacionados com esses critérios. Esses parâmetros podem ser quantificáveis ou, caso isso não seja possível, devem ser feitas asserções verbais, concretas. Mostrou-se prático correlacionar esses parâmetros com os critérios de avaliação numa folha de avaliação, antes de efetuar a avaliação. A Fig. 3.30 mostra uma dessas folhas onde parâmetros relevantes ou que satisfazem os critérios de avaliação, foram lançados na coluna da respectiva variante. Como exemplo, servem as

Critérios de avaliação			Parâmetros		Variante V_1 (p.ex. M_I)			Variante V_2 (p.ex. M_V)			…	Variante V_j			…	Variante V_m		
					carac-terística	valor	valor ponderado	carac-terística	valor	valor ponderado		carac-terística	valor	valor ponderado		carac-terística	valor	valor ponderado
Nr.		fator		unidade	e_{i1}	w_{i1}	wg_{i1}	e_{i2}	w_{i2}	wg_{i2}	…	e_{ij}	w_{ij}	wg_{ij}	…	e_{im}	w_{im}	wg_{im}
1	baixo consumo de combustível	0,3	consumo de combustível	g/kWh	240			300			…	e_{1j}			…	e_{1m}		
2	construção leve	0,15	potência específica	kg/kW	1,7			2,7			…	e_{2j}			…	e_{2m}		
3	fácil fabricação	0,1	simplicidade das peças fundidas	—	baixo			médio			…	e_{3j}			…	e_{3m}		
4	elevado tempo de vida	0,2	tempo de vida	quilometragem	80.000			150.000			…	e_{4j}			…	e_{4m}		
⋮	⋮	⋮	⋮	⋮	⋮			⋮				⋮				⋮		
i		g_i			e_{i1}			e_{i2}			…	e_{ij}			…	e_{im}		
⋮	⋮	⋮	⋮	⋮	⋮			⋮				⋮				⋮		
n		g_n			e_{n1}			e_{n2}				e_{nj}				e_{nm}		
		$\sum_{i=1}^{n} g_i = 1$																

Fig. 3.30 — *Relacionamento entre critérios de avaliação e parâmetros em uma lista de avaliação (p. ex., critérios de avaliação de parâmetros).*

grandezas usadas para avaliação de motores de combustão interna. Nota-se que critérios de avaliação, principalmente quando expressos verbalmente, e parâmetros podem ser formulados da mesma forma.

Também se fala de uma "etapa objetiva" que antecede a "etapa subjetiva" da avaliação.

A análise de valores denomina estes parâmetros de variáveis-alvo e junto com os critérios de avaliação (critérios-alvo) as agrupa em uma matriz-alvo. A Fig. 6.55 dá um exemplo prático disso.

A diretriz VDI 2225 não prevê essa compilação de parâmetros objetivos, porém, após estabelecer os critérios de avaliação, executa diretamente a avaliação (cf. Fig. 6.41).

Avaliação segundo noções de valor

A próxima etapa é a atribuição de valores, ou seja, a avaliação propriamente dita. Disto resultam os "valores" dos parâmetros previamente determinados através da atribuição de idéias de valor do avaliador. Tais idéias de valor têm um componente subjetivo mais ou menos forte; por isso fala-se de uma "etapa subjetiva".

As idéias de valor são quantificadas pela atribuição de pontos. A análise do valor de benefício utiliza uma banda ampla de 0 a 10. A diretriz VDI 2225, uma banda menor de 0 a 4 pontos (Fig. 3.31). Para a banda ampla de 0 a 10, a experiência comprova que um sistema decimal baseado em porcentagens facilita a correlação e subseqüente avaliação. A favor da banda menor de 0 a 4 pontos depõe o fato que, devido a um conhecimento freqüentemente precário das características das variantes, é suficiente uma avaliação grosseira, talvez a única alternativa possível, desde que baseada nas seguintes

ESCALA DE VALORES			
	Análise de valor útil		Diretriz VDI 2225
Pt.	*Significado*	*Pt.*	*Significado*
0	Solução absolutamente não utilizável	0	insatisfatória
1	Solução muito deficiente		
2	Solução fraca	1	solução ainda sustentável
3	Solução sustentável		
4	Solução suficiente	2	suficiente
5	Solução satisfatória		
6	Solução boa com poucas falhas	3	boa
7	Solução boa		
8	Solução muito boa	4	muito boa (ideal)
9	Solução excedendo os requisitos		
10	Solução ideal		

Figura 3.31 *— Escala de valores da análise de valor e da diretriz VDI 2225.*

classes de avaliação:

muito abaixo da média,
abaixo da média,
na média,
acima da média,
muito acima da média.

Dentro de um mesmo critério de avaliação, é prático procurar primeiramente as variantes com características extremamente boas e más e atribuir a elas os pontos correspondentes. Entretanto, os pontos extremos 0 e 4 ou 10 somente deveriam ser atribuídos a características realmente extremas, ou seja, 0 para características insatisfatórias e 4 ou 10, para características ideais ou muito boas. Após essa consideração, as demais variantes são ordenadas mais facilmente em relação a esses mesmos extremos.

Para a atribuição dos pontos aos parâmetros das variantes, é preciso que o avaliador conheça ao menos o domínio da avaliação (domínio dos parâmetros) e o gráfico da chamada função de valor. A Fig. 3.32 mostra funções de valor. Uma função de valor é uma relação entre valores e parâmetros. Na construção dessas funções de valor, o gráfico decorre de uma conhecida relação matemática entre valor e parâmetro ou, o que ocorre com maior freqüência, como gráfico estimado [28].

É muito útil preparar um esquema de avaliação, no qual os parâmetros dos critérios de avaliação, indicados verbal ou numericamente, são atribuídos escalonadamente às idéias de valor, por atribuição de pontos. A Fig. 3.33 mostra o esquema de pontuação de valores tanto segundo a análise de valor, como também segundo a diretriz VDI 2225.

Resumindo, constata-se na determinação dos valores que, tanto na construção de uma função de valor, como também de um esquema de avaliação, há uma possibilidade de influência fortemente subjetiva. Constituem exceções apenas os raros casos em que se consegue encontrar correlações inequívocas, se possível comprováveis experimentalmente, entre as idéias de valor e os parâmetros, como por exemplo, na avaliação do ruído de máquinas, nas quais a correlação entre o valor, ou

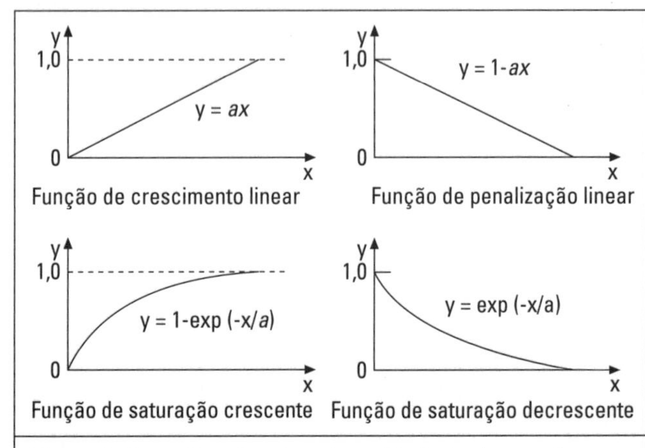

Figura 3.32 *— Funções de valor utilizáveis de acordo com [76];* $x \hat{=} e_{ij}$, $y \hat{=} w_{ij}$.

Escala de valores		Magnitude dos parâmetros			
Análise de valor Pontos	VDI 2225 Pontos	Consumo de combustível g/kWh	Potência específica kg/kW	Simplicidade das peças fundidas	Tempo de vida km percorridos
0	0	400	3,5	extremamente complicadas	$20 \cdot 10^3$
1		380	3,3		$30 \cdot 10^3$
2	1	360	3,1	complicadas	$40 \cdot 10^3$
3		340	2,9		$60 \cdot 10^3$
4	2	320	2,7	médias	$80 \cdot 10^3$
5		300	2,5		$100 \cdot 10^3$
6	3	280	2,3	simples	$120 \cdot 10^3$
7		260	2,1		$140 \cdot 10^3$
8	4	240	1,9	extremamente simples	$200 \cdot 10^3$
9		220	1,7		$300 \cdot 10^3$
10		200	1,5		$500 \cdot 10^3$

Figura 3.33 *— Esquema de avaliação para atribuição de valores aos parâmetros-objetivos.*

seja, a proteção da audição e o parâmetro da intensidade de ruído em dB são conhecidos na ergonomia.

Os valores assim apurados para cada uma das variantes da solução w_{ij} com base em cada um dos critérios de avaliação (valores parciais), para fins da avaliação, serão lançados na lista de avaliação da Fig. 3.30 (Fig. 3.34).

No caso de critérios de avaliação com diferentes relevâncias para o valor global da solução, os fatores de ponderação definidos na segunda etapa também serão considerados. Isto ocorre pela multiplicação de cada valor parcial w_{ij} pelo respectivo fator de ponderação g_i. O valor ponderado resulta em: $wg_{ij} = g_i \cdot w_{ij}$.

A Fig. 6.55 mostra um exemplo prático com ponderação. A análise de valores considera os valores parciais não ponderados como valores-alvo e os valores ponderados como valores-úteis.

Determinação do valor global

Depois de obter os subvalores de cada variante, é necessário determinar seu valor global.

Para a avaliação de produtos técnicos consolidou-se a somatória dos subvalores que, a rigor, só é válida com a clara independência dos valores atribuídos pelos critérios de avaliação. Mesmo que esse pressuposto seja atendido apenas parcialmente, a adoção de uma estrutura aditiva para o valor global parece justificada.

O valor global de uma variante será então calculado por:

$$\text{Não-ponderado: } Gw_j = \sum_{i=1}^{n} w_{ij},$$

$$\text{Ponderado: } Gwg_j = \sum_{i=1}^{i} gi \cdot w_{ij} = \sum_{i=1}^{n} wg_{ij}.$$

Comparação de variantes da solução

Com base na regra da somatória, é possível avaliar as variantes de diversas maneiras.

Determinação do valor global máximo: este método avalia como sendo a melhor variante aquela que possui o maior valor global.

$$Gw_j \rightarrow \text{Máx} \quad \text{ou} \quad Gwg_j \rightarrow \text{Máx}.$$

Trata-se, portanto, de uma comparação relativa entre as variantes. É utilizada pela análise de valores.

Determinação da valoração: se não se deseja apenas uma comparação relativa das variantes, mas obter uma indicação a respeito da valoração absoluta de uma variante, o valor global dever ser referido a um valor ideal hipotético, que resulte do valor máximo.

Critérios de avaliação			Parâmetros		Variante V_1 (p.ex. M_I)			Variante V_2 (p.ex. M_V)			…	Variante V_j			…	Variante V_m		
					carac-terística	valor	valor ponderado	carac-terística	valor	valor ponderado		carac-terística	valor	valor ponderado		carac-terística	valor	valor ponderado
Nr.		Fator		Unidade	e_{i1}	w_{i1}	wg_{i1}	e_{i2}	w_{i2}	wg_{i2}	…	e_{ij}	w_{ij}	wg_{ij}		e_{im}	w_{im}	wg_{im}
1	baixo consumo de combustível	0,3	consumo de combustível	g/kWh	240	8	2,4	300	5	1,5	…	e_{1j}	w_{1j}	wg_{1j}	…	e_{1m}	w_{1m}	wg_{1m}
2	construção leve	0,15	potência específica	kg/kW	1,7	9	1,35	2,7	4	0,6	…	e_{2j}	w_{2j}	wg_{2j}	…	e_{2m}	w_{2m}	wg_{2m}
3	fácil fabricação	0,1	simplicidade das peças fundidas	—	compli-cado	2	0,2	médio	5	0,5	…	e_{3j}	w_{3j}	wg_{3j}	…	e_{3m}	w_{3m}	wg_{3m}
4	elevado tempo de vida	0,2	tempo de vida	quilome-tragem	80.000	4	0,8	150.000	7	1,4	…	e_{4j}	w_{4j}	wg_{4j}	…	e_{4m}	w_{4m}	wg_{4m}
⋮	⋮	⋮	⋮	⋮	⋮	⋮	⋮	⋮	⋮	⋮		⋮	⋮	⋮		⋮	⋮	⋮
i		g_i			e_{i1}	w_{i1}	wg_{i1}	e_{i2}	w_{i2}	wg_{i2}	…	e_{ij}	w_{ij}	wg_{ij}	…	e_{im}	w_{im}	wg_{im}
⋮	⋮	⋮	⋮	⋮	⋮	⋮	⋮	⋮	⋮	⋮		⋮	⋮	⋮		⋮	⋮	⋮
n		g_n			e_{n1}	w_{n1}	wg_{n1}	e_{n2}	w_{n2}	w_{n2}	…	e_{nj}	w_{nj}	wg_{nj}	…	e_{nm}	w_{nm}	wg_{nm}
		$\sum_{i=1}^{n} g_i = 1$				Gw_1 W_1	Gwg_1 Wg_1		Gw_2 W_2	Gwg_2 Wg_2			Gw_j W_j	Gwg_j Wg_j			Gw_m W_m	Gwg_m Wg_m

Figura 3.34 *— Lista de avaliação complementada com valores, por exemplo, com valores numéricos (compare com a Fig. 3.30).*

$$\text{Não-ponderado: } W_j = \frac{Gw_j}{w_{máx} \cdot n} = \frac{\sum_{i=1}^{n} w_{ij}}{w_{máx} \cdot n},$$

$$\text{Ponderado: } Wg_j = \frac{Gwg_j}{w_{máx} \cdot \sum_{i=1}^{n} g_i} = \frac{\sum_{i=1}^{n} g_i \cdot w_{ij}}{w_{máx} \cdot \sum_{i=1}^{n} g_i}.$$

Se as informações disponíveis sobre as características de todas as variantes do conceito permitirem estimativas econômicas concretas, é recomendável calcular uma valoração técnica *Wt* e uma valoração econômica *Ww* separadamente. Ao passo que, pela regra introduzida, a valoração técnica sempre é calculada pela divisão do valor técnico global da variante pelo valor ideal, a valoração econômica é analogamente calculada com relação a custos comparativos. A diretriz VDI 2225 sugere este último procedimento, no qual os custos de produção de uma variante são calculados com relação aos "custos comparativos H_0". Portanto, a valoração econômica é: $Ww = H_0/H_{variante}$. Aqui $H_0 = 0{,}7 \cdot H_{admissível}$ ou $H_0 = 0{,}7 \cdot H_{mínimo}$ da variante mais barata. Se as valorações técnica e econômica foram calculadas separadamente, pode ser interessante calcular a "valoração global" da variante. Para esse fim, a diretriz VDI 2225 propõe elaborar o chamado "diagrama S" (diagrama de potência) no qual a valoração técnica W_t é lançada no eixo das abscissas e a valoração econômica no eixo das ordenadas (Fig. 3.35). Esse diagrama é principalmente apropriado na avaliação de variantes ao longo do seu desenvolvimento, uma vez que mostram claramente as conseqüências de decisões de projeto.

Há casos em que se deseja derivar a valoração global partindo das valorações parciais e, exprimi-la em forma numérica, por exemplo, na preparação de programas de computador. Para esse fim, Baatz [1] propõe dois métodos, a saber:

- o processo das retas, que calcula a média aritmética:

$$W = \frac{W_t + W_W}{2} \text{ Moldar}$$

e

- o processo da hipérbole que envolve a multiplicação das duas valorações e a subseqüente redução do valor, ao intervalo entre 0 e 1:

$$W = \sqrt{W_t \times W_W}$$

Para fins de comparação, a Fig. 3.36 mostra os dois processos.

Onde ocorrem grandes diferenças entre a valoração técnica e a econômica, o método das retas calcula uma valoração global maior do que com valorações parciais menores, porém mais equilibradas. Entretanto, como devem ser priorizadas soluções mais balanceadas, o método da hipérbole é o melhor dos dois, uma vez que pelo seu caráter redutor atuando de modo progressivo, consegue compensar grandes diferenças de valoração. Quanto maior o desequilíbrio, tanto maior o efeito redutor sobre valores globais pequenos.

Comparação aproximada de variantes da solução: o processo exposto até o presente emprega escalas de valores diferenciadas. Será conclusivo quando para os critérios de valoração puderem ser indicados parâmetros objetivos com uma certa precisão e sempre que se puder atribuir valores claros. Nos casos onde não se verificam esses pressupostos, a avaliação relativamente precisa por meio de escalas de valores diferenciadas torna-se questionável e dispendiosa. Nesses casos, subsiste a possibilidade de uma avaliação ou comparação aproximada, ao se comparar duas variantes de cada vez com relação a determinado critério de avaliação e se decidir bina-

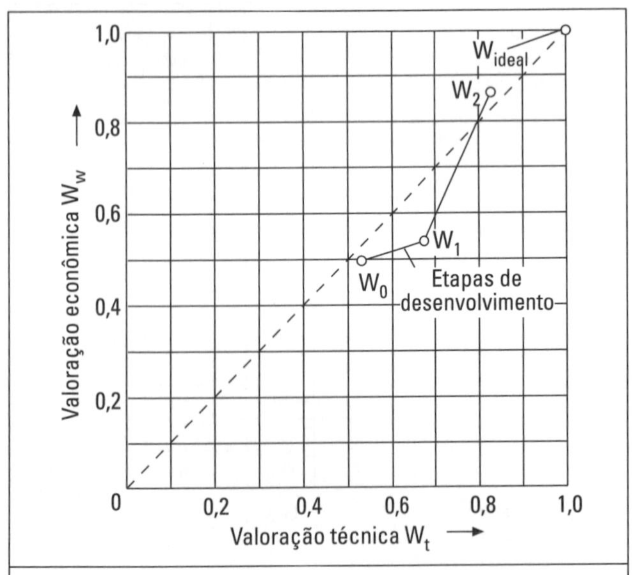

Figura 3.35 — Diagrama de valoração, de acordo com [36, 71].

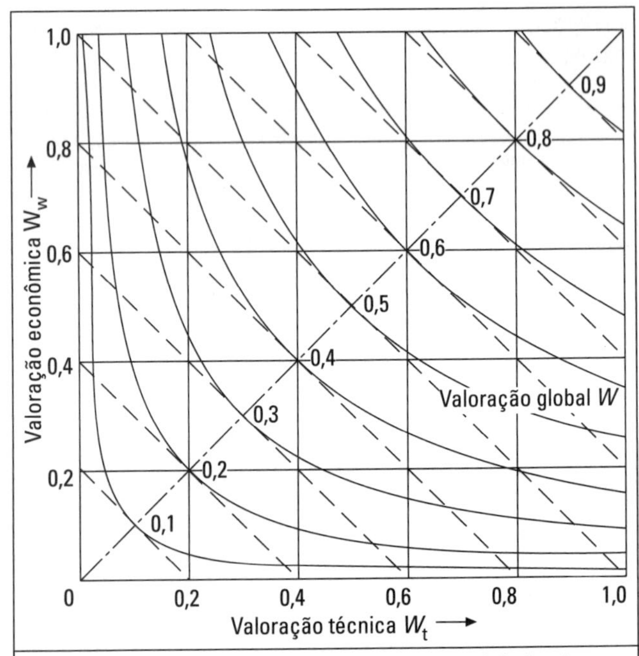

Figura 3.36 — Determinação da valoração global pelo método das retas e da hipérbole, de acordo com [1].

riamente qual das duas variantes é melhor. Para cada critério de avaliação esses resultados poderão ser lançados na chamada matriz de dominância [15] (Fig. 3.37). Das somatórias das colunas pode então ser derivada uma classificação por pontos. Se estas matrizes de critérios individuais forem condensadas numa matriz global, pode-se, seja por soma das freqüências de preferência, seja por adição das somatórias das colunas, obter novamente uma classificação geral por pontos. Apesar de ser um método relativamente fácil e rápido, ele é menos informativo.

Estimativas das incertezas da avaliação

Possíveis erros ou incertezas dos métodos de avaliação propostos podem ser classificados em dois grupos principais, a saber: erros subjetivos e falhas básicas inerentes ao próprio método.

Erros subjetivos podem resultar de:

- abandono de uma posição imparcial, ou seja, adoção de uma posição fortemente subjetiva. Essa avaliação subjetiva, por exemplo, pode ocorrer inconscientemente a um projetista que compara seu próprio projeto com propostas apresentadas por outros. Por isso, é necessária uma avaliação por diferentes pessoas, se possível, de diferentes áreas de projeto e de produção. Recomenda-se ainda, com insistência, rotular as variantes por uma designação neutra, por exemplo, A, B, C, etc., e não por solução "Müller", ou "Proposta fábrica Neustadt", pois poderão suscitar identificações desnecessárias com emoções prejudiciais;
- uma esquematização ampla do procedimento também contribui para a derrubada de influências subjetivas;
- comparação de variantes sempre pelos mesmos critérios de avaliação, mas que não são igualmente apropriados para todas as variantes. Esse erro já pode ser percebido na determinação dos parâmetros e sua correlação com os critérios de avaliação. Se, para variantes específicas, não for possível determinar a magnitude dos parâmetros com respeito a determinados critérios de avaliação, deve-se reformular ou eliminar esses critérios a fim de não se deixar induzir por uma avaliação incorreta dessas variantes específicas;
- variantes são avaliadas isoladamente e não uma após a outra segundo os critérios de avaliação estabelecidos. Por sua vez, cada critério tem de ser aplicado a todas as variantes (linha por linha da lista de avaliação), a fim de reduzir o preconceito contra uma variante específica;
- forte dependência dos critérios de avaliação entre si;
- seleção de funções de valor inadequadas;
- critérios de avaliação incompletos. Esse erro é enfrentado por obediência a um *checklist* adaptado aos critérios de avaliação da respectiva fase de projeto (cf. Figs. 6.22 e 7.148).

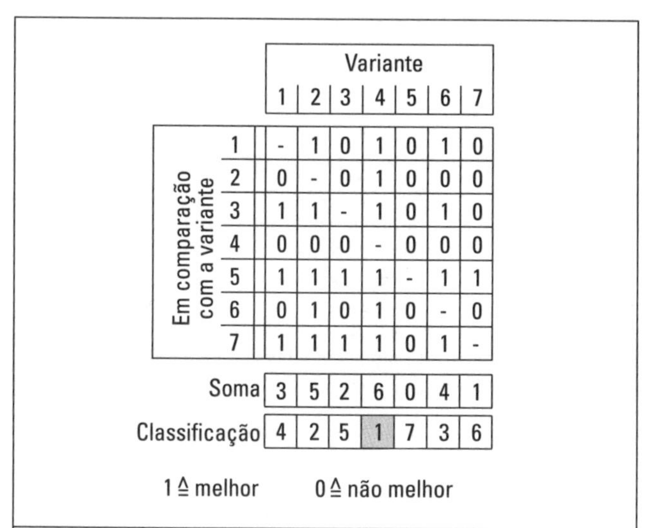

Em comparação com a variante	Variante 1	2	3	4	5	6	7
1	-	1	0	1	0	1	0
2	0	-	0	1	0	0	0
3	1	1	-	1	0	1	0
4	0	0	0	-	0	0	0
5	1	1	1	1	-	1	1
6	0	1	0	1	0	-	0
7	1	1	1	1	0	1	-
Soma	3	5	2	6	0	4	1
Classificação	4	2	5	1	7	3	6

1 ≙ melhor 0 ≙ não melhor

Figura 3.37 *— Avaliação binária de variantes de solução, de acordo com [15].*

Erros inerentes ao processo dos métodos de avaliação propostos devem-se à inevitável "incerteza do prognóstico", que acontece porque as magnitudes dos parâmetros previstos, e com isso os valores, não são grandezas fixas imutáveis, porém variáveis aleatórias sujeitas a incertezas. Estes erros podem ser reduzidos de forma significativa, caso se faça uma estimativa das dispersões.

Com relação à incerteza do prognóstico, recomenda-se, portanto, somente expressar os parâmetros quantitativamente, quando isto for possível com certa precisão. Caso contrário, é mais correto empregar estimativas verbais (p. ex., alto, médio, baixo), cujo grau de incerteza pode ser percebido claramente. Valores numéricos, em contrapartida, são perigosos, pois induzem a uma falsa sensação de certeza.

Uma análise mais detalhada da avaliação quanto à confiabilidade alcançável, bem como uma comparação dos métodos, foi efetuada por Feldmann [15] e Stabe [67] . Este último também apresenta uma bibliografia sobre avaliação. Com um número suficientemente grande de critérios de avaliação e quando o nível dos subvalores da respectiva variante for razoavelmente compensado, o valor global fica subordinado a um efeito estatístico compensador dos valores individuais calculados, em parte, de forma muito otimista e, em parte, de forma muito pessimista, de modo que resulta um valor global relativamente correto.

Incertezas na avaliação decorrem não apenas das incertezas do prognóstico, quer dizer, de incertezas no conhecimento dos princípios de solução e sua realização, mas também, por incertezas na formulação dos requisitos e na descrição da solução. Apesar disso, a fim de processar quantitativamente essas informações vagas, a lógica Fuzzi ou sua extensão no método Fuzzi-MADM (*Multi Attributive Decision Making*) podem ser úteis [49]. Neste método, números ou conjuntos

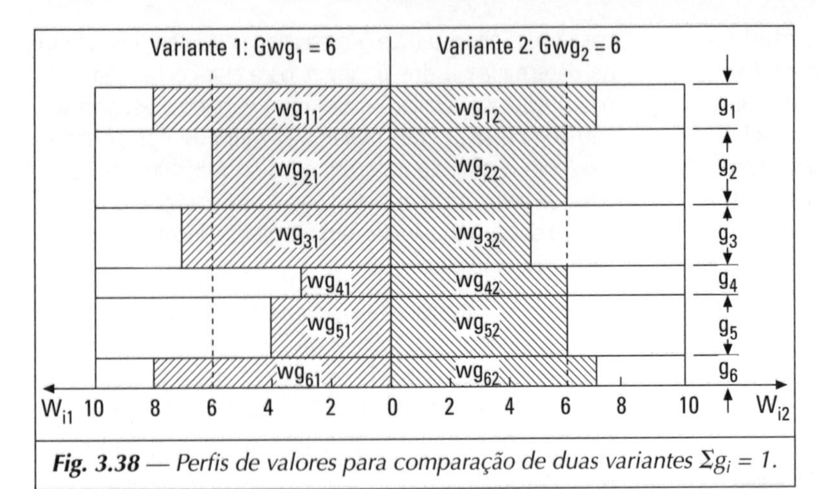

Fig. 3.38 — *Perfis de valores para comparação de duas variantes $\Sigma g_i = 1$.*

imprecisos são descritos pelos chamados Fuzzy-*sets*, para cuja superposição podem ser computadas médias. O resultado é uma utilidade global imprecisa para cada uma das variantes da solução.

Busca de pontos fracos

Pontos fracos são detectados por valores abaixo da média com relação a certos critérios de avaliação. Devem ser cuidadosamente considerados, especialmente em variantes promissoras com bons valores globais e, na medida do possível, eliminados na continuação do desenvolvimento. Para detecção de pontos fracos, a representação gráfica dos subvalores pode ser útil. Utilizam-se aqui os chamados perfis de valores de acordo com a Fig. 3.38. Enquanto o comprimento da barra corresponde à magnitude do valor, a largura constitui uma medida da ponderação. As áreas representam então os subvalores ponderados e a área tracejada, o valor global de uma variante. É compreensível que para melhorar uma solução é, sobretudo, importante melhorar os subvalores que fornecem maior contribuição para o valor global. Nessa representação, isto ocorre para os critérios de avaliação que têm largura acima da média (grande relevância), porém comprimento não muito pequeno. Além disso, junto a um elevado valor global, também é importante obter um perfil balanceado de valores, onde não apareça nenhum ponto fraco mais grave. Assim, na Fig. 3.38, a variante 2 é mais vantajosa que a variante 1, apesar das duas possuírem o mesmo valor global.

Tabela 3.4 — Etapas individuais na avaliação e comparação entre análise de valor útil e a diretriz VDI 2225

Seqüência	*Etapa*	*Análise de valor útil*	*Diretriz VDI 2225*
1	Identificação dos objetivos ou dos critérios de avaliação que serão utilizados na avaliação das variantes de solução através da lista de requisitos e uma lista de verificação (checklist).	Elaboração de um sistema de objetivos escalonado com respeito às dependências e complexidades (hierarquia dos objetivos) com base na lista de requisitos e outras condições gerais.	Compilação de caraterísticas técnicas importantes, bem como aspirações e exigências mínimas da lista de requisitos.
2	Análise dos critérios de avaliação com relação à sua importância para o valor total da solução. Eventualmente, definição de fatores ponderais.	Ponderação escalonada dos critérios de objetivos (critérios de avaliação) e se for o caso, eliminação de critérios insignificantes.	Definição de fatores ponderais somente no caso em que os critérios de avaliação diferirem sensivelmente em importância.
3	Compilação dos parâmetros relativos a cada uma das variantes de conceito.	Elaboração da matriz dos parâmetros de objetivo.	Em geral, não previsto.
4	Avaliação dos parâmetros de acordo com a escala de valores (0 a 10 ou 0 a 4 pontos).	Elaboração de uma matriz de valores de objetivo com ajuda de uma avaliação por pontos ou com funções de valor; 0 - 10 pontos.	Avaliação dos parâmetros por pontos; 0 a 4 pontos.
5	Determinação do valor global de cada variante de conceito via de regra com relação a uma solução ideal (valência).	Elaboração de uma matriz de valores úteis com consideração dos pesos; cálculo dos valores úteis globais por meio de somatórias.	Cálculo de uma valência técnica pela formação de somas com ou sem consideração de pesos em relação a uma solução ideal; caso necessário, cálculo de uma valência econômica baseada em custos de fabricação.
6	Comparação de variantes de conceito.	Comparação dos valores de uso globais. Elaboração do diagrama de s (potência).	Comparação das valências técnicas e econômicas.
7	Estimativa das incertezas da avaliação	Estimativa dos desvios dos parâmetros objetivos e distribuição de valores de uso	Não previsto explicitamente
8	Procura de pontos fracos para a melhoria de variantes selecionadas.	Elaboração de perfis de valores úteis.	Identificação das caraterísticas com baixa pontuação.

Também há casos, para os quais é estipulado um valor mínimo admissível para todos os subvalores, ou seja, onde a variante que não cumprir esta condicionante será eliminada. Porém, por outro lado, todas variantes que satisfizerem essa condicionante, terão continuação em seu desenvolvimento. Na bibliografia esse procedimento é designado como "definição de soluções satisfatórias" [76].

2. Comparação dos métodos de avaliação

A Tab. 3.4 relaciona as subetapas da avaliação descrita bem como as semelhanças e diferenças dos dois métodos de avaliação "Análise de valores" e "Diretriz VDI 2225", que se baseiam em princípios semelhantes.

As etapas da análise de valor de benefício têm uma estrutura mais clara e mais diferenciada. Em face da obrigatória execução da ponderação, o trabalho é maior do que no procedimento segundo a diretriz VDI 2225. Essa última é mais apropriada quando houver relativamente poucos critérios de avaliação e que sejam aproximadamente equivalentes. O que acontece freqüentemente na fase conceitual, mas também no julgamento de algumas partes do anteprojeto durante a etapa de configuração.

A essência dos procedimentos de avaliação foi descrita com base em métodos de avaliação conhecidos. Entretanto, estes métodos foram ampliados e os conceitos simplificados. Sugestões específicas para uso dos métodos e comentários sobre critérios especiais são dados em 6.5.2, para a etapa conceitual e em 7.6, para a etapa de anteprojeto.

Referências

1. Baatz, U.: Bildschirmunterstütztes Konstruieren. Diss. RWTH Aachen, 1971.
2. Beitz, W.: Customer Integration im Entwicklungs- und Konstruktionsprozess. Konstruktion 48, (1996) 31-34.
3. Bengisu, Ö.: Elektrohydraulische Analogie. Ölhydraulik und Pneumatik 14, (1970) 122-127.
4. Birkhofer, H.; Büttner, K.; Reinemuth, J.; Schott, H.: Netzwerkbasiertes Informationsmanagement für die Entwicklung und Konstruktion - Interaktion und Kooperation auf virtuellen Marktplätzen. Konstruktion 47, (1995) 255-262.
5. Brankamp, K.: Produktplanung - Instrument der Zukunftssicherung im Unternehmen. Konstruktion 26, (1974) 319-321.
6. Coineau, Y.; Kresling, B.: Erfindungen der Natur. Nuremberg: Tessloff, 1989.
7. Dalkey, N. D.; Helmer, O.: An Experimental Application of the Delphi Method to the Use of Experts. Management Science Bd.9, Nº 3, Abril, 1963.
8. Diekhöner, G.: Erstellen und Anwenden von Konstruktionskatalogen im Rahmen des methodischen Konstruierens. Fortschrittsberichte der VDI-Zeitschriften Reihe 1, N. 75. Düsseldorf. VDI-Editora, 1981.
9. Diekhöner, G.; Lohkamp, F.: Objektkataloge - Hifsmittel beim methodischen Konstruieren. Konstruktion 28, (1976) 359-364.
10. Dreibholz, D.: Ordnungsschemata bei der Suche von Lösungen. Konstruktion 27, (1975) 233-240.
11. Eder, W.E.: Methode QFD - Bindeglied zwischen Produktplanung und Konstruktion. Konstruktion 47, (1995) 1-9.
12. Ehrlenspiel, K.; Kiewert, A.; Lindemann, U.: Kostengünstig Entwickeln und Konstruieren. 2ª edição. Berlim, Heidelberg, Nova York: Editora Springer, 1998.
13. Ersoy, M.: Gießtechnische Fertigungsverfahren - Konstruktionskatalog für Fertigungsverfahren. wt-Z. in der Fertigung 66, (1976) 211-217.
14. Ewald, O.: Lösungssammlungen für das methodische Konstruieren. Düsseldorf: VDI-Editora, 1975.
15. Feldmann, K.: Beitrag zur Konstruktionsoptimierung von automatischen Drehmaschinen. Diss. TU Berlim, 1974.
16. Flemming, M.; Ziegmann, G.; Roth, S.: Faserverbundbauweisen - Fasern und Matrices. Berlim: Springer 1995. - Halbzeuge und Bauweisen. Berlim: Springer, 1996.
17. Föllinger, O.; Weber, W.: Methoden der Schaltalgebra. Munique: Oldenbourg, 1967.
18. Fuhrmann, U.; Hinterwalduer, R.: Konstruktionskatalog für Klebeverbindungen tragender Elemente. VDI-Notícias 493. Düsseldorf: VDI-Editora, 1983.
19. Gälweiler,A.: Unternehmensplanung. Frankfurt: Herder & Herder, 1974.
20. Gausemeier, J. (Hrsg.): Die Szenario-Technik - Werkzeug für den Umgang mit einer multiplen Zukunft. HNI-Verlagsschriftenreihe, Bd. 7, Paderborn: Heinz-Nixdorf Institut, 1995.
21. Gausemeier, J.; Fink, A.; Schlake, O.: Szenario-Management, Planen und Führen mit Szenarien. Munique: Hanser, 1995.
22. Geschka, H.: Produktplanung in Großunternehmen. Proceedings ICED 91, Schriftenreihe WDK 20. Zurique: HEURISTA, 1991.
23. Geyer, E.: Marktgerechte Produktplanung und Produktentwicklung. Teil I: Produkt und Markt,Teil II: Produkt und Betrieb. RKW-Schriftenreihe Nr.18 und 26. Heidelberg: Gehisen, 1972 (mit zahlreichen weiteren Literaturstellen).
24. Gießner, R: Gesetzmäßigkeiten und Konstruktionskataloge elastischer Verbindungen. Diss. Braunschweig, 1975.
25. Gordon, W.J.J.: Synectics, the Development of Creative Capacity Nova York: Harper, 1961.
26. Grandt, J.: Auswahlkriterien von Nietverbindungen im industriellen Einsatz. VDI-Notícias 493. Düsseldorf. VDI-Editora, 1983.
27. Hellfritz, H.: Innovation via Galeriemethode. Königstein/Ts.: Eigenverlag, 1978.
28. Herrmann, J.: Beitrag zur optimalen Arbeitsraumgestaltung an numerisch gesteuerten Drehmaschine. Diss. TU Berlim, 1970.
29. Hertel, U.: Biologie und Technik - Struktur, Form, Bewegung. Mainz: Krauskopf, 1963.
30. Hertel, H.: Leichtbau. Berlim: Springer, 1969.
31. Hill, B.: Bionik - Notwendiges Element im Konstruktionsprozess. Konstruktion 45, (1993) 283-287.
32. Jung, R.; Schneider, J.: Elektrische Kleinmotoren. Marktübersicht mit Konstruktionskatalog. Feinwerktechnik und Messtechnik 92, (1984) 153-165.

33. Kehrmann, H.: Die Entwicklung von Produktstrategien. Diss. TH Aachen, 1972.

34. Kehrmann, H.: Systematik und Finden und Bewerten neuer Produkte. wt-Z. ind. Fertigung 63, (1973) 607-612.

35. Kerz, R: Biologie und Technik - Gegensatz oder sinnvolle Ergänzung; Konstruktionselemente und -prinzipien in Natur und Technik. Konstruktion 39, (1987) 321-327, 474-478.

36. Kesselring, F.: Bewertung von Konstruktionen, ein Mittel zur Steuerung von Konstruktionsarbeit. Düsseldorf: VDI-Editora, 1951.

37. Kleinaltenkamp, M.; Fließ, S.; Jacob, F. (Hrsg.): Customer Integration - Von der Kundenorientierung zur Kundenintegration. Wiesbaden: Gabler, 1996.

38. Kleinaltenkamp, M.; Plinke, W. (Hrsg.): Technischer Vertrieb - Grundlagen. Berlim: Springer, 1995.

39. Koller, R.: Konstruktionslehre für den Maschinenbau; 4ª edição. Berlim: Springer, 1998.

40. Kollmann, F G.: Welle-Nabe-Verbindungen. Konstruktionsbücher Bd.32. Berlim: Springer, 1983.

41. Kopowski, E.: Einsatz neuer Konstruktionskataloge zur Verbindungsauswahl. VDI-Notícias 493. Düsseldorf: VDI-Editora, 1983.

42. Kramer, R: Erfolgreiche Unternehmensplanung. Berlim: Beuth, 1974.

43. Kramer, R: Anpassung der Produkt- und Marktstrategien an veränderte Umweltsituationen. VDI-Notícias Nr. 503: Produktplanung und Vertrieb. Düsseldorf: VDI-Editora, 1983.

44. Kramer, R: Unternehmensbezogene Erfolgsstrategien. VDI-Berichte Nr.538: Besser als der Wettbewerb - Marktzwänge und Lösungswege. Düsseldorf: VDI-Editora, 1984.

45. Kramer, R: Innovative Produktpolitik, Strategie - Planung - Entwicklung - Einführung. Berlim: Springer, 1986.

46. Kramer, R: Produktplanung in der mittelständischen Industrie, Wettbewerbsvorteile durch Differenzierungs-Management. Proceedings ICED 91, Schriftenreihe WDK 20. Zurique: HEURISTA, 1991.

47. Kramer, R; Kramer, M.: Modulare Unternehmensführung - Kundenzufriedenheit und Unternehmenserfolg. Berlim: Springer, 1994.

48. Krumhauer, R: Rechnerunterstützung für die Konzeptphase der Konstruktion. Diss. TU Berlim, 1974.

49. Lawrence, A.: Verarbeitung unsicherer Informationen im Konstruktionsprozess - dargestellt am Beispiel der Lösung von Bewegungsaufgaben. Diss. Bundeswehrhochschule Hamburgo, 1996.

50. Lowka, D.: Methoden zur Entscheidungsfindung im Konstruktionsprozess. Feinwerktechnik und Messtechnik 83, (1975) 19-21.

51. Neudörfer, A.: Gesetzmäßigkeiten und systematische Lösungssammlung der Anzeiger und Bedienteile. Düsseldorf: VDI-Editora, 1981.

52. Neudörfer, A.: Konstruktionskatalog für Gefahrstellen. Werkstatt und Betrieb 116, (1983) 71-74.

53. Neudörfer, A.: Konstruktionskalalog trennender Schnitzeinrichtungen. Werkstatt und Betrieb 116, (1983) 203-206.

54. Osborn, A. R: Applied Imagination - Principles and Procedures of Creative Thinking. Nova York: Scribner, 1957.

55. Pahl, G.: Rückblick zur Reihe "Für die Konstruktionspraxis". Konstruktion 26, (1974) 491-495.

56. Pahl, G.; Beelich, K. H.: Lagebericht. Erfahrungen mit dem methodischen Konstruieren. Werkstatt und Betrieb 114, (1981) 773-782.

57. Raab, W.; Schneider, J.: Gliederungssystematik für getriebetechnische Konstruktionskalaloge. Antriebstechnik 21, (1982) 603.

58. Reinemuth, J.; Birkhofer, H.: Hypermediale Produktkataloge - Flexibles Bereitstellen und Verarbeiten von Zulieferinformationen. Konstruktion 46, (1994) 395-404.

59. Rodenacker, W. G.: Methodisches Konstruieren. Konstruktionsbücher Bd. 27. Berlim: Springer 1970, 2ª edição, 1976, 3ª edição, 1984, 4ª edição, 1991.

60. Rohrbach, B.: Kreativ nach Regeln - Methode 635, eine neue Technik zum Lösen von Problemen. Absatzwirtschaft 12, (1969) 73-75.

61. Roozenburg, N.; Eckels, J. (Editors): Evaluation and Decision in Design. Schriftenreihe WDK 17. Zurique: HEURISTA, 1990.

62. Roth, K.: Konstruieren mit Konstruktionskatalogen. 3ª edição, Tomo I: Konstruktionslehre. Berlim: Springer, 2000. Tomo II: Konstruktionskalaloge. Berlim: Springer, 2001. Tomo III: Verbindungen und Verschlüsse, Lösungsfindung. Berlim: Springer, 1996.

63. Roth, K.; Birkhofer, H.; Ersoy, M.: Methodisches Konstruieren neuer Sicherheitsgurtschlösser. VDI-Z. 117, (1975) 613-618.

64. Schlösser, W.M.J.; Olderaan, W.E.T.C.: Eine Analogontheorie der Antriebe mit rotierender Bewertung. Ölhydraulik und Pneumatik 5, (1961) 413-418.

65. Schneider, J.: Konstruktionskataloge als Hilfsmittel bei der Entwicklung von Antrieben. Diss. Darmstadt, 1985.

66. Specht, G.; Beckmann, C.: F&E-Management. Munique: Wilhelm Fink, 1996.

67. Stabe, H.; Gerhard, E.: Anregungen zur Bewertung technischer Konstruktionen. Feinwerktechnik und Messtechnik 82, (1974) 378-383 (einschließlich weiterer Literaturhinweise).

68. Stahl, U.: Überlegungen zum Einfluss der Gewichtung bei der Bewertung von Alternativen. Konstruktion 28, (1976) 273-274.

69. VDI-Richtlinie 2220: Produktplanung, Ablauf, Begriffe und Organisation. Düsseldorf: VDI-Editora, 1980.

70. VDI-Richtlinie 2222, Folha 2: Konstruktionsmethodik, Erstellung und Anwendung von Konstruktionskalalogen. Düsseldorf: VDI-Editora, 1982.

71. VDI-Richtlinie 2225: Technisch-wirtschaftliches Konstruieren. Düsseldorf: VDI-Editora, 1977.

72. VDI-Richtlinie 2727, Folha 1 e 2: Lösung von Bewegungsaufgaben mit Getrieben. Düsseldorf: VDI-Editora, 1991. Folha 3, 1996, Folha 4, 2000.

73. VDI-Richtlinie 2740 (Entwurf): Greifer für Handhabungsgeräte und Industrieroboter. Düsseldorf: VDI-Editora, 1991.

74. Withing, Ch.: Creative Thinking. Nova York: Reinhold, 1958.

75. Wölse, H.; Kastner, M.: Konstruktionskataloge für geschweißte Verbindungen an Stahlprofilen. VDI-Notícias 493. Düsseldorf: VDI-Editora, 1983.

76. Zangemeister, Ch.: Nutzwertanalyse in der Systemtechnik. Munique: Wittemannsche Buchhandlung, 1970.

77. Zwicky, F.: Entdecken, Erfinden, Forschen im Morphologischen Weltbild. Munique: Droemer-Knaur, 1966-1971.

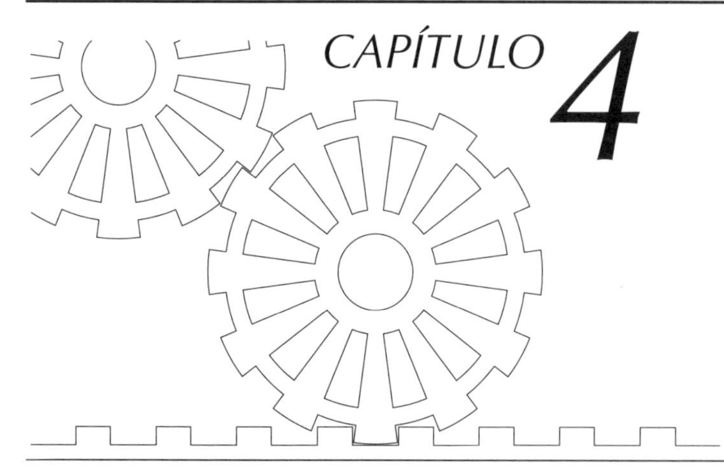

O PROCESSO DE DESENVOLVIMENTO DE UM PRODUTO

Nos capítulos precedentes foram expostos os fundamentos que o trabalho de projeto deverá considerar e dos quais poderá tirar partido. Dessas propostas e indicações foi elaborado um procedimento metódico de aplicação geral para a prática do projeto, que não depende da especialidade e não se baseia em um só método. Mas que aplica os métodos conhecidos ou que ainda serão expostos onde forem mais apropriados e eficazes para uma tarefa ou etapa de trabalho.

4.1 ■ Processo geral de solução

A atividade crucial no desenvolvimento de um produto e na solução de tarefas consiste num processo de análise e um subseqüente processo de síntese que passa por etapas de trabalho e de decisão. Em geral, os procedimentos iniciam-se de forma *qualitativa*, tornando-se cada vez mais concretos e, portanto, *quantitativos.*

A seguir, são desenvolvidos modos e planos de procedimento que, para o processo geral de solução, devem ser compreendidos como compulsórios e, para as fases de projeto mais concretas, como ajuda nos procedimentos. Por meio deles, percebe-se o que basicamente deve ser feito, e onde são necessários ajustes ao respectivo problema.

Todos os planos de procedimentos desenvolvidos nesse livro deverão ser interpretados como *recomendações para ações operacionais* que obedeçam à lógica da necessária ação técnica e ao desenvolvimento passo a passo da solução. De acordo com Müller [17], eles são modelos de procedimentos que são apropriados para definir racionalmente o procedimento necessário para contextos complexos e, assim, tornarem compreensível e transparente a complexidade do processo.

Com isso, os planos de procedimentos não são descrições ou definições dos *processos mentais individuais*, que se caracterizam pelas particularidades descritas em 2.2.1 e que também são marcados por características pessoais. Na conversão prática dos planos de procedimentos em fluxogramas reais, misturam-se recomendações para operações e processos mentais individuais. Eles se concentram no planejamento, na ação e no efetivo controle do procedimento específico, que se orienta tanto pelos planos de procedimentos com validade geral, como também pelo atual problema e pela experiência individual.

Conforme exposto em 2.2.1, planos de procedimentos são primeiramente diretrizes e não prescrições rígidas. Porém, pelo seu curso de andamento, devem ser compreendidos seqüencialmente, pois, p. ex., nenhuma solução pode ser avaliada antes de ter sido encontrada ou elaborada. Por outro lado, os planos de procedimentos deverão ser ajustados de forma flexível à situação atual. Assim, de vez em quando, determinadas etapas de execução podem ser ignoradas ou executadas numa outra ordem. Também uma repetição parcial, com um nível de informação mais elevado, pode ser adequada ou necessária. Além do mais, para determinados tipos de produtos poderá ser mais pertinente ou útil, um procedimento que se baseia em planos genéricos, porém apropriadamente ajustados.

Porém, diante de um desenvolvimento com andamento complexo e em vários níveis e diante do necessário reiterado emprego dos métodos, a negligência aos planos de desenvolvimento poderia levar a uma confusão desordenada de procedimentos concebíveis. A esses o projetista ficaria irremediavelmente exposto. Por causa disso, é apropriada e necessária uma orientação sobre o andamento do projeto e o correto emprego de métodos específicos, adicionalmente às etapas de trabalho e de decisão propostas nos planos de procedimentos.

De acordo com 2.2.3, a atividade de planejar e projetar é compreendida como conversão de informação. A cada saída de informação, melhorias poderão ser necessárias, ou ser necessário efetuar um "aumento da valoração" do resultado da etapa de trabalho que acabou de ser executada, isto é, ela é repetida em uma malha fechada num nível de informação mais elevado, ou então novas etapas de trabalho terão que ser acrescidas para se obter a melhoria pretendida.

Nos novos desenvolvimentos, trata-se de um processo de iteração, onde se aproxima passo a passo da solução, até que o resultado pareça satisfatório. Ele se desenvolve na chamada "malha de iteração", que também pode ser observada em processos cognitivos elementares, por exemplo, segundo o esquema TOTE (cf. 2.1.1). Essas malhas iterativas são praticamente imprescindíveis e aparecem continuamente nas etapas de trabalho ou entre as mesmas. O motivo disso está em que as relações freqüentemente são complexas e a solução objetivada não pode ser conseguida em uma única etapa ou, que os conhecimentos para a etapa atual precisam ser primeiramente obtidos na etapa subseqüente. Nos capítulos posteriores, são apresentadas estratégias com as quais estas malhas de iteração poderão ser amplamente reduzidas ou até mesmo evitadas. As setas de iteração colocadas nos fluxogramas dos procedimentos apontam claramente para esse fato. Portanto, não se pode, sob hipótese nenhuma, dizer que se trata de uma forma de trabalho rígida, puramente seqüencial.

Entretanto, na medida do possível, o procedimento metódico pretende manter reduzidas estas alças iterativas, a fim de organizar o trabalho de projeto de forma eficaz e fluente. Seria, por exemplo, uma situação catastrófica, se no final do desenvolvimento de um produto, fosse necessário voltar para o começo, o que equivaleria a uma malha iterativa de todo o processo de projeto.

O desdobramento em etapas de trabalho e de decisão assegura a subsistência da necessária e indissolúvel relação entre *objetivo, planejamento, execução* (organização) e *controle* [3, 29].

Com essas relações fundamentais e com apoio nas idéias de Krick [15] e Penny [21], com relação ao modo de proceder na solução de problemas ou tarefas, pode-se construir um esquema básico conforme a Fig. 4.1.

Toda formulação de problema provoca primeiramente uma *confrontação*, uma contraposição de problemas com possibilidades de realização conhecidas ou (ainda) desconhecidas. A intensidade dessa confrontação depende do conhecimento, da capacidade e da experiência do projetista e da especialidade em que atua. Porém, de qualquer modo, será útil a *informação* sobre colocação mais detalhada da tarefa, das condicionantes, dos possíveis princípios de solução e de soluções semelhantes conhecidas. Por meio disso, a confrontação é, em geral, abrandada, e o ânimo para a busca da solução é estimulado. No mínimo, porém, percebe-se mais claramente o peso dos requisitos formulados.

A subseqüente *definição* dos problemas mais relevantes (fulcro da tarefa) num nível mais abstrato possibilita fixar os objetivos e descrever as principais condicionantes. Tal definição, sem prefixar qualquer solução, abre simultaneamente vários caminhos de solução concebíveis, já que, pelo processo de definição abstrativa, é incentivada a libertação do convencional e o rompimento (breakthrough) em direção às soluções não convencionais.

Na seqüência, deve ser analisada a fase verdadeiramente criadora, a *criação*, na qual idéias de solução são desenvolvidas segundo diferentes métodos de solução e variadas e combinadas com ajuda de orientações metódicas.

Uma pluralidade de variantes exige uma *avaliação*, que servirá de base para a *decisão* pela variante aparentemente melhor. Uma vez que os resultados do pensamento e do curso do projeto são submetidos a uma etapa de avaliação, essa etapa equivale a um controle com respeito ao objetivo a ser alcançado.

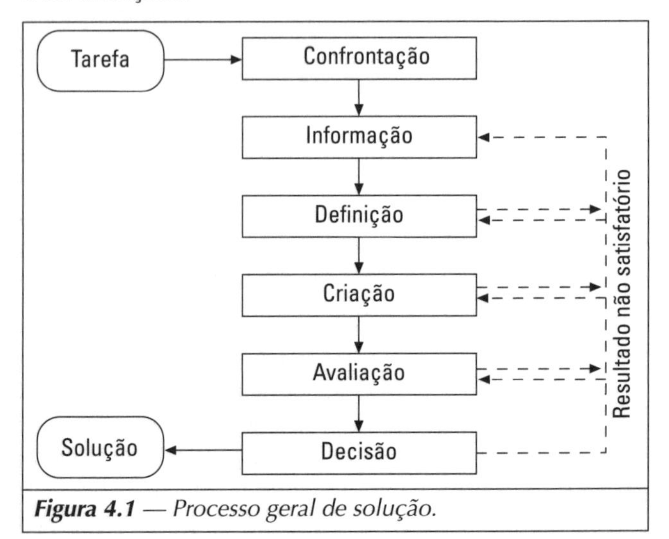

Figura 4.1 — *Processo geral de solução.*

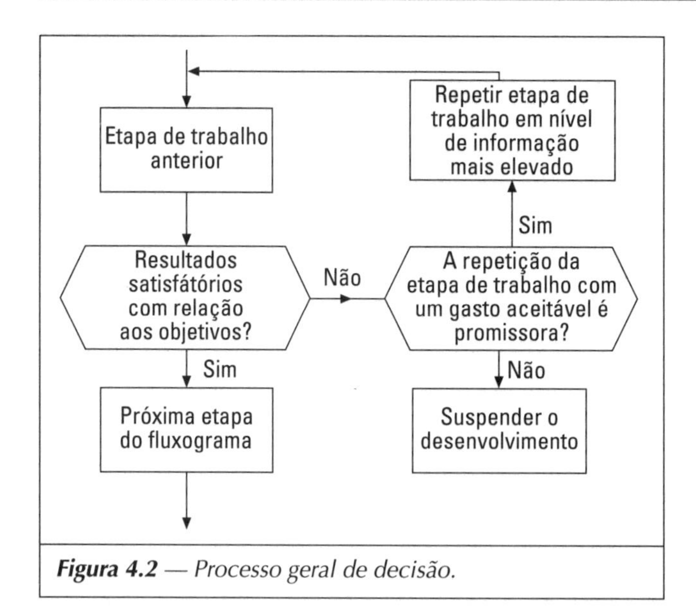

Figura 4.2 — *Processo geral de decisão.*

Decisões levam a asserções fundamentais, conforme apresentado na Fig. 4.2.

- Até aqui, os atuais resultados com relação ao objetivo foram satisfatórios de modo que a etapa subseqüente de trabalho pode ser liberada sem apreensão (decisão: sim, liberação da etapa de trabalho subseqüente, de acordo com o plano).
- Face ao resultado atual, o objetivo não será alcançado (decisão: não, não iniciar etapa de trabalho subseqüente de acordo com o plano).
- Caso uma repetição de uma etapa de trabalho (às vezes mais de uma) requeira um esforço aceitável e prometa um resultado satisfatório, esta etapa deverá ser repetida num nível de informação mais completo (decisão: sim, repetir etapa de trabalho).
- Diante de uma negativa à questão anterior, o desenvolvimento deverá ser suspenso.

No caso onde os resultados alcançados numa etapa de trabalho não atingirem os objetivos da atual tarefa, é concebível que esses resultados possam ser interessantes para objetivos diferentes ou ligeiramente modificados.

Num caso concreto, deve-se perguntar se é possível modificar a atual tarefa, ou se o resultado pode ser utilizado em outras aplicações. O seqüenciamento completo, que se inicia com a confrontação passando pela criação até a decisão, se repete em diferentes etapas do processo de projeto e ocorre nos diferentes níveis de concretização da solução a ser desenvolvida.

4.2 ■ Fluxo do trabalho no desenvolvimento

As atuais condições para desenvolvimento e projeto de um produto demandam o planejamento de três aspectos de produto:

- O planejamento do teor do processo de desenvolvimento e de projeto;
- O estabelecimento de cronograma das etapas de trabalho do processo de desenvolvimento e de projeto e
- O planejamento dos custos do produto, visando não ultrapassar um limite prefixado (target costing).

O conteúdo e o alcance do planejamento são fortemente dependentes da formulação da tarefa conforme se trata de um projeto original, adaptativo ou alternativo.

4.2.1 Planejamento do conteúdo

Na diretriz VDI 2221 e 2222 [24, 25] (veja Fig. 1.9) foi elaborado de forma geral o fluxo de trabalho no planejamento e no projeto, tanto em função da área de especialização como do produto. De acordo com esta diretriz, segue uma exposição mais detalhada do fluxo de trabalho no desenvolvimento, voltada especificamente à engenharia mecânica. Os principais teores dessa exposição são os fundamentos da engenharia de sistema (cf. 2.1), os fundamentos do procedimento sistemático (cf. 2.2) e o processo geral de solução (cf. 4.1). Trata-se de sintonizar as asserções mais genéricas com os requisitos do processo de projeto na engenharia mecânica e harmonizá-las com as etapas de trabalho e decisão, concretas e necessárias. Em princípio, o processo de planejamento e de projeto parte do planejamento da tarefa e do esclarecimento da formulação da tarefa, passa pela identificação das funções necessárias, elaboração das soluções preliminares, constituição de estruturas modulares com subconjuntos, seguindo até a documentação do produto completo [18].

Além do planejamento do conteúdo e da funcionalidade do processo, conforme descrito nas diretrizes acima citadas, é conveniente e também usual, desdobrar o processo de desenvolvimento e de projeto nas seguintes *fases principais*:

Planejar e esclarecer a tarefa	definição informativa
Conceber	definição preliminar
Projetar	definição da configuração
Detalhar	definição da tecnologia de produção

Conforme se perceberá mais adiante, em alguns casos não será possível uma separação muito precisa entre as fases principais, pois, p. ex., estudos sobre a forma são necessários previamente à etapa de concepção; ou decisões bastante detalhadas com relação à tecnologia de produção têm de ser tomadas já na fase de projeto. Nem sempre será evitável um retorno, quando no projeto, p. ex., para as subfunções somente agora percebidas, for preciso procurar soluções preliminares. Mesmo assim, no planejamento e controle do processo de desenvolvimento, o desdobramento em fases principais sempre é útil.

Nas fases principais serão propostas etapas de trabalho que deverão ser consideradas como *etapas de trabalho principais* (Fig. 4.3). Estas etapas de trabalho principais levam a um resultado de trabalho correspondentemente significativo, e que servirá de base para as demais etapas de trabalho principais. Para alcançar o resultado de trabalho correspondente, normalmente são necessárias muitas etapas de trabalho subordinadas, tais como informar, buscar, calcular, representar e controlar; estas etapas, por sua vez, dependem de atividades indiretas, tais como discutir, inspecionar, organizar, preparar, etc. Nos planos de procedimentos subseqüentes, são indicadas as *principais etapas de trabalho operacionais* que pareçam apropriadas como orientação à ação estratégica para o progresso do trabalho técnico. Indicações, p. ex., sobre etapas elementares da atividade intelectual, atividades de comprovações específicas, etapas de coleta de informações, obtenção de pareceres ou semelhantes não são especificadas, uma vez que, na melhor das hipóteses, somente podem ser indicadas em função de um problema específico, e também dependem da pessoa executante. Indicações sobre estas etapas de trabalho elementares serão dadas, quando possível, na discussão dos métodos individuais e nos capítulos que tratam do manuseio prático dos métodos ou das etapas de trabalho principais.

Depois das fases principais e de algumas etapas de trabalho principais, são necessárias *etapas de decisão*. Estas, por sua vez, são *etapas de decisão principais* que, após a correspondente avaliação, encerram definitivamente um importante resultado de trabalho, liberando dessa forma outras fases necessárias ou etapas de trabalho principais. Porém, a passagem renovada por uma estreita retroalimentação iterativa poderá ser o resultado de uma etapa de decisão quando o atual resultado do trabalho não for satisfatório.

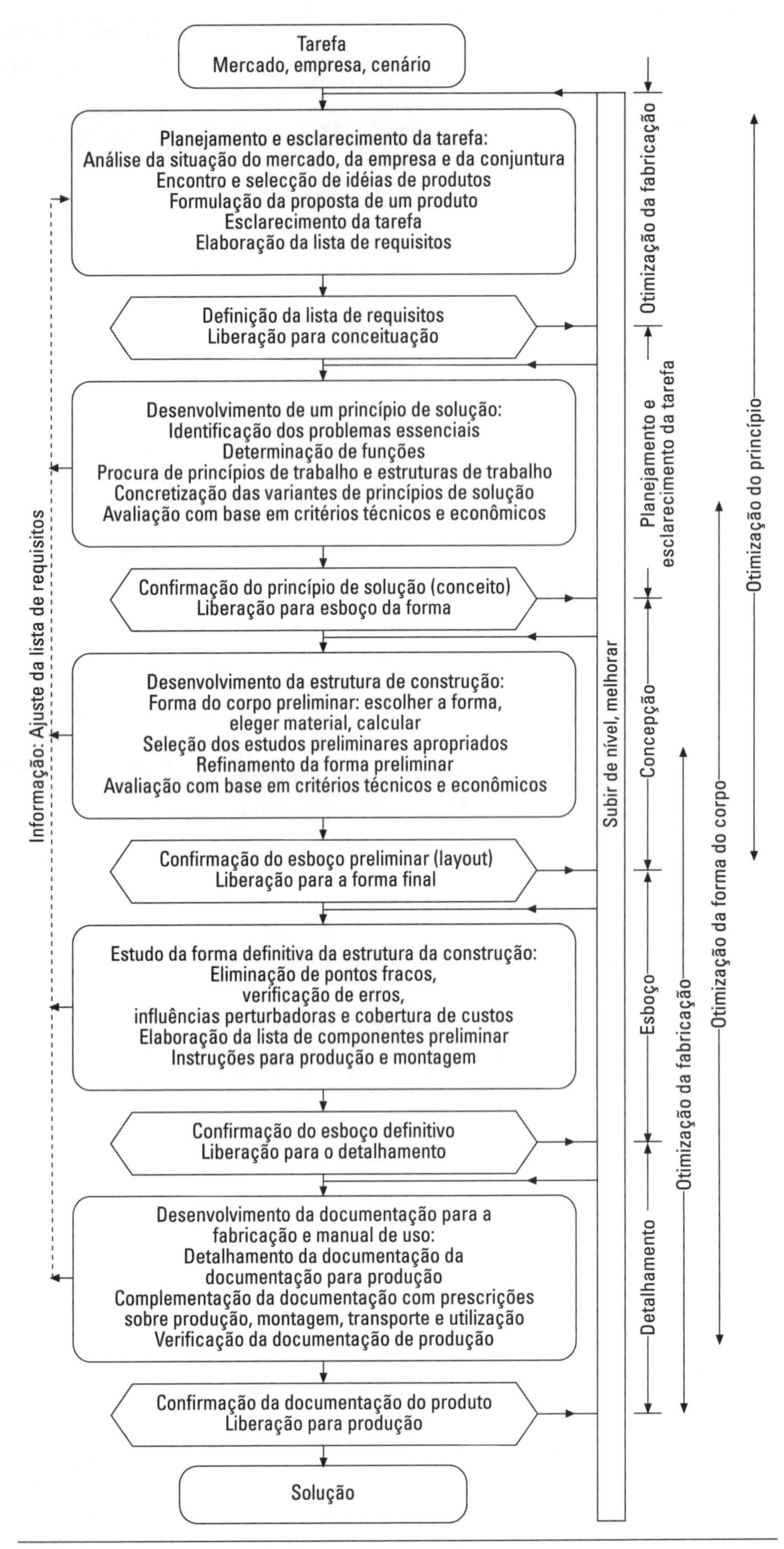

Figura 4.3 — *Etapas de trabalho principais no planejamento e na concepção.*

Aqui, as etapas de teste e decisão (cf., p. ex., a unidade TOTE em 2.2.1) específicas, necessárias para cada manipulação, também não foram especificadas em detalhe. Isso também seria uma empreitada impossível, pois tais decisões são determinadas pelas características de trabalho individuais e do problema em questão.

A decisão citada em 4.1, e que eventualmente torna necessária a interrupção de um desenvolvimento que demonstrou não ser compensador, não foi explicitamente incluída em cada etapa de decisão do plano de procedimento. Isto, porém, precisa ser verificado, pois o encerramento prematuro e conseqüente de uma situação sem esperança implica em menores custos e frustrações.

Como em todos os planos de procedimentos, é necessária uma manipulação flexível, a qual varia em função do problema. A conclusão das etapas de trabalho principais e das etapas de decisão apresentadas também deveria ser utilizada para controlar o procedimento subseqüente, ou então definir um novo procedimento, caso isso se revele necessário.

Planejamento e esclarecimento da tarefa

A base dos trabalhos de desenvolvimento e de projeto é a formulação da tarefa tal como é passada pela área comercial ou por outras áreas responsáveis para a área técnica (veja também as seções 3.1 e 5.1).

Independentemente de a tarefa ser proveniente de uma proposta de produto originada por um planejamento de produto, ou de um pedido concreto de um cliente, é necessário esclarecer essa mesma tarefa em seus detalhes antes de se iniciar um desenvolvimento de produção. Este *esclarecimento da formulação da tarefa* destina-se à coleta de informações sobre os requisitos colocados ao produto, bem como sobre as condicionantes existentes e sua relevância.

O resultado é a *definição informativa* numa *lista de requisitos.*

As afirmações e determinações da lista de requisitos estão ajustadas e sintonizadas às necessidades do desenvolvimento do projeto e às etapas de trabalho subseqüentes (cf. 5.2). A lista de requisitos tem que estar sempre atualizada, pois dela poderá decorrer a liberação para a conceituação e a liberação dos demais trabalhos. Isto explica o refluxo de informação indicado adicionalmente no diagrama.

Conceber

É a parte do projeto na qual, após esclarecimento da tarefa por meio da abstração dos principais problemas, formação de estruturas de funções, procura de princípios de trabalho adequados e sua combinação numa estrutura de trabalho, se define a solução preliminar. Conceber é a *definição preliminar* de uma solução.

Em muitos casos, uma estrutura de funcionamento também só pode ser avaliada quando assume uma forma mais concreta. Esta concretização inclui uma certa idéia dos materiais a serem empregados, freqüentemente um dimensionamento aproximado, bem como a consideração de recursos tecnológicos. Em geral, se obtém então um princípio de solução passível de avaliação, que considera principalmente o objetivo e as condicionantes existentes (veja 2.1.7). Também aqui, em determinadas circunstâncias, são imagináveis diversas variantes básicas da solução.

A forma de representação de uma solução preliminar (princípio de solução) pode ser bastante variada. No caso de um elemento de construção definido, a representação em blocos da estrutura da função, um diagrama com os circuitos ou um fluxograma, talvez já seja suficiente. Em outros casos, basta um rascunho com traços, ou será necessário recorrer a um desenho em escala aproximada. A fase conceitual é subdividida em diversas etapas de trabalho (cf. 6). Todas as etapas deverão ser executadas para que, desde o início, fique assegurada a construção da, aparentemente, melhor solução preliminar possível, já que o subseqüente trabalho de projeto e detalhamento não, ou dificilmente, compensará deficiências básicas do princípio de solução. Neste sentido, também pode se falar da durabilidade de um conceito. Um projeto que repousa sobre um conceito duradouro é, p. ex., imune a grandes tolerâncias de fabricação. Uma solução de projeto duradoura e bem-sucedida nasce da seleção do princípio mais adequado e não da supervalorização de requintes de projeto. Esta constatação não contradiz o fato de que, mesmo com princípios aparentemente adequados ou suas respectivas combinações, possam surgir dificuldades que podem estar localizadas nos detalhes.

As variantes de solução elaboradas precisam ser avaliadas. As variantes que não satisfazem as exigências da lista de requisitos são eliminadas; as restantes são avaliadas por critérios estabelecidos segundo um método. Nesta fase, julga-se preferencialmente com base em critérios técnicos, porém já sob consideração aproximada dos critérios econômicos (cf. 3.3.2 e 6.5.2). Com base na avaliação decide-se pelo conceito, cujo desenvolvimento deverá ser continuado.

Freqüentemente ocorre que diversas variantes parecem praticamente equivalentes e uma decisão definitiva só se torna possível através de uma concretização mais avançada. Para um mesmo princípio de solução, também poderão ser propostas diversas variantes da configuração. O processo de projeto segue num nível mais concreto de configuração.

Anteprojeto

É a parte do projeto que, partindo da estrutura de funcionamento ou da solução preliminar, determina, de forma clara e completa, a estrutura da construção de um produto técnico segundo critérios técnicos e econômicos. Partindo de idéias qualitativas, o anteprojeto é a definição básica e quantitativa da solução.

Em muitos casos, é necessário elaborar, em série ou em paralelo, na acepção de *anteprojetos preliminares*, diversos anteprojetos em escala, para se obter um melhor nível de informação quanto às vantagens e desvantagens de cada variante.

Para isso serve essa etapa que, após a respectiva execução, é novamente concluída por uma avaliação técnico-econômica. Com isso são adquiridos novos conhecimentos num nível de informação mais elevado.

É um processo típico e freqüente, no qual, após a avaliação de variantes específicas, uma delas pareça especialmente favorecida, mas que poderá ser cultivada e melhorada por meio de subsoluções de outras propostas aparentemente não tão vantajosas em sua totalidade. Através da combinação apropriada e incorporação destas subsoluções, bem como pela eliminação de pontos fracos evidenciados pela avaliação, poderá então ser obtida a solução final e ser tomada a decisão com relação à configuração *definitiva do projeto completo.*

O anteprojeto global definitivo já representa um controle da função, da durabilidade, da compatibilidade espacial, etc., sendo que, o mais tardar agora, também os requisitos com relação à cobertura dos custos precisam mostrar-se viáveis. Só então será admissível a liberação para o detalhamento.

Detalhamento

É a parte do projeto que complementa a estrutura de construção de um produto técnico por meio de prescrições definitivas sobre a forma, dimensionamento e acabamento superficial de todas as peças, definição de todos os materiais, verificação das possibilidades de produção, bem como dos custos definitivos. Assim se criam os subsídios gráficos obrigatórios, além de outros, para a concretização material [28] (veja também [26]).

O resultado do detalhamento é a definição da tecnologia de produção da solução.

Nesta fase de detalhamento, é realizada a configuração do produto com a definição definitiva da microgeometria. Portanto, são determinadas em detalhes as operações de fabricação. Por esta razão, é requerido muito cuidado nesta parte. A segurança funcional e os custos do produto são fortemente influenciados.

Do diagrama de fluxo da Fig. 4.3 sobressaem três pontos centrais:

- otimização do princípio,
- otimização da configuração,
- otimização da produção.

É fácil entender que, no âmbito dessa descrição, foi preciso generalizar amplamente. Na prática, uma separação nítida das etapas de trabalho e dos seus resultados nem sempre é perceptível ou necessária. No sentido de uma indicação prática para o engenheiro, é sempre sensato conscientizar-se das seqüências e das etapas de trabalho descritas para, por um lado, não esquecer nada e, por outro, planejar melhor o seu trabalho.

Na Fig. 4.3 não foi incluída a produção de modelos e protótipos, pois isso sempre representa um processo de extração de informações e que deve ser empregado lá onde for necessário.

Em muitos casos, modelos e protótipos já são apresentados na etapa de concepção, principalmente quando for para o esclarecimento de questões básicas. Dela faz uso a mecânica fina, a eletrônica e as indústrias de produção em massa. Na mecânica pesada e na construção de instalações industriais produzidas de forma unitária, por razões de execução, custo e gasto de tempo, protótipos somente são concebíveis, caso façam parte do pedido do cliente. Por outro lado, protótipos de novos componentes a serem desenvolvidos para máquinas ou instalações, e protótipos para avaliação de problemas de detalhes em máquinas ou instalações existentes, podem ser ensaiados em instalações de testes. Em contrapartida, na fabricação de séries pequenas, normalmente se produz uma unidade com apropriada antecedência, a fim de eliminar eventuais problemas até o início da fabricação em série. Este produto antecipadamente produzido também é lançado no mercado.

Também não foi indicado a partir de qual momento já podem ser conseguidas informações sobre encomendas, pois isso, por sua vez, depende do tipo de produto.

Além disso, deve ser mencionado que a realização de um pedido, tanto pode ocorrer de acordo com o próprio processo de projeto, como também num momento posterior, especialmente no caso do desenvolvimento de séries construtivas e sistemas modulares.

Considerando principalmente a utilização de computador, a atividade de "processamento de um pedido" é, no entanto, compreendida como uma atividade externa ao processo real de projeto, atividade esta que, no caso de um pedido, recorre diretamente a documentos já preparados e onde somente é compilada a documentação para a produção, para pedidos junto a fornecedores, listas de peças, etc. Exceto pela elaboração de desenhos para ofertas e de conjunto, bem como de desenhos de montagem, não é necessária nenhuma atividade de configuração ou de desenho, pois, em caso de projetos variantes algoritmizáveis, eles serão executados automaticamente mediante emprego do CAD.

Ao examinar o fluxograma descrito e os métodos que serão expostos nos capítulos seguintes, o projetista que atua na prática possivelmente objetará que tantas etapas de trabalho não poderão ser realizadas por uma questão de tempo.

No entanto, ele deveria considerar o seguinte:

- o projetista agora já seguiu pelo caminho apontado, só que algumas etapas foram inconscientemente executadas e, em prejuízo do resultado, muitas vezes são excessivamente condensadas ou puladas muito rapidamente;
- o consciente procedimento por etapas, pelo contrário, confere a segurança de que nada de essencial tenha sido esquecido ou não tenha sido considerado. A idéia geral

obtida quanto às possíveis soluções, neste caso, será bastante ampla e fundamentada. Portanto, na busca de novas soluções, quer dizer de novos projetos, recomenda-se o procedimento por etapas, sem exceção;

- no projeto adaptativo pode-se recorrer a modelos familiares e somente empregar o procedimento descrito, onde este se mostrar apropriado e necessário. Portanto, para a melhoria de um detalhe, as exigências com relação à lista de requisitos, à busca da solução, à avaliação, etc., se restringiriam a esta subtarefa;
- se o projetista espera um resultado melhor, ele deve procurá-lo por meio de um procedimento metódico, para o que também lhe deve ser concedido um tempo apropriado. Através da exposição e seguimento das etapas de trabalho citadas, este tempo pode ser melhor controlado e estimado. Com base na experiência atual, o tempo gasto no procedimento por etapas é relativamente pequeno em comparação com as atividades convencionais.

4.2.2 Cronograma do planejamento

Em geral, produtos só têm êxito no mercado quando satisfazem três condições:

- satisfazem a utilidade (requisitos) demandados pelo usuário;
- no sentido do "time to market", marcam presença no mercado na hora certa; e
- possibilitem preços praticáveis no mercado.

Nesta seção, será examinado mais detalhadamente o segundo aspecto, uma vez que sua importância freqüentemente é subestimada pela maioria dos engenheiros, os quais geralmente não estão habituados com as ferramentas e métodos para o estabelecimento de um cronograma para o projeto. Neste contexto, somente será exposto o procedimento básico no sentido de uma introdução.

A problemática do planejamento emerge principalmente de duas condições gerais:

- O projeto ou o resultado do projeto deve estar concluído em determinada data, sendo que durante a execução são exigidos resultados parciais.
- Nem toda tarefa pode ser executada por qualquer colaborador. Em geral, existe um contingenciamento dos recursos.

A ferramenta principal para o cumprimento dessa tarefa de planejamento é a técnica PERT [7, 8]. Essa técnica possibilita determinar o prazo para a execução de um contrato e a necessidade de recursos. A técnica PERT representa graficamente a interligação lógica das tarefas a serem atendidas pelo projeto e os recursos alocados ao mesmo.

Para a composição de uma rede PERT são necessárias três etapas principais:

- A análise da estrutura. Por meio dela é especificado e descrito o relacionamento e as dependências entre as subtarefas de um projeto.
- A análise cronológica. No âmbito dessa tarefa é determinada a duração necessária de cada subetapa de trabalho, bem como prazos flexíveis para início do projeto completo e das principais etapas de trabalho.
- A atribuição de colaboradores às subetapas de trabalho. Num primeiro passo, esta atribuição acontece de acordo com a competência necessária para execução da subetapa considerada e a competência representada pelo colaborador. Num segundo passo, é considerada a disponibilidade dos colaboradores. A disponibilidade dos colaboradores poderá estar limitada devido a treinamentos, doença, férias, etc., ou por já terem sido alocados para outras tarefas.

Geralmente, a estrutura do produto constitui a base para o planejamento da estrutura da tarefa. Por meio dela, é definido cada um dos subconjuntos e os componentes principais a serem projetados; com isto, também é definida boa parte das tarefas.

A Tab. 4.1 descreve em detalhes o seqüenciamento para elaboração da rede PERT e cada etapa de trabalho.

A Fig. 4.4 reproduz um extrato de uma rede PERT. As tarefas são representadas por barras. Suas relações resultam de uma seqüência de trabalho lógica ou possível como, p. ex., condição início-fim. Neste caso, a tarefa precedente precisa estar terminada antes de poder iniciar a tarefa seguinte, etc.

Além de informações sobre a duração do projeto, a demanda de colaboradores e a alocação de colaboradores às subtarefas do projeto, a rede PERT também fornece informações sobre os tempos de folga e o caminho crítico do projeto. O tempo de folga indica, por quanto tempo o início ou término de um processo pode atrasar, sem que isso perturbe o fluxo do projeto. No caminho crítico, se encontram processos que não têm tempo de folga e, dessa forma, determinam a duração total do projeto.

4.2.3 Planejamento dos custos do projeto e do produto

O preço de custo de um produto serve de base para a determinação do preço de mercado. Por isso, influencia decisivamente o sucesso do produto. Além dos custos de produção, o preço de custo ainda é influenciado pelo custo do projeto do produto. Aqui, geralmente, os custos de desenvolvimento representam o maior quinhão. Portanto, a área técnica de uma empresa tem uma elevada responsabilidade pelos custos.

Por isso, por um lado ele precisa zelar pelos custos de produção para não exceder uma meta de custo prefixada. A

Tabela 4.1 Esclarecimentos para elaboração de um plano PERT

Atividade	Esclarecimentos
1. Definição da subdivisão/estrutura do produto	Em geral inicia-se por um produto familiar e semelhante e adapta-se a sua estrutura.
2. Definição das tarefas necessárias para produção de cada componente do produto	Para isso sempre vale uma consideração por etapas • Busca da solução • Análises • Projetos preliminares • Cálculos ▶ Para cada componente do produto e o produto completo (consideração do sistema)
3. Pesquisa de relações lógico-temporais entre as tarefas	As dependências das tarefas precisam ser reconhecidas e documentadas como claras relações CASO - ENTÃO: Quando o diâmetro de eixo estiver definido, dimensiona-se a união cubo-eixo da engrenagem.
4. Determinação do tempo para execução de cada tarefa	• Questionamento de portadores de experiência • Considerações de equivalência entre tarefas comparáveis • Registro das tarefas executadas • Estimativa
5. Definição de marcos (eles permitem controlar se os teores das tarefas e/ou prazos são respeitados. Através da análise de tendência dos marcos pode-se prever se, ao ser concluído, o projeto terá êxito ou não.	**Tipo de marco**: **Orientado por evento**: Os marcos (M) sempre precisam ser exatamente definidos, do ponto de vista do conteúdo. O marco é alcançado quando os resultados do trabalho satisfazem o conteúdo definido para o marco. **Aplicação**: Na maioria das vezes, empregado no encerramento do projeto de um subconjunto **Orientado por tempo**: O marco (M) é alcançado quando determinada data é alcançada ou transcorreu um determinado intervalo de tempo. **Aplicação**: Em tarefas de longo prazo, ao longo de cuja execução não é definível nenhum resultado intermediário claro. **Point of no return**: Data/evento a partir do qual os resultados até então elaborados não podem mais ser modificados. **Aplicação**: Proteção de resultados intermediários, por exemplo, contra modificações provenientes do cliente (conceito). **Marco de revisão**: Data, na qual as respostas a conteúdos rigorosamente definidos têm de ser explicitamente liberadas/homologadas. **Aplicação**: Projeto preliminar de componentes/subconjuntos onerosos e complexos é liberado pelo cliente/pela produção.
6. Definição de possíveis buffers para tarefas	Os buffers se destinam a cobrir o risco de o plano de projeto sofrer atrasos. Buffers encontram aplicação principalmente em tarefas com elevado grau de inovação.
7. Elaboração do plano PERT. Normalmente, com auxílo de ferramentas apropriadas: Microsoft Project, Super Project Expert, Prima Vera...)	Sob forma de gráficos e de tabelas o plano PERT reproduz todas as relações entre tarefas e marcos. Ele determina o andamento do projeto.
8. Preparação de um calendário	O calendário do projeto especifica os dias úteis disponíveis para a execução do projeto.
9. Seleção de recursos e sua correlação com as atividades do plano PERT	A seleção ocorre de acordo com as potencialidades requeridas e a disponibilidade dos recursos para as datas previstas no projeto.
10. Elaboração do calendário de recursos e sua correlação com o plano PERT	Para cada colaborador é elaborado um calendário individual com relação ao tempo de que dispõe para execução do projeto. Nessa elaboração são considerados período de férias, tempo gasto com aprendizagem, etc.
11. Primeiro seqüenciamento do planejamento	Após adequação dos recursos e dos calendários individuais ao plano PERT, é efetuado um primeiro teste do plano.
12. Avaliação do planejamento	• Os projetos obedecem aos prazos? • Qual é o caminho crítico? (variáveis determinantes do prazo sem buffer)
13. Otimização do planejamento	Uma otimização/correção pode ocorrer por: • Incremento da capacidade dos recursos • Prorrogações dos prazos • Diminuição da extensão da tarefa • Alteração do seqüenciamento das tarefas • Alteração do teor das tarefas

Tabela 4.1 (continuação)	
Atividade	Esclarecimentos
14. Aprovação do plano de projeto	O plano de projeto é liberado por assinatura da autoridade competente, geralmente o cliente
15. Constante controle do projeto	Todas as variáveis de um projeto tais como: • Prazos • Custos } Observar e registrar continuamente • Riscos

possível influência do custo de produção é discutida no Cap. 12. Por outro lado, é preciso planejar e controlar os custos de desenvolvimento do produto. Dependendo da quantidade de peças, estes custos representam elevada participação no preço de custo.

O plano em rede também forma a base para o planejamento dos custos de desenvolvimento e de projeto. A área técnica de uma empresa basicamente gera custos com pessoal e, em menor proporção, custos materiais, como, p. ex., uso de instalações CAD, custos com consultorias, etc. Por isso, o plano em rede pode ser aproveitado para alocar os custos gerados com a demanda de colaboradores por meio de taxas horárias.

Nisto, é um aspecto importante a evolução cronológica dos custos. Ele é mostrado no plano de custos [9]. O plano de custos representa um documento importante para planejamento do *budget* da área técnica.

4.3 ■ Formas efetivas de organização

4.3.1 Trabalho cooperativo interdisciplinar

O desenvolvedor e o projetista não podem executar os seus trabalhos divorciados do contexto. Pelo contrário, eles dependem do resultado do trabalho de outros e inversamente. Eles estão inseridos em seus departamentos, que por sua vez estão inseridos na empresa. Só as atividades afinadas entre si, de todos os participantes, levam a resultados satisfatórios no processo de geração do produto [11, 22]. Para tanto é necessária a definição das responsabilidades, dos conteúdos do trabalho, etc., de cada funcionário da empresa. Isto é regulamentado pela estrutura e funcionamento da organização:

- A *estrutura da organização* define as responsabilidades e as tarefas, e as interliga a determinados portadores de função, departamentos e instituições. Simultaneamente, define suas inter-relações pela sua colocação dentro da hierarquia.
- A organização do funcionamento prescreve o seqüenciamento do trabalho dentro da empresa. A questão é o objeto do trabalho cujo caminho é indicado com todas as etapas de trabalho necessárias.

Os esforços em configurar eficazmente o processo de projeto e desenvolvimento visam os seguintes pontos:

- Redução da iteração interna, ou seja, repetição da mesma etapa de trabalho dentro de uma etapa de trabalho principal.
- Redução da iteração externa, ou seja, retorno a uma etapa de trabalho principal já executada ou até mesmo uma nova execução dessa etapa.
- Omissão de algumas etapas de trabalho.
- Execução em paralelo de etapas de trabalho.

Especialmente esse último ponto possui um potencial crítico para a redução do tempo de execução. Para alcançar esses quatro objetivos, basicamente três requisitos precisam ser satisfeitos:

- Uma apropriada configuração do produto, de modo que as características dos seus sistemas, subsistemas, bem como de elementos do sistema, possam ser modeladas rigorosa e claramente em cada etapa do processo. No Cap. 10 são apresentadas algumas possibilidades para a configuração correspondente do produto.
- As interfaces entre as etapas do processo precisam ser rigorosa e claramente definíveis.
- As etapas do processo precisam ser independentes entre si.

Com esses pressupostos básicos e um trabalho com equipes interdisciplinares, são criados os fundamentos para a engenharia simultânea ou concomitante.

Sob *engenharia concomitante ou simultânea* entende-se o trabalho objetivo, interdisciplinar (disseminando-se por vários departamentos), em paralelo e cooperativo, para o completo desenvolvimento do produto, da produção e da distribuição, por todo o ciclo de vida do produto com rigoroso gerenciamento [1]. Sobre experiências na prática relatam principalmente [12, 14]. Na Fig. 1.4 já foi apontada a intensiva interligação dos fluxos de informação entre cada um dos setores de produção. No processo de geração de um produto sob engenharia simultânea, as atividades de cada um dos departamentos caminham em grande parte em paralelo ou ao menos se superpõem de forma bastante nítida, com freqüentes encontros com o cliente e com inclusão dos vários fornecedores (Fig. 4.5. [5, 13, 23]). Além disso, ocorre um permanente monitoramento do produto até o fim do seu ciclo de vida.

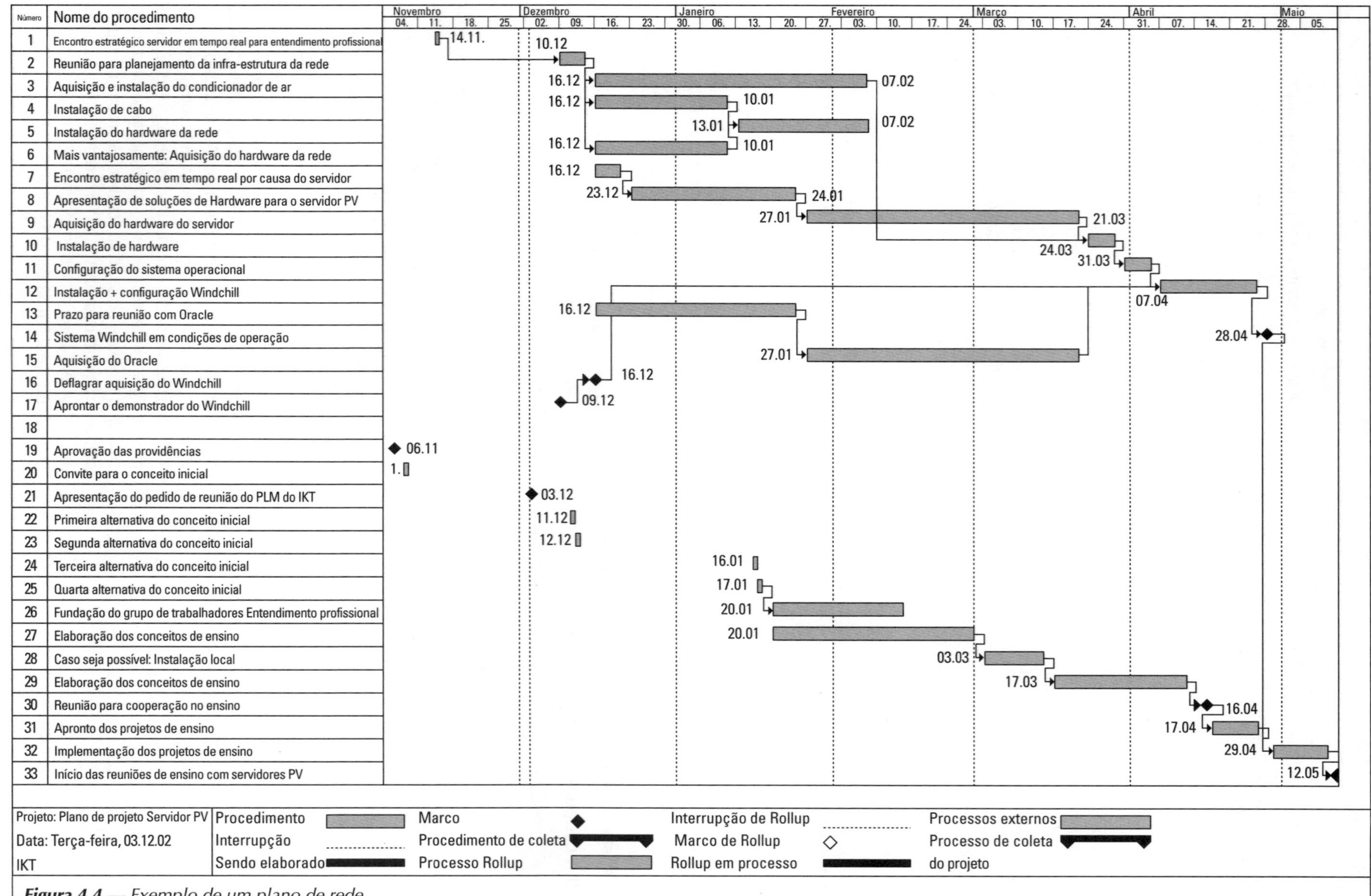

Figura 4.4 — *Exemplo de um plano de rede.*

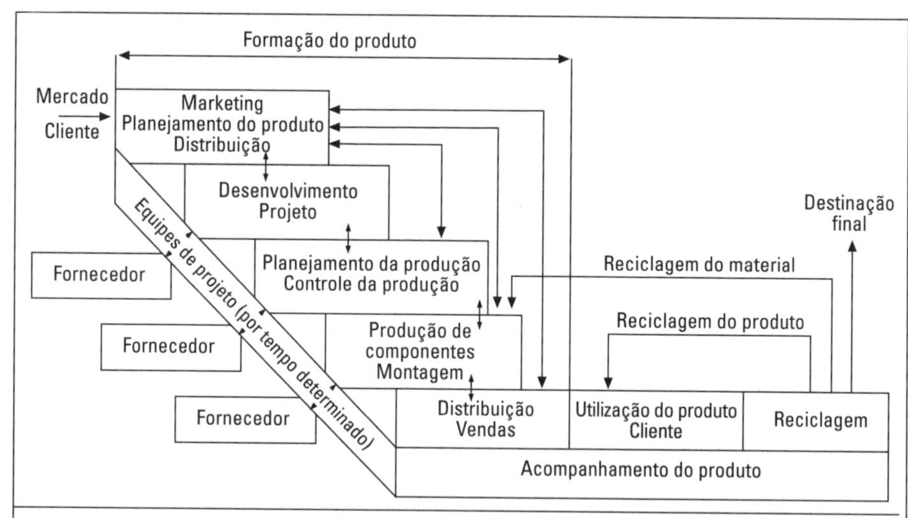

Figura 4.5 *— Processo de formação do produto e acompanhamento na engenharia simultâneo com superposição mínima das atividades por áreas, formação de uma equipe de projeto e contatos estreitos com o cliente e fornecedores* [4].

Para o desenvolvimento de um produto, é constituída uma equipe de desenvolvimento, com duração limitada, composta não apenas por elementos do setor de projeto, mas também por elementos de outros setores que estejam envolvidos no desenvolvimento do produto. Portanto, o quanto antes possível, além do setor responsável pelo projeto, outros setores também são incluídos. A *equipe* constituída trabalha independentemente, sob a gerência de um *gerente de projeto* e ela mesma responde por suas decisões perante a diretoria da empresa ou a gerência de desenvolvimento técnico. Assim são transpostas as fronteiras departamentais.

Nisso, a equipe também pode ser formada como uma "equipe virtual", ou seja, sem uma forma de organização externa. Indicações típicas a respeito de estruturas de equipes e sua relevância para o desenvolvimento de produtos são encontradas em [6, 27].

Objetivos dessa organização e forma de trabalho são:

- menores tempos de desenvolvimento,
- produção mais rápida,
- redução de custo no produto e no desenvolvimento do produto,
- melhoria da qualidade.

Para o trabalho do projetista apresentam-se novos aspectos [20]:

- Trabalho em equipe interdisciplinar com a respectiva adaptação da linguagem e dos conceitos.
- Um intercâmbio de informações mais próximo, imediato, pela inclusão prematura de outras seções e disciplinas.
- Uso imediato das tecnologias de informação e comunicação baseadas em processamento de dados, CAD, multimídia, etc.
- Inclusão em um gerenciamento de projeto com fluxograma e marcos, quer dizer, um trabalho dirigido de uma forma mais metódica.
- Sincronização de atividades que precisem ser ajustadas.
- Percepção de determinadas responsabilidades pessoais no que se refere às decisões da equipe e com relação aos problemas parciais ou subtarefas independentes delegados a cada um.
- Contato mais próximo com subfornecedores e clientes.

Por motivos práticos é formado um pequeno *time núcleo*, envolvendo especialistas que respondem pelo projeto, planejamento do trabalho, marketing e comercialização. A composição depende do problema e do tipo de produto. Conforme a necessidade, o time núcleo é completado com especialistas do controle da qualidade, da montagem, do comando e controle, da reciclagem e da problemática ambiental e similar, que colaboram na equipe em apenas algumas etapas ou por um prazo preestabelecido. Nessa equipe, por um lado, o repertório de conhecimentos e saber, incluindo disciplinas afins segundo a Fig. 4.6, é ativado ou incluído de forma mais ou menos automática. Por outro lado, com a inclusão de um conhecimento especializado variado, o seguimento e a observância dos objetivos e condicionantes expostos em 2.1.7 são sensivelmente melhorados com o auxílio da diretriz indicada na Fig. 2.15.

As *vantagens* de uma equipe com formação multidisciplinar são:

- Um incremento do conhecimento e incentivo recíproco.
- Um certo controle da equipe quanto a perguntas capciosas e detecção de contradições.

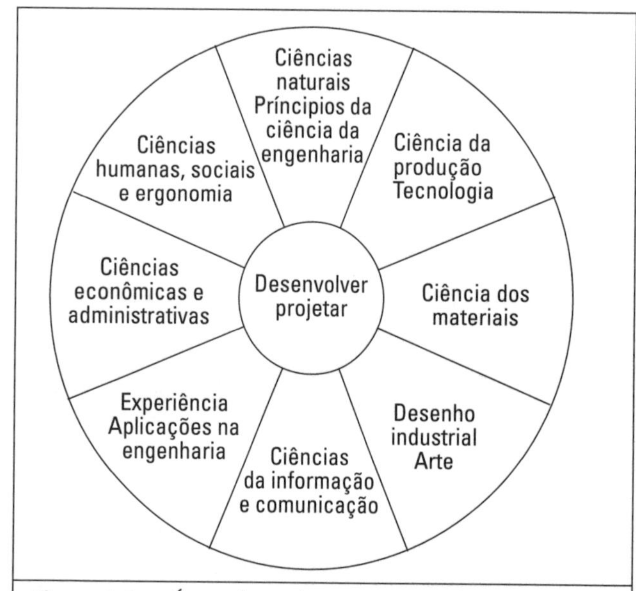

Figura 4.6 *— Áreas do conhecimento vizinhas, que se interligam e atuam no desenvolvimento e no projeto.*

- Um significativo estímulo da motivação, por meio da participação direta e da informação imediata.
- A partir da percepção de determinada situação, é possível uma ação imediata sem necessidade de consultar níveis hierárquicos ou aguardar suas decisões.

Quando, no sentido da *lean production* (produção enxuta), os percursos da informação e da decisão precisarem ser reduzidos [13], a formação de um grupo para um dado projeto, que se reúna por tempo predeterminado e cujos membros se desvinculem da hierarquia do setor, seria uma resposta adequada. O projetista, que até o presente trabalhava mais ou menos sob orientação de uma seção ou de um grupo, onde também tinha seu *habitat* profissional e podia se aconselhar com especialistas, é enviado para uma maior autonomia e para um ambiente que lhe é estranho. Para trabalhar nesses grupos de projeto ele necessita de uma série de competências que vão além da competência dos métodos e do ramo de atividade [19, 20] (Fig. 4.7). Isto deverá ser observado na seleção dos gerentes de projeto.

4.3.2 Liderança e comportamento numa equipe

Uma vez que o desenvolvimento de um produto novo ocorre preferencialmente com uma equipe desvinculada da estrutura departamental, em seu lugar é necessário um severo *gerenciamento de projeto*. Um gerente de projetos com bons conhecimentos técnicos e metodológicos deverá possuir as características de um bom solucionador de problemas (cf. 2.2.2), a fim de poder conduzir um grupo, formado por diversos especialistas, aos objetivos do desenvolvimento [20].

O gerente de projetos e a equipe encontram na teoria de projeto exposta nesse livro um suporte eficaz, com ajuda da qual poderá ser iniciada e testada a forma de proceder, a seleção de métodos específicos adequados, a definição de etapas de decisão convenientes (marcos), assim como o acompanhamento de princípios de projeto apropriados. Nisso, de acordo com a condição do problema, a flexibilidade necessária para ajustar o procedimento ou para empregar os métodos sob os critérios relevância e urgência, sempre terá que ser colocada em jogo. Para tanto, o gerente de projeto terá de praticar um *estilo de liderança* que não atue de forma dogmática, faça uso da multidisciplinaridade da equipe, abra espaço para a ação a cada membro da equipe e, nos momentos decisivos, indique por onde prosseguir.

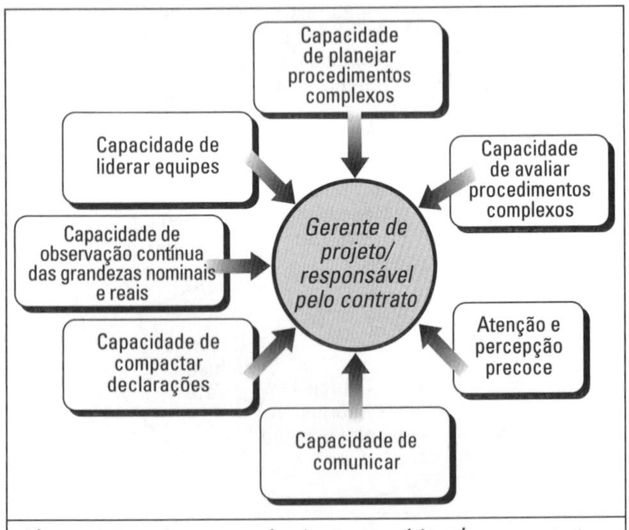

***Figura 4.7** — As competências necessárias de um gerente de projeto.*

Demonstrar liderança significa:

Informar em tempo hábil por meio de:

- Apontar em tempo hábil os afastamentos do plano do projeto.
- Administrar as informações numa base unificada.

Orientar as atividades individuais de acordo com um procedimento metódico:

- Planejamento das principais variáveis de projeto, como prazos, custos, recursos;
- Acompanhamento das principais variáveis de projeto;
- Estimativas de custo e suas conseqüências, devido a modificações e, eventualmente;
- Correções no plano de projeto.

Representar eficazmente a equipe perante o público por meio de:

- Gerenciamento dos relatórios,
- Comunicação pessoal compreensível, entre outros expedientes.

Estimular ou tomar *decisões convincentes* em situações difíceis, com o que a formação e a confiança no seio da equipe podem ser objetivamente estimuladas.

Se ele não tiver condições de atender estas exigências, o modelo organizacional "engenharia simultânea" estará fadado ao fracasso.

Mas também o *comportamento da equipe* desempenha um papel importante. Além das vantagens já mencionadas em 4.3.1, das quais tiram partido o desenvolvimento do produto e os membros da equipe, na verdade ainda poderão aparecer problemas com as seguintes tendências [2]:

- Grupos ou equipes trabalhando em conjunto por tempos longos têm propensão a simplificações inadmissíveis.
- Poderá ocorrer um controle insuficiente da eficácia do trabalho em equipe.
- Na equipe é gerada uma acomodação, que acompanha uma tendência de proteção da capacidade e superestimação.
- Grupos, que já há tempos trabalham em conjunto com sucesso, desenvolvem sob determinadas circunstâncias um autoconceito nem sempre justificado.

- Dentro da equipe freqüentemente encontram-se os autodenominados sentinelas de idéias, que dominam os demais. Aí, então, o gerente de projeto terá que interferir de forma moderadora.
- Poderá ocorrer a preguiça social, ou seja, a inatividade às custas dos demais.

Contra os mencionados problemas, ao lado de uma gestão sensata, contribui a constituição apenas de equipes pequenas, o debate franco, eventualmente a substituição de uma pessoa ou uma oportuna complementação. Como também, por princípio, a dissolução da equipe depois de alcançar o objetivo do desenvolvimento.

A respeito da eficácia dos grupos ou do trabalho em equipe em comparação com o trabalho individual, manifestaram-se Dörner e Badke-Schaub [2, 10]. Uma afirmativa genérica é difícil. Mas parece que as opiniões do grupo são niveladas num nível mais elevado, ou seja, em seu resultado nunca são tão boas como a da melhor pessoa do grupo, mas também nunca são piores do que a da pior pessoa do grupo. Uma idéia ou trabalho individual pode se destacar notavelmente (genial) do resultado do grupo, assim como também outras podem ficar perceptivelmente abaixo do nível do grupo.

Disso segue que propostas surpreendentes feitas por membros da equipe não devem ser reprimidas, mas seu objetivo deve ser desenvolvido até o ponto onde seja possível uma apreciação inequívoca em comparação com o resultado da equipe. Uma performance original e individual de qualidade em um grupo ou em uma equipe nem sempre pode ser conseguida ou deve ser esperada. Ou seja, também devem ser preservadas possibilidades para performances individuais de qualidade. A formação de equipes nem sempre é o remédio "cura-tudo" para as boas soluções. Ambiente de trabalho e estilo de gestão determinam, como sempre, não só o emprego eficaz de uma equipe, mas também o trabalho individual bem-sucedido.

Referências

1. Albers, A.: Simultaneous Engineering, Projektmanagement und Konstruktionsmethodik - Werkzeuge zur Effizienzsteigerung. VDI-Notícias 1120, Düsseldorf: VDI-Editora, 1994.
2. Badke-Schaub, R: Gruppen und komplexe Probleme. Frankfurt am Main: Peter Lang, 1993.
3. Beelich, K. H.; Schwede, H. H.: Denken - Planen - Handeln. 3ª edição. Würzburg: Vogelbuchverlag, 1983.
4. Beitz,W.: Simultaneous Engineering - Eine Antwort auf die Herausforderungen Qualität, Kosten und Zeit. In: Strategien zur Produktivitätssteigerung - Konzepte und praktische Erfahrungen. ZfB-Ergänzungsheft 2, (1995) 3-11.
5. Beitz, W.: Customer Integration im Entwicklungs- und Konstruktionsprozess. Konstruktion 48, (1996) 3]-34.
6. Bender, B.; Tegel, O.; Beitz,W.: Teamarbeit in der Produktentwicklung. Konstruktion 48, (1996)73-76.
7. DIN 69900 T1: Netzplantechnik, Begriffe. Berlim: Beuth, 1987.
8. DIN 69900 T2 Netzplantechnik, Darstellungstechnik. Berlim: Beuth, 1987.
9. DIN 69903: Kosten und Leistung, Finanzmittel. Berlim: Beuth, 1987.
10. Dörner, D.: Gruppenverhalten im Konstruktionsprozess. Notícias VDI Nr. 1120, S. 27-37. Düsseldorf: VDI-Editora, 1994.
11. Ehrlenspiel, K.: Integrierte Produktentwicklung - Methoden für Prozessorganisation, Produkterstellung und Konstruktion. Munique: Editora Hanser, 1995.
12. Feldhusen, J.: Konstruktionsmanagement heute. Konstruktion 46, (1994) 387-394.
13. Helbig, D.: Entwicklung produkt- und unternehmensorientierter Konstruktionsleitsysteme. Schriftenreihe Konstruktionstechnik (Hrsg. W. Beitz), Nr. 30, TU Berlim, 1994.
14. Kramer, M.: Konstruktionsmanagement - eine Hilfe zur beschleunigten Produktentwicklung. Konstruktion 45, (1993) 211-216.
15. Krick, V.: An Introduction to Engineering and Engineering Design, Second Edition. Nova York, Londres, Sidney, Toronto: Wiley & Sons Inc.,1969.
16. Leyer, A.: Zur Frage der Aufsätze über Maschinenkonstruktion in der "technika". technika 26, (1973) 2495-2498.
17. Müller, J.: Arbeitsmethoden der Technikwissenschaften. Berlim: Springer, 1990.
18. Pahl, G.: Die Arbeitsschritte beim Konstruieren. Konstruktion 24, (1972) 149-153.
19. Pahl, G. (Hrsg.): Psychologische und pädagogische Fragen beim methodischen Konstruieren. Ladenburger Diskurs, Colônia: Editora TUV Rheinland, 1994.
20. Pahl, G.: Wissen und Können in einem interdisziplinären Konstruktionsprozess. In: zu Putlitz, G.; Schade, D. (Hrsg.): Wechselbeziehungen Mensch - Umwelt - Technik. Stuttgart: Schäffer- Poeschel Verlag 1996. Englische Ausgabe: Interdisciplinary design: Knowledge and ability needed.ISR Interdisciplinary Science Reviews. Dez. 1996, Vol. 21, No. 4, 292-303.
21. Penny, R.K.: Principles of Engineering Design. Postgraduate J. 46, (1970) 344-349.
22. Stuffer, R.: Planung und Steuerung der integrierten Produktentwicklung. Diss. TU München. Reihe Konstruktionstechnik München, Bd.13, Munique: Hanser, 1994.
23. Tegel, O.: Methodische Unterstützung beim Aufbau von Produktentwicklungsprozessen. Diss. TU Berlin. Schriftenreihe Konstruktionstechnik (Hrsg. W. Beitz), Nr. 35, TU Berlim, 1996.
24. VDI-Richtlinie 2221: Methodik zum Entwickeln und Konstruieren technischer Systeme und Produkte. Düsseldorf: Editora VDI, 1993.
25. VDI-Richtlinie 2222 Folha 1: Konzipieren technischer Produkte. Düsseldorf: Editora VDI, 1977. - Überarbeitete Fassung (Entwurf): Methodisches Entwickeln von Lösungsprinzipien. Düsseldorf- VDI-EKV, 1996.
26. VDI-Richtlinie 2223 (Entwurf): Methodisches Entwerfen technischer Produkte. Düsseldorf: VDI-Editora, 1999.

27. VDI-Richtlinie 2807 (Entwurf): Teamarbeit - Anwendung in Projekten aus Wirtschaft, Wissenschaft und Verwaltung. Düsseldorf: VDI-Gesellschaft Systementwicklung und Projektgestaltung, 1996.

28. Aus der Arbeit der VDI-Fachgruppe Konstruktion (ADKI). Empfehlungen für Begriffe und Bezeichnungen im Konstruktionsbereich. Konstruktion 18, (1966) 390-391.

29. Wahl, M. R: Grundlagen eines Management - Informationssystemes. Neuwied, Berlim: Luchterhand, 1969. Complementações à 4ª edição.

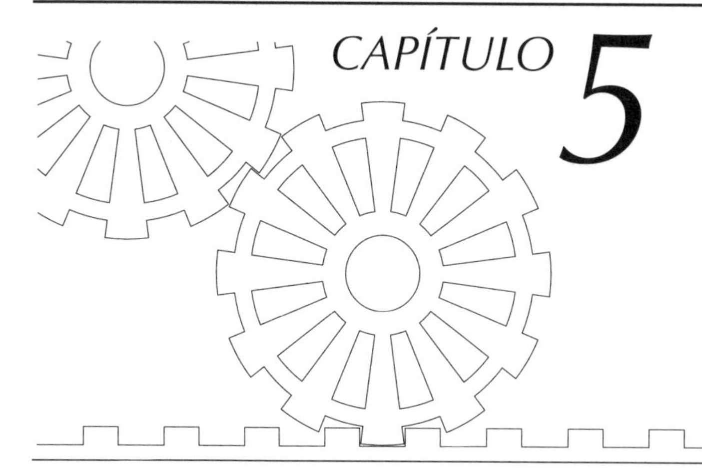

ESCLARECIMENTO E DEFINIÇÃO METÓDICA DA TAREFA

5.1 ■ Importância do esclarecimento da tarefa

As áreas de desenvolvimento e projeto recebem suas tarefas de outros setores da empresa; geralmente a tarefa é passada ao setor de projeto ou desenvolvimento, da seguinte maneira:

- como pedido de desenvolvimento (externa ou internamente pelo planejamento de produto sob a forma de uma proposta de um produto);
- como pedido concreto de um cliente;
- como sugestão baseada, p. ex., em propostas de aperfeiçoamento e críticas da área de vendas, testes, campo de provas ou montagem, de um setor afim ou do próprio setor de projetos.

Além das disposições sobre o produto e sua funcionalidade, bem como sua performance, na maioria das vezes estes pedidos ainda contêm disposições a respeito de prazos e custos a serem mantidos. O setor de projetos está agora diante do problema de identificar as especificações de produto determinantes para a solução e de configuração e, se for possível, formular e documentar tais especificações com indicações quantitativas. O resultado deste processo é a lista de requisitos. Ela constitui o documento das especificações do produto e, com isso, também uma medida do grau de atendimento da tarefa pelo setor de desenvolvimento ou projeto. Em estreita colaboração com o cliente, inicialmente serão esclarecidas as seguintes questões:

- Qual finalidade a solução objetivada precisa satisfazer?
- Quais características ela deve apresentar?
- Quais características ela não deve possuir?

Desde que ainda não tenha sido efetuada pelo planejamento do produto (cf. 3.1), o setor de projeto deveria praticar a análise da situação descrita em 3.1.4 para conhecimento da situação do produto e futuros desenvolvimentos.

Como importante trabalho prévio para auxiliar na elaboração da lista de requisitos, a percepção das vontades do cliente e a conversão destas em requisitos do produto a ser desenvolvido, também podem ser contempladas aplicando-se o método QFD (cf. 11.5).

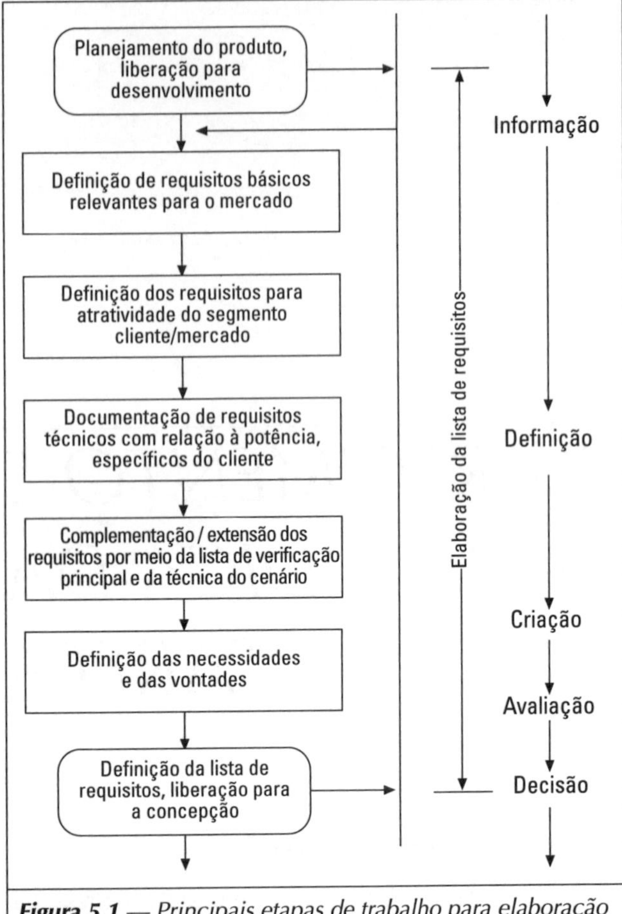

Figura 5.1 — *Principais etapas de trabalho para elaboração da lista de requisitos.*

5.2 ■ Elaboração da lista de requisitos

As principais etapas de trabalho para elaboração de uma lista de requisitos estão indicadas na Fig. 5.1.

Aqui, percebe-se um procedimento em dois estágios. No primeiro estágio são definidos e documentados os requisitos óbvios. No segundo estágio, sempre que necessário, estes requisitos são complementados ou melhor detalhados, com auxílio de métodos apropriados.

A seguir, o conteúdo e a estrutura da lista de requisitos, e cada uma das etapas de trabalho para a sua elaboração, são descritos mais minuciosamente.

5.2.1 Conteúdo

Na formulação da lista de requisitos, os objetivos e as condicionantes sob as quais os requisitos devem ser satisfeitos precisam ser destacados claramente. Os requisitos assim determinados podem então ser desdobrados em necessidades e vontades:

- Necessidades, que precisam ser satisfeitas sob quaisquer circunstâncias, ou seja, sem o seu atendimento a solução prevista não é aceitável em nenhuma hipótese (p. ex., determinados dados de performance, requisitos de qualidade, como resistente a condições tropicais ou a respingos de água, etc.). Requisitos mínimos deverão ser indicados como tais, por meio de formulações apropriadas (p. ex., $P > 20$ kW, $L \leqslant 400$ mm).
- Vontades, que devem ser consideradas na medida do possível, eventualmente com a concessão de que para isso é aceitável um limitado trabalho adicional (p. ex., operação centralizada, maior intervalo entre manutenções, etc.). Em certas circunstâncias sugere-se classificar as vontades por alta, média e baixa relevância [4].

A diferenciação e caracterização são necessárias, em virtude de avaliação posterior pois, na seleção (cf. 3.3.1) examina-se o atendimento dos requisitos, ao passo que na avaliação (cf. 3.3.2) somente consideram-se as variantes que já atendem os requisitos.

Sem por ora definir determinada solução, as necessidades e vontades deverão ser formuladas com aspectos quantitativos e qualitativos. Só assim resultam as informações necessárias:

- Quantidade: todas as informações sobre quantidade, número de peças, tamanho do lote e volume, muitas vezes também por unidade de tempo, como potência, vazão, vazão volumétrica, etc.
- Qualidade: todas as informações sobre desvios admissíveis e requisitos especiais, como resistente a condições tropicais, resistente à corrosão, garantia contra choques, etc.

Na medida do possível, os requisitos devem ser especificados por indicações numéricas. Onde isto não for possível, precisam ser formuladas disposições verbais as mais claras possíveis. Referências a importantes influências, intenções ou processos de fabricação, também podem ser incluídas na lista de requisitos. A lista de requisitos é assim um índice interno de todas as necessidades e expectativas na linguagem dos setores que irão executar o projeto. Desta forma, a lista de requisitos expõe condições iniciais e, por ser continuamente atualizada, constitui ao mesmo tempo uma referência para o trabalho. Além do mais, é um documento diante da gerência da empresa e da área de vendas, pois obriga o comprador a um posicionamento inequívoco, sempre que não concordar com as disposições estabelecidas na lista de requisitos.

5.2.2 Formato

A lista de requisitos deve conter ao menos as seguintes informações, que deverão ser representadas da forma mais clara possível (cf. Fig. 5.2):

- Usuário: empresa e departamento
- Denominação do projeto/produto

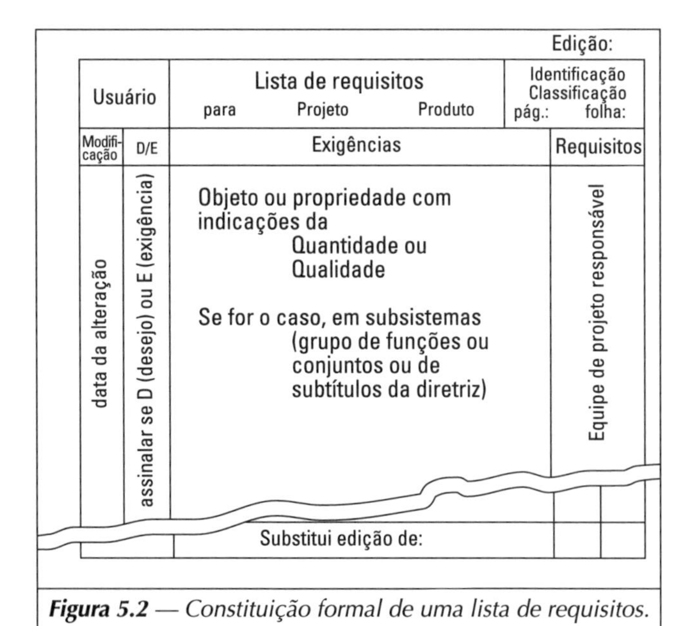

***Figura 5.2** — Constituição formal de uma lista de requisitos.*

- Requisitos classificados em necessidades ou vontades
- Data da elaboração da lista completa
- Data da última revisão
- Número da edição como identificação e, em certos casos, como classificação
- Número de páginas

Um exemplo de arranjo formal de uma lista de requisitos está indicado na Fig. 5.2.

É de bom senso que o formato da lista de requisitos seja definido por uma norma de fábrica.

Para utilização de uma lista de requisitos pode ser útil efetuar uma decomposição com base em subsistemas (estrutura de funções ou subconjuntos), desde que possam ser identificados ou efetuar um desmembramento segundo os itens da lista de verificação (cf. Fig. 5.3). Na continuação de um desenvolvimento com soluções já estabelecidas, onde os subconjuntos a serem desenvolvidos ou aperfeiçoados já estão definidos, ordena-se de acordo com esses subconjuntos. Grupos de projeto especiais normalmente são encarregados do desenvolvimento de cada subconjunto. P. ex., no desenvolvimento de um automóvel, a lista de requisitos poderá ser adicionalmente subdividida em projeto do motor, transmissão, suspensão, carroceria, etc.

No caso de requisitos importantes ou aqueles cujo motivo não é aparente, tem-se demonstrado extremamente prático indicar também a fonte que deu origem a esses requisitos.

Assim, será bastante conveniente uma referência com relação a quem indicou ou quem pode dar informações sobre tais requisitos. Assim então, é possível recorrer ao criador das determinações e aos motivos que as originaram, e revê-los. Este procedimento é muito importante no questionamento durante o desenvolvimento, se a exigência feita deve ser mantida ou se pode ser modificada.

Alterações e complementações da formulação da tarefa, conforme pode acontecer devido ao melhor conhecimento das possibilidades de solução no decorrer do desenvolvimento ou em conseqüência de uma mudança de foco, precisam sempre ser acrescentadas à lista de requisitos. No início de um desenvolvimento a lista de requisitos representa uma tarefa preliminar obrigatória e, posteriormente, uma tarefa sempre atualizada.

O responsável pela lista de requisitos é o projetista ou o gerente de desenvolvimento. A lista de requisitos deve ser distribuída a todos os setores envolvidos com o desenvolvimento do novo produto (gerência, vendas, cálculo, testes, distribuidores, etc.) e, como no caso de um desenho, deve ser continuamente revisada por um serviço de revisões organizado. A lista de requisitos somente poderá ser alterada ou ampliada por determinação da gerência de desenvolvimento (conferência de desenvolvimento).

5.2.3 Identificando e relacionando os requisitos

Em geral, a primeira elaboração de uma lista de requisitos demanda um certo esforço por parte dos envolvidos ainda não habituados com este procedimento. Na área em que se estiver atuando, após um tempo relativamente curto, terão sido criados diversos modelos nos quais se pode basear para elaborar uma nova lista de requisitos. Elas tornaram-se ferramentas úteis e indispensáveis.

A problemática da elaboração de uma lista de requisitos depende da qualidade e quantidade de subsídios e dados fornecidos por meio de tarefas de desenvolvimento ou de projeto pelos departamentos envolvidos, como, p. ex., logística, gerência de produtos, etc. Dependendo do ramo, somente uma parte das características desejáveis no produto será definida e descrita explicitamente. A outra parte é veladamente desejada pelo cliente. Trata-se, portanto, de requisitos implícitos. Por isso deve ser esclarecido:

- De que problema se trata afinal?
- Que vontades e expectativas não declaradas subsistem?
- As condicionantes mencionadas na formulação da tarefa são obrigatórias?
- Que caminhos estão abertos ao desenvolvimento?

Portanto, para o departamento de desenvolvimento ou projeto, é importante conhecer o cliente ou o respectivo segmento de mercado. A base da lista de requisitos é representada pelo pedido firmado com o cliente e os atributos e performances do produto nele acordados. Além disso, pelo aspecto legal, deve-se levar em conta o cumprimento das leis e das normas, bem como a aplicação de diretrizes.

Primeiramente, um passo orientador para elaboração da lista de requisitos, é a conversão destas indicações e requisitos em grandezas relevantes do produto, a serem descritas com os meios auxiliares de um projetista ou engenheiro. No pedido ou em outras especificações do produto acertados com o cliente, trata-se de início, de requisitos explícitos. O problema maior, geralmente, é representado pelos requisitos implícitos. De um lado não são citados pelo cliente, por outro lado, têm efeitos muito negativos quando não são atendidos. O âmago da questão é, p. ex., o efeito que a afirmação "manutenção simples" tem sobre o layout do produto e por meio de quais especificações isto poderá ser descrito. A situação descrita com relação à qualidade e à quantidade dos requisitos é decorrente do tipo de cliente. Basicamente distingue-se entre:

- Clientes anônimos: poderá tratar-se aqui da logística de distribuição dentro da própria empresa, que coloca uma tarefa sem o pedido de um cliente. Mesmo a segmentação de um segmento de mercado já definido se enquadra neste tipo de cliente. Muitas vezes, essas tarefas também são decorrentes de resultados de trabalhos de um gerenciamento de produtos.
- Clientes específicos: neste caso, trata-se tipicamente de um cliente concreto, que colocou um pedido na empresa. Aqui, também, se enquadram os segmentos de mercado que também são atendidos pelos demais concorrentes, com produtos de performances iguais ou bastante semelhantes. Disto decorre a formação de requisitos padronizados. P. ex., os segmentos da "classe de compactos" ou a "classe de carros médios", etc., da indústria automotiva, constituem um cliente específico no contexto aqui exposto.

De acordo com Kramer [3], para esses tipos de clientes resultam requisitos básicos típicos.

1. Requisitos básicos

Com eles, trata-se sempre de requisitos implícitos, isto é, não são manifestados pelos clientes. Seu atendimento é considerado como natural, sendo que para o cliente isto é da maior importância. Portanto, eles decidem sobre o sucesso ou o fracasso de um produto. Que o consumo de energia ou os custos operacionais de um produto sucessor sejam menores do que no produto antecessor, pode constituir um desses requisitos. Para o setor de desenvolvimento ou projeto, tem significado muito importante perceber tais requisitos. A informação sobre estes requisitos, as formas de pensamento e as expectativas do cliente, através do setor comercial ou através do gerenciamento do produto, são absolutamente imprescindíveis.

2. Requisitos técnicos e específicos do cliente

Trata-se aqui de requisitos explícitos. Eles são manifestados pelo cliente e freqüentemente podem ser especificados de forma precisa. Um motor deve ter uma potência de 15 kW e pesar no máximo 40 kg. Com base nestes dados concretos, o cliente utiliza os valores para comparar com os produtos da concorrência. A valoração de cada parâmetro é geralmente determinada pelo próprio cliente.

3. Requisitos de atratividade

Também aqui, trata-se de requisitos implícitos. Freqüentemente, os clientes nem se dão conta deles; no entanto, eles podem ser bem utilizados para diferenciá-los dos concorrentes. Normalmente, o cliente não está disposto a pagar um preço mais elevado por estas características adicionais. Num automóvel, p. ex., o número de variantes com cores padronizadas e o número de combinações aceitáveis da pintura externa com a decoração interna poderiam constituir um desses requisitos.

4. Complementar/ampliar os requisitos

Para complementar e ampliar os requisitos estabelecidos, dois métodos se consolidaram:

- O trabalho segundo uma linha mestra com uma lista das características principais.
- A técnica do cenário.

No trabalho segundo a linha mestra com listas de características principais (Fig. 5.3), que é derivado com ampla validade de 2.1.7, parte-se de pontos concretos da presente tarefa, através de associação de novos conhecimentos sobre estes mesmos pontos, o que pode levar a requisitos relevantes. Uma outra lista de critérios para a elaboração de requisitos também pode ser encontrada em Ehrlenspiel [1].

Na técnica do cenário é examinado e esquematizado o ciclo de vida de um produto desde a sua produção até o seu sucateamento, incluindo as fases intermediárias. Para cada fase de vida é, então, desenvolvido um cenário sendo, então, formuladas as seguintes perguntas:

- O que poderá acontecer com o produto? P. ex., em que estado ele pode incorrer? Como pode ser conservado ou utilizado? Quem pode utilizá-lo, entrar em contato com ele? Onde pode ser empregado?
- Como o produto deverá reagir? P. ex., que robustez a falhas é desejada? Como podem ser eliminados prováveis riscos?

Das respostas a cada uma destas perguntas podem ser derivados os requisitos do produto.

Os requisitos assim encontrados, em grande parte, ainda são pouco específicos, por isso não podem ser diretamente convertidos em parâmetros determinantes da solução ou do layout do produto. Como exemplo, a exigência acima citada "manutenção simples" precisa ser melhor especificada. Para isso Kramer propõe um método com três etapas:

1 Fase (Declaração):
- Vontade do cliente: manutenção simples.

2. Fase (Aprofundamento):
- Possíveis conteúdos das vontades do cliente:
  Prever grandes intervalos entre as manutenções.

Característica principal	Exemplos
Geometria	Tamanho, altura, largura, comprimento, diâmetro, demanda de espaço, quantidade, disposição, conexão, supressão e ampliação
Cinemática	Tipo de movimento, direção do movimento, velocidade, aceleração
Forças	Magnitude da força, direção da força, freqüência da força, peso, carregamento, deformação, rigidez, propriedades elásticas, estabilidade, ressonância
Energia	Potência, eficiência, perdas por atrito, ventilação, variáveis de estado, como pressão, temperatura, humidade, aquecimento, resfriamento, energia de abastecimento, armazenamento, capacidade, conversão de energia
Matéria	Propriedades físicas e químicas do produto de entrada e saída, material auxiliar, substâncias prescritas (lei de alimentos e semelhantes), fluxo de material e transporte
Sinal	Sinais de entrada e saída, tipo de mostrador, aparelhos para produção e monitoramento, forma do sinal
Segurança	Princípios de segurança diretos, sistemas protetores, segurança industrial, segurança no trabalho, segurança ambiental
Ergonomia	Relação homem-máquina: operação, tipos de operação, disposição clara, iluminação, desenho
Produção	Limitações do local da produção, máxima medida fabricável, processo produtivo preferido, meios de produção, qualidade possível e tolerâncias
Controle de qualidade	Possibilidades de teste e medição, prescrições especiais (TÜV, ASME, DIN, ISO, especificações AD)
Montagem	Prescrições especiais de montagem, montagem, embutimento, montagem do canteiro de obras, bases de equipamentos
Transporte	Limitações através de guinchos, bitola ferroviária, vias de transporte por tamanho e peso, tipo e restrições do transporte
Operação	Baixo ruído, taxa de desgaste, aplicação e domínio de utilização, condições de uso (atmosfera sulfurosa, trópicos)
Manutenção	Livre de revisão ou número e intervalo de tempo entre revisões, inspeção, troca, conserto, pintura, lavagem
Reciclagem	Reaproveitamento, reprocessamento, disposição final, armazenamento
Custos	Máximos custos de fabricação, custo de ferramentas, investimento, amortização
Prazo	Fim do desenvolvimento, plano em rede para etapas intermediárias, prazo de entrega

***Figura 5.3** — Linha mestra com listas de características principais.*

Possibilitar manutenção simples.
Facilitar aprendizado dos procedimentos operacionais.

3. Fase (Detalhamento):

- Prever longos intervalos entre as manutenções:
  Intervalos de manutenção no mínimo a cada 5.000 horas de operação.
  A alavanca do excêntrico só precisa ser engraxada a cada 10.000 horas de operação.
- Execução simplificada da manutenção:
  Prever fechos manuais nas tampas de manutenção.
  Prever niple de engraxamento padrão na alavanca do excêntrico, acessível para a engraxadeira padrão.
  Manter um espaço livre para a bandeja coletora de óleo.
  Prever apoio auxiliar para a remontagem da tampa de montagem.
- Procedimentos de operação de fácil aprendizagem:
  No manual de instruções, descrever em separado os procedimentos de manutenção.
  Placas sinalizando os fechos que precisam ser abertos para a manutenção.

  Indicar direção de abertura das portinholas de manutenção por meio de setas estampadas.

Os resultados da terceira fase são, então, documentados no modelo da lista de requisitos, acima descrita.

No esclarecimento da formulação da tarefa devem ser examinadas primeiramente as funções necessárias e as condicionantes específicas da tarefa e sua inter-relação com a conversão de energia, material e informação.

Existindo informações, elas são classificadas e compiladas de forma clara. Para tanto, pode ser conveniente a numeração das posições individuais.

5. Definição das necessidades e vontades

Em 5.2.1 foi feita referência às necessidades e vontades como principal característica de diferenciação dos requisitos. Em muitos casos, já na formulação, é possível uma clara correlação dos requisitos. De qualquer maneira, essa correlação clara é necessária antes da liberação da lista de requisitos e dos demais serviços para execução do pedido. Eventualmente, será preciso efetuar uma nova rodada para aquisição de informações. As vontades deveriam ser formuladas de modo que sua influência no contexto global fique evidente.

Tem-se revelado prático efetuar a ponderação verbalmente ao invés de efetuar uma classificação formal, uma vez que, principalmente no começo, as relações e avaliações freqüentemente variam.

Considerando o que foi exposto neste capítulo, resulta a seguinte recomendação para elaboração da lista de requisitos:

1. Colecionar requisitos:
- Examinar o pedido do cliente ou a documentação da empresa quanto a requisitos técnicos. Definir e documentar todos os requisitos óbvios.
- Com base na linha mestra com a lista das características principais (Fig. 5.3), definir ou complementar requisitos com indicações quantitativas e qualitativas.
- Com auxílio da técnica do cenário considerar todas as situações durante o ciclo de vida do produto e derivar os requisitos resultantes.
- Especificar melhor por meio do seguinte questionamento:
  Qual finalidade a solução precisa atender?
  Quais atributos ela precisa ter?
  Quais atributos ela não deve ter?
- Praticar a aquisição de informações adicionais.
- Destacar claramente as necessidades e vontades.
- Na medida do possível, classificar as vontades como de alta, média e baixa relevância.

2. Ordenar os requisitos de forma clara:
- Antepor a tarefa principal e os dados característicos principais.
- Desdobrar por subsistemas identificáveis (também pré-sistemas, pós-sistemas, ou sistemas confinantes), grupos de funções, subconjuntos construtivos ou características principais da linha mestra.

3. Elaborar a lista de requisitos em impressos e enviar aos setores envolvidos, portadores de licença, gerência, etc.

4. Examinar as objeções e suplementações e incorporar à lista de requisitos.

Se a tarefa estiver suficientemente esclarecida e os participantes concordarem em que as exigências técnicas e econômicas poderão ser atendidas, o projeto poderá começar após a definição da lista de requisitos e liberação para a concepção.

5.2.4 Exemplos

Com a Fig. 5.4 servindo de exemplo, é mostrada a lista de requisitos de um dispositivo para posicionamento de circuitos impressos, na qual podem ser reconhecidas as principais recomendações para conteúdo e formatação de uma lista de requisitos.

Assim, foi efetuada uma subdivisão grosseira das características principais segundo Fig. 5.3, uma classificação dos requisitos em necessidades e vontades, uma quantificação dos requisitos, onde possível e necessário, bem como alterações ou extensões com indicação da respectiva data. Estas últimas resultaram de prolongados debates da lista preliminar (1ª. edição 21.04.1988).

Outras listas de requisitos são apresentadas nas Figs. 6.4, 6.27 e 6.43, de acordo com as recomendações dadas no âmbito de exemplos de projetos.

5.3 ■ Utilização das listas de requisitos

5.3.1 Atualização

1. Situação inicial

Basicamente a lista de requisitos precisa obedecer ao princípio do comprometimento e da integralidade. No início, a lista de requisitos é fundamentalmente provisória, mas ela cresce e é modificada à medida que o desenvolvimento do produto progride. A tentativa de formular logo no início todo e qualquer requisito do produto a ser desenvolvido não é possível ou pode causar consideráveis atrasos. Considerando-se cada uma das etapas do processo de projeto com os respectivos dados de entrada e as conseqüências decorrentes, fica evidente o porquê. P. ex., para a confecção de um desenho da pintura de um componente é necessário conhecer as espessuras de cada demão. Porém, para formular um conceito a ser continuado, esses dados não são relevantes. Os requisitos para produção da tinta podem ser esclarecidos numa data posterior, sem que isto cause uma obstrução ao processo de desenvolvimento do conceito.

Portanto, o trabalho com listas de requisitos obrigatórias, mas provisórias, leva em conta o fato de que, no início do processo de projeto, nem todos os dados e requisitos do produto a ser desenvolvido são conhecidos, e que ainda nem precisam ser conhecidos. Na lista de requisitos somente são documentados os requisitos absolutamente necessários para execução da respectiva etapa de trabalho do processo de projeto. Entretanto, para poder iniciar o desenvolvimento do produto precisam ser esclarecidas as especificações das variáveis e dos atributos que:

- são essenciais para o conceito,
- influenciam o desdobramento,
- determinam o layout básico do produto.

O conteúdo de uma lista de requisitos é, portanto, dependente do produto e da etapa de trabalho. O conteúdo é continuamente atualizado por ajuste e complementação.

Uma lista de requisitos assim manipulada evita que se ocupe com questões e requisitos que não possam ser esclarecidos imediatamente.

2. Dependência em função do tempo

Em muitos casos, os requisitos de um produto estão sujeitos a alterações em função do tempo. Isto pode ocorrer por duas razões:

- Durante a fase de geração do produto:

  O cliente modifica suas vontades ou necessidades durante o desenvolvimento ou durante o projeto. Essas modificações ocorrem freqüentemente na prática, devido a novos conhecimentos por parte do cliente ou por ampliação do emprego previsto para o produto. Isto é típico nos bens de investimento,

SIEMENS Fábrica de aparelhos de medição		Lista de requisitos para o posicionamento de placas de circuitos impressos	Folha 1 Página 1
data	E/D	Requisitos	Modificado
		1. Geometria: Dimensões do corpo-de-prova	
		Circuito impresso:	
	E	Comprimento = 80 – 650 mm	Equipe
	E	Largura = 50 – 570 mm	Langner
	D	Altura = 0,1 – 10 mm	
		Altura solicitada principal:	
	E	Altura principal = 1,6 – 2 mm	
	D	Tolerância entre placas do módulo básico ≦ 120 mm	
	E	Faixa dos "engastes" ≦ 2 mm (placas engastadas em três lados)	
		2. Cinemática	
27.4.88	E	Posicionamento exato do corpo-de-prova	
27.4.88	E	Corpos-de-prova posicionados devem ser deslocáveis na direção do teste (direção normal à placa) de no mínimo 2 mm	
27.4.88	E	Retorno do corpo-de-prova à posição de transporte	
	D	Entrega e retirada espacialmente separadas	
	E	Constituição de túnel	
	D	Tempo de manuseio mínimo (tão rápido quanto possível)	
		3. Forças	
	E	Peso do corpo-de-prova ≦ 1,7 kg	
27.4.88	D	Peso máximo do corpo-de-prova ≦ 2,5 kg	
		4. Energia	
	E	Elétrica ou pneumática (6 – 8 bar)	
		5. Material	
	E	Inoxidável	
	E	Isolamento entre corpo-de-prova e dispositivo de ensaio	
27.4.88	D	Dilatação térmica do dispositivo de ensaio ajustada à dilatação do circuito impresso	
27.4.88	E	Considerar influência da temperatura	
27.4.88	E	Faixa de temperatura = 15 – 40°C	
27.4.88	E	Umidade do ar = 65%	
27.4.88	D	Placas do circuito epoxy — lâmina de fibra de vidro	
27.4.88	E	Sem condensação	
		6. Segurança	
27.4.88	E	Proteção dos operadores	
		7. Produção	
		Considerar a adição das tolerâncias	
		8. Operação	
	E	Nenhuma impureza no interior do sistema de ensaio	
	E	Local de utilização: galpão	
		9. Manutenção	
	D	Intervalo entre revisões > 10^6 procedimentos de ensaio	
		10. Prazos	
	E	Entrega dos projetos do desenho: no mais tardar Julho de 88	

***Figura 5.4** — Lista de requisitos para dispositivo de posicionamento de placas de circuitos impressos (Siemens S.A.).*

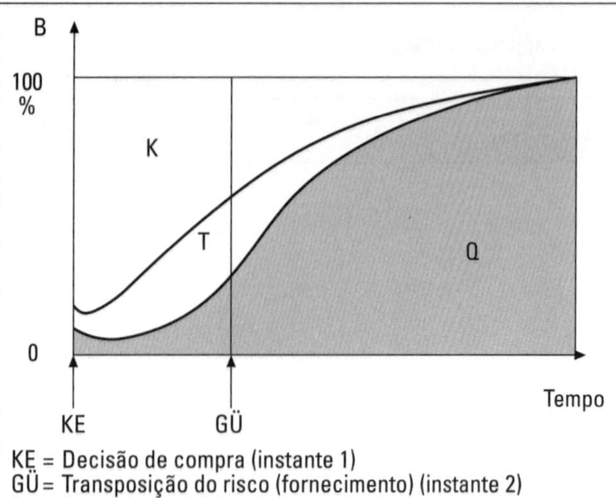

KE = Decisão de compra (instante 1)
GÜ = Transposição do risco (fornecimento) (instante 2)
B = Soma dos quinhões de importância dos três componentes de avaliação QT e K na imaginação do comprador
Q = Qualidade do trabalho (importância cresce continuamente após instante 2)
T = Capacidade do vendedor (fidelidade ao prazo) (Importância máxima em << GÜ >>, no instante 2)
K = Preço do trabalho que é influenciado pelos custos) (máxima importância sobre << KE >>, no instante 1)

Figura 5.5 *— Alteração da importância da qualidade de execução atribuída pelo cliente [3].*

cujo desenvolvimento se estende por um longo intervalo de tempo. P. ex., durante o desenvolvimento de uma nova composição ferroviária, a potência de acionamento ou a capacidade dos vagões poderá não mais ser suficiente, em decorrência de uma ampliação do trecho de linha previsto, durante a duração da fase de desenvolvimento.

- Durante a utilização do produto:

A opinião a respeito de um produto e, com isso, também os requisitos, podem perfeitamente mudar ao longo do uso do produto e, desse modo, sua ponderação também muda. A relevância dos requisitos sobre qualidade, p. ex., intervalos entre as manutenções ou a disponibilidade do produto, geralmente cresce com o aumento do tempo de uso do produto (cf. Fig. 5.5 [3]).

Na elaboração de uma lista de requisitos é válido considerar esses efeitos. Na prática, o atendimento desses aspectos é um motivo importante para comprometer o cliente com a empresa.

5.3.2 Listas parciais de requisitos

Numa lista de requisitos, além do aspecto temporal, ainda existe um outro aspecto de conteúdo. Com auxílio de uma lista parcial de requisitos, cada uma das divisões ou departamentos da empresa pode documentar seus requisitos especiais relativos ao produto, sem necessidade de um trabalho de coleta de dados e informações por parte do projeto (Fig. 5.6, [2]).

A soma de todas as listas de requisitos parciais constitui a lista de requisitos do produto completo. Aqui, a tarefa da gerência do desenvolvimento do produto é cuidar da integralidade e da compatibilidade dessas listas de requisitos parciais específicas. Com ajuda do moderno Engineering Data Management Systems (EDMS) [5], essas listas de requisitos parciais podem ser eficientemente gerenciadas e elaboradas.

5.3.3 Outras aplicações

Mesmo não se tratando de projetos novos, onde o princípio de solução e o layout construtivo já foram definidos, e somente são realizadas adaptações ou variantes de dimensões numa área conhecida, estes pedidos também deverão ser desenvolvidos com auxílio de listas de verificação. Estas listas não precisam ser elaboradas novamente, mas estão à disposição como formulários ou questionários. Elas são obtidas com base em listas de requisitos elaboradas para projetos novos.

Neste caso, é conveniente preparar as listas de forma que delas se possa colher diretamente a confirmação do pedido, dados para o processamento eletrônico para fins de desenvolvimento do trabalho e especificações de conformidade. Portanto, a lista de requisitos passa a ser um veículo de transmissão de informações para a ação imediata.

Além dessa utilização como lista de requisitos, elas representam - uma vez elaboradas - um valioso arquivo de informações a respeito dos atributos exigidos e desejados dos produtos. A definição dos atributos é conveniente à continuidade subseqüente do desenvolvimento, negociações com subfornecedores, etc. Mas também uma posterior elaboração da lista de requisitos de produtos já existentes, também é uma inestimável fonte de informações para continuações de desenvolvimentos e providências para a racionalização dos produtos.

Além disso, mostrou-se que um exame da lista de requisitos, por exemplo, em conferências de desenvolvimento ou de projeto, antes da avaliação de um layout, também é um procedimento extremamente útil. Todos os participantes ficam rapidamente inteirados de toda a informação disponível, o que torna claros todos os itens importantes de avaliação.

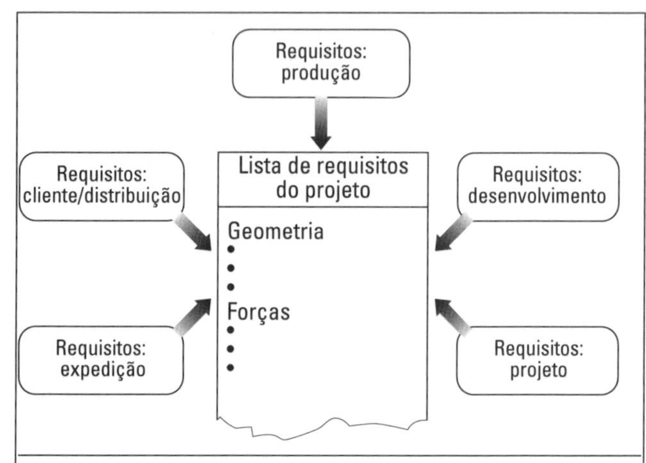

Figura 5.6 *— Formação da lista de requisitos a partir dos sub-requisitos de cada departamento, de acordo com [2].*

Listas de requisitos constituem uma base importante para a preparação e formação de sistemas de gestão do conhecimento. Com ajuda desses sistemas, o conhecimento investido em pedidos anteriores, armazenados nestes sistemas, especialmente as diretrizes e restrições, poderá ser utilizado na especificação de um produto.

5.4 ■ Prática da lista de requisitos

Nos últimos anos, tem-se mostrado que a elaboração de uma lista de requisitos, pelo menos em desenvolvimentos originais, é um recurso eficiente para o desenvolvimento de soluções e encontrou ampla aceitação na prática industrial. Porém, na aplicação prática, freqüentemente surgem questões ou dificuldades, que ainda serão examinadas com mais detalhes.

- Questões óbvias como, p. ex., "produzir barato" ou "simples de montar" não são acolhidas numa lista de requisitos. Deve-se ficar atento para que se façam afirmativas, na medida do possível exatas, com relação ao atual problema.
- Nem sempre na elaboração inicial de uma lista de requisitos podem ser feitas afirmativas precisas. Mais adiante, no decorrer do desenvolvimento, essas afirmativas devem ser complementadas ou corrigidas.
- O desenvolvimento passo a passo da lista de requisitos pode ser apropriado no caso de formulações vagas de tarefas. Apenas seu detalhamento deveria ocorrer o quanto antes.
- Durante a elaboração da lista de requisitos ou da sua discussão, freqüentemente já são citadas funções ou manifestadas idéias de solução. Isto não está errado. Elas dão motivo para detalhar os requisitos com maior rigor ou até mesmo identificar novos requisitos (processo do passo peregrino mental ou iteração). As propostas ou idéias de solução manifestadas são registradas e, posteriormente, incorporadas na busca sistemática da solução, sem que tenham sido fixadas na lista de requisitos.
- Deficiências ou falhas percebidas podem iniciar requisitos. Para tanto, precisam ser definidas de forma neutra em relação à solução. Freqüentemente, a análise de falhas é fundamento ou ponto de partida para elaboração de uma lista de requisitos.
- No âmbito do projeto adaptativo ou de variantes, até mesmo para tarefas menores, o projetista deveria elaborar, pelo menos para si mesmo, uma lista de requisitos.
- Na elaboração de listas de requisitos, um formalismo rigoroso não é apropriado. A linha mestra e os formulários são pura e simplesmente ferramentas para não omitir questões relevantes e para infundir uma certa ordem. Quando, num caso isolado, se proceder em desacordo com as recomendações apresentadas neste livro, deve-se considerar pelo menos os itens principais e diferenciar entre necessidades e vontades.

■ Referências ■

1. Ehrlenspiel, K.; Kiewert, A.; Lindemann, U.: Kostengünstig Entwickeln und Konstruieren. 2ª edição. Berlim, Heidelberg, Nova York: Editora Springer, 1998.
2. Feldhusen, J.: Angewandte Konstruktionsmethodik bei Produkten geringer Funktionsvarianz der Sonder- und Kleinserienfertigung.VDI-Notícias 953, S. 219-235. Düsseldorf: VDI-Editora.
3. Kramer, F.; Kramer, M.: Bausteine der Unternehmensführung.2ª edição. Berlim, Heidelberg, Nova York: Springer, 1997.
4. Roth, K.; Birkhofer, H.; Ersoy, M.: Methodisches Konstruieren neuer Sicherheitsschlösser. VDI-Z. 117, (1975) 613-618.
5. VDI-Richtlinie 2219 (Entwurf): Datenverarbeitung in der Konstruktion, Einführung und Wirtschaftlichkeit von EDM/PDM-Systemen. Düsseldorf: VDI-Editora.

CAPÍTULO 6

MÉTODOS PARA A CONCEPÇÃO

Concepção é a parte do projeto que, após o esclarecimento do problema, por isolamento dos problemas principais, elaboração de estruturas da função e busca de princípios de funcionamento apropriados e sua combinação na estrutura de funcionamento, define a solução preliminar (princípio da solução). A concepção é *definição preliminar* de uma solução.

Na Fig. 4.3 percebe-se, que à fase de concepção foi anteposta uma etapa de decisão. Após esclarecimento do problema diante da lista de requisitos preliminarmente definida, ela se propõe decidir sobre as seguintes questões:

- A tarefa está suficientemente clara para que possa ser iniciado o desenvolvimento do projeto?
- É realmente necessário elaborar a concepção ou soluções conhecidas permitem passar diretamente para a etapa de anteprojeto ou de detalhamento?
- Caso a etapa de concepção necessite ser realizada, como e em que extensão terá que ser formatada, com base no procedimento sistemático?

6.1 ■ Etapas de trabalho na concepção

De acordo com o fluxo de trabalho de um desenvolvimento (cf. 4.2), a etapa de concepção está prevista para vir em seguida à etapa de esclarecimento do problema. A Fig. 6.1 mostra separadamente as principais etapas de trabalho; elas estão afinadas entre si levando em conta os critérios adotados no processo geral de solução, citados em 4.1.

Os conteúdos lançados em cada uma das etapas não necessitam de maiores esclarecimentos, tendo em vista as explicações dadas em 4.2. Entretanto, deve ser ressaltado que aperfeiçoamentos dos resultados de qualquer uma dessas subetapas, caso necessário, sejam efetuados imediatamente por uma nova execução, contando com informações mais atualizadas, apesar de essas malhas parciais não terem sido indicadas na Fig. 6.1 por razões de clareza.

Neste capítulo serão esclarecidas em detalhes as principais etapas de trabalho da fase de concepção e os métodos de trabalho correspondentes, de onde seguem as etapas que vêm em seguida às etapas de trabalho principais, mostradas na Fig. 6.1.

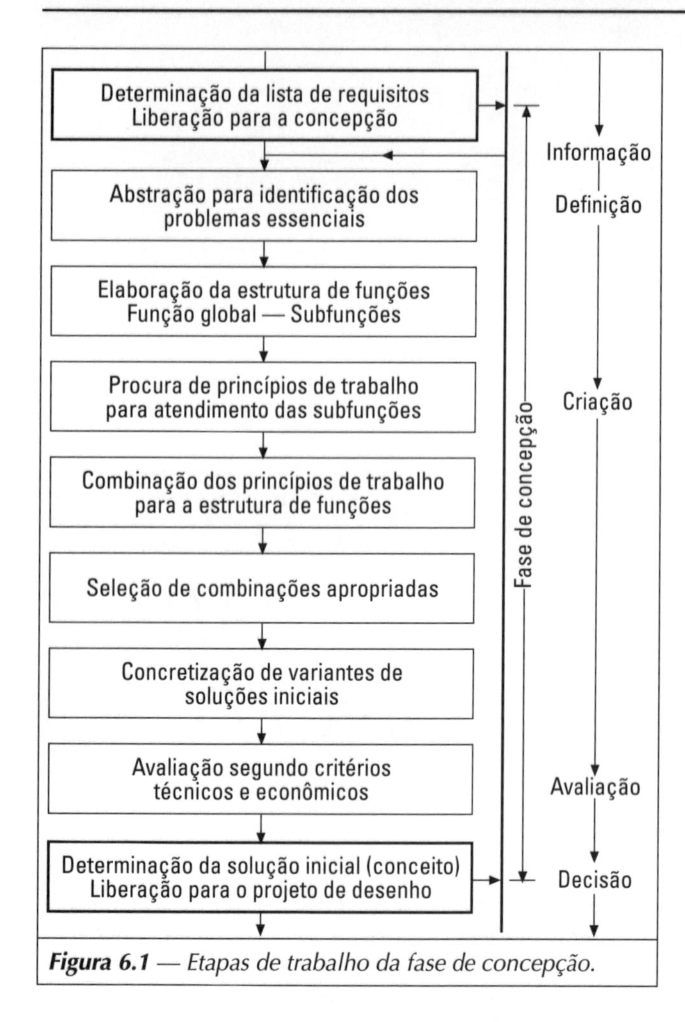

***Figura 6.1** — Etapas de trabalho da fase de concepção.*

6.2 ■ Abstração para identificação dos principais problemas

6.2.1 Objetivo da abstração

Quase nenhum princípio de solução e até o momento nenhuma configuração de projeto condicionado tecnologicamente podem ser considerados como ótimos por um prazo muito prolongado. Novas tecnologias, materiais e processos de trabalho, bem como descobertas científicas, possivelmente em combinações inovadoras, prenunciam novas e melhores soluções.

Em qualquer empresa ou escritório de projeto se acumulam experiências, como também preconceitos e convenções que, em conjunto com a opção pelo menor risco, impedem a quebra de barreiras em direção às soluções não convencionais que poderiam ser melhores e mais econômicas. Ao preparar a lista de requisitos, o executor provavelmente já apontou princípios ou propostas, por exemplo, do planejamento do produto, para determinada solução. Ao menos no subconsciente, certas soluções poderão estar prontas. Talvez já estejam presentes idéias bastante concretas (idéias fixas, condicionantes aparentemente restritivas).

No procedimento para chegar a uma solução nova, duradoura, não se deve deixar-se conduzir somente por idéias fixas ou convencionais ou se dar por satisfeito com elas. Pelo contrário, é preciso verificar cuidadosamente se caminhos inovadores e práticos que levem à solução são passíveis de implementação. Para a dissolução das idéias fixas e liberação de idéias convencionais, é útil a abstração objetivada.

Na abstração, prescinde-se do individual e do fortuito e busca-se conhecer o geral e o principal. Essa generalização, que permite salientar o principal, leva ao ponto fulcral do problema. Se este tiver sido precisamente formulado, então a função global e as condicionantes principais, caracterizadoras da problemática, são identificáveis, sem, no entanto, fixar um tipo particular de solução.

Como exemplo, pode se considerar a tarefa de desenvolver ou aperfeiçoar significativamente uma vedação por labirinto de uma turbina hidráulica de alta rotação sob determinadas condições. A tarefa está delineada por uma lista de requisitos, portanto, o objetivo a ser alcançado está formulado. No espírito de uma consideração isolada, o núcleo de tarefa não consistiria em projetar uma vedação por labirinto, porém vedar sem contato a passagem de um eixo, em que determinadas características operacionais são garantidas e um determinado volume não pode ser ultrapassado. Além disso, devem ser observados limites de custo e tempo de entrega.

Deveria se perguntar num caso concreto se o núcleo da tarefa consiste em:

- Melhorar as funções técnicas, por exemplo, estanqueidade ou segurança operacional em caso de toque;
- Reduzir o peso ou o volume;
- Reduzir apreciavelmente os custos;
- Encurtar sensivelmente o tempo de entrega;
- Melhorar o seqüenciamento ou o fluxograma da produção?

Todas as perguntas formuladas podem fazer parte da tarefa global, mas em determinadas circunstâncias sua relevância é bem diversa. Certamente, todas precisam ser adequadamente consideradas.

Uma dessas subtarefas poderá se constituir num importante motivo para sair à procura de um novo e melhor princípio de solução. Novos desenvolvimentos de produtos segundo um princípio de solução conhecido e consolidado freqüentemente são necessários tão-somente devido à redução dos custos e do prazo de entrega associado a uma reestruturação do desenvolvimento e do seqüenciamento da produção.

Se no exemplo acima citado a melhoria da selabilidade constitui o núcleo da tarefa, deverão ser procurados novos sistemas de vedação; conseqüentemente, tem de se estudar a física dos escoamentos por aberturas estreitas e do conhecimento adquirido desse estudo prever arranjos que, uma vez que consigam uma melhor selabilidade, também solucionem as demais questões citadas.

Se, por outro lado, a redução dos custos é fundamental, deveria ser investigado por meio da análise da estrutura de custos se, conservando a ação física, é possível reduzir os custos pela escolha de outros materiais, redução do número de componentes ou mudanças no processo de produção.

Mas, também se poderia buscar novos conceitos em vedação com o objetivo de atingir uma selabilidade maior ou pelo menos igual, porém com custos menores.

A descoberta da questão central juntamente com as inter-relações e condicionantes principais, específicas da tarefa apontam, em primeiro lugar, o problema para o qual deverá ser procurada uma solução. Caso o ponto crucial da atual tarefa tenha ficado mais claro, pode-se formular muito mais apropriadamente a tarefa global no contexto de subtarefas também mais claras. Para identificar os principais problemas, é necessário compreender a essência da tarefa [2, 6, 13].

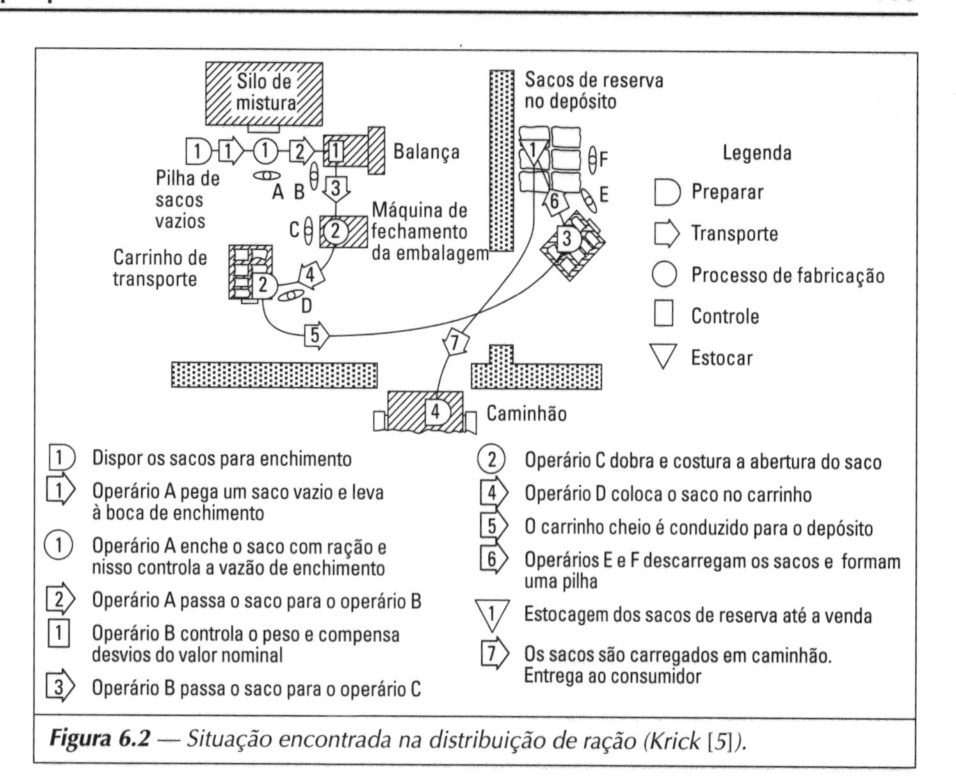

***Figura 6.2** — Situação encontrada na distribuição de ração (Krick [5]).*

6.2.2 Ampliação sistemática da formulação de problemas

Neste estágio de desenvolvimento tem-se a melhor oportunidade de inspirar atitudes responsáveis por parte do desenvolvedor ou do projetista. Partindo da essência da tarefa, deveria se verificar passo a passo, se seria conveniente uma ampliação ou inclusive modificação da tarefa original, a fim de encontrar soluções promissoras.

Um exemplo esclarecedor deste procedimento foi dado por Krick [5]. A tarefa era melhorar o enchimento e a expedição de rações a partir de uma dada condição inicial. A análise revelou a situação representada na Fig. 6.2.

Seria um grave erro, partindo da atual situação, aceitar e melhorar as subtarefas da forma em que se apresentam. Com um procedimento desses, outras possibilidades de solução, mais convenientes e mais econômicas, poderiam ser desconsideradas. Com ajuda da abstração e uma ampliação sistemática do conhecido, são concebíveis as seguintes formulações dos problemas, em que o grau de abstração é aumentado gradualmente:

1. Encher, pesar, fechar e empilhar os sacos de ração.
2. Transferir a ração do silo misturador para sacos estocados no armazém de ração.
3. Transferir a ração, do silo misturador, para os sacos que serão entregues pelo caminhão transportador.
4. Transferir a ração do silo misturador para o caminhão transportador.
5. Transferir a ração do silo misturador para um veículo transportador.
6. Transferir a ração do silo misturador para os armazéns do consumidor.
7. Transferir o material dos silos de estocagem dos constituintes da ração para os armazéns do consumidor.
8. Transferir ração do produtor ao consumidor.

Krick representou uma parte dessas formulações num diagrama: Fig. 6.3.

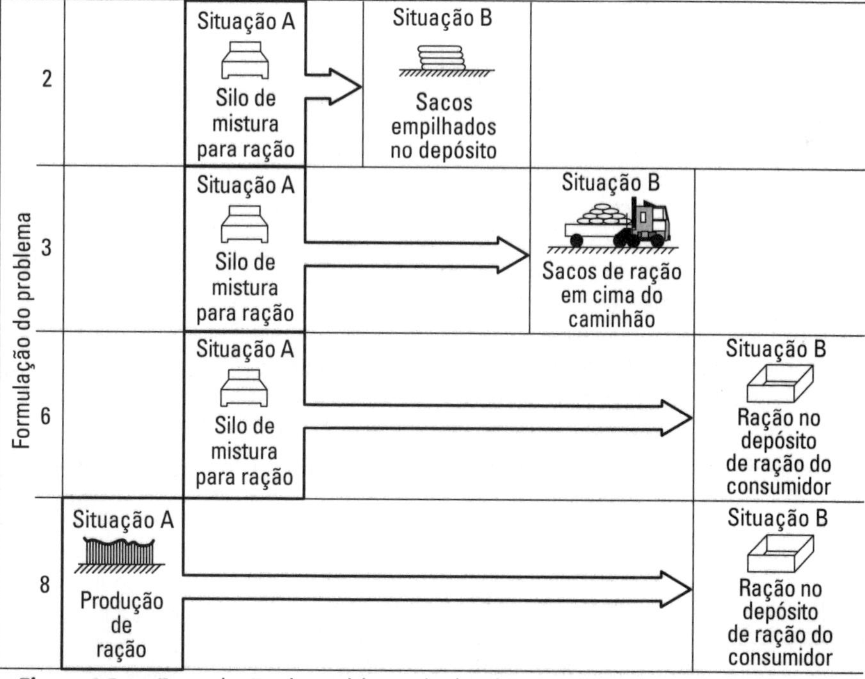

***Figura 6.3** — Formulação do problema de distribuição de ração animal, conforme Fig. 6.2, segundo [5]. A- situação inicial; B- situação final.*

A característica principal desse procedimento é:

A formulação do problema é gradativamente generalizada. Portanto, não se fica preso a uma formulação já existente ou óbvia, mas empenhando-se por uma ampliação sistemática, o que representa uma alienação, com os fins de se libertar da atual solução e, desse modo, possibilitar novas soluções.

Assim, por exemplo, no caso atual a oitava formulação é a mais ampla, a mais geral e a que está vinculada ao menor número de pré-condições.

De fato, o núcleo da tarefa é o transporte econômico, quantitativa e qualitativamente adequado, do produtor para o consumidor e não, por exemplo, a melhor maneira de movimentar e estocar a ração dentro do armazém. Por meio de uma formulação mais geral, podem surgir soluções que tornem supérfluo o enchimento e empilhamento dentro do depósito.

Quão longe deverá ser conduzida essa generalização vai depender das condicionantes do problema. No presente exemplo, por razões técnicas, meteorológicas e de prazo, a formulação 8 é absolutamente inviável: o consumo da ração não está vinculado à época da colheita, por diversos motivos o consumidor não está propenso a aceitar o armazenamento da ração por um período superior a um ano, além do mais ele próprio teria de misturar os ingredientes da ração na proporção desejada. Porém, um pedido para entrega direta da ração, por exemplo, do armazém da mistura para o depósito do consumidor por caminhão (formulação 6), é um processo mais econômico do que o transporte de quantidades menores em sacos com armazenamento intermediário. Deve se refletir neste contexto sobre o rumo que tomou o transporte de cimento para abastecer grandes empreiteiras. A evolução dessa solução levou a entregar o concreto pré-misturado diretamente no canteiro de obras em veículos especiais.

		3ª edição de 10. 07. 85	
TH Darmstadt Depto. de Elementos de Máquinas do Projeto na Engenharia *Prof. Dr. -Ing. G. Pahl*		Lista de requisitos do sensor para indicação do conteúdo de um reservatório	Folha: página 1
Modificação	F W	Requisitos	Responsável
	W	• Pré-sistema (reservatório, tanque) Geometria H=100 mm até 600 mm Volume: de 2 dm³ até 630 dm³ (d, h, H)	
	W	Forma do reservatório dada, mas arbitrária (estabilidade da forma) Reservatório parcialmente ou totalmente não estável com relação à forma	
		Material: aço, plástico	
	W	Ligação do reservatório Engate tipo baioneta, engate de encaixe, superior ou lateral: d = ø 71 mm, h = 20 mm Reservatório livre de pressão (ventilado) Pressão de ensaio do reservatório: 0, 3 bar	
	W	Conteúdo do reservatório, intervalo de temperatura Meio / Faixa de medida C / Faixa de armazenagem C gasolina / -25 até + 65 / -40 até + 100 óleo diesel / -25 até + 65 / -40 até + 100 óleo de motor / até + 140 /	
	W	• Pós-sistema (dispositivo de marcação) Sistemas com entrada de sinal elétrico Mecanismo de medida por quociente de eletroímã rotativo — Catálogo Mecanismo de medida termobimetálico — Catálogo Calculadora de bordo (computador)	
		Fonte de energia existente Tensão nominal — 12 V, 24 V Tensão de serviço — -10% até 20% da tensão nominal Corrente — 300 mA máxima	
	7.85 Be	Substitui a 2ª edição de 27.6.1973	

***Figura 6.4** — Lista de requisitos: sensor para medidor de combustível em um veículo automotor.*

Com base neste exemplo foi mostrado como uma formulação mais abrangente e objetiva, num plano mais abstrato, desobstrui o caminho para uma solução melhor, através de uma ampliação sistemática ou de uma alteração fundamentada. Esse procedimento atua favoravelmente sobre a influência e a responsabilidade do desenvolvedor com relação a uma percepção ampliada acerca de, por exemplo, problemas ambientais, de recuperação ou de reciclagem. É apropriado analisar a lista de requisitos conforme descrito a seguir.

6.2.3 Identificação de problemas a partir da lista de requisitos

O esclarecimento das tarefas por meio da elaboração da lista de requisitos já produziu nos envolvidos um intenso convívio com a problemática existente e também um alto nível de informações. Assim, a elaboração da lista de requisitos também serviu para a preparação desta etapa de trabalho.

O primeiro passo para a solução consiste em analisar

			3ª edição de 10. 07. 85
TH Darmstadt Depto. de Elementos de Máquinas do Projeto na Engenharia *Prof. Dr. -Ing. G. Pahl*		Lista de requisitos do sensor para indicação do conteúdo de um reservatório	Folha: página 2
Modificação	**F W**	**Requisitos**	**Responsável**
		• Sistema em desenvolvimento	
		Geometria	
		Condições na ligação considerar reservatório	
		Cinemática	
	W	Sem peças móveis	
		Energia veja pós-sistema	
		Material veja pré-sistema	
		Sinal	
		• Entrada	
		Volume mínimo a ser medido: 3% do valor máximo	
		Indicação da reserva por meio de sinal especial	
	W	Sinal independente da inclinação da superfície livre do líquido	
		Possibilidade de aferição do sinal	
	W	Possibilidade de aferição do sinal com reservatório cheio	
		• Saída	
	W	Saída do sensor: sinal elétrico	
	W	Tolerância da medição: sinal de saída em relação ao valor máximo ± 3% ± 2% (em conjunto com o mostrador ± 5%) em operação normal, num plano horizontal, v = constante trepidação em pavimento comum	
	W	Sensibilidade de resposta: 1% do sinal de saída máximo 0,5% do sinal de saída máximo	
		• Relação entre o sinal de entrada e saída	
	W	Distância entre o reservatório e o marcador: ≠ 0m, 3m a 4m 1m até 20m	
		Fonte de energia externa admissível	
		Fabricação	
		Produção em massa	
	7.85 Be	Substitui a 2ª edição de 27.6.1973	

Figura 6.4 — *(continuação).*

a lista de requisitos com respeito à função exigida e às principais condicionantes, a fim de ressaltar mais claramente o núcleo da questão. A esse respeito, Roth [11] recomendou copiar as relações funcionais contidas na lista de requisitos em forma de sentenças e ordená-las de acordo com sua importância.

O geral e o principal de uma tarefa podem ser obtidos de forma relativamente simples na lista de requisitos por meio de uma análise com respeito às relações funcionais e principais condicionantes específicas da tarefa e a abstração simultânea, passo a passo. Para isto é apropriado o seguinte procedimento:

1° Passo: Suprimir vontades mentalmente.

2° Passo: Somente considerar requisitos, que afetam diretamente as funções e as principais condicionantes.

3° Passo: Converter dados quantitativos em qualitativos; nessa conversão reduzi-los a asserções essenciais.

4° Passo: Ampliar de forma adequada o que foi percebido.

5° Passo: Formular o problema de forma neutra quanto à solução.

Dependendo da tarefa e/ou da extensão da lista de requisitos, alguns desses passos podem ser omitidos.

No exemplo de uma lista de requisitos para o sensor de um medidor do volume de combustível de um automóvel segundo Fig. 6.4, o processo de abstração, de acordo com a orientação dada, está representado na Tab. 6.1. Com respeito à inter-relação funcional, percebe-se pela formulação geral que devem ser medidas quantidades de líquidos e que essa tarefa de medição está subordinada às condicionantes principais de indicar continuamente quantidades variáveis em recipientes de forma arbitrária.

Com isto, a conseqüência dessa etapa é a definição do objetivo num plano isolado, sem, contudo, estipular determinado tipo de solução.

Num desenvolvimento inovador, fundamentalmente todos os caminhos devem ficar abertos até que se perceba claramente qual é o princípio de solução mais apropriado para o caso em apreço. Assim, o projetista tem de questionar as condicionantes dadas e se convencer até que ponto elas se justificam e esclarecer com o formulador da tarefa se elas devem continuar existindo como restrições reais. Restrições fictícias nas suas próprias idéias e concepções, o projetista precisa aprender a dominar, por meio de questionamentos e verificações criteriosas. O processo de abstração é útil para identificar restrições fictícias e validar restrições reais, bem como para levar em conta aspectos novos.

Finalmente, mais alguns exemplos de abstrações convenientes e formulações de problemas:

Não esboce uma porta de garagem, mas busque um

			3ª edição de 10. 07. 85
TH Darmstadt Depto. de Elementos de Máquinas no Projeto na Engenharia *Prof. Dr. -Ing. G. Pahl*		Lista de requisitos do sensor para indicação do conteúdo de um reservatório	Folha: página 3
Modificação	F W	Requisitos	Responsável
		Controles, condições de testes	
		Condições operacionais do veículo	
		Aceleração na direção do movimento até ± 10 m/s^2 Aceleração no sentido transversal até 10 m/s^2 Aceleração na direção perpendicular ao pavimento (trepidacões) até 30 m/s^2	
	W	Impacto sem danos na direção do movimento até -30 m/s^2 Declividade na direção do movimento até ± 30º. Declividade na direcão transversal ao movimento máx. 45º Teste de salt-spray para peças internas e externas de acordo com indicações dos compradores (considerar a DIN 90905) Segurança operacional do sensor com respeito às considerações das combinações de carregamento do veículo	
		Utilização, manutenção	
	W	Montagem por leigos Tempo de vida útil 10^4 variações de nível vazio até cheio Mínimo de 5 anos parado Sensor substituível Sensor isento de manutenção	
	W	Sensor facilmente ajustável para volumes diferentes	
		Prescrições	
		Nenhuma prescrição com relacão à segurança contra explosões	
		Quantidade de unidades 10 000/dia com sensor ajustável 5 000/dia da variante mais utilizada	
		Custos	
		Custos de fabricação ≤ 3 euros/unidade (sem marcador)	
	7.85 Be	Substitui a 2ª edição de 27.6.1973	

Figura 6.4 — (*continuação*).

fechamento da garagem que proteja um carro contra roubo e o mantenha ao abrigo das intempéries.

Não projete uma união por chaveta, mas busque a maneira mais conveniente de unir roda com eixo para transferir o torque numa dada posição.

Não projete uma máquina de embalar, mas procure a melhor maneira de expedir o produto de forma protegida; ou procure por uma maneira de acondicionar o produto de forma automática, protegida e ocupando pouco espaço.

Não projete um dispositivo de fixação, mas busque uma possibilidade de fixar a peça a ser usinada isenta de vibrações.

Nas formulações acima citadas, percebe-se ser de grande utilidade para a próxima etapa principal efetuar a formulação definitiva *neutra com relação à solução* e simultaneamente como *função*:

"Selar o eixo sem manter contato"

e não "projetar bucha de vedação em labirinto".

"Medir o volume de um líquido ininterruptamente"

e não "verificar o nível de líquido por uma bóia".

"Dosar ração"

e não "pesar ração em sacos".

6.3 ■ Elaboração de estruturas de funções

6.3.1 Função global

Segundo 2.1.3, os requisitos de um equipamento, máquina ou subconjunto determinam a função que representa a inter-relação geral objetivada entre entrada e saída de um sistema. Foi esclarecido em 6.2 que a formulação do problema obtida por abstração também encerra a inter-relação funcional, ou seja, o objetivo visado. Portanto, se o núcleo da tarefa global estiver formulado, então a função global pode ser indicada, a qual aponta, mediante utilização de um diagrama de blocos, a inter-relação entre variáveis de entrada e de saída com referência à *conversão de energia, material e/ou sinal*, de forma neutra com relação à solução. Essa inter-relação deveria ser especificada tão concretamente quanto possível (cf. Fig. 2.3).

No exemplo do indicador de volume de líquido de um tanque, mostrado na Fig. 6.4, no qual volumes de líquidos são armazenados e escoados, deverá ser medida e indicada a quantidade de líquido presente no tanque. No sistema líquido, resulta primeiramente um fluxo de material com a função: "armazenar líquido" e no sistema de medição um fluxo de sinal com a função: "medir e indicar o volume de líquido". Esta última é a função global no desenvolvimento de um instrumento de medição do volume de um tanque, cf. Fig. 6.5.

Nas etapas subseqüentes, a função global é desdobrada em subfunções.

Tabela 6.1 — Procedimento na abstração: sensor para dispositivo do conteúdo de um tanque de veículo automotor, de acordo com a lista de requisitos na Fig. 6.2

Resultado da 1.ª e 2.ª etapas • Volume de 20 dm³ a 160 dm³ • Forma do tanque dada, porém arbitrária (estável com relação à forma) • Conexões: superior ou lateral • Altura do tanque: 150 mm até 600 mm • Distância tanque-medidor: ±0 m, 3 m a 4 m • Óleo diesel e gasolina, faixa de temperatura: –25°C até +65°C • Saída do sensor: sinal da medição arbitrário • Energia externa: (corrente contínua 6 V, 12 V, 24 V, tolerância –15% até +25%) • Tolerância da medida: valor da saída em relação ao valor máximo ±3% (juntamente com a tolerância na indicação do valor ±5%) • Sensibilidade da resposta: 1% do sinal de entrada máximo • Sinal aferível • Conteúdo mínimo mensurável: 3% do valor máximo
Resultado da 3.ª etapa • Diferentes volumes • Diferentes formas de tanques • Diferentes direções para as ligações • Diferentes alturas de tanques (alturas de líquidos) • Distância tanque-marcador ± 0 m • Quantidade de líquido variável com o tempo • Sinal de medição arbitrário • (com energia externa)
Resultado da 4.ª etapa • Volumes diferentes • Diferentes formas de tanques • Indicação com diferentes distâncias • Medir quantidade de líquido (variável com o tempo) • (com energia externa)
Resultado da 5.ª etapa (Formulação do problema) • Medir e marcar continuamente diferentes quantidades de líquido variáveis com o tempo em tanques de formato arbitrário.

6.3.2 Desdobramento em subfunções

Dependendo da complexidade da tarefa a ser solucionada, a função global resultante também será mais ou menos complexa. Nesse contexto compreende-se por complexidade o grau de transparência das relações entre entrada e saída, a multiestratificação dos processos físicos necessários, bem como o número final de subconjuntos e peças avulsas envolvidos.

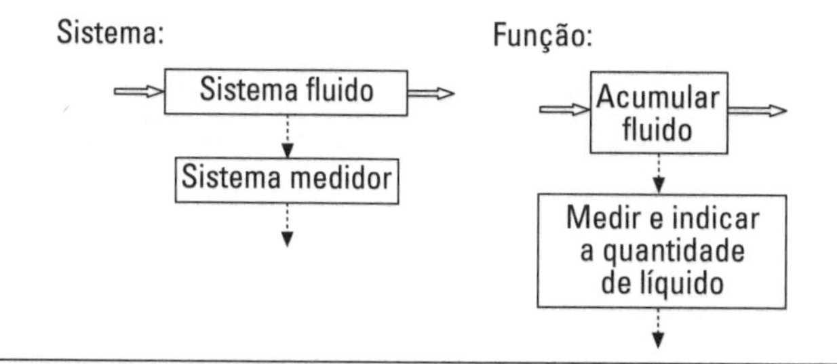

Figura 6.5 — Função global dos sistemas componentes da medição do conteúdo de um tanque, conf. Fig. 6.4 e Tab. 6.1.

De acordo com 2.1.3, uma *função global* pode ser desdobrada em *subfunções* de menor complexidade. A interligação das subfunções resulta na *estrutura da função*, que representa a função global. Na interligação das funções, formula-se por meio de funções específicas da tarefa.

O objetivo desta etapa principal é:

- a simplificação do desdobramento da função global para a subseqüente busca da solução e
- a interligação destas subfunções numa estrutura de função, simples e não ambígua.

O exemplo iniciado em 6.2.3 e 6.3.1 do sensor de um instrumento de medição do volume armazenado em um tanque é continuado em seu desenvolvimento. Ponto de partida é a formulação da função global conforme Fig. 6.5.

O fluxo de sinal é tomado como base do fluxo principal. Subfunções próximas são desenvolvidas em várias etapas. Em primeiro lugar o sinal que registra o conteúdo do tanque precisa ser obtido e lido. Esse sinal deverá ser transmitido e finalmente passado ao motorista. Assim, resultam três funções principais, importantes e diretas. Mas para poder ser transmitido, o sinal provavelmente precisará ser convertido. A Fig. 6.6 permite reconhecer o desenvolvimento e a variação de uma estrutura de função, de acordo com as sugestões dadas neste subitem.

Segundo a lista de requisitos, a medição também deveria ser prevista para tanques de tamanhos diferentes, portanto para quantidades diferentes. Assim, é conveniente a adaptação do sinal ao respectivo tamanho do tanque, o que é implementado como função auxiliar. A medição em tanques de forma arbitrária, em certas circunstâncias, faz com que seja necessária a correção do sinal, como mais uma função auxiliar. A solução para a geração do sinal dessa tarefa de medição possivelmente demandará energia externa, de modo que esse fluxo de energia é implementado como mais um fluxo.

Finalmente, pela variação da interface do sistema fica claro, face à presente formulação da tarefa, que o sensor deste instrumento de medição precisa entregar um sinal de saída elétrico, quando se empregam painéis indicadores já existentes. Caso contrário, as subfunções "transmitir sinal" e "indicar sinal" também precisam ser incluídas na busca da solução. Desse modo, foi constituída a estrutura de funções com as respectivas subfunções onde cada subfunção apresenta uma menor complexidade e fica claro qual subfunção convém considerar primeiro na busca da solução.

Esta importante subfunção, determinante da solução, para a qual se busca agora uma solução e de cujo princípio de funcionamento obviamente dependem as demais subfunções, é a subfunção "gravar sinal" (cf. Fig. 6.6). A busca da solução concentrar-se-á nesta subfunção. Principalmente do resultado dessa busca, dependerá até que ponto faz sentido uma troca de subfunções específicas ou mesmo sua eliminação. Pode-se também avaliar melhor se uma solução com saída elétrica, empregando meios de transmissão e de indicação existentes,

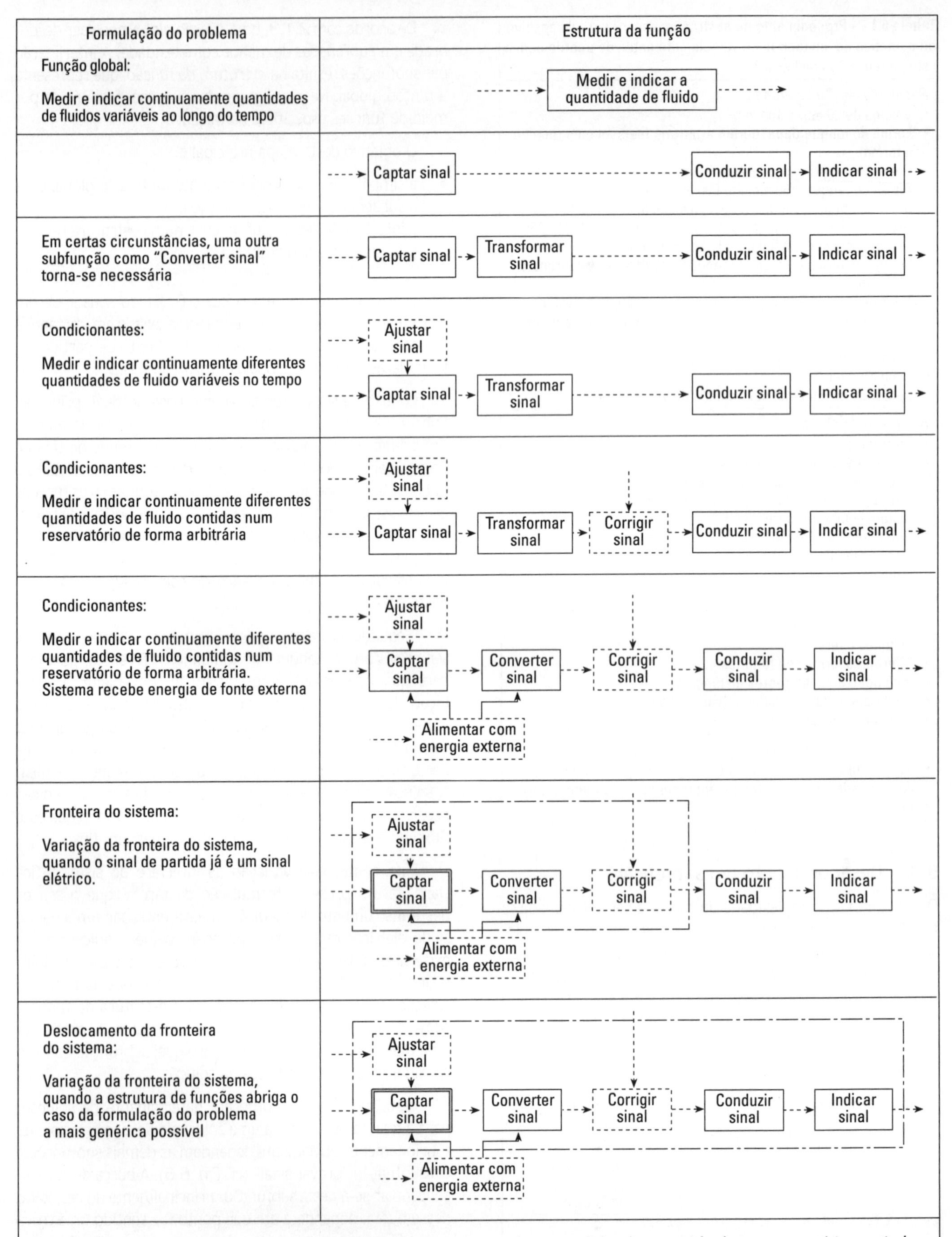

Figura 6.6 *— Desenvolvimento da estrutura da função para o sensor de um medidor do conteúdo de um reservatório, partindo da formulação do produto, a complementação é realizada passo a passo, sob consideração da lista de requisitos.*

é possível ou, se também precisa ser considerada uma solução para a indicação (interface do sistema ampliada).

Outras sugestões para identificação e formação de subfunções:

Na estrutura de funções, é conveniente estabelecer primeiro o *fluxo principal* de forma não ambígua e, só na busca subseqüente da solução, considerar os fluxos auxiliares. Uma vez encontrada uma estrutura de funções simples com as interligações mais importantes, fica mais fácil na etapa seguinte, também considerar os fluxos complementares com suas respectivas subfunções, bem como efetuar um novo desdobramento de subfunções complexas. Para uma *estrutura de funções simplificada* freqüentemente é útil conceber mentalmente uma primeira estrutura de funcionamento ou solução preliminar sem, contudo, prefixar o tipo de solução.

O grau de desdobramento apropriado de uma função global, isto é, o número de níveis de subfunções, bem como o número de subfunções por nível é determinado não só pelo grau de inovação do problema, mas também pela subseqüente busca da solução. Em *projetos* manifestamente *inovadores*, geralmente é desconhecida cada uma das subfunções como também suas interligações. Por isso, nesses projetos, a busca e constituição de uma estrutura de funções otimizada fazem parte das subetapas mais importantes da etapa de concepção. Por outro lado, em *projetos adaptativos* a estrutura da construção com seus subconjuntos e elementos específicos é amplamente conhecida. Portanto, a estrutura de funções pode ser elaborada por meio da análise do produto cujo desenvolvimento se pretende continuar. Essa estrutura também pode ser alterada de acordo com requisitos especiais da lista de requisitos, por variação, acréscimo ou eliminação de subfunções específicas e alterações das interligações.

A elaboração de estruturas de funções tem grande relevância no desenvolvimento de sistemas modulares. Para possíveis *projetos alternativos* o arcabouço material, isto é, os subconjuntos e as peças avulsas utilizadas como blocos, bem como suas interfaces, já deverão se refletir na estrutura de funções (cf. tb. 10.2.1).

Outro aspecto na elaboração de uma estrutura de funções de um produto está em poder delimitar precisamente e também poder elaborar, em separado, subsistemas familiares ou novos subsistemas desse produto. Assim, subconjuntos familiares são diretamente associados às respectivas subfunções complexas. O desdobramento da estrutura de funções é interrompido num nível de complexidade elevado; enquanto para os demais, ou novos subconjuntos, as estruturações em subfunções de complexidade decrescente são levadas até o ponto em que uma busca da solução se mostre promissora. Esse desdobramento das funções, ajustado ao grau de inovação da tarefa ou do subsistema, faz com que o trabalho com estruturas de funções também economize tempo e dinheiro.

Além de ajudar na busca da solução, subfunções e estruturas de funções também são empregadas para fins de ordenação ou classificação. Como exemplo disso, poderiam ser mencionados os "critérios classificadores" de esquemas classificatórios (cf. 3.2.3) e a estruturação de catálogos de projeto.

Além de possibilitar a geração de funções específicas da tarefa, também pode ser conveniente elaborar a estrutura da função a partir de *subfunções de uso geral* (cf. Fig. 2.7). Essas funções gerais podem ser vantajosas para a busca da solução se, com sua ajuda, são encontradas subfunções específicas da tarefa, ou se as soluções dessas funções gerais constarem dos catálogos de projeto. Com a utilização de funções gerais, a variação da estrutura da função com o objetivo, por exemplo, de uma otimização do fluxo de energia, material e / ou informação, também será mais simples. A lista abaixo talvez sirva de estímulo:

Conversão de energia:

- Converter energia - por exemplo, converter energia elétrica em mecânica;
- Variar um constituinte da energia - por exemplo, aumentar o torque;
- Associar energia com sinal - por exemplo, acionar energia elétrica;
- Transferir energia - por exemplo, transferir força;
- Armazenar energia - por exemplo, armazenar energia cinética.

Movimentação de material:

- Converter material - por exemplo, condensar o ar;
- Alterar dimensões do material - por exemplo, laminar chapa metálica;
- Associar material com energia - por exemplo, movimentar peças;
- Associar material com sinal - por exemplo, bloquear a passagem do vapor;
- Associar materiais - por exemplo, juntar ou separar materiais;
- Transportar materiais - por exemplo, extrair carvão;
- Armazenar material - por exemplo, estocar materiais.

Conversão de sinal:

- Converter sinal - por exemplo, transformar sinal mecânico em elétrico ou converter sinal contínuo em discreto;
- Mudar magnitude do sinal - por exemplo, aumentar a amplitude;
- Interligar sinal com energia - por exemplo, amplificar variáveis de medição;
- Associar material com sinal - por exemplo, identificar materiais;
- Interligar sinais - por exemplo, efetuar comparação real - nominal;
- Conduzir sinal - por exemplo, transmitir dados;
- Armazenar sinal - por exemplo, gravar dados na memória do computador.

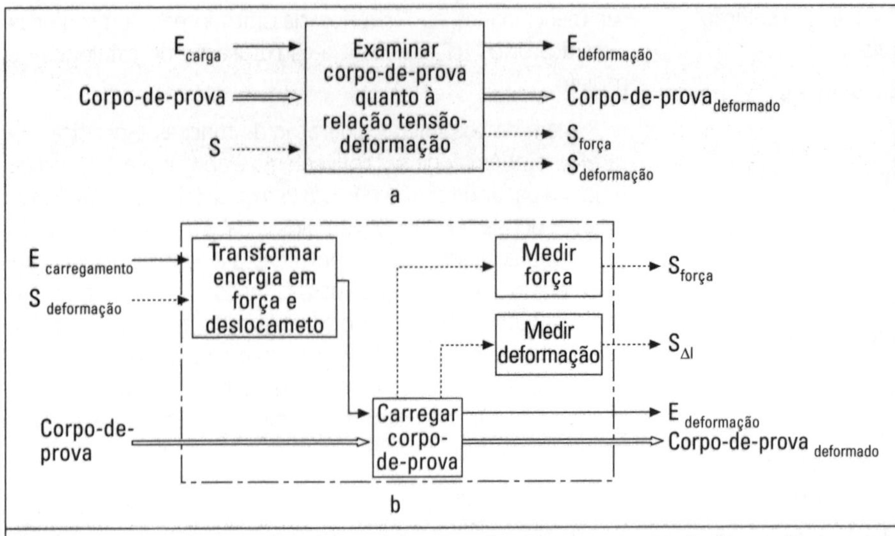

Figura 6.7 *— a- função global; b- subfunções (funções principais) de uma máquina de ensaio.*

Na presente tarefa, os fluxos de energia e sinal devem ser vistos como aproximadamente equivalentes para a busca da solução, ao passo que o fluxo de material, ou seja, a troca das barras de ensaio, somente é relevante para a função de fixação, posteriormente acrescentada à Fig. 6.8. Com relação ao fluxo de energia, foram ainda incorporadas à estrutura da função da Fig. 6.8 funções de ajuste para as variáveis de carregamento e, na saída do sistema, para a energia perdida na conversão de energia, pois isso poderá ter conseqüências no projeto. Ao ser substituída, a energia de deformação da barra de ensaio é perdida com o fluxo de matéria. Além disso, as funções auxiliares "amplificar variáveis de medição" e "comparar efetivo com nominal" são necessárias para ajustar a variável de energia à força aplicada durante o ensaio.

Mas também há tarefas, nas quais a consideração de um só fluxo principal não é suficiente para encontrar uma solução, pois os demais *fluxos acompanhantes* também têm expressiva *influência na solução.*

Para exemplificar isso, considera-se a estrutura da função de uma colheitadeira de batatas: Fig. 6.9a mostra a função global e a estrutura da função considerando a conversão de material como fluxo principal e os fluxos auxiliares de energia e informação. Para fins de comparação, na Fig. 6.9b está representada a estrutura da função empregando funções de aplicação geral.

Empregando funções de uso geral, o grau de segmentação em subfunções, em geral, é maior do que quando se trabalha com funções específicas. Assim, no presente exemplo, a subfunção "separar" é substituída pelas funções de aplicação geral "associar energia com uma mistura dos materiais" e "separar componentes de uma mistura" (inversão de associar). Entretanto, a representação num plano mais abstrato não é facilmente compreensível e requer uma interpretação mais precisa.

Um último exemplo mostra como derivar *estruturas de funções* partindo da *análise de sistemas familiares.*

Este modo de proceder é especialmente apropriado para continuações de desenvolvimentos, nos quais se conhece ao menos uma solução e se pretende encontrar soluções melhoradas. A Fig. 6.10 mostra as etapas da análise de um registro para controle da vazão, genericamente válvula de tubulação, começando pela listagem

Em muitos casos da prática, não é conveniente elaborar a estrutura da função partindo de subfunções de uso geral, pois essas são formuladas de uma forma excessivamente genérica e por isso não dão uma idéia suficientemente concreta das inter-relações com relação à subseqüente busca da solução. Em geral, esta idéia somente surge pela suplementação de conceitos específicos da tarefa (cf. 6.3.3).

Outros exemplos

As figs. 6.7 e 6.8 mostram como exemplo a estrutura de funções de uma máquina de ensaios para investigação da relação tensão - deformação em barras de ensaio. Os fluxos de energia, matéria e sinal são complexos. Partindo da função global, a estrutura de funções vai sendo progressivamente montada por meio de subfunções, onde, num primeiro momento, somente são consideradas as funções principais. Assim, de acordo com a Fig. 6.7 no primeiro nível de funções, só foram identificadas subfunções que são diretamente úteis ao atendimento da função global. Neste exemplo, estas funções foram formuladas como subfunções complexas, tais como "transformar energia em força e deslocamento" e "aplicar carga sobre o corpo-de-prova" para, por ora, se chegar a uma estrutura de funções mais clara.

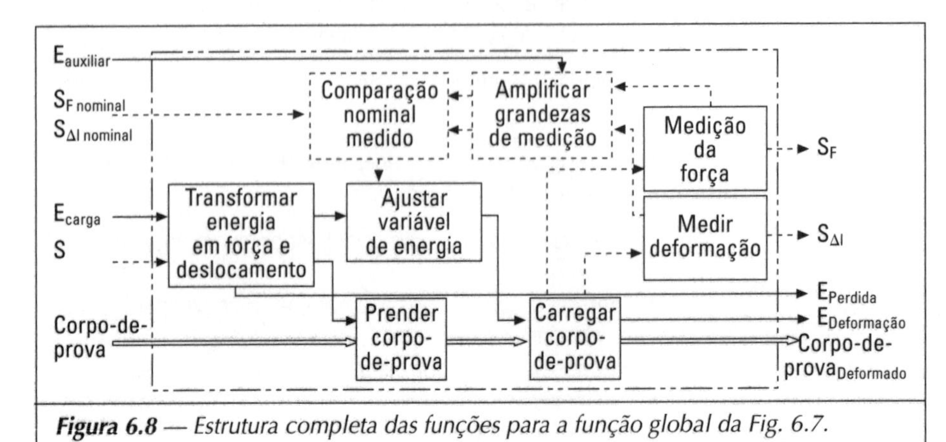

Figura 6.8 *— Estrutura completa das funções para a função global da Fig. 6.7.*

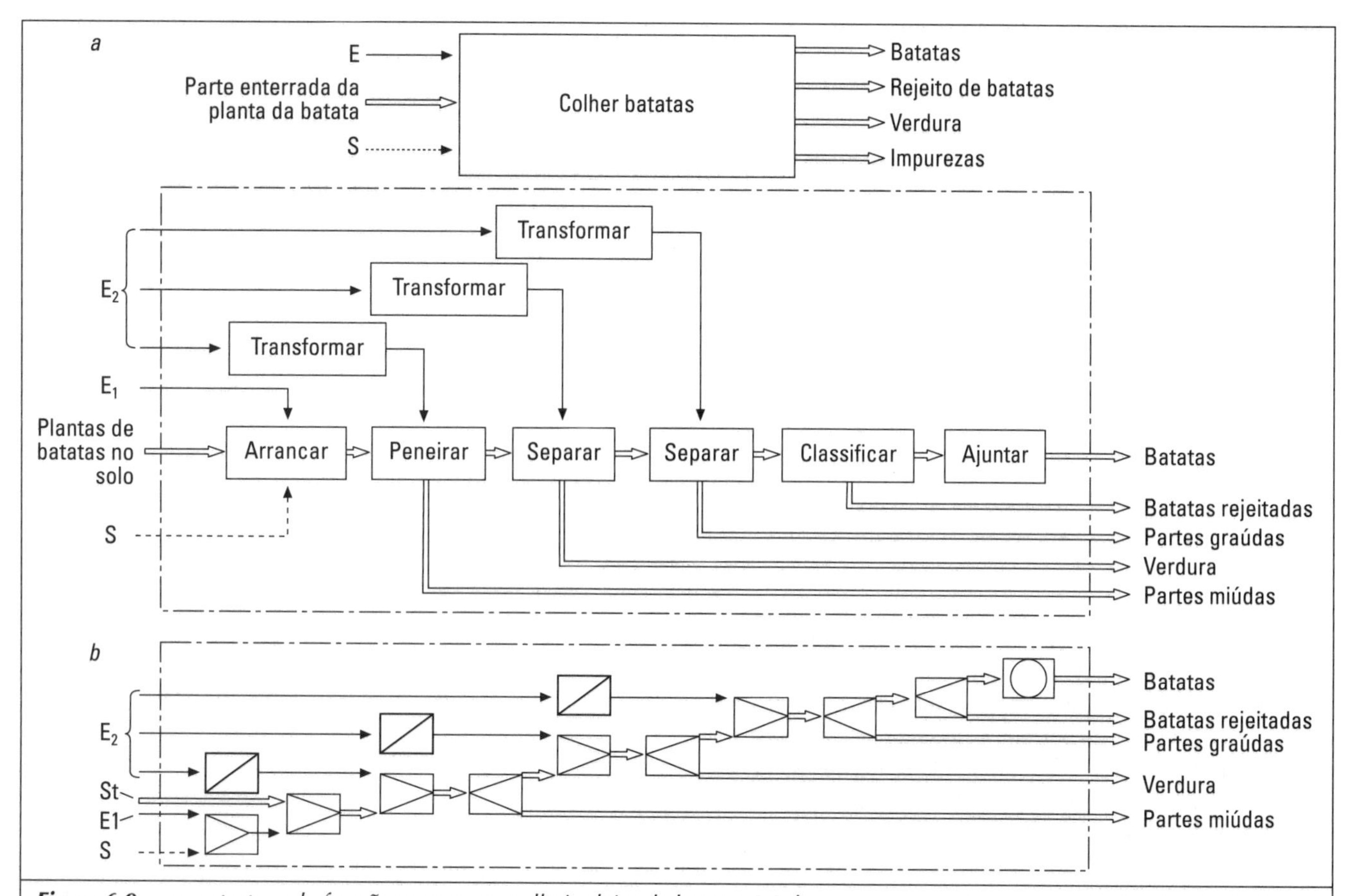

Figura 6.9 *— a- estrutura de funções para uma colheitadeira de batatas [1]; b- para comparação, representação através de funções de aplicação geral da Fig. 2.7.*

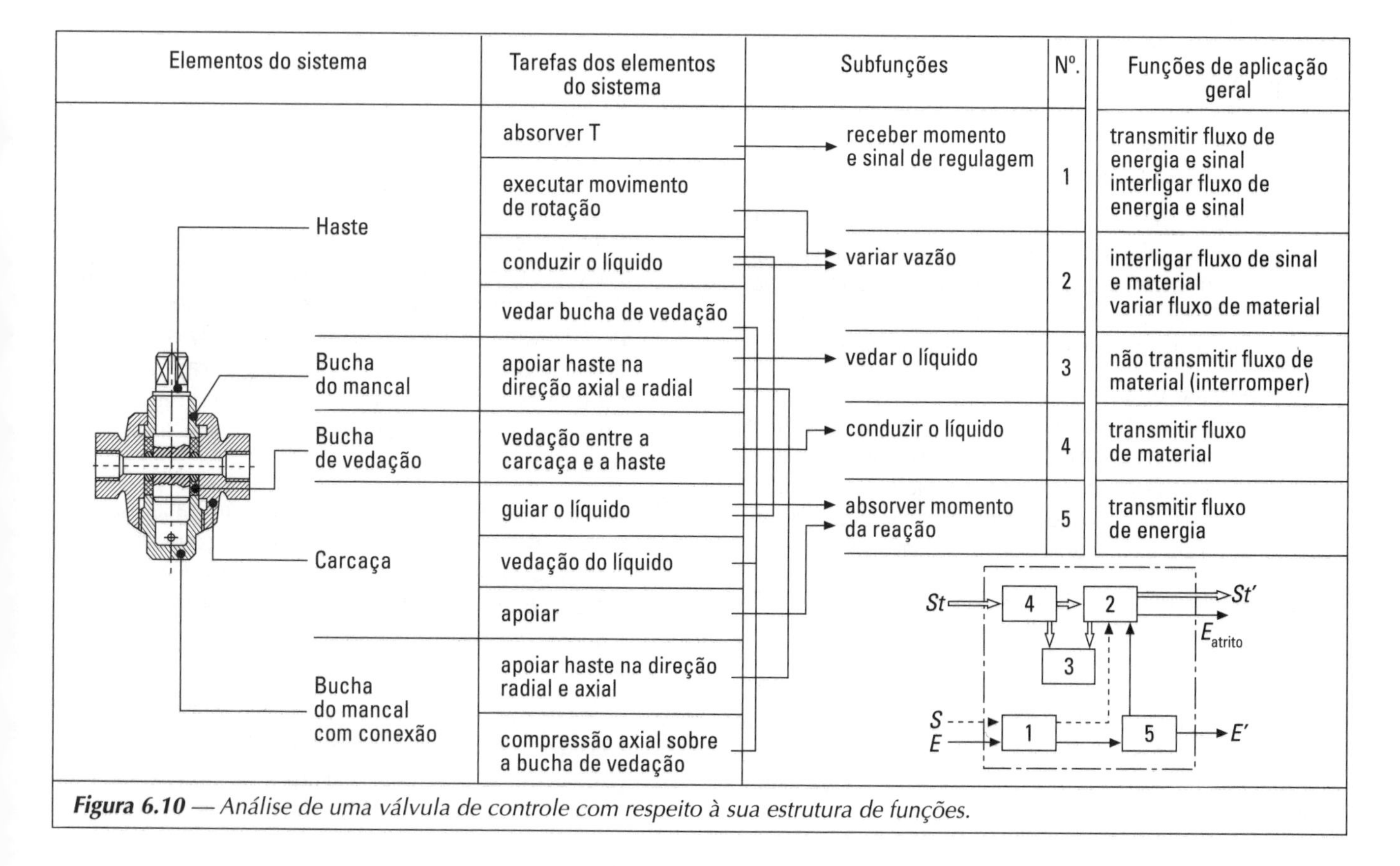

Figura 6.10 *— Análise de uma válvula de controle com respeito à sua estrutura de funções.*

dos elementos constituintes, da função específica de cada elemento e das subfunções que deverão ser atendidas pelo sistema. A partir destas últimas pode-se, então, montar a atual estrutura da função. Para os fins de melhoria do produto, esta estrutura ainda pode ser variada ou complementada.

Em 6.6, a estrutura de funções de um misturador monocomando, exposta num exemplo completo, mostra que a investigação de estruturas de funções também pode ser muito útil após definição do efeito físico, a fim de poder estudar o comportamento físico do sistema; ainda num estágio precoce de desenvolvimento e, a partir disso, poder identificar a estrutura que melhor atenda à tarefa proposta.

6.3.3 Aplicação das estruturas de funções

Ao elaborar estruturas de funções, é preciso diferenciar entre projetos originais e projetos adaptativos. No caso de *projetos originais*, o ponto de partida para a estrutura da função é a *lista de requisitos* e a *formulação abstrata do problema*. Além das necessidades e vontades, ainda podem ser identificadas inter-relações funcionais ou dessas relações resultam ao menos as subfunções de entrada e de saída da estrutura da função. É útil transcrever em forma de sentenças as inter-relações funcionais da lista de requisitos e organizá-las por ordem da sua provável relevância ou segundo uma ordem lógica [11].

Nas seqüências de desenvolvimentos, sob forma de *projetos adaptativos*, uma primeira tentativa para estabelecer a estrutura da função decorre da análise dos *elementos da construção da solução conhecida*. Ela serve de base para variantes da estrutura da função que podem conduzir a outras soluções possíveis. Além do mais, pode ser usada para fins de otimização ou desenvolvimento de sistemas modulares. A identificação de relações funcionais pode ser facilitada pela formulação de perguntas.

Em *sistemas modulares*, a estrutura da função influencia decisivamente os módulos e o arranjo dos subconjuntos (cf. 10.2). Além dos critérios funcionais, as exigências da tecnologia da produção também influenciam cada vez mais a estrutura da função e a estrutura da construção dela derivada.

A elaboração da estrutura da função deverá facilitar a busca da solução. Portanto, não é um fim em si mesmo, mas somente é desenvolvida até o ponto em que é útil com relação a essa finalidade. Portanto, o quão completa e subdividida ela será desenvolvida dependerá apreciavelmente do grau de inovação da tarefa e da experiência do desenvolvedor.

Além disso, constata-se que a elaboração da estrutura da função raras vezes é totalmente isenta das idéias de determinados princípios de funcionamento ou da idéia da configuração. Desse fato deduz-se que pode ser muito útil conceber espontaneamente uma primeira solução para a tarefa colocada e, posteriormente, numa malha de repetição, completar e otimizar a estrutura da função e de suas variantes por considerações mais abstratas.

Para a elaboração de estruturas de funções são dadas as seguintes recomendações:

1. A partir das inter-relações funcionais identificadas na lista de requisitos, é conveniente aprontar um rascunho da estrutura da função com pequeno número de subfunções para, então, subdividir progressivamente essas subfunções por desdobramento de subfunções complexas. Isto é mais fácil do que iniciar por estruturas de funções mais complicadas.

   Em certas circunstâncias, é útil desenvolver primeiro um esboço da estrutura de funcionamento ou de uma idéia da solução para, através da sua análise, identificar novas subfunções importantes. Uma saída consiste em iniciar por meio de uma subfunção familiar na entrada ou na saída, cujas magnitudes ultrapassam a interface prevista. Desse modo, já se conhecem ao menos as variáveis de entrada ou de saída das funções vizinhas.

2. Caso ainda não puderem ser identificadas ou apontadas interligações claras entre as subfunções para a busca do princípio da solução, também pode ser útil a simples *listagem das funções identificadas* por ordem da sua aparente importância, mesmo que não tenham vínculo funcional ou lógico.

3. *Inter-relações lógicas* podem levar a estruturas de funções, com ajuda das quais se podem projetar os elementos lógicos de diversos princípios de funcionamento (mecânico, elétrico, além de outros) à semelhança dos elementos de um circuito.

4. A princípio, as estruturas de funções somente são completas quando se especificar o fluxo de energia, material ou informação do caso em apreço ou previsto. Apesar disso, é conveniente seguir o *fluxo principal*, pois geralmente ele é determinante da solução e mais facilmente dedutível do inter-relacionamento previsto. Os fluxos auxiliares são determinantes na elaboração do projeto, análises de falhas, questões relativas a comando e controle, etc. A estrutura completa da função, onde se consideram todos os fluxos e interligações, é obtida por um procedimento iterativo em que, para as primeiras tentativas de solução do fluxo principal se busca uma estrutura; na seqüência esta estrutura é complementada com respeito aos fluxos auxiliares para, em seguida, elaborar a estrutura completa.

5. Ao elaborar estruturas de funções, é útil saber que, na maioria das estruturas, algumas *subfunções* são *recorrentes* na conversão de energia, material ou informação. Trata-se principalmente das funções de aplicação geral da Fig. 2.7, que poderão servir como estímulo para formulação de funções específicas da tarefa.

6. Com vistas ao emprego da microeletrônica, é apropriado considerar fluxos de informação conforme Fig. 6.11 [6]. Assim, cria-se uma estrutura de funções que de maneira muito prática incita o uso modular de elementos

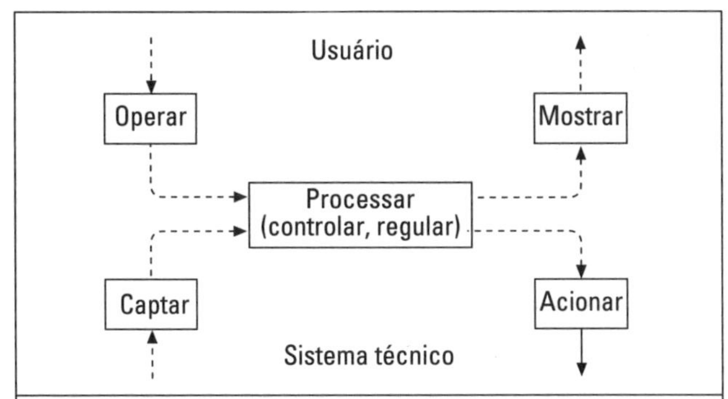

Figura 6.11 *— Funções elementares no fluxo de sinal com respeito ao emprego modular da microeletrônica, de acordo com [6].*

de captação (sensores), atuação (atuadores), operação (controladores), leitura (displays) e, principalmente, o processamento de sinais por microprocessadores ou computadores.

7. Partindo de *estruturas de funções* obtidas por esboço ou de uma análise de sistemas familiares, e havendo interesse na variação da solução e, desta forma, na sua otimização, poderão ser *obtidas* novas variantes por:
   - Desdobramento ou combinação de subfunções específicas;
   - Alteração da seqüência de subfunções específicas;
   - Alteração do tipo de interconexão (ligação em série, em paralelo, em ponte); bem como
   - Transferência da interface.

   Uma vez que através da variação da estrutura poderão ser estimuladas diferentes soluções, a constituição de estruturas de funções já é um primeiro passo em direção à solução.

8. Estruturas de funções devem ser as mais simples possíveis, pois assim conduzem normalmente a sistemas simples e economicamente viáveis. Com a mesma finalidade, também deve ser objetivado um agrupamento de funções que então passa a ser a base de portadores integrados. Mas também há tarefas, nas quais as funções devem ser deliberadamente associadas a diversos portadores da função, por exemplo, diante de severas exigências com relação à clareza de uma solução, bem como exigências extremas de resistência e qualidade. Neste contexto, deve-se valer do "princípio de subdivisão das tarefas" (cf. 7.4.2).

9. Para a busca da solução somente devem ser utilizadas *estruturas de funções promissoras* para as quais, nesta fase, os métodos de seleção (cf. 3.3.1), já podem ser aplicados.

10. Para a *representação de estruturas de funções*, são propostos na Fig. 2.4 *símbolos simples, significativos*, que na prática são complementados por informações verbais específicas da tarefa.

11. Uma *análise da estrutura de funções* permite identificar para quais subfunções devem ser encontrados novos princípios de funcionamento e para quais podem ser utilizadas soluções já existentes. Dessa forma, fomenta-se um procedimento poupador de trabalho. A busca da solução (cf. 3.2) começa pela subfunção obviamente determinante da solução e da qual dependem as soluções das demais subfunções (cf. ex. na Fig. 6.6).

Emprego incorreto do conceito de função

Na literatura e na aplicação prática, freqüentemente depara-se com os conceitos "função defeito" e "função falha". Pela metodologia de projeto a função é o objetivo pretendido. Um defeito ou uma falha nunca são desejados.

Conseqüentemente, esses fenômenos não deveriam ser confundidos com o conceito de função. Seria melhor ao invés de "função defeito" empregar o conceito "comportamento falho" e para "função falha" o conceito "influência da variável falha" ou "ação falha".

Da mesma forma, também depara-se com a concepção errônea de que as funções auxiliares não são funções importantes. Em sistemas técnicos, não há funções mais importantes e outras menos importantes. Todas as funções são importantes, pois são necessárias. Funções que não são necessárias ou são supérfluas devem ser eliminadas. Somente no sentido de um procedimento poupador de trabalho, o desenvolvedor primeiramente se concentra na função para ele aparentemente mais importante para a busca da solução, não obstante as demais funções do sistema técnico continuarem necessárias e devendo ser atendidas.

6.4 ■ Desenvolvimento da estrutura de funcionamento

6.4.1 Busca de princípios de funcionamento

Para as subfunções precisam ser encontrados princípios de funcionamento que posteriormente serão combinados na estrutura de funcionamento, a qual, suficientemente materializada, tornará identificável a solução básica (princípio da solução). Para atender a função, o princípio de funcionamento inclui o necessário efeito físico, assim como suas características geométricas e materiais (cf. 2.1.4). Entretanto, para muitas tarefas não é necessária a busca de um novo efeito físico, pois a problemática está no encorpamento. Acrescente-se a isso que, na busca da solução, freqüentemente fica difícil separar mentalmente o efeito físico das características geométricas e materiais. Por isso, geralmente, busca-se por princípios de funcionamento que incluem o fenômeno físico e as necessárias características geométricas e materiais e, caso existirem várias subfunções, elas são combinadas na estrutura de funcionamento. Essas idéias preliminares sobre o tipo e encorpamento da estrutura de funcionamento normalmente são representadas por um esboço do princípio ou, no caso de representarem a solução básica pela estrutura da construção, por um esboço manual aproximadamente em escala.

Funções \ Soluções		1	2	…	j	…	m
1	F_1	E_{11}	E_{12}		E_{1j}		E_{1m}
2	F_2	E_{21}	E_{22}		E_{2j}		E_{2m}
i	F_i	E_{i1}	E_{i2}		E_{ij}		E_{im}
n	F_n	E_{n1}	E_{n2}		E_{nj}		E_{nm}

Figura 6.12 *— Constituição básica de um esquema classificatório com subfunções de uma função global e as respectivas soluções.*

Ressalte-se que a etapa aqui considerada deverá conduzir a diversas variantes da solução (campo de soluções). Um campo de soluções pode ser formado por variação tanto dos efeitos físicos, como também das características geométricas e materiais. Para atendimento de uma subfunção podem estar ativos diversos efeitos físicos em um ou mais portadores da função.

Auxílios e métodos para a busca de soluções foram discutidos em 3.2. Em geral, estes métodos também se aplicam na busca de princípios de funcionamento. Entretanto, além de pesquisas bibliográficas e análises de sistemas naturais e familiares, são especialmente importantes os métodos com viés intuitivo (cf. 3.2.2) e, na presença das primeiras idéias de solução oriundas de desenvolvimentos anteriores ou da intuição, também a análise sistemática do fenômeno físico e a busca sistemática com ajuda de esquemas classificadores (cf. 3.2.3). Por formação de variantes, estes últimos métodos fornecem, em geral, mais de uma solução.

Catálogos de efeitos físicos e princípios de funcionamento conforme propostos principalmente por Roth e Koller também são auxílios importantes (cf. 3.2.3 [3, 11, 14]).

Caso se busquem soluções para *diversas subfunções* é apropriado selecionar primeiramente, como critério organizador, a função e, como parâmetro da linha, as subfunções a serem atendidas e, nas respectivas colunas lançar de forma numerada possíveis princípios de solução e suas características. A Fig. 6.12 mostra o modelo básico desse esquema organizador. Nas linhas, às funções F_i (subfunções) vão sendo associadas soluções E_{ij}. Dependendo do grau de materialização, essas soluções podem ser efeitos físicos ou até mesmo princípios de funcionamento com materializações geométrico-materiais.

Como exemplo, considerar o desenvolvimento de um banco de testes, no qual dois cilindros trabalham em contraposição sob cargas pulsantes. O objetivo do teste é determinar o coeficiente de atrito sob diferentes combinações do comportamento de rolagem e deslizamento [9]. A Fig. 6.13 mostra a estrutura de funções obtida e a Fig. 6.14, o esquema de ordenamento construído. As funções principais reconhecidas são mostradas em ordenada e as soluções encontradas correspondentes às funções são mostradas em abscissa.

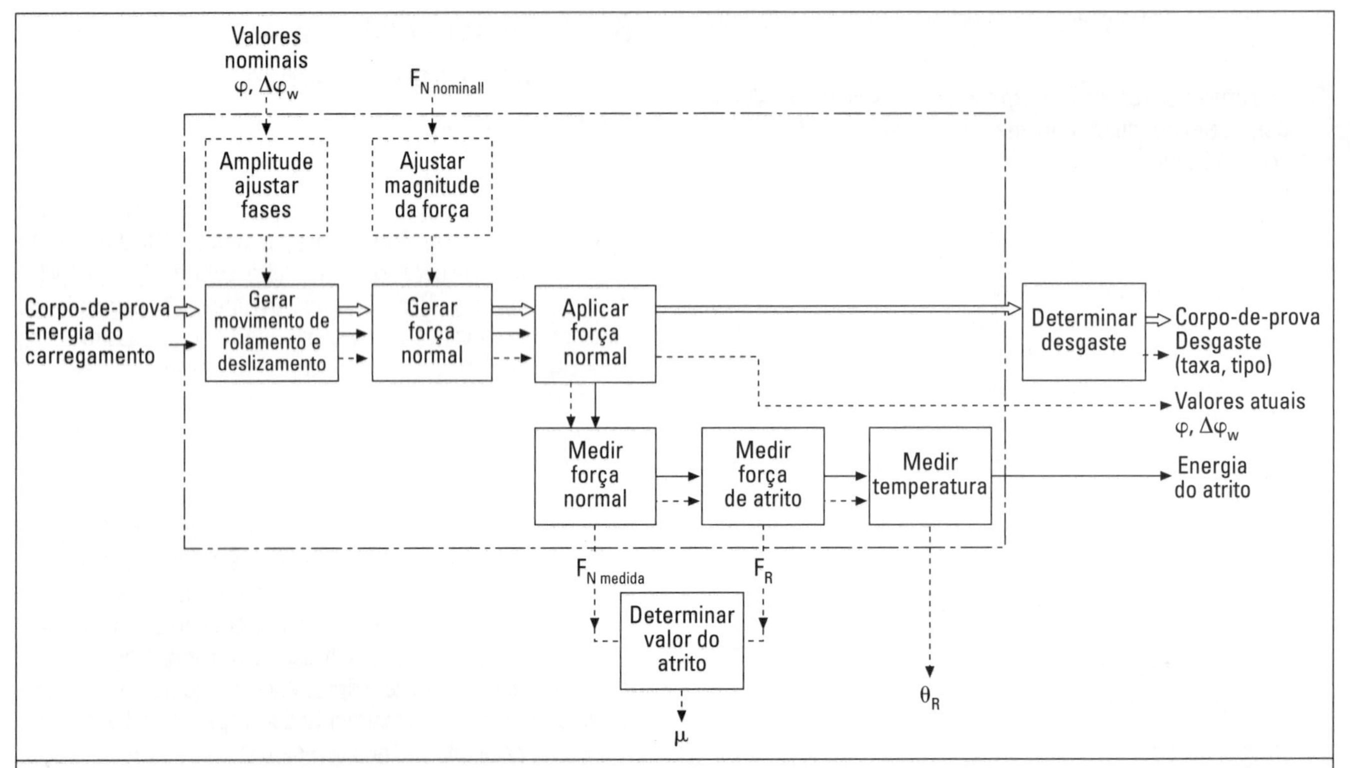

Figura 6.13 *— Estrutura da função de uma máquina de ensaio, segundo o princípio laminação-laminação, para uma combinação livre entre um movimento de deslizamento e um movimento de rolamento sob carga pulsante.*

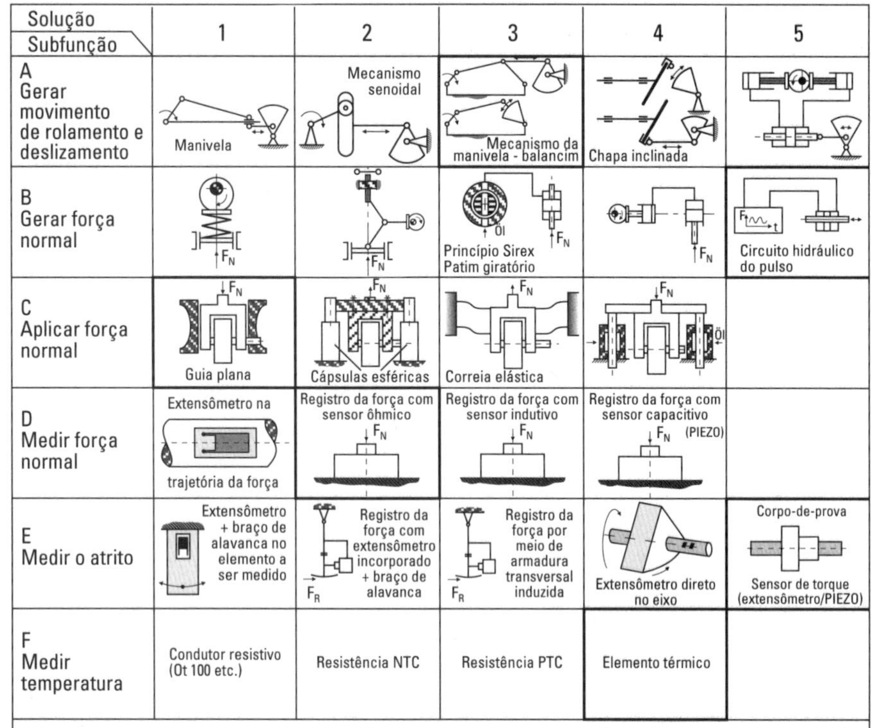

***Figura 6.14** — Esquema classificador construído a partir da estrutura de funções da fig. 6.13, com possíveis soluções básicas para as respectivas subfunções.*

Na busca de princípios de funcionamento para subfunções podem ser dadas, resumidamente, as seguintes recomendações:

- Na busca da solução, dar prioridade às funções principais que são determinantes da solução global e para as quais ainda não há um princípio de solução.
- Derivar critérios classificadores e as correspondentes características de inter-relações perceptíveis do fluxo de energia, material ou sinal ou dos sistemas confinantes.
- Quando o princípio de funcionamento é desconhecido, obtê-lo do efeito físico, critério classificador, por exemplo, tipo de energia. Caso o efeito físico esteja definido, buscar e variar características geométricas e materiais (geometria de funcionamento, movimento de funcionamento, material). Para fins de inspiração, utilizar listas de características (Figs. 3.17 e 3.18).
- Anotar e analisar soluções, mesmo as obtidas intuitivamente, e sobretudo, quais os "critérios classificadores" que são determinantes para a busca de princípios de funcionamento, em seguida desmembrar estes princípios por novos parâmetros, eventualmente restringindo ou generalizando.
- Como preparação da seleção, registrar propriedades importantes e já reconhecidas dos princípios de funcionamento.

Outros exemplos de busca de princípios de funcionamento encontram-se em 6.6.

6.4.2 Combinação de princípios de funcionamento

Para satisfazer a função global estipulada na tarefa, soluções globais têm de ser elaboradas a partir do campo das soluções (princípios de trabalho), por meio de interligações numa estrutura de funcionamento (síntese do sistema). Base deste processo de interligação é a estrutura da função que assinala seqüências e conexões possíveis e adequadas, seja do ponto de vista físico ou lógico.

Como método especialmente apropriado para a combinação sistemática é proposto em 3.4.2 o esquema classificador devido a Zwicky ("matriz morfológica") (Fig. 3.25). Neste esquema classificador lançam-se na primeira coluna as subfunções a serem satisfeitas e nas linhas correspondentes os princípios de funcionamento descobertos. Pela combinação de um princípio de funcionamento que satisfaz uma subfunção com um princípio de funcionamento de uma subfunção vizinha na estrutura da função obtém-se, após interligação de todas as subfunções, uma possível estrutura de funcionamento como solução global. Ao interligar funções, somente podem ser combinados princípios de funcionamento compatíveis.

A Fig. 6.15 mostra um exemplo de uma combinação para uma colheitadeira de batatas [1]. Para as subfunções da estrutura de funções da Fig. 6.9, este exemplo contém princípios de funcionamento apropriados, materializados por meio de esboços dos princípios, a fim de facilitar a avaliação da sua compatibilidade. Para melhor enxergar a estrutura de funcionamento como uma combinação de princípios, a Fig. 6.16 reproduz uma colheitadeira construída em conformidade com esse procedimento.

Apesar de que, com os métodos para a busca de soluções, principalmente aqueles com viés intuitivo, já resultarem ou se identificarem combinações, também há métodos especiais para a síntese. Basicamente devem possibilitar uma combinação clara e inequívoca de princípios de funcionamento, levando em conta as variáveis físicas envolvidas e as respectivas características geométricas e materiais.

Problema central dessas etapas de combinação é o conhecimento da compatibilidade física dos princípios de funcionamento a serem interligados, a fim de conseguir um fluxo de energia, material e informação, em geral, isento de falhas, bem como a ausência de colisões no aspecto geométrico. Outro problema consiste em selecionar, do campo de combinações teoricamente possíveis, as combinações vantajosas do ponto de vista técnico e econômico. A combinação por meio de métodos matemáticos (cf. 3.2.4) somente é possível para princípios de

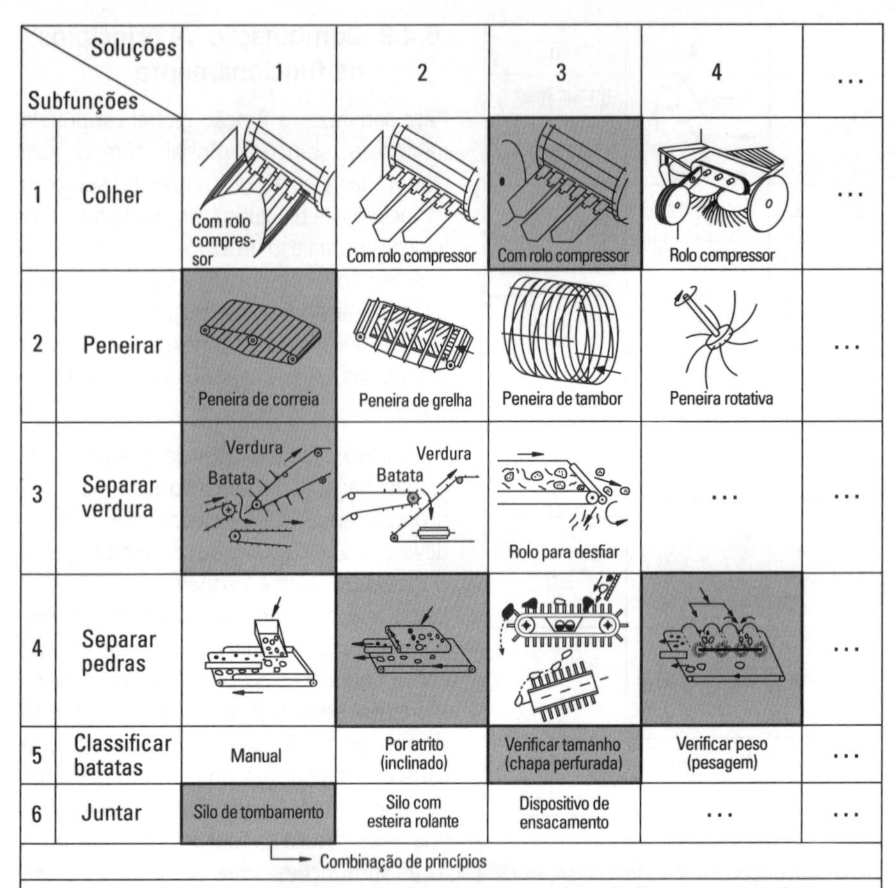

Figura 6.15 *— Combinação de princípios (estrutura de trabalho) para atendimento da função global de uma colheitadeira de batatas, conforme fig. 6.9.*

funcionamento, cujas características possam ser explicitadas por parâmetros quantitativos, o que, entretanto, não é comum. Exemplos disso são projetos variantes e circuitos com, por exemplo, componentes eletrônicos ou hidráulicos.

Resumindo, resultam as seguintes sugestões:

- Só combinar princípios compatíveis entre si (ferramenta auxiliar: matriz de compatibilidade, Fig. 3.26).
- Somente continuar a desenvolver o que atende aos requisitos da lista de requisitos e que permita prever um trabalho aceitável (cf. métodos de seleção em 3.3.1 e 6.4.3).
- Destacar combinações aparentemente favoráveis e analisar por que, em comparação com as demais, deverão ter seu desenvolvimento continuado.

6.4.3 Seleção de estruturas de funcionamento apropriadas

Em razão do ainda baixo grau de materialização das estruturas de funcionamento e do fato de as suas propriedades somente serem conhecidas qualitativamente, o método mais vantajoso para seleção de estruturas de funcionamento apropriadas é o método descrito em 3.3.1. Este método se caracteriza pelas atividades eliminar e priorizar e se utiliza de uma lista de seleção esquemática, que é clara e verificável.

O campo de soluções mostrado na Fig. 6.14, para um ordenamento cilindro-cilindro, é submetido a um critério de seleção. A Fig. 6.17 repete a lista de escolha em forma tabelar. Dela decorre que a variante A3-B5-C1-D2-E5-F4 deve ser uma combinação adequada e deve ser empregada para uma concretização. Na Fig. 6.14, são salientadas as combinações dos princípios de funcionamento mais favoráveis.

Uma outra possibilidade para efetuar uma seleção rápida consiste na utilização de esquemas classificadores bidimensionais, semelhantes às matrizes de compatibilidade mostradas na Fig. 3.26. A Fig. 6.18 dá um exemplo disso.

Ao desenvolver um banco de ensaio para estudo de acoplamentos dentados, a tarefa consiste em medir um deslo-

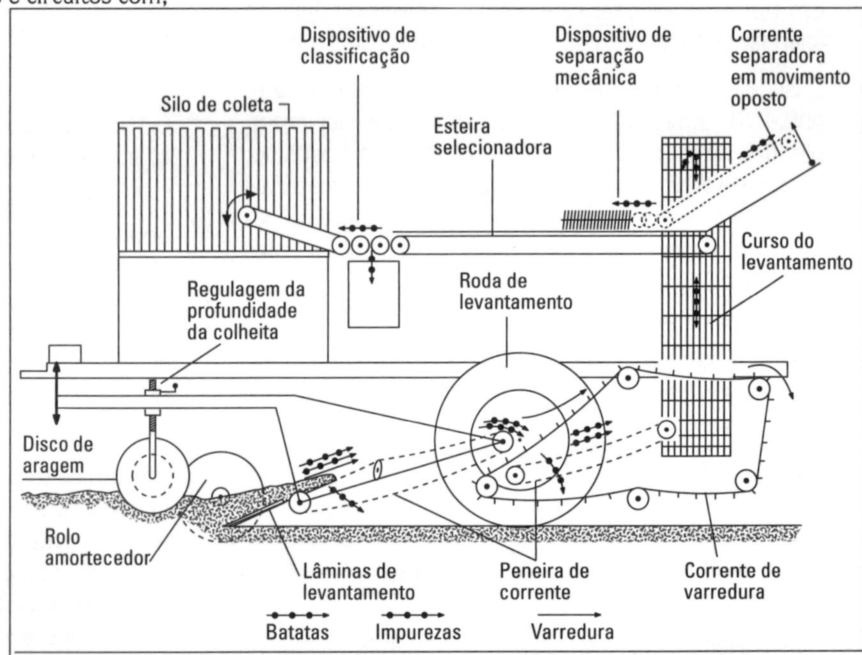

Figura 6.16 *— Estrutura básica de uma colheitadeira de batatas usando uma combinação de princípios de trabalho da Fig. 6.15.*

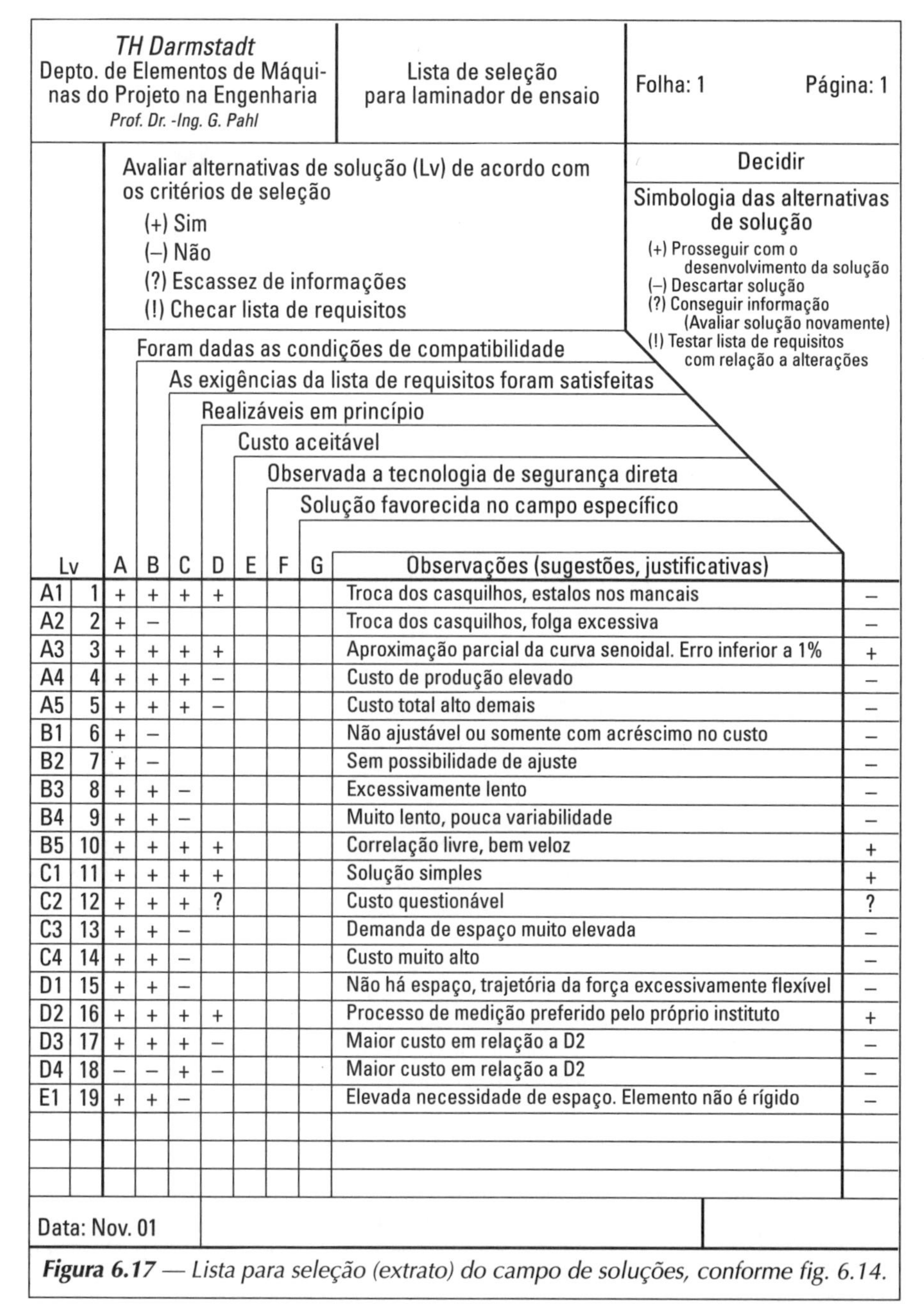

TH Darmstadt
Depto. de Elementos de Máquinas do Projeto na Engenharia
Prof. Dr. -Ing. G. Pahl

Lista de seleção para laminador de ensaio

Folha: 1 Página: 1

Avaliar alternativas de solução (Lv) de acordo com os critérios de seleção
(+) Sim
(–) Não
(?) Escassez de informações
(!) Checar lista de requisitos

Decidir
Simbologia das alternativas de solução
(+) Prosseguir com o desenvolvimento da solução
(–) Descartar solução
(?) Conseguir informação (Avaliar solução novamente)
(!) Testar lista de requisitos com relação a alterações

A: Foram dadas as condições de compatibilidade
B: As exigências da lista de requisitos foram satisfeitas
C: Realizáveis em princípio
D: Custo aceitável
E: Observada a tecnologia de segurança direta
F: Solução favorecida no campo específico

Lv		A	B	C	D	E	F	G	Observações (sugestões, justificativas)	Decidir
A1	1	+	+	+	+				Troca dos casquilhos, estalos nos mancais	–
A2	2	+	–						Troca dos casquilhos, folga excessiva	–
A3	3	+	+	+	+				Aproximação parcial da curva senoidal. Erro inferior a 1%	+
A4	4	+	+	+	–				Custo de produção elevado	–
A5	5	+	+	+	–				Custo total alto demais	–
B1	6	+	–						Não ajustável ou somente com acréscimo no custo	–
B2	7	+	–						Sem possibilidade de ajuste	–
B3	8	+	+	–					Excessivamente lento	–
B4	9	+	+	–					Muito lento, pouca variabilidade	–
B5	10	+	+	+	+				Correlação livre, bem veloz	+
C1	11	+	+	+	+				Solução simples	+
C2	12	+	+	+	?				Custo questionável	?
C3	13	+	+	–					Demanda de espaço muito elevada	–
C4	14	+	+	–					Custo muito alto	–
D1	15	+	+	–					Não há espaço, trajetória da força excessivamente flexível	–
D2	16	+	+	+	+				Processo de medição preferido pelo próprio instituto	+
D3	17	+	+	+	–				Maior custo em relação a D2	–
D4	18	–	–	+	–				Maior custo em relação a D2	–
E1	19	+	+	–					Elevada necessidade de espaço. Elemento não é rígido	–

Data: Nov. 01

Figura 6.17 — *Lista para seleção (extrato) do campo de soluções, conforme fig. 6.14.*

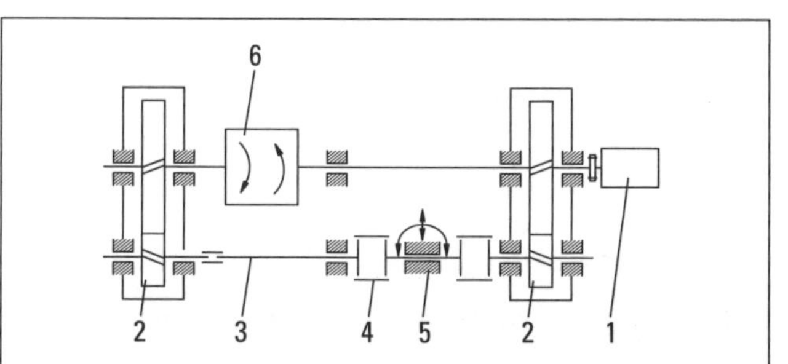

Figura 6.18 — *Esboço do princípio de um banco de provas de fixação para ensaio de acoplamentos de dentes. 1- motorização; 2- câmbio; 3- árvore rápida; 4- acoplamento de dentes a ser ensaiado; 5- bloco de apoio ajustável para acertar erros de alinhamento; 6- dispositivo para aplicação do torque.*

camento axial interno ao acoplamento a ser ensaiado, a fim de medir a força axial decorrente. Isto significa que pelo menos uma das partes do acoplamento deve poder ser movimentada axialmente.

As variantes possíveis e reconhecidas do local do deslocamento (critério classificador das linhas) e a forma de introdução da força (critério classificador das colunas) foram combinadas no esquema classificador da Fig. 6.19. As combinações foram testadas e as variantes julgadas inadequadas foram eliminadas por várias razões, todas porém facilmente compreensíveis. Os critérios empregados foram mantidos em uma lista, a qual não é apresentada aqui por razões de espaço. O resultado é mostrado na legenda da Fig. 6.19.

A estrutura de funcionamento escolhida ou a combinação de soluções são submetidas finalmente a uma etapa seguinte de concretização.

6.4.4 Uso prático das estruturas de funcionamento

O desenvolvimento de estruturas de funcionamento em projetos novos é considerado como a fase mais importante, na qual a criatividade do projetista é exigida ao máximo. Essa criatividade é caracterizada e influenciada de modo especial por processos cognitivos para a solução de problemas, pela observância de uma metodologia geral de trabalho e de métodos de solução e avaliação de aplicação geral. Em correspondência, justamente nesta etapa o procedimento é bastante diferenciado e dependente do grau de inovação da tarefa ou da proporção de problemas a serem solucionados, da mentalidade, habilidade ou experiência do projetista, bem como de projeções do planejamento do produto ou do cliente.

Por essa razão o procedimento recomendado em 6.4.1, a 6.4.3 serve somente de diretriz para um trabalho apropriado e por etapas, cuja realização prática pode ocorrer de forma bem distinta; no caso de *projetos originais sem modelos existentes*, a busca da solução sempre deverá iniciar-se pela função principal determinante da solução da função global (cf. Fig. 6.6). Para a função principal determinante da solução, as primeiras idéias preliminares sobre possíveis efeitos físicos ou até mesmo princípios de funcionamento, serão desenvolvidas por métodos com viés intuitivo, por pesquisas bibliográficas

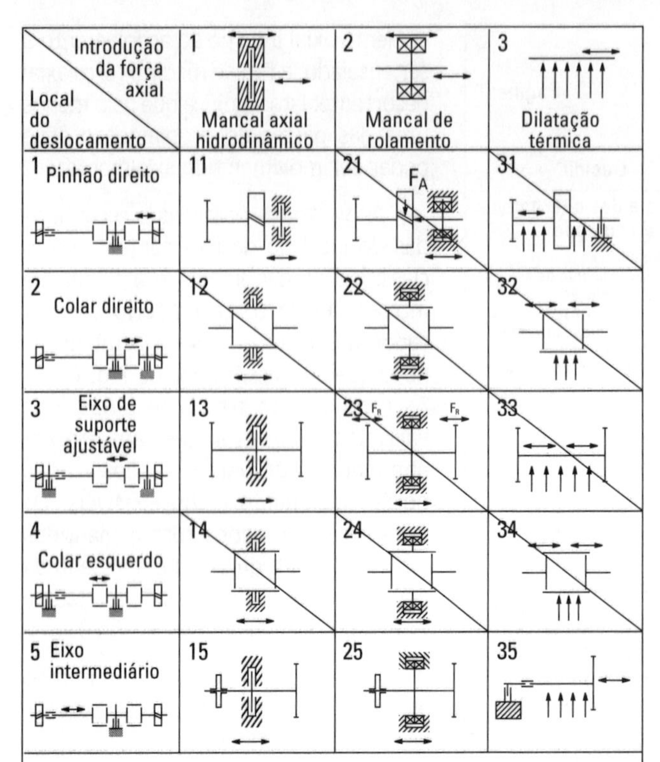

***Figura 6.19** — Combinação sistemática de variantes do princípio de solução e eliminação de variantes inadequadas. Combinação 12; 14: perturbação da cinemática de acoplamento. Combinação 21: Força axial F_A muito grande para a vida útil do mancal. Combinação 23: 2 · F_R por causa disso, tempo de vida útil do rolamento muito pequeno. Combinação 22; 24: velocidade perimetral muito grande, tempo de vida útil dos rolamentos muito grande. Combinação 31-34: comprimento térmico muito pequeno para comprimento de dilatação.*

e de patentes ou a partir de desenvolvimentos anteriores. Em seguida, esta solução, ou as soluções são analisadas com relação ao seu inter-relacionamento funcional, para chegar a novas e importantes subfunções, para as quais também devem ser buscados efeitos ou princípios de funcionamento. Estes princípios de funcionamento deveriam ser encontrados e ajustados somente ao princípio de funcionamento promissor encontrado para a função principal determinante da solução. Por outro lado, uma busca concomitante e independente de princípios de funcionamento para todas as subfunções é, em geral, muito dispendiosa e freqüentemente inclui princípios de funcionamento que combinados não vêm ao caso.

A princípio recomenda-se procurar os princípios de solução (máximo de 6) mais promissores a partir de um plano pouco concreto, para então, partindo de uma variante promissora, trabalhar em um plano mais concreto, e daí, então identificar variantes mais promissoras ainda. Uma variedade muito grande de variantes em uma das etapas da procura de soluções acarreta muito trabalho e não deve ser considerada.

Uma estratégia importante para elaborar campos de soluções é variar sistematicamente as características físicas e geométrico-materiais encontradas nas primeiras soluções, reconhecidas como essenciais. Os *esquemas classificadores* que são úteis para isso, na maioria das vezes, ao serem elaborados, não são otimizados de imediato, mas somente após várias tentativas com variação ou correção (restrição ou extensão) dos critérios classificadores. Nisso é indispensável certa experiência.

Havendo *idéias concretas do produto* junto com as *primeiras tentativas de solução* oriundas do planejamento do produto ou de uma coleção de soluções, essas serão analisadas com relação às suas características principais determinantes da solução para, por meio de uma variação e combinação sistemática, chegar rapidamente a um campo de soluções.

Nas *continuações de desenvolvimentos* verificar-se-á se os princípios de funcionamento e as estruturas de funções já conhecidos, ainda são satisfatórios diante do atual estágio técnico ou se podem atender a outros objetivos.

Com um procedimento mais *acentuadamente intuitivo* e diante de uma larga experiência, com grande freqüência são encontradas estruturas de funcionamento que atendem imediatamente a função global, sem que seja necessário executar primeiro uma busca em separado da solução de cada uma das subfunções (princípios de funcionamento).

Em especial a elaboração, *passo a passo*, de princípios de funcionamento por meio da busca de efeitos físicos e subseqüente concretização com definições geométrico-materiais, é freqüentemente executado integrando mentalmente os esboços das soluções, uma vez que o projetista consegue pensar melhor em arranjos e representações básicas do que em equações físicas.

Utilizando métodos discursivo-matemáticos e com viés intuitivo, geralmente se encontram rapidamente campos de soluções abrangentes. Por *obediência aos requisitos da lista de requisitos*, já se deveria procurar limitar esses campos na sua origem, a fim de manter o trabalho de materialização subseqüente dentro de certos limites.

Freqüentemente, as características das soluções básicas, principalmente as conseqüências da sua produção e seu custo ainda não podem ser julgadas por meio de parâmetros quantitativos. Por isso, existindo princípios de funcionamento promissores, a seleção deveria ser realizada por uma discussão interdisciplinar, por exemplo, uma *equipe composta de diversos especialistas* (semelhante à equipe da análise de valor, vide 1.2.3, item 2), a fim de basear as decisões de natureza qualitativa em uma ampla experiência.

6.5 ■ Desenvolvimento de conceitos

6.5.1 Materialização das variantes básicas da solução

As idéias básicas de uma solução elaboradas em 6.4, em geral, são ainda pouco concretas para que possa ser tomada uma decisão quanto à definição do conceito. Isto é devido ao fato de que, partindo da estrutura da função, a busca da solução está, sobretudo, voltada ao atendimento da função técnica. Uma solução, mesmo sendo apenas uma solução básica, também tem de considerar, pelo menos na sua essência, as condicionantes expostas em 2.1.7, que estão fixadas numa diretriz.

Só assim as variantes de soluções básicas (princípio de solução) são avaliáveis. Para sua avaliabilidade, é imprescindível uma materialização num plano básico, o que, conforme demonstra a experiência, quase sempre exige um trabalho considerável.

Na seleção, em determinadas circunstâncias, já ficaram óbvias as lacunas de informação de características importantes, de forma que, às vezes, uma decisão grosseiramente selecionadora também não é possível. Com maior razão fica difícil, neste estágio de conhecimentos, efetuar uma avaliação. As características mais importantes de uma estrutura de funcionamento precisam ser colhidas, de forma mais concreta, qualitativa e quantitativamente, muitas vezes de maneira aproximada para esta última forma.

São indispensáveis, ao menos de forma aproximada, asserções importantes com relação ao princípio de funcionamento, por exemplo, altura de funcionamento, suscetibilidade a falhas, mas também com relação ao encorpamento, por exemplo, demanda de espaço, peso, tempo de vida útil ou também com relação a atuais condicionantes importantes, específicas da tarefa. Esta aquisição de informação mais detalhada somente é empregada para a combinação aparentemente mais promissora. Eventualmente, num nível de informações superior, terá de ser realizada uma segunda ou até mesmo uma terceira seleção.

As informações necessárias são basicamente obtidas com os métodos de aplicação geral:

- Cálculos aproximados com hipóteses simplificadoras.
- Estudos do arranjo e / ou do encorpamento por esboços, muitas vezes em escala aproximada com relação a uma possível forma, demanda de espaço, compatibilidade espacial, etc.
- Ensaios prévios ou ensaios com modelos para definição de características básicas ou asserções quantitativas aproximadas com relação à altura de funcionamento ou do campo a ser otimizado.
- Construção de modelos transparentes com os quais pode ser acompanhada a mecânica do funcionamento, por exemplo, modelos cinemáticos.
- Analogias com auxílio do computador ou circuitos emuladores e definição de variáveis, que salvaguardem as características essenciais, por exemplo, cálculo de vibrações e das perdas em sistemas hidráulicos utilizando as leis da eletrotécnica.
- Uma renovada pesquisa de patentes e/ou bibliográfica com um objetivo mais específico, bem como uma pesquisa de mercado sobre tecnologias objetivadas, materiais, peças de terceiros e semelhantes.

Com novas informações, as estruturas de funcionamento promissoras são materializadas até o ponto em que possam ser avaliadas (cf. 6.5.2). Pelas suas características, as variantes precisam deixar explícitos os critérios técnicos e econômicos, para que possa ocorrer uma avaliação com a maior confiabilidade possível. Por isso é conveniente, na materialização de soluções básicas, já se preocupar com possíveis, futuros critérios de avaliação (vide 3.3.2), para que a disponibilização da informação ocorra de uma forma mais objetiva.

Um exemplo deverá tornar mais claro como é materializada a solução básica a partir do princípio de funcionamento. Trata-se do desenvolvimento de soluções para o sensor de um instrumento para medição do conteúdo de um recipiente com formato arbitrário, abordado já por várias vezes.

A Fig. 6.20 reproduz o princípio de funcionamento da primeira proposta de solução. A força resultante pode ser determinada estaticamente a partir das três reações de apoio verticais das articulações ou a partir da rótula de articulação através de apenas uma força vincular. O peso do conteúdo do tanque como medida volumétrica do conteúdo apenas pode ser empregado em se conhecendo o peso do tanque vazio. Os sensores empregados medem força total, ou seja, também as forças decorrentes de acelerações. Por meio da conversão da força num deslocamento, torna-se possível a medição com um potenciômetro.

São realizados cálculos aproximados com relação às forças, devido ao peso e à inércia, e tiradas as conclusões necessárias à concretização:

Força total do líquido (estático):

$$F_{ges} = \gamma \cdot V = 7{,}5\ \text{N/dm}^3 \cdot (20\ldots160)\text{dm}^3 = 150\ldots$$
$$\ldots1200\ \text{N (gasolina).}$$

Forças adicionais devido a processos de aceleração (foi considerado apenas o líquido)

$$F_{zus} = m \cdot a = (15\ldots120)\ \text{kg} \cdot \pm\ 30\ \text{m/s}^2 = \pm$$
$$\pm\ (450\ldots3600)\ \text{N.}$$

Para atenuar os deslocamentos devido às forças da aceleração é indispensável um forte amortecimento.

Conclusão:

Continuar com a solução, prever possibilidade de amortecimento, buscar soluções para essa tarefa e concretizar com um desenho do sensor em escala aproximada. A Fig. 6.21 mostra o resultado. Conhecendo os componentes necessários

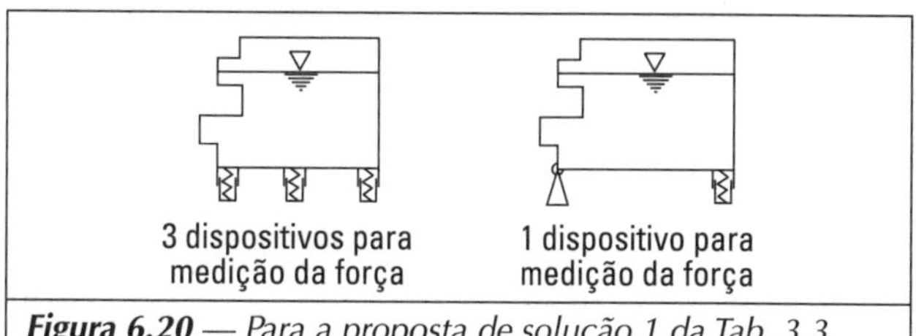

Figura 6.20 *— Para a proposta de solução 1 da Tab. 3.3, medir o peso do líquido, sinal gerado: força.*

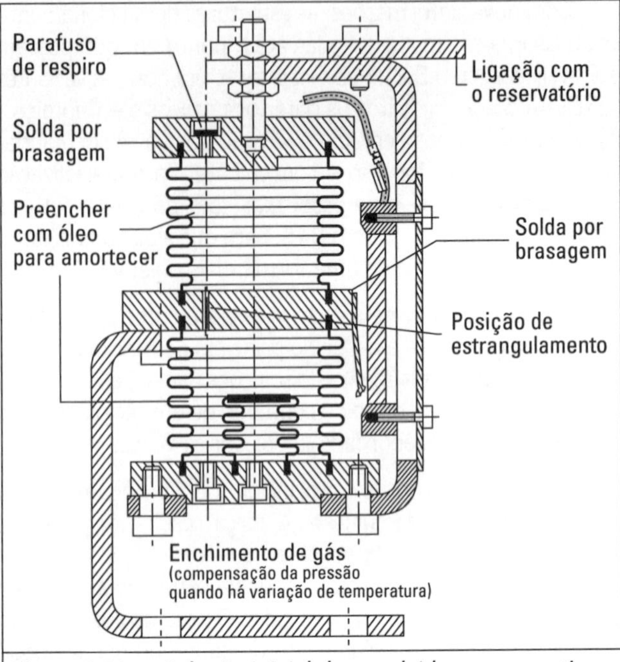

***Figura 6.21** — Solução inicial desenvolvida por concretização a partir do princípio de solução da Fig. 6.20.*

e sua configuração, esta proposta pode agora ser submetida a uma avaliação. Confirma-se a suspeita (cf. Fig. 3.27) de que o custo será elevado.

6.5.2 Avaliação de variantes básicas da solução

Em 3.3.2 foram abordados métodos de avaliação de validade geral, principalmente a análise de valores e o procedimento segundo a diretriz VDI 2225 [15].

Especialmente na avaliação de variantes básicas da solução, deverão ser observados os seguintes critérios:

Identificação de critérios de avaliação

Primeiramente, a *lista de requisitos* é uma base importante. Num eventual processo de avaliação precedente (cf. 6.4.3), exigências não atendidas já acarretavam a eliminação de variantes basicamente inadequadas. Pela tarefa de conversão em soluções básicas, foram colhidos novos conhecimentos e informações. Portanto, é apropriado verificar primeiramente, com base no estágio de conhecimentos mais recente, se as propostas a serem avaliadas realmente atendem as exigências da lista de requisitos. Em determinadas circunstâncias, isto conduz a uma nova decisão sim/não, ou seja, uma escolha.

É de se esperar que na atual etapa de concretização, esta decisão certamente não será possível com relação a todas as exigências e variantes.

Para tanto seria preciso um esforço adicional que a esta altura não se deseja ou que não se pode despender. Com o atual estágio de informações, em certas circunstâncias, somente poderá ser avaliada a probabilidade com a qual podem ser atendidas determinadas exigências. Muito provavelmente essas exigências se converterão em critérios de avaliação.

Várias exigências são exigências mínimas. Deve ser verificado, com quais critérios de valor é desejável uma folgada excedência dos limites. Se esse for o caso, daqui também se poderá derivar critérios de avaliação.

Para avaliação da etapa de concepção é fundamental que as *características tecnológicas, como também as econômicas,* sejam incorporadas o quanto antes possível [4]. Nesse estágio de concretização, em geral, não é possível indicar os custos por meio de valores. Porém, o aspecto econômico deveria instalar-se ao menos qualitativamente. Além disso, na decisão em torno do princípio da solução (conceito), as questões relativas à proteção do trabalho e do meio ambiente adquirem uma importância cada vez maior.

Por isso, é necessário considerar simultaneamente critérios tecnológicos, econômicos e os que se referem à segurança. Em decorrência, de acordo com a lista de verificação que já incorpora características da avaliação do anteprojeto (cf. 7.6) e com a inclusão de novas sugestões, são propostas as seguintes características principais [8], das quais podem ser derivados os critérios para avaliação de soluções básicas: Fig. 6.22.

Cada característica principal precisa ser representada por pelo menos um critério de avaliação, desde que pertinente à tarefa. Com relação ao objetivo global, esses critérios têm de ser independentes, a fim de evitar avaliações repetidas. Critérios do consumidor terão de estar contidos principalmente nas primeiras cinco e nas três últimas características principais e os critérios do fabricante nas características principais: configuração, produção, controle, montagem e custos.

Com isso, os critérios de avaliação são obtidos de:

a) Exigências da lista de requisitos
   - Probabilidade do atendimento dos requisitos (qual a probabilidade, que dificuldades terão de ser vencidas a fim de atendê-los).
   - Excedência praticável dos requisitos mínimos (em quanto exceder).
   - Vontades (atendidas, não atendidas, o quanto foram atendidas).

b) Características gerais técnicas e econômicas (até que ponto estão presentes, até que ponto foram atendidas) comparadas com a lista das característica principais para avaliação da fase conceitual (Fig. 6.22).

O total de critérios de avaliação da fase conceitual não deverá ser um número muito grande, em geral são apropriados de 8 a 15 critérios. Um exemplo está representado na Fig. 6.41, no qual os critérios citados podem ser identificados.

Importância para o valor global (ponderação)

Os critérios de avaliação agora conhecidos provavelmente são diferentes pela sua importância. Para a etapa conceitual, na qual o estágio de informação, em virtude da concretização não muito elevada ainda é relativamente baixo, uma ponderação

Característica principal	Exemplos
Função	Características de portadores de funções auxiliares essenciais, que resultam naturalmente do princípio de solução escolhido ou da variante de conceito
Princípio de trabalho	Propriedades do ou dos princípios escolhidos com respeito ao simples e não ambíguo Atendimento da função, trabalho suficiente e poucas perturbações
Forma do corpo	Pequeno número de componentes, pouca complexidade, demanda de espaço reduzida
(Desenho)	Nem um problema especial com relação ao material ou detalhe da forma
Segurança	Preferência por medidas diretas de segurança (já seguras pela própria natureza), desnecessarias precauções adicionais de segurança, garantia de segurança do trabalho e do meio ambiente
Ergonomia	Relação homem-máquina satisfatória, nenhum esforço demasiado ou ameaça à saúde, boa forma do corpo (desenho)
Produção	Métodos de produção usuais e pouco numerosos, nenhum dispositivo oneroso, quantidade de peças simples
Controle	Necessidade de poucos testes ou ensaios, de execução simples e de resultados confiáveis
Montagem	Fácil, cômoda e rápida, nenhum auxílio especial
Transporte	Possibilidades de meios normais de transporte sem riscos
Utilização	Operação simples, tempo de ciclo de vida elevado, pouco desgaste, operação simples e prática
Conservação	Limpeza e assistência simples e reduzida, inspeção fácil, consertos sem problemas
Reciclagem	Bom reprocessamento, disposição sem problemas
Custo	Nenhum custo operacional ou outros custos marginais, nenhum risco de prazos

Figura 6.22 *— Lista de verificação com as características principais para avaliação na fase de concepção.*

não é vantajosa. Entretanto, na seleção dos critérios de avaliação é mais prático ficar atento a uma ponderação aproximadamente equilibrada e, por ora, não considerar características com menor ponderação. Assim, a avaliação se concentrará nas características básicas e se manterá transparente. Todavia, importância absolutamente distinta e não suprimível tem de ser considerada por meio de fatores ponderais.

Composição das grandezas de propriedades

Tem-se mostrado como apropriado preparar uma lista com os critérios de avaliação na mesma ordem das características principais e relacioná-los com os parâmetros das variantes. Indicações quantitativas deverão ser acrescentadas sempre que possível.

Geralmente, essas são obtidas na etapa "materialização de variantes básicas da solução". Todavia, na fase de concepção nem todas as características podem ser quantificadas. Nesse caso, as asserções qualitativas precisam ser expressas ao menos verbalmente, para que possam ser relacionadas às idéias de valor.

Avaliação segundo as idéias de valor

A atribuição de pontos não é completamente isenta de problemas. Porém, na fase de concepção não se deveria ser excessivamente cuidadoso.

Na escala de pontos de 0 a 4 da diretriz VDI 2225 freqüentemente se manifesta o desejo de atribuir um valor intermediário, principalmente quando existem várias variantes ou o grupo encarregado do julgamento não chegar a um consenso com relação a um valor inteiro (grau de valor). Uma primeira solução consistiria em indicar a tendência por (flecha para cima) ou (flecha para baixo), ao lado da pontuação (cf. Fig. 6.41). As tendências identificadas poderiam então ser consideradas ao apreciar a incerteza da avaliação. Em certas circunstâncias, a pontuação de 0 a 10 simula uma precisão que não ocorre na realidade. Por isso, aqui, a discussão por um ponto é freqüentemente inócua. Caso reine absoluta incerteza na pontuação, o que ocorre com maior freqüência na apreciação de princípios de solução, a pontuação atribuída deve vir acompanhada por um ponto de interrogação (cf. Fig. 6.41).

Na fase de concepção, os custos freqüentemente não podem ser traduzidos por números. Por isso, em geral, não é possível o estabelecimento, por exemplo, de uma *ponderação econômica* W_w com relação aos custos de produção. Contudo, principalmente os aspectos técnicos e econômicos mais ou menos bons podem ser descritos qualitativamente. O diagrama de intensidade (cf. Fig. 3.35) é utilizado de modo semelhante (cf. Figs. 6.23 a 6.25 como exemplo da avaliação de variantes para complementar o banco de ensaios de estaiamentos da Fig. 6.18).

De modo semelhante, em alguns casos revelou-se apropriada uma separação por característica do consumidor e do fabricante. Uma vez que os critérios de consumidor normalmente encerram *ponderações técnicas* W_t e os critérios do fabricante, *ponderações econômicas* W_w, pode-se efetuar a separação de forma análoga.

Qual forma de representação deverá ser selecionada, dependerá do problema e do estágio da informação, a saber:

- Ponderação técnica com aspectos econômicos implícitos (cf. figs. 6.41 ou 6.55) ou
- Ponderações técnicas e econômicas separadas (cf. figs. 6.23 a 6.25) ou
- Uma comparação adicional das características do consumidor e do fabricante,

Determinação do valor global

Após atribuição de pontos aos critérios de avaliação e às variantes, a determinação do valor global é questão de simples adição.

Critérios técnicos \ Variante	11 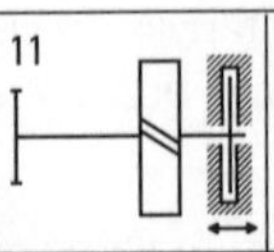	13 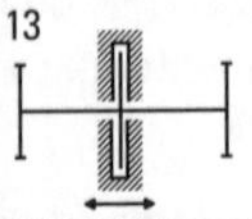	15 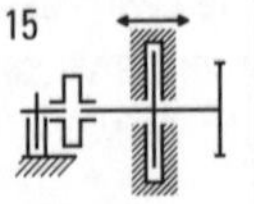	25 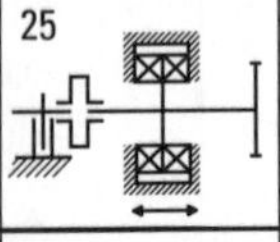	35 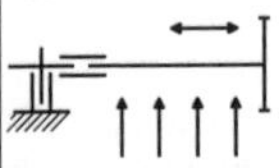
1) Pequena perturbação da cinemática do acoplamento	(1) 3	4	4	4	3
2) Operação simples	3	4	4	4	3
3) Substituição simples do acoplamento	4	3	4	4	4
4) Segurança das funções, falhas conseqüentes	2	4	3	3	3
5) Construção simples	(1) 2	2	2	2	3
Soma	14	17	17	17	16
$W_t = \frac{\text{Soma}}{20}$	0,7	0,85	0,85	0,85	0,80

(1) O torque varia de acordo com o deslocamento axial do pinhão.

Figura 6.23 — *Avaliação técnica das variantes de soluções iniciais restantes, comparar com a Fig. 6.19.*

Critérios econômicos \ Variante	11 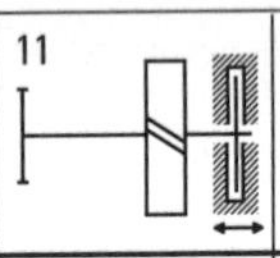	13 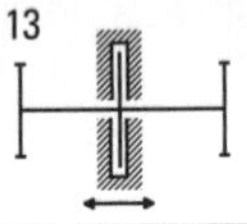	15 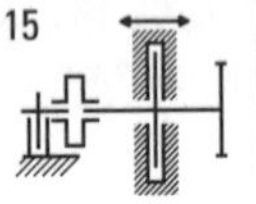	25 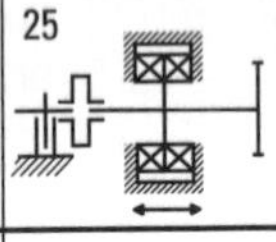	35 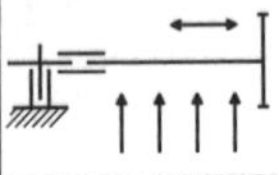
1) Baixos custos dos materiais	2	3	4	4	(1) 2
2) Baixos custos de modificações	2	(2) 1	3	3	3
3) Tempo de teste curto	2	4	3	3	2
4) Possibilidade da produção na própria fábrica	3	3	3	3	2
Soma	9	11	13	13	9
$W_W = \frac{\text{Soma}}{16}$	0,56	0,69	0,81	0,81	0,56

(1) Árvore austenítica; (2) Mudança da posição da árvore para medição do torque.

Figura 6.24 — *Avaliação qualiltativa e econômica das variantes de soluções iniciais remanescentes, comparar com a Fig. 6.19.*

Apesar de, na avaliação individual precedente, somente poder-se indicar faixas em razão da incerteza da avaliação ou por terem sido utilizados sinais de tendências, ainda assim pode-se determinar adicionalmente a pontuação global resultante máxima ou mínima, e assim obter a faixa dos valores prováveis (cf. Fig. 6.41).

Comparação de variantes da solução

Para comparações, a idéia de valor relativo geralmente é mais apropriada. A partir dela é facilmente perceptível o quanto cada uma das variantes está relativamente perto ou longe do objetivo. Variantes que se encontram abaixo de 60% do objetivo, são profundamente carentes de melhorias e na forma em que se encontram não poderão continuar servindo como base de um desenvolvimento.

Variantes com valorações acima de cerca de 80% e um perfil de valores compensado, portanto sem características específicas excessivamente ruins, geralmente podem servir de base para o projeto sem necessitar de qualquer melhoria.

No entanto, as variantes intermediárias, após eliminação pontual dos elos fracos ou numa combinação melhorada, também podem ser liberadas para a próxima fase.

Freqüentemente, são obtidas variantes aparentemente equivalentes. Com pontuação praticamente igual seria um erro grave tomar uma decisão baseada nessa pequena diferença formal. Num caso desses, incertezas de avaliação, elos fracos e o perfil de valores têm de ser considerados em detalhes (cf. 3.38). Eventualmente, numa outra etapa ou talvez até mesmo na etapa de configuração, essas variantes devem, antes de qualquer coisa, ser ainda mais materializadas. Prazos, tendências, política da empresa, etc., precisam ser avaliados em separado e considerados adicionalmente na decisão [4].

Estimativa das incertezas de avaliação

Principalmente na fase de concepção, esta etapa é muito importante e não pode ser omitida. Métodos de avaliação são somente ferramentas de decisão e não representam um automatismo. Faixas de incertezas deverão

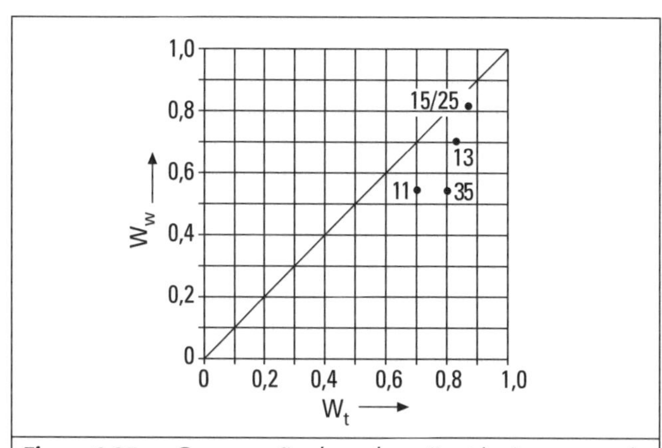

Figura 6.25 — Comparação das valorações técnicas e econômicas das variantes de soluções iniciais das Figs. 6.23 e 6.24.

ser cobertas e avaliadas por considerações limites, conforme já foi aventado. Entretanto, lacunas de informação que ficaram expostas somente precisam ser fechadas para propostas favoráveis (ex. variante B na Fig. 6.41).

Busca de pontos fracos

Na fase de concepção, o perfil de valores desempenha um papel importante. Variantes com ponderação elevada, mas com um ponto fraco específico (perfil de valores não compensado), são traiçoeiras na continuação do desenvolvimento. Se esta característica, por causa de uma incerteza não percebida de avaliação, que basicamente é maior na fase de concepção do que na fase de configuração, somente mais adiante revelar-se como ainda menos satisfatória, então, todo o conceito pode ser questionado e o trabalho realizado pode ser considerado como perdido.

Nesses casos, muitas vezes é muito menos arriscado priorizar uma variante que apresenta uma menor ponderação global, mas que tem um perfil de valores mais equilibrado com relação a todas as características (veja Fig. 3.38).

Em muitos casos, os pontos fracos de variantes por si favorecidas, podem se removidos ao se experimentar transplantar as melhores subsoluções das outras variantes àquela que com a maior ponderação global. Com um novo estágio de informação também pode ser efetuada uma renovada busca da solução para a subsolução considerada insatisfatória. Na decisão pela melhor variante do exemplo dado em 6.6 (Fig. 6.41), os critérios destacados desempenharam papel fundamental. Para o cálculo das incertezas da avaliação e na busca de pontos fracos o risco provável deveria ser julgado pela sua probabilidade e suas conseqüências, quando se trata de decisões com graves repercussões.

6.5.3 A prática da busca da concepção

A definição da concepção ou da solução básica como *critério para liberar* o projeto para a fase de anteprojeto (cf. Fig. 6.1) não só significa o encerramento de uma fase de desenvolvimento dirigida mais para o básico, mas freqüentemente também uma oportunidade para uma mudança organizacional ou do pessoal responsável pelo projeto. Conseqüentemente, como encerramento da fase de concepção, a concretização de estruturas de funcionamento adequadas (combinações de princípios) de variantes da solução básica e sua reprodutível avaliação têm grande relevância no desenvolvimento do produto. No mais tardar nessa etapa, a multiplicidade de variantes precisa ser reduzida, na medida do possível, a somente um ou poucos conceitos que serão continuados no seu desenvolvimento, o que representa uma grande responsabilidade. Esta responsabilidade só pode ser assumida quando as soluções básicas estão aptas a uma avaliação das suas principais características, o que exige concretizações apropriadas, em casos extremos até mesmo esboços em escala.

Além de cálculos orientativos e eventualmente testes, estas concretizações significam, sobretudo, o desenho das soluções, o que exige um trabalho correspondente. Por levantamentos realizados nas indústrias e nas escolas de engenharia [8], sabe-se que a parcela de tempo para cálculo e desenho das concretizações perfaz aproximadamente 60% do tempo total da fase de concepção.

Enquanto a *representação* de princípios e estruturas de funcionamento, sob forma de equações físicas e esboços, provavelmente ainda permaneça reservada à técnica de rascunhos tradicional, cresce cada vez mais o emprego da tecnologia CAD (cf. 13, [7]) para concretizações aproximadamente em escala, particularmente de detalhes importantes da solução. No esboço de estruturas de funcionamento executado de forma convencional prevalecem, de um lado, as vantagens do trabalho criativo sem necessidade de submeter-se às formalidades exigidas pela interface com o usuário, e por outro lado, na materialização mediante emprego de sistemas CAD, apesar do esforço despendido com a entrada dos dados, compensa construir um modelo do produto com o qual podem ser executadas de modo mais eficiente variações da configuração e do arranjo ou até mesmo simulações em sistemas dinâmicos.

De qualquer forma, será conveniente, não só pela *redução do trabalho*, mas também para identificação de características essenciais, não materializar toda a estrutura de funcionamento num mesmo nível de detalhe, mas somente princípios de funcionamento, componentes ou subconjuntos específicos, que são relevantes e decisivos para a avaliação dos princípios de funcionamento e seleção daquele que passará para a etapa de anteprojeto. Richter faz algumas recomendações para essa tarefa [10].

Deve ser salientado mais uma vez que as etapas 6.4 e 6.5 muitas vezes são executadas de forma intensamente *iterativa*, pois poderão ser necessárias materializações dos detalhes para combinar e selecionar princípios de funcionamento; por outro lado, idéias de um novo princípio de funcionamento poderão originar-se do esboço do anteprojeto de uma solução básica.

Resumindo, deve ser enfatizado que as idéias do projetista a respeito da solução básica ou do conceito precisam *decorrer claramente da documentação elaborada.* Também deveria ser perceptível, qual complexo de funcionamento ou quais portadores de função podem ser realizados com componentes existentes (por exemplo, elementos de máquinas) e quais são aqueles que exigem um projeto específico.

6.6 ■ Exemplos de concepção

Neste subitem inicialmente é apresentado um exemplo completo tendo como conversão principal um fluxo de matéria, no qual são aparentes o procedimento e a aplicação. Em seguida encontra-se um exemplo tendo como conversão principal um fluxo de energia, que continua na etapa de anteprojeto no subitem 7.7. Um exemplo de um fluxo de sinal já foi exposto antes em vários subitens do capítulo 6 (cf. figs. 6.4 a 6.6 e 6.20).

Torneira misturadora de comando único

Deverá ser desenvolvida uma torneira misturadora de comando único para uso doméstico com os seguintes dados:

Vazão	10 L/min
Pressão máxima	6 bar
Pressão de serviço	2 bar
Temperatura da água quente	60°C
Tamanho da conexão	1/2"

Deve ser observado um bom "design". O logotipo da empresa deverá ser aplicado de modo a ser oticamente memorizável. O produto a ser desenvolvido deverá chegar ao mercado dentro de dois anos. Os custos de fabricação, com uma produção mensal de 3.000 peças, não deverão ultrapassar a 3 euros.

Figura 6.26 *— Exemplo torneira misturadora de comando único: formulação da tarefa pelo planejamento de produto.*

			2ª edição - 20.08.73
THDarmstadt MuK		Lista de requisitos para torneira misturadora de comando único	Folha 1 Página 1
data	F/W	Requisitos	Responsável
Modificações	F	1. Vazão (fluxo de mistura) 10 L/min sob pressão 2 bar antes das derivações	
	F	2. Pressão máxima 10 bar (pressão de teste 15 bar segundo DIN 2401)	
	F	3. Temperatura normal da água 60°C máx. 100°C (curta duração)	
	F	4. Regulagem da temperatura independente da vazão e da pressão	
	W	5. Variação de temperatura admissível de ± 5°C para uma diferença de pressão de ± 0,5 bar entre alimentação quente e fria	
	F	6. Conexão: 2 tubos de cobre D = 10 mm, e = 1 mm, L = 400 mm	
	F	7. Fixação por um furo de Ø 35^{+2mm}_{-1mm}, espessura da pia a ser atravessada 0 a 18 mm, considerar dimensões da pia (DIN EN 31, DIN EN 32, DIN 1268)	
	F	8. Altura da saída acima da borda superior da pia 50 mm	
	F	9. Solução como um acessório da pia	
	W	10. Conversível em fixação na parede	
	F	11. Baixas forças de manuseio (crianças) — (Rahmert, W., Hettinger, Th.,: Forças corpóreas nos movimentos, Berlim 1963)	
	F	12. Sem energia externa	
	F	13. Condição da água (rica em cálcio), observar condições de potabilidade da água	
	F	14. Reconhecimento inequívoco da regulagem da temperatura	
	F	15. Aplicar logotipo da empresa de modo opticamente memorizável	
	F	16. Impossibilidade de ligação direta dos dois circuitos de água na situação de repouso	
	W	17. Sem curto circuito na saída da água	
	F	18. Temperatura do comando não deve passar dos 35°C	
	W	19. Sem queimaduras ao tocar nos acessórios	
	W	20. Prever proteção contra queimaduras, se o custo adicional for baixo	
	F	21. Operação prática, manuseio simples e cômodo (Rahmert. W.: Ciência do trabalho, lista de verificação para layout do local de trabalho, Berlim 1966)	
	F	22. Contorno externo liso, fácil de ser limpo, sem arestas vivas	
	F	23. Execução com baixo índice de ruído (nível de ruído dos acessórios < 20 dB (A) medido de acordo com a DIN 52218	
	W	24. Tempo de vida útil: 10 anos com cerca de 300.000 utilizações	
	F	25. Fácil assistência, fácil conserto da torneira, emprego de peças usuais no comércio	
	F	26. Custo máximo de fabricação 3 euros (3.000 unidades mensais)	
	F	27. Prazos após o começo do desenvolvimento: conceito após 2 meses projeto após 4 meses detalhamento após 6 meses protótipo após 9 meses	
		Substitui a 1ª edição de 12.06.73	

Figura 6.27 *— Lista de requisitos para torneira misturadora de comando único.*

6.6.1 Misturador de água para uso doméstico de comando único

Por meio de um único comando, o misturador monocomando permite ajustar a vazão e a temperatura da água de forma independente, ou seja, o ajuste não é mutuamente influenciável. A tarefa segundo Fig. 6.26 foi passada ao departamento de projeto pelo departamento de planejamento.

1. Etapa principal: Esclarecimento do problema e elaboração da lista de requisitos

A revisão da primeira edição da lista de requisitos por meio de maiores informações sobre condições das interfaces, normas e recomendações em vigor, bem como condicionantes ergonômicas levaram a uma nova edição da lista de requisitos apresentada na Fig. 6.27.

2. Etapa principal: Isolamento e identificação dos principais problemas

O princípio do isolamento é a lista de requisitos. O isolamento e a formulação do problema conduzem às disposições da Fig. 6.28.

Em virtude de soluções simples e familiares para misturadores de uso doméstico, pode se estabelecer que, como efeito físico, pode ser adotada a dosagem por meio de diafragma ou válvula borboleta junto com a mistura de água quente e fria. Outros efeitos também poderiam ser considerados: por exemplo, aquecer e resfriar por meio de trocadores de calor utilizando energia externa, etc. Porém, essas soluções são mais caras e envolvem uma dependência do tempo. Nos segmentos que utilizam princípios de funcionamento comprovados, tais "definições a priori" são freqüentes e aceitáveis.

Na seqüência, foram compiladas as relações físicas da vazão através de diafragmas e da mistura das vazões de um mesmo fluido: Fig. 6.29.

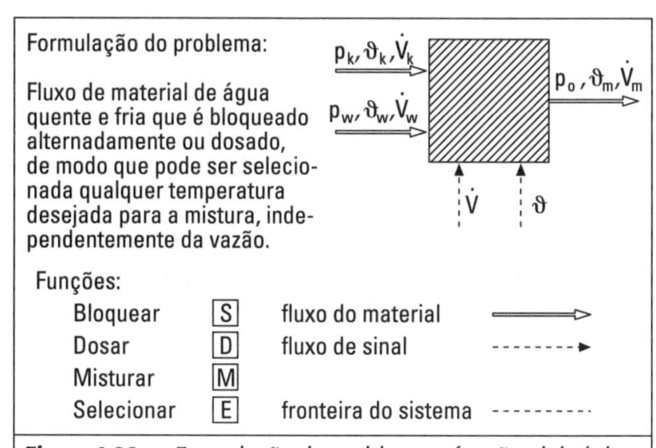

Figura 6.28 *— Formulação do problema e função global de acordo com a lista de requisitos da Fig. 6.27, bem como explanação da simbologia. $\dot{V}$- vazão volumétrica; p- pressão; ϑ- temperatura. Índices: k- frio; w- quente; m- mistura; ϑ- meio.*

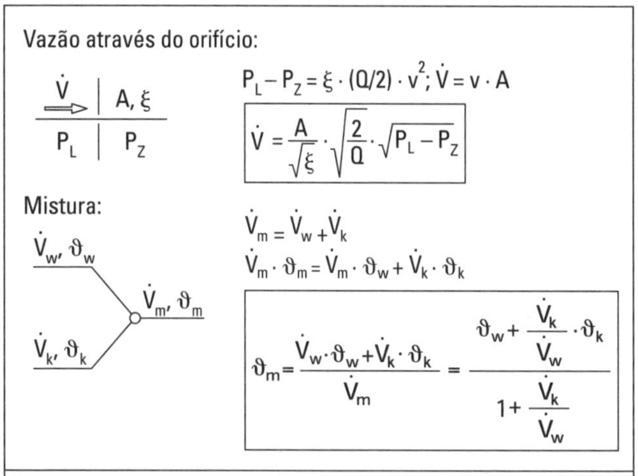

Vazão através do orifício:

$\dot{V}$ | A, ξ — P_L | P_Z

$$P_L - P_Z = \xi \cdot (\rho/2) \cdot v^2; \; \dot{V} = v \cdot A$$

$$\dot{V} = \frac{A}{\sqrt{\xi}} \cdot \sqrt{\frac{2}{\rho}} \cdot \sqrt{P_L - P_Z}$$

Mistura:

$\dot{V}_w, \vartheta_w$; $\dot{V}_k, \vartheta_k$; $\dot{V}_m, \vartheta_m$

$$\dot{V}_m = \dot{V}_w + \dot{V}_k$$

$$\dot{V}_m \cdot \vartheta_m = \dot{V}_m \cdot \vartheta_w + \dot{V}_k \cdot \vartheta_k$$

$$\vartheta_m = \frac{\dot{V}_w \cdot \vartheta_w + \dot{V}_k \cdot \vartheta_k}{\dot{V}_m} = \frac{\vartheta_w + \dfrac{\dot{V}_k}{\dot{V}_w} \cdot \vartheta_k}{1 + \dfrac{\dot{V}_k}{\dot{V}_w}}$$

Figura 6.29 *— Relações físicas da vazão através de orifícios e da temperatura da mistura de fluxos volumétricos de um mesmo fluido.*

As variações da temperatura e da vazão volumétrica são realizadas por meio do mesmo efeito físico - diafragma ou válvula borboleta.

Mudando a vazão da mistura $\dot{V}_m$, as vazões volumétricas precisam variar linearmente e no mesmo sentido com a posição do sinal ($s_{\dot{V}}$) para a vazão da mistura. Simultaneamente, a temperatura se mantém constante, quer dizer, a proporção $\dot{V}_k/\dot{V}_w$ (derivada) tem de permanecer invariável e não pode depender da posição do sinal ($s_{\dot{V}}$).

Variando a temperatura da mistura V_m, a vazão volumétrica da mistura deve se manter invariável, quer dizer, a soma das vazões $\dot{V}_k + \dot{V}_w = \dot{V}_m$ tem de se manter constante. Para isso, as vazões contribuintes $\dot{V}_k$ e $\dot{V}_w$ a serem alteradas precisam variar linearmente e em sentidos contrários com a posição do sinal s_ϑ para a temperatura da mistura.

3ª Etapa principal: Elaboração da estrutura da função

Elaborando uma primeira estrutura da função obtida a partir das subfunções familiares:

Bloquear - dosar - misturar,
Ajustar a vazão,
Ajustar a temperatura da mistura.

A fim de identificar o comportamento ótimo do sistema, principalmente agora que o efeito físico (dosagem por meio de um diafragma) está identificado e estabelecido, a estrutura de funcionamento é desenvolvida e variada com relação às características geométricas: Figs. 6.30 a 6.32. Daqui resultou a estrutura da função da Fig. 6.32, que foi selecionada em razão do comportamento, em grande parte linear, da temperatura da mistura.

4ª Etapa principal: Busca de princípios de solução que atendam as subfunções

Uma vez que a estrutura de funcionamento da Fig. 6.32 apre-

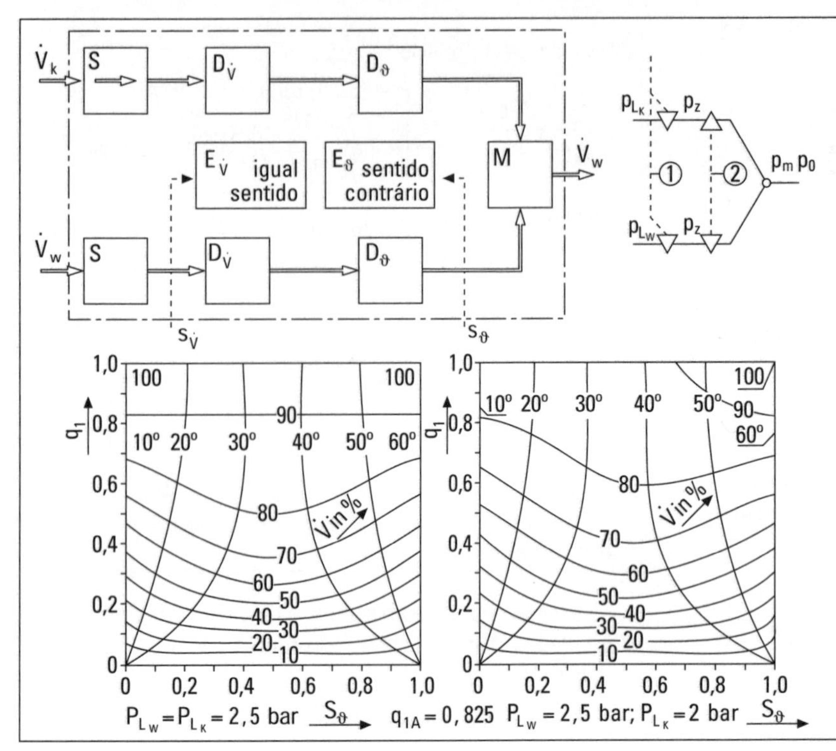

Figura 6.30 — *Estrutura da função de um misturador monocomando partindo da Fig. 6.28, dosagem da vazão 1 e regulagem de temperatura 2 em pontos distintos antes de efetuar a mistura. Nos diagramas, em função de uma temperatura relativa (s_ϑ) e da vazão (q_1) corresponde a ($s\dot{V}$). Estão representadas curvas com temperatura constante e também com vazões relativas constantes. Por influência recíproca das pressões nos orifícios 1 e 2, a característica da vazão e da temperatura fora do ponto especificado (q_{1A} = 0,825) é não linear e com vazão pequena, inaproveitável (diagrama esquerdo). Havendo uma diferença entre as pressões do jorro de água quente e de água fria (neste caso 0,5 bar) as linhas se deslocam. Para o valor de projeto as regulagens também não são independentes entre si (diagrama direito).*

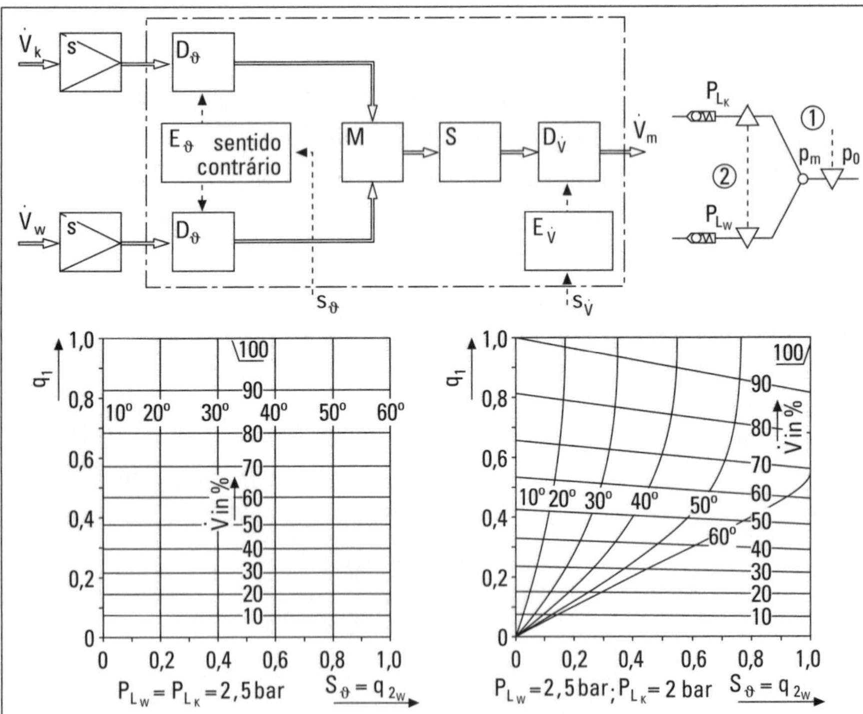

Figura 6.31 — *Estrutura da função derivada da fig. 6.28, onde a temperatura é ajustada antes de efetuar a mistura e a vazão é ajustada depois de efetuar a mistura. Com igual pressão nas linhas de abastecimento, as regulagens da vazão e da temperatura são independentes, em conseqüência da constância da diferença de pressão em cada diafragma de dosagem da temperatura. O comportamento é linear. Entretanto com pressões diferentes, a característica não é mais linear e especialmente com pequenas pressões é fortemente deslocada, uma vez que a pressão na câmara de mistura se aproxima da menor das pressões de abastecimento. Se essa pressão for ultrapassada, independentemente do ajuste da temperatura, flui somente água fria ou (neste caso) quente, o que pode causar escaldamento.*

sentou o melhor comportamento, surgiu o seguinte problema: "variar duas seções simultânea ou sucessivamente no mesmo sentido por meio de um movimento e em sentidos opostos por um outro movimento independente do anterior". Para a busca inicial da solução foi realizada uma sessão de *brainstorming.* O desenvolvimento e o resultado aparecem na Fig. 6.33.

Análise dos resultados do *brainstorming*

Nas soluções desenvolvidas na sessão de *brainstorming* verifica-se principalmente se está presente a independência dos ajustes de $\dot{V}$ e ϑ_m. Com relação a possíveis combinações de movimentos destacam-se as seguintes características dos princípios de funcionamento achados:

1. *Soluções com movimentos para $\dot{V}$ e ϑ tangenciais à superfície de assento*

- A independência dos ajustes de $\dot{V}$ e ϑ somente é garantida quando as seções de estrangulamento sempre são limitadas por duas arestas paralelas aos respectivos

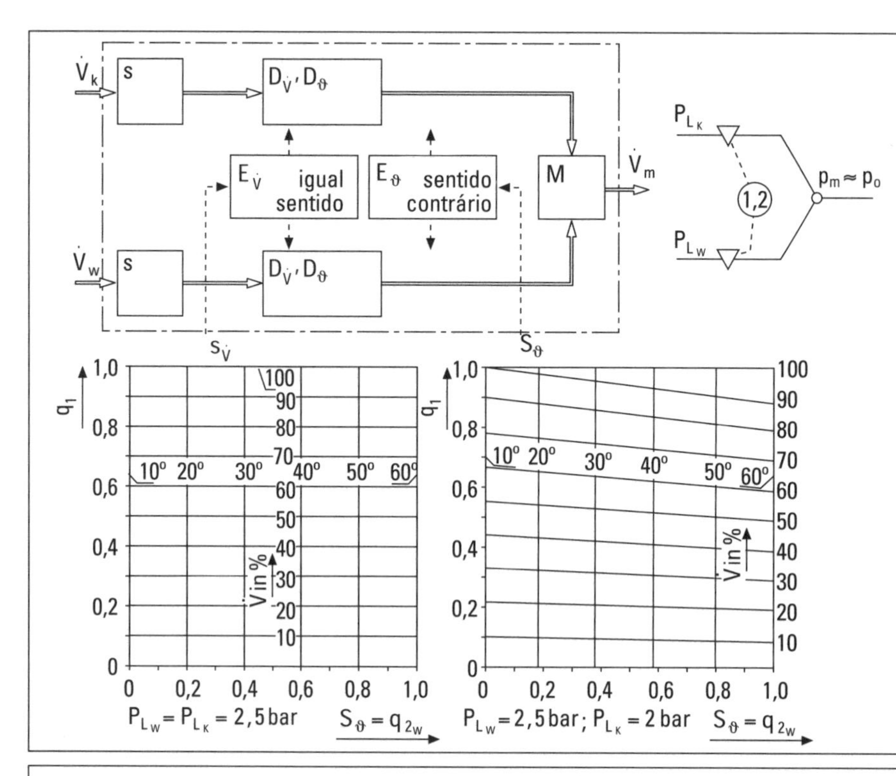

__Figura 6.32__ — Estrutura da função derivada da Fig. 6.28, onde as dosagens da temperatura e da vazão ocorrem independentes uma da outra sempre no mesmo diafragma e só depois são misturadas. Curva característica da temperatura ou da vazão é linear. Nenhuma alteração mais séria, mesmo com diferentes pressões de abastecimento.

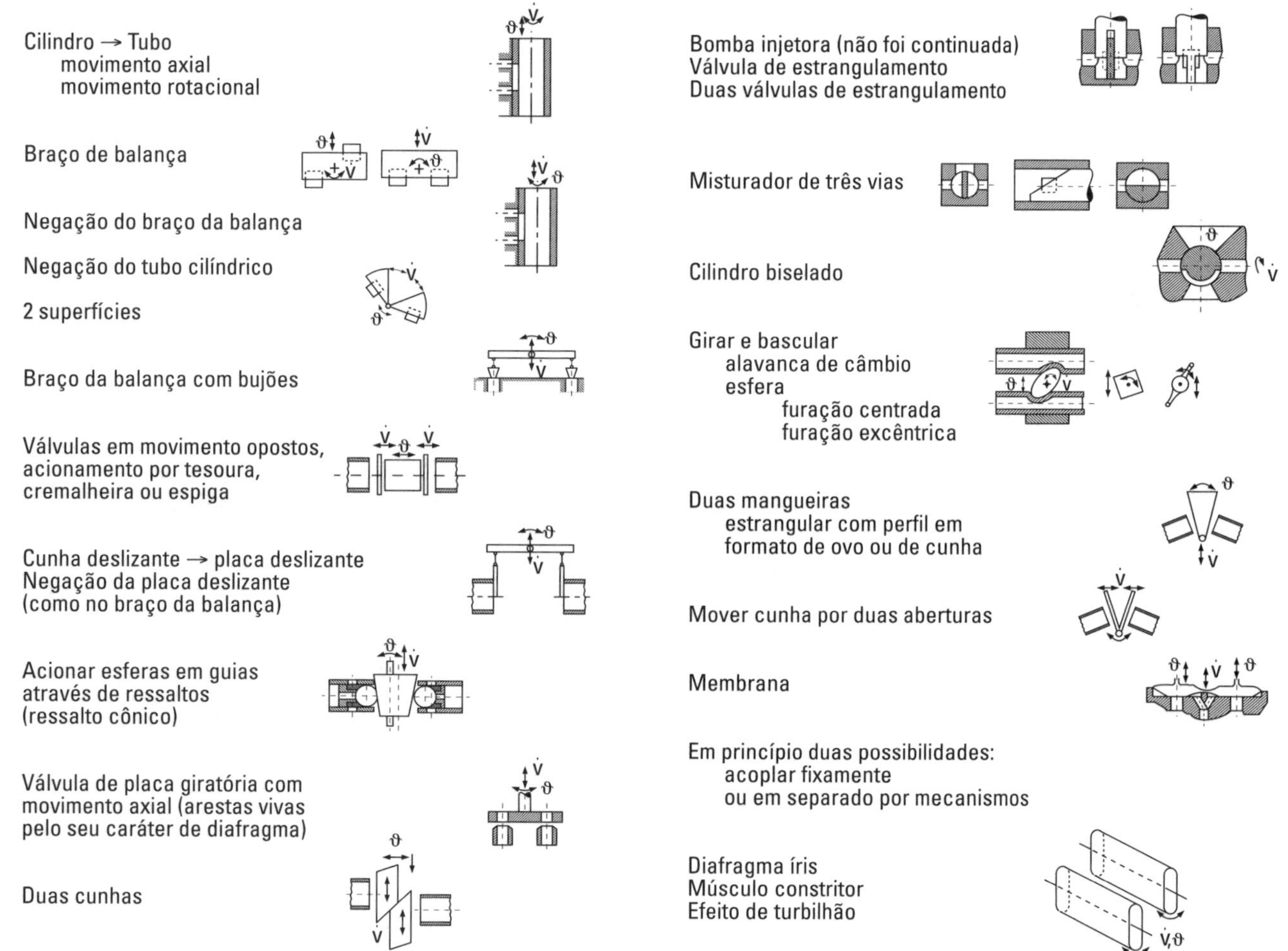

__Figura 6.33__ — Resultado de uma seção de brainstorming para a procura de princípios de funcionamento para a tarefa "Variar duas seções simultânea ou sucessivamente no mesmo sentido por meio de um movimento e, em sentido oposto, outro movimento independente".

movimentos. Isto implica que os movimentos evoluem de forma retilínea e formando um ângulo entre si. Portanto, cada seção de estrangulamento é formada por quatro arestas delimitantes retas, paralelas duas a duas (Fig. 6.34). Assim, evita-se que o movimento decorrente de um dos ajustes provoque simultaneamente uma variação do movimento na outra direção.

- Subdivisão das arestas limitadoras:

  Cada uma das peças constituintes das seções de estrangulamento precisa ter pelo menos duas arestas formando um ângulo reto com a direção do movimento.
- No ajuste de $\dot{V}$, ambas as seções de estrangulamento têm de se aproximar de zero simultaneamente.

Título das	Critérios classificatórios	Parâmetros correspondentes
linhas	Forma dos elementos de trabalho	placas planas cunha (–) cilindro cone (–) esfera corpos elásticos com forma especial (–)
colunas	Combinação dos movimentos	direto (uma parte) indireto (mecanismo) (–)
	movimento	$\left.\begin{matrix}\dot{V}\\ \vartheta\end{matrix}\right\}$ em um elemento $\left.\begin{matrix}\dot{V}\\ \vartheta\end{matrix}\right\}$ em diversos elementos
	direção do movimento para $\dot{V}$ e ϑ	perpendicular à superfície do assento (⊥) (–) tangencial à superfície do assento (⇌)
	tipo de movimento para $\dot{V}$ e ϑ	translação rotação

__Figura 6.35__ — Critérios classificatórios e respectivos parâmetros para a classificação dos princípios de trabalho da torneira misturadora de comando único.

- No ajuste de ϑ uma das áreas tem de se aproximar de zero ao passo que a outra atinge simultaneamente o máximo correspondente a $\dot{V}_{máx}$.
- Daqui se conclui: Ao ajustar $\dot{V}$, as arestas limitadoras das duas seções de estrangulamento se movimentam num mesmo sentido, afastando-se ou aproximando-se uma da outra. Ao ajustar ϑ, as bordas limitadoras movimentam-se em sentidos opostos, simultaneamente aproximando-se numa das seções e afastando-se na outra seção.
- A superfície de assento pode ter curvatura nula (ser plana), ter curvatura simples (ser cilíndrica) ou dupla (ser esférica).
- Soluções desse tipo, com um único elemento como órgão de estrangulamento, são possíveis e do ponto de vista de projeto parecem ser simples.

2. *Soluções com movimentos de $\dot{V}$ e ϑ normais à superfície de assento*

- Enquadram-se aqui todos os movimentos que provocam uma decolagem da superfície de assento. Porém na direção normal à superfície, apenas um movimento é possível.
- A independência do ajuste de $\dot{V}$ e ϑ somente é possível por meio de elementos de controle adicionais (mecanismo de acoplamento).
- O trabalho de projeto parece ser maior.

3. *Soluções com um só movimento de $\dot{V}$ e ϑ tangencial à superfície de assento*

- Para assegurar a independência do ajuste de $\dot{V}$ e ϑ aqui também são necessários elementos adicionais para o acoplamento.
- Na sua constituição, as soluções correspondem àquelas do grupo 2. Elas se diferenciam destas somente pela forma da superfície de assento e pelo movimento imposto por essa superfície.

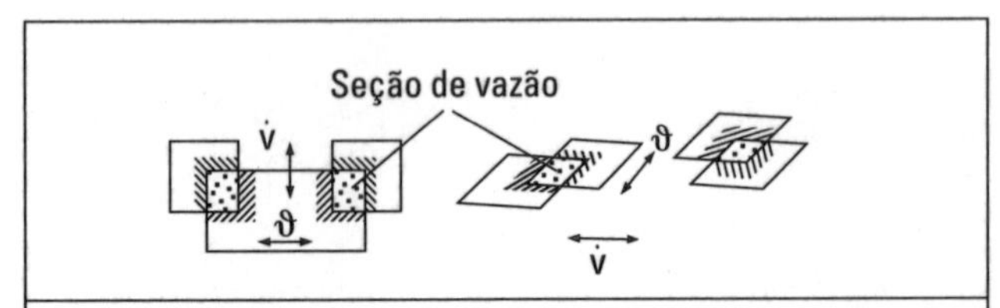

__Figura 6.34__ — Movimentos e cantos limitadores do local de estrangulamento.

Forma dos elementos de trabalho (válvulas) \ Tipo de movimento		Translação/ translação	Translação/ rotação	Rotação/ rotação
		1	2	3
placa plana	A		o	o
cilindro	B	o		o
cone	C	o	o	o
esfera	D	o	o	

__Figura 6.36__ — Esquema organizador das soluções de um misturador monocomando. Direção do movimento tangencial à superfície de assento. Para $\dot{V}$ e ϑ, dois movimentos não acoplados em ângulo reto.

4. *Soluções com movimento para $\dot{V}$ normal e para ϑ tangencial à superfície de assento e inversamente.*

- Estas soluções não cumprem (nem mesmo com ajuda de mecanismos de acoplamento) o requisito de independência dos ajustes de $\dot{V}$ e ϑ. A função não está assegurada.

As soluções do grupo 1 "movimentos de $\dot{V}$ e ϑ tangenciais à superfície de assento" são claras quanto ao seu comportamento e ao mesmo tempo parecem ter custos menores. Por isso, somente elas terão seu desenvolvimento continuado.

Um processo de seleção formal torna-se desnecessário. No entanto, ainda tem de ser analisados carcaças de funcionamento apropriadas e tipos de movimentos adequados. A análise fornece os critérios classificadores da Fig. 6.35 que, com a exclusão (–) de características aparentemente menos apropriadas num esquema classificador igual ao da Fig. 6.36, apontam possíveis princípios de funcionamento mediante emprego de diversas carcaças e movimentos de funcionamento.

5. Etapa principal: Seleção de princípios de funcionamento adequados

Todos os princípios de funcionamento satisfazem as necessidades da lista de requisitos e fazem prever um custo aceitável. Por isso, todos os três princípios de funcionamento foram materializados em soluções básicas.

6. Etapa principal: Materialização em variantes básicas da solução

Com relação a possíveis variantes da forma com inclusão de possíveis ajustes ou órgãos de comando aqui não reproduzidos, os princípios de funcionamento são concretizados a ponto de tornarem as variantes básicas passíveis de uma avaliação: Figs. 6.37 a 6.40.

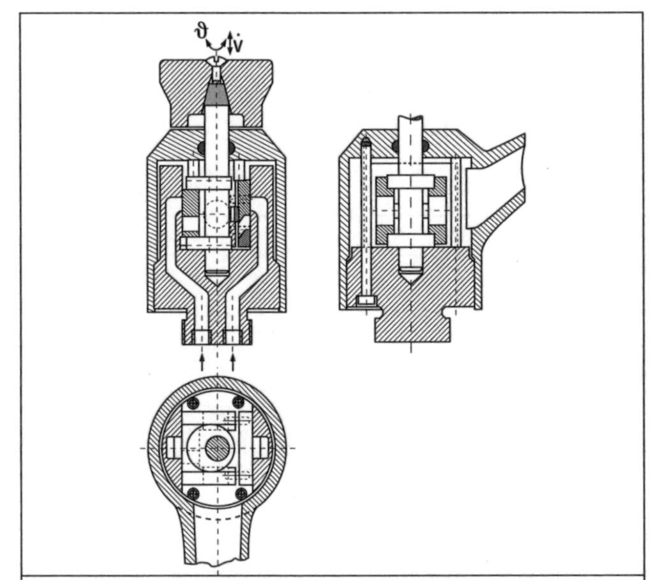

***Figura 6.37** — Variante A do misturador monocomando: "Solução placa com excêntrico e comando por levantamento e giro".*

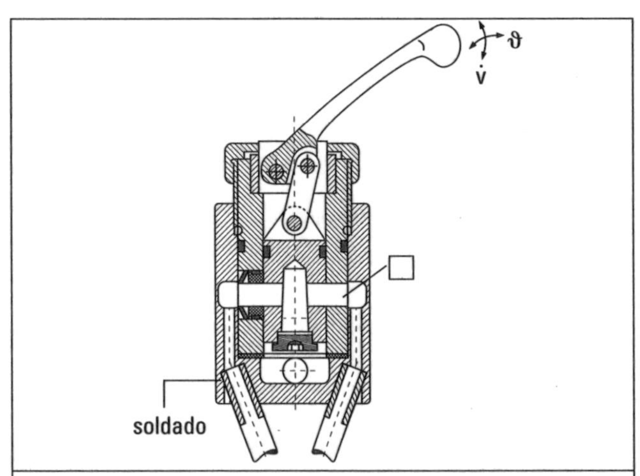

***Figura 6.38** — Variante B do misturador monocomando: "Solução cilindro com alavanca".*

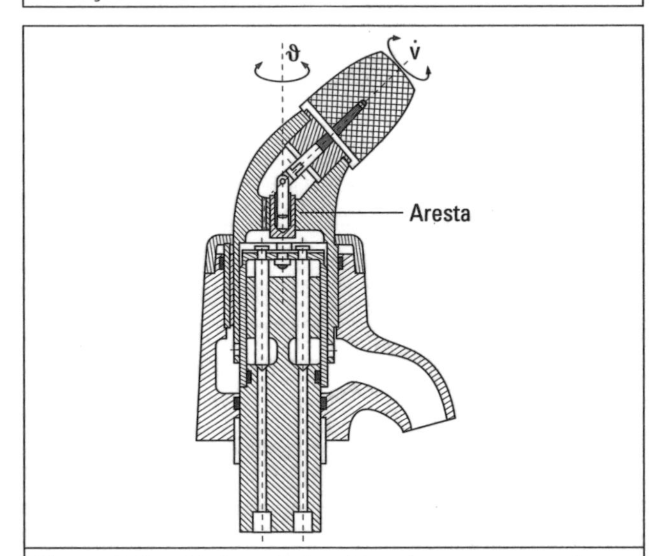

***Figura 6.39** — Variante C do misturador monocomando: "Solução cilindro com as extremidades bloqueadas" e vedação adicional.*

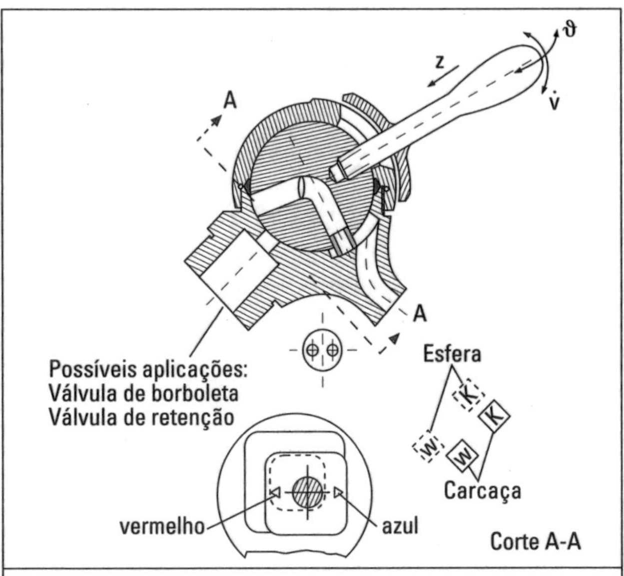

***Figura 6.40** — Variante D do misturador monocomando: "Solução esfera".*

TH Darmstadt MuK	Lista de avaliação para torneira misturadora de comando único	Folha 1 Página 1

Pela ordem do título na lista de verificação		P variante presente (P) possível após melhorias		A		B		C		D		E		F	
	N	Critério de avaliação	g	P	(P)	P	(P)	P	(P)	P	(P)	P	(P)	P	(P)
Função	1	*Confiabilidade do fechamento sem gotejamento*	1	1		3		3 V		1					
Princípio de trabalho	2	*Confiabilidade da reprodutibilidade da ajustagem (não sensível à presença de cálcio, poucos pontos sujeitos a desgaste)*	1	2		3		2 V	3	3					
Desenho	3	*Pequena demanda de espaço (também com a variação)*	1	3↑		2		2		4					
Produção	4	*Poucos componentes*	1	1		2 V		1 S		4					
	5	*Produção simples*	1	2		3		2	1?	4					
Montagem	6	*Fácil montagem*	1	2		3		2	2↑ B	3					
Utilização	7	*Operação confortável (manuseio prático, ajustagem sensível, pequenos esforços no uso)*	1	1		3		4		2					
	8	*Conservação simples (fácil limpeza)*	1	4↓		2 V		3		2					
Conservação	9	*Assistência simples (ferramentas normais, não é necessário desmontar conexões)*	1	1		3		2 S		1? B	3				
	10														
	11														
	12														
	13														
	14														
? Avaliação incerta		$P_{máx} = 4$	Σ	16		24	(26)	21	(23)	20	(26)				
↑ Tendência: melhorar		W_t		0,45		0,67		0,58		0,56					
↓ Tendência: piorar		Colocação por pontos		4		1	(1)	2	(3)	3	(2)				

Observações, razões (B), pontos fracos (S), melhorias (V), para as variantes/critério (p.ex.: E3)

C1	Prever vedação de borracha		
B4	Simplificar mecanismo de alavanca		
D6/D9	Posição da esfera não definida na montagem		
B8	Melhorar com B4		
D9	Fixação da alavanca inadequada do ponto de vista da montagem		

Decisão Solução B: continuar seu desenvolvimento em escala com melhorias nos sistemas de controle.
Solução D: estudar possibilidades de fabricação, apresentação dentro de 2 meses

Data: *11.10.1973* **Executante:** *Dhz*

Figura 6.41 *— Misturador monocomando: avaliação de variantes conceituais A, B, C, D.*

7. Etapa principal: Avaliação das soluções básicas

Com o auxílio de uma lista de avaliação, a avaliação é efetuada segundo a diretriz VDI 2225. Também são examinados os pontos fracos e as incertezas da avaliação: Fig. 6.41.

O resultado da avaliação indicou uma preferência pela solução B da Fig. 6.38, por causa do perfil de valor mais equilibrado e das possibilidades de melhoria identificadas. A solução esférica D da Fig. 6.40 só é interessante quando as lacunas de informação sobre a produção e a montagem puderem ser preenchidas por meio de novas investigações e disso resultar uma avaliação mais positiva.

8. Etapa principal: Resultado

Projeto básico da solução B em escala com melhoria da alavanca de comando com relação ao seu volume, limpeza mais simples e menor número de componentes. Para a solução D melhorar o nível de informações e reapresentá-la para avaliação final.

6.6.2 Banco de ensaios para aplicação de cargas de impacto

1ª Etapa principal: Esclarecimento do problema e elaboração da lista de requisitos

Um outro exemplo refere-se ao desenvolvimento de uma máquina para ensaios [12]. Deverá ser estudada a resistência de uniões cubo-eixo sujeitas a impactos, com torques definidos, tanto como carga acidental quanto como carga permanente. Antes de preparar a lista de requisitos, algumas questões precisam ser esclarecidas:

- O que se entende por impacto?
- Que impactos de torques aparecem na prática em máquinas rotativas?
- Quais tensões são possíveis e apropriadas de se medir numa união por chavetas?

Para as duas primeiras questões, as curvas de torque em máquinas rotativas, acionamentos de guindastes, máquinas agrícolas e instalações de laminadores são encontradas na literatura. Como razão de subida máxima admite-se dT/dt = 125 Nm/s. Das curvas resultam os parâmetros necessários de regulagem segundo a Fig. 6.42.

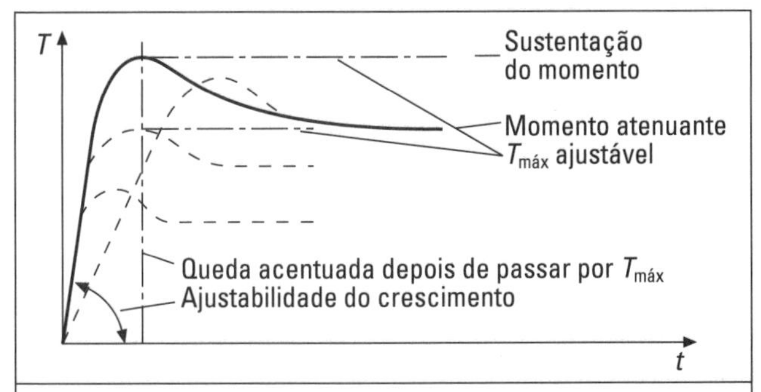

Figura 6.42 — Variáveis de ajuste do torque pulsante, magnitude e duração.

Os respectivos requisitos além de outros constam da lista de requisitos (cf. Fig. 6.43). Os requisitos são ordenados e explicitamente reproduzidos de acordo com a lista de verificação da Fig. 6.22.

2ª Etapa principal: Isolamento para identificação dos principais problemas

De conformidade com as recomendações dadas em 6.2.3 a lista de requisitos é isolada. Tab. 6.2 mostra a conseqüência.

3ª Etapa principal: Formação das estruturas de funções

A construção de estruturas de funções começa pela formulação da função global, que resulta diretamente da formulação do problema: Fig. 6.44.

Subfunções importantes resultam, neste exemplo, do fluxo de energia e para as medições do fluxo de sinal:

- Transformar energia de entrada em parâmetro da carga (torque)
- Transformar energia de entrada em energia auxiliar para funções de comando
- Armazenar energia para o processo de impacto
- Regular energia ou parâmetro do carregamento
- Alterar parâmetro da carga
- Conduzir energia de carregamento
- Aplicar carga ao corpo de ensaio ou à sua superfície de funcionamento
- Medir a carga
- Medir as tensões que atuam no componente

Tabela 6.2 — Abstração e formulação do problema a partir da lista de requisitos da Fig. 6.43

Resultado da 1.ª e 2.ª etapas • Diâmetro do eixo a ser ensaiado ≤ 100 mm • Transferência da carga pelo lado onde se encontra o cubo, variável na direção longitudinal • O carregamento deverá ser aplicado com o eixo em repouso • Carregamento da união a ser ensaiada por torque puro, ajustável até o valor máximo de 15 000 Nm. Conservar torque máximo por no mínimo 3 s • Torque deverá cair bruscamente • Máxima razão de subida do torque $dT/dt = 125 \cdot 10^3$ Nm/s. • Curva de variação do torque reprodutível • Registro das variáveis T_{antes}, $T_{após}$ e p.
Resultado da 3.ª etapa • Aplicar carregamento por torque para uniões eixo-cubo-chaveta ajustável com relação à magnitude, razão de subida, tempo de permanência e razão de descida. • Ensaio de torque e de solicitação deverá ocorrer com eixo em repouso.
Resultado da 4.ª etapa • No ensaio de um componente, aplicar carregamento com torque variável, ajustável • Possibilitar registro do carregamento de entrada e dos esforços que atuam sobre o componente.
Resultado da 5.ª etapa "Aplicar torques que variam dinamicamente com registro simultâneo do carregamento e dos esforços no componente."

			1ª edição de 10.06.73
TU Berlim KT		Lista de requisitos de uma máquina de ensaio de torque pulsante	Folha 1 Página 1
Modificação	F W	Requisitos	Responsável
		Geometria	
		O corpo-de-prova deverá ser engastado	
	F	Diâmetro da árvore a ser ensaiada: ≤ 100 mm (Dimensões das chavetas baseadas na DIN 6885)	
	F	Transferência da carga para fora do lado do cubo, variável no sentido longitudinal	
		Cinemática	
	F	Carregamento deverá ser aplicado com o eixo em repouso	
	F	Carregamento só num sentido (carga crescente)	
	W	Direção de carregamento selecionável	
	W	Introdução do torque facultativo do cubo para o eixo ou do eixo para o cubo	
		Forças	
	F	Carregamento da união cubo-eixo por torsão pura (ou seja, livre das influências da força cortante e de momentos fletores)	
	F	Sustentar o torque máximo ao menos por 3 s	
	F	Baixa freqüência de aplicação da carga (freqüência da carga); Motivo: (Princípio de medição)	
	F	Suprimir expressivamente as vibrações no sistema eixo-cubo-chaveta	
	F	Torque máximo ajustável até 15000 Nm, que corresponde à carga crítica de um eixo de 100 mm de diâmetro	
	F	Possibilidade de uma queda acentuada do torque após atingir o torque máximo	
	F	O incremento do momento (dT/dt) deverá ser ajustável Valor máximo, $dT/dt = 125 \cdot 10^3$ Nm/s	
	F	A curva do torque deverá ser reprodutível o mais exatamente possível	
	F	Deverá ser possível atingir a deformação plástica, e eventualmente a destruição da união	
		Energia	
		Potência necessária ≤ 5 kW / 380 V	
		Material	
	F	Material do eixo e do cubo: Ck 45	
		Substitui: Versão:	

Figura 6.43 — *Lista de requisitos de uma máquina de ensaio para torque pulsante, segundo [12]*

			1ª edição de 10.06.73
TU Berlim KT		Lista de requisitos de uma máquina de ensaio de torque pulsante	Folha 2 Página 1
Modificação	F W	Requisitos	Responsável
		Sinal	
	F	Variáveis a serem medidas: Torque antes e depois de ensaiar a união Pressão superficial ao longo do comprimento e da chaveta	
	F	As variáveis deverão ser registradas	
	W	Fácil acesso aos pontos de medição	
		Segurança e ergonomia	
	W	Operação da máquina de ensaio, na medida do possível, simples (ou seja, preparação da máquina simples e rápida)	
	W	Princípio de trabalho da máquina deve levar em conta condicionantes ambientais (baixo ruído, sujar pouco, não vibrar muito...)	
		Manufatura e controle	
	F	Manufatura avulsa de todas as peças	
	F	Qualidade da união cubo-eixo de acordo com a norma DIN 6885 (desde que especificada) ou de acordo com as normas para pontas de eixos em mecanismos, motores elétricos, etc: DIN 748, folhas 2 e 3.	
	W	Fabricação da máquina compatível com os recursos de produção da própria fábrica	
	W	Na medida do possível, utilizar peças padronizadas e existentes no comércio	
		Montagem e transporte	
	W	Máquina de ensaio: pequenas dimensões Pouco peso	
	W	A máquina não deverá requerer fundação especial	
		Uso e manutenção	
	W	Peças sujeitas a desgaste: simples e em pequeno número	
	W	Na medida do possível, utilizar peças que não requerem muita manutenção	
		Custos	
		Custos de fabricação < 10 000, Euros (confrontar com a verba para pesquisa)	
		Prazos	
	F	Prazo da fase de concepção: julho de 1973	
28.6.73		Prazo da fase de concepção: 20 de julho de 1973	Senhor Militzer
		Substitui *Versão*	

Figura 6.43 — *(continuação)*

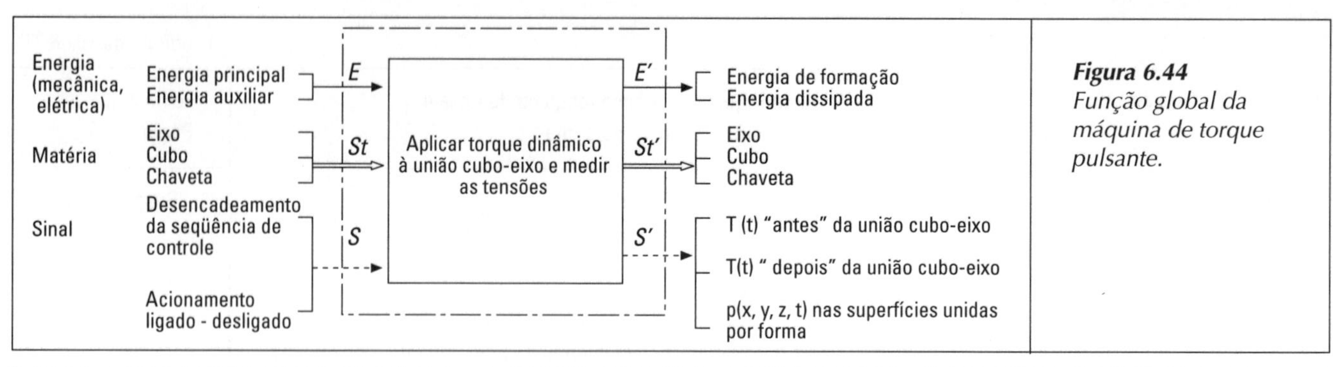

Figura 6.44
Função global da máquina de torque pulsante.

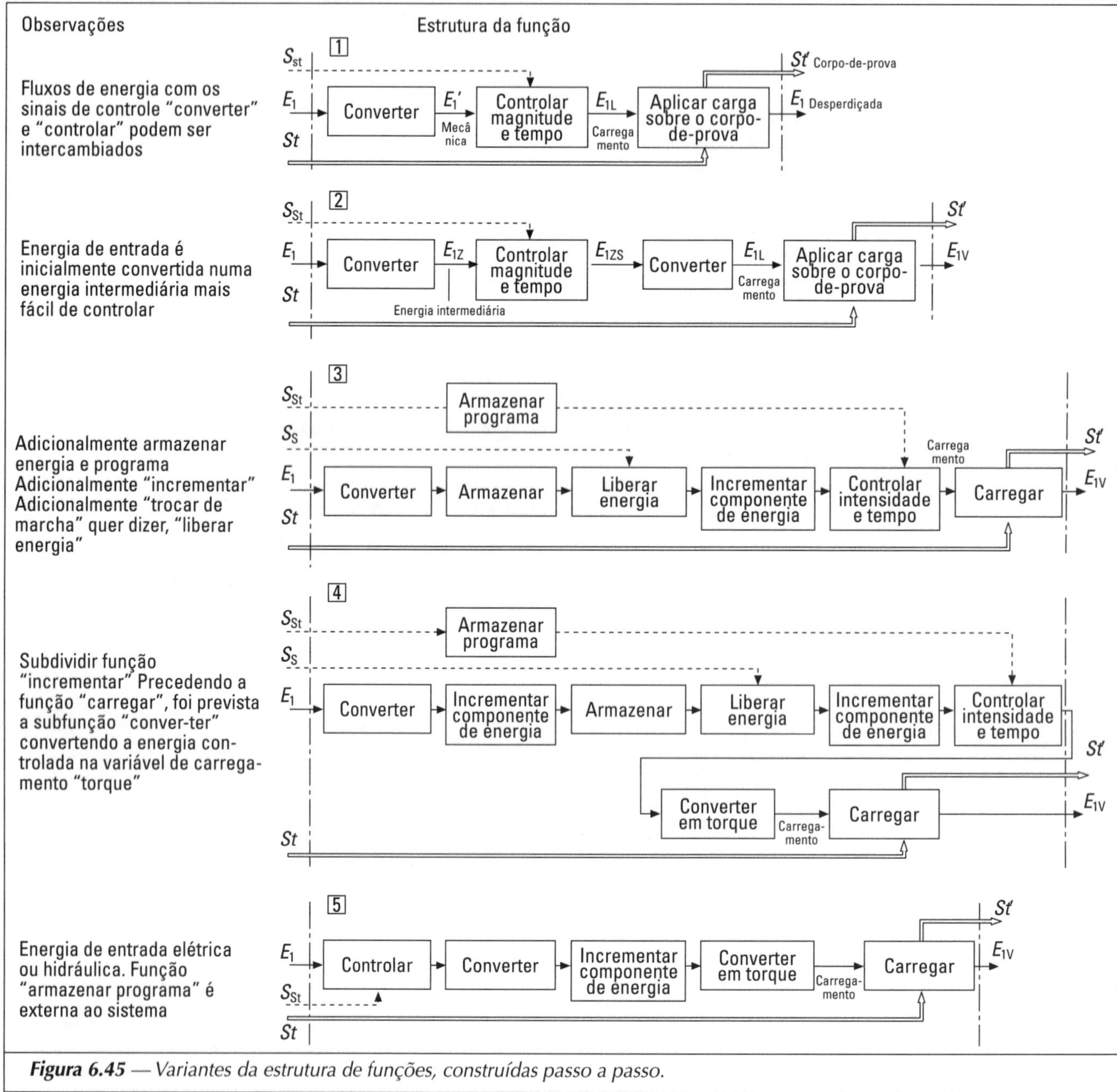

***Figura 6.45** — Variantes da estrutura de funções, construídas passo a passo.*

Pela construção passo a passo resultaram diferentes seqüências, e com acréscimo ou descarte de subfunções específicas, diversas variantes da estrutura de funções. A Fig. 6.45 mostra essas variantes na seqüência da sua geração. Por ora as tarefas de medição não parecem determinantes da concepção. Para a busca da solução é desenvolvida a variante 4 da estrutura de funções, pois ela contém as subfunções da variante 5, igualmente merecedora de um desenvolvimento subseqüente.

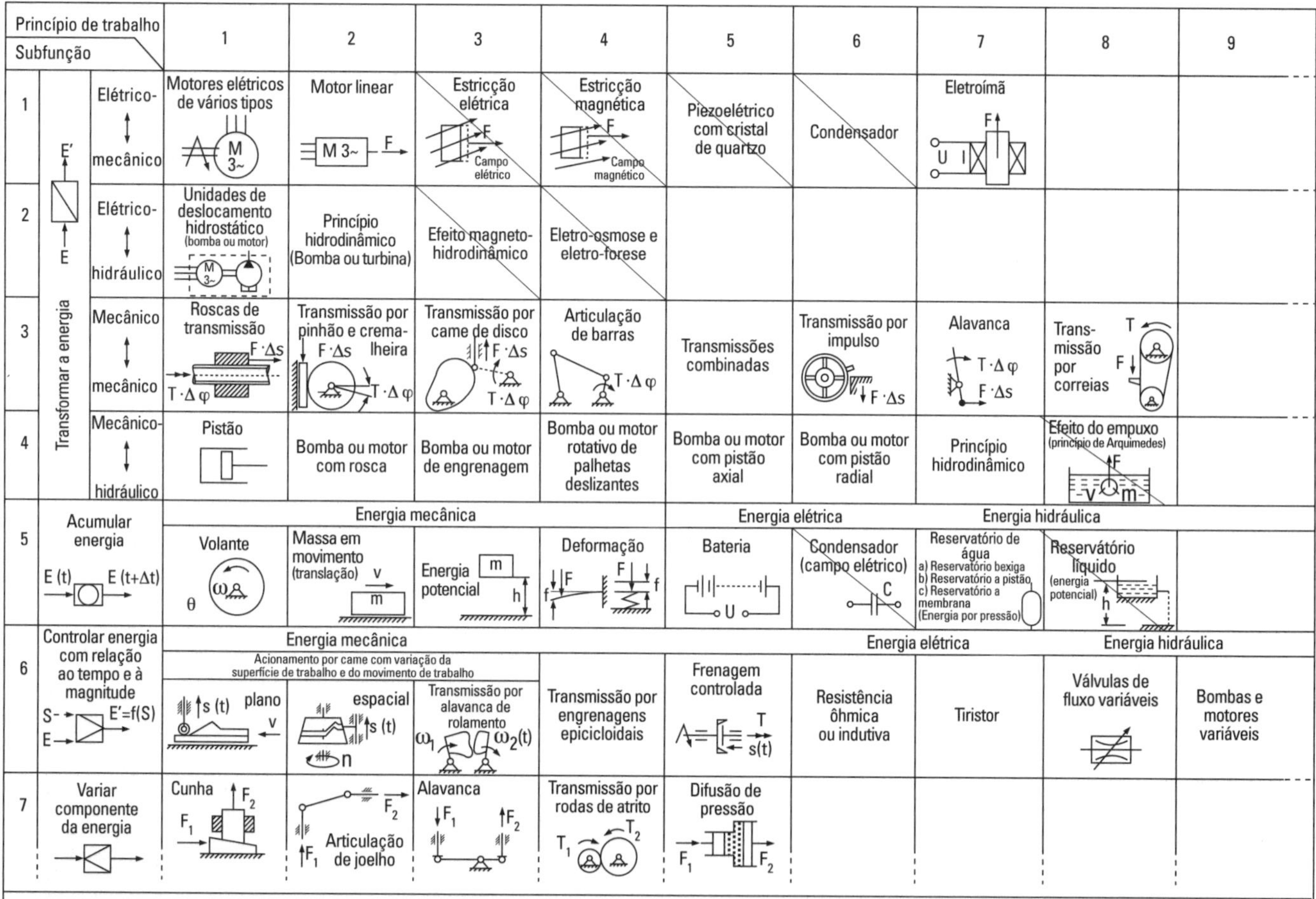

Figura 6.46 — *Detalhe de um esquema classificatório dos princípios de trabalho de máquinas de ensaio para aplicação de cargas pulsantes.*

4. Etapa principal: Busca de princípios de solução para atendimento das subfunções

Dos métodos para a busca da solução, expostos em 3.2, são convocados principalmente:

- Ferramentas convencionais: pesquisa bibliográfica e análise de uma máquina de ensaio existente,
- Métodos com viés intuitivo: *brainstorming*,
- Métodos com viés discursivo: busca sistemática com auxílio de uma matriz ordenadora com tipos de energia, movimentos e áreas de funcionamento, utilização de catálogos para variar forças.

Para compilação dos princípios de solução encontrados é recrutada uma matriz ordenadora (cf. Fig. 6.46). Por motivos de espaço, foram representados somente os principais princípios de solução e as principais subfunções. Princípios de solução de antemão inaproveitáveis são precocemente eliminados ou cancelados na matriz. Esta eliminação é importante, para manter dentro de certos limites o trabalho para a combinação e a subseqüente concretização.

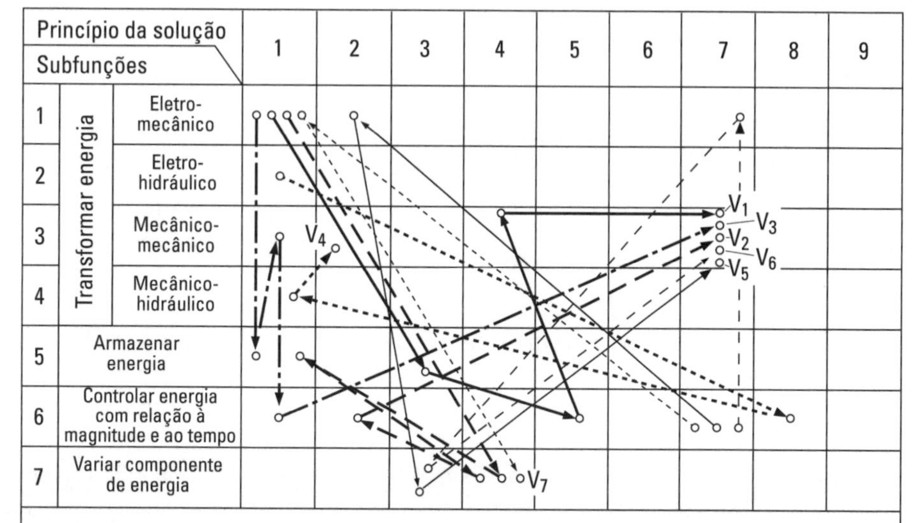

Figura 6.47 — *Esquema de combinações de sete princípios de soluções de trabalho da Fig. 6.46.*

5. Etapa principal: Combinação de princípios de funcionamento para constituição da estrutura de funcionamento

A matriz ordenadora conforme Fig. 6.46 constitui o princípio para a combinação dos princípios de funcionamento nas variantes da estrutura de funcionamento (Fig. 6.45). Fig. 6.47 mostra alternativas para as combinações de sete possíveis variantes da estrutura de funcionamento, resultantes de variantes da estrutura de funcionamento da Fig. 6.45; a ordem das subfunções foi parcialmente modificada.

Foram identificadas sete estruturas de funcionamento concebíveis:

Variante 1: 1.1-5.3-6.5-3.4-3.7
Variante 2: 1.1-7.4-5.1-7.4-6.2-3.7
Variante 3: 1.1-5.1-3.1-6.1-3.7
Variante 4: 2.1- 6.8- 4.1- 3.2
Variante 5: 6.7-1.2-7.3-3.7
Variante 6: 6.7-1.7-7.3-3.7
Variante 7: 6.7-1.1-7.4

6. Etapa principal: Seleção de variantes apropriadas

Existindo um grande número de variantes, aconselha-se, conforme exposto em 6.4.3, antes da subseqüente concretização, já efetuar uma pré-seleção para que a concretização de variantes da concepção não fique por demais onerosa e para que as variantes menos adequadas já sejam eliminadas prematuramente. Na Fig. 6.48, faz-se uma avaliação com ajuda do método de seleção do subitem 3.3.1 e das sete variantes sobram apenas quatro variantes merecedoras da sua continuação que, no entanto, têm de ser concretizadas ainda mais para que possam ser avaliadas mais precisamente.

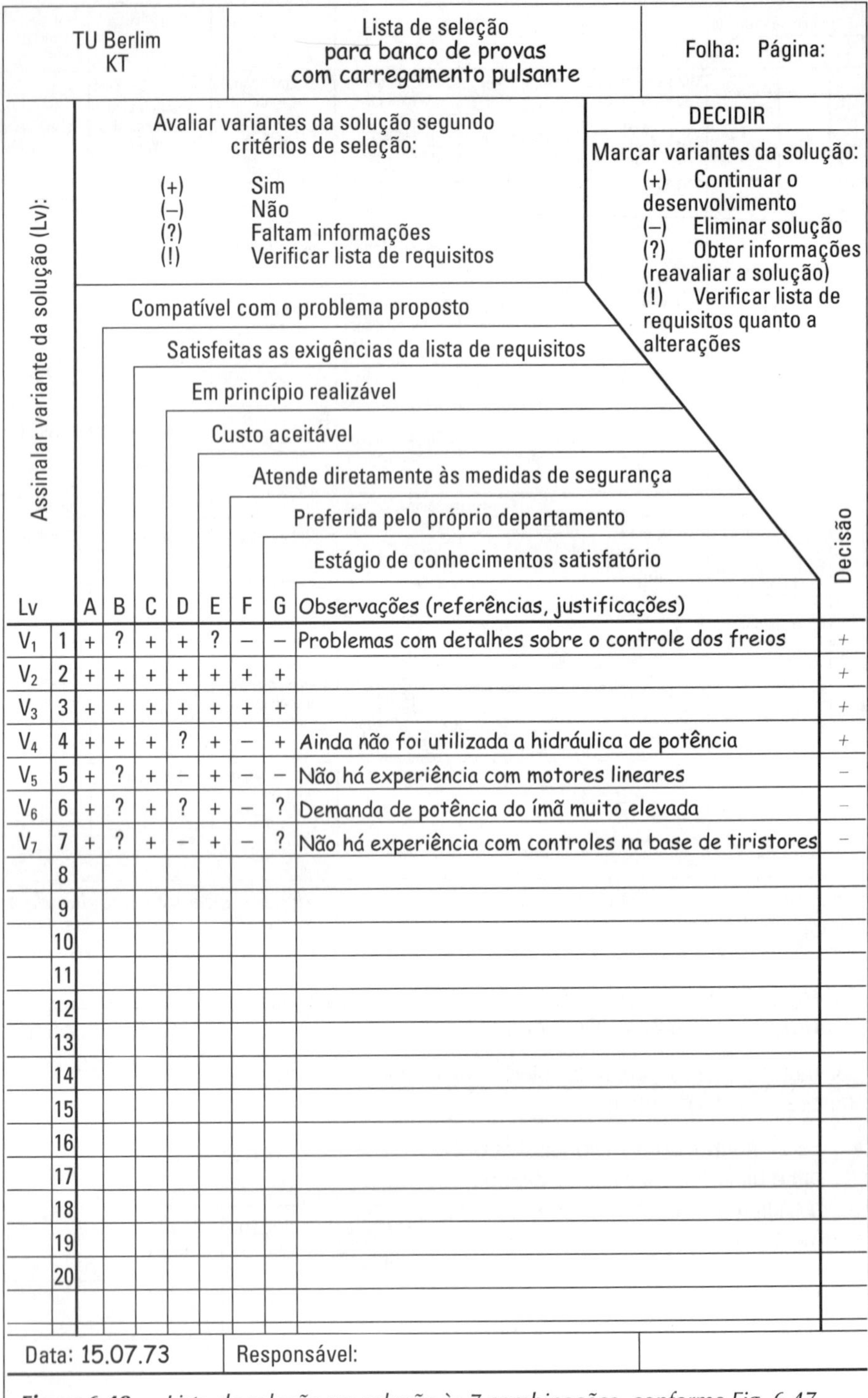

TU Berlim KT | Lista de seleção para banco de provas com carregamento pulsante | Folha: Página:

Avaliar variantes da solução segundo critérios de seleção:
(+) Sim
(–) Não
(?) Faltam informações
(!) Verificar lista de requisitos

DECIDIR
Marcar variantes da solução:
(+) Continuar o desenvolvimento
(–) Eliminar solução
(?) Obter informações (reavaliar a solução)
(!) Verificar lista de requisitos quanto a alterações

Assinalar variante da solução (Lv):

A: Compatível com o problema proposto
B: Satisfeitas as exigências da lista de requisitos
C: Em princípio realizável
D: Custo aceitável
E: Atende diretamente às medidas de segurança
F: Preferida pelo próprio departamento
G: Estágio de conhecimentos satisfatório

Lv		A	B	C	D	E	F	G	Observações (referências, justificações)	Decisão
V_1	1	+	?	+	+	?	–	–	Problemas com detalhes sobre o controle dos freios	+
V_2	2	+	+	+	+	+	+	+		+
V_3	3	+	+	+	+	+	+	+		+
V_4	4	+	+	+	?	+	–	+	Ainda não foi utilizada a hidráulica de potência	+
V_5	5	+	?	+	–	+	–	–	Não há experiência com motores lineares	–
V_6	6	+	?	+	?	+	–	?	Demanda de potência do ímã muito elevada	–
V_7	7	+	?	+	–	+	–	?	Não há experiência com controles na base de tiristores	–
	8									
	9									
	10									
	11									
	12									
	13									
	14									
	15									
	16									
	17									
	18									
	19									
	20									

Data: 15.07.73 | Responsável:

***Figura 6.48** — Lista de seleção em relação às 7 combinações, conforme Fig. 6.47.*

7. Etapa principal: Concretização em variantes de concepção

Para tomar uma decisão segura com relação à mais vantajosa variante do conceito, as estruturas de funcionamento selecionadas (combinações de princípios) têm de ser desenvolvidas de modo a torná-las passíveis a uma avaliação. Para isso é necessário aprontar os respectivos esboços dos princípios (Figs. 6.49 a 6.52).

Um esboço tracejado freqüentemente não é suficiente para poder avaliar a eficácia do desempenho de uma função da solução proposta. Para isso, são úteis cálculos orientativos ou também testes com modelos. Como exemplo, serão pré-dimensionados o mecanismo de cames do comando de torque e o volante de inércia (armazenador de energia), ambos para a variante de concepção V_2 do atual desenvolvimento.

O came cilíndrico projetado na Fig. 6.53 pode atender a razão de subida do impacto de $dT/dt = 125 \cdot 10^3$ Nm/s e aplicar o torque máximo de $T_{máx} = 15 \cdot 10^3$?

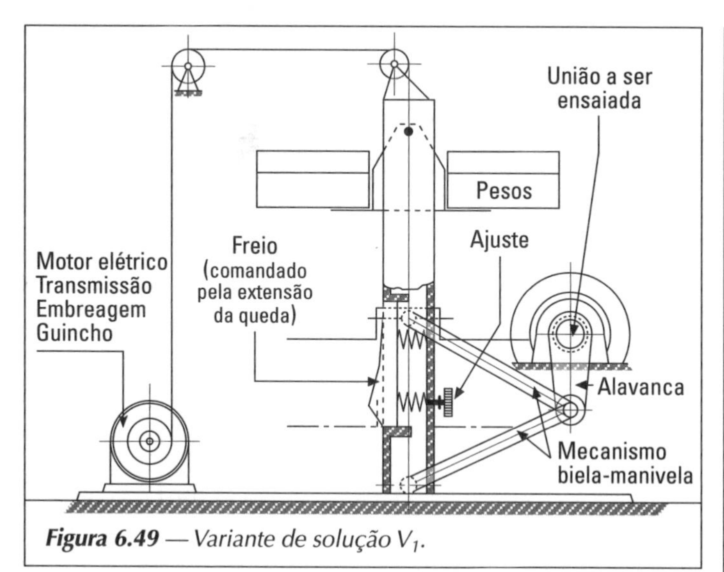

Figura 6.49 — *Variante de solução* V_1.

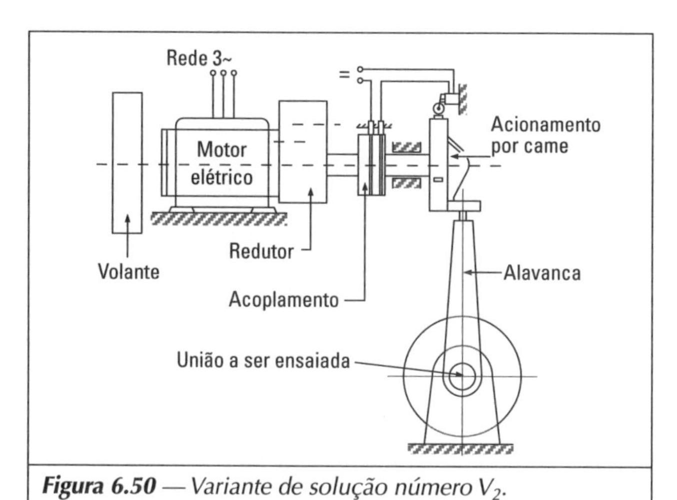

Figura 6.50 — *Variante de solução número* V_2.

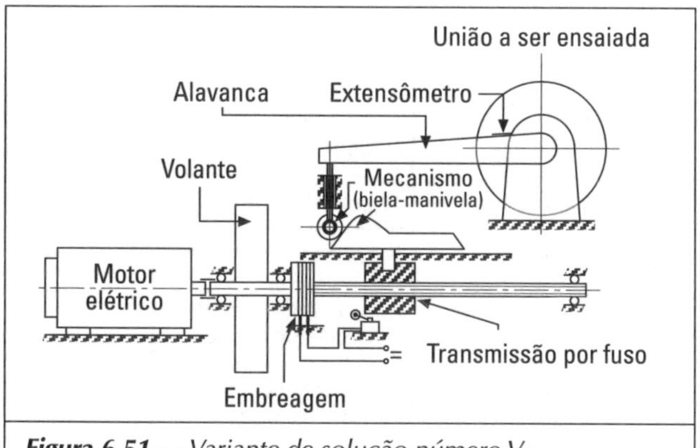

Figura 6.51 — *Variante de solução número* V_3.

Etapas de cálculo:

- Tempo para que seja alcançado o torque máximo com a razão de subida exigida do impacto:

$$\Delta t = \frac{15 \cdot 10^3}{125 \cdot 10^3} = 0{,}12 \text{ s,}$$

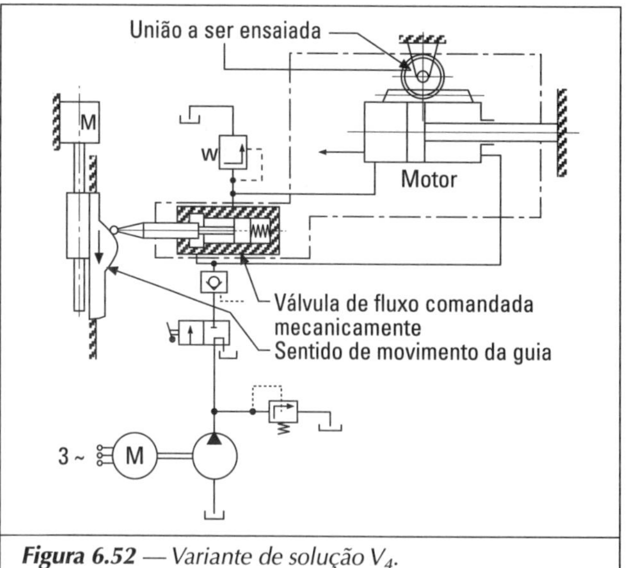

Figura 6.52 — *Variante de solução* V_4.

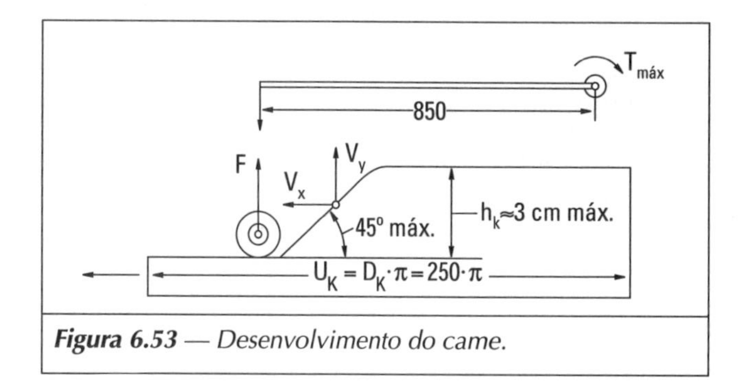

Figura 6.53 — *Desenvolvimento do came.*

- Força na extremidade da alavanca de carregamento:

$$F_{máx} = T_{máx}/l = \frac{15 \cdot 10^3}{0{,}85} = 17{,}6 \cdot 10^3 \text{ N}$$

A alavanca de carregamento é dimensionada como mola flexível, que ao ser solicitada pela força $F_{máx}$ se deforma pelo valor do curso do cames cilíndrico de h = 30 mm sem, no entanto, ultrapassar a tensão admissível.

- Velocidade periférica do cames cilíndrico:

$v_x = v_y = h/\Delta t = 30/0{,}12 = 250$ mm/s,

- Velocidade angular e número de rotações do came cilíndrico:

$\omega = 0{,}25/0{,}125 = 2 \text{ s}^{-1}$; $n_K = 60\ \omega/2\pi = 19 \text{ min}^{-1}$

- Período: $t_u = 2\pi/\omega = 3{,}14$ s.

Uma vez que o tempo de comutação de embreagens ativadas eletromagneticamente para engate e desengate do came cilíndrico se situa numa faixa abaixo dos décimos de segundo, não deverá surgir nenhum problema na realização desse princípio. Magnitude e razão de subida do torque de impacto podem ser facilmente modificadas por cames cilíndricos intercambiáveis como também pela variação do período.

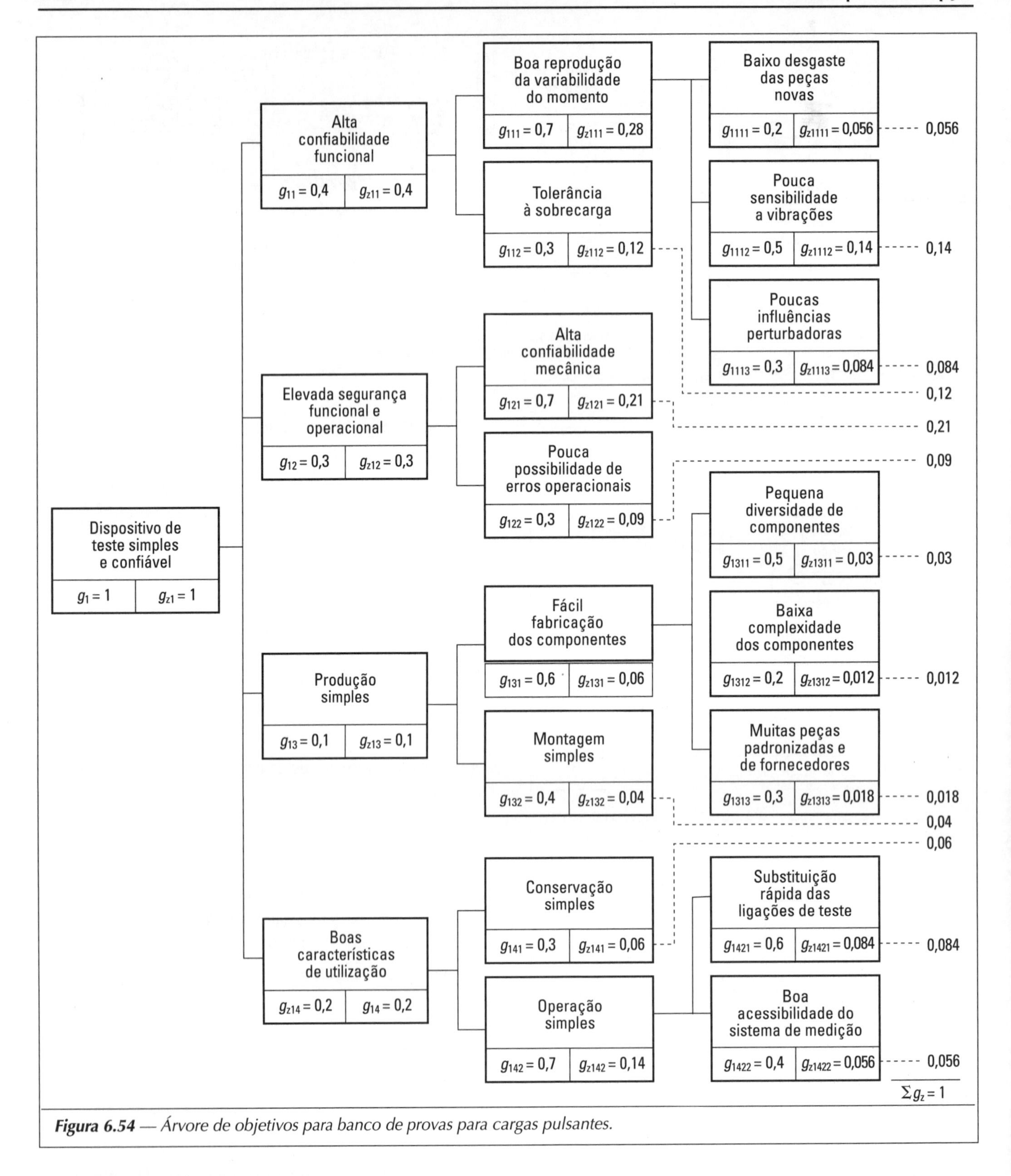

***Figura 6.54** — Árvore de objetivos para banco de provas para cargas pulsantes.*

Etapas de cálculo para estimativa do momento de inércia do volante:

- A estimativa da energia utilizada no choque e com isso a energia a ser armazenada ocorrem de acordo com a hipótese de que todos os componentes situados ao longo do fluxo das forças se deformem elasticamente.

Energia armazenada com torque de impacto máximo:

$W_{máx} = {}^1/_2 \cdot F_{máx} \cdot h_k = 260$ Nm $= 260$ *Ws.*

Este valor da energia é consumido num intervalo de tempo de $\Delta t = 0{,}12$ s.

- Dimensionamento do volante

N	Critérios de avaliação	fator	Parâmetros	Unid.	Variante V_1 Proprie-dades e_{i1}	Variante V_1 Valor w_{i1}	Variante V_1 Valor ponderado wg_{i1}	Variante V_2 Proprie-dades e_{i2}	Variante V_2 Valor w_{i2}	Variante V_2 Valor ponderado wg_{i2}	Variante V_3 Proprie-dades e_{i3}	Variante V_3 Valor w_{i3}	Variante V_3 Valor ponderado wg_{i3}	Variante V_4 Proprie-dades e_{i4}	Variante V_4 Valor w_{i4}	Variante V_4 Valor ponderado wg_{i4}
1	Pouco desgaste	0,556	Magnitude do desgaste	—	elevado	3	0,168	médio	6	0,336	médio	4	0,224	baixo	6	0,336
2	Pouca sensibilidade a vibrações	0,14	Freqüência angular natural	s^{-1}	410	3	0,420	2.370	7	0,90	2.370	7	0,90	< 410	2	0,280
3	Poucas influências Perturbadoras	0,084	Influências perturbadoras	—	elevado	2	0,168	baixo	7	0,588	baixo	6	0,504	(médio)	4	0,336
4	Tolerância à sobrecarga	0,12	Reserva de carregamento	%	5	5	0,600	10	7	0,840	10	7	0,840	20	8	0,960
5	Alta confiabilidade dos componentes	0,21	Segurança mecânica esperada	—	médio	4	0,840	elevado	7	1.470	elevado	7	1,470	bem elevado	8	1,680
6	Pequena possibilidade de erros de operação	0,09	Possibilidade de erros operacionais	—	elevado	3	0,270	baixo	7	0,630	baixo	6	0,540	médio	4	0,360
7	Pequena diversidade de componentes	0,03	Diversidade de componentes	—	médio	5	0,150	médio	4	0,120	médio	4	0,120	baixo	6	0,180
8	Pouca complexidade dos componentes	0,012	Complexidade dos componentes	—	baixo	6	0,72	baixo	7	0,084	médio	5	0,060	elevado	3	0,036
9	Muitos componentes padronizados e de fornecedores	0,018	Participação de componentes padronizados e de fornecedores	—	baixo	2	0,036	médio	6	0,108	médio	6	0,108	elevado	8	0,144
10	Montagem simples	0,04	Simplicidade de montagem	—	baixo	3	0,120	médio	5	0,200	médio	5	0,200	elevado	7	0,280
11	Conservaçào simples	0,06	Despesa de conservação mínima em relação ao tempo e ao custo	—	médio	4	0,240	baixo	8	0,480	baixo	7	0,420	elevado	3	0,180
12	Troca rápida dos corpos-de-prova	0,084	Tempo de substituição dos corpos-de-prova	min	180	4	0,336	120	7	0,588	120	7	0,588	180	4	0,336
13	Fácil acesso ao sistema de medição	0,056	Acessibilidade do sistema de medição	—	bom	7	0,392	bom	7	0,392	bom	7	0,392	médio	5	0,280
		$\Sigma g_i=1,0$				$Gw_1=51$ $W_1=0,39$	$Gw_1=3,812$ $Wg_1=0,38$		$Gw_2=85$ $W_2=0,65$	$Gwg_2=6,816$ $Wg_2=0,68$		$Gw_3=78$ $W_3=0,60$	$Gwg_3=6,446$ $Wg_3=0,64$		$Gw_4=68$ $W_4=0,52$	$Gwg_4=5,388$ $Wg_4=0,54$

Figura 6.55 *— Avaliação das quatro variantes de solução para o banco de provas de carga pulsante.*

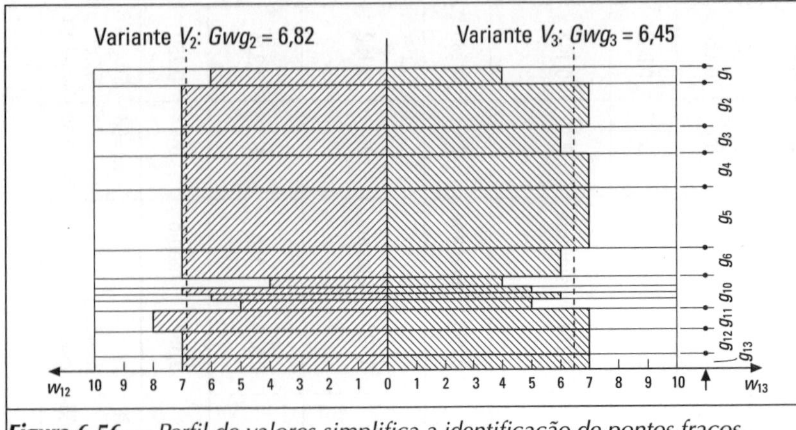

Figura 6.56 — *Perfil de valores simplifica a identificação de pontos fracos.*

Selecionada: Rotação máxima $n_{máx} = 1200\ \text{min}^{-1}$; $\omega = 126\ \text{s}^{-1}$.

Nas dimensões selecionadas do volante de $D_A = 0{,}4$ m e $B = 0{,}1$ m resulta para a massa do volante $ms = 100$ kg. O momento de inércia do volante chega a $J_s = {}^1/_2\ ms \cdot r^2 = 2\ \text{kg/m}^2$.

Energia armazenada no volante:
$W_s = {}^1/_2\ J_s \cdot \omega^2 = 159 \cdot 10^2$ Nm ou Ws

- Queda do número de rotações depois do impacto:

$W_{Rest} = W_S - W_{máx} = 15.640$ Ws,

$$\omega_{Rest} = \sqrt{\frac{2W_{Rest}}{J_S}} = 125\ \text{s}^{-1}$$

$n_{Rest} = 1.190\ \text{min}^{-1}$,

ou seja, a queda no número de rotações é pequena. Em conformidade a potência de acionamento necessária também é pequena.

8 Etapa principal: Avaliação das variantes de conceito

Serão avaliadas quatro variantes selecionadas e concretizadas mais detalhadamente na sexta etapa. Como sistema de avaliação será empregada a análise de valores conforme 3.3.2. Das vontades mais relevantes da lista de requisitos decorre, por ora, uma série de critérios de avaliação de diferentes complexidades. Com auxílio da lista de verificação da Fig. 6.22, estes critérios são checados e complementados.

Em seguida, é desenvolvida uma ordem hierárquica (sistema de objetivos), a fim de melhor identificar e correlacionar os fatores ponderais e os parâmetros das variantes. A Fig. 6.54 mostra o sistema de objetivos da máquina de ensaio de impacto, de cujo nível mais baixo de objetivos resultam os critérios de avaliação da Fig. 6.55.

Resulta que a variante V_2 possui o mais alto valor global e a melhor ponderação global. Contudo, a variante V_3 encontra-se bem próxima. Para percepção dos pontos fracos é construído um perfil de valores, Fig. 6.56. Percebe-se o balanceamento da variante V_2 com relação aos critérios de avaliação relevantes. Com uma ponderação de 68% a variante V_2 apresenta uma solução básica (conceito) vantajosa para o subseqüente anteprojeto em escala. Nisso, os pontos fracos detectados devem ser melhorados. No subitem 7.7, esse exemplo é continuado na etapa do anteprojeto.

Referências

1. Beitz, W.: Methodisches Konzipieren technischer Systeme, gezeigt am Beispiel einer Kartoffel-Vollerntemaschine. Konstruktion 25, (1973) 65-71.
2. Hansen, F.: Konstruktionssystematik, 2ª edição. Berlim: VEB-Editora, 1965.
3. Koller, R.: Konstruktionslehre für den Maschinenbau. Berlim: Springer 1976; 2ª edição, 1985.
4. Kramer, E: Produktinnovations- und Produkteinführungssystem eines mittleren Industriebetriebes. Konstruktion 27, (1975) 1-7.
5. Krick, E.V.: An Introduction to Engineering and Engineering Design; 2ª edição. Nova York: Wiley & Sons, Inc., 1969.
6. Lehmann, M.: Entwicklungsmethodik für die Anwendung der Mikroelektronik im Maschinenbau. Konstruktion 37, (1985) 339-342.
7. Pahl, G.: Konstruieren mit 3D-CAD-Systemen. Grundlagen, Arbeitstechnik, Anwendungen. Berlim: Springer, 1990.
8. Pahl, G.; Beitz, W.: Konstruktionslehre. Berlim: Springer, 1977, 1ª edição, 1986, 2ª edição, 1993, 3ª edição.
9. Pahl, G.; Wink, R.: Prüfstand zur Simulation von kombinierten Roll-Gleitbewegungen unter pulsierender Last. Materialprüfung Band 27 Nr. 11, (1985), S. 351-354.
10. Richter, W.: Gestalten nach dem Skizzierverfahren. Konstruktion 39 H.6, (1987), 227-237.
11. Roth, K.: Konstruieren mit Konstruktionskatalogen. Bd. 1: Konstruktionslehre. Bd. 2: Konstruktionskataloge, 2ª edição. Berlim: Springer 1994. Bd. 3: Verbindungen und Verschlüsse, Lösungsfindung Berlim: 3ª edição Springer, 1996.
12. Schmidt, H.G.: Entwicklung von Konstruktionsprinzipien für einen Stoßprüfstand mit Hilfe konstruktionssystematischer Methoden. Studienarbeit am Institut für Maschinenkonstruktion TU Berlim, 1973.
13. Steuer, K.: Theorie des Konstruierens in der Ingenieurausbildung. Leipzig: VEB-Editora especializada, 1968.
14. VDI-Richflinie 2222 Folha 2: Konstruktionsmethodik, Erstellung und Anwendung von Konstruktionskatalogen. Düsseldorf. VDI-Editora, 1982.
15. VDI-Richtlinie 2225: Technisch-wirtschaftliches Konstruieren. Düsseldorf: VDI-Editora, 1977.

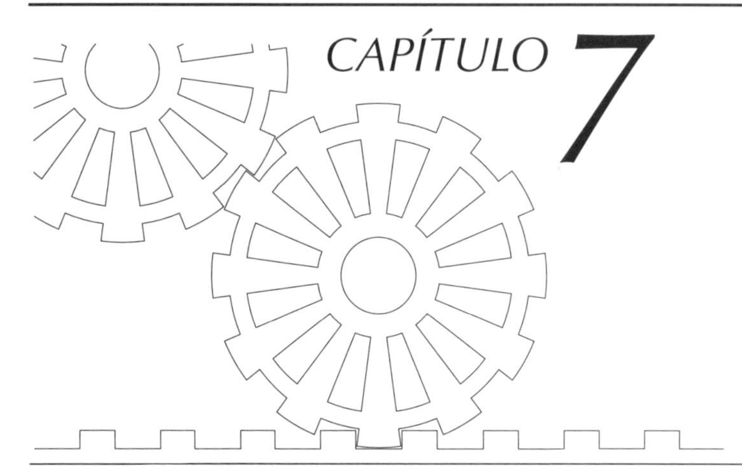

METODOLOGIAS PARA O ANTEPROJETO

Por metodologias para o anteprojeto entende-se a parte do projeto de um produto técnico que, partindo da estrutura de funcionamento ou da solução básica constrói de maneira clara e completa a estrutura do produto, segundo critérios técnicos e econômicos. A conseqüência do anteprojeto é a definição da configuração da solução (cf. 4.2).

Em publicações anteriores (cf. 1.2.2 [229, 294], o processo de anteprojeto foi aprofundado sem, no entanto, desenvolver em separado um plano de procedimento ou uma orientação metodológica. Atualmente, ajuntou-se a isso o procedimento metodológico (cf. 1.2.3 e cap. 4 a 6) que prevê uma ênfase mais acentuada da fase de concepção com apoio de métodos específicos e etapas de trabalho adequadas. Assim, a etapa de anteprojeto também pode ser melhor definida, organizada e subdividida. A última edição da diretriz VDI 2223 (anteprojeto): Metodologias para o projeto básico de produtos técnicos [295] retoma esses conhecimentos e utiliza, entre outras, as sugestões do livro Pahl & Beitz 4ª edição, e apresentando uma instrução metodológica geral que foi aceita.

7.1 ■ Etapas de trabalho no anteprojeto

Uma vez que na etapa de concepção a solução básica foi essencialmente elaborada a partir de informações sobre a estrutura de funcionamento, a configuração concreta dessa idéia básica figura agora em primeiro plano. Esta configuração exige, no mais tardar agora, a escolha dos materiais e dos processos de manufatura, a definição das dimensões principais, o exame da compatibilidade espacial e ainda a complementação das conseqüentes funções auxiliares por meio de subsoluções. Aspectos tecnológicos e econômicos desempenham um papel preponderante. A configuração é desenvolvida por meio de uma representação em escala e criteriosamente examinada. É concluída através de uma avaliação técnico-econômica.

Em muitos casos, para um resultado satisfatório, são necessários vários projetos básicos ou subprojetos básicos, que tornem possível a configuração final do objeto.

Assim, para uma etapa decisória, o projeto básico completo deverá estar definido e, portanto, elaborado a ponto de viabilizar a avaliação final da função, durabilidade, possibilidades de produção e montagem, características de uso e o custeio. Só então poderá se pensar no detalhamento dos subsídios para a produção.

Ao contrário da concepção, as atividades de anteprojeto básico contêm, além de etapas criativas, um grande número de etapas de trabalho corretivas, nas quais processos de análise e síntese se revezam e se complementam continuamente. Por causa disso, além dos já conhecidos métodos para a busca da solução, seleção e avaliação, ajuntaram-se os métodos para identificação de falhas e de otimização. Aquisição de informações sobre materiais, processos de produção, detalhes, peças repetitivas e normas exige um esforço considerável.

O processo do anteprojeto é bem complexo:

- Muitas atividades têm de ser executadas simultaneamente.
- No sentido de um processo iterativo, algumas etapas de trabalho precisam ser repetidas num nível de informação mais elevado.
- Acréscimos e modificações influenciam zonas já configuradas.

Por isso, um seqüenciamento rígido só é parcialmente aplicável a um anteprojeto. Todavia, um procedimento preliminar com as principais etapas de trabalho pode ser indicado. Dependendo da tarefa e das questões existentes, são concebíveis desvios e outras etapas de trabalhos freqüentemente imprevisíveis num caso específico. Nesse caso, o procedimento deverá ser adaptado ou definido em função do problema. Basicamente, procede-se do *qualitativo* para o *quantitativo*, do *abstrato* para o *concreto* ou também de uma *configuração preliminar* para uma *configuração detalhada* com subseqüente controle e complementação: Fig. 7.1

1. Como primeira etapa de trabalho, uma vez conhecida a solução preliminar (estrutura de funcionamento, conceito), são elaborados eventualmente por transcrição, a partir da *lista de requisitos*, os requisitos que *determinam principalmente a configuração*:
   - Requisitos determinantes das dimensões como potência, vazão, dimensões das interfaces, etc.
   - Requisitos determinantes do arranjo como direção do fluxo ou do movimento, posição, etc.
   - Requisitos determinantes dos materiais, como resistência à corrosão, comportamento à fluência, especificações de matérias-primas ou de materiais auxiliares, etc.

   Requisitos decorrentes da segurança, ergonomia, produção e montagem têm como conseqüência considerações de configuração especiais (cf. 7.2 a 7.5) e podem se traduzir em requisitos determinantes das dimensões, do arranjo e dos materiais.
2. *Esclarecimento das condições espaciais* determinantes ou limitantes da configuração do projeto básico (p. ex., afastamentos exigidos, direções a considerar para os eixos, limitações de montagem).
3. Após percepção dos requisitos determinantes da confi-

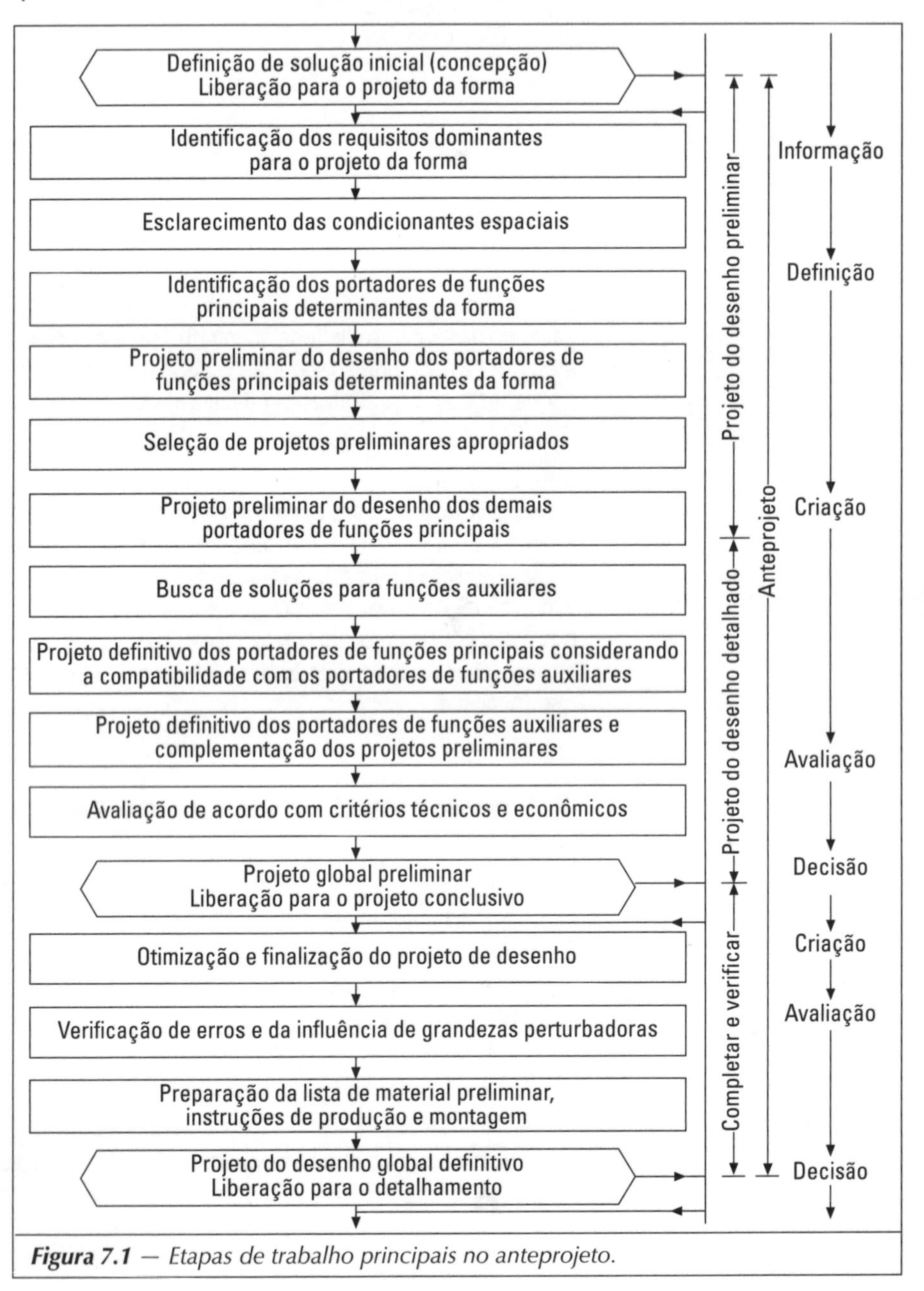

Figura 7.1 — *Etapas de trabalho principais no anteprojeto.*

guração e das restrições espaciais, é preciso desenvolver a *estrutura do produto* por meio de um *esboço da configuração* e da escolha preliminar do material, onde se consideram preferencialmente os portadores da função principal, determinantes da configuração global. *Portadores da função principal* são componentes que satisfazem as funções principais. Considerando princípios de configuração (vide 7.4), subquestões importantes deverão ser decididas:

- Qual função principal e qual portador de função correspondente determinam, de forma categórica, as dimensões e o arranjo da configuração global? (p. ex., canal dos defletores em máquinas de fluxo, tamanho e direção da sede de uma válvula).
- Quais funções principais devem ser satisfeitas por quais portadores de função atuando em conjunto; ou de forma melhor em separado? (p. ex., transferir conjugado e absorver folgas na direção radial por um eixo flexível ou por um acoplamento compensador adicional). Esta etapa corresponde à subdivisão em módulos realizáveis (cf. Fig. 1.9).

4. Inicialmente, os portadores determinantes da função principal da configuração deverão ser configurados grosseiramente, ou seja, material e formato são especificados preliminarmente. "Configurar grosseiramente" significa definir precisamente o formato pelos volumes e dimensões, porém preliminarmente e omitindo detalhes que por ora não interessam. Ao fazer isso, proceder de acordo com 7.2 para a seqüência dos subatributos do atributo principal "especificar". Inserir resultado em escala nas restrições espaciais definidas. Em seguida, complementar até que todas as funções principais importantes estejam satisfeitas (p. ex., diâmetro mínimo de árvores, dimensões preliminares de engrenagens, espessuras mínimas das paredes de reservatórios). Representar elementos existentes ou componentes definidos (componentes repetitivos, padronizados, etc.) de modo simplificado. Poder ser prático inicialmente, trabalhar zonas parciais e, em seguida, combinar esses trabalhos num projeto básico preliminar.
5. Avaliar *anteprojetos preliminares* pelos mesmos critérios, do método de seleção indicado em 3.3.1, eventualmente modificados, com participação dos critérios pertinentes da lista de verificação de 7.2. Selecionar um ou mais de um projeto básico (também denominado anteprojeto) para continuar o trabalho.
6. Complementarmente configurar grosseiramente, na extensão necessária, os portadores da função principal que ainda não foram examinados, por serem conhecidos, já estarem definidos, serem secundários ou pelo fato de, até o momento, não serem determinantes da configuração.
7. Verificar quais as *funções auxiliares* que são necessárias (p. ex., funções de suporte e de fixação, funções de vedação e resfriamento) e quão úteis são para as soluções existentes (também, p. ex., para peças repetitivas, padronizadas e peças de catálogos). Caso isso não seja possível, encontrar soluções para essas funções eventualmente com métodos abreviados (cf. 3.2 e 6).
8. Anteprojeto detalhado dos portadores da função principal de acordo com regras para configuração (cf. 7.3 a 7.5) utilizando normas, prescrições, cálculos mais exatos e resultados de ensaios, configurando também aquelas partes que são influenciadas por funções auxiliares, cujas soluções são agora conhecidas.

   Eventualmente, segmentar em subconjuntos ou zonas, que possam ser trabalhadas em separado. "Configurar os detalhes" significa definir todos os pormenores necessários.
9. *Detalhar também o anteprojeto dos portadores de funções auxiliares*, acrescentar componentes padronizados e de fornecedores, caso necessário configurar definitivamente os portadores da função principal e representar em conjunto todos portadores da função.
10. *Avaliar* segundo critérios técnicos e econômicos (cf. avaliar em 3.3.2).

    Se, para uma tarefa, precisam ser efetuados diversos anteprojetos preliminares, a concretização evidentemente só é levada até o ponto em que for necessária para a avaliação dessas variantes do anteprojeto. Assim, dependendo das circunstâncias, pode ser possível uma decisão, em seguida ao esboço da configuração dos portadores da função principal ou então, só depois da configuração detalhada com inclusão de todos os componentes. Somente é importante que os anteprojetos a serem comparados se situem num mesmo patamar de concretização, pois do contrário não será possível uma avaliação justa.
11. *Definição do projeto básico global preliminar*. O projeto básico global abrange todo o arcabouço do produto técnico pertinente.
12. Otimizar e configurar em definitivo o anteprojeto selecionado após *eliminação dos pontos fracos identificados* na avaliação e incorporação de subsoluções adequadas ou zonas de configuração de outras variantes menos favoráveis, eventualmente mediante repetição de etapas de trabalho precedentes.
13. *Controlar* o projeto básico quanto a *defeitos e influência de falhas* com relação à função, compatibilidade espacial, etc. (cf. lista de verificação em 7.2) e, se for o caso, corrigir. No mais tardar agora, o cumprimento dos objetivos, inclusive com relação aos custos (cf. 12) e à qualidade (cf. 11), precisa estar assegurado e verificado.
14. *Concluir o projeto básico completo* com a elaboração da lista de peças preliminar, bem como instruções preliminares para produção e montagem.
15. Definição do projeto básico completo e liberação para o detalhamento.

Não é necessário definir métodos especiais para cada etapa, entretanto, são úteis as seguintes indicações:

A *representação* das condicionantes espaciais e da configuração é realizada com ajuda de um modelo digitalizado correspondente, ultimamente cada vez mais como modelo 3D totalmente compatível (cf. 2.3.2, seção 2). Em oposição à técnica de desenho convencional com regras padronizadas, aproveitam-se as técnicas de representação peculiares ao pacote CAD utilizado. Independentemente de como é oferecida ou escolhida essa representação pelo monitor, as exigências seguintes precisam ser observadas na etapa do projeto básico [213]:

- A função e o tipo de produto precisam ser transparentes.
- Para comprovação da compatibilidade espacial na estrutura e para a montagem, a posição e o volume necessário ao produto precisam ser perceptíveis por meio das dimensões características, tais como as dimensões principais e semelhantes.
- O esboço da configuração terá de migrar para a configuração definitiva, sem necessidade de uma nova geração.

Quando essas exigências estiverem satisfeitas, a representação pode ser simplificada, divergindo das normas de desenho. Uma representação do objeto de acordo com as normas é inútil, pois isso só aumentaria o trabalho de geração requerido. Mais tarde, uma representação segundo as normas resultará de uma representação específica, observando as recomendações da norma, freqüentemente incluídas como informações básicas implícitas e complementares.

Caso ainda se trabalhe com sistemas CAD-2D ou da maneira tradicional com prancheta, continua-se com o emprego de normas convencionais em que, eventualmente, também podem ser adotadas simplificações de representações (desenhos) em escala, conforme proposto, p. ex., por Lüpertz [174].

De acordo com o cap. 3, a *busca de soluções para funções auxiliares* ou outras subsoluções necessárias ocorre por um método, na medida do possível simplificado, ou diretamente de catálogos. Requisitos, função, soluções com os respectivos critérios classificadores já foram elaborados.

Seguindo a orientação dada pela lista de verificação apresentada em 7.2, o *dimensionamento* dos portadores de função ocorre da forma convencional de acordo com regras da mecânica, resistência dos materiais e ciência dos materiais, utilizando métodos de cálculo, aproximados ou exatos, adequadamente ajustados até equações diferenciais. Ou, p. ex., com ajuda do método dos elementos finitos empregando computadores. Para cálculos de dimensionamento, chama-se a atenção sobre a bibliografia citada na diretriz de configuração "com consideração da solicitação" (cf. 7.5.1). Para os demais cálculos, o leitor deve consultar a bibliografia especializada citada. Evidentemente, também deverão ser aproveitados os métodos e prescrições de cálculo das respectivas especialidades. Em certas circunstâncias, é necessário preparar modelos da função ou empregar testes apropriados para questões específicas.

Ao se executar o anteprojeto, muitos detalhes precisam ser esclarecidos, definidos ou otimizados. Quanto mais se aprofunda na configuração destes detalhes, tanto mais ficará manifesto se a solução básica adotada foi corretamente selecionada. Possivelmente resulta que este ou aquele requisito não pode ser satisfeito, ou que determinadas características se mostram propensas a falhas. Se isto for constatado durante o anteprojeto, é melhor, com base num novo nível de conhecimentos, verificar o procedimento da fase conceitual, pois mesmo uma configuração cuidadosa não pode melhorar significativamente uma solução básica desvantajosa. Isto também é válido para subfunções com relação aos respectivos princípios de funcionamento. Porém, mesmo com uma solução básica aparentemente vantajosa, ainda poderão surgir dificuldades nos detalhes. Estas dificuldades aparecem com freqüência, pois alguns aspectos são vistos inicialmente como sendo de menor importância ou como já solucionados.

Conservando a estrutura de funcionamento e o arranjo básico, procura-se então solucionar estes subproblemas por uma repassagem das etapas de trabalho pertinentes, no sentido de um processo iterativo.

Experiências com o plano de procedimento proposto para o projeto básico confirmaram a sua perfeição, mas também permitiram produzir alguns conhecimentos importantes [211]:

- Muitas vezes, diante de estudos anteriores já existentes ou de variantes de configuração conhecidas, anteprojetos preliminares podem ser dispensados.
- Podem, inclusive, ser perfeitamente dispensados quando somente detalhes da configuração necessitam de uma melhoria.
- Muitas vezes, as soluções de funções auxiliares influenciam o esboço da configuração dos portadores da função principal, o que exige que essas soluções sejam abordadas no momento certo.
- Projetistas bem-sucedidos destacam-se por um permanente processo de verificação e controle, no qual também observam as conseqüências imediatas e remotas das suas decisões.

Freqüentemente, não é desenvolvido um produto inteiramente novo; porém, baseado em novos requisitos e experiências, ele é apenas melhorado ou continuado em seu desenvolvimento. Tem se mostrado de grande valia partir de uma análise das variáveis causadoras de falhas (cf. 11.2 e 11.3) da solução existente e só então preparar uma nova lista de requisitos (cf. Fig. 7.2). Dependendo do resultado da formulação da tarefa agora esclarecida, é imprescindível decidir se é necessária uma nova estrutura de funcionamento no sentido de uma nova solução básica ou se e em que proporção é preciso intervir na estrutura existente.

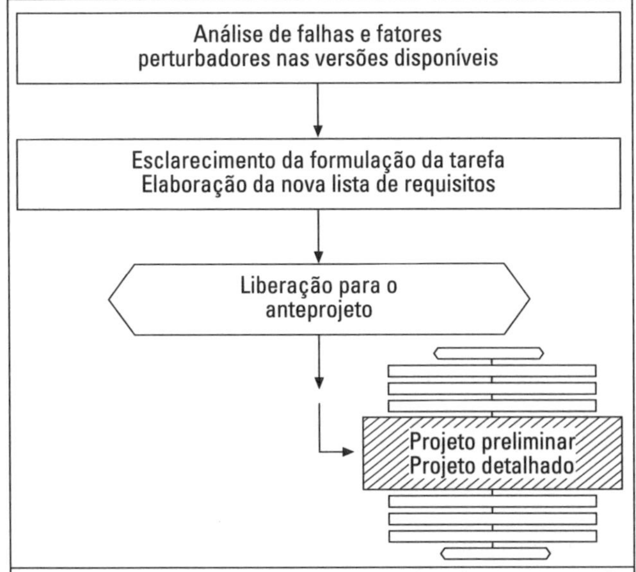

Figura 7.2 — Fase de anteprojeto começando pela continuação do desenvolvimento de versões disponíveis. O início acontece com a análise de erros e da influência das grandezas perturbadoras e pode levar a diversas etapas de trabalho do procedimento da Fig. 7.1.

O ingresso no plano de procedimentos pode ocorrer de várias formas. É muito provável que somente com o aperfeiçoamento dos detalhes da configuração o desenvolvimento já possa ser considerado como concluído. Em outros casos, por ora, ainda seriam necessários testes em subconjuntos existentes ou modificados, cujos resultados iriam determinar um procedimento, no qual seria suficiente percorrer parcialmente as etapas de trabalho mencionadas.

Com relação ao anteprojeto, pode-se dizer, em suma, que um procedimento flexível com muitas malhas de repetição e mudança freqüente do plano de contemplação é típico e necessário. De acordo com a situação, cada etapa principal precisa ser apropriadamente selecionada e ajustada. Considerando as recomendações e as relações fundamentais já citadas, a capacidade de auto-organizar o procedimento nesta fase desempenha um papel relevante (cf. 2.2.1).

A configuração como ponto central da etapa do projeto básico deve obedecer a determinados princípios e regras de acordo com 7.2 a 7.5, que mais adiante serão esclarecidos mais detalhadamente. Por causa da importância fundamental da identificação de falhas em algumas etapas de trabalho, sugere-se ao leitor consultar o cap. 11.

7.2 ■ Lista de verificação para a configuração

O ato de configurar sempre é caracterizado por um processo repetido de reflexão e verificação (cf. 7.1).

Em qualquer procedimento de configuração experimenta-se inicialmente por especificação (definição das dimensões), juntamente com a escolha do material, satisfazer a função com o princípio de funcionamento selecionado. Freqüentemente, isto acontece com apoio de uma especificação preliminar que possibilita as primeiras representações em escala e uma avaliação aproximada da compatibilidade espacial. No andamento subseqüente, aspectos de segurança, da relação homem-máquina (ergonomia), da produção, da montagem, da operação, da manutenção, da reciclagem e do trabalho (custos e prazos) desempenham um papel determinante. Aqui se constata uma multiplicidade de influências recíprocas, de modo que o procedimento de pensamento e o seqüenciamento do trabalho transcorrem numa malha de repetição tanto avançando como também retroagindo, no sentido de uma verificação e correção. O processo de trabalho deveria transcorrer de modo que, apesar da citada complexidade e sua interdependência recíproca, problemas essenciais, sempre que possível, sejam percebidos precocemente e resolvidos em primeiro lugar. Apesar da dependência recíproca de aspectos específicos, características importantes do objetivo global e das condicionantes gerais (cf. 2.1.7) podem ser condensadas em uma lista de verificação, que apresenta uma seqüência conveniente para o procedimento de configuração, como também com relação à verificação. Com suas características, a citada lista de verificação deverá ser entendida como estímulo, no sentido de provocar um lampejo na cabeça, e também como auxílio para não se esquecer nada de essencial: Fig. 7.3.

A constante consideração dessas características principais ajuda o desenvolvedor e o projetista a empreender a configuração e sua verificação de forma completa e poupadora de trabalho. O ponto de vista citado, em geral, deveria ser considerado antes que o subseqüente seja trabalhado ou verificado mais intensivamente, mesmo quando os problemas e questões se entrelacem de modo complexo.

Num problema de configuração a seqüência não tem nada a ver com a relevância das características, porém serve apenas ao procedimento prático. Pois não é sensato, p. ex., trabalhar mais detalhadamente um problema de montagem ou de utilização, quando ainda não está claro, se a necessária altura de funcionamento ou a durabilidade mínima exigida estão garantidas.

A lista de verificação proposta está consistente com uma cadeia lógica de raciocínios, com respeito ao processo de configuração e criação do produto, e assim pode ser lembrada facilmente, com a intenção de aproveitá-la gradativamente já no subconsciente.

7.3 ■ Regras básicas para a configuração

As regras básicas apresentadas em seguida contêm instruções indispensáveis para a configuração. Sua não observação conduz a maiores ou menores desvantagens, erros, prejuízos ou até acidentes. Elas são diretriz imprescindível em quase todas as etapas de trabalho e de decisão segundo 7.1. Em combinação com a lista de verificação exposta em 7.2 e os métodos

Característica principal	Exemplos
Função	A função prevista é satisfeita? Quais funções auxiliares são necessárias?
Princípio de trabalho	Os princípios de trabalho selecionados oferecem o efeito desejado, grau de eficiência e vantagem?
	Quais distúrbios devem ser esperados?
Dimensionamento	A forma e dimensões selecionadas garantem, com o material previsto e com (projeto) antecipado tempo de vida útil e sob as cargas de serviço, ter suficiente durabilidade? Deformações admissíveis? Suficiente estabilidade? Suficiente independência de ressonância? Dilatação desacompanhada de distúrbios? Resistências à corrosão e ao desgaste aceitáveis?
Segurança	Foram considerados os fatores que influenciam a segurança dos componentes, da função, da operação e do meio ambiente?
Ergonomia	Foram observadas as relações homem-máquina? Foram respeitados solicitação, exigência e cansaço? Foi atendido o requisito de uma boa forma (estética)?
Produção	Foram considerados critérios de produção com respeito à tecnologia e à economia?
Controle	Os controles necessários são possíveis durante e após a fabricação ou em uma outra data e como tais estão especificados?
Montagem	Todos os processos de montagem internos ou externos à fábrica podem ser executados de modo simples e na ordem certa?
Transporte	Foram verificados e considerados as condições e riscos de transporte internos e externos à fábrica?
Operação	Foram consideradas em dose suficiente todas as ocorrências que surgem durante operação ou utilização como p.ex.: ruído, trepidações, manuseio?
Manutenção	São exeqüíveis e verificáveis de modo seguro, as providências necessárias para manutenção, inspeção e conserto?
Reciclagem	É possível reaproveitamento ou reprocessamento?
Custos	Foram obedecidos os limites de custo prefixados? Vão surgir despesas operacionais ou incidentais adicionais?
Prazos	Os prazos podem ser cumpridos? Há possibilidades de projetar a forma visando a melhora da situação no tocante aos prazos?

Figura 7.3 *— Lista de verificação com as principais características para o projeto da forma.*

de identificação de erros (cf. 11), elas também determinam decisivamente as etapas de seleção e avaliação.

As *regras básicas* são: "claras", "simples" e "seguras". Elas se orientam pelos objetivos gerais (vide 2.1.7), onde

- atendimento da função técnica,
- viabilidade econômica e
- segurança para as pessoas e o meio ambiente,

são sempre válidos.

Na bibliografia encontram-se numerosas regras e sugestões para o projeto da forma [168, 180, 198, 205]. Ao serem examinadas com respeito à sua validade geral e sua relevância, também se pode constatar que as exigências de clareza, simplicidade e segurança são fundamentais. Elas constituem pressupostos importantes para o sucesso de uma solução.

A consideração da *clareza* ajuda a prever, de forma confiável, efeito e comportamento e, em muitos casos, poupa tempo e análises dispendiosas.

Normalmente, a *simplicidade* garante a viabilidade econômica. Uma quantidade pequena de peças e objetos de formas simples pode ser fabricada de forma melhor e mais rápida.

As exigências quanto à *segurança* obrigam ao tratamento conseqüente à questão da durabilidade, confiabilidade e inexistência de acidentes, bem como da proteção ambiental.

A observação das regras básicas "clareza", "simplicidade" e "segurança" permite antecipar uma probabilidade elevada de realização, pois com elas são abordados e interligados o atendimento da função, a economia e a segurança. Sem essa interligação, dificilmente se poderia obter uma solução satisfatória.

7.3.1 Clareza

Daqui por diante, a regra básica "clareza" será aplicada com relação à lista de verificação descrita em 7.2.

Função

Dentro de uma estrutura da função:

- para cada subfunção precisa ser assegurada uma correlação clara entre as variáveis de entrada e de saída.

Princípio de funcionamento

O princípio de funcionamento selecionado precisa:

- apresentar relações descritíveis entre causa e efeito, com relação aos efeitos físicos

para que se possa efetuar um dimensionamento correto e econômico. A estrutura de funcionamento, constituída por princípios de funcionamento elementares, precisa assegurar:

- uma condução ordenada do fluxo de energia ou de forças, de matéria e de sinal,

pois, caso contrário, sobrevêm estados de coação imprevistos e incontroláveis, com forças e deformações ampliadas e muito provavelmente, desgaste acentuado. Considerando as deformações forçosamente vinculadas a uma carga, bem como as dilatações térmicas, deverão ser previstas num projeto:

- direções e possibilidades de dilatação definidas.

São familiares arranjos de mancais móveis e fixos segundo a Fig. 7.4a, que exibem um comportamento claro. Por outro lado, os chamados arranjos de mancais de apoio somente podem ser previstos quando as variações de comprimento são desprezíveis ou quando uma folga apropriada nos apoios for aceitável. Em contrapartida, mediante uma fixação elástica onde a força axial FA, condicionada pela operação, não pode superar a força de pré-tensão FF, pode ser assegurada uma magnitude de carregamento claramente definida: Fig. 7.4c.

Com freqüência, arranjos combinados de mancais são problemáticos. A combinação de mancais da Fig. 7.5a consiste de um mancal de agulhas para absorção das forças radiais e de um mancal de esferas para absorção das forças axiais. Entretanto, a disposição selecionada não possibilita absorver a força radial de forma não ambígua, pois os anéis, comum interno e o comum externo, apóiam ambos corpos de deslizamento e, assim, não definem claramente a trajetória da força. Conseqüência disso são incertezas no dimensionamento e na duração do ciclo de vida.

Com elementos semelhantes, por outro lado, o arranjo da Fig. 7.5b segue a regra "clareza", quando na montagem, o projetista se preocupa com que o anel de apoio do lado direito mantenha um suficiente ajuste radial com relação ao corpo de apoio, o que obriga o mancal de esferas a absorver exclusivamente forças axiais.

Problemas com ajustes duplos: os denominados "ajustes duplos" transgridem a regra "clareza". Por ajuste duplo compreende-se um apoio ou condução simultâneos em dois pontos, sempre situados em diferentes planos ou superfícies cilíndricas. Portanto, esses apoios ou guias não se encontram na mesma etapa de trabalho e, condicionados pelo ajuste, apresentam diferenças nas suas dimensões que levam a descrever a trajetória da força de forma não clara. Ou dificultam a montagem devido à falta de clareza.

Mesmo que problemas de ajustes possam ser dominados por tecnologias de produção atuais, ainda assim permanecem ambigüidades com respeito ao cumprimento da função e na montagem.

As formas de ocorrência de ajustes duplos são bastante variadas. A Fig. 7.6 mostra diversos casos de ajustes duplos e as respectivas soluções para evitá-las.

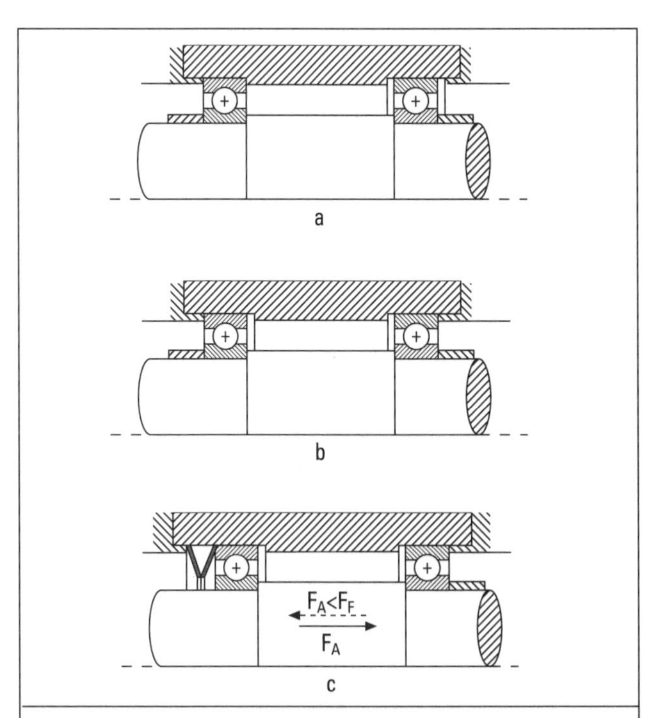

Figura 7.4 — *Disposições básicas de mancais*
a) *Arranjo fixo e arranjo livre, o mancal fixo da esquerda absorve sozinho todos os esforços axiais, o mancal livre da direita permite livre movimento axial em conseqüência de dilatação térmica. Possibilidade de um cálculo não ambíguo;*
b) *Arranjo de mancais escalonado, não há inter-relação clara, pois a carga axial sobre os mancais é dependente do posicionamento (protensão) e as forças decorrentes de dilatação térmica não são claramente definidas: uma variante é a "disposição flutuante", em que os mancais p.ex. no bloco são montados com folga axial; dilatação térmica é então parcialmente possível, porém não existe uma locação precisa do eixo;*
c) *Mancais fixos elasticamente, desvantagens da disposição **b** são amplamente neutralizadas, a permanente força de pré-compressão axial sob certas circunstâncias se torna redutora da vida útil do mancal: forças decorrentes de dilatação térmica são inequivocamente determináveis através do diagrama força-formação: posição do eixo fixa, enquanto a força axial atuar somente para a direita ou não exceder a força de protensão F_F.*

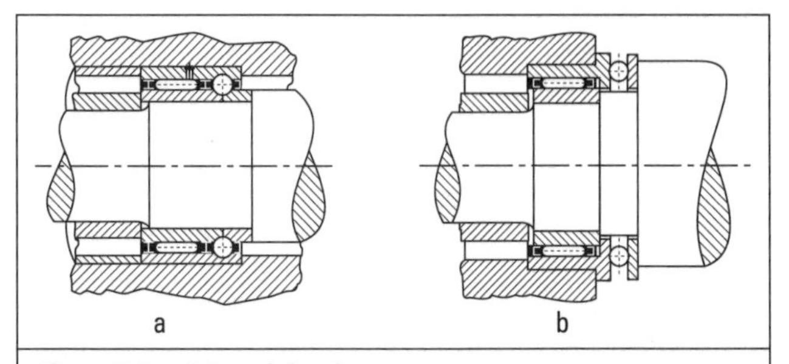

Figura 7.5 — *Mancal de rolamento.*
a) *Caminho ambíguo de transmissão das forças radiais;*
b) *Mancal de rolamento com os mesmos elementos de a), porém com claro caminho de transmissão das forças axiais e radiais.*

Dimensionamento

Para dimensionamento e seleção do material, é imprescindível o conhecimento de:

- uma condição de carga claramente definida quanto à magnitude, tipo e freqüência ou intervalo de atuação.

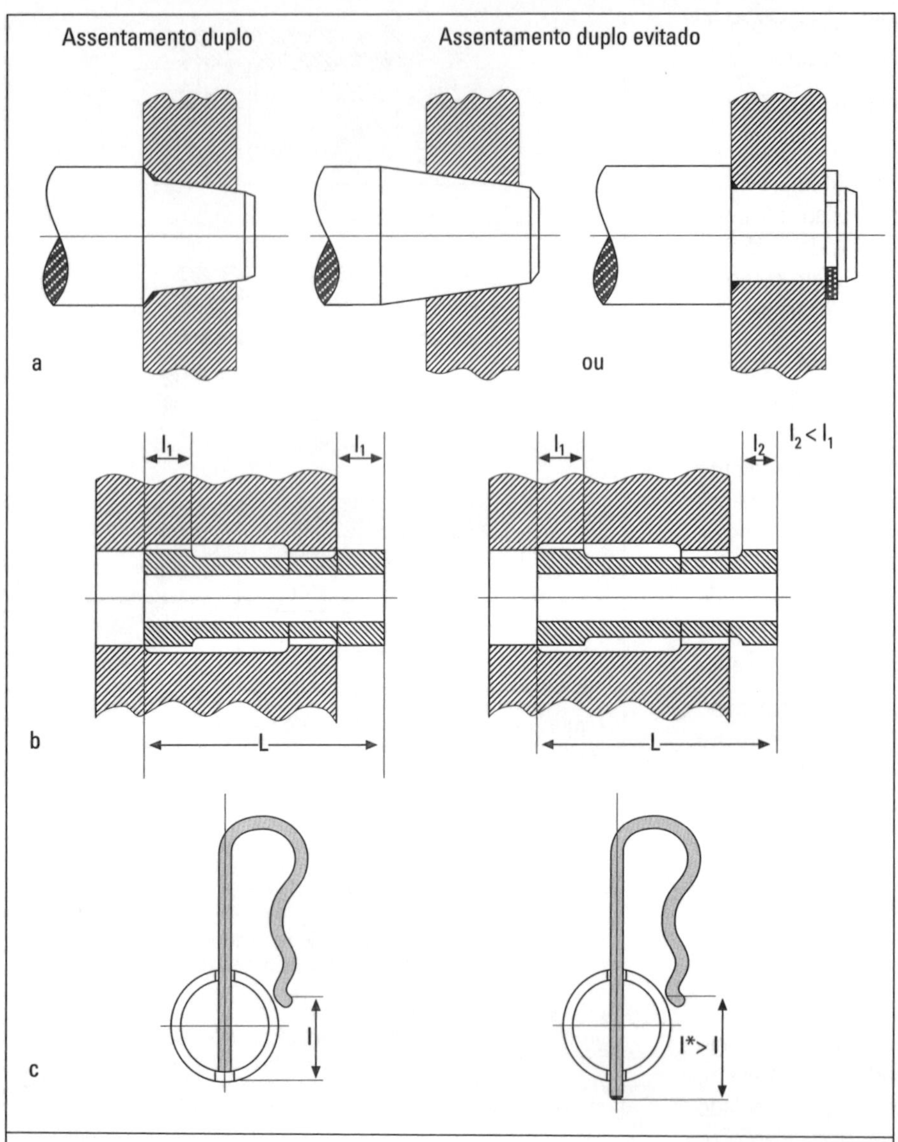

Figura 7.6 — Evitar ajustes duplos. **a** Uniões cubo-eixo com assento cônico e cubo montado por pressão (ajuste forçado). Com relação ao assento cônico, o concomitante encosto do eixo na direção axial causa um ajuste duplo. Dessa forma, a força de compressão radial aplicada não pode ser determinada de forma precisa. Solução correta: Assento cônico ou cilíndrico único solidarizado com o eixo segundo a norma DIN. **b** Guia deslizante apoiada por luva numa sede com rebaixos dimensionalmente iguais. O apoio simultâneo dos cantos dificulta o procedimento de montagem. Solução correta: primeiramente introduzir a sede no rebaixo esquerdo, para só então cuidar do rebaixo direito. **c** Grampo elástico com um comprimento onde a extremidade inferior encosta na parede do tubo e o ponto de pressão do grampo começa a atuar simultaneamente. O usuário ignora se o grampo está sendo bloqueado pela parede ou se a pressão a ser aplicada tem de ser incrementada. Solução correta: Selecionar comprimento do grampo, de modo que o mesmo passe tranqüilamente pelo furo inferior e só depois passa a atuar a força da mola.

Na falta desses dados, deve-se dimensionar com hipóteses adequadas e, em seguida, estimar o tempo do ciclo de vida ou de serviço, possivelmente através de testes de resistência em serviço.

Mas também a configuração do objeto deveria ser escolhida de forma que:

- resulte um estado de tensões descritível que possa ser analogamente calculado para qualquer condição de serviço. Condições que prejudiquem a função e ponham à prova a durabilidade de um componente não devem ser permitidas.

De forma análoga, com base na lista de verificação citada em 7.2, deve ser comprovado um comportamento não ambíguo com relação à estabilidade, freqüências de ressonância, desgaste e resistência à corrosão.

Muitas vezes, encontram-se *disposições duplas*, previstas por razões de "segurança", mas que não são claras. Assim, uma união cubo-eixo, projetada como união forçada, não adquire maior resistência com uma chaveta adicional: Fig. 7.7. O elemento adicional funcionando por forma serve apenas para assegurar a conservação da posição de montagem no sentido perimetral, porém reduz de forma expressiva a durabilidade, em decorrência do enfraquecimento da seção em A e de um significativo efeito de entalhe (concentração de tensões) em B. Além disso, por causa de complexo estado de tensões nas imediações do ponto de aplicação da força em C, um prognóstico baseado num cálculo de resistência não é confiável. Por exemplo, na transmissão da torção por meio de uma união cônica com pré-tensionamento axial, Schmid [242] apontou que, para um ajuste por retração, é necessário um movimento helicoidal para impelir o cubo sobre o eixo e que, para prejuízo da união, a transmissão por meio de uma chaveta trabalhando por forma seria obstruída. O aproveitamento da capacidade de carga máxima de uma união cônica somente é possível mediante elimina-

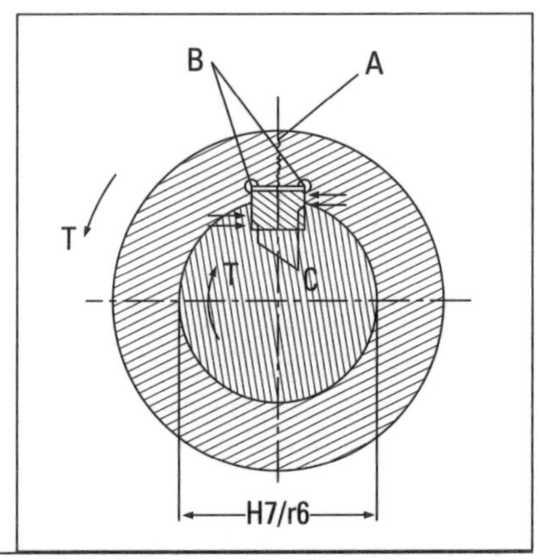

Figura 7.7 — União cubo-eixo combinada por contração a quente e chaveta meia-lua (fixação ambígua com relação ao cálculo e utilização).

ção da chaveta. A solução segundo a Fig. 7.7 somente seria aconselhável se o fulcro da tarefa fosse a garantia da posição do cubo em relação ao eixo, porém, nesse caso, um ajuste normal seria mais indicado.

A Fig. 7.8 mostra a carcaça de um adaptador das pás de uma bomba centrífuga, empregado para ajustar-se ao respectivo canal, para que nem sempre seja necessário projetar ou fundir uma carcaça nova. Caso não sejam criadas condições claras de pressão no espaço existente entre o adaptador e a carcaça, o adaptador poderia, indiferente a ajustes duplos, deslocar-se para cima e avariar as pás por contato. Ou então, deveriam ser projetados meios de fixação convenientemente dimensionados. Isto vale especialmente quando, com diâmetros aproximadamente iguais, ajustes iguais são selecionados para as bordas de centragem. Pois dependendo das tolerâncias de fabricação e da temperatura de operação podem surgir folgas que, em sua magnitude relativa, não são previsíveis com segurança e, assim, no espaço entre o adaptador e a carcaça, possibilitem o aparecimento de pressões intermediárias desconhecidas.

Com as projetadas seções de ligação A, que, no presente caso, precisam ser de 4 a 5 vezes maior do que a maior seção da folga que poderia surgir na borda de centragem superior, a solução representada no detalhe da figura zela por uma pressão definida, constante, e proporcional à menor pressão de admissão da bomba. Dessa forma, durante a operação, a carcaça do adaptador sempre será pressionada para baixo e os meios de fixação somente precisam ser dimensionados como auxiliares de posicionamento durante a montagem e contra possíveis tendências de rotação do adaptador.

Tornaram-se conhecidas falhas graves em registros tipo gaveta que também deixavam transparecer a ausência de um claro estado de solicitação e de operação [130, 131]. Quando fechada, a gaveta separa duas tubulações, mas, simultaneamente também isola a sede da gaveta em relação a essas duas tubulações. Daqui, resulta um pequeno reservatório de pressão estanque (Fig. 7.9). Se na parte inferior da câmara da gaveta houve acúmulo de condensado e com a gaveta fechada a tubulação é novamente imprimida, ou seja, aquecida, pode ocorrer a evaporação do condensado existente na sede. E isso poderá vir acompanhado de elevações imprevisíveis de pressão nessa mesma sede. A conseqüência é a formação de trincas na sede da gaveta ou uma grave avaria na tampa da mesma. Caso essa última seja projetada como fecho autovedante, poderão ocorrer sérios acidentes, pois ao contrário de uniões parafusadas solicitadas além do seu limite, não ocorre qualquer perda de estanqueidade e, portanto, nenhum aviso. O perigo reside na falta de clareza do estado de carregamento e de operação. Dependendo do sistema construtivo e do arranjo, a solução pode ser concebida de acordo com:

- Conexão do volume interno da sede do registro com uma tubulação adequada, desde que isso seja operacionalmente viável ($p_{gaveta} = p_{tubo}$);
- Segurança contra sobrepressão na sede do registro de gaveta (pressão na sede limitada);
- Drenagem da sede do registro (evitar acúmulo de condensado na imprimação, $p_{da\ gaveta} \approx p_{externa}$);
- Formas para a sede da gaveta com pequeno volume na sua parte inferior (reduzido acúmulo de condensado).

Em [206] já foram citadas situações semelhantes ocorridas em vedações com membrana soldada.

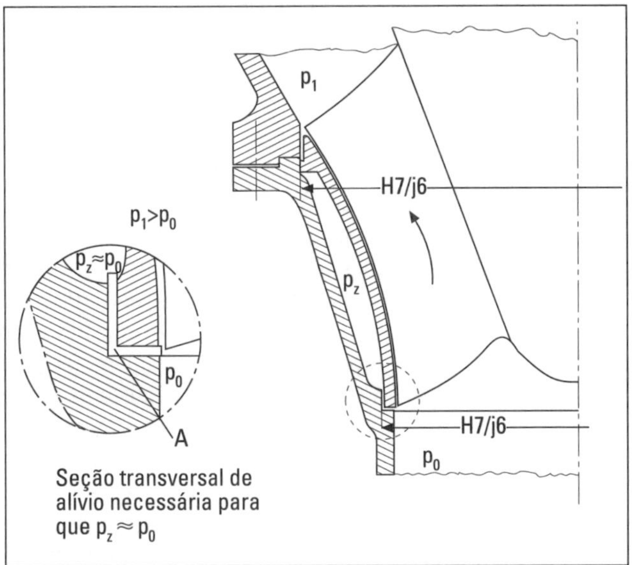

p_1

H7/j6

$p_1 > p_0$

$p_z \approx p_0$

p_z

p_0

A

H7/j6

p_0

Seção transversal de alívio necessária para que $p_z \approx p_0$

Figura 7.8 — *Adaptador no corpo de uma bomba de resfriamento.*

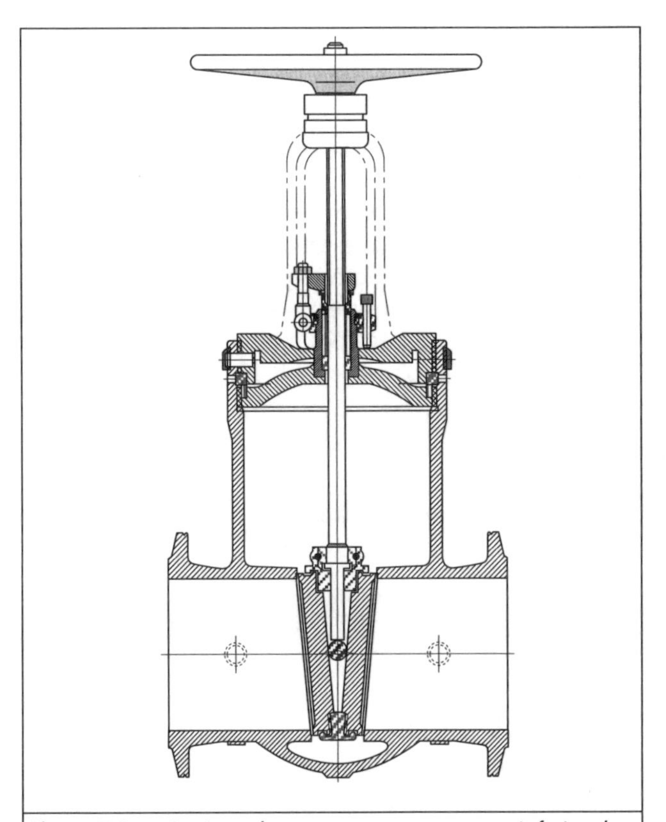

Figura 7.9 — *Registro de gaveta com um espaço inferior de coleta relativamente grande.*

Segurança

Veja regra básica "segurança" em 7.3.3.

Ergonomia

Na relação homem-máquina:

- a seqüência e a execução das operações devem ser forçadas de forma lógica, mediante arranjos e circuitos adequados.

Produção e controle

Deverão ser facilitadas com base em dados claros e completos do modelo computacional, bem como por meio de desenhos, listas de peças e outras informações.

O projetista não deverá se intimidar em exigir da produção o cumprimento das características de execução estabelecidas, possivelmente sob forma de medidas organizacionais especiais, p. ex., protocolos, etc.

Montagem e transporte

Vale o mesmo para os processos de montagem e transporte. Com base na configuração do objeto deveria ser induzida uma seqüência de montagem obrigatória e excludente de equívocos (cf. 7.5.8).

Operação e manutenção

Para isso, uma construção clara e a configuração correspondente deveriam cuidar para que:

- o desempenho operacional apareça de forma inequívoca e controlável;
- inspeções e manutenções possam ser executadas com pequeno número de diferentes materiais e ferramentas;
- inspeções e manutenções sejam claramente definidas quanto à sua ocorrência e sua abrangência;
- após a execução, inspeções e manutenções possam ser claramente controladas (cf. 7.5.10).

Reciclagem

Para isto deveriam ser previstas (cf. 7.5.11):

- linhas de separação claras entre materiais sujeitáveis ao reprocessamento, bem como
- seqüências de montagem e desmontagem claras.

7.3.2 Simplicidade

Sob o verbete "simplicidade" encontram-se no dicionário os conceitos: "não composto", bem como "claro", "fácil de compreender", "singelo" e "custo baixo". São relevantes para aplicações técnicas: não composto; claro e de baixo custo.

Uma solução parece mais simples, quando puder ser concretizada com pequeno número de componentes ou peças, pois aumenta a probabilidade de se obter, p. ex., menores custos de produção, menor número de áreas sujeitas a desgaste e menores custos de manutenção.

Mas isso só ocorre quando houver poucos componentes ou peças e sua disposição e forma geométrica se mantiverem simples. Em princípio, deve-se esforçar em utilizar um pequeno número de peças de formas simples [168, 198, 206].

Porém, em geral, deve-se estabelecer um compromisso: o atendimento da função sempre exige um número mínimo de componentes ou peças. Uma produção econômica muitas vezes defronta-se com a necessidade de ter de se decidir entre um número maior de peças de forma simples, mas com custo de usinagem mais elevado e uma peça fundida complexa com um custo de produção menor, muitas vezes incluindo um maior risco no prazo. Portanto, numa consideração mais geral, sempre deve ser efetuada uma avaliação da simplicidade. O que, num caso específico, poderá ser interpretado como sendo mais simples irá depender da tarefa e das condicionantes.

Novamente, com base na lista de verificação, as relações deverão ser consideradas de forma abrangente:

Função

Basicamente, já na discussão da estrutura da função só será continuado:

- um número possivelmente pequeno de interligações, bem como
- interligações claras e consistentes de subfunções.

Princípio de funcionamento

Também para a seleção do princípio de funcionamento somente serão considerados aqueles com:

- pequeno número de processos e componentes;
- inter-relações claras;
- custo baixo.

No desenvolvimento do misturador de comando único apresentado em 6.6.1 foram propostos vários princípios de solução. Um grupo (Fig. 6.36) soluciona o problema através de dois movimentos independentes entre si, de ajuste tangencial em relação à superfície de assento num só elemento (tipos de movimento: translação e rotação). O outro grupo (diversas variantes da Fig. 6.33), apresenta um só movimento normal ou tangencial à superfície de assento para o ajuste da vazão e da temperatura, entretanto necessita de um mecanismo de acoplamento adicional que converte os movimentos de ajuste introduzidos num movimento que ocorre na superfície de assento. Abstraindo o fato de que em muitos casos do último grupo o ajuste selecionado da temperatura é perdido no fechamento desse elemento, essas soluções mostradas na Fig. 6.33 necessitam um maior esforço de projeto do que as do primeiro grupo. Em virtude disso, por ora, sempre se prosseguirá com o grupo de soluções da Fig. 6.36.

Especificação

No procedimento de especificação, a regra "simplicidade" significa:

- especificar formas geométricas apropriadas aos princípios matemáticos da resistência dos materiais e da teoria da elasticidade;
- com a escolha de formas simétricas impor deformações mais claras na produção, sob ação de cargas e temperatura.

Para muitos objetos, o projetista pode, portanto, reduzir apreciavelmente o trabalho numérico e experimental ao se empenhar em satisfazer os pressupostos de um princípio de cálculo facilmente transitável por meio de uma configuração simples.

Segurança

Veja regra básica "segurança" em 7.3.3

Ergonomia

A relação homem-máquina também deverá ser simples e (cf. 7.5.6) pode ser melhorada decisivamente por meio de:

- procedimentos operacionais racionais;
- arranjos claros e
- sinalização facilmente compreensível.

Produção e controle da qualidade

Produção e controle podem ser realizados de forma mais simples, isto é, de modo mais rápido e preciso, se:

- as formas geométricas permitirem execução rotineira, não demorada;
- for possível um número baixo de processos de produção, baixos tempos de sujeição, *set-up* e espera;
- formas claras facilitarem e acelerarem o controle de qualidade.

Referindo-se a mudanças no processo de produção [166], citando como exemplo uma válvula de controle de aproximadamente 100 mm de comprimento, Leyer expôs como foram contornadas dificuldades e foi conseguida uma produção mais econômica, através da substituição de uma peça fundida complicada por um grupo de peças torneadas, simples, unidas por solda branda. Se bem que com a atual técnica de fundição a complexidade pode ser subjugada, também outras simplificações representadas na Fig. 7.10 são concebíveis e deveriam ser examinadas: a etapa 3 simplifica a forma geométrica da peça central com formato cilíndrico e a etapa 4 (menor quantidade

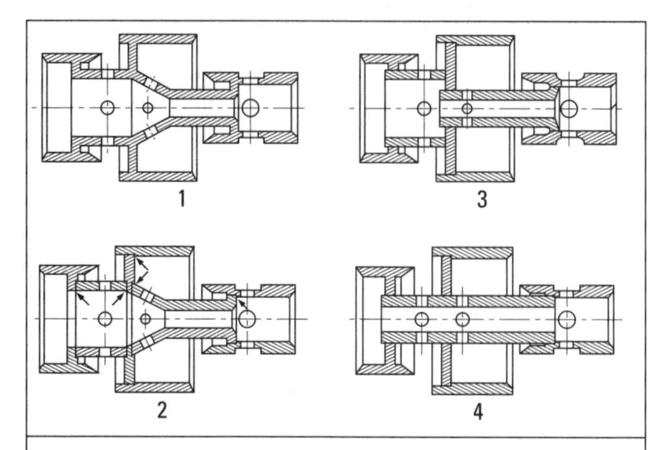

Figura 7.10 — *Simplificação de uma válvula de controle deslizante de 100 mm de comprimento segundo [166], complementada pelos passos 3 e 4. 1) Fundição difícil e cara; 2) Melhoria por subdivisão em componentes simples, que são soldados por brasagem forte; 3) Simplificação do componente tubular central; 4) Outra possibilidade de simplificação, quando não forem necessárias as correspondentes superfícies de trabalho axiais.*

de peças), onde as superfícies situadas perpendicularmente ao eixo da haste não precisam ser superfícies que suportam a mesma carga, seria então possível.

Um outro caso pode ser verificado no já citado misturador monocomando. O anteprojeto do arranjo de alavancas representado na Fig. 7.11 não agradou pelo custo da produção, da configuração da forma e do trabalho na limpeza (presença de rasgos, canais abertos). Para uma maior quantidade de peças, pode ser desenvolvida uma solução mais simples: Fig. 7.12. Uma forma da alavanca concebida de modo diferente como articulação "deslizante" na direção tangencial e radial economiza componentes e reserva áreas de desgaste facilmente reajustáveis. No global, obtém-se uma solução mais econômica e também mais atraente, tanto para o uso (limpeza) como na sua aparência.

Montagem e transporte

A montagem também é simplificada, isto é, facilitada, acelerada e executada de forma mais confiável, quando:

- os componentes a serem montados são de fácil identificação;

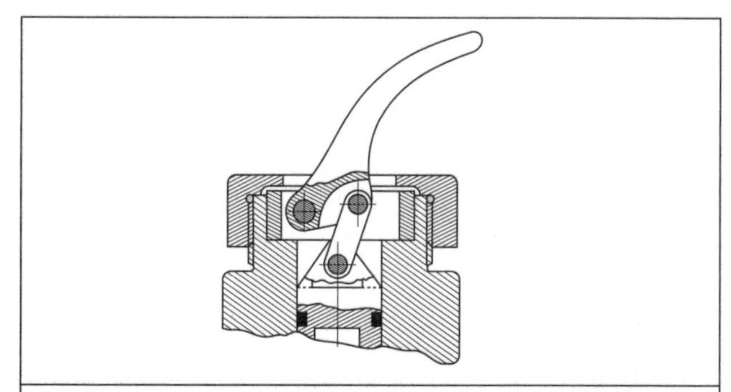

Figura 7.11 — *Proposta para a disposição da alavanca de uma torneira misturadora de comando único com movimento de ajuste translacional e rotacional.*

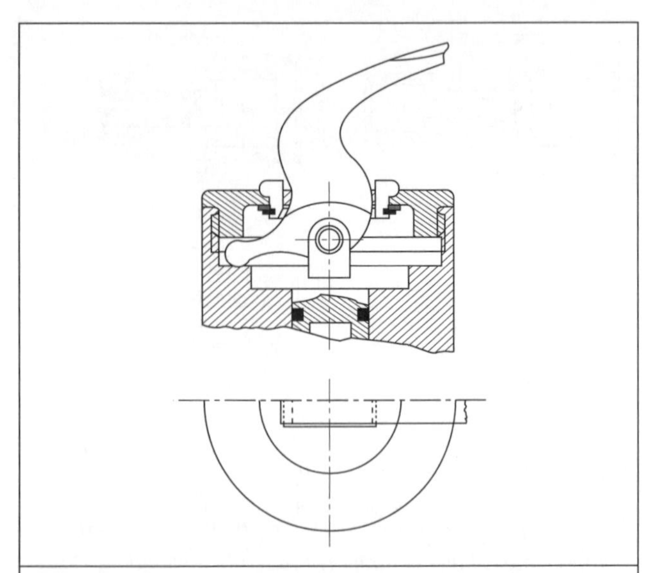

Figura 7.12 — *Solução melhorada do ponto de vista do projeto da forma e, ao mesmo tempo, mais simples do que aquela proposta na Fig. 7.11 (semelhante à do tipo Schulte).*

- for possível uma montagem rapidamente compreensível;
- cada procedimento de ajuste for necessário apenas uma vez;
- for evitada a necessidade de desmontar componentes já montados (cf. 7.5.9).

Para montagem e ajuste de uma bucha de compensação dos êmbolos de uma pequena turbina a vapor, estando o eixo já montado, o problema consistia em ajustar estas buchas na vertical e na horizontal para ter a mesma folga em qualquer direção nas bordas de vedação do labirinto, sem precisar desmontar constantemente o eixo da turbina. A versão mostrada na Fig. 7.13 permite este procedimento a partir da interface, em que o giro dos parafusos de ajuste (A) no mesmo sentido provoca um movimento vertical e o giro em sentidos contrários, um movimento basculante em relação ao ponto (B) que

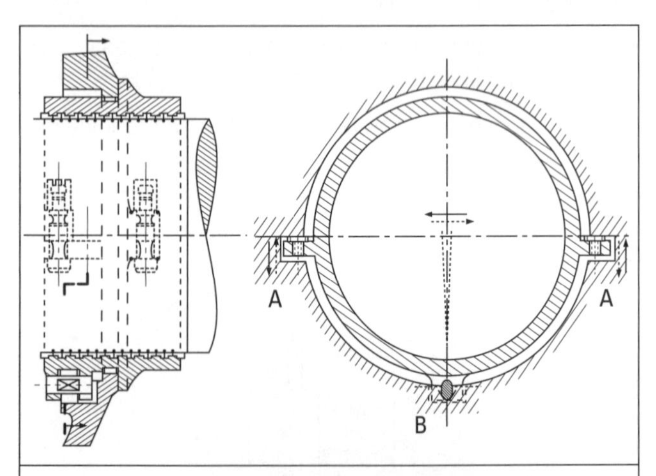

Figura 7.13 — *Anel de vedação mecânica ajustável de uma turbina a vapor industrial; rotação no mesmo sentido em **A** resulta em um movimento vertical, rotação em sentido oposto resulta em um movimento basculante em torno de **B** praticamente horizontal.*

muito se aproxima de um movimento horizontal. Por sua vez, o centro de rotação não deve impedir o movimento de ajuste vertical, bem como a expansão térmica radial durante a operação. Isto é conseguido com pequeno número de elementos de fixação de forma e de execução simples. Além disso, uma disposição engenhosa das superfícies economiza elementos de segurança adicionais para o parafuso existente no centro de rotação definido por adaptação da forma somente após a montagem e não pode mais efetuar movimentos imprevistos.

Operação e manutenção

Quanto à operação e manutenção, a regra "simplicidade" significa:

- a operação deverá ser possível sem orientações especiais, complicadas;
- a clareza dos procedimentos e o fácil reconhecimento de anormalidades ou falhas são desejáveis;
- procedimentos de manutenção não são efetuados quando sua execução é complicada, desconfortável ou demorada.

Reciclagem

Reciclagem "simples" consegue-se com:

- materiais compatíveis ao reprocessamento, procedimentos de montagem e desmontagem simples e
- a própria simplicidade dos componentes (cf. 7.5.11).

7.3.3 Segurança

1. Conceitos, tipos e áreas de atuação da tecnologia de segurança

A regra básica "simplicidade" refere-se tanto ao atendimento confiável da função técnica quanto à redução do perigo para as pessoas e a circunvizinhança.

Com esse objetivo, o projetista utiliza-se de uma tecnologia de segurança que, de acordo com a DIN 31000 [57], pode ser compreendida como um método de três estágios:

Tecnologia de segurança - direta - indireta - preventiva.

A princípio, busca-se atender a exigência de segurança por meio da tecnologia de segurança *direta*, ou seja, escolher a solução de modo que, de antemão, e por si mesma, não subsista nenhuma periculosidade. Somente nos casos em que essa possibilidade não puder ser implementada, considera-se a tecnologia de segurança *indireta*. Ou seja, a concepção de sistemas protetores (cf. 7.3.3-3) e a distribuição de equipamentos de segurança [58 a 60]. Uma tecnologia de segurança *preventiva* que somente pode alertar sobre perigos potenciais e, por sinalizações, delimitar as zonas de periculosidade não deve ser vista pelo projetista como ferramenta para solução de um problema de segurança. Ele deve focar sua atenção na tecnologia de segurança direta e, em caso de não atendimento, utilizar-se da tecnologia de segurança indireta. Esta é auxiliada por uma tecnologia de segurança preventiva para, p. ex., alertar sobre particularidades, obstruções ou incômodos. Sozinha a tecnologia de segurança preventiva não pode ser usada como uma saída mais cômoda para a tecnologia de segurança.

Na solução de um problema técnico muitas vezes o engenheiro se vê diante de várias condicionantes restritivas, as quais o impedem de atender plenamente a todas elas ou de considerá-las no projeto.

Conseqüentemente, sua ambição se volta para o ótimo de todas as necessidades e vontades. O peso de uma condicionante de segurança imprescindível possivelmente pode pôr em cheque a realização do objeto. Uma segurança excessiva pode originar uma grande complexidade, que, devido à inexistência de clareza, pode inclusive levar a um declínio da segurança. Além disso, um requisito de segurança também pode ficar em conflito com condicionantes econômicas, ou seja, as possibilidades econômicas existentes impedem a realização, em decorrência de determinado requisito de segurança.

Porém, este último caso deveria constituir uma exceção, pois cada vez mais as exigências por segurança e economia caminham juntas. Isto é especialmente válido para máquinas e equipamentos crescentemente mais custosos e complexos. Só a operação ininterrupta, sem falhas e confiável, de uma máquina ou equipamento corretamente concebida assegura um sucesso econômico duradouro. Além disso, a segurança contra acidentes ou panes caminha em conformidade com a confiabilidade [75, 312] capaz de garantir uma disponibilidade efetiva, apesar de que uma confiabilidade insuficiente nem sempre leve a um acidente ou um dano direto. É, portanto apropriado, por meio da tecnologia de segurança direta ou indireta, implementar a segurança como um constituinte homogêneo e integrado ao sistema.

Justamente na engenharia mecânica o emprego dos recursos da tecnologia de segurança é extremamente multifacetado, de forma que, para compreensão e consideração sistemática, é apropriado antecipar e delimitar alguns conceitos.

O anteprojeto de norma DIN 31004 de 1979, já revogado, definia, a seu tempo, a segurança como ficar invulnerável a ameaças de perigo. Segundo essa norma, periculosidade era um perigo determinável pelo tipo, magnitude e direção. Perigo era uma situação da qual poderiam decorrer danos para as pessoas ou objetos. Por sua vez, o projeto de norma DIN 31004 parte 1 [61], publicado em novembro de 1982, define em conceitos básicos que:

Segurança é uma condição na qual o risco é menor do que o risco-limite.

Risco-limite é o maior risco aceitável, específico da instalação de um determinado processo ou de uma das suas fases.

Risco é definido pela freqüência (probabilidade) e pela presumível extensão do dano (alcance do dano).

Ao passo que o anteprojeto de norma ainda formulava proteção como limitação de uma periculosidade para neutralizar um dano (cf. DIN 31 004 [61]), define-se agora que:

Proteção é a diminuição do risco por providências adequadas que reduzem a freqüência ou a extensão do dano, ou ambas.

Atualmente a DIN EN 292 [57] formula os conceitos de forma mais geral. Desse breve histórico do desenvolvimento da norma fica patente que não existe uma segurança absoluta no sentido de total ausência de perigo. Sistemas técnicos e não apenas estes, mas qualquer condição de vida e de existência, sempre envolvem determinado grau de risco. A tecnologia de segurança tem de reduzir esses riscos para que permaneçam aceitáveis. Entretanto, a medida da aceitabilidade expressa em termos de risco-limite somente é quantificável em raríssimos casos. Inclusive no futuro, ela será determinada por conhecimentos técnicos e pelas noções da sociedade. Por fim, mas não por último, também deveria resultar do bom senso e da responsabilidade do engenheiro.

Neste contexto, a garantia da confiabilidade também é de fundamental importância.

Confiabilidade é a capacidade que um sistema técnico tem de satisfazer os requisitos decorrentes da sua utilização dentro de limites preestabelecidos e durante um certo período de tempo (definição de acordo com [75, 76]).

Fica óbvio que a confiabilidade dos componentes ou da própria máquina, assim como de sistemas e equipamentos de proteção, é um pressuposto importante para a eficácia da proteção. Sem uma qualidade compatível com o estado da arte geradora de confiabilidade, as medidas de segurança são questionáveis.

Como medida da confiabilidade operacional, considera-se a disponibilidade do sistema técnico:

Disponibilidade é a relação entre o tempo em que o sistema se encontra à disposição em perfeito estado e o tempo cronológico ou determinado tempo nominal.

As considerações de segurança referem-se principalmente às seguintes áreas (cf. Fig. 7.14):

Segurança operacional Abrange a limitação de periculosidades (redução do risco) no funcionamento de sistemas técnicos, de modo que os sistemas e sua circunvizinhança imediata (células de produção, interfaces e semelhantes) não sofram danos.

Segurança do operador Refere-se à delimitação da periculosidade no trabalho ou no uso de sistemas técnicos, inclusive fora da esfera do trabalho, p. ex., atividades esportivas e recreativas.

Segurança ambiental Cuida da limitação dos impactos de sistemas técnicos no meio ambiente.

Medidas de proteção Por meio de sistemas ou equipamentos de segurança, têm a função de limitar uma periculosidade potencial, de forma a reduzir o risco a um valor aceitável, desde que isso não seja possível por meio da tecnologia de segurança passiva.

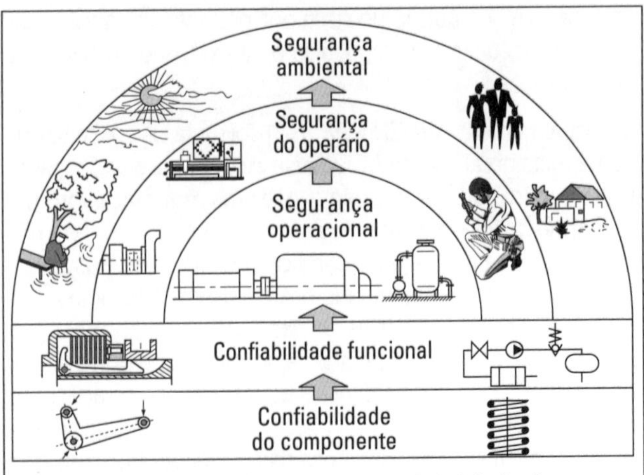

Figura 7.14 — *Inter-relação entre confiabilidade do componente e da função, por um lado, e segurança operacional do operário e ambiental, por outro lado.*

Para a segurança de funcionamento, no trabalho ou do meio ambiente, é de fundamental importância a confiabilidade nos componentes e na sua ação conjunta projetada para atendimento da função no sistema técnico. Ou seja, a confiabilidade no funcionamento da máquina ou no sistema concebido para fins de proteção [179].

Sem o pressuposto da confiabilidade nos componentes e na função, a segurança no funcionamento, no trabalho ou do meio ambiente não pode ser alcançada. Por isso, para o projetista, todas as áreas relacionadas ao conceito e a configuração estão em estreita correlação. Para todos os fatores de influência, a tecnologia de segurança sempre precisa dedicar a mesma atenção [210].

2. Princípios da tecnologia de segurança direta

A tecnologia de segurança direta procura conseguir segurança por meio da participação ativa dos componentes ou sistemas envolvidos na tarefa. Para determinação e avaliação da segurança de um atendimento seguro e da durabilidade dos componentes, é preciso optar por um sistema de segurança [210]. Em princípio há três alternativas:

1. Princípio da "vida segura" (comportamento *safe-life*).
2. Princípio da "falha segura" (comportamento *fail-safe*).
3. Princípio da "disposição redundante".

O *princípio da vida segura* parte de que todos os componentes e seu inter-relacionamento estão constituídos de tal maneira que, durante o ciclo de vida útil estimado, todas as prováveis ou até mesmo possíveis ocorrências possam ser superadas sem uma falha ou uma pane. Isto é garantido por:

- correspondente esclarecimento das cargas atuantes e impactos ambientais como prováveis esforços, tempo de atuação, tipo de ambiente, etc;
- pré-dimensionamentos suficientemente corretos, com base em hipóteses e métodos numéricos comprovados.
- numerosos e meticulosos controles dos processos de produção e montagem;
- exame dos componentes ou do sistema para determinação da resistência sob condições de carga majoradas (intensidade da carga, e/ou número de ciclos de carga) e as correspondentes influências sobre o meio ambiente;
- definição do campo de aplicação externamente à zona de dispersão de eventuais falhas.

É caracterizante que a segurança reside apenas no conhecimento correto de todas as influências quanto à quantidade e qualidade ou no conhecimento da zona isenta de falhas. Seguir este princípio exige experiência específica na especialidade ou freqüentemente um esforço considerável em investigações prévias e um contínuo monitoramento das condições do material ou do componente, ou seja, tempo e dinheiro. Se mesmo assim ocorrer uma falha e se isso comprometer a vida segura, trata-se, em geral, de um acidente grave, p. ex., o colapso de uma ponte ou da asa de um avião.

Durante o ciclo de vida de um produto, o *princípio da falha segura* permite uma falha no funcionamento e/ou o colapso de um componente sem, contudo, provocar graves conseqüências. Neste caso:

- deve ser preservada uma função ou capacidade ainda que restrita, que evite uma situação perigosa;
- a função restringida deve ser assumida e desempenhada pelo componente que falhou ou outro componente, por um tempo suficiente para que a instalação ou máquina possa ser desativada sem perigo;
- a falha ou a pane precisa ser identificada;
- que o local onde ocorreu a falha possibilite o julgamento da influência da sua condição na segurança global.

A princípio, com a restrição de uma função principal faz-se uso de um sinal de perigo simultâneo, o que pode acontecer de diversas formas: rotação irregular crescente, vazamentos, perda de potência, emperramentos, porém sem representar um perigo imediato. Também são concebíveis sistemas de alarme especiais que comunicam ao operador o princípio de uma avaria. Esses sistemas deveriam ser especificados de acordo com os princípios de sistemas protetores. O princípio da falha segura pressupõe o conhecimento da evolução da falha e da solução construtiva que, em caso de pane, desempenha ou assume a função restringida.

Como exemplo é citado o comportamento de um elemento esférico de borracha num acoplamento elástico: Fig. 7.15. A primeira trinca visível ocorre na camada externa, porém sem comprometer a capacidade operacional (situação 1). Somente após um número dez vezes maior de ciclos de carga, principia o decréscimo do módulo de rigidez e, com isso, uma mudança no comportamento percebido, p. ex., na queda da rotação crítica (situação 2). Se com a manutenção do carregamento a trinca continua a se desenvolver, isso faz com que o módulo de rigidez diminua ainda mais (situação 3) e, no caso de uma ruptura total, também reduziria mais ou menos rapidamente as características elásticas do acoplamento, porém sem oca-

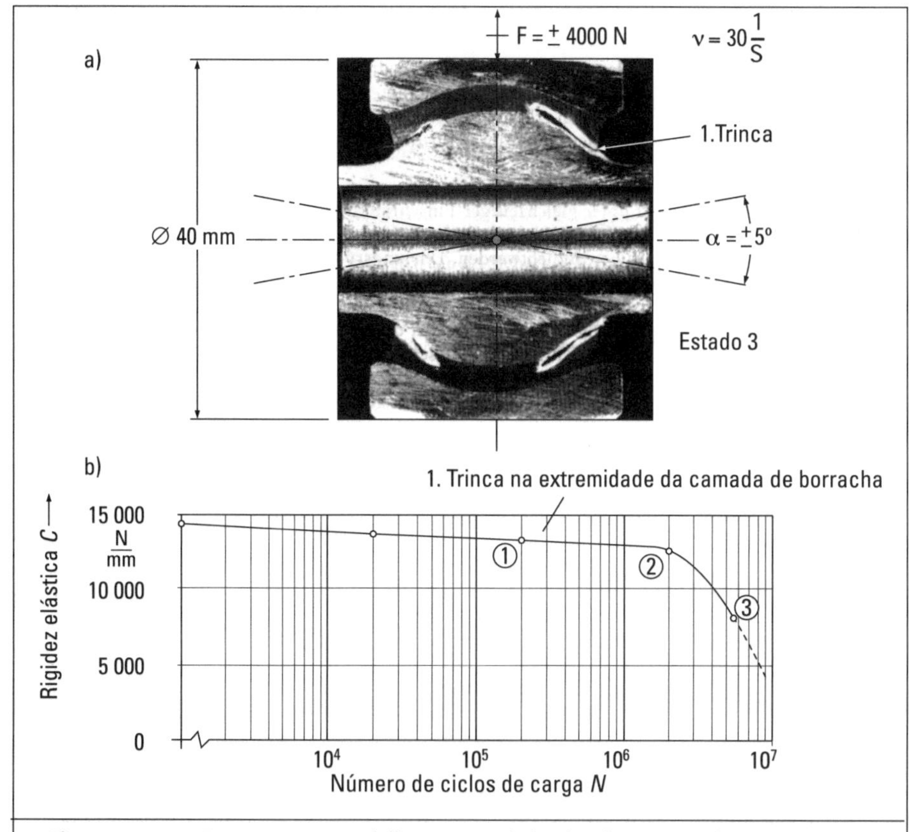

Figura 7.15 *— Comportamento falha segura (fail-safe) de um acoplamento esférico de borracha. Estado de fissuração e relação entre a rigidez elástica e número de ciclos de carga.*

sionar um desacoplamento. Um efeito surpresa com graves conseqüências não seria possível.

Além disso, conhece-se o comportamento de parafusos de juntas flangeadas feitas de material dúctil que, em caso de sobrecarga, excedem seu limite de escoamento ou de alongamento e, assim, reduzem a pré-tensão, diminuindo, portanto a força de vedação. Sua capacidade funcional, assim restringida, aponta para a perda de estanqueidade da junta flangeada, sem que ocorra uma ruptura frágil explosiva.

Por fim, a Fig. 7.16 mostra dois exemplos de fixação de acessórios. Eles devem ser projetados para que, no caso de ruptura dos parafusos, o acessório permaneça no lugar, nenhum componente possa se movimentar e que seja preservada uma capacidade funcional precária [206].

O *princípio da disposição redundante* é um outro recurso que aumenta tanto a segurança quanto a confiabilidade.

De forma bem geral, redundância significa abundância ou superfluidade. Por redundância, a teoria da informação compreende o excedente de informação transmitida, além da que seria estritamente necessária para compreensão da respectiva comunicação.

Neste excesso reside um certo grau de segurança na transmissão. Com relação a problemas de segurança na engenharia mecânica, são constatáveis afinidades em relação à utilização simultânea da eletrotécnica, eletrônica, tecnologia da informação e engenharia mecânica que, para instalações modernas, seria desejável desenvolver. Um arranjo múltiplo representa um aumento da segurança, sempre que o elemento eventualmente desativado não constitua um perigo por si mesmo, e o outro elemento disposto em série ou em paralelo possa assumir a função total ou ao menos parcial.

A implementação de múltiplos propulsores em aviões, o cabo de fios múltiplos de uma linha de alta tensão e os acessórios para sua fixação, os sistemas de abastecimento e geração em paralelo se destinam, na maioria dos casos, à segurança para que em caso de pane, geralmente de uma só unidade, a função não seja paralisada. Diz-se aqui de redundância ativa, pois todos os componentes participam ativamente da tarefa. Com a pane de uma das unidades, ocorre uma correspondente queda de energia ou de rendimento.

Ao se prever unidades de reserva, na maioria das vezes de igual tipo e tamanho, que em caso de pane são conectadas às unidades ativas, p. ex., bombas auxiliares para caldeiras, fala-se em *redundância passiva*, cuja ativação necessita de um mecanismo de acoplamento.

Ao se constatar numa disposição múltipla que a função é igual, mas o princípio de funcionamento é diferente, fala-se de uma *redundância de princípio*.

Dependendo de como estão interligadas, as unidades que aumentam a segurança podem estar dispostas em paralelo, p. ex., bombas de óleo de reserva, ou também em série, p. ex., instalações de filtragem. Em muitos casos, uma simples interligação em série ou em paralelo não é o suficiente, devendo ser considerados esquemas com interligações cruzadas

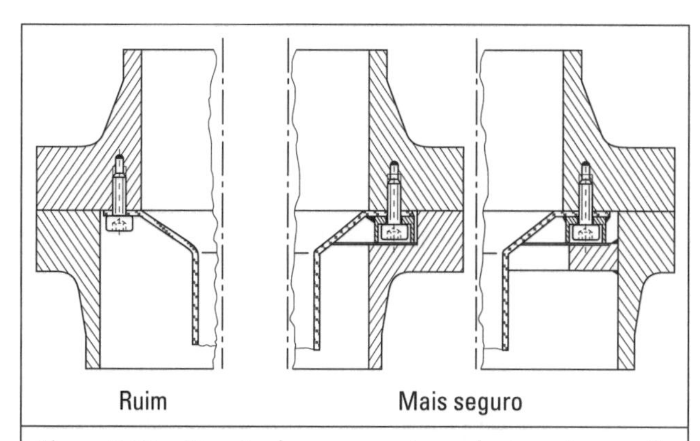

Figura 7.16 *— Fixação de componentes: cobertura da conexão ainda permite, em caso de falha, uma capacidade limitada de funcionamento do elemento e evita a migração de partículas rompidas. A falha é identificável por vibrações e/ou batidas.*

para, p. ex., sempre assegurar uma passagem, apesar de uma avaria em diversos componentes: Fig. 7.17.

Numa série de equipamentos de monitoramento, os sinais são captados e comparados entre si em paralelo. No chamado esquema dois de três é selecionado o maior sinal e seu processamento continua (*redundância seletiva*). Um outro tipo compara os sinais e, ao constatar uma diferença entre eles, dispara um alarme ou efetua um corte (*redundância comparativa*): Fig. 7.17.

No entanto, o arranjo redundante não é capaz de substituir o princípio da vida segura ou da falha segura. Dois teleféricos funcionando em paralelo realmente aumentam a confiabilidade no transporte dos passageiros, contudo nada contribuem com relação à segurança das pessoas transportadas.

A disposição redundante de propulsores num avião não tem um efeito ampliador da segurança quando o próprio propulsor tem tendência a explodir e assim ameaçar todo o sistema. Um aumento de segurança somente é implementado quando os elementos redundantes constituintes do sistema atendem ao princípio da vida segura (comportamento *save-life*) ou da falha segura (comportamento *fail-safe*) citados anteriormente.

Porém, para atender os princípios citados ou finalmente obter um comportamento seguro, contribuem principalmente o princípio da divisão de tarefas (cf. 7.4.2) e as regras básicas "clareza" e "simplicidade", o que ficará mais evidente por meio de um exemplo:

O princípio da divisão de tarefas e a regra "clareza" são coerentemente respeitados no projeto do cabeçote do rotor de um helicóptero (Fig. 7.18), do que resulta uma construção especialmente segura de acordo com o princípio da vida segura (safe-life). Sobre o cabeçote do rotor, as quatro pás do rotor exercem uma força de tração decorrente da força centrífuga e um momento fletor decorrente do carregamento aerodinâmico. Ao mesmo tempo para fins de controle, as pás do rotor têm de ser fixadas de forma articulada. Obtém-se uma segurança elevada por meio das seguintes providências:

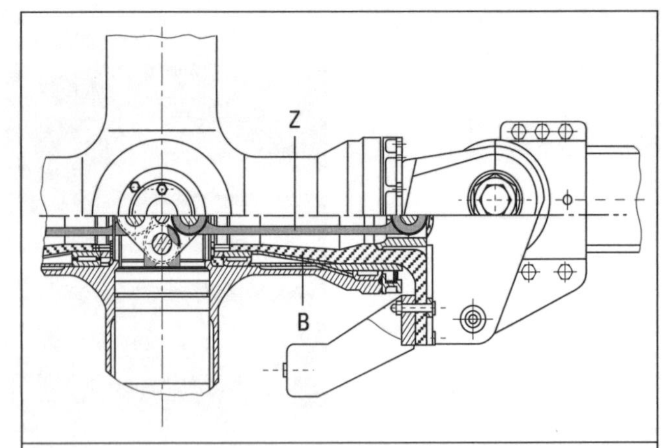

Figura 7.18 — *Fixação das pás do rotor de um helicóptero de acordo com o princípio da divisão de tarefas (tipo Messerschmitt Bölkow).*

- Arranjo totalmente simétrico e dessa forma cancelamento recíproco no cabeçote do rotor dos momentos fletores externos e das forças de tração devidas ao efeito centrífugo;
- As forças são transferidas da pá para a parte central onde se neutralizam, unicamente por meio do membro *Z* que tem baixa rigidez torsional;
- O componente *B* atua somente na transmissão do momento fletor aos mancais de rolamentos montados no cabeçote do rotor.

Desse modo, cada componente pode ser apropriadamente configurado à sua respectiva tarefa de forma otimizada e sem influências nocivas. Formas e uniões complicadas são evitadas e, assim, é conseguida a segurança necessária.

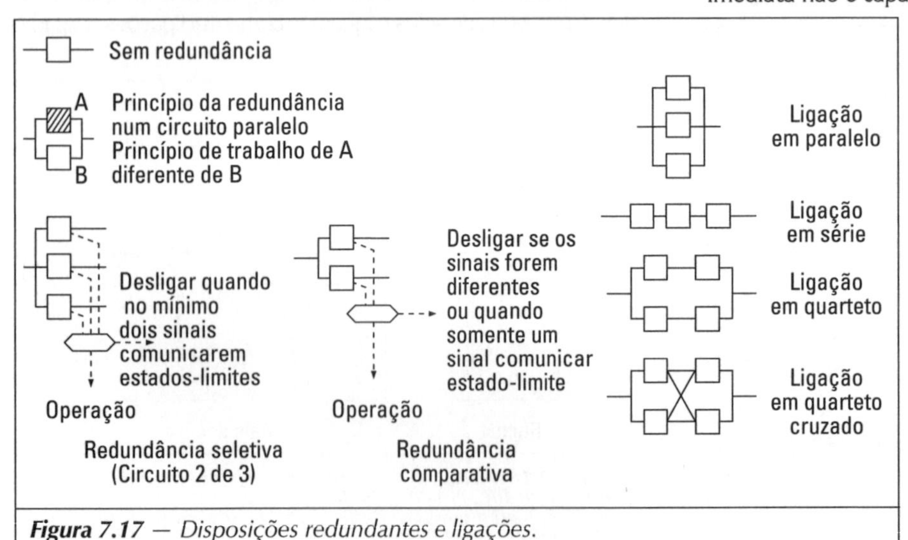

Figura 7.17 — *Disposições redundantes e ligações.*

3. Princípios da tecnologia de segurança indireta

À tecnologia de segurança indireta pertencem os sistemas e instalações de proteção. Elas são instalações que têm uma função de proteção, sempre que a tecnologia de segurança imediata não é capaz de oferecer a proteção necessária. Uma detalhada discussão e apresentação da tecnologia de segurança para equipamentos mecânicos pode ser encontrada em [215]. A seguir são reproduzidas as principais relações dessa tecnologia de segurança:

Sistemas protetores Em caso de periculosidade, desencadeiam uma reação de proteção. Para tanto, numa estrutura da função com conversão de sinal, tais sistemas têm pelo menos uma variável de entrada que detecta e uma variável de saída que elimina a periculosidade.

Sua estrutura de funcionamento baseia-se em uma estrutura de funções com as funções principais: coletar

- processar - atuar. São exemplos: o monitoramento da temperatura num reator nuclear, dotado de múltiplas redundâncias, o monitoramento da não acessibilidade ao espaço de trabalho de robôs, a interdição de áreas ameaçadas por radiação numa unidade de raios X, ou os fechos de segurança em tampas de centrífugas. Eles atuam eliminando, restringindo ou separando.

Órgãos de proteção São produtos técnicos que, com base em sua capacidade funcional, têm condições para exercer uma função de proteção sem conversão de sinal.

São exemplos a válvula de segurança (cf. Fig. 7.22), a embreagem deslizante, o pino cisalhante como limitador do torque e da força, o cinto de segurança do automóvel. Eles atuam preponderantemente por eliminação ou restrição. Além disso, também podem fazer parte de sistemas de segurança.

Instalações de proteção Têm uma função de proteção sem apresentar reação de proteção.

Elas são incapazes de atuação por si mesmas. Elas não encerram uma conversão de sinal e, por isso, não necessitam da pertinente estrutura da função com as variáveis de entrada e saída. Sua ação consiste nas atribuições passivas de separar, manter afastado e proteger por meio de material apropriadamente configurado. Para elas, as definições segundo DIN 31 001, partes 1 e 2 são caracterizantes [58, 59]. Trata-se de carenagens, capotas e proteções. Por outro lado, ferrolhos, de acordo com a DIN 31 001 parte 5 [60], deverão ser considerados como sistemas protetores.

Exigências básicas

Na concretização de uma técnica de proteção, todas as soluções da tecnologia de segurança precisam satisfazer as seguintes exigências básicas:

- atuar de forma confiável;
- atuar forçosamente;
- impossível de ser evitado.

Atuar de forma confiável

Atuar de forma confiável significa que o princípio de funcionamento e a configuração possibilitam uma forma de funcionamento clara, a especificação dos componentes envolvidos obedece a regras consolidadas, a produção e a montagem são efetuadas controlando a qualidade e que os sistemas e dispositivos de proteção foram testados. Os componentes e sua interação precisam ser concebidos segundo princípios da tecnologia de segurança direta, seja admitindo um comportamento *safe-life* ou um comportamento *fail-safe*.

Atuar forçosamente

Atuar forçosamente significa que a ação protetora:

- tem de estar presente desde o início e durante a vigência do estado de perigo; e
- que o estado que oferece perigo é forçosamente encerrado quando a providência de segurança é cancelada ou o dispositivo de segurança é removido.

Um exemplo da ação forçada está mostrado na Fig. 7.19. Funcionando pelo princípio da corrente de repouso, um sensor-limite fecha um circuito elétrico quando a grade protetora existente na frente de uma máquina-ferramenta está fechada. O arranjo mostrado na Fig. 7.19a tem deficiências graves, pois, além da falta de biestabilidade do comutador (cf. 7.4.4), a movimentação do tucho é unicamente comandada por uma força.

Em caso de quebra da mola ou forte aderência dos contatos, o contato não poderia ser aberto, ou seja, a máquina-ferramenta poderia ser posta em funcionamento com a grade aberta. Por sua vez a solução da Fig. 7.19b é forçosamente eficaz. Contatores aderentes são separados por adaptação da forma. Pedaços rompidos do sensor-limite não permanecem depositados sobre os contatores. Sob efeito da adaptação da forma, a Fig. 7.19c também mostra a concretização da compressão elástica e do comportamento biestável no próprio sensor-limite. Outros exemplos encontram-se em [215].

Impossível de ser evitado

Impossível de ser evitado significa que, seja por alteração voluntária ou involuntária ou por intervenção, o efeito protetor objetivado não pode ser prejudicado ou ficar inoperante. Diante da representação esquemática na Fig. 7.19 do sensor-limite, é de se observar que sua configuração deve ser efetuada de modo que manipulações que influenciem o comportamento do sistema sejam inimagináveis. O melhor modo de fazer isto é por meio de uma disposição integrada, encapsulada, que não pode ser aberta sem uma ferramenta ou sem parar a máquina.

A seguir, serão abordados os requisitos de sistemas e dispositivos protetores.

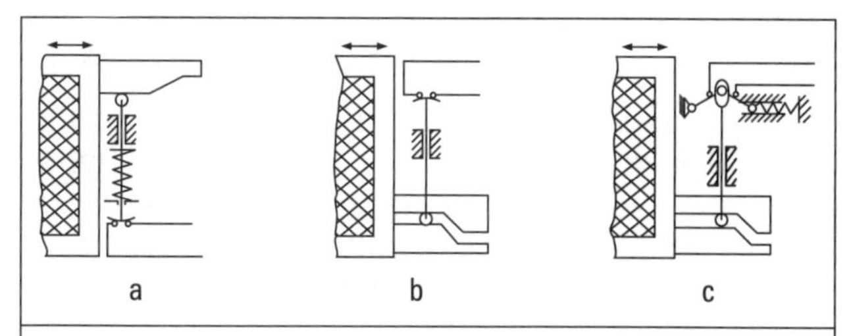

Figura 7.19 — *Disposição e projeto preliminar da forma de um sensor-limite em uma grade protetora com atuação forçada.*
a) *Por causa da condução por meio da força de uma mola, atuação forçada ineficaz.*
b) *Atuação forçada assegurada por forma.*
c) *Condução por forma e comportamento biestável do sensor-limite asseguram atuação forçada.*

Sistemas protetores

Na existência de um perigo, os sistemas protetores têm a tarefa de implementar automaticamente uma reação protetora, com o objetivo de evitar uma ameaça para pessoas e objetos. A princípio estão à disposição as seguintes possibilidades:

Com o aparecimento do perigo, evitar as conseqüências:

- interrompendo o funcionamento da máquina ou da instalação (desativando);
- impedindo a partida da máquina.

Com a permanente presença de um perigo, evitar as conseqüências por:

- implementação de medidas protetoras.

Os requisitos básicos "atuação confiável", "forçosamente eficiente" e "inevitável" ainda podem ser auxiliados pelos seguintes requisitos:

Aviso

Quando um sistema protetor intervém, é necessário ocorrer um aviso que informa a realidade e a causa da intervenção, por exemplo, "pressão do óleo baixa", "temperatura muito elevada", "gradil de proteção aberto". Sinais ópticos e acústicos também devem ser considerados: DIN 33 404 [69]. Cores identificadoras para avisos luminosos e botões de pressão: DIN IEC 73/VDE 0199 [77]. Simbologia de segurança: DIN 4844 [40 - 42].

Se o processo causador do perigo for tão lento que para sua atenuação seja possível uma intervenção do pessoal da operação, de imediato deverá:

- ser dado um alarme e, só então
- implementada uma reação de proteção.

Atuação em dois estágios

Entre os dois estágios têm de haver um distanciamento suficientemente amplo e definido com relação à magnitude da variável que mede o perigo, p. ex., num sistema de monitoramento da pressão, um aviso quando a sobrepressão chegar a $1.05 \cdot p_{normal}$ e o desligamento com pressão de $1.1 \cdot p_{normal}$.

Se o processo causador do perigo for rápido, o sistema protetor tem de ser imediatamente capaz de uma reação e, por um aviso, sinalizar claramente o desencadeamento implementado. Os conceitos rápido e lento deverão ser analisados no contexto do tempo de ciclo de processos técnicos e do possível tempo de reação [243].

Automonitoramento

Um sistema protetor não só deve reagir numa situação de perigo, mas também quando nele ocorrer uma falha que impeça uma ação protetora normal. A melhor maneira de se atender a este requisito é especificar empregando o *princípio da energia armazenada*. Em caso normal (condição não perigosa), o princípio da energia armazenada proporciona uma permanente disponibilização de energia. Tanto em caso de perigo como também no aparecimento de uma falha no próprio sistema protetor, a energia liberada pode ser utilizada para desencadear a ação protetora e o estágio final é parco ou desprovido de energia. O princípio da energia armazenada não é concretizado somente em sistemas elétricos, mas também nos mecânicos, hidráulicos e pneumáticos.

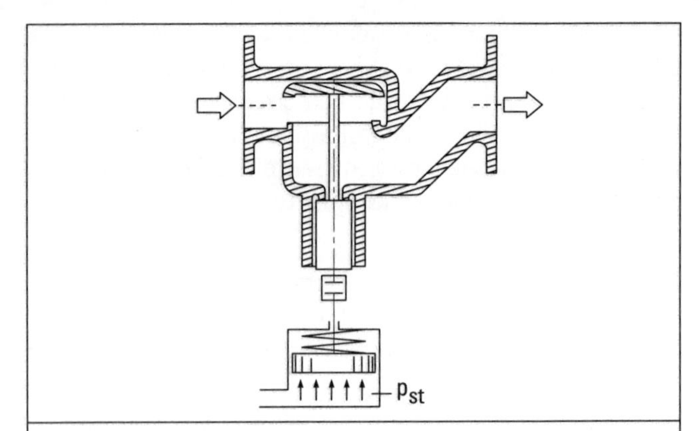

Figura 7.20 — Constituição esquemática de uma válvula de fechamento rápido, na qual após a falta de pressão que a mantém aberta P_{st}, as forças da mola, as forças do fluxo no prato da válvula e as forças da massa desencadeiam, ou apóiam, de forma independente entre si, o processo de fechamento. Na posição de trabalho a vedação do fuso da válvula é por sede auxiliar ou vedação partida.

Na válvula de fechamento rápido da Fig. 7.20, o princípio da energia armazenada é concretizado de modo que, na abertura da válvula, a pressão de óleo tensiona a mola comprimida. Esta, por sua vez, com o desaparecimento da pressão de óleo, fecha a válvula por descompressão. Com o arranjo selecionado, a quebra da mola não impediria o fechamento da válvula. A escolha do sentido de escoamento e do arranjo suspenso auxilia a atender o requisito de ação forçada na ação de fechamento.

Outro exemplo da realização do princípio da energia armazenada num sistema hidráulico está na Fig. 7.21. Num

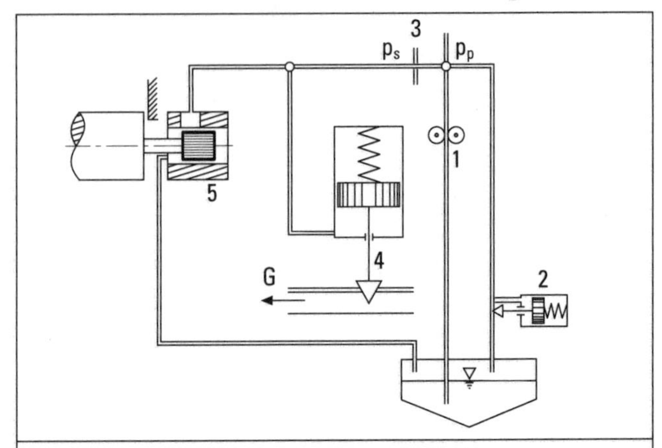

Figura 7.21 — Sistema de proteção hidráulico contra um posicionamento axial inadmissível do eixo de acordo com o princípio da energia acumulada (designações, veja texto).

sistema de proteção hidráulico atuando segundo o princípio da energia armazenada, uma bomba (1) com uma válvula de retenção da pressão (2) cuida em manter uma sobrepressão constante p_p. O sistema de proteção mantém com a pressão P_s uma comunicação com o sistema de sobrepressão por meio da passagem (3). No caso normal, todas saídas estão fechadas de modo que para suprimento de energia, a pressão P_s tem de abrir a válvula de fechamento rápido (4). Caso o eixo alcance uma posição indesejada, o êmbolo de distribuição do sensor do mancal do eixo (5) abre uma passagem no sistema protetor e a pressão P_s cai. Um novo suprimento de energia é sustado com o rápido fechamento da válvula. O mesmo efeito comparece com uma falha no sistema de sobrepressão ou de proteção como, p. ex., rompimento do tubo, falta de óleo ou pane da bomba. O sistema se automonitora.

O *princípio do fluxo de trabalho* que numa ameaça de perigo precisa primeiramente obter energia, e por isso deixa de perceber falhas do próprio sistema, só pode ser utilizado no circuito de aviso de um sistema de proteção quando está previsto um circuito de monitoramento e simultaneamente assegurado um controle regular da função. À observação de que sistemas de proteção atuando pelo princípio da energia amazenada causam interrupções de funcionamento que não são provocadas pela verdadeira ameaça de perigo, mas apenas pelo próprio sistema protetor, somente pode ser enfrentada com uma maior confiabilidade dos componentes do sistema e não pela escolha, p. ex., do princípio do fluxo de trabalho.

Redundância

A falha de um sistema protetor pode ser considerada como um fato viável. A simples duplicação ou repetição de um sistema de proteção já aumenta a segurança dos sistemas de proteção, dado que é bastante improvável que todos os sistemas protetores falhem ao mesmo tempo. Uma solução usada com freqüência é a redundância que envolve a escolha de 2 de 3. São projetados três sensores para a captação de uma mesma ameaça de perigo (cf. Fig. 7.17). Somente quando pelo menos dois sensores sinalizarem o limite crítico, são ativadas medidas protetoras, p. ex., o desligamento de uma máquina. Com isso, a falha de um sensor é compensada e são evitadas paradas do equipamento numa fase ainda distante do perigo [179]. Contudo, a duplicação ou a escolha de 2 de 3, somente são úteis para sistemas protetores iguais, onde não acontecem falhas sistemáticas. A redundância de princípio aumenta significativamente a segurança, quando os sistemas projetados em duplicidade ou multiplicidade atuam de forma independente, obedecendo a diferentes princípios de funcionamento. Dessa forma, falhas sistemáticas, p. ex., em conseqüência de corrosão, não levam à catástrofe, pois com tecnologias de princípios diferentes totalmente independentes entre si, a falha sistemática simultânea dos sistemas envolvidos é altamente improvável.

A Fig. 7.22 esclarece a problemática da proteção contra sobrepressão num vaso de pressão com auxílio de subcomponentes de proteção. A simples duplicação não evitaria falhas

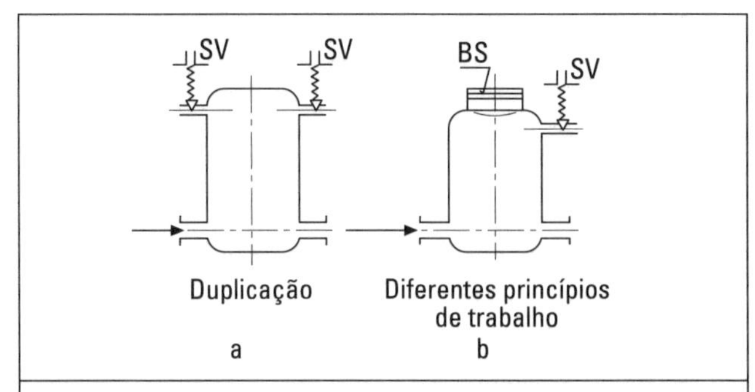

*Figura 7.22 — Disposição dupla (redundante) de elementos de proteção contra pressão interna excessiva em vasos de pressão. **a)** Válvula de segurança SV em disposição dupla (não eficaz contra falhas sistemáticas); **b)** Válvula de segurança e tampa de estouro BS (segurança dupla, porém com princípios diferentes, por isso também eficaz contra falhas sistemáticas).*

sistemáticas, p. ex., corrosão, equívocos na identificação dos materiais. A mudança do princípio de funcionamento torna falhas simultâneas bem menos prováveis.

Em função das circunstâncias da falha, um arranjo redundante pode ser conectado em série ou em paralelo e os valores com os quais o sistema é deflagrado, devem ser escalonados numa faixa aceitável. Dessa forma, são criados dois circuitos de proteção, um primário e outro secundário. No exemplo da Fig. 7.22 o pré-dimensionamento ocorreria de forma que a válvula de segurança abrisse com uma sobrepressão menor do que aquela que abriria o selo.

Além disso, em muitos casos o circuito de proteção primário pode ser derivado do sistema de controle existente, sempre que este exibir algumas características dos sistemas de proteção. Este requisito é atendido, p. ex., em controles de turbinas a vapor de acordo com [272] (Fig. 7.23). Em

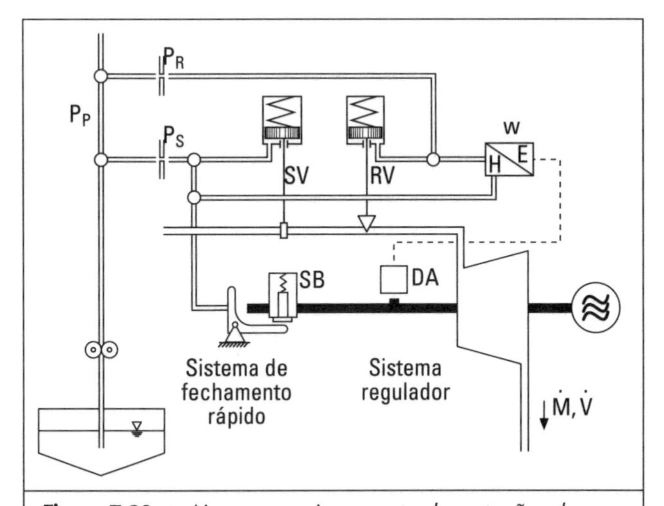

Figura 7.23 — Ajuste e monitoramento das rotações de uma turbina a vapor com auxílio de um sistema protetor redundante, baseado em princípio de trabalho hidráulico-eletrônico ou mecânico-hidráulico com escalonamento dos valores de resposta [272]. p_P pressão da bomba; p_s pressão no sistema de segurança; P_R pressão no sistema regulador; SV válvula de fechamento rápido; RV válvula de controle; DA registrador de rotações; SB pino de fechamento rápido; W conversor eletro-hidráulico; $\dot{M}$, vazão de massa, $\dot{V}$ vazão de volume.

caso de excesso de rotação, o suprimento de energia pode ser interrompido por princípios múltiplos e diferentes. Com o aumento da rotação, intervém inicialmente o sistema regulador da rotação que, com respeito ao sistema de fechamento rápido, é constituído de forma independente e baseado num outro princípio, quanto ao monitoramento da rotação e do elemento de estrangulamento (válvula reguladora).

O monitoramento da rotação acontece com três sensores atuando de forma magneticamente igual, porém independente. Eles recebem os sinais gerados por uma engrenagem montada no eixo da turbina (Fig. 7.24). Ela serve, em primeiro lugar, para a regulagem da rotação da máquina por via hidráulico-eletrônica. Para evitar o excesso de rotação, cada sinal é comparado com um sinal de referência num transmissor de valores-limites. A comparação é processada segundo a escolha de 2 de 3. Cada circuito de medição é monitorado individualmente; sua falha eventual é comunicada, e com duas falhas é deflagrado o fechamento rápido.

No sistema de fechamento rápido, em contrapartida, a medição e o disparo acontecem segundo um princípio mecânico: a Fig. 7.25 mostra parafusos de fechamento rápido guiados por molas de membrana que, com excesso de rotação, batem em lingüetas, que, por seu turno, disparam hidraulicamente o fechamento rápido. Foram projetados dois parafusos atuando um após outro (o primeiro com 110% e o segundo com 112% da rotação). Eles têm funcionamento biestável (cf. 7.4.4).

É aceitável um suprimento hidráulico comum para o sistema de regulagem e de fechamento rápido segundo o princípio da energia acumulada, pois ambos os sistemas se baseiam no mesmo princípio de automonitoramento.

Biestabilidade

Sistemas e órgãos de proteção devem ser projetados quanto ao valor da resposta. Caso ele seja atingido, a deflagração da reação protetora deve ser clara e imediata. Esta característica é imposta pelo chamado comportamento biestável (cf. 7.4.4): abaixo do valor da resposta o sistema se encontra em uma condição operacional estável. Quando o valor de resposta é atingido, é deliberadamente gerado um comportamento instável que evita situações intermediárias e conduz o sistema imediatamente a uma nova situação estável.

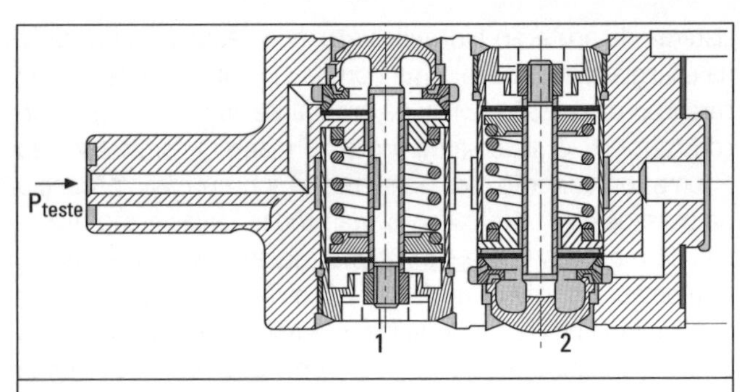

Figura 7.25 — Dispositivo de fechamento rápido segundo [291] com disposição duplicada e escalonado por valor de acionamento (110% ou 112%), p_{teste} Ligação para teste da pressão de óleo.

Esta característica biestável em relação a um comportamento claro, sem estados intermediários, deve ser realizada em todos os sistemas protetores, ao ser alcançado o valor de resposta.

Bloqueio contra religação

Se um sistema protetor deflagrou um comportamento biestável, não pode possibilitar o retorno à condição normal por conta própria, mesmo que a condição de perigo tenha sido afastada. A atuação de um sistema protetor sempre deve ser atribuída a circunstâncias excepcionais. A continuação da operação só poderia ser decidida depois de um teste e uma avaliação da situação atual. Em geral, isto deveria ser imposto por um processo novo e ordenado de retomada da operação. Assim, as regras de segurança, tanto para equipamentos de segurança que atuam sem contato [256] como para outras máquinas também empregadas na produção [334], prescrevem obrigatoriamente o bloqueio contra religação.

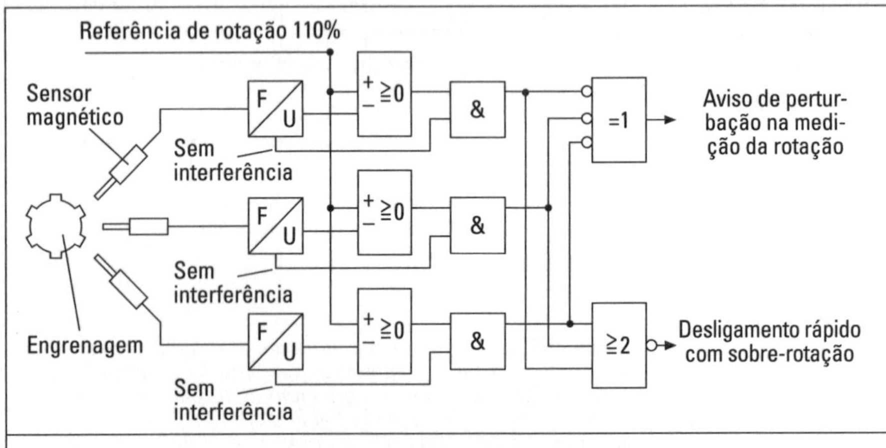

Figura 7.24 — Ajuste e monitoramento das rotações com auxílio de ajuste e monitoramento eletrônico com arranjo redundante seguindo a seleção 2 de 3 (representação simplificada). A proteção é efetuada pelo princípio da energia armazenada. O fechamento rápido também ocorre pelo princípio da energia acumulada com seleção hidráulica 2 de 3 (ABB).

Testabilidade

Um sistema protetor também deve ser testado com relação à sua capacidade funcional mesmo na ausência de uma condição de perigo. Evidentemente, durante o teste, não poderão comparecer novas situações de perigo ou de outra espécie. Eventualmente, simula-se o perigo deflagrador. Aqui, deve-se ficar atento para que, numa eventual simulação, na medida do possível, sejam empregados efeitos com periculosidades semelhantes e que processos funcionais importantes não fiquem de fora.

Exemplo de monitoramento da rotação é a subida progressiva da rotação até a sobre-rotação admissível com o respectivo disparo da ação protetora.

Caso, por razões operacionais, isso não for possível ou não for desejado, considera-se a simulação da força centrífuga pela força da pressão de óleo e a simulação do disparo do sistema, impedindo dessa forma o corte deliberado de energia da máquina. Na Fig. 7.25, é visível o canal, por meio do qual é introduzida uma quantidade de óleo que aumenta a força centrífuga sob a proteção do parafuso de fechamento rápido. Deste modo, esse pode ser disparado sem atingir a condição de sobre-rotação, a fim de testar sua funcionalidade.

Além do mais, para fins de testes é possível, em sistemas redundantes, separá-los da verdadeira instalação e testá-los com relação às suas funções protetoras. O ou os demais circuitos de proteção permanecem ativos durante o teste e estão irrestritamente disponíveis para o monitoramento.

Do ponto de vista de projeto, deve ser assegurado que, após estes procedimentos de controle, apenas parcialmente eficazes, com o encerramento desta etapa, o sistema protetor deverá ser automaticamente devolvido à sua condição funcional inicial.

Do que foi dito anteriormente, podem ser deduzidos os seguintes aspectos:

- durante o teste a função protetora deve estar ativa;
- durante o teste não deverão manifestar-se outros perigos;
- após o teste, o subsistema testado deverá retornar automaticamente à sua condição normal.

Não raramente, recomenda-se o chamado *teste de amaciamento*. Com a instalação ligada, o teste de amaciamento somente libera a operação, após testar seu correto funcionamento pela ativação do sistema protetor. Após a ligação do equipamento, o teste de amaciamento somente o libera para a operação, quando o sistema protetor constatar seu correto funcionamento. Assim, as regras de segurança para dispositivos de segurança atuando automaticamente em máquinas de potência [256] prescrevem obrigatoriamente o teste de amaciamento para esta classe de sistemas de proteção.

Sistemas de proteção devem ser submetidos a testes periódicos. Estes devem ser efetuados:

- antes da primeira vez em que a máquina é posta em operação;
- a intervalos de tempo definidos;
- após cada reparação, modificação ou complementação.

Sua execução dever estar descrita no manual de operação e os trabalhos devem ser documentados.

Redução dos requisitos

Diante dos requisitos de automonitoramento poderiam subsistir dúvidas quanto à manutenção do requisito de testabilidade. Sistemas de proteção segundo o princípio da energia armazenada também contêm elementos, cuja total funcionalidade só pode ser captada por teste ou controle. P. ex., funcionalidade do parafuso de fechamento rápido conforme Fig. 7.25, mobilidade de um guarda-mão, aderência dos contatos no fechamento de um interruptor elétrico. O princípio da energia armazenada nem sempre incluiu todas as realidades mecânicas dos elementos de um sistema protetor.

Uma redução consciente dos requisitos citados só poderá ocorrer quando a probabilidade de uma falha e as suas conseqüências, no caso de uma ameaça de perigo, forem tão diminutas que a sua negligência seja aceitável. Com relação às exigências por redundância, por meio de uma reflexão mais detalhada isto só é concebível quando a testabilidade do sistema protetor for exeqüível de modo simples, e os testes forem obrigatórios a intervalos regulares. É o caso, por exemplo, quando no cotidiano da fábrica, este teste, que pode ser um teste de acionamento, ocorre automaticamente, o que freqüentemente acontece, no contexto da segurança do trabalho e de sistemas de proteção. Havendo risco de grandes perdas materiais ou principalmente havendo risco de perda de vidas humanas, a negligência da redundância não se justifica e tampouco é econômica. Que tipo de redundância selecionar, por exemplo, seleção 2 de 3, redundância do princípio ou combinações equivalentes, dependerá da cuidadosa avaliação das circunstâncias pertinentes e do risco existente.

Dispositivos de proteção

Dispositivos de proteção têm a função de separar ou manter distantes de um local de perigo pessoas e objetos e/ou protegê-las de emanações (ações) perigosas das mais variadas espécies. A DIN 31001, parte 1 [58] e parte 2 [59], tratam preferencialmente da proteção contra o contato com componentes estacionários e móveis que, com base no seu arranjo ou forma, representam uma ameaça, bem como da proteção contra componentes que foram lançados ou se soltaram. Exposição detalhada e exemplos cf. [215].

A solução básica objetivada é a obstrução ao contato por meio de (cf. Fig. 7.26):

- uma carenagem completa;
- uma carenagem que impeça o contato por um dos lados e
- uma cerca que impeça a aproximação.

Aqui, as distâncias de segurança determinadas pelas extremidades do corpo e pela envergadura desempenham um papel fundamental, desde que existam passagens através e ao redor. A distância de segurança é influenciada pelas possibilidades de subir, atravessar e rodear. Para isso DIN 31001 parte 1 [58] define distâncias de segurança claras, em função das dimensões corporais e posturas.

Tanto para proteção contra o toque como para proteção contra peças desprendidas ou soltas, de acordo com a DIN 31001, parte 2 [59], somente são permitidos certos grupos

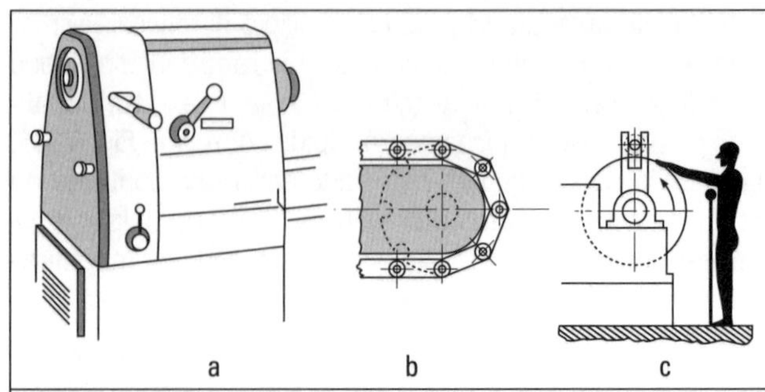

Figura 7.26 — *Instalações protetoras (exemplos)*
a) abertura em todos os lados;
b) cobertura impedidora de contato e
c) barreira para manutenção de distância segura.

de materiais e tipos de semi-acabados que atendem esta função de proteção com base na resistência Como também na estabilidade da forma, na resistência ao calor, na resistência à corrosão e na resistência contra substâncias agressivas, bem como pela impermeabilidade.

4. Especificações e controles relativos à tecnologia de segurança

Também aqui, poderão ser úteis os subtítulos da lista de verificação com suas características, exposta em 7.2. Aspectos da tecnologia de segurança devem ser aplicados e testados com relação a todos os subtítulos [303].

Função e princípio de funcionamento

Saber se a função é atendida de forma segura e confiável pela solução adotada, é uma questão importante. Falhas óbvias e prováveis têm de ser incluídas. Aqui surge a questão, nem sempre simples, de que forma considerar situações não freqüentes que agem sobre a função, ou seja, como incluir o que não é óbvio nem provável, porém hipotético.

Uma correta avaliação do risco em termos de probabilidade e conseqüências deveria ser efetuada através de sucessiva negação das funções a serem satisfeitas, e pela análise do seqüenciamento e do estado resultante decorrente de uma possível falha (cf. 11.2). Eventualmente, também poderão ser levadas em conta possibilidades e conseqüências de atos de sabotagem. Estes deveriam ser reduzidos por uma técnica apropriada, mas o conceito e sua realização não são particularmente norteados por estes aspectos. Freqüentemente, medidas adotadas contra falhas humanas abrangem amplamente este complexo.

No entanto, têm de ser considerados os eventos que decorrem do tipo de construção, da operação e das cercanias do equipamento, máquina ou aparelho. E aparecem devido às falhas óbvias e prováveis, inclusive aquelas provocadas por desconhecimento e que não poderiam ocorrer em nenhuma hipótese. O sistema técnico não deveria repelir influências não provocadas ou influenciadas pela própria técnica, porém tolerá-las por meio das possibilidades disponíveis e limitá-las nas suas conseqüências danosas.

Outra questão, que surge com uma tecnologia de segurança passiva fundamentada nos princípios de segurança acima mencionados, é saber se ela sozinha é capaz de resolver o problema de segurança, ou se esta tem de ser aumentada pelo uso de sistemas de segurança complementares. Finalmente, também poderá surgir a questão, se não seria melhor desistir de uma concretização, considerando que o nível de segurança alcançado é aparentemente insatisfatório. A resposta vai depender do nível de segurança alcançado, da probabilidade de influências geradoras de acidentes, danosas ou não neutralizadas pelo objeto, e suas prováveis conseqüências. Muitas vezes, faltam parâmetros objetivos principalmente para novas tecnologias e suas aplicações. Há reflexões garantindo que o risco técnico não é maior que o risco que o homem corre ao enfrentar fenômenos da natureza [138]. No entanto, sempre restará uma maior ou menor margem de subjetividade. De qualquer forma, a decisão a ser tomada deverá estar em consonância com a obrigação quanto à segurança das pessoas.

Especificação

Num componente, as cargas externas provocam esforços solicitantes. As cargas são levantadas por uma análise considerando a magnitude e a freqüência (cargas estáticas ou dinâmicas). Estas cargas provocam diversos tipos de solicitações nos componentes, as quais podem ser determinadas numérica ou experimentalmente. A tensão calculada, em geral, está presente como tensão de comparação, de acordo com um critério de resistência apropriado, que avalia corretamente as componentes normais e tangenciais da tensão. Esta tensão pode, no máximo, chegar ao valor da *tensão admissível* = σ_{adm}. Nesse caso, o aproveitamento seria igual a 1. Em geral, o aproveitamento, entendido como razão entre a tensão calculada e a tensão admissível, é menor que 1, pois a escolha das dimensões também é influenciada por preceitos normativos e consideração de configuração.

Para cada um dos esforços solicitantes elementares (tração, compressão, flexão, cisalhamento e torção) aplicados num corpo-de-prova, ou seja, em geral não no próprio componente, a ciência dos materiais fornece ao projetista *valores-limites do material*. Ultrapassados, eles levam à ruptura ou a deformações permanentes. Para poder garantir uma resistência suficiente, a resistência do componente precisa ser calculada considerando reações de apoio devido a cargas não uniformes, influência do tamanho, do acabamento superficial e da forma. Em geral, a resistência do componente fica abaixo dos valores-limites do material.

A relação entre valor-limite do material σ_G ou resistência da peça K_G e a tensão admissível σ_{adm} é chamada de segurança nominal $v = \sigma_G$ ou K_G/σ_{adm} e deve ser maior do que 1. Ela estabelece a magnitude da tensão admissível.

A magnitude da *segurança nominal* é orientada pelas incertezas na determinação dos respectivos valores-limites do material, pelas incertezas das cargas, dos métodos de produção e de cálculo, de influências desconhecidas da forma, magnitude e do entorno. Como também pela probabilidade e pelas conseqüências de possíveis falhas.

A determinação da segurança nominal carece de critérios mais gerais. Um exame efetuado pelos autores mostra que seguranças nominais publicadas nem sequer permitem uma ordenação sensata, seja pelo tipo de produto, especialidade, ou seja por outros critérios, como ductilidade do material, tamanho da peça, probabilidades de falhas, etc. Tradição, determinação com base em falhas singulares freqüentemente não esclarecidas suficientemente, mas também o sentimento ou a experiência levam a valores numéricos, dos quais não são extraíveis afirmações de caráter geral.

Quando na bibliografia estiverem indicados valores numéricos, eles não podem ser adotados sem critério. Sua determinação, em geral, demanda o conhecimento de aspectos específicos e experiência na especialidade, desde que não estejam definidos por normas. Em geral, pode-se dizer que seguranças nominais inferiores a 1,5 pressupõem métodos de cálculo mais exatos, comprovação experimental e experiência na aplicação e um material suficientemente dúctil. No caso de materiais frágeis e estados de tensão multiaxiais, do mesmo sentido que causam ruptura frágil, a segurança nominal deveria ficar próxima de 2.

No caso de solicitações não uniformes, a *ductilidade*, ou seja, a deformabilidade plástica possibilita uma redistribuição das concentrações de tensões e é um dos mais importantes fatores de segurança que o material nos oferece. O ensaio familiar de centrifugação de rotores com elevada solicitação, bem como os ensaios de pressão prescritos para vasos de pressão, são – admitindo material dúctil – um bom recurso empregado pela técnica de segurança passiva para redistribuir elevadas concentrações de tensões em peças acabadas.

Uma vez que a ductilidade é uma característica básica que determina a segurança do material, não basta objetivar somente uma maior resistência. Deve ser observado que, em geral, a ductilidade dos materiais diminui com o aumento da tensão de escoamento. Por este motivo, é um erro definir somente a tensão de escoamento mínima. Além disso, deve ser exigida uma ductilidade mínima, porque, de outro modo, as vantagens da deformabilidade plástica não estão mais asseguradas. Também são perigosos os casos em que o material se torna frágil com o passar do tempo ou por outros motivos (p. ex., radiação, corrosão, temperatura, acabamento superficial) e por causa disso perde a capacidade de deformabilidade plástica no caso de uma sobrecarga. Este comportamento se verifica particularmente nos materiais plásticos.

Por causa disso, avaliar a segurança presente em um componente unicamente pela diferença entre a tensão calculada e a tensão-limite máxima admissível passa ao largo da problemática.

O estado de tensões e alterações das características dos materiais por envelhecimento, temperatura, radiação, intempéries, fontes de energia e influências da produção, p. ex., soldagem e tratamento térmico, têm importância fundamental.

Tensões residuais também não devem ser subestimadas. A ruptura frágil sem deformação plástica ocorre repentinamente e sem prévio aviso. Por isso, evitar estados de tensão multiaxiais de mesmo sentido e materiais que tendem a se fragilizar, assim como processos de produção que favorecem a ruptura frágil, é um dos principais requisitos de uma tecnologia de segurança passiva.

Um alerta em conseqüência de uma deformação plástica, regularmente monitorada num ponto crítico ou que dificulta a função, de forma a se perceber a tempo o estado de perigo que se estabelece, sem contudo se constituir numa ameaça para as pessoas ou para a instalação, é uma segurança a ser incluída e segue a filosofia do comportamento *fail-safe* [206].

Deformações elásticas durante a operação, em conseqüência, p. ex., do fechamento de uma tolerância, não podem levar a falhas da função, pois, do contrário, não estará mais assegurada a clareza do fluxo das forças ou dos alongamentos, e as conseqüências disso poderão ser sobrecargas ou quebras. Isto vale tanto para componentes fixos, como também para componentes móveis (cf. 7.4.1).

Através da palavra-chave *estabilidade*, abordam-se não só os problemas de segurança com relação ao equilíbrio translacional ou rotacional, mas também os problemas do funcionamento estável de uma máquina ou instalação. Paradas devem ser inibidas, na medida do possível, por um comportamento estável, ou seja, por um retorno automático à situação inicial ou normal. Deve-se ficar atento para que um comportamento indiferente ou instável inclusive não aumente ou amplifique gradativamente as falhas ou acarrete situações fora de controle (cf. 7.4.4).

Ressonâncias têm como conseqüência solicitações ampliadas dificilmente avaliáveis. Por isso, quando as oscilações não forem suficientemente amortecidas, precisam ser evitadas. Aqui, não se deve pensar somente nos problemas de resistência, mas também nos fenômenos acompanhantes, como barulho, ruído, magnitude das oscilações, que podem influir na capacidade de produção e no bem-estar das pessoas.

A *dilatação térmica* precisa ser cuidadosamente acompanhada em todas as situações operacionais, principalmente em processos não estacionários, a fim de inibir esforços seccionais acima do limite e falhas funcionais (cf. 7.5.2).

Um freqüente ensejo para incertezas e aborrecimentos, são vedações que não funcionam satisfatoriamente. Uma seleção cuidadosa, um alívio de pressão deliberado em pontos críticos e a consideração das leis da mecânica dos fluidos auxiliam a superar problemas de vedação.

O *desgaste* e as partículas de material resultantes do atrito podem influenciar negativamente a confiabilidade na função e a economicidade. Além disso, em nome da segurança, o desgaste também deverá ser mantido dentro de limites aceitáveis. Do ponto de vista do projeto, tem de ser adotadas providências para que partículas formadas por desgaste não causem danos ou falhas em outras partes. Normalmente, o material desgastado deverá ser removido o mais próximo possível do seu local de origem (cf. 7.5.13).

O *ataque corrosivo* reduz a espessura adotada no projeto e a carga dinâmica aumenta sensivelmente a concentração de tensões, o que, por sua vez, enseja rupturas frágeis. Existindo corrosão não existe durabilidade. Com o aumento do tempo de uso, a resistência do componente declina. Além da corrosão por atrito e da corrosão por fadiga, é agravante o aparecimento da corrosão sob tensão de ruptura, na presença de um agente corrosivo e tensões de tração, particularmente em materiais sensíveis a isso. Finalmente, os produtos da corrosão podem, acarretar restrições à função, p. ex., engripamento de hastes de válvulas, componentes de mecanismos de comandos, etc. (cf. 7.5.4).

Ergonomia e segurança no trabalho

No contexto das considerações de segurança, compete à ergonomia monitorar a segurança do trabalho e a relação homem-máquina, esta freqüentemente inseparável da primeira. A percepção de fontes de perigo e zonas perigosas é fundamental. Um possível desconhecimento e a fadiga humana também precisam ser incluídos. Máquinas e instalações devem ser corretamente configuradas pelo aspecto ergonômico (cf. 7.5.5).

Encontra-se à disposição uma bibliografia bastante abrangente [26, 65, 189, 255, 303]. Além disso, a DIN 31000 [57] refere-se a exigências básicas para configurar com consideração da segurança. A DIN 31001, folhas 1, 2 e 10 [58, 59], fornece indicações para arranjos de segurança. Dependendo da especialidade e do produto, devem ser obedecidas prescrições das associações profissionais, das entidades de fiscalização do exercício profissional e também dos órgãos de fiscalização técnica. Também a lei sobre artefatos técnicos [115] obriga o projetista a uma atitude responsável. Numa norma administrativa geral, bem como nos índices desta lei, foram compiladas normas internas e outras prescrições, as quais contemplam técnicas de segurança [115]. No chamado índice ZHI [334] estão listadas e continuamente atualizadas as diretrizes, regras de segurança e instruções emitidas pelos legisladores de segurança. No âmbito deste livro, é impossível abordar todos os aspectos da segurança do trabalho.

Como orientação inicial, nas Tabs. 7.1 e 7.2 são apresentadas fontes de perigo e requisitos gerais mínimos de segurança do trabalho.

Produção e controle

A configuração dos componentes deve ser realizada de tal modo que, na produção, as características também sejam exeqüíveis e permitam seu controle (cf. 11). Estas características deverão ser asseguradas por controles apropriados e eventualmente poderão ser forçadas por normas. Por meio de uma configuração adequada, o projetista deverá auxiliar a eliminação de pontos fracos que ameacem a segurança (cf. 7.3.1, 7.3.2 e 7.5.8).

Montagem e transporte

Ainda no projeto básico precisam ser conhecidas e consideradas as cargas durante a montagem, quanto à resistência e à estabilidade. Isto também é válido para as condições de transporte. Soldagens de campo precisam ser testadas e, dependendo do material, têm de ser passíveis de tratamento térmico. Um procedimento de montagem um pouco mais complexo deve, caso possível, ser concluído por uma verificação da função.

Para o transporte, deverão ser criadas e assinaladas as áreas estáveis e os pontos de apoio. Em peças acima de 100 kg, essas indicações têm de ser marcadas de forma nítida. Em desmontagens freqüentes (troca do componente ou da ferramenta), aparelhos de levantamento devidamente ajustados deverão ser incorporados à instalação. Para o transporte também deverão ser previstos e claramente identificados batentes apropriados.

Tabela 7.1 Tipos de energia e os riscos envolvidos

Proteger as pessoas e o meio ambiente de ações deletérias	
Caraterística principal	Exemplos
Mecânica	Movimento relativo homem-máquina, vibrações mecânicas, poeira
Acústica	Barulho, ruídos
Hidráulica	Jorros de líquidos
Pneumática	Jatos gasosos, ondas de pressão
Elétrica	Passagem da corrente pelo corpo, descargas eletrostáticas
Óptica	Ofuscamento, radiação ultravioleta, arco voltaico
Térmica	Peças aquecidas/frias, radiação
Química	Ácidos, bases, tóxicos, gases, vapores
Radioativa	Radiação atômica, raios X

Tabela 7.2 Requisitos mínimos da segurança de trabalho com produtos mecânicos com relação às partes que podem causar acidentes

No espaço reservado à operação de produtos mecânicos, evitar peças protuberantes ou em movimento

Independentemente da velocidade, instalações de segurança são necessárias em:

- mecanismos com engrenagens, correias, correntes e cabos
- todo componente em movimento circular com comprimento maior que 50 mm, mesmo que apresente superfície totalmente lisa
- todos os acoplamentos
- risco de componentes que podem se desprender e ser arremessados
- pontos de achatamento (coxins retráteis contra impactos, componentes que se cruzam ou giram ao redor de outro)
- componentes que despencam ou se movem para baixo (pesos para pré-tensão, contrapesos)
- componentes de encaixe ou retráteis

Uso

A utilização e a operação têm de ser possíveis, de forma segura [57, 58]. Em caso de falha de um elemento automático, as pessoas têm de ser alertadas e ter condições de poder intervir.

Manutenção

Manutenção e reparo somente devem ser possibilitados com a instalação ou máquina desligada. É necessário um cuidado especial para não esquecer ferramentas de montagem e dispositivos auxiliares (gira-brequins, barras ou alavancas engripadas). Sistemas protetores têm de ser previstos contra partidas acidentais. Deverão ser previstos órgãos de controle e manutenção centralizados, facilmente acessíveis e controláveis. Para inspeção ou reparo, é preciso possibilitar um acesso seguro às diferentes partes (gradis, apoios para mão, áreas de apoio, piso antiderrapante).

Custos e prazos

Limites de custos e prazos não podem influenciar a segurança. A observância de limites de custos e prazos é conseguida por um planejamento cuidadoso, conceito certo e procedimento metódico, mas não por medidas poupadoras que ameacem a segurança. Conseqüências de acidentes e paradas sempre são muito piores e mais graves do que o custo absolutamente necessário gasto com sua prevenção.

7.4 ■ Princípios de configuração

Diversas formulações de princípios de ordem superior para uma configuração apropriada encontram-se disseminadas na literatura. Kesselring [148] elaborou o princípio do custo mínimo de produção, da mínima demanda de volume, do peso mínimo, das perdas mínimas e do manejo conveniente (cf. 1.2.2). Leyer fala do princípio da leveza [167] e do princípio de conservação da espessura [168]. É preciso dar-se conta de que numa solução técnica nem todos os princípios podem ou devem ser realizados simultaneamente. Um dos princípios citados pode ser importante e determinante, os demais desejáveis. Qual deles deverá prevalecer num caso específico, só pode ser decidido conhecendo-se o núcleo do problema e os recursos de produção. Dessa forma, fica delimitada sua maior importância em relação às regras básicas apresentadas em 7.3, que são universais. Mesmo assim, por meio de um procedimento sistemático, elaboração de uma lista de requisitos e um processo de abstração para identificação do núcleo do problema, bem como a observância da lista de verificação, citada em 5.3, os princípios de Kesselring e Leyer são convertidos, em geral, em configurações concretas, relacionadas com o problema. De forma geral, o esclarecimento da tarefa estabelece e define os custos de produção admissíveis, volume requerido, peso admissível, etc.

No procedimento sistemático, em contrapartida, se coloca atualmente a questão de, por qual tipo e qual constituição de portadores da função, a função poderá ser melhor atendida, dada a colocação do problema e a estrutura de funcionamento adotada. Princípios de configuração desse tipo auxiliam no desenvolvimento de estruturas da construção que atendam os respectivos requisitos. Com isso, esses princípios apóiam em primeiro lugar as etapas 3 e 4, mas também, a título auxiliar, as etapas 7 a 9, segundo 7.1.

Os problemas de configuração se concentram, sobretudo, em questões de transporte, interligação e armazenamento. Para a freqüente tarefa repetitiva de conduzir forças ou momentos, é óbvio que se elaborem "princípios da condução de forças". Tarefas, que exigem a *conversão* do tipo ou uma alteração da magnitude, são primeiramente satisfeitas por um fenômeno físico apropriado mas, por motivos energéticos e econômicos, o projetista tem de considerar o principio da perda mínima [148]. Isto é conseguido com conversões de alta eficiência e um número reduzido de etapas de conversão. Uma inversão desse princípio possibilita o aniquilamento de determinado tipo de energia ou a conversão em outro tipo, para os casos onde isto é requerido ou necessário. *Tarefas de armazenamento* conduzem a um acúmulo de energia potencial e cinética, seja por armazenamento direto de energia ou também de maneira indireta, pela aglomeração de matéria ou energia dos portadores para armazenamento de sinais. O armazenamento de energia, no entanto, levanta a questão do comportamento estável ou instável, o que possibilita derivar os princípios de configuração da estabilidade e da biestabilidade.

Muitas vezes, um maior número de funções têm de ser atendidas por um ou mais portadores de função. O "princípio da auto-ajuda" pode dar contribuições valiosas para a configuração geral ou específica quanto ao desdobramento de subfunções utilizando o "princípio da divisão de tarefas", e também para uma interligação racional, aproveitando assim seus efeitos auxiliares.

Ao aplicar-se os princípios de configuração, é concebível que eles contradigam determinados requisitos. Assim p. ex., o princípio da igual resistência da configuração como princípio da transmissão de forças poderá se contrapor ao requisito de minimização dos custos de produção. O princípio da auto-ajuda também pode anular um comportamento *fail-safe* desejado do sistema (cf. 7.3.3) ou o princípio da igual espessura [168], adotado por razões de simplificação da produção, não atende as exigências de leveza da construção ou de um elevado aproveitamento uniforme.

Os exemplos existentes mostram que princípios de configuração representam apenas estratégias a selecionar, e que são adequados somente sob determinados pressupostos. Dependendo do problema, o projetista e o desenvolvedor têm de ponderar entre critérios concorrentes e então se decidir pelo princípio de configuração mais apropriado. Porém, sem conhecer esse princípio, ele não pode tomar uma decisão adequada.

Na seqüência, são apresentados princípios de configuração importantes do ponto de vista dos autores que podem ser muito úteis. Na grande maioria, eles provêm da consideração do fluxo de energia, mas, em sentido mais amplo, também valem para os fluxos de material e de sinal.

7.4.1 Princípios da transmissão de forças

1. Fluxo da força e o princípio da igual resistência da forma

Em tarefas e soluções de engenharia mecânica, bem como na mecânica de precisão, trata-se, quase sempre, da geração de forças e/ou movimentos e sua interligação, alteração, variação e transmissão e sua inter-relação com a conversão de material, energia e sinal. Uma subfunção que aparece freqüentemente é a recepção e a transmissão de forças. Numa série de publicações são feitas referências com relação ao fluxo de forças [168, 278] no projeto da forma. Este procura evitar variações do fluxo de forças sob fortes desvios e mudanças bruscas de secção. Leyer [167, 168] expôs detalhada e claramente com exemplos instrutivos na sua teoria do projeto da forma, o projeto da forma em relação aos problemas de transmissão de forças, utilizando o conceito de fluxo da força, de modo que aqui será dispensada a repetição dos critérios apresentados. O projetista deveria se apropriar desta importante literatura. As representações de Leyer também mostram a complexidade da interação dos critérios da função, projeto e produção.

O conceito *transmissão de forças* deve ser entendido num sentido mais amplo, ou seja, incluir a transmissão de momentos de flexão e torção. Inicialmente, é bom lembrar que as *cargas externas*, que atuam sobre um componente, causam:

forças nas secções - forças normais e cortantes, momentos fletores e momentos de torção, que no componente provocam

solicitações - tensões normais como tensões de tração ou compressão, bem como tensões tangenciais como tensões de cisalhamento e tensões de torção - que por sua vez sempre têm como conseqüência

deformações elásticas ou plásticas - alongamentos, encurtamentos, contrações laterais ou deformações, deslizamentos e rotações.

As forças solicitantes em um componente, decorrentes das cargas externas, são obtidas por um corte virtual na secção considerada - formação de uma secção de corte. Os esforços solicitantes de cada um dos lados da secção de corte como soma das tensões solicitantes devem estar em equilíbrio com as cargas externas situadas no mesmo lado da secção de corte.

Os esforços solicitantes, calculados partindo das forças nas secções, são comparados com os valores-limites:

- da resistência à tração, tensão de escoamento, tensão de fadiga e tensão de operação, tensão de deformação lenta, etc., considerando o efeito cunha, influência da superfície, da magnitude (resistência do componente), de acordo com os critérios de resistência.

O *princípio da igual resistência da forma* [278] procura, através da seleção criteriosa do material e da forma, para o tempo de utilização previsto, um igual aproveitamento da resistência em todos os pontos. Assim, esse princípio deve ser aplicado, juntamente com a tendência de uma construção leve [167], desde que critérios econômicos não se contraponham.

Por isso, uma configuração considerando o fluxo de forças procura evitar "desvios de forças" violentos e mudanças acentuadas de adensamento de forças, em conseqüência de mudanças bruscas da seção, para que não ocorram distribuições de tensões não uniformes com picos elevados.

Esta importante consideração de resistência, que o projetista aplica constantemente, induz freqüentemente a desprezar as deformações que acompanham os esforços solicitantes. Entretanto, muitas vezes elas tornam possível compreender o comportamento dos componentes e, portanto, a sua aprovação ou a sua falha (cf. 7.4.1-3).

2. Princípio da transmissão direta e curta de forças

Em concordância com Leyer [168, 208], este princípio é muito importante:

se uma força ou um momento precisam ser transmitidos de um local para outro, com a *menor deformação possível*, então o caminho de transmissão direta e curta é o mais conveniente. A transmissão direta e curta somente solicita poucas áreas. Os caminhos da transmissão de forças, cujas secções deverão ser dimensionadas, devem consistir de um mínimo com respeito a

- consumo de material (peso, volume) e
- deformação resultante.

Este é principalmente o caso, quando se tem êxito em resolver a tarefa apenas com solicitações de tração ou compressão, pois estes tipos de solicitação, ao contrário das solicitações de flexão e torção, têm como conseqüência deformações menores. Com o componente sujeito à compressão, entretanto deve se considerar especialmente o risco de flambagem como barra ou como chapa.

Se for requerido um componente deformável, dotado de *grande deformação elástica*, o projeto de constituição, sob carga de flexão e/ou de torção é, geralmente, o caminho mais econômico.

O problema representado na Fig. 7.27, do apoio de um quadro de fundação de uma máquina sobre uma base de concreto, sob diversas condições, mostra como, pela seleção de diferentes soluções, ocorrem diferentes coeficientes elásticos dos apoios, obtendo-se comportamentos de tensão-deformação bastante diferentes. Isto, por sua vez, tem conseqüências para a aptidão operacional: freqüências próprias e freqüências de ressonância diferentes, recalques com carga adicional, etc. As soluções mais rígidas são aqui obtidas com um dispêndio igual ou menor de material e espaço, por meio de um componente curto submetido à compressão; as soluções mais flexíveis, com uma mola submetida à torção. Seguindo-se diversas soluções

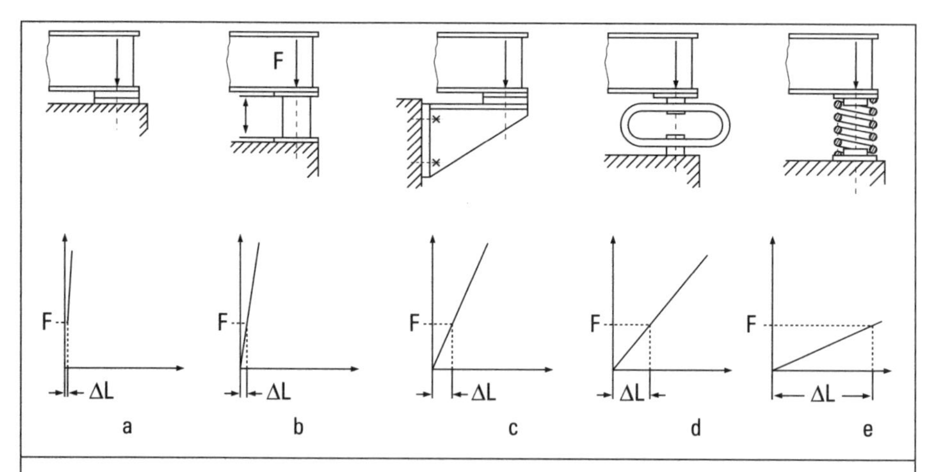

Figura 7.27 — *Apoio do quadro de uma máquina sobre uma fundação de concreto. **a)** Caminho de transmissão da força muito rígido em conseqüência de um caminho curto e baixa solicitação das placas de apoio; **b)** Caminho de transmissão da força mais longo, porém ainda rígido através de tubos comprimidos ou perfis caixão; **c)** Viga menos rígida com acentuada deformação à flexão, uma concepção mais rígida somente seria possível com um gasto maior de material; **d)** Anel elástico intencionalmente solicitado à flexão para medição das reações de apoio e sua variação, através de, p.ex., extensômetros; **e)** apoio muito elástico por meio de mola solicitada à torção para modificação das condições de ressonância.*

de projeto, encontra-se a confirmação deste fenômeno: p. ex., barra de torção como molas em automóveis, ou linhas de tubulações assentadas flexivelmente, que tiram partido de deformações devidas à flexão e à torção.

A escolha dos meios depende primariamente do tipo de tarefa, se é o caso de uma transmissão de força, na qual:

- a resistência, juntamente com uma elevada rigidez do componente, desempenha um papel principal ou
- devem ser satisfeitas as relações tensão-deformação pretendidas e a resistência é apenas uma questão secundária que precisa ser considerada.

Se for *ultrapassada a tensão de escoamento*, de acordo com a Fig. 7.28, deverá ser considerado o seguinte:

1. Se um *componente é solicitado por uma força*, a deformação que se estabelece é uma conseqüência inevitável. Se nisto for ultrapassada a tensão de escoamento, é perturbada a relação de proporcionalidade entre carga e deformação admitida no cálculo: com variações relativamente pequenas da força nas imediações do pico da curva tensão-deformação podem ocorrer estados instáveis que conduzem à ruptura, pois as secções que resistem podem diminuir mais rapidamente do que o correspondente crescimento da resistência do material no estado plástico. Exemplo: barra de tração, força centrífuga num disco, carga pontual em um cabo. É necessária uma segurança apropriada em relação à tensão de escoamento.

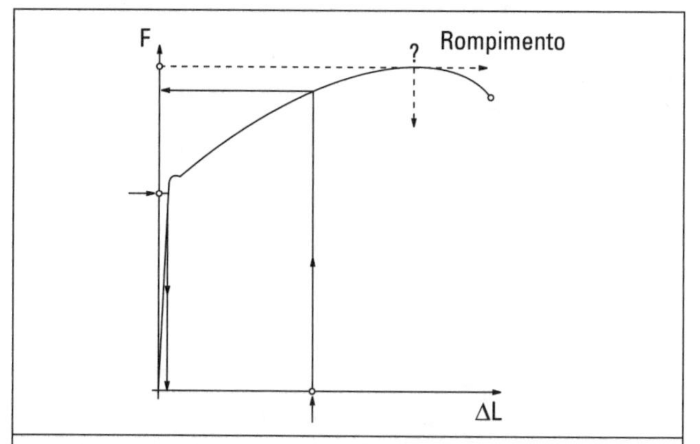

Figura 7.28 — *Diagrama tensão-deformação de materiais dúcteis, as flechas indicam a relação entre causa e efeito.*

2. Se um *componente sofre uma deformação*, a conseqüência é a instalação de uma força reativa. Enquanto a deformação imposta não variar, a força e a tensão também não variam. Permanecendo-se antes do pico garante-se um estado estável, o qual permite exceder a tensão de escoamento sem perigo. Acima da tensão de escoamento, uma maior variação da deformação tem como conseqüência uma pequena variação da força. Em qualquer caso, para a carga de pré-tensão assim conseguida, não podem se adicionar outras cargas operacionais de mesmo sentido, pois então haverá as mesmas condições do caso anterior. Um outro pressuposto é utilizar material dúctil e evitar estados de tensão múltiplos de mesmo sentido. Exemplos: união por compressão transversal altamente deformada, parafusos pré-tensionados sem torque de trabalho, uniões prensadas.

3. Princípio das deformações compatíveis

Este conceito de fluxo de forças desenvolvido no parágrafo 1 é bastante intuitivo, mas muitas vezes não é suficiente para identificar as influências predominantes. Além da questão de resistência, a chave da compreensão está no comportamento dos componentes envolvidos, com respeito às deformações.

Pelo *princípio das deformações compatíveis*, os componentes envolvidos devem ter sua forma projetada de maneira que, sob ação das cargas, ocorra uma extensa adaptação com auxílio das correspondentes *deformações sempre na mesma direção* e com a *menor deformação relativa possível*.

Como exemplo, são inicialmente citadas as ligações por cola e solda, nas quais a camada de solda ou de cola possui um módulo de elasticidade diferente do material básico a ser ligado. A Fig. 7.29a mostra o estado de deformação conforme representado em [181]. Por razões de clareza, as deformações e a camada de solda ou cola foram bastante exageradas: sob a ação da carga F, que é transferida através da superfície de contato da peça 1 para a peça 2, primeiramente formam-se deformações diferenciadas em cada uma das peças sobrepostas. A camada de ligação é distorcida especialmente nas zonas da

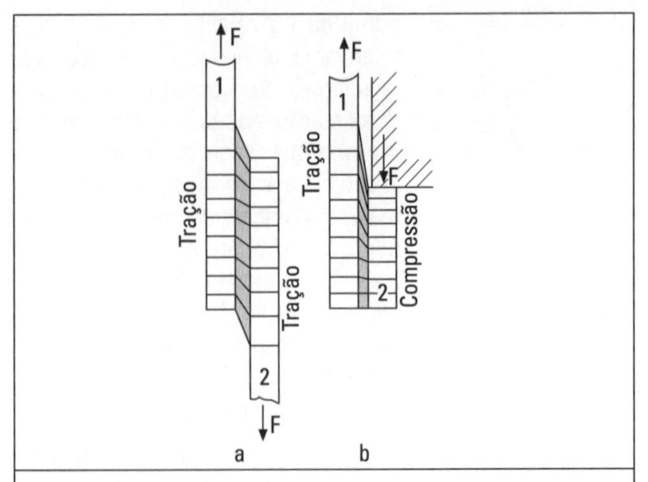

Figura 7.29 — Uniões por solda ou adesivo superpostas segundo [181], em que as deformações foram muito exageradas *a)* Deformações nas partes 1 e 2 no mesmo sentido; *b)* Deformações em 1 e 2 em sentidos opostos.

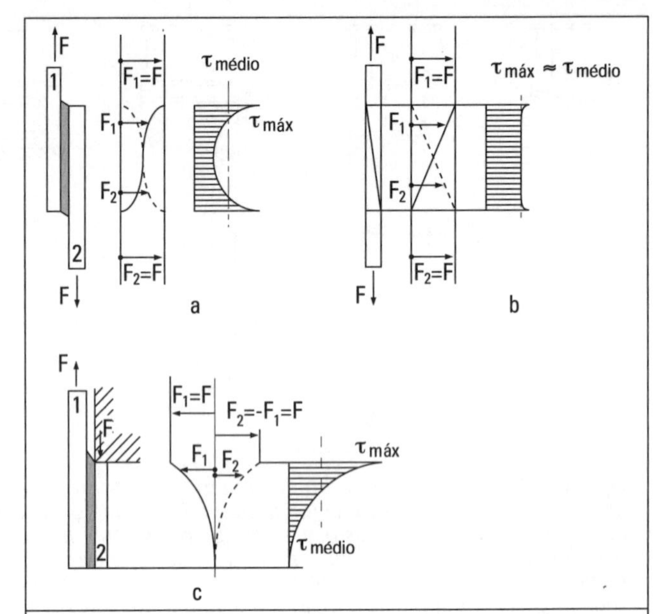

Figura 7.30 — Distribuição da força e tensão de cisalhamento em uniões superpostas com camada de adesivo ou solda, segundo [177]. *a)* Superposto de um lado (desprezada solicitação à flexão) *b)* Chanfrado com espessura linearmente decrescente; *c)* Forte "desvio da trajetória da força" com deformação em sentido oposto (desprezada a solicitação à flexão).

borda, em conseqüência da deformação relativa diferenciada provocada pelas peças 1 e 2, pois a peça 1 tem neste ponto a força total F e por isso está alongada; a peça 2 ainda não absorveu nenhuma força, e esta área não sofreu alongamento. O deslocamento diferencial na camada aglomerante produz uma tensão local consideravelmente acima da tensão cisalhante média calculada.

Um resultado especialmente ruim com diferenças de deformação muito pronunciadas é dado pelo arranjo da Fig. 7.29b, pois em razão de deformações das partes 1 e 2 em direções opostas, não compatíveis entre si, o deslocamento na camada de ligação é fortemente amplificado. Disso se conclui que as deformações devem ocorrer na mesma direção e, se possível, ser iguais em magnitude.

Magyar [177] examinou matematicamente as relações entre as forças e as tensões de cisalhamento. O resultado está reproduzido qualitativamente na Fig. 7.30.

Este fenômeno também é conhecido nas ligações parafusadas com a utilização das chamadas porcas de tração e compressão [328]. A porca de compressão (Fig. 7.31a) é deformada em sentido contrário em relação ao parafuso tracionado.

Na aproximação a uma porca de tração (Fig. 7.31b) resulta nos primeiros passos de rosca uma deformação na mesma direção, que provoca uma deformação relativa menor e, portanto, uma distribuição de tensões mais uniforme. Wiegand [328] pôde comprovar isto pela verificação de uma maior resistência à fadiga. Segundo investigações de Paland [214], a porca de compressão não é tão desfavorável conforme alegado por Maduschka [175], pois o momento volvente $F \cdot h$, que atua sobre ela, força uma deformação adicional da porca no apoio, comprimido para fora, e assim alivia os primeiros passos da rosca. Essa deformação, que alivia a porca em decorrência do momento volvente, bem como devido à flexão dos dentes da rosca, também pode ser sensivelmente incrementada pela escolha de um módulo de elasticidade menor. Se pelo contrário, as deformações que aliviam são impedidas com o auxílio de uma porca muito rígida ou de um braço de alavanca h muito pequeno, forma-se uma distribuição de cargas semelhante àquela apresentada por Maduschka.

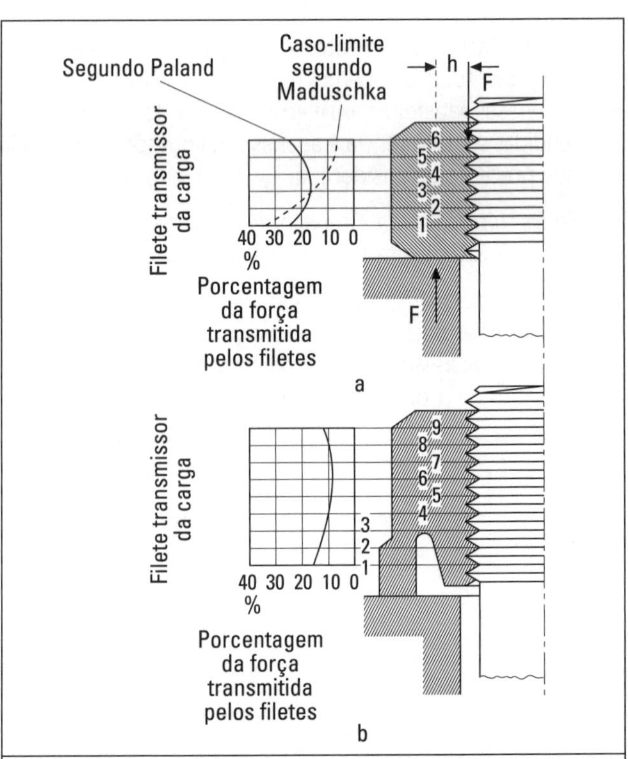

Figura 7.31 — Formas de porcas e distribuição da solicitação, segundo [328]. *a)* Porca padrão, caso-limite, segundo Maduschka [175], com consideração da deformação devida ao momento volvente $F \cdot h$, segundo Paland [214]. *b)* Porca combinando tração e compressão com deformação no mesmo sentido na parte tracionada.

Como outro exemplo, é apresentada a união cubo-eixo na forma de um encaixe por retração. Essencialmente, é mais uma vez um problema de deformação das duas partes envolvidas (com relação à transferência dos momentos fletores [125]). Na transmissão do momento de torção, o eixo experimenta deformações de torção, que vão diminuindo à medida que o momento de torção é passado ao cubo. O cubo, por seu turno, deforma-se em correspondência com o crescente momento de torção.

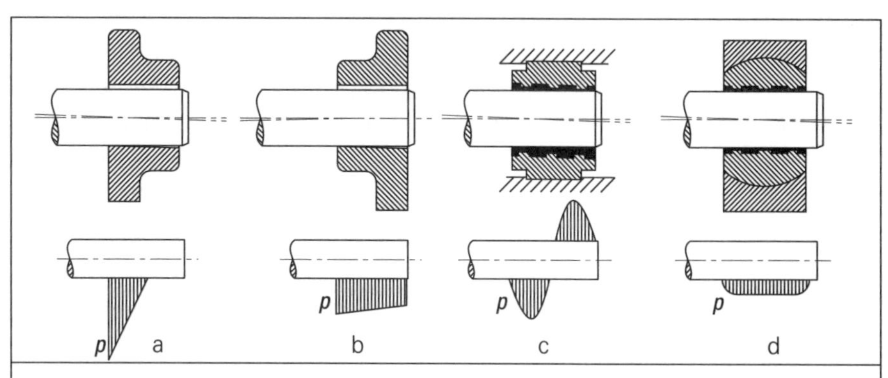

Figura 7.33 — Distribuição das reações nos mancais: ***a*** *Pressão nos cantos em conseqüência do alinhamento deficiente entre o diâmetro interno do mancal e a deformação do eixo;* ***b*** *Pressão mais uniforme no mancal em conseqüência da compatibilização das deformações;* ***c*** *Falta de possibilidades de ajuste com relação às deformações do eixo;* ***d*** *Pressão uniforme no mancal como conseqüência da adaptabilidade da bucha do mancal.*

Pela Fig. 7.32a, as deformações máximas com sinais contrários se encontram em A (deformações em direções opostas) e, com isso, causam um perceptível deslocamento relativo das superfícies de assento. Com momentos alternantes ou pulsantes, isto pode levar a uma corrosão por esfoliação, não considerando que as áreas próximas da extremidade direita praticamente não participam mais da deformação e, assim, também não contribuem para a transferência do momento de torção.

A solução na Fig. 7.32b é muito mais favorável, do ponto de vista do andamento das tensões, uma vez que as deformações resultantes estão na mesma direção. A melhor solução é obtida quando a rigidez à torção do cubo é ajustada de modo que corresponda à deformação por torção do eixo. Desse modo, todas as áreas participam na transmissão da força, e consegue-se uma distribuição mais uniforme do fluxo da força, que possui o menor nível de tensão sem grandes picos.

Mesmo que, ao invés do assento por retração, fosse prevista uma ligação por chaveta meia-lua, a disposição segundo Fig. 7.32a provocaria um elevado pico na pressão superficial, por causa das deformações por torção em direções opostas nas imediações do ponto A. A disposição segundo a Fig. 7.32b, ao contrário, por causa das deformações na mesma direção, pode assegurar uma distribuição mais uniforme da pressão superficial [188].

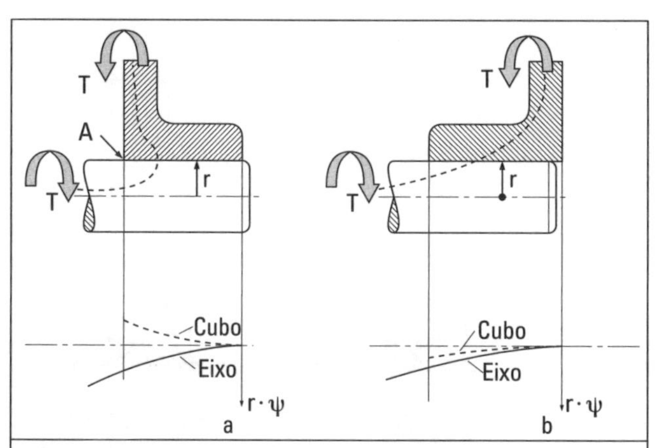

Figura 7.32 — União cubo-eixo: ***a*** *com forte "mudança da trajetória da força", aqui em A deformação por torção do eixo e do cubo tem sentido oposto (ψ ângulo de torção);* ***b*** *Aqui, com gradual "mudança da trajetória da força", deformação à torção tem igual sentido em toda a largura do cubo.*

Além disso, o princípio da compatibilidade da deformação é aplicado em mancais, que são projetados de modo que possibilitem uma deformação compatível ou um ajuste à correspondente deformação da árvore: Fig. 7.33.

O princípio das deformações compatíveis não deve ser considerado apenas na transferência das forças de um componente para outro, mas também na divisão ou junção de forças ou momentos. É conhecido o problema do acionamento simultâneo das rodas que precisam ser dispostas com grandes afastamentos, p. ex., rodas de pontes rolantes. A disposição mostrada na Fig. 7.34a, por causa do pequeno caminho da força, tem, à esquerda, uma rigidez à torção relativamente alta, e, à direita, uma menor rigidez na proporção dos comprimentos

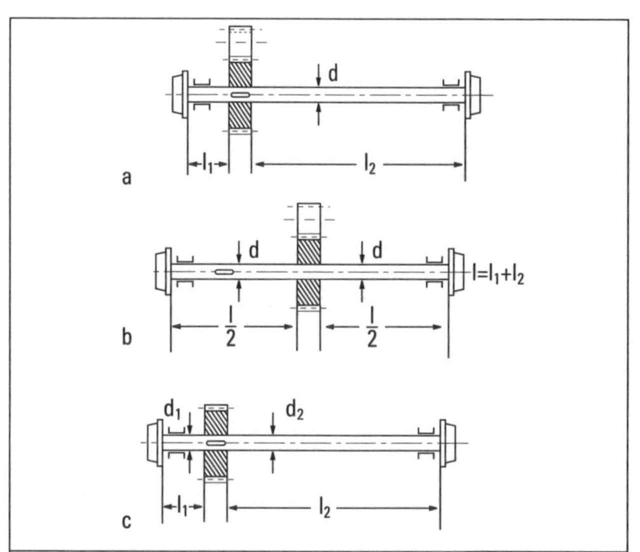

Figura 7.34 — Aplicação do princípio da compatibilidade das deformações, no presente caso, deformações iguais no acionamento dos trens de apoio de guindastes: ***a)*** *Diferentes deformações à torção dos comprimentos l_1 e l_2;* ***b)*** *Disposição simétrica assegura deformações à torção iguais;* ***c)*** *Disposição assimétrica porém com igual deformação à torção através do ajustamento da rigidez torcional.*

l_1/l_2. Por isso, na aplicação do torque, a roda esquerda vai se movimentar primeiro, enquanto que a roda direita ainda está parada, porque somente com o desenvolvimento do movimento à esquerda é possível a deformação necessária à torção à direita, para a transmissão do torque. O conjunto apresenta, assim, uma constante tendência de movimentação oblíqua.

É essencial prever a mesma rigidez torcional para as duas partes da árvore, o que provoca uma distribuição correspondente do torque de partida. Isto pode ser conseguido de duas maneiras distintas, em se permanecendo com apenas um ponto de entrada para o torque motriz:

- disposição simétrica (Fig. 7.34b) ou
- ajustamento da rigidez à torção das partes da árvore correspondentes (Fig. 7.34c).

4. Princípio do equilíbrio das forças

Aquelas forças e momentos, que servem diretamente ao atendimento da função, como torque motriz, força tangencial no dente, carga útil etc, de acordo com a definição de função principal, podem ser consideradas como *grandezas principais decorrentes da função.*

Além disso, surgem forças ou momentos que não contribuem para o atendimento direto da função, porém são inevitáveis como, por exemplo:

- o empuxo axial de uma engrenagem helicoidal;
- as forças resultantes do produto pressão x diferença de área, p. ex. na fixação das pás nos rotores de turbinas ou em órgãos de controle ou bloqueio;
- forças de pré-tensão em uma ligação por atrito;
- forças inerciais em movimentos alternativos ou de rotação;
- forças fluidodinâmicas, desde que não sejam as forças principais.

Estas forças ou momentos acompanham as grandezas principais e estão estreitamente associadas a elas. São denominadas *grandezas auxiliares associadas* e podem, de acordo com a definição de função auxiliar, atuar de modo auxiliar ou apenas comparecer como acompanhantes obrigatórias.

As grandezas auxiliares associadas solicitam adicionalmente as áreas de transmissão de forças e exigem um dimensionamento correspondente, ou outras superfícies de trabalho e elementos receptivos, como contraventamentos, uniões, mancais, etc. Com isto, os pesos e as massas aumentam e, freqüentemente, ainda ocorrem perdas por atrito adicionais. Por isso, as grandezas auxiliares associadas devem ser compensadas no seu local de origem, para que sua transmissão não torne necessário o emprego de um tipo mais pesado de construção ou de mancais e elementos de transferência reforçados.

Conforme já exposto em [204], para esta compensação vêm à discussão principalmente dois tipos de soluções:

- elementos compensadores;
- disposição simétrica.

Na Fig. 7.35 está representado de forma esquemática, como as forças destas grandezas associadas podem ser compensadas basicamente, em uma turbina, em uma transmissão com engrenagens helicoidais ou em um acoplamento. Neste caso, foi observado o princípio da transmissão curta e direta, o qual envolve relativamente poucas áreas para transmissão de forças. Dessa forma, nenhum mancal é solicitado adicionalmente e o custo da construção no seu total é mantido tão baixo quanto possível.

Com relação ao balanceamento de forças inerciais, a disposição com simetria de rotação, por natureza é autocompensada; com massas indo e vindo, aplicam-se os mesmos princípios de solução, conforme mostram os exemplos da construção de motores, quando um número reduzido de cilindros não possibilita um completo equilíbrio entre eles. São empregados elementos, pesos ou árvores balanceadoras

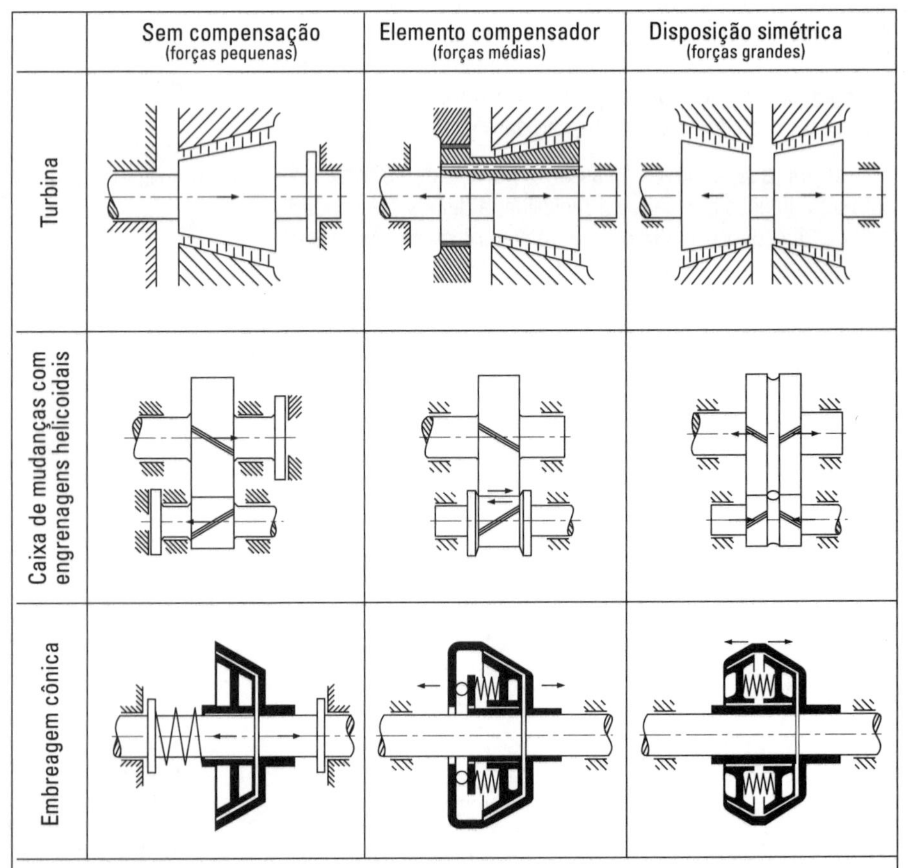

Figura 7.35 — Soluções básicas para a compensação de forças em exemplos de uma turbina, uma transmissão e um acoplamento.

[228], bem como uma disposição simétrica dos cilindros, p. ex., no motor com cilindros opostos.

Esta regra geral, no entanto, pode ser rompida por critérios supervenientes; deve-se dar preferência ao elemento balanceador para forças de balanceamento relativamente médias e à disposição simétrica para as forças relativamente maiores.

5. Prática da transmissão de força

Para o projeto da forma dos componentes e das estruturas das construções, é muito útil a idéia do fluxo de forças; este, não definível fisicamente, sendo porém intuitivo. O fluxo de forças deverá satisfazer os seguintes critérios:

- o fluxo de forças deverá ser sempre fechado;
- o fluxo deverá ser o mais curto possível, o que pode ser conseguido de forma otimizada pela transmissão direta;
- desvios bruscos do fluxo e variações na densidade do fluxo, em conseqüência de mudanças bruscas de secção, devem ser evitados.

Em situações complexas de transmissão de forças, é conveniente definir uma superfície envoltória do fluxo de forças (zona de atuação das forças), fora da qual não atua mais nenhuma força. Quanto menor for esta superfície envoltória, tanto mais curto será o fluxo de forças. Um exemplo mostra diferentes conceitos para uma máquina de ensaio de fadiga à flexão, com as correspondentes superfícies envoltórias diferentes dos fluxos de forças (Fig. 7.36).

A idéia do fluxo de forças é complementada pelos princípios de transmissão de forças, tratados nos próximos quatro itens.

O princípio da resistência uniforme da forma

Por meio de uma escolha adequada de material e forma, procura-se um aproveitamento elevado e uniforme da resistência, em qualquer ponto de uma peça durante a sua vida útil.

O princípio da transmissão curta e direta da força

Ocasiona um consumo mínimo de material, volume, peso e deformação, e deve ser aplicado principalmente quando se almeja um componente rígido.

O princípio das deformações compatibilizadas (casadas)

Considera as deformações produzidas pelas tensões, procura disposições com um mecanismo de deformações compatíveis em sentido oposto, a fim de evitar aumento das tensões e satisfazer a função, de maneira confiável.

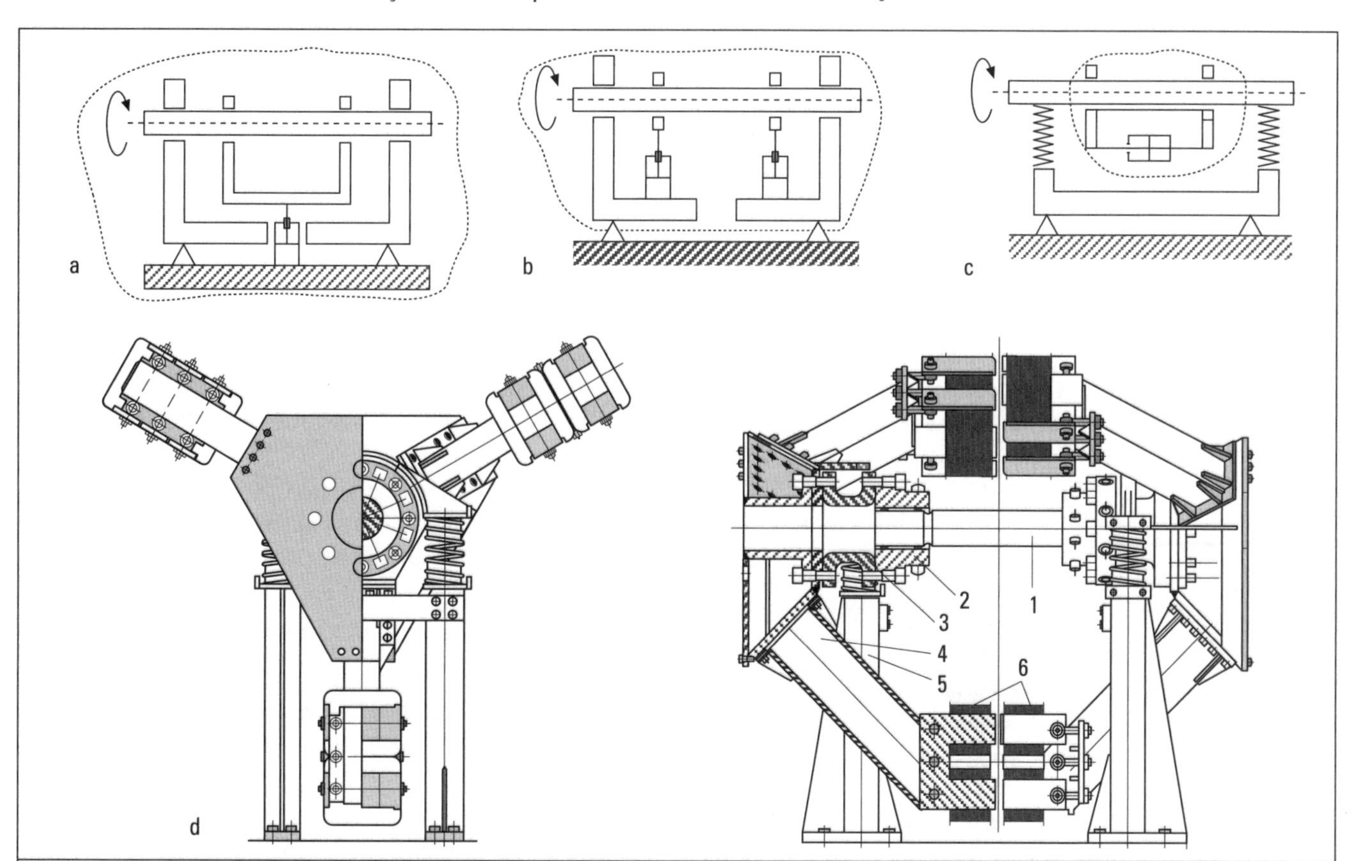

Figura 7.36 — *Envoltório do fluxo de força (zona de trabalho das forças) para uma máquina de ensaio de flexão por rotação [330]; **a)** Zona de trabalho alcança o chão; **b)** Zona de trabalho inclui o suporte; **c)** Zona de trabalho exclui o suporte; **d)** Máquina de ensaio construída segundo o princípio c, porém com excitação magnética da força: 1 eixo de ensaio, 2 flange de fixação, 3 tubo intermediário, 4 braço portante, 5 pilar de apoio, 6 par magnético.*

O princípio do equilíbrio de forças

Procura confinar, com elementos equilibradores ou arranjos simétricos, as grandezas associadas às grandezas principais às menores áreas, para que o custo da construção e as perdas sejam as menores possíveis. Em muitas situações, esses princípios freqüentemente só podem ser aplicados aproximadamente ou de forma combinada.

7.4.2 Princípio da divisão de tarefas

1. Atribuição das subfunções

Já na elaboração da estrutura das funções e sua variação, formula-se a pergunta até que ponto diversas funções podem ser substituídas por uma única, ou se uma função deve ser subdividida em diversas outras subfunções (vide 6.3).

De modo análogo, estas questões também surgem, quando se procura satisfazer as funções necessárias com seleções e associações mais práticas de portadores de funções:

- Quais subfunções podem ser atendidas com um só portador de função?
- Quais subfunções devem ser realizadas com muitos portadores distintos de função?

Com respeito ao número de componentes e da demanda de espaço e peso, deve-se procurar apenas um portador de função, que incluiria diversas funções. Já com relação ao processo de produção e montagem, pode-se duvidar desta vantagem, por causa da provável complexidade desse componente. Apesar disso, por razões econômicas, inicialmente deve-se procurar realizar mais de uma função com um portador de função.

Uma série de conjuntos e de componentes encarrega-se de diversas funções simultânea ou sucessivamente.

Assim, uma árvore, sobre a qual foi montada uma engrenagem, serve simultaneamente para a transmissão do momento de torção e do movimento de rotação. Como também para a absorção do momento e do esforço cortante resultante da força normal sobre a engrenagem. Além disso, ela se encarrega das forças de condução na direção axial, adicionalmente da componente axial da força de engrenamento, no caso de um engrenamento helicoidal. E colabora em conjunto com o corpo da roda para uma rigidez de deformação suficiente para garantir uma atuação uniforme por toda a largura do dente.

A união de tubos por meio de uma ligação com flange possibilita união e separação de segmentos de tubulação, executa a vedação da emenda e propaga as forças e os momentos na tubulação, que foram provocadas, ou pela pré-tensão da tubulação ou em decorrência da operação por tensões térmicas ou forças não compensadas.

A carcaça de uma turbina do tipo normal, do ponto de vista hidrodinâmico, forma um escoamento correto na entrada e saída do fluido portador da energia, oferece fixação para as pás do rotor, transmite as forças de reação para a fundação ou para os apoios e garante a estanqueidade para o exterior.

A parede de um vaso de pressão numa indústria química deve satisfazer, sem influenciar o processo químico, a tarefa de durabilidade e de vedação com a concomitante defesa contra corrosão, por um longo período.

Um rolamento de esferas ranhurado, além da tarefa de centragem, é capaz de transferir tanto forças axiais como radiais, com um volume de construção reduzido e, por essa característica, é um apreciado elemento de máquina.

A junção de diversas funções em um só portador da função muitas vezes representa uma solução econômica, desde que dela não decorram desvantagens sérias. Tais desvantagens acontecem principalmente quando:

- o rendimento do portador da função deve ser incrementado até o seu rendimento máximo, em relação a uma ou várias funções;
- o comportamento do portador da função deve permanecer absolutamente bem definido e não sensível às interferências, em relação a uma restrição importante.

Geralmente, é impossível, no caso de muitas funções, projetar a forma do portador da função, de modo otimizado em relação ao rendimento máximo pretendido ou em relação a um comportamento não ambíguo. Nestes casos, utiliza-se o princípio da divisão de tarefas [207]. Pelo princípio da divisão de tarefas, a cada função é associado um portador de função particular. Em casos extremos, pode ser conveniente a divisão de uma função entre vários portadores de funções.

O *princípio da divisão de tarefas*:

- permite um aproveitamento sensivelmente melhor do componente considerado; e
- possibilita uma maior capacidade de carga;
- garante um comportamento não ambíguo e por isso auxilia a regra básica "não ambíguo" (vide 7.3.1),

pois, com a separação de cada uma das tarefas para cada subfunção, é possível projetar a forma de modo otimizado e calcular de modo mais preciso. Em geral, entretanto, aumenta o esforço construtivo correspondente.

Para se verificar se faz sentido a aplicação do princípio da divisão de tarefas, *analisa-se* a *função* e verifica-se se ocorrem, para o atendimento simultâneo de várias funções:

- restrições ou
- interferências ou distúrbios mútuos.

Se, da análise das funções, resulta uma tal situação, é conveniente a divisão das tarefas por portadores de função especificamente ajustados, que apenas satisfazem a função específica.

2. Divisão de tarefas com funções distintas

Exemplos de diversas especialidades mostram como empregar vantajosamente o princípio da divisão de tarefas com funções distintas.

Nas grandes transmissões, como acoplamento entre turbina e gerador ou compressor, subsiste o desejo de ter, além do tracionamento da transmissão, por causa da dilatação térmica da fundação e dos mancais, bem como das características da vibração à torção, um eixo com flexibilidade radial e flexibilidade à torção, de comprimento mínimo [203]. Entretanto, o eixo da engrenagem deve ser o mais rígido possível, por causa das relações entre as forças de atuação nos dentes. Nisso ajuda o princípio de divisão das tarefas, em que a engrenagem é disposta num eixo rígido tubular externo com o menor afastamento entre mancais, onde as partes flexíveis radial e torcional do eixo são projetadas como eixo torcional interno: Fig. 7.37.

Paredes de caldeiras modernas, de fluxo forçado por pressão, são construídas com paredes de membranas conforme Fig. 7.38. A câmara da fornalha deve ser à prova de escape de gases, quando é utilizada uma alimentação sob pressão. Também a transmissão de calor para a água de alimentação da caldeira deve ser a melhor possível, o que impõe espessuras de parede reduzidas com grandes superfícies. Do contrário, surgem problemas de dilatação térmica e diferenças de pressão entre a câmara da fornalha e suas vizinhanças. A isto, deve-se acrescentar o peso próprio das paredes. O problema complexo é resolvido pelo princípio da divisão de tarefas: as paredes dos tubos com os lábios soldados formam a câmara da fornalha estanque, isolada. As forças decorrentes das diferenças de pressão são transferidas para estruturas específicas fora do ambiente de calor, que também suportam o peso próprio das paredes, em sua maioria suspensas. Braços articulados entre a parede tubular e a estrutura possibilitam uma dilatação térmica amplamente livre.

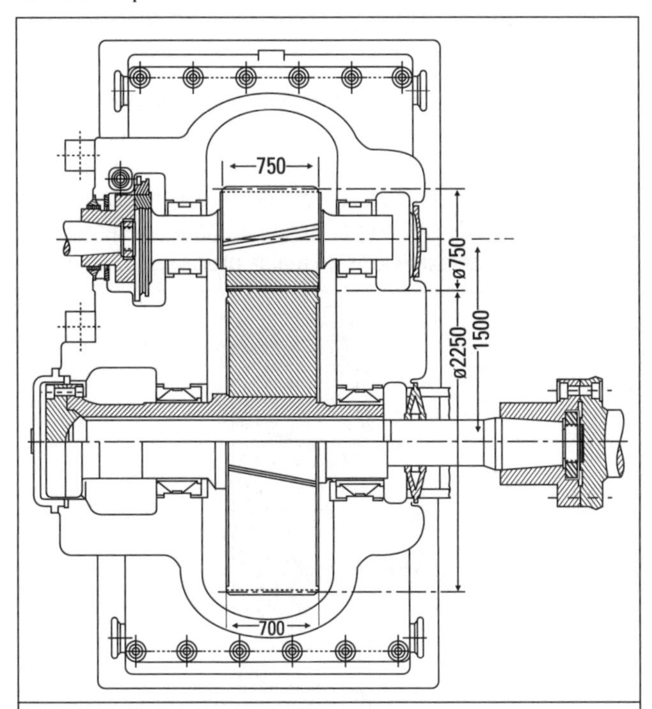

Figura 7.37 — Transmissão de elevada potência com árvore de torção na saída. Reações nos mancais passam por um eixo vazado, árvore à torção interna e radial e torcionalmente flexível, segundo [203] (tipo Siemens-Maag).

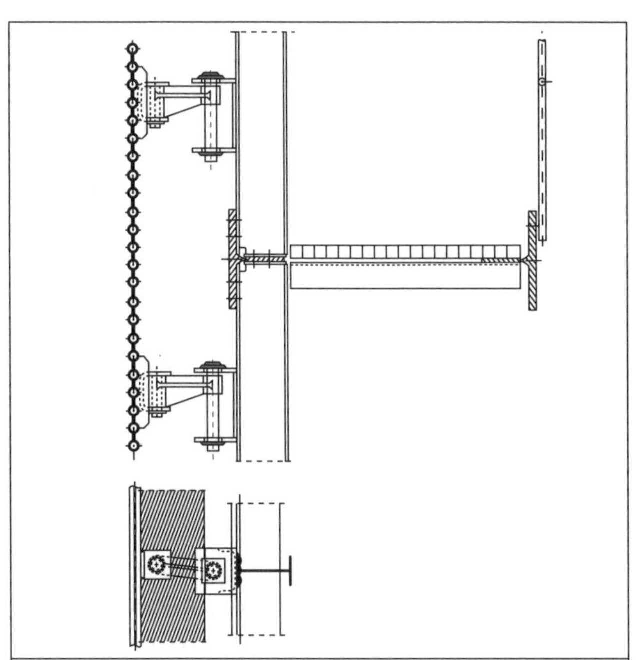

Figura 7.38 — Parte de uma parede de uma caldeira com paredes de membrana e estrutura portante em separado (tipo Babcock).

Assim, cada componente pode ter a sua forma convenientemente projetada de acordo com sua tarefa específica.

A ligação de uma tubulação de vapor com grampos (Fig. 7.39) também é construída de acordo com o princípio da divisão das tarefas. A transmissão de forças e a vedação são desempenhadas por diferentes portadores de função: a vedação é desempenhada por uma membrana soldada; simultaneamente, pela pré-tensão dos grampos, é transmitida uma força de compressão através da parte apoiada da membrana soldada. A vedação dificilmente consegue absorver forças de tração ou momentos fletores, pois sua função e durabilidade seriam prejudicadas. Todas as forças e momentos na tubulação de vapor são absorvidos pela ligação com os grampos,

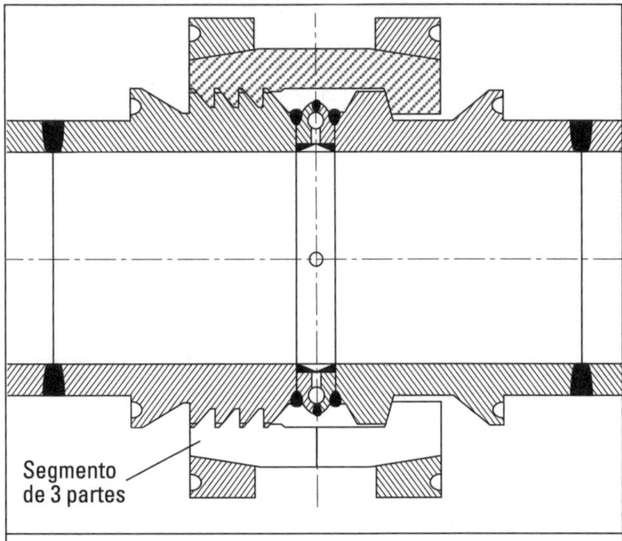

Figura 7.39 — União por grampos numa tubulação de vapor (tipo Zikesch).

que, por sua vez, têm sua forma projetada pelo princípio da divisão de tarefas. Através de uma ligação funcionando pela forma o grampo formado por segmentos transmite forças e momentos. Os anéis de retração, por sua vez, prendem os segmentos do grampo entre si, de modo simples e prático, numa união baseada em atrito. Cada componente é projetado de forma otimizada, com relação à sua respectiva tarefa, e pode ser bem calculado.

Carcaças de máquinas de fluxo devem preocupar-se com uma vedação segura em todas as condições de operação e de temperatura, e devem, na medida do possível, conduzir o fluido sem perdas e sem turbulência. Também devem formar os canais para as pás defletoras e fixar as pás. Principalmente blocos divididos por um flange axial, no caso de variações de temperatura, tendem à distorção e à perda da estanqueidade nos pontos de transição, na entrada ou saída para o canal das pás, por causa da forte deformação do bloco [224].

Um portador de pás que possibilite a divisão de tarefas, traz aqui uma ajuda substancial. O canal-guia das pás defletoras e a fixação das pás podem ter a sua forma projetada sem consideração da parte maior do bloco com as suas partes de entrada e saída. Consegue-se, então, projetar o bloco externo exclusivamente sob os critérios de durabilidade e vedação: Fig. 7.40.

Um outro exemplo vem da construção de aparelhos relacionados com a síntese do amoníaco. Nitrogênio e hidrogênio são reunidos em um reservatório sob altas pressões e temperaturas.

Com aços ferríticos, o hidrogênio penetraria no aço e o descarbonizaria, provocando uma decomposição das superfícies dos grãos com formação de metano [117]. A solução de projeto é igualmente possível pelo princípio da divisão de tarefas. A tarefa de vedação é desempenhada por um tubo com revestimento austenítico, portanto resistente à corrosão por hidrogênio. A tarefa de suporte e resistência é atendida pelo vaso de pressão circundante de aço ferrítico de alta resistência, porém não resistente ao hidrogênio.

Nos disjuntores elétricos segundo a Fig. 7.41 são previstos dois ou até três sistemas de contatos, em que o par de contato

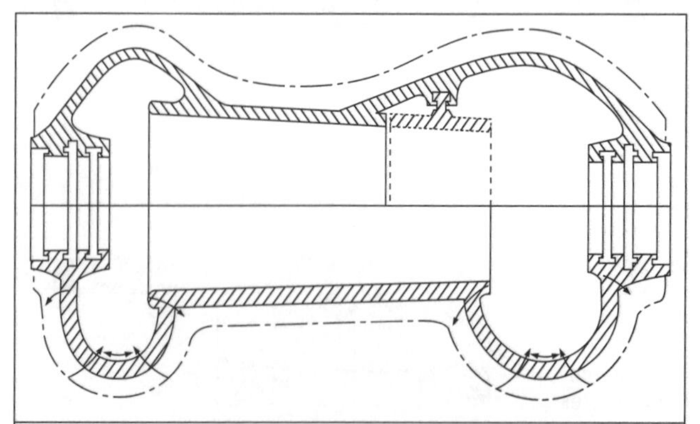

Figura 7.40 — *Câmara de uma turbina, segundo [224] dividida axialmente; metade inferior convencional, metade superior com suportes das pás.*

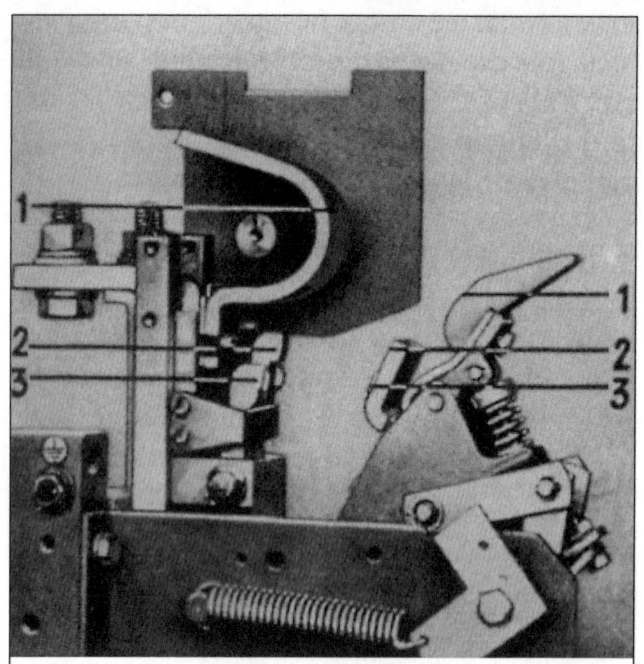

Figura 7.41 — *Arranjo dos contatos de um contador de potência (fabricação AEG). 1 Contato disjuntor; 2 Contato intermediário; 3 Contato principal.*

1 inicialmente absorve o choque de tensão (arco voltaico) com desligamento ou ligação do disjuntor, enquanto as peças principais 3 do disjuntor possibilitam a efetiva passagem da corrente na condição normal de operação.

As partes do disjuntor responsáveis pelo corte são sujeitas à queimação. Ou seja, devem ser consideradas como peças sujeitas ao desgaste, enquanto os contatos principais devem ser dimensionados, no que se refere à superfície de contato, para a corrente nominal.

Uma divisão de tarefas também pode ser reconhecida na Fig. 7.42. Os elementos de tensão com molas em espiral transmitem o torque, e a superfície cilíndrica contígua garante um assentamento centrado e livre de oscilações da polia, o que o elemento de tensão por si só não pode oferecer, pelo menos no caso de exigências de maior precisão.

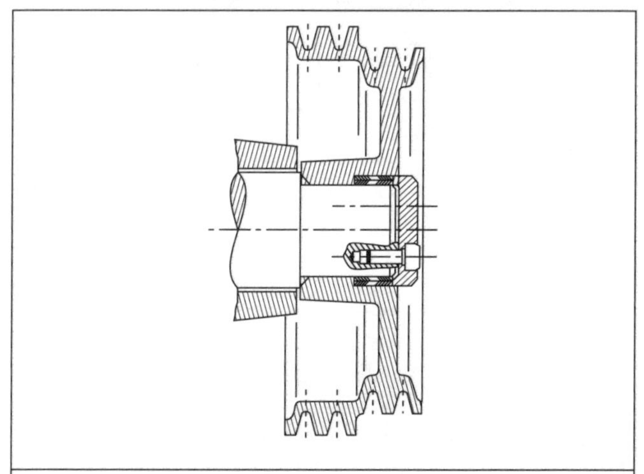

Figura 7.42 — *Elementos tensores de anéis elásticos com centragem especial.*

Um outro exemplo é encontrado em disposições de mancais de rolamento, nos quais, para aumento da vida útil do rolamento fixo, a absorção de forças axiais e radiais é claramente dividida: Fig. 7.43. O rolamento de esferas ranhurado não está guiado radialmente na carreira externa e, assim, com pequena demanda de espaço, serve unicamente para absorver forças axiais; o rolamento de rolos só recebe cargas radiais.

Além disso, o princípio da divisão de tarefas é conseqüentemente obedecido na correia plana de camadas múltiplas. De um lado, são constituídas de uma tira de plástico, capazes de transmitir as elevadas forças de tração; por outro lado, a parte da correia em contato com a polia é provida de uma camada de couro de cromo, responsável pelo alto valor do coeficiente de atrito para transmissão da potência. Outro exemplo pode ser encontrado na Fig. 7.18 para a fixação das pás do rotor de um helicóptero.

3. Divisão de tarefas com a mesma função

Se, em decorrência do aumento de uma potência ou de uma grandeza, for alcançado um limite, ele pode ser superado pela divisão da mesma função entre portadores idênticos da função.

Em princípio, trata-se de uma *divisão de potência* e subseqüente reunião. Também aqui, podem ser apresentados muitos exemplos.

A capacidade de transmissão de uma correia trapezoidal, que também foi produzida pelo princípio da divisão de tarefas, não pode ser aumentada indefinidamente pelo aumento da secção (quantidade de cordões trabalhando à tração por correia), pois para um mesmo diâmetro da polia um aumento de altura h (Fig. 7.44) faz crescer a tensão de flexão. O trabalho de deformação relacionado com isso aumenta, e o material de enchimento de borracha, mau condutor de calor, dotado de propriedades histeréticas, experimentaria um aquecimento excessivo, o que diminuiria seu tempo de vida útil. Pelo contrário, uma largura desproporcional da correia diminuiria excessivamente a rigidez transversal necessária para a absorção das forças normais atuantes nas superfícies laterais inclinadas. O aumento de potência é atingido, quando a potência total é dividida em subpotências adequadas, que sempre representam a potência-limite de um elemento individual, considerando sua vida útil (disposição múltipla de correias trapezoidais paralelas).

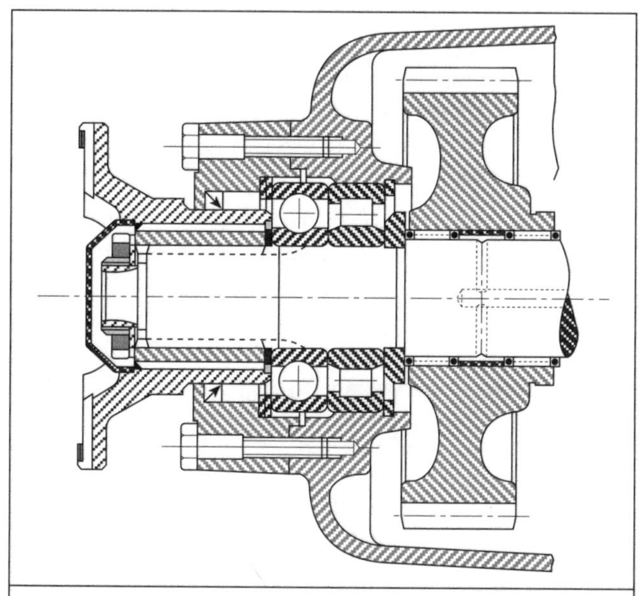

Figura 7.43 — *Mancal fixo com separação da capacidade de suporte de carga axial e radial.*

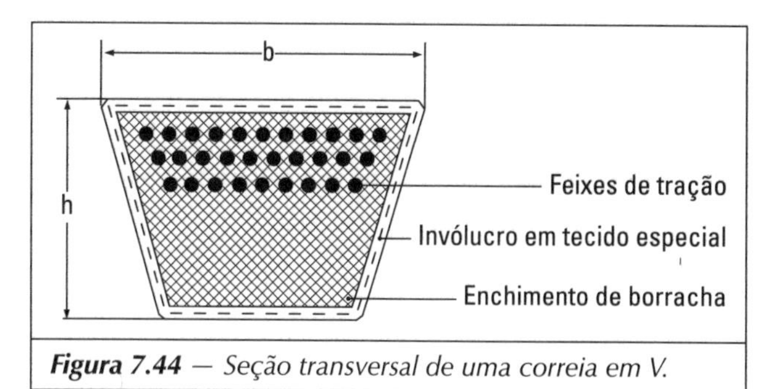

Figura 7.44 — *Seção transversal de uma correia em V.*

Tubulações de vapor de aço austenítico, com coeficiente de dilatação cerca de 50% mais elevado, em comparação com o aço ferrítico, comumente usado em tubos, são mais rígidas. Com a mesma pressão interna e com os mesmos valores-limites para o material, a relação diâmetro externo/diâmetro interno de uma tubulação permanece constante quando se varia o diâmetro interno. Com velocidade de escoamento constante, a vazão varia com a segunda potência do diâmetro interno, e a rigidez à flexão e à torção, com a quarta potência. A divisão em z tubos, ao invés de um tubo maior com a mesma secção transversal, certamente com maiores perdas de pressão e calor, baixaria em $1/z$ a rigidez que tanto prejudica a dilatação térmica. Com quatro ou oito tubos, resultam reações de apoio apenas 1/4 ou 1/8 das reações do tubo rígido maior [29, 279]. Além disso, a diminuição das espessuras das paredes reduz as tensões térmicas.

Mecanismos com engrenagens, especialmente transmissões planetárias, fazem uso da múltipla intervenção do princípio da divisão de tarefas; nesse caso da divisão da potência. Uma vez que o pinhão é dimensionado para a fadiga, desde que o aquecimento seja mantido dentro de limites controláveis, a potência transmitida pode ser aumentada em repetidas intervenções. A disposição com simetria de rotação das transmissões planetárias, segundo o princípio de balanceamento das forças (vide 7.4.1-4), elimina inclusive a flexão do eixo em conseqüência das forças normais nas engrenagens; todavia, por causa do maior fluxo de potência, a deformação à torção será maior: Fig. 7.45. Em transmissões de grande potência faz-se uso vantajoso desse princípio, nas chamadas transmissões múltiplas, que são exclusivamente providas de engrenagens cilíndricas com dentes externos de maior precisão. Conforme apresentado em [96], é possível um aumento de potência de acordo com o número de caminhos dos fluxos de potência.

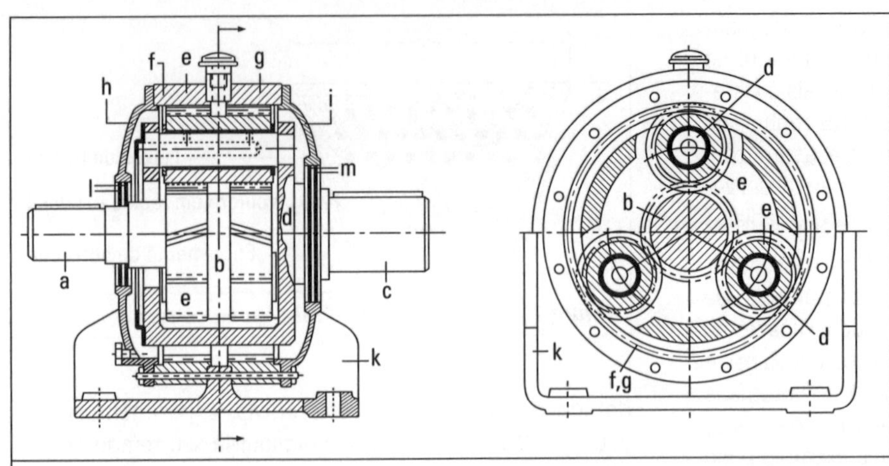

Figura 7.45 — Transmissão planetária com divisão de potência e pinhão livremente regulável segundo [97].

Certamente, ela não poderá ser exatamente proporcional, pois nas várias etapas forma-se uma geometria diferente nos flancos, com uma tensão nos flancos ligeiramente maior. Arranjos básicos são indicados na Fig. 7.46.

Na divisão de tarefas com a mesma função contínua, é problemática a utilização uniforme de todos os elementos participantes para o pleno atendimento da função. Ou seja, a garantia de uma *igual distribuição da força ou da potência*. Em geral, ela só pode ser atingida, quando os elementos participantes:

- podem se ajustar automaticamente à ação da força em termos de equilíbrio; ou
- possuem uma curva característica rasa entre grandeza dominante (força, momento, etc.) e propriedade a ser balanceada (deformação elástica, flexibilidade etc.).

No caso de transmissões por correias em V, a força tangencial precisa ser contraposta por um alongamento suficientemente grande da correia, para que desvios de tolerância no comprimento da correia e diferenças nos diâmetros efetivos, decorrentes de tolerâncias dimensionais da correia ou da ranhura da polia, ou de erros de paralelismo dos eixos, sejam compensados com pequenas variações na força.

No exemplo da tubulação, as resistências individuais dos tubos ao escoamento, a relação entre as vazões de entrada e saída, bem como o arranjo geométrico dos tubos deve, se possível, ser igual, ou as perdas de carga individuais devem ser pequenas, bem como pouco influenciadas pela velocidade de escoamento.

Com relação às transmissões planetárias, uma disposição rigorosamente simétrica deve possibilitar distribuição uniforme da rigidez e da temperatura ao longo do perímetro. Por meio de arranjos articulados ou muito flexíveis, ou elementos de ajuste [97], deve ser assegurada uma participação uniforme dos componentes na transmissão da força.

A Fig. 7.47 dá um exemplo para uma disposição flexível. Outros meios de compensação, como membros articulados e elásticos, podem ser encontrados em [97].

Em geral, o princípio da divisão de tarefas oferece um aumento da potência-limite ou dos campos de aplicação. Com a divisão entre vários portadores de função, ganham-se relações claras com respeito ao efeito e à solicitação. Na divisão de uma mesma função entre portadores de função diversos, porém iguais, também pode-se ampliar os limites específicos se, com ajustes adequados ou elementos auto-ajustáveis, se procurar obter caminhos idênticos para os fluxos de potência ou de força.

Com a divisão da transmissão de forças, pode ser conseguida uma distribuição mais equânime das cargas em estruturas portantes (como pilares e apoios), por meio de um ajuste das relações de rigidez. Na análise da rigidez deve ser considerado o local e direção da carga, pois ambos influenciam diretamente a deformação. A avaliação é facilmente executável pelo método dos elementos finitos (vide princípio das deformações ajustadas 7.4.1-3).

Em geral, aumenta o esforço de projeto, que tem de ser compensado por uma maior economia global ou segurança.

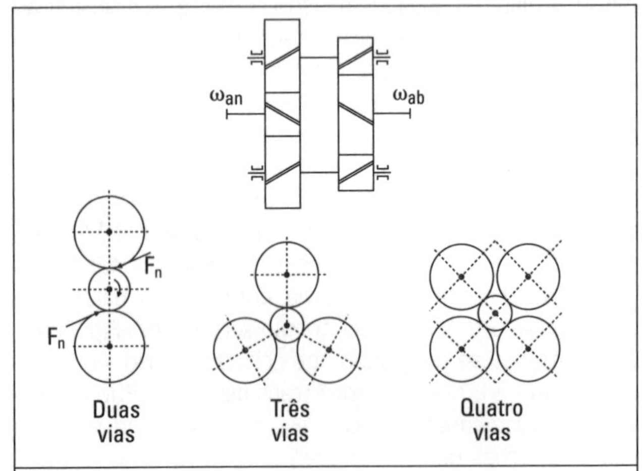

Figura 7.46 — Constituição básica de transmissões múltiplas de engrenagens, segundo [203].

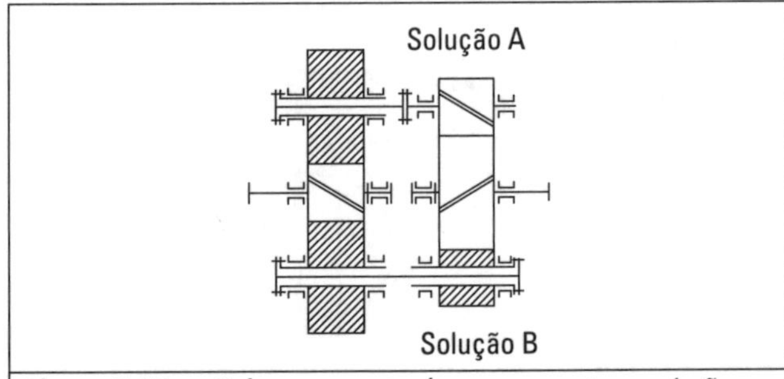

Figura 7.47 — Balanceamento de cargas em transmissões múltiplas por meio de árvores de torção elásticas [203].

7.4.3 Princípio da auto-ajuda

1. Conceitos e definições

No capítulo anterior foi discutido o princípio da divisão de tarefas, cuja aplicação torna possível um aumento na capacidade de carga e um comportamento mais claro de um componente. Isto foi conseguido após uma análise das subfunções e sua associação em separado com portadores de função correspondentes, que no seu funcionamento não se influenciam ou se perturbam mutuamente.

De acordo com o *princípio da auto-ajuda*, após a consideração analítica das subfunções e dos correspondentes portadores de função, pode ser alcançada uma ação apoiadora recíproca, a qual ajuda a melhor atender à função, pela escolha hábil dos elementos do sistema e da sua disposição no próprio sistema.

O conceito da *auto-ajuda* inclui numa situação normal (carga normal) a importância da colaboração no mesmo sentido, assim como aliviar e compensar; numa situação de emergência (sobrecarga) inclui a importância de proteger ou salvar. Em um projeto com auto-ajuda, o necessário efeito global se origina de um efeito inicial e de um efeito suplementar.

O *efeito inicial* introduz o processo, assegura a necessária situação inicial e corresponde, em muitos casos, com respeito à ação da solução convencional sem ação da ajuda, porém com uma correspondente menor intensidade de ação.

O *efeito auxiliar* é obtido de grandezas principais determinadas pela função (força tangencial, torque, etc.) e/ou de grandezas secundárias acompanhantes (forças axiais em engrenagens helicoidais, força centrífuga, força de expansão térmica, etc.), desde que entre elas haja uma associação definida. O efeito suplementar também pode ser obtido por uma outra distribuição do fluxo de forças e do tipo ou distribuição de solicitação modificado ou mais resistente conseqüente.

A inspiração para a formulação do principio da auto-ajuda deriva da chamada vedação de Bredtschneider-Uhde, que representa um fechamento autovedante particularmente adequado para vasos de pressão [237]. A Fig. 7.48 mostra esquematicamente esse arranjo. Com ajuda de um parafuso central 2, através da travessa 3 e da parte rosqueada 4, a tampa 1 é prensada com uma leve força contra a guarnição 5. Esta força representa o efeito original ou inicial e é responsável pela manutenção do contato entre as peças na posição correta. Com pressão operacional *p* crescente, a força na tampa = pressão interna × área da tampa, estabelece um efeito de auto-ajuda, que permite aumentar, na medida necessária, a força sobre a guarnição nos locais de vedação da tampa e do vaso, como efeito global desejado. Através da ajuda da respectiva pressão operacional, a pressão correspondente sobre a guarnição é, portanto, autoproduzida.

Estimulado por esta solução de projeto autovedante o princípio da auto-ajuda foi então formulado em [206, 209] e exaustivamente analisado e elaborado por Kühnpast [161].

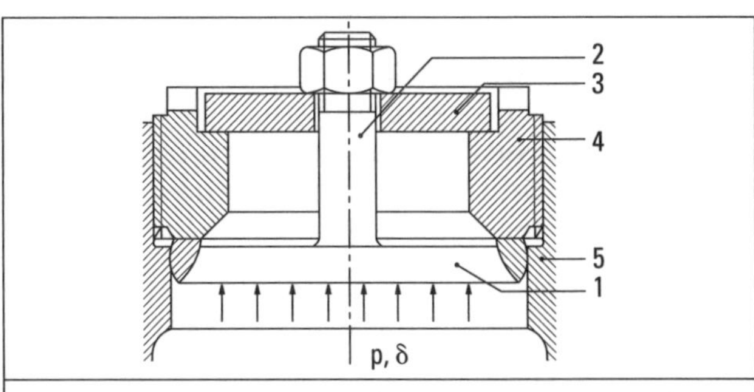

Figura 7.48 *— Tampa autovedante. 1) tampa, 2) parafuso central, 3) travessa, 4) elemento filetado com rosca dente de serra, 5) anel de vedação metálico, p pressão interna, δ temperatura.*

Pode ser prático indicar quantitativamente a contribuição do efeito suplementar *H* sobre o efeito global *G*, obtendo-se assim

o grau de auto-ajuda $\kappa = H/G = 0 \ldots 1$.

O ganho, que se pode conseguir com uma solução de auto-ajuda, relaciona-se a uma ou várias características técnicas: eficiência, vida útil, aproveitamento do material, limite técnico, etc.

É definido como

$$\text{Ganho de auto-ajuda } y = \frac{\text{Característica técnica com auto-ajuda}}{\text{Característica técnica sem auto-ajuda}}.$$

Se, ao princípio da auto-ajuda estiver associado um esforço adicional de projeto, com o ganho de auto-ajuda deverá originar-se uma vantagem correspondente, que irá se manifestar numa avaliação técnico-econômica.

Conforme sua disposição, os mesmos meios de projeto podem atuar de forma *auto-ajudante* ou *autofalhante*. Como exemplo, é apresentada a provisão de um tampa de inspeção: Fig. 7.49. Enquanto a pressão no interior do reservatório for maior em relação à pressão externa, o arranjo à esquerda é auto-ajudante, pois a força sobre a tampa (efeito suplementar) no sentido de a força de aperto do parafuso (efeito inicial) aumentar a força sobre a vedação (efeito global).

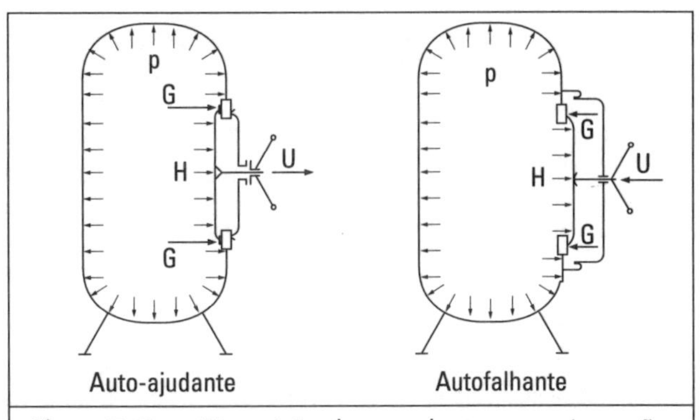

Figura 7.49 *— Disposição de uma abertura para inspeção. U efeito inicial; H efeito suplementar; G efeito global; p pressão interna.*

O arranjo à direita, ao contrário, é autofalhante, pois a força sobre a tampa *H* diminui a força de vedação *G*, pela força no parafuso *U*. Se, em contrapartida, prevalecesse uma subpressão no reservatório, a disposição à esquerda seria autofalhante e à direita auto-ajudante (vide diagrama na Fig. 7.50).

Desse exemplo pode-se concluir que, com relação ao efeito de auto-ajuda, devem ser considerados os efeitos resultantes: aqui as forças de compressão resultantes da pré-tensão elástica e não a simples adição das forças de aperto do parafuso e da força sobre a tampa. O diagrama da Fig. 7.50 é simultaneamente um diagrama tensão-deformação de uma ligação com parafusos sob pré-tensão e carga de serviço.

A tradicional ligação flange-parafuso pode ser designada como autofalhante, pois o efeito global desejado, ou seja, a força sobre a vedação será, durante a operação, sempre menor do que a força de pré-tensão inicial. Nisso, aumenta a carga sobre o parafuso. Se possível, deveriam ser procuradas disposições, situadas dentro do domínio da auto-ajuda, onde a auto-ajuda aumenta o efeito global desejado (força de vedação) e diminui a carga sobre o parafuso durante a operação.

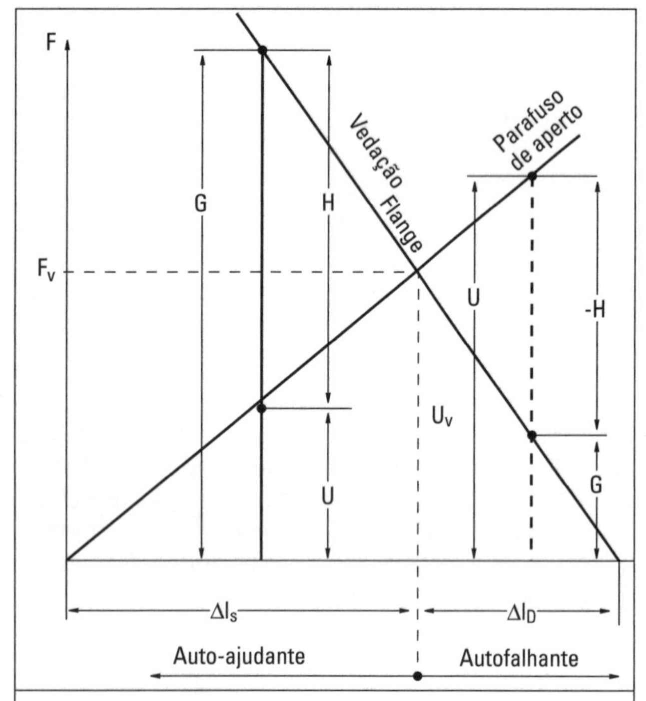

Figura 7.50 — Diagrama de protensão para a Fig. 7.49. F forças de protensão; Δl alongamento; índice S: parafuso; índice D: vedação/flange.

(Exemplos de ligações com parafusos com disposições auto-ajudantes encontram-se nas Figs. 7.53 a-d).

Considerando o emprego objetivo na prática, é útil subdividir soluções auto-ajudantes conforme a Tab. 7.3.

2. Soluções auto-reforçadoras

Na solução auto-reforçadora, já com a carga normal, o efeito suplementar é obtido diretamente de uma grandeza principal condicionada pela função e/ou grandeza auxiliar, da qual resulta um efeito global reforçado.

Este grupo de soluções auto-ajudantes está representado com freqüência maior. Em condições de carga parcial, ela oferece vantagens especiais com respeito a maior tempo de serviço, menor desgaste, melhor rendimento, etc. Pois os componentes transmissores das forças somente são carregados ou empregados na medida exigida pelo estado momentâneo de carregamento ou de performance, para o cumprimento suficiente da sua função.

Como primeiro exemplo, discute-se uma transmissão por rodas de atrito, continuamente ajustável (Fig. 7.51):

A mola *a* comprime o copo *c*, livremente deslocável no eixo *b*, contra o disco cônico *d* e assim garante o efeito inicial (efeito de origem). Com a introdução de um torque, o rolo *e* assenta sobre o eixo *b*, sendo comprimido de encontro à quina oblíqua do copo *e*, gerando aqui uma força normal, a qual se decompõe em uma força tangencial F_{U_K} e uma força axial F_K, que por sua vez aumenta a força de aperto F_N sobre o disco cônico, em relação direta com o torque: $F_K = T/(r_T \cdot \text{tg}\ \alpha)$.

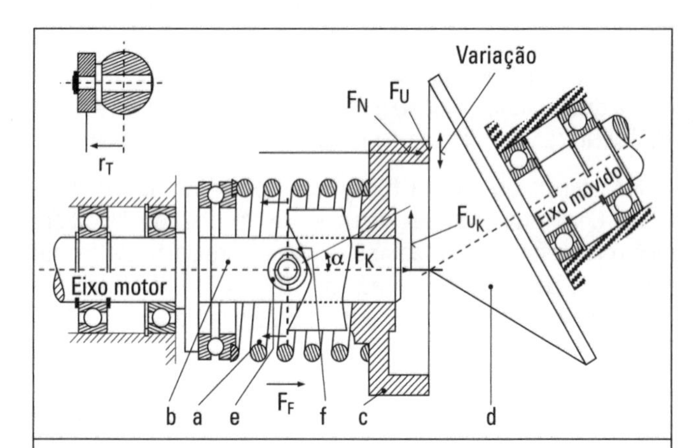

Figura 7.51 — Roda de atrito com extremidade de rolo. ***a*** *mola de protensão;* ***b*** *eixo motriz;* ***c*** *roda de topo;* ***d*** *roda cônica;* ***e*** *rolete;* ***f*** *chanfro da roda de topo;* r_T *raio, onde atuam* F_{U_K} *e* F_K.

Tabela 7.3 Síntese de soluções auto-auxiliares

	Carga normal		Sobrecarga
Tipo de auto-auxílio Ação auxiliar em decorrência de	Auto-amplificante Variáveis principais e auxiliares	Autocompensantes Variáveis auxiliares	Mudança autoprotetora do tipo de esforço
Caraterística importante	Variáveis principais e variáveis auxiliares atuam no mesmo sentido das demais variáveis principais	Variáveis auxiliares atuam em sentido oposto às variáveis principais	Alteração do fluxo da força, por exemplo, devido à deformação elástica; a restrição da função é aceitável

A força F_K representa o efeito suplementar obtido do torque. O efeito global resulta da força F_F (efeito inicial) e da força F_K, dependente do torque (vide Fig. 7.52).

A força tangencial determinante para o torque transmissível será então:

$$F_U = (F_F + F_K) \cdot \mu,$$

e o grau de auto-ajuda $\kappa = H/G = F_K/(F_F + F_K)$.

É evidente, por exemplo, que a pressão na roda de atrito, que também determina desgaste e tempo de vida útil de tal transmissão, só é constituída à medida que é exatamente necessária. Uma solução convencional sem auto-reforço, teria exigido como força normal a ser criada, apenas com a força da mola F_F, 100% do torque correspondente e onde predominaria a pressão máxima no ponto de contato para qualquer estado de carregamento. Com isso, os pontos de apoio da transmissão estariam constantemente mais intensamente carregados, o que levaria a uma redução do seu tempo de vida útil ou a um tipo de construção mais pesada.

Um cálculo aproximado mostra, por exemplo, que a operação com carga parcial de 75% da carga nominal provoca um alívio de 20% nas cargas dos mancais, que, por causa da relação exponencial entre tempo de vida e carga no mancal, pode conduzir a uma duplicação do tempo de vida teórico. O ganho de auto-ajuda com respeito ao tempo de vida do mancal neste caso é definido da seguinte maneira:

$$\gamma_L = \frac{L_{\text{com auto-ajuda}}}{L_{\text{sem auto-ajuda}}} = \left(\frac{C/(0{,}8F_L)}{C/F_L}\right)^p = 1{,}25^p$$

com $p = 3$, obtém-se $\gamma_L = 2$.

Um exemplo típico é a conhecida transmissão Sespa [157]. A Fig. 7.53 mostra ainda disposições auto-reforçantes em que as superfícies de contato foram pré-tencionadas através de parafusos, nos quais a força de atrito é reforçada pelas cargas de serviço, mas os parafusos são aliviados.

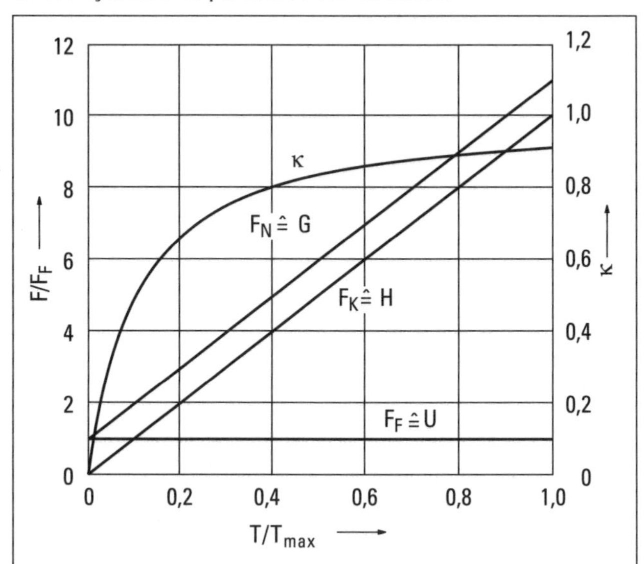

Figura 7.52 — *Grau de auto-ajuda κ bem como efeito inicial (U), suplementar (H) e global (G) em função do torque relativo $T/T_{máx}$ para a transmissão por roda de atrito, conforme Fig. 7.51.*

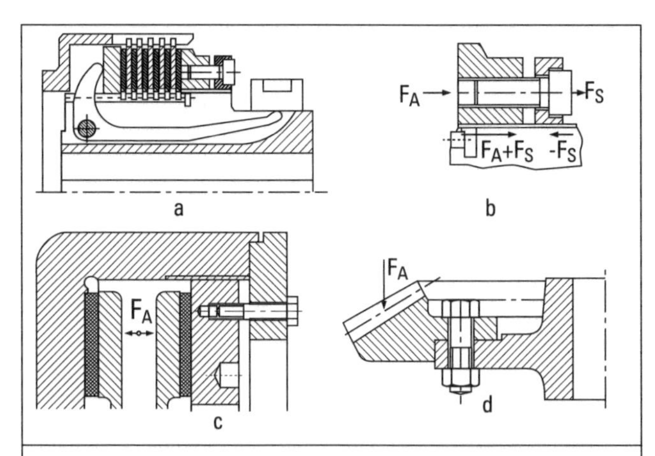

Figura 7.53 — *Uniões com parafusos trabalhando por atrito, auto-reforçantes. **a** embreagem de discos múltiplos com anel de regulagem; **b** forças no anel de regulagem; **c** disco regulável em embreagens de fricção de dois discos; **d** fixação do platô, cargas distribuidas simetricamente.*

A aplicação do princípio da auto-ajuda aos freios auto-reforçantes é descrita por Kühnpast [161] e Roth [233]. Dependendo da aplicação, pode ser interessante até mesmo uma solução autopenalizante, neste caso auto-enfraquecedora, que reduz os efeitos das flutuações do atrito sobre o momento de frenagem [107, 233].

Um outro setor é ocupado pelas vedações auto-amplificadoras: Fig. 7.54. Aqui, a pressão de serviço, contra a qual se deve vedar, é empregada na geração do efeito auxiliar.

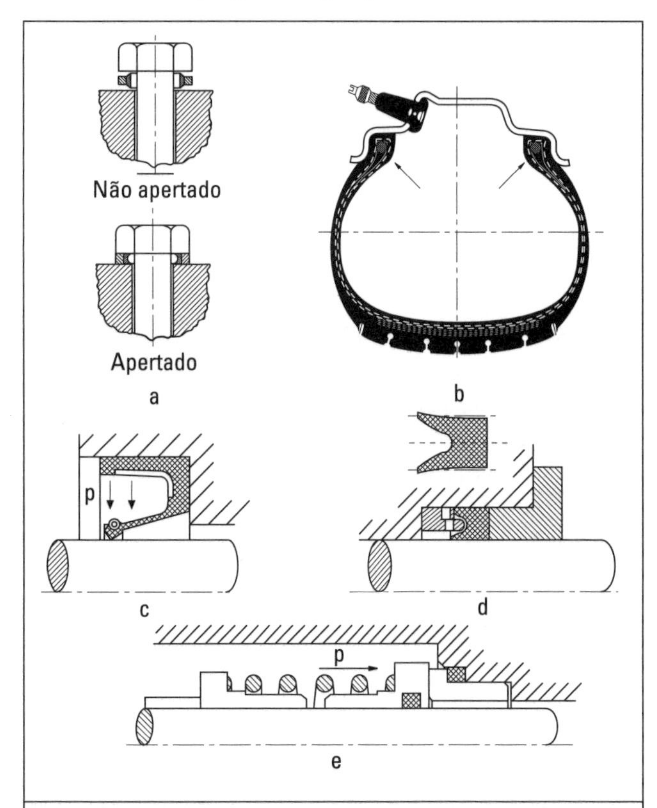

Figura 7.54 — *Vedações auto-reforçantes. **a** arruela autovedante "Usit-Ring"; **b** pneu sem câmara; **c** vedação radial de um eixo; **d** vedação por anéis; **e** vedação com anel deslizante.*

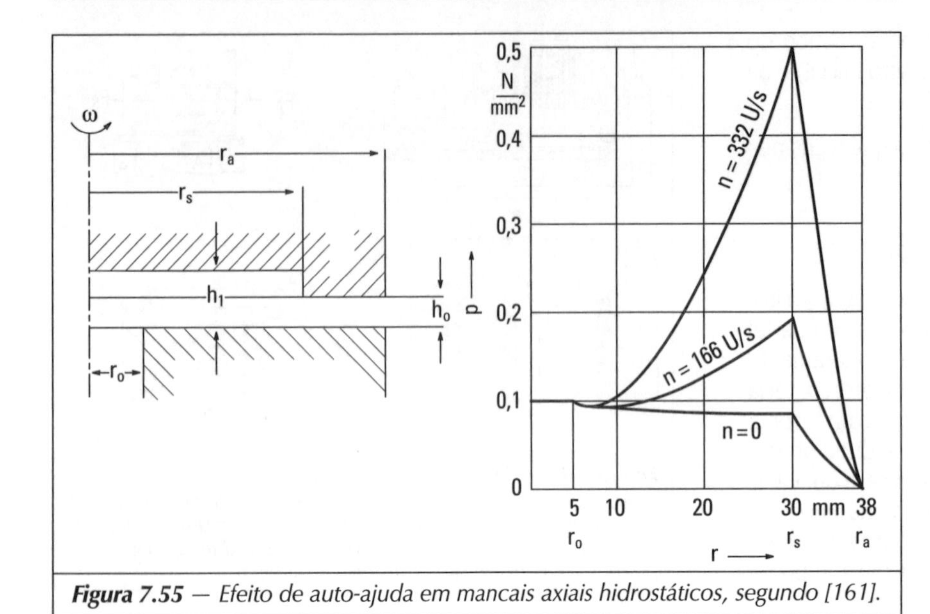

Figura 7.55 — *Efeito de auto-ajuda em mancais axiais hidrostáticos, segundo [161].*

missível permitem transmitir apenas uma determinada força tangencial: Fig. 7.56. Colocando as pás numa posição inclinada produz-se um efeito suplementar, no qual uma outra tensão de flexão adicional resultante da força centrífuga atuante no agora centro de gravidade excêntrico da pá se contrapõe à tensão de flexão inicial e assim possibilita uma maior força tangencial, ou seja, um maior rendimento da pá. Até que ponto deverá ser levada esta compensação, depende das condições aerodinâmicas e mecânicas.

O efeito autocompensador também pode ser produzido, por exemplo, através de tensões térmicas no qual a disposição é escolhida de modo que as tensões térmicas resultantes se opõem às outras tensões, devidas, por exemplo, à sobrepressão ou a quaisquer outras cargas mecânicas: Fig. 7.57.

Os exemplos devem estimular a projetar a disposição ou a forma de um sistema técnico, de modo que:

- as tensões resultantes de forças e momentos se neutralizem reciprocamente ou
- as forças e os momentos adicionais sejam produzidos numa ordem fixa, definida, possibilitando uma compensação que aumente a capacidade do sistema.

Finalmente, também não deve deixar de ser mencionado o caso no qual uma grandeza auxiliar gera o efeito suplementar. Num mancal axial hidrostático aparece um aumento de pressão através da ação centrífuga, o qual, segundo a Fig. 7.55, consegue uma melhoria da capacidade de carga em alta rotação, desde que o calor formado possa ser dissipado. O efeito suplementar seria a melhoria da capacidade de carga em conseqüência da pressão cinética do óleo devido unicamente à ação da força centrífuga; o efeito global resulta da evolução da capacidade de carga da pressão estática e dinâmica. Segundo Kühnpast [161] poderia se alcançar, para uma rotação de 166 rps e com grau de auto-ajuda de $\kappa = 0{,}38$, um ganho de auto-ajuda de $\gamma = 1{,}6$ com relação à condição de repouso.

O efeito suplementar de uma outra grandeza auxiliar, qual seja, a da influência da temperatura em anéis de retração em turbinas, está descrito em [206].

4. Soluções autoprotetoras

Quando ocorre um caso de sobrecarga, se não for exigida uma fratura em lugar predeterminado (elo fraco) ou algo semelhante, o componente não deveria se romper. Isto vale principalmente para sobrecargas freqüentes e ligeiramente

3. Soluções autocompensadoras

Também na solução autocompensadora, o efeito suplementar é obtido já com a carga de serviço, de grandezas auxiliares acompanhantes em associação direta com uma grandeza principal, e onde o efeito suplementar atua contrariamente ao efeito inicial, conseguindo assim uma compensação, o que possibilita um efeito global melhorado.

Um exemplo simples pode ser encontrado na construção de turbinas. A pá fixada em um rotor está sujeita, por um lado, à tensão de flexão decorrente da força tangencial e, de outro lado, à tensão da força centrífuga. As duas se somam e ao atingir a tensão ad-

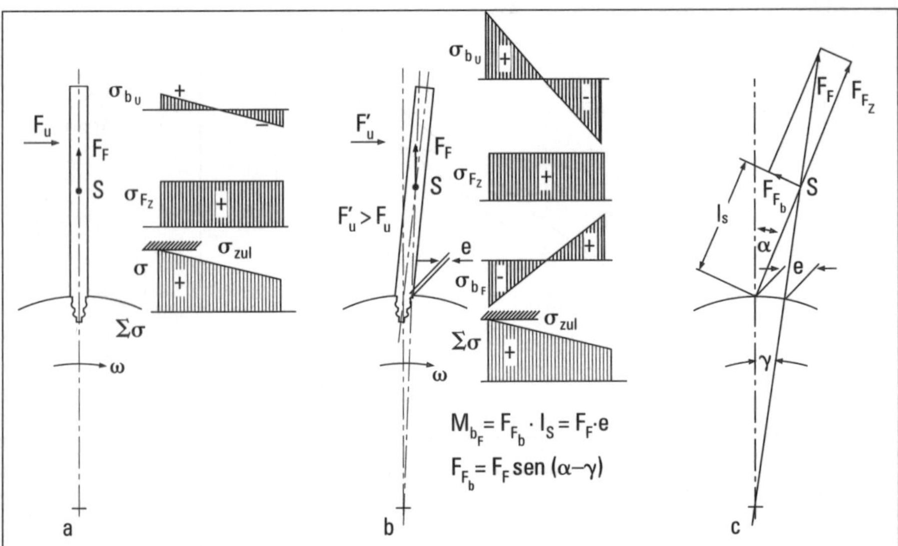

Figura 7.56 —*Solução autocompensadora para a disposição das pás em turbinas.* **a** *solução convencional;* **b** *posição inclinada da pá resulta em efeito suplementar compensador em decorrência da tensão adicional da força centrífuga* σ_{bF}, *que se opõe à tensão de flexão da pá* σ_{bu} *causada pela força tangencial;* **c** *diagrama de forças correspondente.*

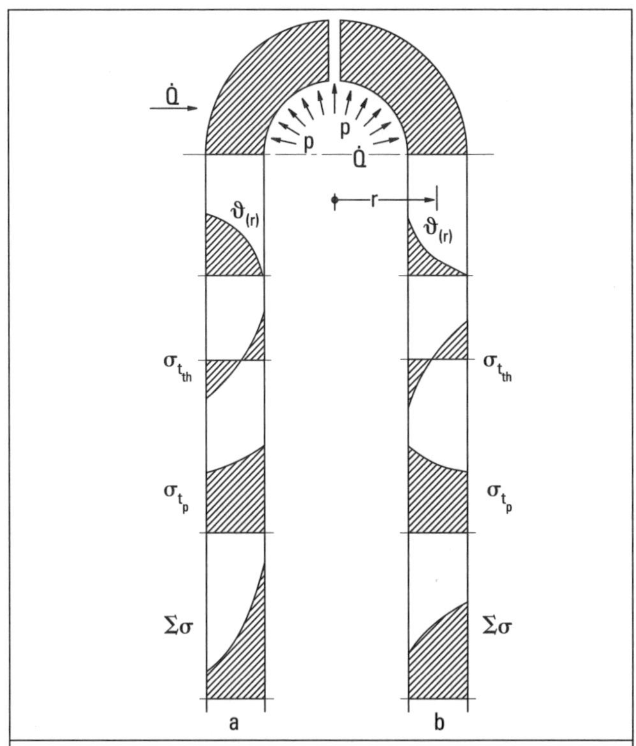

***Figura** 7.57 — Tensões tangenciais em um tubo de paredes espessas em conseqüência da pressão interna σ_{tp} e da diferença de temperatura sob fluxo de calor quase estacionário σ_{th}. **a** solução não compensadora: na fibra interna tensão térmica soma-se para a máxima tensão mecânica; **b** solução autocompensadora, tensão térmica age nas fibras internas de máxima solicitação mecânica.*

acima do limite. Se não forem necessários dispositivos de segurança especiais, que, p. ex., pudessem limitar a magnitude da sobrecarga, é vantajosa uma solução autoprotetora. Às vezes, ela é a própria simplicidade.

A solução autoprotetora adquire seu efeito suplementar através de um caminho adicional de transmissão da força, que, no caso de uma sobrecarga, geralmente é alcançado por deformações elásticas. Assim, resulta uma nova distribuição de cargas e também um novo estado de tensão, mais resistente na sua totalidade. Entretanto, as características funcionais existentes em condições normais são freqüentemente alteradas, reduzidas ou anuladas.

As molas representadas na Fig. 7.58 possuem estas características autoprotetoras. Também se costuma chamar a isso de assentamento em bloco.

As partes da mola que, no caso normal, estão submetidas a tensões de torção e flexão, no assentamento em bloco no caso de sobrecarga, conduzem a forca adicional de espira em espira por compressão. Em certas

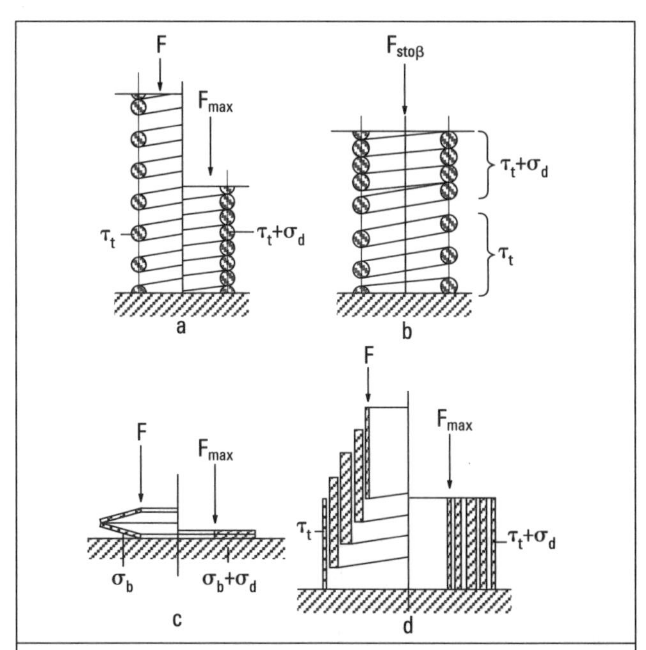

***Figura** 7.58 — Molas com solução autoprotetora. De **a** a **d** recalque em bloco gera outra distribuição de forças com alteração do tipo de solicitação, capacidade funcional original neutralizada ou restringida em caso de sobrecarga.*

circunstâncias, este efeito também acontece, quando as molas são solicitadas por impacto e a força de impacto é transmitida analogamente (vide Fig. 7.58b).

A Fig. 7.59 mostra tipos construtivos de acoplamentos elásticos, que, com a limitação das deformações, forçam um outro tipo de transmissão da força e assim, certamente com perda da flexibilidade, podem absorver forças maiores sem sacrifício imediato dos membros elásticos. O estado de tensões das molas de lâminas da Fig. 7.59a se altera pelo fato de que, além da tensão de flexão, em caso de sobrecarga, comparece agora uma elevada tensão de cisalhamento na posição entre as duas metades do acoplamento.

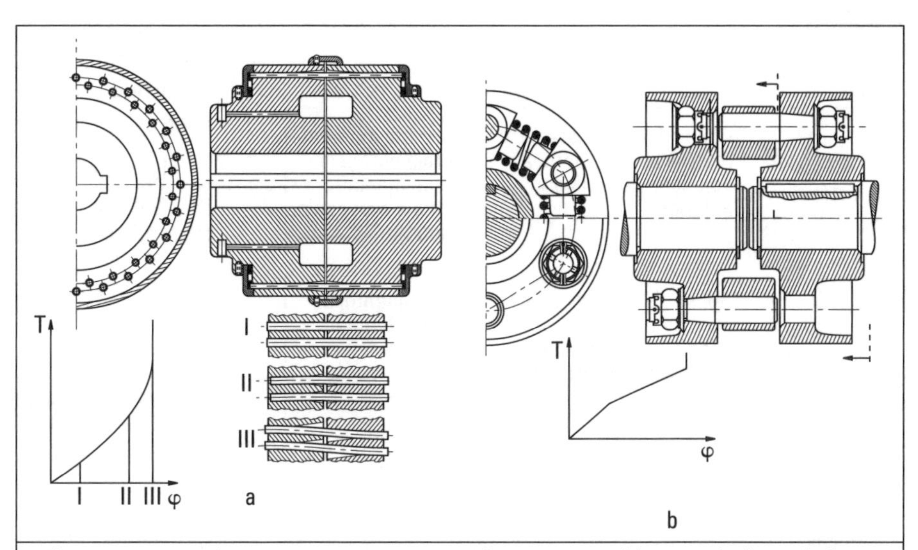

***Figura** 7.59 — Solução autoprotetora em embreagens. Modificação do fluxo de forças mediante desistência das características elásticas em caso de sobrecarga. **a** Embreagem com barras elásticas. **b** Embreagem elástica com molas helicoidais e batentes especiais para absorção das forças em caso de sobrecarga.*

A Fig. 7.59b mostra um acoplamento, que numa análise rigorosa, pode ser classificado como caso-limite entre o princípio da divisão de tarefas e da solução autoprotetora. Os batentes limitadores servem unicamente para a absorção das forças da sobrecarga e a natureza da tensão dos elementos elásticos não é alterada; em compensação, realiza-se uma outra distribuição da transmissão da força, que se instala após a deformação elástica.

Kühnpast [161] ainda aponta para os casos, em que numa secção se apresenta uma tensão não uniforme e então podem ser aproveitadas deformações plásticas para fins de autoproteção. Entretanto, simultaneamente devem estar presentes um material suficientemente dúctil e uma adequada estabilidade da forma. Além disso, deve ser evitado um estado de tensões múltiplo de mesmo sinal.

O princípio da auto-ajuda, com as soluções auto-reforçadoras e autocompensadoras, bem como com as soluções autoprotetoras, deve estimular o projetista a aproveitar todas as possibilidades concebíveis de disposição e forma do corpo, para criar uma solução eficiente e econômica.

7.4.4 Princípio da estabilidade e biestabilidade

Da mecânica são conhecidos os conceitos de equilíbrio estável, indiferente e instável. Eles sempre designam um estado, conforme descrito na Fig. 7.60. No elaboração de uma solução é sempre necessário se considerar a influência de distúrbios. Para tanto, deve-se procurar um comportamento estável do sistema, o que significa que os distúrbios que se manifestarem devem gerar efeitos resultantes, que atuem em oposição ao distúrbio anulando-o, ou pelos menos atenuando-o. Se os distúrbios tiverem um efeito auto-amplificador, tem-se um comportamento instável. Porém, numa série de soluções pode ser desejado um deliberado comportamento instável entre dois estados estáveis. Este efeito leva a um comportamento *biestável*.

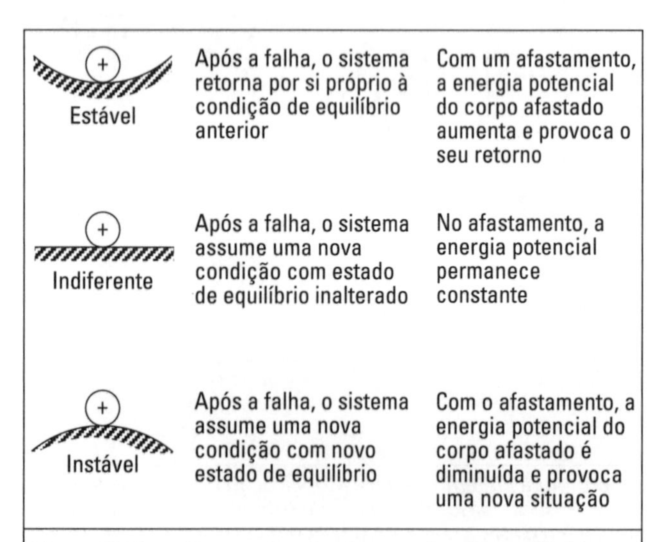

Figura 7.60 — *Caracterização dos estados de equilíbrio.*

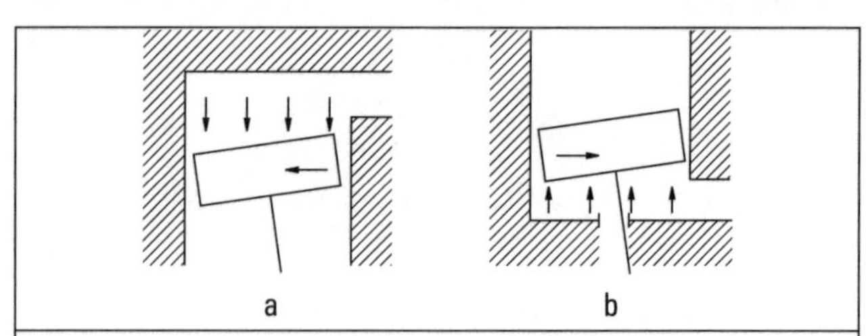

Figura 7.61 — *Pistão em posição inclinada dentro da camisa devido a uma falha [225].* ***a*** *a distribuição de pressões resultante proporciona uma força que aumenta a falha (comportamento instável);* ***b*** *a distribuição de pressões resulta numa força que se opõe à falha (comportamento estável).*

1. Princípio da estabilidade

A forma do corpo deve ser estabelecida de tal maneira que distúrbios provoquem um efeito autocompensante ou pelo menos atenuante. Reuter [225] relatou exaustivamente sobre esse assunto; aqui será reproduzida uma parte dos seus exemplos.

No projeto da forma de blocos de pistões em bombas, de dispositivos de comando e controle, é desejável um comportamento estável, possivelmente sem atrito.

A Fig. 7.61a mostra o arranjo de um pistão, que manifesta um comportamento tipicamente instável. Num distúrbio condicionado por um posicionamento oblíquo, p. ex., por erros do eixo de furação do pistão e dos mancais, forma-se uma distribuição de pressão no pistão, que reforça a posição inclinada (comportamento instável). Um comportamento estável é alcançado com a disposição da Fig. 7.61b que, no entanto, possui a desvantagem de a vedação da entrada da biela ter de ocorrer pelo lado comprimido.

De acordo com [225], para um arranjo conforme Fig. 7.61a, efeitos estabilizantes também podem ser conseguidos com as providências mostradas na Fig. 7.62a-d. Elas são criadas de modo que, através das respectivas distribuições de pressão surgidas como conseqüência do aparecimento de um distúrbio, provoquem forças na superfície lateral do pistão, contrárias ao distúrbio.

Um outro exemplo é o familiar mecanismo das forças em mancais de deslizamento hidrostáticos com bolsas de óleo multidivididas ao longo da circunferência. Aplicando a carga

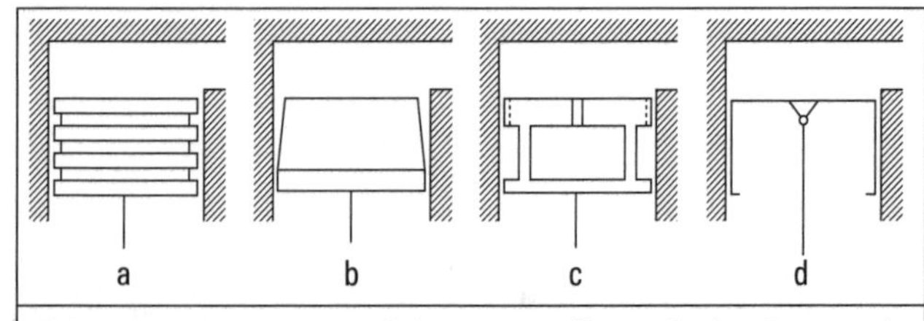

Figura 7.62 — *Contramedidas para melhoria da distribuição de pressões segundo [225].* ***a****) debilitação da ação instável da força por meio de canaletas que compensam as pressões;* ***b****) comportamento estável por meio de um pistão cônico;* ***c****) por meio de bolsas de pressão;* ***d****) por meio de uma articulação disposta acima do centro de gravidade do pistão.*

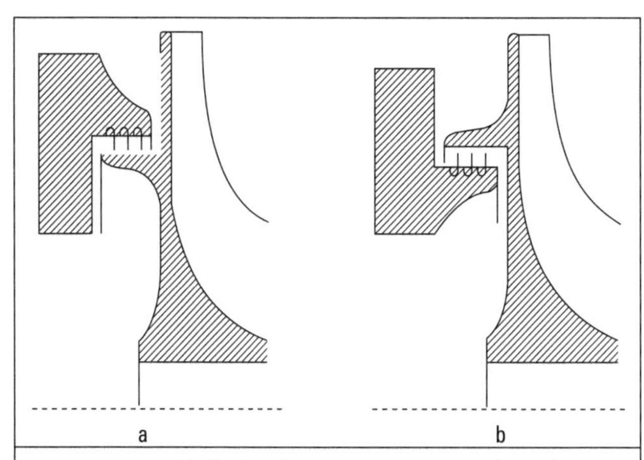

Figura 7.63 — *Vedação do pistão compensadora de rotor de um turbo compressor, conforme [225] - vide texto.*

no mancal ocorre redução na folga da fenda na direção da carga e, desse modo, aumenta a pressão de óleo na referida bolsa que, em conjunto com a redução da pressão na bolsa de óleo do lado oposto, é capaz de suportar a carga do mancal com um deslocamento muito pequeno do eixo, ou seja, possui elevada rigidez.

Em turbinas térmicas, deve-se procurar um comportamento térmico estável com buchas de vedação sem contato [225].

No exemplo de vedação do pistão compensador de um turbo compressor, é mostrado um arranjo termicamente instável na Fig. 7.63a e outro estável na Fig. 7.63b. No arranjo instável, em caso de raspagem, o calor formado pelo atrito flui principalmente na parte interna, que se aquece mais intensamente, se dilata e, assim, reforça o processo de raspagem. O arranjo estável permite que o calor produzido pelo atrito possa fluir principalmente para a parte externa. Pelo aquecimento e dilatação, o processo de raspagem é diminuído. O distúrbio introduzido resulta em um comportamento que se opõe ao distúrbio.

Os mesmos critérios são encontrados nos arranjos de mancais de rolamentos de roletes cônicos. O arranjo da Fig. 7.64a, com o aquecimento do eixo devido à sobrecarga, p. ex., tem a tendência de aumentar a carga pelo efetivo efeito da dilatação, em conseqüência do crescente calor do atrito. O arranjo da Fig. 7.64b, ao contrário, provoca uma tendência de alívio do carregamento. No caso concreto, certamente não se deverá chegar ao ponto em que os rolos cônicos do perímetro não estão mais plenamente carregados, porque senão

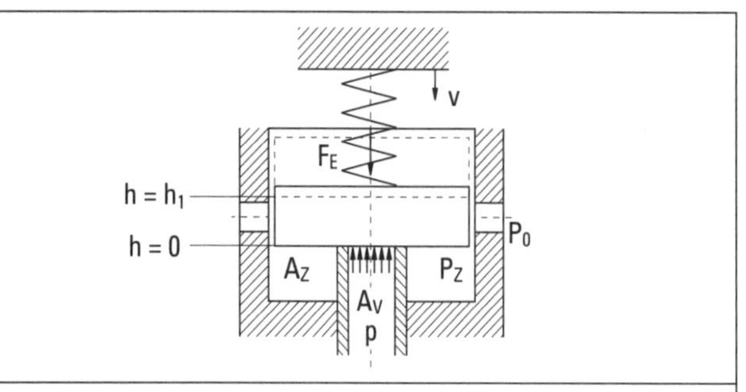

Figura 7.65 — *Princípio de solução para uma válvula que abre biestavelmente;* ***v*** *alongamento provocado pelo pré-tensionamento da mola;* ***c*** *rigidez elástica da mola; F_E força da mola; h curso do prato da válvula; p pressão sobre a parte frontal da válvula; P_g pressão limite, com a qual a válvula ainda abre; p_z valor médio da pressão ao abrir; p' valor médio da pressão depois da abertura; p_0 pressão atmosférica; A_v área de abertura das válvulas; A_z área adicional*

Válvula fechada: $F_E = c \cdot v > p \cdot A_V \quad h = 0$

Válvula começando a abrir: $F_E = c \cdot v \leq p_G \cdot A_V \quad h = 0$

Válvula abrindo: $F_E = c \cdot (v + h) < p \cdot A_V + p_z \cdot A_z \quad h \mapsto h_1$

Válvula totalmente aberta $F_E = c\,(v + h_1) = p'(A_V + A_z) \quad h = h_1$

(nova posição de equilíbrio)

os rolos localizados na direção da carga serão novamente sobrecarregados.

Um exemplo interessante de um comportamento térmico estável encontra-se em grandes transmissões com engrenagens bi-helicoidais da construção naval [322].

2. Princípio da biestabilidade

Há casos em que é exigido certo comportamento instável, também conhecido como biestável.

Isto ocorre quando, ao atingir o limite de uma condição estável, é atingido um novo estado estável, nitidamente diferente ou uma condição nova, não sendo desejáveis estados intermediários. Dessa forma, é conseguida a deliberada instabilidade intermediária, em que uma falha deliberada provoca efeitos que a apóiam e intensificam. O sistema passa para um novo estado estável. Este comportamento biestável é requisitado, por exemplo, em comutadores e sistemas de proteção (cf. 7.3.3).

Uma aplicação familiar é a configuração de válvulas de segurança e de alarme [225], que com o alcance da pressão-limite, devem pular da posição totalmente fechada para uma outra totalmente aberta, para evitar situações indesejadas como vazões pequenas ou flutuações nos movimentos das válvulas, com os correspondentes desgastes dos seus assentos. A Fig. 7.65 esclarece o princípio da solução:

Até a pressão limite $p = p_G$, a válvula permanece fechada pela força de pré-tensão da mola. Se esta pressão é excedida, o prato da válvula é ligeiramente levantado. Estabelece-se uma pressão intermediária p_z, pois

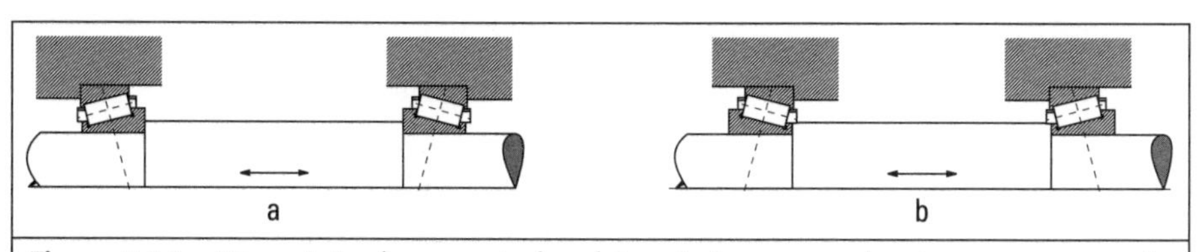

Figura 7.64— *Disposição de mancais de roletes cônicos no qual o eixo se aquece mais intensamente do que a carcaça.* ***a****) dilatação térmica causa aumento de carga e com isso um comportamento instável;* ***b****) dilatação térmica causa redução da carga e com isso um comportamento estável.*

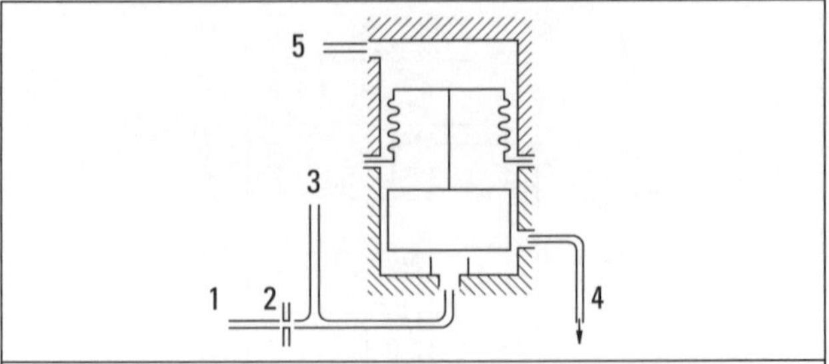

Figura 7.66 — Representação esquemática de um sensor para monitoramente da pressão do óleo em mancais segundo [225]. 1 sistema do óleo principal; 2 diafragma; 3 sistema de proteção controla válvulas de fechamento rápido; 4 descarga, sem pressão; 5 escoamento com pressão de óleo nos mancais.

o prato da válvula estrangula a saída. Esta pressão p_z atua sobre a superfície adicional do prato da válvula e gera uma força de abertura suplementar, em que a força da mola F_E é tão amplamente vencida, que o prato da válvula não abre proporcionalmente, mas repentinamente. Na posição aberta estabelece-se uma outra pressão intermediária p', que mantém a válvula aberta com ajuda das superfícies de trabalho. Para fechamento da válvula é necessária uma maior queda de pressão em relação à pressão-limite de abertura, pois na posição aberta está presente uma maior superfície de trabalho no prato da válvula.

Uma aplicação é mostrada na Fig. 7.66, para um interruptor por pressão como dispositivo de monitoramento da pressão de óleo em mancais.

Se a pressão de óleo nos mancais cai abaixo de determinado valor, o pistão que fecha o dispositivo protetor abre bruscamente e a pressão no sistema protetor é reduzida a ponto de desligar a respectiva máquina.

Também fazem uso do princípio da biestabilidade os dispositivos de fechamento rápido, nos quais através da pré-tensão de uma mola, o parafuso de impacto conjuntamente com o seu centro de gravidade assume uma posição excêntrica com relação ao seu eixo de rotação: Fig. 7.67. Em uma determinada rotação-limite, o parafuso de impacto inicia um

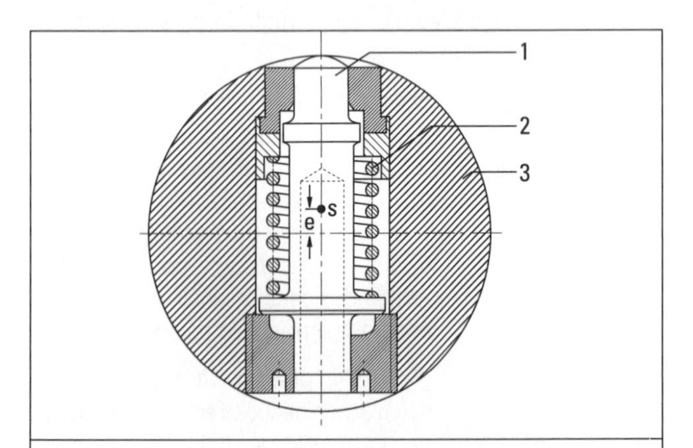

Figura 7.67 — Parafuso de fechamento rápido (**1**) montado no eixo (**3**) com centro de gravidade S posicionado excentricamente com uma excentricidade (**e**) e a mola (**2**) que mantém o parafuso em repouso, segundo [225].

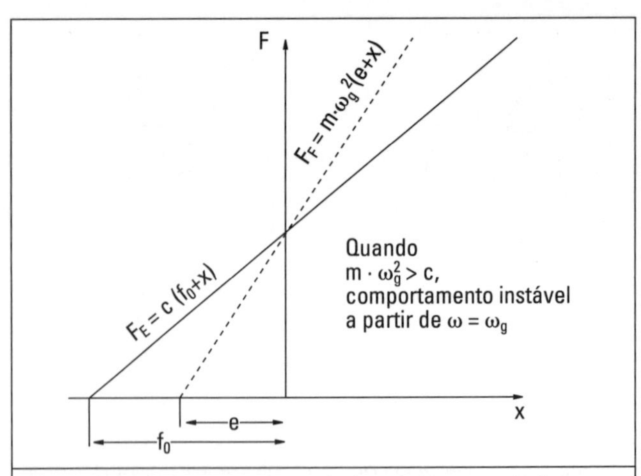

Figura 7.68 — Característica da força elástica e da força centrífuga com relação ao curso **x** do centro de gravidade do parafuso de fechamento rápido da Fig. 7.67. **e** excentricidade do centro de gravidade; f_0 curso provocado pela pré-tensionamento da mola; ω_g rotação-limite a partir da qual o parafuso de fechamento rápido se ergue de forma instável.

movimento para fora, contra a força de pré-tensão da mola. Dessa maneira, pelo crescimento da excentricidade do centro de gravidade, aumenta a força centrífuga que atua sobre ele, de modo que, mesmo sem um subseqüente aumento de rotação, ele é instavelmente arremessado para fora. A condição para isso é que, já no início da mudança de posicionamento x do centro de gravidade do parafuso, o aumento de intensidade da força centrífuga em relação a x seja maior do que a da força da mola que lhe é oposta. Isso pode ser conseguido, com diferentes características da força em função de x, pela igualdade das forças no estado-limite ($\omega = \omega_g$), com a condição $dF_F/dx > dF_E/dx$ ou $m \cdot \omega_g^2 > c$: Fig. 7.68.

Quando deslocado para fora, o parafuso de impacto bate em uma lingüeta, que por sua vez ativa o fechamento rápido dos elementos de admissão.

7.4.5 Princípio da configuração livre de falhas

Consagrado, sobretudo, pelos produtos da mecânica de precisão, mas que deve ser tentado com qualquer sistema técnico, é uma configuração, em que a minimização de erros é conseguida desde que:

- a estrutura da construção e dos componentes é simples e, por isso, apresenta pequeno número de dimensões afetadas por tolerâncias;
- por meio de soluções de projeto é objetivada uma minimização das grandezas influentes em falhas;
- sejam selecionados princípios de trabalho e estruturas de trabalho, em que as grandezas da função são largamente independentes das grandezas perturbadoras (invariância) ou somente apresentam uma ligeira dependência entre si (vide 7.3.1, regra básica "não ambíguo"); e
- grandezas perturbadoras que aparecem influenciem

simultaneamente dois parâmetros estruturais que variam em sentidos opostos (compensação, cf. 7.4.1 "princípio do balanceamento das forças").

Exemplos deste importante princípio [159, 241, 315], que tanto auxilia a simplificação da produção e da montagem quanto promove a constante qualidade do produto, são: tipos de construções elásticas e ajustáveis, p. ex., em transmissões múltiplas para compensação de tolerâncias de engrenamento (Figs. 7.45 e 7.47); rigidez reduzida em parafusos e molas para relaxamento das tolerâncias de fabricação de ligações com parafusos protendidos e sistemas de suspensão; estruturas de construção simples com pequeno número de componentes. Como tembém poucos pontos de ajuste e poucas ligações com folgas reduzidas; possibilidades de ajuste e regulagem, para admitir maiores folgas dos componentes; princípio da estabilidade (vide 7.4.4).

A Fig. 7.69 mostra com simples exemplo uma disposição independente da folga de um tucho para a transferência exata de um deslocamento. Pela conformação das superfícies extremas do tucho, como calotas esféricas de uma mesma esfera, o afastamento entre a parte motora e a parte movida permanece inalterado, apesar do movimento de báscula do tucho em conseqüência da folga da guia [159].

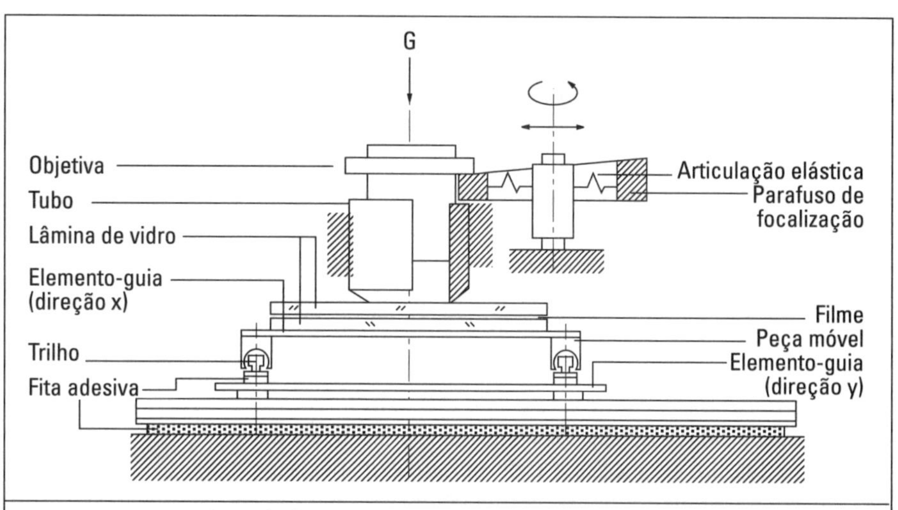

Figura 7.71 — *Cadeia de funções auto-ajustáveis de um aparelho para leitura de microfilmes [315].*

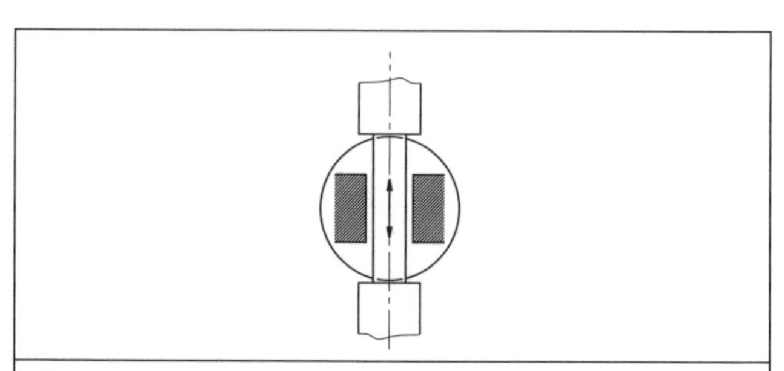

Figura 7.69 — *Alternativa para a configuração de um elemento de transferência [159].*

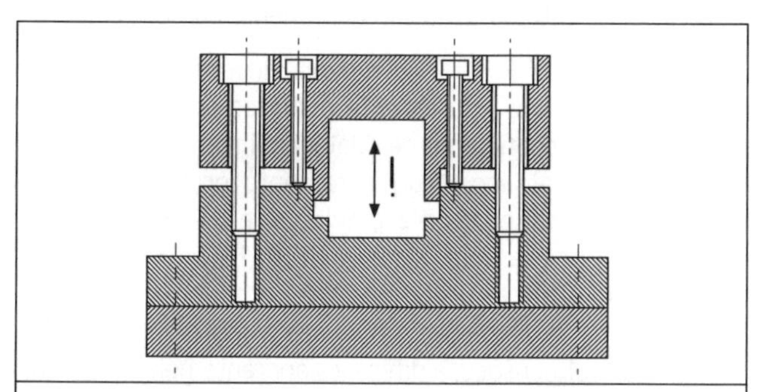

Figura 7.70 — *Possibilidade de ajuste contínuo para o atendimento simples de tolerâncias dimensionais estreitas [269].*

O exemplo da Fig. 7.70 mostra a provisão de uma possibilidade contínua de regulagem, que facilita a manutenção de uma cavidade com tolerância apertada numa forma de fundição dividida ou semelhante.

A Fig. 7.71 mostra um outro exemplo. Num equipamento leitor para microfichas, em oposição ao tipo convencional de construção. Neste, o eixo da objetiva é mantido perpendicular à microficha posicionada entre placas de vidro através de um tubo construído com tolerâncias estreitas, no novo tipo de construção, o tubo é colocado diretamente sobre a placa de vidro e se posiciona automaticamente numa posição perpendicular.

7.5 ■ Diretrizes para o anteprojeto

7.5.1 Classificação e resumo geral

Ao lado das regras fundamentais, "clareza", "simplicidade" e "segurança", derivadas dos objetivos gerais (cf. 7.3), devem ser observadas regras de anteprojeto, que resultam das condições gerais segundo 2.1.7 e da diretriz formulada em 7.2. No âmbito internacional, estes são designados por "*design para X*". As diretrizes auxiliam a dar ênfase às respectivas condicionantes e, principalmente, alicerçar as regras básicas.

A seguir, serão abordadas importantes diretrizes de anteprojeto do ponto de vista dos autores sem, no entanto, pretender esgotar o assunto. Renunciou-se à abordagem nos casos para os quais já existe uma bibliografia abrangente e especializada, à qual é feita referência.

Isto é válido para os casos em que *se justifica a solicitação* (resistência).

Fundamentos e relações elementares deverão ser buscados na literatura sobre elementos de máquinas e seu dimensionamento [157, 165, 198, 275].

Um significado especial cabe à determinação da *variação da carga em função do tempo*, da magnitude e da espécie de solicitação resultante, bem como da correta estimativa com respeito a conhecidos critérios de resistência. Através de hipóteses de acumulação de falhas, busca-se melhorar o tempo de vida útil [16, 113, 116, 126, 247].

Na determinação das tensões devem ser considerados os *efeitos de entalhes e/ou um estado de tensões de vários eixos* [193, 276, 284]. A avaliação da resistência pode então ser feita com os valores de resistência do material, em conjunto com a resistência resultante do componente, com a utilização de um apropriado critério de resistência [192, 274, 276, 298, 299].

Uma configuração com *consideração das deformações, da estabilidade e da ressonância* encontra seus princípios nos respectivos cálculos de mecânica e dinâmica das máquinas: problemas de mecânica e de resistência dos materiais [17, 165], problemas de vibrações [155, 176], problemas de estabilidade [217], análises com auxilio do método dos elementos finitos [335]. Indicações para uma configuração com consideração das deformações em problemas de transmissão de forças são dadas em 7.4.1.

Neste livro serão abordadas com maiores detalhes as seguintes *diretrizes de anteprojeto*:

anteprojeto com ênfase na dilatação e na fluência, isto é, a consideração de processos térmicos em 7.5.2 e 7.5.3. Anteprojeto com ênfase na corrosão em 7.5.4 e, em 7.5.5, as causas e conseqüências do desgaste, bem como as principais soluções.

Critérios ergonômicos são discutidos em 7.5.6 e questões sobre configuração em 7.5.7.

Em 7.5.8 e 7.5.9 são tratados com detalhes anteprojetos com ênfase na produção e na montagem que, em parte, englobam os critérios para uma construção com ênfase no transporte e no controle. Em 7.5.10, dá-se prosseguimento com anteprojetos em que a ênfase recai sobre a utilização e a manutenção.

O anteprojeto segundo critérios de reciclagem é abordado em 7.5.11. Em muitos casos, é importante um anteprojeto com ênfase no risco (7.5.12). Um anteprojeto com ênfase na norma (cf. 7.5.13) auxilia um melhor atendimento dos aspectos citados e também oferece uma contribuição para a redução do trabalho e cumprimento dos prazos.

7.5.2 Projeto considerando a dilatação

Os materiais empregados nos sistemas técnicos apresentam a propriedade de se dilatar sob ação do calor. Assim surgem problemas não só na área da construção de máquinas térmicas, onde, desde o princípio, já se faz necessário contar com temperaturas elevadas. Mas também com propulsores de grandes potências e grupos de elementos nos quais ocorrem perdas na conversão de energia bem como todos os processos de atrito e condições de ventilação, que provocam aquecimento. Dessa forma, diferentes partes da forma são afetadas por um aquecimento local. Porém, também máquinas, aparelhos e dispositivos, em que a temperatura da circunvizinhança oscila significativamente, só funcionam corretamente quando neles é considerado o efeito físico da dilatação [202, 206].

Além do efeito da dilatação linear provocada pela variação da temperatura, também comparecem, em componentes fortemente solicitados, variações de comprimento condicionadas mecanicamente. Essas variações de comprimento também precisam ser consideradas do ponto de vista de projeto, para o que, ao menos em princípio, servem as indicações apresentadas a seguir.

1. O fenômeno da dilatação

O fenômeno da dilatação é bem conhecido. Para sua descrição define-se o coeficiente de dilatação linear para corpos sólidos por:

$$\beta = \frac{\Delta l}{l \cdot \Delta\vartheta_m},$$

Δl variação do comprimento (dilatação) em conseqüência de um aquecimento de $\Delta\vartheta_m$,
l comprimento do componente considerado,
$\Delta\vartheta_m$ diferença de temperatura com a qual, em seu meio, o corpo é aquecido.

De acordo com a norma DIN 1345, o coeficiente de dilatação linear geralmente é designado por α. Por causa da identidade da sua denominação com a denominação do coeficiente de condução térmica α, que também comparece nessa secção, foi escolhida, em seu lugar, β.

O coeficiente de dilatação linear descreve a dilatação numa das direções de um sistema de coordenadas de um corpo sólido Enquanto o coeficiente de dilatação volumétrico, que indica a variação relativa de um volume por grau de temperatura, é empregado prioritariamente em líquidos, gases e corpos sólidos homogêneos, e tem um valor igual ao triplo do valor do coeficiente de dilatação linear.

A definição do coeficiente de dilatação também deve sempre ser compreendida como valor médio no intervalo de temperatura considerado, pois não depende apenas do material, mas também da temperatura. Com temperaturas mais altas, o coeficiente de dilatação geralmente aumenta.

O resumo da Fig. 7.72 mostra grupos de materiais usados em projetos, claramente distintos uns dos outros, com relação ao coeficiente de dilatação linear. Combinações de materiais metálicos freqüentemente presentes, como aço ferrítico-perlítico, por exemplo, p. ex. C 35, com aço austenítico, por exemplo, X 10 Cr Ni Nb 189, ferro fundido cinzento com bronze ou alumínio precisam, por esse motivo, suportar entre si dilatações com quase o dobro do valor. Mas com grandes dimensões, a diferença aparentemente pequena entre C 35 e o aço cromo com 13% X 10 Cr 13 já pode se tornar problemática.

Metais com baixo ponto de fusão, como alumínio e magnésio, têm coeficiente de dilatação maior do que metais com elevado ponto de fusão como tungstênio, molibdênio e cromo. Ligas de níquel apresentam valores difverentes de acordo com o conteúdo de níquel. Valores muito baixos ocorrem na faixa de porcentagem em peso de 32 a 40%. Aqui a liga ferro-níquel com 36% (conhecida como aço invar) possui a menor dilatação. Materiais sintéticos apresentam um coeficiente de dilatação sensivelmente mais elevado que o dos metais.

2. Dilatação dos componentes

Para o cálculo do alongamento Δl, precisa ser conhecida a distribuição da temperatura no componente, no espaço e no tempo, a partir da qual pode, então, ser determinada a respectiva variação média da temperatura em relação ao estado inicial. Se o estado térmico permanece invariável com relação ao tempo, por exemplo, numa condição constante com um fluxo de calor quase estacionário, fala-se de uma dilatação estacionária. Se a distribuição de temperatura varia com o tempo, fala-se de uma dilatação instacionária, ou seja, uma dilatação variável em função do tempo.

Restringindo-se inicialmente à dilatação estacionária, utilizando-se a equação que define o coeficiente de dilatação linear, pode-se obter as variáveis, das quais depende a dilatação dos componentes:

$$\Delta l = \beta \cdot l \cdot \Delta\vartheta_m, \qquad \Delta\vartheta_m = \frac{1}{l}\int_0^l \Delta\vartheta(x)\cdot dx,$$

Portanto, a variação de comprimento que interessa ao projetista é também dependente

- do coeficiente de dilatação linear β;
- do comprimento l do componente considerado e
- da variação da temperatura média $\Delta\vartheta_m$ que ocorre neste comprimento

e pode ser calculada pela fórmula acima.

O alongamento assim calculado tem conseqüências para a configuração: cada componente deve ter sua posição definida de modo inequívoco e só pode possuir tantos graus de liberdade quantos forem necessários para o cumprimento natural da sua função. Em geral, determina-se um ponto fixo e, em seguida, dispõe-se para as direções de movimento de translação

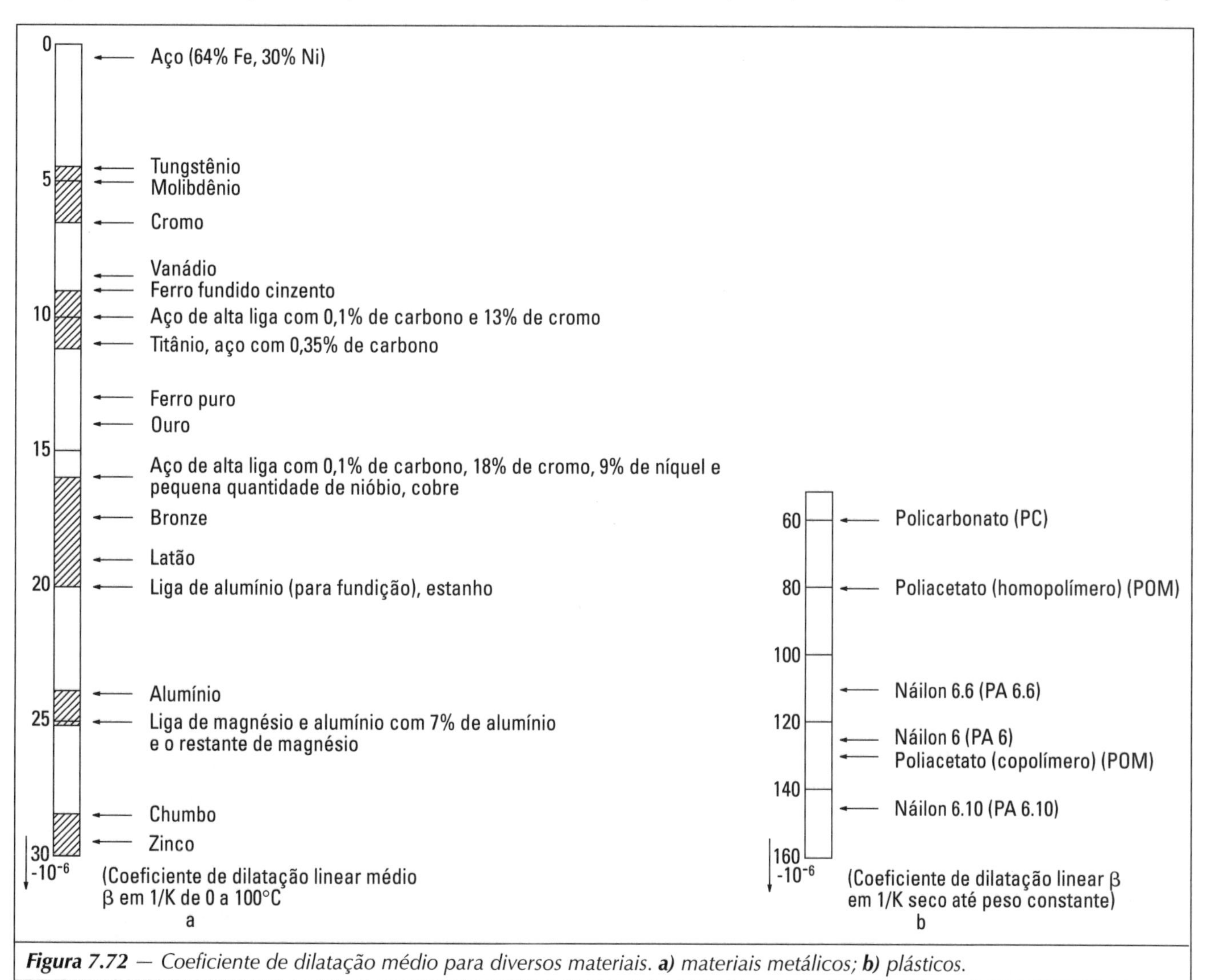

***Figura 7.72** — Coeficiente de dilatação médio para diversos materiais. **a)** materiais metálicos; **b)** plásticos.*

e rotação desejadas, superfícies-guias adequadas com ajuda de guias corrediças, blocos corrediços, mancais, etc. Um corpo flutuante no espaço (p. ex., satélite artificial ou helicóptero) possui 3 graus de liberdade para a translação nas direções dos eixos *x*, *y*, *z* e 3 graus de liberdade para a rotação em torno dos eixos *x*, *y*, *z*.

Uma articulação móvel (p. ex., o mancal móvel de um eixo de uma transmissão) tem apenas um grau de liberdade para translação e rotação. Um corpo engastado em determinado ponto (p. ex., viga ou uma junção com flange rígida), pelo contrário, não possui nenhum grau de liberdade. Arranjos de acordo com essas considerações, entretanto, não são por si mesmos apropriados à dilatação conforme será mostrado em seguida.

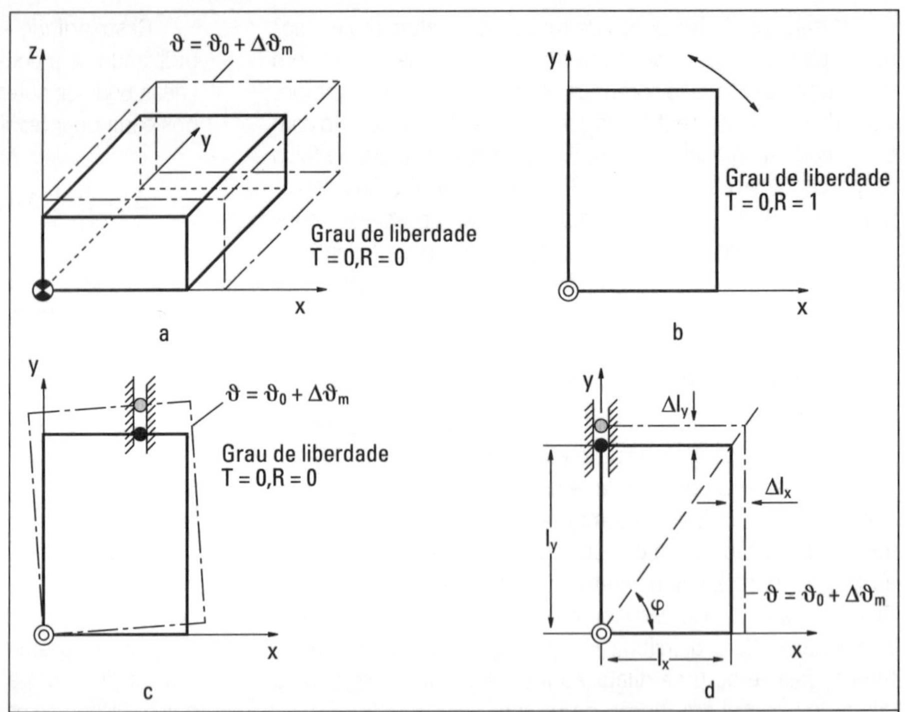

Figura 7.73 — Dilatação devida a uma distribuição uniforme da temperatura local; linha cheia: estado inicial, linha tracejada: estado com temperatura mais elevada. ***a*** *corpo vinculado no ponto fixo;* ***b*** *placa gira em torno do eixo z, portanto com um grau de liberdade;* ***c*** *placa segundo* ***b*** *sem grau de liberdade por causa da articulação de deslizamento adicional;* ***d*** *placa de acordo com* ***b*** *sem grau de liberdade em conseqüência da articulação de deslizamento adicional disposta considerando a dilatação, sem causar rotação da placa. Também poderia ser disposta guia de deslizamento sobre o eixo* ***x*** *ou uma linha passando pelo eixo* ***z*** *com inclinação dada por* $tg\varphi = l_y/l_x$.

A Fig. 7.73a mostra um corpo com um ponto fixo sem qualquer grau de liberdade. Pela dilatação provocada pelo aumento da temperatura, ele pode se dilatar livremente nas direções dos eixos das coordenadas a partir desse ponto fixo. Na Fig. 7.73b, é analisada uma placa, que pode girar em torno do eixo *z*, porém não apresenta nenhum outro grau de liberdade. De acordo com a Fig. 7.73c, basta anular esse grau de liberdade em um ponto arbitrário, afastado praticamente o mais longe possível do eixo de rotação, p. ex., com uma guia corrediça. Se essa placa se dilatar em conseqüência de um aumento de temperatura, tem de efetuar uma rotação em torno do eixo *z*, pois a guia corrediça não está na direção da dilatação que resulta da variação do comprimento nas direções *x* e *y*. Se, com essa disposição, o elemento-guia permitir apenas um movimento de translação e ainda não possuir a característica de atuar como articulação, causaria engripamentos na guia corrediça.

Com a disposição da guia em uma das direções das coordenadas (Fig. 7.73d), pode-se evitar a rotação da placa.

A deformação sob expansão térmica somente produz superfícies de deformação geometricamente semelhantes, quando forem observadas as seguintes condições:

- o coeficiente de dilatação β deve ser o mesmo em qualquer ponto do componente (isotropia), o que pode ser aceito para efeito pratico, desde que se trate do mesmo material e não se estiver diante de grandes diferenças de temperatura;
- os valores da dilatação ε nas direções das coordenadas *x*, *y*, *z* devem obedecer à relação

$$\varepsilon_x = \varepsilon_y = \varepsilon_z = \beta \cdot \Delta\vartheta_m$$

Uma vez que em um componente β pode ser considerado como constante, o aumento médio da temperatura deve permanecer o mesmo em qualquer direção das coordenadas, de modo que

$$\Delta l_x = l_x \cdot \beta \cdot \Delta\vartheta_m,$$
$$\Delta l_y = l_y \cdot \beta \cdot \Delta\vartheta_m$$
$$\Delta l_z = l_z \cdot \beta \cdot \Delta\vartheta_m$$

e a dilatação em duas direções de coordenadas se compõe de acordo com

$$\tan\psi_x = \frac{\Delta l_y}{\Delta l_x} = \frac{l_y}{l_x},$$

- o componente não deve estar sujeito a tensões térmicas adicionais, o que é o caso quando, ao menos, envolve totalmente a fonte de calor [183].

Porém, no caso normal, ocorrem temperaturas diferentes em um componente. Mesmo no caso simples, em que a distribuição de temperatura varia linearmente em função de *x* (Fig. 7.74a), surge uma variação angular, que por sua vez somente pode ser absorvida por uma guia com movimento de translação e rotação. Uma guia para translação pura, ou seja, movimento de translação com um grau de liberdade, só é aplicável, quando a direção da guia se mantiver em linha

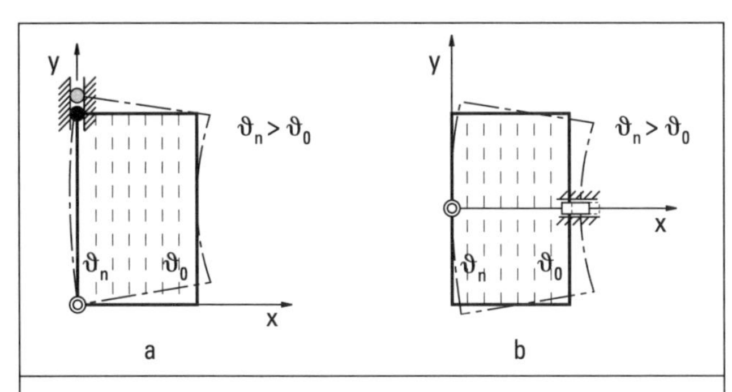

Figura 7.74 — *Dilatação sob distribuição de temperatura localmente variável, no caso linearmente decrescente na direção x;* ***a*** *placa conforme Fig. 7.73d, distribuição de temperatura não uniforme causa estado de deformação segundo a linha tracejada, é necessária uma articulação deslizante;* ***b*** *disposição da guia no eixo de simetria do estado deformado, o que torna utilizável uma guia de deslizamento.*

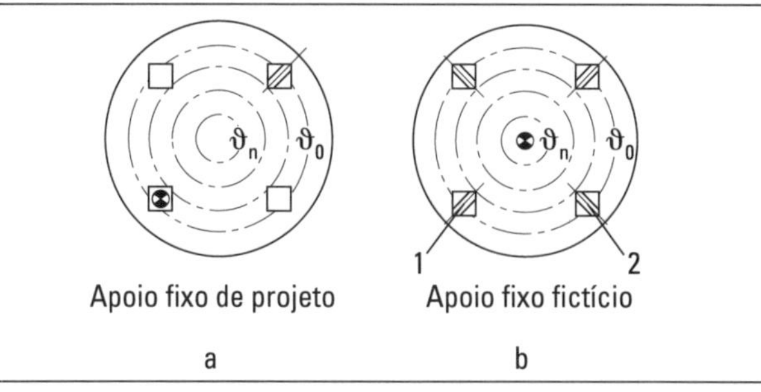

Figura 7.75 — *Planta de um aparelho com temperatura decrescente de dentro para fora, sustentado por quatro apoios.* ***a*** *ponto fixo de projeto em um dos apoios, deslizamento puro na reta que, ao mesmo tempo, é linha de simetria do campo de temperaturas;* ***b*** *ponto fixo fictício no centro do aparelho, formado pela interseção das direções de expansão.*

reta que coincide com o eixo de simetria das deformações: Fig. 7.74b. Se esta condição não puder ser atendida, será necessário permitir um grau de liberdade adicional.

Assim, pode ser estabelecido como regra:

guias destinadas à dilatação térmica e com apenas um grau de liberdade, devem ser dispostas sobre um raio vetor passando pelo ponto fixo, onde esse mesmo raio vetor será simultaneamente um *eixo de simetria* das deformações. A condição das deformações pode ser provocada por tensões decorrentes da carga e da temperatura, mas também pela própria dilatação.

Uma vez que a distribuição das tensões e da temperatura também depende da forma do componente, a linha de simetria das deformações deve ser inicialmente procurada sobre o eixo de simetria do componente e do campo de temperaturas infundido. O exemplo da Fig. 7.74b, contudo, mostra que este eixo de simetria da forma do componente e da variação da temperatura nem sempre é facilmente identificado; por isso deve ser considerado o estado de deformações que se estabelece de modo definitivo. O estado de deformações, conforme citado no início, também pode ser provocado por um carregamento externo. As considerações feitas até aqui também valem para guias de componentes submetidos a grandes deformações mecânicas. Um exemplo disso pode ser encontrado em [8].

Os exemplos a seguir deverão esclarecer melhor essa regra: a Fig. 7.75 representa a vista em planta de um aparelho, submetido a uma diminuição da temperatura de dentro para fora. Ele se apóia sobre quatro suportes. Na Fig. 7.75a, um dos suportes é escolhido como ponto fixo.

Uma condução sem engripamento e sem rotação do aparelho somente é garantida ao longo do eixo de simetria do campo das temperaturas, e por isso tem de ser prevista uma guia no suporte diametralmente oposto ao ponto fixo. A Fig. 7.75b mostra uma possibilidade, de também dispor guias nas direções das linhas de simetria, contudo, sem prever um ponto fixo no projeto. O ponto de interseção das linhas nas direções das guias dá origem a um ponto fixo "fictício", a partir do qual o aparelho se dilata uniformemente em todas as direções. Assim, pelo menos teoricamente, guias não situadas sobre o mesmo eixo podem ser dispensadas (p. ex., guias 1 e 2).

A Fig. 7.76 mostra a condução da carcaça interna dentro da carcaça externa, na qual as carcaças deverão manter-se concêntricas, um problema que surge, p. ex., em turbinas duplamente revestidas. A mesma tarefa também ocorre na fabricação de aparelhos para indústria química. Se os componentes não possuírem total simetria de revolução, os elementos de condução, conforme a ilustração da Fig. 7.76b, devem ser dispostos segundo as linhas de simetria, a fim de evitar o engripamento das guias em conseqüência da deformação oval das carcaças. A deformação oval resulta da diferença entre a temperatura da parede da carcaça e a temperatura do flange, principalmente na fase de aquecimento. O ponto fixo fictício está localizado no eixo da carcaça ou da árvore.

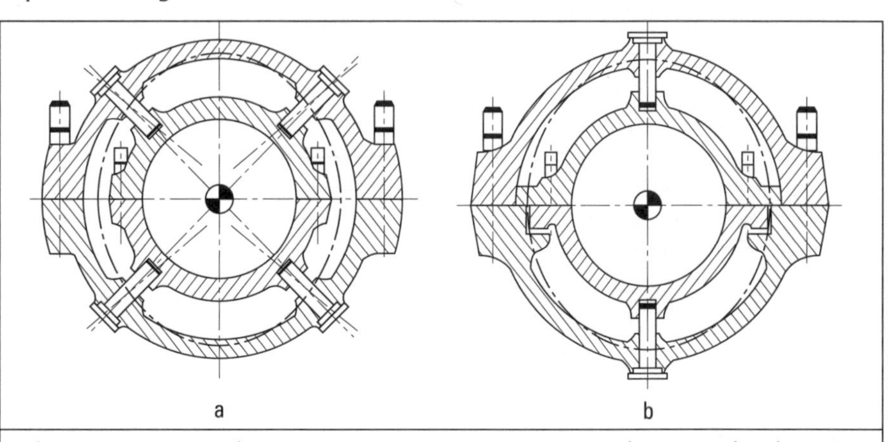

Figura 7.76 — *Guias de corpos internos em corpos externos.* ***a*** *disposição dos elementos-guias não compatíveis com a expansão. Deformações ovalizadas dos corpos podem provocar emperramento nas guias;* ***b*** *disposição compatível com a expansão; as guias coincidem com os eixos de simetria, não há risco de emperramento, mesmo com deformação ovalizada.*

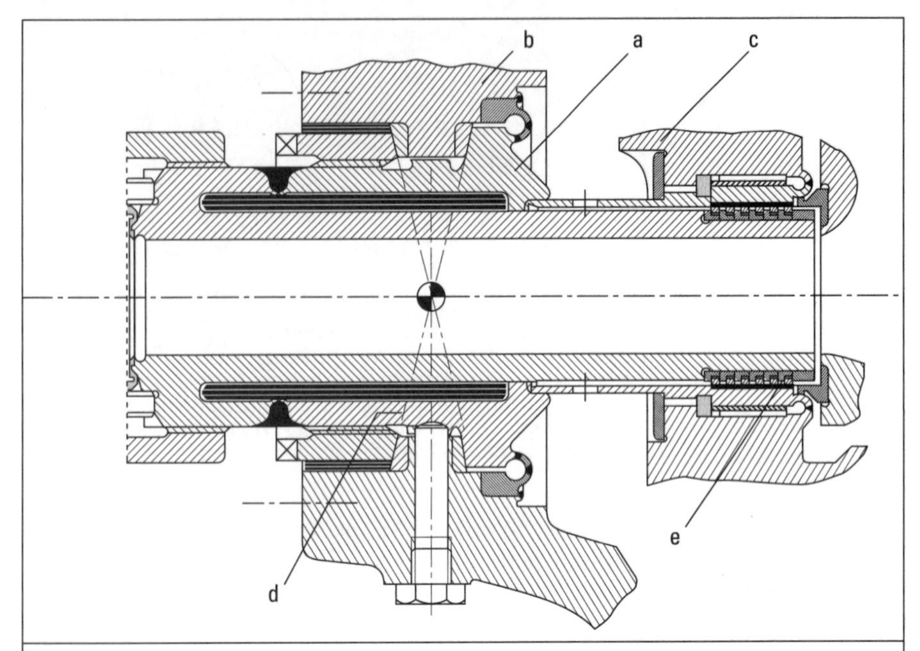

Figura 7.77 — *Bocal de entrada austenítico* **a** *em uma turbina a vapor, que conduz o vapor do corpo ferrítico externo* **b** *para o corpo interno* **c**. *Por meio de guias de deslizamento* **d**, *planos de dilatação determinam um ponto fixo fictício, em* **e** *vedação por anéis de pistão, que permitem dilatação longitudinal e transversal da extremidade do bocal (modelo BBC).*

A Fig. 7.77 ilustra um bocal de entrada para vapor com alta temperatura de aço austenítico *a*, que tem de ser fixado em uma parte externa de aço ferrítico *b* e intercala-se simultaneamente na parte interna *c*, também de aço ferrítico. Em razão da acentuada diferença entre os coeficientes de dilatação térmica e as elevadas diferenças de temperatura entre os componentes, torna-se especialmente importante a consideração das relações entre as dilatações. O ponto fixo fictício é formado por guias deslizantes com simetria de revolução *d*, com o que é possibilitada a livre dilatação do componente de austenite na direção dos raios vetores que passam pelo ponto fixo fictício. Pois também a distribuição de temperatura nesse local pode ser considerada como aproximadamente constante. A respectiva dilatação axial e radial resulta em uma dilatação ao longo das linhas assinaladas.

Por outro lado, uma dilatação independente das coordenadas em duas direções tem de ser assegurada na introdução na parte interna, pois os pontos fixos do bocal de entrada e da parte interna não são idênticos, não sendo possível estabelecer uma relação definida entre as temperaturas dos componentes. O duplo grau de liberdade é conseguido através de uma vedação em anel de segmento *e*, que permite um movimento longitudinal independente da expansão transversal do bocal de entrada.

3. Dilatação relativa entre componentes

Até agora, a dilatação foi discutida em separado para cada elemento. Muitas vezes, porém, deve-se considerar a dilatação relativa entre diversos componentes, principalmente quando há tensionamentos recíprocos, ou por razões funcionais precisam ser mantidas determinadas folgas. Se, além disso, a temperatura varia com o tempo, resulta um problema difícil para o projetista.

A dilatação relativa entre dois componentes é

$$\delta_{Rel} = 0 = \beta_1 \cdot l_1 \cdot \Delta\vartheta_{m_{1(t)}} - \beta_2 \cdot l_2 \cdot \Delta\vartheta_{m_{2(t)}}$$

Dilatação relativa estacionária

Se, no caso estacionário, a respectiva diferença de temperatura média não varia com o tempo, as medidas, no caso de coeficientes de dilatação iguais, concentram-se sobre a equalização das temperaturas ou, no caso de temperaturas diferentes, sobre o ajuste por meio da escolha de materiais com coeficientes de dilatação diferentes, sempre que a dilatação relativa tem de permanecer pequena. Freqüentemente. as duas coisas são necessárias.

O exemplo da união flangeada por meio de prisioneiro de aço e um flange de alumínio segundo [200] esclarece isto. Na Fig. 7.78a o prisioneiro, por causa do maior coeficiente de dilatação do alumínio, mesmo com temperaturas iguais, é mais solicitado e, portanto, mais ameaçado. O problema é resolvido, de um lado, por um aumento do comprimento do prisioneiro através de uma luva espaçadora e, por outro lado, por subdivisão do comprimento do prisioneiro em elementos com diferentes coeficientes de dilatação: Fig. 7.78b. Se enfim for necessário evitar uma dilatação relativa, tem-se então:

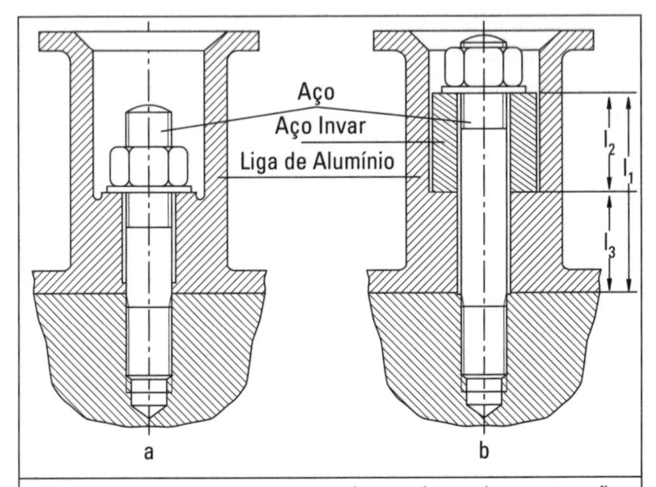

Figura 7.78 — *União por meio de parafusos de aço com flange de alumínio segundo [200].* **a** *por causa da maior dilatação do flange de alumínio, o parafuso corre risco;* **b** *arranjo compatível com a dilatação com luva de expansão de aço invar com coeficiente de dilatação praticamente nulo, que compensa a expansão do flange em relação ao parafuso.*

$$\delta_{Rel} = 0 = \beta_1 \cdot l_1 \cdot \Delta\vartheta_{m_1} - \beta_2 \cdot l_2 \cdot \Delta\vartheta_{m_2} - \beta_3 \cdot l_3 \cdot \Delta\vartheta_{m_3};$$

com $l_1 = l_2 + l_3$ e $\lambda = l_2/l_3$, a relação flange/luva espaçadora torna-se:

$$\lambda = \frac{\beta_3 \cdot \Delta\vartheta_{m_3} - \beta_1 \cdot \Delta\vartheta_{m_1}}{\beta_1 \cdot \Delta\vartheta_{m_1} - \beta_2 \cdot \Delta\vartheta_{m_2}}$$

Para o caso estacionário $\Delta\vartheta_{m_1} = \Delta\vartheta_{m_2} = \Delta\vartheta_{m_3}$ e os materiais escolhidos aço ($\beta_1 = 11 \cdot 10^{-6}$), aço invar ($\beta_2 = 1 \cdot 10^{-6}$) e liga de alumínio ($\beta_3 = 20 \cdot 10^{-6}$), obtém-se $\lambda = l_2/l_3 = 0{,}9$ conforme escolhido na Fig. 7.78b.

São conhecidos os difíceis problemas da dilatação dos pistões em motores de combustão interna. Aqui, mesmo no estado quase estacionário, a distribuição das temperaturas sobre e ao longo do pistão é diferente. Além disso, precisamos calcular com diferentes coeficientes de dilatação para o pistão e para a camisa. Procura-se resolver o problema, por meio de uma liga de alumínio e silício com coeficiente de dilatação relativamente baixo (menor do que 20×10^{-6}) e insertos inibidores de dilatação que também são bons condutores de calor, bem como saias elásticas do pistão, portanto flexíveis. Com os chamados pistões normais, que com insertos de aço, apresentam um efeito bimetálico, são adotadas outras medidas que influenciam a dilatação [178]: Fig. 7.79. Uma outra possibilidade da configuração de um pistão satisfazendo as exigências da dilatação consiste na retífica ovalizada da saia do pistão frio.

Se, por outro lado, a seleção do material não pode ser influenciada praticamente, deve-se trabalhar com uma adaptação adequada às temperaturas. Por exemplo, em geradores mais potentes, condutores de cobre com grandes comprimentos devem ser embutidos isolados em rotores de aço. Nesse caso, com relação à solicitação do isolamento, as dilatações absolutas e relativas também precisam, na medida do possível, ser mantidas pequenas. Aqui só resta um caminho, o de manter o mais baixo possível o nível de temperatura, por meio do resfriamento dos condutores [163, 317]. Simultaneamente,

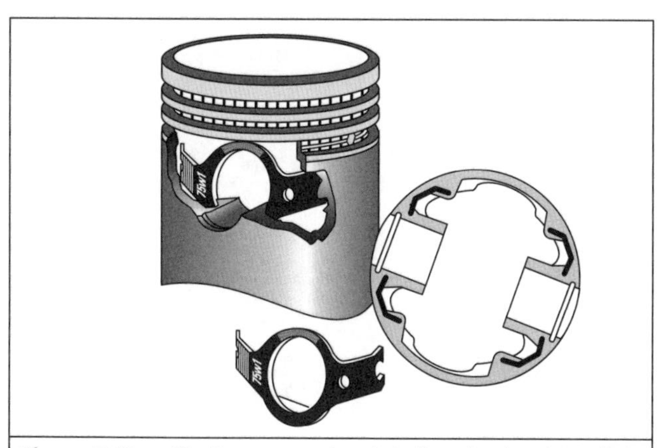

Figura 7.79 — Pistão convencional de liga de alumínio silício para motores de combustão interna com arruela de aço colocada, que atua como inibidora da dilatação no sentido perimetral; ainda em conseqüência de efeito bimetálico, o pistão se deforma de modo que as partes resistentes do corpo do pistão se ajustam à superfície de deslizamento cilíndrico, de maneira ótima (modelo Mahle, segundo [178]).

poderão surgir, em rotores de altas rotações com grandes dimensões, os denominados desbalanceamentos térmicos, quando mesmo com uma distribuição de temperaturas relativamente constante, porém com um rotor nem sempre se comportando de modo uniforme nas suas propriedades dependentes da temperatura, em razão da sua complexa constituição e dos diferentes materiais. Com os meios de resfriamento ou aquecimento introduzidos objetivamente, o comportamento desses componentes em relação à dilatação é influenciado com sucesso.

Dilatação relativa não estacionária

Quando a temperatura varia com o tempo, p. ex., em processos de aquecimento ou resfriamento, freqüentemente resulta uma dilatação relativa, que é muito maior do que em uma condição estacionária, pois as temperaturas em cada uma dos componentes podem ser sensivelmente diferentes. Para o caso mais comum, que trata de componentes de igual comprimento e igual coeficiente de dilatação, tem-se:

$$\beta_1 = \beta_2 = \beta \text{ e } l_1 = l_2 = l,$$
$$\delta_{Rel} = \beta \cdot l\,(\Delta\vartheta_{m_{1(t)}} - \Delta\vartheta_{m_{2(t)}}).$$

O aquecimento de componentes em função do tempo para diversos casos de aquecimento foi apresentado, entre outros, por Enders e Salm [99, 236]. Indiferentemente se é admitida uma variação brusca ou uma variação linear da temperatura do meio de aquecimento, na sua variação em função do tempo a curva de aquecimento é caracterizada pela chamada constante de aquecimento. Considerando, p. ex., o aquecimento de um componente $\Delta\vartheta_m$ provocado por repentino aumento da temperatura $\Delta\vartheta^*$ do meio de aquecimento resulta, pela hipótese certamente aproximada, que a temperatura da superfície e a temperatura média do componente são iguais, o que, na prática, só se verifica aproximadamente para espessuras de paredes relativamente finas e valores elevados dos coeficientes de condutibilidade térmica, cujas variações são mostradas na Fig. 7.80, obedecendo à relação:

$$\Delta\vartheta_m = \Delta\vartheta^*(l - e^{-t/T}).$$

Nessa relação, t significa tempo e T a constante de tempo, com:

$$T = c\,m/\alpha\,A$$

onde

c = calor específico do material,
m = massa do componente,
α = coeficiente de transmissibilidade do calor na área aquecida do componente e
A = área aquecida do componente.

Apesar da simplificação citada, este princípio presta-se como referência básica. No caso de constantes de tempo diferentes entre os componentes 1 e 2, resultam diferentes variações de temperatura, que apresentam uma diferença máxima num determinado momento crítico. Esta é a diferença de temperatura que provoca a máxima dilatação relativa.

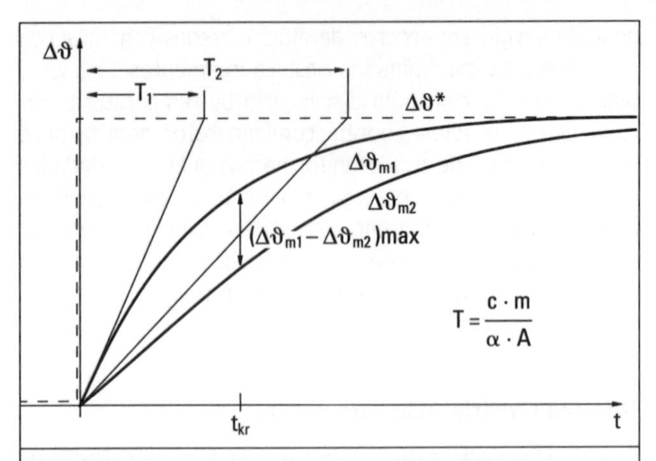

Figura 7.80 *— Variação da temperatura em função do tempo em dois componentes com constantes de tempo diferentes para um salto de temperatura Δϑ* do meio aquecedor.*

Nesse momento, podem ser excedidas as folgas previstas, ou aparecem estados de tensão vinculados, nos quais, p. ex., é excedida a tensão de escoamento. Uma diferença na evolução das temperaturas é evitada quando se consegue igualar as constantes de tempo dos componentes envolvidos. Neste caso, não ocorre uma dilatação relativa.

Nem sempre esse objetivo poderá ser atingido, porém, para a aproximação das constantes de tempo, ou seja, uma diminuição da dilatação relativa, apresentam-se duas possibilidades, do ponto de vista de projeto, com $m = V\rho$

$$T = c \cdot \rho \cdot \frac{V}{A} \cdot \frac{1}{\alpha},$$

V = volume do componente,
ρ = densidade do material:

- adaptação da relação volume e superfície aquecida: V/A,
- correção através da influência do coeficiente de transmissibilidade térmica α com ajuda, p. ex., de camisas protetoras ou diferentes velocidades da corrente de ar.

Foi reproduzida na Fig. 7.81 a relação V/A para alguns corpos simples, porém representativos. Por meio de um ajustamento apropriado pode ser reduzida a dilatação relativa.

Um exemplo disso é mostrado na Fig. 7.82, em que se trata de permitir trabalhar, de forma segura e livre de engripamentos, uma haste de válvula conduzida em guias com a menor folga possível, inclusive em caso de mudança da temperatura. A guia mostrada na parte a da figura está ajustada ao bloco e forma junto com ele uma unidade. Quando aquecida, a haste, entre outras coisas, se dilata radialmente de maneira muito rápida. A guia, ao contrário, com boa condutibilidade do calor para o bloco, permanece fria por mais tempo. Advém uma perigosa redução da folga.

Na parte b da figura, as guias vedam apenas axialmente e podem se dilatar livremente na direção radial. Além disso, elas foram ajustadas conforme a relação volume-área da superfície, de modo que as constantes de tempo da guia e da haste sejam aproximadamente iguais. Com isso, a folga da haste da válvula permanece aproximadamente igual em todos os estados de aquecimento e de resfriamento e pode, portanto, ser bem pequena.

A superfície da haste da válvula e a superfície interna da guia são aquecidas pelo vapor residual e, em conseqüência, tem-se:

$$(V/A)_{haste} = r/2,$$
$$(V/A)_{guia} = (r_a^2 - r_i^2)/2r_i$$

com $r \approx r_i$ e $V/A_{haste} = V/A_{guia}$ tem-se:

$$r/2 = (r_a^2 - r^2)/2r,$$
$$r_a = \sqrt{2} \cdot r.$$

A Fig. 7.83 dá exemplos dos tipos de construção dos blocos de turbinas a vapor. Com a escolha do tipo de construção pode-se, entre outras coisas, ajustar a relação volume-superfície do bloco portador das palhetas fixas, bem como o coeficiente de transmissibilidade e o tamanho da superfície aquecida, à constante de tempo do eixo e, assim, na partida (aquecimento), manter as folgas aproximadamente iguais ou, com auxílio da antecipação no procedimento de partida, permitir que fiquem especialmente grandes.

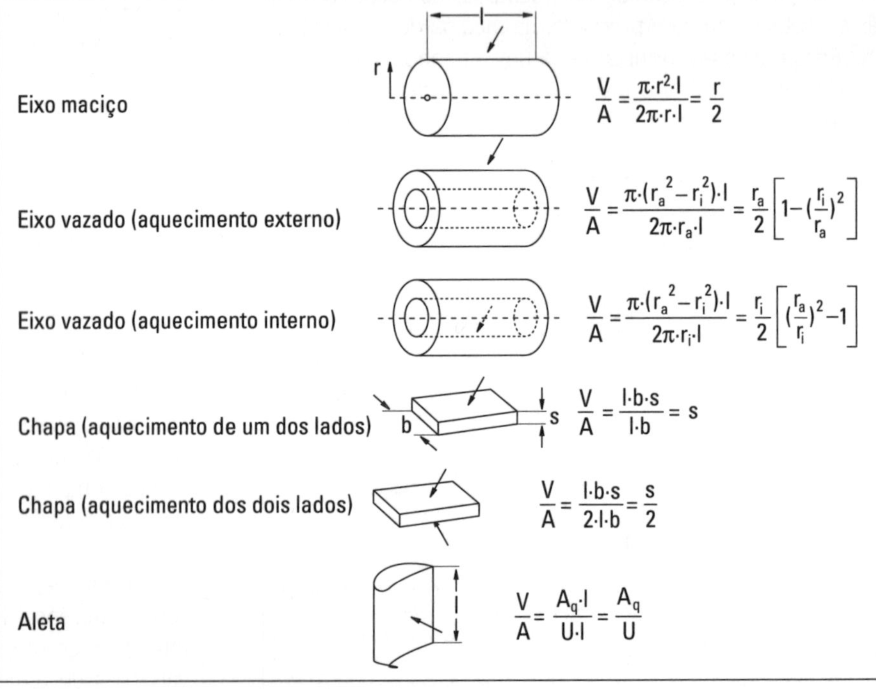

Figura 7.81 *— Relação volume/superfície de diversos corpos geométricos; a superfície considerada é a superfície aquecida.*

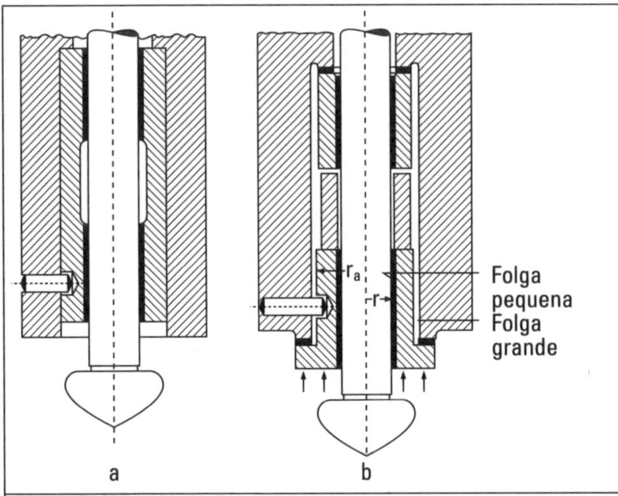

Figura 7.82 — *Vedação da haste de válvula para vapor.* ***a*** *Bucha sólida, prensada, requer folga relativamente grande da haste, uma vez que foi ajustada não considerando a dilatação;* ***b*** *Bucha radial, móvel, axialmente vedada permite menor folga da haste, porque a bucha e a haste estão ajustadas à mesma constante de tempo.*

Contramedidas são conhecidas; p. ex., chapas isolantes do calor, que reduzem o coeficiente de transmissibilidade de um componente estrutural, em decorrência do que ocorre um aquecimento mais lento e adequado com menor dilatação relativa.

As considerações apresentadas têm importância para todas as partes, nas quais ocorrem variações da temperatura com o tempo, especialmente quando reduções das folgas estão associadas às dilatações relativas, o que pode ameaçar significativamente a função, p. ex., em turbinas, motores a pistão, misturadores e componentes de aparelhos que se aquecem.

7.5.3 Projeto considerando a fluência e a relaxação

1. Comportamento do material sob variação da temperatura

No anteprojeto de componentes sob variação da temperatura, deve ser considerado, além do efeito da dilatação, o comportamento à fluência dos materiais envolvidos. Por influência da temperatura não se entende apenas temperatura elevada, embora seja o caso na maioria das vezes. Existem materiais que, com temperaturas abaixo dos 100°C, já exibem um comportamento semelhante ao de materiais metálicos em temperaturas mais elevadas. Para isso, no contexto da seleção do material, Beelich [4] tem dado indicações que, em sua essência, foram aqui reproduzidas.

Materiais normalmente utilizados pela tecnologia, tanto os metais puros quanto as suas ligas, exibem um comportamento dependente da temperatura, devido à sua estrutura multicristalina. Porém, abaixo da *temperatura-limite*, a durabilidade da estrutura cristalina é efetivamente independente da temperatura. De acordo com a regra válida para a temperatura ambiente, com temperaturas mais altas até essa temperatura limite, o limite de escoamento a quente é considerado como

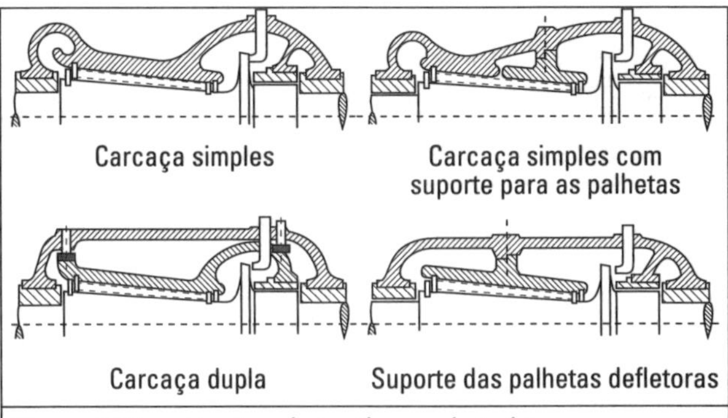

Figura 7.83 — *Versões de invólucros de turbinas a vapor com diversas constantes de tempo.*

uma característica do material, para efeitos de especificação. Componentes com temperatura acima da temperatura-limite, são fortemente marcados pelo comportamento do material em função do tempo. Neste domínio, sob a influência de solicitações, temperatura e tempo, os materiais experimentam entre outros efeitos, uma deformação plástica progressiva, a qual pode conduzir à ruptura após um determinado tempo. A tensão de ruptura dependente do tempo que resulta é muito mais baixa que a tensão de escoamento a quente do ensaio de curto tempo. As relações discutidas estão reproduzidas basicamente na Fig. 7.84. Temperatura-limite e variação da resistência são altamente dependentes do material e devem ser consideradas em qualquer caso. Para os aços a temperatura-limite está situada entre 300 e 400°C.

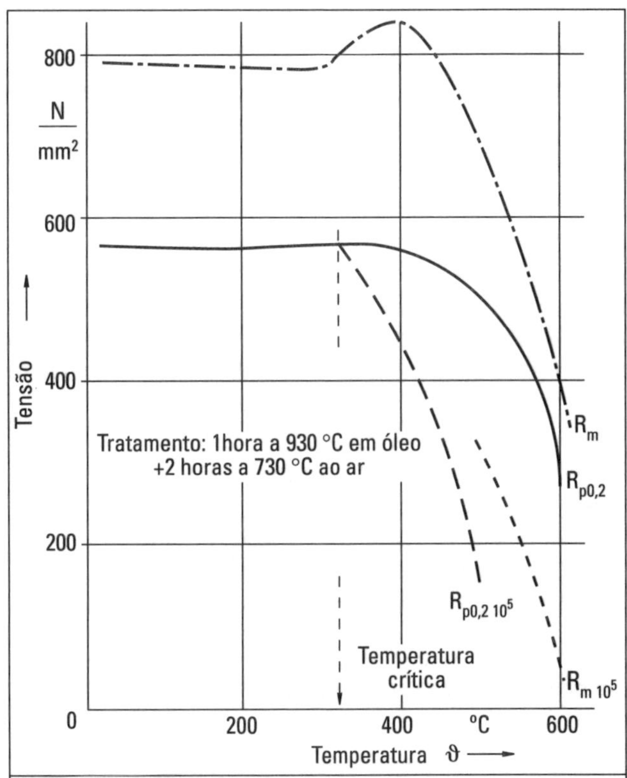

Figura 7.84 — *Valores característicos do ensaio de tração à alta temperatura e ensaios de fluência, obtidos com o aço 21 CrMoV 5 11 (material com o número 1.8070) com várias temperaturas; temperatura-limite como interseção da curva do limite de alongamento de 0,2 e do limite de alongamento à fluência de 0,2.*

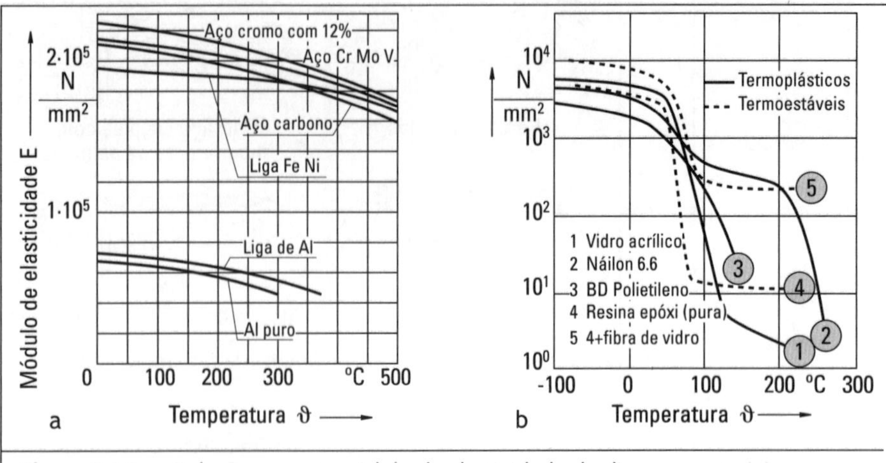

*Figura 7.85 — Relação entre o módulo de elasticidade de diversos materiais e a temperatura. **a** materiais metálicos; **b** plásticos.*

Em componentes plásticos com temperaturas inferiores a 100°C, o projetista já deverá considerar o comportamento visco-elástico desses materiais.

Em geral, o módulo de elasticidade também varia em função da temperatura, onde à temperatura mais alta está associado um menor valor do módulo de elasticidade: Fig. 7.85a. As ligas de níquel apresentam as menores variações. Com a redução do módulo de elasticidade aumenta a flexibilidade do componente. Como ilustra a Fig. 7.83b, o projetista deve considerar esse fenômeno especialmente com componentes de materiais plásticos. Ele também deve conhecer a temperatura, na qual o módulo de elasticidade cai repentinamente a valores relativamente baixos.

2. Fluência

Componentes que são solicitados sob altas temperaturas ou próximos da tensão de escoamento por longo tempo, sofrem adicionalmente à deformação elástica resultante da lei de Hooke $\varepsilon = \sigma/E$, deformações plásticas dependentes do tempo ε_{plast}. Esta característica dos materiais designada por fluência é dependente da solicitação introduzida, da temperatura atuante e do tempo. Fala-se de fluência dos materiais, quando o crescimento do alongamento dos componentes se manifesta sob carga ou tensão constante [4]. São conhecidas as curvas de fluência para fins de avaliação dos materiais [110, 136].

Deformação lenta sob temperatura ambiente

Para uma especificação objetiva de componentes próximos à tensão de escoamento, o conhecimento do comportamento do material na zona de transição entre o estado elástico e o estado plástico é importante [136]. Em materiais metálicos é necessário, com solicitação estática de longa duração na zona de transição, levar em conta fenômenos de fluência inclusive sob temperatura ambiente. Nesse caso, a fluência transcorre de acordo com a lei da fluência primária: Fig. 7.86. As deformações plásticas relativamente pequenas interessam apenas com vistas à constância da forma de um componente. Em geral, porém, os aços sofrem pouca fluência no intervalo $\leq 0{,}75\ R_{p02}$ ou $\leq 0{,}55\ R_m$, ao passo que uma avaliação confiável do comportamento mecânico de materiais plásticos somente pode ser efetuada com base em características que dependem da temperatura e do tempo.

Fluência abaixo da temperatura-limite

Até agora, investigações com metais [136, 147] confirmam que, no caso normal, para cargas de curta duração, processos não estacionários, tensões térmicas adicionais passageiras e casos de falhas em temperaturas abaixo da temperatura-limite definida, é suficiente o cálculo usual tendo como tensão admissível o limite de escoamento à temperatura elevada.

Entretanto, para componentes com elevadas exigências a respeito da constância da forma, precisam ser consideradas as características do material obtidas no ensaio de fluência, mesmo para temperaturas ligeiramente maiores. Aços carbono ou aços de baixa liga utilizados para construção de geradores de vapor e aços austeníticos, também apresentam, de acordo com o tempo de operação e temperatura de trabalho, maiores ou menores deformações à fluência.

Nos plásticos, ainda com temperaturas pouco elevadas, já ocorrem transformações estruturais. Essas transformações, às vezes, têm como conseqüência uma apreciável dependência

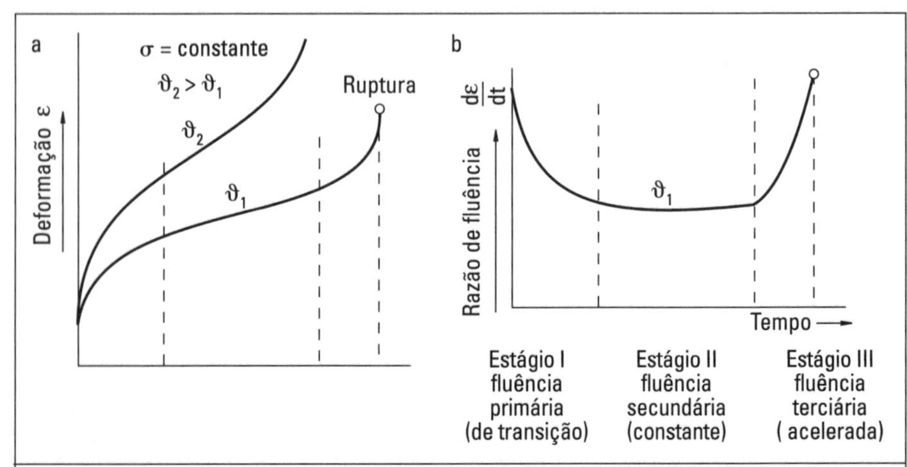

*Figura 7.86 — Variação da deformação **a** e da razão de fluência **b** com o tempo de solicitação (esquematicamente), caracterização das fases de fluência.*

do tempo e da temperatura das características, o que, no mesmo intervalo de temperatura, não se verifica para materiais metálicos. Conhecidas como envelhecimento térmico, elas conduzem a alterações irreversíveis das características físicas dos materiais plásticos (diminuição da resistência) [156, 185].

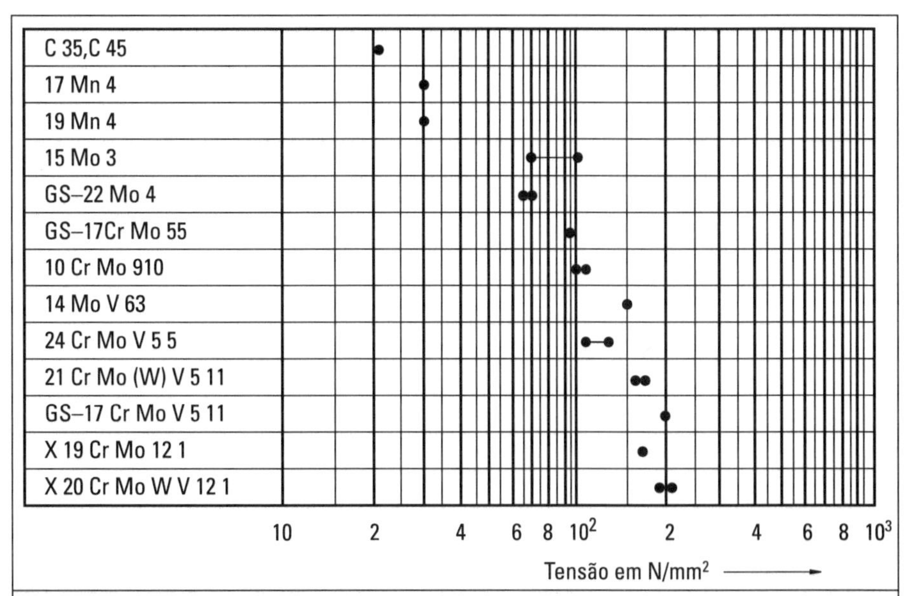

Figura 7.87 — *Tensões correspondentes a 1% do limite de deformação temporal para diversos materiais após 10^5 horas a 500°C [199].*

Fluência acima da temperatura-limite

Nessa faixa de temperatura, materiais metálicos submetidos a solicitações mecânicas muito abaixo do limite de escoamento em temperatura elevada, dependendo da espécie de material, provocam deformações constantes - o material sofre fluência. Essa fluência causa uma deformação progressiva dos componentes da construção e, com tempo e solicitação suficientes, conduz à ruptura ou falhas da função. Em geral, pode-se subdividir o processo de fluência em três estágios [136, 147]: Fig. 7.86. Para componentes expostos à ação da temperatura é importante saber que, adentrar o terceiro estágio de fluência deverá ser considerado como perigoso. O terceiro estágio começa, em geral, com deformação permanente em torno de 1%. Para uma idéia geral, foram sintetizados, na Fig. 7.87, os limites de alongamento temporal 10^5 $\sigma_{1\%/10^5}$ para $\vartheta = 500°C$ de diversos aços.

3. Relaxação

Através da pré-tensão necessária em sistemas pré-tensionados (molas, parafusos, fios de pré-tensão, uniões forçadas) é provocada uma deformação total ϑ_{tot} (alongamento total Δl_{tot}). Condicionado pela fluência do material e fenômenos de acomodação em conseqüência do escoamento nas superfícies de apoio e nas superfícies das inserções, cresce, com o decorrer do tempo, a fração plástica da deformação em comparação com a fração elástica. Esse processo de diminuição da deformação elástica, mantendo constante a deformação total, é denominado de relaxação [100, 326, 327].

Na maioria das vezes, a força de pré-tensão necessária é aplicada aos componentes pré-tensionados à temperatura ambiente. Condicionado pela influência da temperatura sobre o módulo de elasticidade (Fig. 7.85), essa força de pré-tensão é reduzida com temperaturas mais altas, sem que se verifiquem alterações nas dimensões do sistema pré-tensionado.

Ao atingir o estado de serviço em temperaturas elevadas, a força de pré-tensão, mesmo atenuada, conduz à fluência do material e com isso a uma perda adicional da força de pré-tensão (relaxação). Sobre a intensidade da força de compressão remanescente atuam, além disso, parâmetros condicionados pela produção e pelas instalações, p. ex., a intensidade da força de pré-tensão na montagem, o projeto de configuração do sistema tensionado, o acabamento das superfícies que se tocam e a influência da superposição das solicitações (normais ou tangenciais à superfície). Com base em investigações sobre o comportamento à fluência de ligações flangeadas com parafusos [100, 326, 327], deformações plásticas também ocorrem nas juntas de separação e superfícies de apoio (acomodação) e na rosca (fluência e acomodação).

Resumindo, para componentes metálicos, pode-se estabelecer:

- A perda da força de pré-tensão é dependente da relação entre a flexibilidade dos componentes tensionados. Quanto mais rígida for executada a junção, tanto mais as deformações plásticas (fluência e acomodação) produzem uma apreciável perda da força de pré-tensão.
- Se bem que já no aperto de ligações flangeadas com parafusos ou na montagem de uma junção forçada podem ser compensados apreciáveis valores da acomodação, deverá ser previsto no projeto, o menor número de superfícies, porém bem acabadas (superfícies para inserções, superfícies de apoio).
- Para cada material deve ser observado um limite de utilização com respeito à temperatura, acima da qual sua utilização não é mais prática, pois a tendência à fluência aumenta consideravelmente. Além disso, para o caso de aplicação previsto, deverão ser selecionados materiais nos quais, em decorrência do tensionamento, com superposição das tensões de trabalho, não é atingido o limite de escoamento com temperatura elevada.
- Com elevadas forças de pré-tensão inicial (forças de aperto iniciais) também restam, por um curto período de tempo, maiores forças de aperto residuais. Com o aumento do tempo de serviço, as forças de aperto residuais ficam re-

lativamente independentes da força de pré-tensão inicial, pois se aproximam de um nível comum, relativamente baixo.

- É possível um reaperto de uniões que já experimentaram a relaxação, desde que se considere a característica de tenacidade remanescente do material. Em geral, valores de fluência de cerca de 1%, que conduzem ao terceiro estágio da curva de fluência, não podem ser excedidos.
- Se, em adição à força de pré-tensão estática, uniões são submetidas a uma solicitação alternante, ensaios revelaram que as amplitudes das oscilações suportadas sem ruptura pela queda das tensões médias em conseqüência da relaxação, são sensivelmente maiores que as amplitudes das oscilações com uma tensão média constante. Certamente, após certo tempo, a queda da tensão média provocada pela relaxação freqüentemente conduz a um afrouxamento da união.

No emprego de *uniões com parafusos de material plástico* sua especificação é determinada inicialmente pela sua baixa condutibilidade elétrica e térmica, resistência à ação de meios que corroem metais, elevado amortecimento mecânico, baixo peso específico, entre outros itens. Além disso, essas uniões também devem apresentar certas características de resistência e tenacidade. Para esses casos de aplicação, as perdas de pré-tensão provocadas pela relaxação devem ser especialmente consideradas, para que possa ser assegurada a função dessas ligações. De acordo com as pesquisas [190, 191], em comparação com materiais metálicos, pode ser confirmado o que segue:

- A força de pré-tensão remanescente ao longo de um tempo à temperatura ambiente depende do material e da sua capacidade de absorção de umidade.
- A alternância constante na absorção e liberação de umidade age de modo especialmente desfavorável.

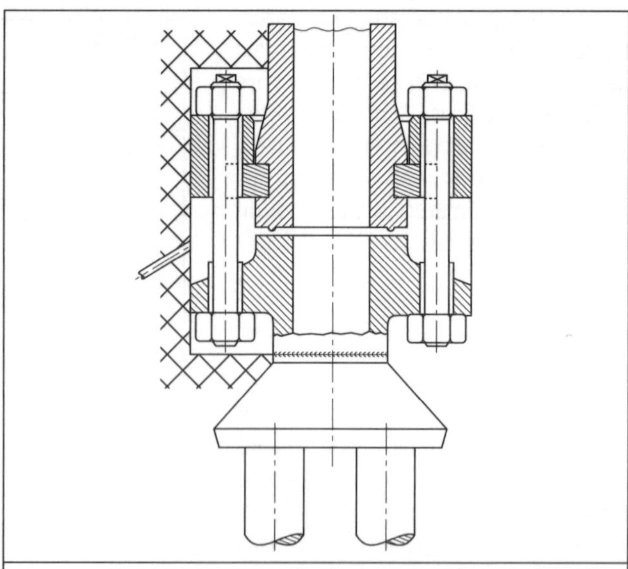

Figura 7.88 — *Ligação com flange de aço austenítico-ferrítico para uma temperatura de serviço de 600°C, segundo [265].*

liga. Nestes casos, medidas de projeto freqüentemente são mais práticas do que substituir o material.

Deve ser escolhido uma configuração que mantenha a fluência dentro de determinados limites aceitáveis, o que pode ser conseguido através de:

- Grande reserva de deformação elástica, para que as solicitações adicionais devidas a variações da temperatura sejam pequenas. Ex.: Fig. 7.88.
- Isolamento ou resfriamento dos componentes, conforme empregado em turbinas a vapor de duas carcaças e turbinas a gás. Ex.: Fig. 7.89.
- Evitar o ajuntamento de massas que, em processos estacionários, levam a tensões térmicas elevadas.
- Impedir que o material flua em direções indesejadas,

4. Medidas de projeto

Maiores tempos de vida útil são exigidos, em grau crescente, para instalações solicitadas ao longo do tempo, o que somente é concretizável do ponto de vista de projeto, quando se conhece o comportamento do material durante todo tempo em que é solicitado ou quando esse comportamento puder ser antecipado com a necessária precisão. Entretanto, segundo [136] uma extrapolação já é perigosa quando, partindo dos valores de curta duração, devem ser dados valores de referência para especificações no caso de solicitações com duração de 10^5 horas ou mais.

Nem sempre é possível absorver a solicitação térmica de qualquer componente com materiais especiais de alta

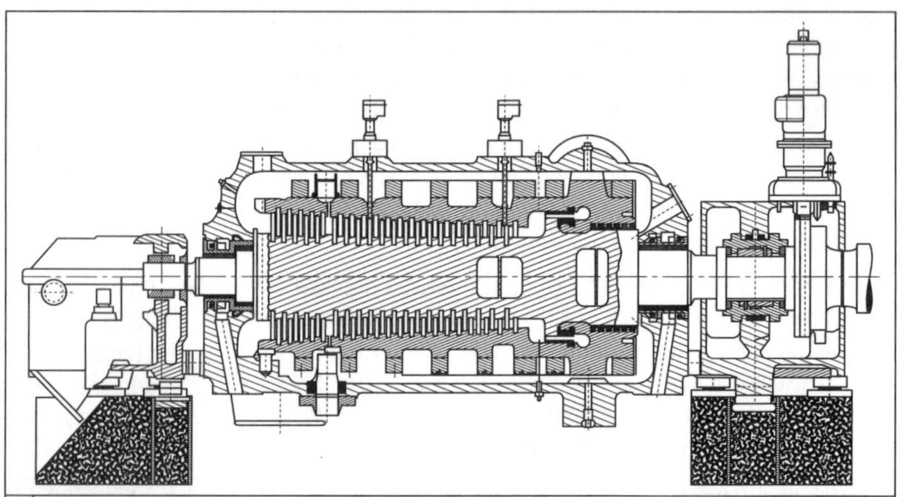

Figura 7.89 — *Turbina a vapor de duas carcaças com anéis montados a quente que prendem a carcaça interna. A relaxação dos anéis é reduzida pelo resfriamento com vapor usado. À medida que a potência produzida pela máquina aumenta, os anéis são mais fortemente pressionados, pois a diferença entre a temperatura do vapor de entrada e de saída também aumenta. Os anéis se apóiam sobre calços, o que possibilita, durante uma inspeção, restabelecer o valor da retração ao seu valor original, diminuição que é devida à relaxação (modelo ABB).*

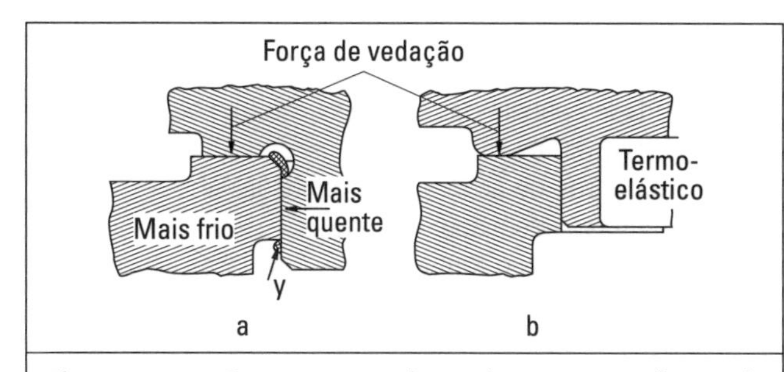

Figura 7.90 — *Centragem e vedação de uma tampa flangeada, segundo [206].* ***a*** *desmontagem dificultada, pois o material flui no sulco de alívio;* ***b*** *saliência de vedação bojuda gera melhor acão vedante com menores forças de compressão. Através de uma conformação mais apropriada, a fluência não dificulta a desmontagem.*

pelo que podem ocorrer falhas de funcionamento (p. ex., engripamentos de hastes de válvulas) ou problemas na desmontagem. Ex.: Fig. 7.90.

Na versão a do tampo flangeado segundo a Fig. 7.90, o material flui no detalonamento. O tampo que é aquecido mais rapidamente comprime a centragem e também flui na posição y. A versão b do tampo flangeado está melhor configurada pois, apesar da fluência, possibilita uma desmontagem sem causar danos. Além do mais, por causa do torneamento interno, o tampo não pode exercer nenhuma força radial apreciável sobre a centragem.

Disso resulta que o primeiro componente a ser removido numa desmontagem precisa estar exposto na direção da desmontagem ou ficar retraído no sentido contrário à desmontagem [206].

7.5.4 Considerações sobre a corrosão

Em muitos casos, as manifestações da corrosão são inevitáveis, podendo somente ser atenuadas, pois a causa da corrosão não pode ser eliminada. Além do mais, o emprego de materiais resistentes à corrosão muitas vezes não é economicamente justificável. Sem dúvida, Rubo [235] exige que em uma instalação sejam basicamente previstos "corpos de igual resistência à corrosão" e, paralelamente, chama a atenção para que, do ponto de vista dos custos, isto nem sempre precisa realizar-se através de materiais resistentes à corrosão. Mas também, por um adequado projeto da configuração, que tolere a corrosão, desde que seja conservada a compatibilidade funcional.

Isso representa uma evolução na configuração de componentes e instalações, se distanciando da consideração de proteção contra a corrosão e caminhando em direção à consideração da compatibilidade com a corrosão. Portanto, o projetista tem de combater manifestações da corrosão inaceitáveis por meio de uma concepção adequada ou uma configuração mais conveniente. As medidas dependem do tipo de corrosão previsto. Uma descrição bem abrangente das espécies de corrosão e uma abundância de medidas de natureza de projeto podem ser encontradas nas folhas de instruções "projeto com consideração da proteção contra corrosão" [158]. Spähn, Rubo e Pahl [212, 261] expuseram, de forma abrangente, as formas de manifestação e as medidas cujos pontos essenciais são aqui reproduzidos. Ao mesmo tempo, afasta-se ligeiramente da DIN 50900 [80, 81], objetivando um ordenamento sistemático e racional, do ponto de vista do projetista.

1. Causas e formas de corrosão

Enquanto ambiente seco e temperaturas elevadas geralmente aumentam a resistência à corrosão química, através da formação de camadas aderentes de óxidos metálicos, em temperaturas abaixo do ponto de orvalho formam-se eletrólitos ácidos ou básicos relativamente fracos que, em geral, conduzem a uma corrosão eletroquímica [260]. A favor da corrosão atua a circunstância de que qualquer componente tem uma superfície particular, p. ex., em conseqüência de inclusões mais ou menos inertes, sistemas cristalinos diferentes, e tensões internas devidas à deformação a frio, tratamento térmico, soldagem, além de outros fatores. Também nas frestas estabelecidas no projeto, podem se formar concentrações localmente diferentes de eletrólito, de modo a originar elementos locais, sem necessidade da presença de expressivas diferenças de potencial, tal como ocorre em materiais distintos. Para identificação de problemas de corrosão, é conveniente diferenciar entre [80, 212] (cf. Fig. 7.91):

- Corrosão em superfícies livres;
- Corrosão dependente de contato;
- Corrosão sob tensão;
- Corrosão seletiva no material.

As medidas que o projetista deverá adotar dependerão das respectivas causas e formas de ocorrência. Exemplos de cada uma das formas de corrosão estão condensadas em 7.5.4-5.

2. Corrosão em superfícies livres

Na corrosão de superfícies livres, tem-se uma corrosão superficial uniforme ou uma corrosão localmente limitada. Essa última forma é especialmente perigosa pois, ao contrário da corrosão que esfolia por planos, tem como conseqüência, em alguns casos, um alto efeito de entalhe, de difícil previsão. Por isso, tem de se dedicar, de antemão, particular atenção às zonas especialmente ameaçadas por essa forma de corrosão.

Corrosão superficial uniforme

Causa

Ocorrência de umidade (eletrólito fracamente ácido ou básico) com presença simultânea de oxigênio da atmosfera ou do meio, especialmente em temperaturas inferiores ao ponto de orvalho.

Formas de ocorrência

Corrosão da superfície, esfoliante, extensamente uniforme; no aço, p. ex., aprox. 0,1 mm/ano em atmosfera normal. Às

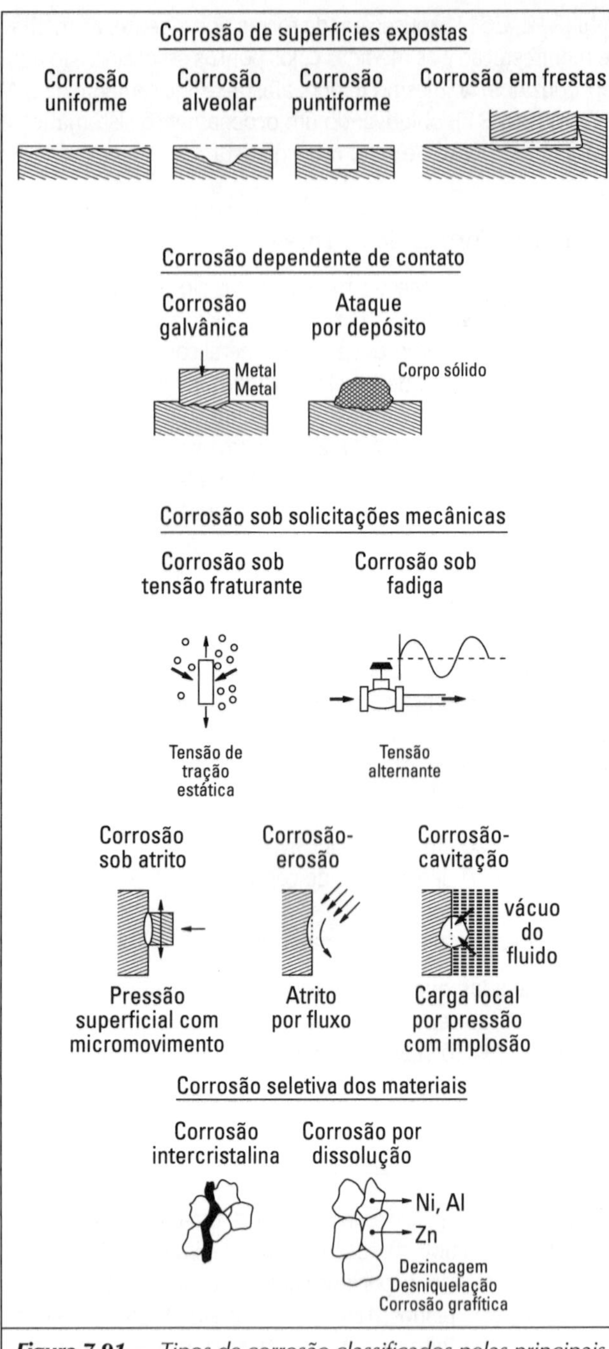

***Figura 7.91** — Tipos de corrosão classificados pelas principais formas de manifestação.*

vezes, localmente mais intensa quando, em conseqüência de temperaturas inferiores ao ponto de orvalho; aparecem com freqüência, elevados teores de umidade nesses pontos. Essa corrosão uniforme, removedora, pode ser intensificada em conseqüência de uma maior agressividade do meio, maiores velocidades de escoamento e temperatura local mais elevada.

Medidas

- Tempo de vida igual e suficientemente longo, por meio de uma apropriada escolha da espessura da parede (sobre-espessura) e da utilização de material adequado.
- Condução do processo por um conceito que evite a corrosão ou a torne economicamente suportável (cf. ex. 1).
- Objetivar superfícies lisas e menores, através de uma adequada forma geométrica com um máximo da relação capacidade / superfície ou, p. ex., módulo de resistência/perímetro (cf. ex. 3).
- Evitar pontos de acúmulo de umidade, através de uma configuração adequada: Fig. 7.92.
- Evitar pontos com temperaturas inferiores ao do ponto de orvalho, através de um isolamento completo e prevenir a formação de pontes de calor ou frio (cf. ex. 3).
- Evitar velocidades de escoamento > 2 m/s.
- Em superfícies aquecidas, evitar zonas com cargas térmicas elevadas e diferenciadas.
- Aplicação de revestimento de isolamento da corrosão [82], em alguns casos em combinação com isolamento catódico.

Corrosão alveolar

Na corrosão alveolar resultam localmente diferentes taxas de remoção.

Causas

Há elementos de corrosão [81], com zonas anódicas e catódicas provocando diferentes taxas de progressão da corrosão, que provêm especialmente da heterogeneidade do material, diferentes concentrações do meio, ou condições que variam localmente, tais como temperatura, radiação, etc.

Medidas

- Experimentar eliminar heterogeneidades e condições diferentes.
- Aplicar revestimentos anticorrosivos que cubram toda a superfície. No caso de danos ao revestimento anticorrosivo, sem dúvida aparecerá, em parte, uma corrosão local mais intensa (vide corrosão por *pites*).

Corrosão por pites

Na corrosão por *pites* a destruição se concentra em regiões muito pequenas da superfície, com depressões em forma de crateras ou de picadas de agulhas. Em geral, a profundidade tem a mesma ordem de grandeza do diâmetro. Em casos-limites, não é possível uma clara distinção entre corrosão alveolar e por *pites*.

Causa

A mesma da corrosão alveolar, porém, com ocorrência mais localmente confinada.

Medidas

Basicamente as mesmas da corrosão alveolar, especialmente reduzir ou eliminar o ataque corrosivo em si mesmo.

Corrosão em frestas

Causas

Na maioria das vezes, por aumento da concentração do ele-

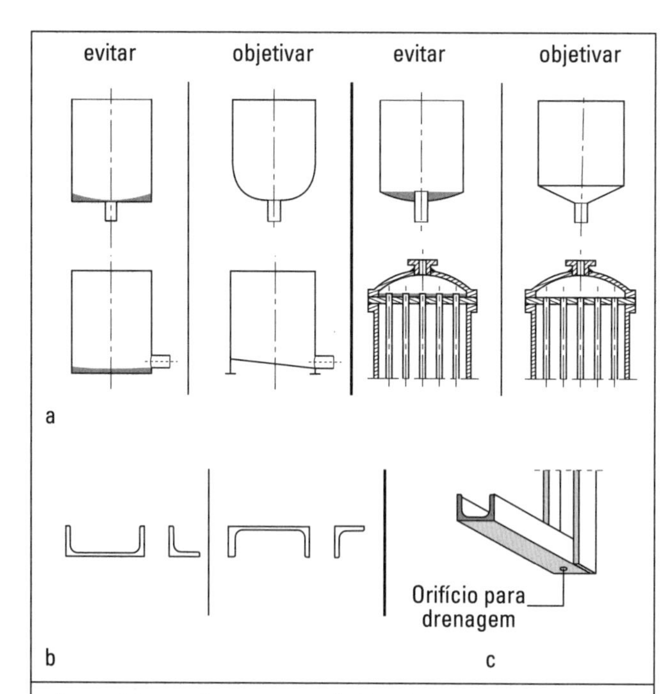

Figura 7.92 — *Escoamento de líquido em peças sujeitas à corrosão.* **a** *projeto da forma dos fundos adversos à proteção contra corrosão e adequados à proteção contra corrosão;* **b** *disposição favorável e desfavorável de perfis de aço;* **c** *console de perfis em U com drenagem.*

trólito (umidade, meio aquoso) em conseqüência da hidrólise dos produtos da corrosão numa fresta. Em aços inoxidáveis resistentes à ação de ácidos, redução da passividade em decorrência do empobrecimento do oxigênio na fresta. Trata-se da corrosão por ventilação deficiente.

Ocorrência

Intensa remoção corrosiva em uma fresta, geralmente em locais não visíveis. Aumento do efeito de entalhe em pontos já por si mais solicitados. Perigo de ruptura ou afrouxamento sem prévio aviso.

Medidas

- Criar superfícies lisas, sem frestas, inclusive nas transições bruscas.
- Prever cordões de solda sem frestas remanescentes na raiz: utilizar juntas de topo ou juntas em ângulo com cordão em todo o contorno: Fig. 7.93.
- Vedar frestas, p. ex., proteger da umidade peças que encaixem, através de berços ou revestimentos.
- Deixar a fresta de tal tamanho, de modo que, em conseqüência do fluxo ou intercâmbio, não ocorra nenhuma falta de oxigênio, ou seja, viabilizar a ventilação.

3. Corrosão dependente de contato

Corrosão por contato (galvânica)

Causa

Dois metais com potenciais diferentes conectados pela formação de um par ou de um sólido na presença simultânea de um eletrólito, ou seja, de um líquido condutor ou da umidade [259].

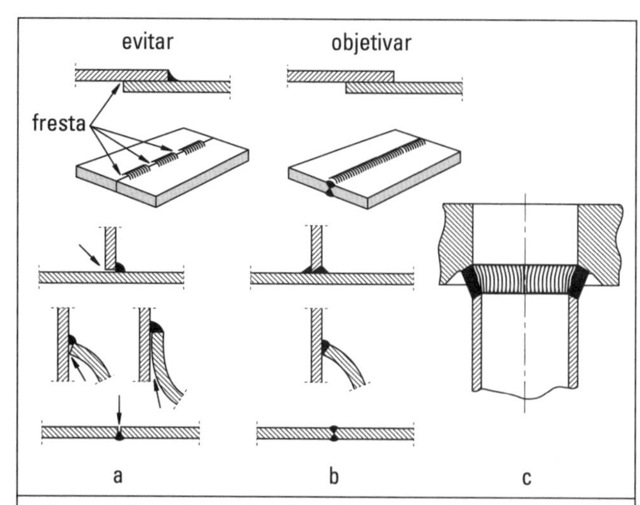

Figura 7.93 — *Exemplos de uniões com soldas.* **a** *ameaça de corrosão em frestas;* **b** *projeto da forma correto do ponto de vista da corrosão segundo [260];* **c** *soldagem de tubos livre de frestas, que evita corrosão em frestas e corrosão sob tensão fraturante.*

Ocorrência

O metal mais ativo corrói mais fortemente nas áreas próximas do ponto de contato, e tanto mais, quanto menor for a superfície do metal mais ativo em comparação com a do menos ativo (corrosão galvânica). Novamente, aumenta a concentração de tensões. Os depósitos dos produtos da corrosão têm como conseqüência efeitos secundários dos mais diversificados, p. ex., deposição, engripamento, acúmulo de resíduos, poluição do ambiente.

Medidas

- Utilizar ligas metálicas com pequenas diferenças de potencial e que por isso utilizam correntes de contato corrosivas, de pequena intensidade.
- Impedir a ação do eletrólito sobre os pontos de contato, por meio do isolamento local entre os dois metais.
- Evitar completamente o eletrólito.
- Caso necessário, prever corrosão dirigida para a destruição intencional de "material de sacrifício" eletroquimicamente ativo, o chamado anodo "de sacrifício".

Corrosão por depósito

Causa

Corpos estranhos, como produtos da corrosão, resíduos dos meios envolvidos, precipitados oriundos da evaporação, materiais de vedação, etc, depositam-se na superfície ou em frestas e, por sua vez, provocam, no respectivo local, uma diferença de potencial.

Medidas

- Evitar produtos provenientes da precipitação, filtrá-los ou armazená-los deliberadamente.

- No projeto, evitar zonas de águas mortas. Objetivar escoamento uniforme, velocidades não muito pequenas e drenagem automática (cf. Fig. 7.92a).
- Lavar ou limpar os constituintes de uma instalação.

Corrosão intercristalina

Causa

Em conseqüência da mudança de estado de líquido para gás e inversamente, do meio em contato com uma superfície metálica, surge, na região de transição de superfícies metálicas, um aumento do risco de corrosão. Em determinadas circunstâncias, esse risco é intensificado por incrustações na região entre a fase líquida e gasosa [260].

Ocorrência

A corrosão está concentrada na região de transição e será tanto mais intensa quanto mais brusca for a transição e quão mais agressivo for o meio [234].

Medidas

- Prever alimentação ou dissipação gradual do calor, ao longo de um trecho de aquecimento ou resfriamento.
- Reduzir a turbulência, isto é, reduzir, na entrada do meio transformador, o coeficiente de transmissão de calor, p. ex., com chapas defletoras, camisas protetoras.
- Nos pontos críticos, prever revestimento protetor resistente à corrosão (cf. ex. 3 e 4).
- Por meio de uma configuração adequada, evitar problemas na zona de transição entre fase líquida e gasosa: Fig. 7.94.
- Permitir a variação do nível de líquido, p. ex., através de revolvimento.

4. Corrosão dependente da tensão

Componentes suscetíveis à corrosão estão sujeitos, em geral, a solicitações mecânicas sob forma constante ou variável, provocadas por esforços internos ou ataques à superfície. Tais solicitações mecânicas adicionais condicionam uma série de graves manifestações da corrosão.

Corrosão por vibrações

Causa

Ataque corrosivo a um componente exposto a um esforço mecânico oscilante diminui drasticamente a resistência. Não há nenhuma durabilidade permanente. Quanto maior for a intensidade do esforço mecânico e mais intenso o ataque corrosivo, tanto menor será o tempo de vida útil.

Ocorrência

Ruptura sem deformação, tal como ocorre na ruptura por fadiga, na qual os produtos da corrosão, especialmente quando em meios fracamente corrosivos, somente são perceptíveis

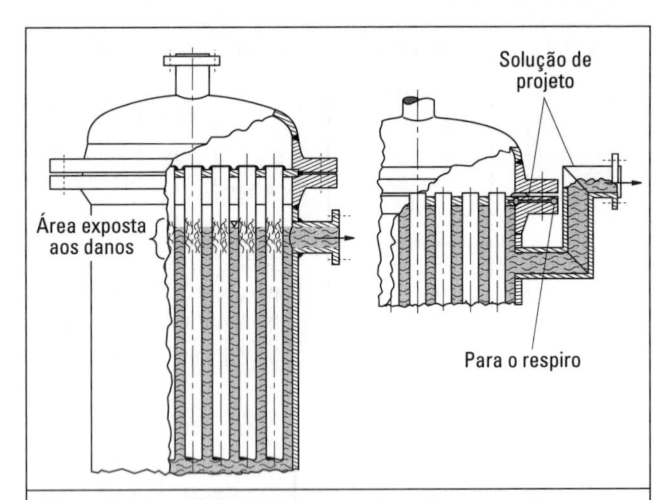

Figura 7.94 *— Corrosão na superfície de separação entre a fase líquida e gasosa, segundo [260] em decorrência da maior concentração na região do nível de água de um condensador estacionário. Solução de projeto adotada foi de elevação do nível de água.*

microscopicamente. Por isso, é freqüente a confusão com ruptura normal à fadiga.

Contramedidas

- Manter baixa a solicitação mecânica ou térmica variável evitando, principalmente, solicitação alternante em conseqüência do fenômeno da ressonância.
- Evitar sobreelevação de tensões em decorrência de entalhes.
- Pré-tensão com tensões internas de compressão ajuda a aumentar a duração do ciclo de vida por meio de jato de granalha, polimento de vincos, nitretação, etc.
- Manter longe o meio corrosivo (eletrólito).
- Prever revestimentos protetores superficiais, p. ex., emborrachamento, esmalte a fogo, revestimentos galvânicos com tensões de compressão, zincagem ou aluminação.

Corrosão sob tensão de ruptura

Causa

Após certo período, alguns materiais sensíveis tendem à formação de trincas intra ou intercristalinas, se a solicitação de tração estática, devido a uma carga externa ou um estado interno de tensão atuar simultaneamente como um agente específico, provocador dessa espécie de trinca. É suficiente evitar um desses pressupostos da formação de corrosão sob tensão fraturante.

Ocorrência

Dependendo do meio [260], ocorrem trincas intra ou intercristalinas, que são bastante finas e avançam rapidamente. Áreas próximas permanecem intocadas.

Medidas

- Evitar materiais sensíveis, o que nem sempre é possível devido a outros requisitos. Estes materiais são: aços carbono não ligados, aços austeníticos, latão, ligas de magnésio e de alumínio, bem como ligas de titânio.

- Reduzir drasticamente ou evitar completamente as tensões de tração nas superfícies atacadas.
- Introduzir tensões de compressão na superfície, p.ex., por bandagens forçadas, pré-tensão de multifolheados ou jato de granalha.
- Aliviar tensões internas através do recozimento e subseqüente resfriamento.
- Aplicar revestimentos de ação catódica.
- Evitar ou atenuar agentes corrosivos pela redução da concentração e da temperatura.

Corrosão induzida por deformações

Causa

Por distensões ou encurtamentos repetitivos, acima de valores críticos, o revestimento protetor sempre se abre novamente.

Ocorrência

Uma vez que deixa de existir uma proteção natural da corrosão, ocorre uma corrosão local.

Contramedida

Reduzir as magnitudes do alongamento ou do encurtamento.

Corrosão por erosão e cavitação

Erosão e cavitação podem estar acompanhadas de corrosão, através da qual o processo de remoção no local afetado é acelerado. Solução primária é evitar ou reduzir a erosão ou cavitação com auxílio de técnicas de fluxo ou medidas de ordem construtiva. Somente quando isto não trouxer sucesso deveriam ser cogitados revestimentos duros, tais como aplicação de camadas de solda, camadas de níquel, cromo duro ou estelita.

Corrosão por atrito

Causa

Corrosão por atrito é criada por movimentos relativamente pequenos sob pressões mais ou menos elevadas atuando sobre o par de superfícies em contato (cf. 7.4.1-3).

Ocorrência

A superfície envolvida gera produtos de oxidação duros, que em certas circunstâncias aceleram o processo. Simultaneamente, é criado um efeito pronunciado concentrador de tensões (efeito cunha).

Medidas

O remédio mais eficaz é a eliminação do movimento de abrasão, p. ex., por suspensão elástica, mancais hidrostáticos em vez de guias operando por atrito:

- diminuir as vibrações das tubulações por redução da velocidade de escoamento no espaço externo ao tubo e/ou alteração dos afastamentos dos defletores;
- aumentar a folga entre tubos e defletores, de modo a eliminar o contato;
- aumentar a espessura da parede dos tubos, a fim de aumentar sua rigidez e, simultaneamente, a taxa de corrosão para um valor aceitável;
- para os tubos, utilizar material que exiba melhor aderência com a camada protetora.

Em geral, devem ser evitados locais de abrasão. Estes podem resultar, p. ex., de dilatações térmicas ou de passagens de tubos sujeitos à vibração (p. ex., defletores). A camada oxidante protetora pode ser danificada pelas superfícies em contato. As partes metálicas expostas são eletroquimicamente menos nobres do que aquelas cobertas por uma camada protetora. Se o meio circulante for um eletrólito, esses domínios relativamente pequenos e não nobres serão removidos eletroquimicamente, no caso de a camada protetora não se regenerar.

Corrosão seletiva no material

Na corrosão seletiva estão envolvidos apenas alguns elementos da estrutura do material. Tem relevância:

- Corrosão intercristalina de aços inoxidáveis e ligas de alumínio.
- A chamada espongiose ou corrosão grafítica do ferro fundido, em que os componentes ferrosos do ferro fundido são dissolvidos.
- A dezincagem de latões (separação do zinco).

Causa

Alguns elementos integrantes da estrutura ou regiões vizinhas aos grãos são menos resistentes à corrosão do que a matriz.

Medida

Uma medida consiste basicamente na seleção adequada de materiais e sua usinagem, p. ex., processos de solda que evitem uma estrutura tão sensível. Com a ocorrência dessa espécie de corrosão, o projetista necessita do parecer de um especialista em ciência dos materiais.

Recomendações gerais

A configuração deve ser tal que, mesmo sob ataque corrosivo, seja alcançado, na medida do possível, um ciclo de vida longo e uniforme de todos os componentes envolvidos [234, 235]. Se a exigência não for economicamente atendida através de uma seleção apropriada e dimensionamento do material, é preciso projetar de tal forma que as zonas e componentes especialmente propensos à corrosão possam ser monitorados; p.ex., controle visual, medição da espessura da parede, mecanicamente ou por ultra-som e/ou indiretamente por um arranjo de corpos-de-prova para corrosão, que são substituídos após um tempo de utilização definido ou de acordo com os resultados do controle.

Uma condição que coloque em risco a segurança, em conseqüência da corrosão, não poderá ocorrer (cf. 7.3.3-4).

Por fim, chama-se novamente a atenção para o princípio da divisão de tarefas (cf. 7.4.2), com auxílio do qual também é possível solucionar difíceis problemas de corrosão. De acordo com esse princípio, a defesa contra corrosão e a vedação caberia a um dos componentes e a tarefa de transmissão das reações de apoio, das forças de sustentação e das cargas, ao outro componente, com o que se evita a superposição da tensão de corrosão com uma elevada tensão mecânica. Isso permite maior liberdade na escolha do material para cada um dos componentes [207].

5. Exemplos de anteprojetos apropriados, considerando a corrosão

Exemplo 1

Por meio de lixiviação pode-se remover amplamente o CO_2 presente numa mistura de gases sob pressão. Na seqüência, a lixívia enriquecida com CO_2 é liberada em grande parte do CO_2 pelo alívio da pressão (regenerada). O local do alívio da pressão no fluxograma de uma lavagem de gases sob pressão com regeneração é geralmente estabelecido pelas seguintes considerações.

Se a lixívia fosse expandida diretamente atrás da torre de lavagem (Fig. 7.95, pos. A), a tubulação ligando ao ponto B seria especificada de acordo com a pressão que se estabelecesse, isto é, com uma espessura de parede relativamente fina. Portanto, economiza-se na espessura da parede. Porém, em conseqüência da eliminação de CO_2, a agressividade da lixívia impregnada com bolhas de CO_2 pode crescer a tal ponto que o aço da tubulação comumente empregado, suficientemente barato, não ligado, teria que ser substituído por um material substancialmente mais caro, resistente à ferrugem e aos ácidos. Por isso, seria melhor que a lixívia enriquecida com CO_2 permanecesse sob pressão até a torre de regeneração (pos. B).

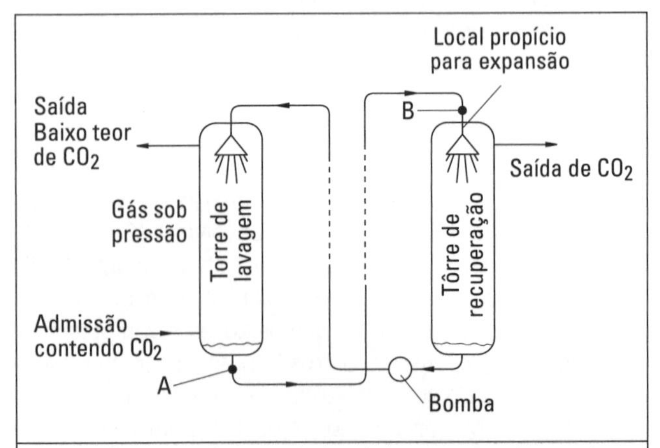

Figura 7.95 — *Influência do local da expansão de uma base para lavagem enriquecida com CO_2 sobre a escolha do material da tubulação entre os pontos A e B.*

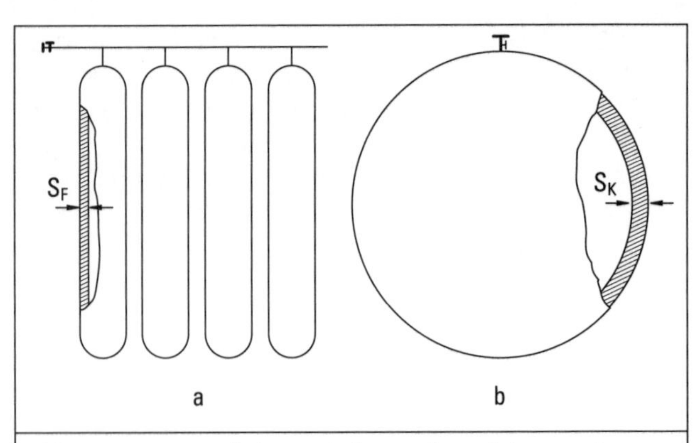

Figura 7.96 — *Influência da forma do recipiente sobre o risco de corrosão segundo [234], tendo como exemplo o armazenamento de gás a 200 bar;* ***a*** *em 30 garrafas cada uma com 50 litros de capacidade;* ***b*** *em uma esfera com capacidade de 1.500 litros.*

Exemplo 2

Para o armazenamento de gases sob pressão podem ser discutidas duas soluções: Fig. 7.96.

a) 30 recipientes em forma de garrafa cada um com 50 litros de capacidade e espessura de parede de 6 mm;

b) 1 reservatório esférico com capacidade de 1,5 m^3 e espessura de parede de 30 mm.

Do ponto de vista da corrosão, a solução (b) é mais vantajosa por dois motivos:

- A superfície suscetível à corrosão, com cerca de 6,4 m^2, é aproximadamente cinco vezes menor do que a solução (a). Portanto, com igual profundidade de remoção, a quantidade removida é menor.
- Prevendo uma profundidade de remoção de 2 mm em 10 anos, a remoção de material, do ponto de vista da resistência, não é de modo algum desprezível em (a), e impõe uma parede consideravelmente mais grossa, ou seja, 8 mm, enquanto o acréscimo de 2 mm para a corrosão nos 30 mm de espessura da parede da esfera de armazenamento pode ser considerado como insignificante. Praticamente, a esfera de armazenamento pode ser especificada apenas com os critérios da resistência dos materiais.

Exemplo 3

Um recipiente contém gás quente misturado com vapor H_2O. A Fig. 7.97a mostra a versão original segundo [248]. O bocal de descarga não é isolado. Em conseqüência do esfriamento a uma temperatura inferior ao ponto de orvalho, forma-se um condensado com fortes características eletrolíticas. No ponto de transição entre o condensado e o gás, aparece corrosão, da qual pode resultar a destruição do bocal. A Fig. 7.97 mostra duas soluções: de um lado o isolamento, do outro bocais especiais com material mais durável.

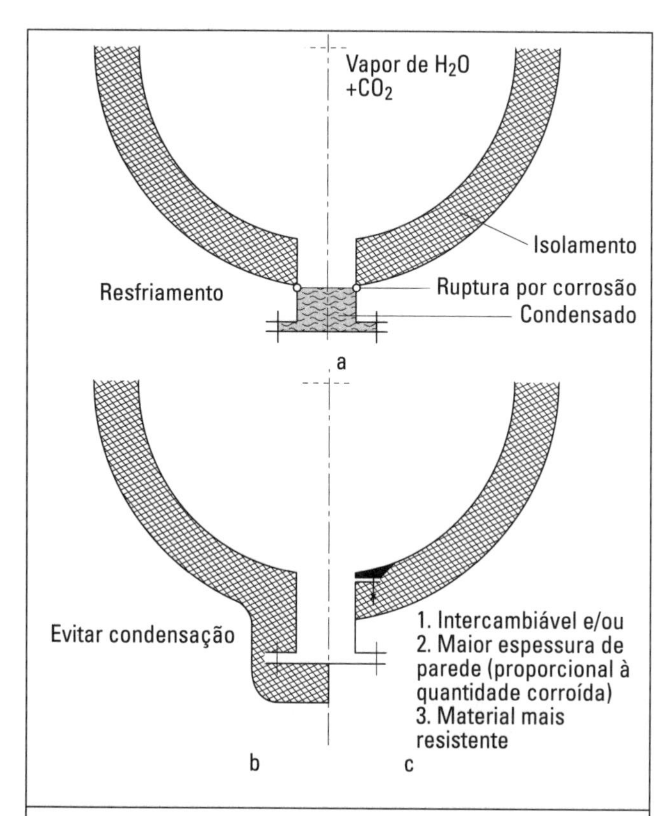

Figura 7.97 — Bocal de descarga de um tanque com vapor superaquecido contendo CO_2 pressurizado. ***a*** *versão original;* ***b*** *versão com isolamento evita a condensação;* ***c*** *outras variantes resistentes à corrosão com bocais desmontáveis.*

Exemplo 4

Em um tubo aquecido que transporta gases úmidos, está particularmente ameaçada a região da entrada interna ao revestimento isolante: Fig. 7.98a. Uma transição menos brusca (Fig. 7.98b) ou um isolamento resistente à corrosão, introduzido adicionalmente (Fig. 7.98c), oferecem a solução.

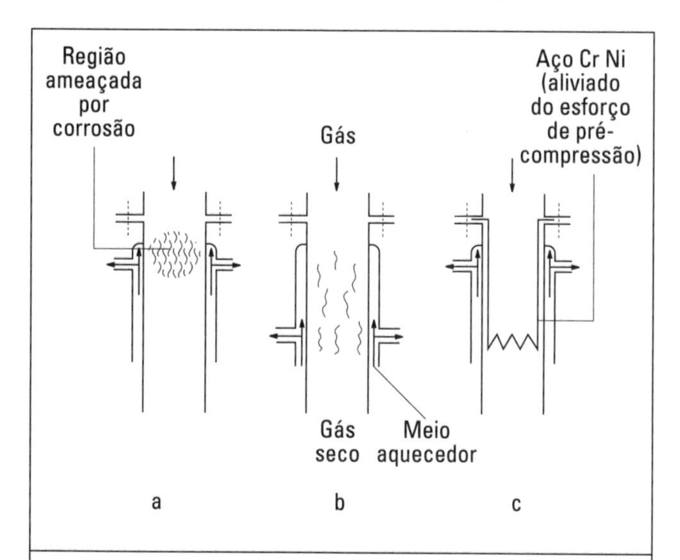

Figura 7.98 — Corrosão em um tubo aquecido, segundo [234]; ***a*** *ameaçada especialmente na entrada por causa da transição brusca;* ***b*** *evitada a transição brusca;* ***c*** *manga protetora cobre zona crítica e atenua transição.*

7.5.5 Projeto considerando o desgaste

1. Causas e formas de ocorrência

As causas e formas de ocorrência de desgastes são extremamente variadas e complexas. Para adquirir uma compreensão mais profunda e básica, o leitor deve consultar a literatura indicada [28, 121, 153, 258, 314]. Na DIN 50320 [79] estão definidos os tipos e mecanismos de desgaste. Da mesma maneira que na corrosão, o desgaste que aparece significa uma limitação na duração de um componente, características funcionais restritas, maiores perdas e outras desvantagens, em relação a um produto em estado de novo. Os principais e mais freqüentes mecanismos de desgaste atuantes na superfície e especialmente no domínio micro, são os seguintes:

Desgaste por adesão

A causa é uma carga elevada, sob a qual se formam ligações atômicas entre o corpo básico e o contracorpo. As aparições são microssoldas que são novamente separadas pelo movimento. A superfície é destruída, removida e são formadas partículas de desgaste.

Desgaste por abrasão

A causa se deve a partículas duras do contracorpo ou do meio intermediário que conduzem a uma espécie de microrremoção do cavaco das superfícies envolvidas. As formas de manifestação são sulcos, caneluras e outras na direção do movimento e com retirada do material. Um desgaste abrasivo muito suave pode levar ao alisamento e ajuste da superfície, um desgaste mais forte ou excessivo a uma alteração inaceitável da superfície.

Desgaste por ruína da superfície externa

A causa é uma solicitação alternada na região das camadas próximas à superfície e que leva à ruína. Formas de ocorrência são fissuras, erupções, *pites*, etc., bem como partículas que se desprendem.

Desgaste por reação triboquímica

A causa é uma reação triboquímica entre o corpo básico e o contracorpo, com ação combinada de integrantes do lubrificante e/ou do entorno, em decorrência de uma ativação (aumento de temperatura) provocada pelo trabalho do atrito. Formas de ocorrência são alterações da superfície com formação de regiões duras e partículas, onde estas últimas novamente colaboram para um incremento na formação do desgaste (cf. corrosão por atrito em 7.5.4, item 4).

2. Soluções de projeto

Projetar *levando em conta o desgaste* significa, por meio de medidas tribológicas (sistema: material, geometria de funcionamento, superfície, graxas/fluido) ou por puras providências oriundas da tecnologia dos materiais, absorver, com o mínimo desgaste possível, os movimentos relativos entre componentes estruturais necessários ao funcionamento do produto.

Como também acontece com outras solicitações, p. ex., corrosão, vai-se procurar primeiro evitar as causas do respectivo mecanismo de desgaste (*providências primárias*). Isto significa, p. ex., evitar atritos entre corpos sólidos (atrito em repouso, atrito seco) e o atrito misto por medidas tribológicas, e permitir o atrito fluido. Em movimentos deslizantes, isto pode ser conseguido pelo efeito elasto-hidrodinâmco que pode ser gerado como atrito fluido por uma determinada viscosidade do fluido, velocidade de deslizamento e carregamento da superfície de funcionamento. Na presença de condicionantes de projeto e operação que não viabilizem o efeito elasto-hidrodinâmico, pode-se pensar em sistemas hidrostáticos ou sistemas magnéticos. Se os movimentos forem pequenos, também pode ser considerado o uso de articulações elásticas.

Se as medidas primárias para evitar as causas não forem possíveis, será preciso empreender *medidas secundárias* por parte do material ou por parte da tecnologia da lubrificação, com as quais pelo menos poderão ser reduzidas as taxas de desgaste. Para diminuição de todas as manifestações de desgaste, é primeiramente necessário limitar a entrada de energia local pelo trabalho do atrito por área $p \cdot v_r \cdot \mu$, ao reduzir a pressão superficial p, a velocidade relativa v_r e/ou o coeficiente de atrito μ. Em [28] estão indicados os coeficientes de atrito e os coeficientes de desgaste para inúmeras combinações de pares de materiais usados na prática:

$$\text{Coeficiente de desgaste} = \text{Deslocamento} \times \frac{\text{Volume desbastado}}{\text{Força normal}}$$

Projetar considerando o desgaste também significa considerar as seguintes medidas quando o desgaste não puder ser evitado:

- Partículas de desgaste precisam ser filtradas do fluido, para não aumentar ainda mais as taxas de desgaste do fluido devido ao aumento da sua concentração.
- Estruturas com superfícies atuantes passíveis de desgastes deveriam, na medida do possível, ser configuradas pelo "princípio da divisão de tarefas" (cf. 7.4.2), ou seja, as zonas de desgastes deveriam ser facilmente intercambiáveis e serem fabricadas usando um material econômico e com resistência ao desgaste, sem encarecer o custo total da estrutura.
- Os estágios de desgaste deveriam ser caracterizados por marcas de desgaste, a fim de garantir a segurança operacional e auxiliar a manutenção (cf. 7.5.10).

7.5.6 Projeto considerando a ergonomia

A ergonomia parte das características, habilidades e necessidades do indivíduo e cuida das relações entre o indivíduo e o produto técnico. Com os conhecimentos da ergonomia pode-se conseguir, por meio de uma configuração adequada [173, 300]:

- uma adaptação do produto técnico ao indivíduo, mas também pela escolha das pessoas, bem como pela preparação e treinamento,
- a adaptação do indivíduo ao objeto ou à atividade em ou com sistemas técnicos.

Nessas considerações também está incluída a utilização de produtos técnicos no segmento de utensílios domésticos, esporte e lazer.

Atualmente, o foco da pesquisa ergonômica se distancia do posto de trabalho convencional, no qual prevalece o esforço físico e volta-se para o trabalho na indústria eletrônica, bem como na ênfase em esboçar configurações de painéis de controle [311] e de sistemas voltados para o usuário [56]. Neste contexto, também foram criadas ferramentas de *software* que auxiliam uma configuração ergonômica do posto de trabalho [164].

1. Fundamentos da ergonomia

O ponto de partida nas considerações é o indivíduo, na medida em que ele é ator, usuário ou visado. Num sistema técnico, o indivíduo pode atuar de diversos modos ou ser afetado pelas ações (cf. 2.1.6). Neste contexto, é conveniente ter presentes os seguintes aspectos:

Aspectos biomecânicos

O manuseio e a utilização de produtos técnicos conduzem a determinadas *posturas e movimentos corporais*. Esses resultam do arranjo espacial conseqüente da forma do produto técnico projetado (p. ex., posição e direção de movimentação dos controles) e, do lado do indivíduo, das *dimensões corporais* [67]. Esse relacionamento pode ser representado e avaliado com ajuda de gabaritos antropométricos [70] (cf. Fig. 7.99).

Valores máximos das *forças corporais* estão descritos em [71]. Porém, deduzir as forças admissíveis a partir das forças máximas para um caso específico pressupõe, por um lado, a consideração da freqüência, duração, idade, sexo, prática e experiência e, de outro lado, regras e métodos de como considerar matematicamente essas influências (cf. [25, 127]).

Aspectos fisiológicos

As posturas e movimentos corporais requeridos no manuseio e utilização de um produto técnico condicionam o trabalho muscular estático e dinâmico. Para a musculatura solicitada, o trabalho muscular exige do sistema cardiovascular um abastecimento sangüíneo em conformidade com a carga externa. No trabalho muscular estático (p. ex., segurar), a circulação sangüínea é estrangulada, bem como o alívio dos músculos é retardado. Por causa disso, forças maiores só podem ser aplicadas por pouco tempo.

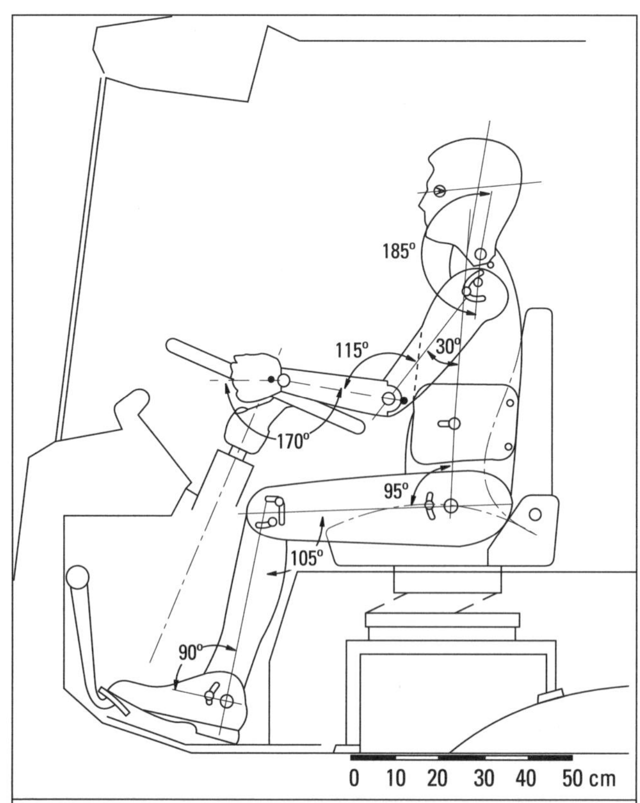

***Figura 7.99** — Utilização de um gabarito corporal para avaliação da posição sentada do motorista de um caminhão, segundo [70].*

Para as considerações ergonômicas é preciso fazer distinção entre *carregamento, solicitação* e *fadiga*. Carregamento designa as influências que atuam externamente. Carregamento conduz o indivíduo de acordo com seus dados individuais, como idade, sexo, constituição física, estado de saúde, treinamento a uma solicitação. Em conseqüência da solicitação, dependendo da sua intensidade e duração, pode se manifestar a fadiga, a qual pode ser compensada pelo descanso. Estados como *monotonia*, pelo contrário, não são compensadas através de descanso, mas, p. ex., através de mudança de atividade.

Uma outra *condição fisiológica* do trabalho e da vida do ser humano é a temperatura do corpo entre 36 e 38°C, no caso normal. Apesar da *ação do calor e do frio* externos e a constante produção de calor no interior do corpo (mais intensamente com trabalho pesado), a temperatura no cérebro e no interior do corpo deve manter-se constante através do transporte de calor por via sangüínea. Requisitos de trabalho e influências climáticas devem ser ajustados entre si, tanto por meio de providências técnicas, p. ex., ventilação, quanto por meio de providências organizacionais, p. ex., pausas (cf. [68]).

Outros dados fisiológicos das atividades e do trabalho do ser humano são descritíveis, no *domínio das percepções, pelos órgãos dos sentidos*. Variáveis de percepção fisiológica da *visão* são, p. ex., *iluminações* mínimas, ótimas e máximas e diferenças de iluminação (contraste) para a percepção visual [44, 45, 69]. Na *audição* valem analogamente *nível sonoro* e diferenças de níveis sonoros [306] para a percepção sonora (p. ex., sinais de alarme acústicos em ambiente barulhento [69]). Aqui, deve-se observar que esses valores são primariamente orientados pelas características sensitivas do homem, e o subseqüente processamento desses sinais nos feixes de nervos transmissores e no cérebro não tem correspondência com modelos claros e seus respectivos resultados. Assim, p. ex., o indivíduo filtra um estímulo em função da experiência, do interesse, etc.

Aspectos psicológicos

No projeto de produtos técnicos também deve ser observada uma série de aspectos psicológicos: assim, resulta para a *percepção*, p. ex., que o processamento subseqüente dos sinais pelo indivíduo contém uma série de processos de transformação, influenciáveis de várias maneiras. São exemplos "ilusões óticas", não ouvir ou não notar os "sem importância" ou outras interpretações. Concentrar a atenção é, portanto, um importante princípio na configuração. Isto vale tanto para o projeto da configuração de salas de controle [54], como também para a disposição de avisos e indicações em objetos técnicos.

Os processos de percepção, decisão e atuação, na maioria das vezes, transcorrem de forma tranqüila. Porém, quando o andamento desses processos parcialmente inconscientes é perturbado, é mobilizado um processo para novamente retornar a uma orientação, decisão e atuação seguras. Esse processo é designado por *raciocínio*. Num produto técnico, no qual a constituição estrutural e a execução da função não são compreensíveis do lado de fora, no caso de manifestações incomuns ou distúrbios, a causa e medidas adequadas, em geral, não podem ser esclarecidas pelo raciocínio. Por isso, a informação necessária para utilização precisa ser disponibilizada de forma segura, por meio de indicações claras e suficientes e das instruções de operação.

As soluções do projeto devem poupar o pensamento durante a manipulação e, assim, mantê-lo disponível para o verdadeiro trabalho. A exigência de uma associação explícita, p. ex., do movimento de posicionamento com a subseqüente ativação do aviso e da função, objetiva excluir processos de raciocínio facilmente perturbáveis ou comprometidos por erros.

Percepção e raciocínio estão voltados para a atuação real. *Aprender* significa disponibilizar ações e conhecimentos comprovados para posteriores atuações. Para a operação e emprego de objetos técnicos deve-se, p. ex., estar atento para o fato de que seqüências e paradigmas de manipulações apreendidas no passado costumam reaparecer por força do costume. Por isso, os mais novos modelos de produtos técnicos não deveriam, com respeito à manipulação / emprego, apresentar modificações desnecessárias, devendo ser principalmente evitadas as inversões (posição ou movimentos trocados). Essas inversões não são admissíveis quando as conseqüências de uma atuação errônea representam, direta ou indiretamente, uma ameaça à segurança.

Uma definição muito extensa do comportamento do indivíduo (no trabalho) por meio de sistemas técnicos ou organizacionais (p. ex., trabalho cadenciado na linha de montagem) com longa vigência, pode impregnar as atitudes e o comportamento dos envolvidos de forma prejudicial. Portanto, as atividades deveriam permitir espaços para manobras e uma parcial liberdade de manobra.

2. Atividades humanas e condicionantes ergonômicas

O indivíduo pode ser envolvido ou afetado ativa ou passivamente num evento técnico. Numa relação *ativa*, ele é capaz e deliberadamente ativo num sistema técnico, ou seja, ele se encarrega de determinadas funções como acionar, monitorar, comandar, carregar, retirar, registrar, entre outras coisas. Nessa tarefa ele executa várias vezes as seguintes atividades gerais *repetitivas*, na forma de um ciclo de atividades:

- *preparar a prontidão para a atividade*, p. ex., preparar-se para ir ao local de trabalho;
- *receber e processar informações*, p. ex., perceber, orientar-se, tirar conclusões, decidir-se por um procedimento;
- *executar atividades*, p. ex., acionar, unir, desmontar, escrever, desenhar, falar, dar sinal;
- *verificar resultados*, p. ex., verificar o estado, checar medidas efetuadas;
- *suspender prontidão ou executar uma outra atividade*, p. ex., arrumar, encerrar, sair ou executar uma outra atividade.

Na participação funcional, ou seja, participação deliberada do homem, sua mobilização deve ser planejada de acordo com as atividades gerais repetitivas citadas e também devem ser criados os pressupostos apropriados [311]. Isto se inicia bem cedo no processo de projeto – já no esclarecimento da formulação da tarefa (cf. 5) e se reflete obrigatoriamente na estrutura das funções (cf. 6.3).

Tabela 7.4 Aspectos ergonômicos da lista de requisitos e dos critérios de avaliação segundo [300]

1. Contribuição humana ativa para atendimento de uma tarefa num sistema funcional:
necessário, desejado
eficaz
simples
rápido
preciso
confiável
sem falhas
claro, sensato
fácilmente compreensível
2. Envolvimento ativo ou passivo com retroações e efeitos colaterais das pessoas:
solicitação aceitável
leve cansaço
pequenas irritações
sem perigo de provocar ferimentos, seguro
sem prejudicar a saúde, sem limitar a saúde
Estímulo, variabilidade, incentivo à atenção, não monótono
Possibilidades de crescimento

Contribuição ativa do indivíduo

A criteriosidade e objetividade da ação humana em sistemas técnicos devem ser consideradas de forma ponderada, sob o critério da *eficiência*, da *viabilidade econômica* e do *humanitarismo* (respeito e conveniência). Com essa consideração inicial e básica, o envolvimento do indivíduo e, com isso, o princípio da solução, são decisivamente influenciados e definidos. Para essas decisões, os critérios ergonômicos que seguem e que também são critérios de avaliação, podem ser úteis [300] (cf. tab. 7.4):

- É *necessário ou desejável* o envolvimento humano?
- O envolvimento pode ser *eficiente*?
- É possível um envolvimento *simples*?
- O envolvimento poderá ser suficientemente *exato e confiável*?
- A atividade é *clara e racional*?
- A atividade pode tornar-se *passível de ser aprendida*?

Só com uma avaliação favorável das questões citadas, poderá ser considerado o envolvimento ativo do indivíduo num sistema técnico.

Envolvimento passivo do homem

Tanto a pessoa com participação ativa *quanto aquela envolvida passivamente*, experimentam *retroações e ações secundárias* de um sistema técnico (cf. 2.1.6 - conceitos). Os efeitos dos fluxos de energia, de sinal e de material, bem como das condicionantes ambientais, p. ex., vibrações [292], luz [43 a 45], clima [68], ruído [306], têm elevado significado para o indivíduo. Esses efeitos precisam ser identificados a tempo, de forma que possam ser levados em conta na seleção do princípio de trabalho e no subseqüente projeto da configuração. Nessa tarefa, podem ser úteis as seguintes questões, que por sua vez podem servir de critérios de avaliação (cf. tab. 7.4):

- Subsiste uma *solicitação suportável* para a pessoa e o cansaço que se estabelece pode ser compensado?
- A *monotonia foi evitada* e são fomentados o estímulo, saídas da rotina e a necessidade de ficar atento?
- Não estão presentes quaisquer ou apenas *pequenas irritações* ou incômodos?
- Foi evitado o *risco de ferimentos*?
- Há *prejuízos ou danos para a saúde*?
- O trabalho permite uma *possibilidade de desenvolvimento pessoal*?

Se estas questões não puderem ser respondidas satisfatoriamente, deve se adotar outra solução ou pelo menos deverá ser empreendida uma substancial melhoria da atual situação.

3. Identificação dos requisitos ergonômicos

Para o projetista, em geral, não é simples encontrar imediatamente uma resposta satisfatória para as questões mencionadas. Conforme exposto na diretriz VDI 2242 [300], ele pode abordar a problemática de dois lados, a fim de perceber as principais influências e as providências mais apropriadas.

Consideração direcionada ao objeto

Em muitos casos, o produto técnico (objeto) a ser ergonomicamente configurado é conhecido e definido, p. ex., um componente de um comando, o lugar do motorista, o posto de trabalho em um escritório, determinado apetrecho de segurança individual. Recomenda-se, então, utilizar a lista de busca "objetos" apresentada na diretriz VDI 2242 folha 2 [301] e deixar-se inspirar e testar as questões particulares existentes usando a lista de verificação (vide Tab. 7.5) lá apresentada para o objeto em questão. Somente o exame das sugestões apresentadas em seguida à lista de verificação do objeto em questão é muito instrutivo e torna clara a problemática existente. Medidas concretas são tiradas da bibliografia apresentada, ou são desenvolvidas com base nos conhecimentos adquiridos.

Consideração direcionada à ação

Particularmente em situações novas, quando ainda nenhum objeto pode ser definido, percorre-se o caminho que se inicia do fluxo de energia, de material e de sinal do sistema técnico já existente e, portanto, conhecido; assim, pode-se compreender as ações que se manifestam e compará-las com as exigências ergonômicas.

Tabela 7.5 Diretriz com caraterísticas para identificação de requisitos ergonômicos segundo [300]

Características	Exemplo
Função	Distribuição da função, tipo de função, tipo de atividade
Princípio de funcionamento	Tipo e magnitude do efeito físico ou químico. Efeitos como vibrações, barulho, radiação, calor
Configuração	
• espécie	Tipos de elementos, organização, tipo de acionamento
• forma	Forma global e elementos de forma apropriados, subdivisão por meio de eixos de simetria e proporções, boa forma
• posição	Disposição, organização, distâncias, direção de funcionamento e de observação
• escala	Dimensões, excursão máxima, superfícies de contato
• número	Quantidade, distribuição
Energia	Força de acionamento, percurso de acionamento, resistência, amortecimento, pressão, temperatura, umidade
Material	Material com respeito à cor e à superfície, caraterísticas de contato como antiderrapante, conforto da pele
Sinal	Identificação, rotulagem, simbologia
Segurança	Livrar-se de perigos, manter-se afastado de fontes e áreas de perigo, evitar movimentos potencialmente perigosos, medidas de segurança

Se resultarem incômodos, solicitações não toleráveis, ou atributos de segurança preocupantes, então uma outra solução deverá ser procurada. As ações que se manifestam, p. ex., forças mecânicas, calor, radiação, entre outras, são reconhecidas pela sua particular espécie de energia e a sua *forma de manifestação*. Do mesmo modo, é verificado o *fluxo de material*, p. ex., se os materiais previstos são inflamáveis, facilmente ignescentes, tóxicos, cancerígenos, etc. Também aqui a diretriz VDI 2242 folha 2 [301] oferece uma lista de busca "ações" que, para cada uma das formas de manifestação, apresenta sugestões sobre a problemática existente, porém também indica a bibliografia com respeito às possibilidades de solução no âmbito das respectivas prescrições.

A bibliografia básica citada abaixo pode ser usada para as seguintes questões específicas:

Forma geral do posto de trabalho [65, 72, 127,172, 243, 300]
Fisiologia do trabalho [53, 231]
Iluminação [20, 37, 43-45, 55]
Trabalho com computador (monitor) [52, 83, 84]
Clima [68,246]
Operação e manuseio considerando a antropometria [24, 65-67, 70, 71, 78, 140, 195]
Vibrações, ruído [31, 306, 310]
Monitoramento e controle [69, 73, 74]

7.5.7 Projeto considerando a forma

1. Tarefa e objetivo

Objetos técnicos não devem satisfazer somente a função técnica no sentido da simples satisfação do objetivo de acordo com a estrutura de funções, mas também estimular o indivíduo no sentido de uma estética atraente, ou seja, o objeto também tem de agradar. Nos últimos anos, ocorreu uma mudança significativa tanto em relação às exigências quanto na maneira de avaliar.

A diretriz VDI 2224 [296], nas suas recomendações para a definição da forma de um objeto a partir da solução técnica, limita-se a determinadas regras que a forma externa deverá obedecer, tais como compacta, clara, simples, uniforme, adequada à função, ao material e à produção.

Um entendimento mais recente vai mais além do mencionado acima e não concede mais a prioridade à função técnica, a partir da qual é desenvolvida a forma. Especialmente num setor de produtos onde o objeto técnico deverá chamar a atenção de um público-alvo (grupo de consumidores) maior ou tem um uso diário, imediato para o indivíduo, não somente são priorizadas as características estéticas e de utilidade, mas também as características sensíveis, como prestígio, modernidade ou outras formas de manifestar o gosto pela vida. O projeto da forma ou, a forma em seu sentido mais amplo, de um produto industrial (desenho industrial) sob observância da função técnica é definido basicamente por *designers*, artistas e psicólogos, onde os sentimentos e as idéias dos indivíduos determinam as formas, cores e grafismos e, portanto, a aparência final. Nesse caso, determinadas formas de expressão e de estilo também desempenham um papel como, p. ex., uma atmosfera militar para aparelhos de rádio, um ar de astronautas para lâmpadas, um ar de safári para veículos ou, de elementos nostálgicos para telefones e outras mais. Assim, a carroceria de um automóvel é mais fortemente influenciada por critérios sentimentais, artísticos, do que somente por mínima resistência ao ar ou até mesmo como simples invólucro de uma máquina para fins de locomoção.

Evidentemente, os requisitos funcionais, os critérios de segurança, de utilidade e de viabilidade econômica sempre devem ser satisfeitos, porém o objetivo do *designer* é criar um artefato que seduza o indivíduo. Com esse objetivo, a concepção de uma forma industrial se movimenta entre a arte e a técnica, e deve considerar critérios ergonômicos, do mesmo modo que critérios de segurança ou de utilização e, além disso, realçar a imagem da empresa, destacando a exclusividade do produto técnico. Com essas exigências, é perfeitamente compreensível, que o designer não cuide sozinho ou somente posteriormente da melhoria da forma, porém desde o início colabore na concepção do produto começando pela formulação do problema e, em certas circunstâncias, formule o problema ou até mesmo o defina por meio de estudos preliminares.

A conseqüência será um projetar de "fora para dentro" onde, partindo de requisitos elementares com relação à forma, figura e aparência, "ainda assim" a função técnica tem que ser satisfeita e abrigada dentro do configurado invólucro. Isto impõe uma colaboração entre projetista e *designer* que se estende por um período mais longo.

Nesse trabalho de equipe, o projetista não deveria procurar substituir o *designer*, mas antes ajudá-lo para que as idéias desenvolvidas possam ser concretizadas técnica e economicamente. Assim como no desenvolvimento de soluções técnicas, aqui são desenvolvidas e avaliadas variantes, bem como preparados modelos e protótipos, para desse modo chegar a uma decisão quanto à aparência final do produto técnico. Métodos de busca das soluções são iguais ou semelhantes aos do processo de projeto, por exemplo, *brainstorming*, desenvolvimento passo a passo de variantes da forma através de esboços, nos quais também comparece a elaboração sistemática de variantes das combinações, formas e cores.

Para esses desenvolvimentos, Tjalve [280] deu exemplos bastante explícitos (Fig. 7.100), que no seu modo de proceder e de variar as configurações corresponde aos métodos expostos neste livro. Ele aponta para o fato de que:

- fatores de projeto (finalidade, função, estrutura da construção),
- fatores de produção (processos de fabricação e montagem, produção economicamente viável),
- fatores de venda e distribuição (embalagem, transporte, estocagem, imagem da empresa),
- fatores de uso (manuseio, critérios ergonômicos) e
- fatores de destruição (reciclagem, disposição final),

atuam em conjunto determinando a aparência do produto.

Seeger [251] chama a atenção sobre a estreita ligação entre uma configuração adequada ao uso e uma configuração orientada pela ergonomia, ao passo que Klöcker [152] investiga mais os aspectos fisiológicos e psicológicos. Em seus trabalhos mais recentes Seeger [252, 253] discute o conhecimento básico utilizado no desenvolvimento e no projeto da forma de produtos industriais, para os quais a configuração é desenvolvida a partir da organização (arranjo), da forma, da cor e dos grafismos (caracteres, ideogramas). De capital

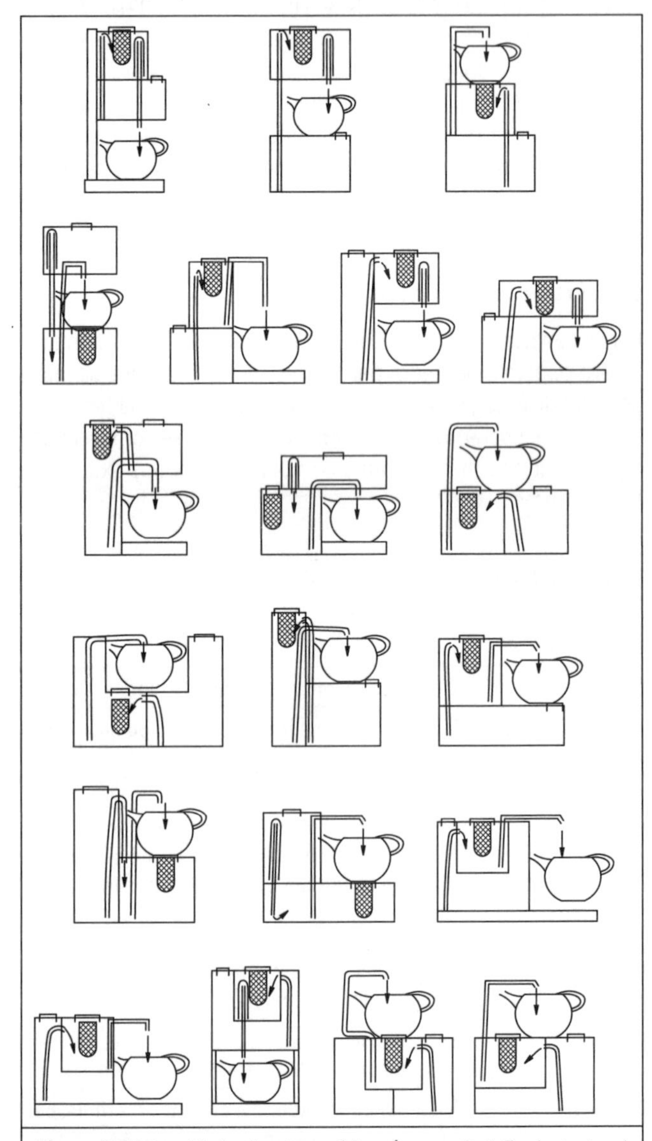

***Figura 7.100** — Variação sistemática da constituição (estrutura) de máquinas automáticas para chá, de acordo com [280], onde foi examinado o arranjo entre o vaso de cozimento (aquecimento da água), recipiente do chá (difusão do chá) e o bule de chá.*

relevância são as impressões captadas pelo indivíduo sensível. Conhecimentos sobre isso podem ser encontrados em domínios parcialmente sobrepostos da fisiologia, psicologia e ergonomia. No seu livro "Qualidade do produto e Design", Frick [111] coloca em primeiro plano a colaboração sistemática entre projetista e *designer* no curso de um processo de desenvolvimento interdisciplinar conduzido metodicamente, a fim de conseguir um bom resultado. Para tanto, baseado em uma série de exemplos, ele especifica métodos, ferramentas de trabalho e tipos de procedimentos adequados, úteis para esse trabalho em equipe.

2. Características considerando a forma

A função técnica com a conseqüente solução técnica e a estrutura da construção resultante dessa última, geralmente determinam a forma externa através do arranjo e das formas dos elementos e conjuntos envolvidos. Assim, é gerada a *forma da função*, que na maioria das vezes é pouco mutável, p. ex., chave fixa com extremidades para cabeças de parafusos ou porcas e o braço de alavanca, escavadeira com caçamba, as barras para condução e movimentação da caçamba e o respectivo pistão de acionamento, conjunto motriz, chassis e cabina. O indivíduo não somente percebe essa forma ditada pela função, mas sente algumas outras características, p. ex., largo, estável, compacto, vistoso, moderno, etc. Além disso, ele conta com sinalizações para a operação, para áreas de circulação e de permanência, ou avisos sobre perigos, p. ex., pancadas, esmagamentos, etc. Tudo isso junto constitui a *configuração do simbolismo*.

No projeto do formato do objeto, a configuração da função e a necessária ou almejada configuração dos símbolos precisam ser harmonizadas. Baseados em Seeger [251], a seguir serão apresentados os símbolos e as regras que, além das condicionadas pela função e aquelas já abordadas em outras partes desse livro, também são fundamentais:

Símbolos voltados ao mercado e ao usuário

Importante é o grupo-alvo que deverá ser atendido, p. ex., o grupo que se volta para a finalidade (dos especialistas), ao prestígio, à nostalgia, à vanguarda, e outros aspectos mais. As simbologias do objeto deverão ser selecionadas correspondentemente. Para a aparência global deverá valer basicamente:

- simples, uniforme, puro, genuinidade de estilo,
- organizado, proporcionado, semelhante,
- identificável, atraente, definível.

Símbolos voltados à finalidade

A finalidade deverá ser reconhecível e perceptível. A forma externa, a coloração e os grafismos auxiliam a identificação da função, o local da ação e sua espécie, p. ex., fixação de ferramentas, componentes que aplicam força, posto de comando.

Símbolos voltados à operação

Operação correta e uso apropriado deveriam ser auxiliados por símbolos específicos:

- Elementos operacionais centrais e identificáveis, bem como um criterioso arranjo funcional;
- Configuração ergonomicamente correta, de conformidade com o raio de ação dos pés e das mãos;
- Caracterização das superfícies para trânsito de pessoas e de superfícies antiderrapantes;
- Reconhecimento da situação operacional;
- Utilização dos símbolos e cores de segurança segundo a DIN 4844 [40-42].

Símbolos voltados ao fabricante, ao representante ou ao mercado

Por meio deles são expressos a origem, a linha e o estilo da empresa. Com ela estabelece-se uma continuidade, a confiança numa qualidade comprovada, a participação na continuação do desenvolvimento de um produto aprovado, o senso de pertencer a uma família. Esse simbolismo é alcançado com elementos de configuração típicos, reconhecíveis e imutáveis, se bem que adaptáveis ao gosto da época quanto ao estilo e à forma de expressão.

3. Diretrizes para a definição da forma

Essa configuração identificadora é conseguida por *expressão* certa, deliberada, p. ex., leveza, harmonia, estabilidade, bem como por uma *estrutura* apropriada (constituição das partes), *forma*, *coloração* e *grafismos*, em que devem ser observadas as seguintes recomendações (cf. Figs. 7.101 a 7.103):

Seleção de determinada expressão

- De acordo com a finalidade, transmitir uma expressão uniforme, reconhecível, p. ex., como estável, leve, compacta e que provoque no observador uma impressão semelhante.

Estruturar a forma global

- Organizar de uma forma descritível, p. ex., forma de caixão, forma de bloco, forma de torre ou de letra L, C, O, T.
- Decompor, em partes delimitadas claramente, com elementos de formato repetitivo, similar ou adaptado.

Unificação da forma

- Pequeno número de variantes de forma e de posicionamento, p. ex., somente formas arredondadas e orientação horizontal segundo o eixo longitudinal ou, somente formas paralelepipédicas orientadas na direção vertical.
- Uma vez selecionada a forma básica, lançar mão de elementos de forma apropriados e semelhantes e adequar às linhas. Aproveitar ou forçar subinterfaces e interfaces de separação de grupos de construção ou de montagem. Organizar formas pela centragem das várias arestas em relação a um ponto ou, através da subdivisão de uma orientação paralela de arestas que não foram interrompidas. Auxiliar a almejada expressão com elementos de forma e o desenho das linhas, p. ex., linhas horizontais acentuam alongamento. Observar compatibilidade com a silhueta.

Figura 7.101 — Diretrizes para o projeto da forma do corpo: expressão e estrutura.

Diretrizes para o projeto da forma	Contrário à boa forma	Adequado à boa forma
Padronização das formas		
Utilização de poucas variantes da forma	Gerador	
	Cabrestante	Construção aberta Construção fechada segundo [261]
Objetivar formas e contornos semelhantes	Mancais	
Concordância na condução das linhas	Aparelho de ar condicionado Confuso pouco homogêneo	Forma de bloco Forma alongada

Figura 7.102 — Diretrizes para o projeto da forma do corpo: uniformização das formas.

Ajuda das cores

- Harmonizar a seleção das cores com a seleção das formas.
- Objetivar poucos matizes de cores e poucos materiais diferentes.
- Com diversas cores, selecionar uma cor característica e suplementá-la com cores complementares. Para as demais cores escolher cor de contraste incolor (branco ou preto). P. ex., preta como cor contrastante do amarelo, branco como cor contrastante do vermelho, verde e azul ou cores próximas (cf. também cores de segurança).

Complementação por grafismos

- Utilizar fontes e sinais gráficos de um só estilo.
- Objetivar uma expressão homogênea por um único processo de produção do grafismo, p. ex., letras gravadas, pintadas ou em alto-relevo.
- Harmonizar os grafismos segundo a escala, forma e cor com as escolhas para as demais formas e cores.

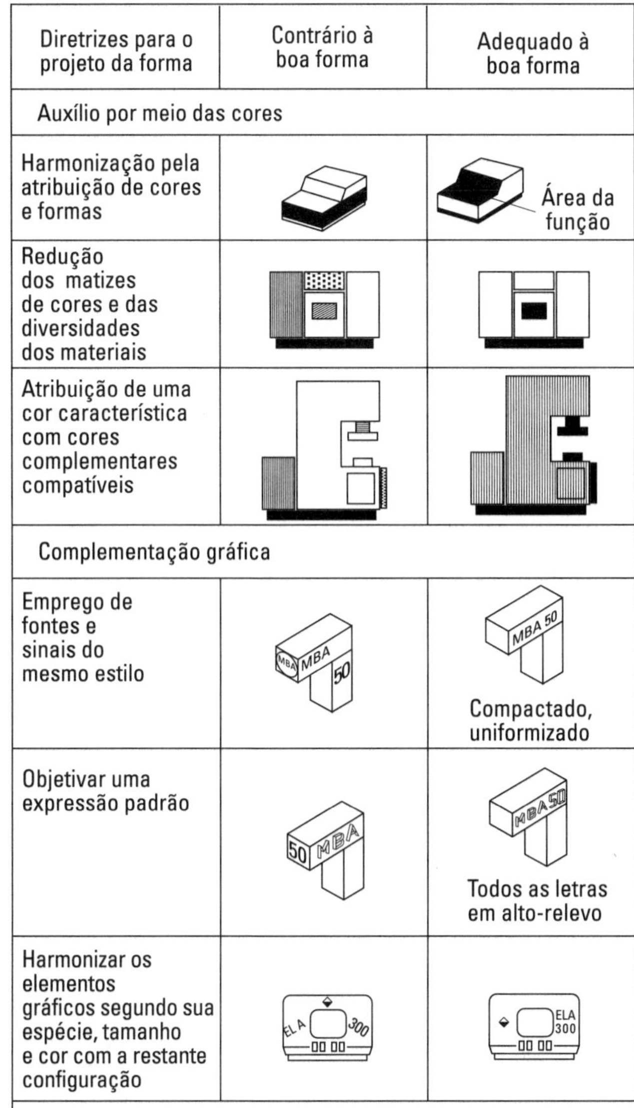

Figura 7.103 — *Diretrizes para o projeto da forma do corpo: cor e grafismos.*

7.5.8 Projeto considerando a produção

1. Relação projeto - produção

Estudos mostraram a significativa influência das decisões de projeto sobre os *custos, tempos e qualidade da produção* [307, 313]. Por esse motivo, através de soluções de projeto, a *configuração considerando a produção* objetiva custos e tempos de produção mínimos, bem como a observância das exigências apropriadas com relação às características de qualidade dependentes da produção.

Por *produção* é usual entender:

- a produção, em sentido restrito, das peças na fábrica, com a ajuda de métodos de produção metalúrgicos, mecânicos, de separação, de junção, de revestimento e de modificação das propriedades dos materiais citados na DIN 8580 [49],
- a montagem incluindo o transporte da peça,
- o controle de qualidade,
- o gerenciamento dos materiais,
- a preparação das tarefas.

Também se poderia cogitar o conceito "fabricação" como conceito superior da realização de tal processo. Ele, porém, não se implantou de modo definitivo.

De acordo com a lista de verificação para a configuração (cf. 7.2), especialmente com vistas às providências de projeto ou às possibilidades de intervir, é prático subdividir o campo abrangido pela produção entre os subitens "produção", "controle", "montagem" e "transporte". Em conformidade, nas exposições seguintes somente serão abordados sob "*considerando a produção*" aquelas medidas de projeto que são úteis a uma melhoria das condições de produção de peças e subconjuntos em sentido restrito incluindo possibilidades de controle, bem quanto a uma subdivisão vantajosa do produto (produção de partes). Sob "*considerando a montagem*", são expostas em 7.5.9 as providências para a melhoria do transporte e da montagem, incluindo as necessidades para o controle.

O projeto da forma considerando a produção é facilitado quando, numa possível etapa inicial de projeto, as decisões do projetista são auxiliadas pela colaboração e disponibilização das informações pela entidade normativa, pelo planejamento do trabalho, inclusive do setor de orçamentos, do setor de compras e da respectiva área de produção. Na Fig. 1.4 foram representados os fluxos de informações correspondentes, que ainda podem sofrer melhorias por procedimentos metódicos, decisões administrativas e integração do processamento de dados (CAD/CAM, CIM, cf. 2, 3 e 13).

Pela observância das regras básicas "simplicidade" e "clareza" (cf. 7.3), o projetista se comporta como se estivesse considerando a produção. Os princípios de configuração para um atendimento melhor e mais seguro das funções abordados em 7.4, também podem ser aproveitados para soluções mais favoráveis do ponto de vista da tecnologia de produção. Outro passo importante é o emprego das normas comuns e das normas internas da empresa (cf. 7.5.13).

2. Estrutura da construção apropriada à produção

A estrutura de um produto ou artefato, ao contrário da estrutura de funções, indica a divisão em subconjuntos de produção e componentes (peças de produção avulsas).

Com a estrutura que em geral é definida pelo anteprojeto completo:

- o projetista decide sobre o *modo de produção e de aquisição* dos componentes empregados, ou seja, se se trata de componentes produzidos na própria fábrica ou por fornecedores, de componentes do estoque, padronizados ou repetitivos ou de componentes usuais encontrados no comércio;
- estabelece o *andamento da produção* pela decomposição em subconjuntos, p. ex., se a produção simultânea de componentes individuais ou de subconjuntos é possível;

- fixa a *ordem de grandeza das dimensões e o tamanho dos lotes* dos componentes (peças iguais), bem como os *locais necessários para junções e montagens*;
- seleciona os ajustes apropriados e
- influencia o controle de qualidade.

Inversamente, as realidades da produção existentes, como operadores de máquinas, recursos de montagem e transporte, etc. influenciam a decisão do projetista com respeito à estrutura a ser selecionada.

A decomposição de uma estrutura apropriada à produção, pode ser efetuada segundo o *sistema construtivo diferencial, integral, misto e/ou modular.*

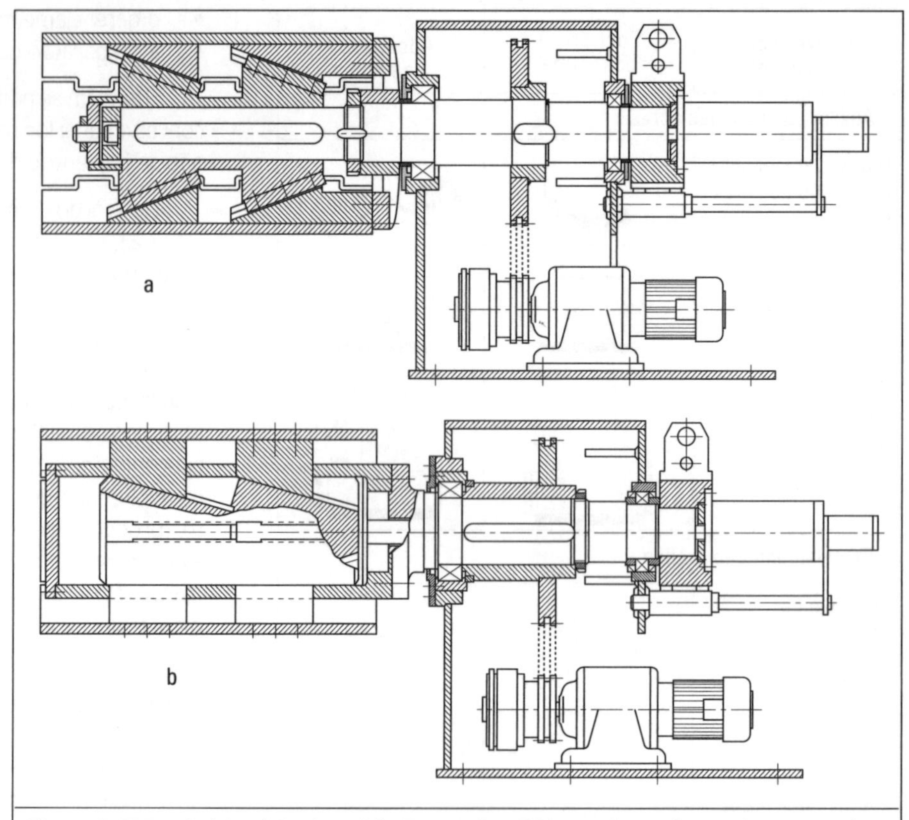

Figura 7.105 *— Bobinadeira (modelo Ernst Julius KG),* ***a*** *cabeça de enrolar integrada com a unidade motora;* ***b*** *cabeça de enrolar separada da unidade motora.*

Construção diferencial

Por construção diferencial entende-se a decomposição de um componente (portador de uma ou mais funções) em elementos mais vantajosos sob o aspecto da tecnologia da produção. Este conceito foi emprestado da construção leve [135, 325], em que se propõe uma decomposição, porém com o objetivo de otimizar os esforços. Nesses casos também pode-se falar de um "princípio da decomposição considerando a produção".

Como exemplo do sistema de construção diferencial voltado à produção, serve o rotor de chapas de um gerador síncrono: Fig. 7.104. A grande peça forjada, a, mostrada na parte superior da figura, é decomposta em diferentes discos de rotor de peças forjadas simples e em dois eixos com flanges sensivelmente menores, b. Num desenvolvimento posterior, esses últimos podem ser novamente decompostos em eixo, placas flangeadas e flanges de acoplamento e podem ser executados como uma construção soldada.

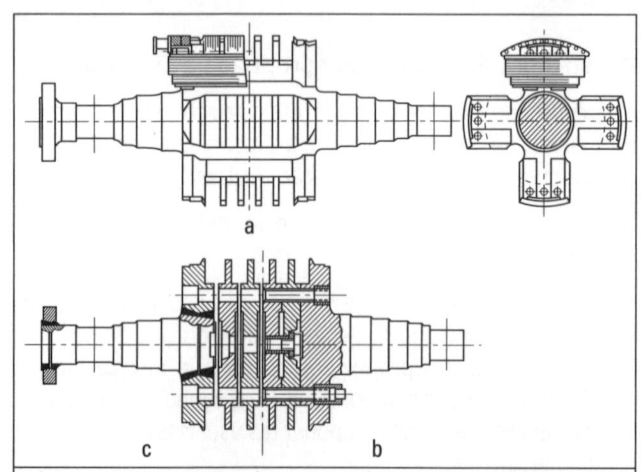

Figura 7.104 *— Rotor de um gerador síncrono em construção tipo pente, segundo [8] (foto AEG-Telefunken).* ***a*** *como peça forjada;* ***b*** *como construção de chapas com discos flangeados forjados;* ***c*** *com discos flangeados soldados.*

Razão para esse sistema construtivo diferencial podem ser as condições de compra (preço, prazo de entrega) de grandes peças forjadas, bem como a possibilidade de uma simples adaptação a vários valores da potência (larguras do rotor) e tipos de acoplamentos. Uma outra vantagem dessa solução reside na possibilidade de uma produção incondicional de discos de rotor (produção para estoque). Porém, nesse exemplo também são perceptíveis os limites desse tipo construtivo. A partir de um determinado diâmetro e uma determinada largura do rotor, os custos de usinagem se elevam demasiadamente, e a rigidez da construção assim projetada passa a ser problemática.

A Fig. 7.105 também mostra um claro exemplo de uma construção diferencial. Para a máquina de enrolar representada na parte a da figura, a cabeça de enrolar foi integrada à unidade motriz por um eixo comum. Por causa da possibilidade de produção em paralelo com a unidade motora e de uma especificação da cabeça de enrolar em separado, dependente do cliente, foi desenvolvida a construção diferencial b, a qual atende o programa da máquina de enrolar com poucas unidades motoras padronizadas e com requisitos especiais para as cabeças de enrolar.

Um outro aspecto da construção diferencial é a sua influência sobre o tempo de execução da produção. Com relação a isso a Fig. 7.106 mostra um exemplo do setor de construção de máquinas elétricas. Para um motor de potência média, estão indicados no diagrama de barras tanto os tempos para aquisição dos materiais, os tempos absolutos para a produção de componentes e subconjuntos, assim como o seqüenciamento da produção. Daqui não se percebem somente as possibilidades de melhoria pela escolha de materiais e semi-acabados mais facilmente adquiríveis ou de materiais do estoque, mas também as possibilidades de execução de etapas da produção em paralelo. Assim, com a separação dos subconjuntos "pacote completo da estrutura" e "carcaça" (construção diferencial) do atual projeto, consegue-se a produção em paralelo desses subconjuntos gastadores de tempo e, portanto, uma apreciável diminuição do tempo de produção do produto completo; ao contrário de projetos mais antigos, nos quais as lâminas do estator somente podiam ser colocadas após o término da soldagem da carcaça, e os enrolamentos somente após o empilhamento do pacote de lâminas.

Sintetizando, podem ser formuladas as seguintes vantagens e desvantagens, assim como os limites da construção diferencial:

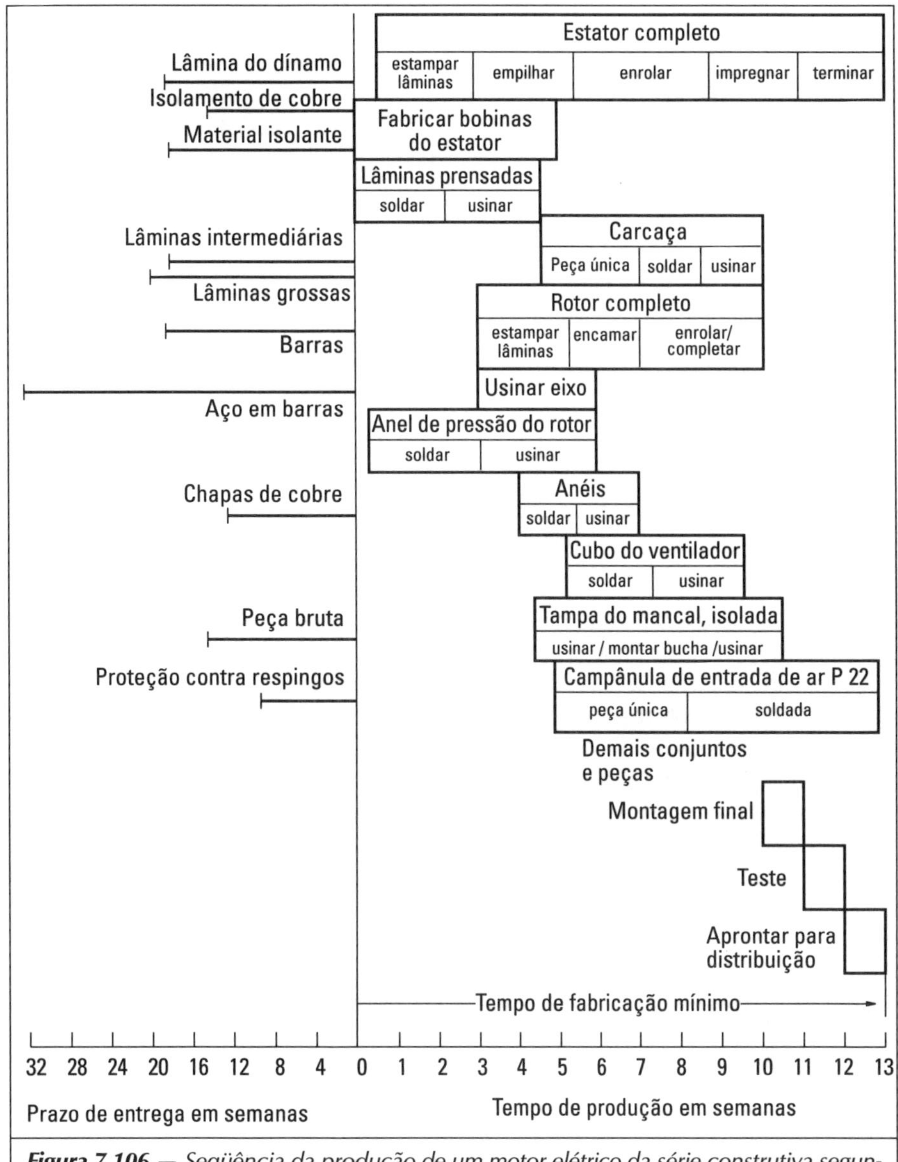

Figura 7.106 *— Seqüência da produção de um motor elétrico da série construtiva segundo Fig. 10.17 (Foto AEG-Telefunken)*

Vantagens

- Utilização de peças semi-acabadas ou padronizadas usuais no comércio e encontradas com facilidade.
- Aquisição facilitada para peças fundidas e forjadas.
- Adaptação às unidades de produção industrial (dimensões, peso).
- Aumento dos tamanhos dos lotes de peças (peças iguais) inclusive com produção em pequena escala ou avulsa.
- Redução das dimensões das peças, a fim de facilitar a montagem e o transporte.
- Controle de qualidade facilitado em conseqüência da homogeneidade do material.
- Reparo facilitado, por exemplo, peças intercambiáveis para áreas submetidas a desgaste.
- Melhores possibilidades de adaptação a desejos especiais, bem como
- Diminuição do risco de atraso e redução do tempo de execução da produção.

Desvantagens ou limites

- Maior trabalho de usinagem.
- Maior trabalho de montagem.
- Maiores gastos com o controle da qualidade (menores tolerâncias, necessidade de ajustes), bem como
- Limites da função ou de solicitação em conseqüência das junções (rigidez, comportamento em relação às vibrações, estanqueidade).

Construção integral

Por construção integral entende-se a unificação de várias peças avulsas num só componente. Exemplos típicos disso são construções fundidas, ao invés de construções soldadas, perfis extrudados, ao invés de combinações de perfis normalizados, flanges forjadas, ao invés de flanges parafusadas e semelhantes.

A otimização de um produto freqüentemente objetiva esse tipo de construção para a transferência vantajosa, em termos de custos, de diversas funções para uma única peça.

De fato, em condições apropriadas de solicitação, produção e aquisição a construção integral pode ser vantajosa, o que acontece principalmente numa produção, onde a incidência do custo-da-mão de obra é elevada.

A Fig. 7.107 apresenta um exemplo da área de construção de máquinas elétricas. Um alojamento para mancais constituído por uma combinação de construções fundidas e forjado (construção mista) é convertido em uma construção inteiramente fundida. Apesar de ser uma peça fundida relativamente complicada, ela consegue uma redução do custo da peça bruta de 36,5%. Naturalmente, essa proporção depende da quantidade de peças e das condições de compra.

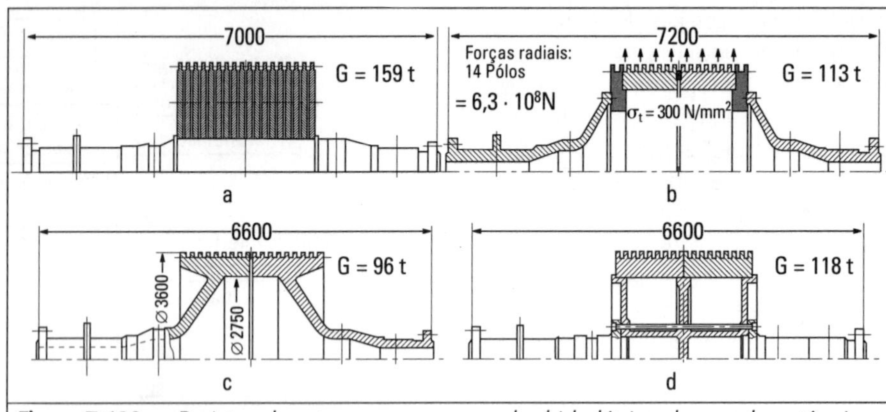

Figura 7.108 — Projetos de rotores para um gerador hidrelétrico de grande potência de **a** a **d** (comparar com texto) (foto Siemens).

Outro exemplo é o projeto de um rotor de um gerador hidráulico: Fig. 7.108. Para uma mesma potência e igual força centrífuga, devido à massa dos pólos, são examinados quatro projetos de rotores. Pela grande quantidade de anéis de suporte prensados, a variante a é a que melhor se corresponde com uma construção diferencial. A variante b reduz o grau de decomposição através do emprego de eixos vazados de aço fundido, bem como de dois suportes anelares e duas placas de suporte anelares terminais. A variante c concretiza uma construção integral, em que duas partes fundidas são unidas por parafusos. A variante d novamente decompõe a construção fundida (uma parte central fundida, dois eixos flangeados forjados e dois suportes anelares). A comparação dos pesos demonstra a superioridade da construção integral com relação ao consumo de material. Por causa da dificuldade de aquisição de grandes peças fundidas foi, contudo, desenvolvida uma versão semelhante à variante d.

Os prós e contras da solução integral são facilmente perceptíveis quando se invertem os critérios para a construção diferencial.

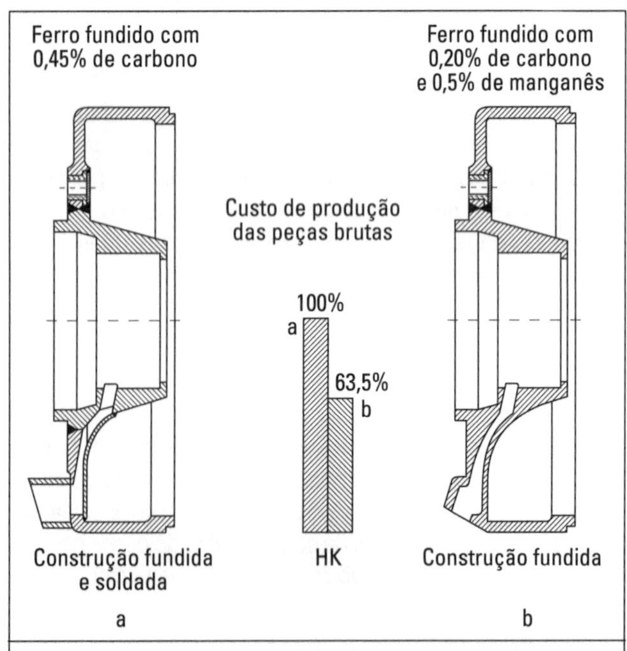

Figura 7.107 —Tampa integral do mancal de um motor elétrico, segundo [154] (foto Siemens). **a** construção mista; **b** construção integral.

Construção mista

Por construção mista deverá ser entendida:

- A união permanente de várias peças brutas produzidas diferentemente em uma só peça a ser trabalhada posteriormente, p. ex., a união de peças produzida por usinagem sem corte e por usinagem com corte.
- O emprego simultâneo de diferentes processos de união na montagem das partes [221].
- A combinação de diversos materiais para um aproveitamento ótimo das suas características [290].

Como exemplo da primeira possibilidade, a Fig. 7.109 mostra a combinação de um cubo de aço fundido com chapas de aço laminadas em uma construção soldada.

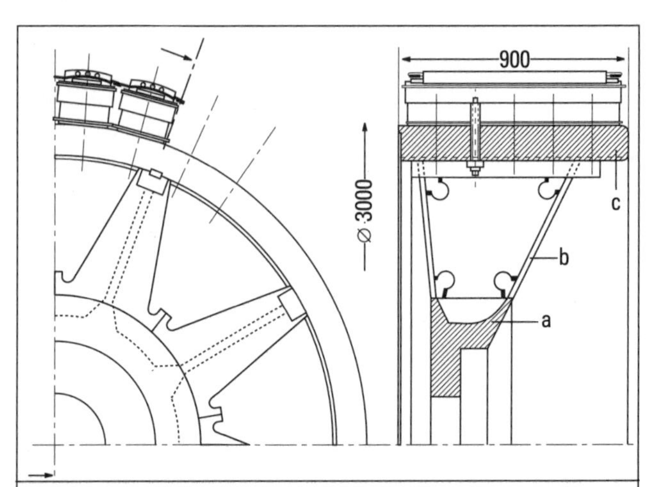

Figura 7.109 — Roda magnética de um gerador hidrelétrico em construção mista, segundo [15] (foto AEG-Telefunken). **a** Cubo de GS-45.1; **b** Raios de M St 52-3; **c** Anel suporte de GS-45.9.

Outros exemplos são estruturas giratórias com parte central fundida e braços soldados, assim como peças fundidas que constituem estruturas quando soldadas com barras. Como segunda possibilidade de um arranjo misto citemos como exemplo combinações de uniões coladas/rebitadas ou coladas/parafusadas. O enlace de diversos materiais em um só material é realizado, p. ex., em componentes com buchas rosqueadas ou fundidas em material plástico. Isto pode resultar em uma solução bastante econômica. Outros exemplos são as folhas compostas empregadas no isolamento acústico constituídas por uma placa central de material plástico com contraplacas metálicas em ambos os lados, bem como borracha com elementos metálicos.

Como soluções economicamente vantajosas também devem ser mencionadas combinações de concreto armado e protendido para estruturas de fundação de máquinas e estruturas de equipamentos [120].

Construção tipo modular

Se numa construção diferencial, o desmembramento da estrutura ocorre de forma que os elementos resultantes e/ou subconjuntos também podem ser empregados em outros produtos ou variantes de um produto da empresa, fala-se de *módulos de produção.* Como módulos deverão ser objetivadas principalmente as peças que também servem para outros produtos, especialmente se forem dispendiosas do ponto de vista da tecnologia da produção. Nesse sentido, o emprego de peças repetitivas do estoque também pode ser compreendido como construção modular (cf. 10.2).

3. Configuração de peças brutas considerando a produção

Com a própria configuração de uma peça, o projetista também exerce uma grande influência sobre os custos, os tempos e a qualidade da produção. Através da forma adotada, das dimensões, do acabamento, dos ajustes, das tolerâncias nas junções, ele influencia ou decide até:

- sobre os *processos de produção* a serem considerados;
- as *máquinas operatrizes* a serem empregadas incluindo as *ferramentas* e os *instrumentos* de medição;
- a questão da *produção interna* ou *produção terceirizada*, com larga utilização de peças repetitivas, produzidas na empresa, bem como as peças apropriadas padronizadas ou produzidas por terceiros;
- uma conveniente seleção de *materiais* e *semi-acabados*, assim como seu aproveitamento;
- e as possibilidades de *inspeções de qualidade.*

Por sua vez, as realidades do setor de produção influenciam de modo natural as decisões do projeto da forma. Assim, p. ex., as máquinas operatrizes existentes podem restringir as dimensões das peças e impor a decomposição em várias partes ou a terceirização da produção.

Por sua vez, as condicionantes do setor de produção evidentemente influenciam decisões com relação à configuração. Assim, p. ex., as máquinas operatrizes existentes poderão impor limites às dimensões da peça bruta e tornar necessário seu desmembramento em várias peças ou terceirizar a produção. Para configurações de peças brutas, considerando a produção, conhecem-se diretrizes descritas detalhadamente na bibliografia [19, 21, 123, 180, 198, 201, 262, 281, 283, 285, 287, 288, 291, 331, 332, 333]. Devido à grande importância das tolerâncias (forma, cotas, posicionamento e acabamento superficial) na produção e montagem de peças, o leitor interessado deverá consultar a respectiva bibliografia [36, 38, 39, 47, 143, 144].

O que importa é a aplicação de um fundamento apropriado para as *respectivas exigências* [143]. Faz-se uma diferenciação entre o *princípio da independência*, onde cada uma das tolerâncias é verificada com relação ao seu atendimento, e o *princípio do envoltório*, no qual para cada elemento da forma (p. ex., cilindro, par de planos paralelos) vale, em geral, uma condição de envoltório (dimensão máxima da peça). Mas este último não restringe os desvios de posicionamento. Por isso, em ambos os fundamentos de tolerâncias, os desvios de posição são sempre independentes de tolerâncias dimensionais. A diferença entre o princípio da independência e o princípio do envoltório consiste em saber se os desvios da forma desta última devem permanecer dentro do envoltório. Num ajuste, a condição do envoltório precisa ser obedecida, o que é assinalado por uma indicação na cota do ajuste. Valendo o princípio da independência, é preciso indicar *tolerâncias gerais* para a forma e a posição. Valendo o princípio do envoltório, somente para a posição [143, 144].

Em conformidade com o propósito deste livro, apenas as sugestões básicas para a configuração, sistematicamente organizadas, são condensadas em forma de planilhas. Os critérios de classificação estão baseados nos processos de produção [48-50], cada um com suas etapas e respectivas particularidades. Além disso, as diretrizes de configuração mencionadas foram assinaladas de acordo com os objetivos "*reduzir recursos*" (A) e "*melhorar qualidade*" (Q). Na configuração de uma peça considerando a produção é conveniente, em princípio, não perder de vista essas etapas de produção e suas metas.

Considerando a conformação

A configuração de peças brutas por processo metalúrgico precisa satisfazer os requisitos e particularidades desses processos.

Nos componentes de materiais fundidos (processo metalúrgico partindo do estado líquido) a configuração precisa considerar o *modelo* (Mo), a *forma* (Fo), a *fundição* (Gi), bem como o *trabalho de conformação* (Be). Os princípios mais importantes para isso foram agrupados na Fig. 7.110. Como informação adicional poderá ser útil a bibliografia mencionada.

Etapas do processo	Diretrizes de processo da forma	Meta	Inadequado à produção	Adequado à produção
Mo	Dar preferência às formas simples para modelos e machos (retilíneos, retangulares).	A	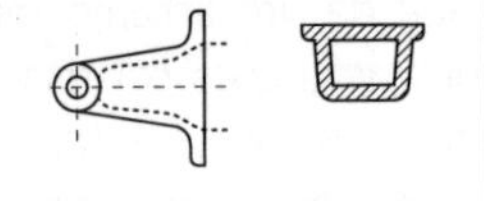	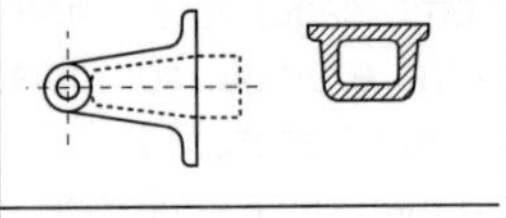
Mo	Procurar não subdividir os modelos (se possível, sem núcleos).	A	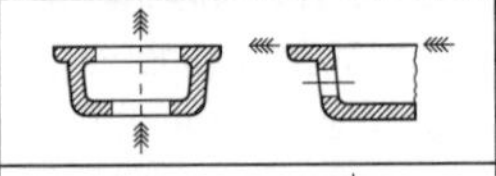	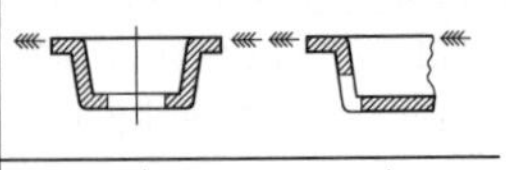
Fo	Prever inclinações para retirada da peça a partir da junta (DIN 1511).	Q	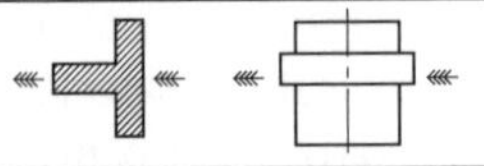	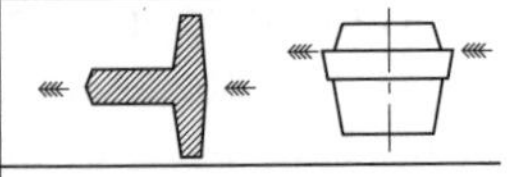
Fo	Prever nervuras para o descolamento do modelo. Evitar reentrâncias.	Q	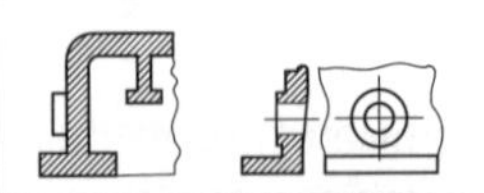	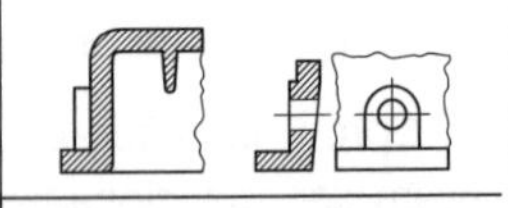
Fo	Confiável locação dos machos	Q	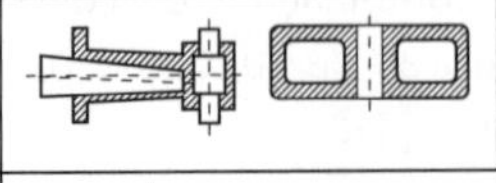	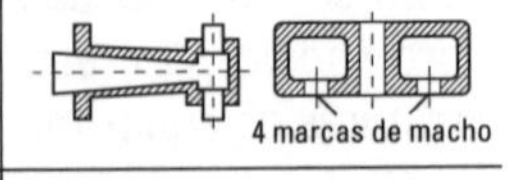 4 marcas de macho
Gi	Evitar segmentos horizontais das paredes (bolhas de gás, porosidades) e estrangulamentos das seções nos respiros.	Q	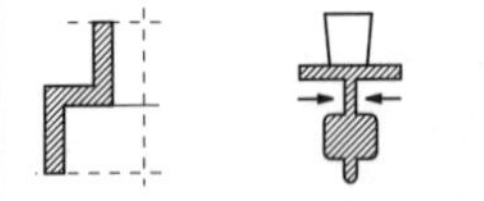	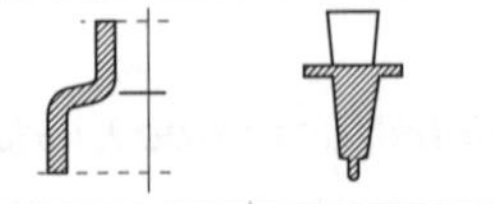
Gi	Procurar espessuras de paredes e secções uniformes bem como transições progressivas. Consideração das particularidades do material para espessuras das paredes e tamanho dos componentes admissíveis.	Q	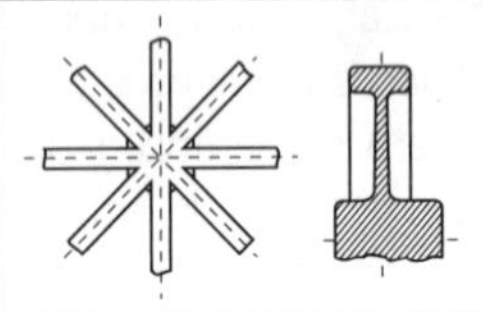	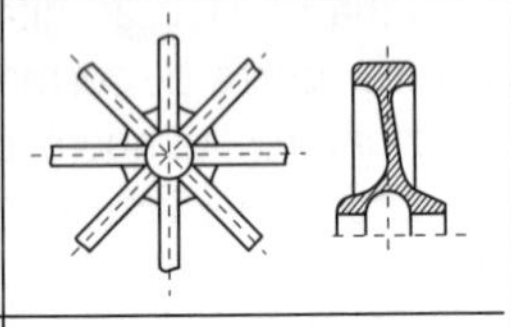
Be	Disposição das juntas de modo não prejudicar o off-set, esse não fique situado em áreas sujeitas a pós - processamentos e seja fácil a retirada das rebarbas.	A Q	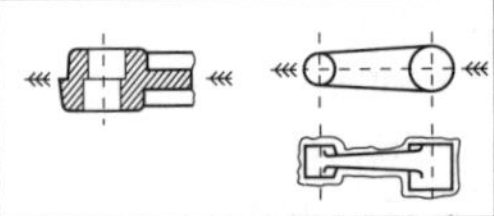	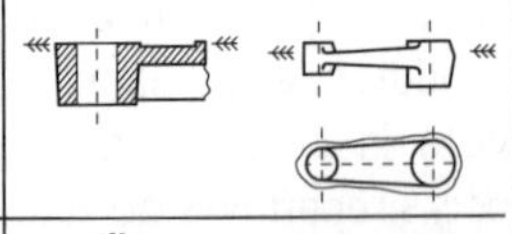
Be	Prever fundição apropriada ao pós-processamento e ao alcance da ferramenta.	A Q	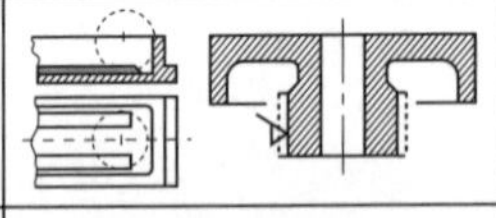	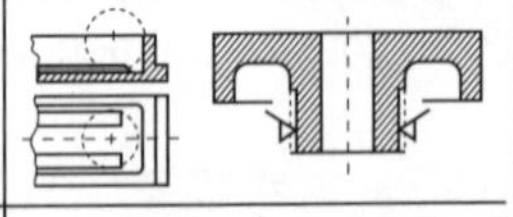
Be	Prever suficientes superfícies de fixação.	A Q	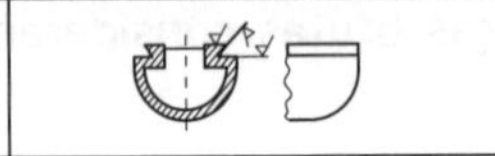	
Be	Evitar superfícies de trabalho e de furação inclinadas.	A Q	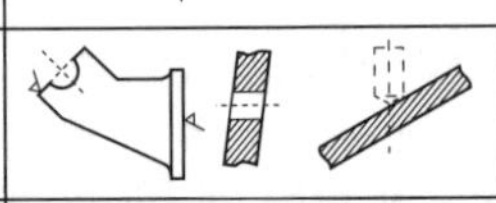	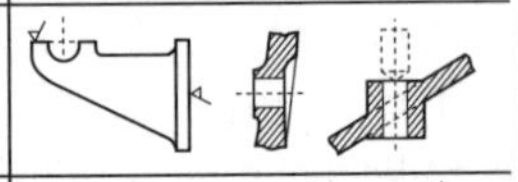
Be	Redução do número de etapas de processamento por junção e equalização das superfícies de trabalho e dos furos	A	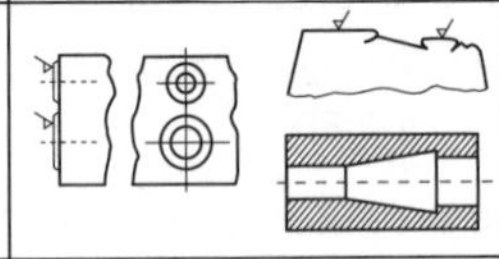	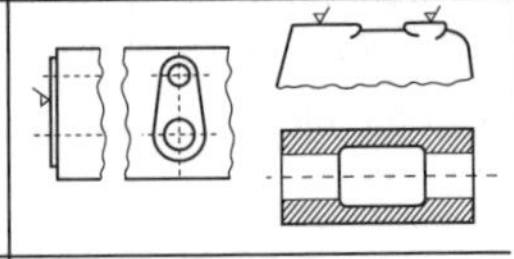
Be	Usinar apenas áreas estritamente necessárias através da subdivisão de áreas grandes	A	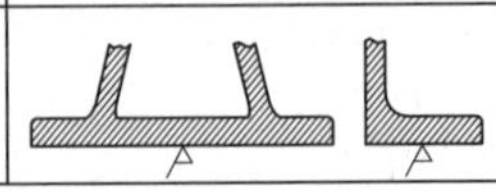	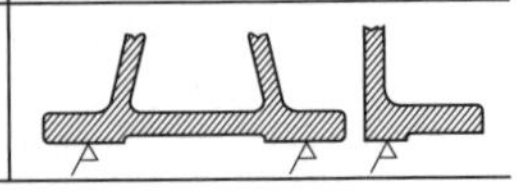

Figura 7.110 *— Diretrizes para o projeto da forma com exemplos de componentes de materiais fundidos, de acordo com [123, 180, 198, 230, 331, 332].*

Para os componentes *sinterizados* (processo metalúrgico partindo do estado em pó), a configuração precisa *considerar a ferramenta* (We) e *considerar a sinterização* (Si) (considerar o processo).

Especialmente para esse processo é necessário considerar a tecnologia da metalurgia do pó. As diretrizes básicas para a configuração foram condensadas na Fig. 7.111.

Considerando a conformação

Dos processos contidos na DIN 8582 para a configuração de peças brutas, conformadas por deformações plásticas, devem ser considerados o *forjamento livre* (martelamento) e o *forjamento a quente* em matrizes fechadas (conformação por pressão), a *extrusão a frio* e a *trefilação* (conformação por compressão e tração), bem como a *estampagem por*

Etapas do processo	Diretrizes de processo da forma	Meta	Inadequado à produção	Adequado à produção
We	Evitar cantos arredondados e ângulos agudos na ferramenta	A Q	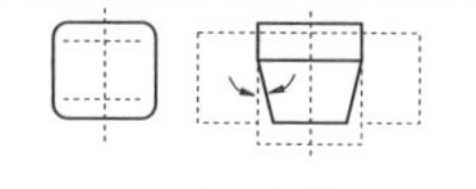	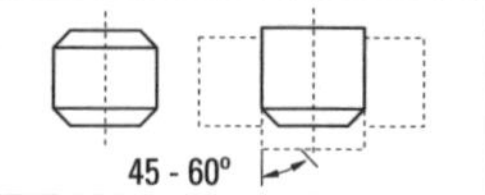 45 - 60°
Si	Evitar cantos vivos, ângulos agudos e transições tangenciais	Q	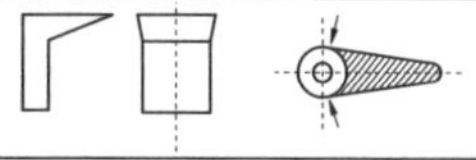	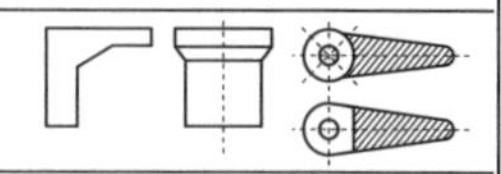
Si	Respeitar limites e relações dimensionais: altura H/ largura B < 2,5 Espessuras de paredes s > 2 mm; Furos d > 2 mm.	Q	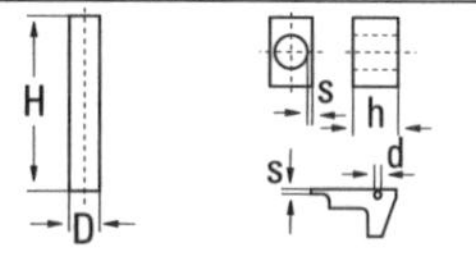 H D s h d s	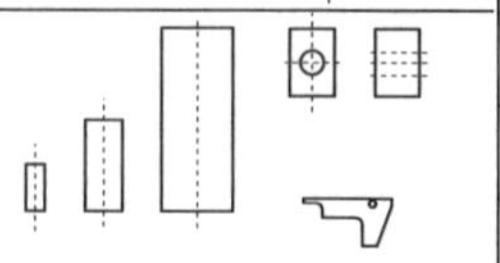
Si	Evitar recartilhados e perfis de passo pequeno	Q	 <60° m<0,5	 >60°
Si	Evitar tolerâncias apertadas	Q	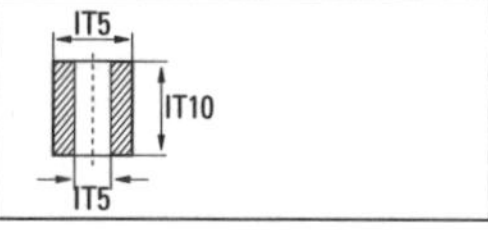 IT5 IT10 IT5	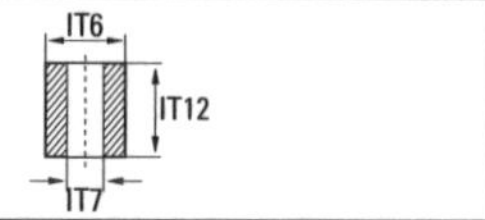 IT6 IT12 IT7

Figura 7.111 — *Exemplos de diretrizes de projeto da forma de componentes sinterizados, de acordo com [106].*

dobramento. Diretrizes importantes para a configuração de ligas ferrosas estão contidas na DIN 7521 a 7527 [46], bem como na DIN 9005 [51] para ligas não-ferrosas.

No *forjamento livre* a configuração somente precisa ser adequada à operação de *forjar*, uma vez que não são empregados dispositivos de forjamento complicados (p. ex., matrizes fechadas). Como diretrizes para a configuração pode-se citar:

- Objetivar formas simples, se possível com superfícies paralelas (reduções cônicas são difíceis) e grandes curvaturas (evitar cantos vivos). Objetivos: diminuir trabalho, melhorar qualidade.
- Objetivar componentes forjados leves, eventualmente por subdivisão e subseqüente recombinação. Objetivo: diminuir trabalho.
- Evitar deformações excessivas (p.ex., encurtamentos) ou grandes diferenças numa seção transversal, p. ex., nervuras altas e estreitas ou rebaixamentos pouco espaçados. Objetivo: melhorar qualidade.
- Preferir aberturas ou recuos de um só lado. Objetivo: diminuir trabalho.

Importantes diretrizes de configuração para *conformação em matrizes fechadas* também chamado de *forjamento em matrizes fechadas*, foram condensadas na Fig. 7.112. Elas objetivam uma configuração *apropriada à ferramenta* (We) (adequada à matriz), *adequada ao forjamento* (Sm) (adequada ao escoamento), e *adequada ao trabalho* (Be).

As diretrizes básicas de configuração para *extrusão a frio* de corpos simples com simetria de revolução, assim como de corpos vazados, agrupadas em *adequadas à ferramenta* (We) e *adequadas ao forjamento* (Fl), também foram resumidas na Fig. 7.113. Ressalte-se que somente certos tipos de aço permitem uma usinagem econômica. Como em todas as deformações a frio, também na extrusão a frio ocorre um aumento da resistência. Nesse caso, aumenta o limite de escoamento, devido ao aumento da resistência, ao passo que a ductilidade diminui bastante. O projetista precisa considerar esse fenômeno na especificação. Aços a serem cogitados são, sobretudo, os aços para cimentação e revenimento como, p. ex., Ck 10 - Ck 45, 20 Mn Cr S ou 41 Cr 4.

De acordo com [230], recomenda-se utilizar as seguintes diretrizes de configuração para a trefilação [*adequado à ferramenta* (We), *adequado à trefilação* (Zi)]:

- We: Escolher as dimensões de modo a resultar o menor número de passos de trefilação. Objetivo: diminuir trabalho
- We/Zi: Objetivar corpos vazados com simetria de revolução: corpos vazados retangulares significam maior solicitação do material e da ferramenta nos vértices. Objetivo: melhorar a qualidade, diminuir o trabalho.
- Zi: Selecionar materiais com elevada ductilidade. Objetivo: melhorar a qualidade.
- Zi: Para projeto da forma dos sulcos de enrijecimento, cf. [201]. Objetivo: melhorar a qualidade.

A *conformação por dobramento* (flexão a frio) necessária tanto na produção de componentes constituídos por chapas, usados na tecnologia de aparelhos eletrotécnicos e da mecânica fina, e também em carcaças, recobrimentos e aerodutos da engenharia mecânica, compõe-se das etapas de produção "cortar" (recortar) e "dobrar". Em conformidade, deverá ser objetivada uma configuração *adequada ao corte* (Sn) e *adequada ao dobramento* (Bi). As diretrizes para configuração condensadas na Fig. 7.114, por enquanto referem-se apenas ao processo de dobramento, uma vez que pertencem ao presente subitem sobre conformação. O corte será abordado no âmbito dos processos de separação.

Etapas do processo	Diretrizes de processo da forma	Meta	Inadequado à produção	Adequado à produção
We	Evitar projeções	A	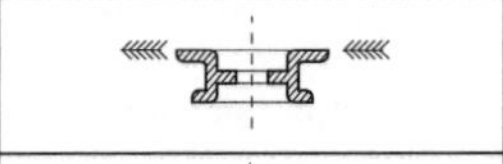	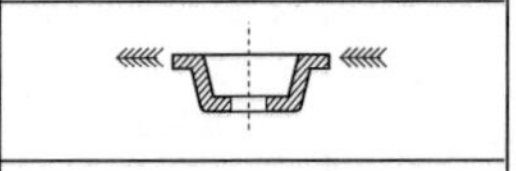
We	Prever afunilamentos para retirada da peça (DIN 7523, parte 3).	A	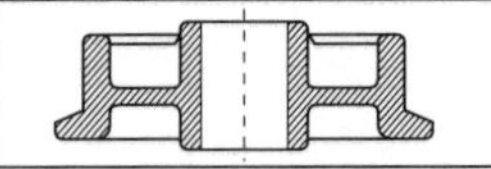	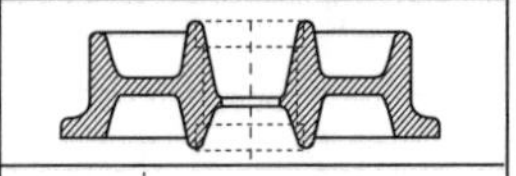
We	Objetivar juntas próximas à meia altura, na direção perpendicular à menor altura.	A	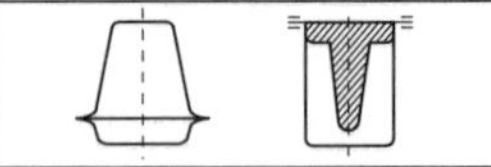	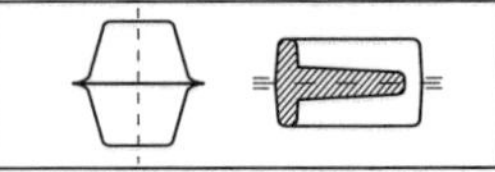
We	Evitar dobramento das juntas (costura das rebarbas).	A Q	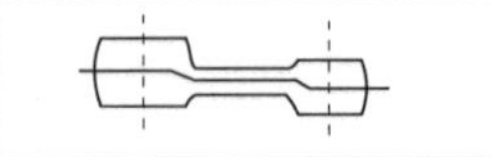	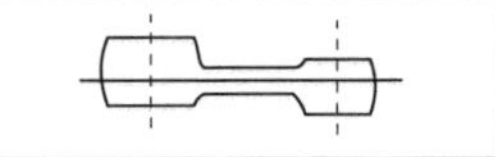
We Sm	Objetivar componentes simples, com simetria de rotação. Evitar componentes com saliências	A	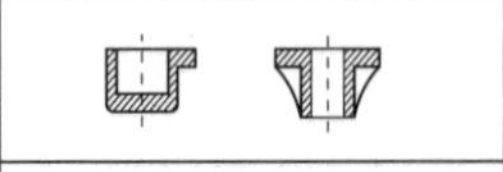	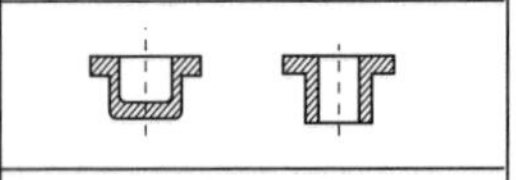
Sm	Objetivar formas que ocorrem no forjamento com matriz aberta. Aproximar a forma à forma final, no caso de um grande número de peças.	A Q	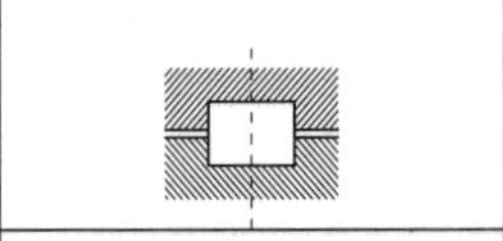	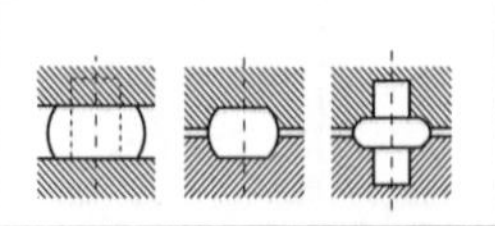
Sm	Evitar fundos de pequena espessura.	Q	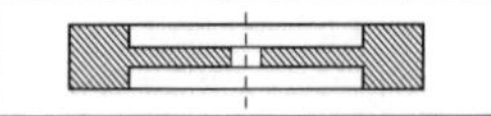	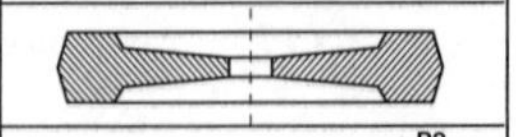
Sm	Prever cantos bem arredondados (DIN 7523). Evitar nervuras muito finas, chanfros e furos muito pequenos.	Q	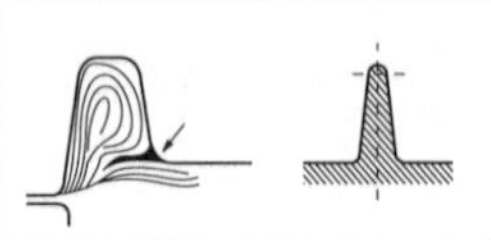	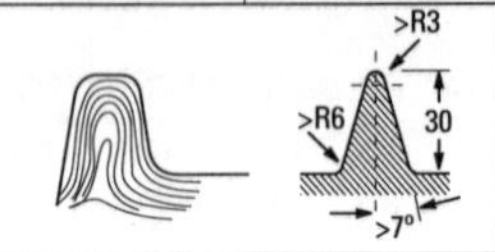 >R3 >R6 30 >7°
Sm	Evitar mudanças bruscas de seção e formas de seções que penetram muito profundamente na matriz.	Q	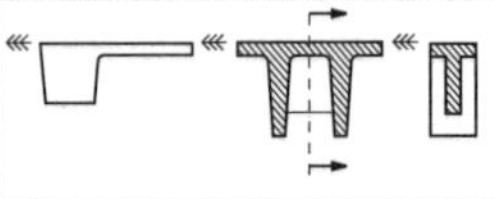	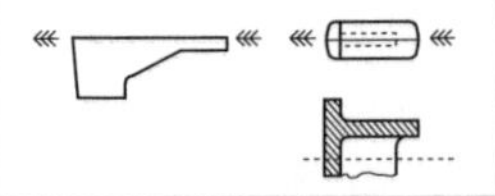
Sm	Colocação das juntas em componentes com formato de tigela funda	Q	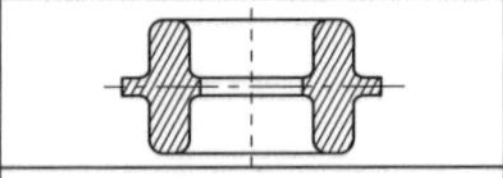	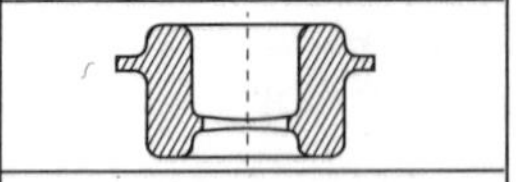
Be	Locação da junta, de modo a tornar facilmente reconhecível a posição da junta e a retirada da rebarba.	A	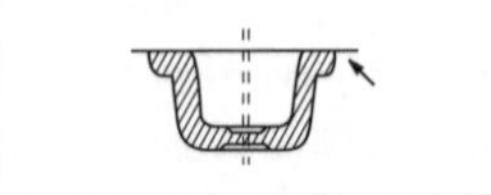	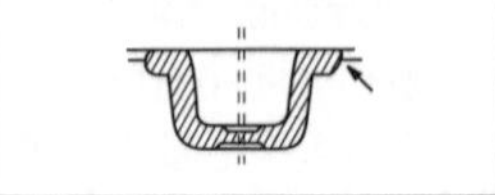
Be	Destacar as superfícies de usinagem.	Q	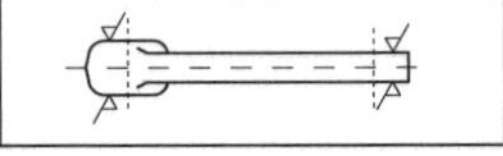	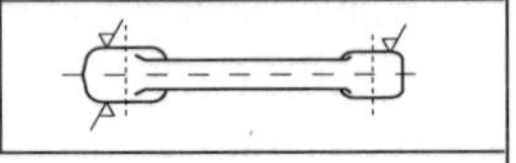

***Figura** 7.112 — Diretrizes de projeto da forma com exemplos de forjamento em matriz fechada, segundo [19, 145, 230, 283, 336].*

Etapas do processo	Diretrizes de processo da forma	Meta	Inadequado à produção	Adequado à produção
We Fl	Evitar projeções	Q A	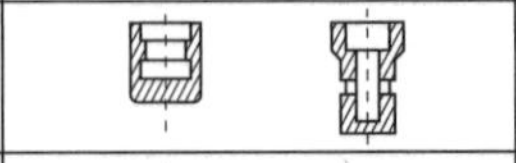	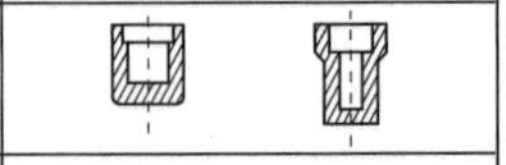
Fl	Evitar engrossamentos ou estreitamentos laterais e pequenas diferenças de diâmetro.	Q	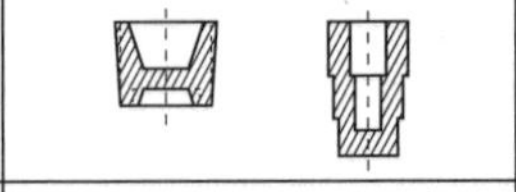	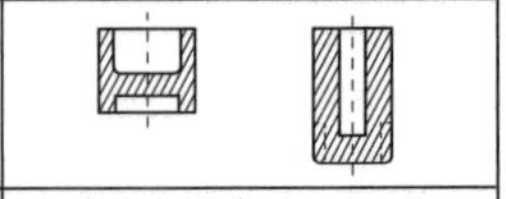
Fl	Prever formatos com simetria de rotação sem ajuntamento de material, caso contrário subdividir e juntar	Q	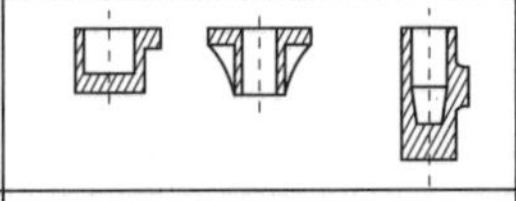	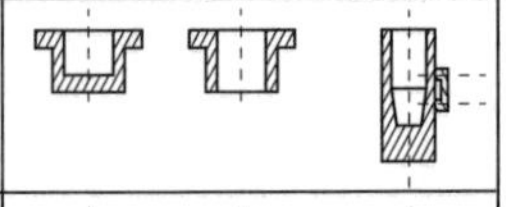
Fl	Evitar mudanças bruscas de seção, cantos vivos e chanfros.	Q	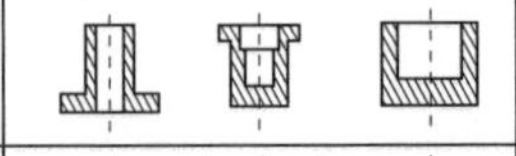	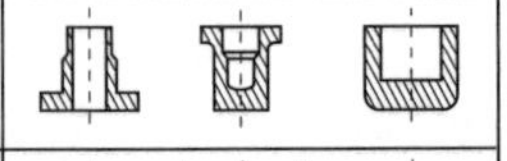
Fl	Evitar furos axiais ou laterais bem como filetes.	Q	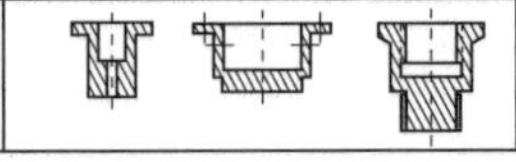	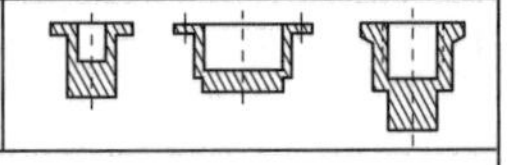

***Figura** 7.113 — Diretrizes para o projeto da forma com exemplos de embutimento, de acordo com [108].*

Etapas do processo	Diretrizes de processo da forma	Meta	Inadequado à produção	Adequado à produção
Bi	Evitar peças dobradas complexas (desperdício de material), é preferível subdividir e juntar.	A	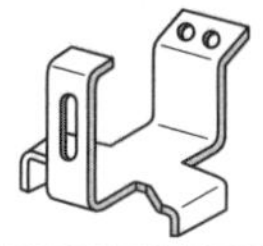	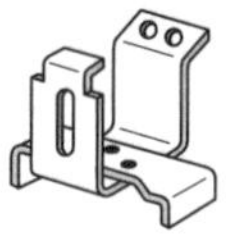
Bi	Respeitar valores mínimos do raio de dobramento (formação de entumescimentos na zona comprimida e excessivo alongamento na zona tracionada), altura das abas e tolerâncias.	Q	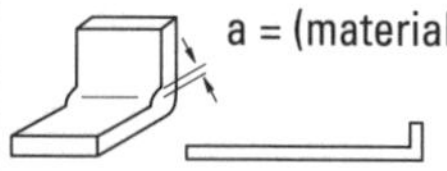 a = (material)	 R = (material) h=f (s,R) s
Bi	Respeitar uma distância mínima em relação à dobra, dos furos executados anteriormente ao dobramento.	Q	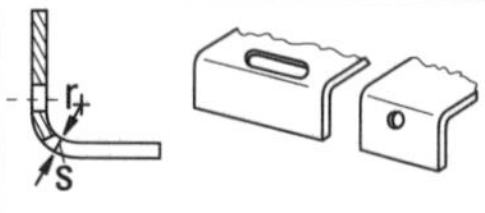 r s	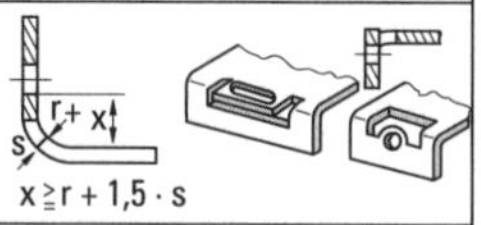 r + x s x ≥ r + 1,5 · s
Bi	Procurar cortar e entalhar passando pela dobra, quando não for possível manter a distância mínima.	Q	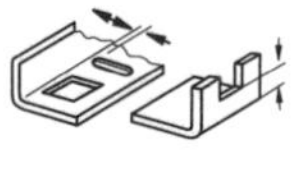	
Bi	Evitar cantos externos oblíquos e variações de seção transversal na região da dobra.	Q	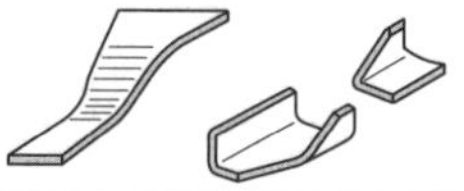	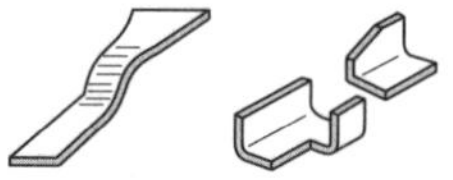
Bi	Prever remoção de material por funcionamento nos cantos cercados por abas dobradas.	Q	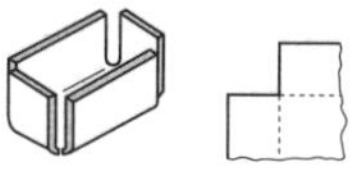	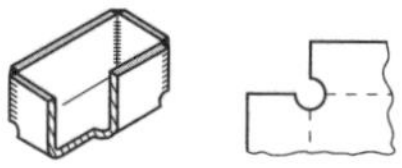
Bi	Prever abas com suficiente largura para rebordagem.	Q		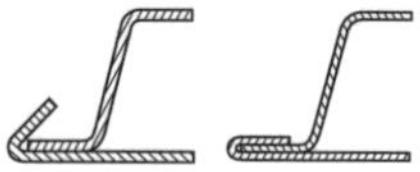
Bi	Objetivar grandes aberturas permanentes em corpos vazados e dobramentos rebaixados.	Q A	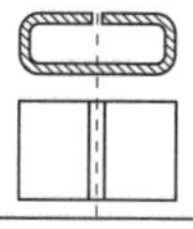	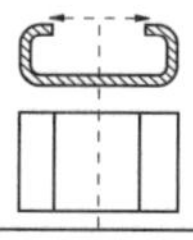
Bi	Prever enrijecedores nas bordas das chapas.	A	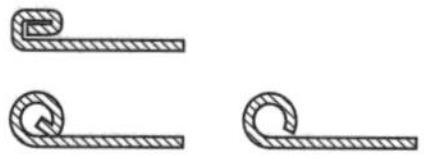	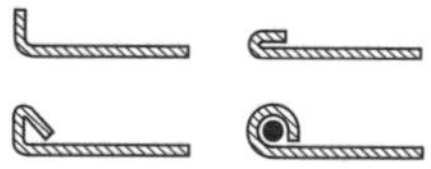
Bi	Objetivar corrugamentos sempre com a mesma forma.	A	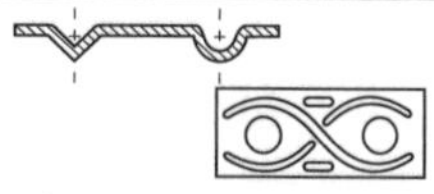	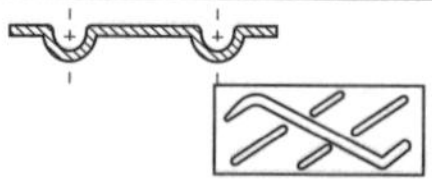

***Figura 7.114** — Diretrizes para projeto da forma com exemplos de componentes dobrados, de acordo com [1, 19].*

Adequado ao corte

Dos processos de corte citados na DIN 8580 [49] ou na DIN 8577 [48], a seguir somente serão discutidos a "usinagem com formação de cavaco com ferramenta de corte com forma geometricamente determinada" (tornear, furar, fresar), a "usinagem com formação de cavaco com ferramenta de corte com forma geometricamente indeterminada" (desbastar) e a "separação" (cortar). Em todos os processos de separação a configuração deve ser orientada pelas particularidades da ferramenta, incluindo sua fixação e o processo de usinagem em si. As diretrizes para a configuração precisam, portanto, *considerar a ferramenta* (We) e a *adequação à formação de cavaco* (Sp).

Considerando a ferramenta significa:

- Prever suficientes possibilidades de fixação. Objetivo: melhorar qualidade.
- Dar preferência a operações de usinagem que não requerem mudanças na fixação da peça ou troca de ferramentas. Objetivo: diminuir trabalho, melhorar qualidade.
- Considerar a necessária finalização da operação (saída da ferramenta). Objetivo: melhorar a qualidade.

Etapas do processo	Diretrizes de processo da forma	Meta	Inadequado à produção	Adequado à produção
We	Considerar o modo como a ferramenta finaliza o seu trabalho.	Q	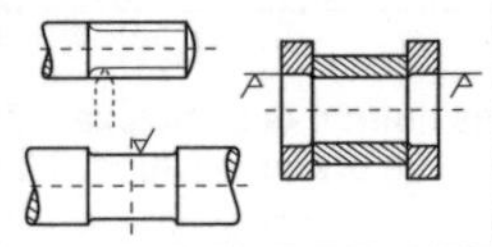	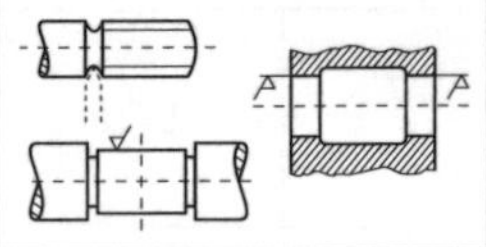
We	Objetivar ferramentas com formas simples	A	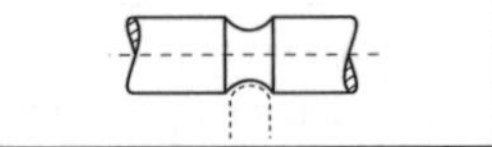	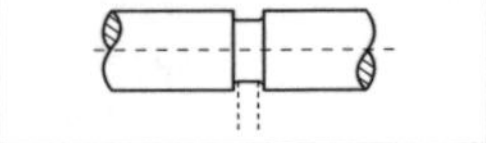
We	Evitar ranhuras e tolerâncias estreitas em superfícies internas	A Q	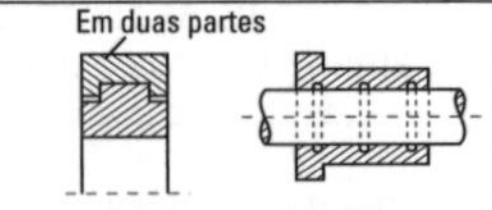 Em duas partes	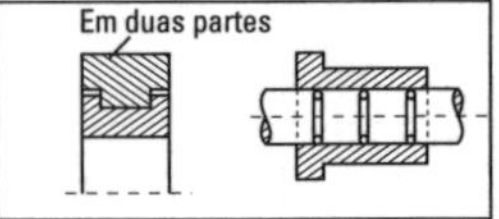 Em duas partes
We	Prever suficientes possibilidades de fixação	Q	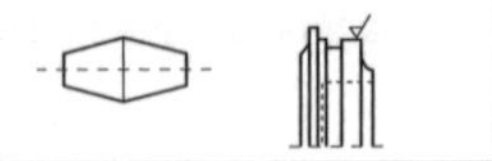	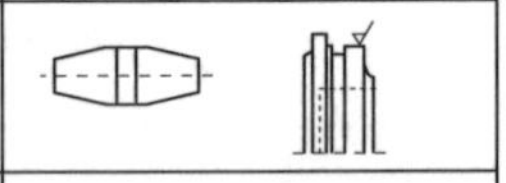
Sp	Evitar trabalhos com grande retirada de cavaco, por junção de eixos ou melhor, por sobreposição de luvas	A	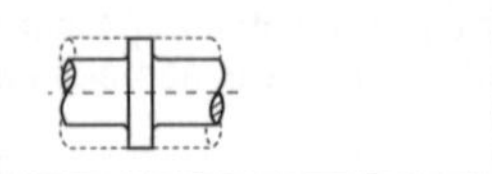	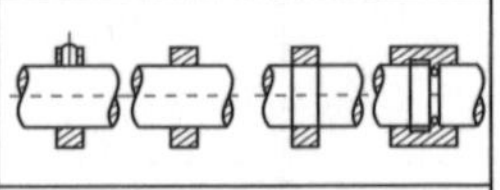
Sp	Adequação dos comprimentos e acabamentos de trabalho à função	A	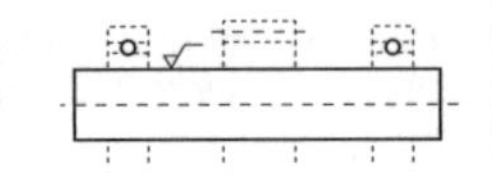	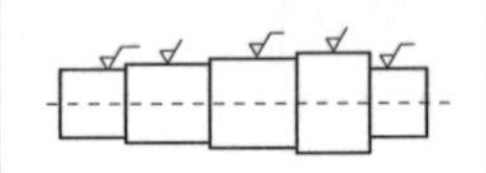

Figura 7.115 — Diretrizes para o projeto da forma com exemplos de torneamento de componentes, segundo [180, 230].

Etapas do processo	Diretrizes de processo da forma	Meta	Inadequado à produção	Adequado à produção
We Sp	Considerar a atuação da ponta da broca ao prever furos cegos	A Q	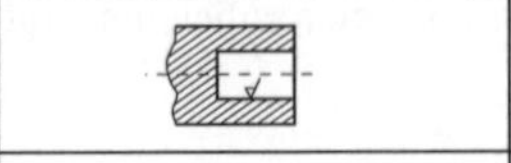	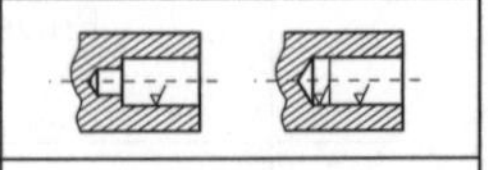
We Sp	Prever superfícies de começo e fim planas em furos inclinados	Q	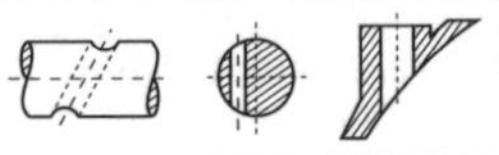	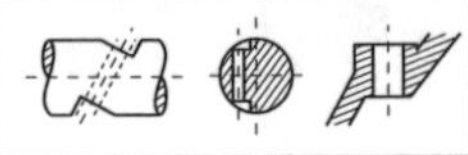
We	Objetivar furos passantes, evitar furos cegos.	A	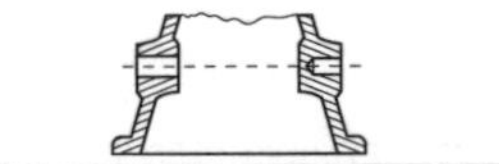	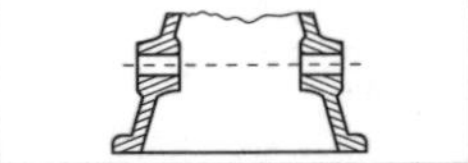

Figura 7.116 — Diretrizes para o projeto da forma de componentes para operações de furação, segundo [180, 198, 230].

Etapas do processo	Diretrizes de processo da forma	Meta	Inadequado à produção	Adequado à produção
We	Objetivar superfícies de fresagem planas, fresas perfiladas são caras; selecionar dimensões que possibilitem uso de fresadoras múltiplas (trem de fresas).	A	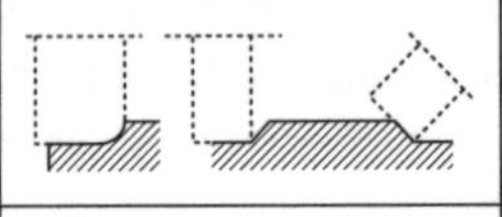	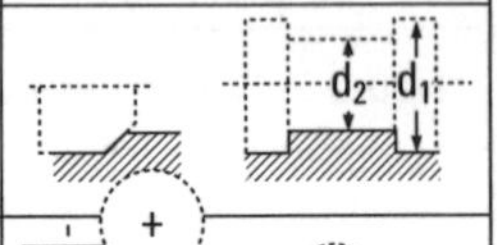 d_2 d_1
We	Considerar o fim da ranhura na fresagem cilíndrica; fresagem cilíndrica é mais barata que fresagem localizada.	A Q	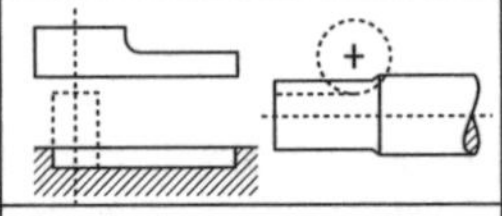	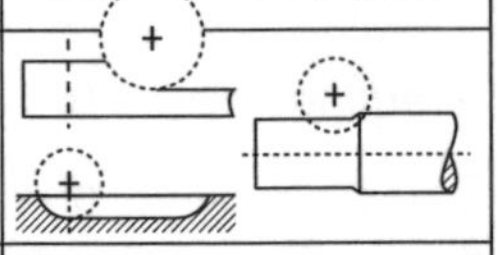
We	Adequar a finalização da operação da ferramenta ao diâmetro da fresa; evitar longos percursos de fresagem aceitando superfícies de trabalho arqueadas (p. ex. sulcos)	A	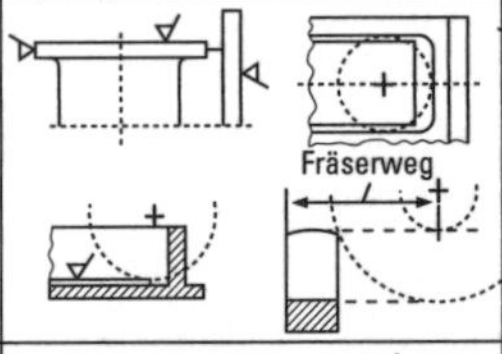 Fräserweg	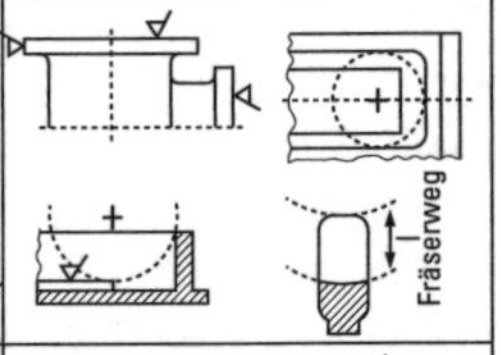 Fräserweg
Sp	Disposição das superfícies em um mesmo nível e paralelamente à sua fixação.	A Q	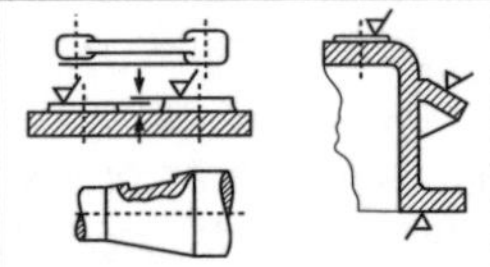	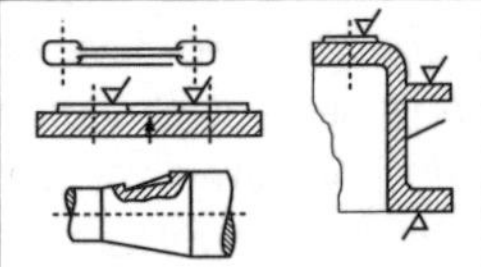

Figura 7.117 — Diretrizes para o projeto da forma de componentes com exemplos para peças com processamento por fresas, segundo [180, 230].

Etapas do processo	Diretrizes de processo da forma	Meta	Inadequado à produção	Adequado à produção
We	Evitar limitações especiais	Q A	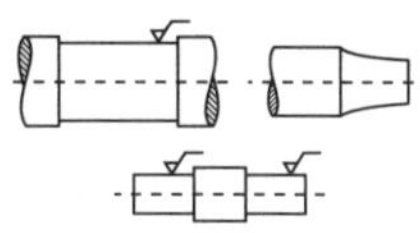	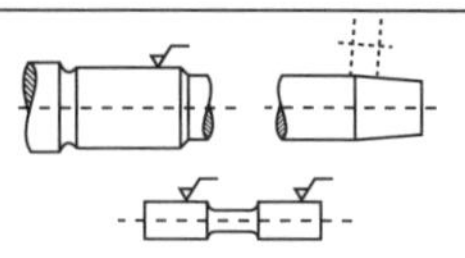
We	Considerar o término do trabalho do rebolo	Q	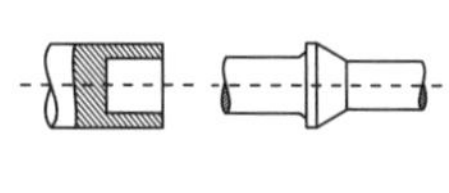	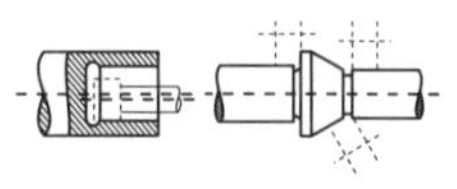
We	Objetivar uma retificação livre de obstruções através de uma disposição conveniente das superfícies a serem retificadas	A Q	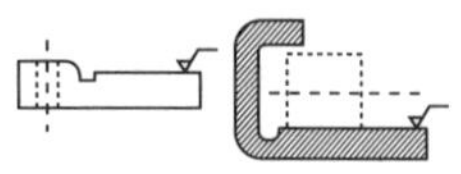	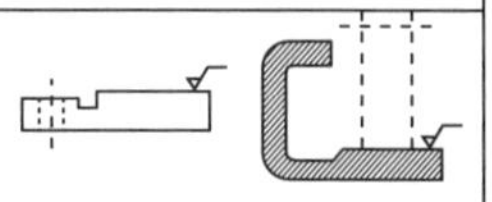
We Sp	Dar preferência a componentes com raios de curvatura iguais (quando não é possível um acabamento normal) e conicidades	A Q	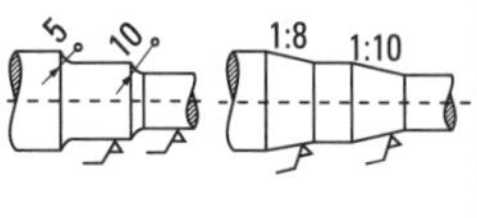 1:8 1:10	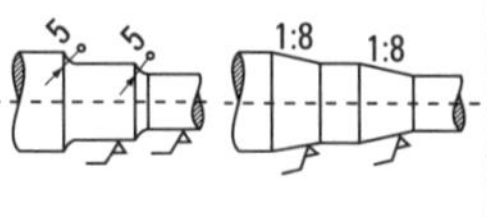 1:8 1:8

Figura 7.118 *— Diretrizes para o projeto da forma de componentes com exemplos de peças submetidas à operação de retificação, segundo [230].*

Adequação à formação de cavaco, em qualquer processo de separação, significa:

- Evitar usinagem desnecessária, quer dizer, restringir ao mínimo necessário as superfícies a serem trabalhadas, os graus de acabamento superficial e as tolerâncias (ripas salientes e olhais na mesma cota de usinagem são vantajosos). Objetivo: reduzir trabalho.
- Objetivar superfícies de trabalho paralelas ou normais ao plano da fixação. Objetivo: diminuir trabalho, melhorar qualidade.
- Dar preferência às operações de tornear e furar em lugar das operações de fresar e aplainar. Objetivo: diminuir trabalho.

Diretivas especiais para configuração de peças foram condensadas na Fig. 7.115 para as *operações de tornear*, na Fig. 7.116 para as *operações de furar*, na Fig. 7.117 para *operações de fresar* e na Fig. 7.118 para as *operações de desbaste*.

Na *configuração de peças estampadas* também precisam ser consideradas as características da ferramenta [*adequada à ferramenta* (We)], e do próprio processo de produção [*adequado ao recorte* (Sn)] : Fig. 7.119.

Considerando a junção

Dos processos de junção contemplados pela DIN 8593 [50], considera-se apenas a soldagem (grupo das junções permanentes). Para junções desmontáveis remete-se o leitor ao item 7.5.9. "considerando a montagem".

O processo de execução da solda vai ser subdividido em três etapas: *pré-trabalho* (Vo), *soldagem* (Sw) e *pós-trabalho* (Na). Deverão ser observadas as seguintes diretrizes de configuração:

- Vo, Sw, Na: Evitar a simples reprodução de peças fundidas: priorizar chapas, perfis ou demais semi-acabados padronizados, comerciais ou pré-usinados; aproveitar possibilidades de uso de construções mistas (peças fundidas e forjadas). Objetivo: diminuir trabalho.
- Sw: Adequação da qualidade do material e da solda, bem como do processo de solda a requisitos indispensáveis com relação à resistência, estanqueidade e à beleza da forma. Objetivo: diminuir trabalho, melhorar qualidade.
- Sw: Objetivar seções de cordões de solda e dimensões de peças reduzidas, a fim de evitar uma dissipação prejudicial de calor e facilitar o manuseio. Objetivo: melhorar a qualidade, reduzir trabalho.
- Sw, Na: Minimizar o volume de solda (introdução do calor), a fim de evitar trabalho de desempenamento ou endireitamento. Objetivo: melhorar qualidade, diminuir trabalho.

Outras diretrizes para configuração: Fig. 7.120.

4. Seleção adequada à produção, de materiais e de semi-acabados

Devido à já citada influência recíproca entre as características da função, o princípio de trabalho, a especificação, a segurança, a ergonomia, a produção, o controle, a montagem, o transporte, a usabilidade, a manutenção, bem como dos custos e dos prazos, a seleção otimizada do material e do semi-acabado é problemática. Por outro lado, principalmente para soluções em que a incidência dos custos dos materiais é alta, a *seleção do material* apropriado é da maior importância para o custo de produção de um produto (cf. 12). Recomenda-se em geral, na seleção do material, recorrer à "lista de verificação da configuração" (cf. Fig. 7.3) e por ora discutir e avaliar materiais

Etapas do processo	Diretrizes de processo da forma	Meta	Inadequado à produção	Adequado à produção
We	Objetivar formas de corte simples: dar preferência a cantos chanfrados, evitar cantos arredondados.	A	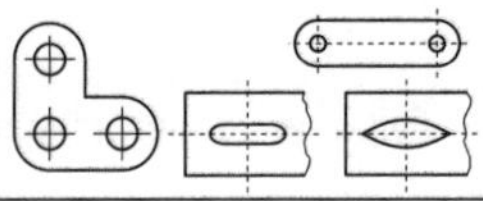	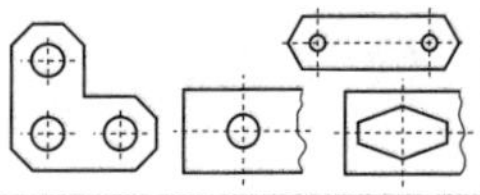
We	Objetivar igualdade das partes cortadas.	A	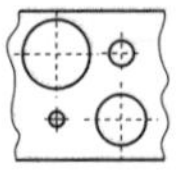	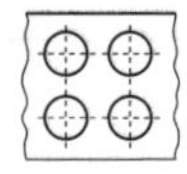
We	Objetivar transições com cantos vivos, para facilitar divisão da punção em seções transversais de retífica simples.	A Q	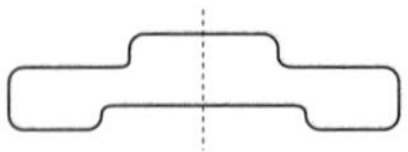	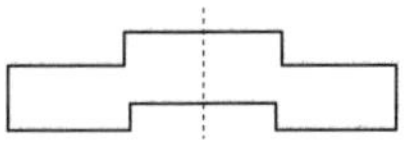
We	Evitar contornos complicados	A Q	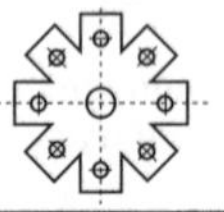	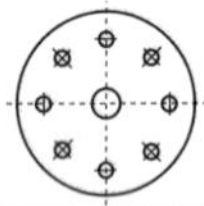
Sn	Evitar punções com partes delgadas	A Q	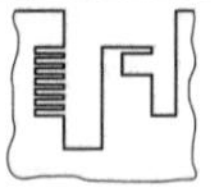	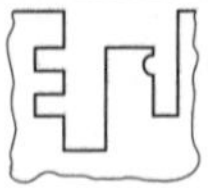
Sn	Evitar desperdícios (restos) pelo encaixe em tiras de chapas e utilização de tiras de chapas comerciais	A	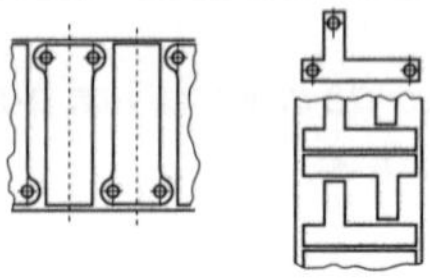	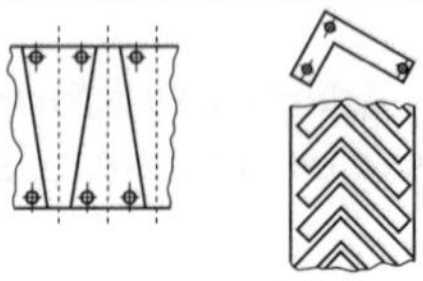
Sn	Evitar formatos de recortes com ângulos e tolerâncias muito apertadas	Q		
Sn	Dar preferência a formatos de peças que não são sensíveis a desalinhamentos em cortes subseqüentes	Q	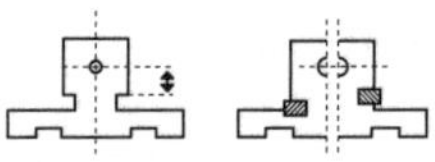	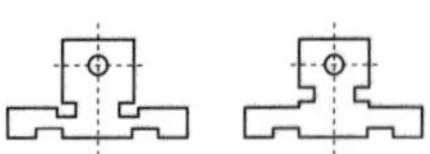
Sn	Evitar furos muito próximos	Q	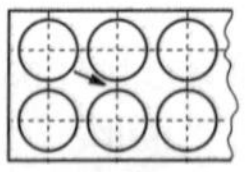	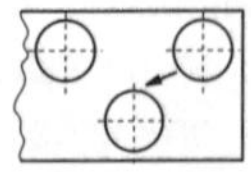

Figura 7.119 *— Diretrizes para o projeto da forma com exemplos de componentes cortados, de acordo com [19, 230].*

a serem cogitados, através das características dessa lista. Pelo tipo de peça bruta ou de semi-acabado, pelas condições de fornecimento técnicas, bem como pelo acabamento e pela qualidade, o material selecionado por meio dessas características influencia:

- o *processo de produção,*
- as *máquinas operatrizes* incluindo as *ferramentas* e os *instrumentos de medição,*
- o *gerenciamento dos materiais,* p. ex., condições de entrega e armazenamento,
- o *controle de qualidade,* bem como
- a questão da *produção própria ou terceirizada.*

As fortes influências recíprocas entre critérios e realidades de projeto, produção e ciência dos materiais exigem, para a otimização da seleção do material, uma estreita colaboração entre projetista, engenheiro de produção, especialista em materiais e comprador.

Um sumário das principais recomendações para a seleção do material de peças fundidas, conformadas mecanicamente a quente ou a frio, voltadas em seguida à têmpera (beneficiadas), foi preparado por Illgner [137]. Para métodos de produção mais recentes, p. ex., ultra-som, solda com feixe de elétrons, tecnologia laser, corte com plasma, usinagem por erosão com faíscas e processos eletroquímicos, remete-se o leitor à respectiva bibliografia [27, 95, 133, 182, 240, 250, 262].

Intimamente ligada ao problema da seleção dos materiais, está a seleção do *semi-acabado.* Por causa do método, ainda freqüentemente praticado, de cálculo dos custos por peso, por meio da redução do peso o projetista acredita conseguir, em qualquer caso, também uma redução do custo. Porém em muitos casos, ele, ao mesmo tempo, também excede o custo mínimo, conforme indicado na Fig. 7.121.

Como exemplo desse tipo de problema, relata-se aqui sobre a seguinte investigação: a Fig. 7.122 mostra a carcaça

Etapas do processo	Diretrizes de processo da forma	Meta	Inadequado à produção	Adequado à produção
Vo	Dar preferência a soluções com poucas peças e poucos cordões de solda	A		
Vo Sw Na	Objetivar formas favoráveis dos cordões atendendo à produção, desde que as tensões o permitam	A		
Vo Sw	Evitar concentração e cruzamento de cordões de solda	A Q		
Sw	Redução das tensões residuais (tensões internas, empenamentos) pelo comprimento do cordão, disposição dos cordões e seqüencia de soldagem, bem como soldando seções transversais elásticas de baixa rigidez (pontas e quinas elásticas)	Q		
Sw	Objetivar fácil acesso aos cordões de solda	A Q		
Sw Na	Posições claras para execução da soldagem, p. ex. por fixação das partes que serão soldadas	Q		
Na	Prever acréscimos de material para usinagem, a fim de compensar tolerâncias de soldagem	Q	Tolerância	Tolerância

Figura 7.120 — *Diretrizes para o projeto da forma com exemplos de peças soldadas, de acordo com [19, 198, 220, 281.*

soldada de uma máquina elétrica com eixo vertical, no qual a execução real é composta de oito espessuras de chapa, o que, com a rigidez exigida, representa uma minimização do peso, enquanto que na nova configuração planejada (execução do projeto) o número de espessuras de chapa diferentes foi deliberadamente reduzido às expensas de um aumento do peso.

Essa mudança da configuração foi incentivada pela passagem das máquinas de oxicorte tradicionais para máquinas controladas por comando numérico. Essa modificação envolveu a substituição das atuais máquinas de oxicorte por máquinas de comando numérico. Para essas, deveriam ser diminuídos os custos de programação e de reorganização, bem como serem criadas possibilidades para um extenso encadeamento das chapas cortadas (alto aproveitamento dos painéis de chapa) [5]. Uma análise de custo mostrou que, apesar do aumento de peso em conseqüência do superdimensionamento de algumas peças do projeto da nova carcaça, seu custo foi reduzido em

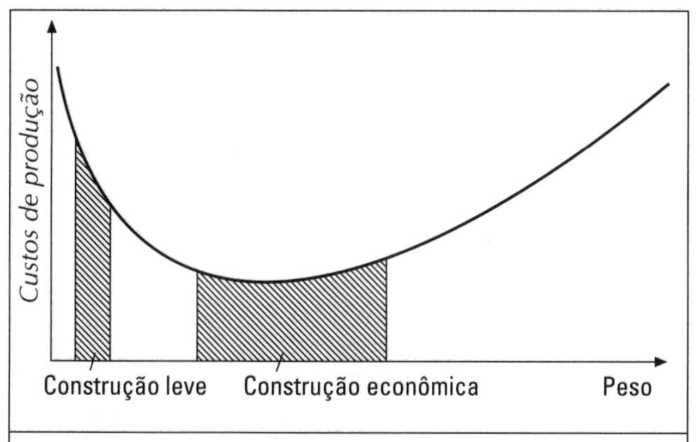

Figura 7. 121 — *Faixas de custo da construção leve e da construção econômica, conforme [297].*

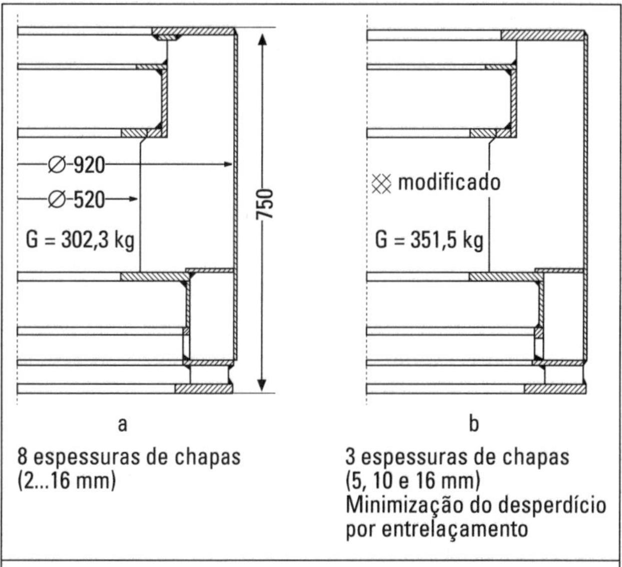

Figura 7. 122 — *Corpo de uma máquina elétrica na versão soldada (foto Siemens).* ***a*** *estado atual;* ***b*** *projeto novo.*

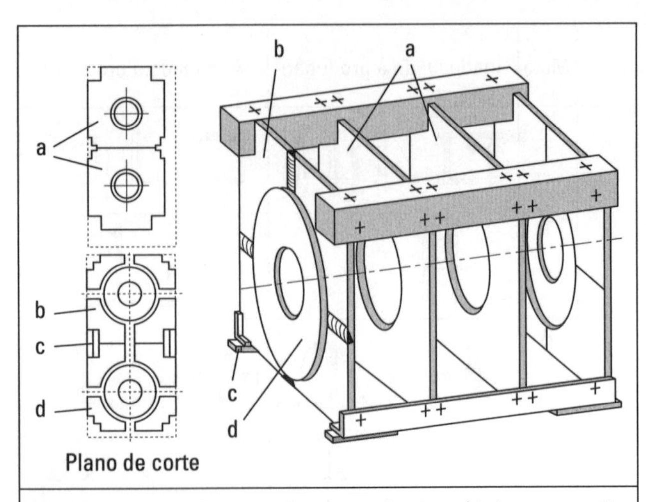

Figura 7.123 — Carcaça de uma máquina elétrica na versão soldada com o desenho do recorte das chapas, de acordo com [162] (foto Siemens).

razão dos menores custos da mão-de-obra e despesas gerais de produção. Aliás, nesse caso, a redução no custo total da produção não foi considerável, mas o exemplo talvez sirva para mostrar que uma minimização trabalhosa do custo de projeto e de produção freqüentemente não conduz ao custo mínimo. Também nos casos em que, por incorporação de semi-acabados e simplificações na produção, as reduções de custos calculadas não são grandes, as melhorias reais muitas vezes serão maiores, uma vez que as medidas apontadas conduzem, sobretudo, a uma redução dos tempos secundários e dos tempos para programação dos trabalhos, o que reflete favoravelmente sobre os gastos com pessoal (cf. 12).

Outro exemplo de um bom aproveitamento de semi-acabados está na Fig. 7.123, que mostra o recorte das chapas que formam a carcaça soldada de um motor. A fim de aproveitar os retalhos circulares como anéis para alojamento dos mancais b, após o recorte das peças das paredes d, foram previstos rasgos nesses alojamentos. Ao se soldar os pedaços assim formados novamente em uma parede, resulta, após usinagem, uma abertura que continua sendo menor do que a abertura do anel de alojamento torneado partindo do retalho circular. Esta operação também produz os calços para a base c.

5. Utilização de peças padronizadas e compradas de terceiros

O projetista deveria objetivar empregar componentes, que não precisem ser produzidos especificamente para um só pedido, porém disponíveis como peças repetitivas de fabricação própria, padronizadas ou adquiridas no mercado. Aqui, o projetista pode prestar uma importante contribuição para condições de aquisição mais favoráveis, bem como para a produção, para o estoque, vantajosa do ponto de vista dos custos e prazos. A utilização de peças terceirizadas, comerciais, freqüentemente pode ser mais econômica do que a produção interna. Várias vezes já foi feita referência à importância das peças padronizadas.

A decisão quanto à produção interna ou externa depende de uma série de considerações que precisam ser esclarecidas:

- Quantidade de peças (para um projeto, produção em batelada ou produção em massa).
- Produção avulsa associada a um pedido ou produção de uma série construtiva ou modular dirigida ao mercado,
- Condições para aquisição (custos, prazos) de materiais, acessórios ou produção terceirizada.
- Possibilidade de utilização das instalações de produção da empresa.
- Situação dos trabalhadores da área de produção.
- Grau de automação atual e futuro.

Essas considerações não influenciam apenas a decisão por uma produção interna ou terceirizada, porém a totalidade das decisões do projetista para com a configuração. Agravando, acrescente-se a isso que a maioria das grandezas influentes possui um caráter variável em função do tempo. Isto significa que uma solução de projeto, sem dúvida apropriada à produção na época em que foi escolhida, pode não ser a mais apropriada numa posterior situação de aquisição e de mão-de-obra. Especialmente em projetos avulsos e em pequena série da mecânica pesada, a situação respectiva de produção e aquisição sempre dever ser novamente analisada, quando se deseja otimizar a valoração econômica da solução.

6. Documentação considerando a produção

Freqüentemente, é subestimada a influência da documentação da produção, sob forma de desenhos e listas de peças, dos resultados do CAD com os dados geométricos e tecnológicos armazenados na memória, bem como de instruções de montagem, sobre os custos, os prazos de entrega, a qualidade da produção ou do produto. Organização, clareza e detalhamento desses documentos são especialmente influentes numa produção mais intensamente mecanizada e automatizada. Eles participam da execução do pedido, do planejamento da produção, do controle da produção e do controle de qualidade. A documentação considerando a produção será abordada em 8.2.

7.5.9 Projeto considerando a montagem

1. Operações de montagem

O desenvolvedor e projetista influenciam decisivamente não apenas os custos (cf. 12) e a qualidade da produção dos componentes, mas também os custos e a qualidade da montagem [329].

Por montagem compreende-se a união, com todos os trabalhos auxiliares necessários, durante e após a produção do componente, bem como no canteiro de obras. Recursos e qualidade da montagem dependem tanto do tipo e número de operações de montagem, bem como da própria execução. Tipo e número são dependentes da estrutura da construção, da configuração da peça e da forma de produção do produto (produção avulsa ou em série).

As diretrizes apresentadas a seguir, com os objetivos de simplificar, unificar, automatizar e garantir a qualidade, somente podem reproduzir *critérios gerais* para a configuração considerando a montagem [2, 32, 101, 102, 316, 318, 329]. Em casos especiais, elas são previamente ou simultaneamente influenciadas, ou até anuladas pelas características principais da forma - função, princípio de trabalho, especificação, segurança, ergonomia, produção, controle, transporte, uso, manutenção e reciclagem (cf. lista de verificação 7.2). De qualquer modo, as particularidades do caso especial devem ser verificadas [132, 170, 171, 223, 289].

Com apoio da diretriz VDI 3239 [309] e considerações básicas [3, 268], podem ser identificadas as seguintes operações parciais sempre ocorrentes ou objetivadas:

- A *estocagem* (Sp) de componentes da montagem, em geral de forma ordenada (pente). No caso de montagem automatizada ainda é necessário repartir, ou seja, programar a disponibilização dos componentes e elementos de união.
- *Manusear o componente* (Ha), em que fazem parte das operações de montagem:
  - O reconhecimento dos componentes pelo montador ou pelo manuseador automático (robô), p. ex., pela checagem da posição;
  - O apanhar dos componentes, ou seja, segurar os componentes a serem montados, eventualmente interligados com um isolamento ou dosagem, bem como
  - A movimentação dos componentes na direção exata do local de montagem (transferir) eventualmente interligado com uma bifurcação (separar, eliminar), inversão (bascular, desviar, girar) e / ou reunião (união de componentes).
- O *posicionamento* (Po), ou seja, em geral uma orientação (peça na posição correta para montagem) e um ajuste (posição definitiva da peça antes e, se possível, também depois da montagem).
- A *união* (Fü) por meio de processos de união em superfícies de montagem e de trabalho. Aqui, também deverá ser incluído o encaixe de um componente, ou seja, o movimento de uma peça sobre a superfície de contato da peça-guia. Segundo a DIN 8593 [50], podem ser considerados processos de união:
  - Juntar, p. ex., embutir, empilhar, enganchar, ou encaixar os componentes da montagem.
  - Preencher, p. ex., embeber.
  - Comprimir e empurrar para dentro, p. ex., parafusos, pinças, grampos, ou montagem de peças por aperto interferente.
  - Unir por processo metalúrgico, p. ex., verter em moldes, fundir ou vulcanização dos componentes.
  - Unir por conformação mecânica, p. ex., arames ou peças auxiliares para a união.
  - Unir por composição de materiais, p. ex., soldagem, brasagem ou colagem.
- A *regulagem* (ajuste) (Ei) para compensar tolerâncias, estabelecer as folgas especificadas, a fim de satisfazer a função almejada [269].
- A *proteção* (Si) dos componentes contra alterações espontâneas das posições de montagem e das regulagens durante a operação.
- O *controle* (Ko). Conforme o grau de automatização da montagem precisam ser efetuadas operações de testes e medições, que deverão ocorrer no intervalo de tempo entre as operações de montagem.

Essas operações ocorrem em todo o processo de montagem em função da quantidade de componentes (montagem isolada, linha de montagem), do grau de automatização (montagem manual, parcialmente automatizada ou totalmente automatizada) em diferentes integralizações, seqüências e freqüências.

Com relação ao encadeamento das operações de montagem ou das células de montagem, de acordo com [112] distingue-se entre *montagem não ramificada, ramificada, de um só estágio* e *de vários estágios*, bem como, pelo seu andamento, entre *montagem estacionária* ou *contínua*.

O fato de a montagem ser executada na fábrica ou no canteiro de obra, por trabalhadores especializados ou por pessoal do cliente, de menor capacitação, também influi. Além do mais se constata que uma configuração para melhorar a montagem automatizada, em geral, também simplifica a montagem manual e inversamente. Entre o tipo de montagem e a configuração existe um inter-relacionamento restrito, ou seja, os dois se influenciam reciprocamente.

2. Estrutura da construção considerando a montagem

De acordo com as etapas no projeto do desenho (cf. 7.1) parece prático, já na estrutura de trabalho da concepção e na estrutura da construção, definir a configuração considerando a montagem. Uma estrutura de construção adequada à montagem é alcançada pela:

- *decomposição,*
- *diminuição,*
- *padronização* e
- *simplificação*

das *operações de montagem*, através das quais ocorre uma *redução de trabalho* devido a uma melhoria no andamento da montagem e uma garantia da *qualidade do produto* por meio de uma montagem clara e controlável [94, 105, 257]. Uma estrutura de construção selecionada dessa maneira pode, além disso, conduzir a uma redução do número de componentes ou, no mínimo, a uma padronização dos componentes.

As diretrizes para a configuração, organizadas de acordo com os objetivos da estrutura de construção considerando a montagem, estão nas figs. 7.124-1 e -2. Na coluna "operação", estão relacionadas as operações de montagem que, pela respectiva diretriz de configuração, são referidas em primeiro lugar. Além disso, foi indicado, se a referida

Operação	Diretrizes para o projeto da forma	Tipo	Não apropriado à montagem	Apropriado à montagem
	Subdivisão das operações de montagem			
Sp Ha Po Fü Ei Si Ko	Subdivisão em conjuntos de construção a fim de possibilitar etapas de montagem com pré-montagem e montagem final	MM AM	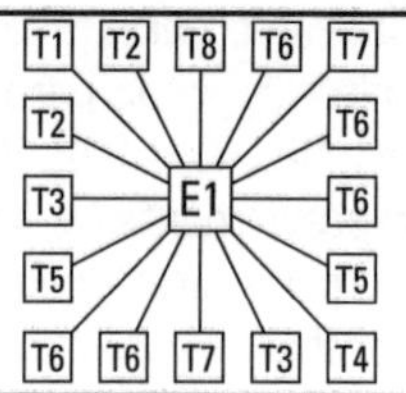 T1 T2 T8 T6 T7 T2 T6 T3 E1 T6 T5 T5 T6 T6 T7 T3 T4	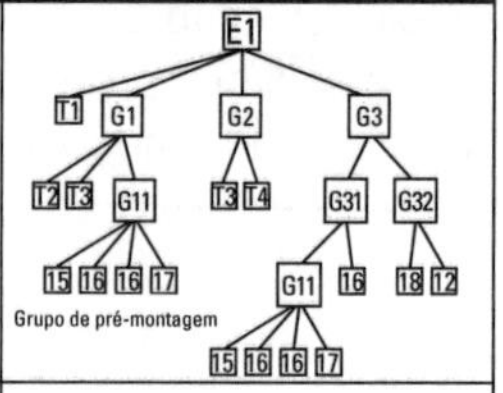 E1 T1 G1 G2 G3 T2 T3 G11 T3 T4 G31 G32 T5 T6 T6 T7 G11 T6 T8 T2 Grupo de pré-montagem T5 T6 T6 T7
Ha Ko	Subdivisão em conjuntos de montagem independentes a fim de permitir montagem paralela	MM AM	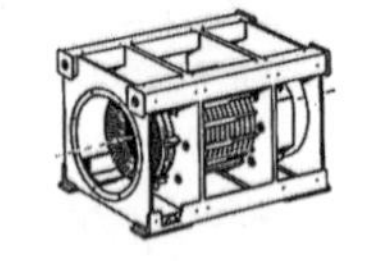	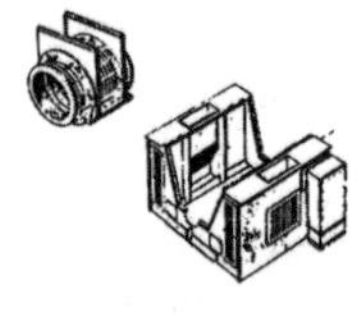
Fü	Evitar operações da produção no curso de uma montagem	MM AM	Polimento conjunto 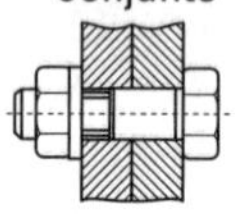	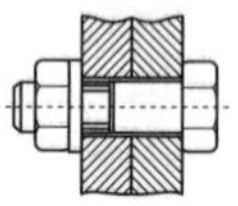
Fü Ei Ko	Estruturar o programa da variante de um produto de modo que a formação da variante ocorra no fim e possivelmente nos mesmos locais de montagem	AM	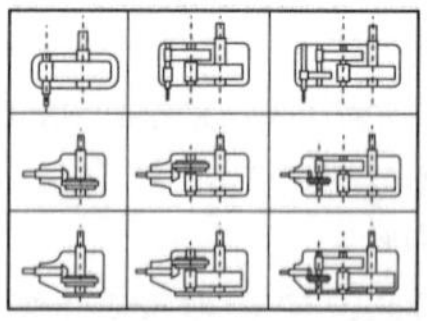	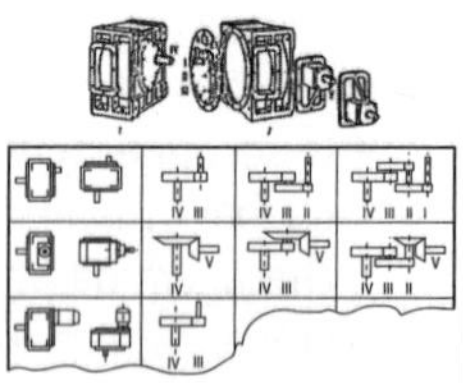
Ko	Testar em separado os subconjuntos de montagem, principalmente no caso de projetos variantes	MM AM	Balanceamento com a máquina pronta	Somente o balanceamento do rotor
Ko	Objetivar testes das funções para subconjuntos de montagem ou do produto montado sem testar partes avulsas	MM AM	Medição do perfil da engrenagem em engrenagens avulsas. Ensaio de vedação nos componentes	Medição do nível de ruído do câmbio pronto
	Redução das operações de montagem			
Sp Ha Po Fü Ei Si Ko	Integração de componentes através da construção integrada e da construção mista	MM AM	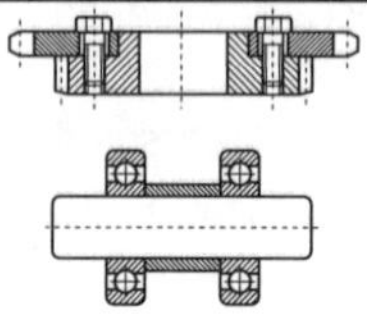	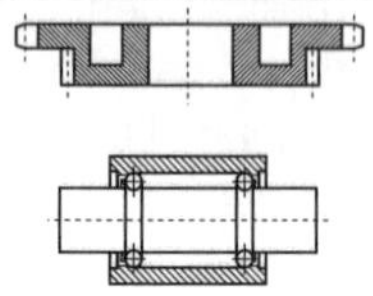

Figura 7.124-1 *— Diretrizes do projeto da forma para uma estrutura apropriada de montagem, parte 1.*

diretriz de configuração melhora a *montagem manual* (MM), a *montagem automática* (AM), ou ambas. Pela organização adotada, a aplicação de diretrizes de configuração para as diversas situações de montagem, principalmente sua seleção, deverá ficar mais simples.

3. Arranjo das posições de interface considerando a montagem

Um outro ponto de partida para a melhoria da montagem é a configuração adequada à montagem das interfaces influenciadas pela estrutura da construção. Por meio de:

- *redução,*
- *padronização* e
- *simplificação*

Operação	Diretrizes para o projeto da forma	Tipo	Não apropriado à montagem	Apropriado à montagem
	Redução das operações de montagem			
Sp Ha Po Fü Ei Si Ko	Eliminar peças através da integração de função	MM AM	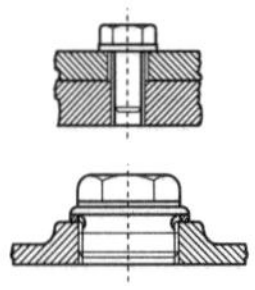	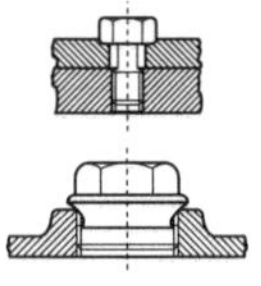
Fü	Execução simultânea das operações de montagem	AM	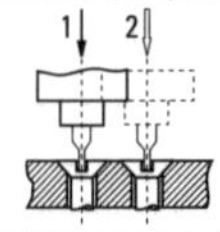 1 2	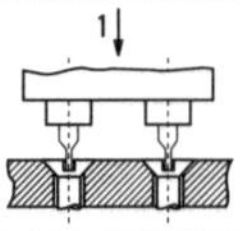 1
Fü Ei Si	Evitar fendas em portas e superfícies	MM AM	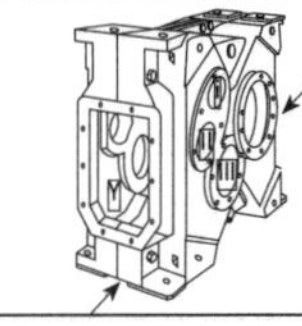	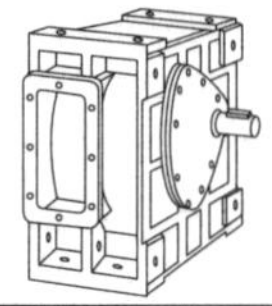
Fü Si Ko	Evitar desmontagens de produtos ou de conjuntos já montados para testes de funcionamento	MM AM	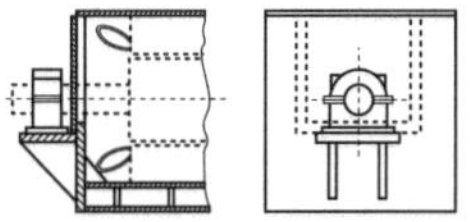 Impossível a medição da folga	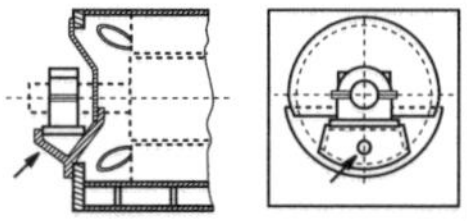 Possível a medição direta da folga
	Padronização das operações de montagem			
Ei Si Ko	Provisão de um componente básico para cada subconjunto, por exemplo para a construção intercalada	AM	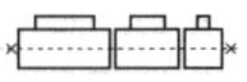	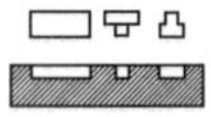
Fü	Objetivar direções e procedimentos padronizados nas uniões de um mesmo subconjunto	AM	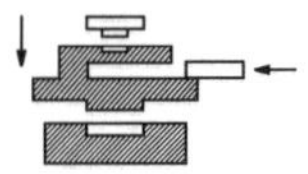	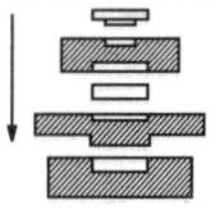
	Simplificação das operações de montagem			
Po Fü Ei Si Ko	Forçar as operações de montagem (inequívoca seqüência de montagem)	MM	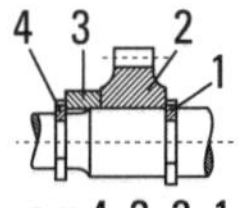 4 3 2 1 ou: 4, 3, 2, 1	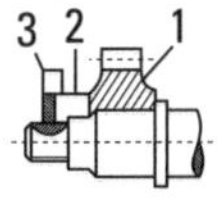 3 2 1
Fü	Combinação das operações de produção e montagem	MM AM	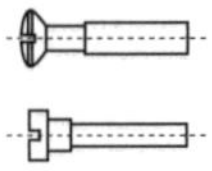	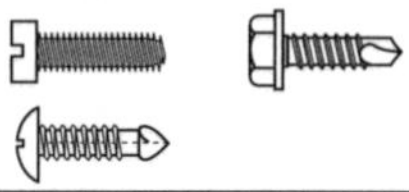
Ei Ko	Bom acesso para testes, possibilidades de inspeções visuais	MM AM	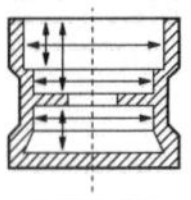	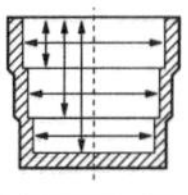

Figura 7.124-2 — *Diretrizes para o projeto da forma, parte 2.*

das interfaces, o gasto com elementos de junção e operações de montagem, bem como as exigências com relação à qualidade dos componentes da interface, também diminuirão [2, 112, 273].

Nas figs. 7.125-1 até -3 as diretrizes de configuração estão novamente organizadas pelos objetivos visados e pelas respectivas operações de montagem, orientadas por aplicação.

4. Configuração dos componentes de interface considerando a montagem

Intimamente ligada à configuração da interface está a configuração dos componentes da interface. Objetivos são a:

- *viabilização* e a
- *simplificação*

do armazenamento e manuseio automáticos com o reconhecimento, classificação, detecção e movimentação dos elementos

Operação	Diretrizes para o projeto da forma	Tipo	Não apropriado à montagem	Apropriado à montagem
	Redução das interfaces			
Sp Ha Fü Ei Si	Redução dos elementos de uma conexão, p. ex. por travamento ou encaixe elástico	MM AM	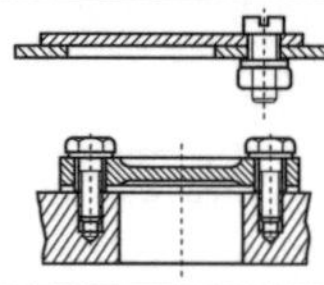	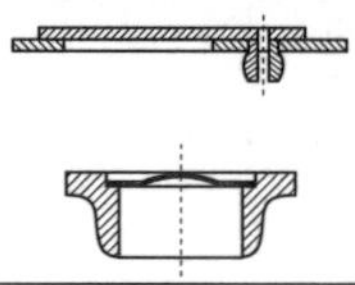
Sp Ha Fü	Redução dos elemetos de uma conexão por meio de uniões especiais	MM AM		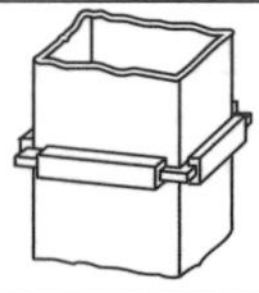
Sp Fü Si	Objetivar uniões diretas sem utilização de elementos de conexões	MM AM		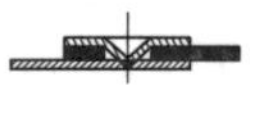
Po	Objetivar auto-alinhamento e posicionamento	AM	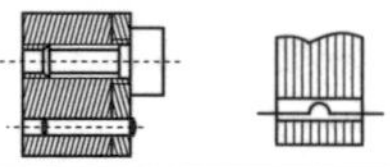	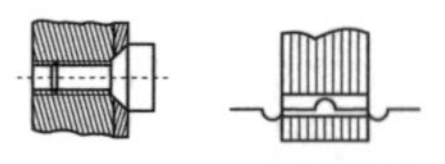
Si	Dar preferência a elemetos de conexão autotravantes, p. ex. por deformação elasto-plástica	AM	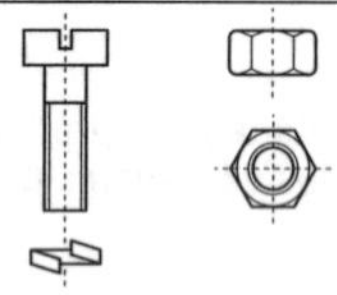	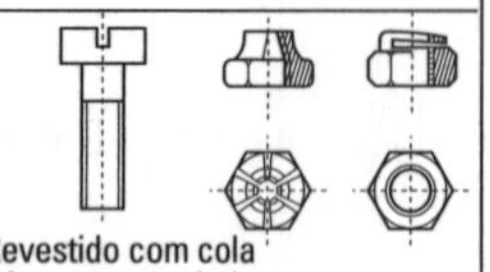 Revestido com cola micro-encapsulada
	Padronização dos pontos de união			
Sp Ha Fü	Utilização de elementos de conexão idênticos, em alguns casos até para funções diferentes	MM AM	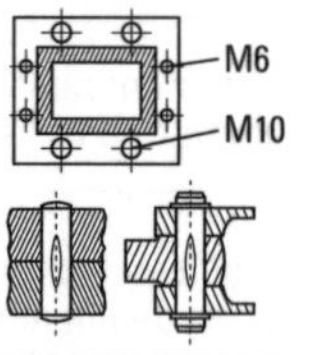 M6 M10	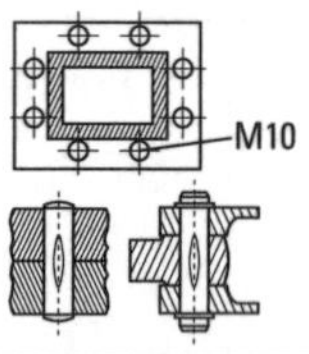 M10
	Simplificação dos locais da conexão			
Sp Ha	Dar preferência a elementos da conexão dispostos em pentes ou de aplicação contínua	AM	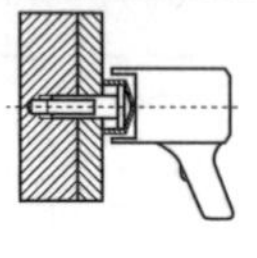	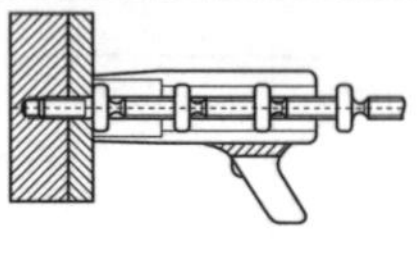
Ha Fü	Auxiliar os movimentos de manuseio e das conexões, apoiando-se no centro de gravidade	MM AM	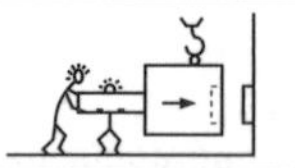	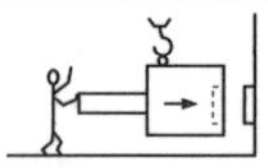
Po Fü	Evitar encadeamento de tolerâncias excessivamente apertadas pela quebra do encadeamento	MM AM	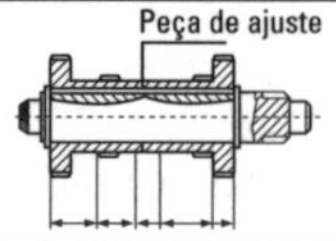 Peça de ajuste	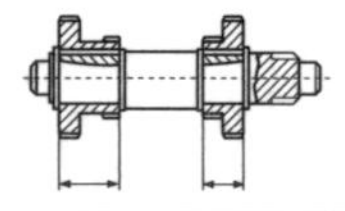

Figura 7.125-1 *— Diretrizes para projeto da forma considerando a montagem (parte 1)*

da interface, o que é especialmente importante no emprego de máquinas de manuseio automáticas (AM) [2, 103, 273, 289]. Na Fig. 7.126 foram condensadas as correspondentes diretrizes de configuração.

Sintetizando, constata-se que as principais diretrizes podem ser derivadas da regra básica "*simplicidade*" (simplificar, padronizar, reduzir) e da regra básica "*clareza*" (evitar sobre ou subdeterminações) (cf. 7.3.1 e 7.3.2). Outros exemplos estão contidos na VDI 3237 [308] e em [2, 104, 112, 114, 248, 249].

5. Lista de verificação para utilização e seleção

Em conformidade com os procedimentos gerais para o projeto do desenho (cf. 7.1), a configuração considerando a montagem deveria acontecer de acordo com os seguintes passos (cf. 112, 249): *agrupar requisitos determinantes* e *influentes da montagem com vontades* da *lista de requisitos*, p. ex.:

- produto específico ou um programa de variantes,
- número de variantes,
- restrições legais e de tecnologia da segurança,

Operação	Diretrizes para o projeto da forma	Tipo	Não apropriado à montagem	Apropriado à montagem
	Simplificação dos locais de conexão			
Po Fü	Evitar ajustes em dobro para conseguir um posicionamento não ambíguo e reduzir as tolerâncias das dimensões	MM AM	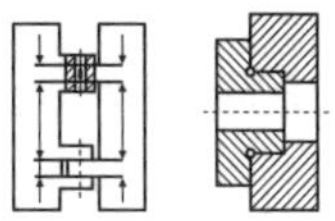	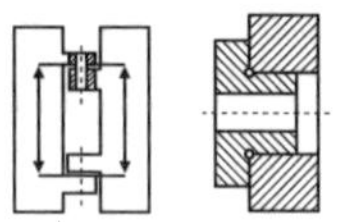
Po Ei	Dar preferência a possibilidades de ajuste fáceis, ou prover guias para posicionamento	MM AM	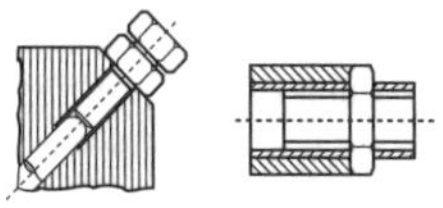	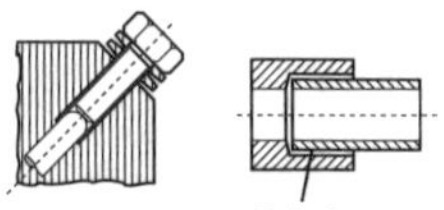 Colado
Po Ei	Prover possibilidades de ajuste contínuo	MM AM	 Sobre medida a ser ajustada na montagem	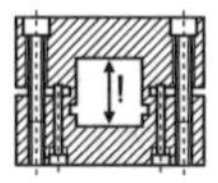 Parafusos de regulagem a serem regulados na montagem
Po Ei	Objetivar acessibilidade aos pontos de ajustes sem necessidade de desmontagem de outros componentes	MM AM	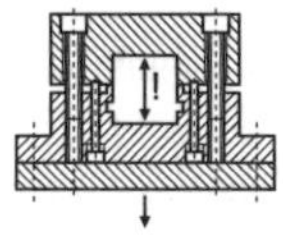	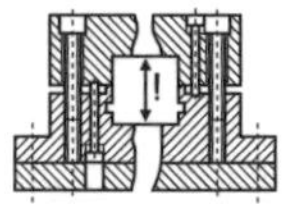
Po Ei	Compensação de tolerâncias por meio de componentes compensadores especiais	MM	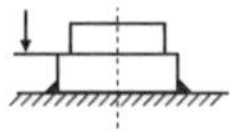	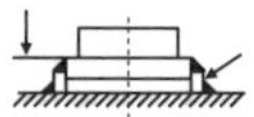
Po Ei Ko	Prover superfícies, arestas e vértices de referência	MM AM	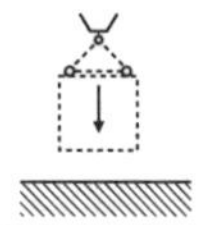	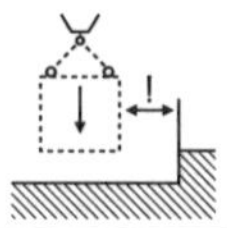
Po Ei Ko	Objetivar operações de ajuste não ambíguas, sem interferência mútua	MM AM	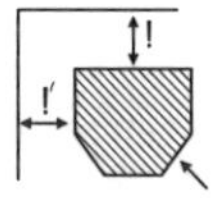	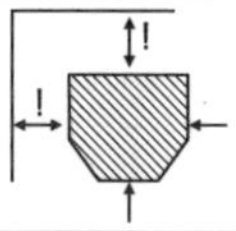
Fü	Dar preferência a movimentos de translação nas juntas	AM	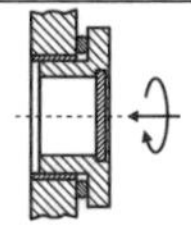	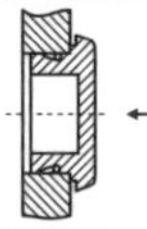
Fü	Evitar movimentos das juntas em mais de uma direção em especial movimentos curvos	AM	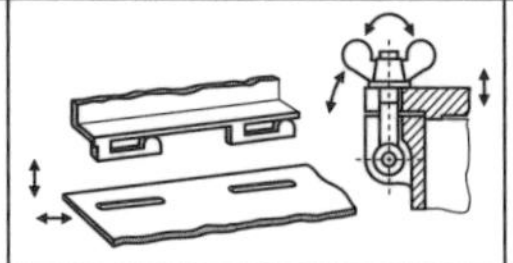	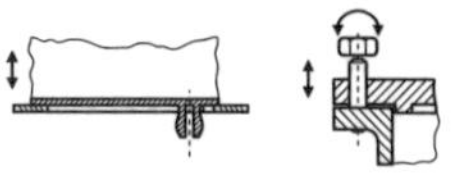
Fü	Evitar conexões com caminhos longos	MM AM	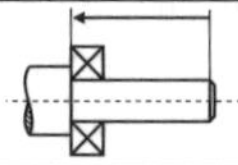	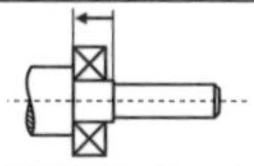

***Figura** 7.125-2 — Diretrizes para projeto da forma considerando a montagem (parte 2).*

- condicionantes de produção e de montagem,
- requisitos dos testes e características de qualidade,
- requisitos do transporte e da embalagem,
- requisitos da montagem e desmontagem com relação à manutenção e reciclagem,
- exigências operacionais para operações de montagem executadas pelo usuário.

Trabalhar em cima de simplificações de montagem da *solução básica* (estrutura de funcionamento) e, sobretudo, do *esboço* (estrutura da construção), aproveitando janelas de projeto, p. ex.:

- reduzindo número de variantes do programa de um produto usando construção em série ou modular (cf. 10) ou concentrando-se sobre um menor número de modelos;
- seguindo as diretrizes para a configuração de acordo com a Fig. 7.124 e utilizá-las na seleção de variantes da estrutura.

Operação	Diretrizes para o projeto da forma	Tipo	Não apropriado à montagem	Apropriado à montagem
	Simplificação dos locais da conexão			
Fü	Evitar obstrução de movimentos por aprisionamento do ar	MM AM	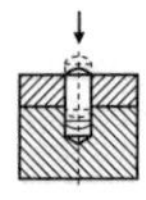	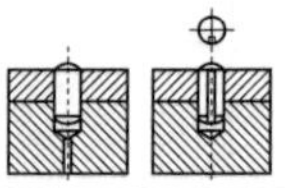
Fü	Prever facilidades de montagem por meio de chanfros nas entradas	MM AM	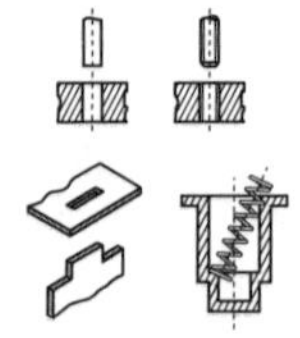	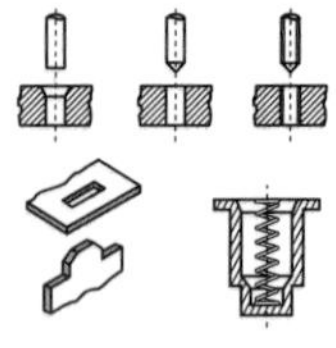
Fü	Subdivisão de uma grande superfície para uma conexão em número maior de conexões com superfícies menores	MM AM	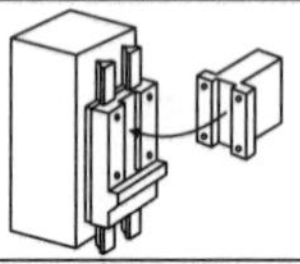	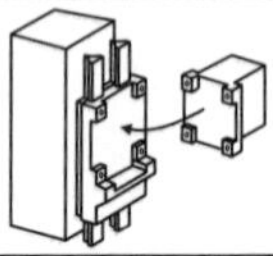
Fü Ei	Evitar utilização simultânea de conexões com interação recíproca	MM AM	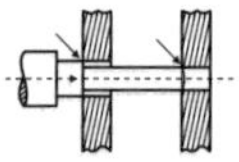	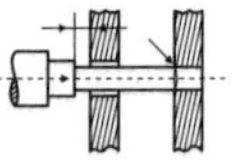
Fü Ei	Garantia de boa acessibilidade para as ferramentas usadas na montagem	MM AM	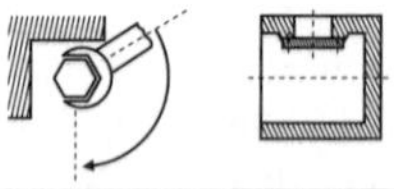	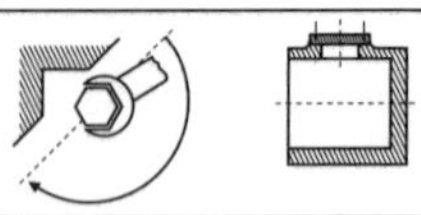
Fü Ei Si	Dar preferência a elementos de conexões que compensem as tolerâncias por via elástica, elasto-plástica ou com material	MM AM	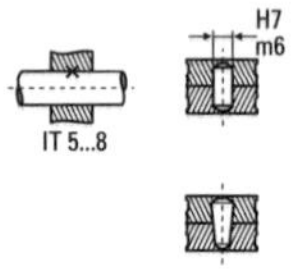 H7 m6 IT 5...8	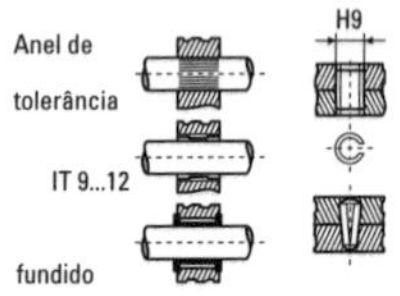 Anel de tolerância IT 9...12 fundido H9
Fü Si	Possibilitar o uso de componentes de montagem com elevada tolerância, tornando-os flexíveis	MM AM	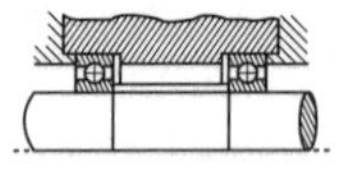	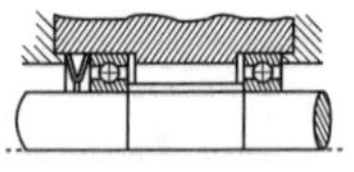
Ei	Fazer ajustes com componentes de ajuste padrão sem desmontagem	MM AM	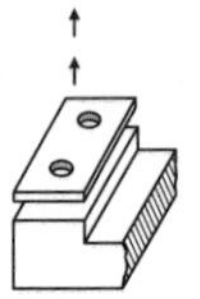	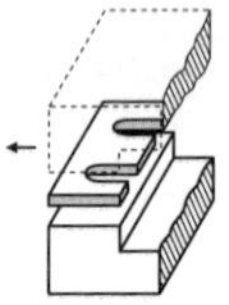
Si	Empregar elementos de segurança de fácil montagem	AM	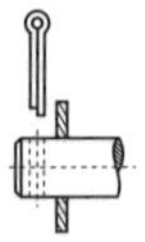	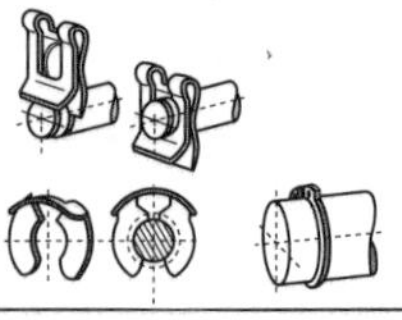

Figura 7.125-3 — *Diretrizes para projeto da forma considerando a montagem (parte 3).*

Configurar grupos, posicionar interfaces e *elementos da interface* determinantes da montagem:

- Seguir as diretrizes de configuração segundo Figs. 7.125 e 7.126 e usá-las para selecionar variantes do projeto da configuração.
- Considerar realidades específicas de produção e montagem (tamanho do lote, máquinas operatrizes disponíveis, montagem manual, semi-automática ou automática).
- Selecionar sistemas e elementos de união não só por requisitos funcionais (p. ex., capacidade de carga, selabilidade, resistência à corrosão), mas também por requisitos importantes na montagem e desmontagem (p. ex., facilidade de desmontagem, reaproveitamento, potencial de automatização da montagem).
- Sempre considerar a somatória dos custos de produção e montagem.

Julgar variantes de anteprojeto incluindo as interfaces necessárias no contexto de uma avaliação técnico-científica abrangente:

Operação	Diretrizes para o projeto da forma	Tipo	Não apropriado à montagem	Apropriado à montagem
	Possibilitar e simplificar o armazenamento automático e o manuseio			
Sp	Dar preferência a componentes de conexões que apresentam estabilidade de posicionamento	AM	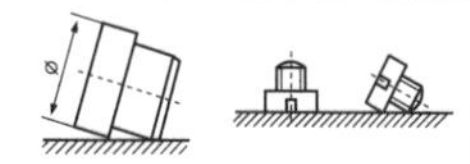	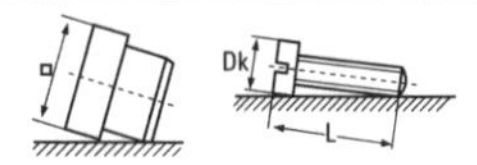 Dk, L
Sp	Evitar emperramentos de componentes idênticos	MM AM	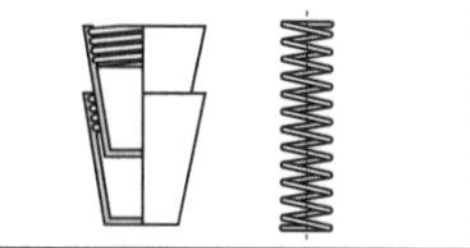	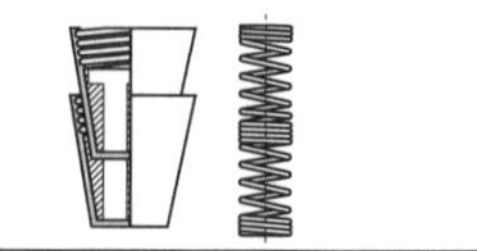
Sp Ha	Objetivar componentes com capacidade de girar	AM	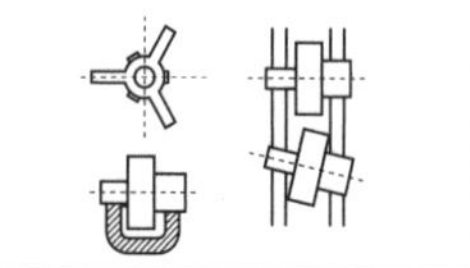	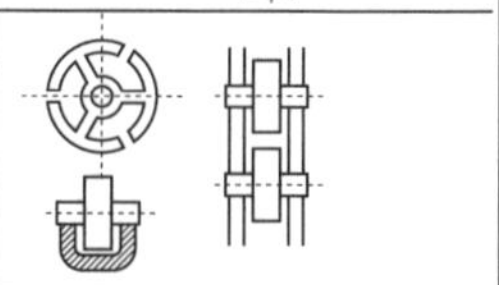
Ha	Objetivar contornos simétricos, quando um posicionamento preferencial não é necessário	AM	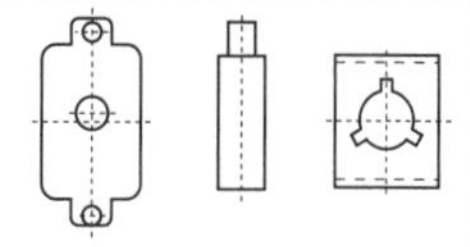	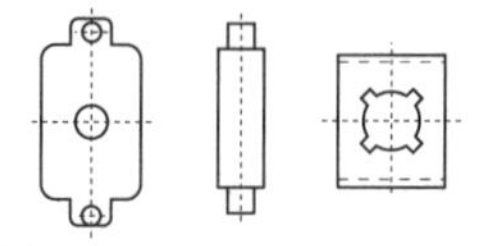
Ha	Objetivar características de identificação geométricas	AM	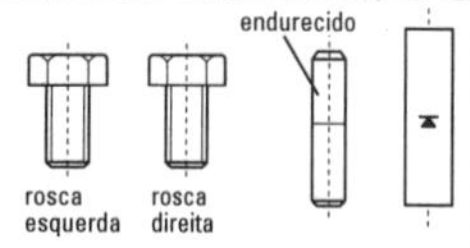 endurecido rosca esquerda, rosca direita	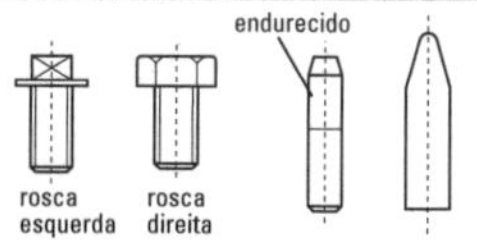 endurecido rosca esquerda, rosca direita
Ha	Dar preferência à locação de características de identificação nos contornos externos	AM	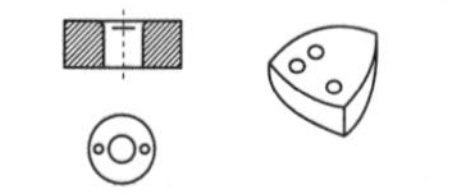	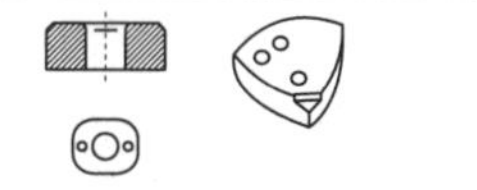
Ha	Evitar quase-simetrias nos casos de posição preferencial prefixada	AM	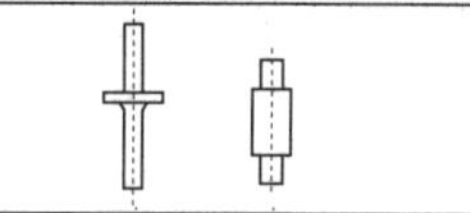	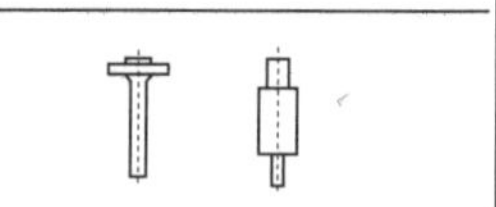
Ha	Facilidade de manuseio por meio de componentes pendurados e um posicionamento preferencial que passe pelo centro de gravidade	AM	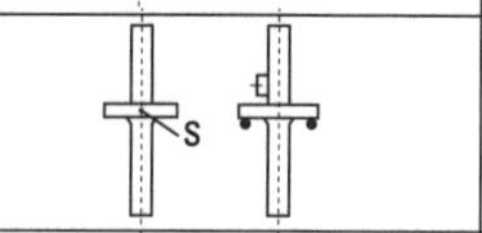 S	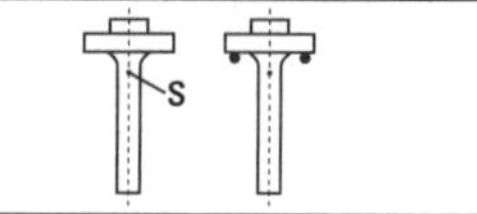 S
Ha	Prever auxílios e superfícies de apoio para as mãos fora das superfícies de trabalho	MM AM	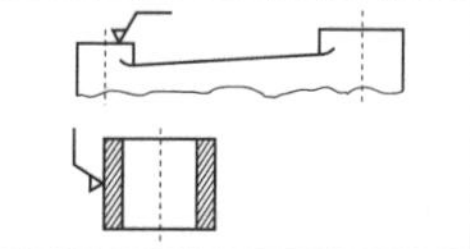	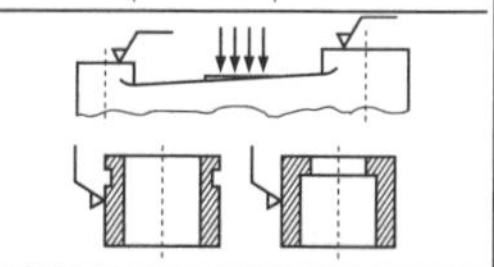
Ha	Posicionar superfícies para apoio das mãos no centro de gravidade	MM AM	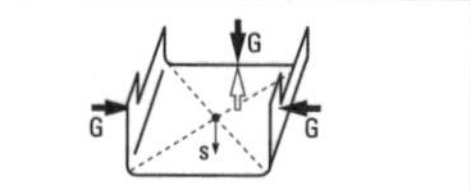 G, G, G, S	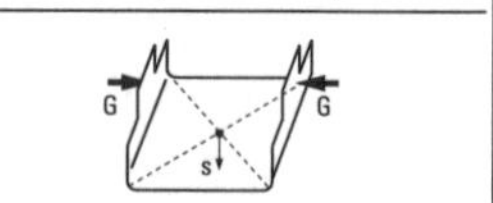 G, G, S
Ha	Objetivar componentes da conexão com estabilidade da forma	MM AM	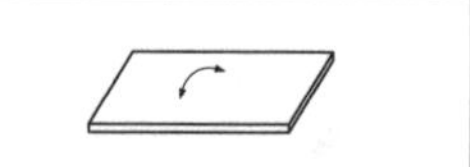	

Figura 7.126 *— Diretrizes para o projeto da forma para componentes de conexões considerando a montagem.*

- Para a avaliação de um anteprojeto; possivelmente de uma solução básica, com relação à adequação do conjunto ou de componentes avulsos à montagem, deverá haver uma colaboração entre o setor de projeto e o de planejamento das tarefas, uma vez que o plano de montagem (o seqüenciamento, a estrutura [112]) e os métodos e instalações de montagem, inclusive seu controle, não podem ser definidos unicamente pelo projetista. Um meio de ajuda para desenvolvimento de um plano de montagem é a decomposição mental de um desenho completo em suas partes constituintes, ou seja, iniciando por um plano de desmontagem. O inverso disso pode então ser a base de um plano de montagem do produto. Além disso, pode ser útil uma simulação virtual da progressão da montagem no contexto de um planejamento de tarefas e da montagem computadorizada (CAP), assim como a fabricação de protótipos.
- Inclusão do ambiente completo de uma montagem, como p. ex., o fornecimento de componentes por subfornecedores, aquisição de componentes existentes no comércio e de componentes padronizados.

- Os critérios de avaliação para o julgamento ou para a avaliação formal podem ser derivados dos objetivos e diretrizes para configuração, relacionados nas Figs. 7.124 a 7.126, desde que adaptados e eventualmente modificados às particularidades do cada caso.

Complementando a documentação para a produção, devem ser elaboradas *instruções detalhadas de montagem*. Isso inclui desenhos completos de subconjuntos e do produto (pré-montagem, montagem final), listas de itens de montagem e demais especificações de montagem.

7.5.10 Projeto considerando a manutenção

1. Objetivos e conceitos

Sistemas técnicos e produtos, como instalações, máquinas, dispositivos e subconjuntos capazes de uma função pelo uso estão sujeitos a desgaste ou abrasão, à diminuição da duração da sua vida útil, à variação das características do material em função do tempo, p. ex., fragilização e fenômenos similares. Eles padecem de corrosão e entupimento. Após um determinado tempo de uso e de parada, a condição real não corresponde mais à condição de projeto. Muitas vezes, o desvio em relação ao estado nominal não é diretamente perceptível e pode levar a falhas, interrupções das operações e outros riscos. Devido a essas circunstâncias, o desempenho da função, a economia e a segurança podem ser seriamente prejudicados. Paradas súbitas atrapalham o funcionamento normal e sua eliminação não planejada é dispendiosa. O alcance descontrolado da área onde ocorrem as falhas, provavelmente interligada a acidentes, é inaceitável do ponto de vista econômico e humano.

A manutenção como *medida previdente e preventiva* cresceu em importância diante de sistemas, instalações e máquinas cada vez maiores e mais complexos. O projetista influencia significativamente a realização e o transcurso da manutenção pela solução básica selecionada, bem como pela configuração dos detalhes. Assim, segundo [62, 304] ele confere ao produto uma *manutenibilidade*. No contexto de um procedimento metódico, já nas listas de verificação (cf. 2.1.7 e 5.2.3, Figs. 5.3 e 6.5.2, Fig. 6.22) e sua aplicação em combinação com as regras básicas (cf. 7.3) foi insistentemente chamada a atenção sobre a relevância da manutenção e a consideração dos respectivos requisitos. Publicações mais recentes [139, 151] enfatizam a importância de um procedimento sistemático e sua precoce consideração já na fase de concepção.

As providências de manutenção freqüentemente também tocam ou abrangem questões de segurança (cf. 7.3.3), ergonomia (cf. 7.5.6) e montagem (cf. 7.5.9), de modo que as recomendações e regras dadas para essas áreas, já citadas nesse livro, contemplam muitos aspectos no que se refere à manutenção. Por esse motivo, nesse item somente complementa-se o que parece necessário para o entendimento geral e para desenvolvimento de uma solução considerando a manutenção.

Por *manutenção*, a DIN 31051 [62] entende: "Providências para preservação e recuperação do estado nominal, bem como a determinação e avaliação do atual desempenho técnico de um sistema".

As providências que podem ser tomadas com relação a isso são:

- *Manutenção* como providência de preservação da condição de projeto,
- *Inspeção* como providência para monitoramento e avaliação da condição real,
- *Reparo* como providência para a recuperação da condição de projeto.

Tipo, extensão e duração de providências de manutenção e inspeção dependem evidentemente do objeto e da maneira de cumprir a função, da disponibilidade requerida e da pretendida confiabilidade, do potencial de risco e critérios similares. A solução e o modo de funcionamento também determinam, p. ex., se a manutenção e a inspeção serão executadas após um período de tempo preestabelecido ou após um determinado número de horas de funcionamento ou em função do carregamento ou da solicitação medida durante o funcionamento.

Além do mais, a *estratégia de manutenção* é influenciada pela taxa de deterioração da condição dos componentes envolvidos; p. ex., desgaste, diminuição da durabilidade, em que as providências restabelecedoras da condição de projeto devem ser executadas antes de se aproximar perigosamente das respectivas fronteiras de falhas. Correspondentemente, faz-se distinção entre:

- *Reparo condicionado por falha*, que somente é executado após a falha de um componente. Esta estratégia é aplicada e aponta para a única possibilidade quando a falha não é previsível e também não oferece perigo. A desvantagem é a ocorrência repentina, inesperada, que não possibilita um planejamento. Exemplo: Ruptura do pára-brisa de um automóvel. Esta estratégia é imprópria em indústrias produtivas e em casos de cumprimento incondicional da função, bem como em situações associadas a riscos.

- *Reparo preventivo*, onde não se espera pela falha, mas se pratica o reparo em caráter preventivo. Aqui pode-se distinguir entre o reparo determinado pelo tempo e pela condição. Reparo determinado pelo tempo é realizado em intervalos de tempo prefixados: quilometragem ou quantidade de unidades produzidas (p. ex., troca de óleo após um percurso de 20.000 km). O reparo determinado pela condição pressupõe a captação (medição) da condição que se instala em função da potência utilizada ou do trabalho desenvolvido, da temperatura alcançada, etc. e, ao atingir uma condição indesejada, implementa as providências de manutenção ou de reparo; p. ex., troca de óleo do motor de um automóvel após determinado número de partidas a frio e, pela elevação média da temperatura, integrada, atingida pelo envelhecimento natural do óleo ou a substituição dos revestimentos após medição do seu desgaste, p. ex., em freios e embreagens. Se a estratégia determinada pelo intervalo se aplica ou, pela condição, depende do desempenho de funcionamento, porém uma forma mista, também é concebível. Assim, p. ex., para a garantia da carga básica em uma usina geradora, deverá ser cogitada a manutenção selecionada por decorrência de um intervalo de tempo, e para os componentes que sobrevivem a vários intervalos, a manutenção terá que acontecer em função da condição.

Estratégias fundamentais de manutenção poderão ser encontradas em Van der Mooren [282] e na VDI 2246, folha 1 [304], bem como em Rosemann [232] para a curva da probabilidade de falha e a confiabilidade dos componentes.

2. Configuração considerando a manutenção

Todos os requisitos relevantes para a manutenção já deveriam ser incluídos na lista de requisitos (cf. diretriz Fig. 5.3 e VDI 2246, parte 2 [304]). Na seleção das soluções deve-se preferir variantes que, concomitantemente, favorecem uma manutenção simples, p. ex., ausência de manutenção, substituição fácil, componentes de igual expectativa de vida. Na configuração deve-se ficar atento a fim de garantir boa acessibilidade e pouco trabalho para montagem e desmontagem. Porém, os serviços de manutenção não poderão levar a situação que coloque em risco a segurança.

A princípio, segundo [282], uma solução deveria incentivar a prescindir da *manutenção preventiva*, ou seja, uma solução técnica deveria exigir o menor número possível de providências de natureza preventiva. Isto é tentado com a total dispensa da manutenção, por componentes com igual vida útil e garantida confiabilidade e segurança. A solução selecionada deveria, portanto possuir características que tornem supérfluos os problemas de manutenção, ou pelo menos os atenuem.

Somente quando essas características não puderem ser concretizadas ou só forem possíveis de uma forma antieconômica, deveriam ou precisariam ser adotadas medidas de manutenção e de inspeção. A princípio, deve-se observar:

- incentivar ausência de falhas ou confiabilidade,
- impedir possibilidades de erro na desmontagem, remontagem e retomada da operação,
- facilitar os serviços de manutenção,
- tornar controláveis as tarefas de manutenção,
- facilitar procedimentos de inspeção.

Normalmente, as *medidas de manutenção* se concentram em reabastecer, lubrificar, conservar e limpar. As atividades devem ser auxiliadas por uma configuração e sinalização apropriadas, ergonomicamente correta, bem como fisiológica e psicologicamente vantajosa. Exemplos são: facilidade de acesso, postura não cansativa no serviço, identificação clara, orientações compreensíveis.

Medidas de inspeção podem ser reduzidas a um mínimo quando a solução técnica, por si mesma, obedece à tecnologia de segurança direta (cf. 7.3.3 - 2) e, assim, em conjunto com a especificação, promete alta confiabilidade. Nesse caso, sobrecargas devem ser evitadas, fundamentalmente por princípios ou soluções apropriadas. P. ex., aplicação do princípio da auto-ajuda por meio de soluções autoprotetoras (cf. 7.4.3 - 4). Certa suscetibilidade às falhas e às variáveis perturbadoras também participa disso. Se providências de manutenção e inspeção são inevitáveis, de acordo com [282] valem regras de configuração que também são importantes em outras inter-relações, das quais já se tratou, de modo que basta sua enumeração e um curto esclarecimento.

Providências de projeto, que devem ser consideradas já na etapa preliminar e que podem reduzir o trabalho de manutenção e inspeção:

- dar preferência às soluções autocompensadoras e auto-ajustáveis,
- objetivar um projeto simples e com poucos componentes,
- utilizar componentes padronizados,
- favorecer acesso fácil,
- favorecer desmontagem simples,
- empregar um sistema construtivo modular,
- utilizar poucas e sempre as mesmas ferramentas.

Para tanto, as instruções de manutenção, inspeção e reparo deverão ser elaboradas e acompanhar o produto; os pontos para manutenção e inspeção deverão ser claramente marcados. Para isso fornecem ajuda: DIN 31052 [63]: estrutura de instruções para manutenção e DIN 31054 [64]: definição dos tempos e estrutura de sistemas de tempo.

Para *execução* de serviços de manutenção e inspeção valem as seguintes regras, ditadas pela ergonomia, mas que também necessitam do apoio de uma configuração adequada:

- Deverá ser possível alcançar e ter acesso aos pontos de manutenção, inspeção e reparo.
- As condições de trabalho devem ser apropriadas às condicionantes da segurança e da ergonomia.
- A perceptibilidade deverá estar assegurada.
- A transparência dos processos funcionais e das providências de suporte e ajuda deverá estar assegurada.
- Possibilitar a localização de eventuais pontos de falhas.
- A intercambiabilidade em serviços de reparo (desmontagem e montagem) deve ser resolvida de forma simples.

Exemplos instrutivos com relação a essas exigências são citados em [282].

Finalizando, ainda precisa ser mencionado que a manutenção deverá ser envolvida dentro de um conceito mais amplo que, quanto à execução, deverá ser harmonizado com as condicionantes da função e operação e, não por último, também deve considerar os custos globais, ou seja, os custos de aquisição, os usuais da empresa, bem como os de manutenção e inspeção, aproximando-se, desse modo, do ponto ótimo com os menores custos globais.

7.5.11 Projeto considerando a reciclagem

1. Objetivos e conceitos

Para a economia e o reaproveitamento de matérias-primas no sentido de um comportamento ecologicamente sustentável, podem ser consideradas as seguintes alternativas: [141, 142, 169, 186, 197, 218, 302, 305, 321]:

- *Menor utilização de material* por meio de um melhor aproveitamento do material (cf. 7.4.1) e menos desperdício na produção (cf. 7.5.8).
- *Substituição das peças* fabricadas com *matérias-primas escassas* e, portanto, mais custosas, por outras fabricadas com matérias-primas mais baratas e disponíveis por mais tempo [9].
- *Reciclagem* por retorno dos refugos de produção, do produto ou dos componentes de um produto para reutilização ou retrabalho.

No texto que segue, refere-se à diretriz VDI 2243 [302] para esclarecer de imediato os tipos ou processos de reciclagem aplicáveis, pois sem o seu conhecimento, não é possível compreender as recomendações para uma configuração que auxilie na reciclagem, Fig. 7.127:

Reciclagem dos resíduos da produção (reciclagem de material) é o retorno dos resíduos de produção a um novo processo de produção, p. ex., aparas das operações de estampagem.

Reciclagem durante a utilização do produto (*reciclagem do produto*), é o retorno, sob conservação da forma, de produtos ou dos componentes de produtos usados, para um novo estágio de uso, p. ex., motores à base de troca. *Reciclagem de material usado* (*reciclagem de material*) é o retorno de produtos ou materiais utilizados em um novo processo de produção, p. ex., automóveis sucatados em material novo.

Quanto à qualidade, esses materiais ou componentes de segunda não deveriam ficar atrás de materiais ou componentes novos (reaproveitamento), e no caso de uma queda acentuada de qualidade, somente poderá ser cogitado seu reprocessamento.

Todos os retornos citados podem ser ajudados por um processo de recuperação ou preparação. O material que abandona o processo de reciclagem termina no aterro ou na biosfera. Esses, por sua vez poderão, no futuro, ser eventualmente utilizados como reservas.

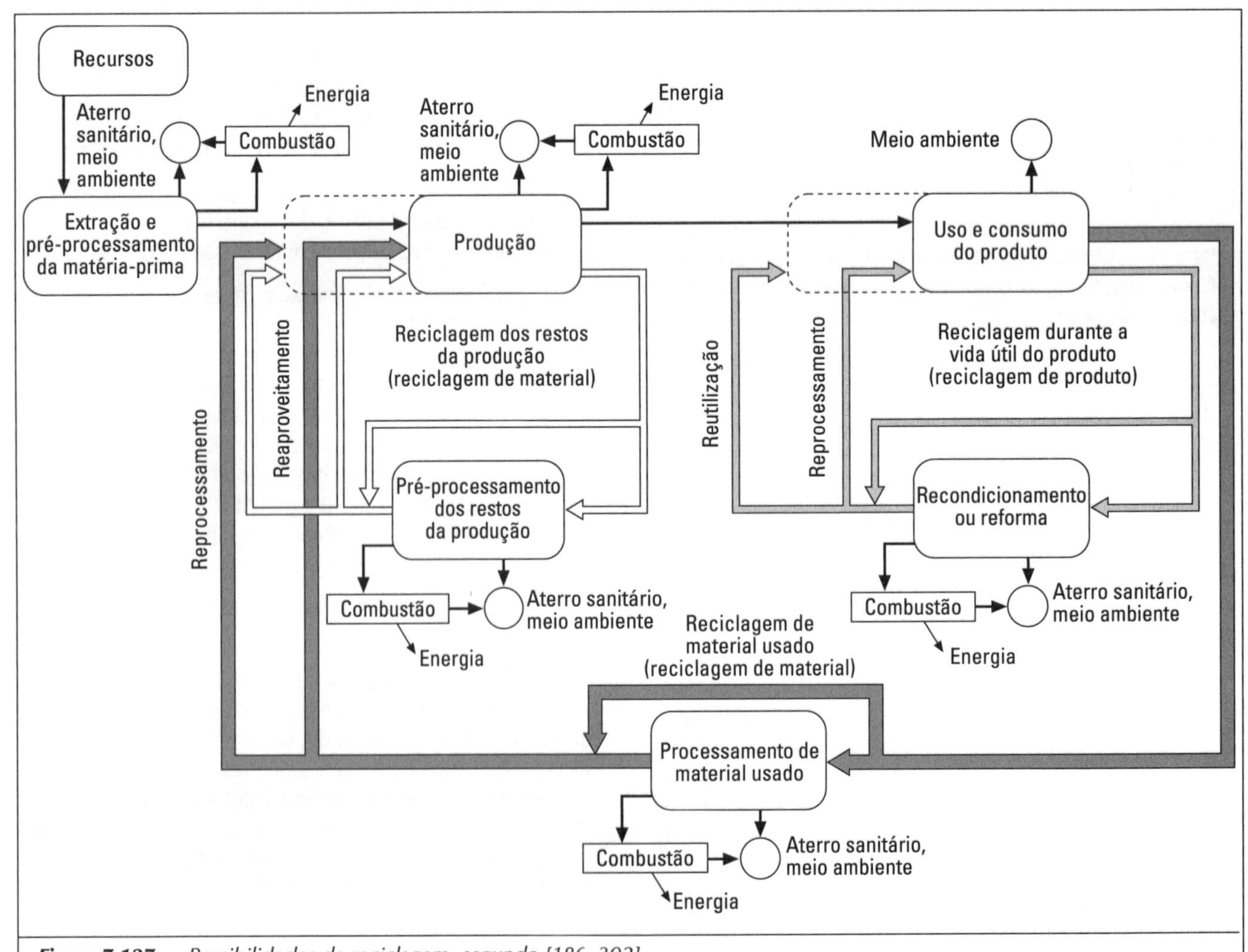

Figura 7.127 — *Possibilidades de reciclagem, segundo [186, 302].*

Dentro dos ciclos da reciclagem, segundo Fig. 7.127 também são possíveis diversas formas de reciclagem. Basicamente pode-se distinguir entre *reutilização* e *reprocessamento* de um produto.

A *reutilização* é caracterizada pela (continuada) conservação da forma do produto. Esse tipo de reciclagem acontece num nível de valor alto e, por isso, deve ser praticado. Dependendo se na nova utilização o produto satisfaz a mesma ou uma nova função; distingue-se entre reutilização (p. ex., botijões de gás) e continuação da utilização (p. ex., pneus usados como amortecedores).

O *reprocessamento* destrói a forma do produto, o que, de imediato, está associado a uma maior perda de valor. Dependendo se no reprocessamento do material este passa pela mesma manufatura ou por uma manufatura modificada, distingue-se entre reprocessamento (sucata de automóvel prensada) e continuação do reprocessamento (transformação de plásticos velhos em óleo, por pirólise).

2. Processos de reciclagem

Pré-processamento

O reprocessamento das sobras da produção e de sucata de material velho (reciclagem de material) depende principalmente dos processos de preparação [186, 197, 277, 302].

Compactar (adensar) sucata solta processa-se por prensagem. Este procedimento do pré-processamento facilita o carregamento para uma nova fundição, porém não possibilita a separação dos materiais de sucatas misturadas. Ele é adequado, sobretudo para a reciclagem de sobras iguais de produção e de sucata de chapa pura (p. ex., latas de chapa fina).

Fragmentar produtos de material velho, grandes e pesados, processa-se por tesouras de sucata ou oxicorte. Esses servem principalmente como procedimentos preparatórios para o pré-processamento da separação dos materiais.

Separar processa-se em *instalações Schredder*, que são construídas segundo o princípio dos moinhos de martelo, nos quais martelos rotativos cortam os fragmentos em pedaços, sobre arestas cortantes em forma de bigorna. No pós-processamento encontram-se instalações para filtração da poeira, tambores magnéticos para a separação das ligas ferrosas magnéticas, instalações para a classificação por tamanho, bem como correias de classificação operadas manualmente para triagem de ligas não ferrosas, materiais plásticos e dos demais resíduos. A sucata compactada é uma sucata de qualidade, que se distingue por sua elevada densidade, grande pureza e por pedaços de aproximadamente igual tamanho por espécie de material. Esse procedimento de pré-processamento, com uma tecnologia aparatosa e com elevada incidência do custo da mão-de-obra é empregado em 80% para carros usados, e em 20% para sucata leve, acumulada e misturada, p. ex., eletrodomésticos de grande porte. Equivalentes quanto à qualidade da sucata e ao investimento em tecnologia, são as *instalações de moinhos*, nas quais, para a subdivisão do material, apenas as ferramentas de fragmentação são constituídas e dispostas diferentemente.

Instalações de flotação e decantação com conexões para instalações de moagem de compactos e sucatas servem a uma melhor classificação das ligas não ferrosas e das frações não metálicas; *instalações de queda* servem à *fragmentação* de pedaços grandes e grossos de ferro fundido cinzento; *instalações de pré-processamento químico* servem à floculação de ligas e material nocivo, antes de um reprocessamento metalúrgico.

A Fig. 7.128 mostra como exemplo o funcionamento de uma instalação moderna de compactação e a concepção do fluxo do material [302].

A reciclagem de *sobras de plásticos* tem grande importância, devido à sua crescente incidência [18, 109]. Basicamente o pré-processamento para termoplásticos por fragmentação, lavagem, secagem e pelotização transcorre sem problemas, desde que as sobras estejam bem separadas por espécies puras, o que, no caso do lixo doméstico, é difícil.

Por divisão mecânica após a fragmentação, o pré-processamento de uma mistura de resíduos plásticos pode ocorrer por seleção, exame visual e peneiramento, bem como por processos de separação eletrostática mediante flotação úmida e separação pela densidade. Contudo, essas tecnologias de pré-processamento ainda se encontram em desenvolvimento, de modo que é necessária, como alternativa econômica, a coleta seletiva dos resíduos de plásticos. O pré-processamento químico tem importância para duroplásticos e elastômeros [184].

Uma melhor qualidade das sucatas e de retalhos, com máximo grau de recuperação de cada matéria-prima, é, entretanto, conseguida com a pré-desmontagem do produto usado seguida do efetivo processo de pré-processamento. Essa desmontagem em grupos da mesma espécie, ou de espécies compatíveis entre si, adequados à respectiva tecnologia de pré-processamento, pode ocorrer no pátio de sucata, nas empresas de reprocessamento ou nas esteiras de desmontagem do fabricante do produto.

Pela seleção da *estrutura da construção* e do *tipo de união*, o projetista deverá criar as pré-condições para uma desmontagem econômica (cf. 7.5.9). O pré-processamento economicamente viável de produtos e materiais usados deverá ser constituído da combinação da desmontagem com o subseqüente pré-processamento [186, 302].

Recondicionamento

Para a reutilização ou reprocessamento de um produto, após uma primeira fase de utilização (reciclagem durante o uso do produto, reciclagem do produto), é necessário um processo de recondicionamento constituído das seguintes etapas [197, 266, 267, 302, 319]:

- desmontagem completa,
- lavagem,
- teste,

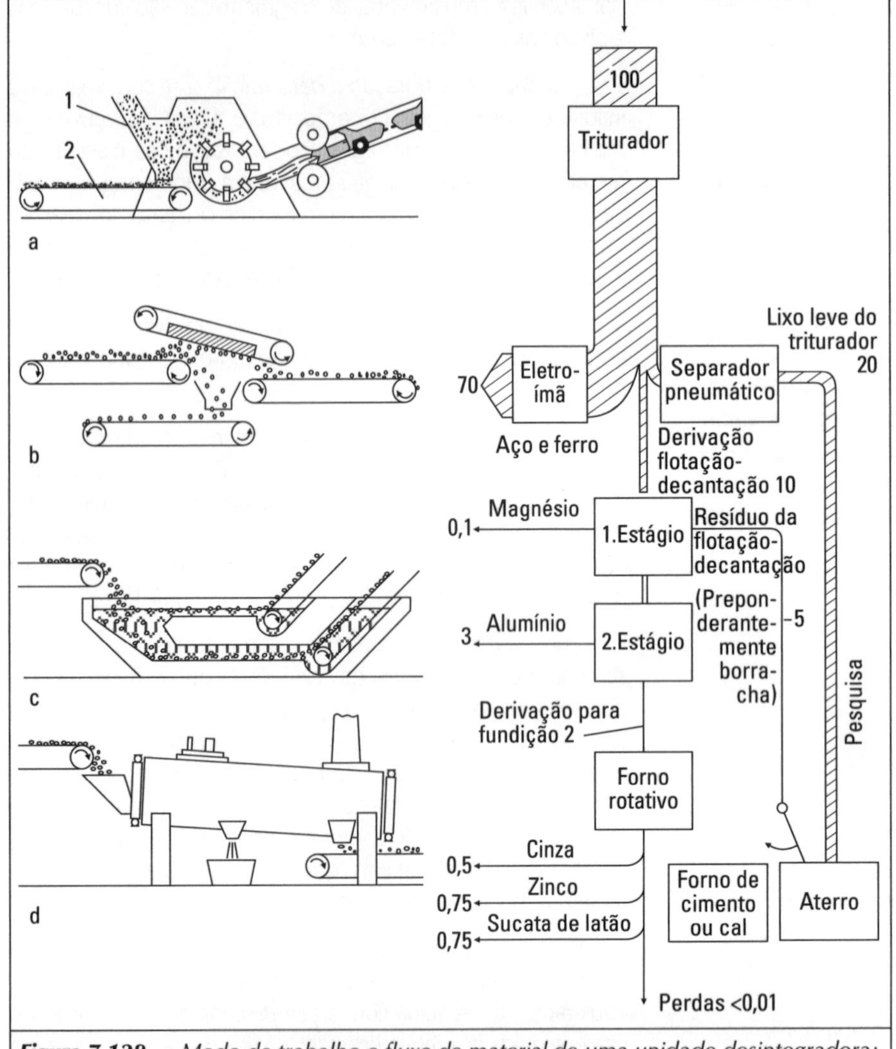

Figura 7.128 *— Modo de trabalho e fluxo de material de uma unidade desintegradora:* ***a*** *Desintegrador, 1 separador pneumático, 2 esteiras classificadoras;* ***b*** *Separador magnético;* ***c*** *Instalações de flotação-decantação;* ***d*** *Forno rotativo.*

- reutilização de partes que justifiquem sua recuperação, reparo das áreas submetidas à abrasão, retrabalho de peças ajustáveis, substituição de partes inaproveitáveis por partes novas,
- remontagem,
- teste.

No recondicionamento executado em uma oficina especializada ou pelo fabricante, são praticadas, atualmente, duas espécies de procedimentos [10]. Uma possibilidade consiste na conservação da identidade de produto usado, quer dizer, na troca e retrabalho das peças é mantida a sua interligação e as tolerâncias são ajustadas entre si, assim, p. ex., um motor recondicionado mantém o número do motor original. A outra possibilidade consiste na total desmontagem do produto usado, de modo que, com respeito às suas tolerâncias, todas as peças sejam tratadas com se fossem novas. Disso resulta que na remontagem, peças novas e peças recondicionadas são combinadas da mesma forma que no produto novo. O futuro deverá pertencer a esse procedimento, uma vez que, em qualquer caso, podem ser usadas as instalações de produção e montagem de produtos novos.

3. Projeto considerando a reciclagem

Para auxílio dos pré-processamentos e recondicionamentos citados, ou de processos de valorização direta, já na fase de desenvolvimento do produto, o projetista deverá tomar algumas providências [12, 13, 14, 22, 141, 142, 186, 187, 196, 302, 320, 321, 323]. Essas, porém, precisam ser consistentes com os demais objetivos e as condicionantes da tarefa (cf. Fig. 2.15) a solucionar. Em particular, deverá ser garantida a viabilidade econômica da produção e da utilização do produto.

Processo de projeto orientado para a reciclagem

Se forem considerados os aspectos da reciclagem, para cada etapa ou fase do processo de realização do projeto (cf. Fig. 1.9 e 6.1, 7.1 e 8.1) deverão ser cumpridas tarefas que se referem à reciclagem. A Fig. 7.129 mostra essas tarefas, que foram agrupadas de acordo com as etapas de trabalho da VDI 2221 [270, 323].

Diretrizes para a configuração de produto favorável ao reprocessamento

As diretrizes que seguem referem-se a um produto completo ou somente a determinados subconjuntos. Elas se aplicam isolada ou combinadamente, e se prestam à melhoria de um pré-processo ou a um aproveitamento imediato.

Compatibilidade entre materiais: uma vez que produtos constituídos por um único material favorável ao reaproveitamento dificilmente são concretizados, procurar como unidade indissolúvel combinações de materiais compatíveis entre si e que, por essa razão, permitam um reaproveitamento economicamente viável e de alta qualidade.

Para realização desse objetivo, os requisitos da tecnologia do processo de revalorização precisam ser conhecidos. Para tanto, parece ser útil a definição dos chamados *grupos de materiais usados* ou *materiais matrizes*, sempre envolvendo materiais compatíveis. Até que estes grupos de materiais usados sejam definidos pela ciência dos materiais e pela indústria metalúrgica de forma aplicável genericamente, em casos particulares, a compatibilidade dos materiais deverá ser

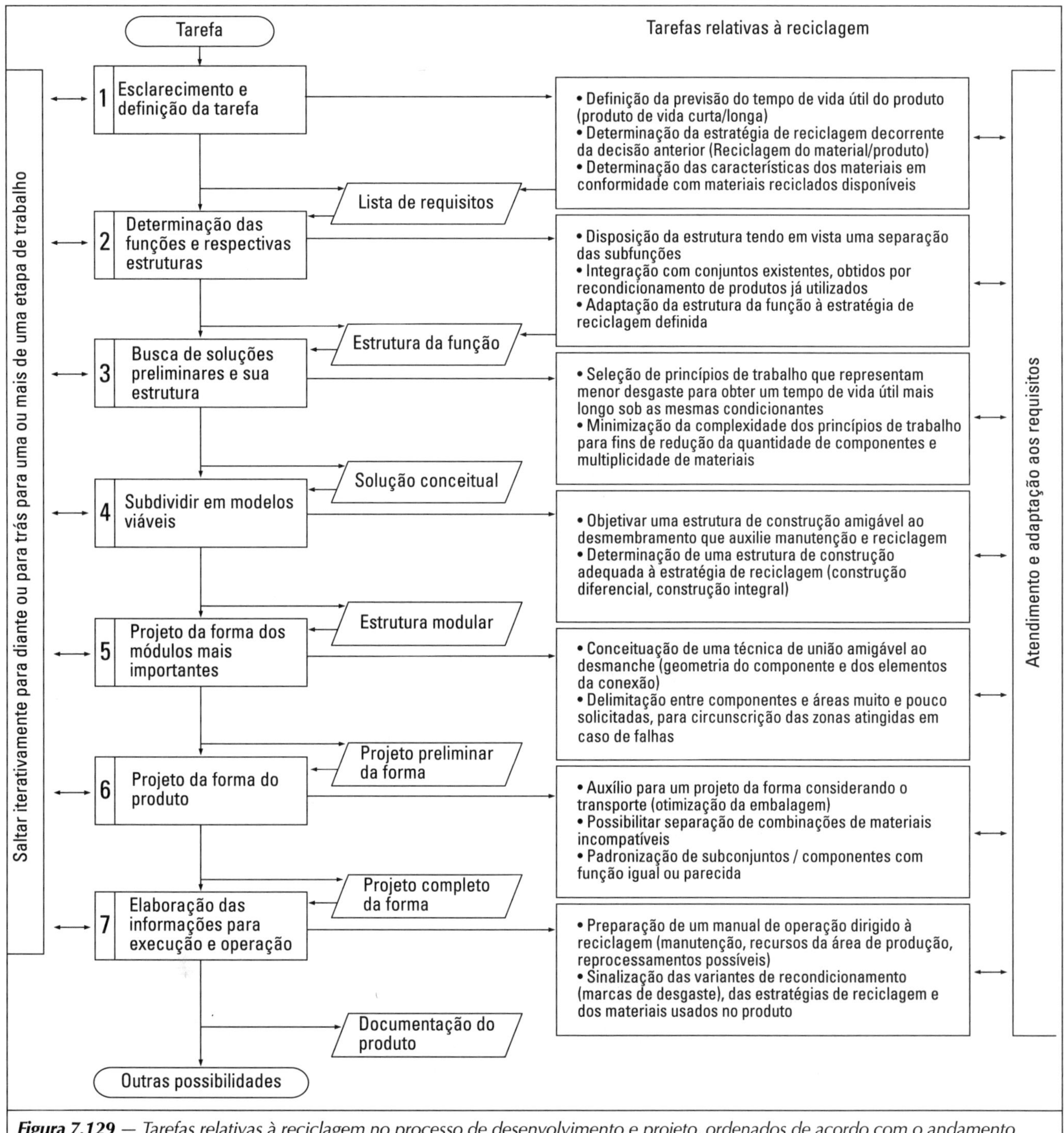

Figura 7.129 *— Tarefas relativas à reciclagem no processo de desenvolvimento e projeto, ordenados de acordo com o andamento sugerido pela VDI 2221 [270, 293, 323].*

esclarecida entre o projetista e os respectivos especialistas. Isto é compensador principalmente para produtos fabricados em série, para os quais a reciclagem tem relativa importância. Como exemplo, a Fig. 7.130 reproduz uma tabela de compatibilidade de plásticos.

Separação de material: quando não se consegue a compatibilidade entre os materiais para os componentes e subconjuntos inseparáveis de um produto, esses devem ser subdivididos em um maior número de juntas, para que, na realização de um reprocessamento – p. ex., uma desmontagem – possibilitem a separação de materiais não compatíveis.

Definição das interfaces considerando o reprocessamento: juntas que se compatibilizam com um reprocessamento qualitativamente melhor e mais econômico, devem ser posicionadas de modo que sejam facilmente desmontáveis, permitam fácil acesso e, na medida do possível, estejam situadas nas partes externas do produto. A Fig. 7.131 mostra princípios de uniões apropriadas à desmontagem [119].

	Importantes materiais plásticos para projetos	Material complementar: PE	PVC	PS	PC	PP	PA	POM	SAN	ABS	PBTB	PETP	PMMA
Material básico	PE	●	○	○	○	●	○	○	○	○	○	○	○
	PVC	○	●	○	○	○	○	○	●	◐	○	○	●
	PS	○	○	●	○	○	○	○	○	○	○	○	○
	PC	○	◔	○	●	○	○	○	●	●	●	●	●
	PP	◔	○	○	○	●	○	○	○	○	○	○	○
	PA	○	○	◔	○	○	●	○	○	○	◔	◔	○
	POM	○	○	○	○	○	○	●	○	○	◔	○	○
	SAN	○	●	○	●	○	○	○	●	●	○	○	●
	ABS	○	◐	○	●	○	○	◔	○	●	◔	◔	●
	PBTB	○	○	○	●	○	◔	○	○	◔	●	○	○
	PETP	○	○	◔	●	○	◔	○	○	◔	○	●	○
	PMMA	○	●	◔	●	○	○	◔	●	●	○	○	●

● Compatível

◐ Compatível com restrições

◔ Compatível em pequenas quantidades

○ Incompatíveis

Figura 7.130 *— Compatibilidade de materiais plásticos [146, 302].*

Tornar a *remontagem* de fácil execução, utilizando nisso ferramentas para produção avulsa, ou ferramentas para produção de pequenas séries.

As seguintes medidas são úteis para diminuição do número de novos itens:

Limitar o *desgaste* a elementos facilmente ajustáveis e substituíveis, projetados especialmente com essa finalidade (cf. 7.4.2 e 7.5.5).

Tornar verificável, de modo claro e fácil, o *estado de desgaste*, para poder julgar o desgaste remanescente e um eventual reaproveitamento.

Para a *desmontagem econômica* antes do processo de fragmentação e de compactação, tornar possível o emprego de ferramentas simples, instalações automáticas e/ou pessoal sem qualificação. Esse último vale principalmente para desmontagem nos pátios de sucata.

Materiais de alta qualidade: posicionar e caracterizar de forma especialmente apropriada à desmontagem os materiais raros e de custo elevado.

Materiais perigosos: materiais que, no reprocessamento ou reaproveitamento imediato, representam perigo para o indivíduo, para a fábrica e para o meio ambiente deverão, em qualquer caso, ser arranjados para que possam ser separados ou transferidos.

Diretrizes para configuração do produto considerando o recondicionamento

Possibilitar a *desmontagem* simples e extensamente não destrutiva. A Fig. 7.132 mostra diretrizes para o projeto da forma de áreas para uniões considerando a desmontagem (cf. 7.5.9). Outras indicações para o projeto da forma considerando a desmontagem podem ser encontradas em [134,160,194,270].

Para todos os componentes reaproveitáveis, garantir *limpeza* fácil e que não provoque estragos.

Por meio da configuração dos componentes ou de subconjuntos, facilitar *teste/seleção*.

Facilitar *retrabalhos nos componentes* ou *renovação de revestimentos* por acréscimo de material, bem como possibilitar auxílios para fixação, medição e ajustes.

Em áreas submetidas a desgaste, facilitar *deposição* de novos materiais por meio de materiais de base adequados.

Minimizar a *corrosão* por providências no projeto da forma e por medidas de proteção, já que ela reduz consideravelmente o reaproveitamento dos componentes e produtos (cf. 7.5.4).

Especificar *uniões desmontáveis*, disponíveis durante todo o ciclo de vida do produto. Impedir engripamento por corrosão, mas também evitar a perda da capacidade de conexão por desmontagens sucessivas [245, 286].

Caracterização de atributos para reciclagem

De acordo com a estratégia de reciclagem vislumbrada pelo projetista e do projeto da forma dela decorrente, os subconjuntos e componentes de um produto deverão ser marcados com

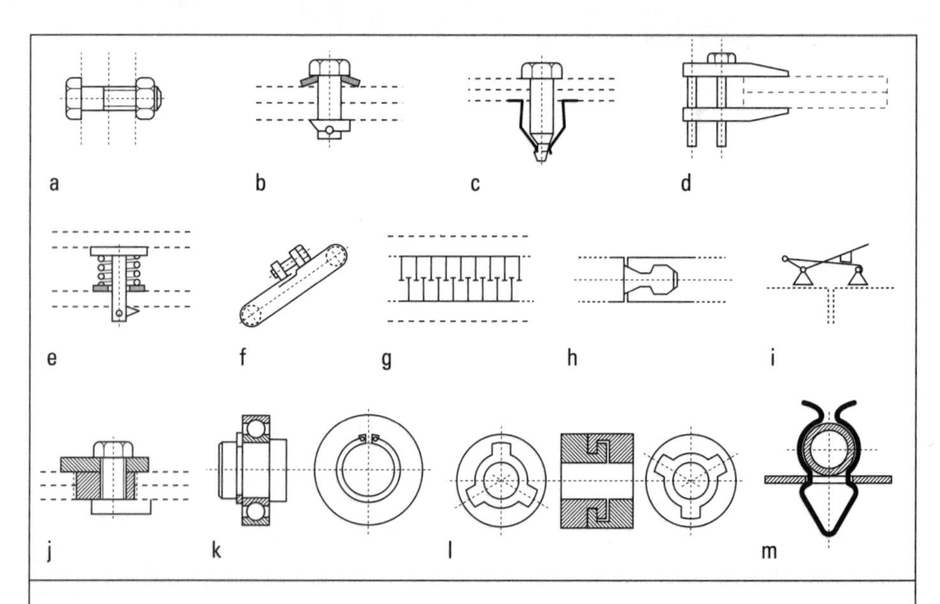

Figura 7.131 *— Conexões orientadas para a desmontagem [197, 244];* ***a*** *Parafuso;* ***b*** *Travamento com 1/4 de volta;* ***c*** *Travamento por rotação e pressão;* ***d*** *Grampo;* ***e*** *Travamento pressão-pressão;* ***f*** *Correia com conector;* ***g*** *Fecho velcro;* ***h*** *Fecho de estalo atuando por forma;* ***i*** *Fecho por travamento;* ***j*** *Fecho excêntrico;* ***k*** *Anel de segurança;* ***l*** *Fecho baioneta;* ***m*** *Fecho de mola.*

Diretrizes para o projeto da forma	Sem consideração da desmontagem	Considerando a montagem
Estrutura da construção considerando a desmontagem		
Subdivisão em conjuntos de desmonte, cujos componentes ou materiais apresentam compatibilidade com relação ao reprocessamento	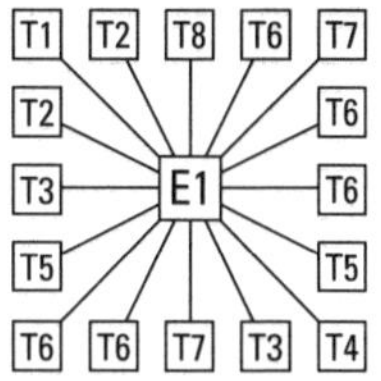 T1 T2 T8 T6 T7 T2 T6 T3 E1 T6 T5 T5 T6 T6 T7 T3 T4	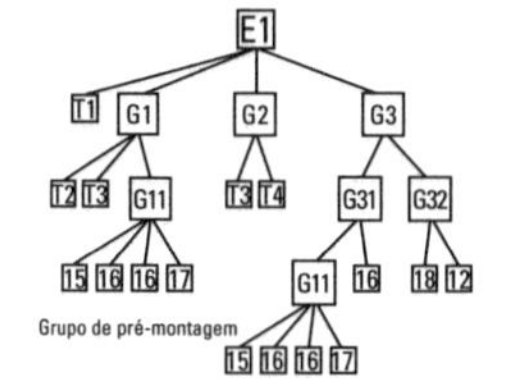 E1 T1 G1 G2 G3 T2 T3 G11 T3 T4 G31 G32 T5 T6 T6 T7 G11 T6 T8 T2 Grupo de pré-montagem T5 T6 T6 T7
Associar o componente básico de um subconjunto de desmonte a grupos de materiais usados apropriados ao reprocessamento	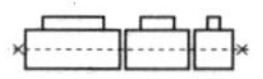	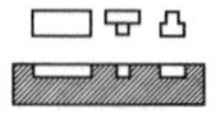
Evitar construções mistas permanentes com materiais incompatíveis ao reprocessamento	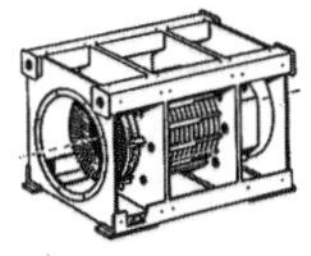	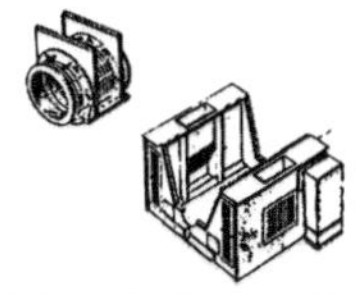
Redução de número de junções	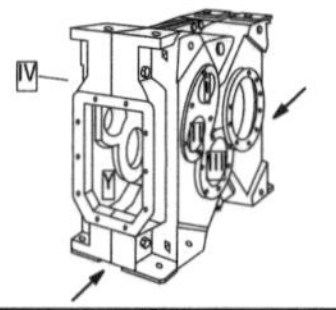	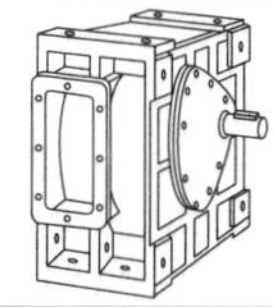
Junções considerando a desmontagem		
Utilização de elementos de união e travamento facilmente desmontáveis ou destrutíveis, mesmo após longo tempo de utilização	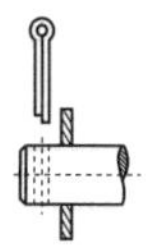	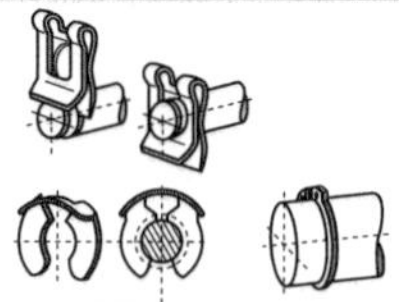
Redução do número de elementos da junção		
Utilização de elementos idênticos em uma união	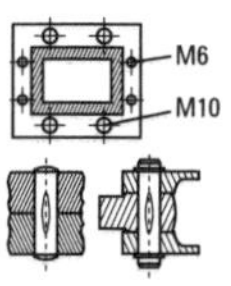 M6 M10	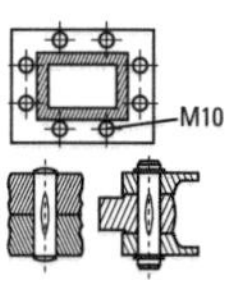 M10
Assegurar bom acesso para as ferramentas usadas na desmontagem	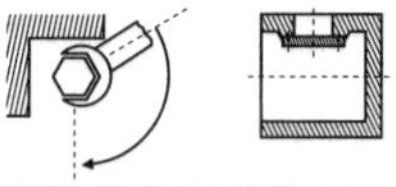	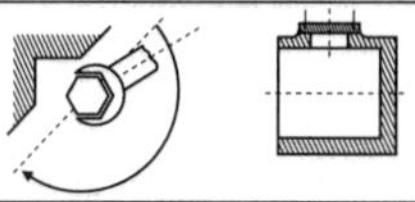
Dar preferência ao emprego de ferramentas padrão simples	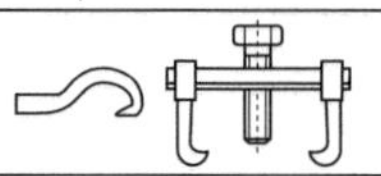	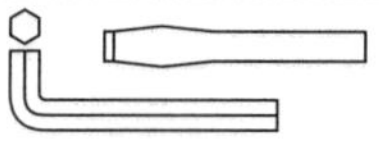
Evitar longos caminhos de desmontagem	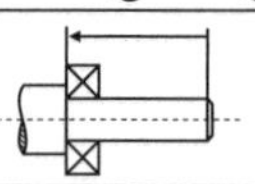	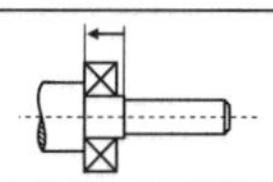

Figura 7.132 *— Diretrizes para o projeto da forma de produtos, considerando a desmontagem [197, 244].*

relação aos seus atributos de reciclagem e aos correspondentes processos de reciclagem. Desta forma, os processos necessários e providências subseqüentes podem ser selecionados, de forma mais rápida e segura. Um exemplo para a identificação de componentes plásticos é mostrado na Fig. 7.133.

4. Exemplos de projetos da forma considerando a reciclagem

Reciclagem do material de mancais de deslizamento verticais

Mancais de deslizamento verticais, com estrutura constituída de acordo com a Fig. 10.25, ocorrem com tanta freqüência

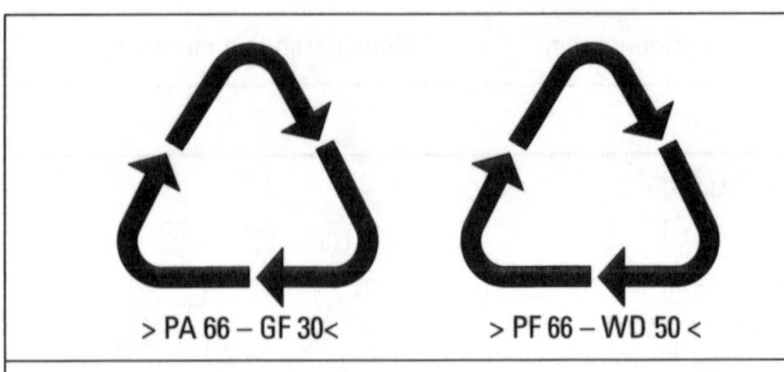

***Figura 7.133** Exemplo de identificação de peças de plástico de acordo com a DIN ISO 11469, DIN 7728 Parte 1 e DIN ISO 1043.*

na mecânica, de maneira a justificar ponderações com relação a uma reciclagem economicamente viável. De imediato, é concebível uma reciclagem das partes que se desgastam por recondicionamento, ou seja, um mercado de ofertas para bronzinas novas ou refundidas, de anéis lubrificantes e vedações ou uma troca do mancal completo. Até hoje, porém, 99% dos mancais usados são submetidos a um reaproveitamento do material usado, contudo um reprocessamento com baixo padrão de qualidade. A pureza da sucata, após o reprocessamento, é determinante da qualidade do reaproveitamento. Essa qualidade é dependente da composição material do produto usado e da tecnologia de reprocessamento empregada. A título de exemplo, mancais verticais de deslizamento comerciais contêm cerca de 74% de ferro fundido, 22,3% de aço carbono, 3,5% de metais não ferrosos e 0,2% de não metais. As frações em peso dos elementos de liga no material de um mancal comparável ao da Fig. 10.25, na Fig. 7.134, são comparadas às frações dos elementos do grupo material "aço carbono" [186]. Nota-se que principalmente o chumbo, como componente que passa para o estado gasoso sob a forma de gás venenoso, bem como o cobre e o antimônio, como elementos não elimináveis, atuam negativamente sobre o custo do reaproveitamento e a qualidade do aço, no caso de um reaproveitamento completo.

A desmontagem de componentes contendo cobre antes do reprocessamento, "anel de lubrificação" e "superfície acabada da bronzina", p. ex., por prensagem, não é possível. Portanto, um reprojeto adequado à reciclagem consiste em especificar para esses componentes somente materiais compatíveis com os demais elementos de liga do grupo dos principais materiais usados. P. ex., o anel de lubrificação poderia ser fabricado partindo de uma liga de alumínio com baixo teor de cobre (p. ex. Al Mg 3) e o casquilho poderia ser de ferro fundido cinzento com ou sem acabamento de plástico.

Reciclagem de materiais e produtos eletrodomésticos

A reciclagem de eletrodomésticos de grande porte, como máquina de lavar, lavadora de louça e fornos é compensadora, pois são produzidos em grandes quantidades e constituídos por materiais de alto custo. A Fig. 7.135 mostra como exemplo as participações em peso dos principais grupos de materiais numa lavadora de louça. Devido à presença de uma variedade de ligas não ferrosas, porém, sobretudo pela elevada participação em peso de aços de alta liga, um completo pré-processamento do produto usado, p. ex., por prensagem, não é vantajoso, uma vez que os aços de alta liga não podem ser beneficiados em separado e, na maior parte, as ligas não ferrosas atuam gerando problemas no beneficiamento, ou pelo menos aumentando seu custo. Por isso, uma estrutura de construção favorável ao beneficiamento deve ser pensada ao se distribuir os principais grupos de construção de forma facilmente separável ou desmontável para desmontá-los e conduzi-los ao pré-processamento em separado, antes da prensagem ou de outros processos de fragmentação ou de compactação, no pátio de sucata ou nas empresas de desmanche. Também é possível o reaproveitamento de componentes isolados ou do produto completo (reciclagem do produto).

Uma interessante variante de configuração de uma lavadora de louça está representada na Fig. 7.136. Na parte inferior (1) estão abrigados todos os acessórios integrantes,

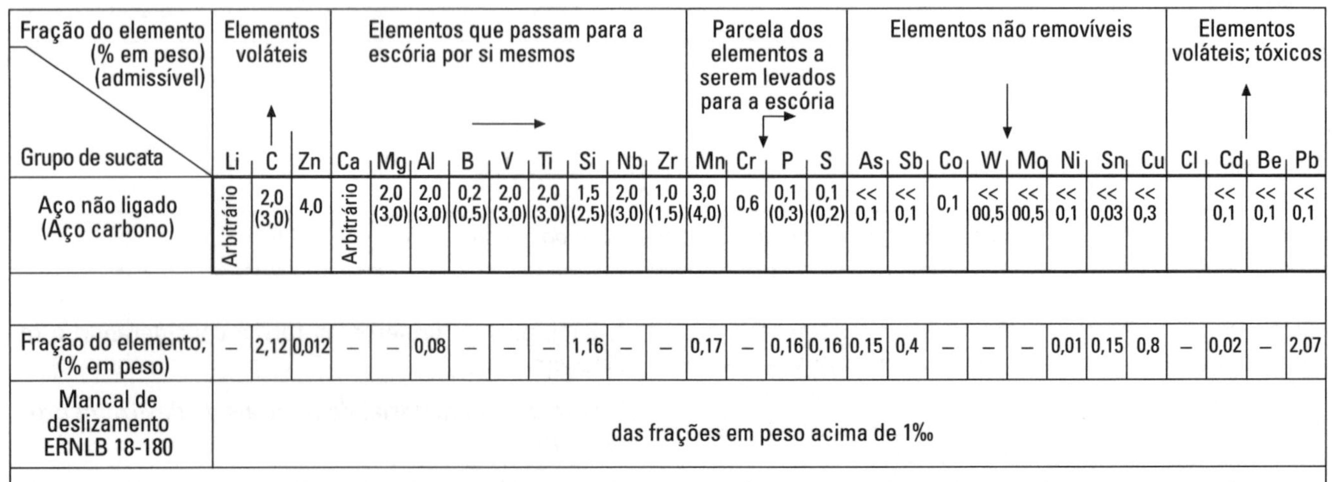

Fração do elemento (% em peso) (admissível) / Grupo de sucata	Elementos voláteis			Elementos que passam para a escória por si mesmos									Parcela dos elementos a serem levados para a escória				Elementos não removíveis								Elementos voláteis; tóxicos			
	Li	C	Zn	Ca	Mg	Al	B	V	Ti	Si	Nb	Zr	Mn	Cr	P	S	As	Sb	Co	W	Mo	Ni	Sn	Cu	Cl	Cd	Be	Pb
Aço não ligado (Aço carbono)	Arbitrário	2,0 (3,0)	4,0	Arbitrário	2,0 (3,0)	2,0 (3,0)	0,2 (0,5)	2,0 (3,0)	2,0 (3,0)	1,5 (2,5)	2,0 (3,0)	1,0 (1,5)	3,0 (4,0)	0,6	0,1 (0,3)	0,1 (0,2)	<< 0,1	<< 0,1	0,1	<< 00,5	<< 00,5	<< 0,1	<< 0,03	<< 0,3		<< 0,1	<< 0,1	<< 0,1
Fração do elemento; (% em peso)	–	2,12	0,012	–	–	0,08	–	–	–	1,16	–	–	0,17	–	0,16	0,16	0,15	0,4	–	–	–	0,01	0,15	0,8	–	0,02	–	2,07
Mancal de deslizamento ERNLB 18-180	das frações em peso acima de 1‰																											

***Figura 7.134** — Comparação das frações admissíveis dos elementos de "aço carbono" (para fornos elétricos por arco voltaico) e do mancal de deslizamento ERNLB 18 -180 (Renk-Wülfel).*

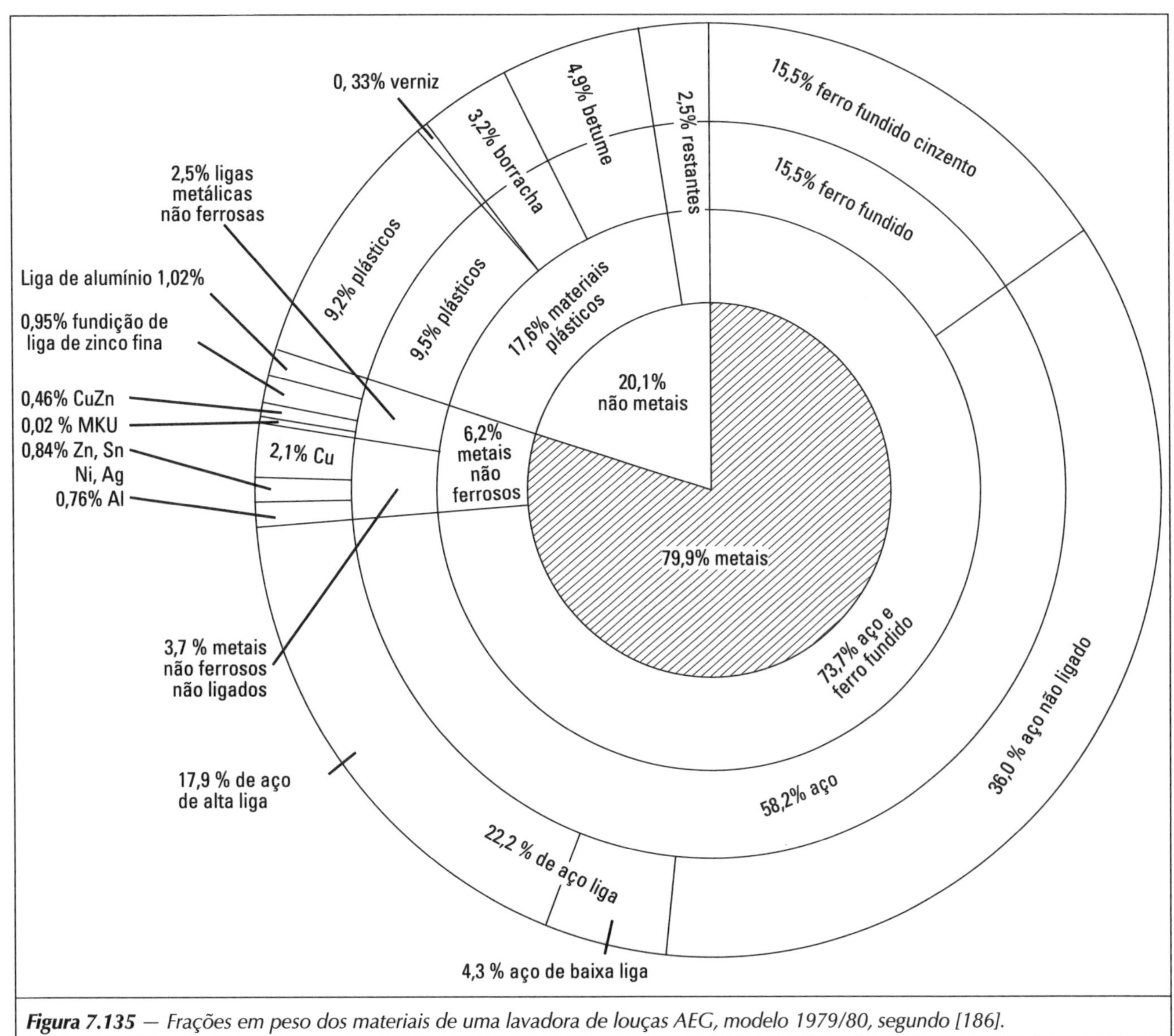

***Figura 7.135** — Frações em peso dos materiais de uma lavadora de louças AEG, modelo 1979/80, segundo [186].*

como bomba de circulação (2), abrigo da bomba (3), bomba de lixívia (4) e parte elétrica (5).

Nesse caso, a área para o arranjo dos acessórios foi configurada de modo a não ser necessário nenhum elemento de fixação dos acessórios integrantes, somente seguros pela face inferior da carcaça (6). Por meio das dobradiças (7), a carcaça pode ser basculada em relação à parte inferior. Após inclinar a carcaça com os possíveis ângulos de tombamento, todos os acessórios podem ser facilmente montados, sem necessidade de elementos de união ou facilmente retirados para reciclagem (recondicionamento ou pré-processamento).

Um outro exemplo do setor de eletrodomésticos é mostrado pela Fig. 7.137. Nas variantes de configuração de uma lavadora de roupa foi variada a estrutura de construção da carcaça e o arranjo dos integrantes da função. Após uma análise do valor útil, a variante (b) resultou como sendo a melhor, pois, principalmente nela, o número de partes e de juntas de remontagem, relevantes para a reciclagem do produto ou para uma manutenção, é menor do que o das outras variantes.

Conjunto de transmissão que facilita a desmontagem

A Fig. 7.138 mostra o trem de engrenagens de uma furadeira de impacto, na qual o mancal fixo do eixo do motor não está definido axialmente pelo anel de segurança, até hoje usual e por si amigável à desmontagem, mas por uma braçadeira removível, pois nesse caso o anel de segurança não está acessível para a desmontagem. Devido a isso, a separação entre o motor de acionamento e o trem de engrenagens fica mais fácil.

Com respeito aos custos de produção e montagem, variantes de um projeto da forma considerando a reciclagem não podem resultar mais desfavoráveis do que aquelas obtidas pelas técnicas tradicionais, se for pretendido impor um projeto da forma que leve em conta a reciclagem.

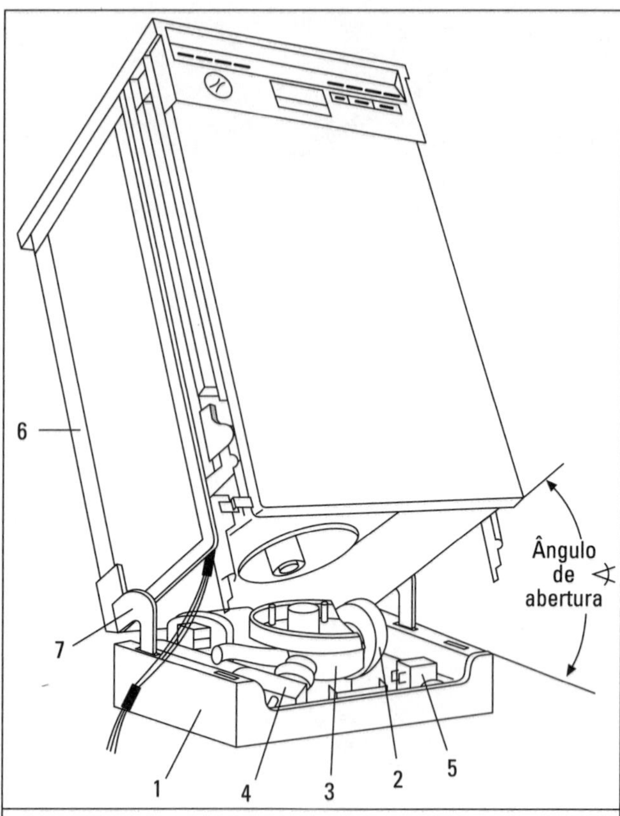

Figura 7.136 — Estrutura de construção de uma lavadora de louça adequada à reciclagem (foto Eletrodomésticos Bosch-Siemens).

5. Avaliação em relação à adequação para reciclagem

No contexto do desenvolvimento de um produto novo, também é preciso avaliar as variantes de solução quanto às suas características de reciclagem [160, 222]. Isto é realizado com o emprego de métodos de avaliação consagrados (cf. 3.3.2), com inclusão de critérios de avaliação que se referem à reciclagem.

A Fig. 7.139 mostra esses critérios de avaliação, subdivididos em reciclagem de produtos e reciclagem de materiais. Para determinação da valoração global, a valoração da reciclagem pode ser integrada com a valoração técnico-econômica do produto. Para uma clara representação das valorações individuais e da valoração global, prestam-se diagramas de valoração e perfis de valores que, em especial, também mostram o afastamento das variantes da solução em relação a uma solução ideal imaginada (cf. 3.3.2) [11, 118].

Esses métodos de avaliação também podem ser ampliados para estimativas dos sucessores de um produto [118, 263, 264, 324].

7.5.12 Projeto considerando o risco

Apesar da intensa eliminação de erros e grandezas perturbadoras (cf. 11), sobrarão lacunas de informação e incertezas de avaliação. Por razões técnicas ou econômicas, nem sempre é possível eliminá-las com a ajuda de pesquisa teórica ou experimental. Freqüentemente, só se consegue uma delimitação.

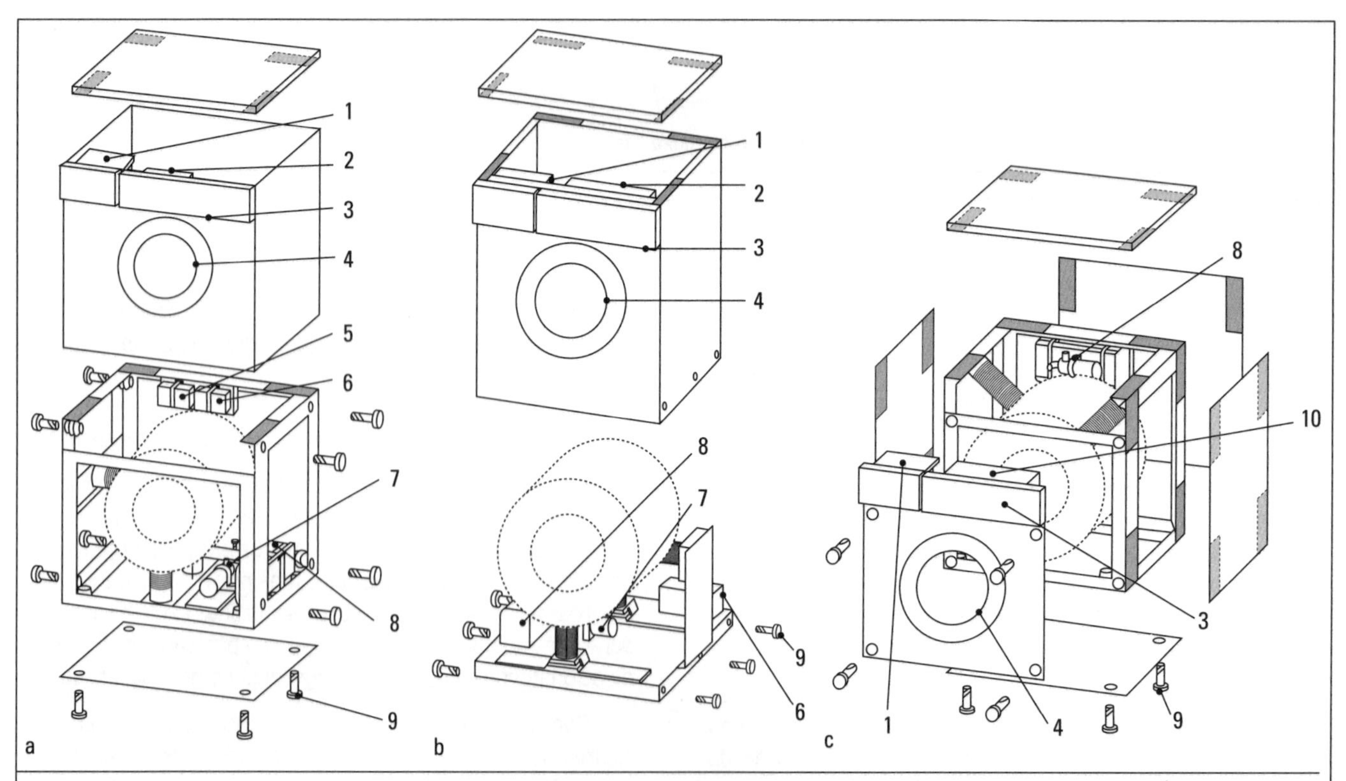

Figura 7.137 — Variantes da estruturta de construção de uma lavadora de louça, segundo [Löser, TU Berlim]; 1 Reservatório para enxaguar, 2 Programa/comando, 3 Painel de controle, 4 Porta do compartimento de lavagem, 5 Caixa de entrada/porta-fusíveis, 6 Eletrônica de potência, 7 Bomba de detergente, 8 Aquecedor contínuo, 9 Travamento de 1/4 de volta, 10 Central elétrica.

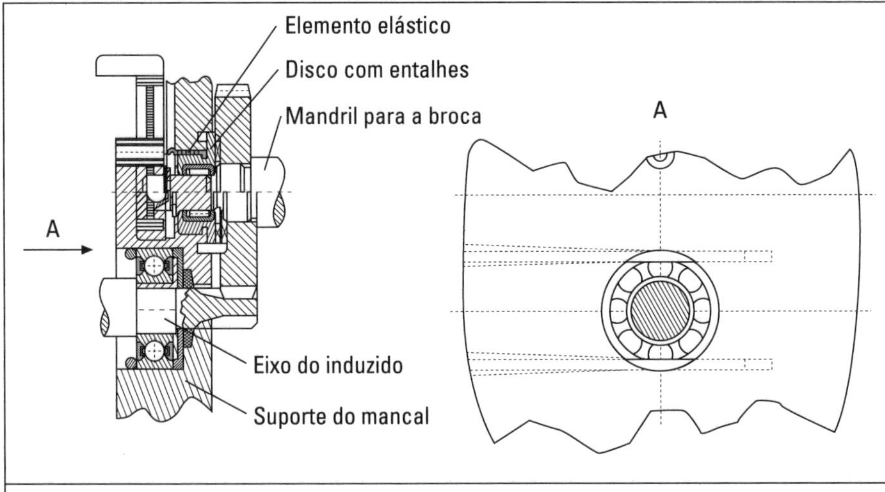

Figura 7.138 — *Conjunto de transmissão de uma furadeira de impacto apropriada à desmontagem (Ferramentas Elétricas Bosch), Leinfelden [118].*

Apesar de um desenvolvimento cuidadoso, observando as condicionantes definidas na lista de requisitos, poderá sobrar um resto de incerteza, se a solução adotada cumprir, continuamente e em qualquer parte, sua função ou se, perante a rápida mudança da situação de mercado, permanecem válidos os pressupostos econômicos. Subsiste certo risco.

Sempre se poderia estar tentado a projetar de modo a ficar suficientemente longe de um possível limite e, assim, contornar um possível risco de restrição da função ou de avarias prematuras, eliminando-se o risco de aproveitamento apropriado, menor, p. ex., com respeito à duração do ciclo de vida ou da taxa de desgaste. O praticante sabe que com essa mentalidade se dirige muito rapidamente ao encontro de um outro risco: a solução adotada se torna muito grande, muito pesada ou muito cara e não consegue mais concorrer no mercado. Ao risco técnico se contrapõe o econômico.

1. O combate ao risco

Diante dessa situação inevitável, coloca-se a questão de quais medidas ainda poderão ser tomadas, uma vez que a solução foi elaborada cuidadosamente e as respectivas recomendações foram seguidas atentamente. O critério essencial, que ainda será aprofundado, é que o projetista, baseado na análise de falhas das grandezas perturbadoras e também dos pontos vulneráveis, preveja *soluções substitutas* na eventualidade de a solução original não satisfizer algum ponto cercado por incertezas.

Na busca metódica da solução, foram elaboradas e analisadas uma série de variantes da solução. Aqui também, vantagens e desvantagens de cada solução foram discutidas e ponderadas entre si. Essa comparação, em algumas circunstâncias, levou a soluções novas e melhores. Conhece-se, portanto, o leque de opções e foi elaborada uma tabela de classificação, na qual os aspectos econômicos também foram considerados.

Em princípio, de imediato deverá ser dada preferência à solução mais econômica, ou seja, àquela que for menos dispendiosa e que satisfaça a função técnica, pois um atendimento da função suficiente, porém possivelmente "mais arriscado", permite uma maior margem para manobras econômicas. As probabilidades de lançar a nova solução no mercado, e assim também avaliar sua comprovação, são maiores do que o caminho inverso, que, pelos seus maiores custos, coloca em dúvida a produção ou por apresentar uma especificação "menos arriscada", não permite que se adquira experiência com relação aos limites. Com essa estratégia, entretanto, não se deve dar preferência a uma execução impensada, e

Reciclagem do produto	Reciclagem do material	
Estrutura do produto voltado para a função	*Desmontabilidade*	Número e custo das etapas necessárias de tratamentos especiais
Estrutura modular	Número de operações de desmontagem	
Complexidade	Número de direções de desmontagem	Possibilidades de identificação dos materiais
Pré-desmontabilidade	Número de operações de desmontagem distintas	Número de materiais a serem separados
Desmontabilidade (cf. Reciclagem do material)		Número de materiais não reaproveitáveis
Desmontabilidade não destrutiva	Número de elementos na conexão	
Aptidão à limpeza	Número de elementos distintos de uma conexão	*Processamento*
Testabilidade		Processamento
Identificabilidade	Acessibilidade	Reutilização
Classificabilidade	Automatização da desmontagem	Remanejamento
Retrabalhabilidade	Energia de afrouxamento / separação	Processamentos necessários
Remontabilidade	Dispêndio com instalações	Possibilidades de reprocessamento dirigido
Substituibilidade	Número de ferramentas para desmontagem	Grau de recuperabilidade
Componentes relevantes		Redução da qualidade
Marcas do desgaste	*Destacabilidade*	Grau de acumulação de sujeira
Utilização de componentes padronizados	Número e custo das etapas de separação necessárias	
Automatização das etapas de trabalho		

Figura 7.139 — *Critérios para avaliação da reciclagem do produto e do material, segundo [118, 197].*

muito arriscada, que poderia provocar falhas, interrupções e aborrecimentos ao usuário.

Se questões com relação à delimitação do risco de uma função permanecerem em aberto, e não puderem ser respondidas por um tratamento teórico ou por experiências objetivas em um tempo razoável ou com um esforço justificável, tem-se de optar pela solução mais arriscada e simultaneamente reservar uma solução mais dispendiosa, menos arriscada ocasionalmente necessária.

A partir das propostas de solução elaboradas na etapa de concepção e de projeto do desenho, que delimitam ou evitam o referido risco, porém com um custo maior, é desenvolvida uma segunda ou terceira solução, que permanece, na medida do possível, restrita a pequenas áreas do projeto da forma e eventualmente estarão à disposição. Isso é efetivado pelo *planejamento prévio e deliberado* dessas providências na solução adotada. Ocorrendo o caso em que o resultado não corresponde às expectativas, a falha poderá, eventualmente com um esforço maior, ser sanada passo a passo, sem necessidade de um gasto maior de tempo e dinheiro.

Um procedimento assim planejado não deve servir unicamente para delimitar riscos por um preço aceitável, mas também para implantar gradualmente inovações de uma maneira vantajosa e explorar objetivamente seus limites de aplicação, para que novos desenvolvimentos possam ser realizados com um menor risco, ou seja, também ponderado sob o aspecto econômico. Evidentemente, este procedimento deverá incluir um acompanhamento planejado dessas experiências industriais.

Portanto, sob consideração do risco devem ser harmonizados o risco técnico e o econômico, e ser assegurado ao fabricante um ganho útil em experiência e ao usuário, uma operação confiável isenta de falhas.

2. Exemplos de configurações condizentes com o risco

Exemplo 1

Na análise para o aumento do desempenho de uma vedação por gaxeta, foi constatado que, para um aumento da pressão de vedação e/ou da velocidade perimetral do eixo, o calor provocado pelo atrito deveria ser intensamente dissipado, para que a temperatura nos locais de vedação se mantivesse abaixo de uma temperatura-limite, que dependeria do material empregado como vedante.

Nesse contexto, foi sugerido posicionar os anéis de vedação sobre o eixo, de modo que girassem solidários com o mesmo. A área de atrito é assim transferida para a carcaça, que apresenta a vantagem de poder dissipar uma apreciável quantidade de calor por meio de uma reduzida espessura de parede (Fig. 7.140a). Pesquisas teóricas e experimentais mostraram que ocorre uma sensível melhoria quando o arrefecimento por convecção pura é substituído por um arrefecimento forçado (Figs. 7.140b e 7.141).

Como uma questão de difícil apreciação, resultou, de um lado, que o arrefecimento por convecção natural com qualquer condição operacional seria suficiente e, por outro lado, que o dispendioso arrefecimento forçado com um circuito suplementar de arrefecimento seria, enfim, aceito por uma freguesia conhecida.

A decisão "considerando o risco", ou seja, configurar a abertura para a montagem da bucha de vedação, para que, em caso de necessidade, possa ser implantada a solução mais onerosa por convecção forçada sem retrabalho, permite acumular experiência sem provocar logo um apreciável aumento de custo para o fabricante ou para o usuário.

Exemplo 2

No desenvolvimento de uma série construtiva de válvulas de vapor de alta pressão, para temperatura do vapor acima de 500°C, foi colocada a seguinte tarefa: se diante do crescimento da camada de nitreto por efeito da temperatura (diminuição

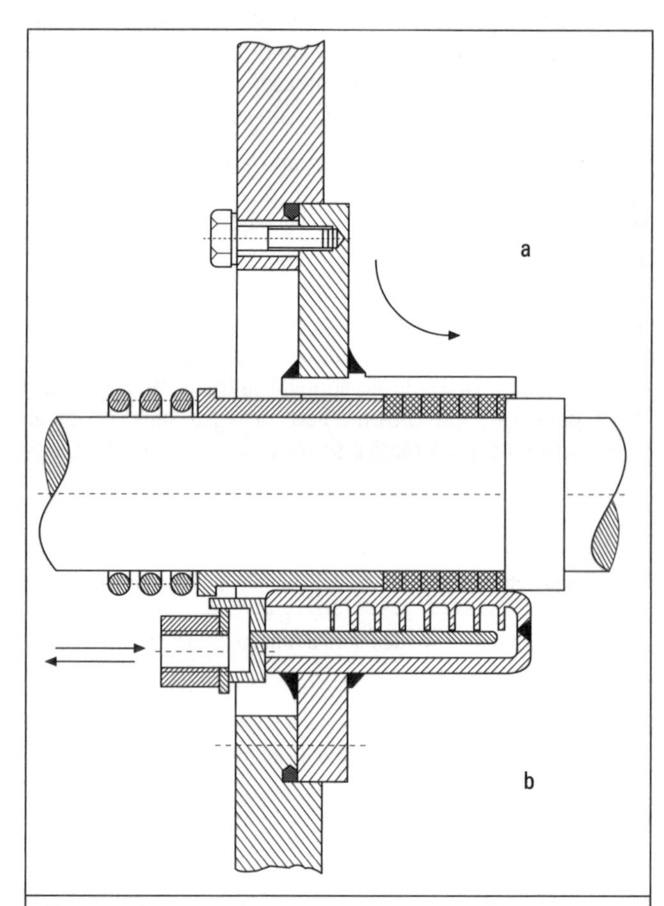

Figura 7.140 *— Vedação com gaxeta na qual esta gira junto com o eixo, o que se consegue com adequada usinagem da superfície lateral do eixo, pelo anel de compressão e pelo contato entre as gaxetas; um caminho curto para a condução do calor possibilita uma boa dissipação;* ***a*** *dissipação de calor por convecção do meio circundante em função do fluxo de ar predominante;* ***b*** *maior dissipação do calor por arrefecimento forçado através do fluxo de um meio de resfriamento independente e o simultâneo aumento da superfície para transporte do calor e da velocidade de escoamento.*

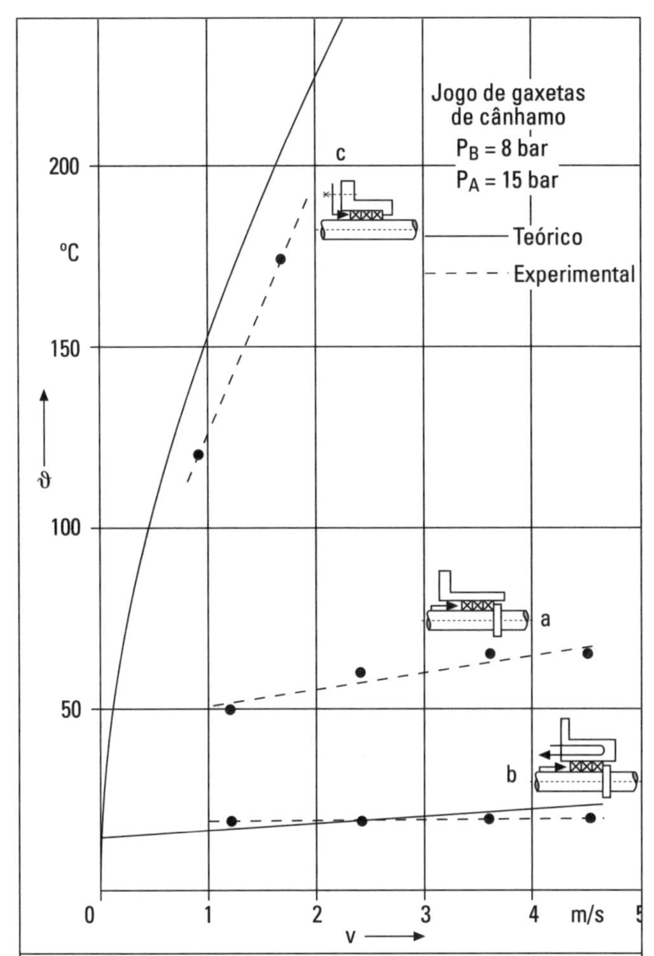

Figura 7.141 — Resultados teóricos e experimentais da temperatura em um ponto da vedação em função da velocidade perimetral de rotação do eixo. ***a*** *Disposição do eixo segundo Fig. 7.140 a;* ***b*** *Disposição segundo Fig. 7.140 b;* ***c*** *solução convencional com o conjunto de gaxetas presas à carcaça.*

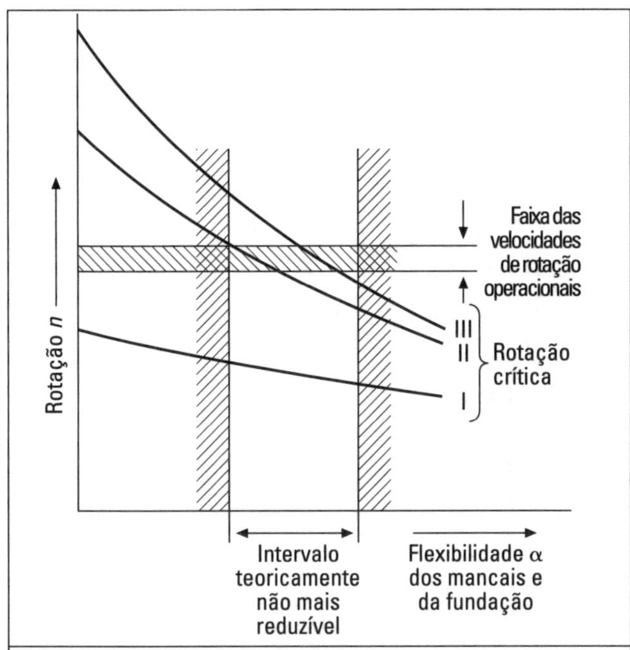

Figura 7.142 — Velocidades angulares críticas (qualitativamente) de eixos em função da flexibilidade dos mancais e da fundação.

da folga radial), a nitretação gasosa das hastes e das guias das válvulas, até hoje empregada, poderia ser mantida, ou se a solda de aplicação de estelite, muito mais dispendiosa, deveria ser introduzida (na época em que a tarefa foi formulada ainda não se sabia o suficiente sobre o comportamento dessas camadas em temperaturas elevadas a longo prazo). A solução "considerando o risco" foi que as espessuras das paredes e a configuração das hastes e das guias de válvulas seriam escolhidas de tal maneira que, caso necessário, sem retroação sobre os demais componentes ou áreas de configuração, fosse possível a posterior reequipagem por componentes tratados com estelite. Conforme constatado posteriormente, a faixa real admissível de temperaturas de operação das superfícies nitretadas a gás era consideravelmente menor do que a que foi prognosticada; de modo que, com esse procedimento, por um lado, pode ser conhecido, muito rápida e confiavelmente, o verdadeiro limite operacional; por outro lado, por causa da solução já implementada, foram evitadas graves avarias e a solução proposta, mais dispendiosa e com um maior campo de aplicação, somente precisou ser empregada onde realmente seria necessário.

Exemplo 3

Um pré-dimensionamento seguro de grandes componentes de máquinas, principalmente de modelos exclusivos, é dependente do método de cálculo e das condições de contorno admitidas. Nem sempre todas as grandezas influentes podem ser previstas com a precisão necessária. Isto também ocorre, p. ex., na determinação das rotações críticas de acoplamento, de eixos mais ou menos elasticamente apoiados. Freqüentemente, a verdadeira flexibilidade dos mancais e da fundação não pode ser prevista com precisão. Por outro lado, em equipamentos de alta rotação na faixa das flexibilidades reais, a diferença entre as rotações críticas de acoplamento mais altas é pequena. Na situação mostrada na Fig. 7.142, uma configuração "considerando o risco" é novamente vantajosa, o que é possível pela influência desproporcional de um espaçamento dos mancais, posteriormente variável, sobre a rotação crítica: Fig. 7.143. Além disso, caso necessário, os conjuntos de molas intercalados permitem a correção da flexibilidade efetiva (Fig. 7.144). Ambas as medidas, em combinação ou isoladas, exercem tamanha influência que, em casos especiais, consegue-se ficar livre do segundo ou terceiro harmônico da rotação crítica, com relação à faixa das rotações de operação.

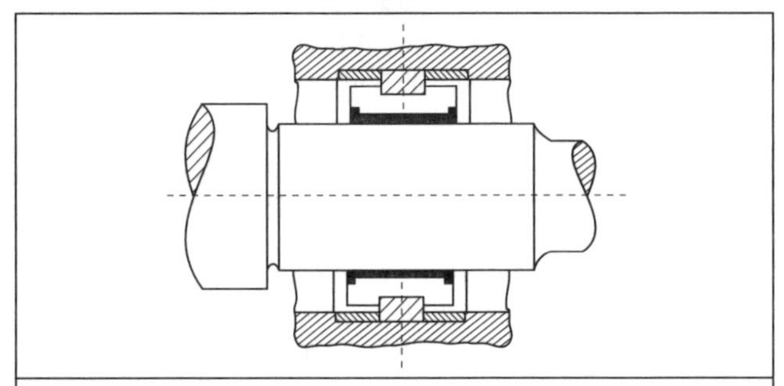

Figura 7.143 — Apoio de um eixo com distância variável entre os mancais mediante substituição dos anéis limitadores laterais dos mancais.

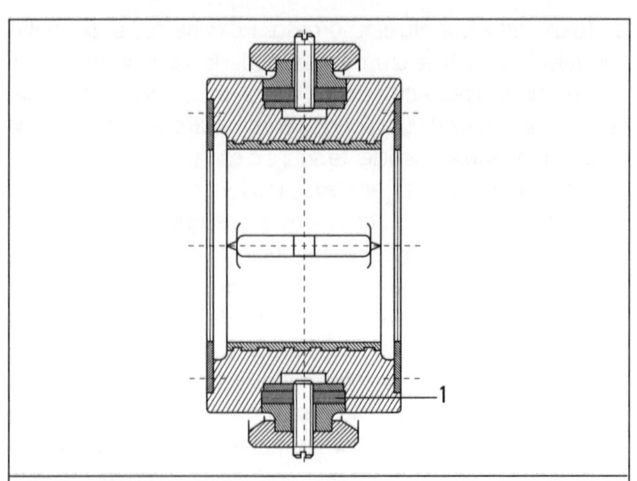

Figura 7.144 — Mancais corrediços com feixe de molas 1, que permitem alterações posteriores de flexibilidade. Além disso, feixe de molas apresenta boas características de amortecimento, o que estreita a faixa crítica.

Exemplo 4

Num dispositivo devem ser enroladas tiras em anel de camada dupla. Entre várias propostas, duas soluções segundo as Figs. 7.145 a e b, pareciam particularmente promissoras.

A solução segundo a Fig. 7.145a é a mais simples, de menor preço, porém a mais arriscada, pois, em qualquer caso não se tem certeza, se somente o giro do mandril interno (1) terá condições, mesmo contando com o aumento do atrito devido ao enrolamento, para arrastar a tira (3) durante a inserção, devido à compressão das molas (2) com coeficientes de atrito inseguros.

Com relação à função acima citada, a solução segundo a Fig. 7.145b é menos arriscada, pois os roletes de pressão presos às extremidades das molas e o rolete de entrada (5), que ainda por cima poderia ser motorizado, tornariam mais seguro o avanço da tira. Entretanto, esta solução exige mais recursos e está mais exposta ao desgaste, por causa de um maior número de peças pequenas e móveis.

A decisão "considerando o risco" seria a seguinte:

Execução segundo a Fig. 7.145a, porém com rolete de entrada conforme a Fig. 7.145b, o qual deve ser disposto de modo que, caso necessário, seja possível sua motorização adicional, sem modificações dos componentes remanescentes: Fig. 7.145c. Nos testes posteriores para aprovação da máquina, essa motorização extra revelou-se necessária e pode ser imediatamente implementada.

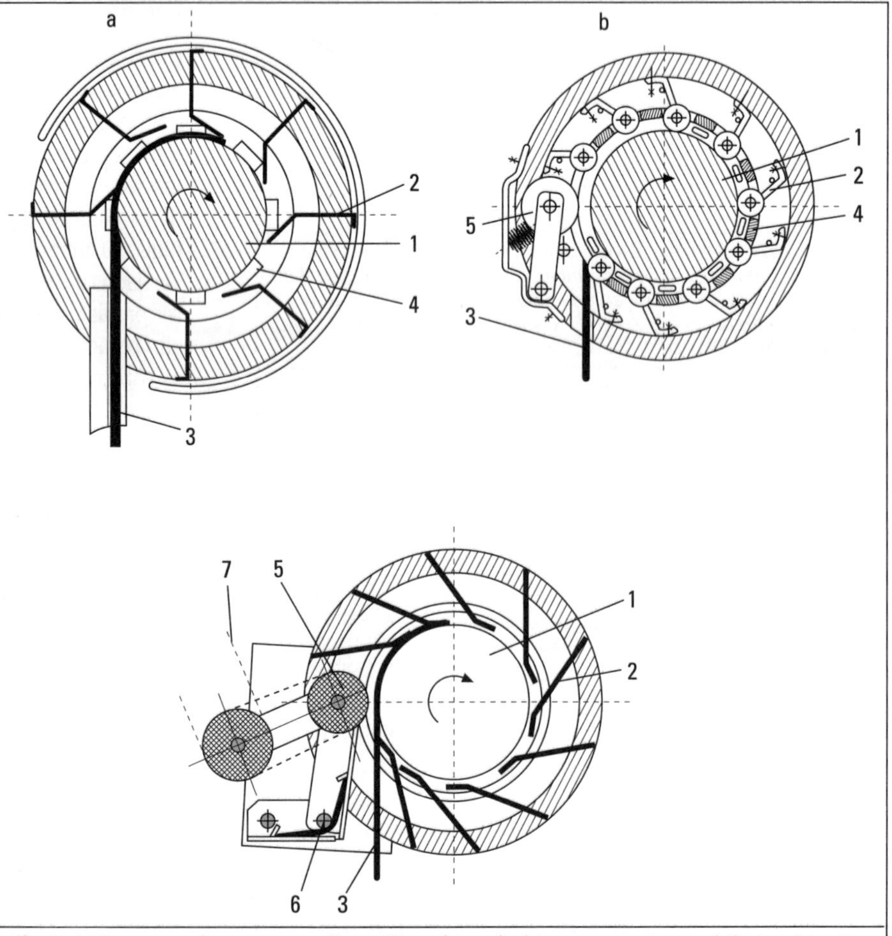

*Fig. 7.145. **a** sugestão para um dispositivo de embobinamento, 1 mandril giratório, 2 molas compressoras, 3 tira a ser enrolada, 4 componentes do mecanismo de ejeção; **b** sugestão de um dispositivo de embobinamento, 1 mandril giratório, 2 molas com roletes compressores, 3 tira a ser enrolada, 4 componentes do mecanismo de ejeção, 5 rolo de alimentação comprimido por uma mola e possivelmente motorizado; **c** solução adotada, 1 mandril giratório, 2 molas compressoras, 3 tira a ser enrolada, 5 rolete de alimentação comprimido pela mola 6 e acionado por correia dentada 7.*

Exemplo 5

Nos sistemas de ventilação complexos, um pré-dimensionamento dos volumes de ar e das perdas de pressão, muitas vezes, só é possível de modo impreciso. Um projeto da forma dos ventiladores considerando o risco prevê inicialmente palhetas ajustáveis, antes de uni-las ao rotor por meio de construções fundidas ou soldadas.

Os exemplos deveriam incentivar o projetista, no caso de tais riscos, a não considerar somente o primeiro passo, porém, também, o segundo e o terceiro passos, o que pode ser planejado e considerado, em muitos casos, com recursos relativamente escassos. Pela experiência, ações posteriores rápidas, em situações de emergência, são várias vezes mais caras e demoradas.

7.5.13 Projeto considerando as normas

1. Objetivo da normatização

Examinando o procedimento metódico do ponto de vista da minimização do trabalho, coloca-se a questão, até que ponto é viável a busca de portadores de função de uso geral e de uma única vez, de modo que o projetista possa recorrer a soluções aprovadas, ou seja, a subconjuntos ou elementos já conhecidos. Essa questão também foi lançada pela normatização, que segundo Kienzle [149], tem como alvo as seguintes idéias:

"Normatização" é a solução definitiva, por todos os interessados, de um processo técnico ou organizacional, repetitivo, que leva em conta todos os recursos conhecidos e otimizados, à época da elaboração da mesma, consoantes com o estado da arte. Com isso, ela sempre será uma otimização técnica e econômica com duração limitada. Outras definições podem ser encontradas em [34, 85].

Normatização, compreendida como conceito superior de unificação e definição de soluções, p. ex., como norma nacional e internacional (DIN, ISO), como norma de fábrica ou sob forma de catálogos de aplicação geral e outras especificações, bem como apresentações do saber padronizadas e sistemáticas, adquire novamente um significado multifacetado num projeto sistemático. Nesse caso, o fato de a norma limitar soluções não contradiz a objetivada variedade de soluções quando da busca sistemática, já que a norma se limita basicamente à definição de elementos particulares, subsoluções, materiais, métodos de cálculo, especificações de ensaios e semelhantes, enquanto a variedade e a otimização de soluções são alcançadas por combinação ou síntese de dados e elementos familiares. A normatização, portanto não é apenas uma importante suplementação, porém até pré-condição para um procedimento sistemático empregando módulos.

Ao passo que nas áreas tradicionais das normas, o tempo para pesquisa e desenvolvimento permitia aguardar sua regulamentação com um conhecimento consolidado e comprovado na prática, na regulamentação de novas tecnologias, p. ex., tecnologia de informação, cada vez mais é preciso adentrar terreno desconhecido num ritmo diferente do habitual, para atender as exigências de uma produção industrial voltada à exportação padronizada internacionalmente e também servir de diretriz para novos desenvolvimentos. Fala-se de "normatização acompanhando o desenvolvimento" [98, 128, 226]; essas normas também são publicadas como anteprojetos de normas.

A seguir serão apresentadas as necessidades e limites do emprego das normas no processo de projeto. Para complementação dos demais fundamentos e problemas da normatização, o leitor é remetido a uma extensa bibliografia [34, 85, 89-93, 129, 150, 216, 220, 227].

2. Tipos de normas

As indicações apresentadas a seguir para os vários *tipos de normas*, devem instigar os desenvolvedores e projetistas que trabalham metodicamente a fazer um uso intensivo das normas, bem como estimulá-los a propor novas normas ou até mesmo elaborá-las, porém ao menos influenciar seu desenvolvimento. Finalmente, eles devem se aproveitar da essência da normalização, ou seja, organizar questões e fatos segundo critérios apropriados, com o objetivo de unificá-los e otimizá-los.

As normas podem ser distinguidas pela origem:

- Normas DIN (Deutsches Institut für Normung - Instituto Alemão de Normatização) incluindo as disposições da VDE através da DKE (Deutsche Elektrotechnische Kommission - Comissão Eletrotécnica Alemã - dentro da DIN e da VDE),
- As normas européias (normas EN) do CEN (Comité Européen de Normalisation - Comitê Europeu de Normalização) e do CENELEC (Comité Européen de Normalisation Eletrotechnique - Comitê Europeu de Normalização Eletrotécnica),
- Recomendações e normas do IEC (International Eletrochemical Comission – Comissão Internacional Eletroquímica) e
- Recomendações e normas da ISO (International Organization for Standardization - Comitê Internacional de Normalização).

A *categoria* da normatização compreende o conteúdo e o grau das normas (DIN 820, parte 3 [34]).

Pelo conteúdo distinguem-se, p. ex., normas sobre comunicação, prestação de serviços, planejamento, medidas, materiais, qualidade, processos, usabilidade, normas de testes, normas de fornecimento, normas de segurança.

Pelo grau distingue-se entre normas básicas, como normas de significado geral, fundamental e interdisciplinar, normas específicas como aquelas de uma determinada área, e normas básicas específicas como as básicas de determinada área. A DIN EN 45020 diferencia entre normas fundamentais, normas para terminologia, para testes, normas de produtos, normas de processos, normas de interfaces de prestação de serviços e normas expositivas.

Uma norma pode pertencer a diversas categorias, o que geralmente acontece. Além das normas nacionais e internacionais das organizações de normatização citadas, encontram-se à disposição do projetista, outras prescrições e diretrizes extra-fábrica. Em primeiro lugar merecem ser citadas:

- Prescrições da Associação dos Órgãos de Supervisão Técnica, p. ex., listas de verificação da AD (Arbeitsgemeischaft Druckbehälter - Grupo de Trabalho Vasos de Pressão), que também possuem caráter normativo, e
- Diretrizes VDI da Associação dos Engenheiros Alemães (Verein Deutscher Ingenieure).

A VDI publica atualmente cerca de 1.600 *diretrizes*, das quais especialmente as diretrizes da Sociedade VDI para Desenvolvimento, Projeto e Logística, podem ser utilizadas como fundamentos gerais de projetos. Nesse ponto, as diretrizes VDI ganham importância crescente, pois valem como campo experimental da normatização, e após uma fase introdutória são testadas com relação à sua condição de servir como norma.

Além disso, normas, prescrições e diretrizes de normas privativas da empresa [86-88] também fazem parte da *coleção de normas do projetista*. Essas podem ser subdivididas nos seguintes grupos:

- Resumo de normas, que partindo de normas transcendentes à empresa, realizam uma *seleção* ou também uma *delimitação* segundo critérios específicos da empresa, p. ex., listas de estoque (normas para seleção), ou apresentam comparações entre normas recentes e antigas ou entre várias normas (normas gerais).
- Catálogos, listas e informações sobre *produtos de fornecedores* incluindo sua estocagem bem como indicações para encomenda, p. ex., de materiais, de semi-acabados, de materiais auxiliares e de combustíveis e de outros itens.
- Catálogos ou listas dos *produtos próprios*, p. ex., elementos de projeto, peças repetitivas, subconjuntos, soluções padronizadas.
- Folhas de dados para *otimizações técnico-econômicas*, p. ex., sobre os meios de produção, métodos de produção, comparativos de custos (cf. 12.2.2).
- Prescrições ou diretrizes para *cálculo* e *configuração* dos componentes de uma construção, subconjunto, máquina ou instalação, eventualmente com delimitação da seleção por tipo ou tamanho.
- Informações sobre *condições para estocagem e transporte*.
- Indicações para a *garantia da qualidade*, p. ex., normas de produção, especificações de ensaios.
- Prescrições e diretrizes para a *preparação e processamento da informação*, p. ex., para desenhos e listas de peças, para o sistema de numeração, informatização.
- Resoluções de natureza *organizacional* e de *execução do trabalho* para revisão de listas de peças ou de desenhos.

A implantação e aplicação de normas elaboradas extra-empresa e também de normas da empresa é auxiliada pelo ANP (Auschuss Normenpraxis im DIN - Comissão de Prática das Normas da DIN) e pela IFAN (Internationale Föderation der Ausschüsse Normenpraxis - Federação Internacional das Comissões de Prática das Normas).

A Fig. 7.146 mostra a inter-relação das normas de fábrica, bem como de normas nacionais, européias e internacionais. Normas de fábrica são desenvolvidas ou selecionadas para um produto ou processo específico, e flexivelmente adaptadas à situação real. Conseqüentemente, sua atualidade e profundidade normativa são elevadas. Dispondo de um maior tempo para seu desenvolvimento, as normas nacionais e internacionais geralmente têm uma validade mais geral. Sua variedade e profundidade normativa, em geral, são menores e sua adaptabilidade a mudanças configura-se mais difícil; em contrapartida, sua difusão e suas conseqüências são mais acentuadas.

3. Disponibilização das normas

Nas atividades de um processo de projeto, a busca e emprego de normas, regulamentações e outras informações exigem um apreciável empenho de tempo e de pessoal. Possibilidades para a disponibilização de informações são pastas de normas, manuais e guias das normas DIN, microfilmes, saídas de impressoras e, em escala crescente, telas de monitores. O futuro pertencerá principalmente a essa última, se lograr converter toda informação num formato adequado à computação [6, 124, 238, 239], integrando-a num sistema global de informações (cf. [8]).

Para a preparação de regras técnicas extra-fábrica foi criado o Centro Alemão de Informações (Deutsches Informationszentrum) para regras técnicas que, além de teleinformações, possibilita uma ligação direta com o banco de dados do DITR (Deutsches Informationszentrum für technische Regeln- Centro Alemão de Informações para Regulação Técnica) através do terminal. O catálogo da DIN elaborado pela DITR e publicado anualmente contém o índice completo, por números e palavras-chave, das normas DIN [89].

Será questão de apenas poucos anos de desenvolvimento, para que os conteúdos das normas estejam arquivados nos bancos de dados do DITR e possam ser consultados pelo usuário. Além disso, será possível disponibilizar peças padronizadas, não apenas com as características formais, mas também sua geometria em bancos de dados CAD de peças padronizados (cf. [8]).

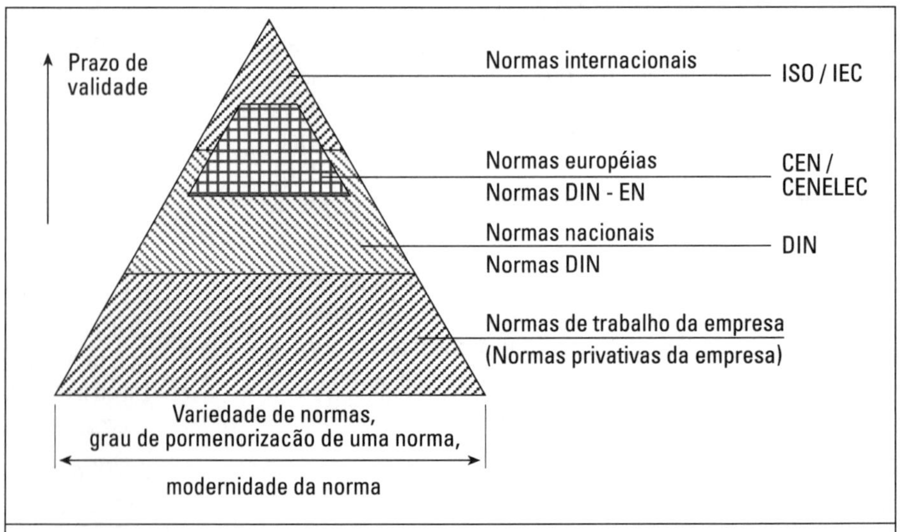

Figura 7.146 *— Correlação entre normas de fábrica, nacionais, européias e internacionais com relação à DIN.*

4. Configuração considerando a norma

Em decorrência da ampla oferta de normas, interessa a questão da obrigatoriedade do emprego das mesmas. Atualmente ainda não existe uma *obrigatoriedade incondicional* às normas, em sentido jurídico [219]. Apesar disso, normas nacionais e internacionais valem como regras de técnica aprovadas, cuja observância é de grande vantagem em uma ação judicial. É o caso das normas de segurança [23, 57, 115, 254, 303].

Além disso, consideram-se como obrigatórias, principalmente por razões econômicas, todas as normas internas da fábrica dentro do seu campo de uso, em que a obrigatoriedade ao uso pode ser escalonada, p. ex., sob forma de prescrições obrigatórias, e diretrizes a serem observadas por questões práticas.

O *limite da aplicação* de uma norma é determinado principalmente pela definição dada por Kienzle, mencionada no início deste subitem. Conseqüentemente, uma norma só poderá valer e ser obrigatória, enquanto não contrariar requisitos técnicos, econômicos, de tecnologia da segurança ou estéticos. Em situações conflitantes, deve-se, contudo, tomar cautela em não considerar imediatamente a norma ou criar uma nova versão, mas avaliar todas as conseqüências da utilização de procedimentos e componentes não padronizados, e procurar levar isso em conta ao decidir. Essas decisões não deverão ser tomadas unicamente pelo projetista, porém ele deverá entender-se com o órgão normativo, a gerência de projeto e em muitos casos até com a diretoria da empresa.

A seguir, serão dadas algumas recomendações e sugestões para a *utilização das normas*:

Em primeiro lugar, recomenda-se a observância das normas DIN básicas [91], pois sobre essas se apóia todo o leque restante de normas e, em decorrência das séries de tamanho definidas, existem fortes dependências entre as dimensões e os valores dos diversos componentes padronizados. A não-consideração das normas básicas tem como resultado que as conseqüências, principalmente a longo prazo (p. ex., abastecimento do mercado de reposição de peças), não sejam previsíveis, criando dessa forma um grande risco técnico e econômico.

Normas internas e externas deverão ser observadas e aplicadas em todos os segmentos conforme as observações da lista de verificação definida em 7.2. Alguns exemplos esclarecem isso melhor:

Configuração

Na configuração, considerar normas básicas e especiais, especialmente normas de planejamento, projeto, de dimensões, de materiais e de segurança. Normas de ensaios e prescrições de controle também influenciam a configuração.

Segurança

Considerar normas de segurança e disposições legais para a fábrica, o trabalho e o meio ambiente. Sempre dar prioridade a normas de segurança face a medidas de racionalização e critérios econômicos.

Produção

Do ponto de vista da produção, normas são especialmente importantes, e normas de fábrica são obrigatórias. Somente divergir da norma depois de considerar aspectos do funcionamento, do setor de compras e da área de marketing. Pressuposto desse estreito vínculo é uma permanente atualização.

Controle

Para o controle de qualidade, as normas de ensaios e as prescrições de controle são importantes.

Manutenção

Prever normas de comunicação (p. ex., painéis de comando), de fornecimento e de manutenção consistentes e unificadas.

Reciclagem

Para reutilização e reaproveitamento ou reprocessamento considerar, sobretudo: normas de ensaios, de materiais, de qualidade, de dimensões, de processos e de comunicação.

As observações citadas no emprego das normas não podem ser vistas, nem como completas, nem como sempre apropriadas. De um lado, isso reside na diversidade e complexidade dos problemas de projeto e dos produtos a serem desenvolvidos, por outro lado, nas várias normas existentes externas e internas à empresa. O direcionamento com ajuda da lista de verificação poderá servir para que se formulem, de maneira mais fácil e abrangente, questões sobre até que ponto as características das normas a serem consideradas significam um avanço e uma simplificação.

5. Desenvolvimento das normas

Uma vez que desenvolvedor e projetista têm grande responsabilidade no desenvolvimento, produção e operação de um produto, deles também deveriam partir impulsos decididos, tanto para atualização de normas existentes, como também para o desenvolvimento de novas normas externas ou internas.

Se o projetista quiser dar sua contribuição para o desenvolvimento de uma norma, ele terá que responder à pergunta: "O que é mais compensador do ponto de vista técnico e econômico: a revisão de uma norma existente ou o desenvolvimento de uma nova norma?" Em geral, esta pergunta não pode ser respondida claramente. Particularmente, é necessária uma avaliação das conseqüências econômicas com base em influências numerosas e mútuas das origens de custo da empresa e do mercado, como também a consideração do custo de desenvolvimento de uma norma.

Deverão ser considerados como auxiliares os seguintes *princípios* de desenvolvimento de normas de validade geral, especialmente também de normas privativas da empresa: [7, 30, 33, 271].

A possibilidade de *normatizar* determinada circunstância está vinculada a *pressupostos*, isto é, uma norma a ser desenvolvida:

- documenta o estado da técnica;
- pressupõe a aceitação por parte da maioria dos especialistas;
- deverá cuidar principalmente da unificação e clara definição das interfaces entre sistemas, subsistemas e elementos dos sistemas, ou seja, garantir a intercambiabilidade dos produtos;
- pressupõe uma demanda, ou seja, ela deve ser prática e econômica (deverá ser vantajoso convertê-la em norma);
- realiza modificações de normas somente por motivos de conteúdo e não por razões formais;
- sempre deverá apoiar uma solução simples, clara e segura de relações técnicas;
- não deverá conter definições, que contrariem cláusulas legais ou outras disposições técnicas regulamentares;
- não deverá incluir direitos autorais vigentes;
- não deverá especificar detalhes de projeto e de processos;
- não deverá abordar problemáticas em rápido desenvolvimento técnico;
- não deverá obstruir continuações de desenvolvimentos;
- não deverá permitir influências ou interpretações subjetivas;
- não deverá fixar tendências para o gosto ou para a moda;
- não deverá comprometer a segurança do ser humano e do meio ambiente;
- não deverá ser útil somente para proveito de poucos. Portanto, no desenvolvimento de uma norma, todas as esferas envolvidas devem ser consultadas. Não há normatização, quando grupos influentes não são a favor.

Além disso, ainda precisam ser considerados *critérios para a apresentação da norma*:

- A apresentação da norma deve possibilitar definições claras, ser lingüisticamente irrepreensível e de fácil compreensão (DIN 820-21 a -29) [35].
- Escalonamentos e dimensões, sempre que possível, de acordo com séries de números normalizados.
- Nas normas utilizar somente o sistema internacional de unidades (DIN 301) [93].
- Uma disponibilização das normas amigável ao usuário deveria ser apoiada pela sua estrutura. Particularmente, deveria ser facilitada a utilização de sistemas computacionais para a disponibilização da informação [124, 238, 239].

O desenvolvimento de uma norma deverá seguir as seguintes *etapas gerais*:

- Uma proposta ou estímulo para uma norma vem do iniciador.
- A proposta de uma norma é debatida numa comissão de trabalho. Esta comissão elabora uma minuta da norma.

Característica principal	Exemplos
Função	Ambigüidade não abrigada pela norma
Princípio de funcionamento	Posição do produto no mercado é favoravelmente influenciada por normas
Configuração	Por meio de normatização são reduzidos os custos de energia e material Diminuem as complexidades das peças e do produto final Trabalho de projeto aperfeiçoado e simplificado metodicamente facilita o emprego de peças repetitivas
Segurança	A segurança é aumentada por normatização
Ergonomia	A faculdade de entender é melhorada pela normatização. Realidades estéticas e da psicologia do trabalho são melhoradas por normatização
Produção	Preparação do trabalho, administração de materiais, controle do estoque, produção e controle da qualidade mais econômico com a normatização O seqüenciamento do contrato é simplificado Melhoradas as possibilidades de encomendas Aumentada a capacidade de produção
Controle	A normatização simplifica o controle da produção e da qualidade Melhora a qualidade
Montagem	A normatização facilita a montagem
Transporte	A normatização simplifica o transporte e a embalagem
Emprego	A normatização simplifica a operação
Manutenção	A normatização aperfeiçoa a intercambiabilidade O serviço de peças de reposição e o conserto são facilitados
Reciclagem	A reciclagem é facilitada pela normatização
Custos	A normatização reduz o montante de tempo e de custo no projeto, preparação do trabalho, administração de material, produção, montagem e controle de qualidade reduz os gastos com testes, simplifica a elaboração do orçamento A normatização contribui para o uso da informática

Figura 7.147 — *Lista de verificação com as principais características para avaliação das propostas da norma.*

- A minuta da norma é submetida à apreciação de todos os envolvidos.
- Após discussão, caso necessário, é elaborado um anteprojeto da norma que serve de teste.
- Definição da versão final da norma (cf. etapas da normatização - DIN 820 - 4).

Uma vez que uma norma também representa um sistema técnico, sua elaboração também deveria seguir as mesmas etapas de um projeto sistemático (cf. 4, 6 e 7). Desse modo, assegura-se que seu conteúdo e sua organização possam ser cuidadosamente elaborados e testados quanto aos requisitos da norma que está sendo desenvolvida.

Os critérios de avaliação reunidos na Fig. 7.147 e ordenados de acordo com a lista de verificação podem servir de base para a avaliação de normas a serem revistas ou normas novas, tomando como modelo os métodos de avaliação. Nem todos os critérios relacionados são aplicáveis para avaliação de normas ou projetos de normas específicos. Assim, para a avaliação, p. ex., de uma norma de desenho, são interessantes principalmente a garantia da clareza, a melhoria da interpretação, a simplificação do trabalho de projeto e do desenvolvimento do contrato, a aceitação por parte dos usuários, bem como o custo do seu desenvolvimento.

Por isso, antes de uma avaliação, o engenheiro de normas ou iniciador deveria graduar a importância dos critérios de avaliação ou descartar critérios não aplicáveis. De acordo com as recomendações expostas em 3.3.2 deverá existir uma valoração suficiente que justifique a implementação do desenvolvimento de uma norma.

7.6 ■ Avaliação de anteprojetos

Em 3.3.2 foi abordada a avaliação. Os fundamentos ali comentados têm caráter geral, indiferentemente se a avaliação é executada na fase conceitual ou numa fase posterior. De conformidade com a crescente materialização, os critérios de avaliação na fase da configuração precisam se referir a objetivos e características mais concretas.

Na fase de configuração sempre se avaliam em separado: as características técnicas para a *valoração técnica* W_t e, as características econômicas para a *valoração econômica* W_w, calculada com auxílio dos custos de fabricação, que são então confrontadas comparativamente em um diagrama (cf. Fig. 3.35).

Para tanto, os *pressupostos* são:

- Que as configurações estejam no mesmo nível de materialização, ou seja, que esteja presente o mesmo nível de informação (p. ex., comparar entre si apenas as configurações preliminares). Em muitos casos, é suficiente, sem prejuízo de uma análise global, incluir na avaliação, principalmente as partes significativamente diferentes. Contudo, a relação com o todo, p. ex., custos parciais em relação ao custo total, precisa ser considerada racionalmente.
- Que os custos de fabricação (cf. 12) sejam apuráveis e conhecidos. Se, devido ao tipo de solução, surgirem custos incidentais (p. ex., despesas operacionais) ou particularmente, custos de investimentos, dependendo do lado que se considere (fabricante ou consumidor), esses custos deverão ser convenientemente acrescentados e eventualmente consideradas as taxas de amortização. Considerações de otimização também podem desempenhar um papel, para se alcançar o valor mínimo da soma do preço com as despesas operacionais.

Dispensando-se o cálculo dos custos de fabricação, a valoração econômica, assim como na etapa conceitual, só pode ser avaliada qualitativamente. Entretanto, os custos, na etapa de configuração, basicamente devem ser determinados mais realisticamente (cf. 12).

Conforme foi esclarecido em 3.3.2, inicialmente devem ser elaborados os critérios de avaliação. Eles são obtidos dos:

a) Requisitos da lista de requisitos.

   Desejável superação dos requisitos mínimos (até que ponto foram ultrapassados),

   Expectativas (satisfeitas - não satisfeitas, quão bem satisfeitas);

b) Características técnicas (até que ponto está presente o modo pelo qual foram satisfeitas).

O grau de integralidade dos critérios de avaliação é testado pelas principais características da lista de verificação indicadas na Fig. 7.148 e ajustadas ao grau de concretização alcançado.

As primeiras características principais se relacionam essencialmente com a função técnica atendida pelo princípio de trabalho, com a configuração selecionada, bem como com os parâmetros da especificação, com prévia escolha do material. As outras satisfazem as demais condicionantes gerais e específicas da tarefa.

Para cada característica principal, deve ser considerado pelo menos um critério de avaliação importante; eventualmente é necessário elaborar diversos critérios para cada um dos grupos. Uma característica principal somente poderá ser omitida, quando as respectivas propriedades estão ausentes, ou são as mesmas para todas as variantes. Desse modo, pretende-se evitar uma superavaliação subjetiva das características específicas. Para avaliação, as etapas parciais representadas em 3.3.2 deverão ser executadas em seguida. No mais tardar agora, também precisa ficar perceptível uma realização econômica.

Na fase da configuração, a avaliação representa uma importante *busca de pontos fracos*, principalmente quando se trata do julgamento da configuração definitiva. Essa busca de pontos fracos, bem como a busca de falhas e influências de variáveis perturbadoras detectadas, e sua subseqüente correção, são integrantes essenciais da avaliação final.

Característica principal	Exemplos
Função	Atendimento por meio de um princípio de funcionamento
Princípio de funcionamento escolhido	Uniformidade, estanqueidade, alto grau de eficiência, resiste a falhas, não ocorrência de perdas
Configuração	Escala, demanda de volume, peso, arranjo, posição, adequação
Especificação	Aproveitabilidade, durabilidade, deformabilidade, capacidade de deformação, tempo de ciclo de vida ou de uso, desgaste, resistência a impactos, estabilidade, ressonância
Segurança	Tecnologia de segurança direta, segurança do trabalho, defesa do meio ambiente
Ergonomia	Relação homem-máquina, desgaste no trabalho, operação, critérios estéticos, configuração
Produção	Usinagem isenta de risco, rápida desmontagem, tratamento térmico, evitar acabamento superficial, tolerâncias (desde que não incluídas nos custos de fabricação)
Controle	Adesão às características de qualidade, adequado para testes
Montagem	Não ambígua, simples, confortável, ajustável, expansível
Transporte	Interno e externo à empresa, modo de expedição, embalagem apropriada
Uso	Manuseio, comportamento em serviço, características anticorrosivas, consumo de bens de produção
Manutenção	Monitoramento, inspeção, conserto, substituição
Reciclagem	Desmontagem, recondicionamento, reaproveitamento
Custo	Considerado separadamente por meio da valorização econômica
Prazo	Características críticas para o seqüenciamento e o prazo

Figura 7.148 *— Lista de verificação com as características principais para avaliação da fase de anteprojeto.*

A elucidação do procedimento para a etapa de anteprojeto, com base em exemplos de diversas tarefas, ultrapassaria os limites desse livro, mas também seria perigosa, na medida em que esses exemplos possivelmente poderiam sugestionar que o caminho apontado fosse o único correto. Isto, entretanto, contradiria a multiplicidade das atividades individuais de projeto. Assim, na seqüência será tratado um exemplo, cujas principais etapas para a solução preliminar já foram elucidadas no Cap. 6 e que somente servirá de exemplo para representar a inter-relação das *etapas de trabalho principais* para o anteprojeto segundo Fig. 7.1. E elucidar as observações sobre o procedimento nessa mesma figura.

7.7 ■ Exemplo de um anteprojeto

Na *fase de concepção*, são geradas soluções básicas (conceitos), após uma seqüência de trabalho orientada fundamentalmente por interações de funções e seus efeitos (estrutura de funções e de funcionamento).

Na fase de *anteprojeto*, precisa ser dada ênfase à implantação das definições da configuração de subconjuntos e componentes específicos. Para a seqüência necessária de trabalho, nos Caps. 4 (Fig. 4.3) e 7 (Fig. 7.1) deste livro e na VDI 2223, foi proposto um procedimento útil e aprovado na prática. Entretanto, para diferentes formulações de tarefas e situações problemáticas na etapa do anteprojeto, as diferenças no seqüenciamento e na aplicação de métodos específicos são maiores do que na fase de concepção. Como etapa de realização da solução básica, no anteprojeto são necessários uma maior flexibilidade no procedimento, profundos conhecimentos nas especialidades relevantes e também larga experiência.

A tarefa de anteprojeto consta da concretização de uma solução preliminar para uma máquina de ensaio, na qual uniões cubo-eixo podem ser solicitadas por momentos de torção pulsantes (vide 6.6.2). Após esclarecimento do problema, elaboração de uma lista de requisitos (Fig 6.43), abstração a fim de identificar os problemas principais (Tab. 6.2), montagem da estrutura de funções (cf. Figs. 6.44 e 6.45), busca de princípios de trabalho (cf. Fig. 6.46), combinação dos princípios de trabalho em estruturas de trabalho (cf. Fig. 6.47), seleção de estruturas adequadas (cf. Fig. 6.48), concretização de variantes da solução preliminar (cf. Fig. 6.49 a 6.52), bem como avaliação dessas variantes da solução (cf. Fig. 6.55 e 6.56), as etapas de trabalho precisam seguir os passos de acordo com a Fig. 7.1:

1. e 2. Etapas principais de trabalho: identificação dos requisitos determinantes da configuração, esclarecimento das condicionantes espaciais

Da lista de requisitos, foram identificados os seguintes requisitos como *determinantes da configuração* (seleção):

- Determinantes do arranjo:
  Fixação do corpo-de-prova dever ser imóvel;
  Carregamento deverá ser aplicado com o eixo parado e somente numa direção;
  Transferência de carga pelo cubo, variável;
  Introdução de torques variáveis;
  Não é necessária uma base especial.
- Determinantes das dimensões:
  Eixo do corpo de prova $\leq$ 100 mm;

Tabela 7.6 Portadores da função principal

Função	Portador da função	Caraterísticas
Converter energia, incrementar constituinte da energia	Motor elétrico	Potência P_M Rotação n_M Tempo para atingir regime operacional t_M
Armazenar energia	Volante	Momento de inércia J_s Rotação n_s Momento transmissível T_{KU}
Fornecer energia	Acoplamento	Momento transmissível T_{KU} Rotação máxima n_{KU} Tempo de troca de marcha t_{KU}
Incrementar consitituinte da energia	Transmissão	Potência P_G Torque máximo na saída T_G Com máxima rotação de saída n_G Relação de transmissão i_G
Controlar intensidade e tempo	Came cilíndrico	Potência P_K Rotação n Diâmetro D_K Ângulo de subida α_K Diferença de altura h_K
Converter energia em torque	Alavanca	Comprimento l_H Rigidez elástica c_H
Solicitar a união a ser ensaiada	União a ser ensaiada	Torque T Incremento do torque dT/dt
Absorver forças e conjugados	Quadro	—

Torque ajustável $T \leq$ 15.000 Nm em 5 estágios (tempo de permanência mínimo de 3 s);
Velocidade de incremento do torque dT/dt = 1.250 mn/s ajustável em 5 estágios;
Potência absorvida $\leq$ 5 kW.

- Determinantes do material:
  Material do eixo e do cubo Ck 45.
- Outros requisitos:
  Produção unitária na própria fábrica;
  Utilizar componentes comerciais e padronizados;
  Fácil desmontagem.

Não havia nenhuma exigência especial com relação às condicionantes geométricas.

3. Etapa principal: Estruturação em portadores da função principal determinantes da configuração

Base dessa estruturação é a variante número 4 da estrutura da função (Fig. 6.45) e a variante número V2 da solução preliminar (Fig. 6.47). Na Tab. 7.6 foram primeiramente reunidos, juntamente com as principais características, os portadores da função das diversas subfunções identificados na variante da solução. Como portadores da função principal, determinantes da configuração, parecem importantes:

- a fixação do corpo-de-prova,
- a alavanca para transferência entre o came frontal e os constituintes da fixação do corpo-de-prova,
- o came do tambor.

Demais portadores da função principal são:

- o motor elétrico,
- o volante,
- a embreagem,
- a transmissão,
- a estrutura da máquina de ensaio.

4. Etapa principal: Esboço da configuração dos portadores da função principal determinantes da configuração

A Fig. 7.149 mostra inicialmente o desenho de um esboço do arranjo dos três portadores da função principal determinantes da configuração.

Enquanto a configuração da *fixação do corpo-de-prova* segundo DIN 6885 e, da *alavanca de transferência*, aconteciam com base numa verificação como mola elástica, ambos sem grandes problemas, a especificação e configuração do came frontal exigiam uma análise mais detalhada das condições cinemáticas e dinâmicas com base nos requisitos propostos.

Uma análise mais apurada evidenciou que a estimativa da função de comando do came frontal na etapa de concepção não bastaria para a configuração. Pelo contrário, antes da definição das dimensões principais, foi necessário efetuar a seguinte análise de movimentos:

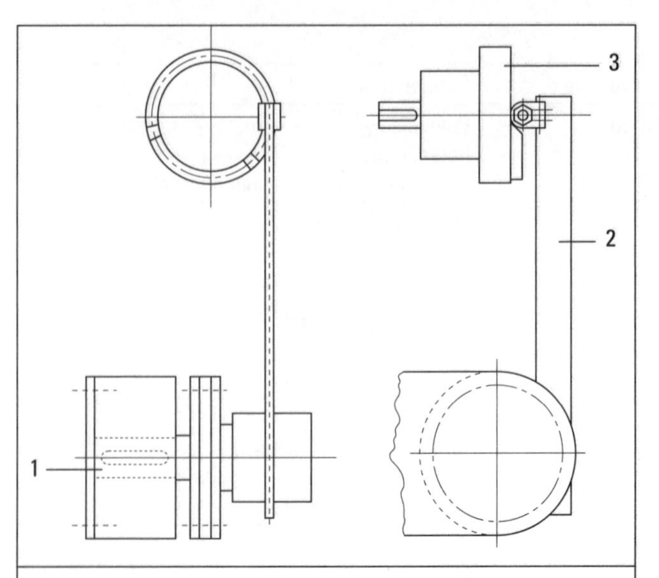

Figura 7.149 — Portadores da função principal determinantes do projeto da forma: 1 Conexão do corpo-de-prova, 2 Alavanca de transmissão, 3 Came cilíndrico.

De acordo com a Fig. 7.150, tem-se:

Torque no eixo de teste:

$$T = c_H \cdot h_K \cdot l_H$$

Incremento do torque:

$$\frac{dT}{dt} = \pi \cdot D_K \cdot n_K \cdot \text{tg } \alpha_K \cdot c_H \cdot l_H,$$

Tempo de permanência:

$$t_H = \frac{U_K}{2\pi \cdot D_K \cdot n_K} = \frac{1}{2n_K}$$

A relação para o incremento do torque vale somente para a hipótese em que o alongamento da alavanca transcorre paralelamente à pista do came de tambor. Uma vez que o sensoriamento deverá ocorrer com um rolete seguidor (Fig. 7.151), por causa da perda de atrito, deliberada e diminuta, resulta que o real incremento do torque permanece abaixo do calculado e, além disso, não é constante. Por isso, de acordo com a Fig. 7.152, o cálculo foi feito com um incremento médio.

Se, de acordo com a lista de requisitos, o incremento do torque dT/dt deve ocorrer segundo o incremento do torque médio, conforme a Fig. 7.151; para o cálculo do dT/dt não pode mais ser empregada a velocidade perimetral plena v_x, mas apenas a velocidade perimetral efetiva v_x^*.

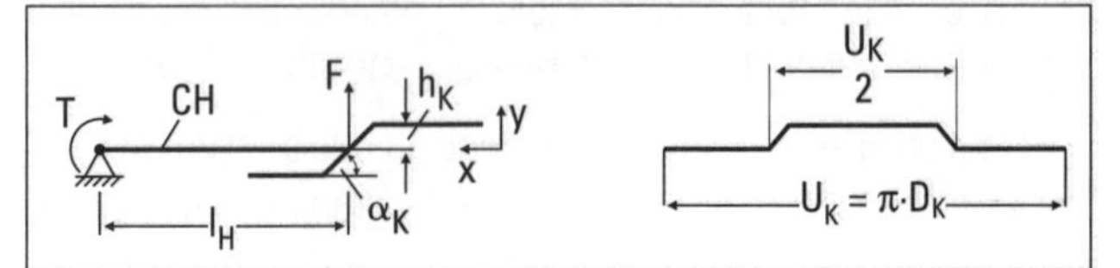

Figura 7.150 — Relações geométricas no came cilíndrico incluindo a alavanca: c_H rigidez da alavanca.

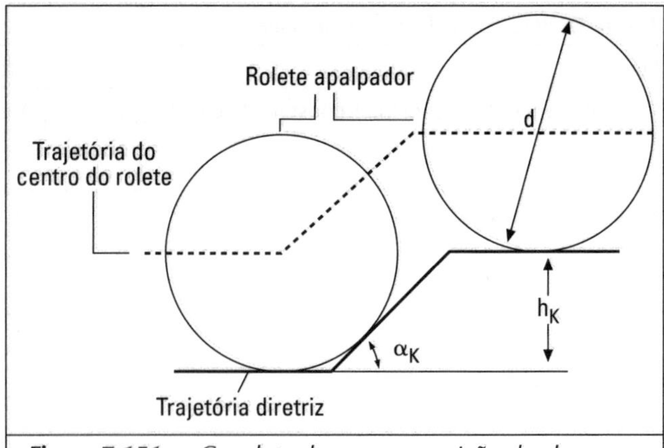

Figura 7.151 — Canaleta do came e posição da alavanca.

Tem-se, então:

$$v_x^* = K\, v_x$$

O fator de correção K depende de:

- do ângulo de subida α_K,
- do diâmetro d do rolete seguidor e
- da diferença de altura do came frontal h_K.

O fator de correção K pode ser deduzido da Fig. 7.153:

com $x = h_K/\text{tg } \alpha K$ e

$$x = \frac{d}{2} \cdot \left(\text{sen } \alpha_K - \frac{1 - \cos \alpha_K}{\text{tg } \alpha_K} \right)$$

segue que

$$K = \frac{v_x^*}{v_x} = \frac{x}{x + \Delta x}$$

A fórmula vale somente enquanto exata, tal qual vale:

$$\frac{d}{2} \cdot (1 - \cos \alpha_K) \leq h_K,$$

ou

$$K = \frac{\dfrac{h_K}{\text{tg } \alpha_K}}{\dfrac{h_K}{\text{tg } \alpha_K} + \dfrac{d}{2} \cdot \left(\text{sen } \alpha_K - \dfrac{1 - \cos \alpha_K}{\text{tg } \alpha_K} \right)}.$$

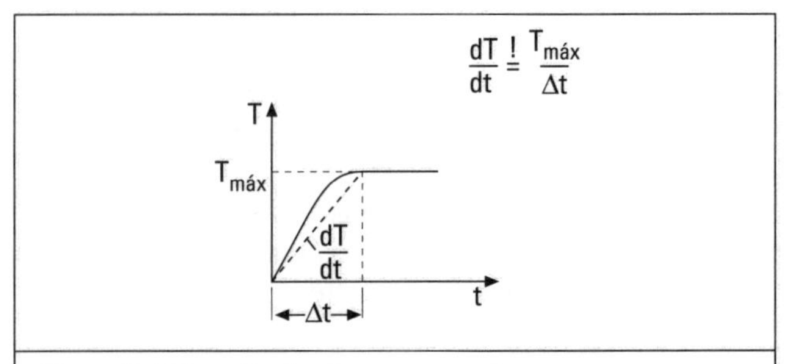

Figura 7.152 — Razão do aumento do torque.

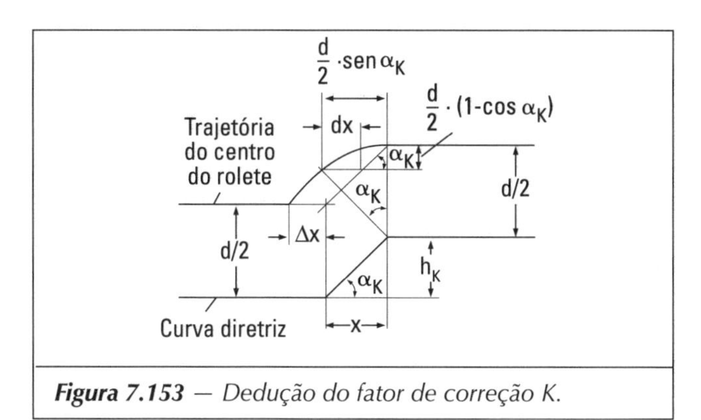

Figura 7.153 — *Dedução do fator de correção K.*

Para obtenção de valores numéricos de K, são adotadas as seguintes estimativas para

- o ângulo de subida $\alpha_K = 10 \ldots 45$ graus,
- o diâmetro do rolete seguidor $d = 60$ mm,
- a diferença de altura do cames frontal $h_K = 30$ mm ou 7,5 mm.

Os valores determinados para K pelas equações acima, estão condensados na Tab. 7.7.

Por substituição da velocidade de rotação n_K do came frontal e da consideração do fator de correção K, a equação para o incremento do momento dT/dt fica:

$$n_K = \frac{\frac{dT}{dt}}{K \cdot \pi \cdot D_K \cdot \operatorname{tg} \alpha_K \cdot c_H \cdot l_H}$$

A faixa para regulagem da rotação R

$$R = \frac{n_{K\,\text{máx}}}{n_{K\,\text{mín}}}$$

é calculada a seguir.

Se, com base no conceito da solução, se considera o diâmetro do came frontal D_K, a rigidez c_H e o comprimento da alavanca l_H como constantes, pode-se determinar pela equação acima, em função dos parâmetros restantes dT/dt, K e α_K, os dois casos extremos para a velocidade de rotação n_K do came de tambor, Tab. 7.8. Nesse caso C é uma constante considerando as unidades e os demais valores constantes (π, D_K, c_H e l_H).

Com isso, a faixa de regulagem da rotação R resulta igual a

$$R = \frac{305 \cdot C}{116 \cdot C} = 2{,}6.$$

Isto significa que:

- A função - comandar intensidade e tempo - não pode ser satisfeita unicamente pelo came de tambor;
- com a conservação do conceito básico, a estrutura da função terá que ser modificada;
- o came frontal terá que receber um acionamento que varia com a velocidade de rotação, com uma faixa para regulagem da velocidade de rotação próxima a $R = 2{,}6$.

A Fig. 7.154 mostra a variante da estrutura da função suplementada (Fig. 6.45) com a subfunção adicional "*variar rotação*", que poderia ser realizada, p. ex., por um motor com variação contínua da velocidade de rotação. Aqui, também são possíveis outras variantes (4/1 a 4/3).

Com base nas relações expostas, a especificação do came frontal em termos quantitativos forneceu os seguintes valores para as principais características:

Flexibilidade da alavanca $c_H = 700$ N/mm, comprimento da alavanca $l_H = 850$ mm, diâmetro do cilindro $D_K = 300$ mm, faixa do ângulo de subida $\alpha_K = 45 \ldots 10$ graus, constante C segundo Tab. 7.8 = 0,107 min^{-1}, faixa de rotação necessária para o desejado intervalo de incremento do torque ($dT/dt_{\text{máx}}$ = 125.000 Nm/s; dT/dt_{min} = 20.000 Nm/s) $n_K = 12{,}4 \ldots 32{,}6$ min^{-1} com um intervalo de regulagem $R = 2{,}6$.

Os requisitos quanto ao incremento do torque a ser implementado dT/dt podem, portanto, ser satisfeitos com as variáveis adotadas.

A situação muda em relação ao tempo de permanência exigido para o momento máximo. Este resulta em $t_H = 1/2\, n_K$ = 2,4 ...0,92 s, portanto, abaixo do valor exigido de 3 s. Após um entendimento com o cliente, a exigência foi reduzida para $t_H \geqslant 1$ s, o que pode ser concretizado aproveitando-se um pouco mais da metade da circunferência do cilindro curvo.

A representação em escala dos portadores da função principal, determinantes da configuração, ainda exigiu o prévio esclarecimento das seguintes questões:

- Como fica o arranjo espacial da fixação do corpo-de-prova e do cilindro curvo?
- Até que ponto os portadores de funções auxiliares precisam ser considerados?

Pelos motivos seguintes foi decidido que a fixação do corpo-de-prova deverá ser horizontal e, em conseqüência disso,

Tabela 7.7 Valores de referência para o fator de correção K

h_k mm	α_k graus	45	40	30	20	10
7,5	K	0,41	0,45	0,62	0,79	0,94
30	K	0,71	0,76	0,87	0,94	0,98

Tabela 7.8 Determinação de $n_{K\,\text{mín}}$ e $n_{K\,\text{máx}}$

	dT/dt	α_k	K	n_K
Valor mínimo	20	10	0,98	116 C
Valor máximo	125	45	0,41	305 C

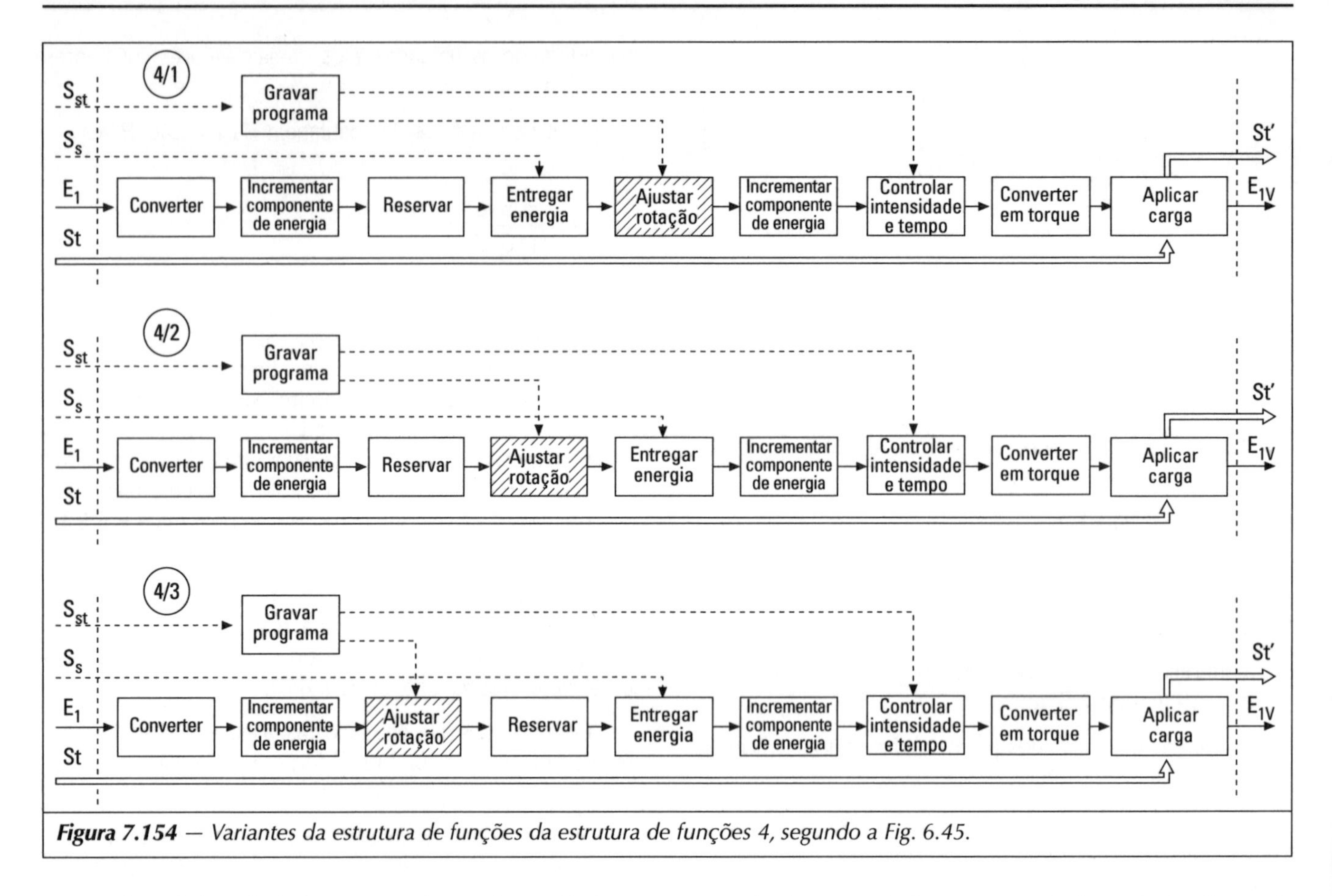

Figura 7.154 — *Variantes da estrutura de funções da estrutura de funções 4, segundo a Fig. 6.45.*

o came frontal deverá girar em torno de um eixo vertical:

- Fácil substituição da ligação com o corpo-de-prova e do came de tambor ↦ Configuração considerando a montagem,
- Acesso fácil à ligação com o corpo-de-prova para fins de medições ↦ Configuração considerando a utilização,
- Fácil transferência à fundação das forças de sujeição na conexão do corpo-de-prova ↦ Transferência de forças breve e direta,
- Fácil conversibilidade do banco de ensaios para outros formatos dos corpos-de-prova (principalmente no caso de corpos-de-prova de maior comprimento) ↦ Configuração considerando a segurança.

A necessidade de portadores de funções auxiliares é estimada e sua demanda é definida com base na experiência. Assim, p. ex., resulta que:

- por causa da força axial F_A e da força perimetral F_U, presentes no came frontal

$$F_A = F_U = \frac{T_{máx}}{l_H} = 17,6 \text{ kN}$$

são necessários mancais separados para o seu suporte, e

- que o diâmetro externo da ligação flangeada entre a conexão do corpo-de-prova e a alavanca, assim como nos acoplamentos com rigidez torcional, deve valer em torno de $D_a = 400$ mm.

Revela-se, contudo, que os portadores de funções auxiliares têm influência apenas secundária sobre as proporções da configuração.

A Fig. 7.155a mostra o esboço da configuração com base na variante 4/1 da estrutura de funções, no qual o comando da velocidade de rotação é realizado por um variador de velocidade que, no fluxo de energia, está localizado atrás da embreagem. A Fig. 7.155b mostra o esboço da configuração com base na variante 4/2 da estrutura de funções, na qual o variador de velocidade foi colocado na frente da embreagem. A variante 4/3 (Fig. 7.155c) utiliza um motor de acionamento variável.

5. Etapa principal: Seleção de projetos de desenho mais adequados

Das variantes de configuração projetadas, foi selecionada a variante 4/3 para a subseqüente concretização, pois, com auxílio do motor de acionamento variável (integração de funções) resulta uma construção significativamente menor.

6. Etapa principal: Esboço da configuração dos demais portadores da função principal

O esboço da configuração dos demais portadores da função principal é realizado com base nos seguintes requisitos reconhecidos na quarta etapa de trabalho:

- Intervalo da velocidade de rotação de acionamento do came de tambor:
  $n_K = 12{,}4 \ldots 32{,}6 \text{ min}^{-1}$,
- Intervalo de regulagem da rotação
  $R = 2{,}6$,
- Torque de acionamento do cilindro em curva em virtude de:
  $$T_K = F_U \cdot (D_K/2) \quad \text{e} \quad F_U = F_A = \frac{T}{l_H}$$
  segue-se que $T_K = 2.650$ Nm,
- Potência de acionamento do cilindro em curva em virtude de:
  $P_K = T_K\, \omega_K$ segue que $P_K = 9$ kW.

Por motivos de segurança, para a máxima velocidade de rotação do volante (e assim, também, para a máxima velocidade de rotação do motor n_M) foi adotado o valor:

$n_S = 1.000 \text{ min}^{-1}$.

Portanto, a relação de transmissão necessária fica:

$i = 80{,}7 \ldots 30{,}7$

As características dos demais portadores da função principal podem ser avaliadas conforme segue:

- Torque a ser transmitido pelo acoplamento:
  $T_{KU} = T_K/i$

pelo torque de acionamento do came frontal $T_K = 2.650$ Nm e da respectiva relação de multiplicação i entre o came frontal e o acoplamento.

- Momento de inércia do volante:
  $$J_S = \frac{T_S \cdot \Delta t}{2 \cdot \pi \cdot n_S \cdot \Delta n}$$

do respectivo torque T_S restituído pelo volante, da duração do impacto Δt, da respectiva velocidade de rotação do volante n_S, e da redução admissível na velocidade de rotação $\Delta n = 5\%$).

- Potência do motor elétrico PM após o cálculo do torque de aceleração necessário T_B
  $$T_B = \frac{J_S \cdot 2 \cdot \pi \cdot n_M}{t_M} < T_{B\,\text{máx}}$$

através do momento de inércia do volante J_S, da velocidade do motor n_M bem como do tempo para alcançar a velocidade de regime $t_M = 10$ s e do torque de aceleração máximo do motor $T_{B\text{máx}}$ de acordo com as indicações do fabricante.

Os valores calculados para as principais características constam da Tab. 7.9.

Esses portadores da função principal, com exceção do volante, encontram-se à venda no comércio como subconjuntos e foram selecionados da seguinte maneira:

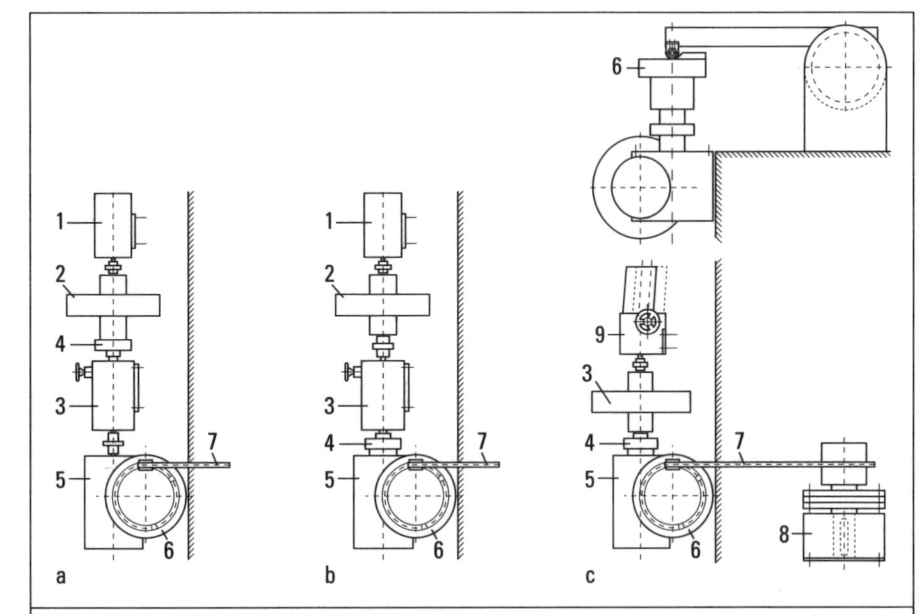

*Figura 7.155 — Disposição dos portadores da função principal: **a** para a variante 4/1 da estrutura de funções; **b** para a variante 4/2 da estrutura de funções; **c** para a variante 4/3 da estrutura de funções, 1 Motor, 2 Volante, 3 Câmbio, 4 Acoplamento móvel, 5 Par coroa e rosca-sem-fim (transmissão em ângulo), 6 Came cilíndrico, 7 Alavanca de transmissão, 8 Ligação com o corpo-de-prova, 9 Motor com transmissão regulável.*

Tabela 7.9 — Portadores da função principal dependentes do projeto da forma da variante da estrutura de funções 4/3

Função	Portador da função	Valores calculados
Transformar energia	Motor elétrico com controle mecânico	Potência $P_M = 1{,}1$kW
Incrementar componente da energia		Rotação $n_M = 380 \ldots 1.000 \text{ min}^{-1}$
Regular velocidade de rotação	- Variante 4/3	Intervalo de regulagem $R = 2{,}6$
Armazenar energia	Volante	Momento de inércia $J_S = 1{,}4 \text{ kg·m}^2$
		Rotação $n_S = 380 \ldots 1.000 \text{ min}^{-1}$
Transmitir energia	Embreagem eletromagnética	Momento transmissível $T_{KU} = 86$ Nm
Incrementar componente de energia	Transmissão	Potência $P_G = 9$ kW
		Torque de saída $T_G = 2.650$ Nm
		Rotação corresp. $n_G = 32{,}6 \text{ min}^{-1}$
		Relação de multiplicação $i_G = 40{,}7$

- Transmissão
  Coroa e rosca-sem-fim Cavex modelo CHVW 160 (Firma Flender)
  Potência $P_G = 9{,}1$ kW
  Torque de saída $T_G = 3.800$ Nm com $n_G = 32{,}3$ min^{-1}
  Relação de transmissão $i_G = 31$
- Acoplamento eletromagnético
  Acoplamento eletromagnético sem anéis coletores, modelo 0-008-301, tamanho 17 (Firma Ortlinghaus)
  Momento transmissível $T_{KU} = 120$ Nm
- Motor regulável
  Acionador padrão Stöber R25-0000-075-4
  Potência $P_M = 0{,}75$ kW
  Velocidade de rotação $n_M = 350...1.750$ min^{-1}
  Intervalo de regulação da rotação $R = 5$
- Especificação do volante
  Rotação $n_s = 1010$ min^{-1}
  Momento de inércia $J_S = 1{,}9$ kg m^2

Devido à não-consideração das perdas como, p. ex., atrito, o valor de J_s até agora previsto foi aumentado um pouco.

Por razões de economia de peso, o volante é executado na forma de um cilindro vazado:

- Diâmetro externo: $D_A = 480$ mm
- Diâmetro interno: $D_I = 410$ mm
- Largura: $B = 100$ mm
- Massa: $m = 38$ kg

A elaboração de um esboço do projeto em escala processa-se com base nos portadores da função principal, representados na Fig. 7.154c, acrescidos do último portador da função principal, o quadro.

Uma vez que a altura dos mancais da alavanca junto com a fixação do corpo-de-prova é muito menor do que a altura do came frontal com acionamento completo foi, em comum acordo com o cliente, definida a seguinte condicionante geométrica para o banco de ensaio, Fig. 7.156.

Como semi-acabado para o quadro, será usado perfil em U, pelos seguintes motivos:

- Grande momento de inércia com área pequena,
- Sem cantos arredondados,
- Presentes três superfícies de referência planas,

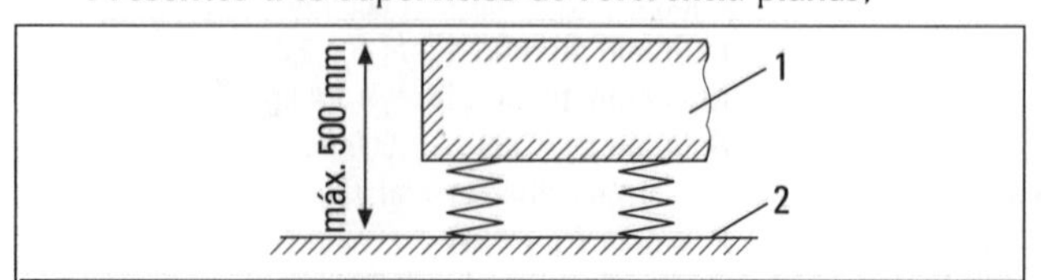

Figura 7.156 — Condições de contorno finais em 3 dimensões. 1 Placa da base para fixação da máquina de ensaio, 2 Fundação.

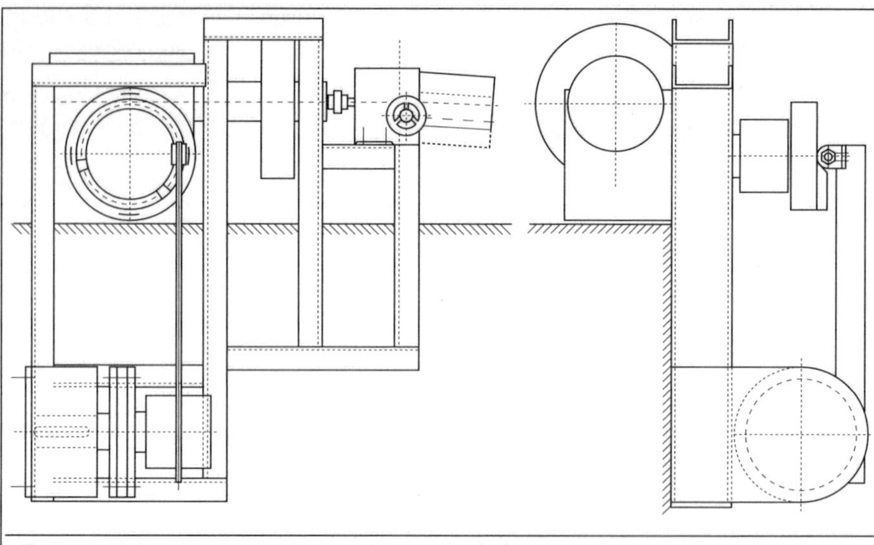
Figura 7.157 — Esboço completo do projeto da forma.

- Semi-acabado de baixo preço.

A Fig. 7.157 mostra agora o esboço do projeto completo.

7. Etapa principal: Busca de soluções para funções auxiliares

A elaboração de um projeto detalhado da configuração em escala encerra as seguintes etapas de trabalho:

- Busca e seleção de soluções para portadores de funções auxiliares,
- Configuração detalhada dos portadores da função principal com base nos portadores das funções auxiliares,
- Configuração detalhada de portadores de funções auxiliares.

Porém, a separação rigorosa dessas etapas de trabalho não pode mais ser sustentada na mesma proporção em que era possível na elaboração do esboço do projeto do desenho. A influência mútua é muito maior em virtude do alto grau de concretização e, freqüentemente, exige a reiteração das etapas de trabalho com um estágio de informações mais elevado.

Os portadores das funções auxiliares podem ser subdivididos em três grupos:

- Portadores de funções auxiliares para combinações dos portadores de funções principais entre si.
- Portadores de funções auxiliares, que possibilitam apoiar sobre o chassi os portadores de funções principais, móveis.
- Portadores de funções auxiliares para apoiar rigidamente sobre o chassi os portadores de funções principais.

Foram encontradas as seguintes soluções:

Portadores de funções auxiliares para combinações dos portadores de funções principais entre si são:

- Junção flangeada entre a alavanca e a fixação do corpo-de-

prova: acoplamento de membrana trabalhando por forma, para evitar momentos fletores adicionais e assegurar uma montagem fácil.
- Acoplamento com rigidez torcional entre um sistema de transmissão composto de coroa e parafuso de rosca sem-fim e o came de tambor.

A conexão entre o sistema coroa e rosca-sem-fim e o came frontal pode ocorrer de duas maneiras, Fig. 7.158:

- Sistema coroa e rosca sem-fim com eixo vazado - cames de tambor.
- Sistema coroa e rosca-sem-fim - acoplamento com rigidez torcional - came de tambor.

Os seguintes motivos colaboram para o emprego de um acoplamento com rigidez torcional:

- Possibilidade de uma montagem em separado do sistema coroa e rosca-sem-fim e do came de tambor ↦ Configuração considerando a montagem.
- Nenhuma interferência com o chassi por causa de uma posição muito elevada para o eixo ↦ Configuração simples.
- Nenhum trabalho extra para a centragem do sistema coroa rosca-sem-fim e do came frontal ↦ Configuração considerando a produção.

Um acoplamento com rigidez à torção Arpex (Firma Flender) será utilizado.

- Acoplamento elástico à torção, entre volante e motor elétrico: Acoplamento Roflex (Firma Flender).

Portadores de funções auxiliares que possibilitam apoiar portadores móveis das funções principais sobre o chassi:

- Mancais do volante.

Requisitos: Produção do volante, simples (ou seja, fácil balanceamento), tecnologia de segurança direta (princípio da falha segura) com relação às forças dinâmicas a serem absorvidas, disposição suspensa dos mancais no chassi.

Aqui não é possível a utilização de componentes à venda no comércio (caixa e rolamento), uma vez que as caixas dos rolamentos, em geral fundidas, são projetadas mais para trabalharem na posição vertical. Uma vez que a magnitude das forças dinâmicas atuantes, por causa da produção do volante na própria fábrica, é relativamente incerta, tornou-se necessária uma configuração especial para o acoplamento cinemático.

- Acoplamento cinemático do came frontal e da alavanca: Rolamentos à venda no comércio.

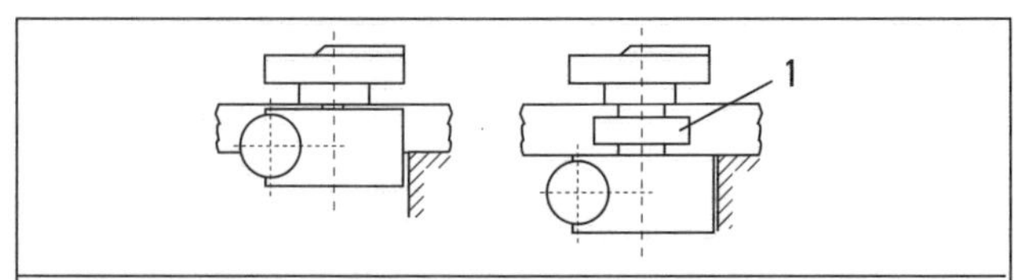

Figura 7.158 — *Ligação do par coroa e rosca-sem-fim com o came cilíndrico, 1 Acoplamento.*

Portadores de funções auxiliares para acoplamento rígido dos portadores de funções principais com o chassi:

- Como elementos de uniões são utilizados semi-acabados simples (chapas soldadas), aos quais são parafusados os portadores das funções principais.
- Especiais: União do cubo de ensaio com a alavanca (ou chassi).

  Requisitos: Uniões facilmente montáveis e removíveis, deslocáveis na direção longitudinal, sem ajustes, sem tolerâncias precisas.

É utilizado um subconjunto de sujeição de anéis elásticos RfN 7012 (Firma Ringfeder).

8. Etapa principal: Detalhamento da configuração dos portadores da função principal considerando os portadores da função auxiliar

Os portadores da função principal são ajustados às soluções, agora definitivas, para os portadores de funções auxiliares, à medida que isso for necessário.

Pormenorizadamente, resulta o seguinte:

- Motor regulável: Componente adquirido no comércio.
- Volante: Fig. 7.159.
- Embreagem: Componente adquirido no comércio.
- Transmissão: Componente adquirido no comércio.
- Came de tambor: Fig. 7.160.
- Alavanca: Veja projeto completo do desenho (Fig. 7.161).

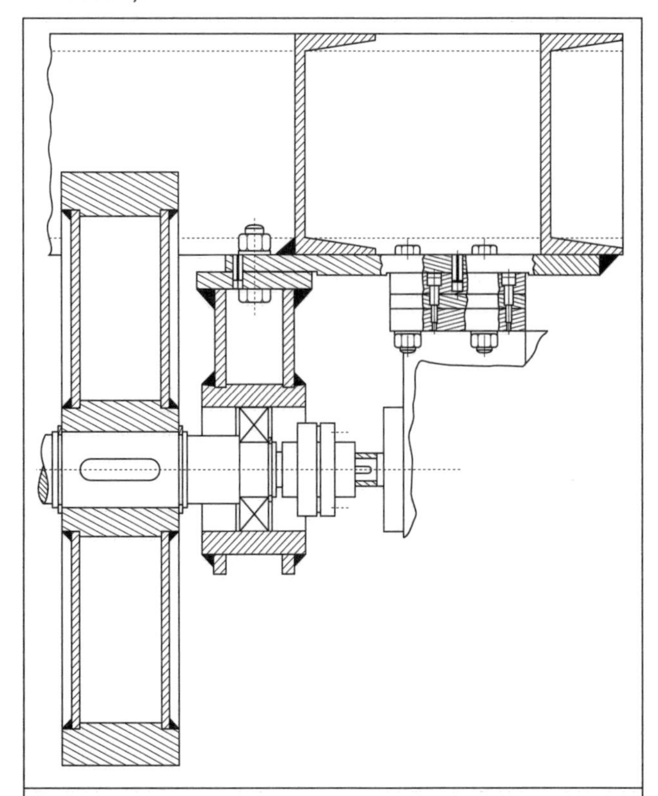

Figura 7.159 — *Volante e mancais do eixo do volante (projeto detalhado).*

- Sujeição do corpo-de-prova: Veja projeto completo do desenho (Fig. 7.161).
- Chassi: Alteração em relação ao esboço da configuração, por mudanças do modelo de construção do motor.

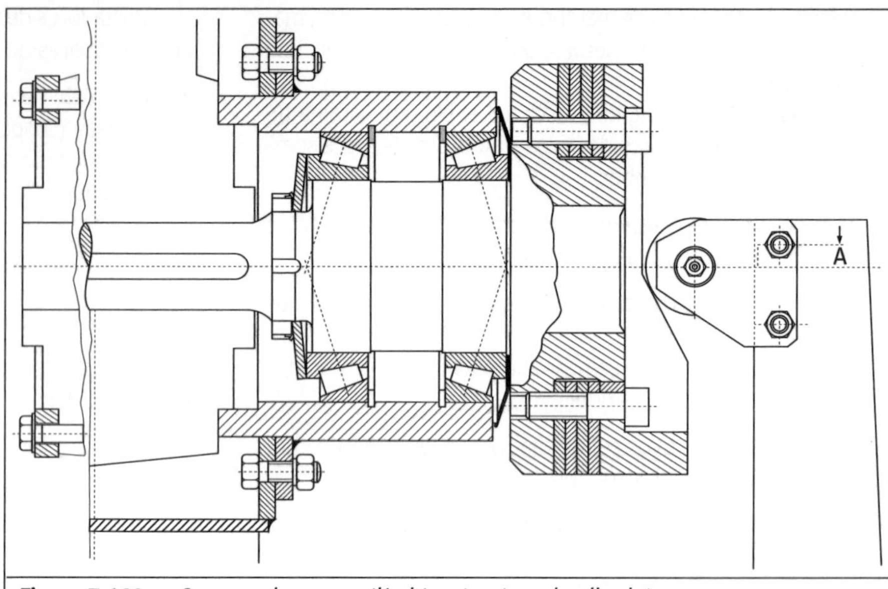

Figura 7.160 — *Suporte do came cilíndrico (projeto detalhado).*

9. Etapa principal: Detalhamento dos portadores de funções auxiliares e complementação do anteprojeto provisório

Suporte do volante (como exemplo)

- Especificação (cf. lista de verificação com as principais características para a configuração, Fig. 7.3): As forças nos suportes são estimados da seguinte forma:

  $F_L = F_{dyn} + F_{stat}$

  Com peso

  $F_{stat} = m \cdot g = 400$ N

  e a força dinâmica

  $F_{dyn} = m \cdot e_{ges} \cdot 4 \cdot \pi^2 \cdot n_S^2$.

  Com a massa $m = 40$ kg
  Velocidade de rotação $n_S = 1.750$ min^{-1} (velocidade de rotação máxima do motor)
  Excentricidade do volante $e_{ges} = 0{,}6$ mm com tolerância para as dimensões e a forma do volante: 0,3 mm
  Folga entre o eixo e o disco do volante e folga nos mancais: 0,2 mm
  Desbalanceamento do volante: 0,1 mm
  resulta uma força sobre o suporte de
  $F_L = 1130$ N

Isto significa que, mesmo com o aparecimento de forças giroscópicas adicionais, os mancais (capacidade de carga dinâmica de 65000 N) e todos os componentes localizados ao longo do fluxo das forças estão suficientemente dimensionados.

- Ressonância:
  A configuração dos suportes e do chassi tem elevada rigidez, de forma que parece remota uma excitação pelo volante (no máximo 30 Hz), na freqüência própria do chassi.
- Produção:
  A configuração é adequada à produção, uma vez que para o chassi o mancal do volante não exige dimensões com tolerâncias precisas.
- Montagem:

  Configuração do mancal do volante considerando a montagem por meio de:
  - Fácil montagem pelo lado de baixo.
  - Fácil acesso aos parafusos de solidarização.
  - Fácil ajustagem do acoplamento eletromagnético com posicionamento dos mancais do volante por meio de pinos ajustados (também possível sem a presença do volante), através do uso de anéis espaçadores.
- Manutenção:
  Configuração considerando a manutenção, pelo emprego de mancais que dispensam manutenção.

Como resultado das etapas do anteprojeto apresentadas, a Fig. 7.161 mostra o atual estágio do anteprojeto completo do banco de ensaios.

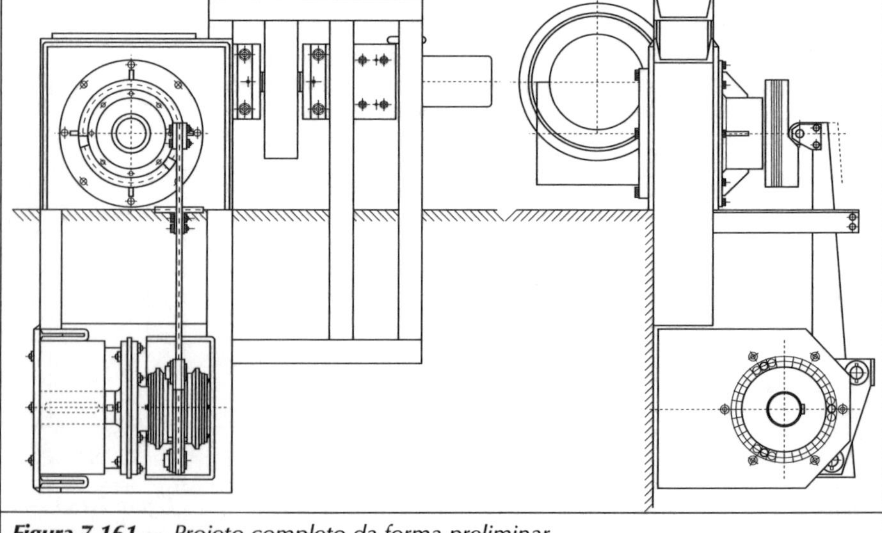

Figura 7.161 — *Projeto completo da forma preliminar.*

10. Etapa principal: Avaliação de acordo com critérios técnicos e econômicos

Já que apenas um projeto foi executado, o significado da avaliação não é selecionar, porém julgar o atual projeto, de acordo com critérios concretos relacionados aos requisitos, com o objetivo de identificar e corrigir eventuais pontos fracos.

De acordo com 3.3.2, o procedimento divide-se nas seguintes etapas:

- Reconhecer critérios de avaliação,
- Avaliação das características com relação ao cumprimento dos critérios de avaliação,
- Determinação da valoração global,
- Busca de pontos fracos.

Para os pontos fracos detectados, é eventualmente formulada uma proposta de melhoria.

Critérios já reconhecidos como critérios de avaliação relevantes no sistema de objetivos para avaliação da concepção foram efetivamente assumidos, sendo que dos 13 critérios, somente foram utilizados 11, Fig. 7.162. Uma ponderação pareceu desnecessária.

As características almejadas ou calculadas do banco de ensaios projetado (Fig. 7.161) foram avaliadas de acordo com a VDI 2225, em relação a uma solução ideal fictícia com base em uma escala grosseira de 0 a 4 pontos, já que um maior esforço de avaliação não se mostrou compensador. A Fig. 7.162 mostra o resultado da avaliação.

Critérios de avaliação			Parâmetros		Variante 4/3			Variante 4/3 modificada		
					Magnitude	Valor	Valor ponderado	Magnitude	Valor	Valor ponderado
Nº		Peso		Unidade	e_{i1}	w_{i1}	wg_{i1}	e_{i2}	w_{i2}	wg_{i2}
1	Boa reprodutibilidade		Influências perturbadoras	—	reduzido	4				
2				—						
3				—						
4	Tolerância a sobrecargas		Reserva a sobrecargas	%	10	3				
5	Elevada segurança de trabalho		Risco de acidente		médio	2		veja o texto	4	
6	Pequena possibilidade de erros de operação		Possibilidade de erros de operação	—	elevada	1		veja o texto	3	
7	Pequeno número de componentes		Número de componentes	—	pequeno	3				
8	Discreta complexidade dos componentes		Complexidade dos componentes	—	discreta	3				
9	Muitos componentes padronizados e comprados fora		Proporção dos componentes padronizados e comprados fora	—	elevado	4				
10	Montagem simples		Simplicidade na montagem	—	elevada	3				
11	Fácil alteração do perfil do carregamento		Alteração do perfil do carregamento	—	ruim	3		veja o texto	2	
12	Rápida substituição da ligação com o corpo-de-prova		Estimativa do tempo de substituição da ligação com o corpo-de-prova	—	médio	2		veja o texto	2	
13	Boa acessibilidade aos sistemas de medição		Acessibilidade aos sistemas de medição	—	boa	3				
		$\Sigma g_i = 1,0$		$Gw_1=29$ $W_1=0,66$					$Gw_2=34$ $W_2=0,77$	

***Figura 7.162** — Lista de avaliação para avaliação da procura de pontos fracos para o projeto da forma da Fig. 7.161 (não foram assumidos todos os critérios de avaliação do sistema de objetivos (Fig. 6.54) e da avaliação do conceito (Fig. 6.55); a ponderação também não foi considerada).*

Para a determinação do valor global, somente foi empregada a valoração técnica, pois os dados para a determinação formal da valoração econômica, não se encontravam à disposição:

$W = 29/44 = 0{,}66.$

Com base nesse baixo valor global, pareceu compensadora a contemplação de pontos fracos:

A busca por pontos fracos acontece pela localização de características com pontuação menor. Para características com um ou dois pontos, eventualmente, faz-se de imediato uma proposta de melhoria:

- Reduzida possibilidade de erro na operação,
  Ponto fraco: Velocidade de rotação do motor.
  - A rotação pode ser ajustada acima da rotação necessária para a máxima subida do torque.
  - O amaciamento do motor, pelo aquecimento que provoca, só pode ser realizado ajustando a rotação para um valor situado na região inferior da faixa de rotação.

  Solução: Com um conta-giros ofertado pelo fabricante pode ser marcado o intervalo de rotação admissível para amaciamento e rotação em serviço normal. Além disso, desligamento automático em caso de excesso de rotação!
- Fácil possibilidade de alteração da curva do carregamento.
  Ponto fraco: Por causa da força de aperto da alavanca sobre o came de tambor, a troca do came de tambor não é possível.
  Solução: Dispositivo para alçar a alavanca.
- Elevada segurança operacional:
  Ponto fraco: Falta de proteção contra o giro do came frontal.
  Solução: Prever grade de proteção.
- Troca rápida da fixação do corpo-de-prova.
  Ponto fraco: Elevado trabalho por causa da grande quantidade de parafusos que precisam ser afrouxados no conjunto de aperto formado por anéis elásticos.

Figura 7.163 *— Máquina de testes para cargas pulsantes depois de montada, conforme [188].*

Solução: Não é possível uma solução, pois as uniões correspondentes, atuando por forma, exigem altos investimentos na tecnologia de produção.

As melhorias estão transcritas na lista de avaliação (Fig. 7.162).

As demais etapas de trabalho no projeto, propostas na Fig. 7.1, para definição da configuração completa, não são mais abordadas aqui por razões de extensão. Elas também não foram integralmente executadas durante o desenvolvimento da máquina de ensaio, pois a presente tarefa de projeto se referia a uma máquina avulsa para um instituto de pesquisas, em que o grau de otimização não precisava ser demasiadamente elevado. O detalhamento com etapas de trabalho, de acordo com a Fig. 8.1, também não será tratado aqui, pois requer basicamente etapas convencionais de projeto e detalhamento de desenhos. A Fig. 7.163 mostra o banco de ensaios pulsante fabricado, que atendeu às principais expectativas e que confirmou a conveniência do projeto sistemático, o que foi realizado por [122].

Referências

1. AEG-Telefunken: Biegen. Werknormblatt 5 N 8410 (1971).
2. Andreasen, M. M.; Kähler, S.; Lund, T.: Design for Assembly. Berlim: Springer 1983. Deutsche Ausgabe: Montagegerechtes Konstruieren. Berlim: Springer 1985.
3. Andresen, U.: Die Rationalisierung der Montage beginnt im Konstruktionsbüro. Konstruktion 27 (1975) 478-484. Ungekürzte Fassung mit weiterem Schrifttum; Ein Beitrag zum methodischen Konstruieren bei der montagegerechten Gestaltung von Teilen der Großserienfertigung. Diss. TU Braunschweig 1975.
4. Beelich, K. H.: Kriech- und relaxationsgerecht. Konstruktion 25 (1973) 415-421.
5. Behnisch, H.: Thermisches Trennen in der Metallbearbeitung - wirtschaftlich und genau. ZwF 68 (1973) 337-340.
6. Beitz, W.: Technische Regeln und Normen in Wissenschaft und Technik. DIN-Mitt.64 (l985) 114-115.
7. Beitz, W.: Was ist unter "normungsfähig" zu verstehen? Ein Standpunkt aus der Sicht der Konstruktionstechnik. DIN-Mitt.61 (1982) 518-522.
8. Beitz,W.: Moderne Konstruktionstechnik im Elektromaschinenbau. Konstruktion 21 (l969) 461-468.
9. Beitz, W.: Möglichkeiten zur material- und energiesparenden Konstruktion. Konstruktion 42 (1990) 12, 378-384.

10. Beitz, W.; Hove, U.; Poushirazi, M.: Altteileverwendung im Automobilbau. FAT Schriftenreihe Nr.24. Frankfurt: Forschungsvereinigung Automobiltechnik 1982 (mit umfangreichem Schriftum).

11. Beitz, W.; Grieger, S.: Günstige Recyclingeigenschaften erhöhen die Produktqualität. Konstruktion 45 (1993) 415-422.

12. Beitz, W.; Meyer, H.: Untersuchungen zur recyclingfreundlichen Gestaltung von Haushaltsgroßgeräten. Konstruktion 33 (1981) 257-262, 305-315.

13. Beitz, W.; Pourshirazi, M.: Ressourcenbewusste Gestaltung von Produkten. Wissenschaftsmagazin TU Berlim, Heft 8: 1985.

14. Beitz, W.; Wende, A.: Konzept für ein recyclingorientiertes Produktmodell. VDI-Notícias 906. Düsseldorf: VDI-Editora 1991.

15. Beitz, W.; Staudinger, H.: Guss im Elektromaschinenbau. Konstruktion 21 (1969) 125-130.

16. Bertsche, B.; Lechner, G.: Zuverlässigkeit im Maschinenbau. 2ª Edição. Berlim: Springer 1999.

17. Biezeno, C. B.; Grammet, R.: Technische Dynamik, Bd.1 und 2, 2ª Edição. Berlim: Springer 1953.

18. Birnkraut, H. W.: Wiederverwerten von Kunststoff-Abfällen. Kunststoffe 72 (1982) 415-419.

19. Bode, K.-H.: Konstruktions-Atlas "Werkstoff- und verfahrensgerecht konstruieren". Darmstadt: Hoppenstedt 1984.

20. Böcker, W.: Künstliche Beleuchtung: ergonomisch und energiesparend. Frankfurt/M.: Campus 1981.

21. Brandenberger, H.: Fertigungsgerechtes Konstruieren. Zurique: Schweizer Druck- und Verlagshaus.

22. Brinkmann, T.; Ehrenstein, G. W.; Steinhilper, R.: Umwelt- und recyclinggerechte Produktentwicklung. Augsburg: WEKA-Fachverlag 1994

23. Budde, E.; Reihlen, H.: Zur Bedeutung technischer Regeln in der Rechtsprechungspraxis der Richter. DIN-Mitt.63 (1984) 248-250.

24. Bullinger, H.-J.; Solf, 1. J.: Ergonomische Arbeitsmittelgestaltung. 1. Systematik; 2. Handgeführte Werkzeuge, Fallstudien; 3. Stehteile an Werkzeugmaschinen, Fallstudien. Bremerhaven: Wirtschaftsverl. NW 1979.

25. Burandt, U.: Ergonomie für Design und Entwicklung. Colônia: Editora Dr. Otto Schmidt 1978.

26. Compes, R: Sicherheitstechnisches Gestalten. Habilitationsschrift TH Aachen 1970.

27. Cornu, O.: Ultraschallschweißen. Z. Technische Rundschau 37 (1973) 25-27.

28. Czichos, H.; Habig, K.-H.: Tribologie Handbuch - Reibung und Verschleiß. Braunschweig: Vieweg 1992.

29. Dangl, K.; Baumann, K.; Rutimann, W.: Erfahrungen mit austenitischen Armaturen und Formstücken. Sonderheft VGB Werkstofftagung 1969, 98.

30. Dey, W.: Notwendigkeiten und Grenzen der Normung aus der Sicht des Maschinenbaus unter besonderer Berücksichtigung rechtsrelevanter technischer Regeln mit sicherheitstechnischen Festlegungen. DIN-Mitt.61 (1982) 578-583.

31. Dietz, R, Gummersbach, E: Lärmarm konstruieren. XVIII. Schriftenreihe der Bundesanstalt für Arbeitsschutz und Arbeitsmedizin. Dortmund: Wirtschaftsverlag NW 2000.

32. Dilling, H.-J.; Rauschenbach, Th.: Rationalisierung und Automatisierung der Montage (mit umfangreichem Schrifttum). Düsseldorf: VDI-Editora 1975.

33. DIN 820-2: Gestaltung von Normblättern. Berlim: Beuth.

34. DIN 820-3: Normungsarbeit - Begriffe. Berlim: Beuth.

35. DIN 820-21 bis -29: Gestaltung von Normblättern. Berlim: Beuth.

36. DIN ISO 1101: Form- und Lagetolerierung. Berlim: Beuth.

37. DIN EN 1838: Angewandte Lichttechnik - Notbeleuchtung. Berlim: Beuth.

38. DIN ISO 2768: Allgemeintoleranzen. Teil 1 - Toleranzen für Längen- und Winkelmaße. Teil 2 - Toleranzen für Form und Lage. Berlim: Beuth.

39. DIN ISO 2692: Form und Lagetolerierung; Maximum - Material - Prinzip. Berlim: Beuth.

40. DIN 4844- 1: Sicherheitskennzeichnung. Begriffe, Grundsätze und Sicherheitszeichen. Berlim: Beuth.

41. DIN 4844-2: Sicherheitskennzeichnung. Sicherheitsfarben. Berlim: Beuth.

42. DIN 4844-3: Sicherheitskennzeichnung; Ergänzende Festlegungen zu Teil 1 und Teil 2. Berlim: Beuth.

43. DIN 5034: Tageslicht in Innenräumen. -1: Allgemeine Anforderungen. -2: Grundlagen. -3: Berechnungen. -4: Vereinfachte Bestimmung von Mindestfenstergrößen für Wohnräume. -5: Messung. -6: Vereinfachte Bestimmung zweckmäßiger Abmessungen von Oberlichtöffnungen in Dachflächen. Berlim: Beuth.

44. DIN 5035: Innenraumbeleuchtung mit künstlichem Licht. - 1: Begriffe und allgemeine Anforderungen. -2: Richtwerte für Arbeitsstätten. -3: Spezielle Empfehlungen für die Beleuchtung in Krankenhäusern. -4: - Spezielle Empfehlungen für die Beleuchtung von Unterrichtsstätten. Berlim: Beuth.

45. DIN 5040: Leuchten für Beleuchtungszwecke. -1: - Lichttechnische Merkmale und Einteilung. -2: Innenleuchten, Begriffe, Einteilung. -3: Außenleuchten, Begriffe, Einteilung. -4: Beleuchtungsscheinwerfer, Begriffe und lichttechnische Bewertungsgrößen. Berlim: Beuth.

46. DIN 7521-7527: Schmiedestücke aus Stahl. Berlim: Beuth.

47. DIN ISO 8015: Tolerierungsgrundsatz. Berlim: Beuth.

48. DIN 8577: Fertigungsverfahren; Übersicht. Berlim: Beuth.

49. DIN 8580: Fertigungsverfahren; Einteilung. Berlim: Beuth.

50. DIN 8593: Fertigungsverfahren; Fügen - Einordnung, Unterteilung, Begriffe. Berlim: Beuth.

51. DIN 9005: Gesenkschmiedestücke aus Magnesium-Knetlegierungen. Berlim: Beuth.

52. DIN EN ISO 9241-1: Ergonomische Anforderungen für Bürotätigkeiten mit Bildschirmgeräten. Berlim: Beuth,

53. DIN EN ISO 10075-2: Ergonomische Grundlagen bezüglich psychischer Arbeitsbelastung. Berlim: Beuth

54. DIN EN ISO 11064-3: Ergonomische Gestaltung von Leitzentralen. Berlim: Beuth.

55. DIN EN 12464: Angewandte Lichttechnik - Beleuchtung von Arbeitsstätten. Berlim: Beuth.

56. DIN EN ISO 13407: Benutzer-orientierte Gestaltung interaktiver Systeme. Berlim: Beuth.

57. DIN 31000: Sicherheitsgerechtes Gestalten technischer Erzeugnisse. Allgemeine Leitsätze. Berlim: Beuth. Teilweise ersetzt durch DIN EN 292 Teil I u.2: Sicherheit von Maschinen, Grundbegriffe, allgemeine Gestaltungsleitsätze 1991.
58. DIN 31001-1, -2 u. -10: Schutzeinrichtungen. Berlim: Beuth.
59. DIN 31001-2: Schutzeinrichtungen. Werkstoffe, Anforderungen, Anwendung. Berlim: Beuth.
60. DIN 31001-5: Schutzeinrichtungen. Sicherheitstechnische Anforderungen an Verriegelungen. Berlim: Beuth.
61. DIN 31004 (Entwurf): Begriffe der Sicherheitstechnik. Grundbegriffe. Berlim: Beuth 1982. Ersetzt durch DIN VDE 31000 Teil 2: Allgemeine Leitsätze für das sicherheitsgerechte Gestalten technischer Erzeugnisse; Begriffe der Sicherheitstechnik; Grundbegriffe (1987).
62. DIN 31051: Instandhaltung; Begriffe und Maßnahmen. Berlim: Beuth.
63. DIN 31052: Instandhaltung; Inhalt und Aufbau von Instandhaltungsanleitungen. Berlim: Beuth.
64. DIN 31054: Instandhaltung; Grundsätze zur Festlegung von Zeiten und zum Aufbau von Zeitsystemen. Berlim: Beuth.
65. DIN 33400: Gestalten von Arbeitssystemen nach arbeitswissenschaftlichen Erkenntnissen; Begriffe und allgemeine Leitsätze. Beiblatt 1 - Beispiel für höhenverstellbare Arbeitsplattformen. Berlim: Beuth.
66. DIN 33401: Stellteile; Begriffe, Eignung, Gestaltungshinweise. Beiblatt 1 - Erläuterungen zu Ersatzmöglichkeiten und Eignungshinweisen für Hand-Stellteile. Berlim: Beuth.
67. DIN 33402: Körpermaße des Menschen; -1 Begriffe, Messverfahren. -2 Werte; Beiblatt 1 - Anwendung von Körpermaßen in der Praxis; -3 Bewegungsraum bei verschiedenen Grundstellungen und Bewegungen. Berlim: Beuth.
68. DIN 33403: Klima am Arbeitsplatz und in der Arbeitsumgebung; 1 - Grundlagen zur Klimaermittlung 2 - Einfluss des Klimas auf den Menschen.3 - Beurteilung des Klimas im Erträglichkeitsbereich. Berlim: Beuth.
69. DIN 33404: Gefahrensignale für Arbeitsstätten; 1 - Akustische Gefahrensignale; Begriffe, Anforderungen, Prüfung, Gestaltungshinweise. Beiblatt 1 Akustische Gefahrensignale; Gestaltungsbeispiele.2 - Optische Gefahrensignale; Begriffe, Sicherheitstechnische Anforderungen, Prüfung. 3 - Akustische Gefahrensignale; Einheitliches Notsignal, Sicherheitstechnische Anforderungen, Prüfung. Berlim: Beuth.
70. DIN 33408: Körperumrissschablonen.1 - Seitenansicht für Sitzplätze. Beiblatt 1 - Anwendungsbeispiele. Berlim: Beuth.
71. DIN 33411: Körperkräfte des Menschen. 1 - Begriffe, Zusammenhänge, Bestimmungsgrößen. Berlim: Beuth.
72. DIN 33412 (Entwurf): Ergonomische Gestaltung von Büroarbeitsplätzen; Begriffe, Flächenermittlung, Sicherheitstechnische Anforderungen. Berlim: Beuth 1981.
73. DIN 33413: Ergonomische Gesichtspunkte für Anzeigeeinrichtungen.1 - Arten,Wahrnehmungsaufgaben, Eignung. Berlim: Beuth.
74. DIN 33414: Ergonomische Gestaltung von Warten. 1 - Begriffe; Maße für Sitzarbeitsplätze. Berlim: Beuth.
75. DIN 40041: Zuverlässigkeit elektrischer Bauelemente. Berlim: Beuth.
76. DIN 40042 (Vornorm): Zuverlässigkeit elektrischer Geräte, Anlagen und Systeme. Berlim: Beuth 1970.
77. DIN IEC-73/VDE 0199: Kennfarben für Leuchtmelder und Druckknöpfe. Berlim: Beuth 1978.
78. DIN 43 602: Betätigungssinn und Anordnung von Bedienteilen. Berlim: Beuth.
79. DIN 50320: Verschleiß; Begriffe, Systemanalyse von Verschleißvorgängen, Gliederung des Verschleißgebietes. Berlim: Beuth.
80. DIN 50900 Teil 1: Korrosion der Metalle. Allgemeine Begriffe. Berlim: Beuth.
81. DIN 50900 Teil 2: Korrosion der Metalle. Elektrochemische Begriffe. Berlim: Beuth.
82. DIN 50960: Korrosionsschutz, galvanische Uberzüge. Berlim: Beuth.
83. DIN 66233: Bildschirmarbeitsplätze; Begriffe. Berlim: Beuth.
84. DIN 66234: Bildschirmarbeitsplätze.1 - Geometrische Gestaltung der Schriftzeichen. 2 (Entwurf) - Wahrnehmbarkeit von Zeichen auf Bildschirmen. 3 - Gruppierungen und Formatierung von Daten.5 - Codierung von Information. Berlim: Beuth.
85. DIN - Handbuch der Normung. Bd.1: Grundlagen der Normungsarbeit, 9ª Edição. Berlim: Beuth 1993.
86. DIN - Handbuch der Normung. Bd.2: Methoden und Datenverarbeitungssysteme, 7ª Edição. Berlim: Beuth 1991.
87. DIN - Handbuch der Normung, Bd. 3: Führungswissen für die Normungsarbeit, 7. Edição. Berlim: Beuth 1994.
88. DIN - Handbuch der Normung, Bd. 4: Normungsmanagement, 4ª Edição. Berlim: Beuth 1995.
89. DIN - Katalog für technische Regeln, Bd.I Teil 1 und Teil 2. Berlim: Beuth.
90. DIN - Normungsheft 10: Grundlagen der Normungsarbeit des DIN. Berlim: Beuth 1995.
91. DIN - Taschenbuch 1: Grundnormen, 2ª Edição. Berlim: Beuth 1995.
92. DIN - Taschenbuch 3: Normen für Studium und Praxis, 10ª Edição. Berlim: Beuth 1995.
93. DIN - Taschenbuch 22: Einheiten und Begriffe für physikalische Größen, 7ª Edição. Berlim: Beuth 1990.
94. Dittmayer, S.: Leitlinien für die Konstruktion arbeitsstrukturierter und montagegerechter Produkte. Industrie-Anzeiger 104 (1982) 58-59.
95. Dobeneck, v. D.: Die Elektronenstrahltechnik - ein vielseitiges Fertigungsverfahren. Feinwerktechnik und Micronic 77 (1973) 98-106.
96. Ehrlenspiel, K.: Mehrweggetriebe für Turbomaschinen. VDI-Z.111 (1969) 218-221.
97. Ehrlenspiel, K.: Planetengetriebe - Lastausgleich und konstruktive Entwicklung.VDI-Notícias Nr.105,57-67. Düsseldorf: VDI-Editora 1967.
98. Eichner, V.; Voelzkow, H.: Entwicklungsbegleitende Normung: Integration von Forschung und Entwicklung, Normung und Technikfolgenabschätzung. DIN-Mitteilung 72 (1993) Nr.12.
99. Endres, W.: Wärmespannungen beim Aufheizen dickwandiger Hohlzylinder. Brown Boveri-Mitteilungen (1958) 21-28.
100. Erker, A.; Mayer, K.: Relaxations- und Sprödbruchverhalten von warmfesten Schraubenverbindungen.VGB Kraftwerkstechnik 53 (1973) 121-131.

101. Eversheim, W.; Pfeffekoven, K. H.: Aufbau einer anforderungsgerechten Montageorganisation. Industrie-Anzeiger 104 (1982) 75-80.

102 Eversheim, W.; Pfeffekoven, K. H.: Planung und Steuerung des Montageablaufs komplexer Produkte mit Hilfe der EDV. VDI-Z.125 (1983),217-222.

103. Eversheim, W.; Müller, W.: Beurteilung von Werkstücken hinsichtlich ihrer Eignung für die automatisierte Montage. VDI-Z.125 (1983) 319-322.

104. Eversheim, W.; Müller, W.: Montagegerechte Konstruktion. Proc. of the 3rd Int. Conf on Assembly Automation in Böblingen (1982) 191-204.

105. Eversheim, W.; Ungeheuer, U.; Pfeffekoven, K. H.: Montageorientierte Erzeugnisstrukturierung in der Einzel- und Kleinserienproduktion - ein Gegensatz zur funktionsorientierten Erzeugnisgliederung? VDI-Z.125 (1983) 475-479.

106. Fachverband Pulvermetallurgie: Sinterteile - ihre Eigenschaften und Anwendung. Berlim: Beuth 1971.

107. Falk, K.: Theorie und Auslegung einfacher Backenbremsen. Konstruktion 19 (1967) 268-271.

108. Feldmann, H. D.: Konstruktionsrichtlinien für Kaltfließpreßteile aus Stahl. Konstruktion 11 (1959) 82-89.

109. Flemming, M.; Zigg, M.: Recycling von faserverstärkten Kunststoffen. Konstruktion 49 (1997) H.5, 21-25.

110. Florin, C.; Imgrund, H.: Über die Grundlagen der Warmfestigkeit. Arch. Eisenhüttenwesen 41 (1970) 777-778.

111. Frick, R.: Erzeugnisqualität und Design. Berlim: Editora Técnica 1996. Fachmethodik für Designer - Arbeitsmappe. Halle: An-Institut CA & D e. V 1997.

112 Gairola, A.: Montagegerechtes Konstruieren - Ein Beitrag zur Konstruktionsmethodik. Diss. TU Darmstadt 1981.

113. Gassner, E.: Ermittlung von Betriebsfestigkeitskennwerten auf der Basis der reduzierten Bauteil-Dauerfestigkeit. Materialprüfung 26 (1984) Nr.11.

114. Geißlinger, W.: Montagegerechtes Konstruieren. wt-Zeitschrift für industrielle Fertigung 71 (1981) 29-32.

115. Gesetz über technische Arbeitsmittel (Gerätesicherheitsgesetz), zuletzt geändert durch BBergG vom 13. Aug. 1980. Gesetz zur Änderung des Gesetzes über technische Arbeitsmittel und der Gewerbeordnung (In: BGBl I,1979). Allgemeine Verwaltungsvorschrift zum Gesetz über technische Arbeitsmittel vom 11. Juni 1979. Zu beziehen durch: Deutsches Informationszentrum für technische Regeln (DITR), Berlim.

116. Gnilke, W.: Lebensdauerberechnung der Maschinenelemente. Munique: C. Hanser 1980.

117. Gräfen, H.; Spähn, H.: Probleme der chemischen Korrosion in der Hochdrucktechnik. Chemie-Ingenieur-Technik 39 (1967) 525-530.

118. Grieger, S.: Strategien zur Entwicklung recyclingfähiger Produkte, beispielhaft gezeigt an Elektrowerkzeugen. Diss. TU Berlim,VDI-Fortschritt-Notícias Nr.270, Reihe 1, Düsseldorf: VDI-Editora 1996.

119. Grote, K.-H.; Schneider, U.; Fischer,N.: Recyclinggerechtes Konstruieren von Verbundkonstruktionen. Konstruktion 49 (1997) H.6, 49-54.

120. Grunert, M.: Stahl- und Spannbeton als Werkstoff im Maschinenbau. Maschinenbautechnik 22 (1973) 374-378.

121. Habig, K.-H.: Verschleiß und Härte von Werkstoffen. Munique: C. Hanser 1980.

122. Hähn, G.: Entwurf eines Stoßprüfstandes mit Hilfe konstruktionssystematischer Methoden. Studienarbeit TU Berlim.

123. Hänchen, R.: Gegossene Maschinenteile. Munique: Hanser 1964.

124 Händel, S.: Kostengünstigere Gestaltung und Anwendung von Normen (manuell und rechnerunterstützt). DIN-Mitt.62 (1983) 565-571.

125. Häusler, N.: Der Mechanismus der Biegemomentübertragung in Schrumpfverbindungen. Diss. TH Darmstadt 1974.

126. Haibach, E.: Betriebsfestigkeit - Verfahren und Daten zur Bauteilberechnung. Düsseldorf: VDI-Editora 1989.

127. Handbuch der Arbeitsgestaltung und Arbeitsorganisation. Düsseldorf: VDI-Editora 1980.

128. Hartlieb, B.: Entwicklungsbegleitende Normung; Geschichtliche Entwicklung der Normung. DIN-Mitteilungen 72 (1993) Nr.6.

129. Hartlieb, B.; Nitsche, H.; Urban, W.: Systematische Zusammenhänge in der Normung. DINMitt.61 (1982) 657-662.

130. Hartmann, A.: Die Druckgefährdung von Absperrschiebern bei Erwärmung des geschlossenen Schiebergehäuses. Mitt.VGB (1959) 303-307.

131 Hartmann, A.: Schaden am Gehäusedeckel eines 20-atü-Dampfschiebers. Mitt. VGB (1959) 315-316.

132. Heinz, K.; Tertilt, G.: Montage- und Handhabungstechnik. VDI-Z.126 (1984) 151-157.

133. Herzke, I: Technologie und Wirtschaftlichkeit des Plasma-Abtragens. ZwF 66 (1971) 284-291.

134. Hentschel, C.: Beitrag zur Organisation von Demontagesystemen. Berichte aus dem Produktionstechnischen Zentrum Berlim (Hrsg. G. Spur). Diss. TU Berlim 1996.

135. Hertel, H.: Leichtbau. Berlim: Springer 1960.

136. Hüskes, H.; Schmidt, W.: Unterschiede im Kriechverhalten bei Raumtemperatur von Stählen mit und ohne ausgeprägter Streckgrenze. DEW-Techn. Notícias 12 (1972) 29-34.

137. Illgner, K.-H.: Werkstoffauswahl im Hinblick auf wirtschaftliche Fertigungen. VDI-Z. 114 (1972) 837-841,992-995.

138 Jaeger, Th. A.: Zur Sicherheitsproblematik technologischer Entwicklungen. QZ 19 (1974) 1-9

139. Jagodejkin, R.: Instandhaltungsgerechtes Konstruieren. Konstruktion 49, H.10 (1997) 41-45.

140. Jenner, R.-D.; Kaufmann, H.; Schäfer, D.: Planungshilfen für die ergonomische Gestaltung - Zeichenschablonen für die menschliche Gestalt, Maßstab 1:10. Esslingen: IWARiehle 1978.

141. Jorden, W.: Recyclinggerechtes Konstruieren - Utopie oder Notwendigkeit. Schweizer Maschinenmarkt (1984) 23-25,32-33.

142. Jorden,W.: Recyclinggerechtes Konstruieren als vordringliche Aufgabe zum Einsparen von Rohstoffen. Maschinenmarkt 89 (1983) 1406-1409.

143. Jorden, NNT.: Der Tolerierungsgrundsatz - eine unbekannte Größe mit schwerwiegenden Folgen. Konstruktion 43 (1991) 170-176.

144. Jorden, W.: Toleranzen für Form, Lage und Maß. Munique: Hanser 1991.

145. Jung,A.: Schmiedetechnische Überlegungen für die Konstruktion von Gesenkschmiedestücken aus Stahl. Konstruktion 11 (1959) 90-98.

146 Käufer, H.: Recycling von Kunststoffen, integriert in Konstruktion und Anwendungstechnik. Konstruktion 42 (1990) 415-420.

147. Keil, E.; Müller, E.O.; Bettziehe, R: Zeitabhängigkeit der Festigkeits- und Verformbarkeitswerte von Stählen im Temperaturbereich unter 400°C. Eisenhüttenwesen 43 (1971) 757-762.

148. Kesselring, E: Technische Kompositionslehre. Berlim: Springer 1954.

149. Kienzle, O.: Normung und Wissenschaft. Schweiz. Techn. Z. (1943) 533-539.

150. Klein, M.: Einführung in die DIN-Normen,10ª Edição. Stuttgart: Teubner 1989.

151. Kljajin, M.: Instandhaltung beim Konstruktionsprozess. Konstruktion 49, H.10 (1997) 35-40.

152. Klöcker, L: Produktgestaltung, Aufgabe - Kriterien - Ausführung. Berlim: Springer 1981.

153. Kloos, K. H.: Werkstoffoberfläche und Verschleißverhalten in Fertigung und konstruktive Anwendung. VDI-Notícias Nr.194. Düsseldorf: VDI-Editora 1973.

154 Kloss, G.: Einige übergeordnete Konstruktionshinweise zur Erzielung echter Kostensenkung. VDI-Fortschritts Notícias, Reihe 1, Nr.1. Düsseldorf: VDI-Editora 1964.

155. Klotter, K.: Technische Schwingungslehre, Bd. I Teil A und B, 3ª Edição. Berlim: Springer 1980/81

156. Knappe, W.: Thermische Eigenschaften von Kunststoffen.VDI-Z.111 (1969) 746-752.

157. Köhler, G.; Rögnitz, H.: Maschinenteile, Bd.1 u. Bd.2, 6ª Edição. Stuttgart: Teubner 1981.

158. Korrosionsschutzgerechte Konstruktion - Merkblätter zur Verhütung von Korrosion durch konstruktive und fertigungstechnische Maßnahmen. Herausgeber Dechema Deutsche Gesellschaft für chemisches Apparatewesen e.V. Frankfurt am Main 1981.

159. Krause, W. (Hrsg.): Gerätekonstruktion, 2ª Edição. Berlim: VEB Editora Técnica 1986.

160. Kriwet, A.: Bewertungsmethodik für die recyclinggerechte Produktgestaltung. Produktionstechnik-Berlim (Hrsg. G. Spur), Nr.163, Munique: Hanser 1994. Diss. TU Berlim 1994.

161. Kühnpast, R.: Das System der selbsthelfenden Lösungen in der maschinenbaulichen Konstruktion. Diss. TH Darmstadt 1968.

162. Lang, K.; Voigtländer, G.: Neue Reihe von Drehstrommaschinen großer Leistung in Bauform B 3. Siemens-Z.45 (1971) 33-37.

163. Lambrecht, D.; Scherl, W.: Überblick über den Aufbau moderner wasserstoffgekühlter Generatoren. Berlim: Editora AEG 1963,181-191.

164. Landau,K.; Luczak, H.; Laurig,W. (Hrsg.): Softwarewerkzeuge zur ergonomischen Arbeitsgestaltung. Bad Urach: Editora Institut für Arbeitsorganisation e.V.1997

165. Leipholz, H.: Festigkeitslehre für den Konstrukteur. Konstruktionsbücher Bd.25. Berlim: Springer 1969.

166. Leyer, A.: Grenzen und Wandlung im Produktionsprozess. technica 12 (1963) 191 -208.

167. Leyer, A.: Kraft- und Bewegungselemente des Maschinenbaus. technica 26 (1973) 2498-2510,2507-2520, technica 5 (1974) 319-324, technica 6 (1974) 435-440.

168. Leyer, A.: Maschinenkonstruktionslehre, Hefte 1-7. technica-Reihe. Basiléia: Birkhäuser 1963 - 1978

169. Lindemann, U.; Mörtl, M.: Ganzheitliche Methodik zur umweltgerechten Produktentwicklung. Konstruktion (2001), Heft 11/12 ,64- 67.

170. Lotter, B.: Arbeitsbuch der Montagetechnik. Mainz. Fachverlage Krausskopf-Ingenieur Digest 1982.

171. Lotter, B.: Montagefreundliche Gestaltung eines Produktes. Verbindungstechnik 14 (1982) 28-31.

172. Luczak, H.: Arbeitswissenschaft. Berlim: Springer 1993.

173. Luczak, H.; Volpert, W.: Handbuch der Arbeitswissenschaft. Stuttgart: Schäffer-Poeschel 1997.

174. Lüpertz, H.: Neue zeichnerische Darstellungsart zur Rationalisierung des Konstruktionsprozesses vornehmlich bei methodischen Vorgehensweisen. Diss. TH Darmstadt 1974.

175. Maduschka, L.: Beanspruchung von Schraubenverbindungen und zweckmäßige Gestaltung der Gewindeträger. Forsch. Ing. Wes.7 (1936) 299 -305.

176. Magnus, K.: Schwingungen, 3ª Edição. Stuttgart: Teubner 1976.

177. Magyar, J.: Aus nichtveröffentlichtem Unterrichtsmaterial der TU Budapest, Lehrstuhl für Maschinenelemente.

178. Mahle-Kolbenkunde, 2ª Edição. Stuttgart: 1964.

179. Marre, T.; Reichert, M.: Anlagenüberwachung und Wartung. Sicherheit in der Chemie. Verl. Wiss. u. Polit.1979.

180. Matousek, R.: Konstruktionslehre des allgemeinen Maschinenbaus. Berlim: Springer 1957,Reprint 1974.

181. Matting, A.; Ulmer, K.: Spannungsverteilung in Metallklebverbindungen. VDI-Z. 105 (1963) 1449-1457.

182. Manz, W.; Kies, H.: Funkenerosives und elektrochemisches Senken. ZwF 68 (1973) 418-422.

183. Melan, E.; Parkus, H.: Wärmespannungen infolge stationärer Temperaturfelder. Wien: Springer 1953

184. Menges, G.; Michaeli, W.; Bittner, M.: Recycling von Kunststoffen. Munique: C. Hauser 1992.

185. Menges, G.; Taprogge, R.: Denken in Verformungen erleichtert das Dimensionieren von Kunststoffteilen.VDI-Z.112 (1970) 341-346,627-629.

186. Meyer,H.: Recyclingorientierte Produktgestaltung.VDI-FortschrittsNotícias Reihe 1, Nr.98. Düsseldorf: VDI Editora 1983.

187. Meyer, H.; Beitz, W.: Konstruktionshilfen zur recyclingorientierten Produktgestaltung. VDI-Z.124 (1982) 255-267.

188. Militzer, O. M.: Rechenmodell für die Auslegung von Wellen-Naben-Paßfederverbindungen. Diss. TU Berlim 1975.

189. Möhler, E.: Der Einfluss des Ingenieurs auf die Arbeitssicherheit, 4ª Edição. Berlim: Editora Tribüne 1965.

190. Müller, K.: Schrauben aus thermoplastischen Kunststoffen. Werkstattblatt 514 und 515. Munique: Hanser 1970.

191. Müller, K.: Schrauben aus thermoplastischen Kunststoffen. Kunststoffe 56 (1966) 241-250,422-429.

192. Munz, D.; Schwalbe, K.; Mayr, R: Dauerschwingverhalten metallischer Werkstoffe. Braunschweig: Vieweg 1971.

193. Neuber, H.: Kerbspannungslehre, 3ª Edição. Berlim: Springer 1985.

194. Neubert, H.; Martin, U.: Analyse von Demontagevorgängen und Baustrukturen für das Produktrecycling. Konstruktion 49 (1997) H.7/8,39-43.

195. Neudörfer, A.: Anzeiger und Bedienteile - Gesetzmäßigkeiten und systematische Lösungssammlungen. Düsseldorf: VDI Editora 1981.

196. Neumann,U.: Methodik zur Entwicklung umweltverträglicher und recyclingoptimierter Fahrzeugbauteile. Diss. Univ: GHS-Paderborn 1996.

197. Nickel, W. (Hrsg.): Recycling-Handbuch - Strategien, Technologien. Düsseldorf: VDI Editora 1996.

198. Niemann, G.: Maschinenelemente, Bd. I. Berlim: Springer 1963, 2ª Edição.1975, 3ª Edição em 2001.

199. N. N.: Ergebnisse deutscher Zeitstandversuche langer Dauer. Düsseldorf: Stahleisen 1969.

200. N.N.: Nickelhaltige Werkstoffe mit besonderer Wärmeausdehnung. Nickel-Notícias D 16 (1958) 79-83.

201. Oehler, G.; Weber, A.: Steife Blech- und Kunststofflkonstruktionen. Konstruktionsbücher, Bd.30. Berlim: Springer 1972.

202. Pahl, G.: Ausdehnungsgerecht. Konstruktion 25 (1973) 367-373.

203. Pahl, G.: Bewährung und Entwicklungsstand großer Getriebe in Kraftwerken. Mitteilungen der VGB 52, Kraftwerkstechnik (1972) 404-415.

204. Pahl, G.: Entwurfsingenieur und Konstruktionslehre unterstützen die moderne Konstruktionsarbeit. Konstruktion 19 (1967) 337-344.

205. Pahl, G.: Grundregeln für die Gestaltung von Maschinen und Apparaten. Konstruktion 25 (1973) 271-277.

206. Pahl, G.: Konstruktionstechnik im thermischen Maschinenbau. Konstruktion 15 (1963) 91-98.

207. Pahl, G.. Prinzip der Aufgabenteilung. Konstruktion 25 (1973) 191-196.

208. Pahl, G.: Prinzipien der Kraftleitung. Konstruktion 25 (1973) 151-156.

209. Pahl, G.: Das Prinzip der Selbsthilfe. Konstruktion 25 (1973) 231-237.

210. Pahl, G.: Sicherheitstechnik aus konstruktiver Sicht. Konstruktion 23 (1971) 201-208.

211. Pahl, G.: Vorgehen beim Entwerfen. ICED 1983. Schweizer Maschinenmarkt. 84. Jahrgang 1984, Heft 25,35-37.

212. Pahl, G.: Konstruktionsmethodik als Hilfsmittel zum Erkennen von Korrosionsgefahren.12. Konstr.-Symposium Dechema, Frankfurt 1981.

213. Pahl, G.: Konstruieren mit 3D-CAD-Systemen. Berlim: Springer-Editora 1990.

214. Paland, E. G.: Untersuchungen über die Sicherungseigenschaften von Schraubenverbindungen bei dynamischer Belastung. Diss. TH Hannover 1960.

215. Peters, O. H.; Meyna, A.: Handbuch der Sicherheitstechnik. Munique: C. Hanser 1985.

216. Pfau,W.: A vision for the future - Globale Wirkungen von Forschung und neuen Technologien - wachsende Anforderungen an die Normung. DIN-Mitteilungen 70 (1991) Nr.2.

217. Pflüger, A.: Stabilitätsprobleme der Elastostatik. Berlim: Springer 1964.

218. Pourshirazi, M.: Recycling und Werkstoffsubstitution bei technischen Produkten als Beitrag zur Ressourcenschonung. Schriftenreihe Konstruktionstechnik Heft 12 (Hrsg. W. Beitz). Berlim: TU Berlim 1987.

219. Rebentisch,M.: Stand der Technik als Rechtsproblem. Elektrizitätswirtschaft 93 (1994) 587-590.

220. Reihlen, H.: Normung. In: Hütte. Grundlagen der Ingenieurwissenschaften, 30. Edição. Berlim: Springer 1996.

221. Reinhardt, K: G.: Verbindungskombinationen und Stand ihrer Anwendung. Schweißtechnik 19 (1969) Heft 4.

222. Renken, M.: Nutzung recyclingorientierter Bewertungskriterien während des Konstruierens. Diss. TU Braunschweig 1995.

223. Rembold, U.; Blume, Ch.; Dillmann, R.; Mörkel, G.: Technische Anforderungen an zukünftige Industrieroboter - Analyse von Montagevorgängen und montagegerechtes Konstruieren.VDI-Z.123 (1981) 763-772.

224. Reuter H.: Die Flanschverbindung im Dampflurbinenbau. BBC-Nachrichten 40 (1958) 355-365.

225. Reuter H.: Stabile und labile Vorgänge in Dampfturbinen. BBC-Nachrichten 40 (1958) 391 -398.

226. Rixius, B.: Systematisierung der Entwicklungsbegleitenden Normung (EBN). DINMitteilungen 73 (1994) Nr.1.

227. Rixius,B.: Forschung und Entwicklung für die Normung.DIN-Mitteilungen 73 (1994) Nr.12.

228. Rixmann,W.: Ein neuer Ford-Taunus 12 M.ATZ 64 (1962) 306-311.

229. Rodenacker, W. G.: Methodisches Konstruieren. Berlim: Springer 1970. 2ª Edição em 1976, 3ª Edição em 1984, 4ª Edição em 1991.

230. Rögnitz, H.; Köhler, G.: Fertigungsgerechtes Gestalten im Maschinen- und Gerätebau. Stuttgart: Teubner 1959.

231. Rohmert, W.; Rutenfranz, J. (Hrsg.): Praktische Arbeitsphysiologie. Stuttgart: Thieme Editora 1983.

232. Rosemann, H.: Zuverlässigkeit und Verfügbarkeit technischer Anlagen und Geräte. Berlim: Springer 1981.

233. Roth, K.: Die Kennlinie von einfachen und zusammengesetzten Reibsystemen. Feinwerktechnik 64 (1960) 135-142.

234. Rubo, E.: Der chemische Angriff auf Werkstoffe aus der Sicht des Konstrukteurs. Der Maschinenschaden (1966) 65-74.

235. Rubo, E.: Kostengünstiger Gebrauch ungeschützter korrosionsanfälliger Metalle bei korrosivem Angriff. Konstruktion 37 (1985) 11 -20.

236. Salm, M.; Endres, W.: Anfahren und Laständerung von Dampfturbinen. Brown-Boveri Mitteilungen (1958) 339-347.

237. Sandager; Markovits; Bredtschneider: Piping Elements for Coal-Hydrogenations Service. Trans. ASME May 1950, 370ff.

238. Schacht, M.: Methodische Neugestaltung von Normen als Grundlage für eine Integration in den rechnerunterstützten Konstruktionsprozeß. DIN-Normungskunde, Bd.28. Berlim: Beuth 1991.

239. Schacht, M.: Rechnerunterstützte Bereitstellung und methodische Entwicklung von Normen. Konstruktion 42 (1990) 1,3- 14.

240. Schier, H.: Fototechnische Fertigungsverfahren. Feinwerktechnik + Micronic 76 (1972) 326-330.

241. Schilling, K.: Konstruktionsprinzipien der Feinwerktechnik. Proceedings ICED '91, Schriftenreihe WDK 20. Zurique: Heurista 1991.

242. Schmid, E.: Theoretische und experimentelle Untersuchung des Mechanismus der Drehmomentübertragung von Kegel-Press-Verbindungen. VDI-FortschrittsNotícias Reihe 1, Nr.16. Düsseldorf: VDI Editora 1969.

243. Schmidt, E.: Sicherheit und Zuverlässigkeit aus konstruktiver Sicht. Ein Beitrag zur Konstruktionslehre. Diss. TH Darmstadt 1981.

244. Schmidt-Kretschmer, M.: Untersuchungen an recyclingunterstützenden Bauteilverbindungen. (Diss. TU Berlim). Schriftenreihe Konstruktionstechnik (Hrsg. W. Beitz), H. 26, TU Berlim 1994.

245. Schmidt-Kretschmer, M.; Beitz, W: Demontagefreundliche Verbindungstechnik - ein Beitrag zum Produktrecycling. VDI-Notícias 906. Düsseldorf: VDI-Editora 1991.

246. Schmidtke, H. (Hrsg.): Lehrbuch der Ergonomie, 3ª Edição. Munique: Hanser 1993.

247. Schott, G.: Ermüdungsfestigkeit - Lebensdauerberechnung für Kollektiv- und Zufallsbeanspruchungen. Leipzig: VEB, Deutscher Editora f. Grundstoffindustrie 1983.

248. Schraft, R. D.: Montagegerechte Konstruktion - die Voraussetzung für eine erfolgreiche Automatisierung. Proc. of the 3rd. Int. Conf. an Assembly Automation in Böblingen (1982) 165-176.

249. Schraft, R. D.; Bäßler, R.: Die montagegerechte Produktgestaltung muß durch systematische Vorgehensweisen umgesetzt werden. VDI-Z.126 (1984) 843-852.

250. Schweizer, W.; Kiesewetter, L.: Moderne Fertigungsverfahren der Feinwerktechnik. Berlim: Springer 1981.

251. Seeger, H.: Technisches Design. Grafenau: Expert Editora 1980.

252. Seeger, H.: Industrie-Designs. Grafenau: Expert Editora 1983.

253. Seeger, H.: Design technischer Produkte, Programme und Systeme. Anforderungen, Lösungen und Bemerkungen. Berlim: Springer 1992.

254. Seeger, O. W.: Sicherheitsgerechtes Gestalten technischer Erzeugnisse. Berlim: Beuth 1983.

255. Seeger, O. W.: Maschinenschutz, aber wie. Schriftenreihe Arbeitssicherheit, Heft B. Colônia: Aulis 1972.

256. Sicherheitsregeln für berührungslos wirkende Schutzeinrichtungen an kraftbetriebenen Arbeitsmitteln. ZH 1/597. Colônia: Heymanns 1979.

257. Sieck, U.: Kriterien der montagegerechten Gestaltung in den Phasen des Montageprozesses.Automatisierungspraxis 10 (1973) 284-286.

258. Simon, H.; Thoma, M.: Angewandte Oberflächentechnik für metallische Werkstoffe. Munique: C. Hanser 1985.

259. Spähn, H.; Fäßler, K.: Kontaktkorrosion. Grundlagen - Auswirkung - Verhütung. Werkstoffe und Korrosion 17 (1966) 321-331.

260. Spähn, H.; Fäßler, K.: Zur konstruktiven Gestaltung korrosionsbeanspruchter Apparate in der chemischen Industrie. Konstruktion 24 (1972) 249-258,321-325.

261. Spähn, H.; Rubo, E.; Pahl, G.: Korrosionsgerechte Gestaltung. Konstruktion 25 (1973) 455-459.

262. Spur, G.; Stöferle, Th. (Hrsg.): Handbuch der Fertigungstechnik. Bd. 1: Urformen, Bd.2: Umformen, Bd.3: Spanen, Bd.4: Abtragen, Beschichten, Wärmebehandeln, Bd.5: Fügen, Handhaben, Montieren, Bd.6: Fabrikbetrieb. Munique: C. Hanser 1979-1986.

263. Spath, D.; Hartel, M.: Entwicklungsbegleitende Beurteilung der ökologischen Eignung technischer Produkte als Bestandteil des ganzheitlichen Gestaltens. Konstruktion 47 (1995) 105-110.

264. Spath, D.; Trender, L.: Checklisten - Wissensspeicher und methodisches Werkzeug für die recyclinggerechte Konstruktion 48 (1996) 224-228.

265. Steinack, K.; Veenhoff, F.: Die Entwicklung der Hochtemperaturturbinen der AEG. AEG-Mitt. SO (1960) 433-453.

266. Steinhilper, R.: Produktrecycling im Maschinenbau. Berlim: Springer 1988.

267. Steinhilper, R.: Der Horizont bestimmt den Erfolg beim Recycling. Konstruktion 42 (1990)396-404.

268. Stöferle, Th.; Dilling, H.-J.; Rauschenbach, Th.: Rationelle Montage - Herausforderung an den Ingenieur.VDI-Z.117 (1975) 715-719.

269. Stöferle, Th.; Dilling, H.-J.; Rauschenbach, Th.: Rationalisierung und Automatisierung in der Montage. Werkstatt und Betrieb 107 (1974) 327-335.

270. Suhr, M.: Wissensbasierte Unterstützung recyclingorientierter Produktgestaltung. Schriftenreihe Konstruktionstechnik (Hrsg. W. Beitz), Nr. 33, TU Berlim 1996 (Diss.).

271. Susanto, A.: Methodik zur Entwicklung von Normen. DIN-Normungskunde, Bd. 23. Berlim: Beuth 1988.

272. Suter, F.; Weiss, G.: Das hydraulische Sicherheitssystem S 74 für Großdampfturbinen. Brown Boveri-Mitt.64 (1977) 330-338.

273. Swift, K.; Redford, H.: Design for Assembly. Engineering (1980) 799-802.

274. Tauscher, H.: Dauerfestigkeit von Stahl und Gußeisen. Leizpig: VEB Editora 1982.

275. ten Bosch, M.: Berechnung der Maschinenelemente. Reprint. Berlim: Springer 1972.

276. TGL 19340: Dauerfestigkeit der Maschinenteile. DDR-Standards. Berlim: 1984.

277. Thome-Kozmiensky, K.-J. (Hrsg.): Materialrecycling durch Abfallaufbereitung. Tagungstand TU Berlim 1983.

278. Thum, A.: Die Entwicklung von der Lehre der Gestaltfestigkeit. VDI-Z. 88 (1944) 609-615.

279. Tietz, H.: Ein Höchsttemperatur-Kraftwerk mit einer Frischdampftemperatur von 610°C.VDI-Z.96 (1953) 802-809.

280. Tjalve, E.: Systematische Formgebung für Industrieprodukte. Düsseldorf: VDI Editora 1978.

281. Veit, H.-J.; Scheermann, H.: Schweißgerechtes Konstruieren. Fachbuchreihe Schweißtechnik Nr.32. Düsseldorf: Deutscher Editora für Schweißtechnik 1972.

282. van der Mooren,A. L.: Instandhaltungsgerechtes Konstruieren und Projektieren. Konstruktionsbücher Bd.37. Berlim: Springer 1991.

283. VDI/ADB-Ausschuss Schmieden: Schmiedstücke - Gestaltung, Anwendung. Hagen: Informationsstelle Schmiedstück-Verwendung im Industrieverband Deutscher Schmieden 1975.

284. VDI-Notícias Nr.129: Kerbprobleme. Düsseldorf: VDI-Editora 1968.

285. VDI-Notícias Nr. 420: Schmiedeteile konstruieren für die Zukunft. Düsseldorf: VDI Editora 1981.

286. VDI-Notícias Nr.493: Spektrum der Verbindungstechnik - Auswählen der besten Verbindungen mit neuen Konstruktionskatalogen. Düsseldorf: VDI Editora 1983.

287. VDI-Notícias Nr.523: Konstruieren mit Blech. Düsseldorf: VDI-Editora 1984.

288. VDI-Notícias Nr.544: Das Schmiedeteil als Konstruktionselement - Entwicklungen Anwendungen - Wirtschaftlichkeit. Düsseldorf: VDI-Editora 1985.

289. VDI-Notícias Nr.556: Automatisierung der Montage in der Feinwerkstechnik. Düsseldorf:VDI-Editora 1985.

290. VDI-Notícias Nr.563: Konstruieren mit Verbund- und Hybridwerkstoffen. Düsseldorf: VDI-Editora 1985.

291. VDI-Richtlinie 2006. Gestalten von Spritzgussteilen aus thermoplastischen Kunststoffen. Düsseldorf: VDI Editora 1979.

292. VDI-Richtlinie 2057: Beurteilung der Einwirkung mechanischer Schwingungen auf den Menschen. Blatt 1 (Entwurf) - Grundlagen, Gliederung, Begriffe (1983). Blatt 2: Schwingungseinwirkung auf den menschlichen Körper (1981). Blatt 3 (Entwurf): Schwingungsbeanspruchung des Menschen (1979). Düsseldorf: VDI-Editora.

293. VDI-Richtlinie 2221: Methodik zum Entwickeln technischer Systeme und Produkte. Düsseldorf: VDI-Editora 1993.

294. VDI-Richtlinie 2222: Konstruktionsmethodik; Konzipieren technischer Produkte. Düsseldorf:VDI-Editora 1996.

295. VDI-Richtlinie 2223 (Entwurf): Methodisches Entwerfen technischer Produkte. Düsseldorf.VDI-Editora 1999.

296. VDI-Richtlinie 2224: Formgebung technischer Erzeugnisse. Empfehlungen für den Konstrukteur. Düsseldorf: VDI-Editora 1972.

297. VDI-Richtlinie 2225 Blatt 1 und Blatt 2: Technisch-wirtschaftliches Konstruieren. Düsseldorf: VDI-Editora 1977. VDI 2225 (Entwurf): Vereinfachte Kostenermittlung 1984. Blatt 2 (Entwurf): Tabellenwerk 1994. Blatt 4 (Entwurf): Bemessungslehre 1994.

298. VDI-Richtlinie 2226: Empfehlung für die Festigkeitsberechnung metallischer Bauteile. Düsseldorf: VDI-Editora 1965.

299. VDI-Richtlinie 2227 (Entwurf): Festigkeit bei wiederholter Beanspruchung, Zeit- und Dauerfestigkeit metallischer Werkstoffe, insbesondere von Stählen (mit ausführlichem Schrifttum). Düsseldorf: VDI-Editora 1974.

300. VDI-Richtlinie 2242, Blatt 1: Konstruieren ergonomiegerechter Erzeugnisse. Düsseldorf; VDI-Editora 1986.

301. VDI-Richtlinie 2242, Blatt 2: Konstruieren ergonomiegerechter Erzeugnisse. Düsseldorf: VDI-Editora 1986.

302. VDI-Richtlinie 2243 (Entwurf): Recyclingorientierte Produktentwicklung. Düsseldorf VDI-Editora 2000.

303. VDI-Richtlinie 2244 (Entwurf): Konstruktion sicherheitsgerechter Produkte. Düsseldorf:VDI-Editora 1985.

304. VDI-Richtlinie 2246, B1.1 (Entwurf): Konstruieren instandhaltungsgerechter technischer Erzeugnisse - Grundlagen, Bl. 2 (Entwurf): Anforderungskalalog. Düsseldorf: VDI-Editora 1994.

305. VDI-Richtlinie 2343, Recycling elektrischer und elektronischer Geräte Blatt 1 (Grundlagen und Begriffe), Blatt 2 (Externe und interne Logistik), Blatt 3, Entwurf (Demontage und Aufbereitung), Blatt 4 (Vermarktung). Düsseldorf: VDI-Editora 1999-2001.

306. VDI-Richtlinie 2570: Lärmminderung in Betrieben; Allgemeine Grundlagen. Düsseldorf: VDI-Editora 1980.

307. VDI-Richtlinie 2802: Wertanalyse. Düsseldorf: VDI-Editora 1976.

308. VDI-Richtlinie 3237, Bl.1 und Bl.2: Fertigungsgerechte Werkstückgestaltung im Hinblick auf automatisches Zubringen, Fertigen und Montieren. Düsseldorf: VDI-Editora 1967 und 1973.

309. VDI-Richtlinie 3239: Sinnbilder für Zubringefunktionen. Düsseldorf: VDI-Editora 1966.

310. VDI-Richtlinie 3720, B1. 1 bis Bl. 6: Lärmarm konstruieren. Düsseldorf: VDI-Editora 1978 bis 1984.

311. VDI/VDE-Richtlinie 3850: Nutzergerechte Gestaltung von Bediensystemen für Maschinen. Düsseldorf: VDI-Editora 2000.

312. VDI-Richtlinie 4004, Bl.2: Überlebenskenngrößen. Düsseldorf: VDI-Editora 1986.

313. VDI: Wertanalyse.VDI-Taschenbücher T 35. Düsseldorf: VDI-Editora 1972.

314. Wahl, W.: Abrasive Verschleißschäden und ihre Verminderung. VDI-Notícias Nr.243, „Methodik der Schadensuntersuchung". Düsseldorf: VDI-Editora 1975.

315. Walczak, A.: Selbstjustierende Funktionskette als kosten- und montagegünstiges Gestaltungsprinzip, gezeigt am Beispiel eines mit methodischen Hilfsmitteln entwickelten Lesegeräts. Konstruktion 38 (1986) 1, 27-30.

316. Walter, J.: Möglichkeiten und Grenzen der Montageautomatisierung. VDI-Z. 124 (1982) 853-859.

317. Wanke, K.: Wassergekühlte Turbogeneratoren. In : „AEG-Dampfturbinen, Turbogeneratoren". Berlim: Editora AEG (1963) 159-168.

318. Warnecke, H. J.; Löhr, H.-G.; Kiener,W.: Montagetechnik. Mainz: Krausskopf 1975.

319. Warnecke, H. I.; Steinhilper, R.: Instandsetzung, Aufarbeitung, Aufbereitung - Recyclingverfahren und Produkigestaltung. VDI-Z.124 (1982) 751-758.

320. Weber, R.: Recycling bei Kraftfahrzeugen. Konstruktion 42 (1990) 410-414.

321. Weege, R.-D.: Recyclinggerechtes Konstruieren. Düsseldorf: VDI-Editora 1981.

322. Welch, B.: Thermal Instability in High-Speed-Gearing. Journal of Engineering for Power 1961. g 1 ff.

323. Wende, A.: Integration der recyclingorientierten Produktgestaltung in dem methodischen Konstruktionsprozess. VDI-Fortschritt-Notícias, Reihe 1, Nr.239. Düsseldorf: VDI-Editora 1994 (Diss. TU Berlim 1994).

324. Wende, A.; Schierschke, V: Produktfolgenabschätzung als Bestandteil eines recyclingorienterten Produktmodells. Konstruktion 46 (1994) 92-98.

325. Wiedemann, J.: Leichtbau. Bd. 1: Elemente; Bd. 2: Konstruktion. Berlim: Springer 1986/1989.

326. Wiegand, H.; Beelich, K. H.: Einfluss überlagerter Schwingungsbeanspruchung auf das Verhalten von Schraubenverbindungen bei hohen Temperaturen. Draht Welt 54 (1968) 566-570.

327. Wiegand, H.; Beelich, K. H.: Relaxation bei statischer Beanspruchung von Schraubenverbindungen. Draht Welt 54 (1968) 306-322.

328. Wiegand, H.; Kloos, K.-H.; Thomala, W.: Schraubenverbindungen. Konstruktionsbücher (Hrsg. G. Pahl) Bd.5, 4. Ed. Berlim: Springer 1988.

329. Witte, K:W.: Konstruktion senkt Montagekosten.VDI-Z.126 (1984) 835-840.

330. Zhao, B. J.; Beitz, W.: Das Prinzip der Kraftleitung: direkt, kurz und gleichmäßig. Konstruktion 47 (1995) 15-20.

331. ZGV-Lehrtafeln: Erfahrungen, Untersuchungen, Erkenntnisse für das Konstruieren von Bauteilen aus Gusswerkstoffen. Düsseldorf: Gießerei-Editora.

332. ZGV-Mitteilungen: Fertigungsgerechte Gestaltung von Gusskonstruktionen. Düsseldorf: Gießerei-Editora.

333. ZGV: Konstruieren und Gießen. Düsseldorf: Gießerei-Editora.

334. ZHI Verzeichnis: Richtlinien, Sicherheitsregeln und Merkblätter der Träger der gesetzlichen Unfallverordnung. Köln: Heymanns (wird laufend erneuert).

335. Zienkiewicz, O. G.: Methode der finiten Elemente, 2ª Edição. Munique; Hanser 1984.

336. Zünkler, B.; Gesichtspunkte für das Gestalten von Gesenkschmiedeteilen. Konstruktion 14 (1962) 274-280.

MÉTODOS PARA O DETALHAMENTO

8.1 ■ Etapas de trabalho no detalhamento

Entende-se por detalhamento a parte do projeto, que complementa a estrutura de construção para um objeto técnico, por meio de prescrições definitivas para a forma, o dimensionamento e o acabamento superficial de todos os componentes. Tudo isso, por meio da especificação dos materiais, revisão das possibilidades de produção e utilização, bem como revisão dos custos finais, criando as documentações obrigatórias de desenho e afins para sua realização material e sua utilização (cf. 4.2). O resultado do detalhamento é a definição da técnica de produção da solução, incluindo a compilação das indicações para sua utilização (documentação do produto).

Ponto central da fase de detalhamento é a elaboração da documentação para a produção, especialmente dos desenhos de componentes individuais ou para a fabricação, dos desenhos de conjuntos, até onde necessário, e do desenho completo até as listas das peças. Esta fase da etapa de detalhamento é crescentemente auxiliada e automatizada pelas possibilidades do processamento gráfico (cf. 13). Ela é pré-condição para utilizar os dados armazenados no computador para um planejamento automatizado da produção, bem como para o controle direto das máquinas de comando numérico.

Dependendo do tipo de produto (especialidade) e do tipo de produção (produção individual, de série pequena ou de série grande), o projeto ainda gera outros documentos para a produção como, por exemplo, prescrições para transporte e montagem, bem como instruções para os testes de controle da qualidade (cf. 11). Tendo em vista a utilização posterior do produto, freqüentemente também são compiladas instruções para operação, manutenção e reparação. Na etapa de detalhamento, são elaborados documentos, que são básicos para o acompanhamento do pedido, especialmente para o planejamento do trabalho. Ou seja, para o planejamento e controle da produção. Outros documentos da produção, por exemplo, planos de trabalho, são incluídos no planejamento do trabalho. Na prática, a passagem para o projeto se processa de forma contínua.

O detalhamento é executado em várias etapas de trabalho: Fig. 8.1.

O *detalhamento do projeto definitivo* não é somente o detalhamento de cada componente, mas simultaneamente são efetuadas otimizações de detalhes com respeito à forma, material, superfícies e tolerâncias ou ajustes.

Para tanto, as diretrizes apresentadas em 7.5 são úteis para o projeto da forma. Nisto, as metas da otimização são um elevado aproveitamento (por exemplo, igual resistência da forma e uma seleção prática dos materiais), e um projeto detalhado de forma vantajosa do ponto de vista da produção e do custo, com ampla consideração das normas existentes. Nisso inclui-se a utilização de componentes encontrados no comércio e peças repetitivas fabricadas internamente, especialmente no caso da conexão informatizada entre os dois setores (CAD, CAM, CIM) [1].

A *reunião* dos componentes em conjuntos (na prática são freqüentemente chamados de grupos construtivos) e a reunião desses conjuntos num produto completo juntamente com os respectivos desenhos e listas de componentes são influenciadas fortemente pelos pontos de vista do acompanhamento do pedido e dos prazos, bem como do transporte e da montagem. Para tanto, são necessários sistemas adequados de desenho, de listas de componentes e de numeração (cf. 8.2).

A *complementação* dos documentos para a produção, em alguns casos por prescrições de produção, montagem e transporte, bem como por manuais de operação com indicações sobre utilização, também faz parte das atividades importantes da etapa de detalhamento.

De grande importância para o processo subseqüente de produção é a verificação dos documentos para a produção, principalmente dos desenhos dos componentes e das listas de componentes quanto a:

- observância de normas, principalmente as normas da fábrica;
- cotagens claras e apropriadas à produção;
- demais indicações necessárias à produção; bem como
- considerações a respeito da compra, por exemplo, peças para estoque.

Depende essencialmente da estrutura organizacional da empresa, se estas verificações são conduzidas pelo departamento de projeto ou por uma área de normas, organizacionalmente separada, o que para a execução das atividades em si tem um significado apenas secundário. Assim como acontece entre a etapa de conceito e de projeto da forma, freqüentemente também se interseccionam as fases de trabalho entre a etapa de projeto da forma e a etapa de detalhamento. Na elaboração dos desenhos individuais, é habitual dar prioridade a componentes individuais influentes no prazo e desenhos de peças brutas, para já aprontá-las dentro do possível, antes da definição final do projeto da forma. Esta integração de duas etapas do projeto é auxiliada com o emprego de sistemas

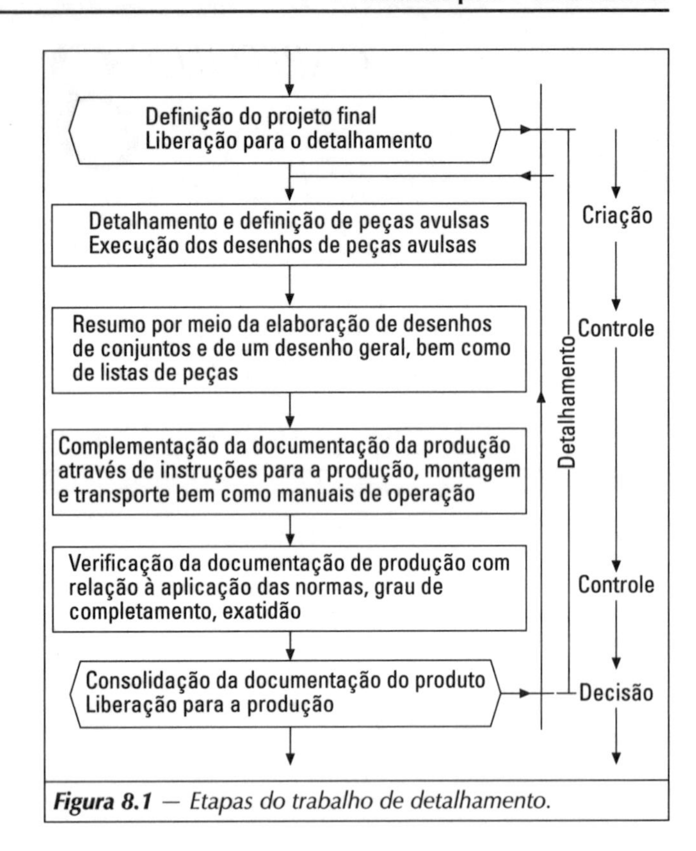

Figura 8.1 *— Etapas do trabalho de detalhamento.*

CAD. E é, sobretudo, necessária na produção individual e na indústria pesada, bem como é decisiva no acompanhamento oportuno de um pedido, em particular no planejamento da produção (cf. Fig. 7.106).

A etapa de detalhamento não pode, em hipótese nenhuma, ser desprezada pelo projetista, pois o desenvolvimento da produção, bem como o aparecimento de erros na produção e, por conseguinte, os custos de produção e a qualidade do produto, são influenciados decisivamente pela execução cuidadosa da função técnica.

Nos subitens a seguir, discutem-se ferramentas que são especialmente relevantes para o desenvolvimento de um pedido racional e também no que se refere ao processamento eletrônico. As atividades convencionais, tais como desenhar, calcular e detalhar projeto da forma, não foram abordadas mais profundamente; indica-se ao leitor a bibliografia correspondente. Auxílios e sugestões para detalhar o projeto da forma podem ser encontrados no cap. 7.

8.2 ■ Sistemática da documentação para a produção

8.2.1 Estrutura do produto

Base para a estruturação ou classificação dos subsídios para a produção é a chamada *estrutura do produto*, a qual se reflete nos desenhos e listas de componentes a serem elaborados pelo departamento de projeto na forma de um conjunto de desenhos e listas de componentes.

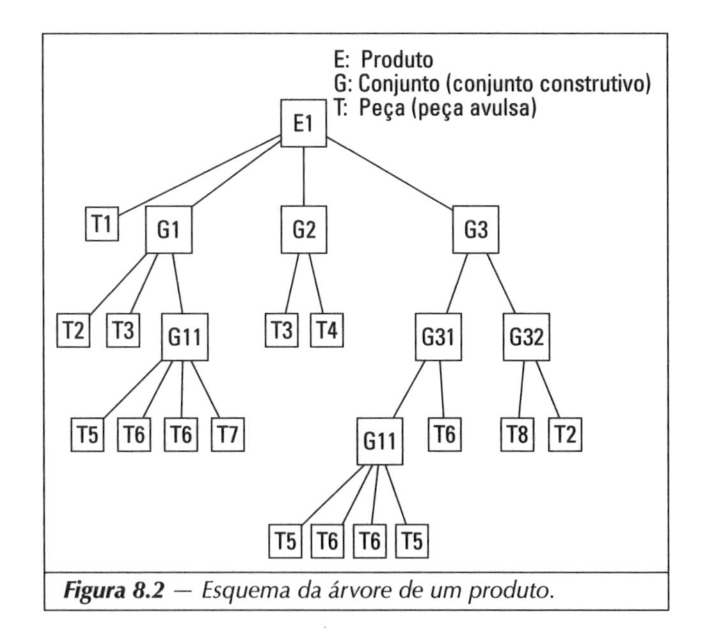

Figura 8.2 *— Esquema da árvore de um produto.*

Sob estrutura de um produto [20] é compreendida a subdivisão do produto em unidades menores. Essa estrutura é mostrada esquematicamente na Fig. 8.2.

A estrutura do produto pode conduzir para uma *estrutura orientada para a função* ou *orientada para a produção* ou ainda *orientada para a montagem*. De acordo com o modo de representação, é também chamada árvore genealógica ou supervisora da estrutura, em que a última distribui os componentes individuais, na maioria das vezes ainda como componentes brutos ou semi-acabados [20].

O que caracteriza essa estrutura é a existência de componentes individuais, que não são mais decomponíveis, e o agrupamento desses componentes individuais e/ou conjuntos de ordem inferior em conjuntos fechados em si (conjuntos construtivos). Podem ser formados, também, os assim chamados conjuntos de peças soltas (p. ex.: acessórios). Por razões práticas, estes grupos são subdivididos hierarquicamente:

1., 2., ...,*n* ordem ou subdivisão, em que o respectivo produto final é denominado como sendo de ordem 0 e os conjuntos subdivididos formados pela subdivisão progressiva, são denominados por números de ordem ou números de subdivisão crescentes. Estas classificações por ordem podem variar segundo os objetivos (função, produção, montagem, aquisição). Em produtos complexos, elas poderão ser bastante escalonadas.

Como exemplo de uma estrutura de um produto presta-se o sistema modular de mancais de deslizamento descrito em 10.2. A estrutura representada na Fig. 10.24 é centrada na função, conforme Fig. 10.21. Em muitos casos, porém, é conveniente proceder a uma subdivisão do produto, segundo critérios de produção ou de montagem, separada da subdivisão da função. Uma estrutura de produto centrada na produção, para elaboração de um conjunto de desenhos ou listas de componentes, do mancal vertical B1 do sistema modular mostrado na Fig. 10.26, é mostrada na Fig. 8.3 em forma de uma *supervisão de constituição*. Identificam-se duas colunas com os conjuntos e uma coluna destacando os componentes individuais e uma outra com as peças brutas.

Na Fig. 8.4 está reproduzida uma *árvore genealógica* para o mesmo produto, a qual, entretanto, subdivide os conjuntos e peças individuais de acordo com critérios de montagem.

Uma vez que a estrutura de um produto influencia pronunciadamente tanto a estrutura da documentação para

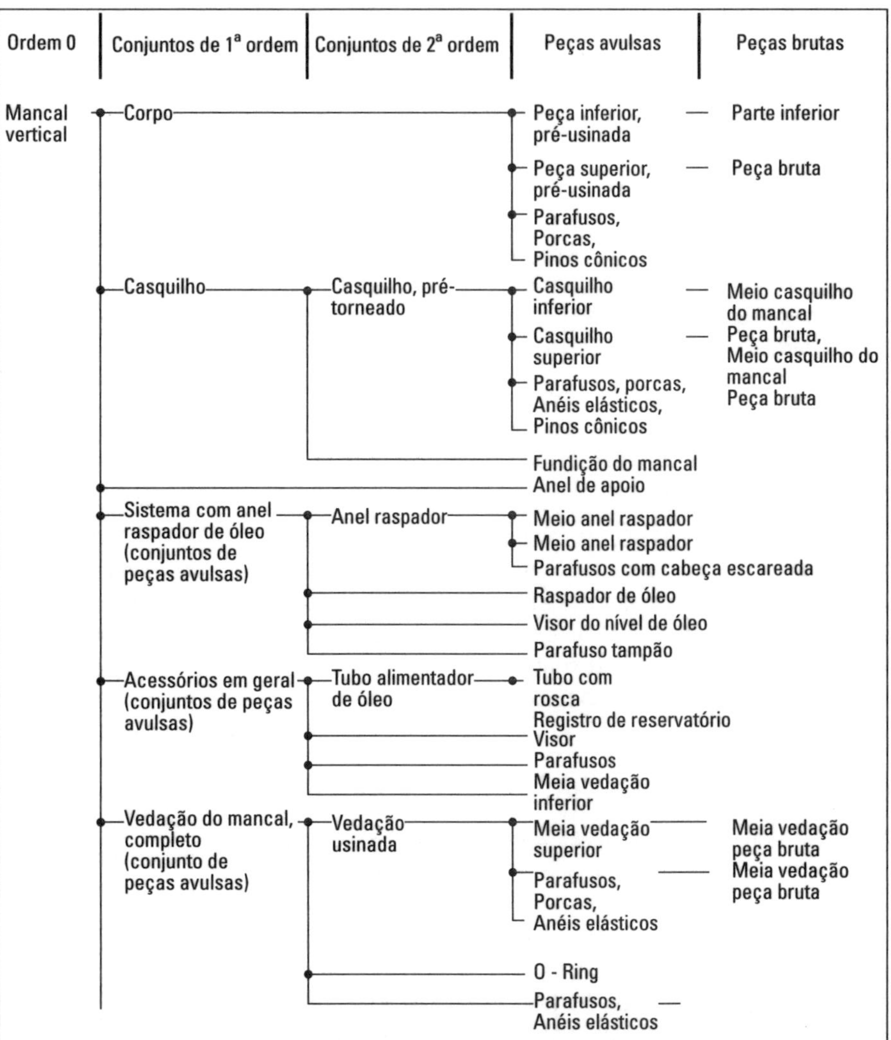

Figura 8.3 *— Resumo da árvore subdividida considerando a produção de um mancal vertical de um sistema modular de mancal de deslizamento.*

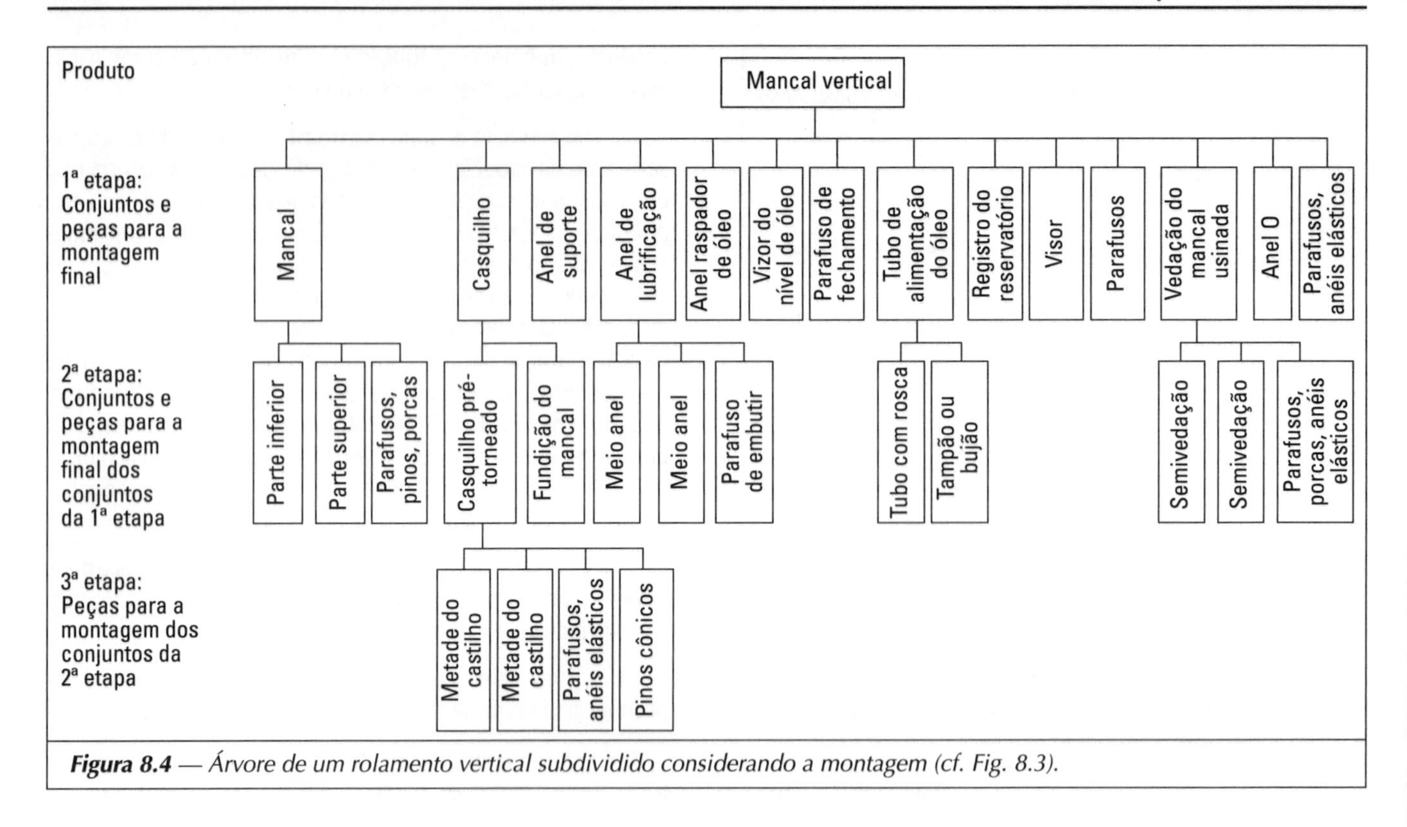

Figura 8.4 — *Árvore de um rolamento vertical subdividido considerando a montagem (cf. Fig. 8.3).*

a produção, como também o fluxo da produção, ou por ela é determinado, na prática tem-se mostrado conveniente fazer participar da sua elaboração, todos os departamentos envolvidos (projeto, normas, planejamento do trabalho, produção, montagem, compras). Em todo caso, ela é específica do produto e da empresa e não pode ser estabelecida de uma forma geral.

A estrutura do produto determina a subdivisão do conjunto de desenhos e as listas de componentes e orienta-se praticamente pelas ramificações da síntese da estrutura ou da árvore genealógica.

As estruturas de produtos são uma importante pré-condição para a fabricação racional de programas de produtos com muitas variantes, materializadas por séries construtivas e sistemas modulares (cf. 10) e também para o uso mais intensivo da informática, no contexto de uma produção e montagem integrada ao computador (CIM).

8.2.2 Sistemas de desenho

Para a produção de desenhos técnicos de acordo com as normas, indica-se para o leitor uma vasta bibliografia [2, 4, 7-12, 16, 18-25]. A seguir, serão tratadas somente definições básicas a respeito do conteúdo do desenho, do tipo de representação e da estrutura de desenho para, a partir disso, poder dar recomendações quanto ao emprego de desenhos ou da organização dos desenhos. DIN 199 [11] define os principais conceitos do desenho técnico e das listas de componentes.

A seleção de conceitos para o desenho técnico, apresentada a seguir, foi classificada aqui segundo o:

- modo de representar;
- modo de como é feito;
- seu conteúdo;
- fim a que se destina.

Em relação à *natureza da representação*, distingue-se entre:

- esboços, que não estão incondicionalmente sujeitos a formas e regras, freqüentemente à mão livre e/ou aproximadamente em escala;
- desenhos, se possível em escala;
- figuras cotadas como representação simplificada;
- esquemas, por exemplo, esquema dos mancais; e
- diagramas, desenhos esquemáticos, além de outros para visualização, por exemplo, de estruturas de funções.

Esboços e desenhos esquemáticos são especialmente importantes na etapa de concepção, uma vez que auxiliam a busca de soluções e constituem uma ferramenta informativa [35]. Desenhos em escala e em escala aproximada servem como fundamento do trabalho e como meio de comunicação nas atividades de configuração e de cálculo na etapa de projeto da configuração, bem como de documentação para a produção após encerramento da etapa de detalhamento [36].

Em relação ao tipo de produção distingue-se entre:

- desenhos originais ou desenhos de base (desenhos à tinta nanquim ou a lápis, desenhos plotados ou objetos arquivados no computador) como original para cópias, bem como
- desenhos-formulário, geralmente fora de escala.

Neste contexto, pode ser conveniente produzir desenhos pelo princípio modular. Neste procedimento subdividem-se modularmente desenhos gerais em peças de desenho, de modo que destas pode se compilar novas variantes do desenho geral. As peças de desenho se apresentam na forma de adesivos ou então reunidos por copiadoras ou microfilmadoras. Uma outra possibilidade surge da associação, no computador, de dados geométricos ou de arquivos de desenhos.

Em relação ao *conteúdo,* existe um amplo espectro de possibilidades de diferenciação. Um critério para o conteúdo é o grau de integralidade do produto no desenho. Aqui se distingue entre:

- desenhos completos (como desenho principal do maior nível da estrutura e como desenho de montagem, estes desenhos, de acordo com a DIN 199, podem acolher diferentes tarefas);
- desenhos de subconjuntos (representação de uma unidade construtiva constituída por dois ou mais componentes em representação explodida ou não explodida);
- desenhos de componentes específicos (representação de um componente específico);
- desenhos de componentes brutos,
- plantas de arranjos;
- desenhos de modelos; e
- desenhos de esquemas.

Um *conjunto de desenhos* é a totalidade dos documentos de desenho reunidos para uma finalidade.

Segundo a diretriz VDI 2211 [38], o conteúdo do desenho pode inicialmente ser subdividido em conteúdo tecnológico e administrativo. Pertencem ao conteúdo tecnológico, a representação gráfica do objeto, as indicações das dimensões e outras indicações (p. ex., planos de corte), indicações de materiais e de qualidade, bem como indicações para procedimentos (p. ex., prescrições de ensaios). Pelo conteúdo administrativo são captadas indicações em relação ao objeto (p.ex., denominações e numeração dos objetos para identificação e classificação) bem como indicações em relação ao desenho (p. ex., escalas, formato do desenho, data do término). Esta subdivisão tem grande importância na produção mecanizada, computadorizada de desenhos [38].

Intimamente ligada ao conteúdo de um desenho está a sua finalidade. Aqui se distingue entre:

- *desenhos de projeto da configuração* (desenhos com graus variáveis de materialização com diferentes tipos de representação e diferentes conteúdos) e
- *desenhos para a produção* (também chamados de desenhos de fabricação). Em caso de emprego de sistemas CAD, os dados de geometria e tecnologia arquivados na memória do computador também podem ser utilizados diretamente para comando de máquinas de comando numérico. Apesar disso, a geração de um desenho pode ser útil para fins de verificação, de documentação e de informação.

Desenhos para a produção definem a peça, o conjunto, a máquina ou a fábrica com todas as características necessárias para a fabricação. A isso pertencem as características macrogeométricas (dimensões, forma, posição e superfícies delimitadoras), características microgeométricas (indicações para tratamentos superficiais) e características materiais. Para cada característica deverão constar no desenho os desvios máximos (tolerâncias), na forma de indicações especificas ou como indicações globais (tolerâncias gerais). Esta regra de totalidade constitui a base da produção e de garantia da qualidade.

Além disso, desenhos para produção podem ser subdivididos em:

- *desenhos de execução* com diferentes graus de completude (p. ex., de pré-execução e execução final, desenhos de soldagens, etc.);
- desenhos do conjunto (p. ex., desenhos de montagem);
- desenhos de peças sobressalentes;
- desenhos de ensaios;
- desenhos de implantação (desenhos de fundações) e
- desenhos da distribuição.

Outros tipos de desenho são os destinados para ofertas, para pedidos, para aprovação, desenhos dos meios de produção e desenhos de patentes.

Para a racionalização da representação gráfica também servem *desenhos coletivos*, que podem ser constituídos como *desenhos de espécies* (para variantes do projeto da forma), com tabela de dimensões impressa ou separada, ou como desenhos de conjunto (resumo dos componentes que fazem parte do produto). Para execução de desenhos para produção por comando numérico, devem ser adequadas à programação [12] principalmente as dimensões. A DIN 6774 fornece regras para execução de desenhos em computador [19].

Partindo dos conceitos definidos na DIN 199, freqüentemente cada empresa define os tipos de desenhos, que são mais convenientes em relação ao espectro dos produtos existentes e o tipo de produção. Assim, por exemplo, uma empresa que produz em série diferencia seus desenhos segundo o conteúdo ou finalidade da seguinte maneira:

- esboços da configuração apenas para a definição dos detalhes, empregados na produção de uma amostra da função (modelo que verifica a idéia da solução);
- esboços do projeto com indicações claras para a produção do chamado modelo de desenvolvimento (modelo que já satisfaz os requisitos da lista de requisitos);

- desenhos de projeto como pré-etapa de desenhos de produção, contendo todas as indicações para a produção de protótipos e
- desenhos de produção, que possibilitam a produção definitiva em série.

Em produtos de produção individualizada e da indústria pesada que quase sempre tenham que se sustentar sem a produção de um protótipo ou modelo, tal subdivisão não é apropriada. Aqui somente se diferenciará entre desenhos de projeto da forma e desenhos de produção.

Especialmente para dispositivos e projetos de máquinas individuais há sugestões, no sentido de definir indicações para produção e montagem apenas com esboços à mão sem escala, pois dessa forma o entendimento pode ser melhorado com pequeno esforço [35].

Na elaboração da documentação para a produção interessa a *estrutura adequada do conjunto de desenhos*. Conforme a estrutura do produto considere a produção ou a montagem (cf. 8.2.1), o conjunto dos desenhos consiste fundamentalmente primeiro:

- de um *desenho completo* (desenho principal) do produto, do qual possivelmente ainda derivarão outros desenhos, como por exemplo, para distribuição, levantamento e montagem, bem como aprovação;
- de vários *desenhos de conjuntos* de diferentes *rankings* (complexidade) que mostram a montagem de vários componentes em uma unidade de produção ou de montagem, bem como
- de *desenhos de componentes individuais*, que ainda podem ser divididos em níveis de produção diferenciados (p. ex., desenhos de peças brutas, desenho de modelos, desenhos de pré-execução, desenhos de execução final).

Primeiramente deveria valer como base que a subdivisão do jogo de desenhos corresponda a todas as ramificações da síntese da estrutura ou da árvore genealógica do produto (cf. figs. 8.3 e 8.4). Porém, para simplificação do jogo de desenhos, pode ser conveniente, por exemplo, no caso de produção individual com diversas variantes (projeto variante), reunir desenhos ou informações de vários desenhos (juntar as indicações dos vários níveis de produção). *Desenhos coletores* servem para diferentes tamanhos de componentes do mesmo tipo, e como jogo de desenhos, captam componentes que pertencem juntos (p. ex., acessórios) e simples conjuntos, e como desenho de tipos, captam diferentes tipos ou tamanhos de um componente em um desenho. Principalmente desenhos de tipos são um meio importante para a racionalização de construções em série e sistemas modulares. A síntese de vários componentes ou tamanhos de um componente em um desenho, por motivos de simplificação de desenhos e uma melhor visão de conjunto, é uma pura questão de praticidade. Porém, não pode ser prejudicada a sua utilidade para o planejamento do trabalho, a produção, a montagem e o fornecimento de peças de reposição.

Deve ser objetivado produzir desenhos de tal forma que, na medida do possível, se tornem independentes do contrato, a fim de empregá-los também em outras aplicações. Peças repetitivas e peças de reposição devem ser sempre representadas em desenhos próprios, uma vez que devem ser de livre utilização, independentes de qualquer contrato. Exceções deste princípio de racionalização são freqüentemente desenhos completos, que como desenhos de fornecimento e montagem devem conter indicações únicas para o respectivo contrato. Outros critérios para a formação de um jogo de desenhos podem ser extraídos da DIN 6789 [20].

Em correspondência com a estrutura do jogo de desenhos, também devem ser constituídos os jogos de listas de componentes e o sistema de numeração de desenhos (cf. 8.3).

Na seqüência do desenvolvimento de normas de desenhos serão futuramente consideradas as exigências da tecnologia CAD.

8.2.3 Sistemas de listas de peças

Como um importante portador de informações, uma lista ou um jogo de listas de peças para cada conjunto de desenhos fazem parte da descrição completa de um objeto, para que sua produção ocorra sem discussões. Uma lista de peças contém a quantidade, a unidade da quantidade, a designação de todos os componentes (grupos construtivos) e itens avulsos incluindo itens padronizados, itens produzidos por terceiros e matérias-primas auxiliares, definidos verbalmente e por número de posição [16, 17]. Números de posição também são os elos entre o desenho e a lista de peças. Além do mais, ela fornece o número material de uma posição, utilizado para uma identificação clara e no acompanhamento de um contrato.

Uma lista de peças geralmente é constituída de um campo de caracteres e um campo de lista de peças, cuja constituição formal está definida na DIN 6771, parte 1 e 2 [16, 17]. No processamento eletrônico das listas de peças, esta constituição é modificada de acordo com as possibilidades e requisitos dos equipamentos e programas utilizados.

O conjunto de listas de peças pertencentes a um produto é chamado de jogo de listas de peças. Listas de peças tanto podem ser dispostas nos desenhos como também elaboradas em separado. Atualmente, predomina a última forma, devido à automatização na elaboração e no processamento das listas de peças. Para uma possibilidade do processamento automatizado de uma lista de peças, de forma racional e multifacetada, indica-se a bibliografia correspondente [27]. Listas de peças podem ser divididas pelo tipo ou por sua finalidade.

A *espécie de listas de peças* indica como a estrutura do produto e as etapas de produção repercutem na formação da lista de peças. De acordo com [27] e DIN 199 parte 2 [11], definem-se os seguintes tipos de listas de peças:

- *A lista de peças* de um produto, *com resumo das quantidades*, apresenta apenas uma listagem dos itens avulsos com seus números materiais e indicações das quantidades. Itens avulsos que ocorrem múltiplas vezes comparecem uma única vez. Porém, todos os números das peças do produto são apresentados. Uma subdivisão das etapas de acordo com a estrutura do produto, por exemplo, em grupos orientados por função e por produção não pode ser notada. Esta espécie de lista de peças representa uma forma mais simples e ocupa pouco espaço na memória. Ela é suficiente para produtos simples com pequeno número de etapas de produção. Para melhor compreensão, a Fig. 8.5 mostra tal lista de peças para uma estrutura de produto segundo a Fig. 8.2, na saída da impressora.

QUANTIDADE 1 DESIGNAÇÃO E1 LISTA DE PEÇAS COM RESUMO DAS QUANTIDADES

POSIÇÃO	QUANTIDADE	UN	DESIGNAÇÃO	NÚMERO DO ARTIGO
1	1	PÇ	T1	
2	2	PÇ	T2	
3	2	PÇ	T3	
4	1	PÇ	T4	
5	2	PÇ	T5	
6	5	PÇ	T6	
7	4	KG	T7	
8	9	M	T8	

Figura 8.5 — *Constituição esquemática de uma lista de peças com resumo das quantidades para a árvore do produto da Fig. 8.2.*

- A *lista de peças estruturada* reproduz a estrutura do produto com todos os conjuntos e componentes, em que cada conjunto é imediatamente subdividido até o nível mais alto (ordem da estrutura do produto). A subdivisão dos conjuntos e componentes corresponde, em geral, ao seqüenciamento da produção (subdivisão em vários níveis).

  A Fig. 8.6 mostra esquematicamente tal lista como saída de uma impressora, novamente com base na estrutura do produto da Fig. 8.2. Uma vez que para cada número de posição o processamento exige indicações da quantidade e da unidade da quantidade, ao contrário da técnica convencional na qual são efetuadas apenas uma vez as indicações das quantidades para uma parte, estas indicações são apresentadas em todos os conjuntos. Além disso, também a unidade "peça" é sempre impressa, pois o programa espera por uma indicação da unidade para todas as posições. Para uma melhor ilustração, na Fig. 8.7 está reproduzida uma lista de peças de um mancal de deslizamento, estruturada pela árvore genealógica mostrada na Fig. 8.4. Listas estruturais de peças podem ser elaboradas tanto para o produto final, como também somente para conjuntos avulsos. A vantagem das listas estruturais está no fato de que, por meio delas, pode ser identificada a estrutura completa de um produto ou de um conjunto. Realmente, listas de peças com elevado número de itens são de difícil visualização, principalmente, quando um conjunto repetitivo surge em posições constantemente diferentes. Disso também resultam inconvenientes para trabalhos de modificações.

- Pelo conceito, listas de peças variantes são designadas listas de peças com formas especiais, nas quais são definidos diferentes produtos ou conjuntos com uma grande fração de conjuntos ou de peças avulsas repetitivas. Portanto, informações de diversas listas de peças são reunidas em uma única lista. Todas as peças iguais de um espectro de produtos são compiladas numa lista de peças básica. Listas de peças variantes são racionais, principalmente em sistemas modulares com grande proporção de módulos idênticos, por exemplo, módulos básicos.

Para se poder utilizar os conteúdos de listas de peças sem alterações, em diferentes produtos e em conjuntos repetidos, é conveniente subdividir modularmente a lista de peças completa, em peças independentes. Identifica-se com esse objetivo o seguinte tipo de lista de peças:

- A *lista de peças de um sistema modular* representa o primeiro nível de subdivisão de um produto ou subconjunto, ou seja, ela contém apenas subconjuntos e itens do nível imediatamente abaixo. As indicações das quantidades referem-se, como em todas as listas de peças, somente ao subconjunto descrito no título. Diversas listas de peças modulares precisam ser compiladas, em alguns casos com outras listas modulares, num jogo de listas de peças de um produto. Partindo da subdivisão do produto da Fig. 8.2, foi efetuada, na Fig. 8.8, uma subdivisão em várias listas de peças modulares. Na Fig. 8.9, a estrutura desta lista está representada esquematicamente como saída de uma impressora. Sua compilação em um jogo de listas de peças corresponde ao produto considerado na Fig. 8.2. A lista de peças modular do produto completo também é denominada de lista de peças principal [11]. A grande vantagem deste

QUANTIDADE 1 DESIGNAÇÃO E1 LISTA DE PEÇAS ESTRUTURAL

POSIÇÃO	QUANTIDADE	UN	ESTÁGIO	DESIGNAÇÃO	NÚMERO DO ARTIGO
1	1	PÇ	.1	T1	
2	1	PÇ	.1	G1	
3	1	PÇ	..2	T2	
4	1	PÇ	..2	T3	
5	1	PÇ	..2	G11	
6	1	PÇ	...3	T5	
7	2	PÇ	...3	T6	
8	2	KG	...3	T7	
9	1	PÇ	.1	G2	
10	1	PÇ	..2	T3	
11	1	PÇ	..2	T4	
12	1	PÇ	.1	G3	
13	1	PÇ	..2	G31	
14	1	PÇ	..3	G11	
15	1	PÇ	4	T5	
16	2	PÇ	4	T6	
17	2	KG	4	T7	
18	1	PÇ	...3	T6	
19	1	PÇ	..2	G32	
20	9	M	...3	T8	
21	1	PÇ	...3	T2	

Figura 8.6 — *Constituição esquemática de uma lista de peças estrutural para a árvore do produto, segundo Fig. 8.2.*

QUANTIDADE 1 DESIGNAÇÃO MANCAL DE PÉ 160 LISTA DE PEÇAS ESTRUTURAL

POS.	QUANT.	UM	ESTÁGIO	DESIGNAÇÃO	NÚMERO DO ARTIGO
1	1.0	PÇ	.1	MANCAL 160/180 MM	3202-222.103350.GZ-1
2	1.0	PÇ	..2	PARTE INFERIOR, PRÉ-USINADA	3200-222.101335.VBZ-1
3	1.0	PÇ	..2	PARTE SUPERIOR, PRÉ-USINADA	3200-222.101336.VBZ-2
4	4.0	PÇ	..2	PARAFUSO ESCAREADO M12X75 DIN 931	9001-222.010674
5	2.0	PÇ	..2	PINO CÔNICO 10X85 DIN 258	9022-222.011149
6	2.0	PÇ	..2	PORCA SEXTAVADA M10 DIN 934-5	9013-222.012435
7	1.0	PÇ	.1	CASQUILHO 160	3511-222.150379.GZ-1
8	1.0	PÇ	..2	CASQUILHO, PRÉ-TORNEADO	3511-222.150380.GZ-3
9	1.0	PÇ	...3	SEMICASQUILHO INFERIOR	3511-222.150411.VBZ-3
10	1.0	PÇ	...3	SEMICASQUILHO SUPERIOR	3511-222.150410.VBZ-3
11	2.0	PÇ	...3	PARAFUSO CILÍNDRICO M8X35 DIN 912 8.8	9001-222.010457
12	2.0	PÇ	...3	ANEL ELÁSTICO 8 DIN 7980	9065-222.012087
13	2.0	PÇ	...3	PINO CÔNICO 6X55 DIN 258	9022-222.022437
14	2.0	PÇ	...3	PORCA SEXTAVADA M6 DIN 934-5 GALVANIZADA	9013-222.012433
15	0.3	KG	..2	FUNDIÇÃO DO MANCAL-TERMITA	
16	1.0	PÇ	.1	ANEL DE APOIO	9271-222.101342
17	1.0	PÇ	.1	ANEL DE LUBRIFICAÇÃO PARA 160/180	3901-222.007904.GZ-4
18	2.0	PÇ	..2	SEMI-ANEL DE LUBRIFICAÇÃO	3901-222.150009.SEZ-4
19	4.0	PÇ	..2	PARAFUSO ESCAREADO	9009-222.150108.SEZ-3
20	1.0	PÇ	.1	ANEL RASPADOR DE ÓLEO	3776-222.150581.SEZ-4
21	2.0	PÇ	.1	SUCÇÃO DO NÍVEL DE ÓLEO R1N229350	3906-222.000794
22	1.0	PÇ	.1	PARAFUSOS DO FECHAMENTO R 1/4 DIN 910	9003-222.011821
23	1.0	PÇ	.1	TUBO DE ALIMENTAÇÃO DE ÓLEO	9448-222.150350
24	140.0	MM	..2	TUBO COM ROSCA R 1/4X140	9446-222.150498.OZ
25	1.0	PÇ	..2	PARAFUSOS DE FECHAMENTO R 1/2 DIN 910	9003-222.011823
26	1.0	PÇ	.1	REGISTRO DO RESERVATÓRIO R 3/8	9408-222.021301
27	1.0	PÇ	.1	VISOR A 116X82	3904-222.000327
28	4.0	PÇ	.1	PARAFUSO CILÍNDRICO M16X15 DIN 84 4.8	9007-222.011316
29	2.0	PÇ	.1	VEDAÇÃO DO MANCAL AJUSTADA	3020-222.150268
30	4.0	PÇ	..2	SEMIVEDAÇÕES	3020-222.100105
31	4.0	PÇ	..2	PARAFUSO CILÍNDRICO M8X35 DIN 912 8.8	9001-222.010457
32	4.0	PÇ	..2	PORCA SEXTAVADA M8 DIN 934-5 GALVANIZADA	9013-222.012560
33	4.0	PÇ	..2	ANEL ELÁSTICO 8 DIN 7980	9065-222.012087
34	2.0	PÇ	.1	ANEL DE VEDAÇÃO 250 DIN 2693	9326-222.201793
35	12.0	PÇ	.1	PARAFUSO SEXTAVADO M6X15 DIN 931-5	9001-222.010800
36	12.0	PÇ	.1	ANEL ELÁSTICO 6 DIN 127	9065-222.911454

Figura 8.7 — *Lista de peças estrutural do mancal vertical, conforme Fig. 8.4.*

tipo de lista reside no fato de que um subconjunto repetitivo precisa ser representado apenas uma única vez em uma folha de uma lista de peças. Isto contribui para uma pouca necessidade de memória no processamento, bem como para um pequeno gasto na elaboração da lista de peças e no trabalho de modificações.

Uma outra vantagem reside no fato de que, no armazenamento de listas de peças modulares na memória do computador, pode ser derivada sem mais, uma lista de peças estruturada e uma lista de peças com resumo das quantidades. A utilização de listas de peças modulares é recomendada, sobretudo quando um grande leque de produtos são controlados pelo estoque de subconjuntos e estes subconjuntos repetitivos são produzidos em grandes quantidades. A desvantagem é que pelo exame de uma lista de peças modular ainda não pode ser concluído o consumo total de componentes do produto completo, e que a inter-relação condicionada pela função e pela produção somente pode ser reconhecida quando todas as listas de peças modulares são compiladas em um jogo de listas de peças. Programas atuais de listas de peças pedem como padrão a entrada dos subconjuntos e das peças em forma de listas de peças modulares. Pela subdivisão de uma lista de peças também é possível a avaliação de um jogo de listas de peças segundo outros critérios.

Uma outra diferenciação pode ser efetuada, de acordo com a *finalidade de utilização*:

- *Listas de peças de projeto* são aquelas, nas quais o projetista organiza a compilação das peças e a estrutura do produto correspondente, segundo critérios funcionais. As

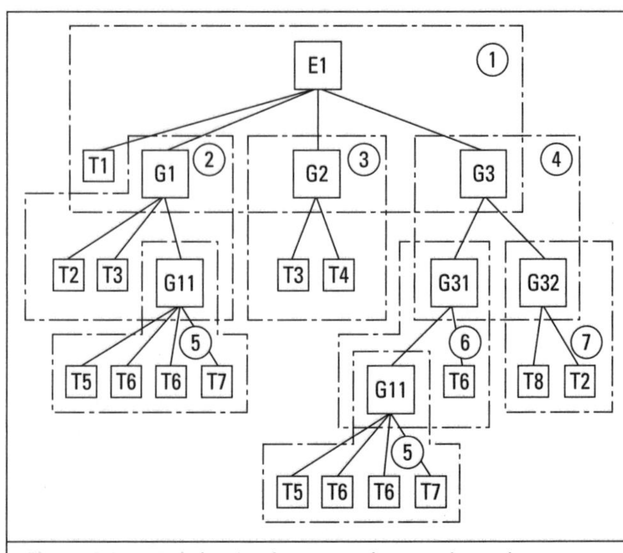

Figura 8.8 — *Subdivisão de um produto em listas de peças modulares, de acordo com a Fig. 8.2.*

```
QUANTIDADE   1   DESIGNAÇÃO    E1    LISTA DE PEÇAS MODULAR 1
*************************************************************
POSIÇÃO   QUANTIDADE    UN     DESIGNAÇÃO      NÚMERO DO ARTIGO
*************************************************************
   1          1          PÇ          T1
   2          1          PÇ          G1
   3          1          PÇ          G2
   4          1          PÇ          G3

QUANTIDADE   1   DESIGNAÇÃO    E1    LISTA DE PEÇAS MODULAR 2
*************************************************************
POSIÇÃO   QUANTIDADE    UN     DESIGNAÇÃO      NÚMERO DO ARTIGO
*************************************************************
   1          1          PÇ          T2
   2          1          PÇ          T3
   3          1          PÇ          G11

QUANTIDADE   1   DESIGNAÇÃO    E1    LISTA DE PEÇAS MODULAR 3
*************************************************************
POSIÇÃO   QUANTIDADE    UN     DESIGNAÇÃO      NÚMERO DO ARTIGO
*************************************************************
   1          1          PÇ          T3
   2          1          PÇ          T4

QUANTIDADE   1   DESIGNAÇÃO    E1    LISTA DE PEÇAS MODULAR 4
*************************************************************
POSIÇÃO   QUANTIDADE    UN     DESIGNAÇÃO      NÚMERO DO ARTIGO
*************************************************************
   1          1          PÇ          G31
   2          1          PÇ          G32

QUANTIDADE   1   DESIGNAÇÃO    E1    LISTA DE PEÇAS MODULAR 5
*************************************************************
POSIÇÃO   QUANTIDADE    UN     DESIGNAÇÃO      NÚMERO DO ARTIGO
*************************************************************
   1          1          PÇ          T5
   2          2          PÇ          T6
   3          2          KG          T7

QUANTIDADE   1   DESIGNAÇÃO    E1    LISTA DE PEÇAS MODULAR 6
*************************************************************
POSIÇÃO   QUANTIDADE    UN     DESIGNAÇÃO      NÚMERO DO ARTIGO
*************************************************************
   1          1          PÇ          G11
   2          1          PÇ          T6

QUANTIDADE   1   DESIGNAÇÃO    E1    LISTA DE PEÇAS MODULAR 7
*************************************************************
POSIÇÃO   QUANTIDADE    UN     DESIGNAÇÃO      NÚMERO DO ARTIGO
*************************************************************
   1          9          M           T8
   2          1          PÇ          T2
```

***Figura 8.9** — Constituição esquemática das listas de peças modulares. Compilação segundo Fig. 8.8.*

posições são compiladas da mesma forma como ocorrem ou são utilizadas na tarefa de projetar. Uma lista de peças de projeto freqüentemente é neutra com relação ao contrato ou à produção, presta-se à documentação dos resultados do projeto e é útil em projetos inovadores ou de adaptações.

- Por uma *lista de peças para a produção* ou *para a montagem* compreende-se uma lista de peças do projeto, que foi suplementada com indicações relativas à produção e à montagem. Listas de peças de produção principalmente na produção avulsa são específicas de um contrato.
- Além disso, para casos especiais conhecem-se ainda *listas de preparação, listas de peças com os custos* e *listas de sobressalentes.* Porém, dever-se-ia objetivar trabalhar somente com um tipo de lista de peças.

A múltipla utilização de uma lista de peças no projeto, normatização, disposição, planejamento do trabalho e controle da produção, pré-orçamento, compra de material e modo de armazenagem, montagem, controle, manutenção, conserto e peças de reposição, cálculo do custo operacional, bem como documentação confere grande importância ao seu conteúdo. O conteúdo das listas de peças é constantemente aumentado através de providências para a racionalização das operações, principalmente na utilização da informática para o preparo das listas de peças. O processamento computadorizado exige armazenar uma informação apenas uma vez. Para tanto se mostrou conveniente separar a informação ligada ao componente em *dados-tronco das peças* (abreviadamente dados-tronco) e informações sobre a associação em determinadas estruturas do produto. Por exemplo, relações das peças entre si, em *dados estruturais do produto* (abreviadamente dados estruturais):

- Dados-tronco são *dados* relativos aos componentes, por exemplo números de desenhos ou números de materiais para identificação dos componentes, indicações dos materiais, unidade usada na quantificação e tipo de componente,
- Dados estruturais são *dados relativos ao produto,* por exemplo, números de posição para indicação da sucessão dos componentes, anotações a respeito de mudanças, número do contrato, e determinados números-códigos.

Em empresas individuais ainda são suplementarmente formulados os chamados dados de referência, que estabelecem uma referência para números e designações estranhas.

A forma inversa de uma lista de peças é chamada de verificação de utilização do componente. Ele indica de quais subconjuntos o componente participa (útil em tarefas de alterações).

Resumindo, verifica-se que as estruturas do jogo de desenhos e do jogo de listas de peças devem estar afinadas uma com relação à outra. A conexão entre desenho e lista de peças é alcançada especialmente através de um sistema de numeração unificado.

8.2.4 Aspectos do uso do computador

Em 8.2.2 e 8.2.3 foram abordados os conteúdos e a estrutura dos subsídios a serem gerados para a produção. Nos exemplos apresentados tratou-se principalmente de formas convencionais de documentação. Pelo emprego do computador alteram-se a forma e o modo de utilizar esses subsídios. Numa interligação, por exemplo, de um sistema CAD com uma máquina-ferramenta comendada numericamente, uma cadeia CAD - CAM, a geometria de um componente não é mais representada por um desenho, mas por uma representação digitalizada [1].

Mesmo que o conteúdo fundamentalmente permaneça o mesmo, a forma de representação e o tempo de execução serão adaptados flexivelmente às mudanças do processo de geração do produto. Objetivo último é representar o produto e suas características num protótipo virtual digitalizado [32].

Aqui deverão ser esclarecidos alguns aspectos e as possibilidades do emprego do computador na documentação da produção. Maiores considerações a respeito dessa temática acham-se no cap. 13. No início da utilização do computador no desenvolvimento e no projeto, os esforços concentravam-se em modelar a geometria dos componentes com auxílio de programas CAD. Havia condições para, a partir de modelos bidimensionais, gerar os desenhos da produção de uma forma relativamente simples. Com a crescente melhoria de desempenho dos computadores, os cálculos dos componentes também passaram a ser executados e documentados, por exemplo, com auxílio do método dos elementos finitos. Os subsídios gerados no desenvolvimento e no projeto serviram especialmente à documentação da produção.

Com a implementação dos modeladores 3D, a espécie e a finalidade da documentação gerada no desenvolvimento e no projeto foram significativamente alteradas e ampliadas. Aqui, pode-se citar dois aspectos:

- no contexto do processo de geração do produto, uma documentação do produto no sentido da ISO 9000 e dos anexos e também quanto à responsabilidade pelo produto. Disso fazem parte, por exemplo, desenhos, memórias de cálculo, protocolos de ensaios, etc.; e
- documentação de processos antepostos ou pospostos ao real processo de formação do produto.

A isso pertencem, por exemplo, planilhas para compra, catálogos de produtos etc. em processos precedentes e instruções para manutenção, consertos, etc. em processos subseqüentes.

Partindo dos documentos gerados no projeto, presentemente é possível formar uma cadeia 3D. Com a incorporação de fornecedores, pode ser estabelecido um fluxo contínuo de dados no sentido de uma *global-engineering* ou de um *global-sourcing*. Deve se vigiar para que desde o início sejam gerados modelos 3D adequados, por exemplo, por meio de pontos de referência apropriados (cf. 13). Com um exemplo do setor ferroviário, na Fig. 8.10 está representada uma cadeia contínua de processos 3D, com documentos típicos da respectiva etapa de trabalho.

O modelo de um produto gerado no cliente com auxilio de um sistema modular para modelos 3D pode continuar sendo desenvolvido e utilizado nas etapas subseqüentes do processo de geração de um produto. Para isso também são utilizados modelos 3D de subfornecedores, como mostra o exemplo da Fig. 8.10.

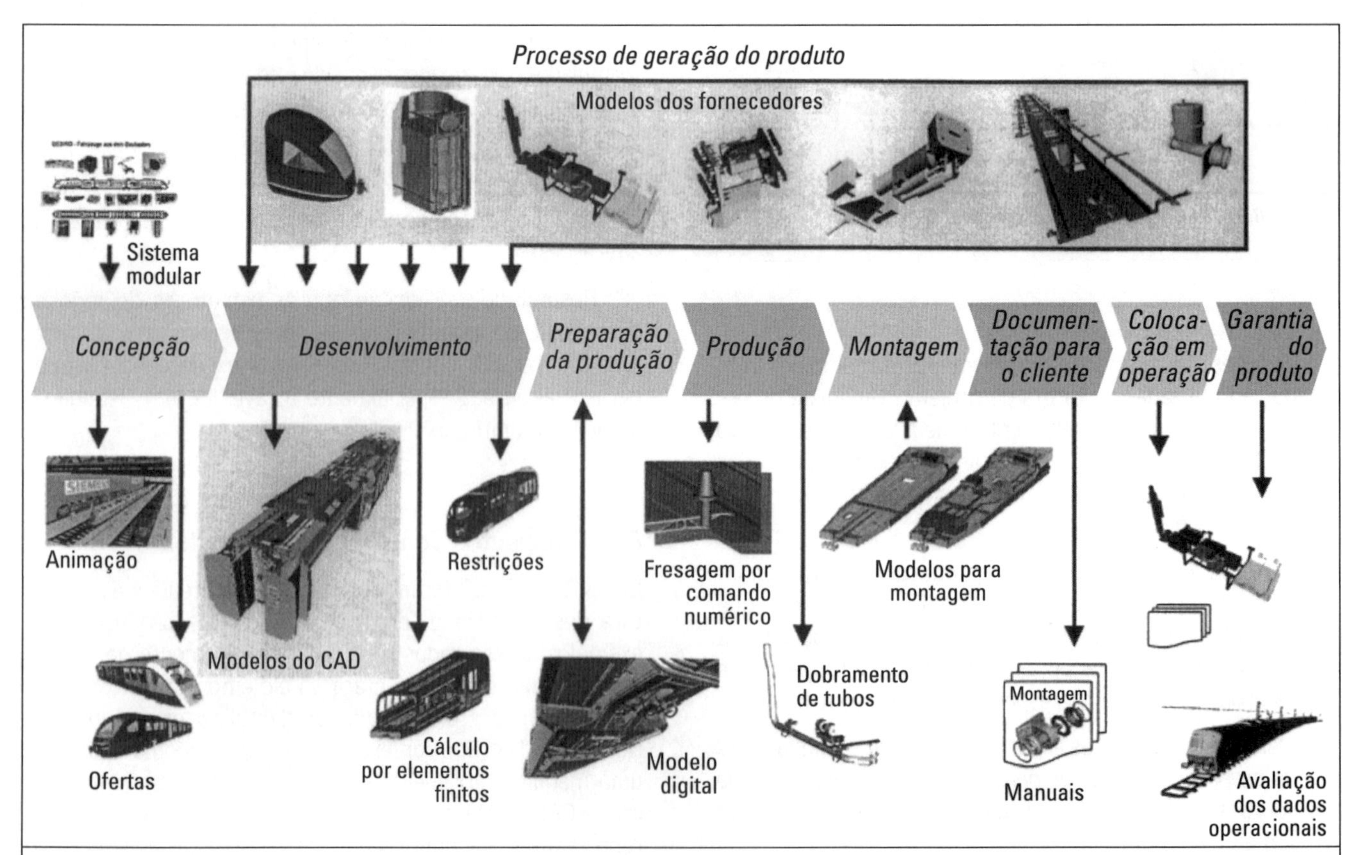

Figura 8.10 *— Cadeia contínua de um processo 3D para um vagão ferroviário constituído de produção própria e de componentes de fornecedores, mediante uso de diversos modelos de produtos e de processos [37].*

No âmbito da elaboração de listas de peças têm se firmado sistemas informatizados de planejamento - produção (SPP) ou como evolução deste, sistemas ERP (*enterprise ressource - planning*). De um lado, servem para controlar todo o fluxo de materiais e mobilizar os recursos longe da empresa; por outro lado, com sua ajuda pode ser reproduzida e manipulada a estrutura do produto, bem como emitida a respectiva lista de peças.

Quando corretamente utilizados, estes sistemas abrem possibilidades para a racionalização do processo de projeto. Em projetos adaptativos, alternativos e repetitivos, estruturas já padronizadas de produtos existentes no sistema ERP podem ser copiadas e adaptadas para o novo produto a ser projetado. Este procedimento atrai para si uma tendência de padronização dos produtos.

Adicionalmente, estes sistemas oferecem a possibilidade de derivar todas as listas de peças do produto a partir da sua estrutura (cf. 8.2.3), que é elaborada uma única vez, Fig. 8.11.

Por meio de funcionalidades adequadas desses sistemas, o projetista pode obter informações *on-line* sobre prazos de entrega de matérias-primas ou de componentes, sendo, dessa forma, auxiliado na percepção da sua responsabilidade pelos prazos.

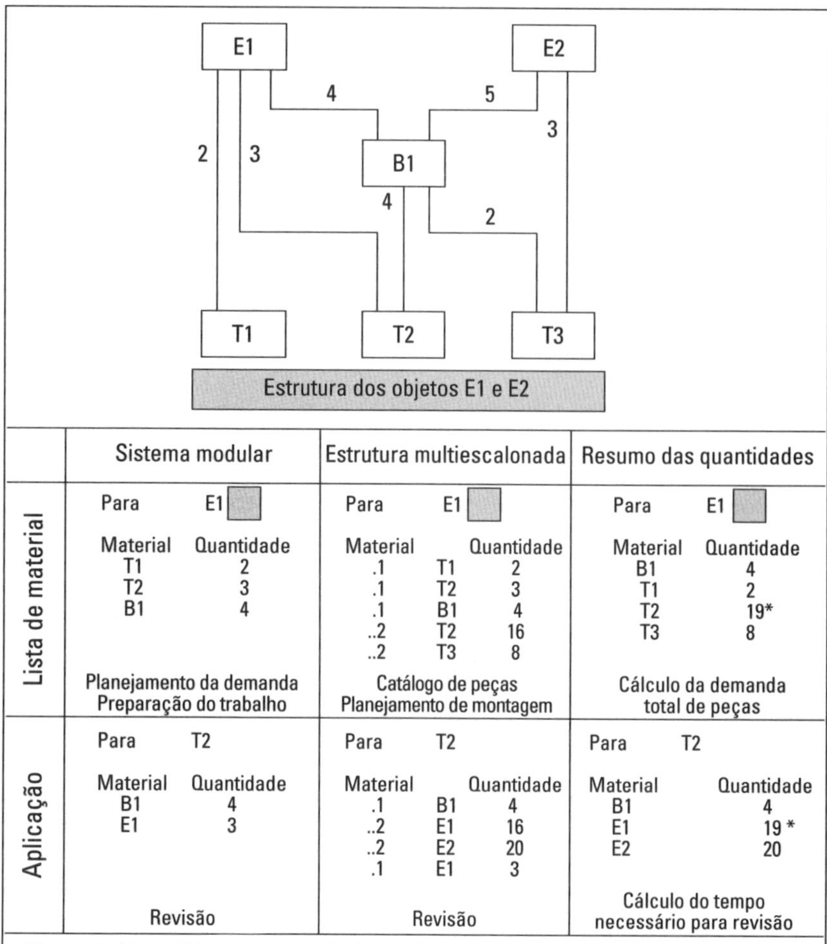

	Sistema modular	Estrutura multiescalonada	Resumo das quantidades
Lista de material	Para E1 Material Quantidade T1 2 T2 3 B1 4 Planejamento da demanda Preparação do trabalho	Para E1 Material Quantidade .1 T1 2 .1 T2 3 .1 B1 4 ..2 T2 16 ..2 T3 8 Catálogo de peças Planejamento de montagem	Para E1 Material Quantidade B1 4 T1 2 T2 19* T3 8 Cálculo da demanda total de peças
Aplicação	Para T2 Material Quantidade B1 4 E1 3 Revisão	Para T2 Material Quantidade .1 B1 4 ..2 E1 16 ..2 E2 20 .1 E1 3 Revisão	Para T2 Material Quantidade B1 4 E1 19* E2 20 Cálculo do tempo necessário para revisão

Figura 8.11 — *Diversos tipos de listas de peças, derivadas da estrutura de produção.*

8.3 ■ Caracterização dos objetos

8.3.1 Técnicas de numeração

Segundo DIN 6763 [15], distinguem-se números numéricos (p. ex. 3012 - 13), números alfa-numéricos (p. ex. AC 400 DI - 120 M) e números alfabéticos (p. ex. AB - C).

Na acepção da técnica de numeração, estes são incorporados em sistemas numéricos, nos quais todo número possui estruturas fixas, formais, com determinado número de casas e determinada fonte de escrita. A associação de números avulsos a sistemas de números pode ocorrer de diferentes maneiras. Sobre a estrutura de sistemas numéricos relatam [15, 28].

São requisitos gerais para sistemas numéricos:

- *Identificação*, ou seja, possibilitar reconhecimento claro e inconfundível de um objeto com base nas suas características.
- *Classificação*, ou seja, possibilitar ordenamento das coisas e das circunstâncias de acordo com características definidas. Uma classificação é somente uma descrição de características selecionadas. O mesmo número de classificação confirma, portanto, a igualdade dos objetos perante esta característica, porém não a sua identidade.
- Identificação e classificação deveriam ser manipuláveis em separado.
- A estrutura de um sistema de números deveria permitir extensas possibilidades para ampliações.
- Devem ser assegurados tempos de acesso reduzidos, inclusive na execução manual, bem como uma administração simples.
- Deve haver compatibilidade com os requisitos da computação.
- Deverá ser objetivada a boa compreensão, inclusive para os desenhos estranhos à empresa, através de uma estrutura lógica de sistema, terminologia clara e boa capacidade de retenção (em geral sistemas de numeração com menos de 8 dígitos).
- Deve ser dada estrutura conveniente ao projeto, para processamento e saída de informações de qualquer natureza pelo e para o projetista, especialmente para a numeração de desenhos e das listas de peças.
- O número de um objeto deverá ser mantido, independentemente do produto no qual este objeto é aplicado e se é adquirido como peça avulsa ou peça comprada fora.

Na seleção ou definição de um sistema de numeração apropriado, devem ser consideradas as realidades da empresa e seus objetivos. São influências importantes:

- Tipo e complexidade do programa de produtos.
- Tipo de produção, por exemplo avulso, pequeno lote ou produção em massa.
- Serviço de atendimento do cliente, administração do setor de peças de reposição e do setor de distribuição.
- Realidades administrativas, por exemplo possibilidades de emprego de computadores.
- Objetivos da numeração, por exemplo registro dos acompanhamentos de um ou mais programas de produtos (fábrica avulsa ou grupo empresarial) ou somente classificação de peças avulsas para a procura de peças repetitivas.

Com base nestes requisitos, foram introduzidos na prática, numerosos sistemas de numeração, cujas estruturas principais são descritas a seguir [33].

1. Sistemas de números do artigo

O número do artigo é o número de identidade (número de identificação) de um objeto. Na prática fabril, são designados por sistemas de números do artigo os sistemas que abrangem a numeração fabril dos artigos (objetos e condições) de todos os departamentos da empresa (cf. DIN 6763 [15]). Para uma caracterização clara, em geral, as peças e os desenhos correspondentes recebem números distintos.

Números por artigo devem *identificar* um artigo, além disso, eles também podem classificá-lo. Aqui, no acompanhamento de um contrato, tanto na produção quanto na montagem, os artigos e situações são todos aqueles objetos, documentos e instruções necessárias:

- objetos, por exemplo, desenvolvimento de peças novas, peças repetitivas, peças de fora, peças de reposição, semi-acabados, ferramentas de produção e de fábrica;
- documentos, por exemplo, planilhas de materiais, patentes, desenhos técnicos e listas de peças e
- instruções sobre procedimentos, por exemplo, orientações do projeto, instruções para a produção, orientação para a montagem.

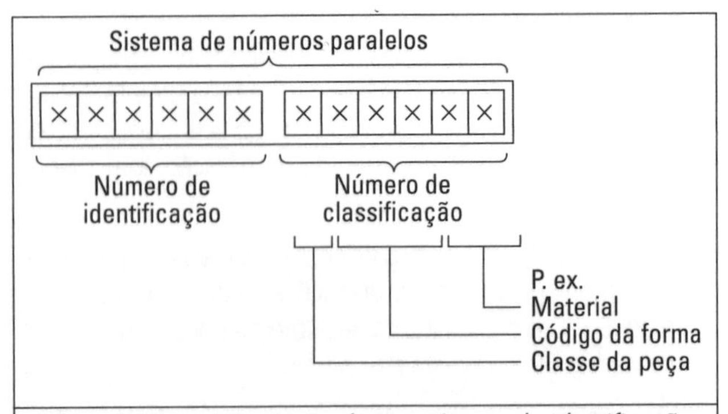

***Figura 8.12** — Associação de um número de identificação com o número de classificação num sistema de números paralelos [4].*

Sistemas de números por artigo podem ser constituídos de *números paralelos* e de *números mistos*.

Por *número paralelo* é compreendido qualquer outro número de identidade para a mesma numeração de um objeto, por exemplo, de um fabricante de peças compradas e o cliente tem freqüentemente números de identificação diferentes para a mesma peça. Também se fala de um sistema de números paralelos, quando o número do artigo (número de identificação) está ligado a um número de classificação autônomo [4], Fig. 8.12. A vantagem dessa codificação paralela reside numa grande flexibilidade e possibilidade de ampliação, pois, os dois números são independentes entre si. Por causa disso, este sistema deve ser objetivado na maioria dos casos de aplicação e oferece as vantagens de um processamento mais simples, em que somente é necessário o número de identificação.

Por um *número misto* é compreendido um número que se compõe de diversas partes de números.

Assim, a Fig. 8.13 mostra como exemplo o número de artigo, no qual o número identificador do artigo é formado por um número classificatório e por um número composto de algarismos. Desvantajoso é o rápido estouro desse sistema de numeração, no caso de se fazer necessárias extensões. As vantagens residem na clareza da parte classificatória.

2. Sistemas de numeração classificatórios

Uma classificação de objetos, seja no âmbito dos números de artigos, seja por um sistema de classificação autônomo independente de sistemas de números de identificação, é de grande importância especialmente para o departamento de projeto.

Em geral, procede-se a uma classificação grosseira e a uma classificação detalhada. Com uma análise abrangente a classificação grosseira, em geral, distingue entre as seguintes especialidades:

- documentos técnicos, econômicos e administrativos como diretrizes, normas, etc.;
- matéria-prima, semi-acabados, etc.;
- peças compradas fora, ou seja, objetos que não são de um projeto próprio ou da própria produção;

***Figura 8.13** — Constituição de um número de artigo como número misto, segundo [4].*

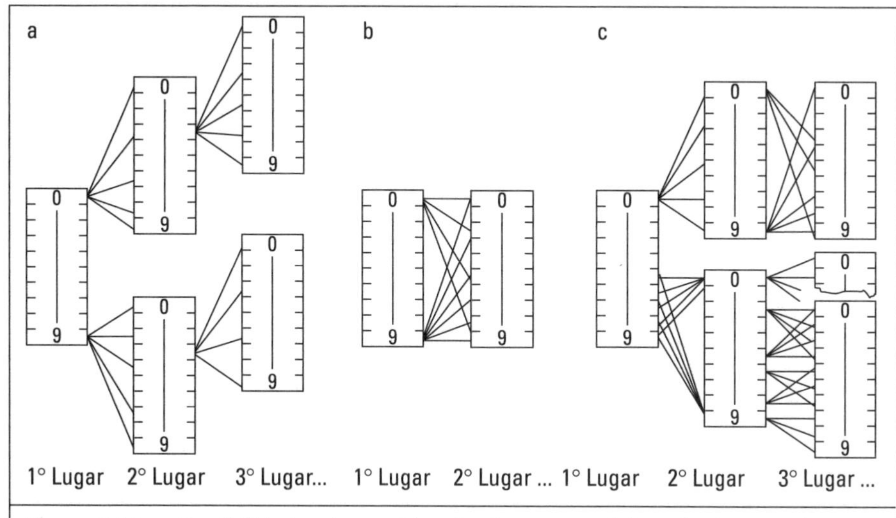

Figura 8.14 *— Possibilidades de combinação das características de sistemas de classificação de acordo com [26].*

- peças específicas de projeto próprio;
- subconjuntos de projeto próprio;
- objetos, produtos;
- materiais auxiliares e materiais combustíveis;
- dispositivos, ferramentas e
- meios de produção.

Tais especialidades (grupos principais) podem, por exemplo, ocupar a 1ª posição da classificação ou da parte classificatória de um número misto. As demais posições (2ª, 3ª, 4ª posição), no sentido de uma classificação detalhada, são preenchidas por características, com as quais podem ser encontradas rapidamente informações sobre as mencionadas especialidades.

A ligação entre as posições depende da inter-relação entre conteúdos de subconjuntos individuais. Se as características de um subconjunto devem ser ordenadas a somente uma característica do subconjunto predecessor, então o sistema de numeração deve mostrar a respectiva bifurcação: Fig. 8.14a. Se, pelo contrário, as características de um subconjunto podem ser ordenadas a qualquer característica do subconjunto predecessor, então é possível a superposição das respectivas correspondências: Fig. 8.14b. As vantagens do desmembramento segundo Fig. 8.14a residem na interligação independente de cada ramo e numa maior capacidade de armazenamento, as vantagens de um desmembramento segundo Fig. 8.14b, ao contrário, pela menor demanda de memória. Por isso, na prática são empregados os dois tipos de interligações, em sistemas mistos: Fig. 8.14c.

Além da racionalização do fluxo das informações internas à fábrica no acompanhamento de um contrato, uma importante tarefa da classificação, é que o projetista pode se informar rápida e detalhadamente sobre peças já projetadas ou sobre peças existentes no estoque, idênticas ou semelhantes. A utilização dessas peças repetitivas em projetos inovadores, de adaptação e variantes, figura entre as mais importantes exigências de racionalização nas empresas que incidem sobre o projetista. A eficiência de tal sistema para a procura de peças repetitivas depende, principalmente do conteúdo do sistema de classificação com suas categorias e características classificatórias, bem como do tipo de informações de entrada e principalmente de saída. O sistema de classificação deve ser moldado às necessidades da empresa, para disponibilizar informações otimizadas no menor tempo possível.

Um interessante setor de aplicação para esses sistemas de classificação é a codificação de peças com os chamados *códigos das formas*. Das numerosas sugestões para uma classificação de peças, independentemente do produto, com ajuda de uma classificação das formas [28], impôs-se, sobretudo, o sistema devido a Opitz [34].

A importância de sistemas de classificação, principalmente úteis com armazenamento de informações e recuperação de informações convencionais, tende, entretanto, a regredir com o uso crescente da informática, pois, por meio dela, é simplificado o conhecimento dos artigos e das condições com o auxílio de programas de reconhecimento de geometrias ou de textos.

8.3.2 Características dos artigos

Características dos artigos, segundo DIN 4000 [13, 14] ou em forma modificada, destinam-se à caracterização dos objetos independentemente do seu ambiente (origem, campos de utilização). Assim, como suplementação de sistemas de classificação ou também sozinhas, elas são um importante auxílio para armazenamento e recuperação de objetos, por exemplo, peças padronizadas ou projetos de peças exclusivos da empresa, materiais e peças de fornecedores, processos ou módulos de um sistema modular, bem como artigos não materiais como programas de computador e estruturas administrativas. Os dados das características dos artigos de um grupo de objetos são armazenados no índice das características dos artigos. Nisto, as características dos artigos relevantes de um grupo de objetos são compiladas na *faixa das características dos artigos* (cabeçalho do índice das características dos artigos). A Fig. 8.15 mostra como exemplo uma faixa das características dos artigos para duas formas de molas de compressão. A correlação entre as letras de identificação A,

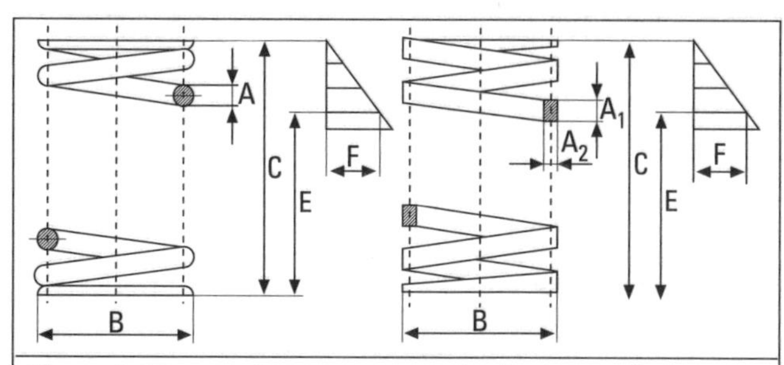

Figura 8.15 *— Molas para o exemplo das barras das características, segundo DIN 4000-11[14].*

Barra das características dos artigos DIN 4000 - 11 - 1									
Letra identificadora	A	B	C	D	E	F	G	H	J
Denominação da característica do artigo	Diâmetro da seção do alarme ou espessura x largura A1; A2	Diâmetro externo da mola	Comprimento sem carga	Coeficiente de mola	Comprimento com carga máxima	Força na mola correspondente a E	Número de espiras ou direção das espiras (esq. ou dir.)	Material	Acabamento superficial e/ ou tipo de proteção
Referências									
Unidade	mm	mm	mm	N/mm	mm	N	–	–	–

***Figura 8.15a** — Barra das características dos artigos para molas de compressão, segundo DIN 4000-11[14].*

Estágios de concretização	Exemplo	Características	Exemplo
Requisitos ↓ Lista de requisitos	N/V – Lista de requisitos Transmissão N – Potência de entrada, P N – Relação de transmissão i N – Posição, altura do eixo V – Silencioso	Geometria, cinemática, forças Energia, material, sinal Segurança, ergonomia, controle Produção, montagem, transporte Operação, manutenção	
Inter-relações da função ↓ Estrutura da função	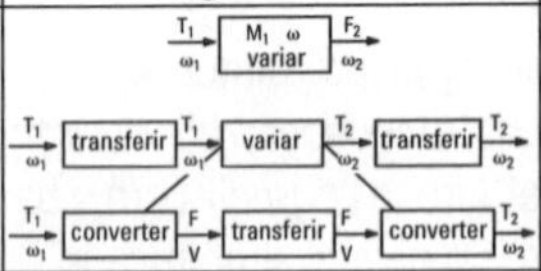 variar; transferir, variar, transferir; converter, transferir, converter	Espécie de função Espécie de encadeamento Fluxo principal: Energia Material Sinal	Variação não comutável de componentes mecânicos da energia (T, ω) Comutação em série
Inter-relação de trabalho ↓ Efeitos físicos	 converter Efeito alavanca T = F·l 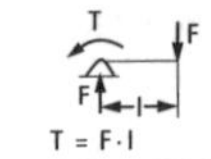	Espécie de energia Espécie de material Espécie de sinal	Conversão de energia mecânica (torque em força tangencial)
Características geométricas e materiais ↓ Princípio de trabalho	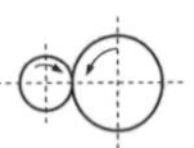	Geometria de trabalho (conceitual): – espécie, forma, posição Movimento de trabalho (conceitual): – espécie, forma, direção Espécie de material (conceitual): – Estado, comportamento, forma	Engrenagens cilíndricas de eixos paralelos Transmissão de movimento uniforme Material sólido, rígido
↓ Concepção	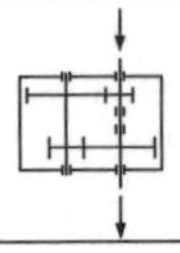	Grandezas de entrada e saída na fronteira do sistema, determinantes da função	• Torque $T_{máx}$ • Rotação $n_{máx}$ • Relação de transmissão i
Inter-relação da construção ↓ Esboço	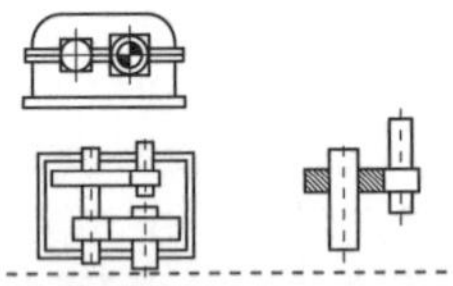	Geometria de trabalho: – Forma básica, complexidade – Dimensões principais – Disposição das junções Grupo de materiais	x Distância entre eixos x Módulo m x Número de dentes z x Ângulo de inclinação da hélice volume da construção
↓ Esboço detalhado	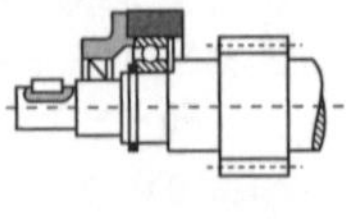	Geometria de trabalho: – Definição dos detalhes – Processos de uniões Outras geometrias: – Definições de detalhes	x Material (com tratamento) x Dimensões das posições dos mancais x Comprimento total do eixo distância entre mancais superfícies das junções
↓ Projeto da forma	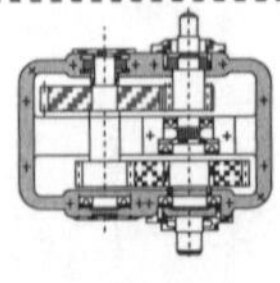	Fronteira do sistema: – Dimensões das junções – Esforços nas junções – Dados para operação	• Dimensões externas do mancal • Forma e posição do eixo de entrada e de saída • Peso • Carga adicional aplicável ao eixo, medidas da fundação
↓ Documentação para execução	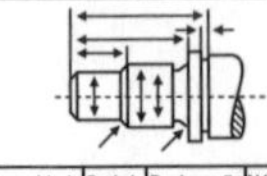 Pos. / Quantidade / Estágio / Designação / Número do artigo 1 2 3	Peças avulsas: – Dimensões com indicações de qualidade – Material com especificação do tipo de tratamento – Peças semi-acabadas, peças brutas – Dados de normas	x Qualidade do engrenamento x Acabamento superficial Superfícies trabalhadas

***Figura 8.16** — Identificação e correlação de particularidades típicas e sua inter-relação com etapas essenciais da concretização de objetos técnicos segundo [3];* característica segundo DIN 4000-27 x característica segundo DIN 4000-59.*

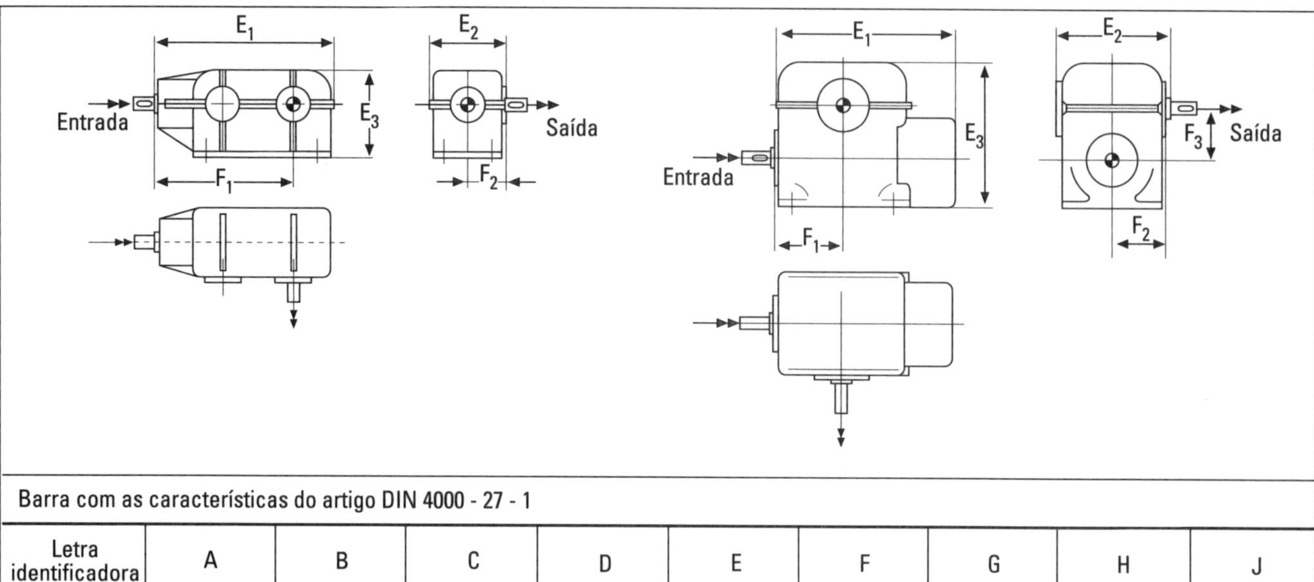

Barra com as características do artigo DIN 4000 - 27 - 1

Letra identificadora	A	B	C	D	E	F	G	H	J
Denominação da característica do artigo	Torque $M_{máx}$ Eixo motor	Rotação $n_{máx}$ Eixo motor	Relação de transmissão	Peso	Dimensões máximas do invólucro E_1, E_2, E_3	Distâncias entre o eixo de entrada e de saída F_1, F_2, F_3	Coeficiente de impacto	Capacidade de carga radial	
Referências									
Unidades	Nm	min^{-1}	—	kg	mm	mm	—	N	

Figura 8.17 — *Características do artigo para transmissões não comutáveis, segundo DIN 4000-27 [14].*

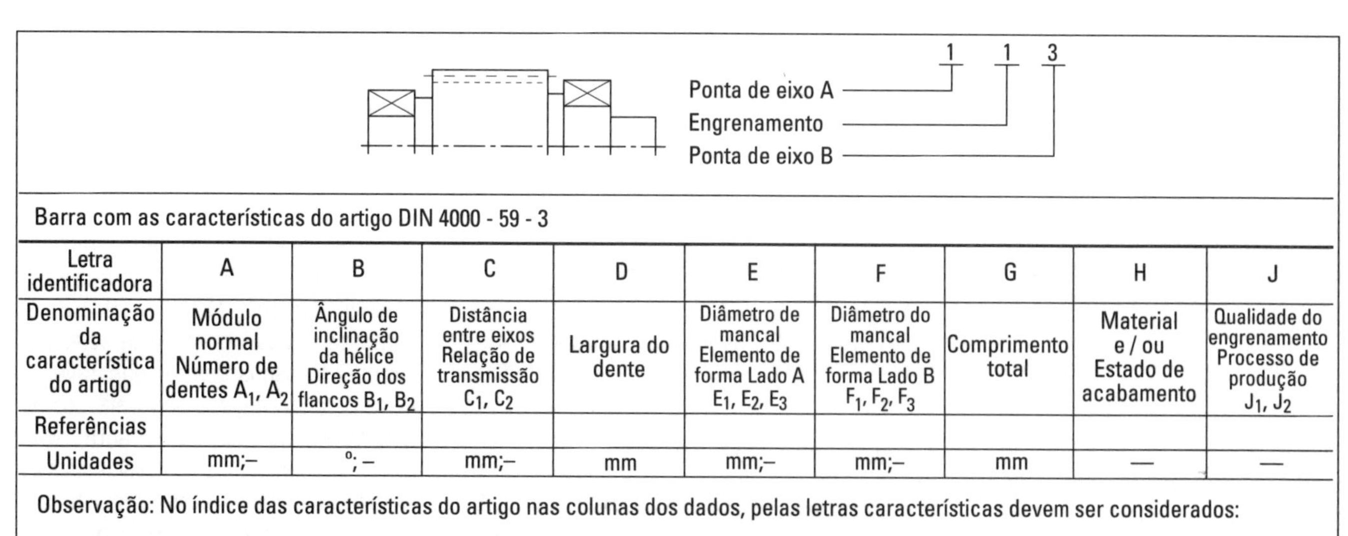

Barra com as características do artigo DIN 4000 - 59 - 3

Letra identificadora	A	B	C	D	E	F	G	H	J
Denominação da característica do artigo	Módulo normal Número de dentes A_1, A_2	Ângulo de inclinação da hélice Direção dos flancos B_1, B_2	Distância entre eixos Relação de transmissão C_1, C_2	Largura do dente	Diâmetro de mancal Elemento de forma Lado A E_1, E_2, E_3	Diâmetro do mancal Elemento de forma Lado B F_1, F_2, F_3	Comprimento total	Material e / ou Estado de acabamento	Qualidade do engrenamento Processo de produção J_1, J_2
Referências									
Unidades	mm;–	°; –	mm;–	mm	mm;–	mm;–	mm	—	—

Observação: No índice das características do artigo nas colunas dos dados, pelas letras características devem ser considerados:

B_1: ângulos expressos em graus
B_2: L - Esquerda
R - Direita
D - Dupla com dentes inclinados ou em V

E_2 ou E_3 / F_2 ou F_3 } Veja seção 3, tabela 3

H: E = temperado por cimentação
F = temperado por chama
I = temperado por indução
N = nitretato
V = beneficiado
J_1: Qualidade do engrenamento segundo DIN 3962 parte 1 a parte 3 ou DIN 3963
J_2: F = fresado
L = retificado
R = rolado
T = emendado
B = rasqueteado

Figura 8.18 — *Características de eixos paralelos, segundo DIN 400-59[14].*

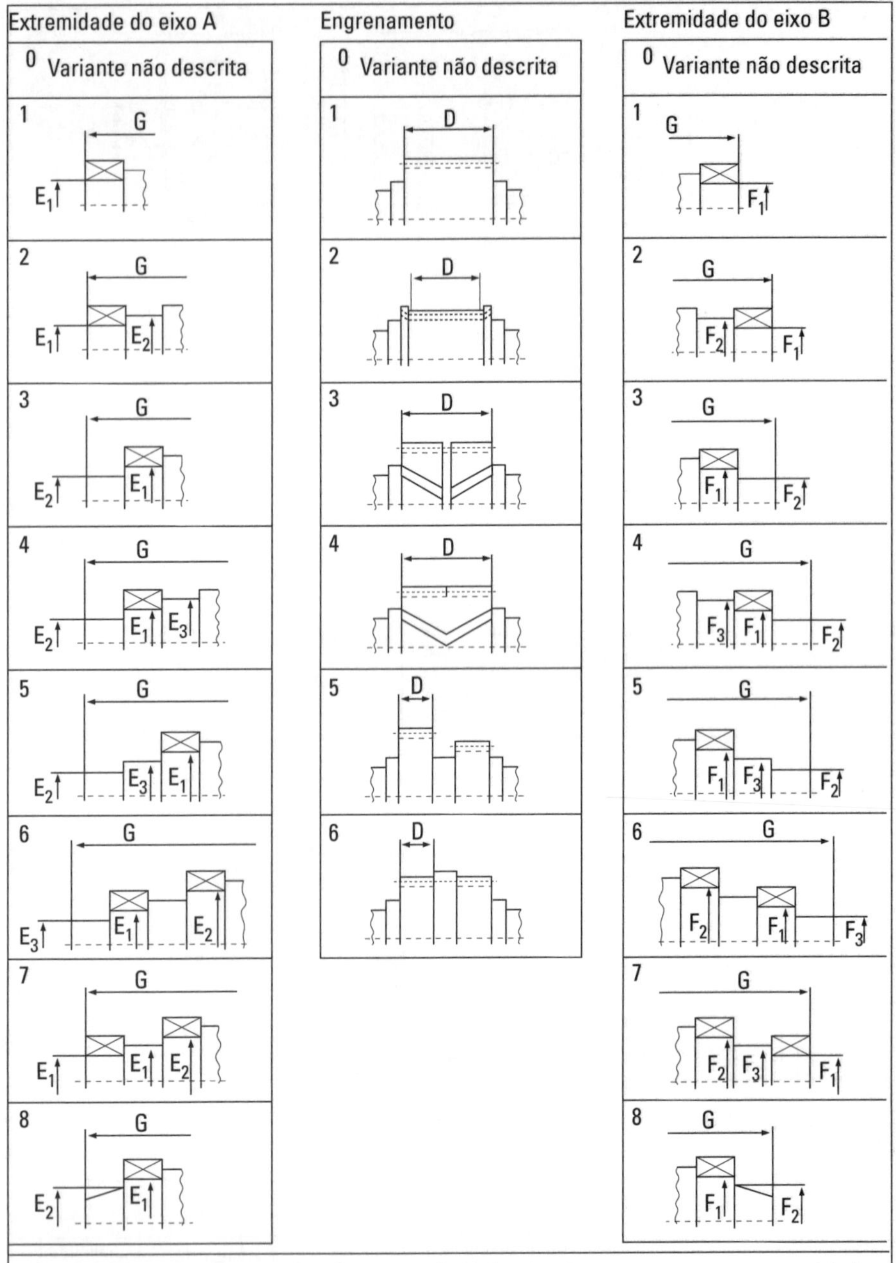

Figura 8.19 *— Representações da extremidade do eixo A, engrenamento e extremidade do eixo B, para a caracterização de eixos paralelos e sua representação por características do artigo da Fig. 8.18.*

B, C, etc. e as características do artigo muda de uma faixa para outra e é definida para cada caso particular. Atualmente, estão reunidas na DIN 4000 aproximadamente 97 peças com as faixas das características dos artigos para peças mecânicas e eletrotécnicas padronizadas, bem como demais elementos e subconjuntos de projetos [14]. Exemplos e princípios de aplicação estão compilados em [6]. A disponibilização de objetos, com auxílio de características dos artigos, ou de índices com as características dos artigos, é realizada cada vez mais através de sistemas de banco de dados. Na construção de um banco de dados de peças padronizadas, as características dos objetos são aproveitadas como base para a definição de parâmetros de variação de formas básicas armazenadas de objetos geométricos [5].

Além do banco de dados de peças padronizadas e peças repetitivas, interno à empresa, a empresa DIN-Software GmbH fornece sistemas de disponibilização de informações informatizados, com base em sistemas de características dos artigos, incluindo a disponibilização de dados geométricos.

Devido ao seu significado para a disponibilização de informações sobre objetos através da informática, como componente importante no projeto e na produção assistidos por computador, serão dadas a seguir recomendações para a identificação de características relevantes, que decorrem das inter-relações em sistemas tecnológicos (cf. 2.1) [3, 30, 31].

Uma vez que as características dos artigos indicam as características de um sistema, subsistema ou elemento do sistema (objeto) para avaliar a sua aplicabilidade, elas devem resultar das grandezas de entrada e saída do fluxo de energia, material e sinal que cortam a interface do sistema (cf. Fig. 2.1). Dependendo da inter-relação de função, ou da inter-relação de funcionamento e da inter-relação de construção (cf. Fig. 2.13), podem então ser identificadas sistematicamente características e conjuntos de características.

A Fig. 8.16 mostra a correlação entre as características de cada uma das etapas de concretização da caracterização de um objeto tomando como exemplo uma transmissão por engrenagens. Nas figs. 8.17, 8.18 e 8.19 comparecem as barras de características para transmissões não engatáveis e eixos de engrenagens padronizadas na DIN 4000, em que, para identificação do conceito de transmissão são suficientes as características A, B e C da Fig. 8.17, ao passo que, para a descrição da transmissão, são necessárias as características D a H. A barra de características da Fig. 8.18 resulta da definição, passo a passo, das características do esboço e do detalhamento da configuração e do detalhamento final (cf. 8.16). Pelo procedimento metódico, percebe-se que outras características também poderiam ser reconhecidas como significativas, mas que, em certas circunstâncias, não são percebidas num trabalho de normalização, conduzido de forma mais pragmática.

Características podem servir de ajuda na combinação de elementos de um sistema modular e também como referência para informações de custos [29].

Referências

1. Anderl, R.; Philipp, M.: Konstruktionswissenschaft und Produktdatentechnologie. Konstruktion 51, (1999) H.3,20-24.
2. Bachmann, A.; Forberg, R.: Technisches Zeichnen. 15ª edição. Stuttgart: Teubner, 1969.
3. Beitz, W.: Methodische Entwicklung von Sachmerkmal-Systemen für Konstruktionsteile und erweiterte Anforderungen. DIN-Mitt. 62, (1983) 639-644.
4. Bernhardt, R.: Nummerungstechnik. Würzburg: Vogel, 1975.
5. DIN: CAD-Normteiledatei nach DIN. DIN-Manuskriptdruck. Berlim: Beuth, 1986.
6. DIN (Hrsg.): Sachmerkmale, DIN 4000 - Anwendung in der Praxis. Berlim: Beuth, 1979.
7. DIN 5-1, -2, -10: Isometrische und Dimetrische Projektion, Technische Zeichnungen (Projektion, Begriffe). Berlim: Beuth.
8. DIN 6-1, -2; Technische Zeichnungen. Berlim: Beuth, 1986.
9. DIN 15-1 und -2: Technische Zeichnungen. Berlim: Beuth.
10. DIN 30-5 bis -8: Vereinfachte Angaben in technischen Unterlagen. Berlim: Beuth.
11. DIN 199-1 bis -5: BegrifLe im Zeichnungs- und Stücklistenwesen. Berlim: Beuth.
12. DIN 406-1 bis -4: Maßeintragung in Zeichnungen. Berlim: Beuth.
13. DIN 4000-1: Sachmerkmal-Leisten, Begriffe und Grundsätze. Berlim: Beuth.
14. DIN 4000-2 bis -97: Sachmerkmal-Leisten für Norm- und Konstruktionsteile. Berlim: Beuth.
15. DIN 6763: Nummerung. Berlim: Beuth.
16. DIN 6771 - 1. Schriftfelder für Zeichnungen, Plane und Listen. Berlim: Beuth.
17. DIN 6771 -2 und -6: Vordrucke für technische Unterlagen. Berlim: Beuth.
18. DIN 6774-1: Technische Zeichnungen. Berlim: Beuth.
19. DIN 6774-10: Rechnerunterstützt erstellte Zeichnungen. Berlim: Beuth.
20. DIN 6789: Zeichnungssystematik. Berlim: Beuth.
21 DIN ISO 1101: Technische Zeichnungen - Form- und Lagetolerierung. Berlim: Beuth, 1985.
22 DIN ISO 1302: Technische Zeichnungen - Angaben der Oberflächenbeschaffenheit. Berlim: Beuth, 1980.
23. DIN ISO 3098: Technische Zeichnungen - Beschriftung. Berlim: Beuth, 1985.
24. DIN Taschenbuch 2: Zeichnungsnormen. 9ª edição. Berlim: Beuth, 1984.
25. E DIN 30-1: Vereinfachte Angaben in technischen Unterlagen. Berlim: Beuth, 1982.
26. Eversheim, W.; Wiendahl, H. R: Rationelle Auftragsabwicklung im Konstruktionsbereich. Essen: Girardet, 1971.
27. Grupp, B.: Elektronische Stücklistenorganisation. Stuttgart: Forkel, 1975.
28. Hahn, R.; Kunerth,W.; Rockmann, K.: Die Teileklassifizierung. RKW Handbuch Nr. 21. Heidelberg: Gehlsen, 1970.
29. Klasmeier, U.: Kurzkalkulationsverfahren zur Kostenermittlung beim methodischen Konstruieren. Schriftenrelhe Konstruktionstechnik, H.7. Berlim: TU, 1985.
30. Koller, R.: Entwicklung eines generellen Ordnungs- und Suchmerkmalsystems für Bauteile. Konstruktion 38, (1986) 387-392.
31. Krauser, D.: Methodik zur Merkmalbeschreibung technischer Gegenstände. DINNormkunde Bd.22. Berlim: Beuth, 1986.
32. Meier, M.; Bichsel, M.; Elspass, W.; Leonardt, U.; Wohlgesinger, M.; Zwicker, E.: Neuartige Tools zur effektiven Nutzung der Produktdaten im gesamten Produktlebenszyklus. Konstruktion 51, (1999) H.9,11-18.
33. Nielsen, H. W.: ISCIS - International Standardisation and Codification Information System. Hannover: Fa. PolyGram GmbH, 1985.
34. Opitz, H.: Werkstückbeschreibendes Klassifizierungssystem. Essen: Girardet, 1966.
35. Richter, W. Gestalten nach dem Skizzierverfahren. Konstruktion 39, (1987) 6, 227-237.
36. Tjalve, E.; Andreasen, M. M.: Zeichnen als Konstruktionswerkzeug. Konstruktion 27, (1975) 41-47.
37. Trebo, D.: Prozessweite Datennutzung im Schienenfahrzeugbau. Konstruktion 3, (2001) 46-53
38. VDI-Richtlinie 2211, Folha 3: Datenverarbeitung in der Konstruktion. Methoden und Hilfsmittel. Maschinelle Herstellung von Zeichnungen. Düsseldorf: VDI-Editora, 1980.

CAMPOS DE SOLUÇÃO

Neste capítulo serão abordados campos de solução que desempenham uma função importante na etapa de desenvolvimento. Em primeiro plano, eles abrangem tipos conhecidos de princípios no caso de uniões mecânicas em combinações com arranjos fixos (9.1) e elementos de máquinas consagrados (9.2), bem como as características de propulsores e controles (9.3). Porém, em soluções mais recentes, além do conhecimento especializado clássico, avoluma-se cada vez mais a integração da mecânica, da eletrônica e do software, na forma de mecatrônica (9.5) e adaptrônica (9.6).Em conexão com construções combinadas, com sua ajuda apresentam novas funções com soluções inovadoras. Com emprego desses campos de solução, a engenharia mecânica convencional, nos anos vindouros, irá mudar profundamente e atingir uma ampliada capacidade de realização. Em alguns campos de aplicação clássicos, essa evolução talvez ainda possa ser considerada como utópica ou cara demais, porém, com aplicação crescente, os componentes se tornarão mais utilizados e mais baratos. Essa evolução já influi acentuadamente na atual tecnologia automobilística, e suas soluções se propagam e se difundem por outras áreas da engenharia mecânica.

O desenvolvedor da área de engenharia mecânica faz bem em se ocupar também dos novos campos de solução, a fim de aproveitar suas possibilidades em futuras soluções. Isto somente é possível, num trabalho em equipe multidisciplinar (cf. 4.3). Após consenso das opiniões dos especialistas, este trabalho em equipe somente será proveitoso, se cada um dos membros da equipe for altamente competente em sua especialidade. E ao mesmo tempo trouxer consigo suficiente conhecimento de convívio que o possibilite compreender os demais participantes da equipe e dar uma contribuição efetiva [46].

9.1 ■ Princípios das uniões mecânicas

Para o atendimento de uma função, os componentes e os subconjuntos são conectados entre si. O tipo de conexão caracteriza o tipo e as propriedades dessas uniões e, assim, determina seu comportamento básico.

Seu emprego correto é decisivo para o sucesso de uma solução, inclusive com relação aos componentes elétricos ou eletrônicos. Existem conexões para *arranjos fixos* e *móveis.*

Nos *arranjos móveis*, trata-se de articulações com diferentes graus de liberdade. Existem, por exemplo, articulações sobre um pivô com um grau de liberdade rotacional em torno do eixo do pivô, articulações deslizantes sobre um perfil com seção quadrada, com apenas um grau de liberdade translacional, articulação com rótula sobre assento esférico com três graus de liberdade rotacionais, etc (cf. [11, G162]). Para as várias possibilidades de articulação, Roth elaborou uma matriz de conexões lógicas para fins de busca e / ou verificação, que descreve a liberdade e a restrição de movimento, inclusive em código binário, para que possa ser utilizada em sistemas informatizados [51].

A seguir, são apresentados os tipos de arranjos para um posicionamento basicamente fixo, de acordo com os critérios metodológicos da Função - Princípio de funcionamento – *Layout*.

9.1.1 Funções e efeitos gerais

Funções (Fig. 9.1):

Uniões servem para transferir forças, momentos e movimentos entre peças com posicionamento relativo claro e definido.

Eventualmente, elas possuem funções adicionais:

- Absorver movimentos relativos fora da direção do carregamento.
- Vedar contra fluidos.
- Isolar ou transmitir, energia térmica ou elétrica.

Ações:

A superfície atuante e a contra-superfície na interface são sujeitas à solicitação condicionada pela montagem (condicionada por pré-tensão e / ou tensões internas) ou pela operação.

9.1.2 Conexão material

Princípio de funcionamento (Fig. 9.2):

A conexão ocorre pela união material entre os materiais envolvidos ou por materiais aditivados, através de forças moleculares e de adesão na superfície de atuação da interface. A união transmite forças longitudinais e transversais, bem como momentos fletores e de torção.

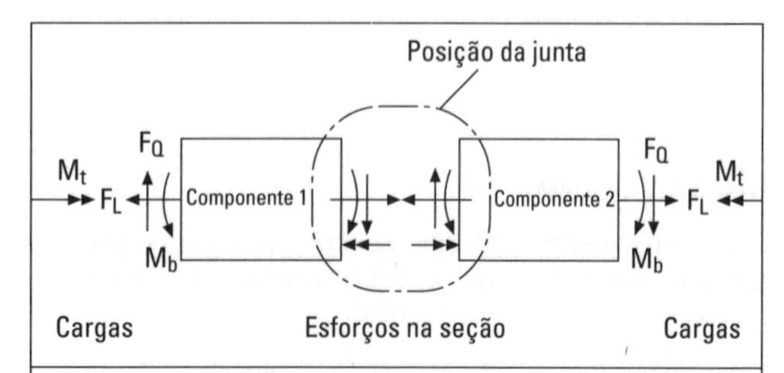

Figura 9.1 *— Cargas e esforços na secão a serem absorvidos na junta entre dois componentes. F_L força normal, F_Q força cortante, M_b momento fletor, M_t momento torsor.*

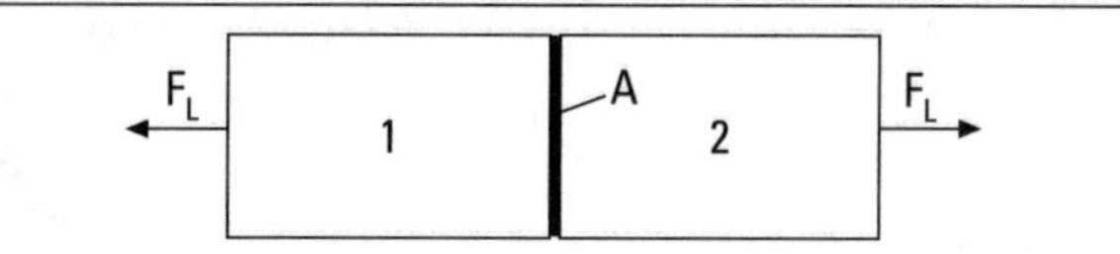

Figura 9.2 *— Ligação de dois componentes com união por forma com carregamento axial. A superfícies de trabalho portantes, F_L força normal.*

Características estruturais:

Forma, posição, tamanho e número de superfícies da interface;
Solicitações das interfaces após a fabricação (tensões internas) e sob carga;
Material das peças e materiais complementares;
Temperaturas alcançadas na produção e na operação.

Características básicas:

Fidelidade de posição;
Não pode ser solto;
Em caso de sobrecarga, danificação por quebra ou por deformação plástica.

Formas construtivas (Fig. 9.3):

Junções por solda [9, 11, 44, 52, 53],
Junções por abrasão [10, 11, 72],
Junções por adesivos [11, 26].

9.1.3 Conexão pela forma

Princípio de funcionamento (Fig. 9.4)

A conexão ocorre por meio de forças normais nas superfícies atuantes de elementos que se entrelaçam nas regiões das interfaces, pela absorção das pressões superficiais *p* e das tensões resultantes nas zonas de encaixe de acordo com a lei de Hooke.

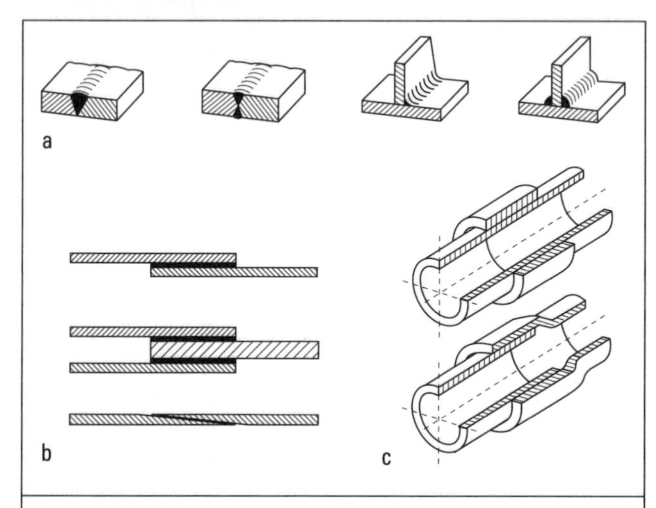

Figura 9.3 — Formas construtivas de ligações com união por forma (seleção). **a** Ligações soldadas; **b** Ligações coladas; **c** ligações por brasagem.

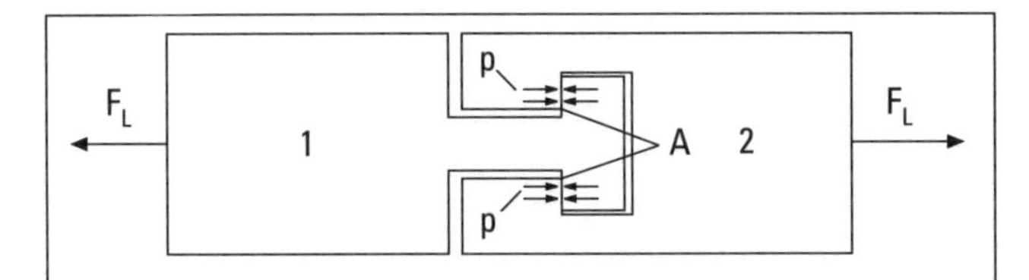

Figura 9.4 — Ligação de dois componentes unidos por atrito com carregamento axial. F_L força normal, A par de superfícies de trabalho, p pressão.

Além disso, as funções complementares (vedar, isolar, conduzir) são satisfeitas em decorrência da pressão superficial nos pares de superfícies atuantes.

Características estruturais:

Forma, posição, número e área dos pares de superfícies de atuantes (elementos da conexão pela forma);
Aplicação de carga na área da interface;
Distribuição da carga (distribuição da pressão superficial) pelos elementos da conexão pela forma;
A seleção de pares de materiais com diferentes módulos de elasticidade influencia a distribuição da carga;
Elevada rigidez dos componentes e elementos da conexão pela forma;
Solicitações nas imediações das superfícies de funcionamento, freqüentemente vinculadas à concentração de tensões;
Possibilidades de pré-tensionamento;
Freqüentemente é necessária uma compensação de tolerâncias, para combater efeitos de ajustes duplos;
Considerar possibilidades de montagem e desmontagem;
Possibilidade de afrouxamento e a conseqüente segurança contra afrouxamento.

Características básicas:

Fiel à posição;
Desmontável;
Em caso de sobrecarga ou danificação por deformação plástica ou ruptura.

Formas construtivas (Fig. 9.5):

Uniões com chaveta, pino, cavilha e rebites [11];
Uniões cubo-eixo [35];
Elementos que asseguram a posição [11];
Uniões de engate rápido, uniões tencionadas e uniões por aperto [11].

A rebitagem, também incluída na Fig. 9.5a, não representa uma conexão por forma pura, mas devido ao martelamento do rebite forma simultaneamente uma conexão por atrito entre as partes rebitadas.

O quanto que esta quota de transmissão da conexão por forma e da conexão por atrito é elevada não pode ser avaliado com precisão devido à maneira não inequívoca em que se estabelecem os fluxos de força. Ainda assim, a rebitagem, principalmente por causa da sua indissolubilidade, já foi um elemento de união amplamente utilizado na construção metálica. Ela reencontrou sua utilização em construções combinadas de metal e plástico pela proteção que oferece contra o efeito descascante nas solicitações por flexão nas juntas coladas.

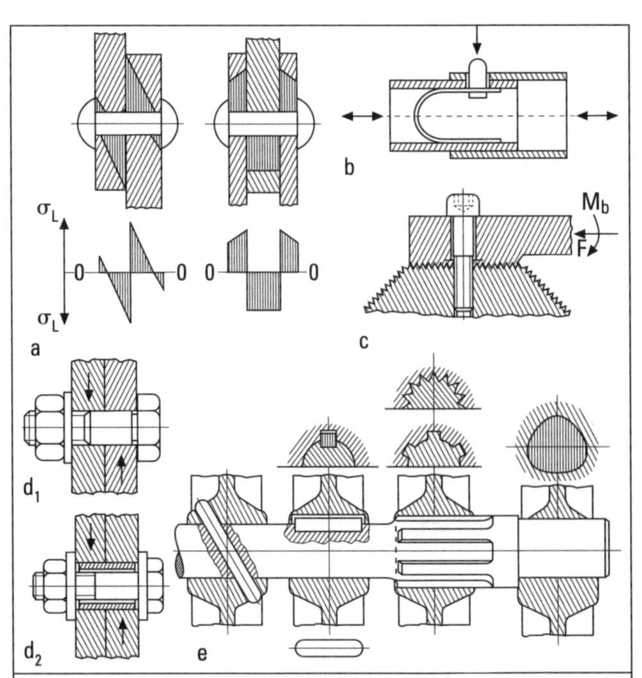

Figura 9.5 — Formas construtivas de ligações com união por forma (seleção): **a** rebites com cisalhamento simples e duplo; **b** ligações de encaixe; **c** com entalhes protendidos; d_1 ligações com parafusos ajustados solicitados transversalmente; d_2 com bucha de cisalhamento; uniões cubo-eixo com união por forma.

9.1.4 Conexão por força

Ações:

A conexão ocorre pela ação de forças entre as superfícies das peças conectadas. De acordo com as diferentes origens das forças, fisicamente condicionadas, existem diferentes tipos de conexão por força.

1. Conexão por força de atrito

Princípio de funcionamento (Fig. 9.6):

A conexão se dá por meio de forças de atrito nos pares de superfícies de funcionamento, através da geração de for-

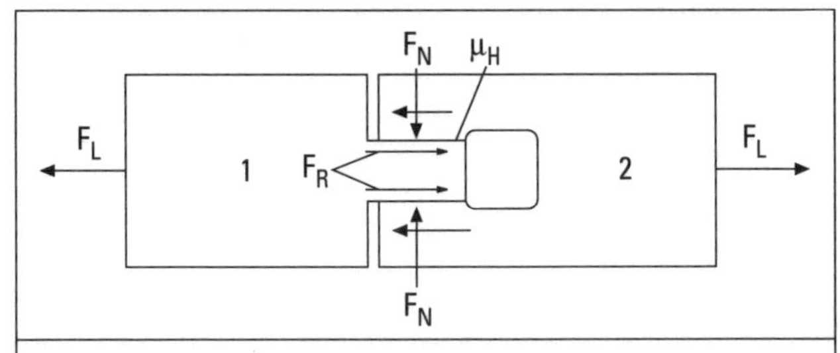

Figura 9.6 — Ligação de dois componentes unidos por atrito com carregamento axial. F_R força de atrito, F_N força normal, μ_H coeficiente de atrito.

ças normais F_N e as forças de atrito F_R delas resultantes; mediante aplicação da lei do atrito de Coulomb, $F \leq F_R = \mu_H F_N$. A força somente pode ser transmitida quando sua intensidade for menor que a intensidade da força de atrito.

Características estruturais:

É determinante o coeficiente de atrito por aderência (par de materiais);
Geração da força normal;
Observar as pressões superficiais nas superfícies de funcionamento;
Prover número de pares de superfícies de funcionamento para uma distribuição uniforme da força normal;
Rigidez dos componentes e elementos tensionadores;
Deformações relativas dos componentes da união na montagem e sob carga (zonas de corrosão por atrito) (cf. 7.4.1-3);
Facilidade de montagem e desmontagem (possibilidade de afrouxamento);
Possibilidade de afrouxamento e segurança contra afrouxamento.

Características básicas:

Fiel à posição enquanto $F_L \leq F_R = \mu_H F_N$;
Desmontável;
Em caso de sobrecarga, quando $F_L \geq F_R = \mu_H F_N$, deslocamento relativo: caso a pressão superficial seja grande, há risco de desbaste ou aquecimento inaceitável pelo atrito prolongado.

Formas construtivas:

Uniões flangeadas e parafusadas [67, 70]. Uniões prensadas cubo-eixo com ou sem elementos elásticos intermediários [35].

2. Conexão por campos de força

Princípio de funcionamento:

Utilização de campos de força como, por exemplo, forças magnéticas em campos magnéticos, forças de compressão em campos de pressão hidrostáticos ou aerostáticos, forças de viscosidade em meios viscosos.

Características estruturais:

É necessária a constituição de um campo de forças;
Disponibilizar energia externa ou meio viscoso;
Considerar problemas de isolamento ou de vedação.

Características básicas:

Relação força-deslocamento, freqüentemente comportamento rígido;
Desmontável;
Em caso de sobrecarga e deslocamento até o batente, muitas vezes conexão por forma, renunciando à capacidade original de funcionamento.

Formas construtivas:

Suportes hidrostáticos ou aerostáticos, embreagens hidrostáticas, mancais magnéticos, obturadores magnéticos.

3. Conexões por forças elásticas

Princípio de funcionamento:

Ao se deformarem, os elementos elásticos armazenam forças. As forças dos elementos elásticos intercalados determinam localização e comportamento dinâmico dos componentes interligados.

Características estruturais:

Intercalação de elementos elásticos;
Dimensionamento dos elementos elásticos dentro de sua faixa de elasticidade;
Na deformação são armazenadas forças com maior ou menor histerese (molas metálicas têm menores perdas internas, molas de borracha têm perdas maiores);
Considerar a durabilidade;
Possibilidade de combinação com elementos amortecedores.

Características básicas:

Relação força - deslocamento;
Características armazenadoras com recuperação do trabalho de deformação;
Suscetibilidade às vibrações, mas também com possibilidade de amortecimento;
Desmontável;
Em caso de sobrecarga ou deformação até o batente, emprego de união por forma ou adição de bloco com perda de propriedades elásticas.

Formas construtivas:

Elementos elásticos deformáveis em acoplamentos e apoios (cf. Fig. 7.144), suportes elásticos (cf. Fig. 7.27), elementos intermediários para amortecimento do impacto [14, 23, 24].

9.1.5 Diretrizes para aplicação

Priorizar uniões de materiais preferencialmente para:

- absorção de cargas em quaisquer direções, inclusive cargas dinâmicas;
- assegurar posicionamento;
- união firme e econômica, no caso de peças avulsas de uma mesma família de materiais;
- boas possibilidades de reparo por meio de solda, abrasão ou colagem;
- vedação das juntas;
- emprego de componentes e semi-acabados padronizados.

Uniões por forma para:

- desconexão fácil e freqüente;
- posicionamento definido dos componentes;
- absorção de forças relativamente grandes;
- uniões de componentes de materiais diferentes.

Uniões por atrito para:

- uniões simples e econômicas, inclusive de componentes constituídos por materiais diferentes;

- absorção de sobrecargas por deslizamento;
- acomodação dos componentes entre si;
- fácil desmontagem dos componentes.

Uniões por meio de forças de campo para:

- união sem contato entre corpos rígidos;
- redução das perdas por atrito;
- controle do microposicionamento espacial;
- influenciar o comportamento dinâmico.

Uniões por forças elásticas para:

- utilização como acumulador de forças;
- absorção de cargas por impactos;
- influenciar o comportamento dinâmico, inclusive do acoplamento através de elementos amortecedores;
- compensar movimentos relativos;
- compensar diferenças de tolerâncias e comprimentos.

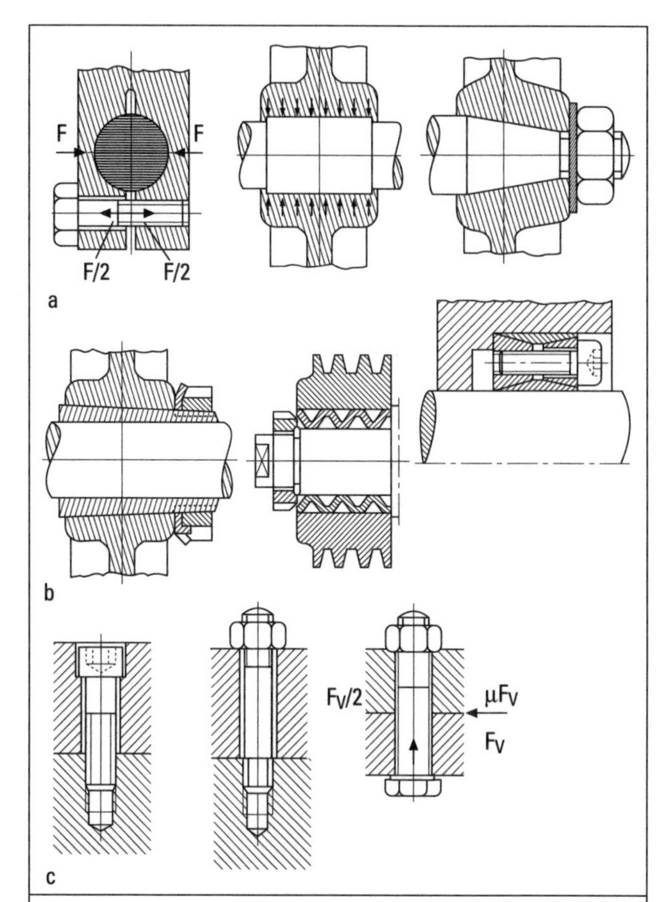

Figura 9.7 — *Formas construtivas de ligações unidas por atrito (seleção).* ***a*** *Conjunto cubo-eixo unido por atrito sem elementos intermediários;* ***b*** *Conjunto cubo-eixo unido por atrito com elemento elástico, intermediário;* ***c*** *Ligações com parafusos protendidos.*

9.2 ■ Elementos de máquinas e mecanismos

Este livro sobre a teoria do projeto pressupõe o conhecimento dos elementos de máquinas e dos mecanismos. Parte disso foi exposto como exemplo nas Figs. 9.3, 9.5, 9.7 a 9.9. No capítulo 9 da quarta edição deste livro, foram compilados os elementos de máquinas e os mecanismos pelos aspectos metódicos Função - Princípio de funcionamento – *Layout*, para apontar sua estrutura metódica e o campo de soluções existente. Nesta quinta edição, renunciou-se a esta exposição, a fim de não exceder a extensão do livro, diante de outros aspectos mais atuais. Para este assunto, o leitor é direcionado para a literatura existente sobre elementos de máquinas:

Dubbel - Manual de engenharia mecânica, Capítulo G: Elementos de máquinas, 20ª edição [11]. Niemann: Elementos de máquinas, Volumes 1 a 3 [45] e Steinhilper [59].

Além disso, o resumo "Elementos de solução consagrados", capítulo 9 da quarta edição, foi colocado na Internet e pode ser acessado através do endereço http://imk.uni-magdeburg.de/pahl-beitz. Com isso, os autores também esperam corresponder àqueles que quiserem tirar partido do resumo sobre elementos de máquinas e mecanismos, no contexto deste livro.

9.3 ■ Sistemas de acionamento e controle

Além dos elementos mecânicos de máquinas, o projetista necessita da realização das funções de acionamento e controle. Por isso, os principais princípios foram reunidos no âmbito dos campos de solução. Aqui, somente pode ser dada uma visão grosseira, de modo que, havendo necessidade, o leitor poderá recorrer à literatura específica ou a um especialista. Esta visão global destina-se especialmente à intermediação de características básicas e da bibliografia mais importante.

9.3.1 Acionadores, motores

1. Funções

A Fig. 9.10 mostra características típicas de máquinas operatrizes. O acionamento precisa corresponder a estas características do melhor modo possível. O ponto operacional ajusta-se na interseção (equilíbrio) entre a característica da máquina de acionamento e da característica da máquina de trabalho, onde, dependendo das possibilidades de controle, cada máquina tem seu próprio campo de características.

2. Acionamentos elétricos

Princípio de funcionamento:

Conversão de energia elétrica em energia mecânica de rotação ou translação, com auxílio do princípio assíncrono (motor de gaiola, motor de anéis), do princípio síncrono ou do princípio da corrente contínua. A Fig. 9.11 mostra

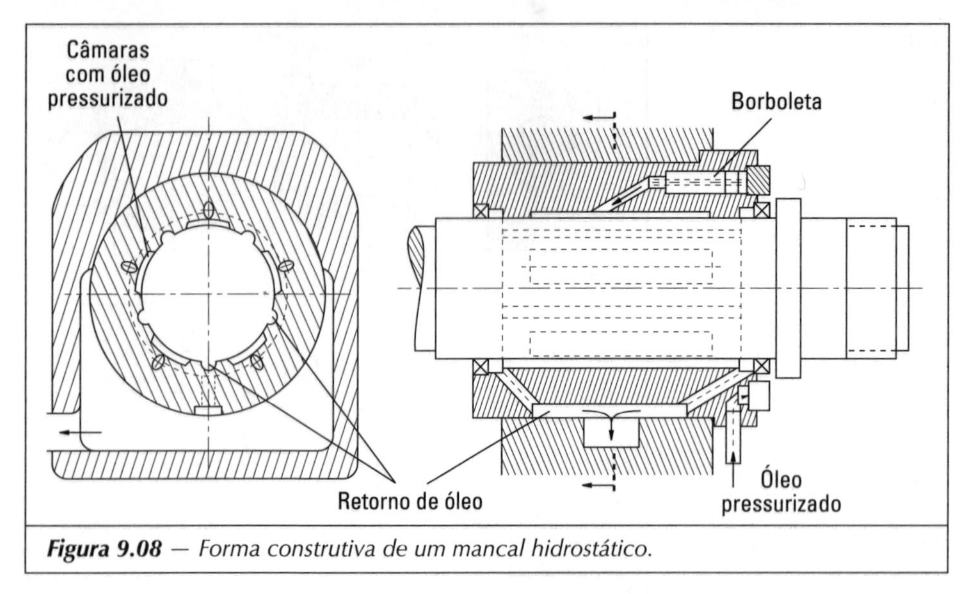

Figura 9.08 — *Forma construtiva de um mancal hidrostático.*

características de acionamento de motores elétricos.

No controle de motores elétricos são empregados principalmente componentes da eletrônica de potência. Suas tarefas consistem na interrupção, controle e conversão de energia elétrica. Retificadores de corrente, com válvulas retificadoras, são empregados como reguladores de corrente alternada, corrente trifásica e corrente contínua, bem como retificadores contínuos, retificadores alternados e inversores, de acordo com a necessidade do motor e da tarefa de controle. Características de controle: Fig. 9.12 e Fig. 9.13. Nos motores síncronos o controle da rotação somente é possível pela variação da tensão de alimentação.

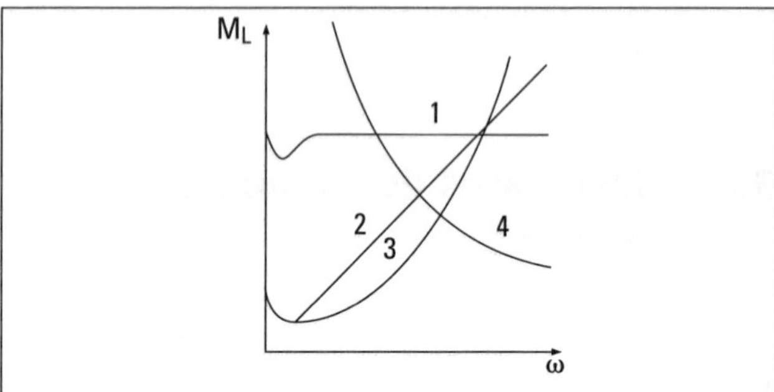

Figura 9.10 — *Curvas características típicas de máquinas de trabalho em operação estacionária. 1 M_L = constante; $P_L \sim \omega$ (conjugado constante), Exemplos: máquinas de levantamento, máquinas operatrizes com força de corte constante, compressor de pistões para atuação contra pressão constante, moinhos, laminadores, correias transportadoras. 2 $M_L \sim \omega$; $P_L \sim \omega^2$, Exemplos: Máquinas para acabamento superficial de papel e tecidos. 3 $M_L \sim \omega^2$, $P_L \sim \omega^3$ (conjugado quadrático), Exemplos: Compressores centrífugos, ventiladores, bombas excêntricas (curvas características de estrangulamento contra oposição de potência constante). 4 $M_L \sim 1/\omega$; P_L = constante (potência constante), Exemplos: Máquinas rotativas, de enrolamento e máquinas descascadoras circulares ajustadas para potência constante [62].*

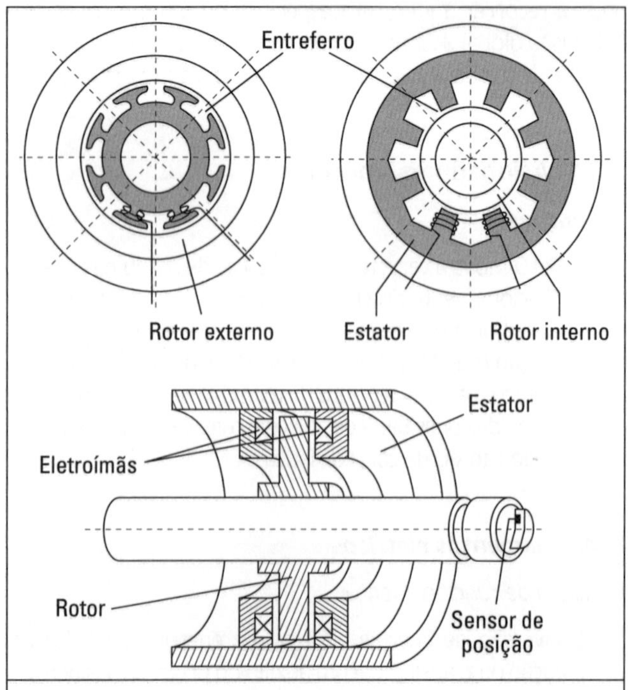

Figura 9.9 — *Formas construtivas de mancais magnéticos [1],* ***a*** *Mancais radiais;* ***b*** *Mancais axiais.*

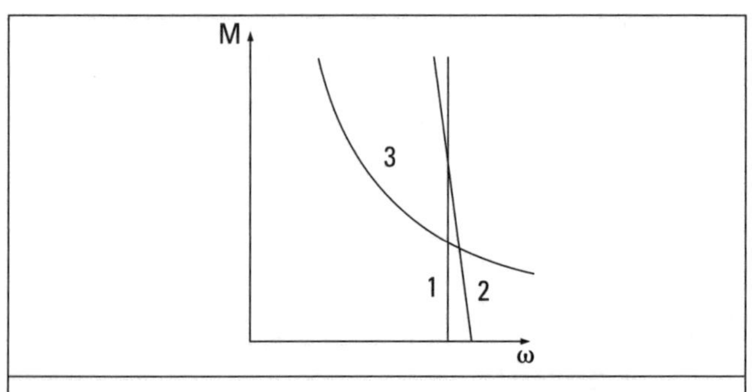

Figura 9.11 — *Características de acionamento de motores elétricos em operação estaconária. 1 característica síncrona (motor síncrono), 2 característica do motor shunt (motor de corrente contínua com fluxo constante), motor assíncrono (como aproximação na zona de trabalho), 3 característica do motor série (motor em série com comutador para corrente contínua ou alternada, [62].*

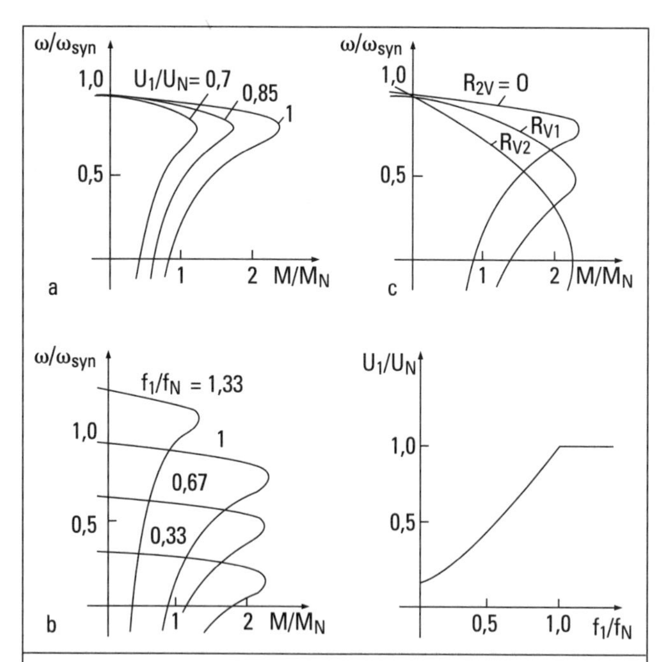

Figura 9.12 *— Características de comando de máquinas assíncronas.* ***a*** *controle da tensão com freqüência constante;* ***b*** *controle da freqüência com ajuste da tensão;* ***c*** *controle da resistência no circuito do rotor [62].*

Características estruturais:

Tensão da rede elétrica, tipo de corrente (corrente trifásica; corrente contínua);
Número de pólos e tamanho;
Tipo construtivo: rotor em gaiola ou rotor de anéis coletores (corrente trifásica); rotor padrão, rotor lamelar, rotor de barras ou rotor vazado com comutador (corrente contínua);
Controle do motor: (motor de corrente contínua) - controle pela tensão no induzido, pelo campo e pela resistência; (motor assíncrono com rotor em gaiola de esquilo) - controle por meio da tensão e da freqüência. bem como por inversão dos pólos; (motor assíncrono com rotor de anéis deslizantes) - controle pela resistência e por variação do escorregamento; (motores síncronos) - controle pela freqüência.

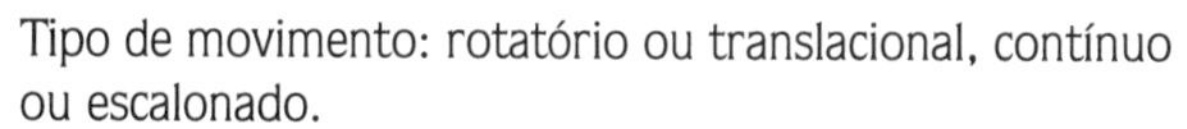

Tipo de movimento: rotatório ou translacional, contínuo ou escalonado.
Tipo de operação: operação contínua ou intermitente, operação periódica ou não-periódica.

Tipos construtivos:

Motores síncronos e assíncronos (alimentados por corrente trifásica), bem como motores de corrente contínua como motores de eixo horizontal ou vertical com alturas do eixo padronizadas e dimensões das conexões de acordo com a DIN IEC 34 parte 7, bem como tipos de proteção de acordo com a DIN VDE 0530 parte 5.

Bibliografia recomendada:

Máquinas elétricas: [15, 43, 60, 63].
Controles: [37, 38, 61].
Tecnologia de motores (Aplicações): [4, 34, 36, 40, 54, 57, 62, 69].

3. Acionamentos hidropneumáticos

Princípio de trabalho:

Já que não existem redes públicas de energia hidráulica ou pneumática, esta necessita ser gerada, por exemplo, por meio de bombas acionadas eletricamente. Os motores hidráulicos acionados pelas bombas, freqüentemente, são construtivamente semelhantes às bombas. Devido ao elevado nível de potência e pressão das aplicações para a engenharia mecânica, as bombas e motores em sistemas hidráulicos são máquinas a pistão. Em sistemas hidráulicos, não compressíveis, existe constância volumétrica entre a bomba e o motor. Nos acionamentos pneumáticos, com ar comprimido de elevada compressibilidade, esta constância volumétrica não se verifica, com o que as características dependerão da solicitação [68, 71].
As Figs. 9.14 e 9.15 apresentam características típicas de controle.

Características estruturais:

Tipos construtivos de bombas e motores.
Controle: controle da bomba, do motor, misto e controle por estrangulamento, servo-controle eletro-hidráulico.
Transmissão: transmissões compactas, circuitos elétricos abertos e fechados.
Tipo de movimento do acionamento: rotatório, linear e escalonado.

Formas construtivas [14, 39, 50].

Motores rotativos.
Motores basculantes para ângulos de báscula limitados.
Motores do tipo biela-manivela (cilindros).

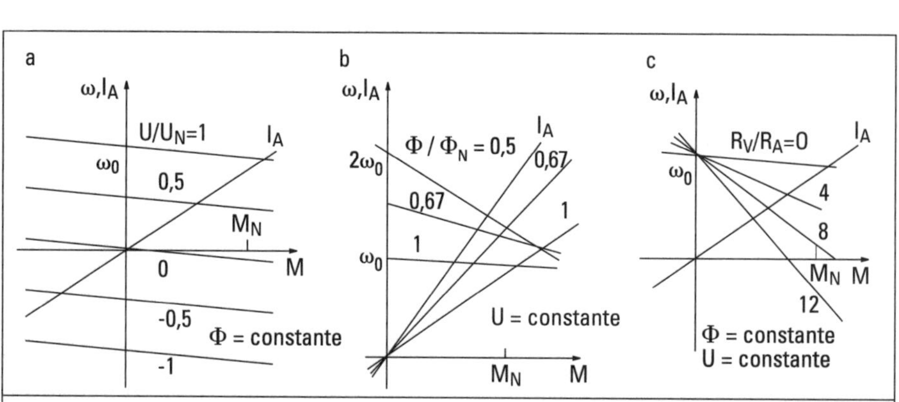

Figura 9.13 *— Características de comando de máquinas de corrente contínua.* ***a*** *controle da tensão;* ***b*** *controle do campo;* ***c*** *controle da resistência no circuito da armadura [62].*

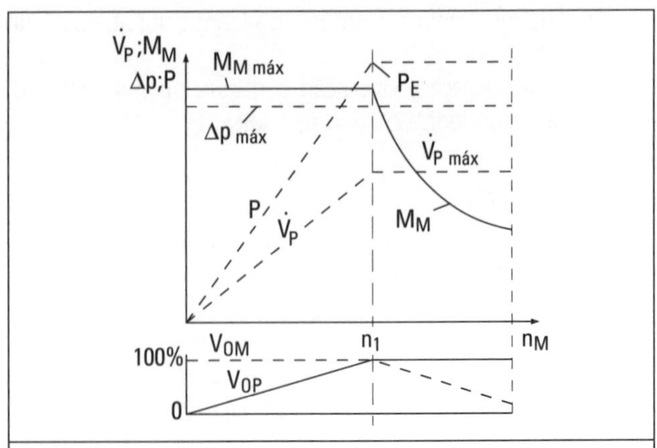

Fig. 9.14 — *Característica de uma transmissão com ajuste primário-secundário; V_{OM} volume do motor, V_{OP} volume da bomba (ajustável) [50].*

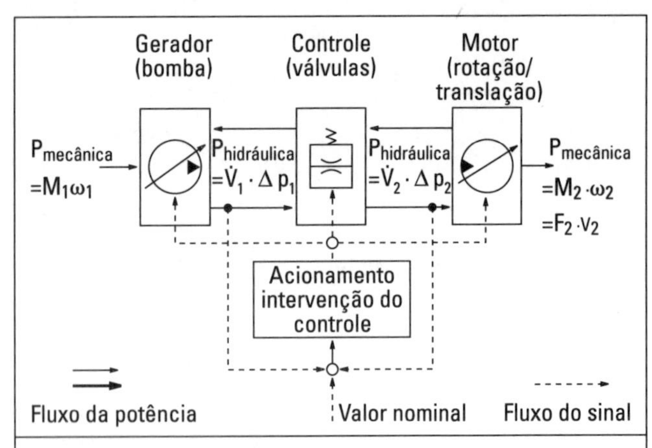

Figura 9.16 — *Princípio de trabalho de uma transmissão hidráulica (transmissão hidrostática) (indicações de potência sem os graus de rendimentos) [50].*

Transmissões hidrostáticas

Com uma bomba de deslocamento é gerada uma vazão de transporte de um fluido

$$\dot{V}_1 = n_1 \cdot V_1 \cdot \eta_{Vol_1} = (\omega_1/2\pi) \cdot V_1 \cdot \eta_{Vol_1}$$

que, passando por tubulações, é conduzido ao motor de deslocamento, onde é admitido como vazão de aspiração $\dot{V}_2 = n_2 \cdot V_2/\eta_{Vol_2}$. O torque da bomba resulta de:

$$M_{t_1} = \frac{\Delta p_1 \cdot \dot{V}_1}{\omega_1 \cdot \eta_{hm_1} \cdot \eta_{Vol_1}}.$$

O torque do motor é dado por:

$$M_{t_1} = \frac{\Delta p_2 \cdot \dot{V}_2}{\omega_2} \cdot \eta_{hm_2} \cdot \eta_{Vol_2}.$$

A potência de acionamento é dada por:

$$P_{an} = \frac{\Delta p_1 \cdot \dot{V}_1}{\eta_{hm_1} \cdot \eta_{Vol_1}}.$$

A potência de saída é dada por:

$$P_{ab} = \Delta p_2 \cdot \dot{V}_2 \cdot \eta_{hm_2} \cdot \eta_{Vol_2}.$$

Razão entre rotações (relação de transmissão):

$$i_a = \frac{n_a}{n_b} = \frac{\dot{V}_1}{\dot{V}_2} \cdot \frac{V_2}{V_1} \cdot \frac{1}{\eta_{hm_1} \cdot \eta_{Vol_2}}.$$

Aqui, V_1 e V_2 são os volumes de deslocamento da bomba e do motor, $\dot{V}_1$ e $\dot{V}_2$ a vazão da bomba e vazão na entrada do motor, n_1, ω_1, n_2, ω_2, rotações e velocidades angulares da bomba e do motor, Δp_1 e Δp_2, as diferenças de pressão entre entrada e saída da bomba e do motor, η_{Vol_1} e η_{Vol_2} o rendimento volumétrico, η_{hm_1} e η_{hm_2}, os rendimentos hidromecânicos.

Em motores de deslocamento positivo são empregadas as variáveis de potência e de energia de movimentos lineares ($F \mathrel{\hat{=}} M_t$, $v \mathrel{\hat{=}} \omega$, $P = F \cdot v$).

Controle: controle da bomba, do motor, do acoplamento, da vazão (essa última em fluxo principal e secundário).

Formas construtivas (Fig. 9.17):

Bombas hidráulicas, motores hidráulicos, válvulas hidráulicas, circuitos hidráulicos, transmissões hidráulicas [11, 14, 39].

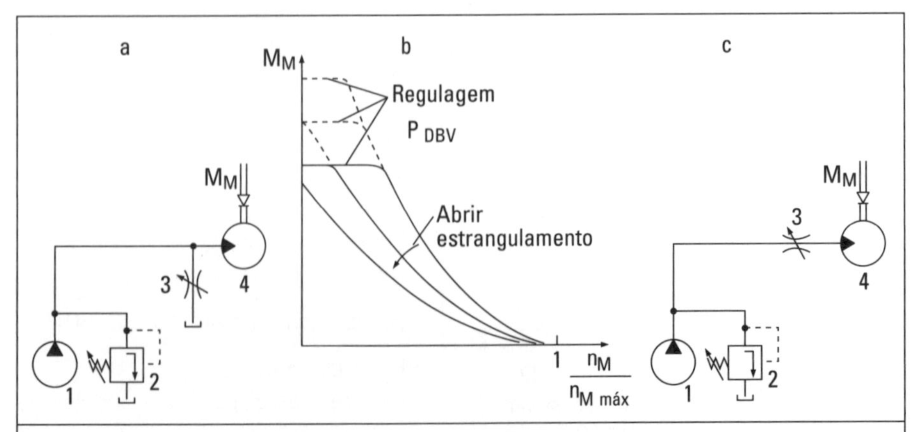

Figura 9.15 — *Transmissão elétrica, comutação e características da transmissão.* ***a*** *transmissão desacelarada com circuito paralelo;* ***b*** *característica da transmissão de a;* ***c*** *transmissão de estrangulamento principal, M_M conjugado de torque, 1 bomba, 2 válvula limitadora de pressão, 3 estrangulador, 4 motor [50].*

Transmissões hidrodinâmicas (transmissões Föttinger)

A transmissão de potência ocorre por meio de uma bomba centrífuga (*P*) e de uma turbina hidráulica (*T*), ambas alojadas no mesmo bloco, em que um defletor interposto, solidarizado ao bloco (componente reativo R), pode absorver a diferença de momento da bomba e da turbina (Fig. 9.18).

A transmissão de potência ocorre de acordo com a equação da turbina de Euler (teorema do impulso).

Potência hidráulica

$$P_h = \dot{V} \cdot \rho \cdot \omega \, (c_{ua} \cdot r_a - c_{ue} \cdot r_e)$$
$$= m \cdot \omega \cdot \Delta c_u \cdot r.$$

Conversores Föttinger [14, 58].

Transmissões hidrostáticas preferencialmente:

- para transmissão de grandes forças e potências, com componentes simples e confiáveis, com conjuntos pequenos;
- para uma disposição flexível da entrada e da saída e para maiores distâncias;
- para uma saída múltipla com uma só entrada;
- para uma variação do torque e da rotação numa faixa ampla, simples, sensível e não escalonada;
- para a simples conversão do movimento de rotação em movimento de translação e inversamente;
- para elevadas velocidades de mudança;
- como transmissão econômica com componentes usuais no comércio.

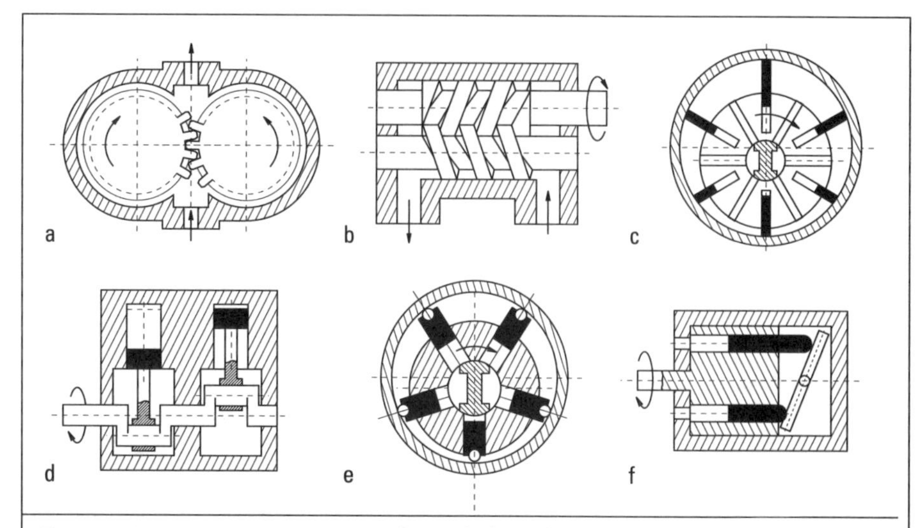

Figura 9.17 — Formas construtivas de unidades volumétricas para transmissões hidráulicas (seleção) [65] ***a*** *bomba de engrenagens;* ***b*** *bomba de rosca;* ***c*** *bomba com câmaras rotativas de palhetas;* ***d*** *bomba de pistões em linha;* ***e*** *bomba de pistões radiais;* ***f*** *bomba de pistões axiais.*

Transmissões hidrodinâmicas preferencialmente:

- como transmissão para partidas;
- para transmissão de potência isenta de desgaste e isoladora de vibrações;
- para potências grandes e máximas;
- para transmissões automáticas em combinação com transmissões planetárias em veículos.

4. Diretrizes para as aplicações

Motores elétricos assíncronos com rotores de gaiola preferencialmente:

- para um comportamento estável e isento de manutenção na faixa da carga nominal;
- como rotor com efeito película e rotor reativo para conjugados de partida elevados, com corrente de baixa intensidade;
- como motores de pólos comutáveis para todas as rotações, com potência e momento constantes;
- como servo-acionamento com controle orientado pelo campo, para operação com rotação regulada.

Motores elétricos assíncronos com rotor de anéis coletores preferencialmente:

- para elevados torques de partida e em máquinas pequenas, dadas as possibilidades de controle por meio de resistências adicionais no circuito do rotor.

Motores elétricos síncronos preferencialmente:

- para operação com rotação estável;
- como acionadores com excitação permanente, largamente isentos de manutenção e termicamente vantajosos, mas com uma eletrônica de controle mais dispendiosa.

Motores elétricos de corrente contínua preferencialmente:

- como motor paralelo para rotação altamente estável sob carga, contínua variabilidade das rotações numa ampla faixa, bem como para inversão do sentido de rotação;
- por meio de rotores de gaiola, de discos, de baixas velocidades e vazados ajustáveis para diferentes faixas de rotação;
- com muitos estatores como motor escalonável;
- como pequenos motores de corrente contínua com excitação magnética permanente,

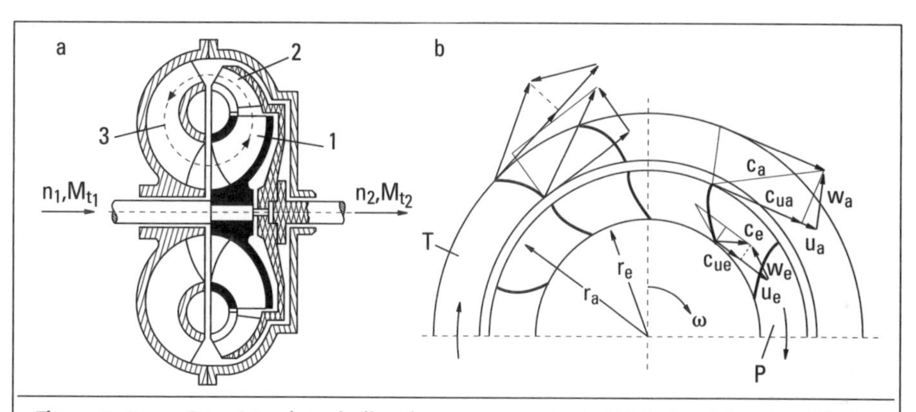

Figura 9.18 — Princípio de trabalho de uma transmissão hidráulica 1 bomba (P), 2 turbina (T), 3 defletor (elemento reativo R), ***a*** *estrutura em princípio;* ***b*** *velocidades (c velocidades absolutas, w velocidades relativas). Formas construtivas na Fig. 9.19.*

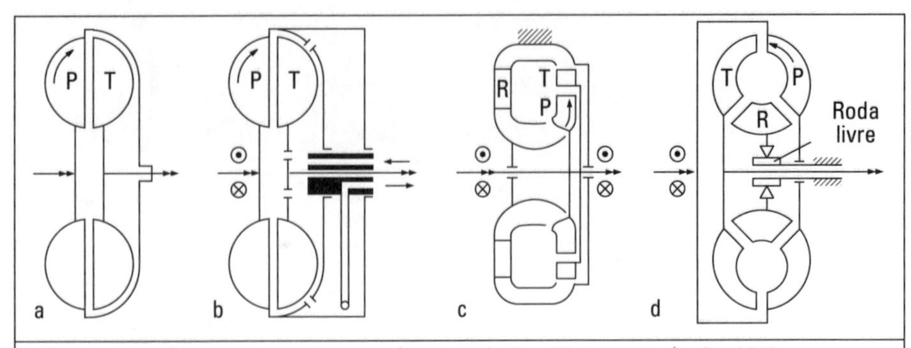

***Figura 9.19** — Formas construtivas de transmissões Föttinger (seleção) [58]. **a**- acoplamento Föttinger (não graduável); **b**- acoplamento Föttinger com ajuste contínuo das rotações; **c**- conversor Föttinger de um estágio, uma fase, para ajuste contínuo das rotações e conversão de torque; **d**- conversor Föttinger com fases múltiplas.*

- para acionamentos com baixas rotações e conjugados elevados.

Acionamentos fluídicos preferencialmente:

- para potências e momentos elevados com pequeno volume de construção;
- na presença de energia hidráulica decorrente de outras funções da máquina;
- para um acionamento múltiplo, simples;
- para mudança contínua e simples da rotação e do conjugado em uma ampla faixa;
- como acionamento econômico utilizando componentes à venda no comércio.

9.3.2 Controles

1. Funções e princípios de funcionamento

Funções:

Segundo a DIN 19237, o controle se destina a influenciar as variáveis de saída de um sistema por meio de uma ou mais variáveis de entrada, com base nos princípios de funcionamento peculiares ao sistema. O controle é um componente indispensável de uma máquina, que permite executar uma seqüência de operações segundo um programa preestabelecido. Por essa razão, fazem parte de um acionamento não apenas o motor, mas também o controle.

Princípio de funcionamento:

Distingue-se entre controles *analógicos* (p. ex., controles por came de tambor, por came de disco, controles paralelos) e controles *digitais* (controle numérico). Estes últimos podem atuar como *controladores manuais* ou *controladores programáveis* (dirigidos por tempo ou processo), que então passam a assumir o controle da função. Este controle subdivide as funções envolvidas numa sucessão de etapas de trabalho e inicia sua execução.

Quanto ao processamento de sinais num controle, pode-se optar pelo *controle das interligações, do seqüenciamento, em sincronia com os ciclos* e *controles assíncronos*. Quanto à sua estrutura distingue-se entre *controle individual, de grupo* ou *controle mestre* [6, 48 (com bibliografia adicional)].

2. Controladores mecânicos

Controle por curvas (transmissão por forma ou força) por meio de came de tambor ou de disco.

Controle por cames que ao cruzarem com o tucho, o movimentam, desencadeando uma função comutadora de natureza mecânica, elétrica, hidráulica ou pneumática.

Controles seguidores, sobretudo para máquinas operatrizes, nas quais o movimento da ferramenta é controlado por uma curva ou superfície diretriz.

3. Controladores hidropneumáticos

Controladores hidropneumáticos operam com fluidos hidráulicos ou ar comprimido. Na maioria das vezes o controle dos movimentos ocorre por *válvulas direcionais*, e das velocidades por *válvulas de fluxo*. Uma combinação dos atuadores de válvulas direcionais e válvulas de fluxo pode ser conseguida através de *servo-válvulas*, com acionamento elétrico. Com servo-válvulas podem ser construídos acionamentos hidropneumáticos com regulagem contínua, também denominados de controladores *servo-hidráulicos* [32, 50].

4. Controladores elétricos

Controladores elétricos são construídos como *controladores de contato* (freqüentemente integrados a acionamentos eletromagnéticos para protetores ou relês) e como *controladores eletrônicos*. Estes trabalham com processamento de sinais binários (bit) e digitais (palavra), onde o processamento da função ocorre em conjuntos de semicondutores. Para o processamento de bits e palavras, de problemas de controle orientados por seqüenciamento ou interligação utilizam-se, como solução técnica, *controladores lógicos programáveis* (PLC).

5. Controladores lógicos programáveis

Este tipo de controle consiste, em princípio, de um processador orientado por bits ou palavras, e que possui memória (RAM, ROM, PROM), em que um software especial providencia a descrição do problema de controle numa linguagem de programação voltada à aplicação. Controladores CLP são principalmente programáveis para operações lógicas. O programa completo de um CLP consta de um *sistema operacional* para todas as funções internas (gravados em um EPROM) e de *aplicativos* [7, 8, 48].

6. Controladores numéricos

Em *controladores de comando numérico*, a entrada das informações de controle ocorre sob forma de algarismos. Esses são representados em código binário e imediatamente processados pelo controlador. Programas de comando numérico são elaborados mediante utilização de linguagens de programação de alto nível [11, 48] ou diretamente durante a utilização da máquina (*on-line*) ou previamente (*off-line*). Controladores computadorizados contêm uma série de *funções numéricas básicas*: entrada e saída de dados operacionais e de controle; gerenciamento e preparação de dados de controle numérico; funções relacionadas ao usuário, por exemplo, para controle de máquinas operatrizes, para processamento de dados tecnológicos e no processamento de dados geométricos (controle por pontos, segmentos lineares e trajetórias curvas) [48].

7. Diretrizes para a aplicação

Controladores mecânicos preferencialmente:

- para funções de controle onde se exige elevada clareza;
- como solução vantajosa do ponto de vista econômico para simples controle da trajetória e da velocidade.

Controladores hidropneumáticos preferencialmente:

- quando são empregados acionamentos hidropneumáticos e as funções de controle são simples; desse modo economizam-se conversores de energia;
- em combinação com processamento elétrico de sinais como eletro-hidráulica.

Controladores elétricos preferencialmente:

- como controle de contato para grandes potências com consumo reduzido;
- como controle de conexões em circuitos binários para alteração do estado de um equipamento pelo ajuste de sinais binários;
- como controle de conexões em controles de funções não muito extensos;
- como controle eletrônico em processamentos complexos de dados;
- como circuitos eletrônicos em circuitos velozes e muito velozes com baixo nível de consumo e durabilidade ilimitada.

Controladores lógicos programáveis preferencialmente:

- para tarefas com funções de controle gravadas na memória, ou seja, para elevado grau de automatização;
- para tarefas de controle complexas;
- para a descrição de problemas de controle numa linguagem de programação voltada à aplicação.

Controladores numéricos preferencialmente:

- para processamento de elevado número de dados geométricos, tecnológicos ou de processo;
- para a programação simples de funções de controle diretamente na fábrica;
- para interligação com outros programas no âmbito da CIM (computer integrated manufacturing) e da engenharia simultânea.

9.4 ■ Construções combinadas

Na seção 3.2.2-2, Fig. 3.9 e em 7.5.8-2, Fig. 7.109, já se referiu às construções combinadas. Estas indicações nasceram de considerações relativas à analogia com construções leves encontradas na natureza e na subdivisão de uma estrutura apropriada à produção. Do ponto de vista de um sistema construtivo apropriado à função e à solicitação, o tema volta a ser abordado neste capítulo, com maior profundidade, usando como principal referência os trabalhos de Flemming [16 - 21]. A idéia é empregar material de forma que função e solicitação possam ser atendidas de forma otimizada por um "material construído". Para isso é predominantemente utilizado o princípio do desdobramento das tarefas, discutido em 7.4.2. Os constituintes do material são empregados de acordo com suas características específicas e interligados entre si num componente, com auxílio de uma matriz do material. Assim, o trabalho e o retrabalho mecânico podem ser significativamente reduzidos.

9.4.1 Generalidades

Os componentes absorventes das solicitações são principalmente fibras de carbono, de vidro e fibras sintéticas que, entre outros materiais, são tecidas em *rovings* (retroses ilimitados). Freqüentemente, são utilizados os chamados *prepegs*, que são semi-acabados de fibras pré-impregnados com resinas poliméricas, nos quais as fibras são dispostas unidirecional ou ortogonalmente em forma de têxteis [18]. Além disso, existem fibras de matérias-primas renováveis como cânhamo, sisal, linho e rami, que pelo comprimento atingido na ruptura, aproximam-se bastante das fibras de vidro [17, 27].

A matriz que interliga as fibras consiste de materiais polímeros em forma de duroplásticos, como resinas de poliéster, resinas de ésteres vinílicos, resinas epoxídicas, poliimidas e resinas fenólicas, como também em forma de termoplásticos, como polipropileno, poliamida e polipropileno, entre outros. Duroplásticos precisam ser submetidos a um processo de polimerização irreversível, de preferência sob pressão e temperatura (polimerização). Pelo uso, duroplásticos tendem a uma maior fragilidade [17, 19]. Termoplásticos conservam-se em cadeias de moléculas não ramificadas e não necessitam de longo tempo de polimerização, o que poderia influenciar o ciclo produtivo, e são termicamente deformáveis, podendo até derreter. No contexto das fibras de matérias-primas renováveis, também podem ser empregadas como matérias-primas para a matriz, polímeros de substâncias como amido, celulose, açúcar, gelatina e semelhantes, que chegam a aproximadamente 60% das características de resistência de combinados reforçados com fibra de vidro, além de serem biodegradáveis [27, 28]. Materiais para combinados biodegradáveis são interessantes tendo em vista um reaproveitamento (reciclagem) ambientalmente compatível.

Além de assegurar a posição das fibras na camada, a matéria-prima da matriz cuida da adesão entre as fibras, para que possam participar da transmissão de forças. Simultaneamente a matriz proporciona uma parede que zela pela estanqueidade e por um acabamento superficial praticamente livre de corrosão. Em comparação com o metal, o peso específico ou a densidade específica gira em torno de 1/6 a 1/4 e, em face da elevada resistência das fibras sob tração, esses componentes apresentam uma elevada resistência e rigidez por unidade de peso. As fibras de carbono foram as fibras que melhor se adaptaram, pois reúnem em si elevada resistência e módulo de elasticidade, porém, ainda têm preço relativamente elevado. Atualmente, estão sendo feitos esforços para diminuir os custos por meio de uma tecnologia mais aperfeiçoada, de fabricação de fibras em combinação com novos materiais básicos.

Num sistema construtivo diferencial, semi-acabados ou componentes de metal e/ou de material plástico podem ser aglomerados, rebitados ou parafusados com placas de plástico reforçadas por fibras. Geralmente, objetiva-se uma construção integral, pois por meio dela reduz-se o número de elementos específicos e de procedimentos de montagem; por outro lado, por causa disso, também aumentam os custos dos moldes e das ferramentas. A decisão vai depender da complexidade do componente e da quantidade de peças [18] que o projetista terá de assumir, conjuntamente com o especialista de produção.

9.4.2 Aplicações e limites

Os sistemas combinados descritos encontram sua principal aplicação nas seguintes situações:

- redução do peso e da massa ou do momento de inércia,
- evitar manifestações da corrosão;
- objetivar acabamento liso, agradável, eventualmente por meio de camadas de *gelcoat* ou de placas de plástico pré-formadas;
- evitar condutibilidade elétrica;
- aproveitar a capacidade de absorção eletromagnética,
- aumentar as propriedades de amortecimento, principalmente por meio de uma matriz de espuma;
- durabilidade relativamente elevada quando sujeitos a solicitações alternadas com pequena progressão da abertura das fissuras.

Limites ou desvantagens de acordo com os seguintes pontos de vista:

- a temperatura de aplicação de construções de fibras combinadas é atingida com temperaturas próximas a 150°C, quando são empregadas matrizes de resinas epoxídicas, devido a limites impostos pelo amolecimento; no caso de materiais termoplásticos, essa temperatura é um pouco abaixo, mas existem poliimidas que chegam aos 250°C e outras de poliéter-éter-cetona (*peek*) que suportam 300°C [18];
- em temperaturas muito baixas, a fragilidade aumenta significativamente;
- devido a uma plasticidade insuficiente, a ruptura por sobrecarga acontece de forma muito brusca;
- em componentes vitais, a capacidade operacional deve ser comprovada no campo de provas;
- são críticos os pontos de aplicação de cargas em zonas de junção com outros materiais. Aqui, somente podem auxiliar análises meticulosas de tensões e investigações sobre a resistência em serviço;
- em duroplásticos, a matriz absorve uma certa umidade, o que afeta sua resistência. Esta absorção deve ser evitada por meio de camadas de acabamento adequadas ou materiais mais apropriados para as matrizes [17, 21];
- materiais combinados formados por fibras necessitam de uma cuidadosa produção e de um rígido controle de qualidade;
- dependendo do processo de produção, os custos de produção freqüentemente são maiores do que em construções convencionais. Elas somente se justificam por uma correspondente economia de peso e vantagens no design, por exemplo, na indústria aeronáutica e automobilística. Faz-se necessária uma consideração econômica global da produção e da operação.

9.4.3 Tipos de construção

1. Construção combinada com fibras

A construção combinada com fibras consiste do arranjo de diferentes camadas de fibras, inseridas em diferentes direções, formando, portanto um material anisotrópico. Em função do estado de tensão ou do requisito de rigidez, podem ser especificadas as direções e as densidades das fibras. Ponto de partida é o estado de tensões sob carga, que muitas vezes é determinado com ajuda do método dos elementos finitos.

Uma vez que as fibras só absorvem solicitações de compressão ou de tração, elas são dispostas nas direções das tensões principais, desde que a tecnologia de produção o permita. Seu número (grau de enchimento) orienta-se, além de outros fatores, pela intensidade da solicitação e deveria apresentar um grau de enchimento de 60% [21, 42].

Por exemplo, na solicitação a torção alternante de um componente tubular, as fibras deveriam ser dispostas de modo igual numa direção formando um ângulo de + 45° e – 45° com o eixo do tubo. Num reservatório sob pressão de parede fina, por exemplo, de um lado a direção principal da fibra deveria ser selecionada no sentido perimetral (transversal) para a tensão tangencial e, de outro lado, a direção principal da fibra deveria ser selecionada na direção do eixo longitudinal para uma tensão longitudinal de apenas metade do valor da tensão tangencial. O importante é que as trajetórias das fibras estruturais correspondam amplamente às solicitações.

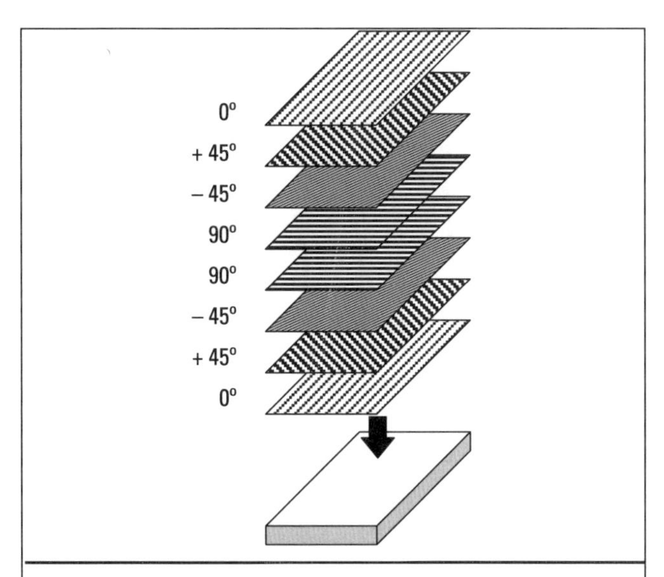

Figura 9.20 — *Laminado de camadas múltiplas formado por camadas unidirecionais [21].*

Um exemplo de aplicação pode ser visto na Fig. 7.18. O elemento Z, flexível à torção, do cabeçote do rotor de um helicóptero, que precisa absorver as forças centrífugas que atuam sobre as palhetas do rotor sob uma torção angular necessária ao ajuste do ângulo de ataque, está configurado por uma construção combinada, na qual a força centrífuga é absorvida por cordoalhas torcidas, tracionadas, inseridas numa matriz de plástico, numa direção que corresponde à trajetória da força principal de tração.

Um outro exemplo claro é o do projeto do braço de um robô, apresentado por Michaeli em [41].

Procura-se, aqui, desdobrar o componente para que, na medida do possível, somente se manifestem tensões de tração ou de compressão. Assim, pode ser apropriado, por meio do princípio da alavanca, converter zonas solicitadas à flexão em *stringers* solicitados à tração e, na medida do possível, realizar zonas solicitadas à torção com tubos de parede fina. Com esse exemplo, aprende-se que seria errôneo persistir com estruturas de componentes metálicos e só substituir essas zonas por construções combinadas de fibra. Uma solução com auxílio de sistemas construtivos reforçados por fibras, precisa estar de acordo com sua própria lógica. Com isso, chega-se, ao menos em parte, a um sistema construtivo unidirecional que, na maioria dos casos de aplicação, não é passível de realização.

Em [41], Michaeli indica que num tirante produzido unidirecionalmente, um desvio angular de 5° das fibras tracionadas já pode provocar uma queda na resistência à tração de 40%. Além disso, deve se observar que, com uma direção puramente unidirecional das fibras, o coeficiente de dilatação térmico no sentido transversal à direção da fibra, aumenta consideravelmente [21].

Na maioria dos componentes, por causa do estado complexo de carregamento e da atuação de variáveis auxiliares e variáveis perturbadoras, bem como por motivos da rigidez característica e/ou carregamento na montagem e semelhantes, é necessária uma disposição em várias camadas, com diversas direções das fibras.

Esta estrutura é calculada pela chamada teoria das multicamadas. Chapas ortotrópicas são lançadas como base das camadas. Superpondo várias dessas camadas com diferentes direções das fibras chega-se finalmente a uma placa anisotrópica. Com isso, o andamento das tensões, de acordo com as direções das fibras, pode mudar bruscamente ao passar de uma camada para a camada seguinte [21].

A *qualidade do combinado de fibras* orienta-se pela resistência da fibra, pela resistência da matriz e pelo grau de ligação entre a fibra e a matriz. Resultam três tipos de colapso: ruptura da fibra, ruptura interfibras (matriz) ou deslaminização, na qual as camadas se soltam umas das outras.

Para o cálculo da carga de ruptura sempre é necessário aplicar um critério de resistência. Existem vários critérios, cujos resultados lamentavelmente divergem entre si. Por isso, experiência na área de aplicação é importante e condicionantes especiais devem ser esclarecidas por meio de ensaios [21].

Processos de produção [19] são principalmente:

- O *processo manual de aplicação*, no qual cada uma das camadas de fibras é despejada em ou sobre um molde, com concomitante emulsionamento do material da matriz.
- O *processo de enrolamento* (enrolamento padrão em cruz, polar ou radial) em ou sobre um molde ou núcleo de uma substância espumante sob emulsão das fibras com o material da matriz e subseqüente polimerização sob ação do calor (cf. Fig. 9.21).
- RTM (*resin transfer molding*), no qual as camadas de fibras são imersas num molde aquecido e, em seguida ao seu fechamento, injetam-se resina e o endurecedor na região das fibras.
- *Processo com autoclave*, no qual as camadas de fibras são colocadas sobre o molde e cobertas com uma folha. Debaixo desta folha gera-se um vácuo para expulsar as inclusões de ar. Simultaneamente dentro da caldeira aquecida é exercida pressão sobre a folha com a finalidade de melhorar a ligação entre as camadas.

2. Construção tipo sanduíche

Sistemas de construção tipo sanduíche são utilizados especialmente na absorção de momentos fletores em vigas ou placas,

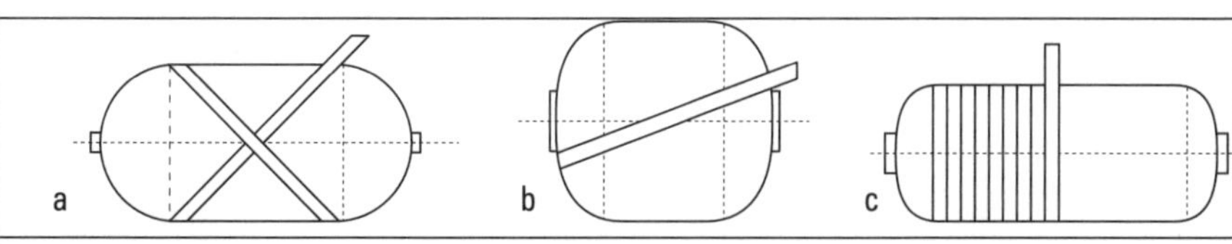

Figura 9.21 — *Modelo básico para bobinar:* ***a****- modelo em cruz;* ***b****- modelo polar;* ***c****- modelo radial, conforme [19].*

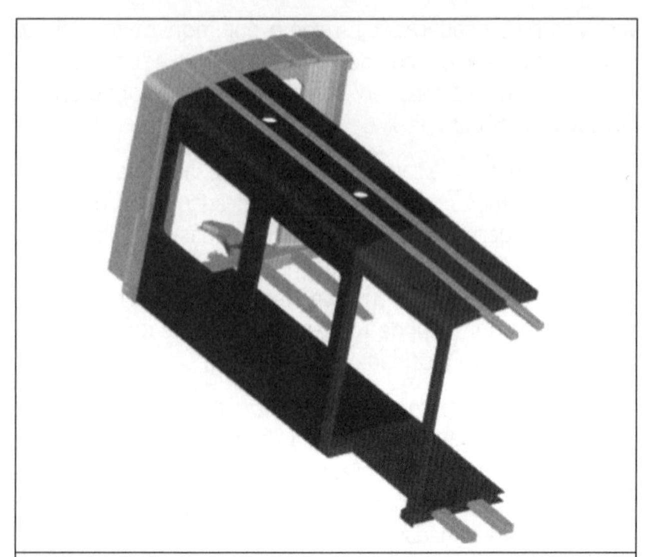

Figura 9.22 — *Estrutura de um veículo em construção sanduíche de GFK com stringers vazados também de GFK. (GFK = plástico reforçado com fibra de vidro).*

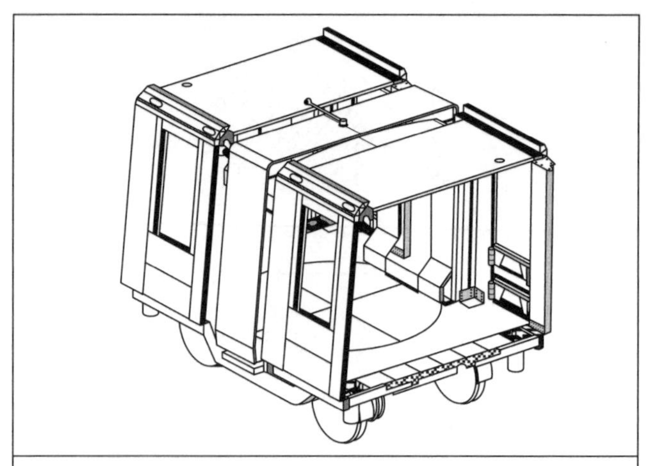

Figura 9.23 — *Habitáculo de um vagão em construção mista. Piso de alumínio extrudado parafusado e teto em sanduíche de laminado de fibra colado.*

pois nelas as camadas estruturais tracionadas e comprimidas são deslocadas mais para a parte externa, ao passo que a camada interna absorve o cisalhamento e serve de apoio e solidarização para as camadas externas. Com isto, obtêm-se componentes leves e, ao mesmo tempo, rígidos. Nisso, novamente as camadas mais afastadas podem ser combinadas de fibras ou também chapas de alumínio, ao passo que o núcleo interno é constituído por material espumante, material sintético espumante, células de colméias ou folhas metálicas. Fig. 9.22 mostra um exemplo.

A ligação entre o núcleo e a camada superficial é realizada por colagem. Por causa de grandes superfícies de contato, um núcleo em espuma é mais vantajoso do que uma estrutura tipo colméia, na qual é preciso ficar atento à boa ligação das paredes da colméia com soldas de filete [18]. Deve-se evitar a penetração da camada de cobertura nas cavidades da colméia, no caso de emprego de colméias de tamanho pequeno e/ou no caso de emprego de cobertura suficientemente espessa.

3. Construções híbridas

Na combinação dos sistemas construtivos anteriormente descritos com construções metálicas ou de madeira convencionais, chega-se a estruturas híbridas onde, para um mesmo componente, é possibilitado um desdobramento mais amplo de tarefas. Entende-se também por construção híbrida a utilização de diferentes tipos de fibras num mesmo componente.

Vigas de combinados de fibra, vigas metálicas ou de madeira podem assegurar a resistência e rigidez global, funções e solicitações locais ou, dependendo da superfície, podem ser assumidas por outros combinados de fibra, estruturas sanduíche ou metálicas. Assim, preservam-se as vantagens de uma construção com materiais sintéticos. Particularmente, as estruturas híbridas ajudam a dominar melhor os problemas de introdução de forças, por exemplo, insertos de metal ou de chapa em uniões parafusadas. Aqui, deverão ser evitadas transições bruscas não necessárias, com a conseqüente concentração de tensões, e selecionadas formas que se ajustam às deformações gradualmente (cf. princípio de deformação afinada em 7.4.1-3). Insertos de metal ou de placas são colados. As superfícies coladas devem ser extensas e a superfície colada somente deveria estar sujeita a tensões de cisalhamento, pois do contrário, é de se esperar um possível desplacamento ou apenas uma baixa resistência (cf. também [41]). Também são comuns uniões com rebites e parafusos.

O exemplo de sistema modular do bonde mostrado na Fig. 10.2.4 se encaixa aqui. Cada um dos componentes do carro é produzido como construção híbrida (Fig. 9.23).

Flemming [16] mostra um outro exemplo vindo da construção de automóveis. Neste projeto o monobloco do carro foi fabricado pelo processo de enrolamento. Em comparação com a construção metálica pura, resultou menor peso, redução no tempo de produção e, conseqüentemente, menor custo de produção.

Todas as construções combinadas citadas também apresentam, entre outros, pontos de partida para aplicação de soluções com ajuda da mecatrônica e da adaptrônica.

9.5 ■ Mecatrônica

9.5.1 Estrutura geral e conceitos

O conceito mecatrônica compõe-se de *mechanics* (mecânica ou engenharia mecânica geral) e *electronics* (eletrônica ou eletrotécnica geral). Segundo Isermann [33], com a incorporação da tecnologia de informação, a mecatrônica experimenta obter sinergias pela integração da engenharia mecânica, da eletrotécnica e da tecnologia de informação, para a busca da solução, assim como também para a montagem e a produção (Fig. 9.24).

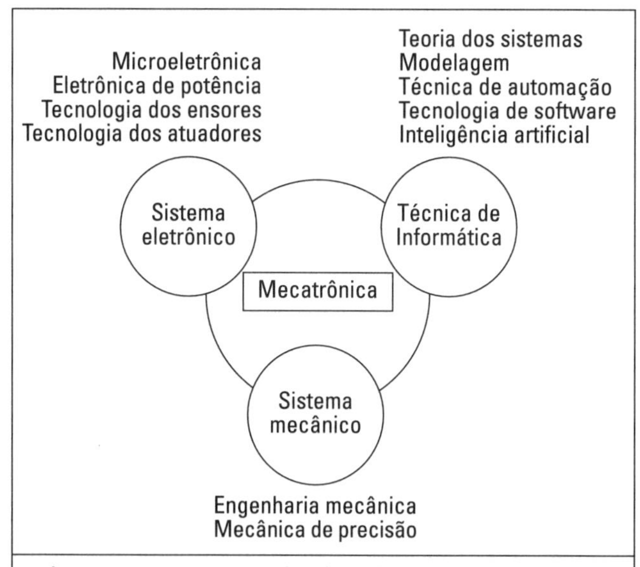

Figura 9.24 *— Sinergia das disciplinas de engenharia mecânica, engenharia elétrica e tecnologia de informação, segundo [33].*

Ao contrário dos sistemas convencionais, com auxílio da mecatrônica, normalmente torna-se possível uma extensão das funções, e até mesmo a detecção de determinadas funções.

Soluções mecatrônicas possuem uma estrutura básica de acordo com a Fig. 9.25. O *sistema básico* pode ser do tipo mecânico, eletromecânico, hidráulico ou pneumático, com um fluxo de energia, sinal e / ou matéria. A função global é o atendimento de uma função complexa. Para tanto, sensores captam características selecionadas de grandezas variáveis do sistema básico. Para o processamento, estas variáveis são enviadas ao *sistema de processamento de dados*, na figura de um microprocessador com conversão A-D ou D-A (digital-analógico), e processadas de acordo com o programa de software. O *sistema de processamento de dados* age sobre os *atuadores*, os quais executam as respectivas intervenções no sistema básico. O sistema de processamento de dados, os sensores e os atuadores precisam ser supridos com energia. Em caso de necessidade, o homem pode agir de forma a controlar o sistema de processamento de dados.

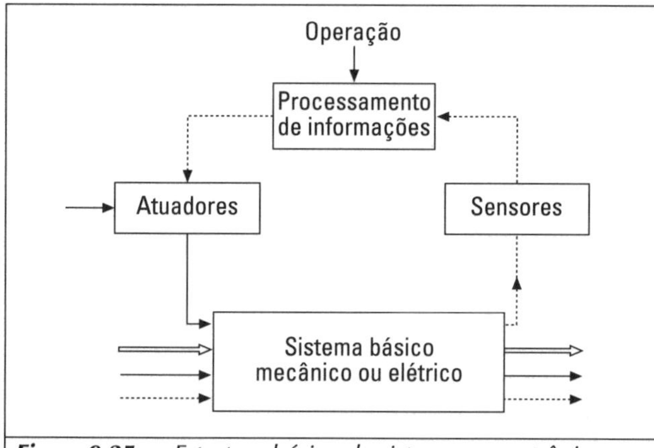

Figura 9.25 *— Estrutura básica de sistemas mecatrônicos, de acordo com [33].*

Um grande fascínio reside em *integrar* construtivamente sensores, atuadores e sistema de processamento de dados com o sistema básico, ou seja, criar subsistemas autônomos com pequena demanda de espaço no local de uso. Mesmo quando existe apenas uma integração parcial, fala-se de uma solução mecatrônica. Com o avanço da miniaturização, a distância a ser vencida até a tecnologia de microssistemas não é grande ou já faz parte da solução.

Com relação ao complexo mecatrônico e aos seus métodos de desenvolvimento, encontra-se em elaboração a diretriz VDI 2206 [66].

9.5.2 Objetivos e limites

Soluções mecatrônicas perseguem os seguintes objetivos:

- realizar novas funções;
- aperfeiçoar o comportamento dos sistemas por comando e controle, sem intervenção externa;
- ampliar os limites de utilização;
- realizar monitoramento automático do sistema e/ou diagnóstico de falhas;
- conseguir a integração da construção num pequeno espaço;
- ter subsistemas mecatrônicos autochecáveis para serem acrescentados como componentes ou subconjuntos;
- aperfeiçoar a segurança operacional.

Os limites das soluções mecatrônicas podem ser:

- Uma temperatura por demais elevada no ambiente vizinho ou solicitação mecânica excessiva; p. ex., vibrações prejudicam componentes eletrônicos. Estes, portanto, não podem ser previstos como constituintes integrados.
- Consertos não são possíveis ou convenientes. É necessária a substituição do respectivo sistema mecatrônico ou de um de seus componentes.
- A relação custo/benefício não corresponde à situação do mercado, porque determinados sensores, atuadores ou o sistema completo (ainda) são muito caros.

9.5.3 Desenvolvimento de soluções mecatrônicas

O desenvolvimento de sistemas mecatrônicos pressupõe uma consideração integralizada e um raciocínio interdisciplinar. Uma rigorosa delimitação das especialidades ou das disciplinas participantes não é possível e também não é desejada, uma vez que as fronteiras das especialidades não são claramente definíveis.

O trabalho de desenvolvimento processa-se com equipes multidisciplinares com participação de engenheiros mecânicos, engenheiros eletrônicos, especialistas em controles, desenvolvedores de software e especialistas de produção dos respectivos componentes.

Para a composição e funcionamento da equipe valem integralmente as afirmações feitas em 4.3.

A complexidade e a participação de diferentes disciplinas exigem um procedimento metódico conforme está descrito neste livro, porém, com flexibilidade ainda maior e consideração de fatos e conceitos de especialidades desconhecidas.

Em posição destacada está a elaboração de uma lista de requisitos, mesmo que preliminar (cf. 5.2), e daí a dedução das funções necessárias ou de uma estrutura de funções preliminar (cf. 6.3). A estrutura de partida será a estrutura básica mostrada na Fig. 9.25. A discussão e descrição abstrata das subfunções a serem satisfeitas, justamente num grupo de trabalho multidisciplinar, auxiliam a identificar e comunicar as intenções, os objetivos e os subobjetivos, bem como uma concebível estrutura da solução. Só com base nessas estruturas de funções, ainda que incompletas, podem ser formadas interfaces no sistema global e, com isso, definidas e distribuídas subtarefas com responsabilidade individual para cada disciplina envolvida diante de diferentes mundos conceituais e experiências.

Cada um dos especialistas envolvidos cumpre a tarefa pela qual é responsável. Dessa forma, é exigida toda a sua competência na especialidade. No sentido de uma busca metodológica da solução (cf. 4.2 e 6.4) são, então, apresentadas propostas de solução fecundas e que se influenciam reciprocamente. Face às disciplinas diferentes, a extensão e o decurso de tempo para cada atividade também serão diferentes, de modo que é necessário um permanente acerto e adaptação do cronograma de serviços da equipe pelo gerente de projeto. A partir de um esboço da estrutura, o progresso da solução vai se desenvolvendo gradativamente numa configuração detalhada em muitas etapas iterativas, de forma semelhante à metodologia do processo de *layout* descrita em 7.1, porém de forma mais flexível. Isermann indica essas etapas do *layout*, especificamente para sistemas mecatrônicos [33]. Orientações sobre sensores e atuadores encontram-se em [33, 65].

Por fim, ainda faz parte de um desenvolvimento eficiente a avaliação prematura das subsoluções, após uma seleção ou processo de avaliação de acordo com 3.3, para não ficar desorientado numa grande variedade de alternativas de solução. Cada alternativa de solução tem uma retroação sobre o atuador, o sensor ou sobre o desenvolvimento de software e inversamente.

9.5.4 Exemplos

Os primeiros exemplos encontram-se na mecânica fina, em câmeras fotográficas e máquinas de escritório controladas eletronicamente. Precursora das aplicações mecatrônicas no sentido da engenharia mecânica é a indústria automobilística. Assim, são os sistemas ABS que, em função da constituição do pavimento das vias evitam o travamento das rodas, através de um controle de deslizamento, possibilitando uma distância de frenagem otimizada; são sistemas mecatrônicos com monitoramento da rotação da roda e do controle da força de frenagem aplicada. A continuação do desenvolvimento é representada pelo ESP, no qual se objetiva manter a rotação de um veículo em torno do eixo vertical, como no caso da iminência de derrapagem, dentro de limites estreitos; isto é realizado por meio da atuação sobre cada freio e sobre a dinâmica do motor. As transmissões automáticas também são cada vez mais controladas com o auxílio de eletrônica integrada.

Os exemplos a seguir são, em parte, projetos de desenvolvimento que pretendem mostrar quais possibilidades são realizáveis, quando se conhece a demanda e a situação dos custos no mercado.

Exemplo 1: Controle das características de engate nas embreagens por atrito

No âmbito da pesquisa especial IMES 241 (Sistemas mecânicos e eletrônicos integrados), uma embreagem móvel tipo *Ringspann*, usual no comércio, foi equipada com piezoatuadores que rebaixam a força aplicada no engate a partir da intensidade máxima, de acordo com determinada curva característica, controlada eletronicamente, até o fim do procedimento de engate, o que leva 0,4 s. O objetivo não é introduzir um momento de engate usual, constante, convencional, mas forçar um andamento que no início do processo de engate produza mais momento acelerador (momento de escorregamento) do que no fim do processo de engate, Fig. 9.26. Com essa característica, a temperatura máxima do revestimento, que é exponencialmente responsável pelo desgaste, pode ser reduzida em, no máximo, 30%, em função do número de Fourier (cf. tab. 10.2). A Fig. 9.27 mostra rotação, momento de engate, temperatura e perdas por atrito em um procedimento de engate com número de Fourier = 1. O abaixamento da temperatura máxima de atrito é o maior possível quando o número de Fourier é pequeno, o que significa dizer que as paredes por onde o calor se transmite deverão, de preferência, ser espessas.

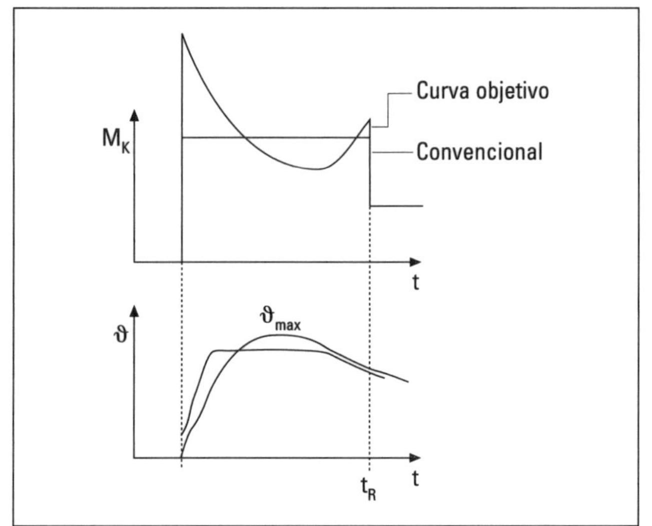

***Figura 9.26** — Relação fundamental entre o torque de acoplamento e temperatura gerada pelo atrito ϑ, tempo de sincronização t_R, de acordo com [25].*

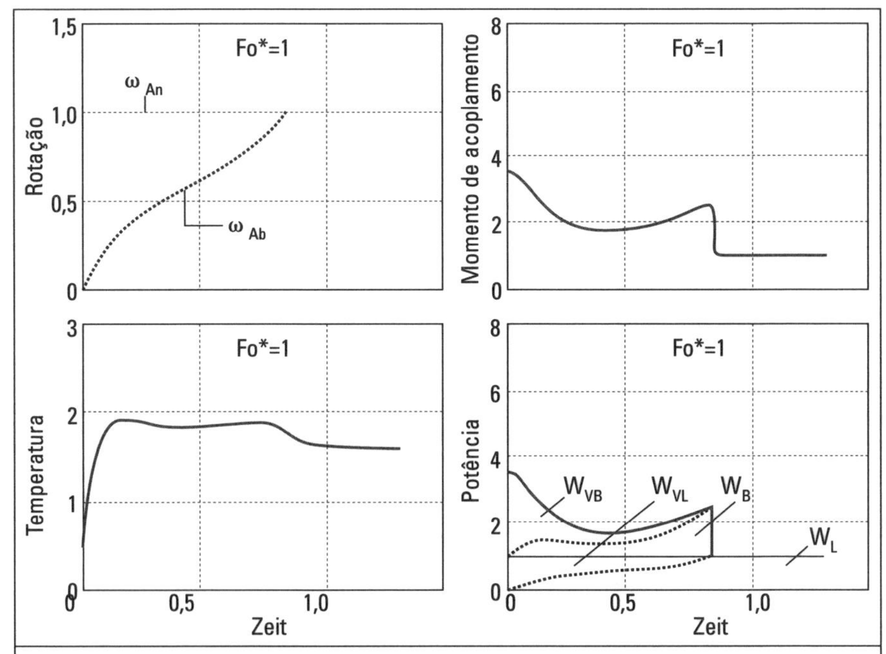

Figura 9.27 — *Gráficos da rotação, do torque de acoplamento, da temperatura de atrito e da potência em função do tempo (valores normalizados), segundo [25].*

Os registradores de temperaturas na parede da embreagem que atuam como sensores podem registrar o estado térmico e, em correspondência, selecionar uma característica de engate apropriada, por meio do processador por ora ainda externo, o qual controla as características dos piezoatuadores. Adicionalmente, a característica de subida do momento de engate também pode ser controlada, de modo que o tempo de subida dure pelo menos tanto quanto o período da menor freqüência natural de torção do sistema a ser acoplado. No procedimento de engate será, então, atingido o mínimo das vibrações de torção dos eixos [25].

Exemplo 2: Freio veicular auto-amplificador

Em 7.4.3, "princípio da auto-ajuda", também foram sucintamente abordados no item 2, "soluções auto-amplificadoras", os freios auto-amplificadores; estes apresentam a desvantagem do risco de autotravamento e, por isso, deveriam ser priorizados fundamentalmente arranjos autodebilitadores. Estes necessitam da respectiva intensificação da força de frenagem. Entretanto com ajuda da mecatrônica também podem ser empregados freios auto-amplificadores que oferecem a vantagem de gerenciar automaticamente uma amplificação do freio e, assim, economizar energia de acionamento.

Na concepção de novos veículos delineia-se a desistência de instalações hidráulicas centrais e um crescente emprego da energia elétrica. Deste complexo também fazem parte, entre outros, o sistema de freios de um veículo. Porém, em vista do abastecimento energético global, os dissipadores devem demandar, na medida do possível, pouca potência.

No âmbito da já citada pesquisa especial IMES foi desenvolvido, por Breuer e Semsch [22], um freio a disco auto-amplificador com revestimento compartilhado, que apresenta força de frenagem constante, controlada e que evita o autotravamento [3, 55, 56]. A Fig. 9.28 mostra o arranjo básico da cunha de frenagem no disco. Caso o sistema fique sem controle, após a aplicação da força de acionamento, a força de frenagem, dependendo do coeficiente de atrito da pastilha, aumenta progressivamente até o autobloqueio. Contudo, isto é evitado graças a uma solução da mecatrônica. Na Fig. 9.29, está representada a estrutura básica desse novo freio a disco. Por meio de um motor elétrico com transmissão e de um fuso com articulação esférica (atuador), a força de acionamento é aplicada numa cunha de frenagem apoiada em outros elementos. Para a cunha é selecionado um ângulo para o qual sempre é possível um autodesbloqueio, mas para o qual ainda ocorre uma considerável intensificação da força de frenagem. A força de frenagem é captada pelo sensor dessa mesma força. Poderia ser selecionada a força normal atuante sobre o revestimento, todavia tem a desvantagem de não incluir o coeficiente de atrito da pastilha. Mais vantajoso seria a medição do momento de frenagem no disco do freio, porém, melhor ainda seria a captação do comportamento no retardamento, pois assim, também, estaria incluído o coeficiente de atrito do pneu.

Para isso existem desenvolvimentos promissores de sensores de pneus que indicam o coeficiente de atrito entre

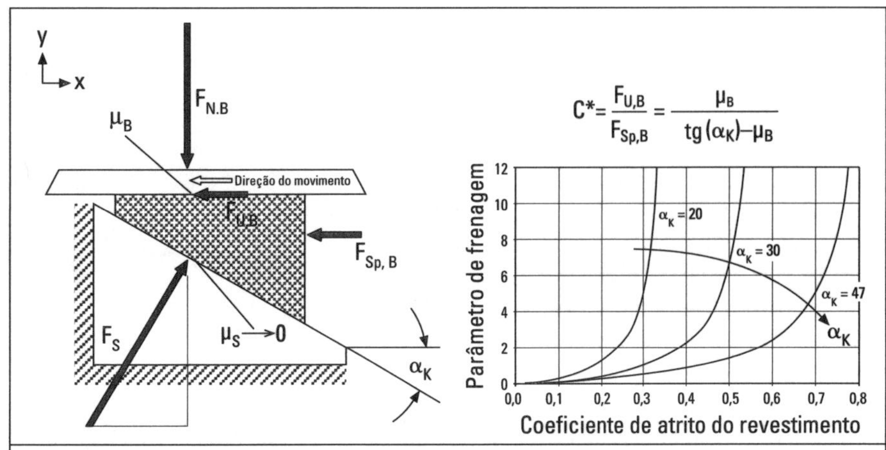

Figura 9.28 — *Cunha automultiplicadora de um freio a disco e gráfico da relação força de frenagem/força de acionamento em função do coeficiente de atrito, conforme [55,66].*

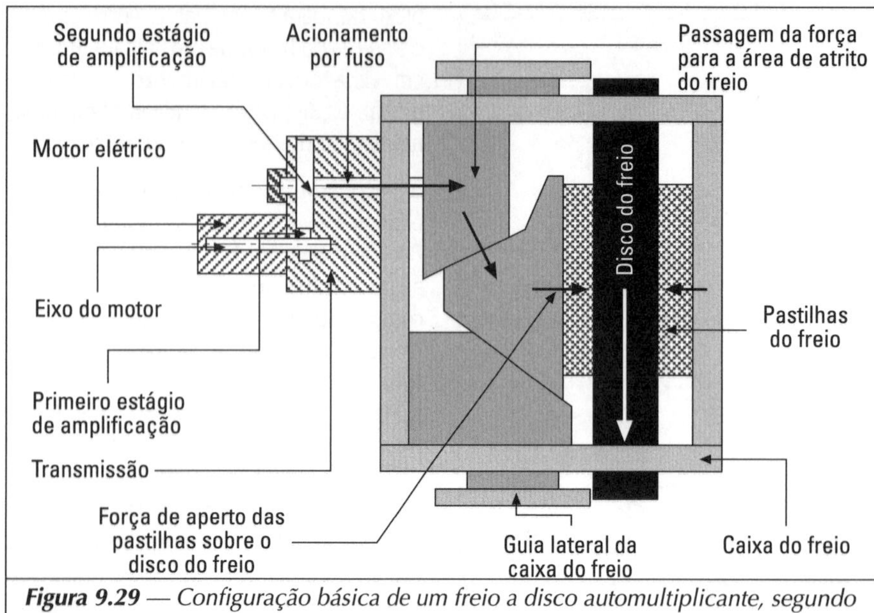

***Figura 9.29** — Configuração básica de um freio a disco automultiplicante, segundo [55, 56].*

o pavimento e o pneu, e também apresentam uma solução mecatrônica [3]. Onde o sensor será previsto ou se a força de frenagem pode ser indiretamente determinada partindo de outros dados já utilizados, depende da concepção eletrônica do veículo (p. ex., utilização do sistema ABS). Da força de frenagem captada ou do comportamento à frenagem, o sistema de processamento de dados regula a força de acionamento de modo que, em cada roda, é aplicada a força necessária de frenagem autoamplificadora com relativamente pouca energia.

Graças à auto-amplificação, o consumo de energia se mantém dentro de limites adequados; a qualquer instante o freio pode ser ventilado, ajustes que variam com o desgaste e as influências térmicas podem ser automaticamente compensados. Uma versão do freio de pesquisa foi montada no veículo sob condições reais e testada no campo de provas.

Exemplo 3: Suspensão de veículos

Nos veículos automotores a suspensão das rodas ocorre por um sistema mola - amortecedor. Em geral, a mola e o amortecedor não são passíveis de mudanças das suas características e são ajustadas para uso do veículo em condições normais. Porém, o carregamento, o pavimento e a maneira de dirigir influenciam o comportamento mola - amortecedor. Para se ter uma utilização confortável em qualquer situação, com ajuda de soluções mecatrônicas (também um projeto de pesquisas especiais da IMES), a rigidez da mola e as características do amortecedor, bem como o nível de altura e de inclinação do veículo, podem de ser ajustados automaticamente. Para isso, o êmbolo localizado na perna telescópica controlada por pressão de óleo é conectado por uma membrana a uma pressão de ar ajustável, que regula a rigidez e o nível da mola. A parte amortecedora recebe derivações (*by-passes*), cujas seções transversais são controladas por válvulas magnéticas que regulam um comportamento amortecedor mais forte ou mais fraco. Sensores captam o comportamento do veículo durante seu funcionamento ou estando parado. Um sistema informativo comanda ou controla a rigidez e o amortecimento ótimo para a respectiva condição de uso, e também ajusta o nível correto do veículo, de acordo com a carga. O processamento eletrônico dos dados está interligado a um sistema de diagnóstico, que reconhece as condições por onde o veículo está passando, como também os erros dos sistemas de captação e de ajuste e, no caso de falha, reverte os ajustes a uma condição normal, informando o condutor [5].

Exemplo 4: Mancais magnéticos autocontrolados

Na Fig. 9.9 são mostrados mancais magnéticos axiais e radiais como exemplos de circuitos de campos magnéticos. Mancais magnéticos com bobinas de campo ativas são apropriados tanto como atuadores ou como sensores. Em combinação com um controle digital, podem ser influenciados tanto a posição central estacionária do mancal como o comportamento dinâmico do eixo. Conforme demonstrou Nordmann [64], essa influência permite a realização de novas funções.

Serve como exemplo uma unidade de desbaste para retífica interna de furos de pequeno diâmetro [64]. A Fig. 9.30 mostra a estrutura da unidade de desbaste. O eixo da unidade tem suspensão flutuante. O cilindro de desbaste e o

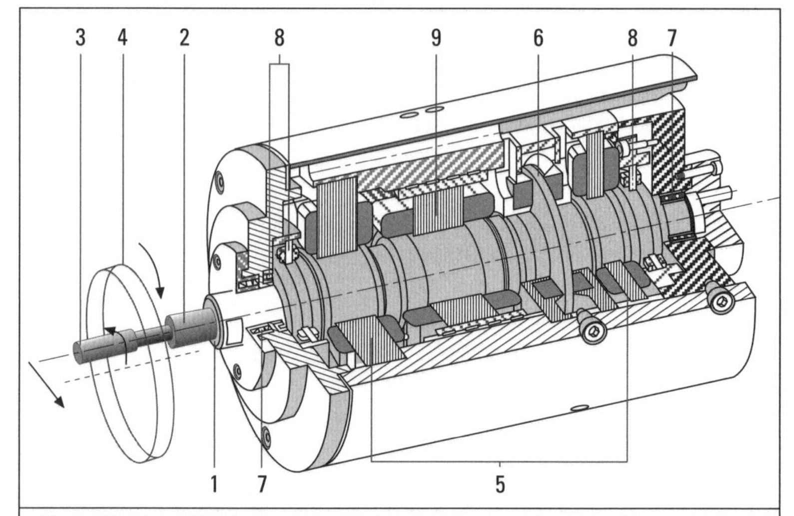

***Figura 9.30** — Unidade desbastadora com mancais magnéticos axiais e radiais, segundo [64]. 1 eixo; 2 ferramenta; 3 cilindro; 4 peça a ser desbastada; 5 mancal magnético radial; 6 mancal magnético axial; 7 mancal auxiliar; 8 sensores de curso; 9 motor.*

eixo giram acima de 100.000 rpm. A peça a ser desbastada pode girar até 3.600 rpm. O fuso do desbastador é apoiado por dois mancais radiais eletromagnéticos; um outro mancal axial, também eletromagnético, absorve a força axial. Por controle eletromagnético é possível fazer com que o cilindro de desbaste oscile na direção axial com amplitude de alguns micrômetros, o que contribui para melhorar o processo de desbaste. A componente normal da força de desbaste, que se manifesta no processo de desbaste, deforma principalmente a parte em balanço do eixo. Em princípio, esta deformação provoca uma conicidade da superfície interna. Dependendo da componente normal da força de desbaste, este efeito pode ser automaticamente controlado por inclinação da posição do eixo de desbaste. Erros de concentricidade da peça bruta podem ser compensados por um controle de alta freqüência da posição do fuso de desbaste. Em conjunto, estas medidas são capazes de produzir uma superfície cilíndrica altamente precisa e exata.

Por outro lado, falhas decorrentes de forças de desbalanceamento e forças de desbaste anormais, causadas por desgaste ou colapso da superfície desbastante, provocam reações no campo magnético do mancal reconhecido por comparação do modelo digital existente no processador com o diagnóstico dos sinais recebidos e que, até certo ponto, podem ser diretamente compensados. Valores limites determinam a interrupção da operação de desbaste.

Com ajuda da mecatrônica, a *capacidade de diagnóstico de falhas* em mancais magnéticos monitorados pode ser aproveitada para sistemas rotativos, tais como turbinas, compressores, etc. A Fig. 9.31 mostra a constituição de um modelo para um sistema de diagnóstico de falhas segundo [2]. O sistema rotativo é captado pela formação de um modelo, para que se possa descrever suas características dinâmicas. Em mancais, por exemplo, sensores de deslocamento captam o comportamento rotativo instantâneo. Alterações podem surgir devido a falhas do sistema hidropneumático do sistema de apoio ou do próprio rotor; por exemplo, súbito desbalanceamento devido à quebra de uma palheta. A alteração de comportamento é captada e identificada pelos sinais emitidos por essa alteração do campo do mancal ou, mais precisamente, por sensores. Há diferentes efeitos característicos para cada caso. O resultado do diagnóstico é comparado por meio de uma análise, a falha é identificada e são implementadas medidas apropriadas, pré-programadas.

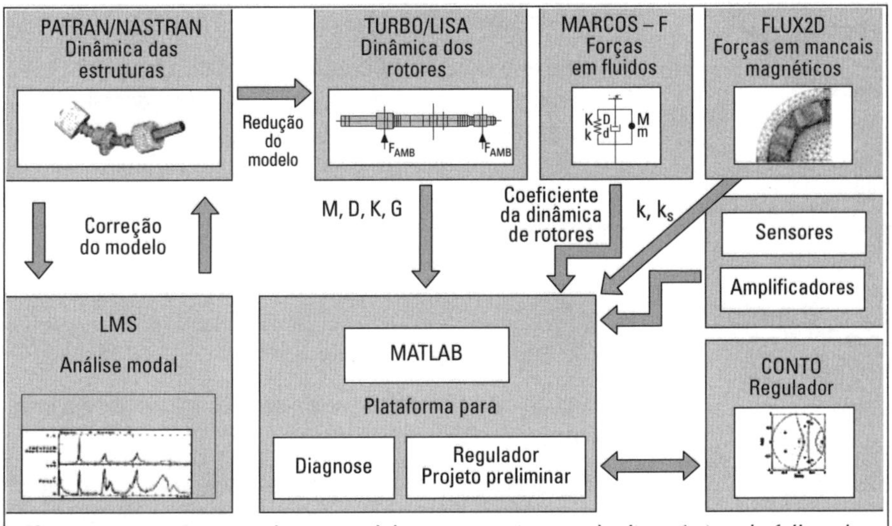

9.6 ■ Adaptrônica

9.6.1 Generalidades e conceitos

O conceito adaptrônica é composto por *adaptive structures and electronics*. Segundo Hanselka [29 - 31] pretende-se exprimir uma integração dos artefatos da engenharia mecânica com as possibilidades da eletrotécnica e da eletrônica, valendo-se da tecnologia de controle e da tecnologia de informação. Outros autores como Elspass e Flemming [12], denominam este campo de soluções de Estructrônica, ao passo que outros subordinam a adaptrônica à mecatrônica.

O objetivo é deixar as estruturas reagirem automaticamente a variações de carregamento, influências de variáveis perturbadoras, alterações dos requisitos da função e semelhantes por meio de auto-ajustes ativos, a fim de atender integralmente a sua função. Pela aplicação da adaptrônica é exercida uma influência direta sobre as características da estrutura da construção, na qual atuadores e sensores são integrados à estrutura da construção como materiais multifuncionais. Eles são dispostos ao longo do fluxo das forças, reagem, sinalizam, comandam e, por meio de sistemas de informação, controlam a própria construção, vista como uma construção combinada ativa.

O princípio da auto-ajuda foi descrito neste livro em 7.4.3. Ali, por meio de um arranjo inteligente, somente a estrutura mecânica da construção desempenhava funções auto-amplificadoras, autocompensadoras e autoprotetoras. Recorrendo à adaptrônica, mediante utilização de sensores, atuadores e processamento de dados, atualmente é possível alargar e aprimorar expressivamente o potencial da estrutura de uma construção. Uma característica típica do aprimoramento do potencial da estrutura é de que atuadores e sensores também se transformem em componentes estruturais da construção; portanto, colaborando continuamente, porém, de forma coordenada.

Em comparação com a mecatrônica descrita em 9.5, subsistem as seguintes diferenças características:

- Sempre existe uma estrutura da construção com materiais ativos.
- Os atuadores podem atuar simultaneamente como sensores ou ao contrário.

Figura 9.31 — *Geração de um modelo para um sistema de diagnóstico de falhas de rotores, segundo [2].*

- Sempre se arquiva um modelo digital global que acompanha as alterações da estrutura ativa por meio de sensores e, através do controle, comanda os atuadores dessa estrutura.
- A reação no modelo e sua regulação sempre ocorrem em tempo real.

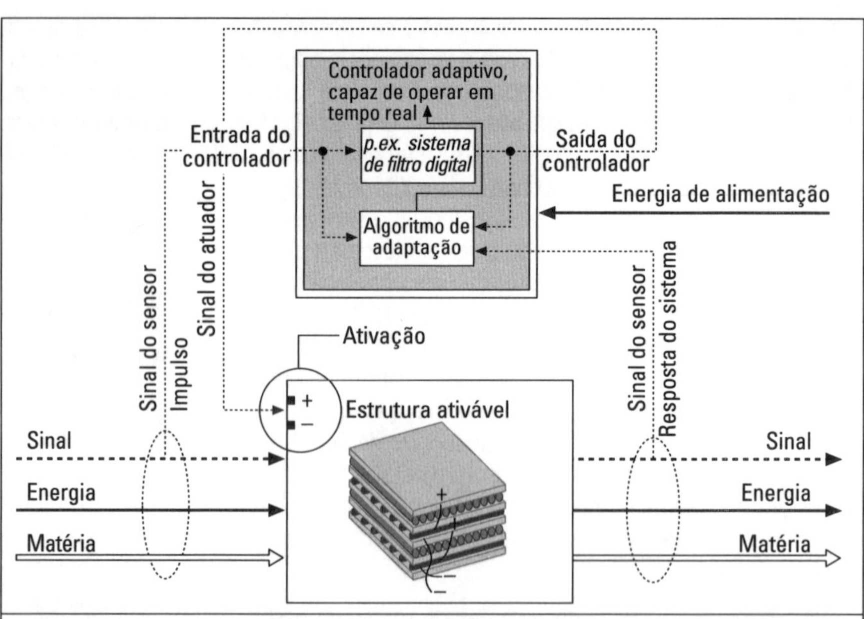

Figura 9.33 — *Estrutura básica de sistemas adaptrônicos, segundo Hanselka [29].*

Esses materiais multifuncionais podem ser: piezocerâmica, ligas que memorizam a forma, polímeros PVDF (fluoreto de polivinilideno) em forma de folhas ou películas, fibras ópticas, sistemas multifuncionais combinados, por exemplo, camadas coladas embebidas com piezocerâmica e reforçadas por fibras. Os piezoatuadores podem ser configurados de diversos modos para que possam ser utilizados de maneira eficaz na estrutura da construção [12, 29]. A Fig. 9.32 mostra as espécies encontradas no mercado como folhas, fibras e lâminas. Num atuador empilhador, a direção principal da distensão está na direção do eixo longitudinal, ao passo que em piezocerâmicas bidimensionais as direções principais das distensões se manifestam na superfície. Quando inseridos por colagem em estruturas de construção, podem produzir expansões através de um comando ou de um controle. Numa barra, dependendo do arranjo, esses piezoatuadores podem provocar expansões, da mesma forma que num tirante ou quando introduzidos aos pares como conversores de flexão piezocerâmicos na parte externa de uma placa combinada de fibras, provocar deformação à flexão. Inclinados de 45^0 em relação ao eixo principal, são capazes de iniciar torções deformadoras.

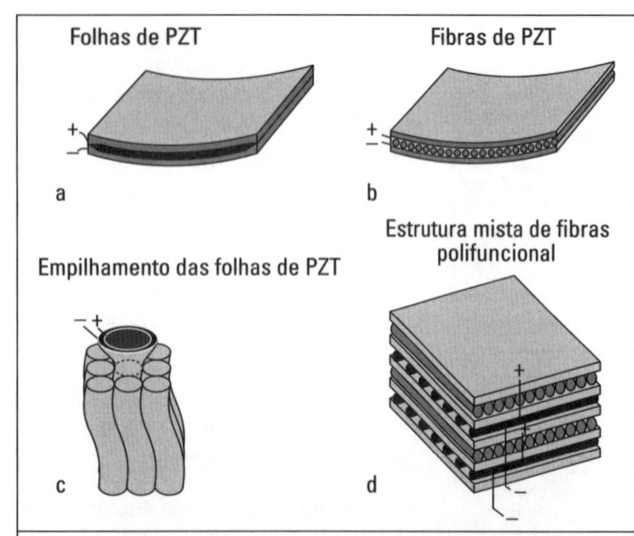

Figura 9.32 — *Formas de realização de piezoelétricos. a como folhas; b como fibras; c como laminados e d como integração multifuncional de estruturas de fibras, segundo [29].*

Soluções adaptrônicas apresentam uma estrutura básica, conforme mostra Fig. 9.33. A estrutura ativa é essencialmente um composto de fibras, que também pode ser complementado por uma estrutura sanduíche ou estrutura híbrida. Entre as camadas de laminado formadas por fibras e pela matriz, são inseridos os sensores/atuadores, mantendo contato material. Uma falha ou alteração que ocorrem são reconhecidas sensorialmente. O sinal do sensor é enviado ao modelo existente na memória do processador, que reage da mesma forma que a estrutura da construção. Compara-se a situação da estrutura com o modelo existente no processador. Conforme o objetivo, ativa-se o controle que, de acordo com o modelo digital, transmite aos atuadores da estrutura ativa um sinal atuador corretivo ou modificador. A estrutura ativa encontra-se na nova condição gerenciada pelo modelo digital. Esse controle é executado em tempo real muito rapidamente e transcorre em freqüências elevadas, o que viabiliza uma reação dinâmica.

Apesar de que, no atual estágio da tecnologia, as aplicações já indicadas para diversas áreas pareçam por demais utópicas, desnecessárias ou muito caras, as possibilidades que se oferecem são fascinantes e somente a liderança em sistemas ativos integrados pode dar um valioso estímulo para aplicar e experimentar essa tecnologia em áreas, até o presente, convencionais.

9.6.2 Objetivos e limites

Com ajuda da adaptrônica podem ser alcançados os seguintes *objetivos*:

- restabelecer a situação anterior às ações sobre a estrutura, provocadas por carga, temperatura ou variáveis perturbadoras;
- supressão ativa de vibrações e de ruídos;

- modificação ou restauração ativa da forma;
- estruturas da construção com rigidez infinita em pontos discretos;
- alteração, correção ou retorno ativo da posição;
- detecção de falhas em construções combinadas.

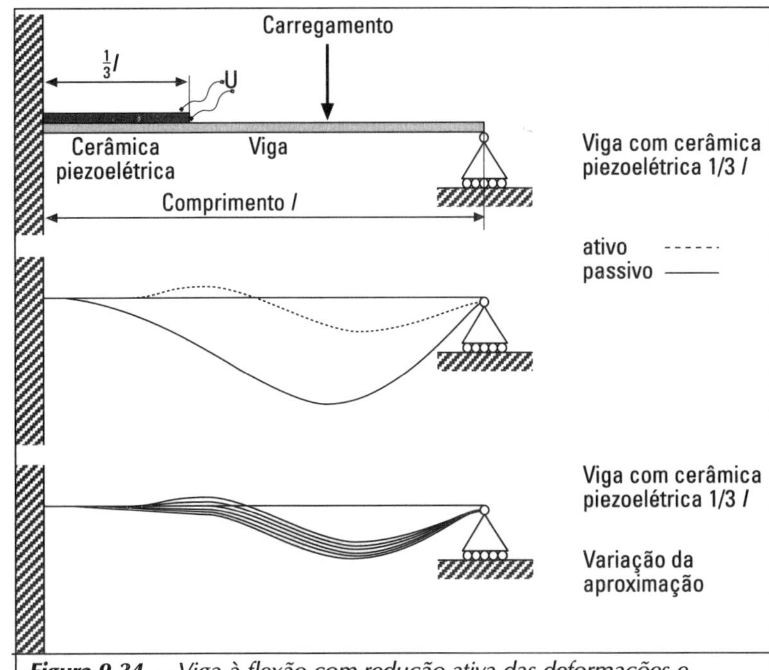

***Figura 9.34** — Viga à flexão com redução ativa das deformações e variação da aproximação, segundo Hanselka.*

De um ponto de vista mais atual, delineiam-se limites que, no entanto, podem ser superados ou transferidos pela evolução do desenvolvimento:

- em comparação, o custo da construção ainda é alto;
- os efeitos exercidos pelos atuadores (forças ou movimentos) são pequenos;
- os custos dos sensores e atuadores são elevados (ainda);
- a solução teórica do respectivo procedimento de controle, eventualmente, não é possível, em razão da sua complexidade e, por isso, não é conversível em programas;
- o conforto ou melhoria oferecidos parecem supérfluos, ou seja, a relação custo/benefício não é convincente (ainda).

9.6.3 Desenvolvimento de estruturas adaptrônicas

Para o desenvolvimento de estruturas adaptrônicas vale na íntegra o que foi dito sob "desenvolvimento de soluções mecatrônicas" (cf. 9.5.3). A elucidação teórica e a respectiva descrição matemática da estrutura da construção, sua constituição e *layout* inteligente, assim como a localização otimizada dos sensores e atuadores são essenciais. Novamente, o desenvolvimento realiza-se por um trabalho em equipe, com participação de diversos especialistas, obedecendo a um procedimento metódico.

9.6.4 Exemplos

Exemplo 1: Viga sem deformações

Componentes semelhantes a vigas submetidas a carregamentos externos, atuando num plano que passa pelo seu eixo, sofrem deformações. Com ajuda de soluções adaptrônicas estas deformações podem ser evitadas. Dependendo do número e do arranjo de piezoatuadores de superfície ao longo do eixo da peça, a deformação em uma ou várias posições discretas, sempre pode ser reconduzida ao valor zero, em comparação com um eixo teoricamente reto, inclusive com cargas diferentes. Deformações próprias também podem ser compensadas dessa forma. A Fig. 9.34 mostra uma viga com deformações à flexão construída da forma usual e uma versão com piezocerâmicas embutidas por meio das quais, em alguns pontos discretos, não ocorre nenhuma deformação [30]. Para o processamento da contraflecha, tem de ser elaborado um modelo da estrutura da construção e do local de aplicação da carga e formulado seu equacionamento. Essas possibilidades são relevantes na robótica, na construção de instrumentos de medição de altíssima precisão, assim como em técnicas operacionais com invasões mínimas.

Exemplo 2: Refletores autocorretivos

As viagens espaciais e refletores de alta precisão dependem do preciso posicionamento dos refletores. Isto pode ser conseguido com ajuda da adaptrônica ou estructônica. Elspass, Flemming e Paradies [13, 47] mostram um exemplo de um controle da superfície de um refletor ou da compensação da gravidade terrestre. De acordo com a Fig. 9.35, a superfície do refletor é constituída por uma parede dupla e um núcleo interno preenchido com espuma. As camadas externas desta construção sanduíche são providas de sensores e atuadores em disposição radial. Dependendo da causa da deformação externa ou interna à própria estrutura, há uma reação por parte do sistema atuador. Nessa reação, também é possível imprimir uma deformação no sentido de um parabolóide ou de um elipsóide. No telescópio Hubble, esse princípio autocorretor adaptável foi implementado para fins de compensação de erros de focalização das antenas refletoras.

Exemplo 3: Monoblocos de carrocerias com baixo índice de vibração

Na construção de monoblocos, pode-se ter várias possibilidades de aplicação. Grandes superfícies de parede fina tendem a oscilar provocando ruído. Pode-se reagir a isso provendo essas zonas com piezoatuadores que se contrapõem ativamente a essas vibrações (cf. Fig. 9.36).

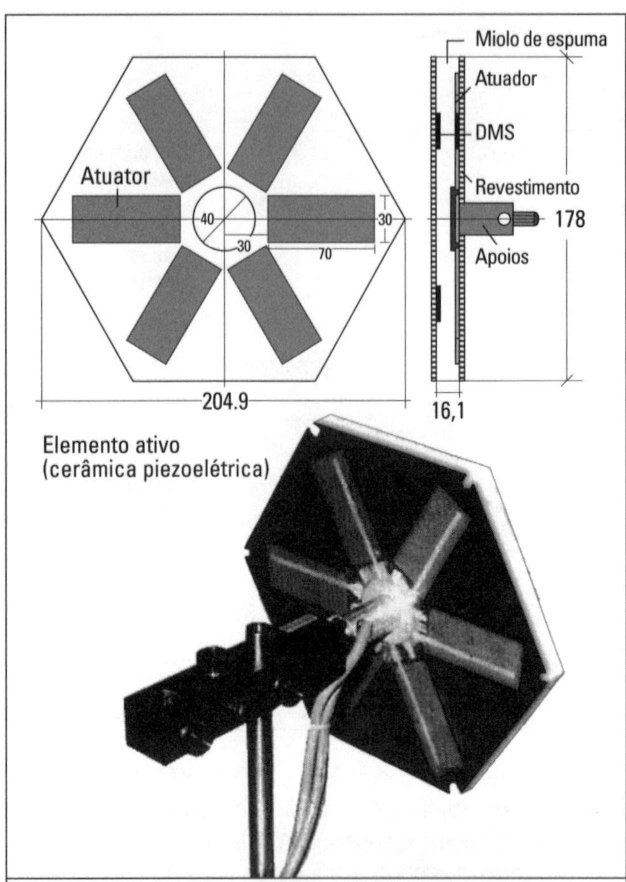

Figura 9.35 — *Constituição detalhada de um refletor parabólico, com estruturas sanduíche ativas e integração de piezocerâmicas, de acordo com [12, 13, 47].*

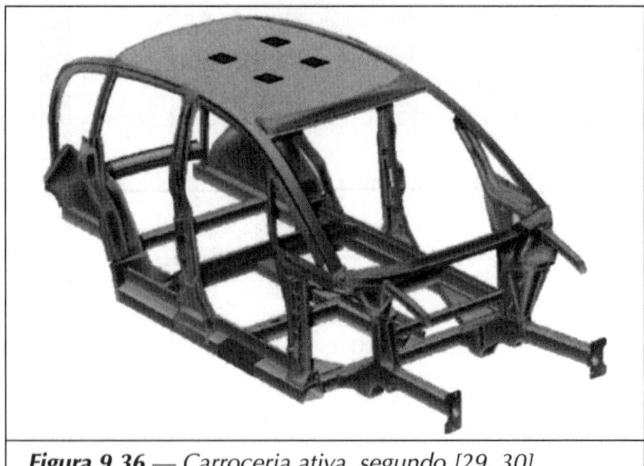

Figura 9.36 — *Carroceria ativa, segundo [29, 30].*

Além disso, essas superfícies podem ser utilizadas para impedir a propagação do som: nessas superfícies, os piezoatuadores provocam vibrações acústicas opostas, de modo que o som é anulado. Dentro do monobloco, passa a dominar o correspondente silêncio [12, 29, 31, 49].

Em elementos do monobloco, tais como componentes de ligação ou de enrijecimento, piezoelementos que se alongam podem ser inseridos no fluxo das forças e, por sua vez, passam a controlar alongamentos e encurtamentos, a fim de compensar deformações à torção que, eventualmente, se manifestam. Particularmente, componentes da estrutura da construção, sujeitos à torção, podem combater deformações à torção resultantes da operação. Também em caso de colisão, as deformações que ocorrem em sentidos contrários podem ser concebidas como barreiras de energia que influenciam a estrutura da construção, de forma que na colisão as deformações permaneçam dentro de faixas predeterminadas (cf. Fig. 9.36).

Referências

1. ACTIDYNE. Prospekt der Societe de Mecanique Magnetique. Vernon, França.
2. Aenis, M.; Nordmann, R.: Fault Diagnosis in a Centrifugal Pump using Active Magnetic Bearings. The 9th International Symposium on Transport Phenomena and Dynamics of Rotating Machinery. Honolulu, Havaí, Fevereiro, 10-14, 2002.
3. Breuer, B.; Barz, M.; Bill, K.; Gruber, St.; Semsch, M.; Strothjohann, Th.; Xie Ch.: The Mechatronic Vehicle Corner of Darmstadt University of Technology - Interaction and Cooperation of a Sensor Tire, New Low Energy Disk Brake and Smart Wheel Suspension. Seoul 2000 FISITA World Automotive Congress, Junho, 12-15 2000, Seul, Coréia, Paper F2000G281.
4. Budig, R-K.: Drehzahlvariable Drehstromantriebe mit Asynchronmotoren. Berlim: Editora Technik, 1988.
5. Bußhardt, J.: Selbsteinstellendes Feder-Dämpfer-System für Kraftfahrzeuge. Fortschritt-Berichte VDI Reihe 12 N 240, Düsseldorf: VDI-Editora, 1995.
6. DIN 19237: Steuerungstechnik, Begriffe. Berlim: Beuth.
7. DIN 19239: Speicherprogrammierbare Steuerungen, Programmierung. Berlim: Beuth.
8. DIN/IEC 65 A (SEC) 67: Speicherprogrammierbare Steuerungen. Berlim: Beuth.
9. Dorn, L.: Schweißgerechtes Konstruieren. Sindelfingen: expert, 1988.
10. Dorn, L. u.a.: Hartloten. Sindelfingen: expert, 1985.
11. Dubbel: Taschenbuch für den Maschinenbau (Hrsg.: W. Beitz und K. H. Grote). 20ª edição. Berlim: Springer, 2000.
12. Elspass, W. J.; Flemming, M.: Aktive Funktionsbauweisen. Berlim: Springer, 1998.
13. Elspass, W. J.; Paradies, R.: Design, numerical simulation, manufacturing and expermental verification of an adaptive sandwich reflector. North American Conference on Smart Materials and Structures, Orlando, Fevereiro, I994.
14. Findeisen, D.; Findeisen, E: Ölhydraulik. 3ª edição. Berlim: Springer, 1978.

15. Fischer, R.. Elektrische Maschinen, 7ª edição. Munique: C. Hauser, 1989.

16. Flemming, M.: Faserverbundbauweisen in Dubbel, Kap. F, Taschenbuch für den Maschinenbau (Hrsg.: W. Beitz und K. H. Grote). 20ª edição. Berlim: Springer, 2001.

17. Flemming, M.; Ziegmann, G.; Roth, S.: Faserverbundbauweisen. Fasern und Matrices. Berlim: Springer, 1995

18. Flemming, M.; Ziegmann, G.; Roth, S.: Faserverbundbauweisen. Halbzeuge und Bauweisen. Berlim: Springer, 1996.

19. Flemming, M.; Ziegmann, G.; Roth, S.: Faserverbundbauweisen. Fertigungsverfahren mit duroplastischer Matrix. Berlim: Springer, 1999.

20. Flemming, M.; Ziegmann, G.: Design and Manufacturing Concepts with Modern Anisotropic Materials. SAMPE-Tagung, Basiléia, 1996.

21. Flemming, M.; Roth, S.: Faserverbundbauweisen, mechanische, chemische, elektrische, thermische Eigenschaften. Berlim: Springer (em preparação).

22. Gruber, St.; Semsch, M.; Strothjohann, Fh.; Breuer, B.: Elements of a Mechatronic Vehicle Corner. I[st] FAC Conference on Mechatronic Systems, Darmstadt, 2000.

23. Göbel, E. E: Gummifedern. (Konstruktionsbücher,7).3ª edição. Berlim: Springer, 1969.

24. Gross, S.: Berechnung und Gestaltung von Metallfedern. Berlim: Springer, 1969.

25. Habedank, W.; Pahl, G.: Schaltkennlinienbeeinflussung bei Schaltkupplungen. Konstruktion 48, (1996) 87-93.

26. Habenicht, G.: Kleben. Berlim: Springer, 1986.

27. Hanselka, H.: Faserverbundwerkstoffe aus nachwachsenden Rohstoffen für den ökologischen Leichtbau. Mat. -wiss. U. Werkstofftech. 29, (1998), 300-311.

28. Hanselka, H.; Herrmann, A. S.: Technischer Leitfaden zur Anwendung von ökologisch vorteilhaften Faserverbundwerkstoffen aus nachwachsenden Rohstoffen - am Beispiel eines Kastentragers als Prototyp für hochbelastbare Baugruppen. Aachen: Editora Shaker, 1999.

29. Hanselka, H.: Adaptronik und Fragen zur Systemzuverlässigkeit. atp - Automatisierungstechnische Praxis. 44. jahrg. 2002, H. 2.

30. Hanselka, H.; Bein, Th.; Krajenski, V.: Grundwissen des Ingenieurs - Mechatronik/Adaptronik. Leipzig: Editora Hansa, 2001.

31 Hanselka, H.; Mayer, D.; Vogl, B.: Adaptronik für strukturdynamische und vibro-akustische Aufgabenstellungen im Leichtbau. Stahlbau 69. Jahrg. 2000, H. 6, 441-445

32. Hemming,W.: Steuern mit Pneumatik. Krenzlingen: Archimedes, 1970.

33. Isermann, R.: Mechatronische Systeme - Grundlagen. Berlim: Springer, 1999.

34. Kallenbach, E.; Bögelsack, G. (Hrsg.): Gerätetechnische Antriebe. Munique: C. Hanser, 1991.

35. Kollmann, F. G.: Welle-Nabe-Verbindungen. (Konstruktionsbücher, 32). Berlim: Springer, 1984.

36. Kümmel, F.: Elektrische Antriebstechnik, Bd.1 Maschinen, Bd.2 Leistungsstellglieder. Berlim: VDE-Editora, 1986.

37. Lappe, R. u. a.: Leistungselektronik. Berlim: Springer, 1988.

38. Leonhard,W.: Regelung in der elektrischen Antriebstechnik. Stultgart: Teubner, 1974.

39. Matthies, H. J.: Einführung in die Ölhydraulik. Stuttgart: Teubner, 1984.

40. Mayer, M.: Elektrische Antriebstechnik, Bd.I Asynchronmaschinen im Netzbetrieb und drehzahlgeregelte Schleifringläufermaschinen, 1985, Bd. 2 Stromrichtergespeiste Gleichstrommaschinen und umrichtergespeiste Drehstrommaschinen, 1987. Berlim: Springer.

41. Michaeli, W.; Krusche, Th.; PoLl, Ch.; Fischer, G.: Entwicklung einer faserverbundkunststoffgerechten Konstruktion am Beispiel eines Hochleistungs-Roboterarms aus CFK. Konstruktion 49, (1997) H.1, 9-16.

42. Michaeli, W.; Wegener, M. u.a.: Einführung in die Technologie der Faserverbundwerkstoffe. Munique: Hanser, 1990.

43. Müller, G.: Betriebsverhalten rotierender elektrischer Maschinen, 2ª. edição. Berlim: VDE-Editora, 1990.

44. Neumann, A.: Schweißtechnisches Handbuch für Konstrukteure, Teil 1 bis 3. Düsseldorf: DeutscherVerlag für Schweißtechnik (DVS), 1985; 1986.

45. Niemann, G.; Winter, H.; Höhn, B.-R.: Maschinenelemente, T. 1. 3ª edição Berlim: Springer, 2001, T. 2 e 3. 2ª edição. Berlim: Springer, 1983.

46. Pahl, G.: Wissen und Können in einem interdisziplinären Konstruktionsprozess. In Wechselbeziehungen Mensch - Umwelt - Technik. Hrsg.: Gisbert Freih. zu Putlitz/Diethard Schade. Stuttgart: Schäffer-Poeschel Editora, 1997.

47. Paradies, R.: Statische Verformungsbeeinflussung hochgenauer Faserverbundreflektorschalen mit Hilfe applizierter oder integrierter aktiver Elemente. Dissertation Nr. 12003 ETH Zurique, 1997.

48. Pritschow, G.: Steuerungen. In: Dubbel, Kap. T2. Taschenbuch für den Maschinenbau (Hrsg. W. Beitz und K. -H. Grote). 20ª edição. Berlim: Springer, 2001.

49. Resch, M.: Effizienzsteigerung der aktiven Schwingungskontrolle von Verbundkonstruktionen mittels angepasstem Strukturdesign. ETH Zurique, Dissertation 12584, 1998.

50. Röper, R.: Ölhydraulik und Pneumatik. In: Dubbel.17ª edição. Berlim: Springer, 1990, H 1.

51. Roth, K.: Konstruieren mit Konstruktionskatalogen. Tomo I Konstruktionslehre. Springer: Berlim, 2000. Tomo II Konstruktionskataloge. Berlim: Springer, 2001. Tomo III Verbindungen und Verschlüsse, Lösungsfindung Berlim: Springer, 1996.

52. Ruge, J.: Handbuch der Schweißtechnik. Bd. I e II. 2ª edição. Berlim: Springer, 1980.

53. Scheermann, H.: Leitfaden für den Schweißkonstrukteur. Düsseldorf: Deutscher Editora für Schweißtechnik (DVS), 1986.

54. Schönfeld, R.; Habiger, E.: Automatisierte Elektroantriebe. 2ª edição. Heidelberg: Hüthig, 1986.

55. Semsch, M.: Neuartige mechanische Teilbelagscheibenbremse. Fortschritt-Berichte VDI-Reihe 12 Nr. 405, Düsseldorf: Editora VDI, 1999

56. Semsch, M.; Breuer, B.: Mechatronische Teilbelagscheibenbremse mit Selbstverstärkung. Tagungsband Abschlusskolloquium des Sonderforschungsbereichs 241 (IMES), Darmstadt 8. - 9. Novembro, 2001.

57. SEW EURODRIVE: Handbuch der Antriebstechnik. Munique: C. Hanser, 1980.

58. Siekmann, H.: Föttinger-Getriebe. In: Dubbel, Kap. R5, Taschenbuch für den Maschinenbau (Hrsg. W. Beitz und K. -H. Grote). 20ª edição. Berlim: Springer, 2001.

59. Steinhilper, W.; Röper, R.: Maschinen- und Konstruktionselemente, T. II. Berlim: Springer, 1986.

60. Stiebler, M.: Elektrische Maschinen. In: Dubbel, Kap. V3, Taschenbuch für den Maschinenbau (Hrsg. W. Beitz und K. -H. Grote). 20ª edição. Berlim: Springer, 2001.

61. Stiebler, M.: Leistungselektronik. In: Dubbel, Kap, V4, Taschenbuch für den Maschinenbau (Hrsg. W. Beitz und K. -H. Grote). 20ª edição. Berlim: Springer, 2001.

62. Stiebler, M.: Elektrische Antriebstechnik. In: Dubbel, Kap. V5, Taschenbuch für den Maschinenbau (Hrsg. W. Beitz und K. -H. Grote). 20ª edição. Berlim: Springer, 2001.

63. Stölting, H. D.; Blisse, A.: Elektrische Kleinmaschinen. Stuttgart: Teubner, 1987.

64. Straßburger, S.; Aenis, M.; Nordmann, R.: Magnetlager zur Schadensdiagnose und Prozessoptimierung. In Irretier, H.; Nordmann, R.; Springer, H. (Hrsg.): Schwingungen in rotierenden Maschinen V. Referate der Tagung in Wien 26. -28. Fevereiro, 2001. Braunschweig/Wiesbaden: Friedr. Vieweg & Söhne Companhia Editora, 2001.

65. Topfer, H.; Kriesel, W.: Funktionseinheiten der Automatisierungstechnik elektrisch-pneumatisch - hydraulisch. Düsseldorf: Editora VDI. Também Berlim: VEB-Editora Técnica, 1977

66. VDI-Richtlinie 2206 (Entwurf): Entwicklungsmethodik für mechatronische Systeme. (In Vorbereitung). Düsseldorf: Editora VDI provavelmente, 2002

67. VDI-Richtlinie 2230: Systematische Berechnung hochbeanspruchter Schraubenverbindungen - Zylindrische Einschraubenverbindungen. Düsseldorf: VDI-Editora, 2001.

68. VDI-Richtlinie 2153: Hydrodynamische Getriebe; Begriffe, Bauformen,Wirkungsweise. Düsseldorf: VDI-Editora, 1974 como 1994.

69. Vogel, J.: Grundlagen der elektrischen Antriebstechnik. 4ª edição. Heidelberg: Hüthig, 1989.

70. Wiegand, H.; Kloos, K.-H.; Thomala, W.: Schraubenverbindungen. (Konstruktionsbücher, 5). Berlim: Springer, 1988.

71. Wolf, M.: Strömungskupplungen und Strömungswandler. Berlim: Springer, 1962.

72. Zaremba, H.: Hart- und Hochtemperaturlöten. Düsseldorf: DVS-Editora, 1987.

DESENVOLVIMENTO DE PRODUTOS EM SÉRIE E MODULARES

10.1 ■ Produtos em série

Um recurso essencial de racionalização no âmbito do projeto e da produção é o desenvolvimento de séries de fabricação [35].

Para o *fabricante* resultam *vantagens*:

- Em muitos casos de aplicação o trabalho de projeto é efetuado uma única vez sob princípios ordenantes.
- A produção de lotes de determinados tamanhos se repete e por isso fica mais econômica.
- Uma alta qualidade pode ser alcançada mais cedo.

Disso resultam *vantagens* para o *usuário*:

- Produtos com preços atraentes e qualitativamente bons.
- Redução do prazo de entrega.
- Aquisição descomplicada de peças de reposição e complementação.

Como *desvantagens* para ambos resultam:

- Uma variedade limitada de tamanhos, nem sempre com características operacionais ótimas.

Por série de fabricação entendem-se objetos técnicos (máquinas, subconjuntos, ou peças específicas), que atendam à mesma função,

- Com a mesma solução.
- Com várias opções de tamanhos.
- Possivelmente com a mesma fabricação,

num vasto campo de aplicação.

Se além do escalonamento dos tamanhos também for preciso atender outras funções correlatas, deverá ser desenvolvido um *sistema modular* (cf. 10.2) juntamente com a série de tamanhos. O desenvolvimento de séries de fabricação pode ser projetado de antemão ou a partir de um produto existente, mesmo que esse tenha sido inicialmente desenvolvido como solução especial. A essência do desenvolvimento de uma série de fabricação consiste em, partindo de um tamanho da série a ser desenvolvida (máquina, subconjunto ou peça específica), derivar deste outros tamanhos da série, de acordo com certos pressupostos. Nisto, o projeto do qual se parte recebe a denominação de projeto básico e os tamanhos derivados deste são os *projetos subseqüentes* [35].

Para o desenvolvimento de séries de fabricação, as leis de similaridade são obrigatórias e os números normalizados geométrico-decimais apropriados. Por esta razão, eles serão discutidos a seguir como ferramentas gerais.

10.1.1 Leis de similaridade

Uma semelhança geométrica é desejável por razões de simplicidade e clareza. No entanto, o projetista sabe que objetos técnicos, ampliados por pura semelhança geométrica (os chamados projetos pantográficos) somente satisfazem em poucos casos. Uma ampliação meramente geométrica somente é aceitável, quando as leis de similaridade o permitirem, o que sempre deverá ser verificado. Como critério de avaliação oferecem-se leis usuais na técnica de modelagem e aplicadas com bastante sucesso [12, 18, 31, 34, 39, 42]. É natural aplicar essa prática no desenvolvimento de uma série de fabricação. Pode-se equiparar mentalmente o "protótipo" ao projeto original, "projeto básico", e, por fim, a "execução" do modelo a um integrante da série de tamanhos como "projeto decorrente". Em comparação com a técnica de modelagem resulta alcançar um outro objetivo para o desenvolvimento de uma série de fabricação, ou seja:

- um aproveitamento uniformemente elevado do material;
- na medida do possível com os mesmos materiais e
- com a mesma tecnologia.

Disso decorre que, com atendimento igualmente bom da função, a exigência deverá se manter constante por um amplo intervalo.

Fala-se de *similaridade* quando a relação de valores de, ao menos uma mesma variável física no projeto básico e no projeto subseqüente, permanecer constante ou invariável. Semelhanças básicas podem ser definidas como as grandezas básicas de comprimento, tempo, força, carga ou corrente elétrica, temperatura e intensidade luminosa (Tab. 10.1). Assim, p. ex., tem-se *semelhança geométrica*, sempre que nos projetos subseqüentes de uma série construtiva, a razão de um comprimento qualquer para o correspondente comprimento do projeto básico permanecer constante. A invariante

Tabela 10.1 — Semelhanças fundamentais

Semelhança	Grandeza fundamental	Invariante
geométrica	comprimento	$\phi_L = L_1/L_0$
temporal	tempo	$\phi_t = t_1/t_0$
força	força	$\phi_F = F_1/F_0$
elétrica	quantidade de eletricidade	$\phi_Q = Q_1/Q_0$
de temperatura	temperatura	$\phi_\vartheta = \vartheta_1/\vartheta_0$
fotométrica	intensidade luminosa	$\phi_B = B_1/B_0$

é a razão da progressão (escala de comprimento) $\varphi L = L_1/L_0$ (L_1 dimensão do primeiro membro da série (projeto decorrente), L_0 dimensão do projeto básico). Para o *k-ésimo* projeto decorrente vale $\varphi_{L_k} = \varphi_L^k$.

Do mesmo modo, pode-se definir uma semelhança temporal, estática, elétrica, térmica ou fotométrica.

Caso mais de uma dessas relações entre variáveis básicas for constante, chega-se a semelhanças especiais que viabilizam uma conclusão particular. Desta forma, no caso de invariância simultânea do comprimento e do tempo, fala-se de *semelhança cinemática*. Se as razões entre comprimentos e forças forem constantes, tem-se *semelhança estática*. Para semelhanças importantes, repetitivas e especiais, a técnica de modelos definiu números referenciais não dimensionais.

Uma semelhança muito importante é a relação constante de forças com simultânea semelhança geométrica e temporal, a chamada *semelhança dinâmica*. Em função das forças consideradas, chega-se a diferentes números referenciais. Além disso, a *semelhança térmica* é importante, pois processos térmicos freqüentemente ocorrem de forma associada e não dá para harmonizar sua semelhança com a semelhança dinâmica em séries construtivas geometricamente semelhantes e com igual aproveitamento do material (cf. [37]).

A Tab. 10.2 contém relações de semelhança importantes para desenvolvimento de séries de fabricação de sistemas mecânicos. Sem pretensão de ser completa, porém dependendo da aplicação, deve ser complementada, p. ex., pelo número de Sommerfeld, no desenvolvimento de mancais de deslizamento, ou pelo índice de cavitação e o coeficiente de pressão, no caso de máquinas hidráulicas.

Semelhança com solicitação constante

Nos sistemas da engenharia mecânica, as forças de inércia (força de massa, forças de aceleração, forças centrífugas, etc.) e as denominadas forças elásticas, pela relação tensão – deformação, ocorrem com maior freqüência.

Se numa série construtiva o esforço tiver de se manter igualmente elevado em qualquer ponto, deve-se ter $\sigma = \varepsilon \, . \, E =$ constante.

Tabela 10.2 — Relações de semelhança especiais

Semelhança	Invariante	Coeficiente	Definição	Interpretação intuitiva
cinemática	φ_L, φ_t			
estática	φ_L, φ_F	Hooke	$Ho = \frac{F}{E \cdot L^2}$	força elétrica relativa
dinâmica	$\varphi_L, \varphi_t, \varphi_F$	Newton	$Ne = \frac{F}{\rho \cdot v^2 \cdot L^2}$	força de inércia relativa
		Cauchy*	$Ca = \frac{Ho}{Ne} = \frac{\rho \cdot v^2}{E}$	força de inércia/força elástica
		Froude	$Fr = \frac{v^2}{g \cdot L}$	força de inércia/peso
		NN**	$\frac{E}{\rho \cdot g \cdot L}$	força elástica/peso
		Reynolds	$Re = \frac{L \cdot v \cdot \rho}{\eta}$	força de inércia/força de atrito em líquidos e gases
térmica	φ_L, φ_v	Biot	$Bi = \frac{\alpha \cdot L}{\lambda}$	energia calorífica fornecida ou retirada/energia calorífica conduzida
	$\varphi_L, \varphi_t, \varphi_\vartheta$	Fourier	$Fo = \frac{\lambda \cdot t}{c \cdot \rho \cdot L^2}$	energia calorífica conduzida/armazenada

* Em algumas publicações Ca é dado por $Ca = v \cdot \sqrt{\rho/E}$. Isto é conveniente quando Ca vale como uma relação de velocidades.
** Sem denominação.

A razão será, portanto, de

$$\varphi_\sigma \frac{\sigma_1}{\sigma_0} = \frac{\epsilon_1}{\epsilon_0} \frac{E_1}{E_0} = 1.$$

Com o mesmo material, ou seja $\varphi_E = E_1/E_0 = 1$, isso pode ser conseguido com $\varphi_\varepsilon = \varepsilon_1/\varepsilon_1 = 1$ ou com $\varphi_\epsilon = \frac{\Delta L_1}{\Delta L_0} \frac{L_0}{L_1} = 1$ ou com $\varphi_{\Delta L} = \varphi_L$.

Com a chamada condição de Cauchy, todas as variações de comprimentos precisam crescer na mesma razão dos respectivos comprimentos, ou seja, geometricamente semelhantes. Por outro lado, a razão de uma força elástica passa a ser:

$$\varphi_{F_E} = \frac{\sigma_1 A_1}{\sigma_1 A_0} = \varphi_L^2$$

com $\varphi_\sigma = \varphi_\varepsilon \cdot \varphi_E = 1$ e $\varphi_A = \varphi_L^2$.

A razão da força de inércia é:

$$\varphi_{F_T} = \frac{m_1 a_1}{m_0 a_0} = \frac{\rho_1 V_1 a_1}{\rho_0 V_0 a_0}.$$

Com $\varphi = \rho_1/\rho_0 = 1$, $\varphi_V = V_1/V_0 = L_1^3/L_0^3 = \varphi_L^3$

e $\varphi_a = \frac{L_1 t_0^2}{t_1^2 L_0} = \frac{\varphi_L}{\varphi_t^2}$

tem-se $\varphi_{F_T} = \varphi_L^4/\varphi_t^2$.

Uma semelhança dinâmica, ou seja, razão constante entre forças de inércia e forças elásticas mantendo semelhança geométrica, só pode ser conseguida com φ_t igual a φ_L:

$$\varphi_{F_E} = \varphi_L^2 = \varphi_{F_T} = \varphi_L^4/\varphi_L^2 = \varphi_L^2.$$

Disto resulta para a razão da velocidade:

$$\varphi_V = \varphi_L = \varphi_t = \varphi_L/\varphi_L = 1.$$

Para um mesmo material, esse resultado também pode ser obtido do número de Cauchy (Tab. 10.2), pois quando ρ e E permanecem constantes, para características iguais, a semelhança dinâmica somente poderá se manter invariável se a velocidade v também se mantiver constante.

Para todas as variáveis importantes como potência, torque, etc., com a condição $\varphi_L = \varphi_t$ = constante e $\varphi_\rho = \varphi_E = \varphi_\sigma = \varphi_v = 1$ pode-se formar as razões das respectivas progressões que foram compiladas na Tab. 10.3.

Tabela 10.3 — Relações de semelhança quando existe semelhança geométrica e igual solicitação: dependência de freqüentes grandezas do escalonamento dos comprimentos

Com $Ca = \frac{\rho v^2}{E}$ = const. e com o mesmo material, ou seja $\rho = E$ = const., **v** = const. Sob semelhança geométrica com o escalonamento dos comprimentos φ_L, modificam-se então:	
Rotações n, ω	φ_L^{-1}
Rotações críticas de flexão e torsão n_{kr}, ω_{kr}	
Alongamento específico ε, tensões σ, pressões sobre superfícies em decorrência de forças de inércia e forças elásticas,	φ_L^0
Velocidade v	
Coeficientes de mola c, deformações elásticas Δl	φ_L^1
Em conseqüência do peso:	
Alongamento específico ε, tensões σ, pressões sobre superfícies p	
Forças F	φ_L^2
Potências P	
Peso G, Torque T, rigidez à torsão c_t	φ_L^3
Módulos de resistência W, W_t	
Momentos de inércia de superfícies I, I_t	φ_L^4
Momentos de inércia de sólidos θ	φ_L^5
Observação: o aproveitamento do material e a segurança nominal somente são constantes, quando a influência do tamanho sobre os valores-limites do material for desprezível.	

Deve ser observado que o aproveitamento do material e a segurança só poderão ser constantes quando, numa progressão, a influência do tamanho sobre os valores limites do material puder ser desprezada. Em alguns casos, isto terá de ser devidamente considerado.

Uma série construtiva desenvolvida de acordo com essas leis apresentaria semelhança geométrica e com o mesmo material apresentaria igual aproveitamento. Este procedimento sempre será possível nos casos em que a força da gravidade e a temperatura não tiverem influência expressiva sobre a especificação, caso contrário, deve-se migrar para as chamadas séries construtivas semi-semelhantes (cf. 10.1.5).

10.1.2 Série de números geométrico-decimais normalizados

Depois de conhecer as mais importantes relações de semelhança, formula-se a questão de como escolher a respectiva razão da progressão (escalonamento) a ser adotada para uma série construtiva. Kienzle [24, 25] e Berg [5 a 9] demonstraram que o escalonamento segundo uma série geométrico-decimal é apropriado.

A série *geométrico-decimal* é constituída pela multiplicação por um fator constante φ e é sempre desenvolvida em potências de dez. O fator constante φ é a razão da série e é calculado por $\varphi = \sqrt[n]{a_n/a_0} = \sqrt[n]{10}$, onde n é a razão dentro de uma potência de dez. P. ex., para 10 termos, a série teria uma razão de $\varphi = \sqrt[10]{10} = 1{,}25$ e é chamada de série R 10. O número de termos da série é $z = n + 1$.

Tabela 10.4 — Principais valores dos números normalizados (extraído da DIN 323)

Séries fundamentais				Séries fundamentais			
1,00	1,00	1,00	1,00		3,115	3,15	3,15
			1,06				3,35
		1,12	1,12			3,55	3,55
			1,18				3,75
	1,25	1,25	1,25	4,00	4,00	4,00	4,00
			1,32				4,25
		1,40	1,40			4,50	4,50
			1,50				4,75
1,60	1,60	1,60	1,60		5,00	5,00	5,00
			1,70				5,30
		1,80	1,80			5,60	5,60
			1,90				6,00
	2,00	2,00	2,00	6,30	6,30	6,30	6,30
			2,12				6,70
		2,24	2,24			7,10	7,10
			2,36				7,50
2,50	2,50	2,50	2,50		8,00	8,00	8,00
			2,65				8,50
		2,80	2,80			9,00	9,00
			3,00				9,50

A tab. 10.4 reproduz um extrato da DIN 323, onde estão definidos os principais valores das séries normalizadas [13,16]. A necessidade de uma progressão geométrica é constantemente comprovada no dia-a-dia e no trabalho técnico. Estas séries obedecem ao princípio psico-físico de Weber-Fechner, segundo o qual estímulos escalonados geometricamente, p. ex., pressões sonoras, luminosidades, provocam percepções escalonadas aritmeticamente.

No desenvolvimento de mecanismos com rodas de atrito, Reuthe [40] mostra como os projetistas adotavam intuitivamente as principais dimensões segundo uma progressão geométrica. Observações pessoais confirmam isso nos trabalhos de normatização de anéis raspadores de óleo para eixos de turbinas: com diâmetros dos eixos em escala logarítmica no eixo das abscissas, foram lançados em ordenadas o número de novos projetos ou encomendas de anéis raspadores durante um período de 10 anos (Fig. 10.1). Resultaram 47 variantes de diâmetros com freqüências de demanda a intervalos aproximadamente regulares, o que aponta para uma progressão geométrica. Por outro lado, foi assustadora a quantidade de dimensões nominais arbitrariamente escolhidas, em parte com diferenças de poucos milímetros, razão pela qual resultou um pequeno número de peças para cada tamanho. Conforme ainda mostra a Fig. 10.1, com as dimensões padronizadas da DIN 323, nesse caso por meio da série R 20, o número de variantes pode ser reduzido para menos da metade, com maior demanda e distribuição mais uniforme por dimensão nominal. Se, desde o início, os projetistas tivessem sido orientados a especificar segundo uma série padronizada, automaticamente teria surgido uma série vantajosa para esse elemento.

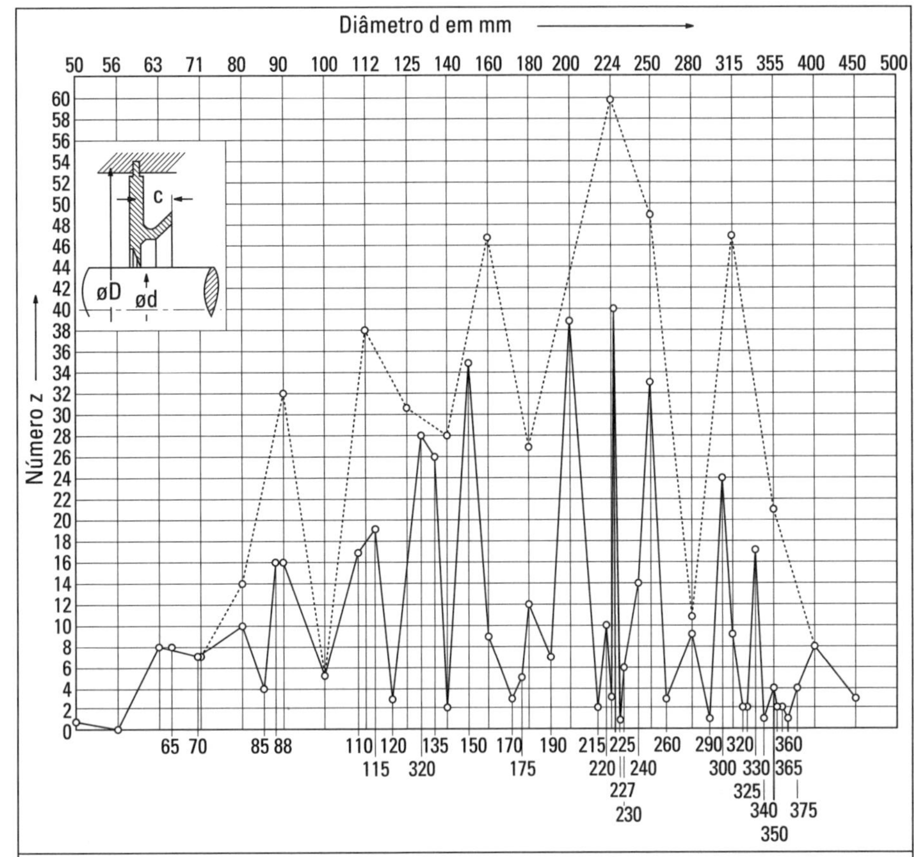

Figura 10.1 — *Freqüência dos diâmetros d de vedações de anéis raspadores de óleo de eixos de turbinas. Linha cheia: estado atual; linha tracejada: proposta para uma série construtiva.*

Portanto, a utilização de séries de números normalizados oferece as seguintes *vantagens* [13]:

- Adequação a uma demanda existente em que a progressão da variável pode ser ajustada ao ponto central da demanda por meio de um escalonamento diferente. As séries mais refinadas apresentam os mesmos valores numéricos das séries mais grosseiras. Inclusive é possível aproximar-se de uma série aritmética por meio de uma subdivisão apropriada.

  Também é possível uma troca entre séries e, dessa forma, atender a diferentes escalonamentos para um ajuste às distribuições das demandas do mercado, o que é facilitado pelo fato de as séries de números normalizados conterem tanto potências de dez como também o dobro ou a metade de um valor (cf. 10.1.3).

- Redução do número de variantes dimensionais empregando dimensões baseadas em números normalizados e, assim, economizando gastos na produção de calibradores, dispositivos e instrumentos de medição.

- Uma vez que produtos e quocientes dos integrantes de uma série são novamente integrantes de uma série geométrica, especificações e cálculos, na sua maioria formados por produtos e quocientes, são facilitados. P. ex., uma vez que o número π, com boa aproximação, está contido nas séries de números normalizados, ao se efetuar um escalonamento geométrico dos diâmetros dos componentes, as circunferências, as áreas dos círculos, os volumes de cilindros e as superfícies das esferas também serão integrantes de uma série de números normalizados.

- Se as dimensões de um componente ou de uma máquina forem elos de uma série geométrica, com a ampliação ou redução linear resultarão em dimensões que ainda fazem parte da mesma série, desde que o fator de ampliação ou redução também pertença à série.

- Crescimento automático de escalonamentos práticos compatíveis com séries já existentes ou séries futuras.

10.1.3 Representação e escalonamento

1. Diagrama de números normalizados

Para maiores considerações, é apropriado fazer uso do *diagrama de números normalizados.* Os números de uma série normalizada podem ser representados pelo logaritmo na base 10 dos expoentes (veja dedução em 10.1.2).

Cada número geométrico decimal normalizado (NZ) pode portanto ser escrito como $(NZ) = 10^{m/n}$ ou também por

$$\log (NZ) = m/n,$$

onde m indica o respectivo patamar na série NZ e n o número de patamares dentro de uma potência de 10 da série NZ.

Por outro lado, quase todas as relações técnicas podem ser escritas na forma geral

$$y = cx^p$$

cuja forma logarítmica é

$$\log y = \log c + p \log x$$

Assim, a relação técnica também pode ser representada pela forma:

$$\frac{m_y}{n} = \frac{m_x}{n} + +p\frac{m_x}{n}.$$

Lançando isso num par de eixos ortogonais e não marcando o logaritmo mas diretamente o número real, obtém-se o diagrama de números normalizados da Fig. 10.2. Nesse sistema de coordenadas, qualquer número normalizado de uma série é eqüidistante do número imediatamente anterior. Esta distância corresponde ao escalonamento.

Caso variáveis dependentes se correlacionem com variáveis independentes por uma lei de potências $y = cx^p$ (Fig. 10.2), ambos os números normalizados podem ser escalonados de acordo com uma série de números normalizados. Com expoente igual a 1 se o crescimento for igual (linha a 45 graus) ou com p π 1 se o crescimento for desigual (declividade $p = {}^1/_2$, 2, 3 : 1 ou semelhante).

Esta forma de representação de números normalizados e séries de números normalizados é extraordinariamente prática conforme ainda será demonstrado pelos exemplos dos itens 10.1.4 e 10.1.5.

2. Seleção do escalonamento de grandezas

Na maioria dos casos objetiva-se uma tipificação com definição única dos patamares das variáveis. Um *escalonamento apropriado das dimensões* e parâmetros, p. ex. potências e torques, é de grande importância. O escalonamento é regido por diversos critérios:

Um dos critérios é dado pela *situação de mercado* que, em geral, anseia por um pequeno valor do escalonamento, pois dispondo de uma grande gama de tamanhos fica mais fácil poder atender às necessidades do cliente de forma mais

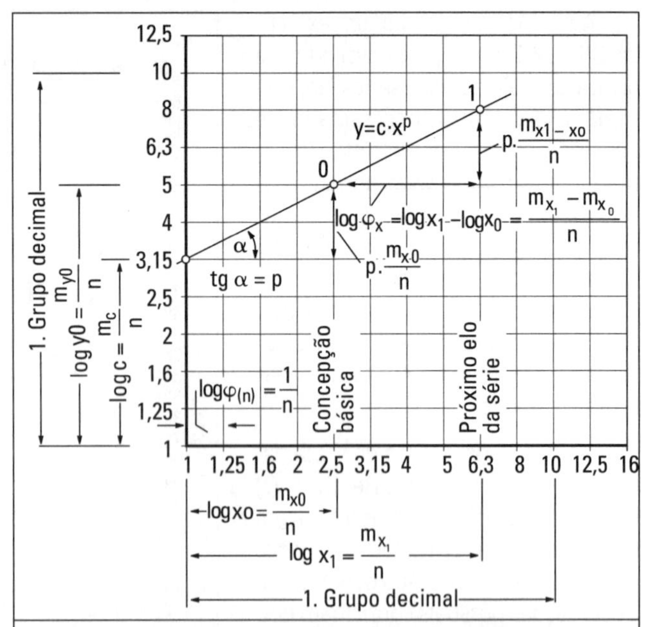

Figura 10.2 — *Relações técnicas num diagrama NZ: n número de graduações da série NZ mais fina tomada como base, cada ponto da malha é um número normalizado desta série. Todo expoente inteiro conduz novamente a um número normalizado.*

precisa. Razões para tanto são, p. ex., a vontade de não pretender realizar nenhum superdimensionamento da fundação ou das interfaces, além de problemas de peso, operação em regime de máximo desempenho, exigências com relação a características especiais, ou até mesmo critérios estéticos.

O segundo critério procede do *projeto e da produção.* Por razões técnicas e econômicas precisa ser selecionado um escalonamento que, por um lado, seja suficientemente fino para que possa atender os requisitos técnicos (p. ex., eficiência) e, por outro lado, seja suficientemente grosseiro para que possibilite uma produção econômica devido ao maior número de componentes da série, decorrente do enxugamento dos tamanhos.

A definição de um escalonamento ótimo somente poderá ser resolvida por uma consideração integrada do sistema "Mercado - Projeto - Produção - Distribuição". Pressuposto disso são informações úteis a respeito de:

- expectativas da demanda do mercado (distribuição), com relação a cada tamanho produzido;
- comportamento do mercado diante do enxugamento dos tamanhos e lacunas resultantes;
- custos e tempos de produção com escalonamentos diferentes (cf. 12.3.4) e, principalmente, um levantamento preciso de custos de produção variáveis [36]; e
- características dos integrantes de uma série que não são alteradas pela variação do escalonamento.

Uma vez que, pelos motivos mencionados, nem sempre resulta um escalonamento uniforme e ótimo, poderá ser prático subdividir a faixa de tamanhos de uma série em várias faixas com escalonamentos diferentes.

Se, como característica de uma faixa de tamanho, define-se um índice por meio de

$$B = \frac{\text{Maior integrante da faixa}}{\text{Menor integrante da faixa}} = \varphi^n$$

com n número de patamares da faixa e $z = n + 1$ número de integrantes da faixa, obtém-se o escalonamento $\varphi^m = \sqrt{B}$.

Uma faixa pode ser subdividida por um *escalonamento constante* ou *variável*, isto é, pode-se saltar dentro de uma mesma faixa e/ou entre faixas mais grossas e mais finas (R 5 e R 40). Por meio disso, podem ser geradas, p. ex., as características de escalonamentos indicadas na Fig. 10.3.

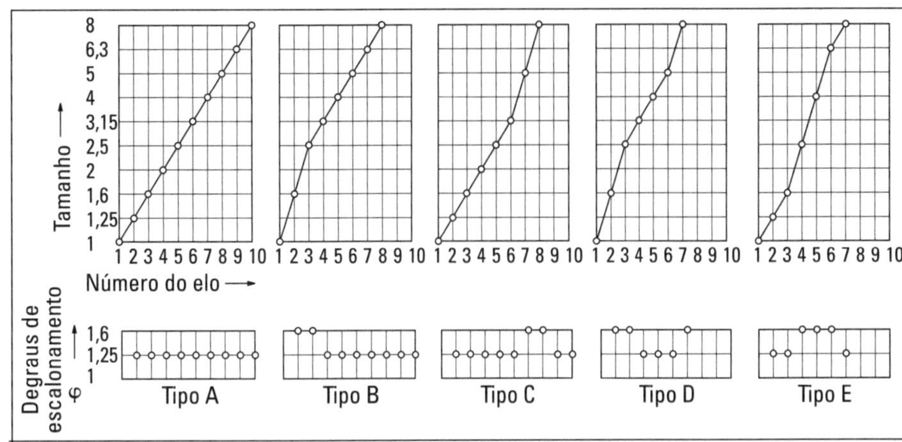

***Figura 10.3** — Diferentes características de escalonamento para séries construtivas. Degraus de escalonamento atribuído correspondentemente.*

Tipo A tem um escalonamento constante (p. ex., $\varphi = 1{,}25$ corresponde a R 10) em toda a extensão da faixa.

Tipo B primeiramente gradua de forma mais grosseira a parte inferior da largura da banda (p. ex., $\varphi = 1{,}6$ que corresponde a R 5) e a parte superior de forma mais justa (p. ex., $\varphi = 1{,}25$ que corresponde a R 10). Essas séries geometricamente decrescentes são empregadas quando for economicamente justificável um escalonamento mais folgado para construções menores, p. ex., por causa de um menor número de unidades.

Tipo C apresenta um escalonamento maior na parte superior da faixa e é empregado quando a freqüência da demanda se concentra em torno de valores menores. Séries segundo o tipo C também são designadas como séries geometricamente crescentes.

O tipo D possui um escalonamento menor na parte média da faixa; uma característica freqüente quando a demanda se situa na faixa média.

Tipo E tem um escalonamento maior. Uma característica que ocorre com pouca freqüência.

Simplificando, pode valer como regra que o escalonamento deve ser tanto mais justo, quanto maior for a demanda e quanto mais precisamente devem ser satisfeitas determinadas características técnicas. Em face da naturalidade de uma série geométrico-decimal, um novo escalonamento pode ser implantado posteriormente, caso haja uma justificativa mercadológica. Influências dessa alteração na produção devem ser consideradas.

Se, por razões econômicas, *sub-faixas* com vários patamares de tamanhos são realizadas com *um escalonamento* único (séries semi-semelhantes, p. ex., dimensões constantes), originam-se segmentos horizontais que conduzem a uma linha em degraus.

No escalonamento deve-se fazer uma distinção entre variáveis dependentes e independentes. A formulação do problema, em geral, determina quais grandezas serão dependentes e quais serão independentes. P. ex., o escalonamento geométrico da potência pode ser incentivado por razões de mercado ou a progressão das dimensões segundo uma série de números normalizados, por razões de tecnologia de produção.

Na Fig. 10.4 as variáveis *dependentes* e *independentes* são lançadas em escala logarítmica. Caso esses números normalizados possuam o mesmo escalonamento, a largura do patamar será constante (cf. Fig. 10.2).

Entretanto, em sistemas técnicos também há inter-relações de funções nas quais não comparece uma função de potências inteiras entre variáveis ou dimensões, dependentes e independentes.

Nesse caso, nem todas as variáveis podem ser escalonadas geometricamente. De acordo com o problema, o projetista precisa decidir, se escalona por números normalizados as variáveis dependentes ou independentes.

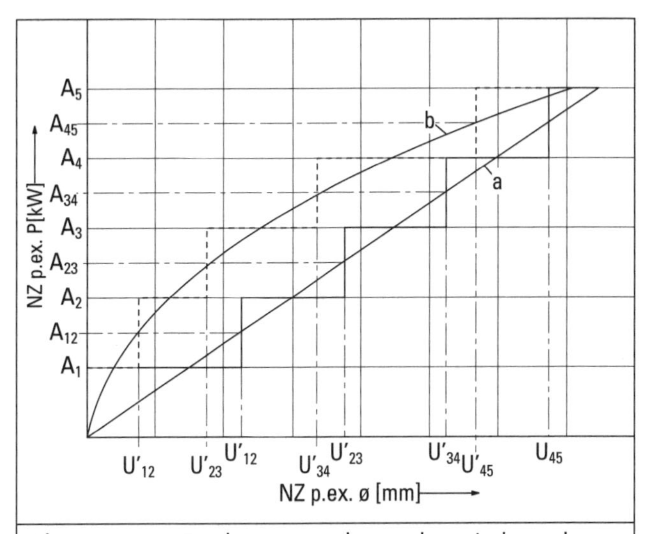

Figura 10.4 — Escalonamento de grandezas independentes (U) e grandezas dependentes (A). Para funções de potências subsiste no diagrama NZ uma relação linear (curva a), para outras funções uma relação não-linear (curva b).

A seguinte situação poderá servir de exemplo: as subfaixas geometricamente escalonadas A_1A_2, A_2A_3, etc. da Fig. 10.4, estão associadas, p. ex., às variáveis U_{12}, U_{23} etc. Praticamente se consegue esta associação substituindo as subfaixas escalonadas geometricamente A_1A_2, A_2A_3, etc., pelas suas médias geométricas $A_{12} = \sqrt{A_1 \cdot A_2}$ e, em seguida, unindo essas médias por um perfil escalonado. Isto é melhor do que defini-las por sentimento. Percebe-se que relações do tipo A novamente produzem um escalonamento geométrico dos patamares, ao passo que relações não lineares segundo a curva B dificultam essa possibilidade (por isso os valores U' não estão escalonados geometricamente). Mais uma vez, o projetista tem de decidir para quais variáveis é apropriado um escalonamento segundo números normalizados.

Desvios de um escalonamento geométrico rigoroso podem ser resultantes, conforme mencionado, de critérios de produção. Exemplos da prática têm demonstrado que pode ser mais econômico projetar um escalonamento aritmético ou até mesmo desigual das dimensões de um componente, para que os semi-acabados de uma série construtiva, em geral não geometricamente escalonada, sejam melhor utilizados ou, para que as instalações de produção possam ser simplificadas (cf. 10.1.5). Se bem que geralmente deva ser buscado um escalonamento segundo séries de números normalizados, o projetista não deveria aplicá-lo a qualquer preço, porém, num caso específico, decidir por meio de uma análise de custos (cf. 12.3.4).

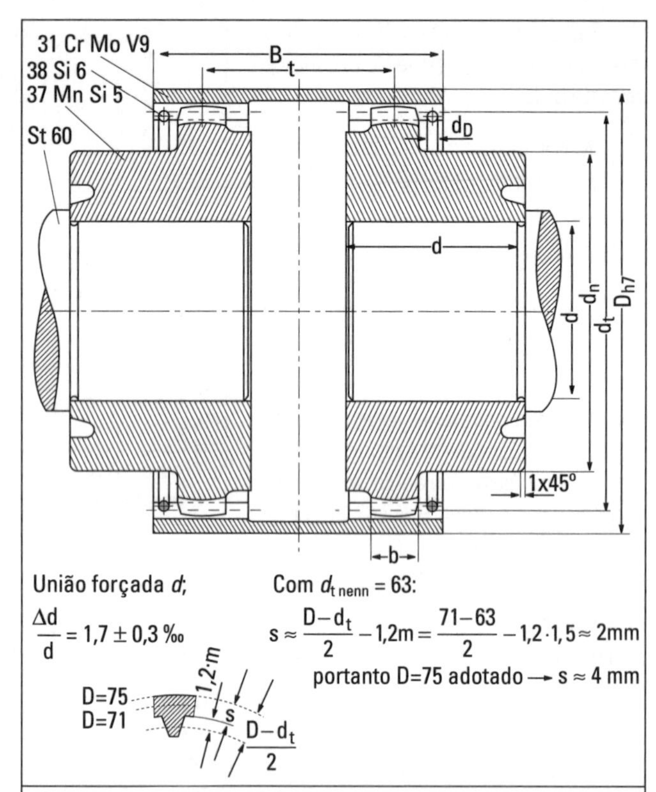

Figura 10.5 — Projeto básico $d_t = 200$ mm de uma série de acoplamentos dentados com indicações do material e dimensões importantes.

10.1.4 Séries geometricamente semelhantes

Pressupõe-se que exista um projeto básico com a escolha do material e os cálculos necessários. É vantajoso que o tamanho nominal desse projeto básico esteja situado aproximadamente na faixa central da série construtiva planejada. O projeto básico recebe o índice 0, o primeiro membro subseqüente da série, o índice 1, o *k-ésimo*, o índice *k*.

Quase todas as inter-relações técnicas podem ser reduzidas à forma geral

$$y = cx^p$$

cuja forma logarítmica é:

$$\log y = \log c + p \log x$$

Todas as inter-relações podem ser representadas por retas num *diagrama de números normalizados* (um diagrama bilogarítmico), em que a declividade da reta corresponde ao expoente p da inter-relação técnica: Fig. 10.2. (Porém, por questões de simplificação, não são lançados os logaritmos, mas os próprios números normalizados e assim dispõe-se de uma ferramenta bastante prática e clara para o desenvolvimento de uma série construtiva, conforme exposto por Berg [7, 9]).

Cada ponto da malha representa um número normalizado, que sempre pode estar situado sobre retas com expoentes inteiros. Se o tamanho nominal x for marcado no eixo das abscissas, o escalonamento será $\varphi_1 = x_1/x_0$. No caso de uma série com dimensões geometricamente semelhantes, esse valor é igual ao escalonamento φ_L. Conhecendo o projeto básico, todos os demais parâmetros como dimensões, conjugados, potências, números de rotações, etc., resultam dos expoentes da conhecida relação física ou técnica (cf. Tab. 10.3) e podem ser plotados como retas com a correspondente declividade (p. ex., $\varphi_G = \varphi_G^3$ portanto com declividade 3:1).

Desse modo, sem muito trabalho de desenho, as dimensões e os dados principais da série construtiva são formados primeiramente sob forma de diagramas, conforme representado nas Figs. 10.5 e 10.6, tendo como exemplo um acoplamento dentado.

Com auxílio desses diagramas, já se tem condições para, partindo do projeto básico, fornecer informações importantes sobre cada membro da série ao departamento de vendas, de compras, de planejamento do trabalho e de produção, sem precisar consultar desenhos gerais ou específicos.

A simples transcrição das dimensões das planilhas ou de outras informações a respeito da produção para os desenhos, que só precisam ser elaborados em caso de necessidade (encomenda), só é possível quando já foram checados os seguintes pontos:

1. *Ajustes e tolerâncias* não são escalonados de forma geometricamente análoga às dimensões nominais, porém a magnitude de uma unidade de tolerância obedece à relação $i = 0{,}45 \cdot \sqrt[3]{D} + 0{,}001\ D$, ou seja, a razão do escalonamento da unidade de tolerância segue basicamente $\varphi_i = \varphi_L^{1/3}$.

Em conseqüência disso, especialmente nas uniões por retração ou pressão, mas também em folgas de mancais condicionadas pela função e similares, as tolerâncias terão de ser ajustadas para garantir os mesmos limites de funções com respeito às deformações elásticas que variam com φ_L, ou seja, dimensões menores condicionam um nível de qualidade mais elevado, dimensões maiores permitem um nível de qualidade inferior (cf. Fig. 10.6).

2. *Restrições tecnológicas* freqüentemente conduzem a transgressões, p. ex., a espessura de uma peça fundida não pode ficar abaixo de um certo limite, determinada espessura não pode ser resgatada por igual. Aqui é necessário proceder a uma verificação para as faixas extremas como, p. ex., na Fig. 10.6 na qual, levando em conta a usinagem dos dentes, a rigidez da luva, do menor tamanho da série, foi melhorada pelo aumento da espessura da parede (de 71 mm para 75 mm). Vale o mesmo para réguas graduadas, castanhas de sujeição, etc.

3. Nem sempre as *normas de ordem superior* estão consistentemente baseadas em números normalizados. Componentes por ela influenciados precisam ser apropriadamente adaptados (cf. Fig. 10.6, definição do módulo do escalonamento).

4. *Normas de similaridade superiores* ou outros requisitos podem forçar um afastamento mais pronunciado da semelhança geométrica. Nesse caso precisam ser desenvolvidas séries construtivas semi-semelhantes (cf. 10.1.5).

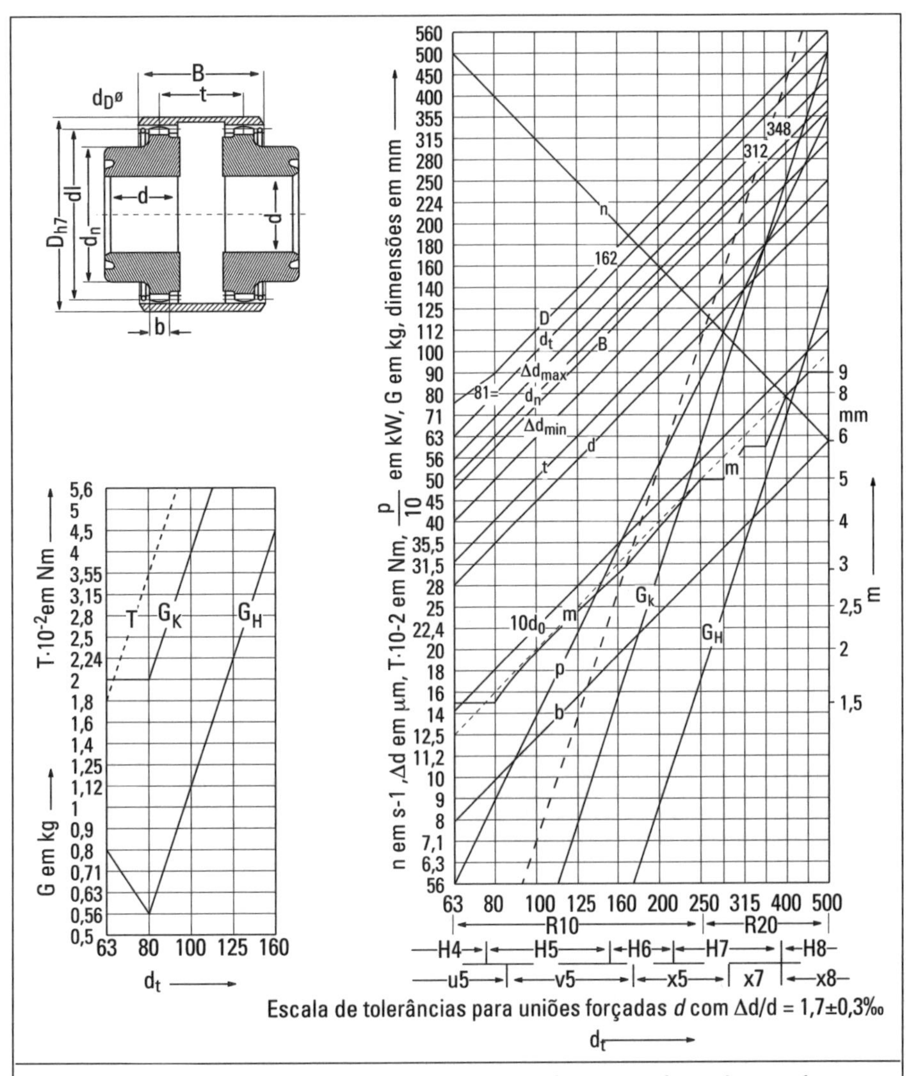

Figura 10.6 — *Planilha de dados da série de acoplamentos dentados em função do diâmetro nominal d segundo projeto básico da fig. 10.5. Dimensões geometricamente semelhantes. Exceções: no menor tamanho, diâmetro externo da luva D por motivos de rigidez, não por módulos escalonados por números normalizados e a necessidade de números de dentes inteiros, pares, razão pela qual alguns diâmetros primitivos foram ligeiramente ajustados. Abaixo do eixo das abscissas, a definição das tolerâncias apropriadas.*

Os desvios, necessários e calculados, em relação a séries geometricamente semelhantes com o mesmo aproveitamento, após uma verificação parcialmente visual das zonas críticas, são lançados numa planilha. A documentação da produção somente é aprontada caso seja necessário. Para uma representação clara e figurada dos constituintes de uma série construtiva, p. ex., em catálogos ou anúncios, têm-se introduzidas as chamadas figuras irradiadas, que antigamente também eram empregadas em desenvolvimentos gráficos [7, 25]. Como exemplo, a Fig. 10.7 mostra uma série construtiva de transmissões. A título de exemplo é reproduzida uma série geométrica de cubos deslizantes que, pela observação de normas superiores visa

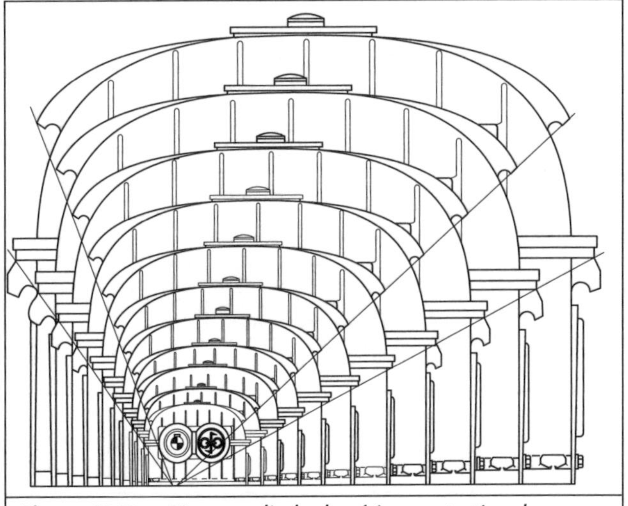

Figura 10.7 — *Figura radiada da série construtiva de uma transmissão [15] (foto de fábrica, firma Flender).*

igual aproveitamento do material. A Fig. 10.8 apresenta o projeto básico. Com o desgaste das lonas, a queda do torque deverá se manter a menor possível.

Isto é realizado por um grande número de molas helicoidais dispostas ao longo do perímetro com uma característica acentuadamente plana. Todos os tamanhos dos cubos deslizantes satisfazem as condições de semelhança expostas na Tab. 10.3: todas as relações de forças permanecem constantes por toda a faixa de tamanhos para as semelhanças geométricas, e o aproveitamento do material mantém-se igualmente elevado. As Figs. 10.9a e b mostram as planilhas desenvolvidas. O desvio perceptível no tamanho B é condicionado pela largura do pinhão definido por uma norma superior (componentes terceirizados), o desvio no componente A pelos pinos rosqueados com espiga, padronizados e também por razões tecnológicas (espessura da parede). As Figs. 10.10a e b mostram o maior e o menor integrante da série.

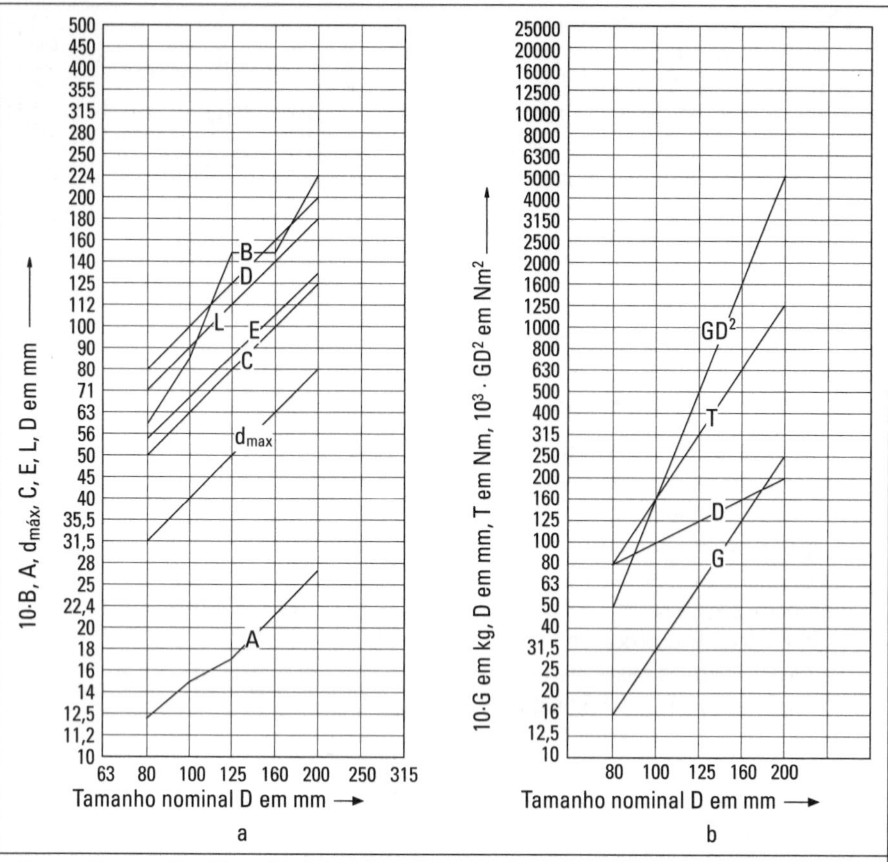

*Figura 10.9 — Planilhas de dados do cubo corrediço da Fig. 10.8. **a** dimensões ajustadas a normas de ordem superior ou peças de terceiros; **b** dados principais: torque T, peso G e momento de inércia GD^2.*

10.1.5 Séries semi-semelhantes

Séries geometricamente semelhantes com escalonamento geométrico-decimal, nem sempre podem ser implementadas. Desvios acentuados da semelhança geométrica podem ser impostos pelas seguintes razões que exigem outras leis de crescimento para uma série construtiva:

- leis superiores de semelhança;
- formulação superior de problemas;
- requisitos superiores de produção de ordem econômica.

Esses casos conduzem ao desenvolvimento de séries semi-semelhantes.

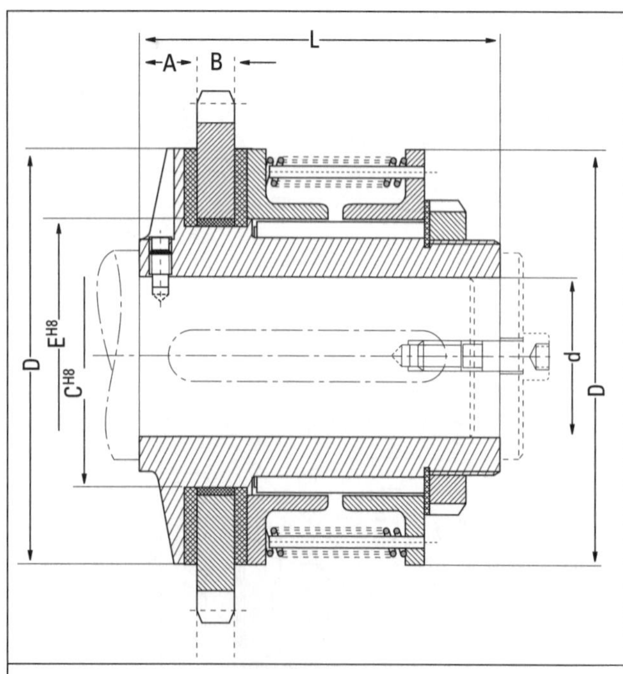

Figura 10.8 — Projeto básico de um cubo corrediço (modelo ringspann KG).

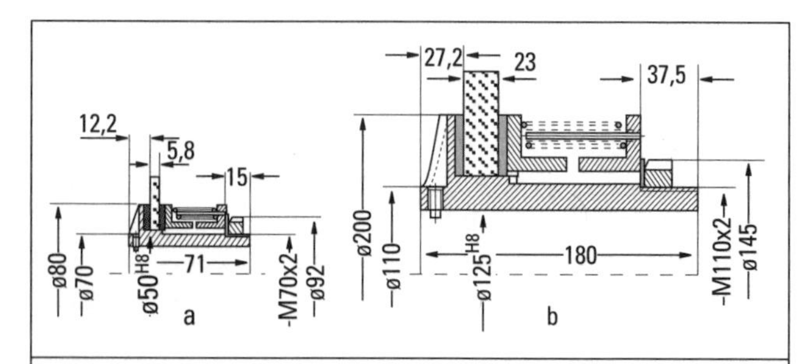

Figura 10.10 — Representação em escala da série construtiva da Fig.10.9 (foto de fábrica, firma Ringspann KG): a do membro menor, b do membro maior.

1. Leis superiores de semelhança

Influência da força da gravidade

Se numa série construtiva atuam simultaneamente forças de inércia, elásticas e gravitacionais e se essas últimas não puderem ser desprezadas, não valem mais as relações deduzidas da condição de Cauchy, pois com velocidade constante, conforme exposto, as forças de inércia e elásticas dependem do escalonamento dos comprimentos com $\varphi_{F_T} = \varphi_{F_E} = \varphi_L^2$, ao passo que a força gravitacional cresce com $\varphi_{F_G} = \rho_1 \cdot g \cdot V_1/(\rho_0 \cdot g \cdot V_0) = \varphi_\rho \cdot \varphi_L^3$ e com $\varphi_\rho = 1$, $\varphi_{F_G} = \varphi_L^3$.

Se, na tab. 10.2 forem considerados os respectivos números característicos, nota-se que, com a invariância de todas as variáveis dependentes do material e da velocidade, resta somente a variável de comprimento e, assim, quando se varia o tamanho, o respectivo número característico não pode se manter constante, ou seja, a relação de forças se altera e, dessa maneira, em seções semelhantes, também se altera a tensão. Portanto, deve ser efetuado um ajuste que se distancie da semelhança geométrica. É o caso, p. ex., na construção de máquinas elétricas e de instalações para transporte.

Influência de processos térmicos

Uma problemática análoga apresenta-se em processos térmicos. A constância da relação de temperaturas φ_ϑ somente é dada na presença de semelhança térmica, indiferente se o fluxo de calor é quase-estacionário ou não-estacionário. O primeiro é descrito pelo número de Biot [20],

$$B_i = \alpha L/\lambda,$$

em que α representa o coeficiente de transmissão de calor e λ a condutibilidade térmica da parede exposta ao calor. Aqui, também é perceptível que, com um coeficiente de transmissão que se mantenha aproximadamente constante (a velocidade é mantida constante) e com a invariância do material, somente sobra o módulo do comprimento que, no entanto, deve variar dentro da série construtiva. Conseqüentemente, o número característico garantidor da semelhança térmica não pode permanecer invariante (cf. [37]). Isso também vale para processos de aquecimento e resfriamento não-estacionários, representados pelo número de Fourier

$$F_0 = \lambda t/(c\,\rho\,L^2)$$

no qual λ é a condutibilidade térmica, c o calor específico e ρ a densidade do material. Para um mesmo material, o tempo t e o comprimento L seriam variáveis. Em se desejando conservar o número de Cauchy, o escalonamento do tempo é igual ao escalonamento do comprimento. Novamente, resta apenas um tamanho para o comprimento, o qual, no entanto, precisa variar dentro da série. Portanto, o número de Fourier somente pode se manter constante, se o escalonamento do tempo for dado pela equação

$$\varphi_t = \varphi_L^2$$

ou seja, se o escalonamento do tempo variar com o quadrado do escalonamento dos comprimentos.

Estes fenômenos são conhecidos. Tensões térmicas oriundas de distribuições de temperaturas variáveis com o tempo aumentam de forma quadrática com o aumento do tamanho da parede, mantidas as demais condições.

Outras relações de semelhança

Se a função de uma máquina ou de um aparelho é determinada por processos físicos não caracterizados por forças elásticas ou de inércia, para análise das semelhanças devem ser usadas as relações físicas determinantes [18, 34, 39, 42].

Num mancal deslizante, p. ex., o regime operacional é descrito pelo número de Sommerfeld

$$S_0 = \bar{p}\psi^2/(\eta\omega).$$

Em uma máquina que normalmente obedece ao número de Cauchy, o escalonamento do número de Sommerfeld fica

$$\varphi_{S_0} = \frac{\bar{p}_1\psi_1^2\eta_0\omega_0}{\bar{p}_0\psi_0^2\eta_1\omega_1} = \varphi_{\bar{p}}\varphi_\psi^2\frac{1}{\varphi_\eta}\frac{1}{\varphi_\omega}.$$

Para forças elásticas $\varphi_{\bar{p}} = 1$, para forças gravitacionais $\varphi_{\bar{p}} = \varphi L$; no restante

$\varphi_\psi = 1$, $\varphi_\omega = 1/\varphi_L$, $\varphi_\eta = 1$ e ϑ = const.

Portanto, $\varphi_{S_0} = \varphi_L$ para forças elásticas e $\varphi_{S_0} = \varphi_L^2$ para forças gravitacionais.

O número de Sommerfeld aumenta com o tamanho da construção, o mancal adota uma crescente excentricidade relativa e a partir de um certo tamanho possivelmente atinge a espessura admissível da película lubrificante.

Um fluido escoa por um tubo em regime laminar. A perda de carga obedece à relação:

$$\Delta p = \lambda\frac{l}{d}\frac{\rho}{2}w^2 = 32\eta\frac{l}{d^2}w,$$

No regime laminar $\lambda = 64/R_e$, $R_e = d\,w\,\rho/\eta$, l comprimento do tubo, d diâmetro de tubo, w velocidade, ρ densidade do fluido, η viscosidade dinâmica do fluido.

Com η constante e φ_L igual ao escalonamento do comprimento, o escalonamento da perda de carga fica

$$\varphi_{\Delta p} = \varphi_W/\varphi_L.$$

Se, p. ex., a perda de carga deve permanecer constante, a velocidade no tubo deverá aumentar junto com o tamanho do tubo. Isto, por sua vez, poderia levar a um crescimento do número de Reynolds em que poderia ser atingida a zona de transição para o regime turbulento, na qual as relações acima perderiam sua validade.

O emprego de motores elétricos de corrente alternada que, dependendo do número de pólos, só possuem rotações grosseiramente variáveis, não permite, em uma série de máquinas com um escalonamento fino (p. ex., bombas) manter a velocidade constante, de acordo com o número de Cauchy.

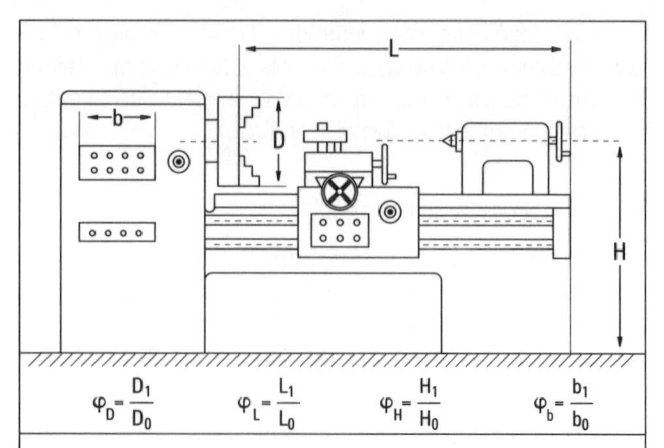

Figura 10.11 *— Torno com representação esquemática das principais dimensões e elementos de operação: requisitos quanto às relações diâmetro/comprimento/altura modificam-se de acordo com o conjunto a ser produzido, portanto* $\varphi_D \neq \varphi_L \neq \varphi_H$*, porém se possível com* $\varphi_H = \varphi_b = 1$*, por razões ergonômicas.*

As conseqüências são solicitações diferentes, outros valores da potência ou uma série semi-semelhante, apropriadamente ajustados.

2. Formulação de tarefas superordenadas

Não só outras leis de semelhança podem forçar uma série semi-semelhante, mas também uma colocação superordenada de tarefas. Isto acontece quando as tarefas contiverem condicionantes incompatíveis com as leis fisicas de semelhança. Muitas vezes essa situação resulta da interação entre o homem e a máquina.

Todas as peças com as quais o homem entra em contato no seu trabalho precisam satisfazer as condicionantes fisiológicas e dimensões corporais do homem, p. ex., os órgãos de controle, manivelas, áreas para sentar e ficar de pé, painéis de monitoramento e instalações de proteção. Em geral, não podem variar de acordo com os tamanhos nominais de uma série construtiva.

A formulação superior de uma tarefa, também pode aparecer em decorrência de condicionantes puramente técnicas, nas quais os produtos de entrada e de saída não possuem dimensões geometricamente semelhantes, p. ex., produtos em chapas, produtos de papel e impressos em geral.

A Fig. 10.11 mostra um torno. Nele ocorrem os dois casos. Os órgãos de comando manuseados pelo homem somente variam condicionalmente com o tamanho do torno, outros conservam seu tamanho. A altura de trabalho deve permanecer ajustada ao homem. Ao mesmo tempo também há domínios de aplicação com um comprimento de torneamento especialmente longo em comparação com o diâmetro a ser torneado. O inverso também é concebível, ou seja, um diâmetro grande com pequeno comprimento. Nesses casos, a máquina completa sempre deverá ser concebida de forma semi-semelhante, ao passo que subconjuntos específicos, como fuso de acionamento, contraponta, etc, são desenvolvidos em séries geometricamente semelhantes que, combinadas de forma modular com a estrutura de suporte, constituem o torno.

3. Exigências superiores da produção econômica

Com o desenvolvimento de uma série construtiva já se busca uma elevada viabilidade econômica. Na própria série construtiva, principalmente se tiver de ser escalonada finamente, componentes específicos e subconjuntos mais grosseiramente escalonados poderão resultar numa maior quantidade de peças e, dessa forma, contribuir para uma produção mais econômica.

Se as áreas que circundam esses componentes e subconjuntos e, naturalmente, a função o permitirem, pode-se, numa série construtiva escalonada finamente, escalonar de forma mais grosseira essas áreas. Assim, obtêm-se para essas interfaces séries construtivas semi-semelhantes.

Na Fig. 10.12 está representada uma planilha de uma série de turbinas, em princípio especificada geometricamente semelhante, da qual está prevista a produção de sete tipos. Gaxetas e pinos, no entanto, são escalonados de forma mais grosseira, com o que é alcançada uma maior quantidade por elemento e ano, fazendo prever uma produção mais econômica. A Fig. 10.13 mostra o aumento da quantidade de componentes para um suposto prognóstico de vendas.

Desses exemplos conclui-se que nem sempre é necessário restringir-se a uma série construtiva geometricamente semelhante. Do contrário, pela consideração do processo físico e outros requisitos deve-se, com auxílio das leis de semelhança, derivar escalonamentos que determinem dimensões e outras características. Com esse propósito, em certas circunstâncias, não é mais possível assegurar um aproveitamento igualmente elevado da resistência. Mas será fixado para toda a série construtiva o tamanho que no total determina o aproveitamento máximo.

Dependendo do efeito físico, o tamanho poderá mudar ao longo da faixa de escalonamento. O respectivo ajuste pode ser efetuado muito apropriadamente com auxílio de equações exponenciais, o que será esclarecido em seguida.

4. Ajuste com ajuda de equações exponenciais

As denominadas equações exponenciais são uma ferramenta simples para considerar as condições esclarecidas em 10.1.5, itens 1. a 3., como sendo relações de semelhança, e por meio dessas relações, desenvolver uma série semi-semelhante.

Conforme já exposto, todas as relações técnicas se apresentam sob forma de funções de potências. Para a lei de crescimento partindo do projeto básico utilizando o diagrama de números normalizados, só o expoente é importante.

A relação técnica para *k-ésimo* integrante da série construtiva freqüentemente tem a forma

$$y_k = c_k x_k^{p_x} x_k^{p_z}$$

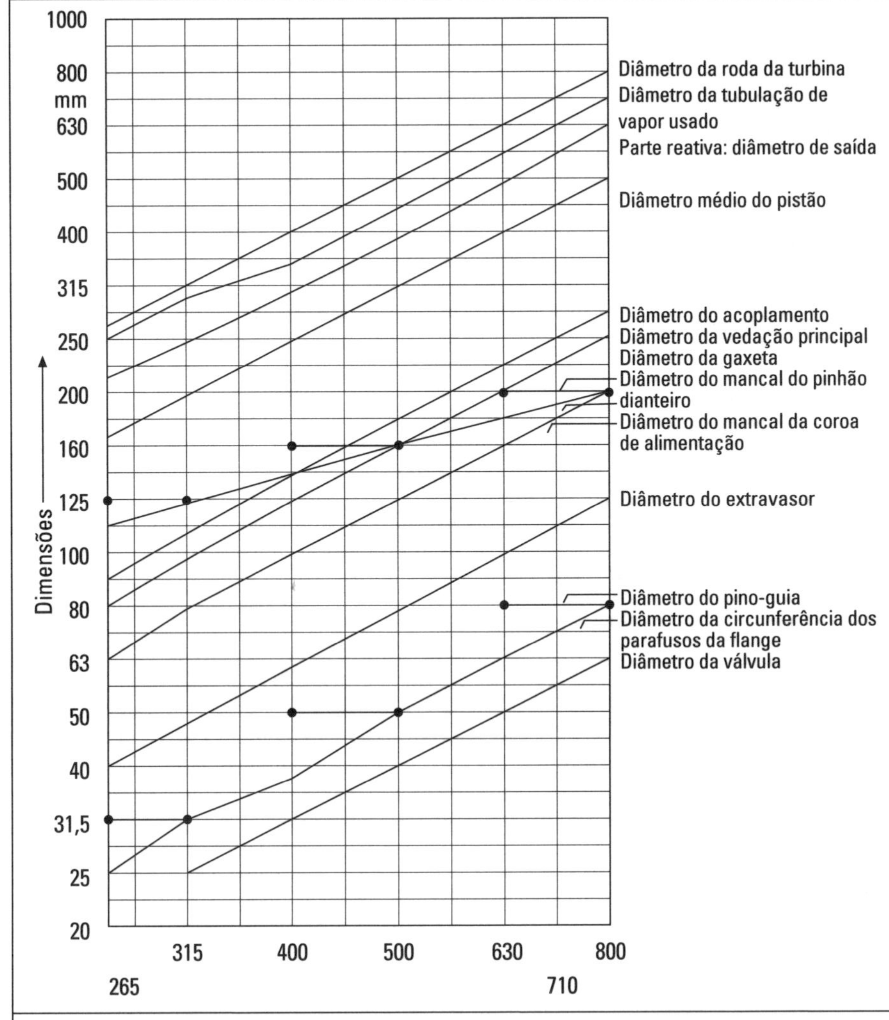

Figura 10.12 *— Planilha de dados de uma série de turbinas: dimensões principais desenvolvidas segundo séries geometricamente semelhantes. Divergências são condicionadas por normas, gaxetas e pinos fixos têm um escalonamento maior e com o mesmo tamanho cobrem vários tamanhos de turbinas.*

A variável dependente y e as variáveis independentes x e z, partindo de um projeto básico (índice 0), sempre podem ser expressas por números normalizados:

$$y_k = y_0\varphi_L^{y_ek}; \quad x_k = x_0\varphi_L^{x_ek}; \quad z_k = z_0\varphi_L^{z_ek};$$

aqui, φL é um escalonamento da dimensão da série construtiva selecionada, considerada como medida nominal, y_0, x_0, z_0, correspondentes aos valores do projeto básico; k é o k-*ésimo* patamar, y_e, x_e, z_e, do correspondente expoente do escalonamento.

Como c_k é uma constante, tem-se para todos os integrantes $c_k = c$:

$$y_k = y_0\varphi_L^{y_ek} = c(x_0\varphi_L^{x_ek})^{p_x}(z_0\varphi_L^{z_ek})^{p_z}$$

$$y_k = cx_0^{p_x}z_0^{p_z} \cdot \varphi_L^{(x_ekp_x + z_ekp_z)}.$$

com $y_0 = cx_0^{p_x}z_0^{p_z}$ teremos

$$y_0\varphi_L^{y_ek} = y_0\varphi_L^{(x_ekp_x + z_ekp_z)}.$$

Por comparação dos expoentes, obtém-se, independentemente de k:

$$y_e = x_ep_x + x_ep_z.$$

Aqui, y_e, x_e e z_e são expoentes do escalonamento a serem prefixados ou calculados e p_x e p_z, os expoentes físicos e conhecidos de x e de z. Agora tem-se que determinar o expoente y_e em função de x_e e z_e.

Um exemplo esclarece melhor o manuseio e a aplicação: para uma série construtiva geometricamente semelhante de válvulas de gaveta, deve ser projetado um suporte termo-elástico flexível de uma tubulação: Fig. 10.14. Deverão ser satisfeitas as seguintes condicionantes:

Prognóstico de vendas

Tipo	265	310	400	500	630	710	800
Quantidade	6	9	9	6	3	2	1

3 pinos-guia por turbina

Tamanho	ø 25	ø 31,5	ø 40	ø 50	ø 63	ø 71	ø 80
Quantidade	18	27	27	18	9	6	3

Compilados por

Tamanho	ø 31,5	ø 50	ø 80
Quantidade	45	45	18

Figura 10.13 *— Prognóstico de vendas para a série de turbinas segundo Fig. 10.12 e repectivos pinos-guia. Em conseqüência de um maior escalonamento, resulta um maior número de pinos-guia do mesmo tamanho.*

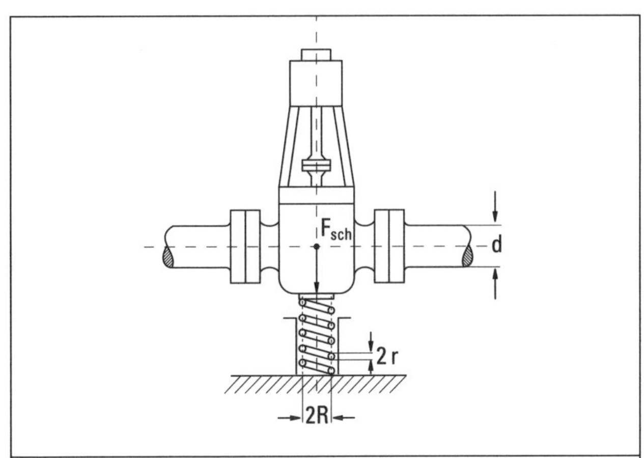

Figura 10.14 *— Tubulação com registro de gaveta apoiado termoelasticamente por mola helicoidal.*

a) A tensão na mola provocada pelo peso da gaveta deverá ser igual por toda a série;

b) A rigidez da mola deverá crescer na mesma proporção que a rigidez à flexão dos tubos;

c) O diâmetro médio da mola 2 R deverá variar de forma geometricamente semelhante com o tamanho da gaveta de acordo com a medida nominal do tubo d.

Que lei devem seguir os diâmetros dos arames das molas 2 r e o número de espiras da mola i_F?

Primeiramente são elaboradas as relações determinantes e em seguida derivam-se delas as equações exponenciais correspondentes (índice indica que se trata apenas do expoente do respectivo tamanho):

$$F_{Sch} = Cd^3, \quad (1)$$

$$F_{Sch_e} = 3d_e, \quad (1')$$

$$\tau_F = \frac{F_{Sch} \cdot R}{r^3 \pi / 2}, \quad (2)$$

$$\tau_{F_e} = F_{Sch_e} + R_e - 3r_e = 0, \quad (2')$$

$$c_F = \frac{Gr^4}{4 i_F R^3}, \quad (3)$$

$$c_{F_e} = 4r_e - i_{F_e} - 3R_e. \quad (3')$$

A variável independente é d.

Uma vez que a tensão na mola deverá se manter constante, o escalonamento é $\varphi_t = 1$ e o expoente do escalonamento de τ_F é $\tau_{F_e} = 0$. A rigidez da mola deverá corresponder à rigidez à flexão do tubo. Essa decorre da Tab. 10.3 com $\varphi_c = \varphi_L$. Uma vez que a dimensão de referência d da válvula de gaveta cresce geometricamente, tem-se que $\varphi_{c_F} = \varphi_d$ e, assim, o expoente do escalonamento de c_F é

$$c_{F_e} = d_e, \quad 4'$$

A carga que atua na mola é igual ao peso da gaveta F_{sch}, e o escalonamento do peso depende da variável de referência d, com $\varphi_{FSch} = \varphi_d^3$. Portanto, o expoente de F_{sch} em relação a d é

$$F_{Sch_e} = 3d_e. \quad 5'$$

O diâmetro médio da mola deverá crescer de modo geometricamente semelhante, logo: $\varphi_R = \varphi_d$ ou

$$R_e = d_e. \quad 6'$$

Substituindo as equações (5') e (6') na equação (2'), resulta

$$3d_e + d_e - 3r_e = 0$$

ou

$$r_e = (4/3)d_e \quad 7'$$

Substituindo equações (4'), (6') e (7') na equação (3'), resulta

$$4r_e - i_{F_e} - 3r_e = d_e$$

$$i_{F_e} = 4r_e - 3d_e - d_e = 4(4/3)d_e - 3d_e - d_e = (4/3)d_e \quad (8')$$

Resultado:

O diâmetro do fio da mola $2r$ e o número de espiras da mola crescem em função do diâmetro d com o expoente 4/3.

Portanto, o escalonamento é:

$$\varphi_r = \varphi_{i_F} = \varphi_d^{4/3}.$$

O gráfico de variáveis específicas está qualitativamente representado na planilha da Fig. 10.15.

5. Exemplos

Exemplo 1

Uma série construtiva de bombas de engrenagens de alta pressão deverá, com seis tamanhos, cobrir uma faixa de vazões de 1,6 a 250 cm^3/ rotação com uma pressão de serviço máxima de 200 bar e um acionamento com número cons-

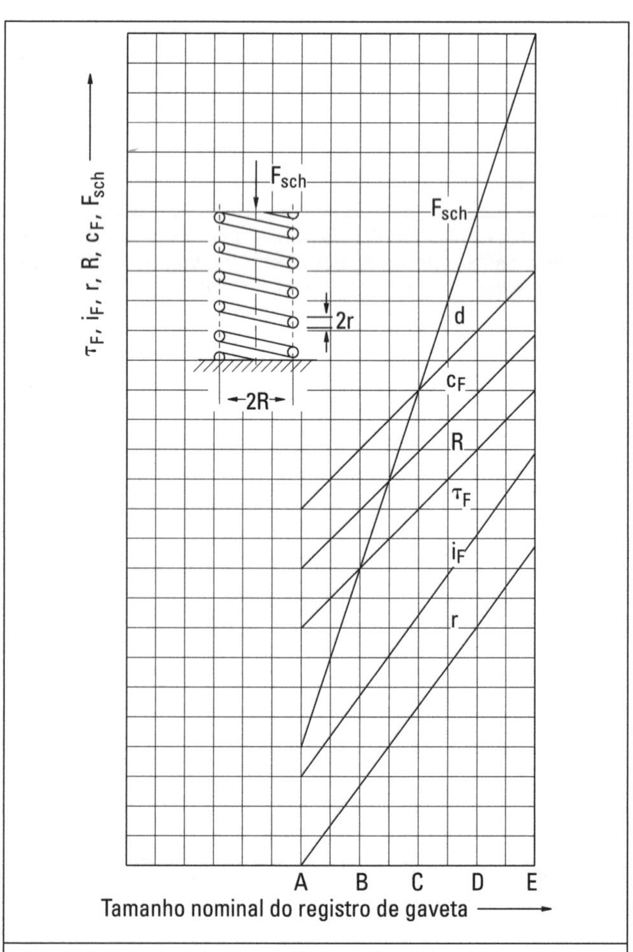

Figura 10.15 — *Folha de dados para molas helicoidais semi-semelhantes, segundo Fig. 10.14. Comentários, vide texto.*

tante de 1.500 rotações/minuto. Num diagrama de números normalizados (planilha) para os seis tamanhos de construção foram compilados na Fig. 10.16 os valores prefixados para as vazões de transporte, os diâmetros primitivos das engrenagens, bem como as larguras das engrenagens. Podem ocorrer as seguintes situações:

- Os diâmetros primitivos d_0 dos tamanhos projetados (para cada tamanho um diâmetro constante) escalonados segundo a série normalizada R 10 com escalonamento $\varphi_{d_0} = 1{,}25$, com leve afastamento dos valores dos números normalizados, são conseqüência do número inteiro e constante de dentes e de módulos m, pouco divergentes dos valores padronizados da série R 10.

- O volume transportado por rotação, que resulta da geometria dos dentes é

  $V = 2\pi\, d_0\, mb$ (b largura das engrenagens).

  Existindo semelhança geométrica, o volume transportado cresce de um tamanho a outro pelo valor

  $$\varphi_V = \varphi_{d_0}\, \varphi_m\, \varphi_b = \varphi_L^3 = 1{,}25^3 = 2,$$

  ou seja, a descarga duplica (Fig. 10.16) de um tamanho para o tamanho seguinte. A potência da bomba $P = \Delta p\dot{V}$ resulta com o escalonamento

  $$\varphi_P = \varphi_{\Delta p}\, (\varphi_V/\varphi_t)$$

  com $\varphi_{\Delta p} = 1$ e $\varphi_t = 1$ em

  $$\varphi_P = \varphi_V = 2.$$

  Em conseqüência da rotação constante, o torque se escalona correspondentemente.

- Para cada tamanho, ou melhor, para cada diâmetro da engrenagem d_0, foram projetadas seis larguras de engrenagens b, e para o tamanho menor até mesmo oito, a fim de conseguir um escalonamento mais fino das vazões. Isto significa que para cada tamanho da construção (subfaixa), as descargas geométricas $V = 2\,\pi\, d_0\, m\, b$ crescem com um escalonamento de $\varphi_{Vb} = \varphi_b = 1.25$ devido ao fato de d e m serem constantes e também em função do escalonamento adotado para as larguras das engrenagens $\varphi_b = 1.25$ (R 10). Mediante emprego de relações conhecidas o escalonamento dentro de um mesmo tamanho (subfaixa) remonta a

  $$\varphi_{P_e} = \varphi_{V_b} = \varphi_b = 1.25$$

- A fim de controlar, para um mesmo diâmetro do eixo, as solicitações mecânicas decorrentes de torques crescentes e de momentos fletores crescentes com a largura das engrenagens, os últimos três integrantes de cada tamanho com as maiores larguras são escalonados para baixo pela compressão admissível. Portanto, por causa de critérios de produção econômicos superiores (iguais diâmetros de eixos, mesmos mancais), os primeiros dois integrantes com as menores larguras de cada tamanho de construção não são integralmente aproveitados do ponto de vista da resistência. Para os últimos três membros é prevista a adequação da carga através de redução da compressão.

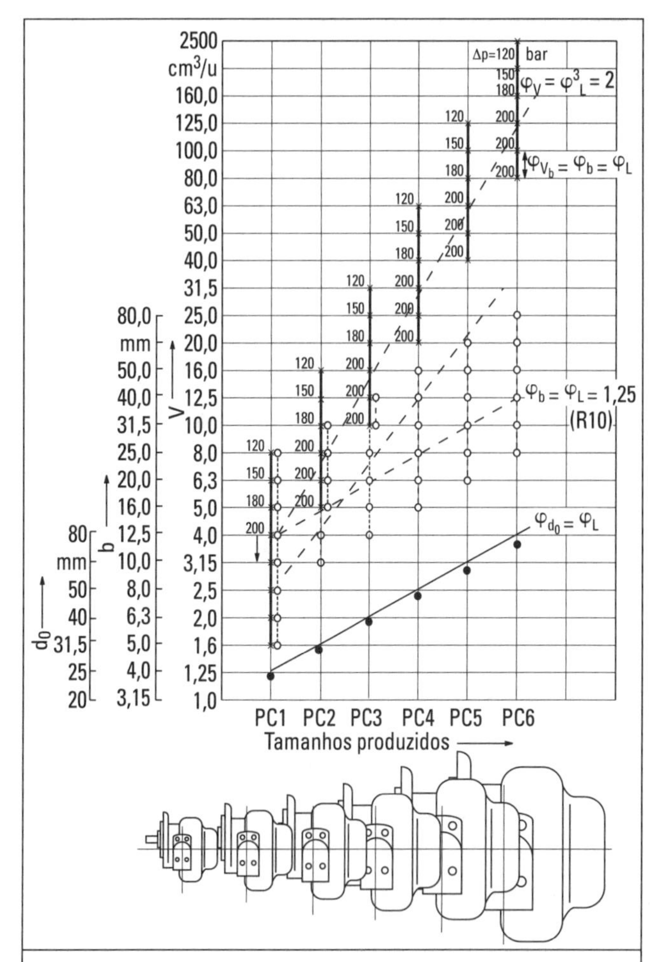

Figura 10.16 — Folha de dados de uma série construtiva de bombas de engrenagens de alta pressão. V volume geométrico transportado por rotação, b largura da engrenagem, d_0 diâmetro primitivo das engrenagens (indicações do fabricante, firma Reichert, Hof).

Os volumes de vazão de cada tamanho se sobrepõem por três tamanhos. Por isso uma série completa de 200 bar está disponível para toda a gama de vazões.

Portanto, a atual série foi concebida como série semi-semelhante com poucos tamanhos de carcaças e vários patamares de larguras de engrenagens por carcaça (tamanho de construção) para que, com a mesma rotação de acionamento e igual pressão em toda a faixa ("formulação superior do problema") bem como um constante tamanho de dente, um diâmetro constante das engrenagens e dos eixos para cada tamanho de carcaça (exigência econômica superior da produção) possibilite realizar uma faixa de vazões mais ampla possível.

Exemplo 2

Na Fig. 10.17 foram reunidas num diagrama de números normalizados (planilha) para uma série de motores elétricos, as potências P de motores com diferente número de pólos

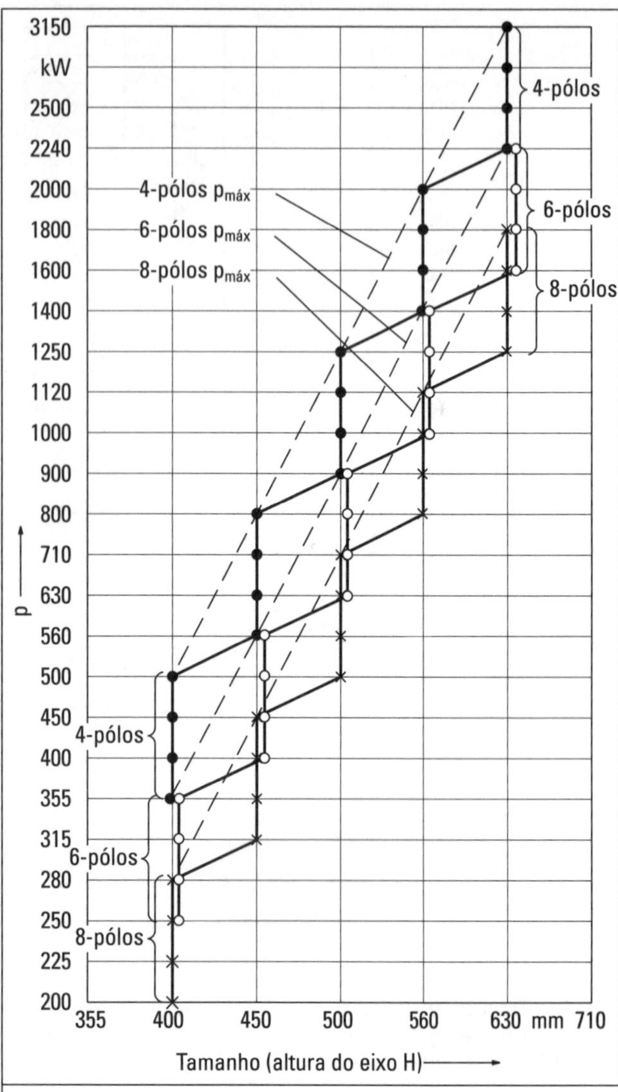

Figura 10.17 *— Folha de dados com indicações das potências para uma série de motores elétricos (indicações da firma AEG-Telefunken) [1].*

(rotação) em função do tamanho (altura do eixo H, padronizada).

Nota-se o rigoroso escalonamento das alturas dos eixos pela série normalizada R 20 com escalonamento φ = 1,12. A potência de um motor elétrico, de acordo com a relação $P \sim \omega\, G\, B\, b\, h\, t\, D$ com velocidade angular ω, densidade de corrente G e indução magnética constantes, é proporcional às dimensões dos condutores b, h, t bem como à distância $D/2$ dos condutores ao eixo.

Com isso, o escalonamento da potência resulta igual a

$$\varphi_P = \varphi_L^4 = 1{,}12^4 = 1{,}6\ (R5)$$

Numa máquina de quatro pólos (1.500 min^{-1}) a amplitude da faixa de potência vai de 500 a 3.150 kW.

Os motores de seis e oito pólos que giram mais lentamente precisam ser reescalonados em função da dependência da potência da rotação, das novas dimensões para os condutores, de um maior diâmetro do rotor, bem como de uma dissipação modificada das perdas por ventilação própria, a saber, a versão com seis pólos com mais três patamares (355 até 2.240 kW) e a versão de oito pólos com mais dois patamares (280 a 1.800 kW).

Para um escalonamento mais fino da potência, tendo em vista o mercado e simultaneamente para atendimento de "exigências superiores de ordem econômica da produção" são sempre projetadas quatro potências para uma mesma altura do eixo, de modo que a curva de potência é retratada por um perfil de escada. Potência menor é obtida através da montagem de componentes eletricamente ativos em pacotes de chapas com comprimentos proporcionalmente menores numa carcaça não modificada para potências maiores. Ao contrário do exemplo, as subfaixas com mesmo número de pólos não se sobrepõem, se bem que, em outros desenvolvimentos de motores, isto seja utilizado para conservar determinadas características, p. ex., eficiência.

A Fig. 10.18 mostra os tamanhos das carcaças soldadas dessa série de motores por meio de uma representação bastante simplificada. Para algumas dimensões importantes, os tamanhos escalonados construídos estão reunidos na planilha da Fig. 10.19. Nota-se inicialmente o rigoroso escalonamento do eixo H, da altura da carcaça HC e das distâncias A e B dos chumbadores com $\varphi_L = \varphi_H = 1{,}12$, em que os valores de H, HC e B seguem a série R 20, assim como A e DB seguem uma série com o mesmo escalonamento da série R 20, porém com defasagem dos seus integrantes. Observe-se que nesta série

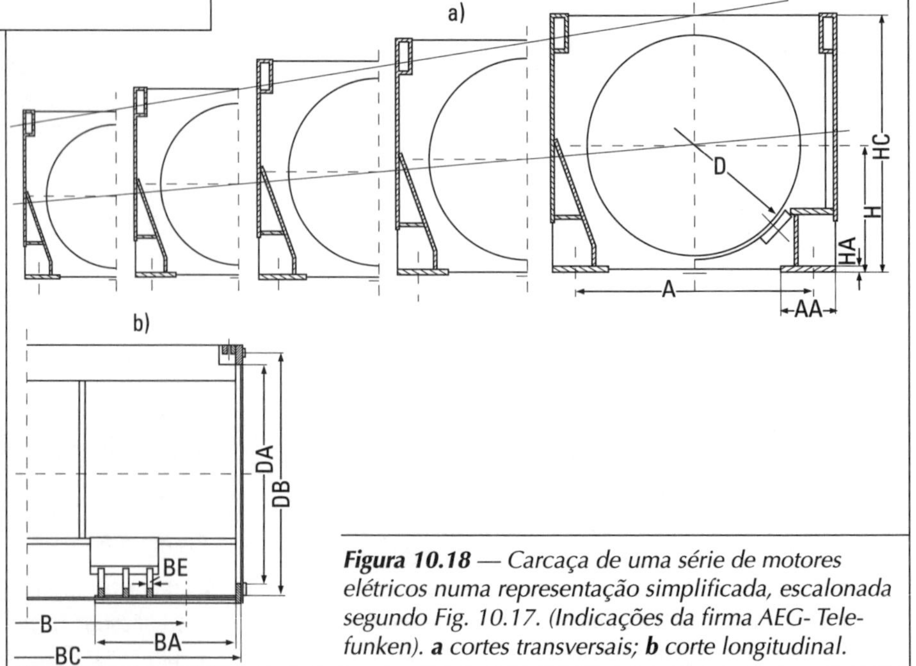

Figura 10.18 *— Carcaça de uma série de motores elétricos numa representação simplificada, escalonada segundo Fig. 10.17. (Indicações da firma AEG- Telefunken).* ***a*** *cortes transversais;* ***b*** *corte longitudinal.*

construtiva, foi projetada uma carcaça única com comprimento *BC*; ao contrário do exemplo 1, para as quatro potências com a mesma altura do eixo, conforme Fig. 10.18.

Por razões de racionalização da produção os patamares necessários ou os comprimentos crescentes dos componentes eletricamente ativos (pacote de chapas e enrolamentos) para os patamares necessários de potência são sempre montados na mesma carcaça soldada, que assim deixa de ser inteiramente aproveitada nas potências menores. Esta versão, cuja finalidade é a redução do número de carcaças, é possibilitada pelo projeto, pelo fato de os componentes eletricamente ativos serem encaixados e parafusados dentro da respectiva carcaça. Deste modo, resulta uma produção de carcaças, racional e separada. Caso não seja prevista a separação da carcaça e dos componentes ativos de forma modular, uma especificação desse tipo sem a vantagem da produção da carcaça para estoque seria antieconômica. Assim, seria mais conveniente produzir vários comprimentos de carcaças para cada altura de eixo. Essa série construtiva está descrita em [30].

Por causa das "leis superiores de semelhança" do lado elétrico (p. ex., para a especificação da extremidade de enrolamento), o escalonamento dos comprimentos das carcaças φ_{BC} por toda a gama das alturas do eixo não pode ser mantido constante. Na Fig. 10.19 percebe-se o escalonamento progressivo de BC com a altura do eixo, que só se aproxima da série R20 para os dois últimos integrantes da faixa das alturas dos eixos.

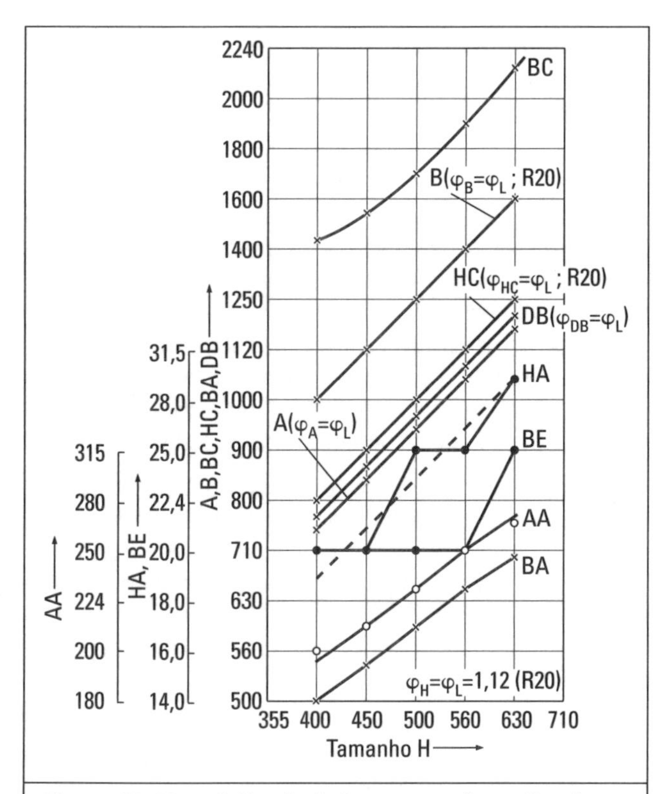

Figura 10.19 *— Folha de dados com as dimensões das carcaças de uma série de motores elétricos, segundo Fig. 10.17 (designações de acordo com a Fig. 10.18).*

Ainda deverão ser analisadas as dimensões de alguns detalhes do projeto da carcaça. As dimensões *AA* e *AB* das placas de apoio foram escalonadas por um valor que se situa entre os valores dos escalonamentos das séries R20 e R40. Isso ocorreu com vistas à economia de material, respeitando as dimensões mínimas necessárias para montagem dos chumbadores. A espessura da placa de apoio *HA* foi escalonada em conformidade com as dimensões econômicas dos semi-acabados; porém, na sua tendência, segue a série R 20. Para as nervuras de apoio entre a placa-base e o apoio dos pacotes de chapas, é prevista espessura *BE*, igual para os quatro tamanhos de carcaça; apenas para o tamanho máximo da carcaça, as nervuras precisam ser reforçadas por razões de resistência.

Em conseqüência de leis de semelhança superiores, de uma formulação superior de tarefas, bem como de critérios econômicos de produção, para dimensões e características específicas, podem ser necessários ou convenientes escalonamentos que divergem das leis que conduzem à semelhança geométrica. Porém, de qualquer maneira o projetista deveria se esforçar em conceber séries construtivas por meio de leis de semelhança apropriadas e por meio de séries normalizadas, a fim de poder julgar melhor as conseqüências de exigências da listas de requisitos e/ou de critérios econômicos aplicados à produção.

10.1.6 Desenvolvimento de séries construtivas

O procedimento para desenvolver uma série construtiva pode ser resumido da seguinte forma:

1. Elaborar um esboço básico gerado na esteira de uma série projetada ou derivado de um produto já existente.
2. Definir relações físicas (expoentes) por meio de leis de semelhança mediante utilização da tab. 10.3 para séries construtivas, em princípio geometricamente semelhantes, ou com auxílio de equações exponenciais para séries semi-semelhantes, quando subsistirem condicionantes superiores apropriadas. Apresentar resultados em diagramas de números normalizados sob forma de planilhas.
3. Definir escalonamentos e campos de aplicação nas planilhas.
4. Ajustar uma série concebida teoricamente a normas superiores ou condicionantes tecnológicas, indicando os desvios nas planilhas.
5. Verificar a série, por elaboração de esboços em escala de: subconjuntos ou zonas críticas dos tamanhos extremos (máximo ou mínimo).
6. Corrigir e complementar a documentação, desde que seja fundamental para a definição da série e para a elaboração da documentação necessária para produção.

Pode acontecer que a necessidade de uma série geometricamente semi-semelhante não possa ser inferida da lista de

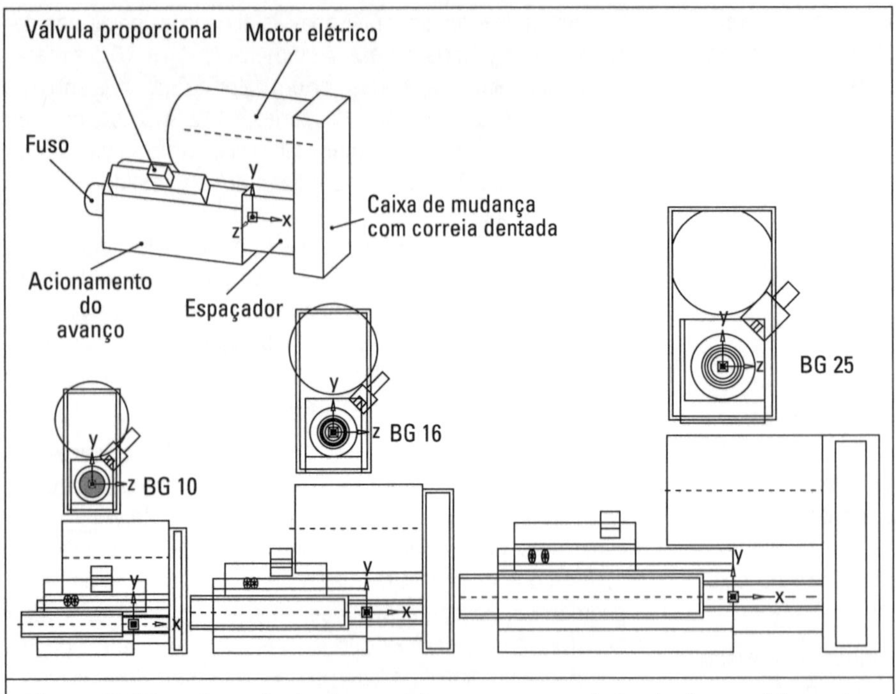

Figura 10.20 — *Exemplo do desenvolvimento computadorizado de um série semi-semelhante de unidades de avanço hidropneumáticas, segundo [26, 38].*

requisitos ou de um primeiro exame das inter-relações físicas e, por isso, somente revelar-se no curso do desenvolvimento. Conforme exposto em 10.1.5, no desenvolvimento de séries semi-semelhantes, com auxílio de equações exponenciais, devem ser determinadas as leis de crescimento ou as dimensões de cada integrante. Em aplicações complexas o número de parâmetros participantes é relativamente elevado e o número de equações a serem solucionadas é proporcionalmente elevado. Conseqüentemente, a transparência é diminuída. Por causa disso, Kloberdanz [26] apontou para um *desenvolvimento computadorizado de séries construtivas*, em que, uma vez formuladas as relações físicas envolvidas e introduzidas as condicionantes, o programa determina automaticamente as leis de crescimento e apresenta as respectivas curvas das dimensões dependentes em função do tamanho nominal independente selecionado, num diagrama de números normalizados. Já os diagramas calculados com um PC podem ser ajustados interativamente às outras condicionantes, p. ex., normas de fábrica, listas de estoque e afins.

Com ajuda de macros parametrizáveis, as leis de crescimento assim obtidas constituem o princípio para geração automática da geometria dos projetos sucedâneos de uma série semi-semelhante (cf. Fig. 10.20). Para uma análise conceitual, esses projetos podem ser impressos como *layout* preliminar. O projeto detalhado somente é gerado após definição dos destaques apropriados dos macros de componentes específicos [26, 38].

10.2 ■ Produtos modulares

O conjunto de prescrições a serem observadas e as possibilidades construtivas que se oferecem ao desenvolver uma série foram expostas em 10.1. No desenvolvimento de um produto, uma série construtiva constitui um princípio de racionalização, onde uma mesma função, com um mesmo conceito, e, na medida do possível, mesmas características, deve ser atendida para uma ampla faixa de tamanhos.

Sistemas modulares oferecem possibilidades de racionalização para outras situações. Se o programa de um produto prevê o atendimento de diversas funções, isto acarreta uma multiplicidade de produtos para um projeto específico, o que se traduz num custo relativamente elevado do projeto e da produção. A racionalização consiste em que a variante exigida seja constituída por uma combinação de componentes e / ou subconjuntos específicos (blocos de função). Essa combinação é realizada aplicando o princípio modular.

Por produto modular entendem-se máquinas, subconjuntos e componentes específicos que:

- satisfazem diferentes funções globais;
- como blocos, freqüentemente com soluções diferentes e através de combinações.

Através de várias escalas de tamanhos destes blocos, os módulos freqüentemente compreendem séries. Na medida do possível, os blocos deveriam ser produzidos utilizando uma mesma tecnologia. Uma vez que num sistema modular, a função global resulta da combinação de blocos discretos da função, para o desenvolvimento de um sistema modular precisa ser elaborada a respectiva estrutura da função. Com isso, a fase conceitual e a fase do *layout* são influenciadas muito mais intensamente do que no desenvolvimento de uma série.

Do ponto de vista técnico e econômico, um sistema modular sempre se apresentará como vantajoso em comparação com soluções específicas, desde que todas as variantes ou variantes específicas do programa de um produto somente forem produzidas em quantidades pequenas e quando se consegue cobrir a faixa exigida com um único ou com poucos blocos básicos e auxiliares.

Além de atender a diversas funções, sistemas modulares também servem para aumentar o tamanho dos lotes de peças repetitivas, ao possibilitarem a utilização dos mesmos blocos em diferentes produtos. Esse objetivo, especialmente válido para a racionalização da produção, é alcançado pela elementarização em blocos de componentes específicos do produto, p. ex., conforme esclarecido para a construção diferencial em 7.5.8. Qual das duas metas deverá figurar em primeiro plano, dependerá principalmente do produto e das tarefas a serem atendidas. No caso de um amplo espectro da função global, é sobretudo importante efetuar uma subdivisão em blocos, orientada por função; quando o número de variantes da função global for pequeno, é importante uma subdivisão em blocos, orientada por produção.

Freqüentemente, o desenvolvimento de um sistema modular somente ocorre quando, com o decorrer do tempo, do programa de um produto inicialmente desenvolvido para uma construção específica, passam a ser exigidas tantas variantes da função, a ponto de justificar o desenvolvimento de uma série ou de um subconjunto. Por essa razão, depois de um certo tempo, um programa de produtos já existente no mercado é reprojetado como um sistema modular. Isso tem a desvantagem de impor algumas limitações; por outro lado, a vantagem é que as principais características do produto já foram testadas, antes de iniciar o dispendioso desenvolvimento de um sistema modular.

10.2.1 Sistemática de produtos modulares

Informações a respeito da sistemática de sistemas modulares encontram-se em [10, 11, 29]. A partir dessas informações são primeiramente expostos a constituição básica e os principais conceitos, e complementados por novos critérios, desde que esses se revelem adequados ao desenvolvimento de sistemas modulares [4].

Sistemas modulares são constituídos por blocos, interligados de forma dissolúvel ou indissolúvel.

Primeiramente, distingue-se entre blocos de função e blocos de produção. Blocos de função são definidos pelo critério do atendimento a funções técnicas, de modo a atendê-las por si próprio ou em combinação com outros blocos. Blocos de produção são aqueles que, independentes da sua função, são definidos exclusivamente por critérios de tecnologia da produção. Os blocos de função no sentido restrito [10, 11] diferenciavam-se, até o presente, entre blocos para equipamentos, acessórios, interfaces e outros. Essa divisão é ambígua e insuficiente para desenvolver um projeto de um sistema modular.

Para o ordenamento dos *blocos de função* cabe classificá-los e defini-los de acordo com funções que se repetem em sistemas modulares e que combinados em subfunções satisfazem a diversas funções globais (variantes da função global). Por isso, uma ordem das funções a serem contempladas é proposta na Fig. 10.21.

Funções básicas de um sistema são fundamentais, repetitivas e imprescindíveis. Basicamente não são variáveis. Para atendimento de variantes da função global, uma função básica pode comparecer solitária ou interligada às outras funções. Ela é concretizada por um bloco básico que pode ser produzido em um ou vários tamanhos e, eventualmente, com diferentes estágios de acabamento. Esses blocos básicos estão contidos na estrutura do sistema modular como *blocos obrigatórios*.

Funções auxiliares são ligantes e integrantes e, em geral, são atendidas por blocos auxiliares que se apresentam como elementos de ligação e integração. Blocos auxiliares necessitam ser desenvolvidos de acordo com os tamanhos dos blocos básicos e demais blocos; na maioria das estruturas da construção, estes são blocos obrigatórios.

Funções especiais são subfunções isoladas, complementares, específicas de uma tarefa, que não se repetem em todas as variantes da função global. São satisfeitas por blocos especiais, que representam uma complementação ou um acessório em relação ao bloco básico e, por isso, são blocos opcionais.

Funções de adaptação são necessárias para um ajuste aos outros sistemas e condições complementares. São concretizadas por *blocos adaptativos* com dimensões fixadas apenas parcialmente que, em casos especiais, necessitam de um ajuste das suas dimensões em razão da imprevisibilidade das condições de contorno. Blocos de adaptação ocorrem como blocos obrigatórios ou opcionais.

Funções específicas de um pedido, não previstas no sistema modular, sempre tornam a ocorrer, mesmo que o desenvolvimento do sistema modular tenha sido cuidadoso.

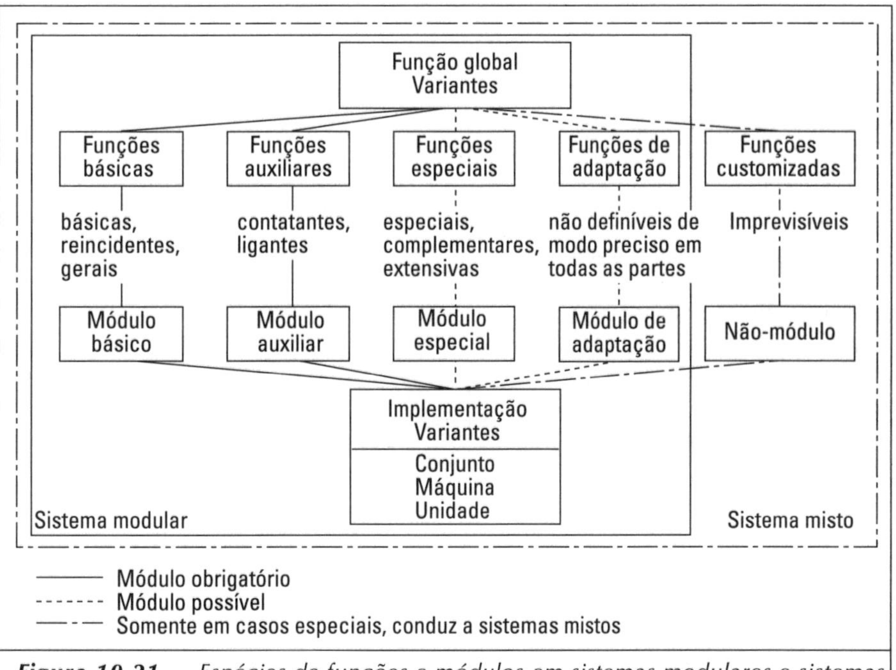

***Figura 10.21** — Espécies de funções e módulos em sistemas modulares e sistemas mistos.*

Essas funções são realizadas por meio de não-blocos que, num caso concreto, precisam ser desenvolvidos como projetos específicos. Por combinação com blocos, sua utilização conduz a um *sistema híbrido*.

Para a sistemática de sistemas modulares ainda podem ser convenientes os seguintes *conceitos*:

Por *relevância de um bloco*, entende-se uma classificação por pontos dentro de um sistema modular. Nesse sentido, *blocos obrigatórios* e *opcionais* [14] são desdobramentos de blocos de funções.

Uma característica voltada à produção refere-se à *complexidade do bloco*. Aqui se diferencia entre blocos grandes que, como subconjuntos ainda podem ser decompostos em outros componentes, e blocos pequenos que representam itens acabados.

Outro critério para a caracterização de um sistema modular é a *forma de combinar* os blocos. Objetiva-se combinar apenas blocos iguais, o que é vantajoso do ponto de vista da produção. Porém na prática combinam-se blocos iguais com blocos diferentes, bem como com não-blocos específicos de um pedido. Como sistemas híbridos, esses últimos atendem a requisitos mercadológicos, de forma econômica.

Para caracterização de sistemas modulares, também é apropriado seu *grau de resolução*. Para um bloco, ele determina o grau de desdobramento, condicionado pela função ou pela produção, em componentes específicos. Com relação ao sistema modular completo, ele descreve o número de blocos envolvidos e suas possibilidades de combinação.

Concretização de um sistema modular em etapas, por etapas de layout (módulos)

Nos casos de produção única, freqüentemente com requisitos de potência e rendimento bastante variáveis, por exemplo, turbinas, bombas, compressores, e semelhantes, nos quais as zonas ativas do leiaute sempre necessitam de ajuste, por outro lado, porém, muitas zonas de leiaute permanecem iguais, como, por exemplo, mancais, vedações, peças de admissão ou descarga, é conveniente um desdobramento em segmentos de configuração (módulos) (cf. item 1.9, quarta etapa principal e Fig. 7.1, terceira etapa principal). Aqui o produto completo é desenvolvido tanto como série construtiva, como também por blocos modulares por trecho (cf. Fig. 10.22). Os blocos são definidos por escalonamentos apropriados. O sistema modular inercialmente só subsiste de maneira fictícia no âmbito do fabricante que, de acordo com as exigências com relação à máquina, combina os jogos de desenhos apropriados e de dados como módulos (cf. Fig. 10.23). Esse sistema modular fictício não deve ficar restrito à área de projeto. A partir dele são desenvolvidos módulos de produção, que se mantêm iguais e, assim também, subsistem como conjunto da produção na preparação do trabalho e seqüenciamento programado de produção. Além disso, os conjuntos formados (módulos) podem, p. ex., ser transferidos para o estoque de moldes de fundição, quer dizer, os moldes também são desdobrados em módulos e, em caso de necessidade, agregados num componente mais complexo, p. ex., uma carcaça. Dependendo da demanda, o grau de concretização pode ser definido de forma diversificada com a possibilidade de manter disponíveis os módulos do sistema modular, na forma virtual no *software*, ou como componente real no estoque (como *hardware*).

Para *delimitação de sistemas modulares*, o *volume* e as *possibilidades* de um sistema modular são reproduzidos em sistemas completos por programas de construção com número finito e previsível de variantes. Com sua ajuda, uma combinação desejada pode ser imediatamente indicada. Em oposição a isso, os sistemas abertos contêm uma multiplicidade de combinações, de modo que não podem ser planejados e indicados integralmente (cf. Fig. 10.35). Num *desenho de modelos de construção* somente são mostrados exemplos, dos quais o usuário poderá deduzir possibilidades típicas de aplicação do respectivo sistema modular.

Os conceitos da sistemática de sistemas modulares citados foram condensados na Tab. 10.5.

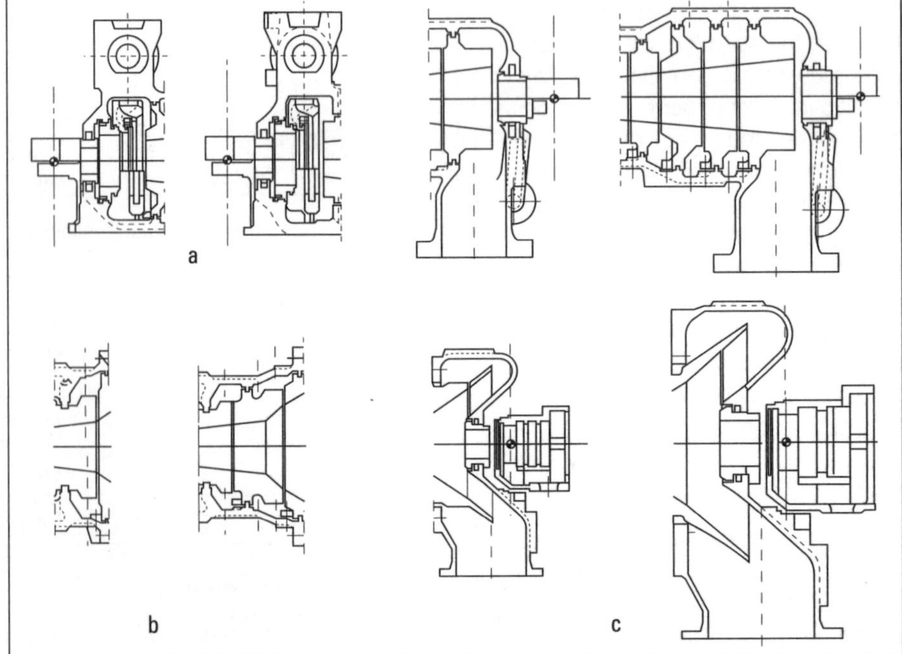

***Figura 10.22** — Módulos fictícios de uma série de turbinas industriais formados por setores (módulos) (tipo Siemens). a Setor de entrada; b Setor médio; c Setor de saída.*

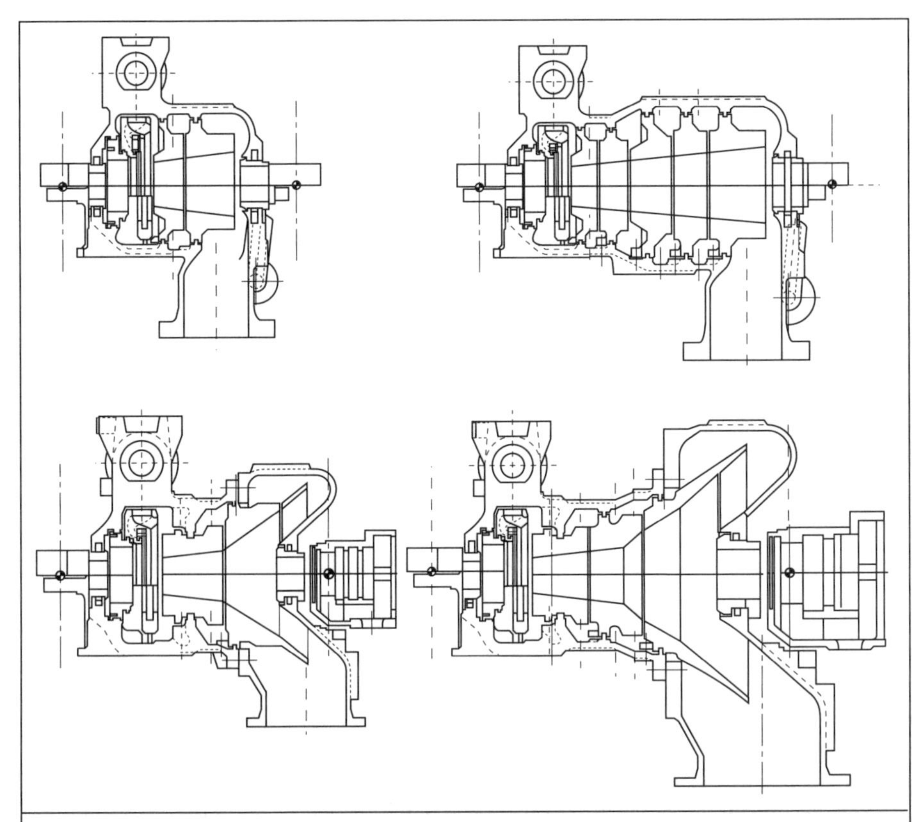

Figura 10.23 — *Máquinas completas para diferentes necessidades de gradientes de pressão e de vazão (tipo Siemens), compostas por combinação dos módulos da Fig. 10.22.*

10.2.2 Procedimento para o desenvolvimento de produtos modulares

A seguir, expõe-se o desenvolvimento de sistemas modulares, com base nas etapas de trabalho da Fig. 4.3.

Esclarecimento do problema

Na formulação das necessidades e vontades, p. ex., com ajuda de uma lista de verificação (cf. Fig. 5.3), as diferentes tarefas, a serem cumpridas pelo programa do produto, precisam ser elaboradas de forma cuidadosa e integral. Uma característica de uma lista de requisitos de um produto modular é a exigência de atender a diversas funções globais. Dessas funções resultam as *variantes da função global* a serem atendidas pelo produto modular.

Especialmente importante para a especificação econômica e delimitação de sistemas modulares, são as indicações por parte do mercado sobre a esperada freqüência para cada uma das

Tabela 10.5 — Conceitos da sistemática de um sistema modular

Critérios para classificação	Características que distinguem
Espécies de módulos:	– Módulos de função • Módulos básicos • Módulos auxiliares • Módulos especiais • Módulos de adaptação • Não-módulos – Módulos da produção
Importância dos módulos:	– Módulos obrigatórios – Módulos possíveis
Complexidade dos módulos:	– Módulos grandes – Módulos pequenos
Combinação dos módulos:	– Somente módulos iguais – Somente módulos diferentes – Módulos e Não-módulos
Grau de subdivisão dos elementos modulares e do sistema modular:	– Número de componentes por módulo – Número de módulos e suas possibilidades de combinação
Grau de concretização do sistema modular:	– Disponível somente como bloco de dados subdividido – Diferentes concretizações das peças isoladas – Totalmente concretizado
Delimitações de um sistema modular:	– Sistema fechado com um programa de construção – Sistema aberto com o plano do modelo de construção

funções globais. Friedewald [17] fala de uma quantificação das variantes da função com a idéia básica de otimizar um produto modular técnica e economicamente para as variantes da função global que são procuradas com maior freqüência. Se a realização de variantes raramente utilizadas encarece a estrutura do sistema modular, no interesse de um sistema global econômico, tentar-se-á remover estas variantes do sistema modular. Quanto mais precisas forem estas investigações, antes do desenvolvimento propriamente dito, tanto maior será a probabilidade de uma melhoria econômica em relação ao desenvolvimento específico. A limitação de tipos com exclusão de variantes de função pouco demandadas e economicamente inviáveis, no entanto, só pode ser efetuada definitivamente, quando o conceito elaborado ou mesmo o esboço fornecerem indicações sobre os custos das variantes da função global e sobre a influência de cada uma das variantes sobre os custos do produto modular completo.

Elaboração de estruturas das funções

No desenvolvimento de produtos modulares, a elaboração de estruturas de funções adquire especial significado. Com a estrutura da função, ou seja, com o desdobramento da função global em subfunções, a estrutura da construção do produto já está amplamente prefixada. Logo de início, é preciso tentar desdobrar as variantes da função global em subfunções, de tal forma que, de acordo com os tipos de funções indicadas na Fig. 10.21, seja gerado, na medida do possível, um número pequeno de subfunções iguais e repetitivas (funções básicas, auxiliares, especiais e adaptativas). As estruturas das funções de variantes da função global precisam ser compatíveis por critérios lógicos e físicos e, no espírito de um produto modular, as subfunções que as mesmas definem têm de ser intercambiáveis e combináveis. A propósito, dependendo da formulação do problema, será conveniente concretizar a função global por funções obrigatórias e funções opcionais complementares, específicas da tarefa.

Como exemplo, para o sistema modular de um mancal deslizante detalhadamente exposto em [3, 23], a Fig. 10.24 mostra a estrutura da função com os principais blocos exigidos: "mancal solto", "mancal fixo" e "mancal fixo com alívio hidrostático", bem como as funções básicas, especiais, auxiliares e adaptativas necessárias. Com o exemplo da subfunção: "vedar sistema rotativo contra sistema em repouso" é chamada a atenção para o fato de que, freqüentemente, é mais econômico englobar várias funções numa função complexa: assim no caso em pauta a função básica "vedar" foi combinada com uma função adaptativa, por causa das variadas possibilidades de conexões. Por essa razão, o bloco de produção "vedação do eixo" que atende a essa função complexa é produzido como peça bruta, de modo que, com maior ou menor número de etapas de usinagem, pode ser produzido como simples vedação por rosca, como vedação por rosca com labirinto adicional, ou como vedação com câmara forrada adicional (cf. Fig. 10.25). Além disso, chamamos a atenção para o fato de existirem funções especiais (blocos especiais) que comparecem pelo menos numa variante da função global (aqui: "transferir forças axiais"); outras, que para todas variantes da função global somente representam blocos opcionais (aqui: medir pressão de óleo), bem como aquelas que, só a partir de determinado tamanho, necessitam de uma função básica (aqui: introduzir óleo sob pressão). Para a elaboração de estruturas de funções deverão ser ressaltados os seguintes objetivos:

- O atendimento das funções globais pretendidas dever ser objetivado combinando somente o menor número possível e as funções básicas mais facilmente realizáveis.

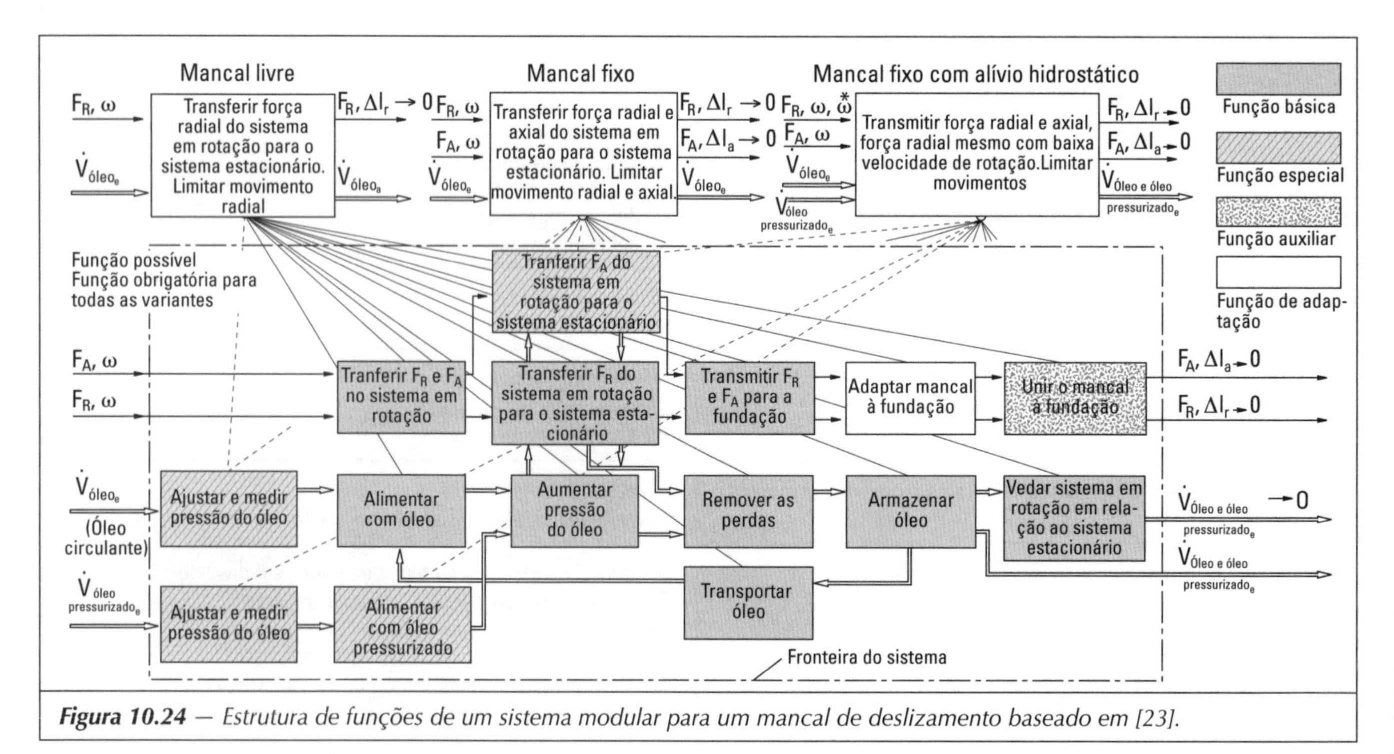

Figura 10.24 — Estrutura de funções de um sistema modular para um mancal de deslizamento baseado em [23].

- De acordo com a Fig. 10.21, as funções globais deveriam ser subdivididas em funções básicas e, quando necessário, em funções auxiliares, especiais e de adaptação, de modo que variantes com elevada demanda sejam predominantemente constituídas por funções básicas e, variantes raramente exigidas por funções especiais e de adaptação, adicionais. Para variantes de função raramente exigidas, sistemas mistos com funções adicionais específicas (não-módulos) freqüentemente são mais econômicos.
- A condensação de diversas subfunções em um bloco também constitui uma solução econômica. Ela é principalmente recomendada para atendimento de funções de adaptação.

Busca de princípios de funcionamento e de variantes da solução

Agora, precisam ser encontrados princípios de funcionamento que atendam às subfunções. Na busca, deverão ser encontrados, sobretudo aqueles princípios que, conservando o mesmo princípio de funcionamento e fundamentalmente a mesma configuração, facilitem a formação de variantes. Via de regra é vantajoso, para cada um dos blocos de função, prever os mesmos tipos de energia e princípios de funcionamento, fisicamente muito semelhantes.

Assim p. ex., para a combinação de subsoluções em soluções globais (variantes da solução) é mais econômico e também tecnicamente mais apropriado satisfazer diferentes funções de acionamento com um só tipo de energia do que prever, simultaneamente, acionamento elétrico, hidráulico e mecânico, num sistema modular.

Outro critério que conduz a uma solução propícia à produção é o atendimento a várias funções, por um mesmo bloco com diferentes etapas de usinagem.

Para isso, no entanto, não podem ser enunciadas regras gerais, por causa da universalidade dos fatores técnicos e econômicos de influência. Assim, no sistema concebido de mancais deslizantes, parece técnica e economicamente mais vantajoso, dotar os casquilhos de batentes laterais para absorver as pequenas forças axiais, ao invés de, somente por questões de princípio, transferir forças axiais e radiais por toda a faixa de tamanhos por mancais deslizantes axiais típicos.

À parte disso, para o sistema de mancais deslizantes são concebidos na fase conceitual dois sistemas diferentes de autolubrificação (anel solto, anel fixo), uma vez que as vantagens e desvantagens somente deveriam ser comprovadas em testes posteriores [23]. A estrutura definitiva do sistema de mancais pode ser vista na Fig. 10.25.

Selecionar e avaliar

Se, na etapa anterior, foram encontradas várias variantes da solução, essas devem ser avaliadas por critérios técnicos e

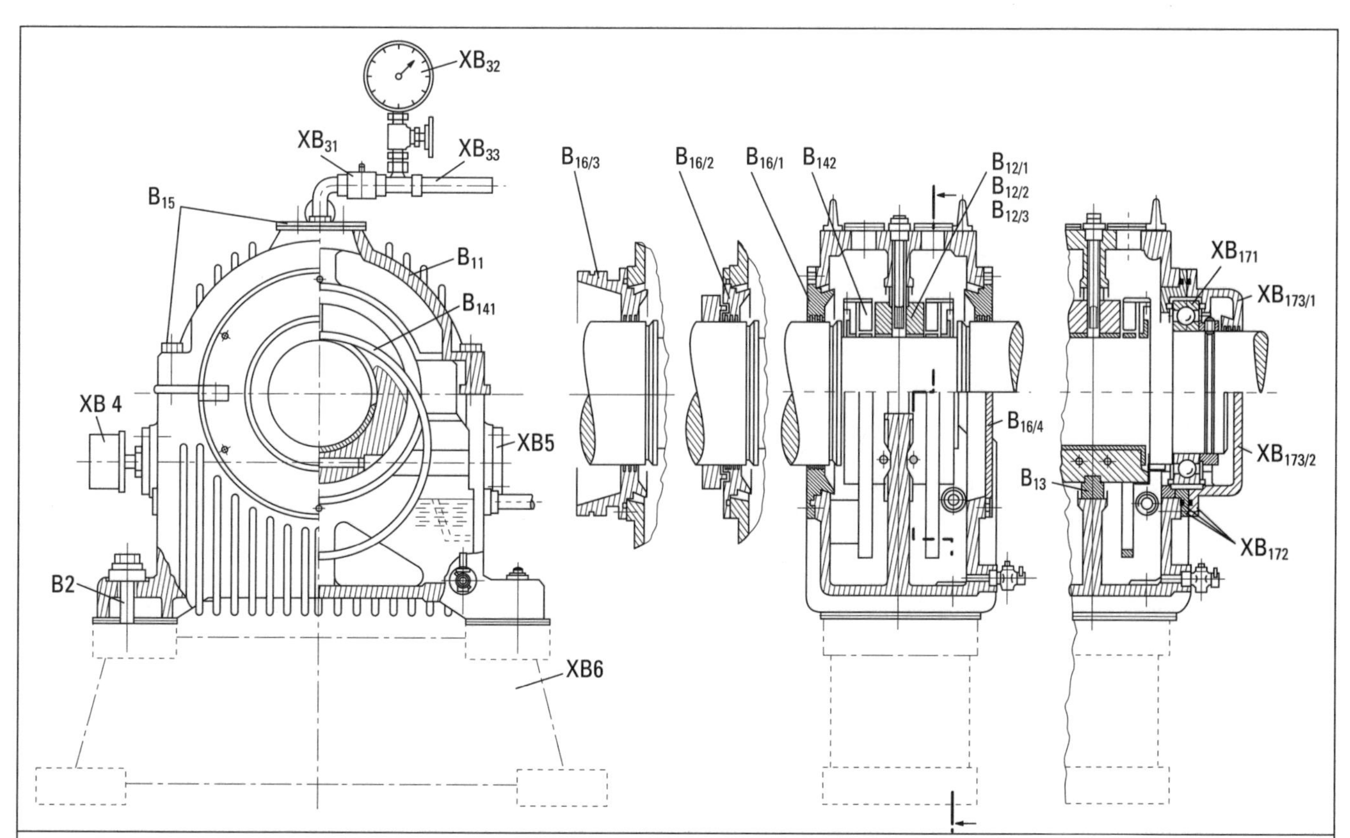

Figura 10.25 — *Projeto do sistema modular de um mancal de deslizamento, de acordo com a Fig. 10.24 (foto da firma AEG - Telefunken).*

econômicos, devendo ser selecionada a solução básica mais vantajosa. Por experiência, essa seleção através das variantes é difícil, devido ao baixo estágio de informações.

Assim, no sistema de mancais de deslizamento, por um lado, decisões antecipadas já são tomadas por meio de uma avaliação ainda na fase conceitual, p. ex., a respeito do emprego de um mancal de deslizamento ou de rolamento na absorção de forças axiais e, de outro lado, a decisão final sobre o sistema de lubrificação mais apropriado (anel livre, anel fixo) somente será tomada depois da construção dos protótipos e dos respectivos ensaios.

Em sistemas modulares, além do cálculo da valoração técnica de cada variante da solução conceitual é, sobretudo, importante a consideração dos fatores econômicos. Para tanto, devem ser estimados os recursos necessários para a produção dos blocos e sua influência do ponto de vista dos custos sobre todo o conjunto modular. Portanto, numa primeira etapa, precisa ser determinado o esperado "custo da função" de cada uma das subfunções ou do bloco que a satisfaz. Devido ao baixo nível de concretização da etapa conceitual, esta estimativa, em geral, somente será grosseira. Uma vez que os blocos básicos ocorrem em todas as variantes, será dada preferência às soluções que empregam módulos básicos, cujos custos de produção sejam menores, o que contribuirá para a redução dos custos. Para a minimização dos custos, blocos especiais e de adaptação somente comparecem em segundo plano.

Para minimização dos custos de um sistema modular não devem ser considerados apenas os blocos avulsos, mas também sua influência recíproca. Devem ser analisadas especialmente as influências que os blocos especiais, auxiliares e de adaptação têm sobre os custos dos blocos básicos. A influência do custo de cada variante da função global sobre o custo de todo o conjunto modular precisa ser considerada e incluído e isto, sem dúvida, para todas as variantes da estrutura de construção. O esclarecimento destas influências sobre os custos freqüentemente não é fácil. Assim, no sistema de mancais de deslizamento em questão, uma variante da função "recircular o óleo internamente" poderia influenciar significativamente o bloco básico "alojamento do mancal" com suas funções básicas "transferir forca FR e FA para a base" e "armazenar óleo", através das dimensões do bloco especial "radiador de água" a ser montado no cárter (reservatório de óleo) do alojamento do mancal. Os custos de todas as variantes da função global que contém o módulo básico "alojamento do mancal" aumentariam em conseqüência do bloco especial "radiador de água" e do aumento do tamanho do alojamento do mancal a ele vinculado. Se a demanda por essa variante for pequena, pode ser realmente mais econômico dispor um radiador de óleo secundário externamente ao alojamento do mancal e aceitar o custo adicional da então necessária bomba de óleo, do que encarecer o módulo básico "alojamento do mancal" para todas as variantes, especialmente aquelas com maior vendagem.

Portanto, é importante direcionar a especificação dos blocos básicos e, com isto, seus custos pelas variantes da função que são fortes em vendas. Aqui, a influência dos demais blocos, no tocante à otimização dos blocos básicos, é considerável. Em [27, 28] é exposto um método que utiliza redes neurais, com a ajuda das quais, esses inter-relacionamentos complexos podem ser identificados e avaliados.

Se uma adequação do conceito ao mercado não for possível, deveria se tentar eliminar do sistema modular as variantes antieconômicas da função. Muitas vezes será mais econômico, num caso especial, substituir variantes extravagantes e encarecedoras do sistema completo por versões específicas, do que incluir essas versões forçosamente no sistema modular. O uso de sistemas mistos oferece uma outra alternativa.

Elaboração do projeto global

Com o conceito disponível, cada bloco tem de ser configurado satisfazendo não só a função, mas também sua fabricação. Nos sistemas modulares a definição de blocos apropriados à produção e à montagem tem uma importância econômica especial. Com a consideração das diretrizes de configuração expostas em 7.5.8 e 7.5.9, deve-se tentar configurar os blocos básicos, especiais, auxiliares e adaptativos necessários ao sistema modular, de modo que o número de peças brutas iguais e repetitivas seja grande e, na medida do possível, estas possam ser concretizadas por um pequeno número de peças brutas e com poucas etapas de usinagem.

Em face de um almejado escalonamento dos tamanhos, é importante a escolha correta do grau de desdobramento dos blocos. Para isso é útil o sistema de construção diferencial. Contudo, encontrar o grau de desdobramento otimizado é problemático, pois ele é influenciado por numerosos critérios:

- Deverão ser respeitadas exigências e suas características de qualidade, por consideração dos efeitos da propagação de falhas (cf. 7.4.5, princípio da configuração desprovida de falhas). Desse modo, p. ex., a quantidade de peças avulsas aumenta os ajustes necessários ou, devido ao grande número de uniões, se reflete negativamente do ponto de vista da função, p. ex., no comportamento da máquina às vibrações.
- As variantes da função global deverão resultar da simples montagem dos blocos (peças específicas e/ou subconjuntos).
- Blocos somente deverão ser desdobrados até onde a performance e a qualidade o exigirem e os custos o permitirem.
- Em sistemas modulares, vendidos ao usuário como sistema global, cujas variantes são montadas pelo próprio usuário, partindo de diferentes combinações dos blocos [33], devem ser principalmente desdobrados e especificados pela resistência e pelo desgaste os blocos empregados com maior freqüência, de forma a assegurar uma vida útil igualmente longa ou sua intercambiabilidade.

- Para estabelecer o grau de desdobramento com relação aos custos e os tempos de produção, sempre deve ser considerado todo o sistema modular. De especial relevância, além dos custos de projeto, é o levantamento do seqüenciamento do pedido no setor de projeto e de produção, ou seja, também a preparação do trabalho, o seqüenciamento da produção incluindo a montagem, a administração dos materiais e, por último, a distribuição.

A Fig. 10.25 mostra o projeto básico completo do sistema de mancais de deslizamento já analisado. Na Fig. 10.26 foi reunida a estrutura das variantes da função global de acordo com a estrutura de funções da Fig. 10.24. Para melhor compreensão, nas Figs. 10.25 e 10.26 foram indicados somente os subconjuntos mais importantes e as peças especiais do sistema de mancais realizado, o grau de desdobramento real para produção do sistema modular é maior. Mesmo na Fig. 10.24, somente foram incluídas as variantes mais relevantes da função. Ao compararmos a estrutura da função com a construção realizada, percebe-se que nesse sistema, diversas funções são concretizadas com apenas um bloco ou variantes desse bloco. Mais uma vez, a tab. 10.6 fornece um panorama sobre os blocos projetados e as funções associadas aos mesmos.

Detalhamento da documentação para produção

Os subsídios para a produção precisam ser detalhados de tal forma que no processamento de um pedido seja possível a compilação e continuação do projeto de variantes requeridas da função global de modo simples e, se possível, auxiliadas por computador.

Para a organização adequada dos desenhos é importante uma classificação e um índice apropriado por assunto, uma vez que estes formam o princípio para o encadeamento dos blocos (componentes específicos e subconjuntos) entre si. Maiores detalhes a respeito da classificação e do índice por assunto são apresentados em 8.3.

A união de cada um dos blocos numa variante do produto é assinalada na lista de peças. Para organização da lista de peças, utiliza-se a chamada lista de peças da variante [14], que se baseia na estrutura do produto e ressalta os blocos obrigatórios e opcionais. Uma exposição da organização de listas de peças está em 8.2.3.

Especialmente apropriada para a numeração de desenhos e listas de peças de sistemas modulares é a codificação paralela, que contém um número de identificação para designação não ambígua e inconfundível de peças e subconjuntos, bem como um número de classificação para uma classificação orientada pela função e para consulta desses componentes e subconjuntos. Esse número de identificação é especialmente importante para sistemas modulares pois, por meio dele, pode-se reconhecer a similaridade ou igualdade entre duas peças quanto à função ou atributos específicos.

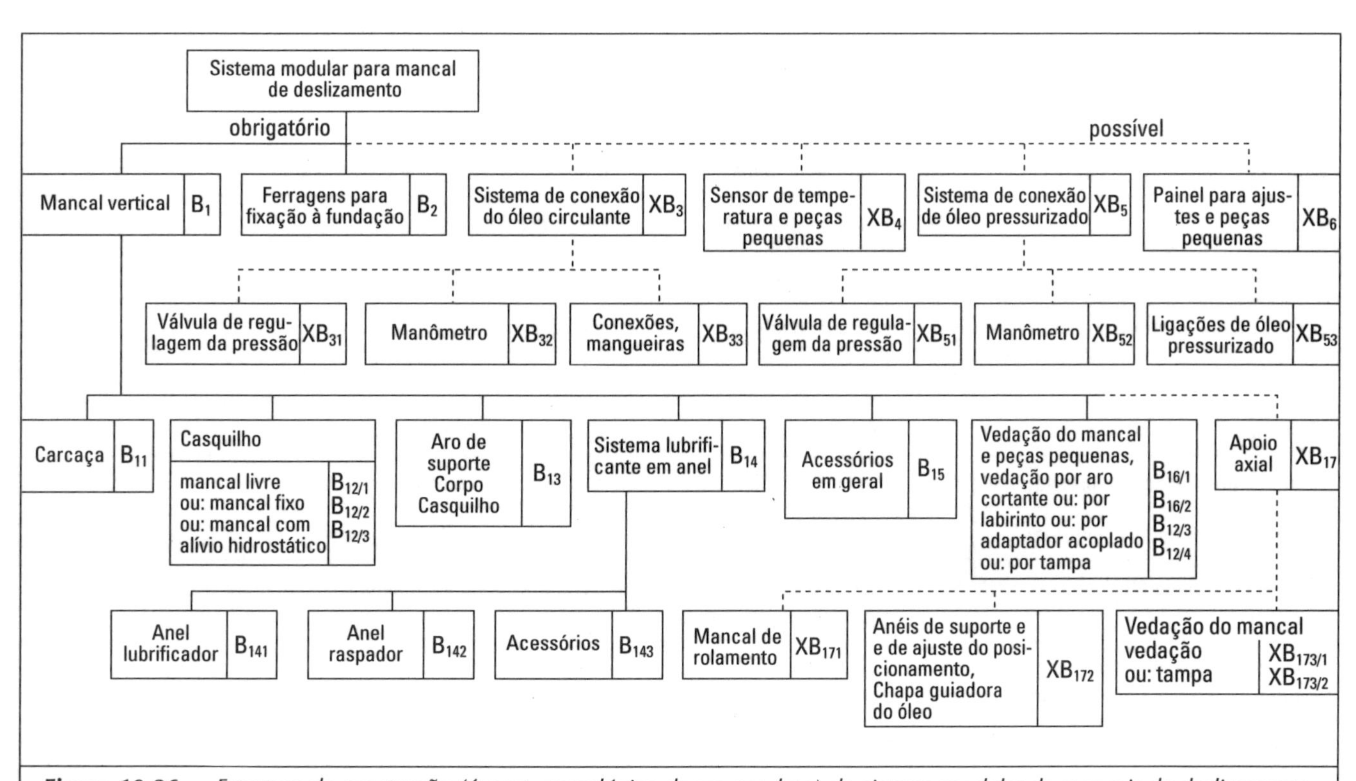

Figura 10.26 — Estrutura da construção (árvore genealógica de um produto) do sistema modular de mancais de deslizamento radial com lubrificação hidrodinâmica, com mancal axial suplementar e alívio hidrostático da pressão de óleo, de acordo com o projeto das Figs. 10.24 e 10.25 (X assinala módulo possível).

Tabela 10.6 — Sumário dos módulos contidos no sistema modular da Fig. 10.26

Módulo	N	Espécie de módulo	Funções
Corpo	B_{11}	módulo básico	"Transmitir FR e FA para a fundação", "Remover perdas", "Armazenar óleo"
Casquilho	$B_{12/1}$	módulo básico	"Transferir FR do sistema em rotação para o sistema estacionário", "aumentar pressão de óleo"
	$B_{12/2}$	Variante de execução do módulo $B_{12/1}$	Suplementarmente: "Transferir FA do sistema em rotação para o sistema estacionário"
	$B_{12/3}$	Variante de execução do do módulo $B_{12/1}$	Suplementarmente: "Transferir a pressão hidrostática do óleo para o eixo"
Aro de suporte entre o corpo e o casquilho	B_{13}	módulo auxiliar	"Ligar casquilho com o corpo"
Anel lubrificante	B_{141}	módulo básico	"Transportar óleo"
Anel raspador	B_{142}	módulo básico	"Alimentar com óleo"
Acessório	B_{143}	módulo básico	"Controlar nível de óleo" e "Drenar óleo"
Acessório em geral	B_{15}	módulo básico, módulo auxiliar	"Funções acessórias e de ligação"
Vedação do mancal	$B_{16/1}$	módulo básico	"Vedar o sistema em rotação em relação ao sistema estacionário"
	$B_{16/2}$	módulo básico, módulo de adaptação	Suplementarmente "Adaptação para vedação em labirinto"
	$B_{16/3}$	módulo básico, módulo de adaptação	Suplementarmente: "adaptador acoplado"
	$B_{16/4}$	módulo especial	"Vedar furo no corpo na ausência de um eixo"
Peças para fixação na fundação	B_2	módulo auxiliar	"Unir, solidarizando por força, mancal com fundação"
Válvula de regulagem da pressão	XB_{31}	módulo especial	"Regular pressão do óleo circulante"
Manômetro	XB_{32}	módulo especial	"Medir pressão de óleo"
Parafusos, mangueiras	XB_{33}	módulo auxiliar	"Tranportar óleo circulante"
Sensor de temperatura e miudezas	XB_4	módulo especial	"Medir temperatura"
Válvula de regulagem da pressão	XB_{51}	módulo especial	"Regular pressão do óleo de alta pressão"
Manômetro	XB_{52}	módulo especial	"Medir pressão do óleo"
Ligações de óleo de alta pressão	XB_{53}	módulo auxiliar	"Alimentar com óleo de alta pressão"
Elementos de ajustes e miudezas	XB_6	módulo de adaptação	"Adaptar o mancal à fundação"
Mancais de rolamento	XB_{171}	módulo especial (para grandes forças axiais)	"Transferir FA do sistema em rotação para o sistema estacionário"
Anéis de suporte e de ajuste da posição, placa guiadora do óleo	XB_{172}	módulo auxiliar	"Ligar mancal de rolamento com o corpo", "Suprir mancal de rolamento com óleo"
Vedação de mancal	$XB_{173/1}$	módulo especial	"Vedar sistema em rotação em relação ao sistema estacionário em variantes com mancal de rolamento"
	$XB_{173/2}$	módulo especial	"Vedar furo no corpo na ausência de um eixo"

10.2.3 Vantagens e limitações de sistemas modulares

Para os *fabricantes*, resultam vantagens em praticamente todos os setores da empresa:

- Para ofertas, planejamento e fabricação encontra-se à disposição uma documentação de produção já preparada. O esforço de projeto é necessário apenas uma vez, o que, com relação ao trabalho requerido de preparação, pode ser uma desvantagem.
- Custo de projeto vinculado a um pedido somente é gerado para itens adicionais não previstos.
- Possibilidade de combinação com não-blocos.
- É possível a simplificação da preparação do trabalho e um melhor controle dos prazos de entrega.
- O seqüenciamento de um pedido no departamento de projeto e produção pode ser abreviado com auxílio da produção simultânea condicionada pelos blocos, além da maior agilidade no fornecimento.
- O seqüenciamento de um pedido auxiliado por computador é facilitado.
- É possível a simplificação de orçamentos.
- Os blocos poderiam ser fabricados em tamanhos ótimos de lotes independentemente de um pedido, o que poderia conduzir, p. ex., a meios e métodos de produção mais econômicos.
- Condições de montagem favoráveis em decorrência de um adequado desdobramento em subconjuntos.
- Possibilidades de emprego de tecnologia modular nos diversos estágios de concretização do processo produtivo, tais como elaboração de desenhos e listas de peças, portanto no setor de projeto, na elaboração dos planos de trabalho, na aquisição de peças brutas e semi-acabadas, da produção até a montagem final e também na distribuição.

Uma série de vantagens também é percebida pelo usuário:

- Menores prazos de entrega.
- Melhores possibilidades de substituição e consertos.
- Melhor serviço de peças de reposição.
- Posteriores modificações e extensões da função dentro dos limites do espectro das variantes.
- Possibilidades de falhas praticamente eliminadas, dado o amadurecimento do *layout*.

Para o *fabricante*, o *limite* de um sistema modular é atingido quando o desdobramento em blocos acarreta deficiências técnicas e prejuízos financeiros:

- Uma adaptação a vontades especiais do cliente não é tão amplamente possível como em projetos específicos (perda de flexibilidade e da sinalização do mercado).
- Um trabalho de projeto, prévio e abrangente, é necessário uma única vez.
- Freqüentemente, por causa disso, estando a construção definida, os desenhos de execução somente serão elaborados após o recebimento da ordem de serviço.
- Assim, o acervo dos desenhos de um programa de construção vai se completando gradativamente.
- Modificações de produtos só se justificam economicamente com grandes intervalos de tempo, pois os custos de desenvolvimentos únicos são elevados.
- Mais pronunciadamente do que em construções específicas, a configuração técnica é determinada pela configuração dos blocos e seu grau de desdobramento.
- Maior trabalho de produção, p. ex., superfícies de ajuste. Melhor qualidade de produção, pois o retrabalho está excluído.
- São necessários maior trabalho na montagem e maior cuidado na produção.
- A definição de um sistema modular ótimo, em muitos casos é difícil, já que devem ser levados em conta não só os pontos de vista do fabricante, mas também os do usuário.
- Combinações raras para atendimento de variantes incomuns da função global, no âmbito de um programa modular, podem ser economicamente mais desfavoráveis do que uma versão específica executada exclusivamente para essa tarefa.

Desvantagens também são percebidas pelo *usuário*:

- Desejos especiais do usuário são difíceis de atender.
- Determinadas características de qualidade podem ser mais desfavoráveis do que para versões específicas.
- Em parte, devido aos maiores pesos e volumes que os de um produto desenvolvido especialmente para a variante da função, em certas circunstâncias, aumentam o espaço requerido e o custo da fundação.

A experiência mostra que, com sistemas modulares, podem ser reduzidas, sobretudo as despesas gerais (gastos com quantidade e qualificação do pessoal) e, em menor proporção, os custos de material e de mão-de-obra de fabricação, uma vez que, em comparação com versões específicas, o princípio modular pode levar a acréscimos no peso e no volume dos blocos e, conseqüentemente, das variantes. Ao desenvolver um sistema modular com o objetivo de que toda a variante da função deva ser economicamente mais vantajosa do que um produto desenvolvido especialmente para essa tarefa, o trabalho de desenvolvimento poderá ser poupado. Só como sistema global um sistema modular poderá ser mais vantajoso do que o correspondente número de versões específicas de variantes da função global.

10.2.4 Exemplos

Sistemas de caixas de câmbio

Caixas de câmbio são um exemplo conhecido de sistemas modulares, pois neles estão presentes uma multiplicidade de variantes da função exigidas pelo mercado (por exemplo, possibilidades de adaptação em acionamentos e máquinas motrizes, posição do eixo, relação de transmissão) numa construção basicamente conhecida. Exemplos podem ser encontrados em [21, 22, 43].

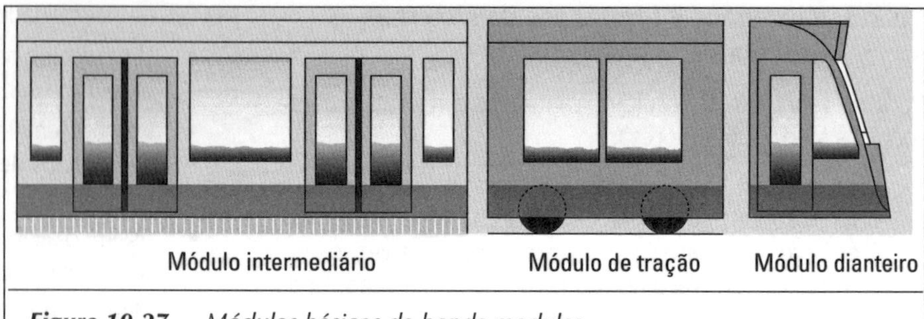

Figura 10.27 — Módulos básicos de bonde modular.

Transporte urbano modular

Com o exemplo de um transporte urbano composto de módulos, será mostrado como, através de uma escolha apropriada dos parâmetros dos módulos de um sistema modular e uma estratégia de projeto com emprego coordenado de ferramentas CAx, podem ser alcançadas alta flexibilidade e simultânea redução dos custos.

Além do aspecto *design*, o *layout* externo de um bonde é influenciado pela capacidade de transporte e pela infra-estrutura disponibilizada pelo explorador. O comprimento da composição é basicamente prefixado pela capacidade de transporte e a largura, pelos valores máximos admitidos pelo código de trânsito e pela infra-estrutura, p. ex., as bitolas dos trechos existentes com tráfego bidirecional.

O desdobramento da composição, ou seja, o número e o respectivo comprimento dos vagões e o arranjo das composições, é igualmente determinado pela infra-estrutura. Entre outros itens, aqui são decisivos: os raios de curvatura, edifícios situados ao longo da linha, as calçadas, etc.

Uma vez que as influências sobre o *layout* externo da composição e também as tarefas de transporte requeridas são diferentes para cada explorador, com o passar do tempo foi sendo criado um grande número de conceitos. No exemplo apresentado, a tarefa consistia em: por meio de um número bastante limitado de diferentes componentes de uma composição, cobrir todas as aplicações com módulos (blocos básicos) de apenas três larguras e, no máximo, dois comprimentos. Após exaustivas análises de mercado e uma análise das composições produzidas até o presente, puderam ser definidos três módulos básicos (tipos de blocos básicos) reproduzidos na Fig. 10.27, a saber, módulo frontal, módulo propulsor e o módulo central.

O módulo frontal existe em duas versões: com e sem cabine para o condutor; o módulo de propulsão com propulsão e sem propulsão e o módulo central em dois comprimentos. A alternativa mais longa possibilita duas disposições de portas. Todos os módulos só existem em três larguras. A Fig. 10.28 retrata os módulos acima definidos.

O projeto do monobloco está baseado numa rigorosa lógica de configuração. Com ajuda de um modelador 3D, o monobloco pode ser reproduzido e variado num amplo campo de variação.

Os comprimentos de cada elemento do módulo, como, p. ex., os braços articulados transversais, o contraventamento do teto, as vigas de seção variável, portanto as duas vigas longitudinais do teto, etc., possuem uma clara interdependência geométrica. Pela definição dos parâmetros das medidas externas dos módulos, como comprimento e largura, número de portas, etc., as dimensões dos elementos de projeto para o módulo resultam compulsoriamente. Como exemplo, na Fig. 10.29 está representado o esquema de um módulo central.

Uma peculiaridade está representada pelo módulo frontal. O módulo frontal consiste de perfis de alumínio extrudado que são parafusados.

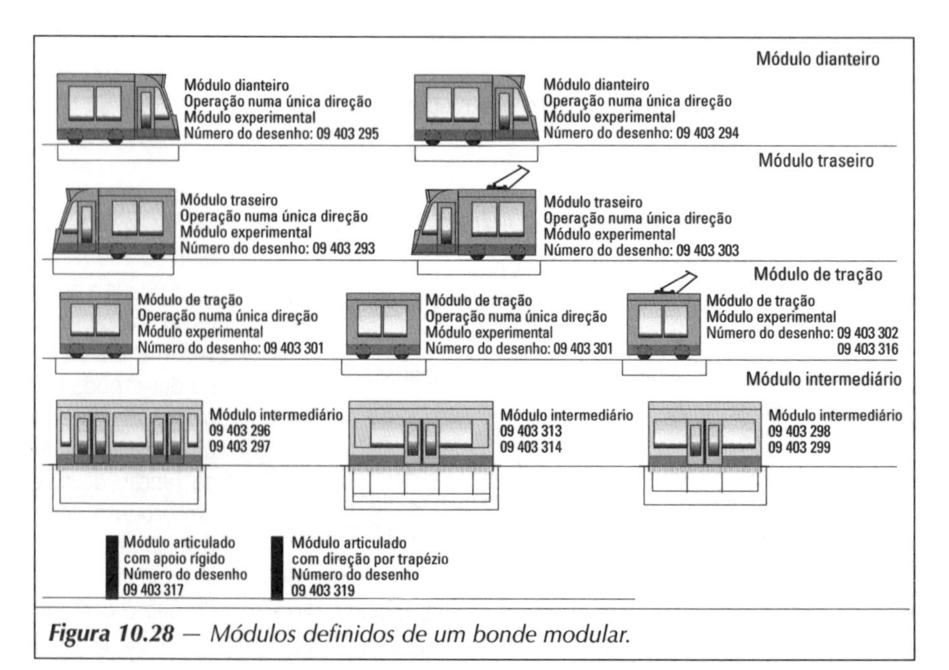

Figura 10.28 — Módulos definidos de um bonde modular.

Figura 10.29 — *Construção com elementos de projeto dependentes de parâmetros.*

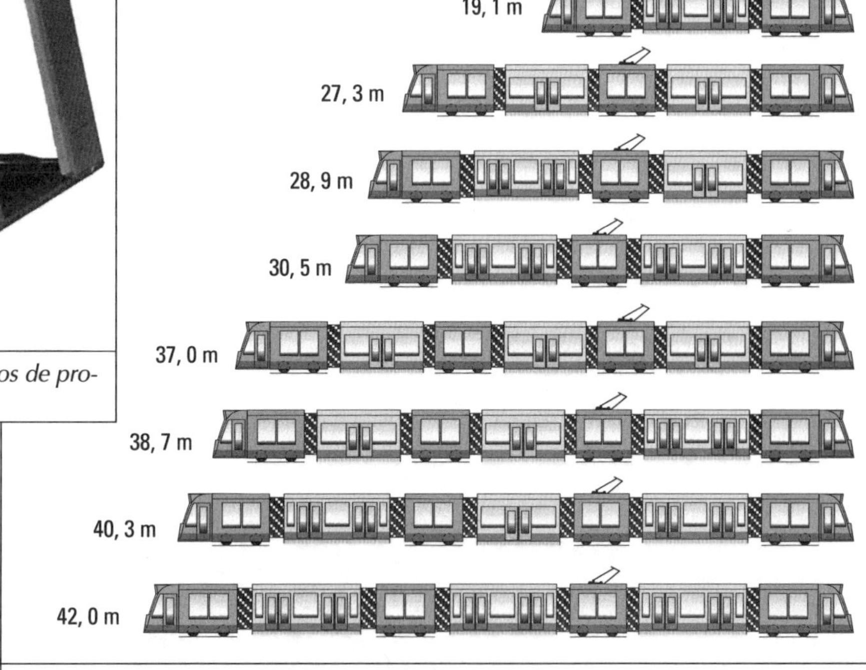

Figura 10.30 — *Veículos da família COMBINO® de acordo com [32] como sistema modular fechado.*

Para atender as exigências do mercado quanto a designs diferenciados do módulo frontal, a estrutura desse módulo foi construída numa estrutura tipo sanduíche de plástico reforçado com fibra de vidro. Entretanto, as interligações com a estrutura bruta são mantidas intocadas dentro de uma mesma categoria de largura. Apesar das diferenças de design, a elevada flexibilidade e a existente neutralidade nos custos estão baseadas, entre outros itens, na interligação CAD-CAM. Assim, os dados CAD 3D da parte frontal são baixados e enviados diretamente para a fresadora de formas de materiais em espuma rígida de plástico reforçado com fibra de vidro. Além da lógica de construção e do *layout* da estrutura bruta, isto constitui um ponto fundamental no planejamento de produtos modulares. Juntamente com o desenvolvimento do produto, foram analisados e planejados simultaneamente o potencial e o possível emprego de ferramentas modernas de desenvolvimento.

A subdivisão selecionada só admite três tipos racionais de composição, mas com diferentes tamanhos. Trata-se aqui de composições com três, cinco e sete unidades. A Fig. 10.30 apresenta a família de composições, cada membro com módulos de tamanhos diferentes. É um sistema modular fechado.

As configurações básicas das composições podem ser arquivadas em um sistema de planejamento da produção (SPP) como estruturas de produtos padronizados. A lógica dos módulos, acima abordada, pode ser descrita por um sistema de gerenciamento do *layout*. Trabalha-se com o sistema da seguinte forma:

Na primeira etapa, a estrutura necessária da composição, três, cinco ou sete unidades, é selecionada de acordo com os critérios acima citados. Em seguida, os parâmetros da composição são introduzidos no sistema de gerenciamento do *layout*. Servindo-se do arquivo digital ao qual está integrado, o sistema calcula os desenhos necessários com os respectivos números de identificação, lançando-os na respectiva posição da estrutura.

Na etapa seguinte, os itens e componentes não disponíveis, portanto específicos do cliente, são desenvolvidos e projetados como blocos especiais ou não-blocos. Trata-se aqui de atividades "clássicas" de desenvolvimento e projeto. Dessa forma, a estrutura do produto é preenchida com os necessários números de identificação (cf. Fig. 10.31).

Aqui o procedimento citado somente foi descrito esquematicamente. Uma descrição pormenorizada encontra-se em [32].

Outros exemplos da hidráulica, pneumática e de projeto de máquinas operatrizes podem ser extraídos da bibliografia [2, 19, 29, 41].

Sistemas abertos da tecnologia de transportes

Ao passo que os sistemas até agora apresentados constituíam exemplos de sistemas modulares "fechados", com um programa de produção já estabelecido, o exemplo subseqüente deverá esclarecer um sistema modular "aberto". A título de exemplo, a Fig. 10.32 mostra um desses sistemas com definição dos blocos (a) e um exemplo de combinação (b).

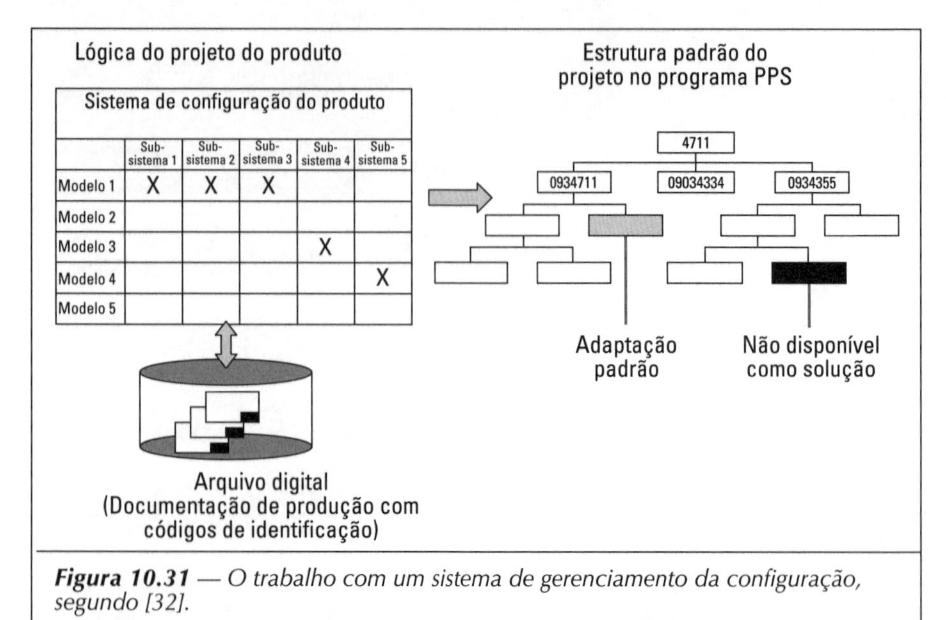

Figura 10.31 *— O trabalho com um sistema de gerenciamento da configuração, segundo [32].*

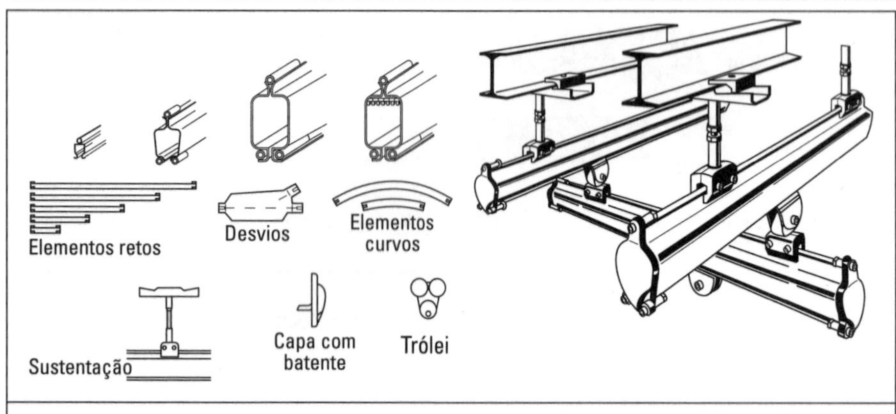

Figura 10.32 *— Um sistema modular aberto para transportadores (foto de fábrica da Demag, Duisburg). **a** módulos; **b** exemplo de uma combinação.*

10.3 ■ Recentes tendências de racionalização

10.3.1 Modularização da arquitetura do produto

Após definição da solução preliminar, a diretriz VDI 2221 (cf. 1.2.3-3) estabelece o desmembramento em módulos. Com isso, no contexto da construção é criada uma estrutura da construção ou, usando o termo em inglês, a arquitetura do produto [44].

A arquitetura do produto é o esquema do relacionamento entre a estrutura da função e a estrutura física do produto, ou seja, é a estrutura da construção. O primeiro a destacar a especial importância da arquitetura do produto foi Urlich [44]. Conseqüentemente, segundo Göpfer, [45] a elaboração da arquitetura de um produto é uma tarefa fundamental do desenvolvimento de um produto e pode ser interpretada como a transformação da descrição funcional numa descrição física do produto. As características das relações entre descrição funcional e física tipificam o caráter da arquitetura do produto, Fig. 10.33.

A arquitetura de um produto pode então ser utilizada para descrever a modularidade de um produto. A modularidade da arquitetura de um produto pode ser classificada com base na independência funcional e física de seus componentes. Um componente é funcionalmente independente quando satisfaz uma subfunção exatamente. Portanto, existe uma clara relação entre uma função e seu componente. Um componente é fisicamente independente em face do objetivo da modularização de um produto quando, antes de ser montado no produto, constituir uma unidade coerente, como por exemplo, puder ser testado independentemente das demais unidades do produto. O objetivo da modularização de um produto não é a maximização da modularidade, o que representaria um aumento desnecessário do número de interfaces, mas sua otimização com relação a diferentes objetivos.

Atualmente, uma clara delimitação dos conceitos só está presente no princípio, pois a elaboração científica ainda está em andamento.

Entretanto, com base na arquitetura do produto e das exposições anteriores, os conceitos para a modularização de um produto podem ser formulados da seguinte forma:

Modularidade:

É uma característica escalonada da arquitetura do produto no sentido de uma estruturação apropriada.

Modularização:

É a estruturação de um produto em que se incrementa a modularidade do produto. Seu objetivo é a otimização de uma arquitetura já existente, a fim de atender os requisitos do produto [46], ou visando à racionalizações na etapa de geração do produto.

Módulo:

É uma unidade que admite uma descrição funcional e física e é amplamente independente de outros módulos [46].

10.3.2 Sistema plataforma

A primeira indústria a aplicar o sistema plataforma foi a indústria automobilística [47]. Por um sistema plataforma conhece-se um procedimento fecundo para desenvolver

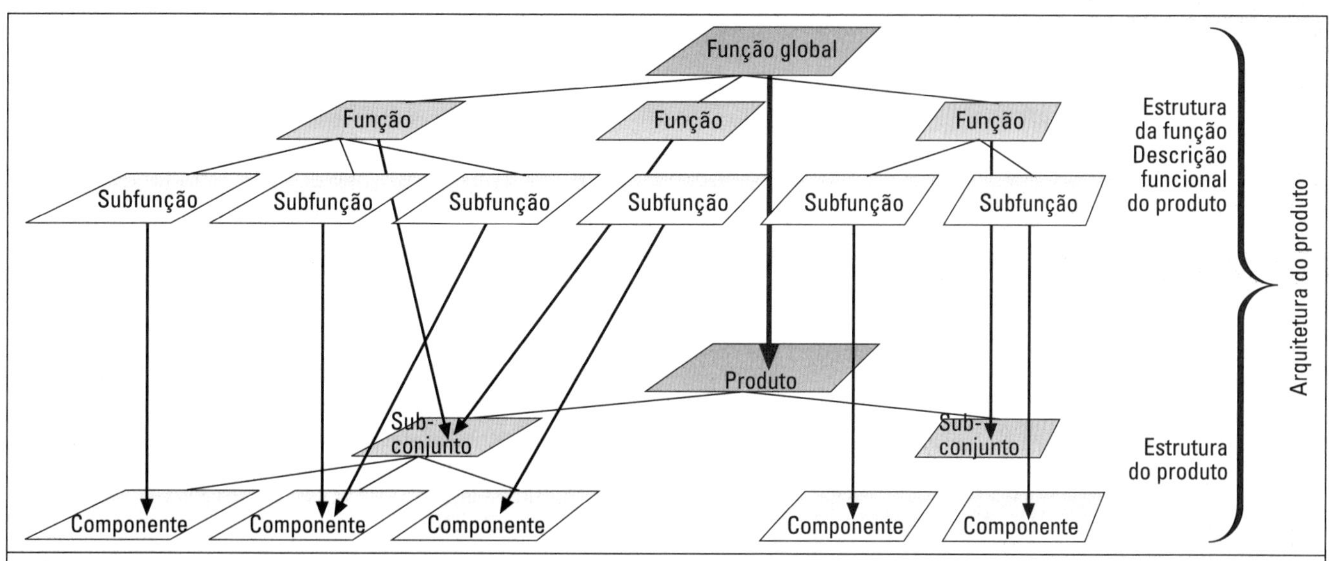

Figura 10.33 *— Arquitetrura do produto como descrição das relações entre a estrutura da função e a estrutura do produto, segundo [45].*

produtos variantes com curta duração do ciclo de vida, no qual se aproveitam potenciais de racionalização com base em componentes e estruturas iguais por meio de um planejamento objetivo [48, 49]. A plataforma de um produto consiste de uma plataforma transparente à execução e de acessórios específicos do produto, também denominados de elementos de configuração do produto [48]. A plataforma do produto é definida por critérios funcionais e constitui o máximo divisor comum de uma família de produtos. O fato de o parentesco da plataforma de um produto não poder ser reconhecido através da superfície perceptível do produto descreve mais uma particularidade do sistema plataforma [50].

Com base nas caraterísticas descritas, o sistema plataforma e o sistema modular não podem ser qualificados como sistemas construtivos idênticos, pois as variantes do sistema plataforma basicamente não são compostas por arranjos de módulos preexistentes.

Referências

1. AEG-Telefunken: Hochspannungs-Asynchron-Normmotoren, Baukastensystem, 160 kW -3150 kW. Druckschrift E 41.01.02/0370.
2. Achenbach, H.-P.: Ein Baukastensystem für pneumatische Wegeventile. vvt -Z. ind. Fertigung 65, (1975) 13-17.
3. Beitz, W.; Keusch, W.: Die Durchführung von Gleitlager-Variantenkonstruktionen mit Hilfe elektronischer Datenverarbeitungsanlagen.VDI-Berichte Nr. 196. Düsseldorf VDI-Editora, 1973.
4. Beitz, W.; Pahl, G.: Baukastenkonstruktionen. Konstruktion 26, (1974) 153- 160.
5. Berg, S.: Angewandte Normzahl. Berlim: Beuth, 1949.
6. Berg, S.: Die besondere Eignung der Normzahlen für die Größenstufung. DIN-Mitteilungen 48, (1969) 222-226.
7. Berg, S.: Konstruieren in Größenreihen mit Normzahlen. Konstruktion 17, (1965) 15-21.
8. Berg, S.: Die NZ, das allgemeine Ordnungsmittel. Schriftenreihe der AG für Rat. des Landes NRW, (1959) H.4.
9. Berg, S.: Theorie der NZ und ihre praktische Anwendung bei der Planung und Gestaltung sowie in der Fertigung. Schriftenreihe derAG für Rat. des Landes NRW, (1958) H. 35.
10. Borowski, K.-H.: Das Baukastensystem der Technik. Schriftenreihe Wissenschaftliche Normung, H. 5. Berlim: Springer, 1961.
11. Brankamp, K.; Herrmann, J.: Baukastensystematik - Grundlagen und Anwendung in Technik und Organisation. Ind. -Anz. 91, (1969) H. 31 und 50.
12. Dietz, P.: Baukastensystematik und methodisches Konstruieren im Werkzeugmaschinenbau.Werkstatt u. Betrieb 116. (1983) 185-189 und 485-488.
13. DIN 323, Folha 2: Normzahlen und Normzahlreihen (mit weiterem Schrifttum). Berlim: Beuth, 1974.
14. Eversheim, W.; Wiendahl, H: R: Rationelle Auftragsabwicklung im Konstruktionsbüro. Girardet Taschenbücher, Bd. 1. Essen: Girardet, 1971.
15. Flender: Firmenprospekt Nr. K 2173/D. Bocholt, 1972.
16. Friedewald, H.-J.: Normzahlen - Grundlage eines wirtschaftlichen Erzeugnisprogramms. Handbuch der Normung, Bd.3. Berlim: Beuth 1972.
17. Friedewald, H.-J.: Normung integrieren - der Bestandteil einer Firmenkonzeption. DIN-Mitteilungen 49, (1970) H.1.
18. Gerhard, E.: Baureihenentwicklung. Konstruktionsmethode Ähnlichkeit. Grabenau: Expert, 1984.
19. Gläser, E-J.: Baukastensysteme in der Hydraulik.wt-Z. ind. Fertigung 65, (1975) 19-20.
20. Gregorig, R.: Zur Thermodynamik der existenzfähigen Dampfblase an einem aktiven Verdampfungskeim. Verfahrenstechnik, (1967) 389.

21. Hansen Transmissions International: Firmenprospekt Nr. 6102-621 D. Antuérpia, 1969.

22. Hansen Transmissions International: Firmenprospekt Nr. 202 D. Antuérpia, 1976.

23. Keusch, W.: Entwicklung einer Gleitlagerreihe im Baukastenprinzip. Diss. TU Berlim, 1972.

24. Kienzle, O.: Die NZ und ihre Anwendung VDI -Z. 83, (1939) 717.

25. Kienzle, O.: Normungszahlen. Berlim: Springer, 1950.

26. Kloberdanz, H.: Rechnerunterstützte Baureihenentwicklung. Fortschritt-Berichte VDI, Reihe 20, Nr.40. Düsseldorf VDI-Editora, 1991.

27. Kohlhase, N.: Methoden und Instrumente zum Entwickeln marktgerechter Baukastensysteme. Konstruktion 49, (1997) H. 7/8, 30-38.

28. Kohlhase, N.; Schnorr, R.; Schlucker, E.: Reduzierung der Variantenvielfalt in der Einzel- und Kleinserienfertigung. Konstruktion 50, (1998) H. 6, 15-21.

29. Koller, R.: Entwicklung und Systematik der Bauweisen technischer Systeme - ein Beitrag zur Konstruktionsmethodik. Konstruktion 38, (1986) 1 -7.

30. Lang, K.; Voigtländer, G.: Neue Reihe von Drehstrommaschinen großer Leistung in Bauform B 3. Siemens -Z.45, (1971) 33-37.

31. Lehmann, Th.: Die Grundlagen der Ähnlichkeitsmechanik und Beispiele für ihre Anwendung beim Entwerfen von Werkzeugmaschinen der mechanischen Umformtechnik. Konstruktion 11, (1959) 465-473.

32. Lashin, G.: Baukastensystem für modulare Straßenbahnfahrzeuge. Konstruktion 52, (2000) H.1 u.2, 61-65.

33. Maier, K.: Konstruktionsbaukästen in der Industrie. wt-Z. ind. Fertigung 65, (1975) 21-24.

34. Matz, W.: Die Anwendung des Ähnlichkeitsgesetzes in der Verfahrenstechnik. Berlim: Springer, 1954.

35. Pahl, G.; Beitz, W.: Baureihenentwicklung. Konstruktion 26, (1974) 71-79 und 113-118.

36. Pahl, G.; Rieg, E: Kostenwachstumsgesetze für Baureihen. Munique: C. Hanser, 1984.

37. Pahl, G.; Zhang, Z.: Dynamische und thermische Ähnlichkeit in Baureihen von Schaltkupplungen. Konstruktion, 36 (1984) 421-426.

38. Pahl, G.: Konstruieren mit 3D-CAD-Systemen. Kap.8.8: Baureihenentwicklung. Berlim: Springer, 1990.

39. Pawlowski, J.: Die Ähnlichkeitstheorie in der physikalisch-technischen Forschung. Berlim: Springer, 1971.

40. Reuthe, W.: Größenstufung und Ähnlichkeitsmechanik bei Maschinenelementen, Bearbeitungseinheiten und Werkzeugmaschinen. Konstruktion 10, (1958) 465-476.

41. Schwarz, W.: Universal Werkzeugfräs- und -bohrmaschinen nach Grundprinzipien des Baukastensystems. wt -Z, ind. Fertigung 65, (1975) 9-12.

42. Weber, M.: Das allgemeine Ähnlichkeitsprinzip der Physik und sein Zusammenhang mit der Dimensionslehre und der Modellwissenschaft. Jahrb. der Schiffsbautechn. Ges., H. 31, (1930) 274-354.

43. Westdeutsche Getriebewerke: Firmenprospekt. Bochum, 1975.

44. Ulrich, K.: The role of product architeture in manufacturing firm. In.: Research Policy 24. (1995) N. 3, S 419-440.

45. Göpfer, J.: Modulare Produktentwicklung. Zur gemeinsamen Gestaltung von Technik und Organization. Wiesbaden: Dt. Univ. -Verl. 1998. Zugl.: Munique, Univ. Diss., 1998.

46. Baumgart, I.: Modularisierung von Podukten im Anlagenbau. Dissertationsschrift; Rheinisch-Westfälische Technische Hochschule Aachen, Aachen 2004.

47. Piller, F.T.; Waringer, D.: Modularisierung in der Automobilindustrie - neue Form und Prinzipien. Aachen: Shaker-Editora, 1999.

48. Haf, H.: Plattformbildung als Strategie zur Kostensenkung. VDI-Notícias, 1645 (2001), S. 121-137.

49. Cornet, A.: Plattformkonzepte in der Automobilentwicklung. Wiesbaden: Dt. Univ. -Verlag, 2002. Zugl.: Vallendar, Wiss. Hochsch, für Unternehmensführung. Koblenz, Diss., 2000.

50. Stang, S.; Hesse, L.; Warnecke, G.: Plattformkonzepte. Eine strategische Gradwanderung zwischen Standardisierung und Individualität, SWF, 97 (2002) N. 3, S. 110-115.

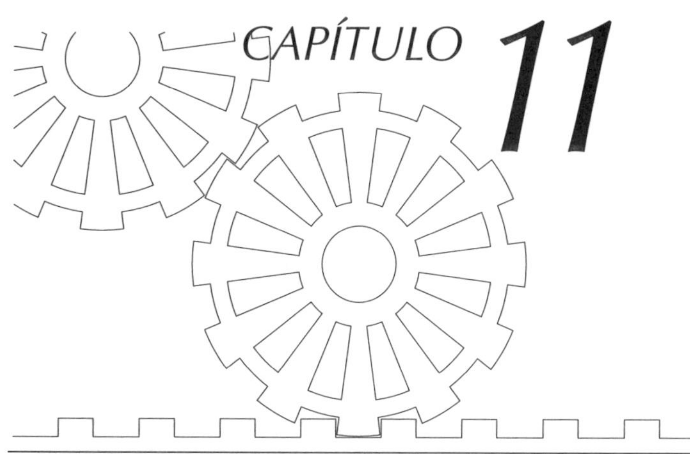

MÉTODOS PARA O DESENVOLVIMENTO DE PRODUTOS COM GARANTIA DE QUALIDADE

11.1 ■ Aplicação do procedimento metódico

Atualmente, define-se a qualidade de um produto de forma abrangente. Além do atendimento da função, a qualidade contempla a observância dos requisitos com relação à: segurança, características ergonômicas e de utilização, reciclagem e disposição final [4], bem como custos de: produção e de operação (cf. 2.1.7, Fig. 2.15). É crucial a percepção, de que uma qualidade inferior tanto pode resultar de deficiências do projeto, como também de deficiências dos procedimentos.

A obtenção de um produto com qualidade com potencial de mercado, ou seja, assegurar a qualidade, começa desde o projeto [2, 19]. Qualidade não pode ser testada, mas precisa ser projetada e implementada. Comparável à responsabilidade pelos custos do projeto (cf. 12), de acordo com [26], 80% de todas as falhas são devidas ao desenvolvimento, projeto e planejamento deficientes. 60% de todas as quebras dentro do período de garantia têm sua origem em desenvolvimentos imaturos e falhos.

A garantia ou incremento da qualidade é uma tarefa coletiva com uma abordagem integral, que começa com o planejamento do produto e com o marketing, e é decisivamente influenciada no projeto e no desenvolvimento e, finalmente, é implementada na produção. A base do controle de qualidade, inclusive com relação à terminologia, é a norma internacional (DIN ISO 9001 a 9004 [12 - 16]).

Uma garantia de qualidade no desenvolvimento e no projeto de um produto já é auxiliada pelo procedimento metódico proposto neste livro com respeito ao seqüenciamento do trabalho, aos métodos para a solução e o layout, bem como os métodos de seleção e de avaliação [2, 3, 33].

A tendência de inserir etapas de trabalho sistemáticas num processo integrado de geração de um produto, executado por equipes de projeto chefiadas por um gerente do produto, novamente garante uma qualidade abrangente (cf. 4.3). Por superposição das etapas principais ou por recrutamento dos colaboradores e dos fornecedores dessas etapas para formar uma equipe de projeto por tempo limitado, a cadeia de processos de um processo integrado de geração de um produto representado na Fig. 4.5 possibilita uma compilação integral do conhecimento da matéria. Igualmente uma contínua consideração dos requisitos do cliente e, principalmente, canais de informação curtos e diretos para uma coordenação iterativa e passo a passo do progresso do projeto.

Além disso, a interdisciplinaridade da equipe de projeto garante avaliação e decisão equilibradas, ambos importantes pressupostos para alcançar um elevado padrão de qualidade.

Unicamente por sua aplicação, as seguintes regras básicas, princípios e diretrizes de configuração já contribuem para assegurar a qualidade:

Soluções claras e *simples* ajudam prever com segurança efeitos e comportamentos de princípios de funcionamento e da estrutura de uma construção e, assim, reduzir o perigo de defeitos indesejados (cf. 7.3.1 e 7.3.2).

Os princípios da *tecnologia de segurança imediata* (existência segura, falha limitada, arranjos redundantes) e da tecnologia dos recursos de segurança (sistemas e instalações de proteção) oferecem, por meio de configuração conseqüente, importantes possibilidades de garantia de durabilidade, confiabilidade, ausência de acidentes e proteção do meio ambiente (cf. 7.3.3).

Uma configuração *pobre em falhas* auxilia a minimização das falhas, p. ex., por compensação das variáveis perturbadoras (princípio da compensação de forças), por princípios e estruturas de funcionamento, nos quais as variáveis da função são amplamente independentes das variáveis perturbadoras (princípio da divisão de tarefas, cf. 7.4.2), ou por elementos intermediários compensadores de tolerâncias (cf. 7.4.5).

Na transmissão de forças entre componentes, devido a diferenças entre as deformações (magnitude e direção), freqüentemente surgem tensões adicionais e que podem ser evitadas configurando-se o princípio das deformações compatíveis. Ou seja, que a direção da força e a geometria sejam definidas de tal maneira que as deformações de igual magnitude e direção nas superfícies das interfaces em contato proporcionem uma transmissão uniforme das cargas (cf. 7.4.1 - 3).

O *princípio da estabilidade* auxilia no sentido de que os defeitos anulem seus próprios efeitos ou ao menos atenuem os efeitos (cf. 7.4.4 - 1).

Com o *princípio da auto-ajuda*, não somente se procura aproveitar grandezas operacionais e perturbadoras para um efeito secundário que auxilia a função, mas por autocompensação de tensões e modificações do tipo de solicitação no caso de a sobrecarga realizar um efeito autoprotetor (cf. 7.4.3).

Configurar considerando a *dilatação e a fluência* significa minimizar as dimensões dos componentes por meio da seleção das dimensões dos componentes afetados por temperatura e tensão, com ou sem influência do tempo de aplicação da carga, de modo que, pela seleção do material ou por guias de absorção, não possam ocorrer tensões residuais, emperramentos ou outras falhas operacionais (cf. 7.5.2 e 7.5.3).

Configurar considerando a corrosão e o desgaste significa eliminar causas (contramedidas primárias) ou pela seleção do material, das camadas de revestimentos ou por simples medidas de manutenção (providências secundárias) impedir, minimizar ou pelo menos tornar inócuos para a operação corrosão e desgaste (cf. 7.5.4 e 7.5.5).

Configurar considerando a *produção*, a *montagem* e o *teste* não só reduz os custos e tempos de produção, mas também representa uma base importante para o controle da qualidade. Tradicionalmente aqui se localiza o ponto crucial dos métodos e medidas do controle da qualidade. (cf. 7.5.8 e 7.5.9).

Configurar com a consideração do *risco* também é uma estratégia importante, onde possíveis falhas decorrentes de lacunas de percepção e informação ou concebíveis variáveis perturbadoras são antecipadamente consideradas no projeto. Assim, se realmente acontecerem durante os testes, podem ser eliminadas com simples medidas complementares, sem grandes problemas e com um esforço aceitável (cf. 7.5.12).

Projetar com consideração das *normas* tem um significado especial para o controle da qualidade, uma vez que a observância das normas significa a aplicação de regras reconhecidas da técnica, possibilita a manutenção e assegura características de qualidade adotadas universalmente (cf. 7.5.13 - 4).

Em se definindo a qualidade de um produto de forma abrangente, ainda deverão ser acrescidas diretrizes de configuração considerando a *ergonomia*, a *operação*, a *reciclagem* e a *disposição final* (cf. 7.5.6, 7.5.7 e 7.5.11).

Aplicar os métodos de projeto e estratégias de configuração já mencionados, influencia favoravelmente a qualidade do produto por eliminação de falhas e fatores perturbadores, por estruturas de funcionamento e de construção claras e simples. Também auxilia a alcançar as desejadas características do produto sem custos adicionais significativos. A preferência deverá recair sobre essas medidas primárias em comparação com métodos de análise e testes dispendiosos.

Além desses métodos para a configuração, uma série metódica de ferramentas também é utilizada para assegurar a qualidade. Assim a lista de requisitos é apropriada para que não seja esquecida nenhuma necessidade ou vontade importante objetivada para as características do produto. Por esse motivo, ela é especialmente importante para o controle da qualidade (cf. 5.2). Para uma seleção grosseira (eliminação e classificação de variantes da solução) foram implementadas *listas de seleção* (cf. 3.3.1), para a avaliação detalhada e identificação de pontos fracos, a *análise de valor* ou métodos semelhantes (cf. 3.3.2). A análise da *árvore de falhas* foi implementada para avaliação de fatores perturbadores e efeitos das falhas (cf. 11.3).

Como instrumento para *análise e síntese da tolerância*, atualmente por computador, como importante meio auxiliar para assegurar a qualidade, conhecem-se estratégias e ferramentas para componentes e estruturas complexas, com as quais o projetista pode prefixar tolerâncias vantajosas, do ponto de vista do custo e da qualidade (cf. 7.5.8. - 3 e [29]).

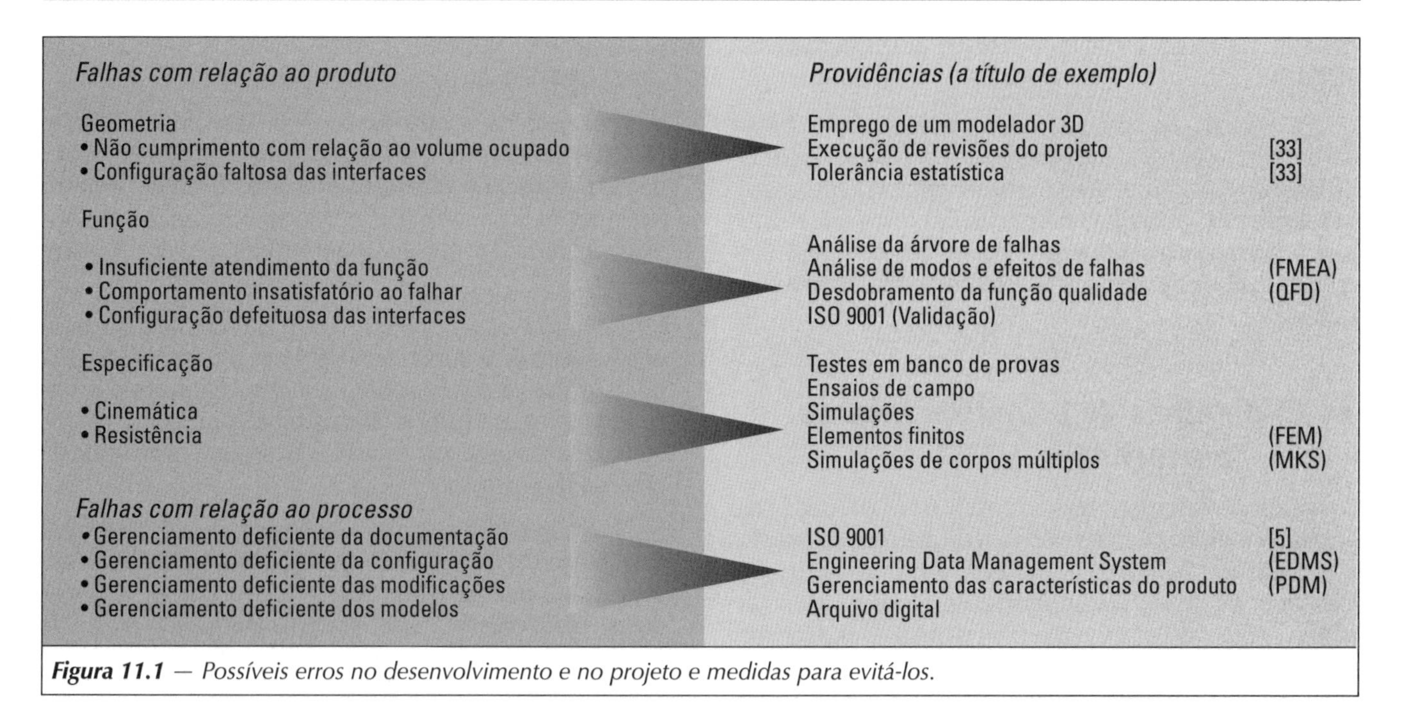

Figura 11.1 *— Possíveis erros no desenvolvimento e no projeto e medidas para evitá-los.*

Análises de confiabilidade computadorizadas prestam-se à estimativa do tempo de vida útil ou da probabilidade de paralisações dos subconjuntos de uma máquina, da própria máquina ou de uma instalação industrial e, por isso, também constituem uma importante ferramenta para a melhoria da qualidade [5, 24].

Métodos de otimização computadorizados, com os quais podem ser otimizados sistemas técnicos com objetivos complexos considerando as condicionantes, são mais uma ferramenta importante para o projeto de um produto com qualidade abrangente (cf. 13.2.2).

Para análise estrutural das tensões e deformações causadas por carregamentos térmicos e mecânicos e assim para uma otimização passo a passo da estrutura quanto à segurança, aproveitamento do material e outras particularidades, difundiu-se largamente o método dos elementos finitos (FEM). Outros métodos de especificação e verificação analíticos também são apropriados para assegurar características de qualidade (cf.13.2.2).

Apesar da multiplicidade de possibilidades da metodologia do projeto para apoiar a responsabilidade do projetista quanto à qualidade, atualmente vem sendo implantado nas empresas, no contexto de uma ofensiva pela qualidade, um *gerenciamento complementar da qualidade* que, com a estratégia *Total Quality Management* (TQM) ou *Total Quality Control* (TQC) exprime uma filosofia de qualidade, que envolve todos participantes do processo de geração de um produto em uma *Quality Engineering* universal e integral [20 - 22, 25 - 27]. TQM é um instrumento de gerenciamento orientado à organização com as áreas de atividades de gerenciamento e projeto do *layout*, voltado à qualidade (gerência), desenvolvimento dos participantes (colaboradores), gerência de relações públicas (clientes), integração com os fornecedores (terceirização), responsabilidade perante o público (sociedade), estruturas administrativas orientadas pelo processo (processos), controle orientado pela qualidade (controle) e um planejamento de metas incentivador da qualidade (planejamento dos objetivos) [25]. A TQM também desenvolveu métodos específicos, que complementam eficazmente a metodologia de projeto.

Em seguida, deve ser citada a FMEA (Análise das Possibilidades e Efeitos das Falhas), que analisa as possíveis falhas e avalia os riscos (efeitos) a elas associadas, de forma mais abrangente do que seria possível pela análise da árvore de falhas. Dada sua importância, ela é tratada separadamente em 11.4.

Outro método ou ferramenta implantada foi o *Quality Function Deployment* (QFD), que tem como objetivo específico converter as exigências do cliente em requisitos descritíveis e possivelmente quantificáveis para cada um dos setores da empresa e também assegurar essa conversão [3, 9, 10, 17, 23, 25]. O QFD também é uma ferramenta para o detalhamento e complementação da lista de requisitos e para execução de um planejamento sistemático do produto. Por causa da grande relevância do QFD na prática empresarial, esse método é tratado à parte em 11.5.

Outra abordagem sistemática a ser citada é o *Design Review*, onde para cada uma das fases de desenvolvimento e de projeto é efetuada uma verificação em equipe dos resultados (Equipe de Verificação) [33]. Essas verificações (avaliações) também são úteis para avaliação e redução dos riscos.

Na Fig. 11.1 são mostrados de forma resumida os defeitos de produto e de processo, assim como as medidas mais importantes para se corrigir estes defeitos.

Em resumo, verifica-se que a teoria do projeto exposta

neste livro contém todos os princípios de engenharia de qualidade.

Os métodos específicos do TQM deverão ser vistos como um complemento dessa metodologia e não o contrário [6, 7, 8, 18, 33]. Pois, enquanto a busca de princípios adequados de solução e a consideração das regras, princípios e diretrizes para o *layout* ainda não tiverem sido esgotadas, os métodos do TQM também não conseguem compensar essas deficiências básicas.

11.2 ■ Falhas de projeto e fatores perturbadores

O processo de desenvolvimento e projeto é caracterizado por etapas de trabalho criativas e corretivas. Métodos de seleção e avaliação (cf. 3.3), bem como testes e cálculos, ajudam a identificar e suprimir pontos fracos. Ainda assim, as falhas podem não ser detectadas pelo projetista ou seu estágio de conhecimentos não ser suficiente para reconhecer ou eliminar inter-relações dotadas de falhas ou sensíveis a perturbações. Quando as lacunas de informação e incertezas de avaliação são percebidas, sérias conseqüências técnicas e econômicas podem ser evitadas por meio de "configurações considerando o risco" (cf. 7.5.12).

Freqüentemente, um comportamento falho não pode ser atribuído a falhas de projeto, mas a *fatores perturbadores*.

Aqui, deve ser observado que, de acordo com Rodenacker [28], a influência de fatores perturbadores pode resultar de flutuações das variáveis de entrada, ou seja, das diferenças de qualidade dos fluxos de matéria, energia e sinal que adentram o sistema (cf. Fig. 2.14). Caso a influência dessas flutuações sobre o resultado final for inaceitável, elas têm de ser compensadas pelo tipo de solução (p. ex., pelo controle). Os princípios disso estão prefixados pelos princípios selecionados de funcionamento que, no seu somatório e encadeamento, representam o conceito do produto. Em qualquer caso, deve ser objetivado um conceito robusto, no qual as variáveis de saída são independentes da qualidade das variáveis de entrada. P. ex., a eficiência de um mecanismo por roda de atrito é acentuadamente dependente da qualidade das superfícies de atrito, uma circunstância que pode influenciar negativamente a qualidade do produto.

Perturbações resultam da *estrutura de funções*, quando a correlação e a interligação das subfunções é ambígua, e também resultam do *princípio de funcionamento* especialmente quando o fenômeno físico não realiza a ação com a esperada magnitude ou constância. O *layout* teoricamente selecionado, junto com variações das características do material e das tolerâncias da forma, de posição e do acabamento superficial condicionadas pela produção e montagem, determina características diferentes das que foram pressupostas. Por fim, as variáveis perturbadoras atuantes externamente como temperatura, umidade, poeira, vibrações, etc., constituem uma influência que não pode ser desprezada. A influência das variáveis perturbadoras precisa ser suprimida, eventualmente com a consideração da propagação de falhas.

Por meio de um "*layout* pobre em falhas" (cf. 7.4.5 e [30]), bem como pela aplicação de outros princípios (cf. 7.4) e outras diretrizes de configuração (cf. 7.5), o comportamento falho devido a variáveis perturbadoras pode ser preventivamente reduzido, porém jamais erradicado.

Recomendações para conseguir elevadas precisões mecânicas foram dadas por Spur [29]. A propósito, define-se um "sistema de precisão mecânico" que é determinado pela precisão das características do material, da geometria dos componentes, da geometria dos subconjuntos, dos movimentos da máquina, do comando da máquina, bem como da precisão de operação.

Pressupostos importantes para eliminar falhas e fatores perturbadores ou pelo menos minorar suas conseqüências são a detecção e avaliação de possíveis falhas e fatores perturbadores, possivelmente numa fase prematura do processo de desenvolvimento de um produto. Ferramentas eficazes para esse fim serão abordadas a seguir.

11.3 ■ Análise da árvore de falhas

Na análise da segurança e da confiabilidade de instalações e sistemas técnicos, ou seja, de produtos técnicos, no contexto do projeto sistemático, o comportamento falho e a influência de fatores perturbadores podem ser determinados de forma objetiva e conseqüente, por meio da análise da *árvore de falhas* (na tecnologia de segurança, também conhecida como análise da *árvore de riscos*) [11].

A análise da árvore de falhas está baseada na álgebra booleana e é adequada para a avaliação quantitativa das falhas, suas causas e conseqüências em sistemas de segurança relevantes. Ela é um método causal, ou seja, cada evento deverá ter ao menos uma causa. O evento somente se manifesta, ou seja, ocorre a falha, quando a causa também se manifesta.

A estrutura das funções com as subfunções individuais a serem atendidas é conhecida na fase conceitual. Na elaboração do projeto preliminar também foram identificadas as necessárias funções auxiliares. Desse modo, foi possível complementar a estrutura da função. Todas as funções necessárias para um subconjunto ou uma parte a ser testada, podem ser apresentadas.

As funções identificadas serão negadas, uma após a outra, ou seja, admite-se que elas não tenham sido satisfeitas. Utilizando a lista de verificação apresentada em 7.2, deve-se buscar as prováveis causas de um comportamento falho ou as influências de fatores perturbadores, identificando suas interligações "E" ou "OU" e analisando-as quanto às suas conseqüências.

As conclusões que podem ser tiradas conduzem a uma sensível melhoria do projeto preliminar; em alguns casos conduzem à verificação do conceito, ou a normas com respeito à produção, montagem, transporte, utilização e manutenção.

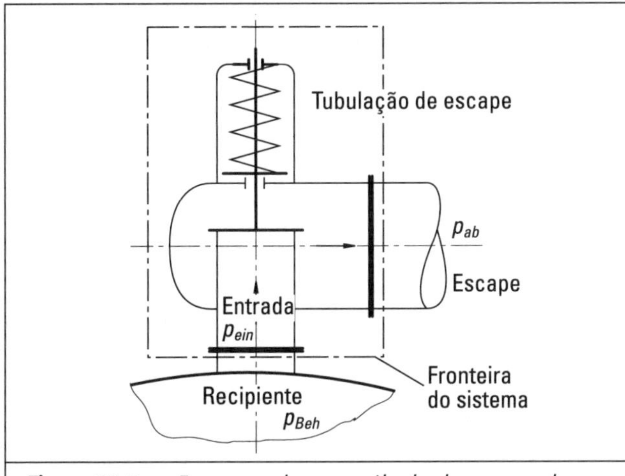

***Figura 11.2** — Esquema de uma válvula de escape de segurança para recipientes de gás.*

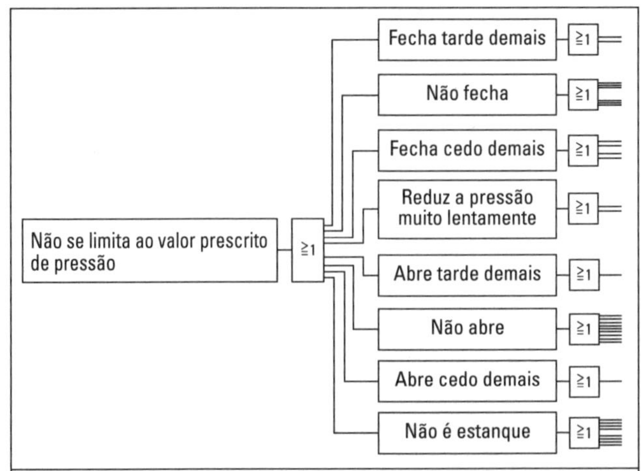

***Figura 11.4** — Estrutura da árvore de falhas partindo de um comportamento de falha identificado, de acordo com a Fig. 11.2.*

Um exemplo poderá esclarecer esse procedimento.

Uma válvula dreno de segurança para reservatórios de gás (Fig. 11.2) deverá ser examinada com relação a possíveis falhas em seu comportamento, já na fase conceitual. Partindo da lista de requisitos e de funções identificáveis, pode ser derivado o inter-relacionamento da Fig. 11.3. Quando a pressão exceder a pressão de serviço (pressão de drenagem) em 10%, a válvula de segurança deverá abrir e, quando a pressão de serviço voltar a cair, deverá fechar. As funções principais dessas situações são: "abrir ou fechar a válvula". A função global também pode ser descrita como "limitar a pressão a um valor preestabelecido". Com a inclusão do tempo, um possível comportamento falho da função global é admitido como: "a válvula não limita a pressão ao valor preestabelecido": Fig. 11.4.

Da mesma forma, as subfunções identificáveis na Fig. 11.3

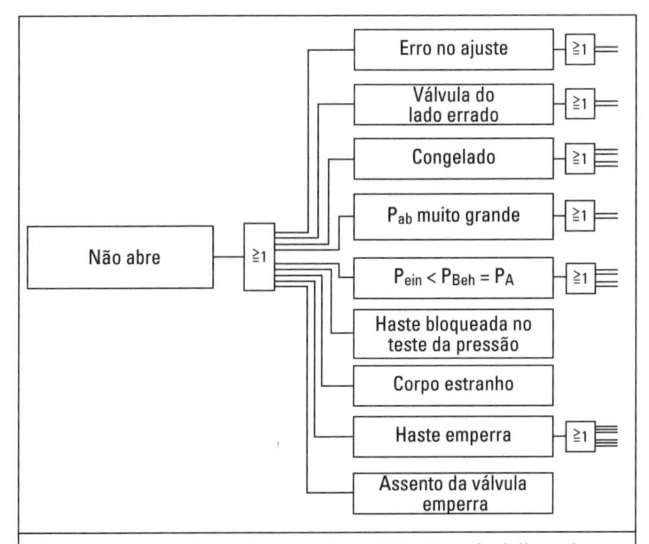

***Figura 11.5** — Recorte da análise da árvore de falhas de acordo com a Fig. 11.4 completada para o comportamento de falha parcial "não abre".*

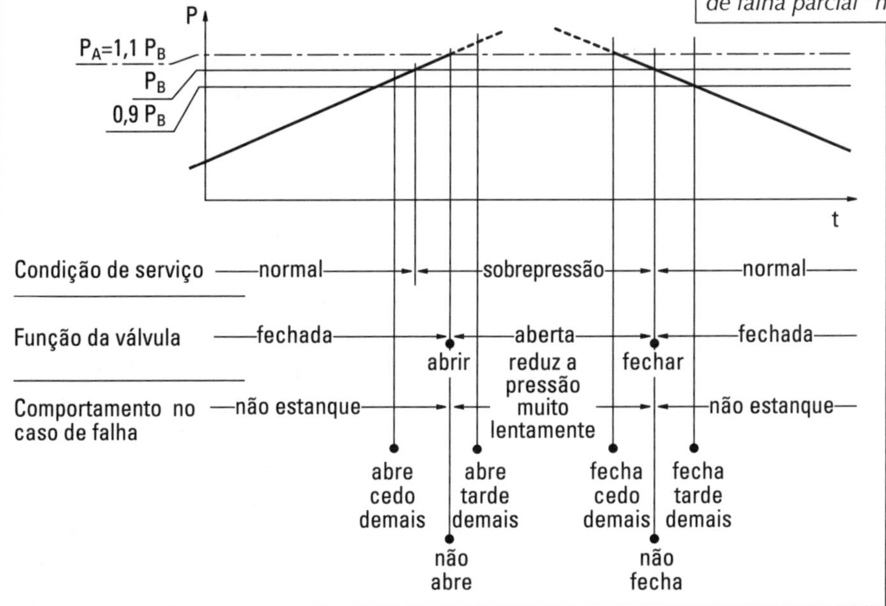

***Figura 11.3** — Condição de serviço, funções principais da válvula e comportamento de falha da válvula de segurança.*

são negadas nas suas inter-relações dependentes do tempo. Elas estão interligadas com a função global por meio de uma relação OU. Na etapa subseqüente, o possível comportamento falho é investigado por questionamentos sobre as causas (Fig. 11.5) em que, como exemplo, somente foi representado o comportamento falho "não abre".

Para uma causa identificada também podem concorrer outras razões, que eventualmente são seguidas numa interligação E / OU.

Para isso, a Fig. 11.6 fornece uma relação de outras possíveis causas de paralisações e medidas corretivas, apesar de essas somente poderem ser concretizadas na etapa de projeto preliminar. A codificação das medidas

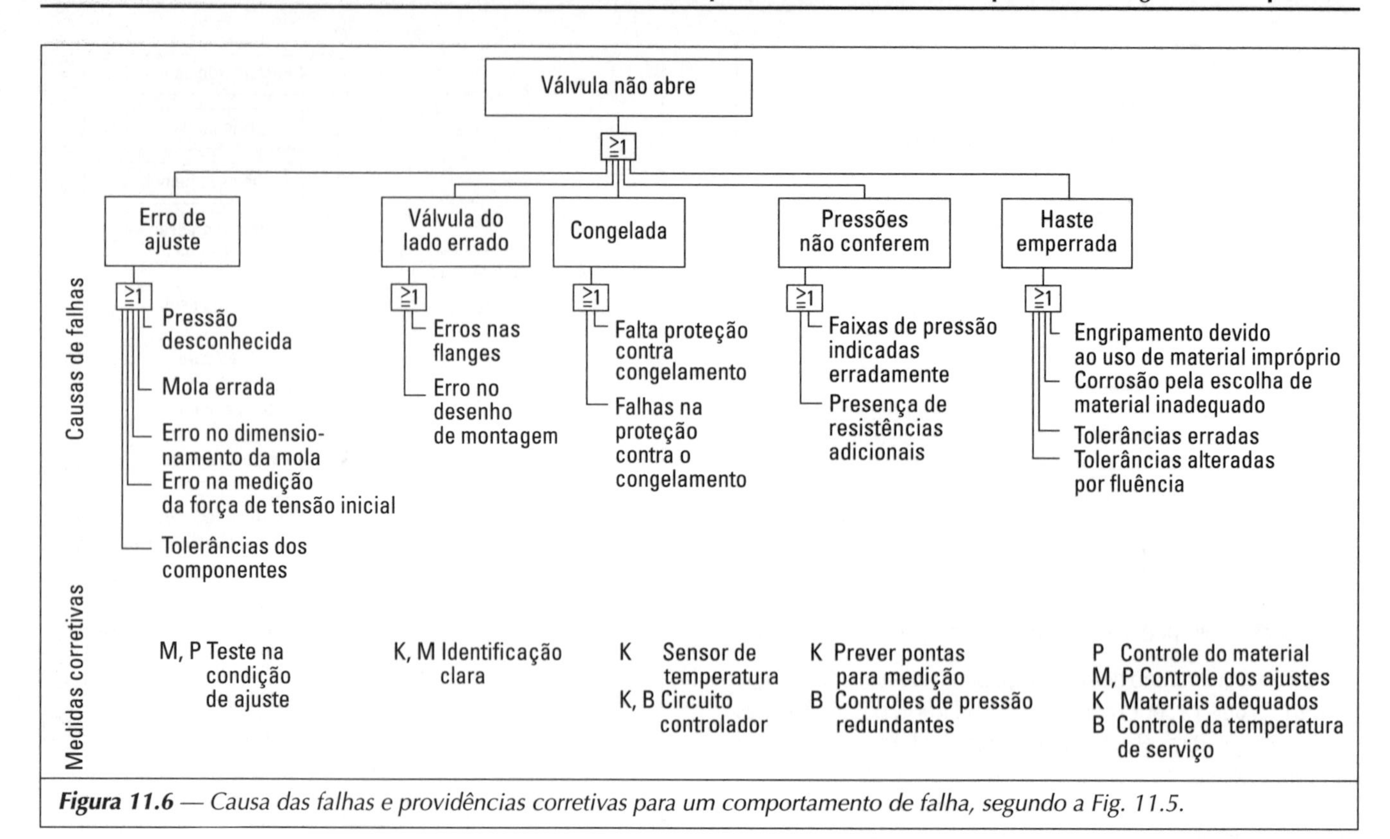

Figura 11.6 — *Causa das falhas e providências corretivas para um comportamento de falha, segundo a Fig. 11.5.*

			1ª edição 1. 9. 73	
			Lista de requisitos de uma válvula de escape de segurança — Folha 1 Página 3	
Modificações	F W	Posição	Requisitos x)	Responsável
1.9.73		22	Prato de válvula com superfície de vedação plana(sem assento cônico)	
"		23	Sem conexão rígida entre prato da válvula e a haste	
"		24	Possibilidade de refazer ou substituir as superfícies de vedação	
"		25	Limitação do curso numa posição definida	
"		26	Amortecimento do movimento da válvula	
"	W	27	Montagem em espaços fechados, ao abrigo de geadas (veja também DIN 3396 5.22)	
"		28	Vedação sem contato evitar atrito	
"		29	Compelir a uma clara posição de montagem (p. ex. diferenças entre tamanhos das flanges de entrada e saída)	
			x) Os requisitos foram complementados após elaboração da árvore de falhas e das contramedidas	
			Substitui — Editado por	

Figura 11.7 — *Complementação da lista de requisitos após realização da análise da árvore de falhas.*

corretivas de acordo com os setores envolvidos (cf. Fig. 11.10) facilita sua execução. Com base nos conhecimentos obtidos por uma investigação completa por meio da análise da árvore de falhas, resulta freqüentemente uma melhoria ou complementação da lista de requisitos (Fig. 11.7) antes de iniciar a etapa do projeto preliminar. Desse modo, podem ser conseguidos importantes conhecimentos para um *layout* apropriado e também ser evitadas falhas.

O segundo exemplo visa mais especificamente a fase do projeto preliminar. A vedação de um eixo constituído por uma gaxeta (cf. Fig. 11.8) serve de bloqueio de fugas do ar pressurizado utilizado para o resfriamento de um gerador de grande porte, acoplado a uma turbina centrífuga. A diferença de pressão chega a 1,5 bar, as dimensões são respeitáveis. A guarnição desliza sobre a chamada "luva de proteção térmica". O subconjunto deverá ser examinado com relação a possíveis comportamentos falhos.A função global é "bloquear o ar de resfriamento". No começo da investigação é conveniente

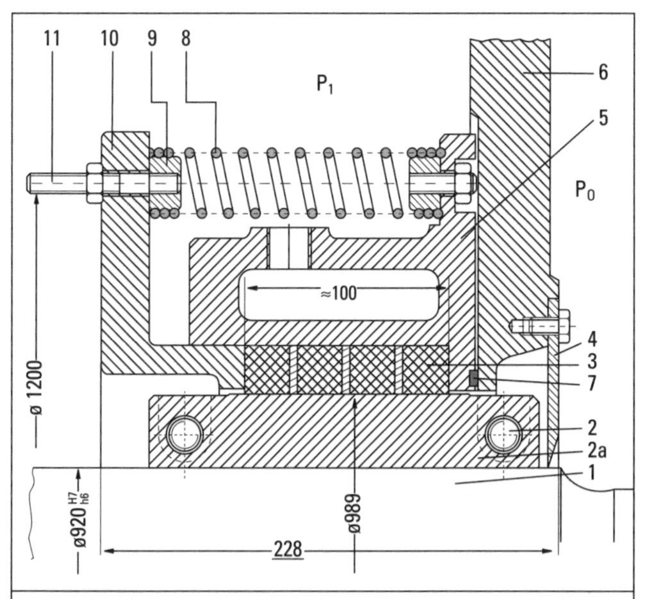

Figura 11.8 — Vedação do eixo de um grande gerador para bloqueio do ar de resfriamento.

esclarecer as subfunções que deverão ser satisfeitas por cada componente. Quando ainda não existe nenhuma estrutura da função, o melhor jeito de fazer isso é por meio da ajuda da tabela mostrada na Fig. 11.9. Para a função de bloqueio são básicas as seguintes subfunções:

- aplicar força de aperto;
- vedar de forma deslizante e
- dissipar calor do atrito.

Na seqüência da análise, essas subfunções são, então, negadas e simultaneamente sai-se à procura de possíveis causas de um comportamento falho (cf. Fig. 11.10).

O resultado da análise da árvore de falhas aponta em primeiro lugar para um comportamento falho da luva de proteção térmica (2), em decorrência de um comportamento térmico instável (cf. 7.4.4 - 1):

O calor do atrito gerado na superfície de deslizamento praticamente só pode ser dissipado no eixo depois de atravessar a luva. Com isso, a luva se aquece e se dilata. Dessa forma ela amplifica o efeito do atrito e com a continuação do aquecimento a luva se separa do eixo, do que resulta um vazamento adicional e um dano à superfície do eixo provocado por um escorregamento inadmissível da luva sobre o eixo.

Esse arranjo é inadequado e exige uma melhoria construtiva básica: ou comprimir a gaxeta contra o eixo eliminando a luva de proteção térmica e permitindo que gire juntamente com o eixo (calor dissipado pelo alojamento (5)) ou empregar uma vedação por anel deslizante com superfícies de vedação radiais.

Caso seja mantido o tipo construtivo da gaxeta, serão necessárias outras medidas corretivas:

- O apoio do alojamento (5) no quadro (6) é insuficiente, já que com a pré-carga da gaxeta, o alojamento pode girar junto com o eixo. Com a vedação disposta internamente (7), a força de aperto originada da diferença de pressão é muito pequena para absorver o momento de atrito por uma solidarização por atrito. Contramedida: posicionar a vedação (7) no diâmetro externo do alojamento (5), melhor seria uma segurança complementar solidarizada por forma, para transferência do momento de atrito.
- Na posição desenhada, as molas 8 não permitem reaperto. Contramedida: prever espaço suficiente para efetuar o reaperto.
- Por razões de segurança operacional e simplicidade do tipo construtivo, uma mola de compressão no lugar de uma mola de tração é mais apropriada.

Basicamente, além das soluções de projeto também devem ser previstas soluções no âmbito da produção, montagem e operação (serviço e manutenção), mesmo que isso se revele necessário, apesar de uma melhor configuração. Eventualmente deverão ser impostos os respectivos protocolos de ensaio (cf. Fig. 11.10).

Em resumo, para a busca e eliminação de falhas e fatores perturbadores, pode ser indicado o seguinte procedimento:

- Identificar e negar funções.
- Procurar as razões do não cumprimento entre:
- Estrutura da função ambígua,
- Princípio de funcionamento não ideal,
- *layout* não ideal,
- Material não ideal e
- Variáveis não ideais de entrada do fluxo de material,

N.º	Componente	Função
1	Eixo	Transferir torque, acomodar luva, dissipar calor do atrito
2, 2a	Luva (bipartida, parafusada)	Oferecer superfície de movimentação e de vedação, proteger eixo, conduzir calor de atrito
3	Anéis de vedação	Vedar meio permitindo deslize, receber força de aperto e aplicar pressão de vedação
4	Anel raspador	Proteger contra respingos de óleo
5	Gaxeta	Acomodar os anéis de vedação, receber e transferir força de aperto
6	Estrutura	Alojar componentes 4 e 5
7	Vedação anelar	Vedar entre a pressão p_1 e p_0
8	Mola tracionada	Gerar força de aperto
9	Alojamento da mola	Transferir força da mola
10	Anel de tensão	Transmitir força de aperto, alojar mola de tração
11	Parafuso	Protender parafusos de forma ajustável

Figura 11.9 — Análise dos componentes da Fig. 11.7, para conhecimento das suas funções.

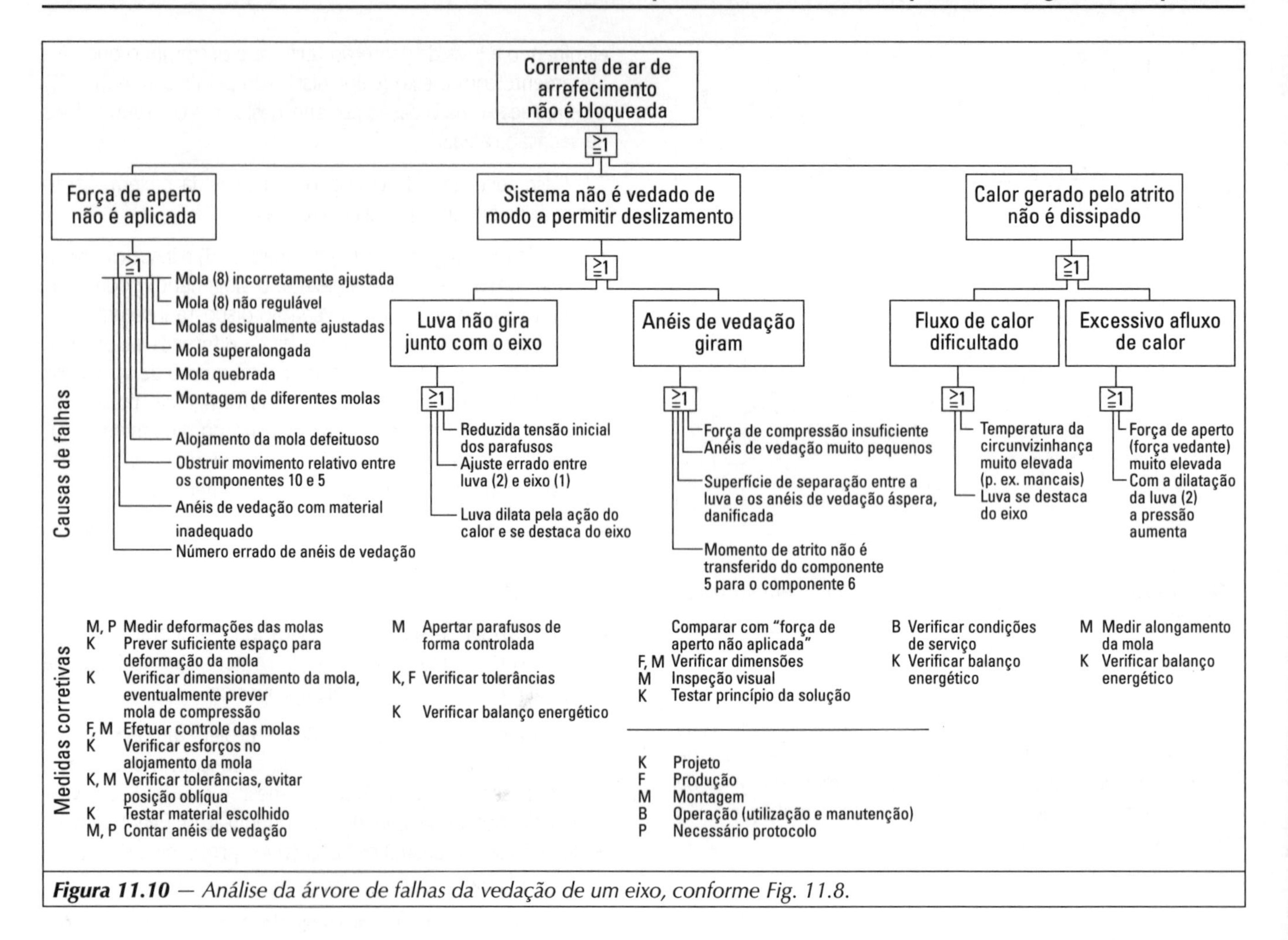

***Figura 11.10** — Análise da árvore de falhas da vedação de um eixo, conforme Fig. 11.8.*

energia e sinal, influências anormais que causam um comportamento não desejado do sistema com relação a solicitações, deformações, estabilidade, ressonância, desgaste, corrosão, dilatação, vedação bem como segurança, ergonomia, produção, controle, montagem, transporte, utilização e manutenção de acordo com a folha de verificação indicada para o processo de *layout*.

- Verificar quais pressupostos devem ser cumpridos para que o comportamento falho ocorra, p. ex., por meio de uma interligação E ou até mesmo por uma interligação OU.
- Implementar a respectiva solução no departamento de projeto por uma nova solução, uma melhoria da solução ou medidas de controle na produção, montagem, transporte, utilização e manutenção. Para isso, em geral, deve ser dada preferência ao apuro da solução por meio de uma solução melhorada.

Com relação a este procedimento, deve ser observado, do ponto de vista crítico, que por causa do esforço de trabalho necessário para sua aplicação completa, a análise da árvore de falhas, em geral, deve se restringir a áreas importantes e seqüenciamentos críticos. É fundamental que o projetista se aproprie desse modo de raciocinar e também o pratique de modo informal. Isto ocorre ao negar subfunções reconhecidas e, mediante utilização da lista de verificação com as principais características, como princípio de funcionamento, especificação, durabilidade, deformação, etc. (cf. Fig. 7.3), ele procure as causas de um possível comportamento falho.

11.4 ■ Análise das possibilidades e influências das falhas (FMEA)

A FMEA é um método analítico amplamente formalizado para a determinação sistemática de possíveis falhas e avaliação dos riscos a elas associados (efeitos) [19, 26, 32]. O principal objetivo é a redução ou eliminação dos riscos. A FMEA baseia-se na análise direta de uma falha e suas conseqüências, bem como suas causas. Portanto, ela só permite uma única interligação direta entre causas e conseqüências de uma falha. Este método é basicamente utilizado em novos desenvolvimentos. Distingüe-se entre a FMEA para o projeto/desenvolvimento e a FMEA para o processo/produção.

Na FMEA projeto/desenvolvimento, a questão primordial é verificar se as funções formuladas na lista de requisitos estão satisfeitas. Com auxílio da FMEA de processo/produção, verifica-se se o processo de produção planejado é adequado para alcançar as características exigidas.

KT TU-Berlim	Possibilidade de falhas e análise de efeitos FMEA do projeto ☒ FMEA do processo ☐ Nome/Setor/Fornecedor/Telefone Instituto de projeto de máquinas - Tecnologia da produção	Denominação do componente Came cilíndrico Elaborado por (Nome/Setor/Telefone) Sr. Wende

Falha - local Sinal particular	Tipo de falha	Conseqüência da falha	Causa da falha	Situação atual: Medidas de controle	A	B	E	RPZ	Medidas recomendadas	Situação melhorada: Medidas de controle	A	B	E	RPZ
Eixo	Ruptura do eixo	Exclusão total	Tipo de carregamento não completamente identificado		3	10	10	300	Captar carregamento real através de adequada hipótese de carregamento	Verificação da resistência do eixo	1	10	10	100
Mancal	Folga nos arranjos dos mancais	Satisfação imprecisa da função	Afrouxamento da porca do eixo durante funcionamento (tensão de impacto)		3	8	10	240	Travamento adicional da porca do eixo		1	8	10	80
	Vedação permeável	Desgaste precoce do mancal	Vedação não satisfaz as exigências		2	5	10	100	Utilizar vedação radial do eixo de acordo com a DIN		1	5	10	50
União cubo-eixo (união por meio de flanges parafusados)	Insuficiente solidarização por atrito	Tensão de cizalhamento nos parafusos	Erro de dimensionamento (Não consideração dos coeficientes de atrito		2	6	10	120	Levar em consideração um coeficiente de atrito suficiente		1	6	10	60
	Precisão nos ajustes	Não é possível unir ou centragem insuficiente	Erro de projeto		2	5	1	10	Verificar o cálculo das tolerâncias		1	5	1	5
	Ruptura dos parafusos	Exclusão total	Reconhecimento incorreto do tipo de carregamento		3	10	10	300	Utilizar hipótese de cálculo adequada ao real carregamento	Pré-dimensionamento dos parafusos com carga dinâmica	1	10	10	100
Came de tambor	Pressão sobre a superfície muito elevada	Pittings (covas) na superfície de contato	Pressão superficial muito alta devido à alavanca		7	8	10	560	Adequada combinação de materiais Geometria ajustada		2	8	10	160

Coluna A
Ocorrência
(Falha pode ocorrer)

Impossível	= 1
muito pequena	= 2 - 3
pequena	= 4 - 6
moderada	= 7 - 8
alta	= 9 - 10

Coluna B
Efeitos sobre o cliente

efeitos quase imperceptíveis	= 1
falha insignificante	= 2 - 3
falha moderadamente grave	= 4 - 6
falha grave (aborrecimentos do cliente)	= 7 - 8
falha extremamente grave	= 9 - 10

Coluna E
Probabilidade da descoberta
(antes da entrega ao cliente)

elevada	= 1
moderada	= 2 - 5
diminuta	= 6 - 8
muito pequena	= 9
improvável	= 10

Coluna RPZ

alto	= 1000
médio	= 125
nenhum	= 1

Figura 11.11 — *Planilha da FMEA. O exemplo em questão refere-se ao eixo, mancais e came cilíndrico do projeto discutido em 7.7 (Fig. 7.160).*

A Fig. 11.11 mostra a estrutura de uma planilha de FMEA com um exemplo, no qual foram compiladas as falhas potenciais, com as respectivas conseqüências e causas, o índice de prioridade de risco (IPR), os testes previstos (condição real), e as contramedidas recomendadas e definitivas. Além disso, a Fig. 11.11 também reproduz o seqüenciamento de uma FMEA:

1. Análise de risco com a consideração de componentes/etapas de processo com relação a:
   - falhas potenciais,
   - conseqüências das falhas,
   - causas das falhas,
   - contramedidas planejadas para supressão de falhas e
   - contramedidas previstas para o descobrimento de falhas.
2. Avaliação do risco:
   - estimativa da probabilidade de ocorrência de uma falha,
   - estimativa das reações do cliente ao se defrontar com uma falha e
   - estimativa da probabilidade de que a falha é detectada antes da entrega (alta probabilidade de descoberta significa pequeno risco e concomitantemente pequeno número de pontos).
3. Determinação do índice de prioridade do risco: a partir de IPR > 125 a situação é crítica.
4. Minimização do risco: desenvolver medidas para melhoria do projeto/processo.

De especial relevância é a avaliação do risco com auxílio dos índices de prioridade do risco, que estimam a probabilidade do aparecimento de uma falha, as prováveis conseqüências e a probabilidade da sua descoberta. O último ponto exige uma equipe experimentada para avaliação do risco, para que a probabilidade de descobrimento da falha seja elevada. A FMEA possui um caráter mais quantitativo e se constitui num método para avaliação da qualidade. De modo semelhante à análise de valor (cf. 1.2.3), dedicam-se à sua execução grupos de trabalho das áreas de desenvolvimento/projeto, planejamento da produção, controle de qualidade, compras e distribuição/serviço de atendimento ao cliente. Além da avaliação de uma provável paralisação por falhas e fatores perturbadores, a FMEA estimula, desde o início, o trabalho em equipe dos setores envolvidos com a geração do produto. Ao contrário da análise da árvore de falhas, a qual auxilia diretamente o projetista, a FMEA é também um tipo de protocolo de transferência para a produção e, dessa forma, é útil para o todo o processo de garantia da qualidade.

Finalmente, depois de um certo tempo de aplicação, por meio da documentação e avaliação das planilhas, a FMEA oferece um contínuo acréscimo de conhecimento com respeito às medidas certificadoras da qualidade.

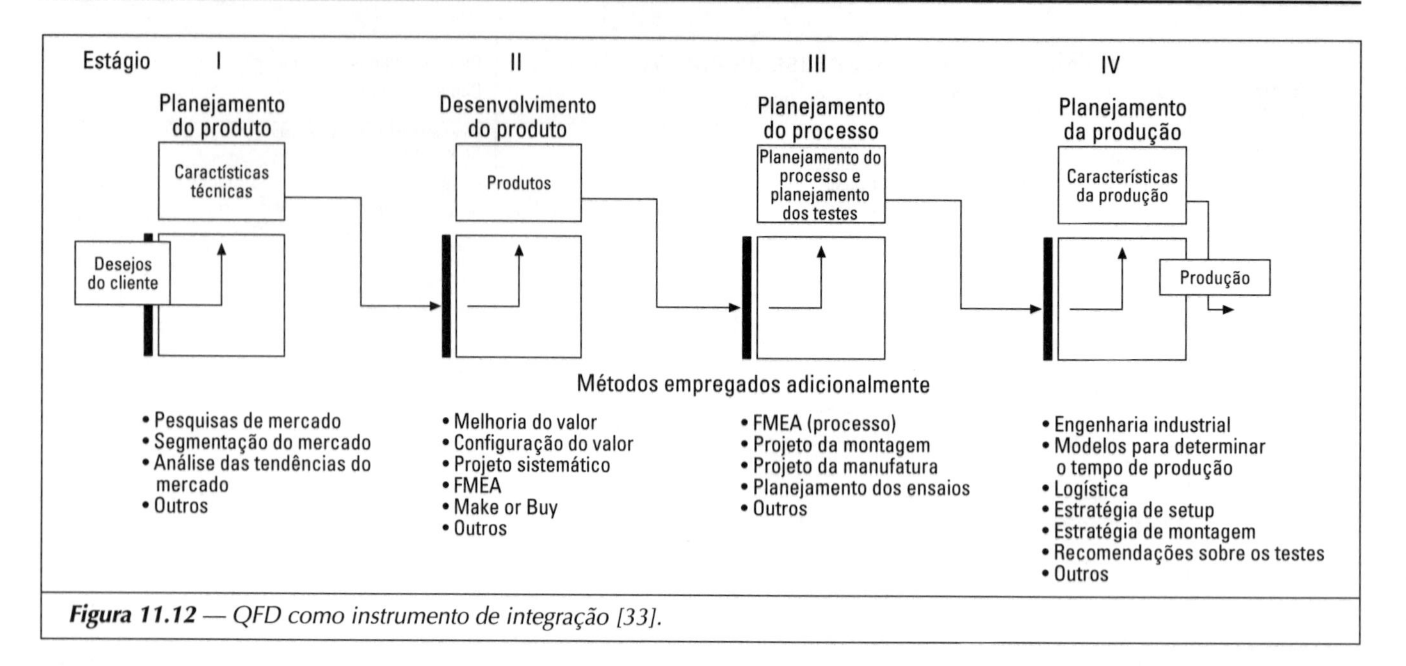

Figura 11.12 — *QFD como instrumento de integração [33].*

Ainda na mesma planilha, especialmente para o seqüenciamento da produção, freqüentemente é efetuada uma FMEA do processo. Essa avaliação das etapas de produção freqüentemente já está contida indiretamente na FMEA do projeto (produto), uma vez que esta tem de considerar as etapas de produção previstas para serem realizadas mais adiante.

11.5 ■ Método QFD

Quality Function Deployment (QFD) é uma metodologia para planejamento e controle da qualidade. Ela é útil para um planejamento do produto e do processo, sistematicamente voltado ao cliente. Os requisitos do cliente são precisamente convertidos em características do produto e essas novamente em seqüenciamentos de fabricação e exigências da produção. Do ponto de vista do cliente, a questão que se coloca é se todas as funções podem ser concretizadas. Nos países de língua alemã a metodologia QFD só foi publicada por Akao [1] em 1992. Desde então, ela se implantou rapidamente [9, 10, 17, 20 - 22, 25] e nesse meio tempo também já está sendo utilizada na fase de planejamento da produção [31].

A metodologia QFD é considerada um método com quatro fases. Essas fases estão representadas na Fig. 11.12. Do mesmo modo que na FMEA, o método QFD também conduz a uma integração dos subprocessos do processo de geração de um produto.

A principal ferramenta do QFD é a chamada *House of Quality* (casa da qualidade) (Fig. 11.13 e Fig. 11.14). Ela permite, de forma clara, converter as vontades do cliente, freqüentemente formuladas de maneira vaga, nas características de qualidade (propriedades, objetivos visados) do produto a ser desenvolvido. No telhado da casa são identificadas as relações recíprocas ou os conflitos dos requisitos entre si; no quadrado central as relações entre as vontades

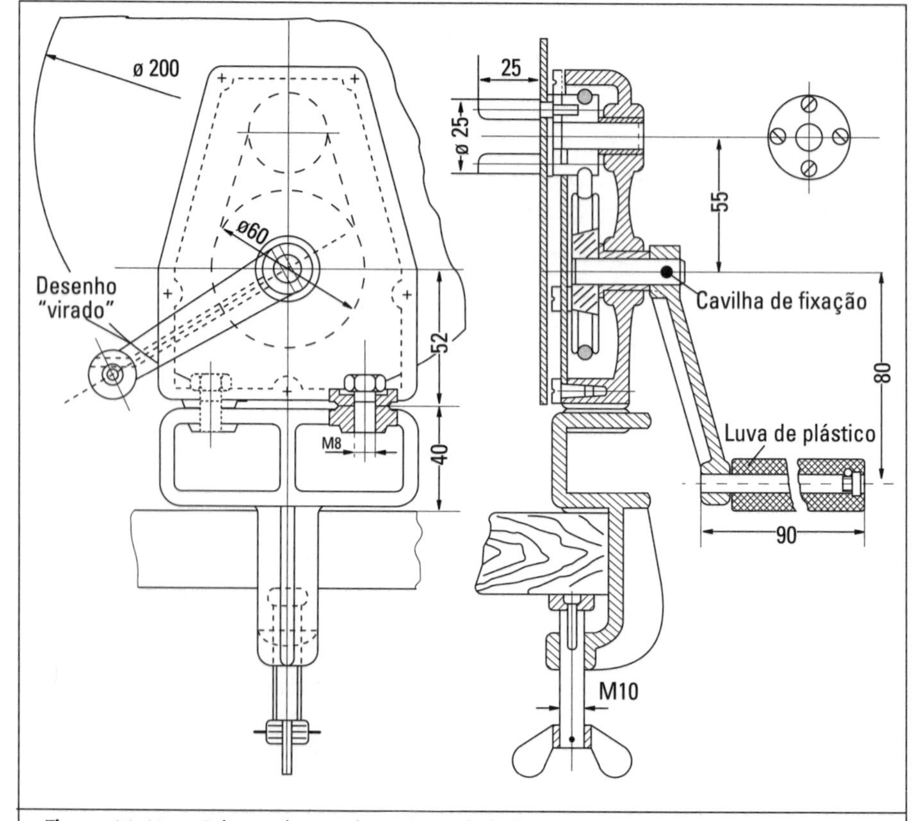

Figura 11.13 — *Esboço de um dispositivo de bobinamento manual para fita perfurada, segundo [17].*

do cliente e os requisitos. Além disso, podem ser incluídos fatores ponderais para as vontades do cliente, avaliação da competitividade dos clientes, valores-alvo, como a formulação quantitativa dos requisitos, avaliação dos produtos da concorrência, bem como avaliação ponderada dos requisitos.

Esse esquema básico também pode ser usado para as demais fases do processo de geração de um produto, no qual o "como" da casa de qualidade antecedente é o "o que" da casa subseqüente [6, 10].

No contexto dos procedimentos sistemáticos para projetos, a aplicação do QFD oferece as seguintes vantagens:

- elaboração melhorada da lista de requisitos por uma melhor formulação das vontades do cliente,
- identificação das funções críticas do produto (estrutura de funções orientada ao cliente),
- definição de exigências técnicas críticas e identificação de componentes críticos,
- percepção de futuras metas de desenvolvimento e de custos com base nas vontades do cliente e análises dos concorrentes.

Principalmente para projetos maiores e de maior prazo, esse trabalho de planejamento parece necessário. No entanto, também para esses projetos deveriam ser executados para uma primeira base, os métodos mais simples e, portanto, mais rápidos para o esclarecimento e a elaboração de listas de requisitos, expostos no cap. 5.

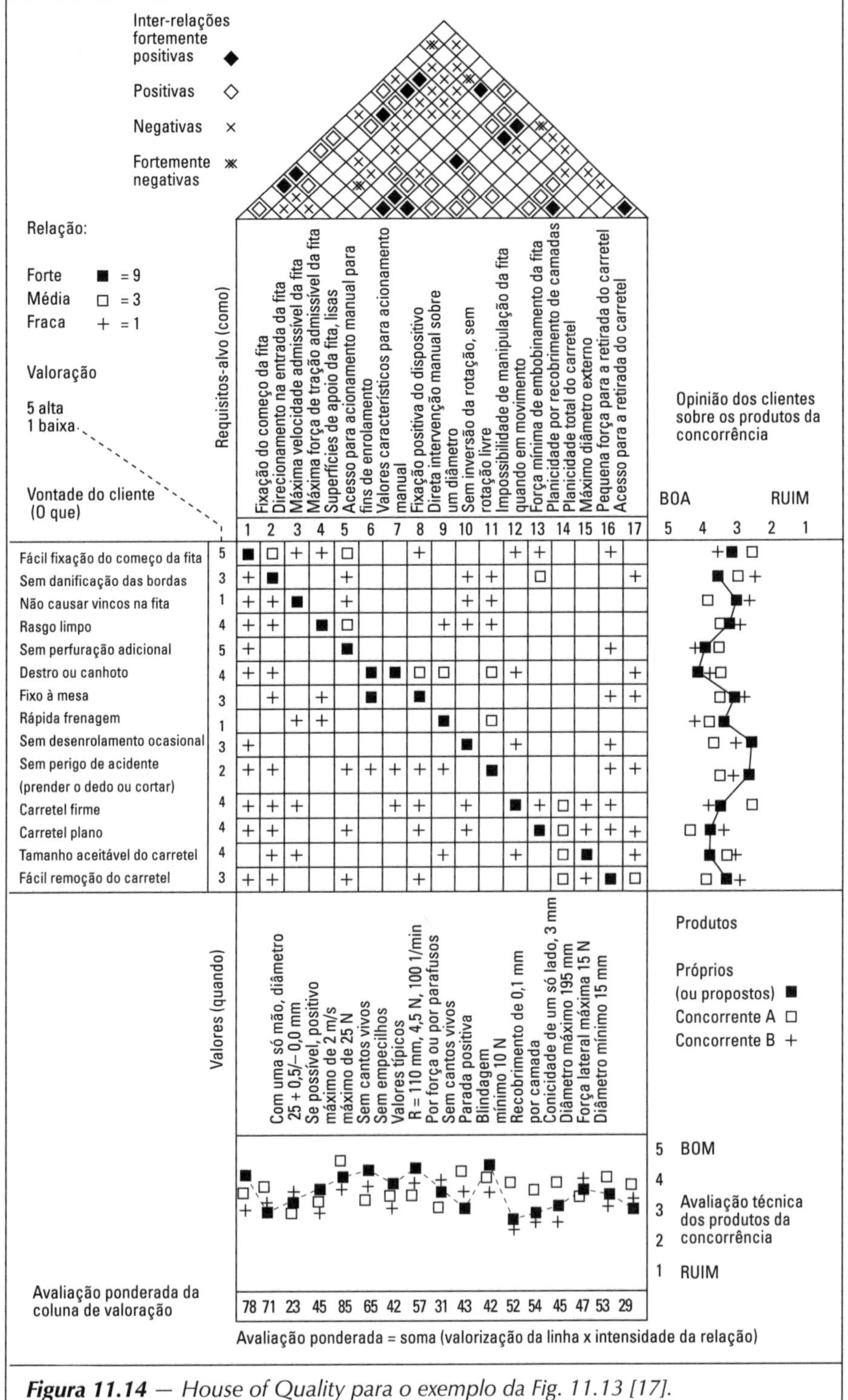

Figura 11.14 — *House of Quality para o exemplo da Fig. 11.13 [17].*

Referências

1. Akao, Y: QFD - Quality Function Deployment. Landsberg: Verlag moderne Industrie, 1992.
2. Beitz, W.: Qualitätsorientierte Produktgestaltung. Konstruktion 43 (1991) 177-184.
3. Beitz, W.: Qualitätssicherung durch Konstruktionsmethodik. VDI-Berichte Nr. 1106. Düsseldorf: VDI-Editora, 1994.
4. Beitz, W.; Grieger, S.: Günstige Recyclingeigenschaften erhöhen die Produktqualität. Konstruktion 45, (I993) 415-422.
5. Bertsche, B.; Lechner, G.: Zuverlässigkeit im Maschinenbau. Berlim: Springer, 1990.
6. Bors, M. E.: Ergänzung der Konstruktionsmethodik um Quality Function Deployment ein Beitrag zum qualitätsorientierten Konstruieren. Produktionstechnik-Berlin (Hrsg. G. Spur), Nr.159. Munique: C. Hanser, 1994.
7. Braunsperger, M.: Qualitätssicherung im Entwicklungsablauf - Konzept einer präventiven Qualitätssicherung für die Automobi-

lindustrie (Diss. TU Munique). Diss: Reihe Konstruktionstechnik München, Bd. 9. Munique: Hanser, 1993.

8. Braunsperger, M.; Ehrlenspiel, K.: Qualitätssicherung in Entwicklung und Konstruktion. Konstruktion 45, (1993) 397-405.

9. Clausing, D.: Total Quality Development. A step-by-step guide to Word-Class. Concurrent Engineering. Nova York: ASME Press, 1994.

10. Danner, St.: Ganzheitliches Anforderungsmanagement mit QFD - Ein Beitrag zur Optimierung marktorientierter Entwicklungsprozesse. Diss. TU Munique, 1996.

11. DIN 25424 Teil 1: Fehlerbaumanalyse; Methode und Bildzeichen. Berlim: Beuth.

12. DIN ISO 9000: Qualitätsmanagement - Qualitätssicherungsnormen; Leitfaden zur Auswahl und Anwendung. Berlim: Beuth.

13. DIN ISO 9001; Qualitätssicherungssysteme - Modell zur Darlegung der Qualitätssicherung in Design/Entwicklung, Produktion, Montage und Kundendienst. Berlim: Beuth.

14. DIN ISO 9002: Modell zur Darlegung der Qualitätssicherung in Produktion und Montage. Berlim: Beuth.

15. DIN ISO 9003: Modell zur Darlegung der Qualitätssicherung bei der Endprüfung. Berlim: Beuth.

16. DIN ISO 9004: Qualitätsmanagement und Elemente eines Qualitätssicherungssystems; Leitfaden. Berlim: Beuth.

17. Eder, W.E.: Methode QFD-Bindeglied zwischen Produktplanung und Konstruktion. Konstruktion 47, (1995) 1-9.

18. Feldmann, D.G.; Nottrodt, J.: Qualitätssicherung in Entwicklung und Konstruktion durch Nutzung von Konstruktionserfahrung. Konstruktion 48, (l996) 23-30.

19. Franke, W.D.: Fehlermöglichkeits- und -einflussanalyse in der industriellen Praxis. Landsberg: Moderne Industrie, 1987.

20. Kamiske, G. F.; Braner, J.-P: Qualitätsmanagement von A bis Z. 2ª edição. Munique: C. Hanser, 1995.

21. Kamiske, G.F. (Hrsg.): Die hohe Schule des Total Quality Management. Berlim: Springer, 1994.

22. Kamiske, G. F. (Hrsg.): Rentabel durch TQM-Return an Quality. Berlim: Springer, 1996.

23. King, B.: Doppelt so schnell wie die Konkurrenz - Quality Function Deployment, 2ª edição. St. Gallen: gfmt, 1994.

24. Maeguchi, Y.; Lechner, G.; v. Eiff, Brodbeck, P.: Zuverlässigkeitsanalyse eines Trochoiden Getriebes. Konstruktion 45, (1993) H.1.

25. Malorny, Ch.: Einführen und Umsetzen von Total Quality Management. (Diss. TU Berlin). Berichte aus dem Produktionstechnischen Zentrum Berlin (Hrsg. G. Spur), Berlim: IWF/IPK, 1996.

26. Masing, W. (Hrsg.): Handbuch der Qualitätssicherung, 3ª edição. Munique: C. Hanser, 1994.

27. Pfeifer, T.: Qualitätsmanagement: Strategien, Methoden, Techniken. Munique: Hanser, 1993.

28. Rodenacker, W. G.: Methodisches Konstruieren, 4ª edição. Berlim: Springer, 1991.

29. Spur, G.: Die Genauigkeit von Maschinen - eine Konstruktionslehre. Munique: Hanser, 1996.

30. Taguchi, G.: Taguchi on Robust Technology Development: Bringing Quality. Nova York: ASME Press, 1993.

31. Timpe, K.-R; Fessler, M.: Der systemtechnische QFD-Ansatz (QFDs) in der Produktplanungsphase. Konstruktion 51, (1999) H. 4 S. 45-51.

32. VDA: Qualitätskontrolle in der Automobilindustrie, Bd.4 - Sicherung der Qualität vor Serieneinsatz, 2ª edição. Frankfurt: VDA, 1986.

33. VDI-Richtlinie 2247 (Entwurf): Qualitätsmanagement in der Produktentwicklung. Düsseldorf: VDI-EKV, 1994.

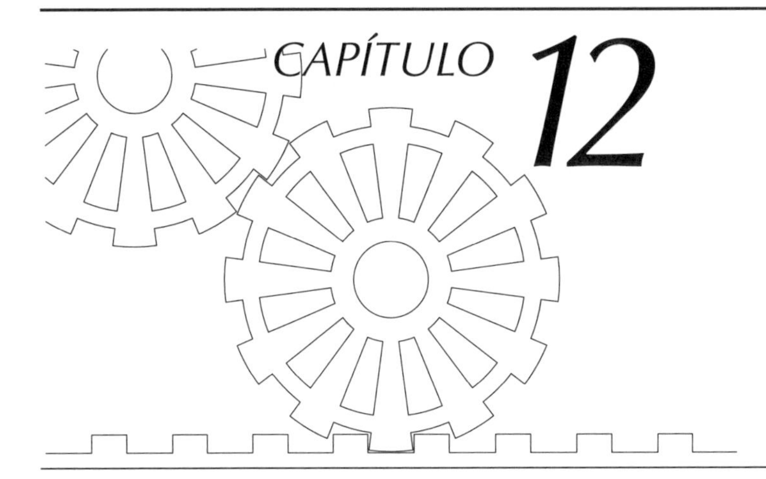

IDENTIFICAÇÃO DE CUSTOS

12.1 ■ Custos variáveis

Em todas as fases do processo de projeto, a identificação dos custos de forma correta e em tempo hábil, desempenha papel relevante. Isto se aplica tanto na concepção como no projeto, bem como no desenvolvimento de séries construtivas e sistemas modulares. Sabe-se que a parte preponderante dos custos é fixada pelo *layout* e o princípio de solução adotado e, que a subseqüente fabricação e montagem somente oferecem uma pequena margem na redução dos custos. Para a minimização dos custos, portanto, é útil iniciar a otimização numa etapa prematura. Geralmente, o custo dos produtos pode ser reduzido de forma mais significativa por uma solução básica vantajosa do que por soluções adotadas somente na etapa de produção. Por outro lado, modificações de projeto na etapa de produção freqüentemente significam custos elevados. Portanto, a redução dos custos deveria ser iniciada o mais prematuramente possível, desde que o nível de informações assim o permita. Provavelmente isso significa um acréscimo no tempo de projeto, o que segundo [17], freqüentemente é mais vantajoso do que ações posteriores para a redução dos custos.

Nos exemplos subseqüentes, em alguns lugares, os valores em dinheiro são indicados em UM (unidades monetárias). Estas correspondem a 1 UM = 0,5 Euro, na data de lançamento deste último.

De acordo com o tipo de contabilização, os *custos globais* incidentes na manufatura de um produto são diferenciados em custos diretos e custos indiretos. De acordo com [6], *custos diretos* são custos que podem ser diretamente associados a uma origem de custos, p. ex., custos de materiais e os custos da mão-de-obra de manufatura de um componente. Por outro lado, uma série de custos não está diretamente relacionada, p. ex., o salário do encarregado do almoxarifado, a iluminação do prédio da fábrica. Estes custos são então classificados como *custos indiretos.*

Determinados custos dependem do número de pedidos, do grau de ocupação da capacidade produtiva ou do tamanho do lote. Assim, com aumento do giro da empresa, também sobem os custos dos materiais, dos salários, dos materiais auxiliares e de consumo. Estes são introduzidos como *custos variáveis* na apropriação dos custos, ao passo que os *custos fixos* incidem de forma invariável num determinado intervalo de tempo.

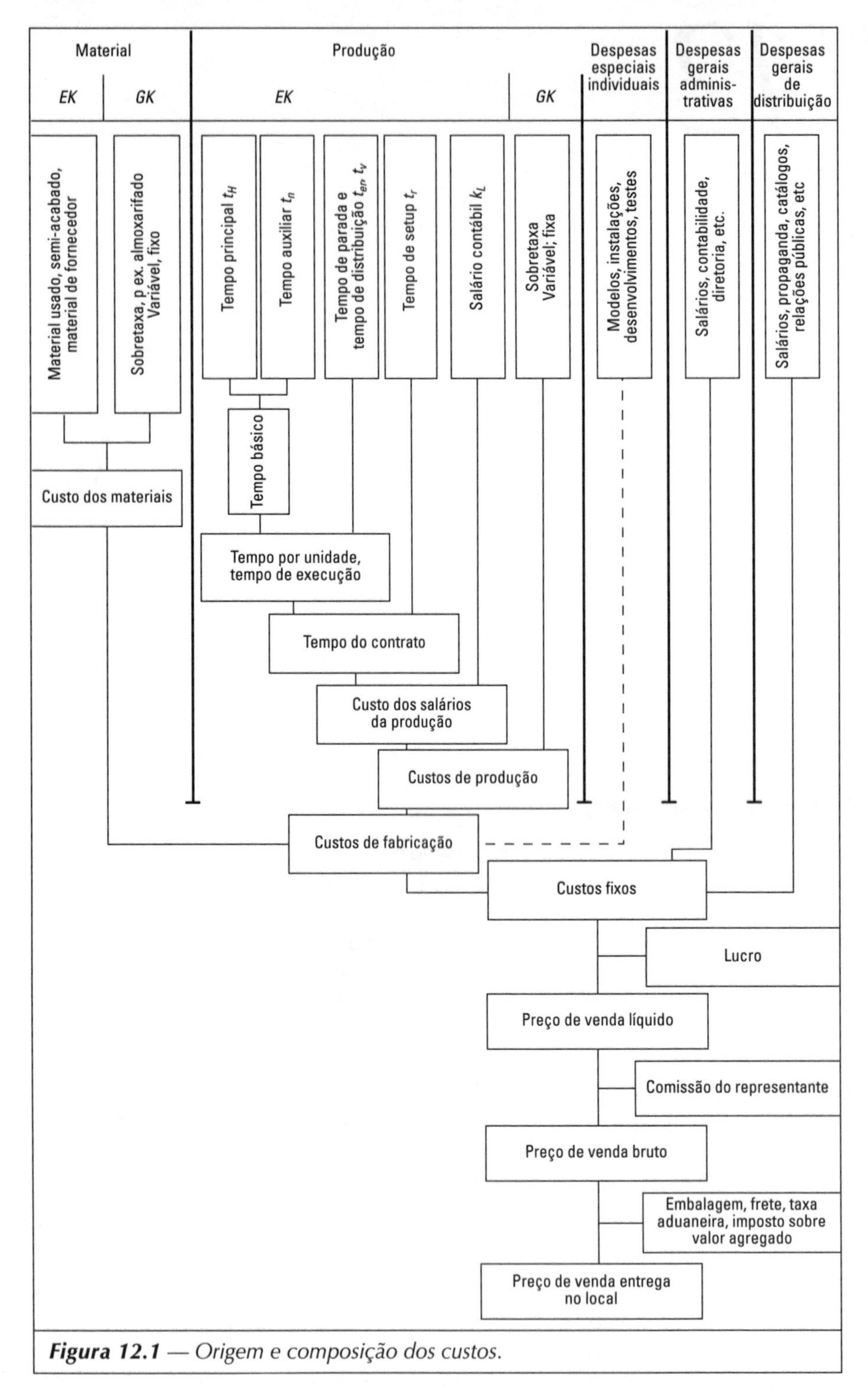

***Figura 12.1** — Origem e composição dos custos.*

Geralmente eles são gerados pelo serviço permanente, p. ex., salários dos encarregados, aluguéis, juros de capital.

No âmbito da produção, os *custos de produção* (cf. Fig. 12.1) são os custos gerais que incidem sobre o material e a produção, incluindo custos especiais, p. ex., das instalações, do desenvolvimento, desde que se relacionem com o produto em questão. Portanto, os custos de produção envolvem tanto custos fixos como custos variáveis. Porém, para decisões no âmbito do projeto interessam apenas os custos variáveis [35], pois são diretamente influenciados por decisões na esfera do projeto, p. ex., gastos com material e tempos de produção, bem como tamanho do lote, tipo de produção e montagem. Portanto, interessam os componentes variáveis dos custos de produção, formados por custos diretos e custos variáveis.

As empresas consideram os custos gerais variáveis e fixos de forma diferenciada: geralmente como aumento dos custos diretos por meio de fatores de majoração, p. ex., fator de majoração do custo do material 1,05 a 1,3; fator de majoração do salário da produção 1,5 a 10 ou mais e, por diferentes taxas de horas-máquina em função da produção e da maquinaria. Com elevados fatores de majoração ou elevados taxas de horas-máquina, é sempre aconselhável verificar se, p. ex., por meio de um outro tipo de produção, não pode ser conseguida, ao menos contabilmente, uma minimização do custo. Com uma estrutura de produção inalterada, essa "divergência", porém, eleva os fatores correspondentes ou porcentuais de majoração, de modo que, por parte do planejamento da produção, um ajuste à nova estrutura do produto e da produção precisa ser efetivado.

Pelo dito anteriormente, conclui-se que os custos indiretos variáveis geralmente são considerados por fatores de majoração sobre os custos diretos e assim influenciam os custos de produção. Assim, para comparações dos custos de variantes de solução e de variantes do produto, o projetista poderá, em geral, se limitar a determinar os custos diretos variáveis.

Na acepção de uma percepção prematura, é mais importante saber avaliar os custos do que calcular precisamente cada um deles. Esse cálculo, caso necessário, poderá ser realizado pelo respectivo pré- ou pós-cálculo. Recentemente, apareceram possibilidades mais aperfeiçoadas de determinação dos custos.

12.2 Bases de cálculo dos custos

Segundo 12.1, os *componentes variáveis* do custo de produção, aqui designados por *VHK*, são estabelecidos como sendo fundamentais para a *base decisória*. Os custos de produção incluem os custos diretos do material (*MEK*) e os custos da mão-de-obra (*FLK*). Neste último, estão incluídos os custos da montagem. Além disso, os custos das operações de produção e das operações de montagem deverão ser somados:

$$VHK = MEK + \Sigma\ FLK. \tag{1}$$

Os custos diretos dos materiais são determinados a partir do peso bruto G ou do volume bruto V, levando em conta os respectivos preços específicos k, como preço por peso ou por volume:

$$MEK = k_G \cdot G = k_V \cdot V. \tag{2}$$

Os custos de produção diretos são determinados pelos tempos de produção de cada operação de produção e de montagem, multiplicados pela taxa de cálculo da mão-de-obra (cf. Fig. 12.1). Os tempos de produção são determinados pelos tempos principais t_h, tempos auxiliares t_n e tempos de preparação t_t, bem como pelos tempos de distribuição e de descanso. Estes últimos, geralmente, são considerados como fator constante em relação ao tempo básico t_g, constituído pela soma de tempo principal com o tempo auxiliar, de onde resultam os tempos para cada unidade. Para levantamento dos custos são importantes os tempos: principal, auxiliar e de preparação. De forma simplificada aplica-se para a respectiva operação de produção a mesma taxa contábil sobre o salário:

$$FKL = k_L(t_h + t_n = t_r). \tag{3}$$

Considerações mais precisas e mais segmentadas, inclusive com consideração de custos de produção indiretos variáveis, podem ser encontradas em [21, 22, 36, 37].

Pelo acima exposto, percebe-se que os *custos de produção* são compostos pela *soma* dos custos diretos e indiretos. Os próprios custos diretos freqüentemente derivam de produtos, p. ex., o tempo principal para um torneamento longitudinal é calculado pela equação [31]

$$t_h = \frac{D \cdot \pi \cdot B \cdot i}{v_c \cdot f \cdot 1000} \text{ em min} \tag{4}$$

onde

D = diâmetro a ser torneado em mm,
B = comprimento a ser torneado em mm,
i = número de passagens,
v_c = velocidade de corte em m/min,
f = velocidade de avanço em mm/rotação.

Assim, em geral, cada parcela é uma função de potência de grau variável, com os respectivos expoentes p e constantes C dos parâmetros influenciadores de custos. A forma mais geral da equação de custo, com m número de parâmetros x_j no componente de custo i e n número dos componentes é:

$$VHK = \sum_{i=1}^{n} C_i \cdot \prod_{j=1}^{m} x_{ij}^{p_{ij}}. \tag{5}$$

P. ex., com três variáveis de influência,

$$VHK = \sum_{i=1}^{n} (x_{i1}^{pi1}) \cdot (x_{i2}^{pi2}) \cdot (x_{i3}^{pi3})$$

Assim, resultam os componentes variáveis do custo de produção para uma peça torneada, p. ex., custos diretos de material e torneamento, em que na equação de t_h deve ser empregada a equação (4):

$$VHK = \frac{\pi}{4} D^2 \cdot B \cdot k_V + \left(\frac{D \cdot \pi \cdot B \cdot i}{v_c \cdot f \cdot 1000} + t_n + t_r \right) k_L$$

aproximada com

$D \approx D_{bruto}$ (diâmetro do tubo)

$B \approx L_{bruto}$ (comprimento do tubo)

Os componentes dos custos de produção variáveis aqui considerados só podem ser representados objetivamente como séries de potências de graus variados. Na somatória de várias operações de produção, os diversos membros na série de potência aparecem de acordo com equação (1) ou (5).

Para *estimativas de custo* por meio de cálculos expressos ou gerais, a determinação dos custos diretos, rigorosamente de acordo com cada dependência, freqüentemente é muito dispendiosa. Por causa disso, procurou-se encontrar novos caminhos. Primeiramente, pela definição de custos relativos conseguiu-se uma maior universalidade e também uma validade por um prazo mais longo (cf. 12.3.1). Em segundo lugar, desenvolveram-se *estimativas* para componentes de *custos do material* (cf. 12.3.2) que, no entanto, somente valem para faixas de tamanhos comparáveis. Ultimamente com apoio de levantamentos em uma ou mais indústrias, os custos incidentes foram analisados estatisticamente e com auxílio de *análise de regressão* foi buscada uma relação funcional entre custos e variáveis de influência (cf. 12.3.3).

A princípio, para a função de regressão escolhe-se uma série de potências cujos expoentes e coeficientes são determinados de forma que a equação resultante se afaste o menos possível do resultado encontrado previamente. Os expoentes e coeficientes assim selecionados, em geral, não reproduzem as verdadeiras relações, mas apenas representam funções matemáticas. Assim, demonstrou-se em [25] que, para um mesmo fenômeno, princípios bem distintos para as equações de regressão podem oferecer boas aproximações.

Nos casos em que uma influência é predominante e isso é percebido e introduzido logo no começo da montagem da equação de regressão por uma apropriada escolha de variáveis, presume-se que esta influência também seja representada fisicamente de forma razoavelmente correta. Se, além disso, se conseguir reconduzir todos os parâmetros de custo a uma só variável característica x, p. ex., diâmetro ou peso, a função de custo pode ser reduzida a uma equação do seguinte tipo:

$VHK = a + bx^p$

(cf. ex. 12.3.3)

Em contrapartida, a *estimativa do custo* com auxílio de *relações de semelhança*, parte fundamentalmente de relações físicas da tecnologia e, por isso, utiliza séries de potências com os correspondentes expoentes das equações de custo dos materiais, dos tempos principais e auxiliares ou dos tempos por componente. Os coeficientes dos membros são obtidos dos dados de produção da empresa, com base num objeto de referência (projeto básico ou elemento operacional, cf. 12.3.4). No desenvolvimento deste método foi fundamental o fato de ele contribuir em tornar mais claras as relações existentes ao projetista, para que este possa desenvolver e decidir mais objetivamente. A utilização de relações de semelhança exige a existência de uma peça ou subconjunto semelhante ou de operações de produção apropriadas.

No caso de *semelhança geométrica* (cf. 10.1.4), em função de um comprimento de referência obtêm-se leis bens simples de crescimento dos custos com polinômios de, no máximo, terceiro grau. Para variantes semi-semelhantes (cf. 10.1.5) (algumas variáveis geométricas permanecem constantes, outras variam divergindo da semelhança geométrica) precisam ser constituídas leis de crescimentos dos custos mais subdivididas e que contenham todas as variáveis geométricas e materiais envolvidos. Elas se apresentam sob forma de séries com funções exponenciais, onde os expoentes podem ser números fracionários. Também são conhecidas por leis diferenciadas de crescimento dos custos. Na aplicação, essas leis atingem uma precisão relativamente elevada com um esforço moderado.

O conhecimento antecipado dos custos, pela disponibilização desses métodos, em combinação com possibilidades de utilização de computadores com sistemas CAD e sistemas baseados no conhecimento, é o objetivo dos atuais esforços [10].

Nos subitens seguintes, cada método será esclarecido mais detalhadamente. Dependendo das exigências com relação à precisão e ao gasto de tempo, bem como à documentação já elaborada e existente, a preferência deverá recair sobre um ou outro método.

12.3 ■ Métodos para a identificação dos custos

12.3.1 Comparação com os custos relativos

Nos custos relativos os preços ou custos são relacionados a um valor de referência. Por isso, o dado vale por muito mais tempo do que o custo absoluto. Para a organização de catálogos de custos relativos foram elaborados princípios [7]. Catálogos de custos relativos dos materiais, semi-acabados e componentes encontrados no comércio são usuais. Para os custos dos materiais, na maioria das vezes, os custos relativos k^* são referidos a USt 37-2 e deduzidos do peso ou do volume como custos específicos do material k_G^* ou k_V^* pela seguinte fórmula:

$$k^*_{G,V} = \frac{k_{G,V}}{k_{G,V}(\text{valor de referência})}$$

Deve ser levado em conta que os valores relativos assim obtidos são dependentes do tamanho. Por isso, para os materiais usuais, a diretriz VDI 2225 Folha 2 [34] indica valores para dimensões pequenas, médias e grandes. Mas a aplicação de um material também depende dos objetivos que se tem em mente. Assim, para requisitos de resistência, cogitar-se-á um material diferente do que no caso de alta rigidez.

Fig. 12.2 mostra os custos relativos do material k^* para alguns materiais com dimensões médias e simultaneamente indica esses custos com relação à resistência à tração *Rm* (consideração da resistência) e também com relação ao módulo de elasticidade (consideração da deformação). Também foi indicado o custo relativo para conformação com remoção do cavaco segundo [28]. Daqui, resulta que em aços de beneficiamento e de emprego em concretagem, p. ex., a resistência em geral cresce mais rapidamente do que o custo, o que aponta para uma viabilidade econômica dessa família de materiais. Quando, para uma construção, é exigida uma forma rígida, o ferro fundido cinzento e os plásticos estão em desvantagem em relação ao aço, do ponto de vista do preço. Entretanto, as relações indicadas na Fig. 12.2 se alteram radicalmente em peças fundidas e de plástico com a complexidade da configuração e são outras para requisitos suplementares como resistência à corrosão, requisitos especiais com relação ao acabamento superficial, entre outros itens. Materiais de alta liga exigem, em geral, uma usinagem mais dispendiosa.

Custos de fundição muitas vezes são de interesse. Em princípio, são calculados por peso, porém, ao lado do número de peças, o peso e o grau de complexidade também são importantes. Levantamentos por iniciativa própria com aço fundido [25] conduziram às relações reproduzidas na Fig. 12.3, ou seja, os custos específicos do ferro fundido diminuem com o aumento do peso da peça, portanto, com $\varphi_K = \varphi_g^{-0.12}$ de modo que os custos do material fundido aumentam com $\varphi_M = \varphi_G^{-0,9}$, ao invés de $\varphi_M = \varphi_G^1$ (cf. leis de crescimento dos custos 12.3.4).

Com relação à influência da forma para materiais *semi-acabados* constata-se, por meio da Fig. 12.4, que materiais redondos, quadrados, chapas e perfilados, desde que laminados, apresentam preços específicos aproximadamente iguais. Materiais trefilados (fator 1,6) e perfis fechados que, para um mesmo peso, custam aproximadamente o dobro, são bem mais caros. Além do mais, a Fig. 12.4 mostra o melhor aproveitamento do material de determinados perfis, quando solicitados à flexão. Para um mesmo módulo de resistência, a secção necessária e o peso por metro são acentuadamente menores e, conseqüentemente, também o preço absoluto a ser pago.

	Abreviatura W. – Nº	Densidade γ g/cm³	Módulo de elasticidade E N/mm²	Limite de escoamento R_{eH}, $R_{p0,2}$ N/mm²	Resistência à tração Rm N/mm²	Alongamento na ruptura A %	$E/E_{St\,37}$	$Rm/Rm_{St\,37}$	k_G^*	k_V^*	$\frac{k_G^*}{Rm/Rm_{St\,37}}$ 7	$\frac{k_G^*}{E/E_{St\,37}}$	Custos relativos de usinagem
Aço carbono p/construção DIN 17100	USt37-2 1.0112	7,85	$2{,}15 \cdot 10^5$	215...235	360...440	25	1	1	1	1	1 - 0,82	1	1
	St50-2 1.0532	7,85	$2{,}15 \cdot 10^5$	275...295	490...590	20	1	1,36...1,64	1,1	1,1	0,81 - 0,67	1,1	1
Estirado a frio DIN 1652	St37-2K+G 1.0161	7,85	$2{,}15 \cdot 10^5$	195...215	330...440	25	1	0,92...1,22	1,6	1,6	1,75 - 1,31	1,6	1
Aços para fornos automáticos DIN 1651	10S20K+N 1.0721	7,85	$2{,}10 \cdot 10^5$	195...225	340...350	25	0,98	0,94...0,97	1,9	1,9	2,01 - 1,95	1,94	0,73
	9SMn28K+N 1.0715	7,85	$2{,}10 \cdot 10^5$	205...235	350...370	23	0,96	0,97...1,03	1,8	1,8	1,85 - 1,75	1,89	
	45S20K+N 1.0727	7,85	$2{,}10 \cdot 10^5$	305...335	570...700	14	0,98	1,58...1,94	2	2	1,26 - 1,03	2,05	
Aços para beneficia-mento DIN 17200	Ck35V 1.1181	7,85	$2{,}15 \cdot 10^5$	295...420	490...770	22...17	1	1,36...2,14	1,6	1,6	1,18 - 0,75	1,6	0,91
	cK45V 1.1191	7,85	$2{,}15 \cdot 10^5$	380	630...780	17	1	1,75...2,17	1,78	1,78	1,02 - 0,82	1,76	1,05
	34Cr4V 1.7033	7,85	$2{,}15 \cdot 10^5$	470	700...850	15	1	1,94...2,36	2,13	2,13	1,1 - 0,9	2,13	1,43
	42CrMo4V 1.7225	7,85	$2{,}15 \cdot 10^5$	650	900...1100	12	1	2,30...3,05	2,24	2,24	0,9 - 0,73	2,24	1,73
	50CrV4V 1.8159	7,85	$2{,}15 \cdot 10^5$	700	900...1100	12	1	2,50...30,5	2,25	2,25	0,9 - 0,74	2,25	2,09
	C35K+N 1.0501	7,85	$2{,}15 \cdot 10^5$	275	490...590	22	1	1,36...1,64	1,7	1,7	1,25 - 1,04	1,7	
	Ck35K+V	7,85	$2{,}15 \cdot 10^5$	325...410	540...790	20...16	1	1,50...2,19	1,85	1,85	1,23 - 0,84	1,85	
Aços para cimentação DIN 17210	C15 1.0401	7,85	$2{,}15 \cdot 10^5$	355...440	590...890	14...12	1	1,64...2,47	1,1	1,1	0,67 - 0,45	1,1	0,86
	Ck15 1.1141	7,85	$2{,}15 \cdot 10^5$	355...440	590...890	14...12	1	1,64...2,47	1,4	1,4	0,85 - 0,57	1,4	
	16MnCr5G 1.7131	7,85	$2{,}15 \cdot 10^5$	440...635	640...1190	11...9	1	1,78...3,30	1,7	1,7	0,96 - 0,51	1,7	1,14
Aços para nitretação DIN 17211	34CrAlNi7V 1.8550	7,85	$2{,}15 \cdot 10^5$	590	780...980	13	1	2,17...2,72	2,6	2,6	1,2 - 0,95	2,6	2,0
	41CrAlMo7V 1.8509	7,85	$2{,}15 \cdot 10^5$	635...735	830...1130	14...12	1	2,30...3,14	2,6	2,6	1,13 - 0,83	2,6	
	31CrMoV9 1.8519	7,85	$2{,}15 \cdot 10^5$	700	900...1050	13	1	2,50...2,92					2,0
Aços Inoxidáveis DIN 17440	X20Cr13 1,4021	7,70	$2{,}10 \cdot 10^5$	440...540	640...940	18...8	0,99	1,78...2,61	3,14	3,2	1,8 - 1,2	3,21	1,25
	X12CrNi188 1.4300	7,80	$2{,}03 \cdot 10^5$	220	500...700	50	0,94	1,39...1,94	8,45	8,4	6,08 - 4,35	8,95	
Material fundido	GG - 25 0.6025	7,35	$1{,}30 \cdot 10^5$		250		0,60	0,69	2,0	1,2	2,88	3,3	1,24
Fundido s/macho e vazio	GS - 45 1.0443	7,85	$2{,}15 \cdot 10^5$	225	445...590	22	1	1,24...1,64	1,8	1,8	1,46 - 1,1	1,8	1,45
Metais não-ferrosos	AlMg3F23 3.3535.26	2,66	$0{,}70 \cdot 10^5$	140	230	9	0,33	0,64	10,0	3,4	15,65	30,7	0,36
Metais leves	AlMg5F26 3.355.26	2,64	$0{,}72 \cdot 10^5$	150	250	8	0,33	0,69	11,6	3,9	16,70	34,6	
	AlMgSi1F32 3.2315.72	2,70	$0{,}7 \cdot 10^5$	250	310	10	0,33	0,86	8,72	3,0	10,13	26,8	0,51
Não-metais	Tecido duro Hgw 2088	1,25	$7 \cdot 10^3$		50		0,033	0,14	62,8	10	452,2	1926	(0,4)
	Resina de poliéster c/fibra de vidro HM2472	1,60	$10 \cdot 10^3$		100		0,046	0,28					(0,71)
	Poliamida PA 66	1,14	$2 \cdot 10^3$		65		0,009	0,18	22,722	3,3	125,8	2442	(0,27)

Figura 12.2 *— Grandezas características e custos relativos de materiais k* para alguns materiais (grandeza de referência USt 37 - 2 com Rm = 360 N/mm²).*

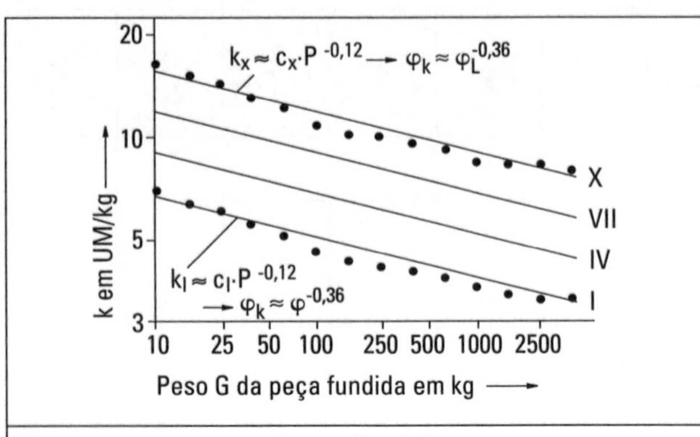

Figura 12.3 — Custos do aço fundido, por peso, em dependência do peso da peça e do grau de dificuldade, segundo [27].

Grau de dificuldade I: Fundição plena sem cavidades e sem machos
Grau de dificuldade IV: Fundição plena com cavidades e machos simples
Grau de dificuldade VI: Fundição vazada (fundição com machos) com cavidades e nervuras simples
Grau de dificuldade X: Fundição vazada (fundição com machos) com machos de difícil preparação

Nas *peças compradas no comércio* os custos relativos variam apreciavelmente com o tamanho (cf. leis de crescimento dos custos 12.3.4). Rieg [27] apresentou um método para determinação e representação. Como exemplo, a Fig. 12.5 reproduz o diagrama dos custos relativos de mancais de rolamento. A referência é o rolamento fixo de uma carreira de esferas série 60 com $d = 50$ mm, $\varphi_d = 1$. No levantamento dos custos o preço importava em UM 24,80, $\varphi_P = 1$. Por uma consulta, soube-se que o preço atual de um rolamento fixo de uma carreira de esferas 6007 com $d = 35$ mm é UM 18,33. Deseja-se saber o preço do rolamento 6036 com $d = 180$ mm. Obtém-se:

$$d = 35 \text{ mm} \quad \varphi_d = \frac{38}{50} = 0,7 \quad \text{da Fig. 12.5:} \quad \varphi_{P_{6007}} = 0,61,$$

$$d = 180 \text{ mm} \quad \varphi_d = \frac{180}{50} = 3,6 \quad \text{da Fig. 12.5:} \quad \varphi_{P_{6036}} = 28,$$

$$P_{6036} = P_{6007} \cdot \frac{\varphi_{P_{6036}}}{\varphi_{P_{6007}}} = 18,33 \cdot \frac{28}{0,61} = 841,- \text{ UM}.$$

Para outros diagramas para parafusos, anéis de travamento, flanges, válvulas e registros de gaveta, veja [26] e [27].

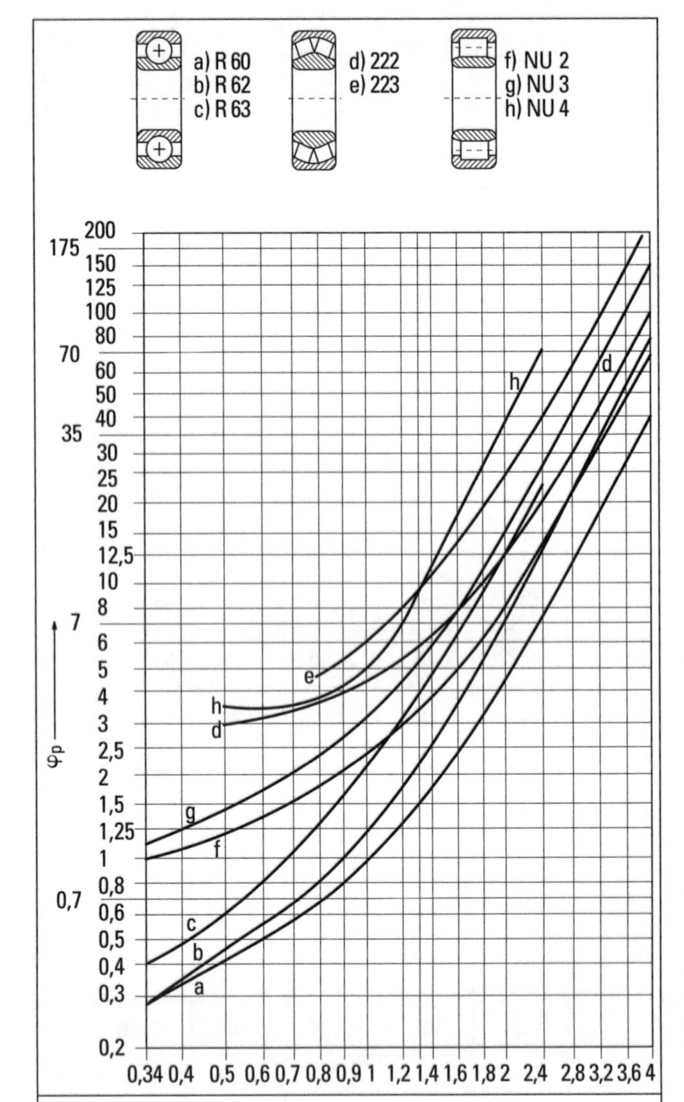

Figura 12.5 — Custos relativos de mancais de rolamento, segundo [27]. Grandeza de referência: a R60 com d = 50 mm (φ_d = 1) e P = 24,80 UM (φ_P = 1).

A Fig. 12.6 mostra uma comparação dos custos de diversas uniões com parafusos de acordo com [5]. Conforme exposto em 12.3.4 e 12.3.5, as relações de custo podem variar com o tamanho, o que também pode ser notado na Fig. 12.6.

Dados sobre custos relativos deverão ser utilizados sob avaliação crítica de todos os seus aspectos [1].

Perfil	Redondo 100 DIN 1013	Quadrado 85 DIN 1014	Cantoneira de abas iguais 160 x 17 DIN 1028	Tubo 159 x 5.6 DIN 2448	Perfil U 160 DIN 1026	Perfil I 160 DIN 1025
W/A em mm	12,5	14,1	20,8	37	48,3	54
I/A em mm²	625	601	2374	2944	3854	4323
k_G^* laminado	1	1,02	1,06	1,6 - 2,1	1	1
k_G^* trefilado	1,6	1,6		2,8		

Figura 12.4 — Custos específicos de material k_G^* para semi-acabados. Módulo de resistência de comparação: W ≈ 10⁵ mm³, o que corresponde a perfil redondo Ø 100 ou perfil I 1600. W/A: relação módulo de resistência/área da seção; I/A: relação momento de inércia/área da seção.

Para a comparação e seleção deverá ser avaliada a função requerida, o campo de aplicação utilizável, o volume necessário ou desejado, exigências com relação à forma e outros, além das relações de custo. Extrapolações, em geral, não são aceitáveis. A simples comparação dos custos dos elementos sem considerar sua retroação sobre as vizinhanças da configuração não é suficiente.

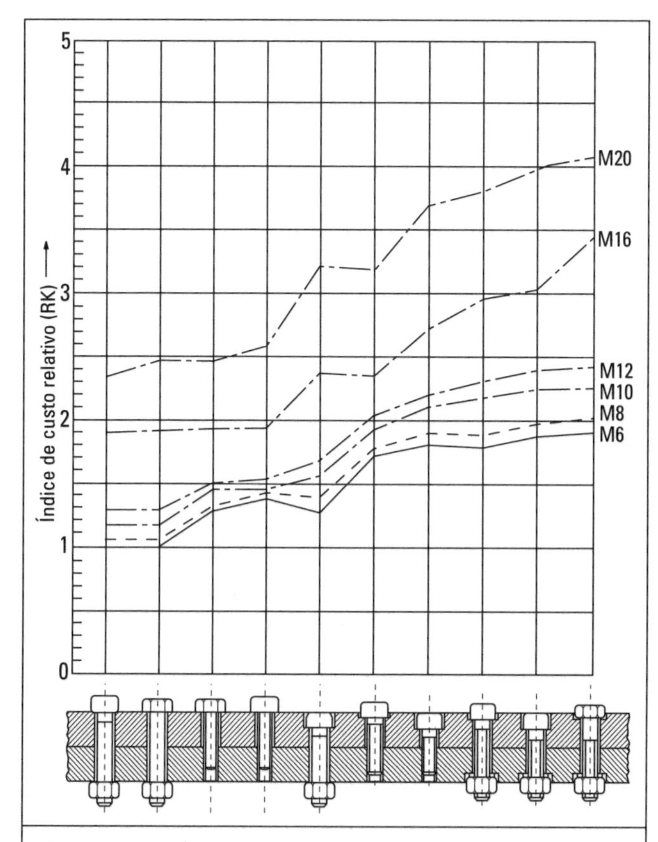

Figura 12.6 — *Índices de custo relativo de ligações parafusadas com parafusos cilíndricos conforme DIN 912 e parafusos de cabeça sextavada conforme DIN 931 nos tamanhos M6 a M20, categoria de resistência 8.8, de acordo com [5] e [6].*

12.3.2 Estimativas de custo através de custo do material

Se, numa determinada área de aplicação, a relação m entre custo do material MK e custo de produção HK é conhecida e se for aproximadamente constante, os custos de produção podem ser estimados a partir dos custos dos materiais, de acordo com a diretriz VDI 2225 [33].

São obtidos de $HK = MK/m$. Contudo, este método falha quando ocorrer alteração da estrutura de custos, principalmente quando ocorre uma grande variação no tamanho da construção (cf. estimativas de custo com auxílio de relações de semelhança 12.3.4 e estruturas de custo 12.3.5).

12.3.3 Estimativas de custo com base em cálculos de regressão

Por meio de cálculo estatístico, os custos ou preços são determinados em função de parâmetros específicos (potência, peso, diâmetro, altura do eixo, entre outros itens). O resultado pode ser apresentado graficamente com relação a um desses parâmetros. Com o cálculo de regressão, procura-se uma relação que, com auxílio de coeficientes e expoentes, determina a equação de regressão. Por seu intermédio, os custos podem ser calculados com uma certa dispersão.

O esforço para obtenção pode ser considerável e, na maioria das vezes, não é possível sem o emprego do computador. A equação de regressão deveria ser constituída de forma que variáveis sujeitas a alterações, tais como taxas horárias, por razões de atualização, sejam inseridas por fatores específicos ou sob forma de custos relativos.

Como exemplo foi reproduzida a equação de regressão para peças fundidas em ferro fundido cinzento, moldadas manualmente, determinada por Pacyna [23]:

$$P = 7{,}1479\ L^{-0{,}0782}\ V_G^{0{,}8179}\ G^{-0{,}1124}\ D^{0{,}1655}\ V^{0{,}1786}\ Z_V^{0{,}0387}\ R_m^{0{,}2301}\ S_S^{1{,}00}$$

em UM/peça,

P $\hat{=}$ MEK custo direto do material de uma peça fundida,
L $\hat{=}$ tamanho do lote em número de peças,
V_G $\hat{=}$ volume do material em dm^3,
G $\hat{=}$ estiramento (cf. Fig. 12.7),
D $\hat{=}$ adelgaçamento (cf. Fig. 12.7),
V $\hat{=}$ obstrução ao empacotamento (cf. Fig. 12.7),
Z_v $\hat{=}$ número de núcleos (sem núcleo = 0,5),
R_m $\hat{=}$ resistência à tração em N/mm^2,
S_s $\hat{=}$ grau de dificuldade (normal = 1, intervalo principal de 0,9 a 1,4).

Essa equação sempre demanda uma atualização. Outros dados para o procedimento e exemplos de cálculos de regressão estão em [11, 13] e na diretriz VDI 2235 [35].

Por meio de simplificações e considerações de semelhança (cf. 12.3.4) nas análises de regressão, podem ser obtidas

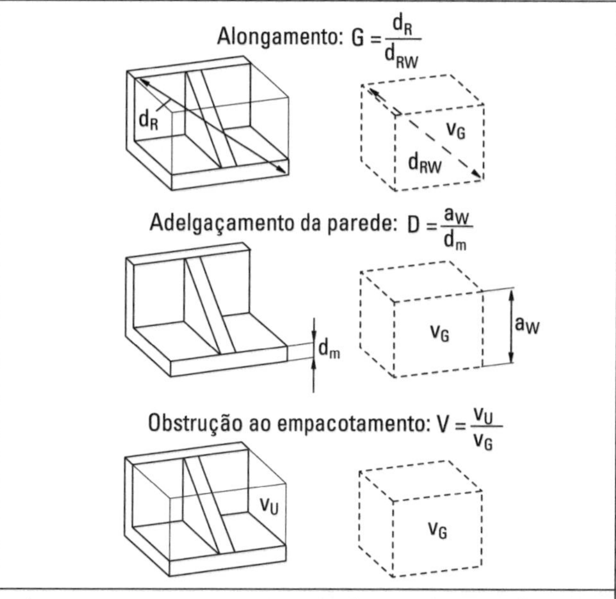

Figura 12.7 — *Características das formas de peças fundidas segundo [23]. Como forma comparativa é utilizada a forma cúbica, cujo volume corresponde ao volume da peça fundida* V_G.

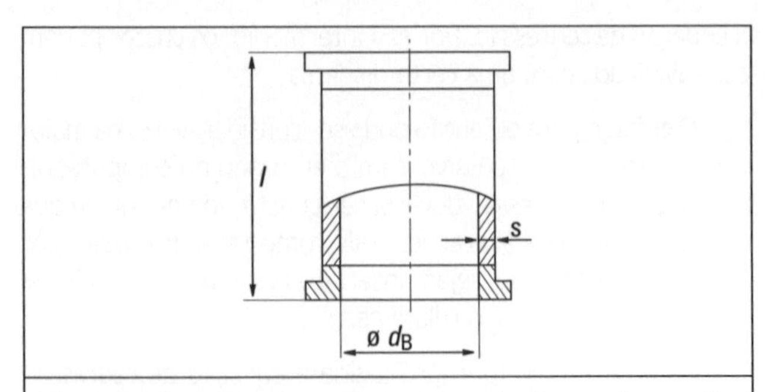

Figura 12.8 — *Grandezas geométricas da câmara de pressão de um interruptor de alta tensão. Diâmetro interno da câmara d_B; Comprimento da câmara l; Espessura da parede da câmara s; Pressão nominal PN.*

funções de custo de fácil manipulação. O exemplo a seguir foi dado por Klasmeier [18].

Custo dos recipientes de pressão para disjuntores de alta tensão (parâmetros de influência sobre os custos variáveis, veja Fig. 12.8):

A equação de regressão de recipientes soldados, obtida pela análise de regressão para reservatórios soldados:

$$VHK = a + b \cdot d_B^{1,42} \cdot PN^{0,94} \cdot l^{0,21} \cdot s^{0,17}.$$

(por serem específicos da empresa, os fatores *a* e *b* não podem ser incluídos).

Derivação de uma função de custo especial, porém simples. De acordo com as leis da eletrotécnica, tem-se:

Tensão U ~ afastamento entre os eletrodos e ~ diâmetro do recipiente d_B.

Conseqüentemente:

$$U \sim e = c_1 \cdot d_B.$$

c_1 considera as dimensões do condutor e uma margem de segurança para pressão e temperatura constantes.

Para o recipiente de parede delgada vale a fórmula para tubos de parede delgada. Uma vez que a espessura calculada de acordo com a resistência está abaixo da espessura mínima prescrita pela norma, pode se fazer $s = s_{min}$ = constante.

Além disso, l = constante, uma vez que a tensão admissível não depende do comprimento do recipiente.

Assim, a redução da função de custo ao parâmetro da tensão dá como resultado:

$$VHK = a_1 + b_1 \cdot U^{1,42}.$$

12.3.4 Estimativas com emprego de relações de semelhança

1. Com base no projeto básico

Diante de componentes geometricamente semelhantes ou semi-semelhantes de uma série construtiva ou diante de uma variante de componentes já conhecidos, é prática a determinação das leis de crescimento dos custos a partir de relações de semelhança [27]. O fator de escala dos custos de produção φ_{HK} representa a relação dos custos do projeto sucedâneo HK_q (custos procurados) em relação aos custos do projeto básico HK_0(custos conhecidos) e é determinado por meio de considerações de semelhança (cf. 10.1.1):

$$VHK = \frac{VHK_q}{VHK_0} = \frac{MEK_q + \Sigma FLK_q}{MEK_0 + \Sigma FLK_0}.$$

O projeto básico (índice 0) é escolhido de modo que possa representar a maior faixa possível de diferentes tamanhos. Caso esteja posicionado sobre a média geométrica dessa faixa, as discrepâncias das projeções de custo serão mínimas. A projeção do custo do projeto sucedâneo deverá se situar dentro do domínio de validade do custo do projeto básico, ou seja, mesmo processo de produção, mesmas instalações de produção, entre outros fatores.

A relação entre os custos diretos dos materiais e os custos ou tempos de produção, p. ex., para torneamento, furação e lixamento, em relação aos custos de produção, é calculada para o projeto básico e documentado conforme segue:

$$a_m = \frac{MEK_0}{CHK_0}; \quad a_{F_k} = \frac{FLK_{k_0}}{VHK_0}$$

para a k-ésima operação de produção.

As relações assim definidas participam dos custos de produção variáveis correspondentes e representam a estrutura de custos do projeto básico (cf. 12.3.5).

Uma vez conhecidas as leis de crescimento dos custos de cada um dos componentes, a lei de crescimento do custo global é obtida de:

$$\varphi_{VHK} = a_m \cdot \varphi_{MEK} + \sum_k a_{F_k} \cdot \varphi_{FLK_k}.$$

De forma geral, a relação pode ser descrita em função de um comprimento característico:

$$\varphi_{VHK} = \sum_i a_i \cdot \varphi_L^{x_i}, \varphi_L = \frac{L}{L_0} \text{ (cf. 10.1.1) com}$$

$$\sum_i a_i = 1 \text{ e } a_i \geq 0.$$

O método não é privativo de uma empresa. Pela formação dos coeficientes a_i com auxílio do projeto básico insere-se o modo de calcular específico da empresa e ao mesmo tempo assegura-se sua atualidade. Isso faz com que os resultados sejam específicos da empresa.

A determinação dos expoentes x_i em função das dimensões (comprimento característico) de *componentes geometricamente semelhantes*, é simples.

Tipo de máquina	Torneamento interno e externo	Expoente Calculado	Expoente Arredondado	Precisão da pontaria
Torno universal	Torneamento interno e externo Tarraxeamento Rebaixamento Torneamento de ranhuras Faceamento	2 ≈1 ≈1,5 ≈1	2 1 1 1	++ + + +
Torno carrossel	Torneamento interno e externo	2	2	++
Furadeira radial	Furar Corte de roscas Escarear	≈1	1	0
Trabalhos de furação e trabalhos de fresagem	Tornear Furar Fresar	≈1	1	0
Fresa de ranhuras	Fresar rasgos para chavetas	≈1,2	1	+
Retífica cilíndrica universal	Retífica cilíndrica externa	≈1,8	2	++
Serra circular	Serrar perfis	≈2	2	0
Tesoura de mesa	Cortar chapas	1,5...1,8	2	+
Dobradeira	Dobrar chapas	≈1,25	1	+
Prensa	Endireitar perfis	1,6...1,7	2	+
Fresa	Facear chapas	1	1	++
Oxicorte	Cortar chapas	1,25	1	++
Solda MIG e solda elétrica manual	Juntas de topo em I, em V, em X Juntas em ângulo, juntas de canto	2 2,5	2 2	++ ++
Recozer		3	3	++
Jateamento com areia (calculado em função do peso ou da superfície da peça)		2 o. 3	2 o. 3	++
Montagem		1	1	++
Alinhar para soldar		1	1	++
Revestir manualmente		1	1	++
Pintar		2	2	++

Figura 12.9 — *Expoentes dos tempos por unidade de diferentes operações de produção, conservando a semelhança geométrica, segundo [26, 27]. Legenda: ++ boa precisão de pontaria; + menor do que ++; 0 possibilidade de maiores dispersões.*

Mas também para *projeções mais exatas* e com variação semi-semelhante, o método é de fácil aplicação, como mostra o exemplo de cilindros motrizes (Fig. 12.12). Nesse caso, trata-se de espigas soldadas por atrito com dimensões principais *d* e *l*, projetadas com um adaptador em forma de disco forjado em matrizes fechadas, soldadas com tubos e subseqüentemente submetidas a acabamento superficial num torno.

Os parâmetros característicos dos tubos são o diâmetro do cilindro *D* e o comprimento do cilindro *B*, que podem ser selecionados independentemente um do outro. O diâmetro *d* e o comprimento *l* da espiga sempre são selecionados proporcionalmente ao diâmetro *D* do cilindro.

As dependências dos tempos de cada um dos parâmetros geométricos foram obtidas por uma análise dos tempos principais e auxiliares de acordo com [24, 26, 27]. Assim, p. ex., para o torneamento o tempo principal é determinado pela superfície a ser torneada, representada pelo diâmetro e pelo comprimento do componente, ao passo que na faixa de tamanho considerada, o tempo auxiliar foi mantido constante. Por outro lado, segundo [24], os custos da solda crescem em função da espessura do cordão de solda *s* ou *a*, com $\varphi_s^{1,5}$ e, linearmente com o comprimento do cordão de solda, isto é, com φ_L^1. Além do número de peças, a preparação para a soldagem depende principalmente da raiz quadrada do peso, portanto com $\varphi_G^{0,5}$, que também pode ser descrito por $\varphi_D \cdot \varphi_B^{0,5}$.

Para uma estimativa rápida de acordo com [27], pode-se trabalhar com expoentes inteiros, do que resulta o seguinte polinômio:

$$\varphi_{VHK} = a_3 \cdot \varphi_L^3 + a_2 \cdot \varphi_L^2 + a_1 \cdot \varphi_L^1 + \frac{a_0}{\varphi_z} \quad \text{com} \quad \varphi_z = \frac{z_q}{z_0},$$

z = tamanho do lote

Para os custos dos materiais vale em geral $\varphi_{MEK} = \varphi_L^3$. A Fig. 12.9 serve para operações de produção, segundo [26, 27].

A partir de um esquema do projeto básico os termos a (i) são calculados (ex. na Fig. 12.10 e 12.11) em correlação a cada expoente inteiro. Com $\varphi_z = 1$, a lei de crescimento dos custos é, então:

$$\varphi_{VHK} = 0,49 \cdot \varphi_L^3 + 0,26 \cdot \varphi_L^2 + 0,20 \cdot \varphi_L + 0,05.$$

Uma variante geometricamente semelhante duas vezes maior com $\varphi_L = 2$, tem um incremento de custo com fator de escala $\varphi_{VHK} = 5,41$.

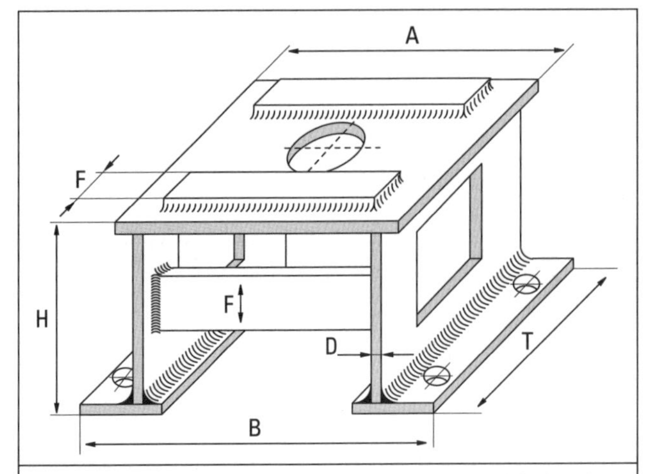

Figura 12.10 — *Projeto básico (componente soldado) de uma série construtiva geometricamente semelhante, segundo [27].*

Operação		Custos que crescem com φ_L^3	Custos que crescem com φ_L^2	Custos que crescem com φ_L	Custos constantes
Material		800			15
Cortar	Unir			60	
Facear	Unir			35	
Alinhar	Unir			105	
Soldar	Unir		500		
Recozer		80			
Jatear com areia		40			
Traçar	Conformação mecânica			40	
Trabalho de furação	Conformação mecânica			100	70
Furadeira radial	Conformação mecânica			30	15
1890 UM = H_0 =		Σ_3(=920)	Σ_2(=500)	Σ_1(370)	Σ_0(100)
		Σ_3/H_0 a_3 = 0,49	Σ_2/H_0 a_2 = 0,26	Σ_1/H_0 a_1 = 0,20	Σ_0/H_0 a_0 = 0,05

Figura 12.11 *— Algoritmo de cálculo para determinação das participações a_i no projeto básico.*

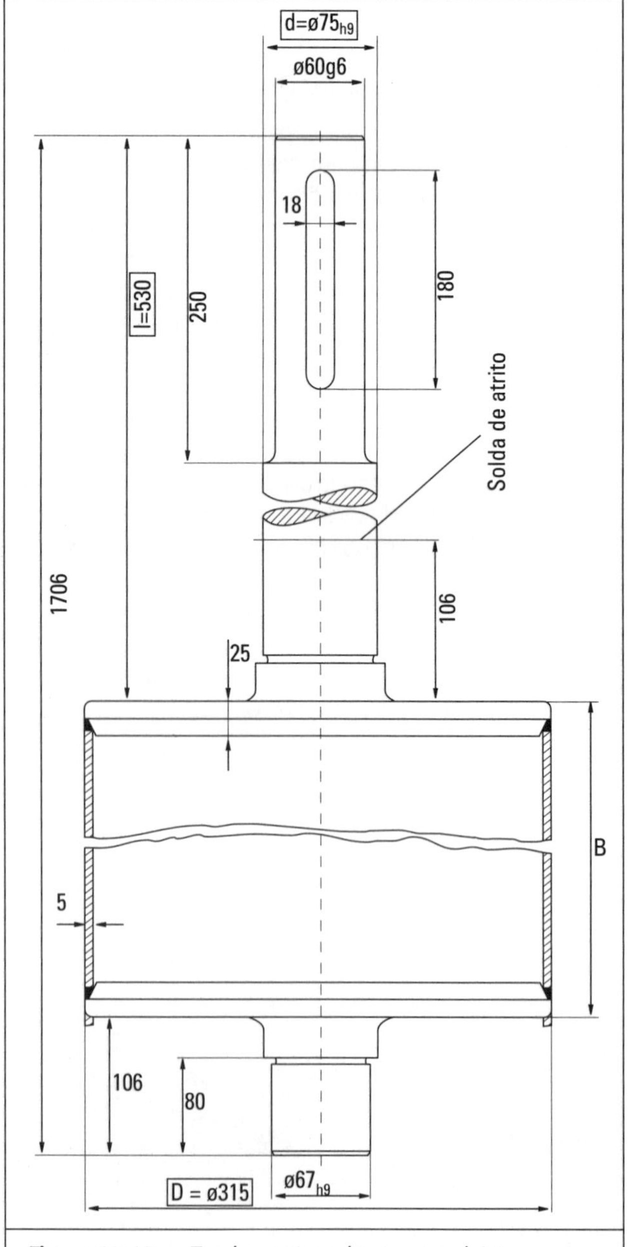

Figura 12.12 *— Tambor acionador (projeto básico ou tamanho de referência)*

A Fig. 12.13 mostra os componentes de custo de cada operação de um projeto básico com D = 315 mm e B = 1000 mm.

A lei de crescimento diferenciada, assim obtida, pode ser expressa numa forma geral quando os componentes do custo com igual dependência e iguais parâmetros são agrupados, por meio de:

$$\varphi_{VHK} = 0{,}164 \cdot \varphi_{KGR} \cdot \varphi_D^2 \cdot \varphi_B + 0{,}222 \cdot \varphi_{KGZ} \cdot \varphi_d^2 \cdot \varphi_1 + \varphi_{kL}\,(0{,}081 \cdot \varphi_D^{2,5} + 0{,}075 \cdot \varphi_D \cdot \varphi_B + 0{,}113 \cdot \varphi_d \cdot \varphi_1 + 0{,}038 \cdot \varphi_D^2 + 0{,}081 \cdot \varphi_D \cdot \varphi_B^{0,5} + 0{,}011 \cdot \varphi_D + 0{,}144) + 0{,}07.$$

Inserindo $\varphi_D = \varphi_B = \varphi_d = \varphi_l$ no caso de semelhança geométrica das dimensões dos cilindros ou $\varphi_D = \varphi_d = \varphi_l$ = constante e φ_B variável, pode-se elaborar o diagrama da Fig. 12.14 para toda a faixa de custos de eventuais variantes. Nesse caso, φ_{kL} e φ_{KGZ} são constantes para todos parâmetros, ao passo que acima de 355 mm, φ_{KGR} aumenta para 1,25 por causa do ágio sobre quantidades mínimas.

Uma vez que nos custos diretos sempre estão incluídos componentes de custo constantes, p. ex., tempos de preparação para um dado tamanho do lote, e por outro lado, p. ex., os custos dos materiais crescem com a terceira potência de um comprimento característico, o gráfico dos custos variáveis, em função do tamanho de um componente ou de

Material Atividade de produção	Contribuição no custo	Lei de crescimento dos custos
Material		
Tubo	0,164	$\varphi_{kGR} \cdot \varphi_D^2 \cdot \varphi_B$
Disco e espiga	0,222	$\varphi_{kGZ} \cdot \varphi_d^2 \cdot \varphi_l$
Contribuição constante	0,070	
Atividade da produção, preparação p/		
Soldagem	0,049	$\varphi_{kL} \cdot \varphi_D \cdot \varphi_B^{0,5}$
Soldagem	0,081	$\varphi_{kL} \cdot \varphi_D^{2,5}$
Revestimento	0,011	$\varphi_{kL} \cdot \varphi_D$
Tornear tubo longitudinal	0,054	$\varphi_{kL} \cdot \varphi_D \cdot \varphi_B$
Tornear espiga longitudinal	0,097	$\varphi_{kL} \cdot \varphi_d \cdot \varphi_l$
Tornear espiga plana	0,038	$\varphi_{kL} \cdot \varphi_d^2$
Tornear (constante)	0,114	φ_{kL}
Fresar	0,016	$\varphi_{kL} \cdot \varphi_d \cdot \varphi_l$
Fresar (constante)	0,021	φ_{kL}
Acabamento superficial	0,021	$\varphi_{kL} \cdot \varphi_D \cdot \varphi_B$
Prep. p/acabamento superficial	0,032	$\varphi_{kL} \cdot \varphi_D \cdot \varphi_B^{0,5}$
Serrar	0,001	$\varphi_{kL} \cdot \varphi_D$
Serrar (constante)	0,009	φ_{kL}
	1,000	

Figura 12.13 *— Participações no custo do projeto básico. D = 315 mm e B = 1000 mm do tambor de acionamento da Fig. 12.12. φ_{kG} razão de progressão dos custos específicos do material, φ_{kL} razão de progressão da taxa sobre o salário contábil.*

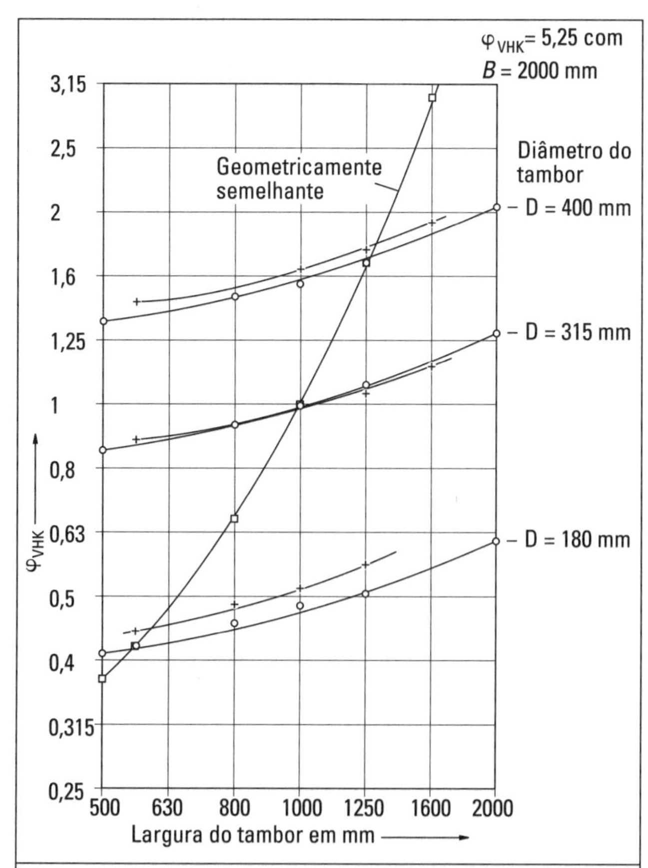

***Figura 12.14** — Custos de fabricação relativos de tambores de acionamento semelhantes e semi-semelhantes geometricamente conforme Fig. 12.12. Projeto básico D = 315 mm, B = 1000 mm + calculado convencionalmente.*

um subconjunto, inclusive numa representação bilogarítmica, basicamente não é linear, porém uma linha com curvatura crescente (cf. Fig. 12.14).

Comparando o cálculo convencional com a projeção por meio das leis de crescimento dos custos percebe-se que é possível uma determinação suficientemente correta dos custos. Com base na compensação dos erros quando existe um número suficiente de parcelas, a estimativa dos custos de produção é relativamente precisa. Em geral, a incerteza é menor que ± 10%. Em contrapartida, operações específicas podem vir acompanhadas por desvios maiores [16, 27]. Outros exemplos encontram-se em [18, 24, 26, 27].

2. Elemento operacional como base

De acordo com Beelich [24], no lugar de um projeto básico também pode se apresentar o chamado elemento operacional, que representa um determinado processo de produção. A idéia básica é a definição de um elemento relativamente simples, normalizado que contenha todas as principais suboperações da respectiva operação de produção (p. ex., tornear, desbastar, soldar), que possibilitem efetuar projeções para um componente real. A normatização consiste em atribuir a todas as variáveis geométricas dominantes o valor numérico 1, de modo a criar tempos de produção específicos.

Determinam-se os tempos necessários de produção do elemento operacional, que variam em função da tecnologia.

Partindo desse elemento operacional, mediante definição do fator de escala $\varphi_i = X_{iB}/X_{i0}$ (X_{iB} parâmetro do componente, X_{i0} parâmetro do elemento operacional), conforme descrito anteriormente, será determinada a lei de crescimento do custo que permitirá efetuar o cálculo do custo de produção.

Um elemento de operação é usado com vantagens, nos casos em que prepondera uma única operação de produção. Por outro lado, elementos de operação de diferentes operações de produção também ajudam na projeção dos custos de componentes complexos.

Para a operação de produção "solda manual com eletrodos", Beelich [24] demonstrou o procedimento para a criação de um elemento operacional.

Exemplo de *constituição de um elemento operacional*

A análise da operação de produção "soldagem manual com eletrodos" permitiu identificar as seguintes participações nos tempos das operações parciais:

Os tempos para juntar, alinhar e unir os componentes num subconjunto soldado podem ser calculados segundo Ruckes [29] por:

$$t_{ShZH} = C_{ZH} \cdot \alpha \cdot \sqrt{G} \cdot \sqrt{x}.$$

em que α é o fator de dificuldade (Fig.12.15), G o peso total e x o número de componentes.

O tempo principal de uma solda de filetes é calculado pelo tempo necessário para preencher o volume do filete com o correspondente volume de eletrodo. De acordo com [24] vale:

$$t_{ShN} = C_h \cdot s^{1,5} \cdot l,$$

em que s é espessura da chapa com cordão de solda em V, $a = s$ é a garganta do filete para junta em ângulo e l é o comprimento do cordão de solda.

Tipo, forma dos cordões de solda		Solda de topo com chanfro em V de 60°	Solda de ângulo de 90°
Espécie de construção	**Forma do componente / Comprimento do cordão de solda**		
No plano	Posição da bandeja Cordões de solda compridos	1	2
No espaço	Folhas, chapas de aço, cordões curtos	1,5	2,5
	Perfis U, L, Tubos	2	3
	Perfis T,I	2,5	4

***Figura 12.15** — Fator de dificuldade **a** para a precisão de medidas habitual e principalmente ângulos retos. (Com maior precisão de medidas e ângulos oblíquos, o fator deve ser aumentado em 1 ou 2 pontos).*

Os tempos auxiliares para a troca dos eletrodos, retomada da solda, remoção da escória e limpeza do cordão são dependentes da quantidade de eletrodos z_E e da quantidade de subcordões de solda z. Estas duas variáveis podem ser correlacionadas e comparadas com os volumes e as seções dos cordões de solda e dos eletrodos [24]. Além disso, os estudos demonstraram a influência do fator de dificuldade α. Parece sensato incluir esse fator sob forma de raiz quadrada.

$$t_{SnEA} = t_{SnSL} = C_n \cdot \sqrt{\alpha} \cdot s^{1,5} \cdot l.$$

Os custos do material empregado na solda podem ser calculados por meio do peso específico dos cordões de solda G_N^* e por meio do fator de custo específico:

$$M_S = G_N^* \cdot s^2 \cdot l \cdot k_G.$$

Assim, se obtém a seguinte relação formal para o custo total da solda em UM (unidades monetárias).

$$F_S = k_L\,[C_{ZH} \cdot \alpha \sqrt{G} \cdot \sqrt{x} + (C_h + C_n \cdot \sqrt{\alpha})s^{1,5} \cdot l] + G_N^* \cdot s^2 \cdot l \cdot k_G.$$

Para o elemento operacional "solda manual com eletrodos" (Fig. 12.16), os custos da solda são calculados utilizando dados padronizados e tempos de produção específicos:

$\alpha = 1$ — $k_L = 1$ UM/min (taxa sobre o salário contábil)
$G = 1$ kg — $k_G = 10$ UM/kg (custos específicos do material)
$x = 1$ — $C_{zh} = 1$ min/kg^{0,5} (tempos de produção)
$s = 1$ mm — $C_h = 0{,}8$ min/mm^{1,5} · m (tempos de produção específicos)
$l = 1$ m — $C_n = 1{,}2$ min/mm^{1,5} · m
$G_N^* = 0{,}0095$ kg/mm^2 · m (peso específico do cordão com sobreelevação de $k_{Nü} = 1{,}21$)
$F_{SO} = 3{,}095$ UM.

Portanto, os componentes do custo do elemento operacional O são calculados por

$$a_{ZH} = \frac{F_{SZKO}}{F_{SO}} = \frac{1}{3,095} = 0,32,$$

$$a_{Nh} = \frac{F_{SNO}}{F_{SO}} = \frac{0,8}{3,095} = 0,26$$

$$a_{Nn} = \frac{F_{SEAO} + F_{SSLO}}{F_{SO}} = \frac{1,2}{3,095} = 0,39,$$

$$a_M = \frac{M_{SO}}{F_{SO}} = \frac{0,095}{3,095} = 0,03.$$

Com isso, a lei de crescimento dos custos para o elemento operacional "solda manual com eletrodos" pode ser expressa por:

$$\varphi_{FS} = \varphi_{kL}\,(\underbrace{0,32 \cdot \varphi_\alpha \cdot \varphi_G^{0,5} \cdot \varphi_X^{0,5}}_{\text{Ajustar: Montar, Alinhar, Unir}} + (\underbrace{0,26}_{\text{Soldar: solda de filete}} + \underbrace{0,39 \cdot \varphi_\alpha^{0,5}}_{\text{Trocar eletrodos, Retomada da operação de solda (junta fria), Remoção de escória}}) \cdot \varphi_s^{0,5} \cdot \varphi_1) + \underbrace{0,03 \cdot \varphi_s^2 \cdot \varphi_1 \cdot \varphi_{kG}}_{\text{Material de solda}}.$$

Com esse elemento, substituindo os respectivos parâmetros para determinação dos fatores de escala φ pode ser estimado o custo de componentes soldados.

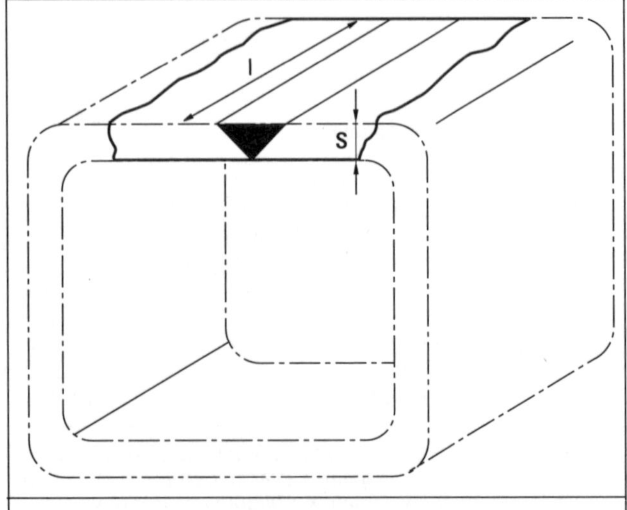

Figura 12.16 — *Elemento operacional "soldagem".*

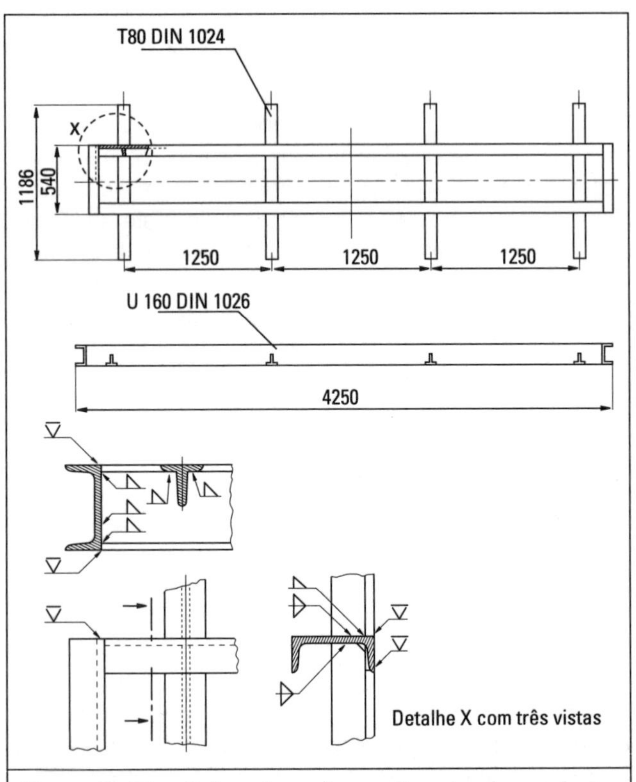

Figura 12.17 — *Subconjunto "parte dianteira do quadro".*

TH Darmstadt MuK		para: *Quadro, parte frontal* — Lista de dados					
Atividade de produção Material:		Designação		Dimensão	Dados dos grupos de solda	Dados do elemento operacional	Razão de compressão φ
Preparação para soldagem		Peso do subconjunto	G	kg	226	1	226
		Número de parte	x		16	1	16
		Fator de dificuldade	a	$UM_{mín}$	3	1	3
		Salário de referência	K_L	mm	1	1	1
Soldar a junta	Solda de ângulo	Espessura do cordão	a	m	4	1	4
		Comprimento do cordão	K_L		4,52	1	4,52
		Grau de dificuldade	α	mm	3	1	3
	Solda de topo com chanfro em V	Espessura da chapa	s	m	10	1	10
		Comprimento do cordão	l_v		2,44	1	2,44
		Grau de dificuldade	α	uG_{kg}	2	1	2
Material da solda		Custos específicos dos materiais	K_G		10	10	1
Data:		Responsável:					

Figura 12.18 *— Lista de dados para cálculo das razões de progressão.*

Exemplo de *aplicação de um elemento operacional*:

Deve ser avaliado (estatisticamente) o custo do quadro soldado representado na Fig. 12.17: os custos da solda podem ser calculados com os dados do subconjunto e com os fatores de escala relativos ao elemento operacional segundo a Fig. 12.18.

Substituindo os respectivos valores separadamente na equação acima para um cordão em V e uma solda de filete obtém-se, segundo a Fig. 12.19, o fator de escala

$$\varphi_{FS} = 163{,}67.$$

O custo da operação de produção "solda manual com eletrodos" é:

$$HK = F_{S0} \cdot \varphi_{FS} = 3{,}095 \cdot 163{,}67 = 506{,}\text{– UM}.$$

Nota-se que as espessuras do cordão tem considerável influência. A título de exemplo, caso se possa reduzir o cordão em V de 10 para 8 mm, resulta uma sensível redução do custo, onde φ_S não valeria 10, porém 8. Por causa dos expoentes 2 ou 1,5, os valores numéricos correspondentes (cf. Fig. 12.19) e o custo de fabricação são reduzidos para

$$HK = 3{,}095 \cdot 143{,}22 = 443{,}\text{– UM}.$$

Atividade de produção Material:		Lei de crescimento dos custos	Cálculo	Razão de progressão φ	
Preparação		$\varphi_{HZS} = 0{,}32 \cdot \varphi_{kL} \cdot \varphi_\alpha \cdot \varphi_G^{0,5} \cdot \varphi_x^{0,5}$	$0{,}32 \cdot 1 \cdot 3 \cdot 226^{0,5} \cdot 16^{0,5}$	57,73	57,73
Solda	Solda de ângulo	$\varphi_N = (0{,}26 + 0{,}39 \cdot \varphi_\alpha^{0,5}) \cdot \varphi_S^{1,5} \cdot \varphi_{kL}$	$(0{,}26+0{,}39 \cdot 3^{0,5}) \cdot 4^{1,5} \cdot 4{,}52\ 1$	33,83	33,83
	Solda de topo c/ chanfro em V		$(0{,}26+0{,}39 \cdot 2^{0,5}) \cdot 10^{1,5} \cdot 2{,}44 \cdot 1$	62,62	44,81
Material de solda	Solda de ângulo	$\varphi_M = 0{,}03 \cdot \varphi_s^2 \cdot \varphi_l \cdot \varphi_{kG}$	$0{,}03 \cdot 4^2 \cdot 4{,}52 \cdot 1$	2,17	2,17
	Solda de topo c/ chanfro em V		$0{,}03 \cdot 10^2 \cdot 2{,}44 \cdot 1$	7,32	4,68
			$\varphi_{FS} =$	163,67	143,22

Figura 12.19 *— Cálculo da razão de progressão dos custos de soldagem do elemento operacional "soldagem" para o conjunto de soldas da Fig. 12.17.*

12.3.5 Estruturas de custos

Das considerações anteriores notam-se as variações da *estrutura de custos* com o tamanho da construção ou com variantes semi-semelhantes. As participações nos custos que crescem com φL^3 ou φL^2 são de influência dominante, p. ex., os custos dos materiais e os custos dependentes do acabamento superficial, sempre que sua participação no custo for grande. A Fig. 12.20 mostra a variação da estrutura dos custos de fabricação em função do tamanho da construção e do tamanho do lote de acordo com Ehrlenspiel [12]. Com tamanhos dos lotes crescentes, reduz-se a contribuição do custo único ou as contribuições que não dependem do tamanho, ou seja, principalmente os custos de preparação. A estrutura dos custos do exemplo da Fig. 12.10, em função do tamanho da construção, está reproduzida na Fig. 12.21. Com a variação de tamanho numa faixa que vai de $\varphi L = 0{,}4$ até $\varphi L = 2{,}5$, ou seja, 6,25 vezes, percebe-se uma mudança na estrutura de custo com predomínio, no início, dos custos de produção e, no final, dos custos dos materiais. Para estruturas de custos de componentes fundidos, veja [14].

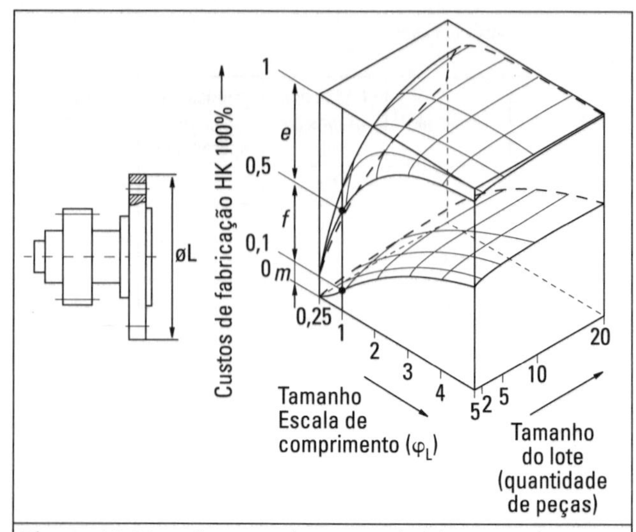

Figura 12.20 — *Estrutura dos custos de fabricação de engrenagens em função do tamanho ou das razões de progressão dos comprimentos w_L e do tamanho do lote segundo [11, 35].* ***m*** *contribuição do custo do material,* ***f*** *contribuição dos custos de produção, e contribuição do custo único (custo de setup).*

Sem o conhecimento da estrutura de custos, ou seja, sem o conhecimento das contribuições dos custos diretos do material e da mão-de-obra da produção sobre os custos de produção variáveis, o projetista não identifica as providências necessárias para a redução dos mesmos. Por isso, é importante preparar os seguintes subsídios: em projetos novos um pré-cálculo estimativo ou uma projeção derivada das relações de semelhança e em projetos adaptativos, os respectivos registros do pós-cálculo de pedidos anteriores.

Como exemplo, a Fig. 12.22 mostra a distribuição do custo de um gerador síncrono [19]. Daqui se conclui que para o eixo L1, p. ex., quase não compensa tentar reduzir os custos de mão-de-obra e os custos indiretos da produção por providências de projeto, mas que uma redução do peso ou uma adequada seleção do material poderão levar a reduções apreciáveis, dada sua grande influência sobre o custo.

A situação é diversa com relação ao suporte S3 onde, devido à elevada participação dos custos indiretos, modificações no processo de produção ou nos meios de produção, viabilizadas pelo projeto, parecem promissoras.

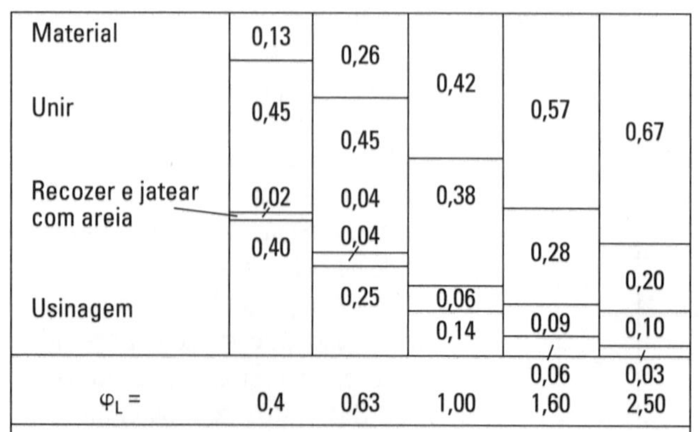

Figura 12.21 — *Estrutura de custos do exemplo da Fig. 12.10. Ela mostra a alteração considerável das contribuições em função da variação de tamanho.*

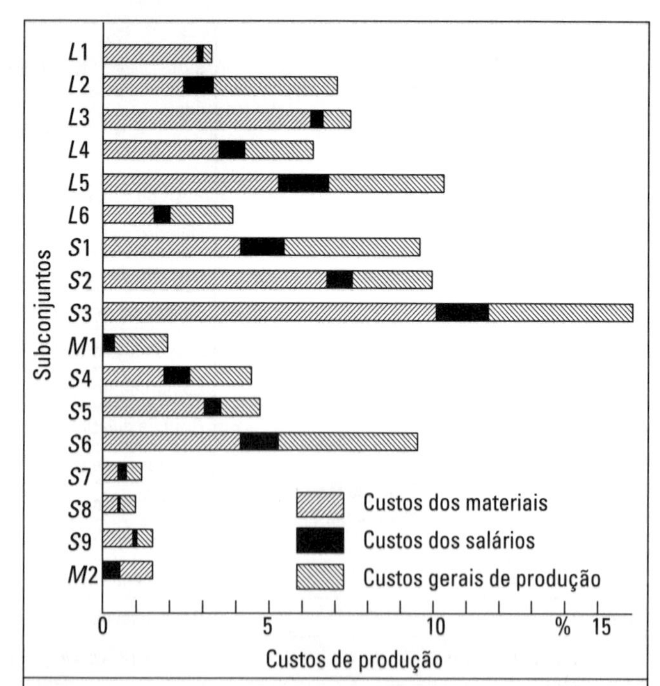

Figura 12.22 — *Estrutura de custos para um gerador síncrono conforme [19]. P. ex. L1 eixo; L2 corpo do rotor; S3 carcaça do estator; S5 mancal; S6 armadura; M2 grupo de montagem de dispositivos auxiliares.*

12.4 ■ Fixação das metas de custos

Para o cliente, o preço de mercado e os custos operacionais são importantes critérios de decisão acerca de um produto ou processo. Mesmo apresentando características satisfatórias, uma situação de preço não competitiva no mercado muitas vezes é uma boa oportunidade para um novo desenvolvimento ou a continuação de um desenvolvimento. O interesse pela redução dos custos de produção passa a ser meta prioritária a fim de melhorar a própria posição no mercado. Nesse caso, por meio de uma meta de custos também conhecida por *Target Costs*, a gerência de projeto tentará, desde o início, cumprir alguns requisitos específicos no nível de custos [3, 30]. Com esse gerenciamento de custos, o desenvolvimento transcorrerá aproximadamente do seguinte modo:

Através de uma análise prévia de mercado (cf. 3.1.4) com relação à expectativa do cliente e em comparação com a concorrência, é calculado um preço de venda atrativo e baixo na medida do possível.

Considerando o lucro e adicionais internos (cf. Fig. 12.1), são, em seguida, estimados os custos de produção aceitáveis, agora admissíveis. Até onde for possível e perceptível, os custos globais de produção devem ser desdobrados e correlacionados sensatamente a funções específicas e/ou subconjuntos para novamente preestabelecer subobjetivos de custos a subsistemas específicos. Uma comparação com os atuais custos de produção aponta para a redução necessária desses custos. Eventualmente, os custos operacionais também poderão ser apropriadamente incluídos.

Ao contrário de um desenvolvimento convencional, os custos de produção de um produto não são determinados posteriormente no sentido de uma verificação dos custos, mas preestabelecidos como metas de custo dos subsistemas para, a partir deles, controlar o desenvolvimento da solução [4, 9]. Portanto, os custos de produção calculados, admissíveis, são as metas prioritárias do desenvolvimento onde, analogamente ao procedimento da análise de valor (cf. 1.2.3 - 2, e [8, 32, 38]), também são questionadas as atuais funções, estilizações e tipos de construção, entre outros itens. Se possível, devem ser adicionalmente levadas em conta melhorias funcionais, ganhos de eficiência, redução do consumo de materiais e semelhantes, a fim de tornar o produto mais atraente, mantendo o custo reduzido.

Potencialidades para redução dos custos deverão ser procuradas principalmente nos subsistemas (subconjuntos funcionais ou mecânicos) com expressiva participação no custo e onde, por alterações na formulação do problema, novos princípios de solução e configuração, materiais, processos de produção e / ou tipos de montagem são trazidos a um nível de custos sensivelmente mais baixo. Continua prioritário o atendimento das expectativas do cliente numa visão conjunta da função, confiabilidade e estilo atraente, com preço convidativo e baixo custo operacional. Em [9, 15] Ehrlenspiel apresenta um exemplo didático do desenvolvimento de uma betoneira, de acordo com o *Target Costs*.

É evidente que o *Target Costs* somente poderá ter sucesso quando efetivado por uma *equipe de desenvolvimento* que inclua todas as áreas envolvidas na geração do produto, analogamente ao procedimento da engenharia simultânea (4.3) ou da análise de valor (1.2.3 -2). Os métodos expostos neste capítulo para conhecimento e minimização dos custos terão que ser aplicados deliberadamente pela equipe para que, já num estágio prematuro de desenvolvimento ou na busca e seleção da solução, possa ser assegurado o cumprimento das metas de custo preestabelecidas.

A tese de doutorado de Kohlhase [20] mostra uma aplicação interessante em sistemas modulares. Por desdobramento das metas de custo, são prefixados os custos aparentemente admissíveis para blocos específicos ou combinações de blocos. Esses custos incluem os custos de produção e os custos incidentes de processo. Com auxílio de redes neurais, as influências recíprocas são percebidas e consideradas. Com suficiente quantidade de dados, podem ser determinadas combinações dos elementos de um sistema modular economicamente vantajosas, considerando a demanda. Os resultados permitem definir estruturas de sistemas modulares, que são vantajosas do ponto de vista do custo e da demanda.

12.5 ■ Regras para minimização dos custos

Além das afirmações feitas em 7.5.8 e 7.5.9, podem ser estabelecidas as seguintes regras gerais, de acordo com [11, 13, 35]:

- Buscar objetos pouco complexos, ou seja, pequeno número de componentes ou de etapas de produção.
- Projetar tamanhos pequenos em razão dos menores custos dos materiais, já que esses crescem desproporcionalmente com o tamanho, quase sempre o diâmetro.
- Possibilitar um número grande de peças (tamanho do lote), para diminuir a participação unitária no custo, p. ex., devido ao rateio dos custos de preparação, mas também por causa do emprego de processos de produção de maior capacidade e aproveitamento de ações repetitivas.
- Limitar ajustes, ou seja, permitir maiores tolerâncias e rugosidades.

Essas disposições sempre devem ser relacionadas ao problema ou ao tamanho do objeto.

Além das regras gerais para a minimização dos custos, pode-se também demonstrar que critérios econômicos não estão em confronto com as questões do meio ambiente mas, muito pelo contrário, as auxiliam [2]. Isso vale principalmente quando, já na busca da solução e da configuração, forem levadas em conta medidas poupadoras de energia e materiais. Essas levam a reduções do custo e simultaneamente diminuem o impacto sobre as reservas naturais e o meio ambiente, conforme mostra a lista subseqüente, que também pode ser entendida como uma lista de verificação:

Poupança de energia por meio de:

- Eliminação de conversões de energia (cf. 6.3, elaboração da estrutura da função);
- Redução das perdas nos escoamentos;
- Redução das perdas por atrito (cf. 7.4.1, princípio da compensação das forças);
- Reaproveitamento da energia perdida (cf. 7.4.3, princípio da auto-ajuda);
- Adequação do tamanho das máquinas ao processo de trabalho;
- Desdobramento em subsistemas com maior grau de eficiência global;
- Emprego de componentes que apresentam menores perdas.

Economia de material por meio de:

- Uma adequada escolha do material (cf. 12.3.1, custos relativos);
- Solicitações de tração ou compressão (cf. 7.4.1, princípio da transmissão direta e pelo menor caminho das forças);
- Seções apropriadas às solicitações (cf. 12.3.1, custos relativos);
- Divisão e bifurcação das cargas (cf. 7.4.2, princípio da subdivisão de tarefas);

- Aumento da velocidade;
- Construção integralizada e integração de funções (cf. 7.3.2, simples e 7.5.7, considerando a produção);
- Evitar superdimensionamento preservando a segurança (cf. 7.3.3, seguro, princípio da falha delimitada);
- Produção econômica de componentes através de fundição, forjamento, repuxo e semelhantes.

Referências

1. Bauer, C. O.: Relativkosten-Kataloge - wertvolles Hilfsmittel oder teure Sackgasse? DINMitt.64, (1985), Nr. 5, 221-229.
2. Beitz, W.: Möglichkeiten zur material- und energiesparenden Konstruktion. Konstruktion 42, (1990) 378-384.
3. Bugget, W.; Weilpütz, A.: Target Costing - Grundlagen und Umsetzung des Zielkostenmanagements. Munique: C. Hanser, 1995.
4. Burkhardt, R.: Volltreffer mit Methode - Target Costing. Top Business 2, (1994) 94-99.
5. Busch, W.; Heller, W.: Relativkosten-Kataloge als Hilfsmittel zur Kostenfrüherkennung.
6. DIN 32990 Teil 1: Kosteninformationen; Begriffe zu Kosteninformationen in der Maschinenindustrie. Berlim: Beuth 1989.
7. DIN 32991 Teil 1 Beiblatt 1: Kosteninformationen; Gestaltungsgrundsätze für Kosteninformationsunterlagen; Beispiele für Relativkosten-Blätter. Berlim: Beuth, 1990.
8. DIN 69910: Wertanalyse. Berlim: Beuth, 1987.
9. Ehrlenspiel, K.: Integrierte Produktentwicklung. Munique: C. Hanser, 1995.
10. Ehrlenspiel, K.: Kostengesteuertes Design - Konstruieren und Kalkulieren am Bildschirm. Konstruktion 40, (1988) 359-364.
11. Ehrlenspiel, K.: Kostengünstig Konstruieren. Konstruktionsbücher, Bd. 35. Berlim: Springer, 1985.
12. Ehrlenspiel, K.; Kiewert, A.; Lindemann, U.: Kostenfrüherkennung im Konstruktionsprozeß. Notícias VDI Nr. 347. Düsseldorf: Editora VDI, 1979.
13. Ehrlenspiel, K.; Kiewert, A.; Lindemann, U.: Kostengünstig Entwickeln und Konstruieren - Kostenmanagement bei der integrierten Produktentwicklung, 2ª edição, Berlim: Springer - VDI, 1998.
14. Ehrlenspiel, K.; Pickel, H.: Konstruieren kostengünstiger Gussteile - Kostenstrukturen, Konstruktionsregeln und Rechneranwendung (CAD). Konstruktion 38, (1986) 227-236.
15. Ehrlenspiel, K.; Seidenschwanz, W.; Kiewert, A.: Target Costing, ein Rahmen für kostenzielorientiertes Konstruieren - eine Praxisdarstellung. VDI-Notícias, Nr. 1097, Düsseldorf: Editora VDI, 1993,167-187.
16. Kiewert, A.: Kurzkalkulationen und die Beurteilung ihrer Genauigkeit. VDI-Z. 124, (1982) 443-446.
17. Kiewert, A.: Wirtschaftlichkeitsbetrachtungen zum kostengerechten Konstruieren. Konstruktion 40 (1988) 301-307.
18. Klasmeler, U.: Kurzkalkulationsverfabren zur Kostenermittlung beim methodischen Konstruieren. Schriftenreihe Konstruktionstechnik, H.7. TU Berlim: Dissertation, 1985.
19. Kloss, G.: Einige übergeordnete Konstruktionshinweise zur Erzielung echter Kostensenkung. VDI-Fortschrittsberichte, Reihe 1, Nr.1. Düsseldorf: Editora VDI, 1964.
20. Kohlhase, N.: Strukturieren und Beurteilen von Baukastensystemen. Strategien, Methoden, Instrumente. Diss. Darmstadt, 1996.
21. Maurer, C.; Standardkosten- und Deckungsbeitragsrechnung in Zulieferbetrieben des Maschinenbaus. Darmstadt: S. Toeche-Mittler-Verlag, 1980.
22. Mellerowicz, K.: Kosten und Kostenrechnung, Bd.1. Berlin: Walter de Gruyter, 1974.
23. Pacyna, H.; Hildebrand, A.; Rutz, A.: Kostenfrüherkennung für Gussteile. VDI-Berichte Nr.457: Konstrukteure senken Herstellkosten - Methoden und Hilfsmittel. Düsseldorf: VDI-Editora, 1982.
24. Pahl, G.; Beelich, K. H.: Kostenwachstumsgesetze nach Ähnlichkeitsbeziehungen für Schweißverbindungen. VDI-Notícias, Nr.457. Düsseldorf: VDI-Editora, 1982.
25. Pahl, G.; Rieg, F.: Kostenwachstumsgesetze für Baureihen. Munique: C. Hanser, 1984.
26. Pahl, G.; Rieg, E: Kostenwachstumsgesetze nach Ähnlichkeitsbeziehungen für Baureihen. VDI-Berichte Nr.457. Düsseldorf: VDI-Editora, 1982.
27. Pahl, G.; Rieg, F.: Relativkostendiagramme für Zukaufteile. Approximationspolynome helfen bei der Kostenabschätzung von fremdgelieferten Teilen. Konstruktion 36, (1984) 1-6.
28. Rauschenbach, 1: Kostenoptimierung konstruktiver Lösungen. Möglichkeiten für die Einzel- und Kleinserienproduktion. Düsseldorf: VDI-Editora, 1978.
29. Ruckes, J.: Betriebs- und Angebotskalkulation im Stahl- und Apparatebau. Berlim: Springer, 1973.
30. Seldenschwanz, W: Target Costing - Marktorientiertes Zielkostenmanagement. Munique: Vahlen, 1993. Zugl. Stuttgart Universität. Diss., 1992.
31. Siegerist, M.; Langheinrich, G.: Die neuzeitliche Vorkalkulation der spangebenden Fertigung im Maschinenbau. Berlim: Technischer Verlag Herbert Cram, 1974.
32. VDI: Wertanalyse. VDI- Taschenbücher T 35. Düsseldorf: VDI-Editora, 1972.
33. VDI-Richtlinie 2225 Folha 1: Konstruktionsmethodik; Technisch-wirtschaftliches Konstruieren; Anleitung und Beispiele. Düsseldorf: VDI-Editora, 1977.
34. VDI-Richtlinie 2225 Folha 2: Konstruktionsmethodik; Technisch-wirtschaftliches Konstruieren; Tabellenwerk. Berlim: Beuth, 1977.
35. VDI-Richtlinie 2235: Wirtschaftliche Entscheidungen beim Konstruieren; Methoden und Hilfen. Düsseldorf: VDI-Editora, 1987.
36. VDI-Richtlinie 3258 Blatt 1: Kostenrechnung mit Maschinenstundensätzen: Begriffe, Bezeichnungen, Zusammenhänge. Düsseldorf: VDI-Editora, 1962.
37. VDI-Richtlinie 3258 Folha 2: Kostenrechnung mit Maschinenstundensätzen: Erläuterungen und Beispiele. Düsseldorf: VDI-Editora, 1964.
38. Vogt, C.-D.: Systematik und Einsatz der Wertanalyse. Berlim: Editora Siemens, 1974.

PROJETO AUXILIADO PELO COMPUTADOR

13.1 ■ Panorama geral

Uma grande variedade de sistemas de programas e programas específicos está disponível como ferramentas de projeto ou para a execução de tarefas específicas (ex. cf. 13.2).

Programas para:

- Cálculo de peças, subconjuntos ou produtos (verificação ou especificação), p. ex., análise estática e dinâmica, comportamento térmico ou seqüenciamento de processos (p. ex., DUBBEL - Interaktiv, Editora Springer, 2002),
- Otimização de produtos, componentes ou processos;
- Simulação de relações de movimentos e simulação de processos de trabalho;
- Desenhos de figuras geométricas e desenhos de estruturas;
- Apoio ao desenho industrial por meio de modelagem da forma externa e através de animação [32];
- Construção e alteração de modelos geométricos e tecnológicos ("modelagem do produto");
- Disponibilização das informações em forma de dados, textos ou desenhos das mais diversas origens, p. ex., normas, materiais, peças de fornecedores, elementos de máquinas, material usado, fenômenos físicos, princípios de funcionamento, entre outros elementos.

A utilização destes programas específicos por parte do projetista já constitui uma grande ajuda e conduz a melhorias do produto e do trabalho. Porém, ela também leva a interrupções e problemas durante o processo de projeto devido à inserção de atividades convencionais, a procedimentos repetitivos de entrada e saída com o respectivo trabalho e possibilidades de ocorrência de erros, bem como por diferentes interfaces do usuário, estruturas dos programas, etc. Por isso é natural objetivar uma interligação de programas específicos num pacote de programas, com o qual o processo de projeto possa ser auxiliado de modo contínuo e flexível. Essa interligação contribui particularmente para a utilização contínua dos dados inseridos uma única vez, para a utilização de resultados parciais já elaborados, bem como para a utilização de bancos de dados padronizados [63].

Para estes objetivos há desenvolvimentos conhecidos como *sistemas-guia para projetos* ou *sistemas de projetos* [3, 4, 16, 21, 24, 37, 45, 49, 51, 58]. Além da interligação computacional dos módulos de programas, esses sistemas também têm a função de amparar metodologicamente o projetista na execução do seu trabalho e facilitar-lhe a consulta de módulos especiais através de uma interface amigável ao usuário. A Fig. 13.1 mostra a estrutura desse auxílio contínuo da informática ao processo de projeto, com base nas etapas de trabalho da VDI 2221. Mesmo que um sistema gerenciador de projetos deva ser suficientemente flexível para que possa ser utilizado para as mais diferentes tarefas, por razões de eficiência é conveniente montar um sistema específico da empresa ou do programa de produtos, que somente contenha as etapas e módulos de trabalho necessitados pelo usuário [21].

Características especiais do sistema representado na Fig.13.1 são, por um lado, o registro consistente dos resultados de cada fase de projeto (história do projeto) como base para uma verificação, bem como seu reaproveitamento em futuras tarefas semelhantes e, por outro lado, para o planejamento do trabalho de cada fase do projeto tendo como base um planejamento novo ou planejamentos já existentes.

São pressupostos para uma metodologia e programação destes sistemas:

- A existência de um modelo digital que possa ser progressivamente montado a partir de submodelos (modelos parciais) tanto para as etapas de concretização do desenvolvimento de um produto (modelos para as várias etapas), quanto para os diferentes graus de complexidade (produto, subconjunto, componente) [1, 2, 5, 14, 30, 34, 37, 38, 40, 47, 50, 51, 52, 66] (designado por PM na Fig. 13.1).
- Métodos operacionais de análise e métodos operacionais para as etapas de busca, combinação, especificação, verificação, seleção e avaliação. Também pertencem a estes métodos modeladores de geometrias eficientes (p. ex., CATIA, Pro/Engineer, I-DEAS, SolidWorks), com os quais, em qualquer etapa de projeto, podem ser executadas quase todas as operações geométricas em 2D ou 3D ou um outro software de geometria interligado através de interfaces (designados por OM na Fig. 13.1).
- Um sistema gerenciador eficiente do banco de dados, incluindo um banco de dados e de conhecimentos (base de dados), com o qual podem ser armazenados e carregados na memória todos os dados para comunicação, controle e projeto assim como métodos para projeto. Para utilização de sistemas baseados no conhecimento também é necessário o armazenamento do conhecimento (designado de DW na Fig. 13.1).

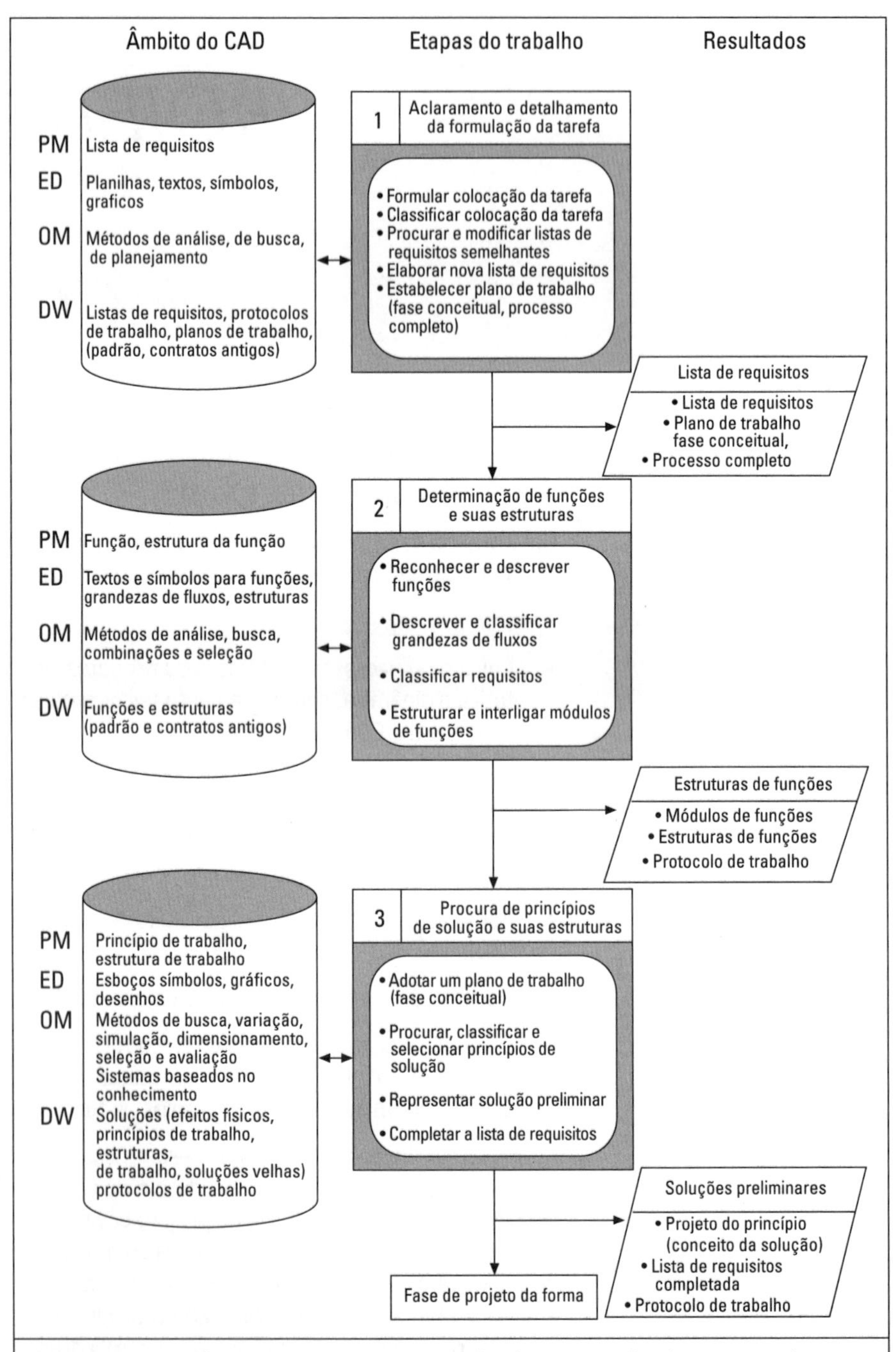

Figura 13.1 — *Fluxo intermitente com o auxílio de computador do processo de projeto baseado em [1, 5]. Etapas de trabalho 1 a 3 segundo VDI 2221, PM Modelo do produto, ED Editor, OM Métodos operacionais, DW Memória para dados e conhecimentos.*

- Interfaces amigáveis ao usuário (flexíveis), métodos de entrada e saída bem como estratégias de alocação e classificação (editores), com os quais o projetista possa atuar de maneira eficaz em seu habitual mundo de trabalho e de conceitos (designado por ED na Fig. 13.1).

Na Fig. 13.1 não estão representados os canais de informação ou de interligação entre as etapas de trabalho ou as demais estações de trabalho do setor de projeto ou com outros setores da empresa, no contexto de um desenvolvimento de produto compartilhado e integrado (simultaneous engineering) [20, 22]. Entretanto, um municiamento de informações contínuo tem grande relevância em processos integrados ao CAD [20, 22].

No entanto, apesar dos métodos de solução e configuração serem conhecidos e, em parte computadorizados, o processo de projeto (cf. 3.2) é influenciado pela experiência e conhecimento do projetista. Isto se comprova principalmente nas etapas de seleção e avaliação, bem como nas etapas de correção e decisão. Conhecimento e experiência demandam boa memória, inclinação para considerações complexas e integradas, bem como uma continuidade pessoal no processamento do trabalho.

Estas condições nem sempre se verificam de modo que, com os chamados *sistemas baseados no conhecimento* (também chamados de sistemas espertos), surgiu a vontade de exceder o simples carregamento na memória de sistemas de bancos de dados. No entanto, conhecimento carregado na memória pressupõe que possa ser formulado em forma de regras e utilizado nas etapas de decisão dos programas. Isto só é possível quando o conhecimento a ser processado é bem definido e contempla uma área bem delimitada.

A Fig. 13.2 mostra a estrutura básica de um sistema baseado no conhecimento. A base de conhecimento encerra conhecimentos factuais e conhecimentos especialistas específicos, bem como valores intermediários e finais da solução. P. ex., o conhecimento pode ser construído por regras com questionamentos "*se - então*" em quadros e redes semânticas [16]. Parte essencial do sistema é a componente que soluciona o problema colocado pelo usuário.

A componente para obtenção do conhecimento (também chamada de componente para aquisição do conhecimento) contribui na formação da base do conhecimento, em que o especialista é auxiliado pela componente explicativa. O diálogo com o usuário ocorre pela componente entrevistadora (também denominada componente interativa), com a qual a componente explicativa torna o procedimento do sistema transparente ao usuário. Sistemas especializados vazios, desprovidos de base de conhecimentos, são ofertados sob forma de "shells".

Para o processo de projeto e desenvolvimento, p. ex., foram desenvolvidos sistemas especializados para os seguintes problemas (seleção) [60]: especificação de uniões cubo - eixo [18, 23], aplicação de métodos de cálculo [65], análise de falhas [12].

Fase de conceito

PM Estrutura da construção
ED Estruturas, tabelas, redes, gráficos, desenhos
OM Métodos de análise, seleção e planejamento
DW Protocolos e planos de trabalho (padrão, contratos antigos)

4 Subdivisão em módulos
- Selecionar requisitos determinantes para o projeto da forma
- Testar metodologia operacional específica do ramo de atividade
- Elaborar uma provisória estrutura da construção
- Elaborar plano de trabalho (fase de projeto da forma)

Estruturas modulares
- Estrutura da construção
- Lista de requisitos completa
- Protocolo de trabalho
- Plano de trabalho (fase de projeto da forma)

PM Anteprojeto
ED Geometria 2D, 3D, Features (complexos de trabalho, macros)
OM Métodos de análise (p. ex. FEM), dimensionamento, cálculo, simulação, projeto da forma, combinações e seleção Sistemas baseados no conhecimento
DW Elementos de máquinas, macros para projeto da forma, materiais, dados de custos

5 Projeto da forma dos módulos de maior influência
- Efetuar plano de trabalho para o anteprojeto
- Dimensionar e fazer o esboço da forma
- Modelar geometria
- Selecionar os anteprojetos da forma mais apropriados

Anteprojetos
- Esboço da forma 2D e 3D
- Protocolo de trabalho

PM Projeto completo
ED Geometria 2D, 3D, dimensões, formatos das listas de peças
OM Métodos de verificações, otimizações, combinações, seleção e avaliação, processadores de listas de peças
DW Elementos de máquina, materiais, normas, peças de atacado e repetitivas, dados de custos, lista de peças

6 Projeto da forma do produto completo
- Efetuar plano de trabalho para o projeto da forma completo
- Complementar o projeto dos detalhes da forma
- Modelar a geometria
- Elaborar uma lista de peças provisória

Projeto da forma completo
- Detalhamento da forma 2D e 3D
- Lista de peças provisória
- Protocolo de trabalho

Fase de detalhamento

Figura 13.1a *— Fluxo intermitente de um auxílio do computador do projeto baseado em [1,5]. Etapas de trabalho 4 a 6, segundo VDI 2221, PM Modelo do produto, ED Editor, OM Métodos operacionais, DW Memória para dados e conhecimentos.*

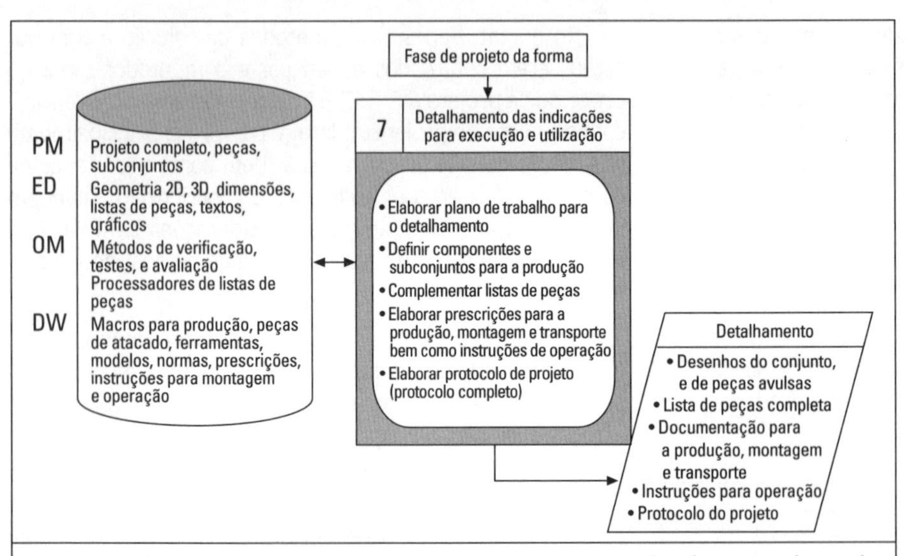

Figura 13.1b *— Fluxo intermitente de um auxílio do computador do projeto baseado em [1,5]. Etapa de trabalho 7, segundo VDI 2221, PM Modelo do produto, ED Editor, OM Métodos operacionais, DW Memória para dados e conhecimentos.*

Um *digital mock-up* (cópia digitalizada) prepara métodos e funções para manusear, representar e analisar uma descrição inteiramente digitalizada do produto (baseado em modelos). Desse modo, é criada uma base para qualquer simulação que se queira efetuar para garantir a funcionalidade do produto e a segurança do processo. Esta certificação virtual do processo e do produto é uma alternativa vantajosa do ponto de vista do custo e do tempo em comparação com a construção de protótipos físicos ou a aplicação do *solid freeform manufacturing* [9, 59].

Para redução dos tempos de desenvolvimento e, paralelamente ao processo de projeto, da fabricação rápida e simultânea de modelos e protótipos para visualização e variação, verificação de funções e dimensões, bem como para a eventual fundição bruta de peças fundidas, foi desenvolvido o *Rapid Prototyping* (RP), que representa um método para produção de objetos moldados arbitrariamente (*solid freeform manufacturing* SFM) [25]. Pressuposto do RP é um modelo geométrico tridimensional completo e consistente, o domínio da tecnologia de comando numérico e uma eficiente tecnologia de produção (p. ex., estereolitografia, *laminated object manufacturing* (LOM), *selective laser sintering*).

Por *virtual reality* (realidade virtual) é denominada uma comunicação homem-computador promissora que, com adequada provisão de software e hardware, interpreta em tempo real os comandos emitidos (p. ex., movimentos dos dedos, da cabeça ou do corpo), transfere esses comandos para a simulação e os reapresenta ao homem. Assim, o usuário tem a impressão de uma atuação direta, intuitiva e imediata sobre as inter-relações virtuais presentes no computador [9].

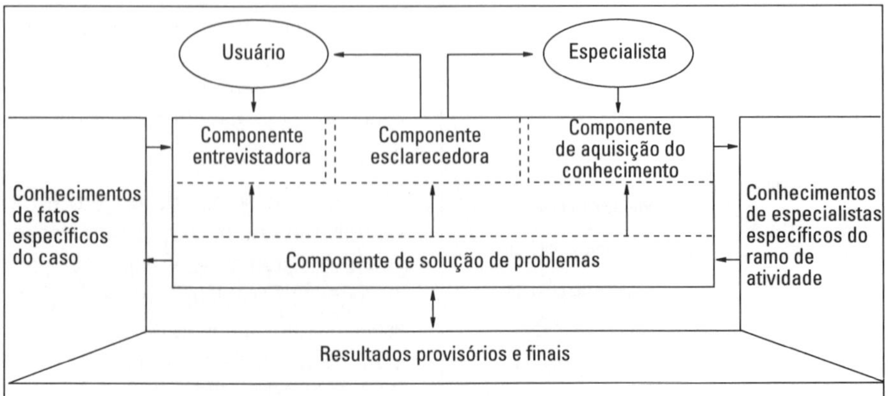

Usuário
Especialista
Componente entrevistadora
Componente esclarecedora
Componente de aquisição do conhecimento
Conhecimentos de fatos específicos do caso
Componente de solução de problemas
Conhecimentos de especialistas específicos do ramo de atividade
Resultados provisórios e finais

Figura 13.2 *— Estrutura de um sistema baseado no conhecimento [15].*

13.2 ■ Exemplos selecionados

O atual estágio da ajuda computadorizada ou do emprego da informática no processo de desenvolvimento e projeto contém uma profusão de exemplos de aplicação interessantes e gratificantes, cuja reprodução completa ultrapassaria os limites deste livro. Por essa razão, o leitor interessado deve recorrer à bibliografia relacionada no final do capitulo. A seguir serão discutidos apenas uns poucos princípios para os quais, de conformidade com os objetivos deste livro, os aspectos da metodologia de projeto atuam em caráter auxiliar.

1. Apoio informatizado permanente

Dos numerosos sistemas de projeto [3, 4, 16, 20, 21, 24, 37, 45, 49, 51, 58] que vêm sendo constantemente utilizados será exposto somente um exemplo que se encontra em permanente desenvolvimento e por isso é atual [9, 14].

A Fig. 13.3 mostra a estrutura do sistema de projeto mfk, a Fig. 13.4 uma aplicação para peças em chapas, a Fig. 13.5 uma aplicação para componentes torneados e a Fig. 13.6 ferramentas auxiliares para cálculos na fase de layout. As aplicações expostas foram implementadas em nível de protótipos.

2. Programas para tarefas específicas

Sistema de especificação baseado em conhecimento

De acordo com a Fig. 13.7, WIWENA (sistema baseado em conhecimento para uniões cubo - eixo), p. ex., possibilita a análise do problema (requisitos,

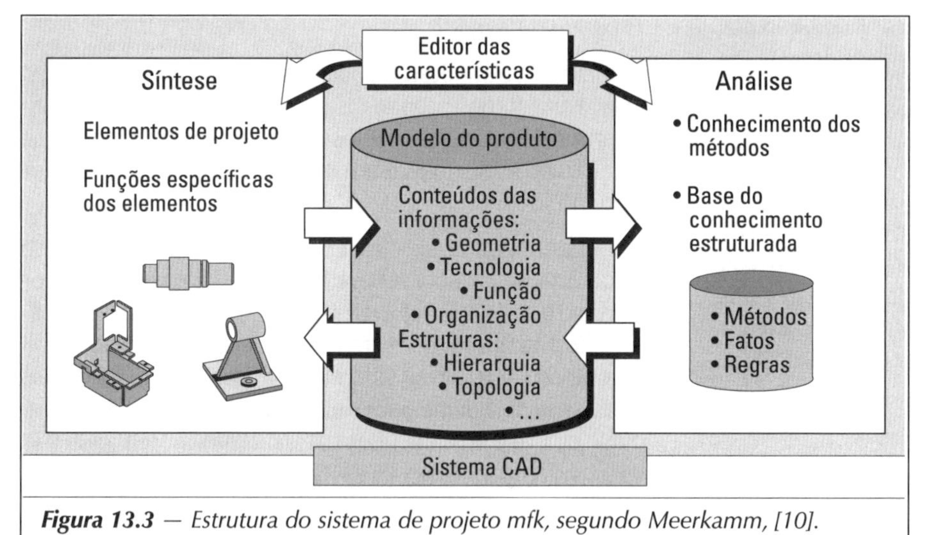

Figura 13.3 — *Estrutura do sistema de projeto mfk, segundo Meerkamm, [10].*

Figura 13.4 — *Aplicação do sistema mkf para chapas complexas, de acordo com Meerkamm, [10].*

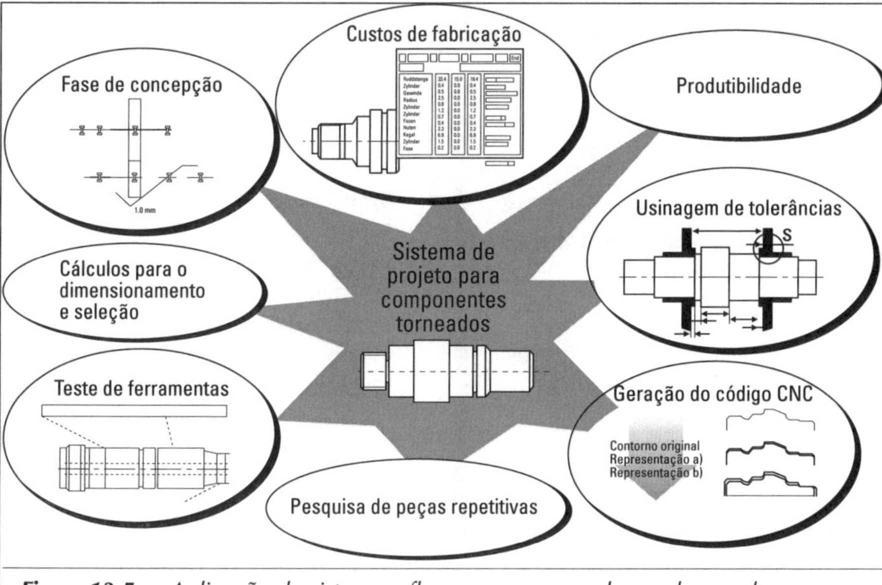

Figura 13.5 —*Aplicação do sistema mfk para peças complexas, de acordo com Meerkamm, [10].*

condicionantes), a seleção de uniões adequadas, incluindo avaliação, cálculo e dimensionamento e, por fim, o arranjo da união selecionada por uma interface com um modelador de geometria [18].

Geralmente é característico, nestes sistemas, que na passagem de uma fase para a fase subseqüente, as entradas e os resultados, na maioria das vezes, são memorizados e o nível de informações durante a realização do trabalho é constantemente incrementado.

Num dimensionamento aproximado (grosseiro) dentro de um sistema de especificações baseado no conhecimento, o usuário tem a possibilidade de variar os parâmetros especificadores dentro de limites preestabelecidos, a fim de otimizar a união. Os valores obtidos compõem os dados de entrada do cálculo subseqüente.

Para um cálculo rigoroso (p. ex., para uniões com WIWENA) foram integrados programas que efetuam o cálculo de acordo com a versão atual de métodos normatizados, ou encontrados na literatura especializada, ou por um *software* padrão apropriado. Após a chamada do programa, os dados faltantes são indagados e a seguir o cálculo é realizado. O projetista pode variar interativamente os dados por ora mantidos constantes, caso os resultados do cálculo assim o sugerirem.

Para a configuração definitiva da união, os dados obtidos são aproveitados para a modelagem da geometria. Macros definidos para cada união geram a geometria em função dos resultados das etapas precedentes. Para esta etapa de especificação é necessário um modelador de geometria, ao qual os macros deverão ser ajustados.

Um elemento essencial de um sistema baseado no conhecimento é uma cópia flexível da base do conhecimento, possibilitada pela técnica de processamento do conhecimento. Um "sistema *shell*" possibilita a representação de uma área do conhecimento, orientada ao objeto [p. ex. para WIWENA 16, 18, 23]. Através da estrutura hierárquica da memória, os dados de geometria podem ser definidos e transmitidos para sub-classes. A dedução dos parâmetros baseada em regras permite a consideração de condições de contorno especiais.

Análises estruturais

Para análise de estruturas mecânicas quanto ao seu estado de tensões e deformações provocadas por esforços mecânicos ou térmicos, estão à disposição métodos numéricos eficientes, dos quais o método dos elementos finitos (FEM) e o método dos elementos de contorno (BEM) são os mais conhecidos [35].

Exemplos são encontrados em [33, 53, 54, 55, 56, 57], além de outros.

Programas de otimização

Programas de otimização podem ser vistos como um estágio mais evoluído dos programas de dimensionamento. Porém, diversamente destes, variam-se os parâmetros de modo que determinado valor ou determinada função alcance um valor extremo (ótimo).

Uma otimização simples ocorre quando apenas um critério de otimização (só uma variável) precisa ser levado a um valor extremo e as demais variáveis podem assumir valores arbitrários. Esta tarefa via de regra é fechada, ou seja, solucionável por métodos exclusivamente matemáticos. A tarefa fica mais difícil, quando algumas variáveis só aceitam valores discretos, o que ocorre com dimensões padronizadas.

Existem sistemas de programas para o caso em que todos os parâmetros estão interligados por relações lineares e para determinado número deles são pre-fixados valores máximos ou mínimos e onde a variável objetivada também se apresenta como uma função linear (otimização *linear*).

Para o caso mais freqüente de uma relação não linear entre os parâmetros ou de uma função-alvo não-linear, as dificuldades e o gasto de tempo para solução por meio do computador aumentam (otimização *não-linear*). Em tarefas nas quais estão presentes mais de um critério de otimização, a solução é obtida com o auxílio de fatores ponderais (cf. 3.3.2).

Uma extensão dos programas de dimensionamento e otimização consiste em, pelos chamados identificadores de preferências, forçar nos programas valores preferenciais (p. ex., valores padronizados, componentes a serem estocados). Para um projeto economicamente viável, esta possibilidade é muito relevante.

Programas de otimização são relativamente fáceis de elaborar, sobretudo para sistemas técnicos simples. Para sistemas complexos o trabalho numérico aumenta bastante, de modo que, somente devido ao trabalho de programação, esses programas ficarão restritos a casos especiais importantes.

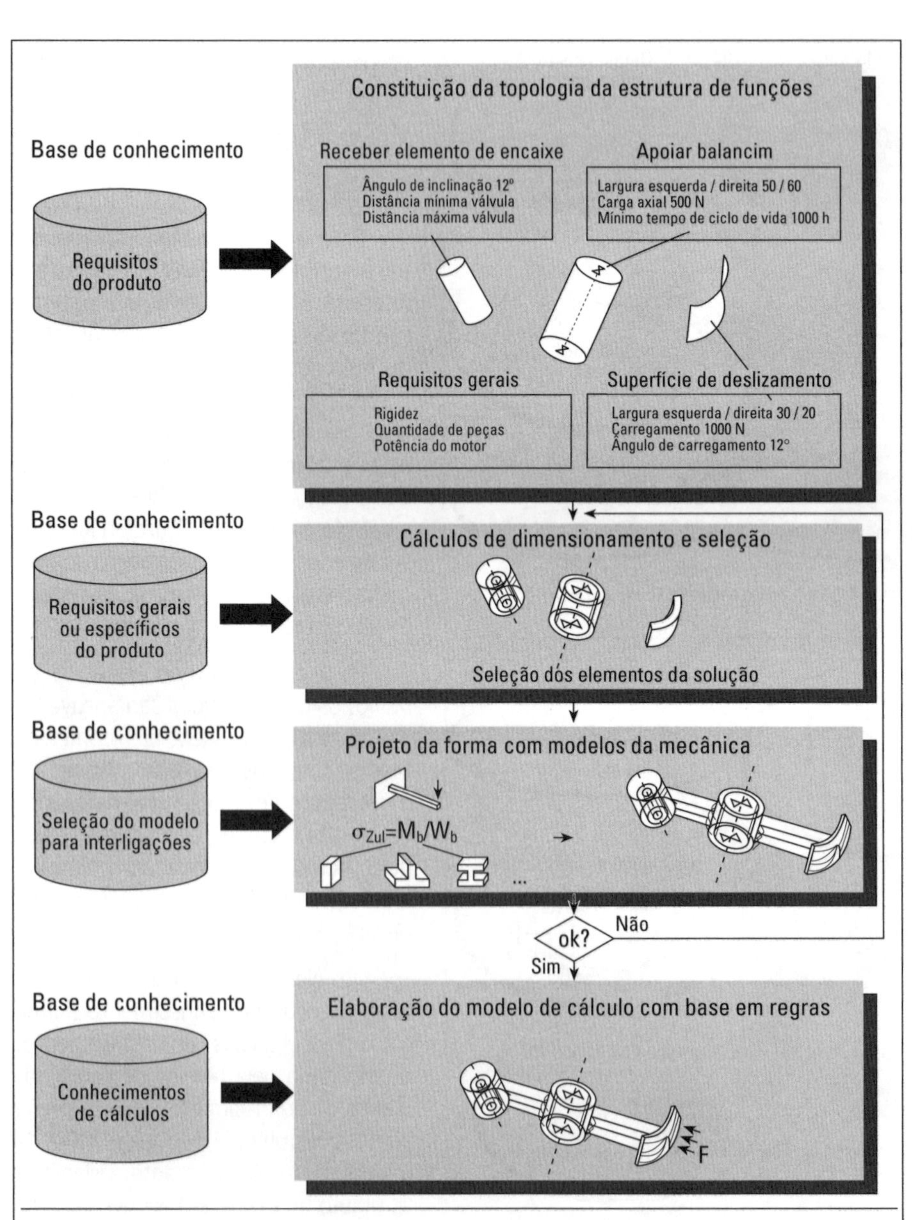

Figura 13.6 — *Ferramentas mfk para auxílio dos cálculos na fase de projeto da forma, de acordo com Meerkamm, [10].*

Programas de simulação

Quando os programas de cálculo são capazes de determinar e representar a dependência das principais características do objeto em função do tempo,

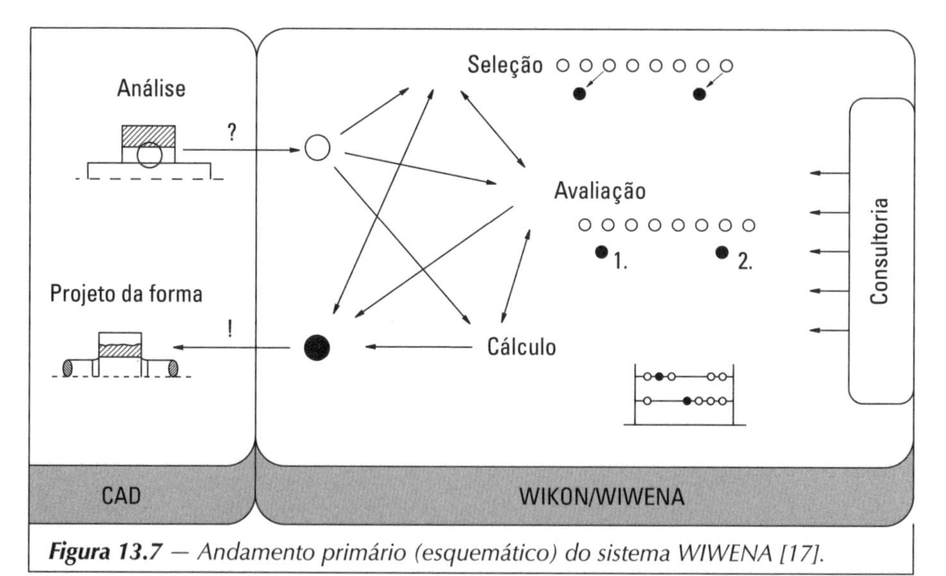

Figura 13.7 — *Andamento primário (esquemático) do sistema WIWENA [17].*

p. ex., em forma de movimentos, fala-se de programas de simulação. Esses programas são especialmente úteis quando os objetos estão na memória do computador como uma representação 3D e o transcurso do seu movimento puder ser representado tridimensionalmente. Exemplos típicos de aplicação é a simulação dos movimentos da peça e da ferramenta no espaço de trabalho de máquinas-ferramenta ou dos movimentos de robôs industriais [7, 8, 27, 29].

Sistemas de informação

Correspondentemente à grande demanda de informações por parte do projetista, a disponibilização de informações informatizadas é muito importante, principalmente sobre dados de projeto, componentes padronizados, semi-acabados, materiais, peças de fornecedores, peças repetitivas e dados de custo [22]. Conforme já foi exposto, o acesso direto ou indireto através de aplicativos se processa por meio de sistemas de gerenciamento de dados e de conhecimentos.

Outra possibilidade para aquisição de informações sobre elementos de máquinas existentes no comércio, peças de fornecedores e componentes padronizados, bem como demais dados e serviços de fornecedores, consiste na constituição dos chamados mercados virtuais que possibilitam o acesso a informações nele armazenadas por meio do sistema de informação distribuída INTERNET *World Wide Web* (WWW) [6].

Configurar e representar

As possibilidades dos modeladores de geometrias 2D e 3D (sistemas CAD) para configuração e representação (gráfica e pictórica) atualmente são conhecidas e amplamente utilizadas. Por isso, só será apresentado um exemplo típico de configuração e representação que demonstra a capacidade dos atuais sistemas CAD.

A Fig. 13.8 mostra uma ferramenta para fundição sob pressão, cujos componentes individuais são realçados por tonalidades diferentes. O contorno da peça que dá a forma é derivado do modelo de referência. Pela representação da abertura da ferramenta no sistema CAD, pode ser verificado o movimento de cada componente em seu uso posterior.

Configurar e calcular

A etapa de configuração na qual são estabelecidos forma e material dos componentes, bem como as interfaces para formar a construção, além da modelagem da geometria, também exige cálculos de dimensionamento, verificação e otimização. Atualmente, a interação das definições geométricas com o cálculo dá-se de forma que os dados geométricos de um *layout* atuam como dados de entrada de um programa de cálculo, cujos resultados, eventualmente, são novamente entrados no sistema CAD, a fim de efetivar a alteração do *layout*. Assim, aproxima-se da otimização da configuração iterativamente. Contudo, deveria se objetivar uma integração da configuração com o cálculo, onde o processo de iteração ocorre no interior do sistema, através do intercâmbio de dados entre o sistema CAD e o *software* de cálculo, sem necessidade de uma intervenção por parte do projetista [43].

3. Outras aplicações CAD

Os exemplos de programas mostrados são empregados principalmente no apoio às atividades de projeto na etapa de *layout* e de detalhamento (calcular, configurar, informar, desenhar).

Figura 13.8 — *Utensílio para fundição sob pressão modelado com o sistema CAD Pro/Engineer.*

Programas CAD para auxiliar a etapa conceitual também já foram parcialmente concretizados (cf. Fig. 13.1). Estes programas se baseiam sobretudo em arquivos que armazenam efeitos físicos e princípios de solução. Também já existem os primeiros embriões de programas para combinações com verificação das compatibilidades e programas para a etapa de conceituação com portadores de funções separados por áreas [36]. Uma evolução interessante para a conceituação assistida por computador foi iniciada em [5].

Também existem pacotes comprovados para desenvolvimento de produtos, nos quais componentes e subconjuntos já desenvolvidos são selecionados, ajustados e combinados no produto final, respeitando os requisitos da tarefa. Como resultado do processamento dessa tarefa de projeto, é impressa a lista de peças definitiva (cf. Fig. 8.7).

13.3 ■ Técnica de trabalho com sistemas CAD

Um princípio relevante do trabalho de projeto assistido por computador consiste na criação ou definição de descrições adequadas, ou seja, de *modelos* (cf. 2.3.2). Esses modelos são gerados por abstração, integração e/ou definição de objetos e/ou inter-relações reais. Métodos de cálculo são baseados em modelos que transformam a estrutura de um objeto real e complexo numa estrutura equivalente acessível ao cálculo. Para as necessidades de cada etapa de projeto são convenientes modelos parciais diferentes [34]. Modelos descritivos de tarefas são, p. ex., requisitos padronizados conforme são empregados para o carregamento dos programas da tarefa (cf. Fig. 13.1). Modelos descritivos de funções são, p. ex., esquemas de ligações de funções gerais e de funções lógicas (estruturas de funções), conforme são habitualmente empregados na técnica da automação e controle, assim como na metodologia de projeto (cf. 6.3).

Em conformidade com a grande relevância das definições geométricas, modelos descritivos da configuração ou da geometria são especialmente importantes no projeto e na produção. Esses modelos, por meio de dados técnicos, tecnológicos e relativos à estrutura da construção, são convertidos em modelos do produto e, em razão disso, serão sucintamente abordados no contexto deste livro.

A diretriz VDI 2249 [64] apresenta sugestões para uma descrição padronizada das funções CAD e uma configuração considerando critérios ergonômicos. Esta diretriz também serve como referência para uma ampliação das funcionalidades, como material básico para treinamento com CAD e de orientação para o arranjo de símbolos (pictogramas) a ser utilizado na técnica do menu.

13.3.1 Geração de um modelo de um produto

A seguir, serão examinados projetos executados com sistemas CAD-3D, pois somente esses têm condições de auxiliar a integração do computador ao processo de produção, baseado num modelo do produto fundamentado numa só base de dados. Conforme exposto em 2.3, a compatibilidade completa e utilidade de um sistema 2D dele derivado precisam ser mantidas. A construção de modelos dos produtos exige, por parte do projetista, uma outra técnica de trabalho, além da elaboração de desenhos com auxílio de sistemas CAD 2D que aceitam um procedimento mais convencional. Os procedimentos, problemas e soluções, ao projetar-se utilizando sistemas CAD 3D, são geralmente descritos em detalhes pelos fabricantes, sob forma de subsídios para treinamento, manuais, e outros auxílios, motivo pelo qual aqui somente será reproduzido um resumo dos principais aspectos.

1. Modelos parciais necessários

De acordo com 2.3.2, todos os dados necessários à descrição de um produto estão contidos nos modelos deste produto. Para produtos materiais e especialmente para a fase de concepção, sobressai, naturalmente, a modelagem geométrica. Por outro lado, outros dados e relações são utilizados para a descrição e modelagem de estruturas de funções e de funcionamento. *Submodelos* ou *modelos parciais* dessas etapas de projeto, também são denominados de *modelos das etapas* [34].

Muitas vezes, também são gerados modelos parciais de outros aspectos de um modelo. Assim, trabalha-se com modelos parciais geométricos que exibem dimensões dos componentes e dos subconjuntos incluindo tolerâncias, ajustes, acabamentos superficiais e afins, ou com modelos parciais centrados na estrutura que descrevem:

- a estrutura da construção como relação entre componentes, subconjuntos e peças acabadas;
- a elaboração automática da lista de peças do projeto;
- instruções para produção e montagem.

Além dos modelos informativos mostrados em 2.3 (modelos de linhas, superfícies e volumes), para a modelagem de modelos de produtos ou de modelos parciais foram implementados os chamados *features* [62], que representam uma relação entre dados e estruturas (de natureza geométrica ou não-geométrica) para exibir e armazenar realidades técnicas em aplicações CAD [42].

De acordo com as relações gerais existentes em produtos técnicos (cf. 2.1.3 - 2.1.5), é prático definir *features da função*, *features do princípio*, *features da estrutura*, *features de componentes* e *features da forma*. Modelos parciais para as diversas etapas de concretização podem ser feitos com esses *features* [51]. A Fig. 13.9 mostra categorias de *features* tendo como exemplo um mancal de rolamento.

Esses *features* facilitam a entrada e a modelagem, principalmente quando são padronizados externa ou internamente à empresa, e puderem ser importados da biblioteca de features para o modelo do produto, sem necessidade de gerá-los novamente. *Features* padrões podem ser:

- Elementos de forma, p. ex., chanfros, arredondamentos, entalhes, furos cegos;

- Elementos de funcionamento, p. ex., roscas, eixos com entalhes em forma de onda, engrenagens que atuam aos pares;
- Complexos de funcionamento, uniões com parafusos e anéis de trava que, em geral, são constituídos por componentes padronizados, elementos de forma e de funcionamento e, por partes da geometria do produto ou do objeto;
- Peças padronizadas e peças repetitivas.

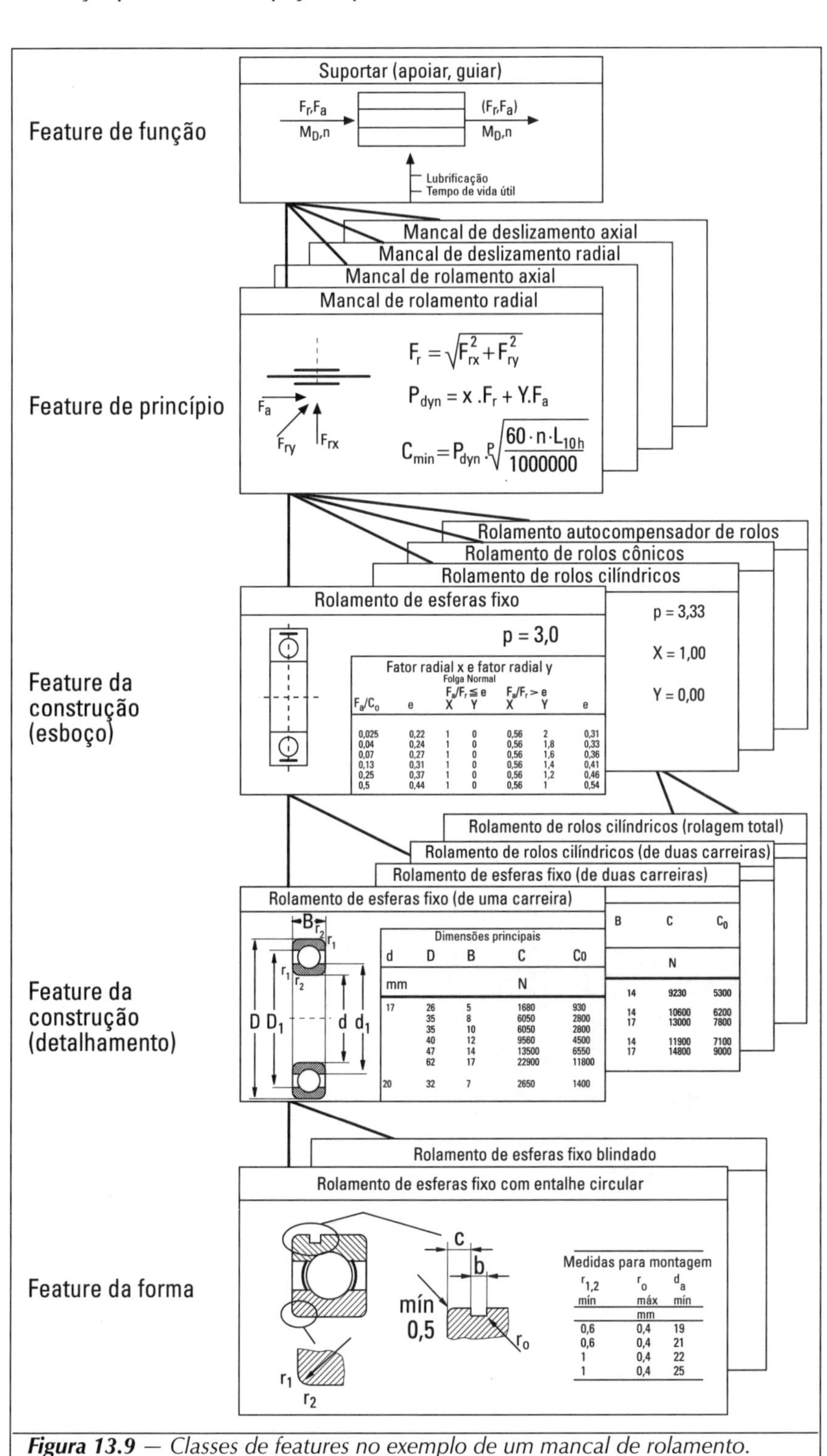

$$F_r = \sqrt{F_{rx}^2 + F_{ry}^2}$$

$$P_{dyn} = x.F_r + Y.F_a$$

$$C_{min} = P_{dyn} \cdot \sqrt[p]{\frac{60 \cdot n \cdot L_{10h}}{1000000}}$$

***Figura 13.9** — Classes de features no exemplo de um mancal de rolamento.*

A Fig. 13.10 mostra como exemplo a estrutura de funcionamento da caixa de mudanças da Fig. 13.11 formada com *features* de princípio.

Para uma melhor preparação e um melhor processamento das informações, os portadores multimídia de dados e informações do produto são definidos como *features de informações* [22].

Estes *features* devem possibilitar referenciar dados e documentos multimídia à geometria do produto, possibilitar a identificação integrada do expedidor e do destinatário, bem como a integração ou combinação de quaisquer informações do produto por interfaces de multimídia abertas.

Todos os modelos parciais precisam ser criados e modificados, quer dizer, "modelados" pelo que também se pode falar dos respectivos modeladores, conforme Fig. 13.12. Numa dada situação, para fins de geração, complementação ou modificação, o acesso ocorre diretamente, ou indiretamente por meio de modeladores superiores, no âmbito de funções de modelagem superiores.

2. Técnica de trabalho na concepção

Em 2.3, já foi delineada a assistência do computador nas etapas de trabalho da concepção (cf. Fig. 13.1).

No contexto de um sistema de gestão de projetos, Beitz e colaboradores [3, 5, 26] desenvolveram módulos de programas com os quais é auxiliada a preparação da lista de requisitos [18, 19], é possibilitada a análise dos requisitos por categorias, pode ser conseguida a identificação de funções e a constituição de estruturas de funções, bem como a preparação de princípios e estruturas de funcionamento.

Pressupostos de modelos parciais da etapa conceitual são definições do simbolismo para descrição de funções e estruturas de funções, bem como de princípios de funcionamento [4, 11, 16, 26]. Para a busca de soluções de subfunções específicas deverão estar disponíveis memórias para as de soluções nas quais os princípios de funcionamento apropriados poderão ser consultados.

Para a variação destas estruturas de

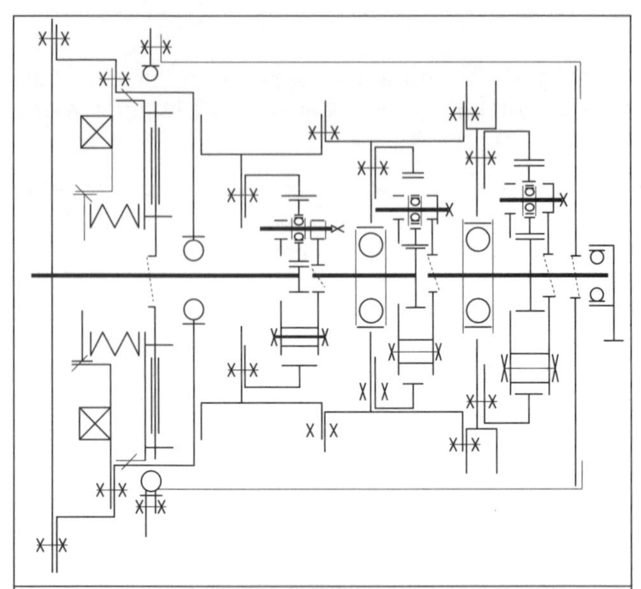

Figura 13.10 — *Estrutura de trabalho da transmissão da Fig. 13.11, montada com features de princípio (elementos de trabalho, complexos de trabalho).*

funcionamento, são apropriados, p. ex., modelos semânticos, os quais descrevem a importância de cada elemento de uma estrutura de funcionamento e, em seguida, com ajuda de estratégias apropriadas, podem ser derivadas variantes das interligações [16, 48].

Apesar dos desenvolvimentos citados na bibliografia, o emprego do computador na etapa de concepção está apenas começando. Por um lado, isto ainda se deve às limitadas possibilidades dos sistemas CAD para reconhecimento e processamento de rascunhos [31] e interligações semânticas; por outro lado, principalmente devido à forte impregnação da etapa conceitual por atividades criativas, para as quais o raciocínio e a prática do projetista são imprescindíveis. Apesar disso, pelo desenvolvimento de ferramentas cognitivas para a solução de problemas, procura-se incrementar a participação do computador [13].

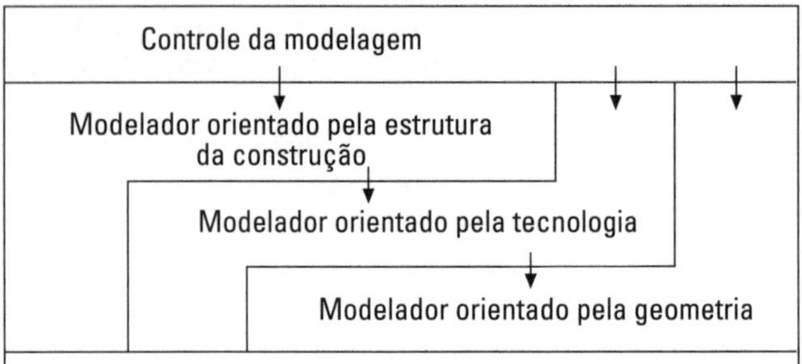

Figura 13.12 — *Acesso dos diversos modeladores ao controle de modelagem dos respectivos modelos parciais.*

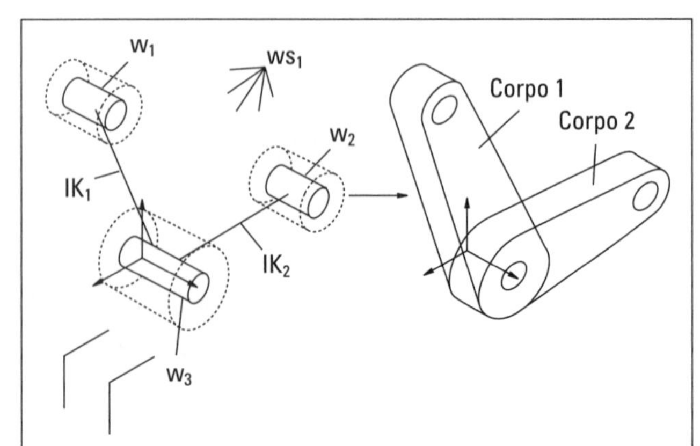

Exemplo 13.13 — *Geração automática de uma peça chata (alavanca) a partir de uma dada estrutura de trabalho WS1, constituída pelas superfícies de trabalho copiadas W_1, W_2, W_3 e dos acoplamentos internos IK_1 e IK_2. O sistema gera os corpos 1 e 2, que em seguida são unificados por meio da teoria dos conjuntos [39].*

3. Técnicas de trabalho no anteprojeto

O procedimento para um projeto convencional foi minuciosamente descrito em 7.1. Após esclarecimento dos requisitos determinantes da configuração e mediante o conhecimento do conceito ou da solução básica, é necessária uma estruturação mental em módulos, a fim de implementar o processo de projeto com auxílio de um sistema CAD. Para o primeiro esboço de um projeto básico partindo de uma estrutura de funcionamento, principalmente quando esta já tiver sido criada com auxílio do computador, poderia ser útil, no futuro, o método para criação automática desse esboço descrito pela Fig. 13.13 [39]. Na modelagem, principia-se pelo esboço e em seguida passa-se para o detalhamento. A busca intercalada por soluções de funções auxiliares será acentuadamente marcada pela utilização de componentes padronizados e repetitivos, bem como de peças existentes no comércio. A espécie de produto e a configuração básica predominante determinam decisivamente as estratégias de modelagem.

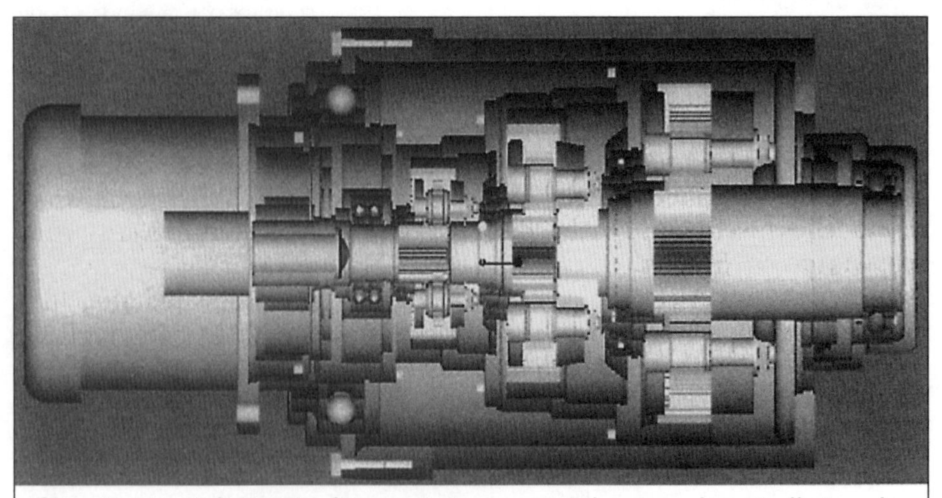

Figura 13.11 — *Subconjunto de transmissão para carro de ponte rolante (trolley) modulado com o sistema CAD Pro/ENGINEER.*

No contexto deste livro somente deverá ser exposta uma estratégia geral para a modelagem. As diferentes ferramentas e procedimentos para o esboço e detalhamento de modelos CAD 3D são informados ao usuário do sistema em manuais e cursos atualizados considerando o sistema em uso.

4. Estratégia geral de modelagem

Em comparação com o trabalho executado de forma convencional, num sistema CAD o projetista terá de observar determinados procedimentos e, desde o início, estabelecer algumas definições, que anteriormente ele ainda podia manter em aberto [38, 41]:

- *Estabelecimento de uma estratégia de geração*, principalmente no início do trabalho, com um procedimento orientado por corpos básicos ou por superfícies. Para a construção de corpos ou componentes mais complexos, muitas vezes será conveniente a combinação desses dois procedimentos.
- Vale em geral que as *gerações* para o esboço e o detalhamento somente deverão ser detalhadas até onde o exigir a respectiva finalidade. Em muitos casos, é suficiente inserir determinados detalhes, p. ex., somente na chamada da representação gráfica, quando estes, além do mais, são definidos no espírito de uma norma. O objetivo desta recomendação é manter o trabalho de geração o menor possível, encurtar o tempo de resposta e evitar ou adiar o alcance de eventuais limites do modelo.
- Em qualquer geração, o *componente* gerado deve receber uma *denominação*, para que possa ser inequivocamente identificado e automaticamente incluído na estrutura da construção ou na lista de peças.
- O mais tardar na geração do corpo, todas as *dimensões devem estar assinaladas*, mesmo que ainda não estejam totalmente definidas e talvez por isso ainda venham a sofrer alterações.
- Todos os corpos ou componentes devem ser *posicionados*.
- Em geral, primeiramente *esboçar*, e em seguida, *configurar de início os detalhes* para que as funções de manuseio, tais como espelhar e copiar, possam ser utilizadas sem grande trabalho complementar.
- O trabalho de geração pode ser diminuído por meio da utilização de componentes padronizados e repetitivos. *A constituição* de um *banco de dados de componentes padronizados e repetitivos* alocado na memória do computador com a possibilidade de transferir imediatamente estes componentes ou algumas áreas é pré-requisito.
- Além do mais, deve ser desenvolvida uma *sistemática de produto* que possibilite definir o maior número possível de componentes padronizados, repetitivos, zonas repetitivas e *features*. Estes últimos devem coincidir largamente ou se aproximar bastante dos respectivos módulos de produção e de montagem.

Para o trabalho assistido por computador resulta, além disso, que:

- O número de vistas e cortes utilizados diminui na etapa de projeto básico assistida por computador, pois o acesso às representações em perspectiva dos objetos (p. ex., dimetria) reduz apreciavelmente a freqüente alternância de vistas em projeção ortogonal.
- É prática a *alternância entre técnicas de trabalho 2D e 3D*, de um lado entre dimetrias e isometrias e, de outro lado, entre cortes e vistas ortogonais.

Portanto, a configuração do projeto é sempre efetuada na vista mais apropriada mediante acesso ao modelo existente na memória do computador, do qual, no momento oportuno, são derivadas as representações necessárias a uma determinada finalidade, sob forma de desenhos, imagens ou vistas. Só depois é formado o jogo de desenhos que então é constituído para um fim específico. Uma geração mais simples da geometria conduz a uma configuração mais uniformizada e mais apropriada à produção.

13.3.2 Exemplos

Mancais

Um exemplo simples de uma configuração grosseira e de uma configuração detalhada está reproduzido nas figs. 13.14a e 13.14b. Inicialmente, o mancal foi configurado grosseiramente. Esta configuração e suas dimensões seriam suficientes para definir o volume de cada subconjunto e simultaneamente trabalhar as interfaces. Modificações das dimensões poderão ser introduzidas sem muito esforço.

Quanto maior for o grau de detalhamento tanto maior será o esforço para modificar o componente. Por isso, a configuração detalhada, ou seja, a modelagem da furação,

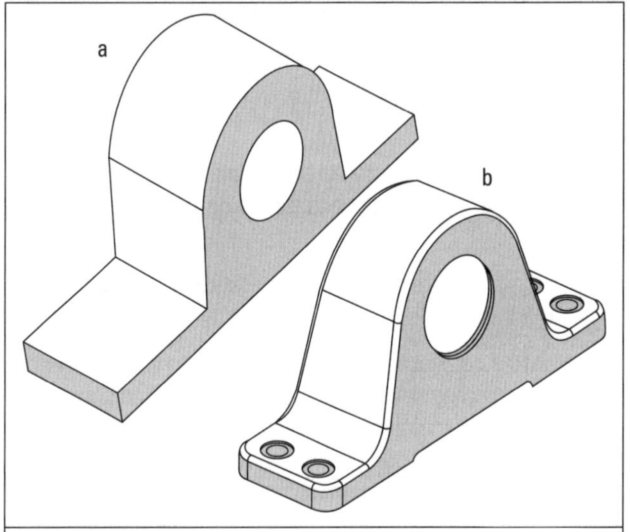

Figura 13.14 *—Exemplo: Mancal a) após a configuração bruta; b) durante detalhamento da configuração.*

dos chanfros, das curvaturas, etc., deveria ocorrer o mais tarde possível. Procedimentos práticos, em geral, são disponibilizados pelo proponente do sistema CAD em cursos de treinamento e manuais de aplicação. Muitos sistemas CAD definem determinado seqüenciamento ou então propõe uma determinada seqüência, de modo a apoiar o projetista.

13.4 ■ Possibilidades e limites da tecnologia CAD

Um sistema de processamento de dados somente pode realizar operações que são definíveis por meio de uma lógica procedimental não ambígua, ou seja, operações que podem ser algoritmizadas. Etapas de trabalho "criativas", especialmente necessárias para avaliação e seleção de soluções no caso de perfis de requisitos complexos, não podem ser transferidas para o computador, porém, pelo menos auxiliadas por ele de forma interativa [13]. Assim, somente pode ser processado, o que entra como dados, estruturas de dados e instruções de operação, ou aquilo que está presente em forma de programas e dados. Essa constatação inclui sistemas baseados no conhecimento, com os quais o computador realmente toma decisões, mas cujo fundamento também é conhecimento memorizado, p. ex., sob forma de tabelas de decisão.

Numa primeira entrada de objetos geométricos, geralmente não se tem nenhum ganho de tempo em comparação com um desenho elaborado da forma convencional, a não ser que se utilize com maior freqüência as possibilidades de copiar componentes e subconjuntos, bem como empregar peças padronizadas e repetitivas sob forma de macros ou features. Pelo contrário, as principais vantagens de um processamento gráfico estão no aproveitamento múltiplo do modelo da geometria ou do modelo do produto armazenado no computador, para:

- gerar variantes;
- aprontar rapidamente vistas, cortes, desenhos explodidos, representações tridimensionais e cotar desenhos de detalhes com escalas pré-selecionadas;
- representar seqüenciamentos cinemáticos e simular procedimentos de montagem;
- preparar a documentação para o plano de trabalho pelo repasse informatizado dos dados de projeto na memória;
- bem como para a derivação automática de comandos para as máquinas CNC.

Quanto a realização de tarefas de projeto com diferentes graus de inovação, sistemas CAD são apropriados sobretudo para projetos alternativos, nos quais se conhecem ou foram pré-desenvolvidos todos os componentes e grupos e suas possíveis combinações, bem como sua lógica de cálculo e de interligação de modo que, na existência de um pedido, o trabalho de projeto possa ser efetuado segundo um algoritmo fixo e com dados conhecidos.

Em projetos adaptativos onde o conceito e o projeto básico já existem, as exigências por parte do cliente quanto às adaptações da configuração e do cálculo também podem ser efetuadas no computador, desde que o modelo ou a geometria do produto e também o algoritmo de cálculo o permitam.

Em projetos inovadores, pelo contrário, também no futuro a participação das atividades de desenvolvimento e projeto ainda permanecerá relativamente elevada, já que as etapas de concepção solicitam intensamente a criatividade do projetista.

Pontos centrais do processamento não gráfico são a utilização de diversos programas de cálculo e de otimização, bem como a disponibilização dos dados de projeto, particularmente normas e prescrições, com ajuda de sistemas de banco de dados. Uma vez que a participação no tempo e a freqüência da aquisição convencional de informações no processo de projeto são elevadas, essa disponibilização de dados tem grande importância para a racionalização do processo de projeto e para a redução de eventuais problemas que possam ocorrer durante o projeto. Acrescente-se a isso a possiblidade de um processamento de dados integrado à empresa (CIM), incluindo também os dados geométricos.

Um modelo digital do produto também é pré-condição para o trabalho em paralelo no processo de geração de um produto (Simultaneous Engineering, Concurrent Engineering).

13.5 ■ Implementação do CAD

A implementação de sistemas CAD e seu sucesso na prática de projeto dependem das seguintes condições [28, 44, 61]:

Nível de instrução

A aprendizagem dos fundamentos e possibilidades da tecnologia CAD durante o curso de engenharia atualmente está firmada.

Além do conhecimento das principas possibilidades do CAD por meio de exemplos, são importantes para a nova geração de projetistas, como sempre, o domínio dos fundamentos da matemática, mecânica, tecnologia dos materiais, elementos de máquina, tecnologia da produção e da metodologia de projeto.

Conhecimentos aprofundados sobre sistemas de hardware e software especiais podem ficar por conta do treinamento e do aprendizado contínuo durante o exercício profissional.

Aceitação:

A aceitação de sistemas CAD pelos projetistas depende primeiramente do seu grau de instrução. Outro aspecto importante é a inserção sensata do sistema CAD no processo de projeto, motivo pelo qual é necessária a participação dos projetistas na etapa de planejamento e na etapa introdutória [61]. No que se refere aos procedimentos de entrada e de saída, também é essencial uma adequação dos sistemas CAD usuais às características e conceitos específicos da empresa ou ao ramo de atividades, bem como um elevado conforto no trabalho [44] (interface do usuário).

Viabilidade econômica:

A viabilidade econômica de sistemas CAD depende, sobretudo, dos seguintes aspectos:

Situação atual e objetivos:

Todos os sistemas CAD oferecidos apresentam vantagens e desvantagens para determinadas operações e determinadas áreas de aplicação. Portanto, antes da sua aquisição é importante submeter o processo de projeto a ser auxiliado a uma detalhada análise das atividades e dos dados. Além disso, principalmente para o emprego de um sistema gráfico é necessária uma análise da forma pela qual pode ser identificada, p. ex., a participação de peças torneadas, a variedade de formas ou as formas de representação necessárias. É preciso definir a amplitude e o alcance de um sistema CAD (área de aplicação do CAD) a curto, médio e longo prazos, a fim de criar pressupostos para sua rentabilidade.

Pressupostos metodológicos:

Sem estruturação do processo de projeto e dos produtos a serem desenvolvidos de acordo com os aspectos da metodologia e da técnica de trabalho, não se deve contar com um emprego economicamente vantajoso de sistemas CAD [38]. Disso também fazem parte prescrições organizacionais para a divisão do trabalho e para o uso eficiente de sistemas CAD [46].

Integração do sistema:

Um *hardware* e um *software* de CAD restritos à área de projeto só em raríssimos casos são rentáveis. Por isso dever ser objetivada uma integração com sistemas de processamento de setores anteriores, p. ex., cotações e distribuição, e de setores posteriores, como planejamento e controle da produção, produção e montagem de componentes, bem como a área de compras, controle do estoque e serviço de atendimento ao consumidor (CIM). Pela divisão do trabalho com fornecedores e por processos de desenvolvimento desdobrados internacionalmente, esta integração adquire importância crescente.

Referências

1. Bauert, R: Methodische Produktmodellierung für den rechnerunterstützten Entwurf. Schriftreihe der TU Berlim (Hrsg. W. Beitz), H.18, (1991).
2. Bauert, F.: Keller, M.; Simonsohn, T.: Variations-, Berechnungs- und Bewertungsmethoden für die Produktmodellierung mit Beispielen aus dem System GEKO. Konstruktion 43, (1991) 53-60.
3. Beitz, W.: Konstruktionsleitsystem als Integrationshilfe. Notícias VDI N. 812, S. 181-201. Düsseldorf: Editora VDI, 1990.
4. Beitz, W.; Feldhusen, J.: Management Systems and Program Concepts for an Integrated CAD Process. Res. Eng. Des. 3, (1991) 61-73.
5. Beitz, W.; Kuttig, D.: Rechnerunterstützung beim Konzipieren. Notícias VDI N. 953, S.1-24. Düsseldorf: VDI-Editora, 1992.
6. Birkhofer, H.; Büttner, K.; Reinemuth, J.; Schott, H.: Netzwerkbasiertes Informationsmanagement für die Entwicklung und Konstruktion - Interaktion und Kooperation auf virtuellen Marktplätzen. Konstruktion 47, (1995) 255-262.
7. Buck, M.; Simulation interaktiv bewegter Objekte mit Hinderniskontakten Dissertation: Universität des Saarlandes, Technische Fakultät, 1999, S.1 - 132.
8. Daberkow, A.; Featurebasierte Modellierung zur CAD-integrierten Bewegungssimulation mechanischer Systeme. In: Konferenz-Einzelbericht: Features verbessern die Produktentwicklung - Integration von Prozesskette, VDI-Notícias, 1322, 1997, S. 257-278.
9. Dai, F.; Reindl, R: Enabling Digital Mock-Up with Virtual Reality Techniques - Vision, Concept, Demonstrator. In: Proceedings of the 1996 ASME Design Engineering Technical Conferences, 96-DETC/DFM-1406.
10. Dangelmeier, W.; Gausmeler, J. (Hrsg.): Fortgeschrittene Informationstechnologie in der Produktentwicklung und Fertigung. HNI-Verlagsschriftreihe, Bd. 19. Paderborn: Heinz Nixdorf Institut, 1996.
11. Dierneder, S.: Computergestütztes Konzipieren auf der Basis einer „Funktionalen Zergliederung"; Konstruieren, 2000/7-8; S. 51-55.
12. Ehrlenspiel, K.; Neese, J.: Eine Methodik zur wissensbasierten Schadensanalyse technischer Systeme. Konstruktion 44, (1992) 125-132.
13. Forkel, M.: Kognitive Werkzeuge - ein Ansatz zur Unterstützung des Problemlösens. Produktionstechnik-Berlim (Hrsg. G. Spur) N. 166. Munique: G. Hanser, 1995 (Diss.).
14. Gausemeier, J. (Hrsg.): CAD '94 - Produktdatenmodellierung und Prozessmodellierung als Grundlage neuer CAD-Systeme. Munique: C. Hanser, 1994.
15. Grabowski, H.: Elektronische Datenverarbeitung. In: DUBBEL-Taschenbuch für Maschinenbauer, 18ª edição Berlim: Springer, 1995.
16. Groeger, B.: Die Einbeziehung der Wissensverarbeitung in den rechnerunterstützten Konstruktionsprozess. Schriftenreihe Konstruktionstechnik der TU Berlim (Hrsg. W. Beitz), H. 23, (1992).
17. Groeger, B.; Klein, St.: Unterstützung der Produktoptimierung durch Kopplung von CAD- und wissensbasierten Systemen. VDI-Notícias, 993. 3. Düsseldorf: VDI-Editora, 1992.
18. Groeger, B.; Klein, St.; Suhr, M.: Auslegung von Verbindungselementen am Beispiel der Welle-Nabe-Verbindung mit Hilfe der Wissensverarbeitung. Konstruktion 44. (1992), S.145-153.
19. Groeger, B.: Ein System zur rechnerunterstützten und wissensbasierten Bearbeitung des Konstruktionsprozesses. Konstruktion 42, (1990) S. 91-96.
20. Grote, K.-H.; Birke, C.; Beyer, C.; Tenbusch,A.: Die Kopplung von Rapid Prototyping und Reverse Engineering im Konstruktionsprozess. In: Konferenz Einzelbericht: 44. Internationales wirtschaftliches Kolloquium, Ilmenau. In: Vortragsreihen: Maschinenbau im Informationszeitalter.1999/Band 3; S. 87-92.

21. Helbig, D.: Entwicklung produkt- und unternehmensorientierter Konstruktionsleitsysteme. Schriftenreihe Konstruktionstechnik (Hrsg. W. Beitz) N. 30. TU Berlim, 1994 (Diss.).
22. Kiesewetter, Th.: Integrativer Produktentwicklungsarbeitsplatz mit Multimedia und Breitbandkommunikation. Diss. TU Berlim, 1996.
23. Klein, St.: An Example of Knowledge-based Decision Making when Selecting Standard Components: Shaft-Hub-Connections. Proceedings of the 4th International ASME Conference on Design Theory and Methodology DTM '92, Phoenix, AZ, 1992.
24. Klose, J.; Römer, S.; Steger, W; Zetzsche; T.: Methoden zur Integration von Berechnungsverfahren in Konstruktionssysteme. In: Neue Generationen von CAD-CAM Systemen - erfüllte und enttäuschte Erwartungen. Notícias VDI, Band 1357, (1997); S. 143-159.
25. Kochan, D.: Solid Freeform Manufacturing - Neue Verfahren mit vielfältigen Anwendungen und Effekten. wt-Produktion und Management 84, (1994) 325-329.
26. Kuttig, D.: Die Funktionsstruktur als integraler Bestandteil des rechnerunterstützten Konstruktionsprozesses. Konstruktion 44, (1992) 183-192.
27. Lang, J.-R.: Kolben-Zylinder-Dynamik - Finite Elemente Bewegungssimulation unter Berücksichtigung strukturdynamischer und elastohydrodynamischer Wechselwirkungen. In: Deutsche Dissertation: Fortschrittbericht Strukturanalyse und Tribologie Band 7 (1997). S.1-146.
28. Langner, Th.: Analyse von Einflussfaktoren beim rechnerunterstützten Konstruieren. Schriftenreihe Konstruktionstechnik der TU Berlim (Hrsg. W. Beitz), H. 20, (1991).
29 Li, W.: Graphische Konstruktion und Simulation von Robotern. Konstruktion 44, (1992) 113-117.
30. Lippart, S.: Gezielte Förderung der Kreativität durch bildliche Produktmodelle. Dissertation; In: Fortschritt- VDI-Notícias; Band 325, (2000)
31. Liu, J.: Handskizzeneingabe von Freiformgeometrien für CAD-Modelle. Produktionstechnik-Berlin (Hrsg. G. Spur) N. 173. Munique: C. Hanser, 1995.
32. Lüddemann, J.: Virtuelle Tonmodellierung zur skizzierenden Formgestaltung im Industriedesign. Diss. TU Berlim, 1996.
33. Maaß, H.: Der Zylinderkopfdichtverband - eine Verformungsstudie mit Hilfe Finiter Elemente. Konstruktion 28, (1976) 151-158.
34. Müller, J.;Praß, P.; Beitz, W.: Modelle beim Konstruieren. Konstruktion 44, (1992), H. 10.
35. Neubauer, I.: Potential der FEM bei der Auslegung von Massivumformvorgängen; In: Konferenz- Einzelbericht: Werkzeug- und Prozesstechnik für die Massivumformung: In: Fachgespräche zwischen Industrie und Hochschule, Institut für Umformtechnik; Universität Hannover, 1997, S. 1-7.
36. Osterrieder, R; Werner, F.; Kretzschmar, J.: Biegedrillknicknachweis Elastisch-Plastisch für gewalzte I-Querschnitte. Stahlbau: 1998, 10, S. 794-801.
37. Pahl,G.: Konstruieren mit CAD-Systemen. Grundlagen, Arbeitstechnik, Anwendungen. Berlim: Springer, 1990.
38. Pahl, G.: Modellierungsstrategien beim Einsatz von 3D-CAD-Systemen. Konstruktion, Teil 1:41 (1989) S.406-415,Teil 2: 42. (1990) S.79-83.
39. Pahl, G.; Daniel, M.: Funktionsorientierte Generierungsverfahren im Baugruppenzusammenhang. VDI-Notícias, N. 993.3. Düsseldorf: Editora VDI, 1992.
40. Pahl, G.; Reiß, M: Mischmodelle-Beitrag zur anwendergerechten Erstellung und Nutzung von Objektmodellen. VDI-Notícias, N. 993. 3. -Düsseldorf: Editora VDI, 1992.
41. Predki, W.: Stand der Planetengetriebe-Entwicklung. In: Konferenz-Einzelbericht: Zahnrad 99: VDI-Notícias, 1999, Band 1460, S.1 -21.
42. Rieger, E.: Semantikorientierte Features zur kontinuierlichen Unterstützung der Produktgestaltung. Produktionstechnik-Berlin (Hrsg. G. Spur) Nr. 158. Munique: C. Hanser, 1995 (Diss.).
43. Riest, K.: Eine Konstruktionsumgebung für integriertes Gestalten und Berechnen am Beispiel von Kalandern. Fortschritt-Berichte VDI, Reihe 3: Verfahrenstechnik, 1999. Band 599, S. 1-110.
44. Springer, H.: Systematik zur ergonomischen Gestaltung von CAD-Software. VDI-Fortschrittsberichte Reihe 20, N. 60. Düsseldorf: VDI-Editora, 1992.
45. Spur, G; Uhlmann, E.; Ising, M.: Virtualisierung der Werkzeugmaschinenentwicklung. ZWF Zeitschrift für wirtschaftlichen Fabrikbetrieb; 1999/12 S. 740-745.
46. Steidel, F.: Modellierung arbeitsteilig ausgeführter, rechnerunterstützter Konstruktionsarbeit - Möglichkeiten und Grenzen personenzentrierter Simulation. Diss. TU Berlim, I994.
47. Steinmeier, E.: Konstruktion im Maschinenbau. Dissertation, TU Munique, 1998.
48. Stürmer, U: Informationsmodell zum Abbilden funktionaler und wirkstruktureller Zusammenhänge im Maschinenbau. Schriftenreihe Konstruktionstechnik der TU Berlim (Hrsg. W. Beitz), H.17 (1990).
49. Tegel, O.: Methodische Unterstützung beim Aufbau von Produktentwicklungsprozessen. Schriftenreihe Konstruktionstechnik (Hrsg. W. Beitz) Nr.35. TU Berlim, 1996 (Diss.).
50. Tenbusch, A.; Grote, K.-H.: Geometriedaten-bestimmte Prozessketten: Konstruktion, 2000/6, S. 45-49.
51. TU Berlim: CAD - Rechnerunterstützte Konstruktionsmodelle im Maschinenwesen. Abschlussbericht SFB 203. TU Berlim, 1992.
52. Vajna, S.; Weber, W.: Teilmodelle im Konstruktionsprozess - Bindeglied zwischen methodischer und rechnerunterstützter Konstruktion. Konstruktion, 2000/4; S. 46-50.
53. VDI: Datenverarbeitung in der Konstruktion '83. VDI-Notícias, N. 492. Düsseldorf: VDI-Editora, 1983.
54. VDI: Datenverarbeitung in der Konstruktion '85. VDI-Notícias, N. 570. Düsseldorf: VDI-Editora, 1985.
55. VDI: Datenverarbeitung in der Konstruktion '88. VDI-Notícias, 700.1-4. Düsseldorf: VDI-Editora, 1988.
56. VDI: Datenverarbeitung in der Konstruktion '90. VDI-Notícias, 861.1-5. Düsseldorf: VDI-Editora, 1990.
57. VDI: Datenverarbeitung in der Konstruktion '92. VDI-Notícias, I993.1-5. Düsseldorf: VDI-Editora, 1992.
58. VDI: Datenverarbeitung in der Konstruktion '94. VDI-Notícias, 1148. Düsseldorf: VDI-Editora, 1994.
59. VDI: Effiziente Anwendung und Weiterentwicklung von CAD/CAM-Technologien. VDI-Notícias, 1289. Düsseldorf: VDI-Editora, 1996.

60. VDI: Wissensverarbeitung in Entwicklung und Konstruktion. VDI-Notícias, 1217. Düsseldorf: VDI-Editora, 1995.

61. VDI-Richtlinie 2216: Datenverarbeitung in der Konstruktion; Einführungsstrategien und Wirtschaftlichkeit von CAD-Systemen, Düsseldorf: VDI-Editora, 1994, 11.

62. VDI-Richtlinie 2218 (Entwurf): Feature Technologie. Düsseldorf: VDI-Editora, 1999,11

63. VDI-Richtlinie 2219 (Entwurf): Datenverarbeitung in der Konstruktion - Einführung und Wirtschaftlichkeit von EDM/PDM-Systemen. Düsseldorf: VDI-Editora, 1999,11.

64. VDI-Richtlinie 2249 (Entwurf): CAD-Benutzungsfunktionen. Düsseldorf, VDI-Editora, 1999,4.

65. Weltz, R.: Ein wissensbasiertes Programmsystem zur Unterstützung bei der Berechnung der Schwingfestigkeit gekerbter Wellen. Diss. TU Berlim, 1991.

66. Wellniak, R.: Das Produktmodell im rechnerintegrierten Konstruktionsarbeitsplatz. Konstruktionstechnik München (Hrsg. K. Ehrlenspiel) N. 17. Munique: C. Hanser, 1995 (Diss.).

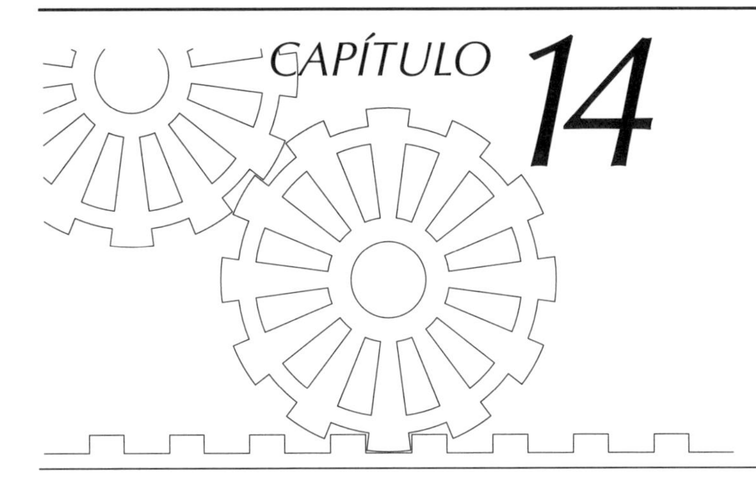

RESUMO E CONCEITOS UTILIZADOS

14.1 ■ Emprego dos métodos

Após exposição do desenvolvimento histórico e dos princípios fundamentais, bem como dos métodos de avaliação e de solução comumente aplicáveis, este livro orienta-se pelo processo de desenvolvimento de produtos. Pois parte desde o esclarecimento da formulação do problema, passando pela concepção e anteprojeto até o detalhamento da documentação para a produção e utilização, com apoio integrado da informática. Importantes e recentes campos de soluções fornecem motivações iniciais na procura de soluções. O desenvolvimento de séries construtivas e sistemas modulares permite a redução dos custos de desenvolvimento. Métodos para assegurar a qualidade e identificação dos custos contribuem para aumentar a satisfação do cliente e para a permanência no mercado.

Concepção e anteprojeto são pontos-chave no desenvolvimento de um sistema técnico. Essas etapas principais de trabalho foram reunidas nas Figs. 14.1 e 14.2 e os respectivos métodos ou recursos auxiliares foram organizados de acordo com sua utilização em caráter primário ou secundário (compare também com resumo de métodos em [11]). Essa visão geral permite perceber o *andamento do trabalho*, a *importância* e o momento apropriado para o *emprego dos métodos*. A formulação da tarefa e os problemas diferem de produto para produto e o procedimento e emprego desses métodos são influenciados por condições específicas da área ou da empresa, o que pode levar a outras conseqüências ou repercussões na denominação das etapas de trabalho. O procedimento básico apresentado neste livro deverá, então, ser adaptado de forma flexível; sem que, com isto, ocorra prejuízo ou até desistência do objetivo básico do procedimento metódico. Nem todos os problemas ou etapas principais de trabalho requerem todos os métodos aplicáveis.

É importante aplicar os métodos somente na medida em que são necessários e úteis para o objetivo parcial respectivo. O usuário não deve realizar nenhum trabalho por conta da sistemática ou pelo prazer da perfeição e que não esteja numa razoável proporção com o sucesso. Nisto, os métodos determinam diferentes exigências.

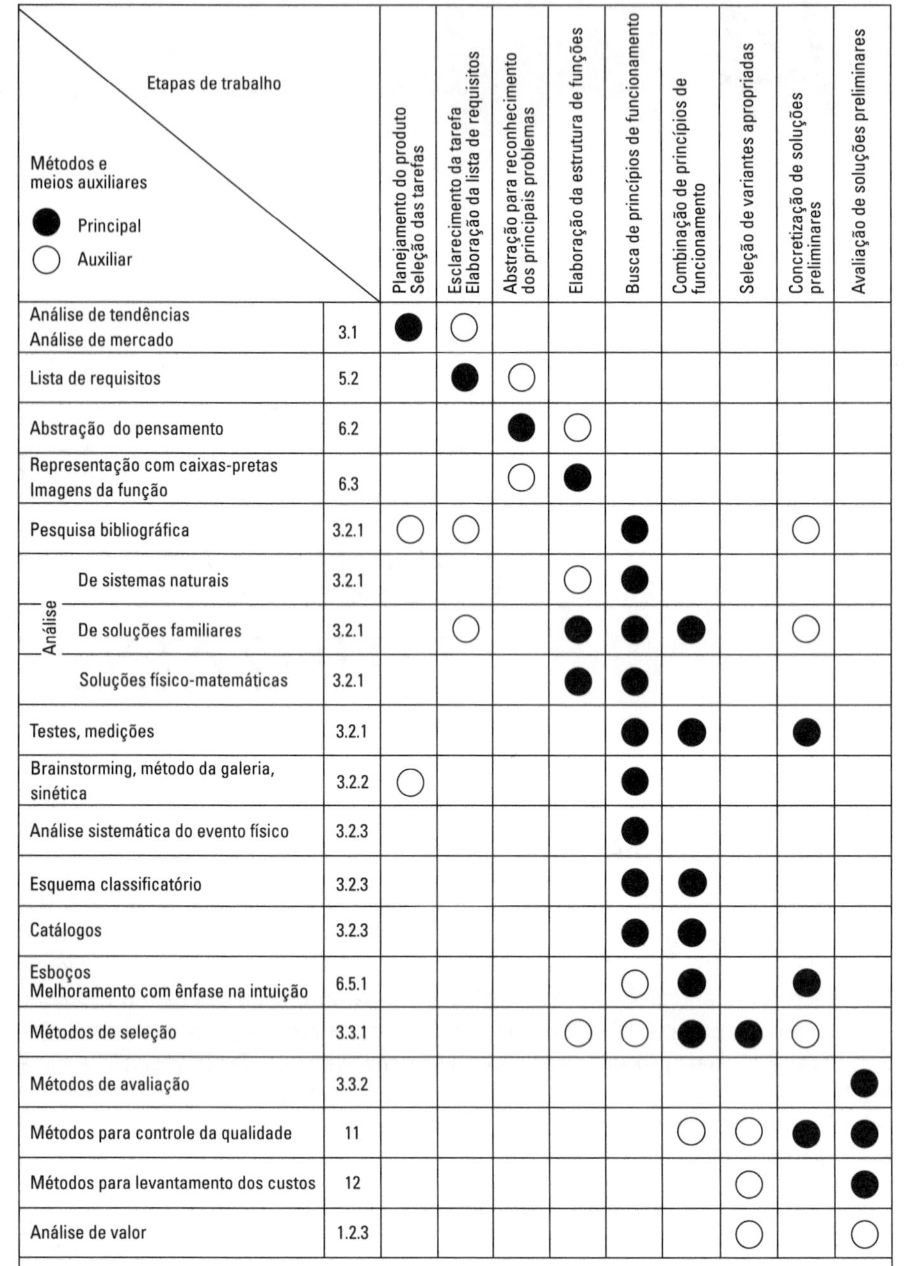

Métodos e meios auxiliares (● Principal, ○ Auxiliar) \ Etapas de trabalho		Planejamento do produto Seleção das tarefas	Esclarecimento da tarefa Elaboração da lista de requisitos	Abstração para reconhecimento dos principais problemas	Elaboração da estrutura de funções	Busca de princípios de funcionamento	Combinação de princípios de funcionamento	Seleção de variantes apropriadas	Concretização de soluções preliminares	Avaliação de soluções preliminares
Análise de tendências Análise de mercado	3.1	●	○							
Lista de requisitos	5.2		●	○						
Abstração do pensamento	6.2			●	○					
Representação com caixas-pretas Imagens da função	6.3			○	●					
Pesquisa bibliográfica	3.2.1	○	○			●			○	
Análise – De sistemas naturais	3.2.1				○	●				
Análise – De soluções familiares	3.2.1		○		●	●	●		○	
Análise – Soluções físico-matemáticas	3.2.1				●	●				
Testes, medições	3.2.1					●	●		●	
Brainstorming, método da galeria, sinética	3.2.2	○				●				
Análise sistemática do evento físico	3.2.3					●				
Esquema classificatório	3.2.3					●	●			
Catálogos	3.2.3					●	●			
Esboços Melhoramento com ênfase na intuição	6.5.1					○	●		●	
Métodos de seleção	3.3.1				○	○	●	●	○	
Métodos de avaliação	3.3.2									●
Métodos para controle da qualidade	11						○	○	●	●
Métodos para levantamento dos custos	12							○		●
Análise de valor	1.2.3							○		○

Figura 14.1 *— Correlação entre os métodos e meios auxiliares e as diversas etapas de trabalho da fase conceitual. (Os números indicam capítulos ou subcapítulos; os círculos cheios, o uso principal, os círculos vazios, o uso como meio auxiliar).*

Faz-se necessária capacidade de abstração, trabalho sistematizado e raciocínio lógico, como também capacidade criativa e conhecimento especializado com ganho de experiência. Em cada etapa de trabalho, essas faculdades são exigidas em graus distintos de intensidade.

Capacidade de abstração é necessária, sobretudo, para identificar os principais problemas, para montar a estrutura de funções, encontrar critérios para classificação de esquemas de ordem e aplicar as regras e os princípios de configuração.

O *raciocínio sistemático e conseqüente* auxilia na elaboração das estruturas de funções, na composição de esquemas seqüenciais, na análise dos sistemas e processos, nas combinações, na identificação de falhas, na seleção e na avaliação.

As *capacidades criativas* ajudam na variação de estruturas de funções, na busca de soluções com auxílio de métodos com ênfase na intuição, mas também na combinação com ajuda de esquemas de ordem ou de catálogos, bem como na aplicação de regras básicas, princípios e diretrizes de configuração.

Conhecimentos especializados dependentes do produto auxiliam principalmente na formulação da lista de requisitos, na busca dos pontos fracos, na seleção e na avaliação, no procedimento de controle por meio de listas de verificação e na localização de falhas.

Experiências em métodos de procedimento estimulam o planejamento e acompanhamento do processo de desenvolvimento do produto. Experiências específicas do setor ajudam a encontrar soluções de forma mais rápida e objetiva e a separar o joio do trigo. Frankenberger [5], em suas investigações, também observou que, além da influência predominantemente positiva da experiência, também podem ocorrer influências negativas por força de transmissão das experiências rígidas e inflexíveis.

De acordo com a tendência, prática e a experiência, prioriza-se este ou aquele método e evita-se outro, principalmente quando, no sentido de uma mudança nos planos de consideração e de pensamento para apoio da atual etapa de trabalho, forem cogitados vários métodos. Esta mudança, que também pode ser alcançada por antecipação (imaginação de uma etapa concreta) e subseqüente retorno (análise do resultado e daí uma nova concepção), desempenha papel importante com respeito ao comportamento mental na busca da solução. Um ajuste flexível e seleção de métodos individuais apropriados requerem, no entanto, conhecimento dos mesmos e, no mínimo, uma certa experiência em sua aplicação. Aqui é válido estudar e experimentar.

A Fig. 14.3 fornece ainda um levantamento das listas de verificação com as principais características recomendadas para cada fase de projeto, as quais auxiliam as atividades criativas e fases corretivas. Nota-se que elas satisfazem os objetivos gerais e as condicionantes mencionadas em 2.1.7, pelo que fica assegurado o atendimento economicamente

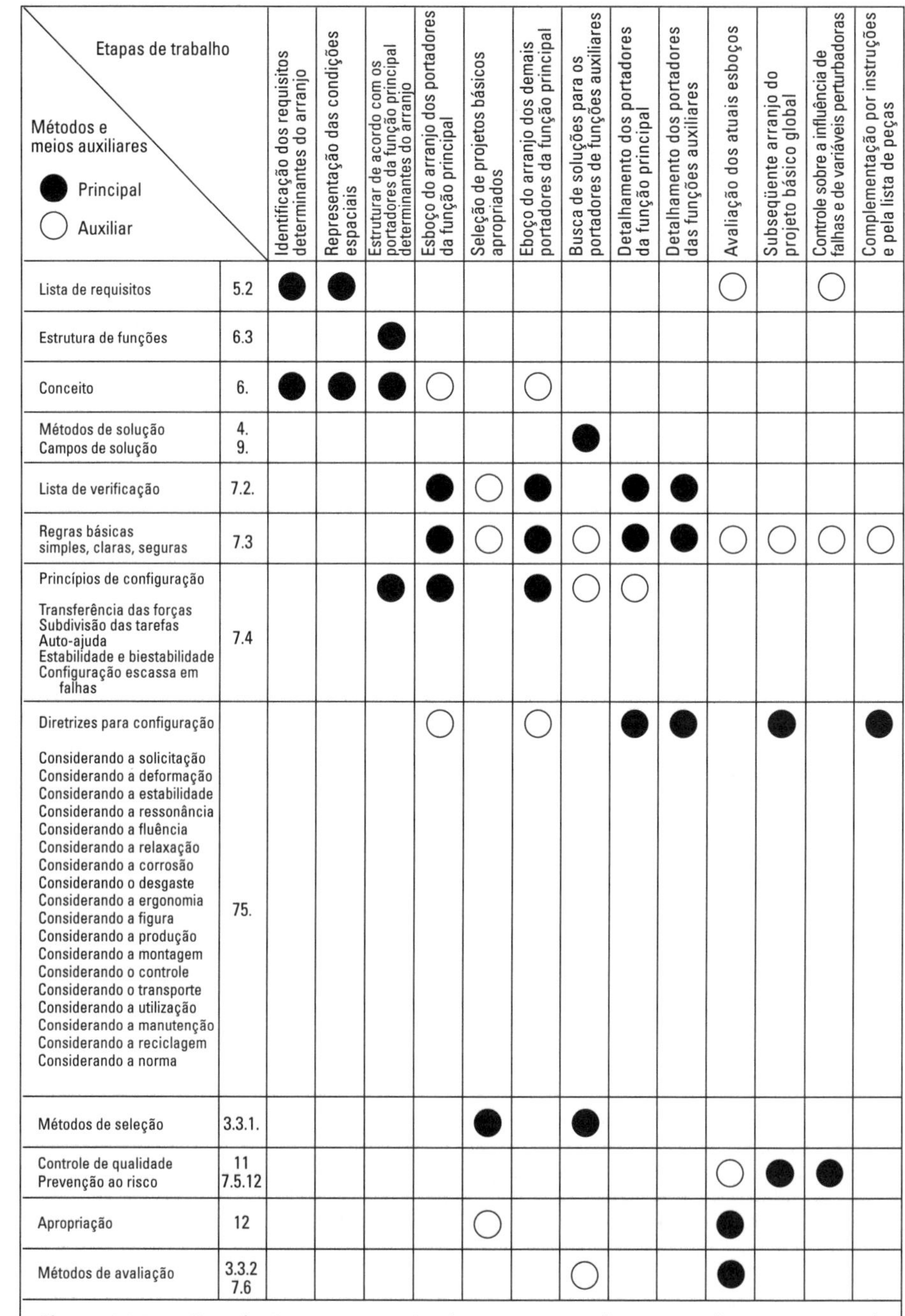

Métodos e meios auxiliares (● Principal ○ Auxiliar) / Etapas de trabalho		Identificação dos requisitos determinantes do arranjo	Representação das condições espaciais	Estruturar de acordo com os portadores da função principal determinantes do arranjo	Esboço do arranjo dos portadores da função principal	Seleção de projetos básicos apropriados	Esboço do arranjo dos demais portadores da função principal	Busca de soluções para os portadores de funções auxiliares	Detalhamento dos portadores da função principal	Detalhamento dos portadores das funções auxiliares	Avaliação dos atuais esboços	Subseqüente arranjo do projeto básico global	Controle sobre a influência de falhas e de variáveis perturbadoras	Complementação por instruções e pela lista de peças
Lista de requisitos	5.2	●	●								○		○	
Estrutura de funções	6.3			●										
Conceito	6.	●	●	●	○		○							
Métodos de solução Campos de solução	4. 9.							●						
Lista de verificação	7.2.				●	○	●		●	●				
Regras básicas simples, claras, seguras	7.3				●	○	●	○	●	●	○	○	○	○
Princípios de configuração Transferência das forças Subdivisão das tarefas Auto-ajuda Estabilidade e biestabilidade Configuração escassa em falhas	7.4			●	●		●	○	○					
Diretrizes para configuração Considerando a solicitação Considerando a deformação Considerando a estabilidade Considerando a ressonância Considerando a fluência Considerando a relaxação Considerando a corrosão Considerando o desgaste Considerando a ergonomia Considerando a figura Considerando a produção Considerando a montagem Considerando o controle Considerando o transporte Considerando a utilização Considerando a manutenção Considerando a reciclagem Considerando a norma	75.				○		○		●	●		●		●
Métodos de seleção	3.3.1.					●		●						
Controle de qualidade Prevenção ao risco	11 7.5.12										○	●	●	
Apropriação	12					○					●			
Métodos de avaliação	3.3.2 7.6							○			●			

Figura 14.2 *— Correlação entre os métodos e meios auxiliares e as diversas etapas de trabalho da fase do projeto básico. (Os números indicam capítulos ou subcapítulos; os círculos cheios, o uso principal, círculos vazios, o uso como meio auxiliar).*

no anteprojeto, onde a configuração é o ponto-chave e o objetivo, a característica "anteprojeto" é substituída pelas características de dimensionamento que conduzem a um anteprojeto apropriado. Na avaliação os critérios de avaliação deverão ser obtidos da mesma forma em que foram criadas as características principais. As características principais apresentam uma redundância deliberada, através da qual se consegue que, mesmo diante de consideração ou estímulo diferenciado, todos os pontos essenciais estejam presentes. Os métodos de segurança, de qualidade e de levantamento dos custos deverão ser aplicados o quanto antes, porém o mais tardar nesta fase.

Uma parte dos métodos e recursos auxiliares expostos pode ser utilizada em vários estágios de concretização e assim *empregáveis repetitivamente.* A documentação gerada pela aplicação metodológica muitas vezes é reutilizada nas fases posteriores (por exemplo, na lista de requisitos, na estrutura de funções, nos esquemas de solução parcial, nas listas de seleção e de avaliação). Além disso, para determinado grupo de produtos, mostra-se que a documentação metodicamente elaborada conserva certa validade geral, podendo ser reaproveitada. Com isso, o volume de trabalho no procedimento metódico diminui para os desenvolvimentos subseqüentes de produtos.

viável da função técnica, seguro para as pessoas e para o meio ambiente. Para a busca da solução deverão ser observadas as inter-relações da estrutura das funções, de trabalho e da construção, bem como as condicionantes gerais e específicas da tarefa. As características estão ajustadas ao grau de concretização respectivo.

Na elaboração da lista de requisitos deverão ser incluídos requisitos para que fiquem evidentes as funções e condicionantes importantes. Por este motivo, no lugar da característica principal "função", aparecem outras características associadas: geometria, cinemática, forças, energia, material e sinal, que ajudam encontrar a função mais facilmente. De forma similar,

14.2 ■ Experiências da prática

Os procedimentos descritos e os métodos relacionados nesse livro foram freqüentemente empregados nos últimos anos para solucionar problemas da indústria, em razão de estudos e trabalhos de graduação, no acompanhamento metódico de projetos, bem como nos departamentos de projeto das indústrias. As experiências que aí foram adquiridas foram avaliadas e publicadas [1, 2, 3, 8].

Em cada um dos métodos individuais pode ser constatado:

Aclarar tarefa	Conceituar		Projetar a forma	
Elaboração da lista de requisitos	Selecionar	Avaliar	Controlar a forma	Avaliar
Compilar requisitos	Encontrar estrutura de trabalho	Procurar o conceito ótimo	Definir a forma e o material	Encontrar o projeto da forma ótimo
Fig. 5.3	Fig. 3.27	Fig. 6.23	Fig. 7.3	Fig. 7.148
Geometria	Satisfeita a compatibilidade	Função	Função	Função Princípio de trabalho
Cinemática		Princípio de trabalho	Princípio de trabalho	Forma
Forças Energia Matéria Sinal	Requisitos satisfeitos Em princípio concretizável	Projeto da forma	Especificação Durabilidade Deformação Estabilidade Livre de ressonância Dilatação térmica Corrosão Desgaste	Especificação
Segurança	Observada a tecnologia da segurança direta	Segurança	Segurança	Segurança
Ergonomia		Ergonomia	Ergonomia	Ergonomia
Produção		Produção	Produção	Produção
Controle		Controle	Controle	Controle
Montagem	Preferida no domínio específico	Montagem	Montagem	Montagem
Transporte		Transporte	Transporte	Transporte
Operação		Operação	Operação	Operação
Manutenção		Manutenção	Manutenção	Manutenção
Reciclagem		Reciclagem	Reciclagem	Reciclagem
Custos	Dispêndio admissível	Trabalho	Custos	Custos determinados por valoração econômica
Prazo			Prazo	Prazo

Figura 14.3 *— Quadro geral das listas de verificação com suas principais características e indicações das correspondentes etapas de trabalho.*

- O esclarecimento da formulação do problema e a elaboração da *lista de requisitos* têm se evidenciado como um instrumento importante e imprescindível.
- A abstração e a elaboração de *estruturas de função* trazem muitas dificuldades em decorrência da própria apresentação mais abstrata. O projetista está acostumado a pensar de forma mais intensa em objetos e idéias por meio de imagens [6]. Não obstante isso, no mínimo a percepção e a relação das funções principais de muitas etapas metódicas são úteis e necessárias.
- *Métodos intuitivos de busca* são utilizados principalmente quando nenhuma solução parece tangível pela via convencional. Para questões de configuração, o método da galeria parece ser mais eficaz do que o "brainstorming". Ambos, porém, podem fornecer apenas estímulos à solução, sendo necessária uma análise cuidadosa e um desenvolvimento continuado destes resultados.
- *Métodos de solução discursivos*, como por exemplo, esquemas de ordem e matriz morfológica, de início criam dificuldades, pois os critérios classificatórios apropriados mais abstratos e suas características não são percebidos ou não são percebidos de forma suficientemente abrangente. Isso aponta para um ensino com deficiente preparação metodológica. Porém, se essas sistemáticas forem obtidas e percebidas, elas amparam uma visão geral fundamentada que conduz a melhores soluções com possibilidades aumentadas de patentes ou a uma melhor avaliação das soluções dos concorrentes.

- *Métodos de seleção e avaliação* são amplamente aplicados; entretanto, do ponto de vista metodológico, às vezes eles são combinados de forma inaceitável. Nesses casos, originam-se procedimentos caseiros. De qualquer forma, quando aplicados corretamente, eles auxiliam a tomar decisões de uma forma mais objetiva e em muitos casos parecem indispensáveis.

Trabalhos mais recentes, como o de Schneider [9], confirmam as afirmações feitas acima, enquanto os de Wallmeier [10] reforçam o significado da experiência e avaliação progressiva através de constante reflexão sobre o resultado então disponível.

Freqüentemente é objetado que o procedimento metodológico na fase de concepção consome muito tempo. É certo que em desenvolvimentos novos o tempo gasto na *fase de concepção* aumenta e que, nesta fase, a parcela de tempo nos trabalhos de concretização da solução básica, como por exemplo, cálculos aproximados, esboços corretores, estudo do arranjo etc, geralmente supera os 60-70%. Baseada na experiência, essa aparente perda de tempo é mais do que recuperada nas fases subseqüentes do anteprojeto e do detalhamento, uma vez que se evitam irritações, atalhos e nova busca da solução, ou seja, o trabalho avança de forma mais objetiva e ininterrupta.

Mais além, a própria *fase do anteprojeto* também é beneficiada pelo procedimento metodológico: a consideração das listas de verificação, das regras básicas, dos princípios e diretrizes para a configuração, via de regra, reduz o trabalho, evita erros e falhas, aumenta o aproveitamento dos materiais e melhora a qualidade do produto. A verificação por meio de métodos de detecção de falhas e de custos também se preocupa com a melhoria da qualidade do produto e só se torna desproporcionalmente dispendiosa, quando não se restringe ao essencial. Avaliações são pouco dispendiosas em comparação com os conhecimentos objetivados, em especial aqueles obtidos na procura de pontos fracos.

Em resumo, resulta que:

- A indústria mostra evidente *interesse* numa metodologia de projeto especialmente quando executa, com freqüência, novos desenvolvimentos e quando está prevista a implantação ou extensão através de CAD.

- Na prática industrial verifica-se uma larga *infiltração* da metodologia; mas freqüentemente são aproveitados apenas métodos isolados ou parte deles, sendo empregados de acordo com as exigências do momento.

- A metodologia de projeto é objetivada sobretudo no setor de *desenvolvimento* e de projetos inovadores, onde sempre é válido encontrar soluções não convencionais, ou seja, atender novas funções com novas soluções.

- O procedimento metódico não teve, ou teve uma penetração muito pequena nos setores que apenas realizam projetos adaptativos ou desenvolvem variantes [2, 4]. Isso também é compreensível, pois nesses setores considerações funcionais não figuram como interesse principal. Por isso, esse tipo de projeto se beneficia muito mais das possibilidades oferecidas pela informática.

As empresas da área industrial, que utilizam *metodologia de projeto*, afirmam:

- Aumentou o número de patentes, ao menos o das patentes exclusivas.
- Apesar de uma fase de concepção mais longa, o tempo total de desenvolvimento é mais reduzido.
- É maior a probabilidade de se encontrar boas soluções.
- A crescente complexidade dos problemas ou produtos pode ser gerenciada mais facilmente.
- Com a fixação de prazos realistas, a criatividade cresce [7].
- Intensifica-se o efeito de transferência, ou seja, de trabalhar de forma mais sistemática também em outros setores.

Foram observados os seguintes resultados adicionais:

- O fluxo das informações melhorou.
- O trabalho em equipe e a motivação são favorecidos.
- A comunicação com o cliente pode ser intensificada.

Jovens engenheiros formados pela metodologia do projeto, de forma surpreendentemente rápida se transformam em colaboradores plenos, sem que seja necessário adquirir primeiramente uma vasta experiência (um particular sucesso da metodologia de projeto).

Observações críticas apontam para as seguintes direções:

- Métodos para estimativa dos custos ainda estão pouco desenvolvidos.
- A metodologia só é aplicável quando projetistas e executivos são versados na metodologia e ambos a exigem mutuamente de forma conseqüente.
- Intuição e criatividade não podem ser substituídas pela metodologia; esta pode ser apenas um meio auxiliar.

14.3 ■ Conceitos utilizados

A seguir, em ordem alfabética, são esclarecidos os conceitos, voltados para a metodologia de projetos, utilizados nesse livro:

Anteprojetar	Planejar, desenhar, representar por meio de esboços. Aqui: desenvolver a estrutura da construção.
Anteprojeto	Estrutura de construção definida de uma solução.
Característica da configuração	Geometria de trabalho, movimento de trabalho, material e outras informações para a concretização material.
Colocação do problema	Formulação do problema pelo formulador do problema.
Conceber	Em geral: obter uma idéia básica de algo. Aqui: passar pela fase conceitual.
Conceito	Em geral: primeira versão, plano, programa. Aqui: solução preliminar fixada. Veja também: conceito de solução.
Conceito de solução	Solução preliminar fixada após passar pela fase conceitual.
Configuração	Interligação entre figura e material.
Corpo de trabalho	Corpo através do qual ou no qual um efeito é forçado ou possibilitado.
Discursivo	Progressão de um conteúdo de idéias para outro podendo, simultaneamente, acompanhar a criação por meio de subetapas.
Efeito	Lei ou princípio que descreve um fenômeno físico, químico, biológico etc.
Ergonomia	Teoria do trabalho humano. Adaptação do trabalho ou da máquina ao ser humano e inversamente (consideração da inter-relação homem-máquina).
Estrutura	Construção organizada, subdivisão interna, textura constituída por partes alternadamente interdependentes.
Estrutura de trabalho	Interligação de princípios de trabalho de várias subfunções, para atendimento da função global.
Estruturas de funções	Interligação das subfunções em uma função global.
Feature	Inter-relação de dados e estruturas (de natureza geométrica ou não-geométrica; por exemplo, orientada a problemas ou a funções) para a descrição do comportamento de objetos técnicos em aplicações de CAD.
Figura	Forma, posição, escala e quantidade de produtos técnicos.
Finalidade	Objetivo, razão de uma ação, processo ou condição imaginada e deliberada.
Forma de trabalho	Interação de objetos técnicos, para atender funções de acordo com determinados princípios de trabalho.
Função	Relação geral e deliberada entre entrada e saída de um sistema com o objetivo de cumprir uma tarefa.
Função auxiliar	Subfunção que auxilia a função principal e por isso serve apenas indiretamente a função global (a classificação varia dependendo do plano de referência).
Função básica	Função fundamental e repetitiva em determinado sistema (p. ex. em sistema modular).
Função de aplicação geral	Função que geralmente aparece em sistemas técnicos.
Função elementar	Função que não admite subdivisão e tem aplicação geral.
Função global	Função que empreende a tarefa em seu conjunto.
Função lógica	Função, que possibilita uma interligação entre entrada e saída sob forma de declarações de uma lógica binária: função "E", "OU", "NÃO" e suas combinações.
Função principal	Subfunção destinada diretamente à função global.
Geometria de trabalho	Arranjo das superfícies (ou linhas, espaços) de trabalho, sobre as quais um efeito é forçado ou possibilitado.

Grandeza auxiliar — Grandeza que acompanha uma subfunção forçadamente ou em caráter auxiliar (p. ex.: força centrífuga, força axial oriunda de engrenagens helicoidais).

Grandeza principal — Grandeza diretamente necessária a uma subfunção (p. ex. torque, pressão, vazão).

Interface do sistema — Separação entre um sistema e sua circunvizinhança. Conexões existentes com a circunvizinhança (entradas e saídas) que revelam o comportamento do sistema e tornam-se perceptíveis.

Intuição — Lampejo súbito, descoberta surpreendente de novos conteúdos de idéias quase sempre integrais.

Intuitivo — Cognição realçada por uma idéia; antônimo de discursivo.

Lista de requisitos — Formulação do problema para o departamento de projetos, esclarecida pelo projetista.

Método — Procedimento planejado para se alcançar um determinado objetivo.

Metodologia — Procedimento planejado com consideração de mais de um método e de meios auxiliares.

Modelar — Construir e modificar um modelo no seu todo ou parcialmente.

Modelo — Representante (substituto) de um original de acordo com a finalidade.

Modelo de produto — Modelo que contém, de modo suficientemente completo, todas as informações relevantes sobre um produto.

Movimento de trabalho — Movimento com o qual um efeito é forçado ou possibilitado.

Objeto técnico — Instrumentos, usinas, aparelhos, máquinas, dispositivos, conjuntos mecânicos ou componentes.

Ponto de trabalho — Ponto onde, através de superfícies de trabalho e movimentos de trabalho, efeitos são forçados ou possibilitados.

Portador da função — Objeto técnico que satisfaz uma função.

Princípio — Lei fundamental, da qual se derivam princípios ulteriores ou especiais.

Princípio da configuração — Princípio do qual deriva a configuração na concretização material.

Princípio de solução — Princípio do qual deriva a solução e que engloba o princípio de trabalho.

Princípio de trabalho — Princípio do qual deriva um determinado efeito para o atendimento da função, efeito ou efeitos físicos, biológicos, químicos, bem como características geométricas e materiais em combinação com uma subfunção)

Problema — Tarefa ou questão, cuja solução não é imediata e também não pode ser dada diretamente empregando-se recursos conhecidos.

Sistema — Conjunto de elementos coordenados, p. ex. funções ou objetos técnicos, que com base nas suas características são interligados por relações e circundados pela interface do sistema.

Solução — Atendimento da tarefa através de informações concretas das características para a concretização material.

Solução preliminar — Combinação de princípios de trabalho para satisfação da função global (estrutura de trabalho) com uma idéia inicial de concretização.

Subfunção — Função que compreende uma subtarefa.

Subproblema — Parte de um problema, parte problemática de uma tarefa.

Sistemática — Consideração integral através de "critérios classificatórios ou características".

Subsistema — Sistema menor, fechado, de um sistema global.

Superfície de trabalho — Superfície na qual ou sobre a qual um efeito é forçado ou possibilitado.

Tarefa — Objetivo imaginado (finalidade, ação) sob condicionantes predeterminadas.

Variante da configuração — Uma configuração alternativa, entre outras.

Variante de solução — Uma solução alternativa, entre outras.

Referências

1. Beitz,W.; Birkhofer, H.; Pahl, G.: Konstruktionsmethodik in der Praxis. Konstruktion 44, (1992) Heft 12.

2. Birkhofer, H.: Methodik in der Konstruktionspraxis - Erfolge, Grenzen und Perspektiven.Proceedings of ICED'91, HEURISTA. I991. Vol. I, S. 224-233.

3. Birkhofer, H.; Derhake, T; Engelmann, E; Kopowski, E.; Rüblinger, W.: Konstruktionsmethodik und Rechnereinsatz im Sondermaschinenbau. Konstruktion 48, (1996), S.147-156.

4. Franke, H.-J.: Konstruktionsmethodik und Konstruktionspraxis - Eine kritische Betrachtung. ICED '85 Hamburgo. Schriftenreihe WDK 12, S. 910-924. Edição Heurista.

5. Frankenberger, E.: Arbeitsteilige Produktentwicklung - Empirische Untersuchung und Empfehlungen zur Gruppenarbeit in der Konstruktion. Fortschritt-Berichte VDI-Reihe 1, N. 291. Düsseldorf: VDI-Editora, 1997.

6. Jorden, W.; Havenstein, G.; Schwartzkopf, W.: Vergleich von Konstruktionswissenschaft und Praxis - Teilergebnisse eines Forschungsvorhabens. ICED 'S5 Hamburg. Schriftenreihe WDK 12, S. 957-966. Edição Heurista.

7. Pahl, G.: Denkpsychologische Erkenntnisse und Folgerungen für die Konstruktionslehre. Proceedings of ICED '85 Hamburg. Schriftenreihe WDK 12, S. 817-832. Edição Heurista.

8. Pahl, G.; Beelich, K. H.: Lagebericht. Erfahrungen mit dem methodischen Konstruieren. Werkstatt und Betrieb 114, (1981), S. 773-782.

9. Schneider, M.: Methodeneinsatz in der Produktentwicklungs-Praxis. Empirische Analyse, Modellierung, Optimierung und Erprobung. Fortschritt-Berichte VDI-Reihe 1, N. 346. Düsseldorf: VDI-Editora, 2001.

10. Wallmeier, S.: Potentiale in der Produktentwicklung. Möglichkeiten und Tätigkeitsanalyse und Reflexion. Fortschritt-Berichte VDI-Reihe 1, N. 352. Düsseldorf: VDI-Editora, 2001.

11. VDI-Richtlinie 2221: Methodik zum Entwickeln und Konstruieren technischer Systeme und Produkte. Düsseldorf: VDI-Editora, 1993.

ÍNDICE ALFABÉTICO

GRÁFICA PAYM
Tel. [11] 4392-3344
paym@graficapaym.com.br